PASS

2024 한번에 끝내기

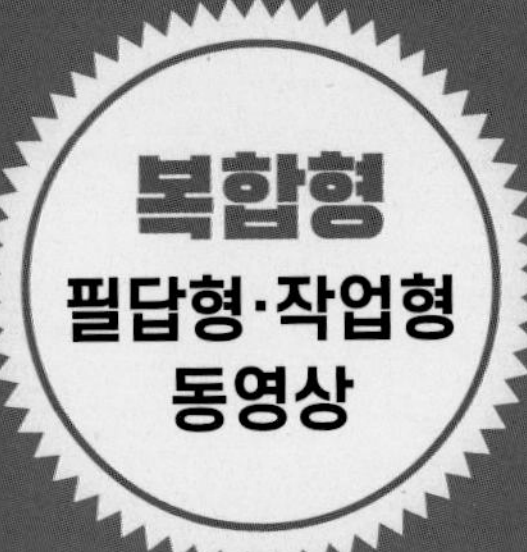

2024

조경기사 산업기사

실기 필답형·작업형

이윤진 저

실기

온라인 동영상강의

복합형[필답형+작업형]

1편
조경설계

2편
복합형

3편
기출문제

한솔아카데미

Preface

조경기사 · 산업기사 실기시험은 1차의 필답형과는 달리 실무위주의 비중이 높아 시험준비에 있어서 나름대로의 요령을 필요로 합니다.

2차 실기시험은
- 1교시 조경시공실무(40점)는 다양한 공사의 수량계산 · 공사비 산출 등의 문제가 주를 이루며 수험생 여러분은 내용을 먼저 이해하시고 여러번 반복학습을 하셔야합니다.
- 2교시 실기시험(60점)으로 정해진 시간내에 도면을 완성하여야 하며 주어진 시간내에 설계조건에 따라 가장 만족스러운안을 작성하셔야하며 이를 위해서는 수험생 여러분의 지속적인 도면연습이 병행되어야 합니다.

따라서 본 수험서는 1편 조경설계와 2편 조경적산으로 나누어져 있으며 주요특징은

- 1편 조경설계
  제도를 위한 기본사항과 표현방법부터 기출문제를 중심으로 다양한 유형의 설계내용을 접해봄으로써 시험에 적응할 수 있게 하였습니다.
- 2편 조경실무
  조경공사의 다공정의 특징에 따라 단원별로 공사를 분류하여 기본적 내용과 기출문제를 중심으로 산출까지 내용을 담고 있습니다. 또한 대상지의 수목잔디 및 시설물 등 관리를 수행할 수 있도록 하는 유지관리내용도 다루고 있어 신경향에 대비할 수 있도록 하였습니다.

시험을 준비하는 전공자, 비전공자 모두의 입장에서 쉽게 접근하여 목표에 도달할 수 있게 기본적 내용으로부터 심화된 내용까지 체계적으로 구성하여 효율적 학습을 할 수 있도록 최선의 노력을 다하였습니다. 또한 앞으로 내용에 있어서도 더욱 보완하고 다듬어 나갈 것을 약속드립니다.

마지막으로 이 책의 출판을 위해 수고해주신 한솔아카데미 출판부 이종권 전무님을 비롯해 여러 관계자 여러분께 깊은 감사 인사드립니다.

필자씀

CONTENTS

제1편 조경 설계

제2편 조경실기 복합형 - (1) 조경필답형

Chapter 01 조경실기-필답형

제2편 조경실기 복합형 - (2) 조경적산

Chapter 01 총론

Chapter 02 공정관리

Chapter 03 식재공사

CONTENTS

CONTENTS

제3편 과년도 기출문제

Chapter 01 적산 필답형

■ 조경기사 실기 과년도 출제문제

■ 조경산업기사 실기 과년도 출제문제

조경기사 출제기준

•직무분야 : 건설 •자격종목 : 조경기사 •적용기간 : 2023.1.1~2024.12.31

•직무내용 : 자연환경과 인문환경에 대한 현장조사 및 현황분석을 기초로 기본구상 및 기본계획을 수립하고 실시설계를 작성하여 시공 및 감리업무를 통해 조경 결과물을 도출하고 이를 관리하는 행위를 수행하는 직무

•수행준거 :
- 조경기본구상에서 수립된 내용을 종합적으로 반영한 기본계획도(Master Plan)를 작성하고, 이에 대해서 공간별 · 부문별로 계획할 수 있다.
- 설계도서를 검토하여 수량산출과 단가조사를 통해서 조경공사비를 산정하기 위한 산출근거를 만들고, 공종별 내역서와 공사비 원가계산서 작성을 수행할 수 있다.
- 식재개념 구상, 기능식재 설계, 조경식물의 선정, 식재기반 설계, 교목 · 관목 · 지피 · 초화류 식재설계, 훼손지 녹화설계, 생태복원 식재설계에 따른 세부적인 설계도면을 작성할 수 있다.
- 지형 일반과 조경기반시설에 대한 제반지식 및 설계기준을 바탕으로 조경기반시설에 관한 설계 업무를 수행할 수 있다.
- 설계도서에 따라 필요한 자재와 시설물을 구입하여 조경시설물을 기능적 • 심미적으로 배치하고 설치할 수 있다.
- 식물을 굴취, 운반하여 생태적·기능적·심미적으로 식재할 수 있다.
- 인공구조물을 대상으로 설계도서에 따라 시공계획을 수립한 후 현장여건을 고려하여 식물과 조경시설물을 생태적 · 기능적 · 심미적으로 식재하고 설치할 수 있다.
- 완성된 공사목적물을 발주처의 준공 승인 및 인수인계 전까지 식물의 생장과 조경시설의 기능을 유지시키기 위한 업무를 수행할 수 있다.
- 수목관리계획 수립, 수목 생육상태 진단, 관 · 배수관리, 비배관리(화학/유기질비료 주기, 엽면시비, 수간주사), 제초관리, 전정관리, 병해충 방제, 수목보호 조치를 수행할 수 있다.
- 조경시설물 연간관리 계획 수립, 놀이시설물, 편의시설물, 운동시설물, 경관조명시설물, 안내시설물, 수경시설물 등 관리를 수행할 수 있다.
- 조경 대상지별 연간관리 계획 수립, 정원, 공원, 입체조경, 벽면녹화, 인공지반녹화, 텃밭, 인공지반조경공간 등 관리를 수행할 수 있다.

실기검정방법	복합형	시험시간	5시간 정도 (필답형 1시간 30분, 작업형 3시간 정도)
주요항목	세부항목		
1. 조경기본계획	1. 환경조사분석하기	6. 공간별 계획하기	
	2. 조경기본구상하기	7. 부문별 계획하기	
	3. 토지이용계획 수립하기	8. 개략사업비 산정하기	
	4. 동선 계획하기	9. 관리계획 작성하기	
	5. 기본계획도 작성하기	10. 기본계획보고서 작성하기	
2. 조경기초설계	1. 조경디자인요소 표현하기	3. 조경인공재료 파악하기	
	2. 조경식물 파악하기	4. 전산응용도면(CAD) 작성하기	
3. 조경 양식	1. 유형별 양식 파악하기		
4. 정원설계	1. 사전 협의하기	5. 조경기반 설계하기	
	2. 대상지 조사하기	6. 조경식재 설계하기	
	3. 관련분야 설계 검토하기	7. 조경시설 설계하기	
	4. 기본계획안 작성하기	8. 조경설계도서 작성하기	

주요항목	세부항목	
5. 조경기반설계	1. 부지 정지 설계하기	6. 배수시설 설계하기
	2. 도로 설계하기	7. 관수시설 설계하기
	3. 주차장 설계하기	8. 포장 설계하기
	4. 구조물 설계하기	9. 조경기반설계도면 작성하기
	5. 빗물처리시설 설계하기	
6. 조경식재설계	1. 식재개념 구상하기	6. 지피 · 초화류 식재설계하기
	2. 기능식재 설계하기	7. 훼손지 녹화 설계하기
	3. 조경식물 선정하기	8. 생태복원 식재 설계하기
	4. 식재기반 설계하기	9. 조경식재설계도면 작성하기
	5. 수목식재 설계하기	
7. 조경적산	1. 설계도서 검토하기	4. 일위대가표 작성하기
	2. 수량산출서 작성하기	5. 공종별 내역서 작성하기
	3. 단가조사서 작성하기	6. 공사비 원가계산서 작성하기
8. 일반식재공사	1. 굴취하기	4. 관목 식재하기
	2. 수목 운반하기	5. 지피 초화류 식재하기
	3. 교목 식재하기	
9. 조경시설물공사	1. 시설물 설치 전 작업하기	6. 경관조명시설 설치하기
	2. 안내시설물 설치하기	7. 환경조형물 설치하기
	3. 옥외시설물 설치하기	8. 데크시설 설치하기
	4. 놀이시설 설치하기	9. 펜스 설치하기
	5. 운동시설 설치하기	
10. 조경공사 준공전 관리	1. 병해충 방제하기	5. 전정관리하기
	2. 관배수관리하기	6. 수목보호조치하기
	3. 시비관리하기	7. 시설물 보수 관리하기
	4. 제초관리하기	
11. 비배관리	1. 연간 비배관리 계획 수립하기	4. 유기질비료주기
	2. 수목 생육상태 진단하기	5. 영양제 엽면 시비하기
	3. 화학비료주기	6. 영양제 수간 주사하기
12. 조경시설물관리	1. 조경시설물 연간관리 계획 수립하기	5. 경관조명시설물 관리하기
	2. 놀이시설물 관리하기	6. 안내시설물 관리하기
	3. 편의시설물 관리하기	7. 수경시설물 관리하기
	4. 운동시설물 관리하기	
13. 입체조경공사	1. 입체조경기반 조성하기	4. 텃밭 조성하기
	2. 벽면녹화하기	5. 인공지반조경공간 조성하기
	3. 인공지반녹화하기	

조경산업기사 출제기준

•직무분야 : 건설 •자격종목 : 조경산업기사 •적용기간 : 2022.01.01~2024.12.31

•수행준거 :
- 식물을 굴취, 운반하여 생태적 · 기능적 · 심미적으로 식재할 수 있다.
- 지형 일반과 조경기반시설에 대한 제반지식 및 설계기준을 바탕으로 조경기반시설에 관한 설계 업무를 수행할 수 있다.
- 식재개념 구상, 기능식재 설계, 조경식물의 선정, 식재기반 설계, 교목 · 관목 · 지피 · 초화류 식재설계, 훼손지 녹화설계, 생태복원 식재설계에 따른 세부적인 설계도면을 작성할 수 있다.
- 설계도서를 검토하여 수량산출과 단가조사를 통해서 조경공사비를 산정하기 위한 산출근거를 만들거 공종별 내역서와 공사비 원가계산서 작성을 수행할 수 있다
- 설계도서에 따라 필요한 자재와 시설물을 구입하여 조경시설물을 생태적 · 기능적 · 심미적으로 배치하고 설치할 수 있다.
- 완성된 공사목적물을 발주처의 준공 승인 및 지자체 인수인계 전까지 식물의 생장과 조경시설의 기능을 유지시키기 위한 업무를 수행할 수 있다.
- 연간 비배관리 계획 수립, 수목 생육상태 진단, 화학비료 및 유기질비료 주기, 영양제 엽면시비, 영양제 수간주사를 수행할 수 있다.
- 조경시설물 연간관리 계획 수립, 놀이시설물, 편의시설물, 운동시설물, 경관조명시설물, 안내시설물, 수경시설물 관리를 수행할 수 있다.
- 인공구조물을 대상으로 설계도서에 따라 시공계획을 수립한 후 현장여건을 고려하여 식물과 조경시설물을 생태적 · 기능적 · 심미적으로 식재하고 설치할 수 있다.
- 조경기본구상에서 수립된 내용을 종합적으로 반영한 기본계획도(Master Plan)를 작성하고, 이에 대해서 공간별 · 부문별로 계획할 수 있다.

실기검정방법	복합형	시험시간	3시간 정도
주요항목	세부항목		
1. 조경기초설계	1. 조경디자인요소 표현하기	3. 조경인공재료 파악하기	
	2. 조경식물 파악하기	4. 전산응용도면(CAD) 작성하기	
2. 조경설계	1. 사전 협의하기	5. 조경기반 설계하기	
	2. 대상지 조사하기	6. 조경식재 설계하기	
	3. 관련분야 설계 검토하기	7. 조경시설 설계하기	
	4. 기본계획안 작성하기	8. 조경설계도서 작성하기	
3. 조경기반설계	1. 부지 정지 설계	6. 배수시설 설계	
	2. 도로 설계	7. 관수시설 설계	
	3. 주차장 설계	8. 포장 설계	
	4. 구조물 설계	9. 조경기반설계도면 작성	
	5. 빗물처리시설 설계		

주요항목	세부항목	
4. 조경식재설계	1. 식재개념 구상	6. 지피 · 초화류 식재설계
	2. 기능식재 설계	7. 훼손지 녹화 설계
	3. 조경식물 선정	8. 생태복원 식재 설계
	4. 식재기반 설계	9. 조경식재설계도면 작성
	5. 수목식재 설계	
5. 조경적산	1. 설계도서 검토	4. 일위대가표 작성
	2. 수량산출서 작성	5. 공종별 내역서 작성
	3. 단가조사서 작성	6. 공사비 원가계산서 작성
6. 기초식재공사	1. 굴취	4. 관목 식재
	2. 수목 운반	5. 지피 초화류 식재
	3. 교목 식재	
7. 조경시설물공사	1. 시설물 설치 전 작업	6. 경관조명시설 설치
	2. 안내시설물 설치	7. 환경조형물 설치
	3. 옥외시설물 설치	8. 데크시설 설치
	4. 놀이시설 설치	9. 펜스 설치
	5. 운동시설 설치	
8. 조경공사 준공전 관리	1. 병해충 방제	5. 전정관리
	2. 관배수관리	6. 수목보호조치
	3. 시비관리	7. 시설물 보수 관리
	4. 제초관리	
9. 비배관리	1. 연간 비배관리 계획 수립	4. 유기질비료주기
	2. 수목 생육상태 진단	5. 영양제 엽면 시비
	3. 화학비료주기	6. 영양제 수간 주사
10. 조경시설물관리	1. 조경시설물 연간관리 계획 수립	5. 경관조명시설물 관리
	2. 놀이시설물 관리	6. 안내시설물 관리
	3. 편의시설물 관리	7. 수경시설물 관리
	4. 운동시설물 관리	
11. 입체조경공사	1. 입체조경기반 조성	4. 텃밭 조성
	2. 벽면녹화	5. 인공지반조경공간 조성
	3. 인공지반녹화	
12. 조경기본계획	1. 토지이용계획 수립	5. 부문별 계획
	2. 동선 계획	6. 개략사업비 산정
	3. 기본계획도 작성	7. 관리계획 작성
	4. 공간별 계획	8. 기본계획보고서 작성
	5. 부문별 계획	

제1편

조경설계

01 조경제도의 기본사항

학습포인트

1 | 도면 작성에 필요한 도구와 용지

- 시험장에는 설계도면을 작성할 수 있는 제도대는 준비되어 있으며, 문제지와 답안으로 작성할 수 있는 트레싱지 A_2(420×594mm) 또는 A_1(594×841mm) 용지가 2~4장 정도 지급된다.
- 답안으로 작성하는 트레싱지는 1인당 필요량만 지급되며 개인부주의로 인해 찢어지거나 훼손되어도 재차 지급되지 않으니 관리에 주의를 요한다.

1 시험장에 지참해야하는 도구

① T자 : 제도판에 평행자가 없는 경우 T자 형으로 만들어진 자로 설계도면에 수평선을 삼각자와 조합하여 수직선과 사선을 긋는다. 설계 도면작성시 900mm 규격이 적당하다.

② 삼각자 : 직각삼각자는 45°와 60°(30°)가 한조로 구성되어 있으며 A_2와 A_1 용지에 사용하려면 450mm가 적당하다.

③ 템플릿 : 플라스틱 모형사로 원형템플릿은 주로 평면상태의 수목을 표현할 때 사용되며, 사각형과 삼각형, 육각형 등의 다각형 템플릿은 파고라나 벤치, 음수전 등의 시설물을 표현하는데 이용하면 편리하다.

④ 삼각스케일 : 단면이 삼각형모양으로 300mm 되는 길이면 적당하다. 1/100~1/600까지의 축척이 표시되어 있으며 도면을 확대하거나 축소할 때 사용이 된다.

⑤ 제도용샤프와 샤프심 : 설계시 모든 도면내용은 흑색 필기구로 작성되며 연필보다는 제도용샤프가 많이 사용되고 있다. 일반적으로 0.5mm 샤프로 사용하며, 선을 구분하는 편리함을 위해 0.7mm의 샤프를 구비하는 것도 유용하다. 적당한 샤프심의 연도는 0.5mm 샤프에는 단단한 H심이 0.7mm는 좀 부드럽고 무른 HB심이 적합하다.

⑥ 그 밖의 갖추어야할 용구

㉮ 종이를 고정시킬 수 있는 테이프

㉯ 지우개와 지우개판(특정부분을 지울 때 사용)

㉰ 도면의 청결함을 위해 제도용 빗자루

㉱ 설계시 간단한 계산을 위한 공학용계산기(적산시 사용)가 필요하다.

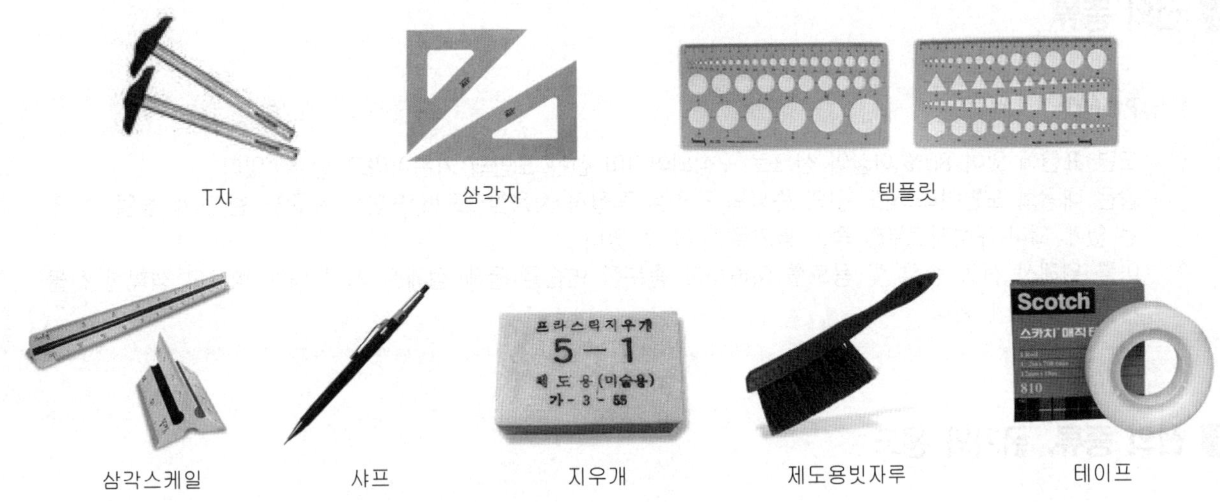

T자 삼각자 템플릿
삼각스케일 샤프 지우개 제도용빗자루 테이프

2 제도용지

제도시험시 시험장에서는 켄트지와 트레싱지가 지급된다.
켄트지는 트레싱지 받침용으로 지급되며 1인당 1매씩 지급되고, 트레싱지는 투과성이 좋아 연필이나 샤프만으로도 정확한 표현을 할 수 있으나 수축이 잘되고 사용에 부주의 할 경우 잘 찢어지며 접힌자국이 나타나므로 주의를 요한다.

2 | 제도의 기초

학습포인트

- 실기시험시 작성하는 도면은 크게 평면도와 단면도로 나뉜다. 평면도는 개념도, 시설물배치도, 배식설계도로 세분되어 작성하고 필요에 따라 단면도와 상세도가 요구된다.

1 도면의 종류

배치도(SitePlan)	시설물과 부지, 대지의 고저, 방위 등을 전부 나타내는 도면으로 계획의 전반적인 사항을 한 눈에 알 수 있다.
평면도(Plan)	평면도는 계획의 기본이 되는 도면으로 바닥에서 1.2~1.8m 부분을 절단하여 위에서 내려다 본 그림이다. 건축에서 여러층일 경우 각 층의 평면도가 필요하지만 조경에서는 그렇지 않으며 배치도와 평면도가 일치하는 경우가 많다.
입면도(Elevation)	계획 내용의 이해를 위해 외형을 각 면에 나타낸 것으로 평면과 입면을 관련시켜 작성한다.
단면도(Section)	공간이나 시설물을 수직으로 절단하여 수평방향에서 본 그림으로 평면도상에 절단선의 위치를 나타낸다.
상세도(Detail)	실제 시공을 위해 구조의 상세를 표현하는 도면으로 재료, 치수, 공법 등을 자세히 표현한다. 스케일은 평면도나 단면도보다 확대된 스케일을 사용한다. (1/10~1/50)

2 선의 종류

POINT

도면 표현에 있어 80% 이상이 선으로 구성되어지며 선은 도면의 기본이라고 할 수 있다.
같은 내용의 도면이라 해도 선의 종류와 강약을 적절히 사용함으로써 도면의 수준을 한 단계 높일 수 있는 있게 되며 채점자로부터 좋은 평가를 얻을 수 있다.
이를 위해선 선의 종류 및 용도를 이해하고 충분한 연습을 통해 정해진 시간 내에 빠르고 정확한 선을 사용할 수 있게 한다.

3 선의 종류, 굵기와 용도

<table>
<tr><th colspan="3">구 분</th><th rowspan="2">선 굵기</th><th rowspan="2">선의명칭</th><th rowspan="2">선의 용도</th></tr>
<tr><th colspan="2">종 류</th><th>선의표현</th></tr>
<tr><td rowspan="7">실선</td><td>굵은 실선</td><td>━━━</td><td>0.8mm</td><td rowspan="3">외형선
단면선
입면선</td><td>부지외곽선, 단면의 외형선</td></tr>
<tr><td rowspan="2">중간선</td><td>───</td><td>0.5mm</td><td rowspan="2">•시설물 및 수목의 표현
•보도포장의 패턴
•계획등고선</td></tr>
<tr><td>───</td><td>0.3mm</td></tr>
<tr><td rowspan="4">가는 실선</td><td rowspan="4">───</td><td rowspan="4">0.2mm</td><td>치수선</td><td>치수를 기입하기 위한 선</td></tr>
<tr><td>치수보조선</td><td>치수선을 이끌어내기 위하여 끌어낸 선</td></tr>
<tr><td>인출선</td><td>그림자체에 기재할 수 없는 경우 인출하여 사용하는 선(예 : 수목인출선)</td></tr>
<tr><td>해칭선</td><td>대상의 요철이나 음영을 표시하는 선</td></tr>
<tr><td rowspan="3">허선</td><td>파선</td><td>- - - - -</td><td></td><td>숨은선</td><td>•물체의 보이지 않는 부분의 모양을 나타내는 선
•기존등고선</td></tr>
<tr><td>1점쇄선</td><td>—·—·</td><td rowspan="2">0.2~0.8</td><td rowspan="2">경계선
중심선</td><td>•물체 및 도형의 중심선
•단면선, 절단선
•부지경계선</td></tr>
<tr><td>2점쇄선</td><td>—··—·</td><td>1점쇄선과 구분할 필요가 있을 때</td></tr>
</table>

1. 치수와 치수선

치수의 단위는 mm로 하며 기호는 붙이지 않는다. mm 단위 이외의 단위를 사용할 경우는 반드시 단위를 표시한다.

① 치수선 : 가는 실선으로 치수보조선에 직각으로 긋는다.

② 치수보조선 : 치수선을 긋기 위해 도형 밖으로 인출한 선으로 실선을 사용한다.

③ 치수표시

㉮ 보기 쉽고 이해가 편하도록 해야 하며 치수선 중앙위치에 기입한다.

㉯ 치수기입은 치수선에 평행으로 도면의 왼쪽으로부터 오른쪽으로 아래에서 위로 읽을 수 있도록 기입한다.

㉰ 협소한 간격이 연속할 때에는 인출선을 써서 치수를 쓴다.

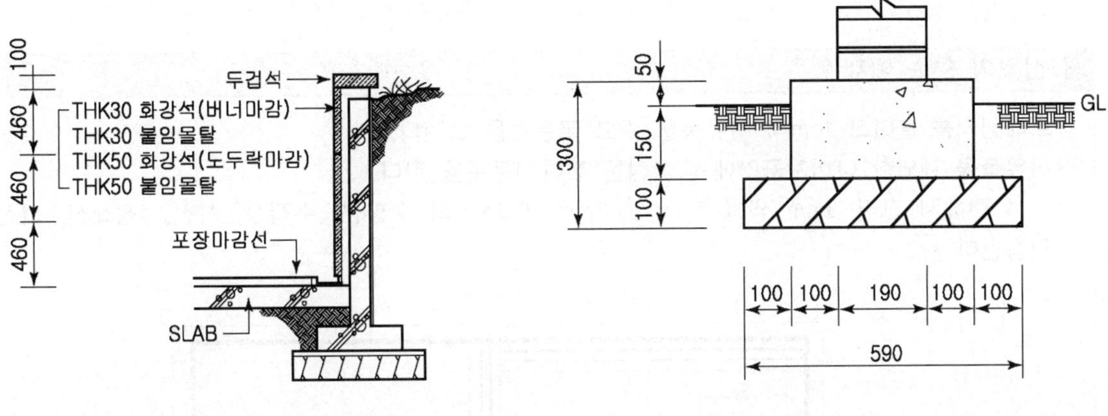

2. 인출선

그림자체에 기재할 수 없는 경우 인출하여 사용하는 선을 말하고 주로 수목의 규격, 수종명 등을 기입하기 위해 사용한다.

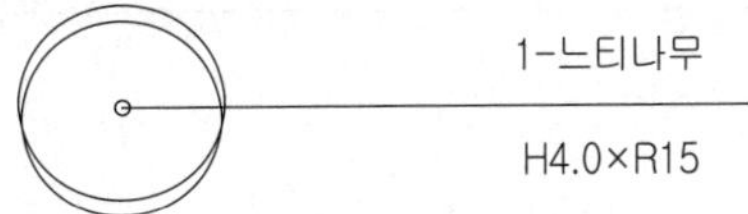

4 선긋기 연습

1. 선긋기 방법

① 수평선은 T자(또는 평행자)로, 수직선은 T자와 삼각자를 직각으로 놓고 그린다.

② 보통 수평선은 보통 좌 → 우, 수직선은 아래 → 위방향으로 그린다.

③ 선이 교차할 때는 한쪽이 길어지거나 모자르지 않게 하고 정확히 모서리부분이 만날 수 있게 한다. 다만 교차부분의 선이 약간씩 겹쳐지는 것은 가능하다.

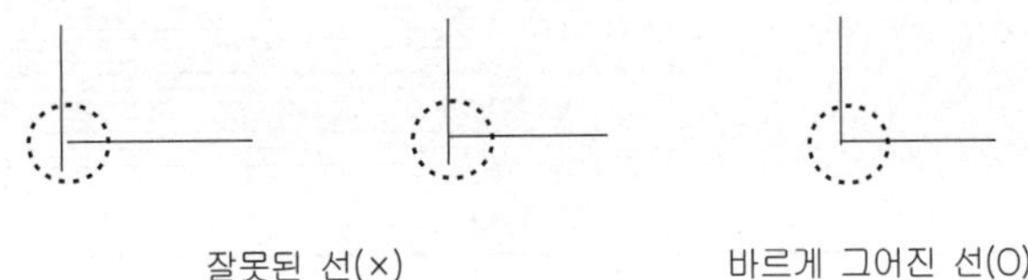

잘못된 선(×) 바르게 그어진 선(O)

2. 선은 일정한 굵기와 선명도를 위한 방법

① 선을 그릴 때는 샤프나 연필의 아래쪽으로 약간의 힘을 준다.

② 지면과 샤프는 60° 정도의 경사를 준다.(굵은선은 수직(90°)으로 세워 반복해서 그린다.)

③ 목적으로 하는 선은 일정한 진하기를 위해 샤프를 한번정도(시계방향) 돌려준다.

선긋기 연습 예제 1

- 트레싱지를 붙이고 1cm씩 여유폭을 주고 굵은선을 그린다.
- 여유폭을 제외한 나머지공간에 중심점을 잡아 4등분을 한다.
- 1~4 면에서 간격 3mm 씩 0.5mm, 0.3mm, 0.2mm의 수평선, 수직선, 사선, 1점쇄선, 파선 등을 연습한다.

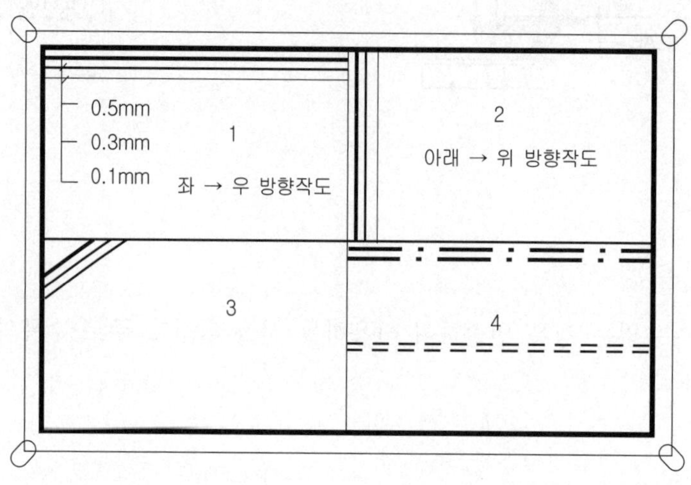

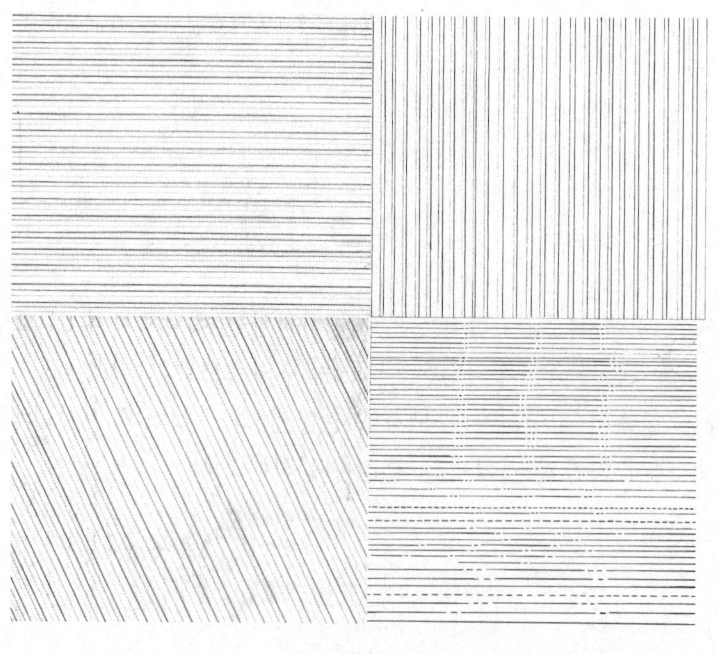

선긋기 연습 예제 2

- 위와 방법을 동일하게 4등분을 한다.
- 먼저 가로, 세로 1cm로 모눈종이처럼 그리드(격자)를 보조선(0.2mm)로 작성하며 그 위에 중간선(0.3mm)으로 다시 굵은선(0.5mm)으로 마무리한다.

[도안 1]

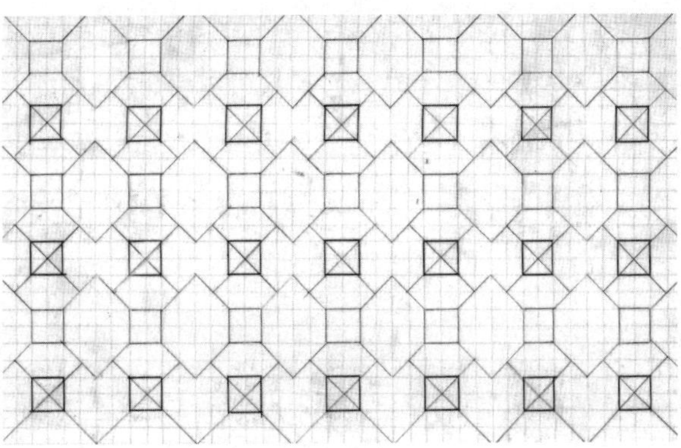

[도안 2]

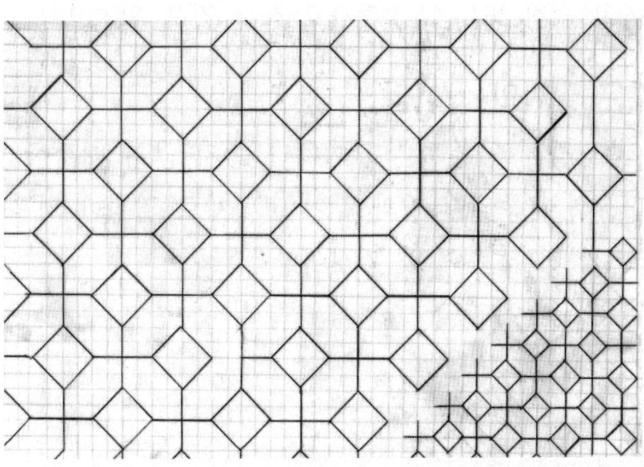

[도안 3]

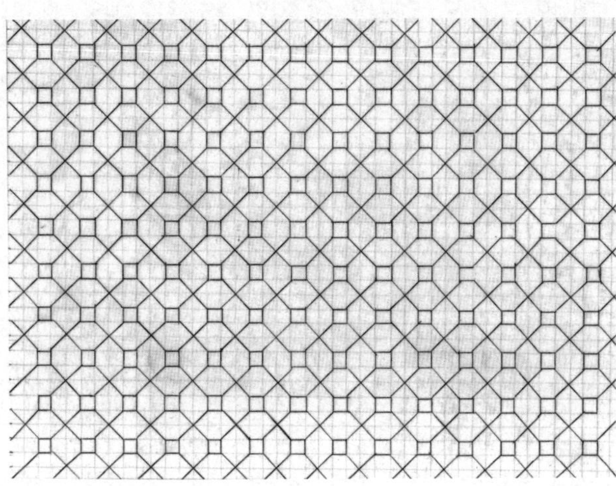

5 제도글씨(Lettering)

POINT

제도에서의 글씨는 그림으로 표현할 수 없는 내용(표제나 치수 등)을 나타내는 중요한 요소이다. 글씨는 그림을 보다 효과적으로 뒷받침해주기도 하고 그림의 완성도를 떨어뜨리기도 하는 요소이므로 충분한 연습이 필요하다.

제도용 글자는 크게 2가지로 구분하는데, 첫번째가 도면명이며 두번째가 도면글씨이다.
도면명의 선의 굵기는 0.7mm, 비례는 1 : 1.5로 글씨의 처음과 끝부분을 동일한 굵기로 쓴다. 도면글씨는 도면명 보다 작게 쓰며 선의 굵기는 0.5mm 정도가 적합하다.

1. 일반사항

① 글자는 고딕체로 명백히 쓴다.
② 문장은 왼쪽에서부터 가로쓰기를 원칙으로 한다. 다만, 가로쓰기가 곤란할 때에는 세로 쓰기도 무방하다.
③ 숫자는 아리비아 숫자를 원칙으로 한다.
④ 글자체는 고딕체로 하고 수직 또는 15° 경사로 쓰는 것을 원칙으로 한다.

2. 좋은 글씨와 좋지 않은 글씨의 차이점

글씨를 잘 쓰지 못하는 사람들의 공통점은 글씨체가 좋지 않기 때문이라고 생각하는데 좋은 글씨체란 정해져 있는 것은 아니다. 위의 주의 사항과 같이 고딕체로 일정한 기울기로 쓰는 것을 우선으로 하지만 가장 좋은 글씨는 도면과 어울릴 수 있는 것이다.
따라서 좋은 글씨란 도면의 크기에 따라 효과적으로 배치하며 너무 한곳에 집중적으로 쓰지 않도록 하는 것이 중요하다.

3. 제도글씨 연습 예시

3 | 설계도면의 배분

학습포인트

•설계도면 작성에 있어 적절한 위치선정이 중요하며 잘못된 위치선정은 도면을 순간적으로 볼 때 도면의 내용, 완성여부와 관계없이 그 도면에 대해 거부감과 내용에 대한 의심이 생기는 심리가 발생할 수 있다. 또한 도면의 각장에 필히 바스케일과 방위를 표시해야하므로 이를 미리 숙지함으로써 작성에 실수가 없도록 하자.

1 도면배분

① 트레싱지는 길이 방향을 좌우 방향으로 놓은 위치로 모서리를 테이프로 고정한다.

② 테두리선은 왼쪽을 철할 때는 왼쪽은 25mm, 나머지는 10mm 정도의 여백을 주며 선의 굵기는 설계 내용보다 굵게 친다.

③ 표제란

보통은 10~12cm 정도로 오른쪽 여백에 위치한다. 작품명, 도면명, 수량표가 작성되며 우측하단부에는 방위와 바스케일을 나타낸다.

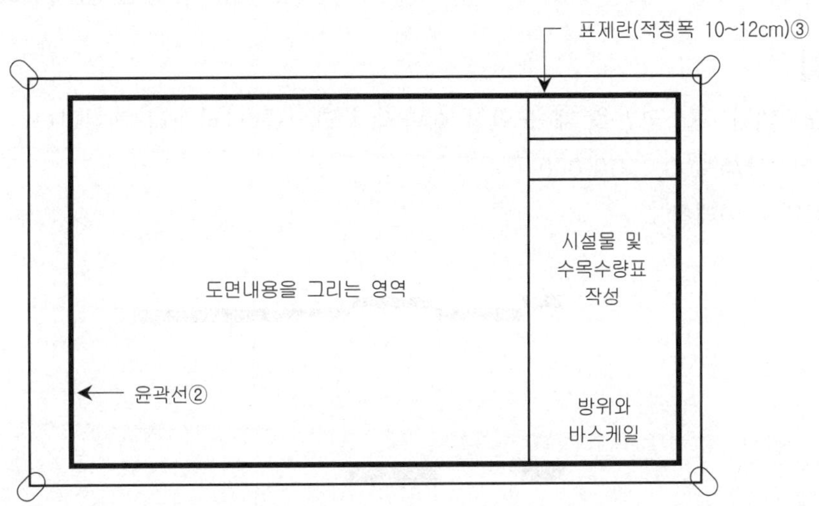

④ 도면 내용의 배치 : 표제란을 설정하였으면 도면내용이 들어갈 수 있는 영역에서 중심선을 찾아 보조선(0.2mm)을 그려놓는다.

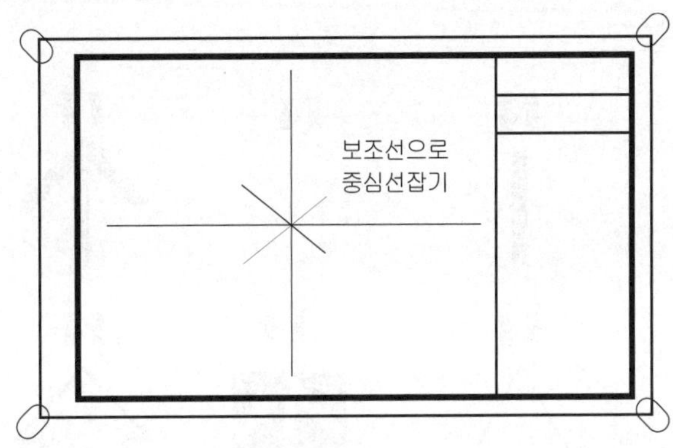

다음으로 그리고자 하는 도면의 스케일을 확인하고 계획부지가 도면내용영역 중앙에 균형감 있게 배치되도록 한다. 계획부지는 보통 1점, 2점 쇄선의 굵은선으로 그린다.

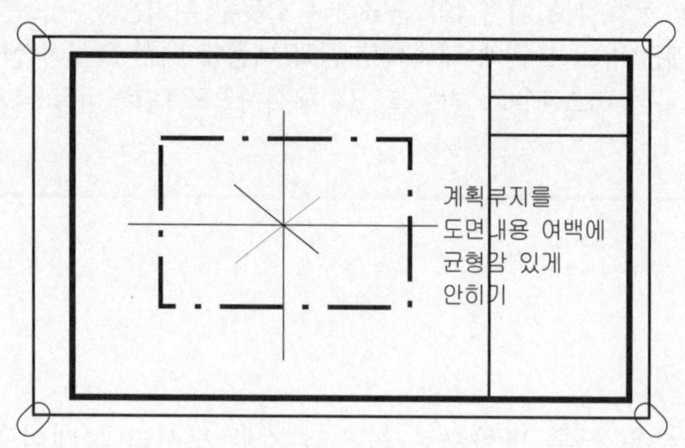

2 바 스케일(Bar Scale)과 방위

도면은 실제 크기에 대한 일한 크기의 비율로 나타내는데 이를 축척이라고 한다. 도면의 각장은 필히 축척과 방위를 기입하며 도면이 축척에 맞지 않으면 Non scale(N.S)로 표시한다.

1. 바 스케일

도면에 확대되거나 축소되었을 때 도면상 대략적인 크기를 나타내려 표현한다.

① 숫자 표기 : 1/5,000, 1/10,000

② 그래프표기 : 아래참조

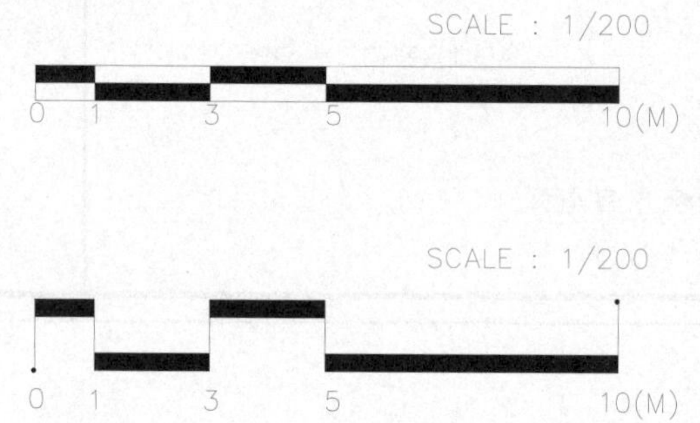

2. 방위

방향표시에서는 북쪽을 나타내는 N을 표시하고 표시방법의 아래와 같다. 이중 적당한 것을 선택하여 바스케일과 같이 표시한다.

02 도면별 표현 방법

학습포인트

1 | 개념도(Concept map) 표현 방법

• 개념도는 설계에 있어 첫 단계로 개략적인 공간구분, 동선, 식재개념을 포함하여야한다. 각 공간마다 규모와 위치를 선정해 표현하고 동선은 위계순으로 화살표로 나타내며, 현황부지와 공간에 따라 식재개념도 나타낸다. 따라서 개념도 작성을 위한 표현법을 미리 숙지하여야 숙달시켜놓도록 한다.

1 공간 개념

1. 공간별 기능

진입광장	•입구(주진입, 부진입) 부분의 정체성을 배려하기 위한 공간
중심광장	•집·분산과 휴게를 갖는 공간 •부지의 중심적 역할을 수반하며 상징물과 같은 랜드마크적 요소를 제공하여 의미를 부각
휴게공간 (휴식공간)	•이용자의 휴식과 편익을 위한 공간 •여유있는 공간을 제공하여 담소와 대화의 장소로서 역할 •그늘을 제공받을 수 있는 녹음식재
놀이공간	•유아·어린이들의 활동공간으로 유희시설물을 설치 •연령별 분할을 요구 •유아·어린이의 스케일을 고려한 설계
운동공간	•이용자의 건강과 체육활동의 장소
수변공간	•물을 이용한 공간으로 연못, 벽천, 분수 등으로 시각적 흥미와 청량감을 제공 •어린이를 위한 친수공간으로 도섭지 등의 시설 도입
잔디광장	•정적 휴게를 도모하며 잔디광장 주변으로 자연스러운 산책동선을 연결
주차공간	•이용자를 위한 주차장설계

공원진입광장

주차장

잔디광장

놀이공간

2. 다이어그램(diagram)

공간의 위치와 크기가 정해지면 이를 도면에 표현하는데 이를 다이어그램 이라한다. 다이어그램은 설계자가 아이디어를 정립하여 일목요연하게 표현하는 기본적인 방법으로 이 단계에서 확실한 형태를 나타낼 필요는 없으며 대략적 면적과 위치를 전달해준다.

3. 표현

개념도에서 다이어그램은 프리핸드제도이며 단순한 형태로 빠른 시간에 작성하도록 한다. 또한 공간 안에 랜드마크적 요소를 표시하거나 결절점을 줄 경우 아래와 같이 표현한다.

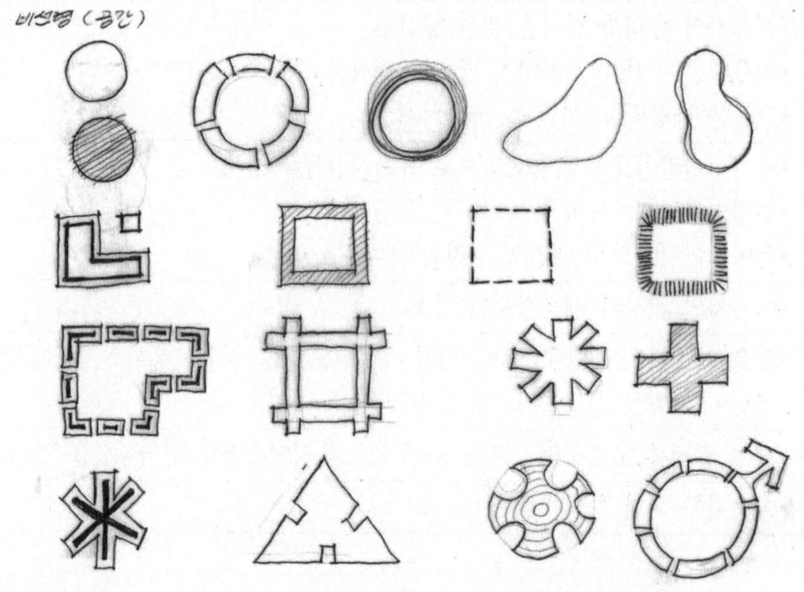

구체적 표현은 문제에서 주어진 공간을 동선과 고려하여 배치한다. 설치한 면적과 도입위치에 각 공간의 명칭을 기입하고 개념과 기능 도입시설, 포장 등에 대한 설명을 기입한다.

놀이공간

- 개념 : 유아, 어린이를 위한 놀이공간조성
- 도입시설 : 그네, 미끄럼틀, 시소 등
- 포장 : 모래

2 식재공간

1. 식재공간별 기능

지표식재	진입부 또는 주요 결절점부분에 상징적 의미가 있는 수목을 심어 랜드마크 기능의 식재공간
요점식재	지표식재와 동일한 특성이지만 강조(accent)요소로 무리심기보다는 단식으로서 의미가 강한 식재공간
경관식재	경관상 돋보이게 하도록 잔디밭, 주요 결절점부분에 식재공간
차폐식재	불량한 경관지나 사생활보호가 요구되는 곳의 식재공간
녹음식재	휴게공간, 광장 등에 그늘을 제공하여 휴식을 도모하며 경관조성 효과를 겸하는 식재공간
경계식재	대상지의 안과 밖을 구분짓는 식재로 차폐, 차음, 사생활보호의 역할도 동시에 수행하는 식재공간

2. 표현

식재 개념의 표현은 녹음식재, 차폐식재, 경관식재, 경계식재 등 기능적 부분을 점유공간 규모를 적용하여 정적인 표현으로 도식화한다.

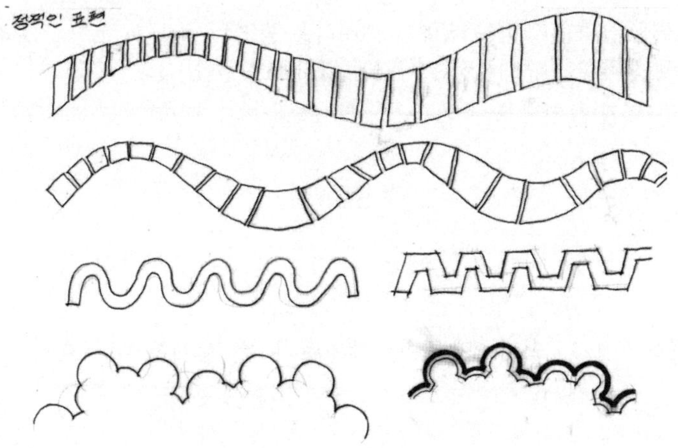

3 동선

1. 동선구분

개념도에 있어 공간과 상호 관련성을 주며 보행동선과 차량동선을 구분하고 주동선과 부동선, 연결동선을 구분하여 나타낸다.

보행동선	주동선	•이용자의 주 출입구(Main Enterance) •부지에의 입구로서 진입이 용이한 곳에 설치
	부동선	•이용자의 부 출입구(Sub Enterance) •진입보다는 출구로서의 역할
	내부동선	•각 공간의 연계성을 위한 동선 •주동선과 부동선의 연계성을 위한 동선
차량동선		•주차장 이용과 진입으로 위한 동선 •볼라드(단주)를 이용하여 보도와 차도를 분리

2. 표현

동선은 화살대와 화살표를 활용하여 나타내며 동선의 위계성을 적용하여 나타낸다. 예를 들면 주동선은 굵은 화살대로, 부동선은 가는 화살대로 나타낸다.

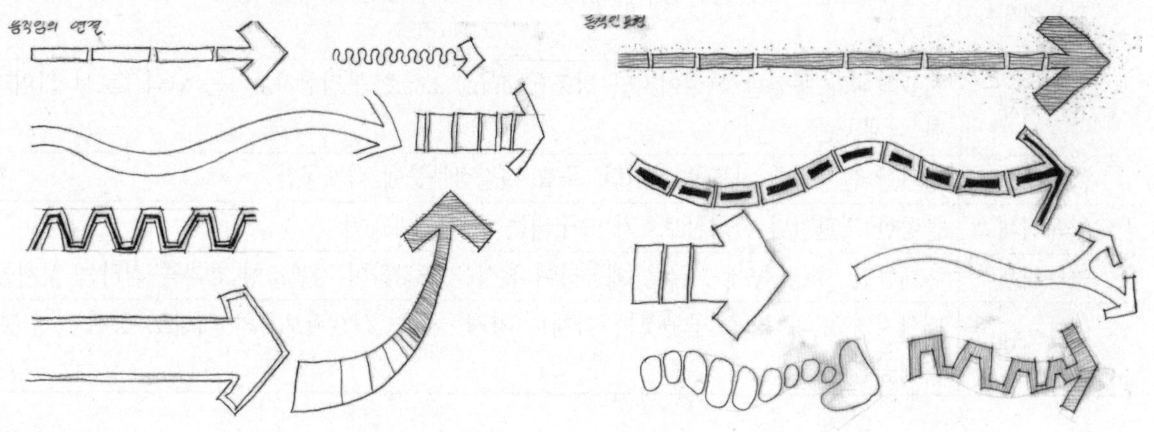

2 | 시설별 설치기준 및 표시법

학습포인트

- 시설물배치도에 시설물을 표현할 때는 위에서 내려다본 평면적 형태를 그린다. 정해진 시간 내에 도면을 완성해야하므로 실제 형태를 단순화시키며 규격에 맞춰 표현한다.

1 휴게시설

1. 정의

파고라(그늘시렁), 쉘터, 정자, 의자, 앉음벽, 야외탁자 등 휴게를 목적으로 설치하는 시설을 말한다.

2. 적용범위

공원, 주택단지 등 설계대상공간의 휴게공간에 설계에 도입한다.

3. 제도기호

팔각정자	육각정자	파고라			
		3,000×3,000	4,500×4,500	3,600×3,600	10,000×5,000
평벤치		등벤치	야외탁자	쉘터	
1,800×700	1,800×500	1,800×700	2,400×1,400		

정자

파고라

야외탁자

2 관리시설

1. 정의

설계대상공간의 기능을 원활히 유지하기 위한 관리목적으로 설치하는 시설로 관리사무소, 공중화장실, 안내판, 조명등, 쓰레기통, 음수대, 플랜터, 시계탑, 울타리 등을 말한다.

2. 제도기호

조명등	휴지통		수목보호용 틀	관리사무소	화장실
음수전			안내판		시계탑

3 놀이시설

1. 정의

미끄럼틀, 시소 등 어린이의 놀이를 목적으로 설치하는 시설을 말한다.

2. 적용범위

공원, 주택단지 등의 설계대상공간에 놀이공간에 적용한다.

3. 시설규격 및 주의사항

① 그네

㉮ 배치 : 북향 또는 동향(햇빛을 마주하지 않도록 한다.)

㉯ 규격 : 2인용기준 높이 2.3~2.5m, 길이 3.0~3.5m, 폭 4.5~5.0m

㉰ 안장과 모래밭의 높이 35~45cm가 되게 한다.(단, 유아용일 경우 25cm 이내, 그네줄의 길이 150cm 이내)

㉱ 충돌을 방지하기 위하여 60cm 내외의 그네보호책을 설치하여야 한다.
㉲ 회전으로 인하여 그네와 그네가 충돌하지 않도록 회전반경을 감안하여 설치하여야 한다.

② 미끄럼틀
㉮ 배치 : 북향 또는 동향
㉯ 규격 : 미끄럼판의 높이 1.2m(유아용)~2.2m(어린이용), 폭은 40~50cm, 기울기는 30~35°
㉰ 유아와 어린이의 놀이시설 이용은 부모의 감시가 이루어져야 하므로 휴게공간과 같이 설치하여야 한다.
㉱ 미끄럼틀위에서의 조망에 의한 인근세대의 사생활침해가 발생되지 않도록 위치선정 등을 감안 하여야 한다.

③ 미끄럼틀·그네 등 동적인 시설 주위로는 3.0m 이상, 흔들말·시소 등 정적인 시설 주위로는 2.0m 이상의 이용공간을 확보한다.

④ 모래밭은 유아들의 소꿉놀이를 위하여 30㎡를 기준으로 한다.

⑤ 배수는 맹암거 등 심토층 배수시설을 평균 5m 간격으로 배치한다.

⑥ 도섭지
㉮ 지자체의 관리가 가능한 지구에 한하여 근린공원내 설치하되 수면의 깊이는 30cm 이내로 한다.
㉯ 물을 이용하는 연못, 실개울 등의 시설과 연계하여 설치할 수 있다.

4. 제도기호

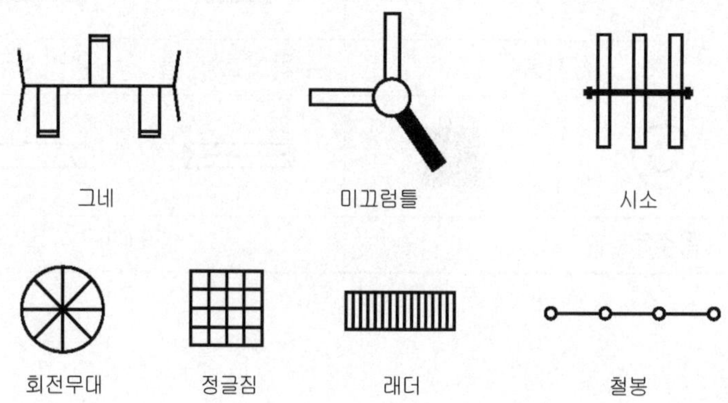

4 수경시설

1. 정의

물을 이용하여 설계대상공간의 경관을 연출하기 위한 시설로 물의 흐르는 형태에 따라, 폭포·벽천·낙천수(흘러내림), 실개울(흐름), 연못(고임), 분수(솟구침) 등으로 나눈다.

2. 적용범위

건축물주변, 공원, 광장, 주택단지 등 설계대상공간에 수경시설에 적용한다.

3. 제도기호

① 수경공간은 빛의 반사에 따른 시각적인 반영이나 흔들림 물결 등을 표현 한다.

② 도섭지는 놀이시설에 포함되며 다른 수경공간과 연계하여 배치한다.

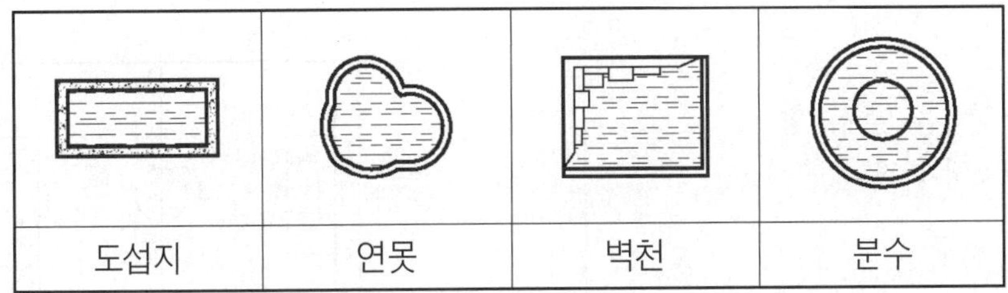

벽천

연못

도섭지

5 운동시설

1. 정의

이용자들의 신체 단련 및 운동을 위하여 설치하는 운동장·체력단련장·경기장 등의 공간을 말한다.

2. 적용범위

건축물주변, 주택단지, 공원 등 설계대상공간의 운동공간에 운동시설을 적용한다.

3. 종류

① 단체운동 : 축구장, 농구장, 배구장, 배드민턴장, 소프트보올장, 씨름장, 게이트볼장 등

② 개인운동 : 철봉, 평행봉, 평균대, 윗몸일으키기, 팔굽혀펴기 등

4. 운동시설의 배치와 선정

① 공원의 배치현황, 이용권을 감안하여 집중, 중복되지 않도록 한다.

② 주거생활에 피해를 주지 않도록 주거지와 인접하여 배치하지 않도록 한다.

③ 운동공간의 확보는 공원면적에 여유가 있는 경우 정규 규격으로 하고 유사이용이 가능한 시설은 다목적으로 이용토록 면적을 확보한다.

④ 정규규격 외에 여유폭을 확보하여 운동에 지장이 없도록 한다.

5. 주요 운동시설 규격

	배치 및 포장	규 격
축구장	•장축을 남북방향 •포장 : 잔디	•길이 90~120m, 폭 90~45m (국제경기장 길이 100~110m, 폭 75~64m) 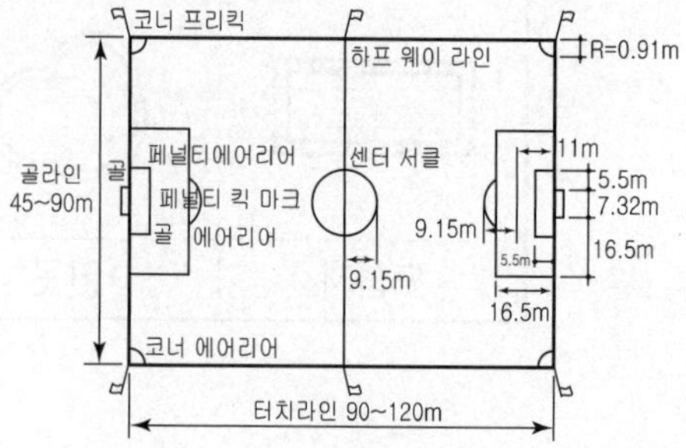
농구장	•장축을 남북방향 •포장 : 미끄러지지 않은 재료	•길이 28m, 너비 15m 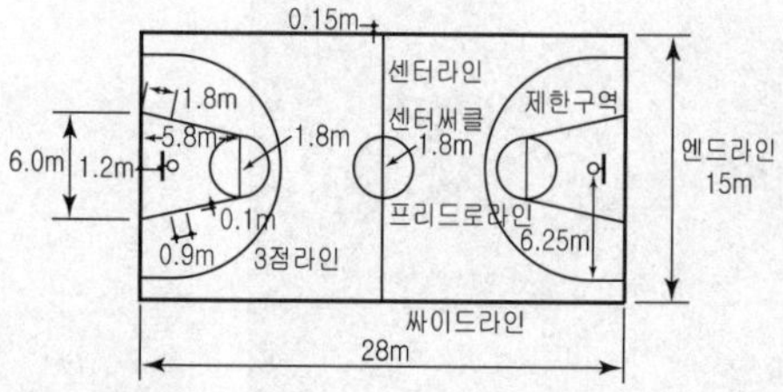
배구장	•장축을 남북방향	•길이 18m, 너비 9m 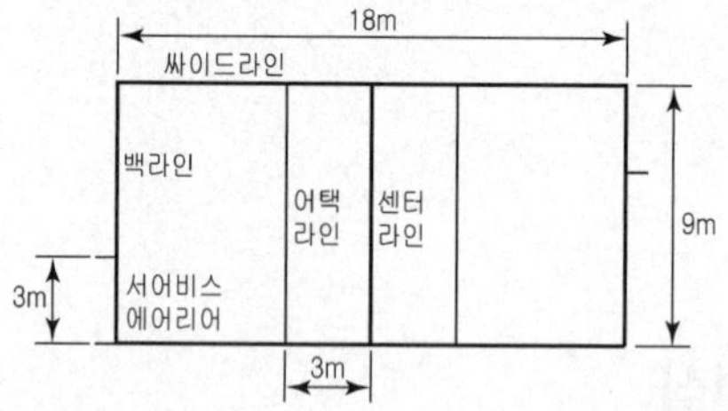
테니스장	•장축을 남북방향 •정남북을 기준으로 동서로 5~15° 편차범위	•길이 23.77m, 가로는 복식 10.97m, 단식 8.23m 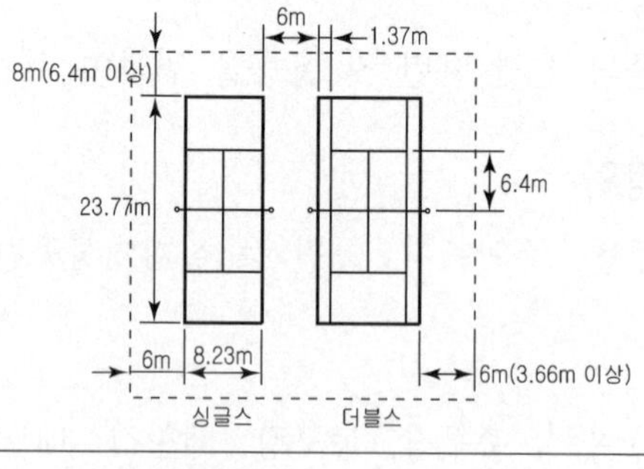
배드민턴장	•장축을 남북방향	•길이 13.4m 너비 6.1m 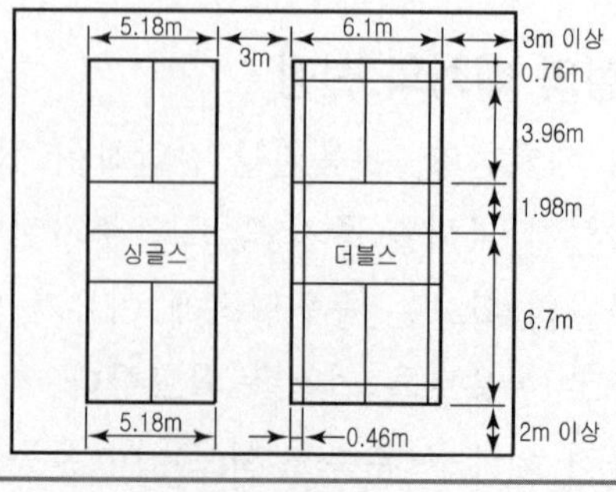

6 배수시설

1. 정의

지표배수와 심토층 배수를 말하며 전자는 지표면의 빗물을 배수하는 것, 후자는 지하수위를 낮추기 위해 지하수를 배수하는 것을 말한다.

2. 적용범위

공원, 광장 등 설계대상공간에 지표배수와 심토층 배수시설을 설계하여 적용한다.

3. 설계시 주의사항

① 표면에 노출되는 우수받이, 집수정, 맨홀 등은 포장주변 구조물과의 시공의 용이성, 미려성을 파악하고 상세한 위치를 결정한다.

② 우수관로의 관경은 300mm를 최소로 하며 우수관의 재료는 흄관을 사용한다.

③ 맹암거

㉮ 대단위의 녹지, 용출지의 식재지반, 운동장, 사장 등에 설치하며 맹암거의 본선은 200~250m/m, 지선은 150m/m 내외의 유공관을 사용한다.

㉯ 지선간의 간격은 4~5m를 기준으로 하며 어골형으로 배치한다.

4. 제도기호

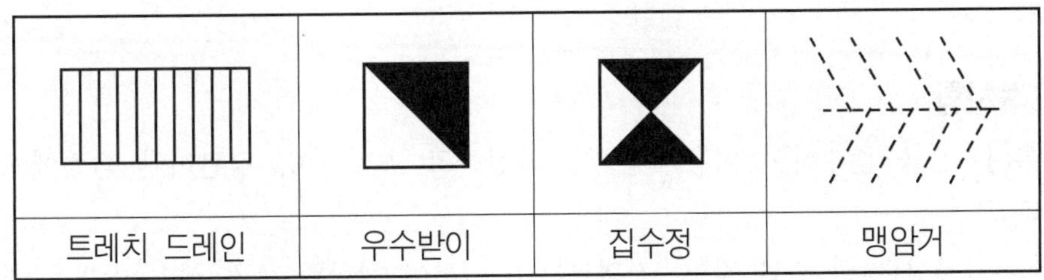

트레치 드레인
우수받이
집수정
맹암거

집수정

빗물받이

7 포장

1. 정의

보행자와 자전거·차량통행과 공간의 원활한 기능유지를 목적으로 설치하는 포장을 말한다.

2. 포장재료 및 유의사항

① 특징있는 경관조성을 위해 소형고압블럭(I.L.P), 투수성 콘크리트, 투수성 아스팔트, 콘크리트, 아스콘, 콘크리트, 화강석재, 석재타일, 흙다짐포장벽돌 등으로 한다.

② 놀이공간의 바닥 특히, 추락위험이 있는 그네, 사다리 등의 놀이시설 주변 바닥에는 충격을 흡수·완화할 수 있는 모래, 마사토, 고무재료, 인조잔디 등 완충재료를 사용하여 충격을 흡수할 수 있는 깊이로 설계하여야 한다.

③ 광장의 포장경사는 3% 이내, 운동장의 포장경사는 1% 이내로 한다.

④ 광장, 보행동선 등은 목적에 알맞도록 포장 패턴이 방향과 인식성을 갖도록 설계한다.

⑤ 운동공간은 마사토다짐(T20cm)을 원칙으로 하나 마사토의 수급 및 현장여건을 감안하여 혼합토(모래 : 흙=7 : 3)다짐을 사용할 수 있으며 배수층은 따로 두어야 한다.

⑥ 콘크리트 조립 블럭 사용시 보도용은 두께 6cm, 차도용은 두께 8cm로 한다.

3. 포장표현

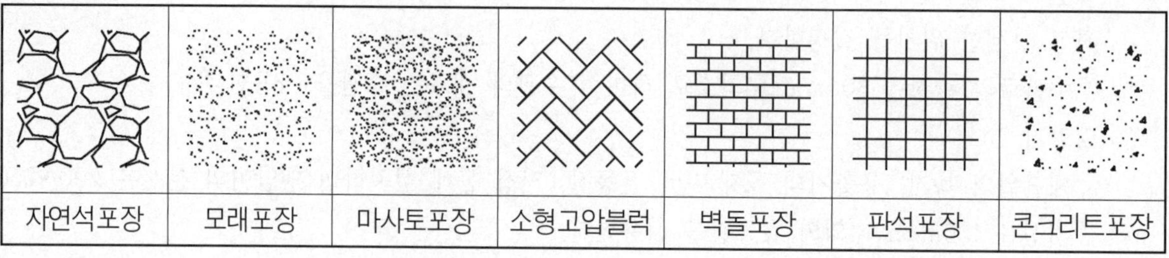

8 주차장

1. 설계시 고려사항

① 법규와 설계기준을 준수하여 이용자들이게 안전하고 편리하며, 경관이나 환경에도 잘 어울리도록 해야 한다.

② 예상되는 주자창 부지의 폭과 길이, 진입로를 고려하여 적합한 주차 배치 방법을 결정한다.

2. 주차장설계

① 주차면적

㉮ 소형차(승용차) : 3(2.5m)×5m

㉯ 대형차(버스) : 5×10m

② 주차장은 90° 주차가 60°, 45°, 평행주차가 있으며, 동일면적에 많은 주차대수를 설계하는 방법은 90° 이다.

③ 표현방법

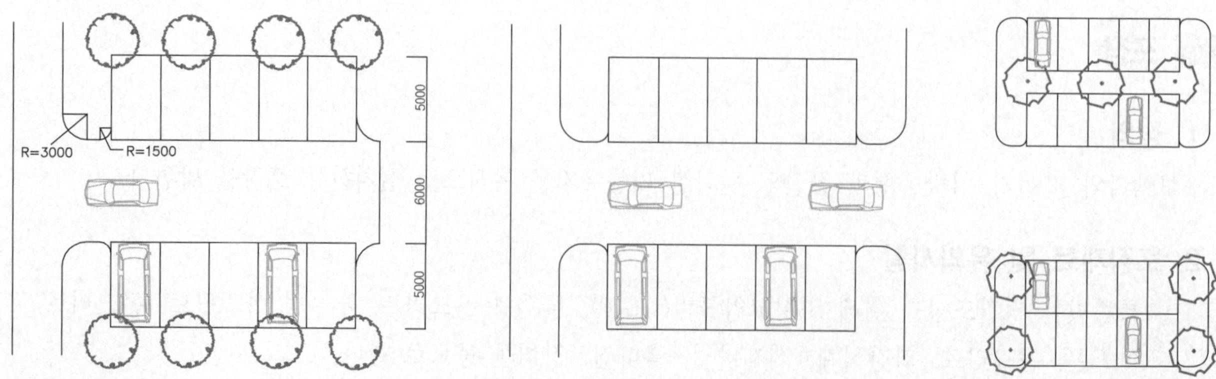

9 계단과 경사로(Ramp) 설계

1. 계단

① 구조

㉮ 단높이(R)와 디딤면 너비(T)의 관계

$2R+T$=60~65cm가 표준

단높이를 18cm 이하, 디딤면의 너비는 26cm 이상

단높이가 높으면 반대로 답면은 좁아야 함

㉯ 계단참 : 높이 2m를 넘는 계단에는 2m 이내마다 계단의 유효폭 이상의 폭으로 너비 120cm 이상의 참을 둠

㉰ 계단의 단수는 최소 2단 이상(이하일 경우 실족의 우려)

㉱ 계단 바닥은 미끄러움을 방지할 수 있는 구조로 설계

② 설치

㉮ 실제높이를 단높이(R)로 나누어 설치할 계단수를 계산한다.

㉯ 단수에 디딤면 너비(T)를 곱하여 길이를 구한다.

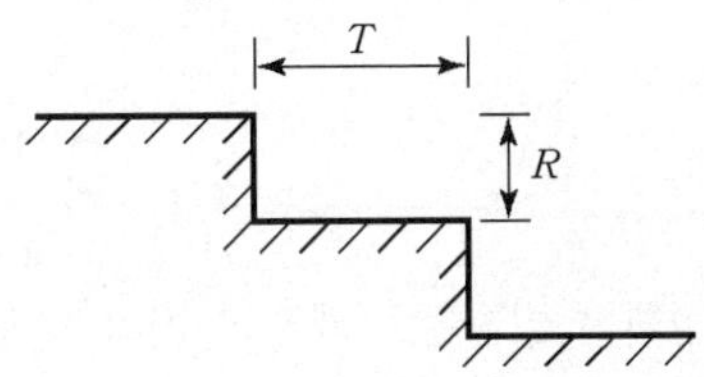

2. 경사로(Ramp)

① 배치 : 평지가 아닌 곳에 보행로를 설치할 경우 장애인·노인 임산부 편의 증진에 관한 법률 등의 관련법규에 적합한 경사로를 설계

② 구조 및 규격

㉮ 유효폭 및 활동공간

- 휠체어사용자가 통행할 수 있도록 보도 또는 접근로의 유효폭은 120~200cm로 한다.
- 경사진 경사로가 연속될 경우에는 휠체어사용자가 휴식할 수 있도록 30m마다 1.5m×1.5m 이상의 수평면으로 된 참을 설치한다.

㉯ 기울기

- 장애인 등의 통행이 가능한 경사로의 기울기는 1/18(5.5%) 이하로 하며, 다만 지형상 곤란한 경우에는 1/12(8.3%)까지 완화하여 수평거리를 정한다.
- 일반인이 가능한 경사도는 10% 정도로 한다.

㉰ 재질과 마감

- 바닥표면은 장애인 등이 넘어지지 않도록 조면처리한다.

경사로

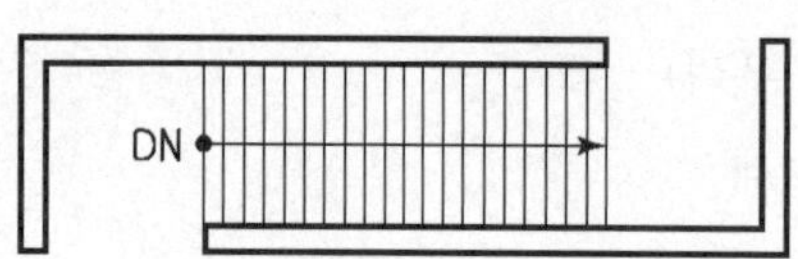

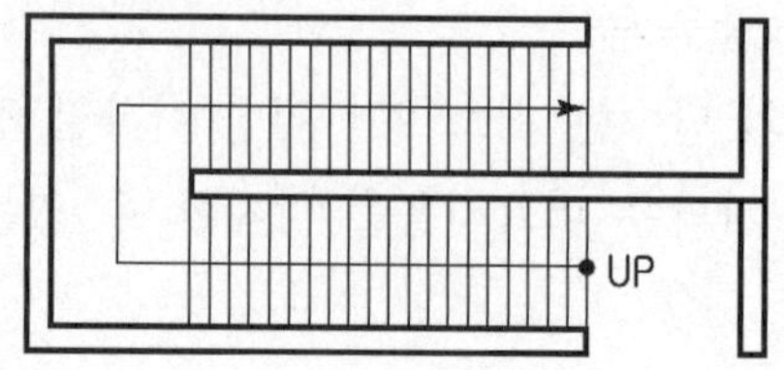

램프설계의 예

학습포인트

3 | 조경식물 표시법

• 조경설계에 조경식물 소재의 표현하는 방법은 설계자에 따라 약간씩 다르며 매우 다양하다. 다만 정해진 시간내에 도면을 완성하기 위해서는 세밀한 표현방법보다는 기호화하여 간략하게 나타내도록 한다. 평면도, 입면도, 단면도에서 수목의 표현법을 숙지하도록 한다.

1 평면도 수목 표시법

일반적으로 수목을 위에서 내려다 본 상태로 나타내며 상록교목, 낙엽교목, 관목, 지피식물 등으로 구분하여 표시한다. 평면상 간단한 원에서부터 수목의 질감을 표현하기도 하며 그림자를 표현하여 세련된 형태를 만들 수도 있다. 평면 설계시 표시하는 방법은 다음과 같다.

1. 낙엽·상록 교목

① 외형선 표시

㉮ 간단하고 명확한 표현법이다.

㉯ 낙엽교목 : 수목의 테두리 외곽선은 둥근 템플렛을 이용하여 두껍고 진한 선으로 표현한다.

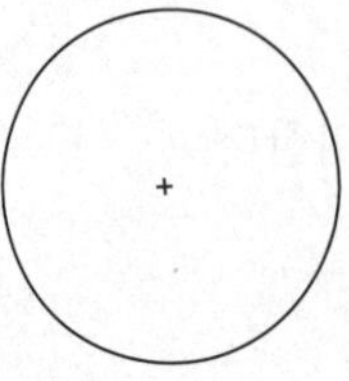

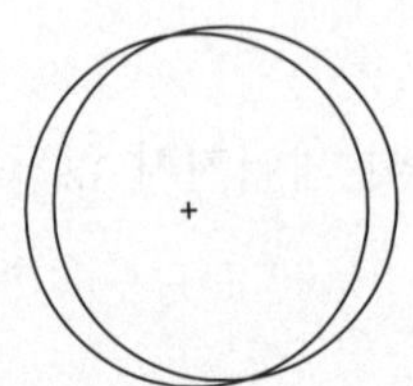

㉰ 상록교목 : 수목의 테두리 외곽선은 둥근 템플렛을 이용하여 가는선으로 표현하고 외곽선을 따라 프리핸드로 진한선으로 그려나간다.

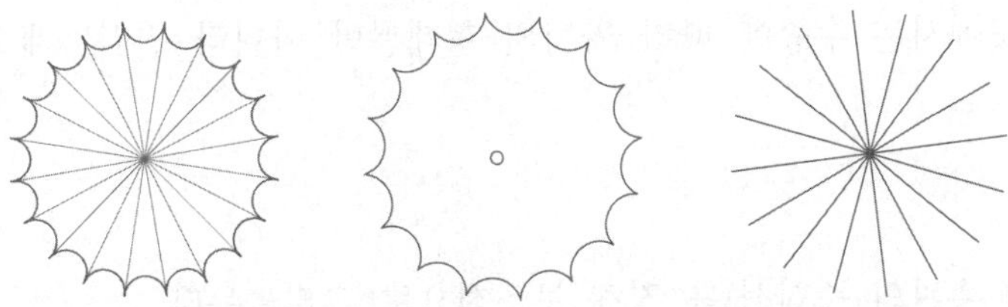

② 질감, 가지, 그림자 표시

㉮ 수목의 형태를 세밀하게 나타내어 생동감과 세련된 형태를 나타낸다.

㉯ 둥근 템플렛을 이용하되 가는선으로 표시하고 그 위에 질감과 가지를 표현하며 이때 원 테두리를 벗어나지 않게 한다.

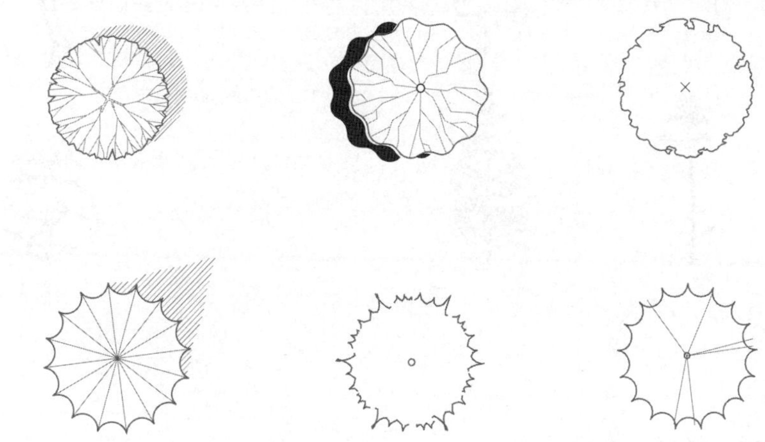

2. 관목

관목의 표현은 교목과 같으며 다만 교목처럼 단식보다는 그룹별로 군식 또는 열식의 방법으로 식재한다. 관목의 질감을 나타낼 때는 동일 수종은 일관된 표현이 되도록 해야한다.

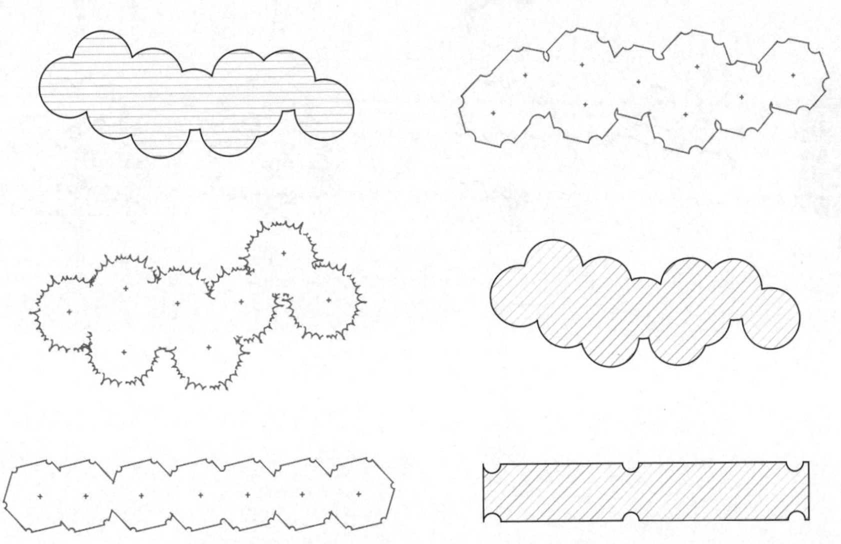

2 입·단면도 수목 표시법

1. 수목의 입면표현

조경설계의 입·단면도에서는 수종에 따라 가지의 형태뿐만 아니라 질감, 계절감까지 고려해 사실적으로 표현한다.

2. 표현방법

① 나무의 형태(수형, 수관의 중심선)를 정해 보조선으로 그려놓는다.
② 그려놓은 보조선위로 질감 표시를 한다.

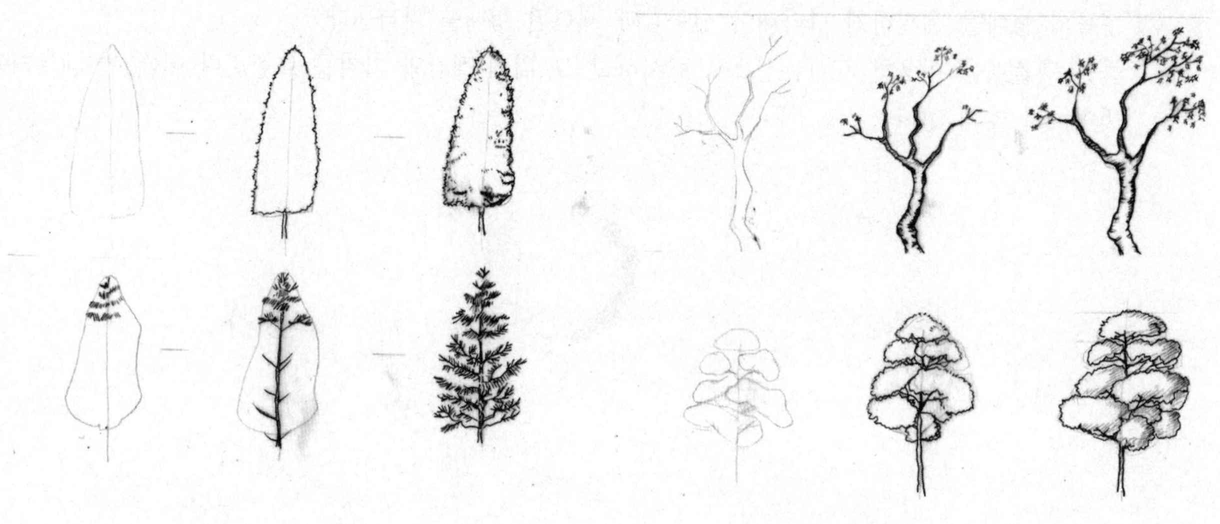

3. 수목 입면표현의 예시

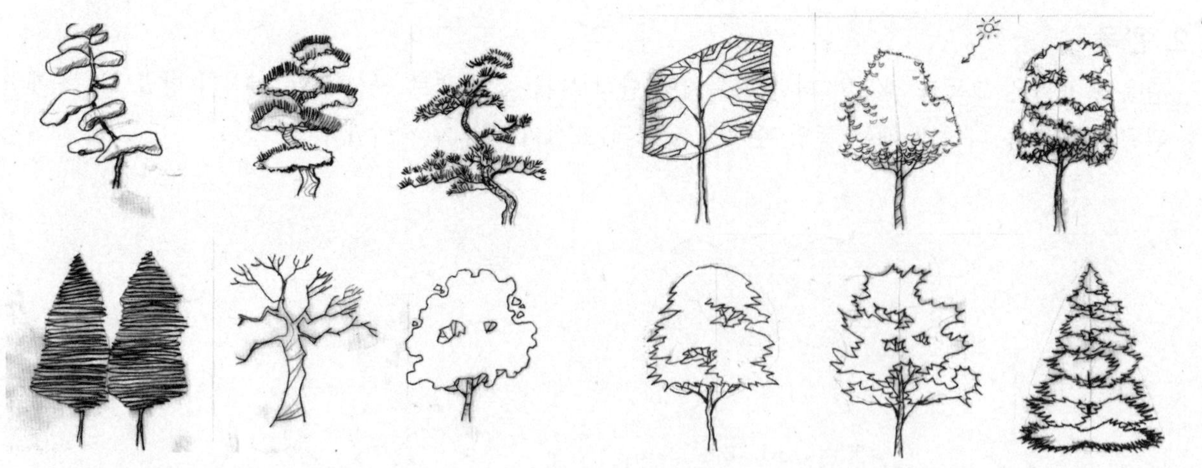

4 | 그 밖의 조경소재표시법

학습포인트

- 평면도, 입·단면도에서 도면에 활기를 줄 수 있는 요소로 수목과 사람, 차량의 표현은 공간의 용도와 스케일 감을 주는 중요한 역할을 한다. 아래 표현방법을 숙지하여 도면에 활용하도록 한다.

1 인간척도(human scale)

1. 목적

입·단면도 작성시 스케일에 맞는 사람을 표현하여 설계에 스케일과 공간감을 준다. 표현방법은 사실묘사에서부터 추상적 묘사까지 있으며 설계내용에 사실감을 더해준다.

2. 표현예시

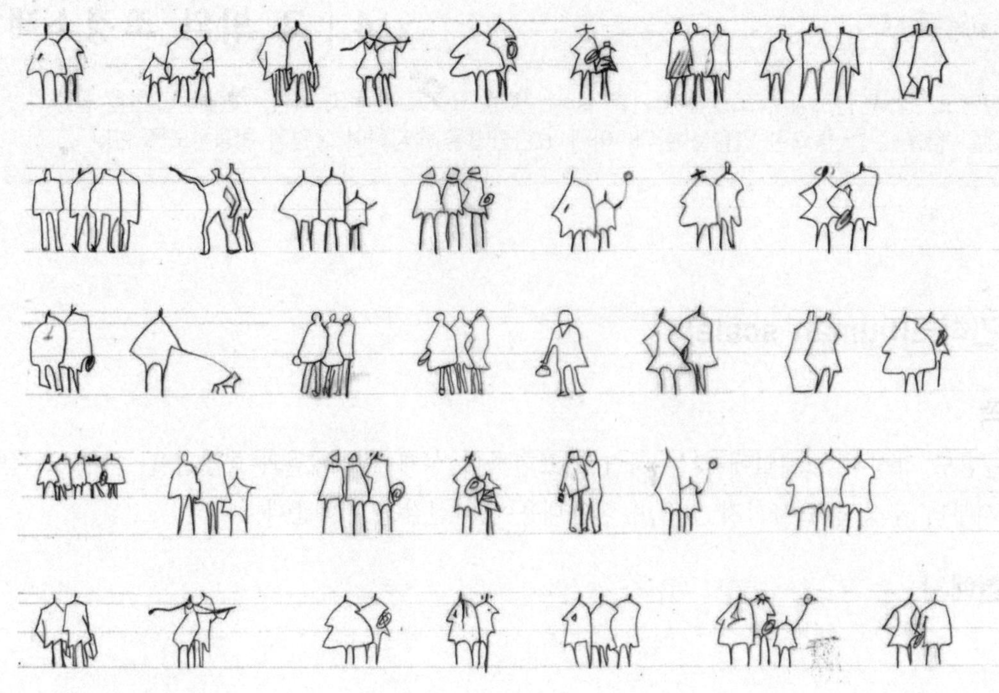

2 물

1. 목적

물은 벽천, 실개울, 연못, 분수 등에 따라 표현 방법이 다르며, 표현은 방법은 물의 빛에 의한 시각적 성질과 물의 움직임을 이해(낙수, 평정수, 유수, 분수) 하고 있어야 표현이 가능하다.

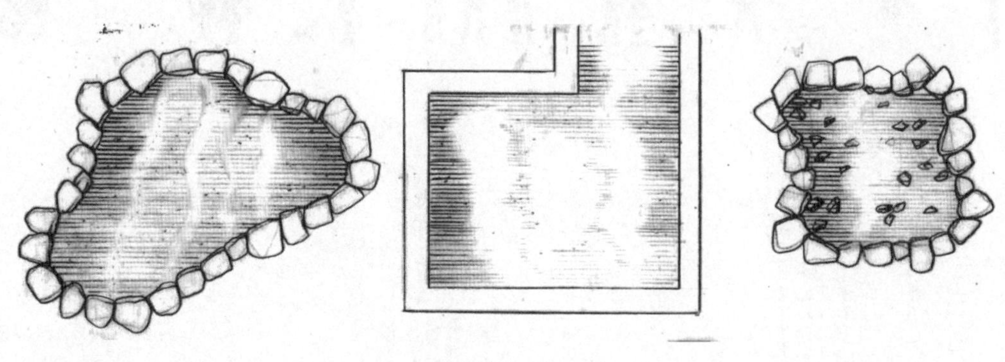

연못 평면 예

2. 표현예시

벽천 입면 예

3 자동차

1. 목적

도면에서 자동차는 공간의 용도를 나타내거나 스케일감을 주기 위해 사용된다.

2. 표현예시

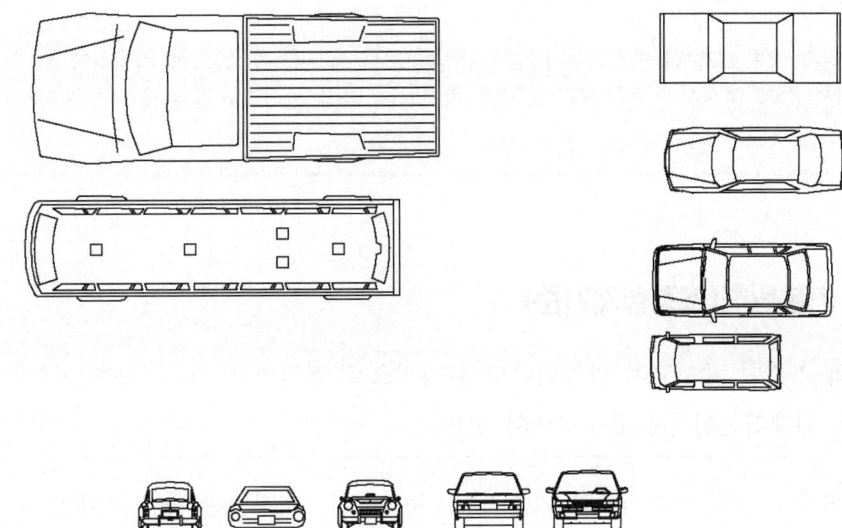

4 단면도 작성의 예

수목, 사람 등의 표현은 설계에 스케일감을 얻을 수 있다.

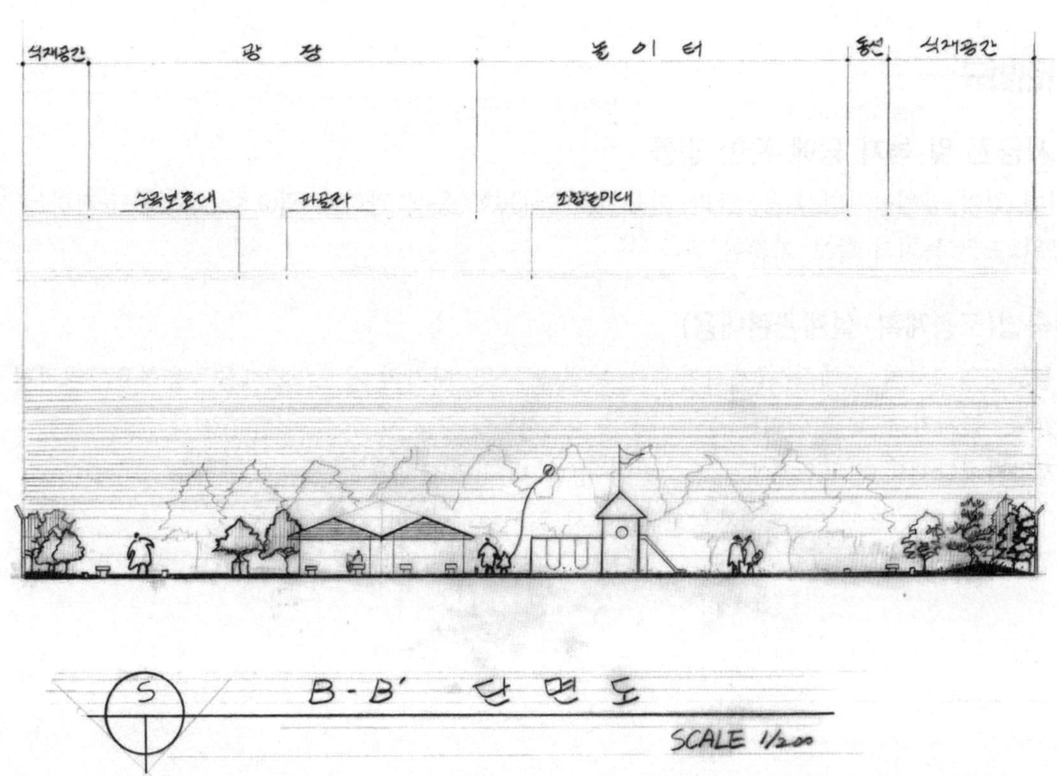

03 조경설계의 방법

1 | 조경설계의 원칙 및 관련법규

학습포인트

- 토지를 적절하게 보존·개발하는 조경은 바람직한 방향으로 유도할 수 있도록 하기위해 법적 규제가 이루어진다. 따라서 조경 설계시 기본원칙과 토지에 관련되는 여러 관련법규를 검토하여 계획·설계시 적용하도록 한다.

1 조경설계의 기본원칙(조경설계기준)

설계자는 별도의 기준이 제시되지 않았더라도 환경적으로 건전하고 지속가능한(친환경적) 설계를 목표로 하며, 다음의 설계기본원칙을 준수하여야 한다.

① 수목과 지피식물 등의 기존식생과 기존지형 · 문화경관 · 역사경관 등을 최대한 보전한다.
② 주요 생물 서식처 · 철새 도래지 · 수계 · 야생동물 이동로 등의 기존 생태계를 최대한 보전한다.
③ 배치 · 재료 · 공법 등 제반 설계요소를 적용함에 있어 설계지역의 '기후와 에너지절약'을 근거로 한다.
④ 모든 옥외공간 계획과 설계에서 '장애인을 고려하는 설계'가 되도록 노력한다.
⑤ 모든 옥외공간 계획과 설계에서 유지관리의 노력과 비용을 최소화할 수 있도록 설계한다.

2 관련법규

1. 도시공원 및 녹지 등에 관한 법률

도시에 있어 공원녹지의 확충·관리·이용 및 도시녹화 등에 관하여 필요한 사항을 규정하는 법률로 도시공원 또는 녹지의 확보 기준이 된다.

2. 건축법(조경계획·설계관련내용)

① 용도지역에서의 구체적 규제사항제시 : 건축물 및 대지의 용도, 건폐율, 용적율, 대지면적의 최소한도, 공지기준 및 높이기준 등
② 지방자치단체의 건축조례에서 건축번이 정한 범위에서 세부적인 규제
③ 대지내 조경 : 조경면적, 식재밀도, 조경시설물 등에 관한 사항 규정

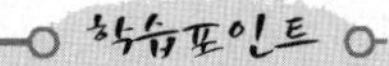

2 | 동선계획

•실기시험에 있어 가장 중요한 과정은 동선 설계로, 출제 유형은 진입구가 미리 정해져 있는 문제와 현황도를 고려하여 진입구를 결정하는 유형으로 나뉘어 진다. 진입구의 위치선정과 동선체계의 수립과 폭원의 결정이 매우 중요하므로 기본원칙을 세우고 여러 유형의 문제를 풀어봄으로써 숙달할 수 있게 한다.

1 진입구 선정

공원은 위계를 주며 접근이 용이한 곳에 진입구를 선정하며, 이용도가 높은 순서대로 주진입, 부진입, 산책동선 등으로 설정한다.

2 동선선정

1) 공간 내 동선은 가능한 짧은 거리로 직선적 연결이 바람직하나 지형적 제약여건으로 인하여 우회되는 경우도 있다.
2) 이용도가 높은 동선은 긴밀한 관계를 갖는 것이므로 짧게 연결해야한다.
3) 차량의 측면에서는 짧은 직선이 바람직하나 보행인 경우에는 다소 우회하여 좋은 전망 등의 쾌적한 분위기를 주기 위한 것이 좋다.

3 실기시험 출제유형 ★★★

1. 진입구의 위치를 고정시켜 출제된 문제 유형

실제 실기시험에서는 현황도상에 진입구의 위치를 고정시켜 푸는 유형으로 내부동선을 설계하여 주어진 공간을 배치한다.

① 예시 문제 1

다음과 같이 동선위치를 제시하고 어린이 공원(운동, 놀이, 휴게공간)을 계획하라면, 동선은 최단거리로 설정하고, 제시된 공간의 면적을 배분한다.

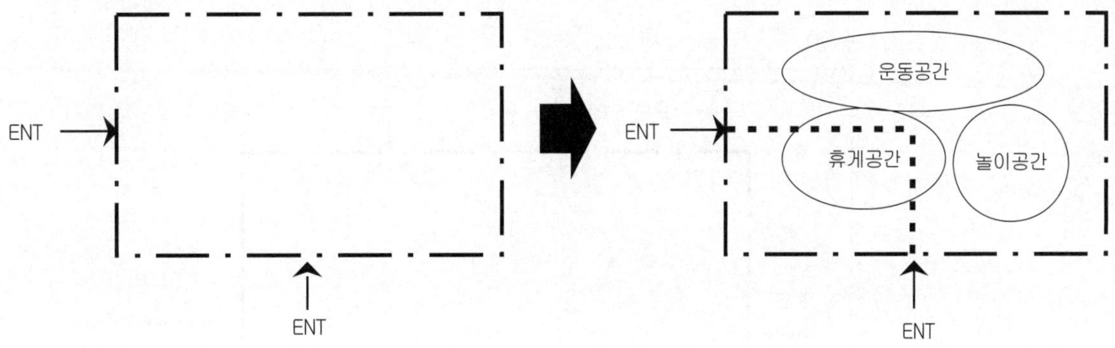

② 예시 문제 2

다음과 같이 동선의 위치를 고정시켜 근린공원(운동공간, 놀이공간, 휴식공간, 중앙광장)을 계획하라면 동선을 최단거리로 선정하고 각 공간을 배치하는데 중앙광장를 동선의 중앙에 배치하고 나머지 공간을 배분한다.

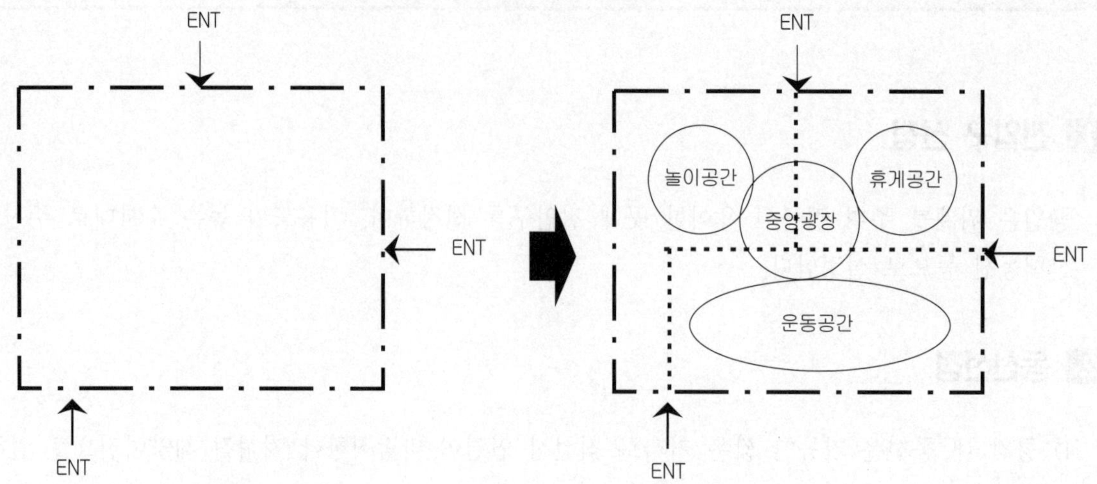

2. 현황도를 보고 진입구를 선정하는 문제 유형

① 예시1

㉮ 요구사항

- 도심지역에 소공원을 조성하고자한다.
- 본 설계 대상지는 도시 간선도로의 가곽부에 위치하고 있으며 대지의 한쪽면에는 사무실용 빌딩에 접해 있다.
- 설계 대상지역의 남쪽은 시각적으로 차폐를 요하는 곳이나 주차장이 있으므로 동선은 연결시키도록 한다.
- 시설물의 배치는 파고라, 벤치, 연못, 벽천, 조형물, 플랜터(식수대), 조형물 등으로 한다.
- 기본설계도에는 중부지방에서 생육 가능한 수종을 이용하여 배식설계하고 수목 목록표를 작성하도록 한다.

㉯ 현황도

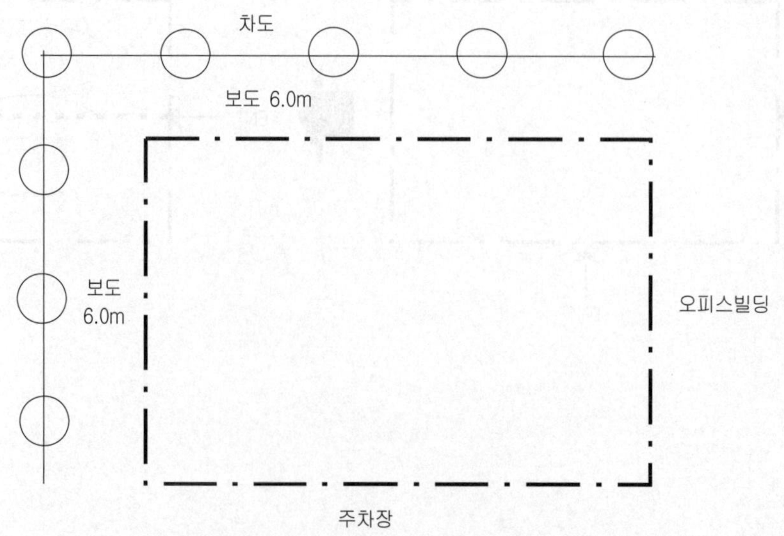

㉰ 동선계획

•현황도상 주동선은 보도쪽에서 계획하며, 요구사항 '다' 항에 따라 주차장쪽에서 부진입을 계획한다. 오피스 필딩은 사유지이므로 동선을 계획하지 않는다.

•계획부지의 동선은 대안 1) 대안 2)와 같이 선정할 수 있다.

■ 대안 1) ■ 대안 2)

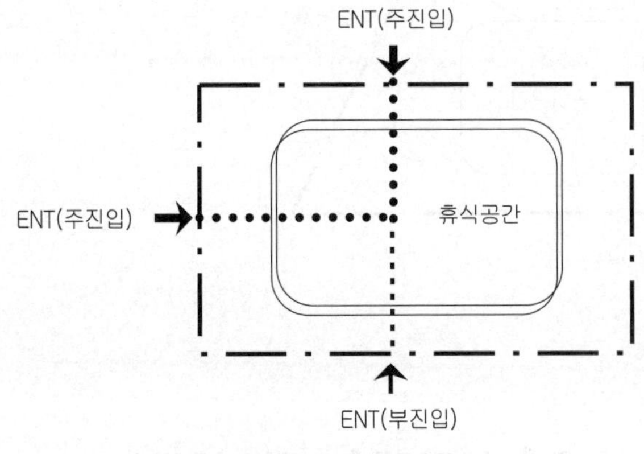

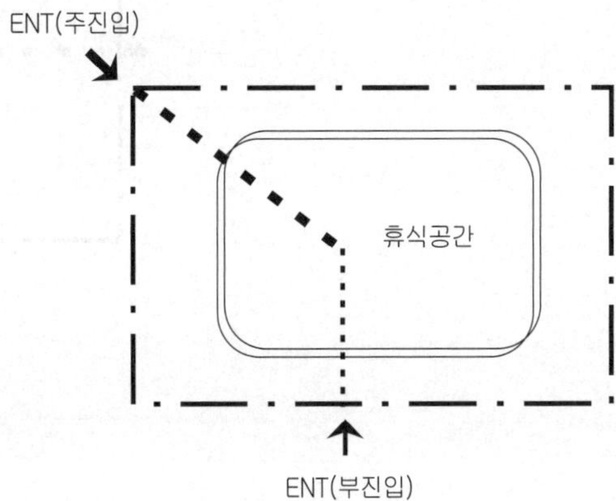

② 예시 2

㉮ 요구사항

•어린이공원 설계로 놀이공간, 휴식공간, 녹지공간을 유기적으로 구성되도록 설계하시오.

•출입구는 적당한 2개소를 정하고 녹지율은 부지면적의 40%이상 되도록 한다.

•놀이시설은 3종 이상 설치한다.

•휴식 및 편익시설은 파고라 2개소, 평벤치 6개소, 휴지통 3개, 화장실 1개소를 설치하시오.

㉯ 현황도

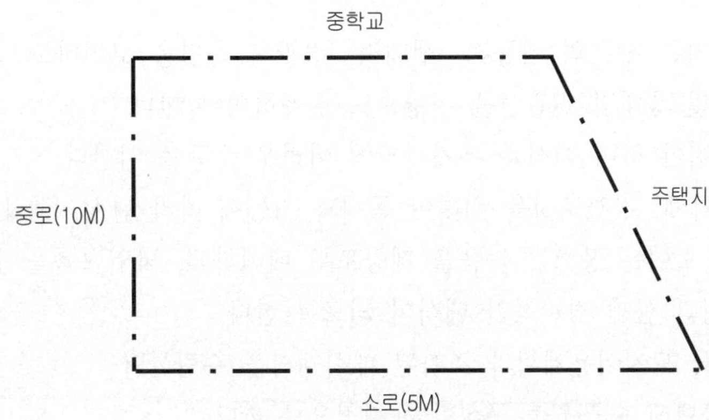

㉰ 동선계획

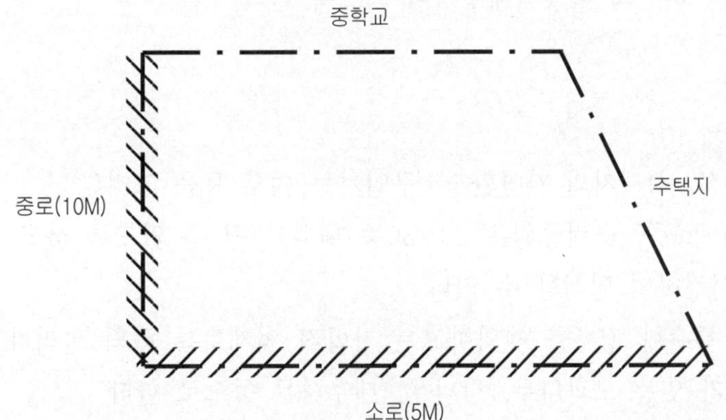

입구설치 가능구간(＼＼＼＼＼＼＼＼)으로 중로에서 주동선, 소로에서 부동선을 계획한다.

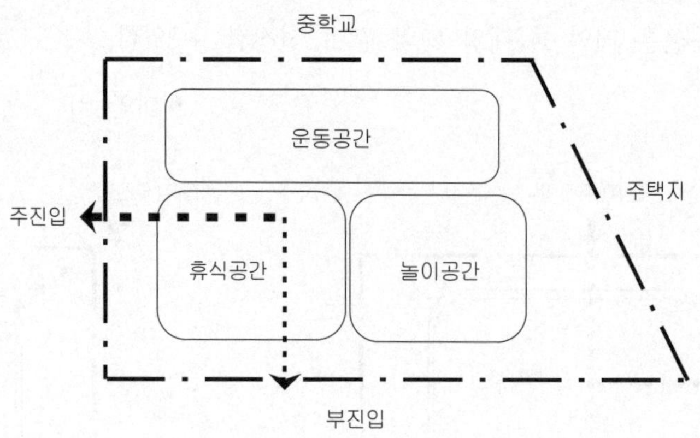

3 | 식재계획 및 설계

학습포인트

- 희귀한 수종 및 기존림은 가능한 보존시키며, 생태적인 측면과 더불어 기능적측면도 고려하여 수종선택이 이루어져야 한다. 또한 계절감을 느낄 수 있는 화목류를 선택하며 독립수인 경우는 수형을 고려하여 장소에 맞는 수종을 선택한다.
- 시험에는 대부분 15~20개의 <보기수종>을 주로 지역적인 분포를 고려하는 중부수종과 남부수종을 구별할 수 있는지를 요구한다.

1 배식설계의 일반원칙

① 공간별, 기능별에 따른 수목의 기능적, 생태적, 경관적 측면을 고려하고 친환경적 설계를 위한 수목의 생태적 특성 및 생태적 연관성을 바탕으로 설계하여야 한다.
② 향토수종을 반영하여야 하며 이식과 유지관리에 어려운 수종을 피한다.
③ 상록은 공간분할, 차폐, 경관조성을 위하여 목적과 기능에 따라 단식, 군식, 열식 한다.
④ 사람이 휴식하거나 모이는 장소는 녹음을 제공토록 배식하되, 낙엽교목을 원칙으로 한다.
⑤ 공원의 마운딩 계획과 함께 경관적인 배식이 되도록 한다.
⑥ 공원의 각종 시설물, 토지이용계획과 조화된 배식계획을 수립한다.
⑦ 화훼류의 도입은 다년생 숙근초를 군식함을 원칙으로 한다.
⑧ 배식은 상층, 중층, 하층의 다층식재구성이 되도록 한다.

2 수종의 선정기준

① 수목의 생리적 특성, 식재지의 자연환경, 구입가능 여부 등을 고려한다.
② 어린이 공원은 10~20종, 근린공원은 20~30종 내외가 될 수 있도록 하고 특수효과를 위해 단일 또는 소수 수종을 선정하여 밀식할 수 있다.
③ 유실수의 도입은 특수한 경우를 제외하고는 가급적 억제토록 하되 관리가 쉽고 열매로부터 피해가 적으며, 관상가치가 있는 모과나무, 감나무, 대추나무 등으로 한다.

④ 병충해 및 생리적 특성으로 인한 피해가 심하고 하자율이 높은 수목은 가급적 배제한다.

⑤ 인근지역에 배나무, 사과나무, 과수원이 있는 경우는 향나무 배식은 금지한다.

⑥ 이팝나무, 느릅나무, 팽나무, 복자기, 층층나무, 산딸나무, 산수유, 화살나무, 산사나무, 팥배나무, 때죽나무, 무궁화 등 개발가치가 높은 향토수종을 권장수종으로 한다.

3 식재의 기능 및 적용수종

1. 녹음식재

① 목적	•여름철에 수목을 이용하여 태양의 광선을 차단·조절하여 그늘을 제공하며 경관조성 효과를 겸한다. •광장, 휴게공간, 원로 등에 적용한다.
② 적용수종의 특성	•수관이 크고 지하고가 높은 낙엽활엽교목 •병충해와 악취 및 가시가 없는 수종
③ 적용수종	느티나무, 플라타너스, 가중나무, 은행나무, 칠엽수, 오동나무, 회화나무, 팽나무 등

벤치주변 녹음식재

플랜터겸 벤치주변

2. 차폐식재

① 목적	외관상 시각 불량지, 소음발생지 또는 사생활보호가 요구되는 지역에 시계를 차단하는 식재로 수목을 열식하거나 생울타리를 조성한다.
② 적용수종의 특성	일반적으로 상록수가 적당하며, 수관이 크고 지엽이 밀생한 수종
③ 적용수종	가이즈까향나무, 화백, 측백, 주목, 잣나무, 독일가문비/가시나무, 감탕나무, 금목서, 녹나무, 아왜나무, 후피향나무/쥐똥나무 등

환풍구주변 차폐식재

3. 경관식재

① 목적	좋은 경관을 위해 주요 결절점이나 이용이 집중되는 부분에 도입한다.
② 적용수종의 특성	수형이 단정하고 아름다운 수종으로 꽃, 열매, 단풍 등 관상가치가 있는 수종
③ 적용수종	소나무, 주목, 구상나무/은행나무, 회화나무, 칠엽수, 자귀나무, 홍단풍/수수꽃다리, 황매화, 조릿대 등

경관식재

4. 요점식재, 지표식재

① 목적	•진입부 또는 주요 결절점에 상징적인 의미가 있거나 식별성이 높은 수목을 단식 또는 군식하여 지표물(landmark)의 기능을 한다. •지표식재와 요점식재는 동일한 특성이나 요점식재는 강조(accent)로 무리심기보다는 단식의 의미가 강하다.
② 적용수종의 특성	•높은 식별성이 있는 수종 •수형이 단정하고 아름다운 수종으로 꽃, 열매, 단풍 등 관상가치가 있는 수종
③ 적용수종	소나무, 주목, 구상나무, 금송, 독일가문비/회화나무, 계수나무 등

요점식재(느티나무)

요점식재(소나무)

5. 경계식재

① 목적	•설계대상 부지의 경계를 구분지어 부지내 공간의 특성을 강하게 한다. •방풍, 방음, 차폐 등의 환경조절 기능을 동시에 한다.
② 적용수종의 특성	•상록수가 적합하며 지엽이 치밀하고 전정에 강한 수종이 적합하다. •생장이 빠르고 유지가 용이한 수종
③ 적용수종	잣나무, 측백, 화백, 스트로브잣나무, 독일가문비/무궁화, 박태기나무/사철나무, 호랑가시나무, 피라칸사스 등

공원주변 경계식재

6. 유도식재

① 목적	•의도하는 방향으로 동선을 유도하도록 하는 식재로 공간의 점진적 이해를 도모한다. •산책로, 보행로 변에 적용한다.
② 적용수종의 특성	•정돈된 수형, 치밀한 지엽을 가진 수종 •소교목, 관목으로 형태나 질감이 좋은 수종
③ 적용수종	산수유, 철쭉류, 박태기나무, 말발도리, 사철나무, 광나무 등

동선유도와 지표식재

보행 동선유도

7. 완충식재

① 목적	•공해와 각종 사고 등의 방지를 위하여 설치하는 녹지 •공장주변, 사업장주변, 철도, 고속도로 주변에 설치
② 적용수종의 특성	•불량한 환경에 잘 자라는 수종 •이식이 용이하며, 생장속도가 빠르고 잘 자라는 수종
③ 적용수종	은행나무, 튤립나무, 프라타너스, 무궁화, 잣나무, 향나무, 화백, 태산목, 후피향나무 돈나무, 아왜나무, 가시나무, 호랑가시나무, 돈나무 등

완충녹지

4 공간별 배식설계

1. 진출입 공간	① 식별성을 강조하며 대형수목으로 지표식재(B12, R15 이상), 열식, 군식한다. ② 진입 후 시각유도 식재 또는 동선유도(가로막기) 식재로 화목류, 지피군식, 교목 열식한다.
2. 휴식시설주변 (파고라, 벤치)	① 낙엽교목을 주목으로 하고 인근에 화목류를 분산 배식한다. ② 주위의 적정한 위요감, 밀폐감이 있도록 밀도를 조정한다. ③ 태양고도에 따른 수관 그늘은 정오를 중심으로 가려지게 고려한다.
3. 공원경계부	① 지나친 밀식은 배제하며 소 · 밀 부분이 있도록 변화를 준다. ② 교호열식을 원칙으로 한다. ③ 완충기능을 갖도록 전체적으로 2열 이상의 배식이 되도록 한다. ④ 낙엽교목을 주목으로 하되 상록수종을 반드시 포함시켜야 한다. ⑤ 구조물 울타리에는 생울타리(개나리, 광나무, 쥐똥나무, 줄장미 등)를 함께 조성할 수 있다. ⑥ 공원경계구간이 기존산림과 접할 경우는 기존수목, 수관(canopy)을 고려하여 연계될 수 있도록 고려한다.
4. 산책로	① 녹음을 제공하는 낙엽교목을 배식한다. ② 계절감을 느낄 수 있는 수종을 변화있게 선정한다. ③ 특히 긴 산책로의 형태에 따라 리듬감을 줄 수 있도록 배식한다. 직선형 산책로는 녹음 터널(shade tunnel) 조성 · 곡선형 산책로는 지그재그형 배식한다.
5. 광 장	① 광장과 주변공간이 적절히 시각적으로 개방, 혹은 밀폐되도록 시각 분석에 따라 배식한다. ② 진입광장인 경우 지나친 밀폐로 방향성을 잃지 않도록 한다. ③ 사람이 밀집하는 장소는 녹음수를 부분적으로 도입한다. ④ 광장에서 바라보는 주요지점이 식재로 차폐되지 않도록 한다.
6. 주차장	① 여름철 정오에 그늘이 제공될 수 있도록 향을 정하고 낙엽교목으로 배식한다. ② 주차장과 공원은 다소 시각적으로 차폐되어야 한다. ③ 진출입구는 운전자의 시계를 가리지 않도록 한다. ④ 주차장 주변의 배식은 단순한 기능이 될 수 있도록 수종은 최소화 한다.
7. 공원내 식수대	① 식수대의 설치목적과 그 기능(초점경관, 공간분할, 공간위요, 시야차단, 동선유도 등)에 부합되도록 식재하여야 한다. ② 시각적으로 돌출된 공간이므로 식재를 다른 녹지보다 강화하여 기능을 강조한다. ③ 초화류(비비추, 맥문동, 후록스, 국화 등 다년생 숙근초), 화목류 등으로 초점을 줄 수 있도록 한다. ④ 의자겸 식수대는 관목을 테두리에 심어 시각적으로 안정을 주도록 한다.
8. 마운딩과 식재	① 마운딩 상단에는 가급적 식재를 피하여야 한다. ② 마운딩 상단에는 식재할 경우에는 교·관목을 함께 식재한다. ③ 마운딩의 뒷면 식재를 우선으로 하고, 앞면은 관목위주로 배식한다. ④ 급격한 마운딩 사면 식재는 배제하고 하단에 관목을 군식한다. ⑤ 수목의 수고를 달리하여 자연스러운 경관이 형성되도록 한다.

4 | 식재형태 및 적용규격

•식재형태는 정형식과 자연풍경식으로 나뉘어지며 두가지 형태는 장소별로 적절히 배합되어 나타난다. 따라서 정형식, 자연풍경식 식재의 기본유형을 익혀 식재에 이용하도록 한다.

1 조경양식에 의한 식재

정형식형태는 건물 주변 혹은 기념성이 높은 장소에 이용되며, 자연에 가까이 접하는 부분은 자연풍경식 형태가 이용된다.

1. 정형식 식재 기본유형

단식	중요한 자리에 단독식재
대식	축을 좌우로 상대적으로 동형·동수종의 나무를 식재한다.
열식	동형, 동수종의 나무를 일정한 간격으로 직선상으로 식재한다.
교호식재	같은 간격으로 서로 어긋나게 식재한다.
집단식재	군식, 다수의 수목을 규칙적으로 일정지역을 덮어버림으로서 하나의 질량감을 느낄수 있게 한다.

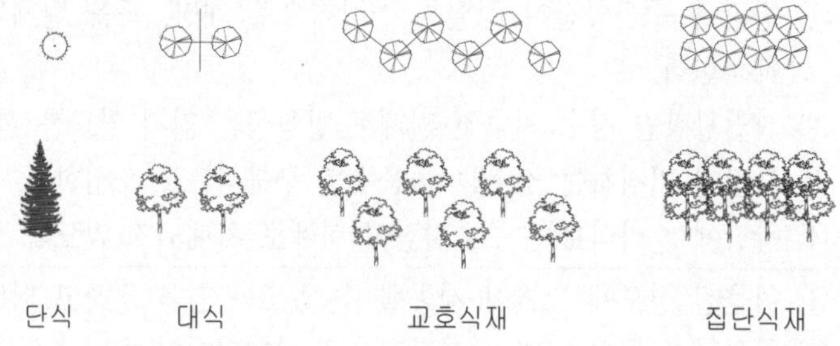

단식　대식　교호식재　집단식재

2. 자연풍경식 식재 기본 유형

부등변삼각형식재	크고 작은 세그루의 수목을 서로 다른 간격을 달리하고 또한 한 직선위에 서지 않도록 하는 식재 수법
임의식재 (random planting)	부등변 삼각형 식재를 순차적으로 확대해 가는 수법으로 불규칙한 스카이라인이 형성되어 자연스러운 식재가 된다.
모아심기	3, 5, 7 그루 등 홀수의 수목식재를 기본으로 한다.

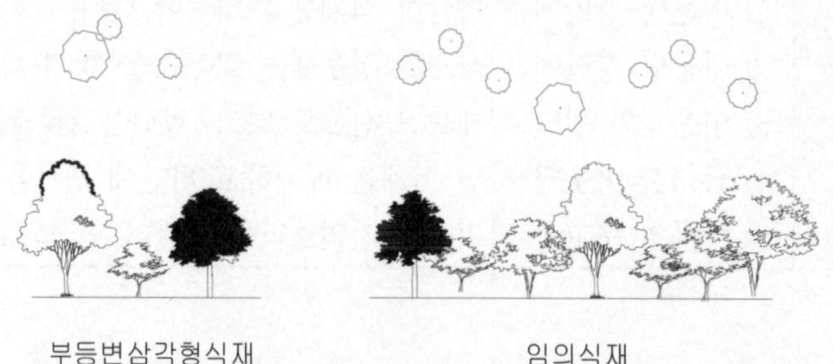

부등변삼각형식재　임의식재

2 식재 예시

1. 3점식재, 5점식재, 7점식재

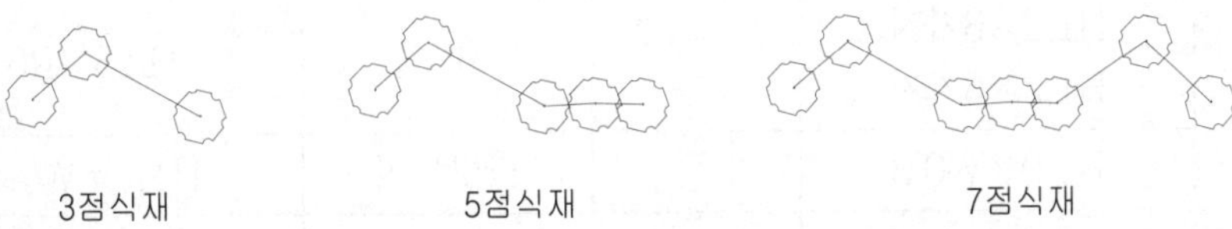

2. 수목보호겸벤치와 플랜터식재

3. 공원 외곽부 식재

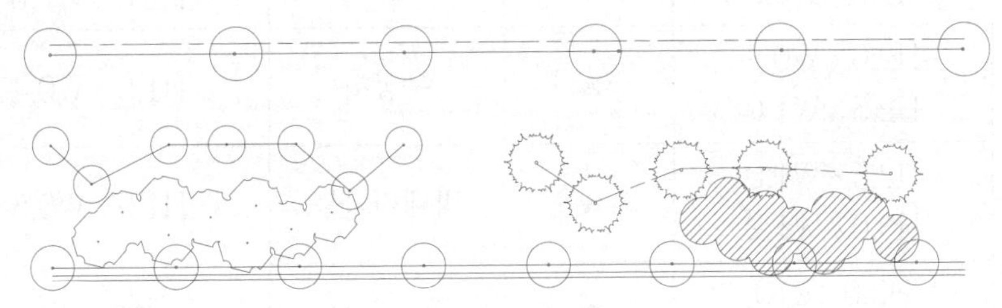

3 조경수목규격(식재설계시 참조하여 규격을 도입한다.)

(상록침엽교목▲, 상록침엽관목△, 낙엽침엽교목■, 낙엽활엽교목●,낙엽활엽관목○, 상록활엽교목★, 상록활엽관목☆, 만경류◎)

수종명	규격	성상	수종명	규격	성상
가시나무	H3.5×R4 H4.0×R8	★	독일가문비	H2.5×W1.2 H3.0×W1.5	▲
가이즈까 향나무	H2.0×W0.8 H2.5×W1.0	▲	돈나무	H1.0×W0.8 H1.5×W1.2	☆
가중나무	H3.5×B6 H4.0×B10	●	동백나무	H2.0×W1.0 H2.5×W1.2×R8	★
갈참나무	H3.0×R10 H3.5×R12	●	등나무	L2.0×R2 L2.5×R4	◎

수종명	규격	성상	수종명	규격	성상
감나무	H2.5×R8 H3.5×R12	●	떡갈나무	H3.0×R8 H3.5×R12	●
개나리	H1.2×3가지 H1.2×5가지	○	마가목	H2.5×R6	●
개쉬땅나무	H1.0×W0.3	○	말발도리	H1.2×W0.4	○
개잎갈나무 (히말라야시다)	H3.5×W1.5×B6	■	매화나무	H2.5×R6	●
겹벚나무	H2.5×R6 H3.0×R8	●	먼나무	H2.5×R6	★
계수나무	H3.0×R6	●	메타세콰이아	H3.0×B5 H3.5×B6	■
고로쇠나무	H3.0×R6 H3.5×R8	●	모과나무	H2.5×R6 H3.0×R10	●
곰솔(해송)	H3.5×W1.5×R12 H4.0×W2.0×R15	▲	목련	H2.5×R8 H3.0×R10	●
광나무	H1.0×W0.3	☆	목서	H2.0×W1.0	☆
구상나무	H2.0×W0.8 H2.5×W1.0	▲	무궁화	H1.5×W0.4	○
굴거리나무	H2.5×W1.0 H3.0×W1.2	★	박태기나무	H1.5×W0.6	○
굴참나무	H3.0×R10 H3.5×R12	●	배롱나무	H2.5×R8 H3.0×R10	●
귀룽나무	H3.0×R8	●	백철쭉	H0.5×W0.5	○
금송	H2.0×W1.0 H2.5×W1.2	▲	버즘나무 (프라타너스)	H3.0×B6 H3.5×B8	●
꽃사과	H2.0×R4 H2.5×R6	●	벽오동	H3.0×B6 H3.5×B8	●
꽝꽝나무	H0.5×W0.8	☆	병꽃나무	H1.0×W0.4	○
낙우송	H3.0×R6 H3.5×R8	■	복자기	H2.5×R6 H3.0×R8	●
남천	H1.0×3가지 H1.2×5가지	☆	사철나무	H1.0×W0.3	☆
노각나무	H2.5×R6 H3.5×R8	●	산딸나무	H3.0×R8 H3.5×R10	●
눈향나무	H0.3×W0.6×L1.0	△	산벚나무	H3.0×R8 H3.5×B10	●
느릅나무	H3.0×R6 H3.5×R10	●	산수국	H0.3×W0.4	○

수종명	규격	성상	수종명	규격	성상
느티나무	H3.5×R10 H4.0×R12	●	산수유	H2.0×W0.9×R5	●
능소화	L2.0×R2	◎	산철쭉	H0.3×W0.3 H0.5×W0.5	○
다정큼나무	H1.2×W0.8	☆	살구나무	H3.0×R8 H3.5×R10	●
담쟁이덩굴	2~3년 L0.4	◎	상수리나무	H3.0×R8 H3.5×R10	●
대왕참나무 (핀오크)	H2.5×R4 H3.0×R6	●	생강나무	H2.0×R3	○
대추나무	H3.0×R8 H3.5×R10	●	서양측백	H2.5×W0.8 H3.0×W1.0	▲
덩굴장미	H1.0×3가지 H1.5×5가지	○	섬잣나무	H2.5×W1.5	▲
소나무	H3.5×W1.5×R12 H4.0×W2.0×R15	▲	향나무	H3.0×W1.0(선형) H0.6×W1.2(둥근형)	▲
수수꽃다리	H1.5×W0.6 H2.0×W1.0	○	협죽도	H1.0×W0.4	☆
스트로브 잣나무	H3.0×W1.5 H3.5×W1.8	▲	호랑가시나무	H1.5×W0.6	☆
아왜나무	H3.0×W1.5 H3.5×W2.0	★	홍단풍	H2.5×R8 H3.0×R10	●
왕벚나무	H2.5×B5 H3.0×B6	●	화백	H3.0×W1.2	▲
이팝나무	H2.5×R6 H3.0×R8	●	화살나무	H1.0×W0.6 H1.2×W0.8	○
일본목련	H3.0×B4 H3.5×B6	●	황매화	H1.2×W0.8	○
자귀나무	H2.5×R6 H3.0×R8	●	회양목	H0.3×W0.3 H0.5×W0.8	☆
자산홍	H0.5×W0.5	○	감국	3치포트	
자작나무	H3.0×B6 H3.5×B8	●	구철초	3치포트	
조팝나무	H1.2×W0.6	○	기린초	3치포트	
좀작살나무	H1.2×W0.4 H1.5×W0.6	○	꽃범의꼬리	4치포트	
주목 (선주목)	H2.5×W1.5 H3.0×W2.0	▲	꽃창포	2·3분얼	

수종명	규격	성상	수종명	규격	성상
주목 (둥근형)	H0.3×W0.3 H0.5×W0.5	△	매발톱꽃	4치포트	
쥐똥나무	H1.0×W0.3 H1.5×W0.4	○	맥문동	3·5분얼	
측백나무	H2.0×W0.6 H2.5×W0.8	▲	물싸리	4치포트	
층층나무	H3.0×R6	●	벌개미취	3치포트	
치자나무	H0.6×W0.4	☆	부들	3~4치포트	
칠엽수	H3.0×R10	●	붓꽃	4·5분얼	
태산목	H2.0×W1.0	★	비비추	2·3분얼 4·5분얼	
튜립나무	H3.0×R5 H3.5×R8	●	쑥부쟁이	8cm 10cm	
팔손이나무	H0.8×W0.6	☆	옥잠화	2·3분얼 4·5분얼	
팥배나무	H3.0×R6 H3.5×R8	●	원추리	2·3분얼 4·5분얼	
피라칸사스	H1.5×W0.5	☆	패랭이꽃	3치포트	
해당화	H1.0×3가지	☆	층층이꽃	8cm 10cm	
			후록스	2·3분얼	

04 유형별설계

1 소공원설계

• 적용법규 : 도시계획시설로 지정된 공원으로 「도시공원 및 녹지등에 관한법」 의 설치기준을 만족해야 한다.

설치기준	유치거리	규모	시설면적
제한없음	제한없음	제한없음	20/100 이하

• 기능 : 소규모 토지를 이용하여 도시민의 휴식 및 정서함양을 도모하기 위하여 설치하는 공원

• 설치위치 및 성격에 따른 구분

근린소공원	·근린생활권안에 거주하는 주민들에 의해 공유되는 정원의 개념 ·소규모 휴식공간, 어린이들의 놀이공간
도심소공원	·도심지역 거주자, 주변지역의 불특정 다수의 이용 ·광장형 도심공원, 녹지형 도심공원으로 구분

• 공간의 구성 및 시설물배치

녹지	녹음, 경관, 요점, 경계, 차폐, 완충 등의 식재도입
운동공간	다목적운동공간
놀이공간	·유아, 어린이(유년) 놀이공간 분할 ·설치시설 : 모래판, 그네, 미끄럼틀, 시소, 회전무대, 흔들말 등의 놀이시설물
휴게공간	파고라, 벤치, 휴지통
편익공간	공중전화, 화장실

01 도심내 소공원 [조경산업기사 2001년 기출]

1. 현황도에 주어진 부지를 답안지(Ⅰ)에 축척 1/200로 하여 설계개념도를 도면 윗부분에 그리고, 설계도에 표시된 A-A′ 단면도를 도면 아랫부분에 축척 1/100로 작성하시오.

2. 현황도에 주어진 부지를 답안지(Ⅱ)에 축척 1/100으로 하여 아래 요구조건을 반영하여 기본설계도를 작성하시오. 녹지를 제외한 나머지 공간에는 각기 다른 공간 성격에 맞는 각기 다른 포장 재료를 선택하여 설계하고, 배식설계 후 인출선에 의한 수법으로 수목설계 내용을 표기하여 도면을 완성하고 도면 우측여백에 시설물과 식재 수목의 수목수량표를 작성하시오. (성상별 가, 나, 다 순으로 작성하시오.)

   수종선택시 중부 이북에 생육가능한 향토수종을 선택하고 교목과 관목을 합쳐 10종 이상 식재하시오. (단, 부지에 두줄로 표시된 곳은 통행이 가능한 곳이다.)

설계조건

1. 놀이공간 : 부지내 북동방향위치하며 면적은 80㎡ 이상으로 설계한다. 시설물은 정글짐, 철봉, 시소, 그네, 미끄럼대, 회전무대, 벤치 등을 설치한다.
2. 휴게공간 : 부지내 동남 방향에 위치하며 면적은 70㎡ 이상으로 설계한다. 시설물은 파고라, 벤치, 휴지통 등을 설치한다.
3. 광장 : 서방향에 위치, 중앙의 분수대를 중심으로 아늑한 분위기를 자아낼 수 있도록 설계한다. 시설물은 음수대, 문주, 볼라드를 설치하며, 지하고가 높은 수종을 선택하여 녹음식재 한다.
4. 녹지 : 주변부에 150㎡ 이상 아늑한 분위기를 자아낼 수 있도록 녹음식재하고, 중부이북수종 10종 이상을 선정하여 설계한다.

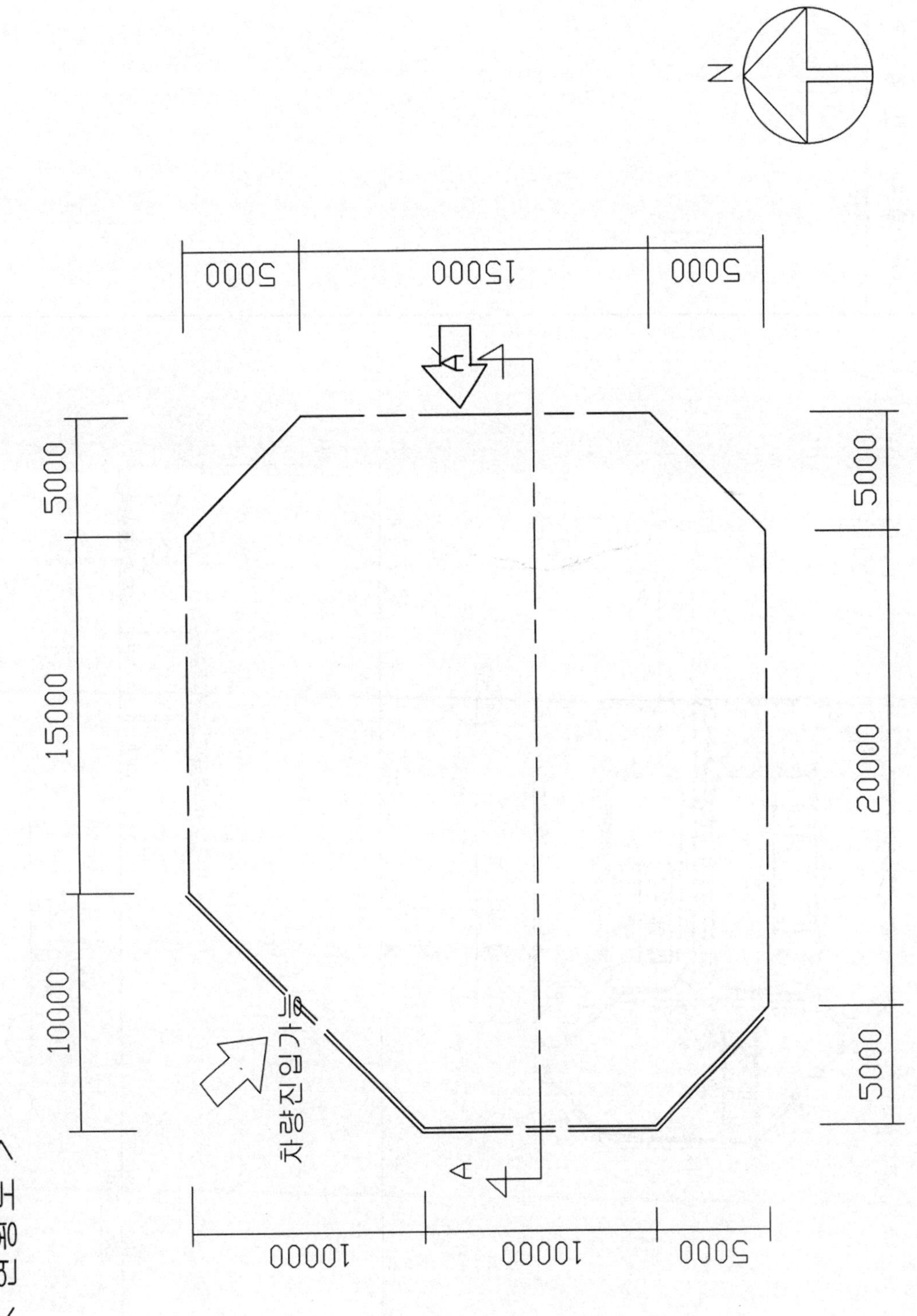
N
5000
15000
5000
A
5000
15000
10000
5000
20000
5000
차량진입가능
A
10000
10000
5000
< 현황도 >

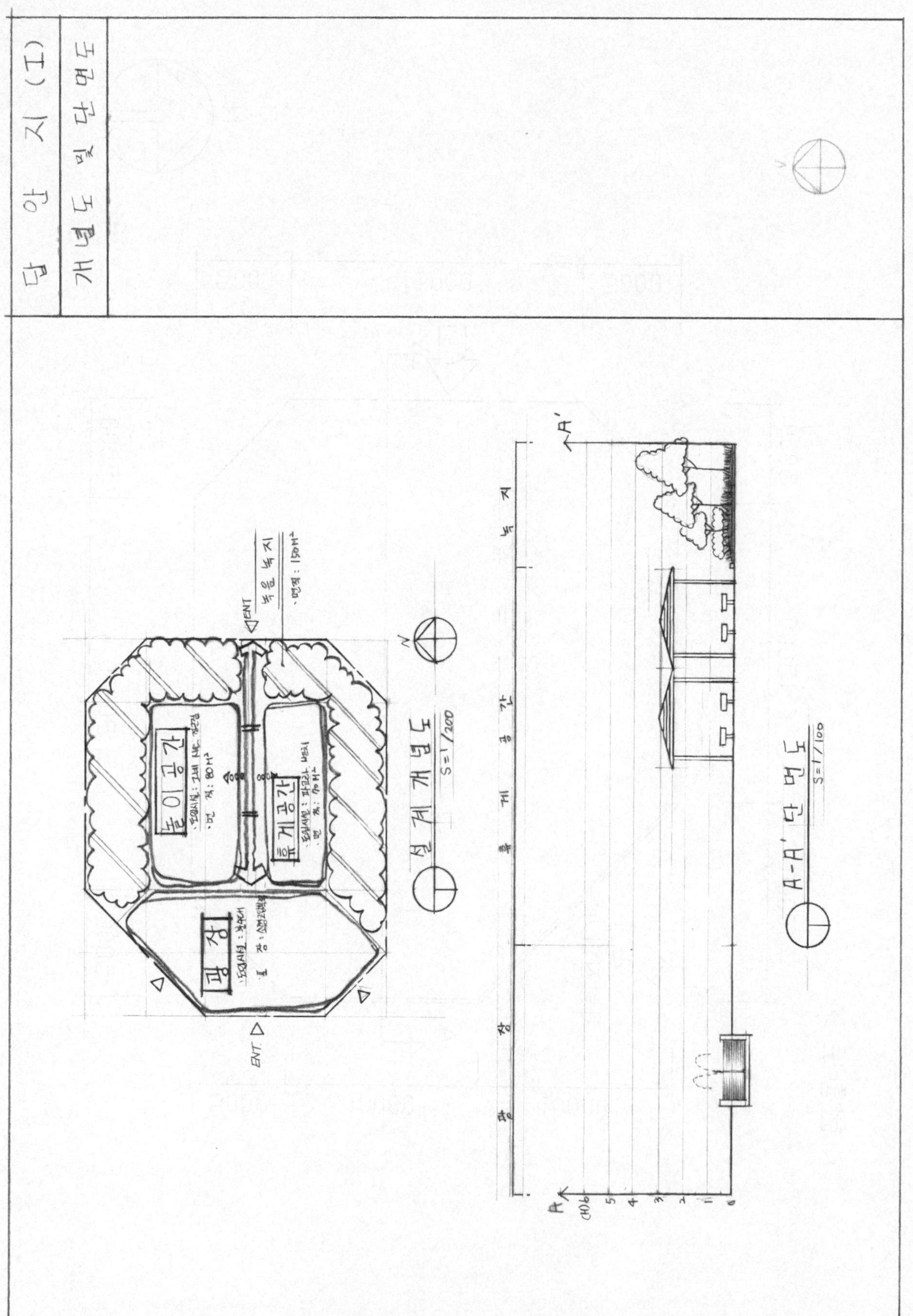
답안지(I)
개념도 및 단면도
광장
놀이공간
휴게공간
완충녹지
ENT
설계개념도
S=1/200
A-A' 단면도
S=1/100

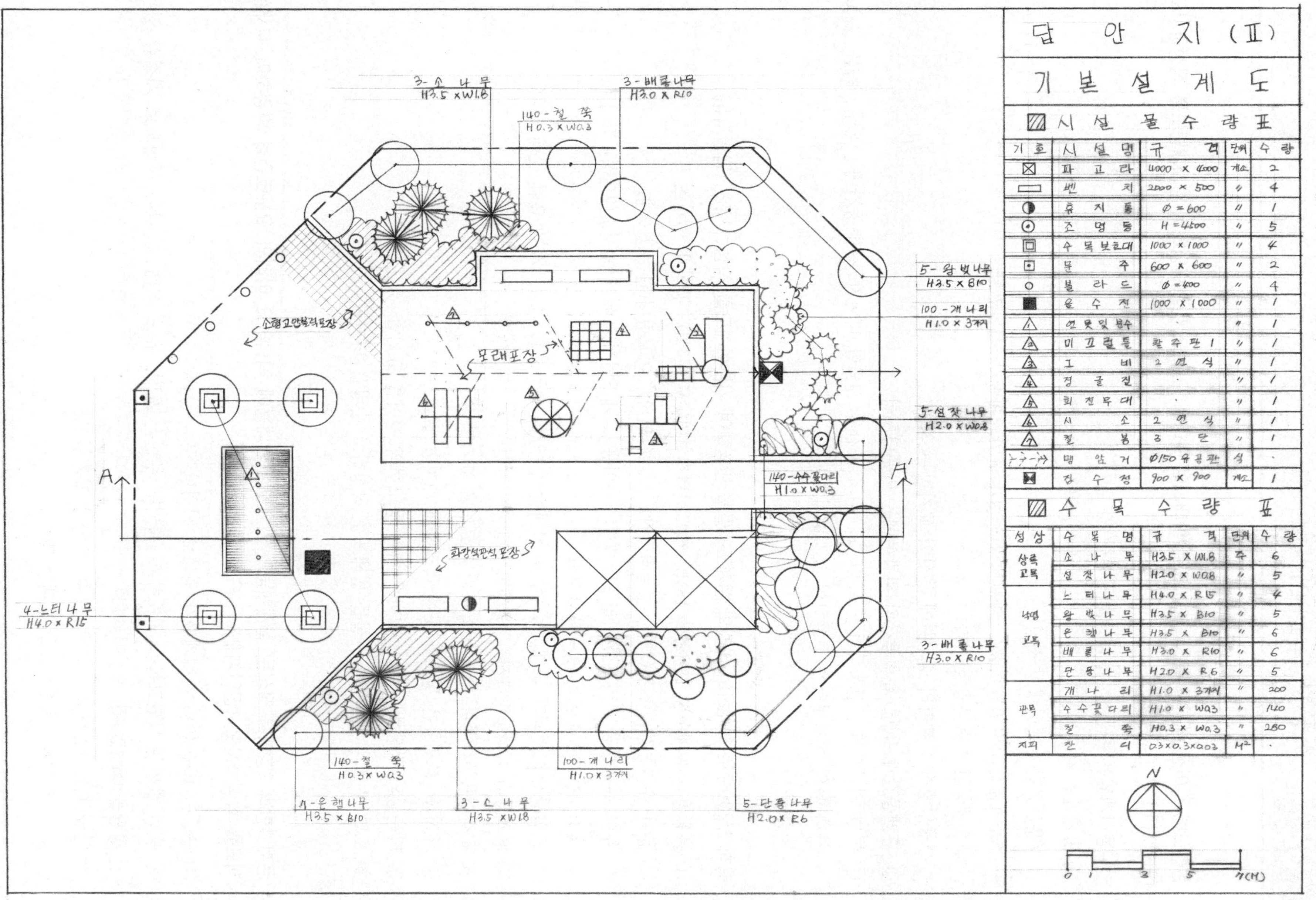
답 안 지 (Ⅱ)
기 본 설 계 도
시 설 물 수 량 표
기호 | 시설명 | 규격 | 단위 | 수량
파고라 | 4000 × 4000 | 개소 | 2
벤치 | 2000 × 500 | 〃 | 4
휴지통 | Ø = 600 | 〃 | 1
조명등 | H = 4500 | 〃 | 5
수목보호대 | 1000 × 1000 | 〃 | 4
문주 | 600 × 600 | 〃 | 2
볼라드 | Ø = 400 | 〃 | 4
음수전 | 1000 × 1000 | 〃 | 1
연못 및 분수 | 〃 | 1
미끄럼틀 | 활주판 1 | 〃 | 1
그네 | 2 연식 | 〃 | 1
정글짐 | 〃 | 1
회전무대 | 〃 | 1
시소 | 2 연식 | 〃 | 1
철봉 | 3 단 | 〃 | 1
맹암거 | Ø150 유공관 | 식 | .
집수정 | 900 × 900 | 개소 | 1
수 목 수 량 표
성상 | 수목명 | 규격 | 단위 | 수량
상록교목 | 소나무 | H3.5 × W1.8 | 주 | 6
설잣나무 | H2.0 × W0.8 | 〃 | 5
낙엽교목 | 느티나무 | H4.0 × R15 | 〃 | 4
왕벚나무 | H3.5 × B10 | 〃 | 5
은행나무 | H3.5 × B10 | 〃 | 6
배롱나무 | H3.0 × R10 | 〃 | 6
단풍나무 | H2.0 × R6 | 〃 | 5
관목 | 개나리 | H1.0 × 3가지 | 〃 | 200
수수꽃다리 | H1.0 × W0.3 | 〃 | 140
철쭉 | H0.3 × W0.3 | 〃 | 280
지피 | 잔디 | 0.3×0.3×0.03 | M² | .
N
0 1 3 5 7(M)
3-소나무 H3.5 × W1.8
140-철쭉 H0.3 × W0.3
3-배롱나무 H3.0 × R10
5-왕벚나무 H3.5 × B10
100-개나리 H1.0 × 3가지
5-설잣나무 H2.0 × W0.8
140-수수꽃다리 H1.0 × W0.3
3-배롱나무 H3.0 × R10
4-느티나무 H4.0 × R15
4-은행나무 H3.5 × B10
140-철쭉 H0.3 × W0.3
100-개나리 H1.0 × 3가지
3-소나무 H3.5 × W1.8
5-단풍나무 H2.0 × R6
소형고압블럭포장
모래포장
화강석판석포장
A
A'

02 소공원 [조경기사 1995년 기출]

1. 현황도에 주어진 부지를 축척 1/200으로 확대하여 아래의 요구 조건을 반영하여 설계개념도를 작성하시오. (답안지 I)

① 동선개념은 주동선, 부동선을 구분할 것

② 공간개념은 운동공간, 유희(유년, 유아) 공간, 중심광장, 휴게공간, 녹지로 구분하되

- 운동공간 : 동북방향(좌상)
- 유희공간 : 유년유희공간-동남방향(우상), 유아유희공간-서남방향(우하)
- 휴게공간 : 서북방향(좌하)
- 중앙광장 : 부지의 중앙부에 동선이 교차하는 지역

③ 휴게공간과 유아, 유희공간의 외곽부에는 마운딩처리

④ 공원 외곽부에는 산울타리를 조성하고, 위의 공간을 제외한 나머지 녹지 공간에는 완충, 녹음, 유도, 차폐 등의 식재개념을 구분하여 표시하시오.

2. 축척 1/200으로 확대하여 아래의 설계조건들을 반영하여 기본설계도를 작성하시오. (답안지 II)

① 운동공간 : 배구장 1면(9M×18M), 배드민턴장 1면(6M×14M), 평의자 10개소

② 유년 유희공간 : 철봉(3단), 정글짐(4각), 그네(4연식), 미끄럼대(활주판 2개)

③ 유아 유희공간 : 미끄럼대(활주판 1개), 유아용 그네(3연식), 유아용 시소(2연식) 각 1조, 파고라 1개소, 평의자 4개소, 음수대 1개소

④ 중심광장 : 평의자 15개, 녹음수를 식재할 수 있는 수목보호 홀덮개가 필요한 곳에 설치

⑤ 휴게공간 : 파고라 1개소, 평의자 6개

⑥ 포장재료는 2종류 이상 사용하되 재료명을 표기할 것

⑦ 휴지통, 조명등은 필요한 곳에 적절하게 배치할 것

⑧ 마운딩의 정상부는 1.5M 이하로 하여 등고선의 높이를 표기할 것

⑨ 도면 우측의 범례란에 시설물 범례표를 작성하고 수량을 명기할 것

3. 문제 1항과 2항에서 작성된 설계개념과 기본설계의 내용에 적합하고 아래의 요구조건을 반영하여 식재설계도를 작성하시오. (답안지 III)

① 수종은 10수종 이상 설계자가 임의로 선정할 것

② 동선 주변은 낙엽교목을 식재하고, 출입구 주변은 요점, 유도 식재 및 관목 군식으로 계절감 있는 경관을 조성할 것

③ 인출선을 사용하고 수종명, 규격, 수량을 표기할 것

④ 도면 우측에 수목수량표를 집계할 것

<현황도면>

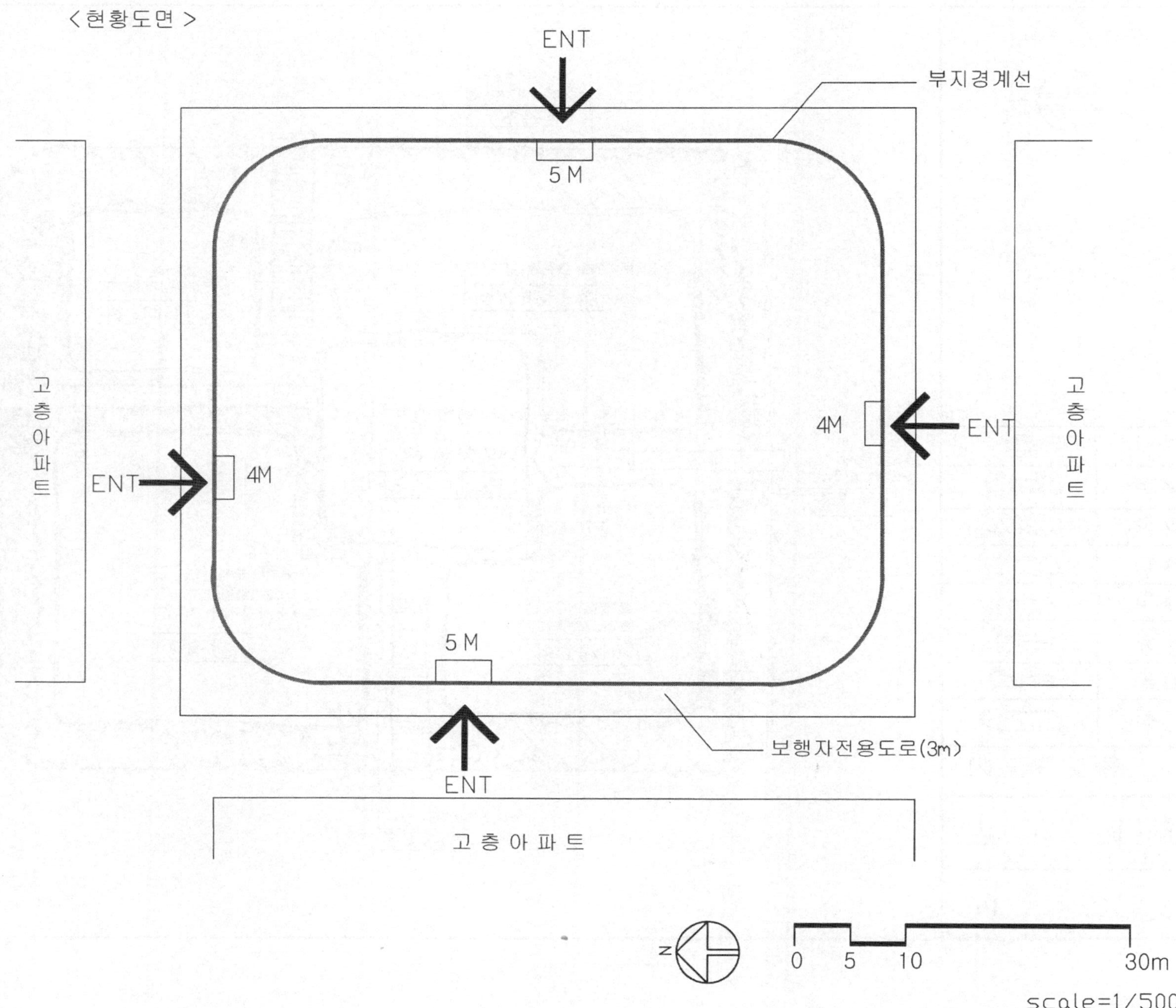
ENT
부지경계선
5M
고층아파트
ENT
4M
4M
ENT
고층아파트
5M
보행자전용도로(3m)
ENT
고층아파트
N
0 5 10 30m
scale=1/500

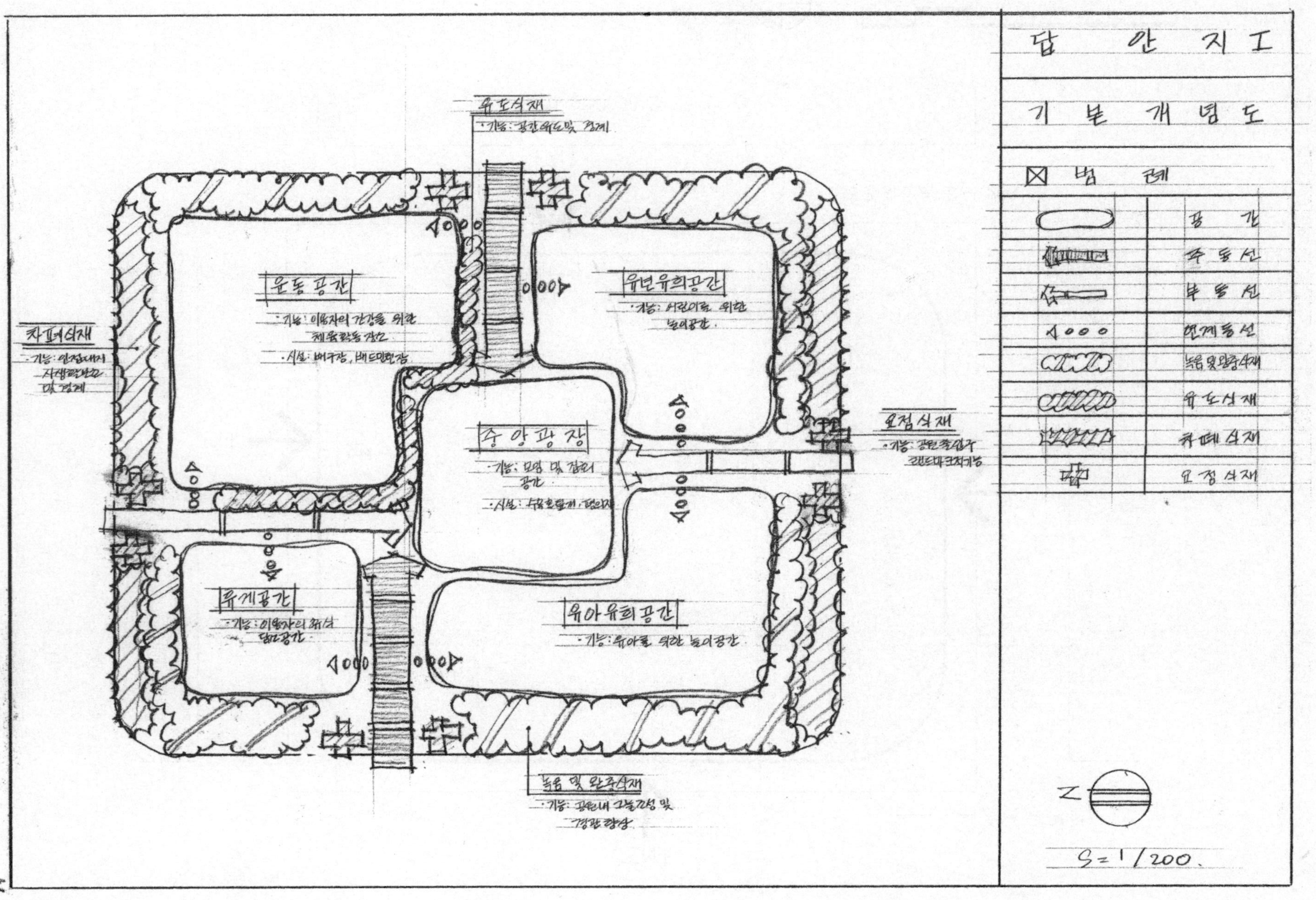
답 안 지 I
기 본 개 념 도
범 례
공 간
주 동 선
부 동 선
연 계 동 선
녹음 및 완충식재
유 도 식 재
차 폐 식 재
요 점 식 재
S=1/200.
유도식재
운동공간
유년유희공간
차폐식재
요점식재
중앙광장
유게공간
유아유희공간
녹음 및 완충식재

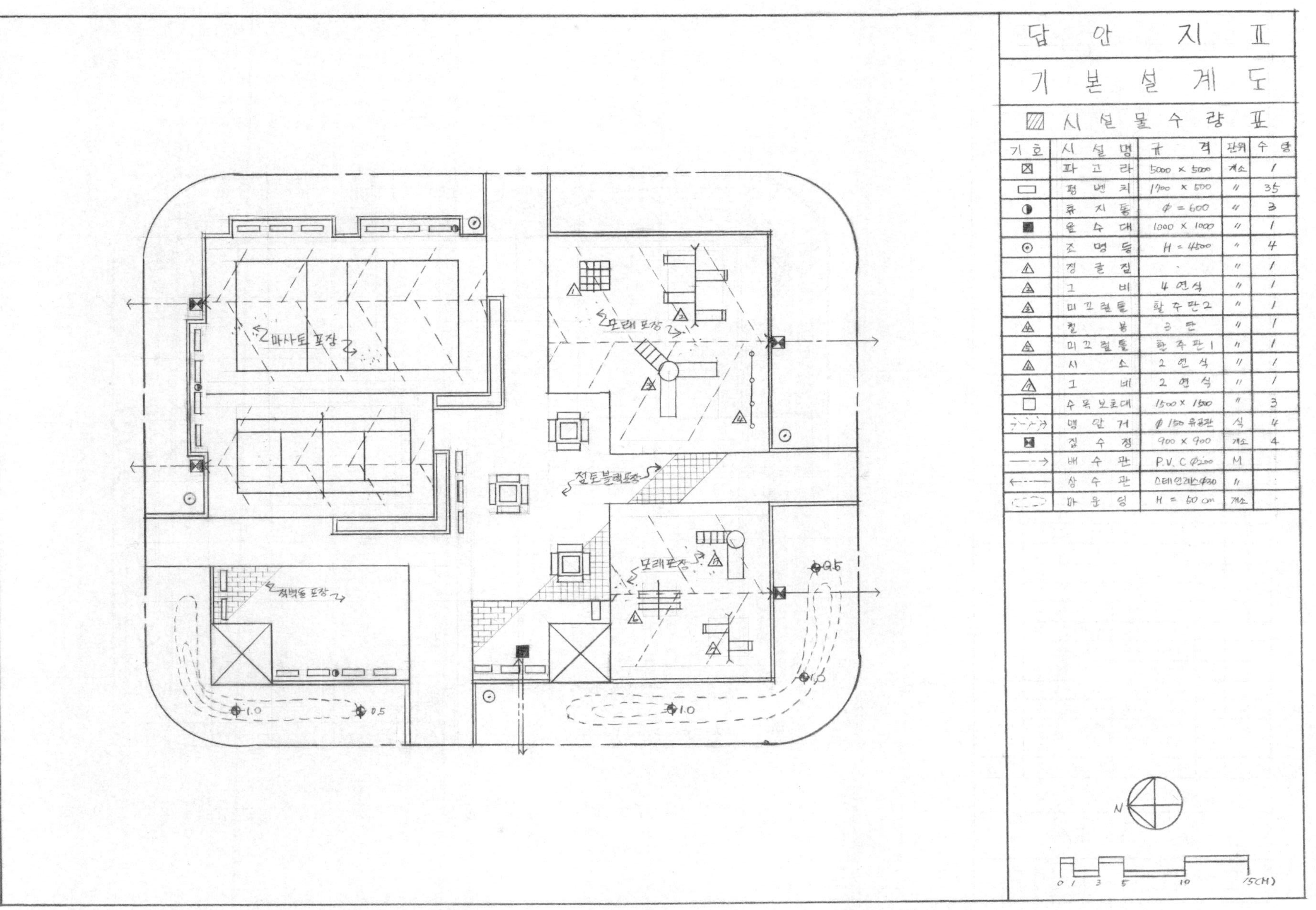
답안지 Ⅱ
기본설계도
시설물수량표
기호 | 시설명 | 규격 | 단위 | 수량
파고라 | 5000 × 5000 | 개소 | 1
평벤치 | 1700 × 600 | 〃 | 35
휴지통 | φ = 600 | 〃 | 3
음수대 | 1000 × 1000 | 〃 | 1
조명등 | H = 4500 | 〃 | 4
정글짐 | 〃 | 1
그네 | 4 연식 | 〃 | 1
미끄럼틀 | 활주판 2 | 〃 | 1
철봉 | 3 단 | 〃 | 1
미끄럼틀 | 활주판 1 | 〃 | 1
시소 | 2 연식 | 〃 | 1
그네 | 2 연식 | 〃 | 1
수목보호대 | 1500 × 1500 | 〃 | 3
맹암거 | φ 150 유공관 | 식 | 4
집수정 | 900 × 900 | 개소 | 4
배수관 | P.V.C φ200 | M
상수관 | 스테인리스φ30 | 〃
마운딩 | H = 60 cm | 개소
마사토 포장
모래 포장
점토블럭포장
모래포장
점토벽돌 포장
0.5
1.0
N
0 1 3 5 10 15(M)

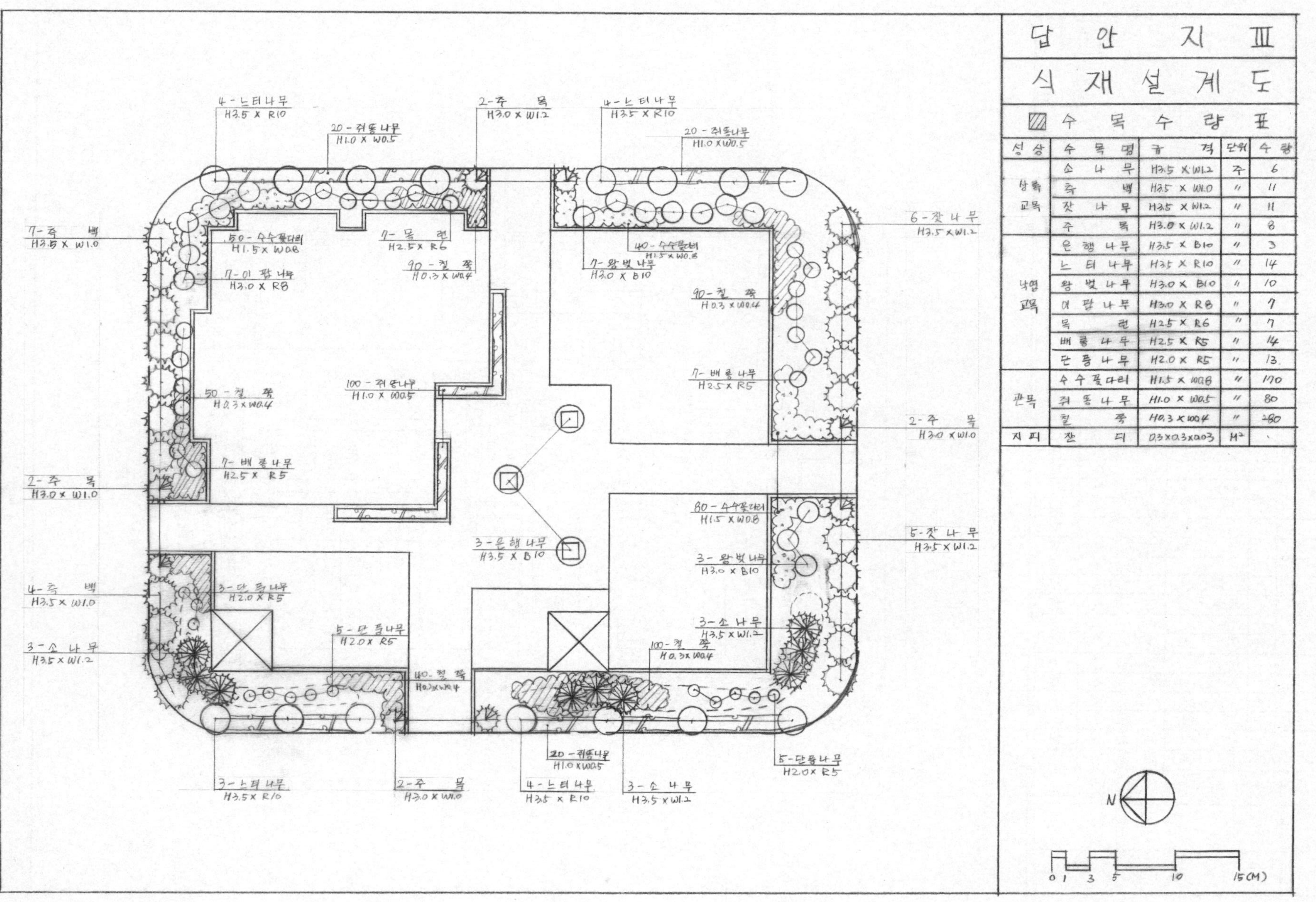

성상	수목명	규격	단위	수량
상록교목	소나무	H3.5 X W1.2	주	6
	측백	H3.5 X W1.0	〃	11
	잣나무	H3.5 X W1.2	〃	11
	주목	H3.0 X W1.2	〃	8
낙엽교목	은행나무	H3.5 X B10	〃	3
	느티나무	H3.5 X R10	〃	14
	왕벚나무	H3.0 X B10	〃	10
	이팝나무	H3.0 X R8	〃	7
	목련	H2.5 X R6	〃	7
	배롱나무	H2.5 X R5	〃	14
	단풍나무	H2.0 X R5	〃	13
관목	수수꽃다리	H1.5 X W0.8	〃	170
	쥐똥나무	H1.0 X W0.5	〃	80
	철쭉	H0.3 X W0.4	〃	280
지피	잔디	0.3X0.3X0.03	M²	

03 소공원 [조경산업기사 2007년 기출]

제시된 현황도는 남부지방의 아파트단지 진입부 소공원이다. 현황도 부지의 북쪽, 동쪽이 아파트단지에 인접해있으며 남쪽, 서쪽은 8m 도로와 접하고 있다. 축척 1/200으로 확대하여 주어진 요구조건을 반영시켜 설계 개념도[답안지1], 시설물배치 및 식재설계도[답안지2]를 작성하시오.

■ 요구조건

(1) 동선계획시 진입구는 현황도에 표시된 4곳에 한정하고, 주동선의 폭은 5m, 부동선의 폭은 3m로 한다.
(2) 휴게공간 (180㎡ 이상)은 파고라 4.5m×4.5m 1개소, 도섭지, 등벤치 2개를 배치한다.
(3) 운동공간 (190㎡ 이상)은 마사토로 포장한다.
(4) 놀이공간 (150㎡ 이상)은 조합놀이대, 정글짐, 철봉 등을 설치하고 포장은 모래포장으로 한다.
(5) 기타 시설물은 휴지통, 빗물받이, 맹암거, 집수정, 조명등 등을 임의대로 설치한다.
(6) 적당한 수종을 10수종 이상 선정하여 식재설계를 하시오.
(7) 인출선을 사용하여 수종명, 수량, 규격을 표시하고, 식재한 수량을 집계하여 범례란에 수목수량표를 도면우측에 작성하시오.

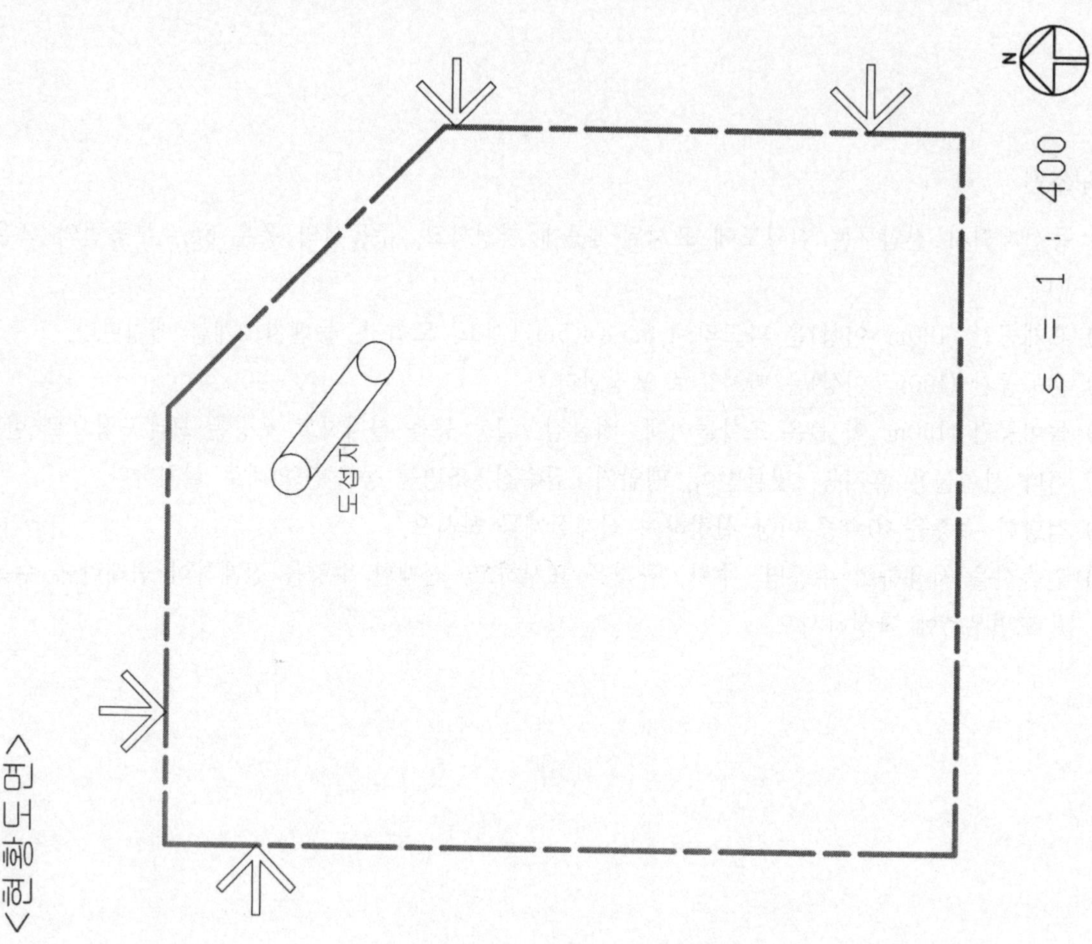

N
S = 1 : 400
도섭지
<현황도면>

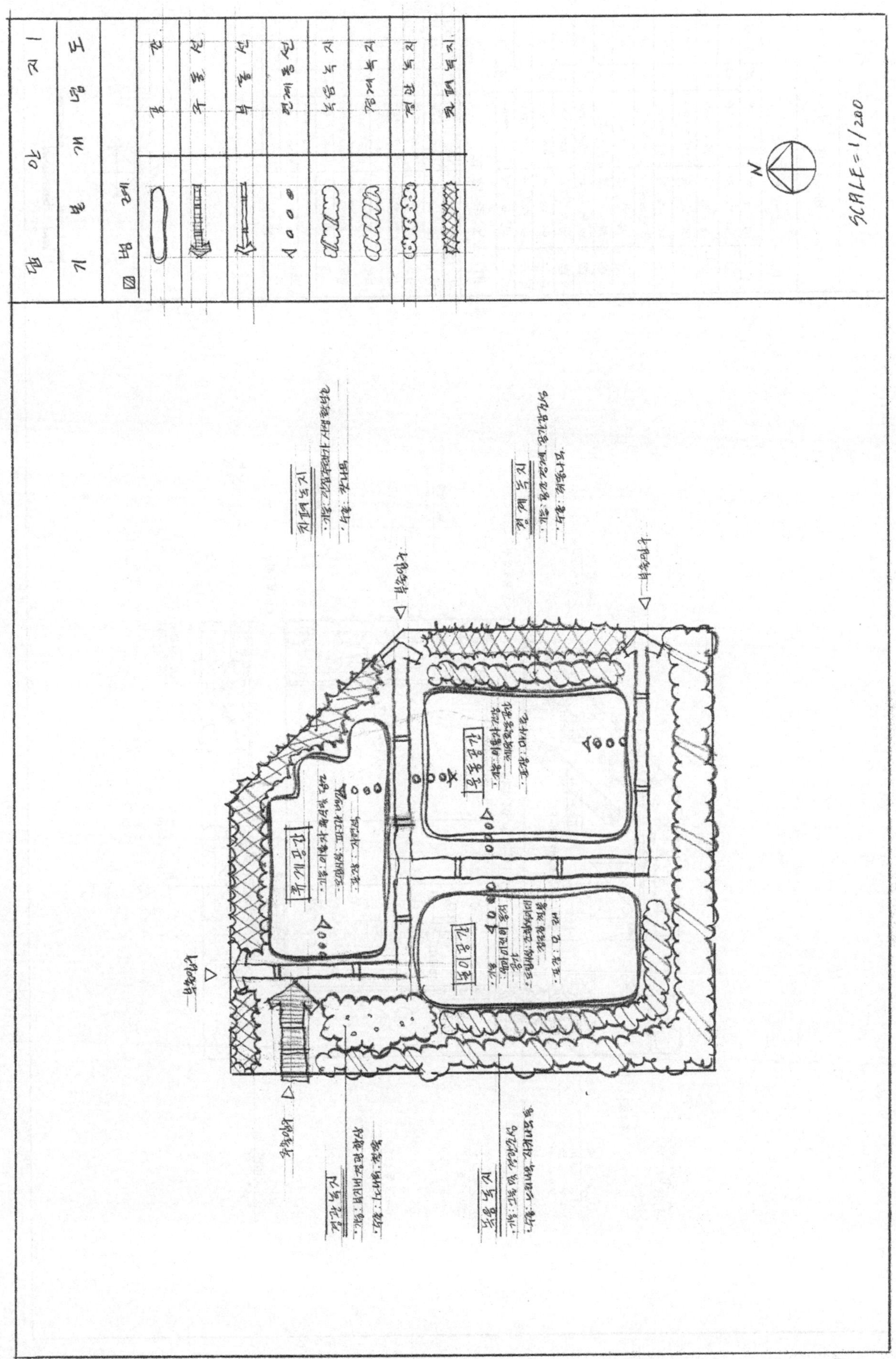
답 안 지 I
기 본 개 념 도
범 례
공 간
주 동 선
부 동 선
녹 음 녹 지
경 계 녹 지
경 관 녹 지
차 폐 녹 지
N
SCALE=1/200

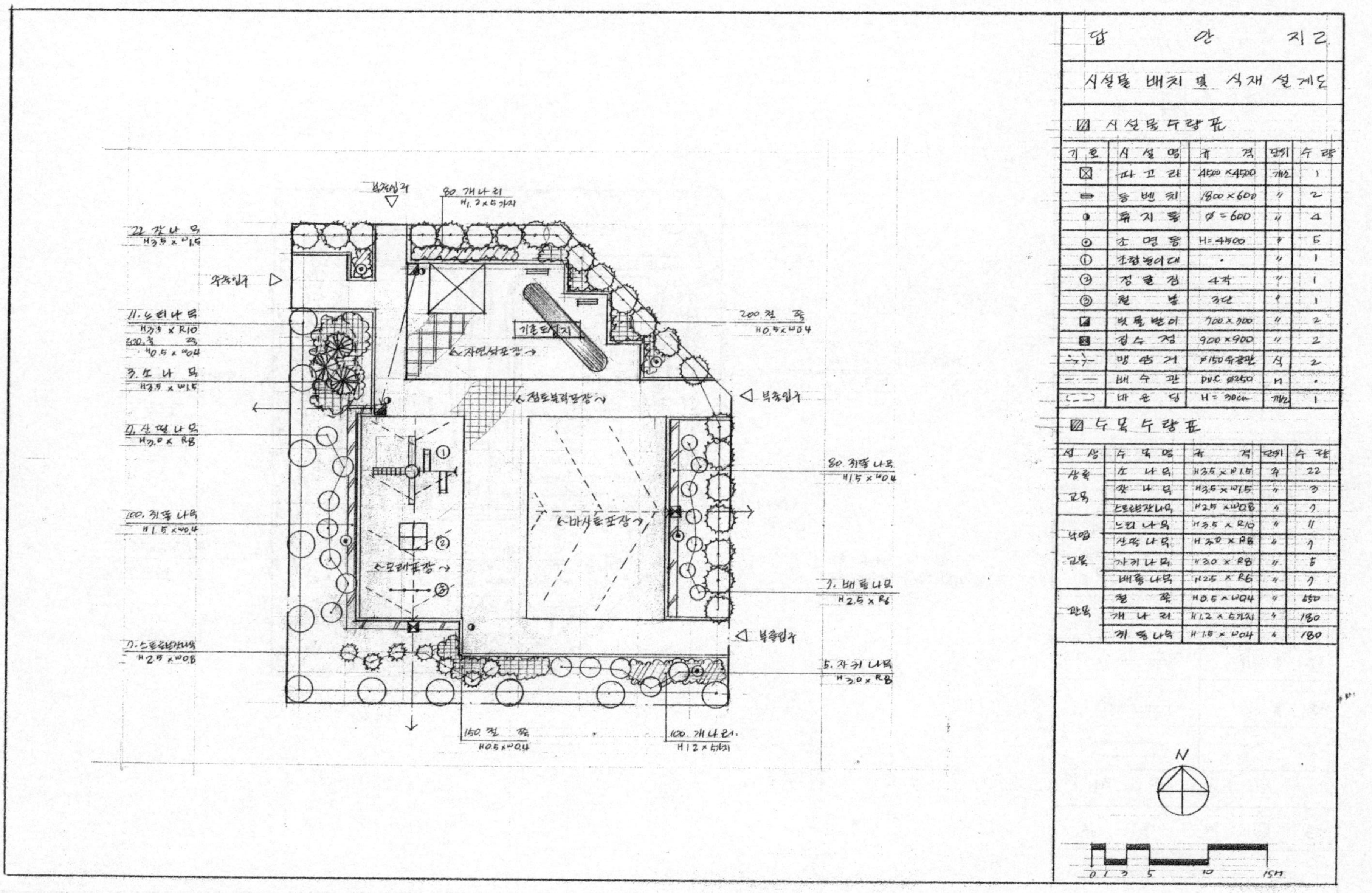
답 안 지 2
시설물 배치 및 식재 설계도
시설물수량표
기호 | 시설명 | 규격 | 단위 | 수량
파고라 | 4500×4500 | 개소 | 1
등벤치 | 1800×600 | 〃 | 2
휴지통 | ∅=600 | 〃 | 4
소명등 | H=4500 | 〃 | 5
조합놀이대 | · | 〃 | 1
정글짐 | 4각 | 〃 | 1
철봉 | 3단 | 〃 | 1
빗물받이 | 700×700 | 〃 | 2
집수정 | 900×900 | 〃 | 2
맹암거 | ∅150유공관 | 식 | 2
배수관 | PVC ∅250 | m | ·
마운딩 | H=30cm | 개소 | 1
수목수량표
성상 | 수목명 | 규격 | 단위 | 수량
상록교목 | 소나무 | H3.5×W1.5 | 주 | 22
잣나무 | H3.5×W1.5 | 〃 | 3
스트로브잣나무 | H2.5×W0.8 | 〃 | 7
낙엽교목 | 느티나무 | H3.5×R10 | 〃 | 11
산딸나무 | H3.0×R8 | 〃 | 7
자귀나무 | H3.0×R8 | 〃 | 5
배롱나무 | H2.5×R6 | 〃 | 7
관목 | 철쭉 | H0.5×W0.4 | 〃 | 650
개나리 | H1.2×5가지 | 〃 | 180
회양목 | H1.5×W0.4 | 〃 | 180
22. 잣나무 H3.5×W1.5
주출입구
11. 느티나무 H3.5×R10
200. 철쭉 H0.5×W0.4
3. 소나무 H3.5×W1.5
7. 산딸나무 H3.0×R8
100. 회양목 H1.5×W0.4
7. 스트로브잣나무 H2.5×W0.8
부출입구
80. 개나리 H1.2×5가지
자연석포장
기념조형물
점토블럭포장
마사토포장
모래포장
200. 철쭉 H0.5×W0.4
부출입구
80. 회양목 H1.5×W0.4
7. 배롱나무 H2.5×R6
부출입구
5. 자귀나무 H3.0×R8
150. 철쭉 H0.5×W0.4
100. 개나리 H1.2×5가지
N
0 1 3 5 10 15M

04 소공원 [조경산업기사 2018년(4회) 기출]

■ 요구사항

중부지방 도시 내 시민을 위한 소공원을 설계하고자 한다. 문제의 요구조건과 현황도를 이용하여 계획개념도와 시설물평면도 및 배식설계도를 축척 1/200로 작성하시오.

공통사항

- 대상지는 '가' 지역이 '나' 지역보다 1m가 높으므로 높이차를 계단과 램프를 활용하여 해소하시오.
- 서측은 시각적으로 경관이 불량하고 북측에는 문화재보존구역이 인접해 있으며 대지 내 소나무 보호수목이 위치하고 있다.
- 주동선(3m)과 부동선(2m)을 구분하여 설계하시오.

1. 주어진 설계조건과 대지현황에 따라 계획개념도를 작성하시오. [답안지 I]

(1) 동선은 주동선, 부동선을 구분하시오.
(2) 진입 및 중앙광장, 수경휴식공간, 휴게공간, 어린이놀이공간 등을 배치하고 각 공간의 개념을 구분하여 나타내시오.
(3) 배식개념은 요점식재, 차폐식재, 경관식재, 녹음식재 등으로 구분하여 계획하고 인출선을 사용하여 도면의 여백에 표시하시오.

2. 주어진 설계조건과 대지현황을 참고하여 시설물평면도 및 배식설계도를 작성하시오. [답안지 II]

• 가 지역

(1) 진입광장을 조성하고 수목보호대 2개소를 설치하시오.
(2) 중앙광장(면적: 100m^{2}정도)은 정방형으로 계획하고 식수대 1개소를 설치하시오.
(3) 수경공간은 정방형 연못(4m×4m)을 배치하고 연못의 북쪽에 반경 4m의 정육각형 정자를 설치하시오.

• 나 지역

(1) 어린이 놀이공간을 북동쪽에 250m^2 내외의 규모로 조성하고 조합놀이대, 흔들의자, 회전무대를 설치하시오.
(2) 휴식공간을 남동쪽에 배치하고, 파고라(5m×5m) 2개소를 설치하시오.
(3) 모래놀이터를 휴식공간과 근접하여 설계하되, 주변을 모래주머니로 두르시오.
(4) 산책로를 계획하고 주변으로 마운딩(H=1.5m, 폭=5m, 길이=15m) 조성 후 경관식재 처리하시오.
  - 포장은 3종 이상 선정하고, 재료는 도면에 명기하시오.
  - 배식계획 시 교목 10종 이상, 관목 3종 이상을 아래 보기의 수종 중 선정하시오.

보기

느티나무, 독일가문비, 소나무, 복자기, 산수유, 수수꽃다리, 아왜나무, 왕벚나무, 은행나무, 자작나무, 주목, 측백나무, 후박나무, 녹나무, 산딸나무, 목련, 층층나무, 개나리, 꽝꽝나무, 눈향, 영산홍, 산철쭉, 진달래, 조팝나무, 병꽃나무, 회양목, 잔디 등

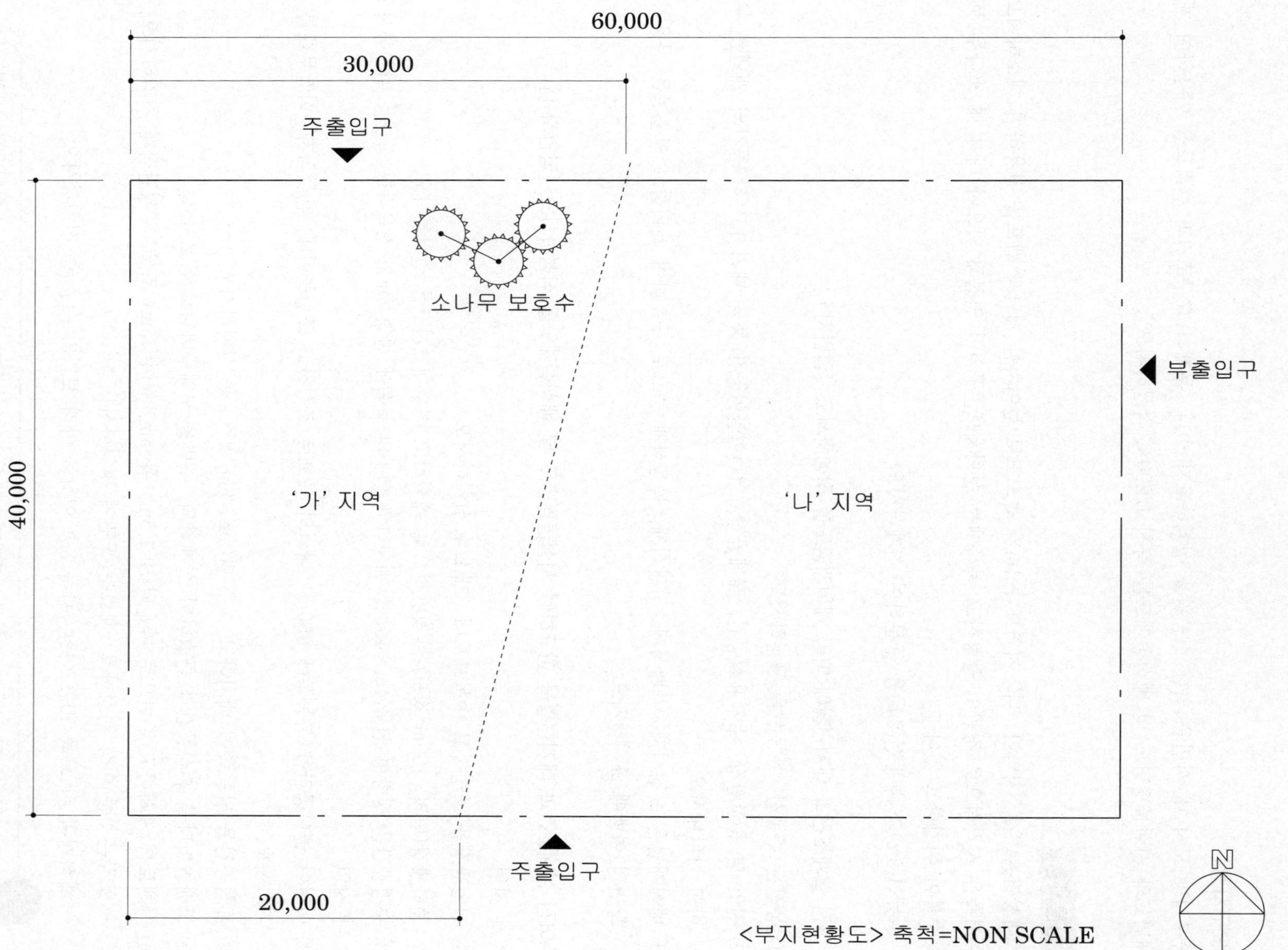
60,000
30,000
주출입구
소나무 보호수
부출입구
40,000
'가' 지역
'나' 지역
주출입구
20,000
N
<부지현황도> 축척=NON SCALE

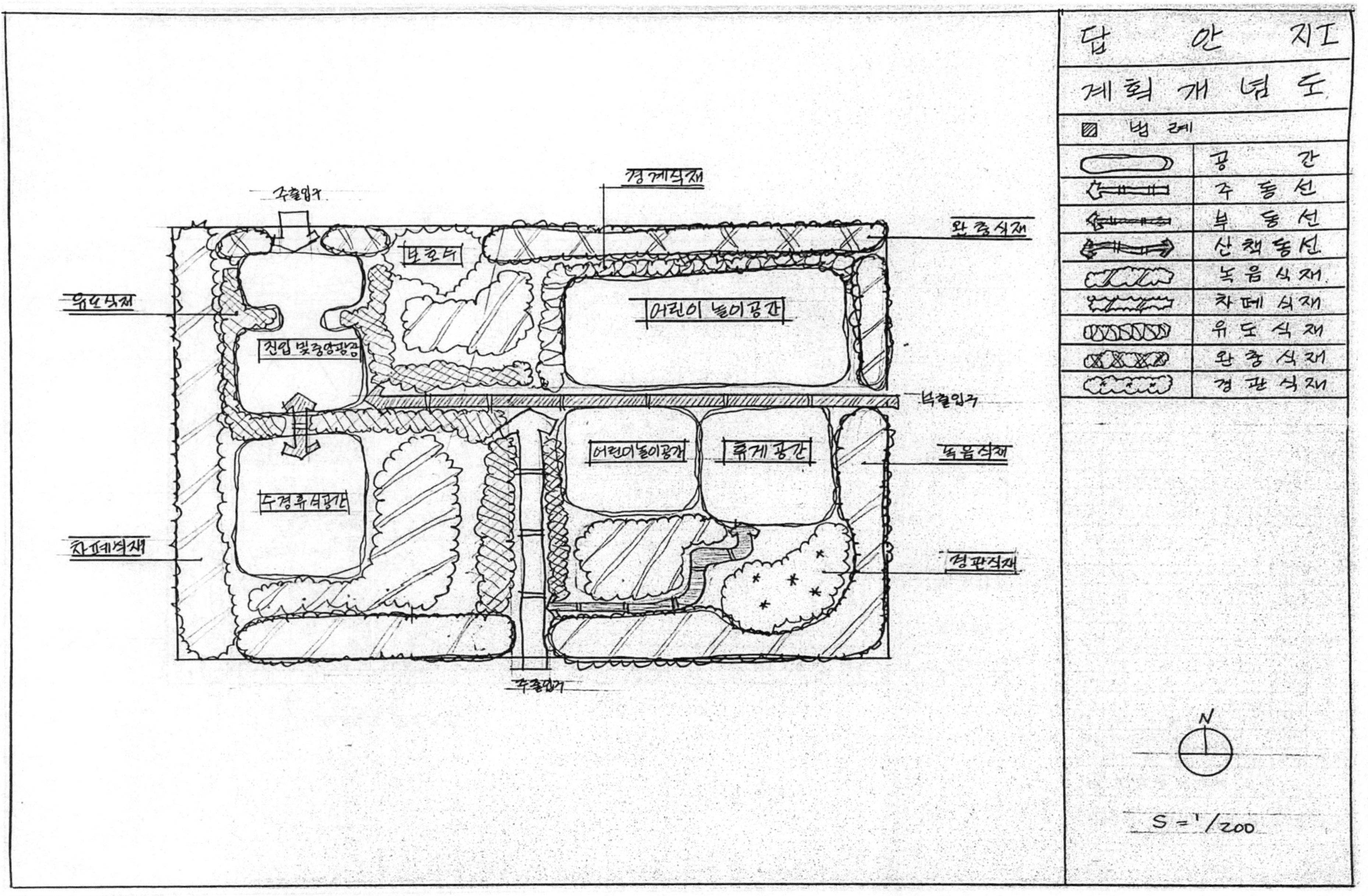
답 안 지 I
계 획 개 념 도
범 례
공 간
주 동 선
부 동 선
산 책 동 선
녹 음 식 재
차 폐 식 재
유 도 식 재
완 충 식 재
경 관 식 재
N
S = 1/200
경계식재
완충식재
주출입구
유도식재
보호수
어린이 놀이공간
진입 및 중앙광장
부출입구
어린이놀이공간
휴게공간
녹음식재
수경휴식공간
차폐식재
경관식재
주출입구

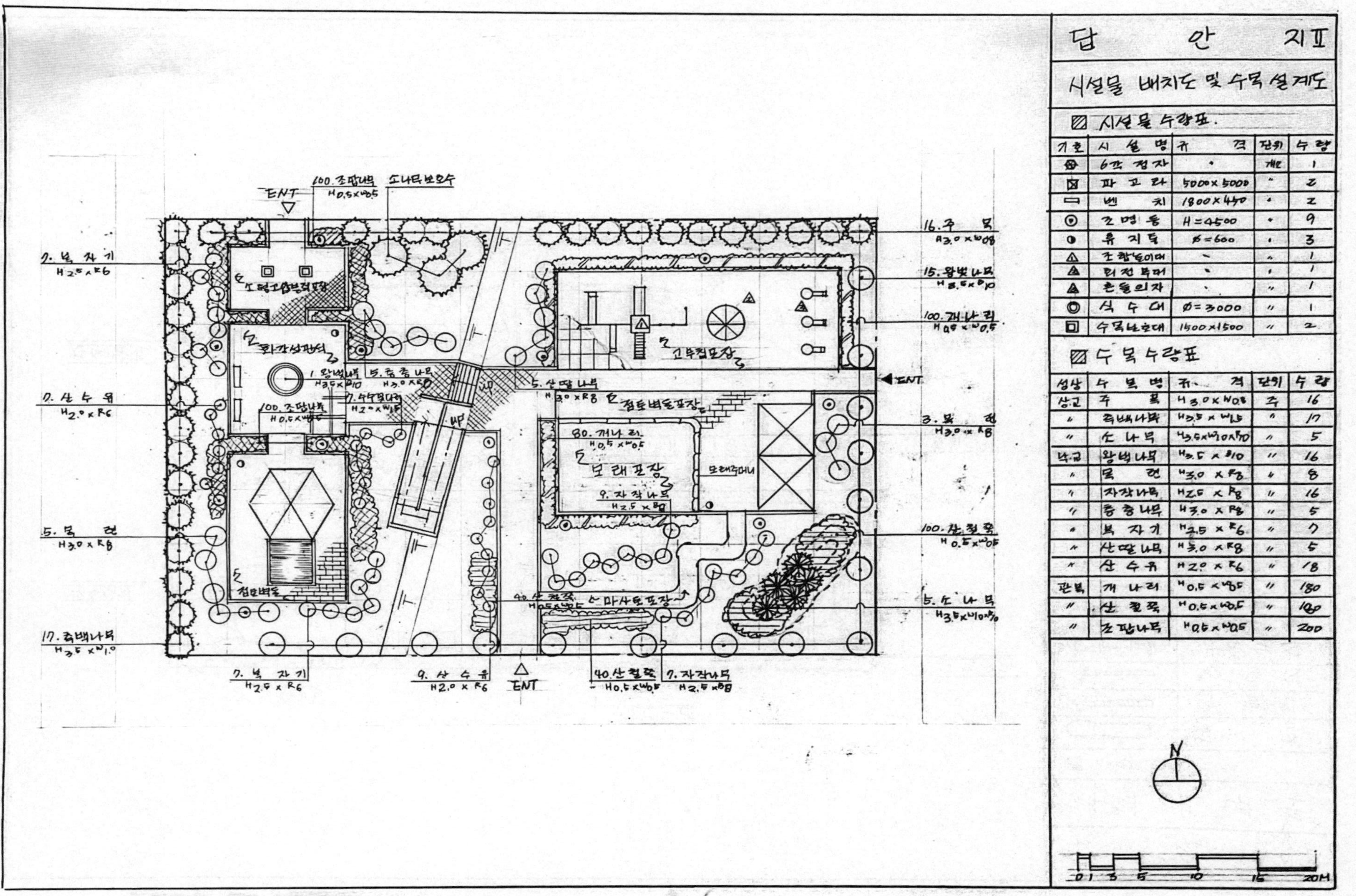

답 안 지Ⅱ
시설물 배치도 및 수목설계도
시설물 수량표.
기호 | 시설명 | 규격 | 단위 | 수량
6각 정자 | · | 개소 | 1
파고라 | 5000×5000 | " | 2
벤치 | 1800×450 | " | 2
조명등 | H=4500 | " | 9
휴지통 | ∅=600 | " | 3
조합놀이대 | - | " | 1
회전무대 | - | " | 1
흔들의자 | - | " | 1
식수대 | ∅=3000 | " | 1
수목보호대 | 1500×1500 | " | 2
수목수량표
성상 | 수목명 | 규격 | 단위 | 수량
상교 | 주목 | H3.0×W0.8 | 주 | 16
" | 측백나무 | H3.5×W1.5 | " | 17
" | 소나무 | H3.5×W2.0×R10 | " | 5
낙교 | 왕벚나무 | H3.5×B10 | " | 16
" | 모과 | H3.0×R8 | " | 8
" | 자작나무 | H2.5×R8 | " | 16
" | 층층나무 | H3.0×R8 | " | 5
" | 복자기 | H2.5×R6 | " | 7
" | 산딸나무 | H3.0×R8 | " | 5
" | 산수유 | H2.0×R6 | " | 18
관목 | 개나리 | H0.5×W0.5 | " | 180
" | 산철쭉 | H0.5×W0.5 | " | 100
" | 조팝나무 | H0.5×W0.5 | " | 200
N
0 1 3 5 10 15 20M

2 어린이공원

- 적용법규 : 도시계획시설로 지정된 공원으로 「도시공원 및 녹지등에 관한법」의 설치기준을 만족해야 한다.

설치기준	유치거리	규모	시설면적
제한없음	250m	1,500㎡	60/100 이하

- 기능 : 어린이의 보건 및 정서생활의 향상에 기여함을 목적으로 설치된 공원

- 기본설계기준 (조경설계기준, 건설교통부승인)

① 어린이를 주 이용 대상자로 하되 위치에 따라 근린주민이 함께 이용할 수 있도록 하며, 주변과의 연계성을 검토하여 공원경계를 정한다.
② 어린이의 안전을 최우선적으로 고려한다. 통과동선이 발생되지 않도록 내부동선과 출입구를 선정하고 정적인 공간과 동적인 공간을 균형있게 배치하며, 지형을 고려한 놀이공간배치로 자연발생적인 놀이를 유발시키도록 한다.
③ 창의력이 충분히 발휘되도록 시설의 다양성을 도모하며 놀이기구 및 기타시설의 수는 공간의 크기를 고려하여 정한다.
④ 어린이놀이터 주변에는 가시가 없는 수종을 배식한다.
※ 가시가 있는 나무 : 찔레나무, 장미, 아까시나무, 탱자나무, 해당화, 음나무, 산초나무, 초피나무, 주엽나무 등은 피한다.

- 공간의 구성 및 시설물배치

녹지	녹음, 경관, 요점, 경계, 차폐, 완충 등의 식재도입
운동공간	다목적운동공간
놀이공간	·유아, 어린이(유년) 놀이공간 분할 ·설치시설 : 모래판, 그네, 미끄럼틀, 시소, 회전무대, 흔들말 등의 놀이시설물
휴게공간	파고라, 벤치, 휴지통, 음수대
편익 및 관리시설공간	·편익공간 : 화장실 ·관리시설공간 : 관리사무소

05 어린이공원 [조경산업기사 2000년, 2004년 기출]

다음은 중부지방의 도시 내에 위치한 어린이 공원의 부지 현황도이다.
축척 1/200로 확대하여 주어진 요구조건을 반영시켜 설계개념도(답안지Ⅰ), 시설물 배치도(답안지Ⅱ), 배식설계도(답안지Ⅲ)를 작성하시오.

■ 요구사항

- 어린이 공원에 진출입은 반드시 현황도에 지정된 곳(2곳)에 한정된다.
- 적당한 곳에 운동, 놀이, 휴게, 녹지 공간 등을 조성한다.
- 녹지의 비율은 40% 정도 조성한다.
- 적당한 곳에 차폐녹지, 녹음겸 완충녹지, 경관녹지 등을 조성한다.
- 주동선과 부동선, 진입관계, 공간배치, 식재개념 등을 개념도의 표현기법을 사용하여 나타내고, 각 공간의 명칭, 성격, 기능을 약술하시오.
- 요구 시설로는 다목적운동장(14×16m), 화장실(4×5m), 모래사장(10×8m), 휴게시설로 파고라 2개소, 벤치 10개, 유희시설로는 미끄럼대, 그네를 포함한 놀이시설물 3종 이상, 기타 수목보호대(1.5×1.5m)를 설치한다.
- 식재식물은 10종 이상 선택하고 인출선에 의한 표기를 하시오.
- 빈 공간에 시설물 및 수목 수량표를 작성하시오.

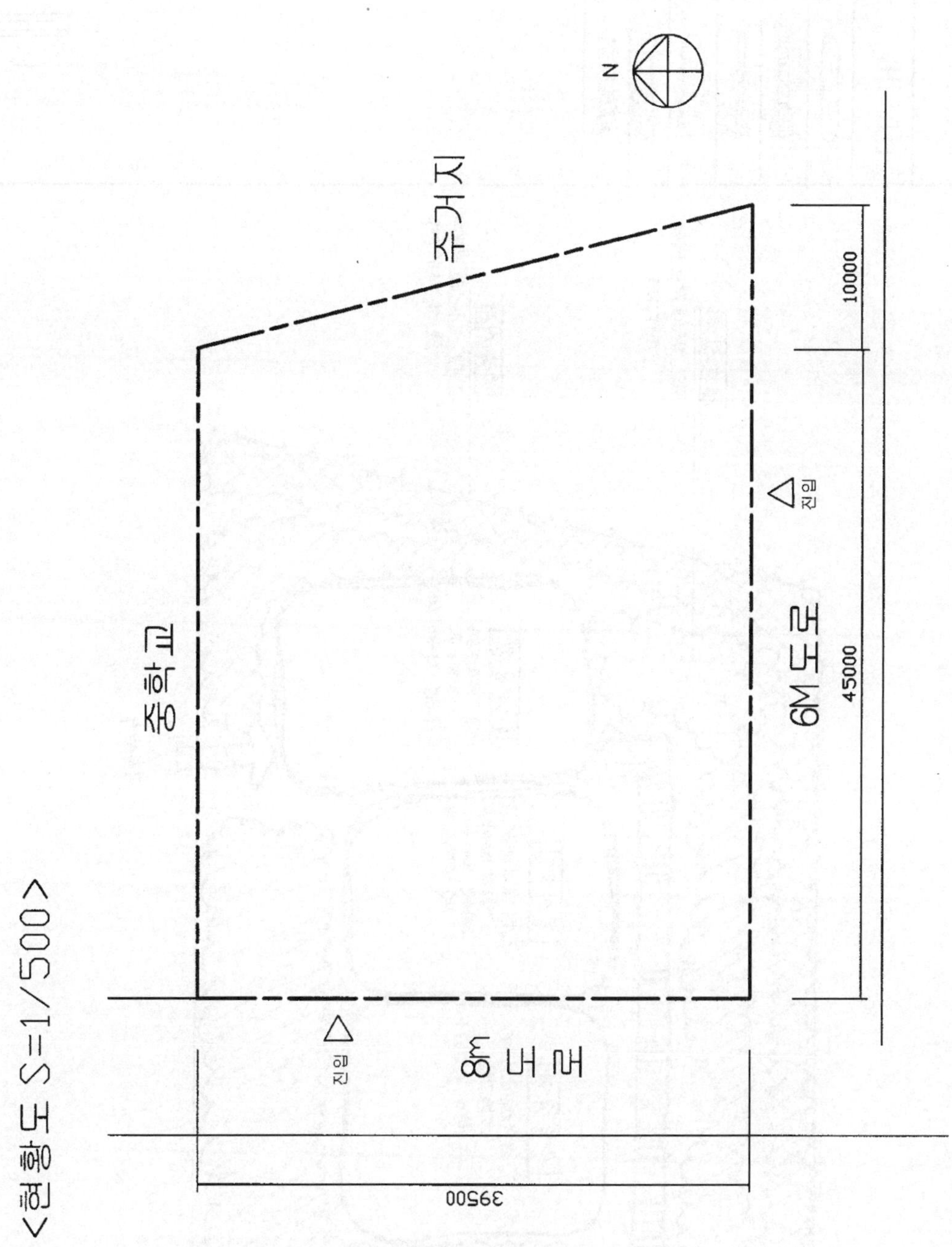

<현황도 S=1/500>
중학교
주거지
N
6M 도로
8m 도로
진입
진입
45000
10000
39500

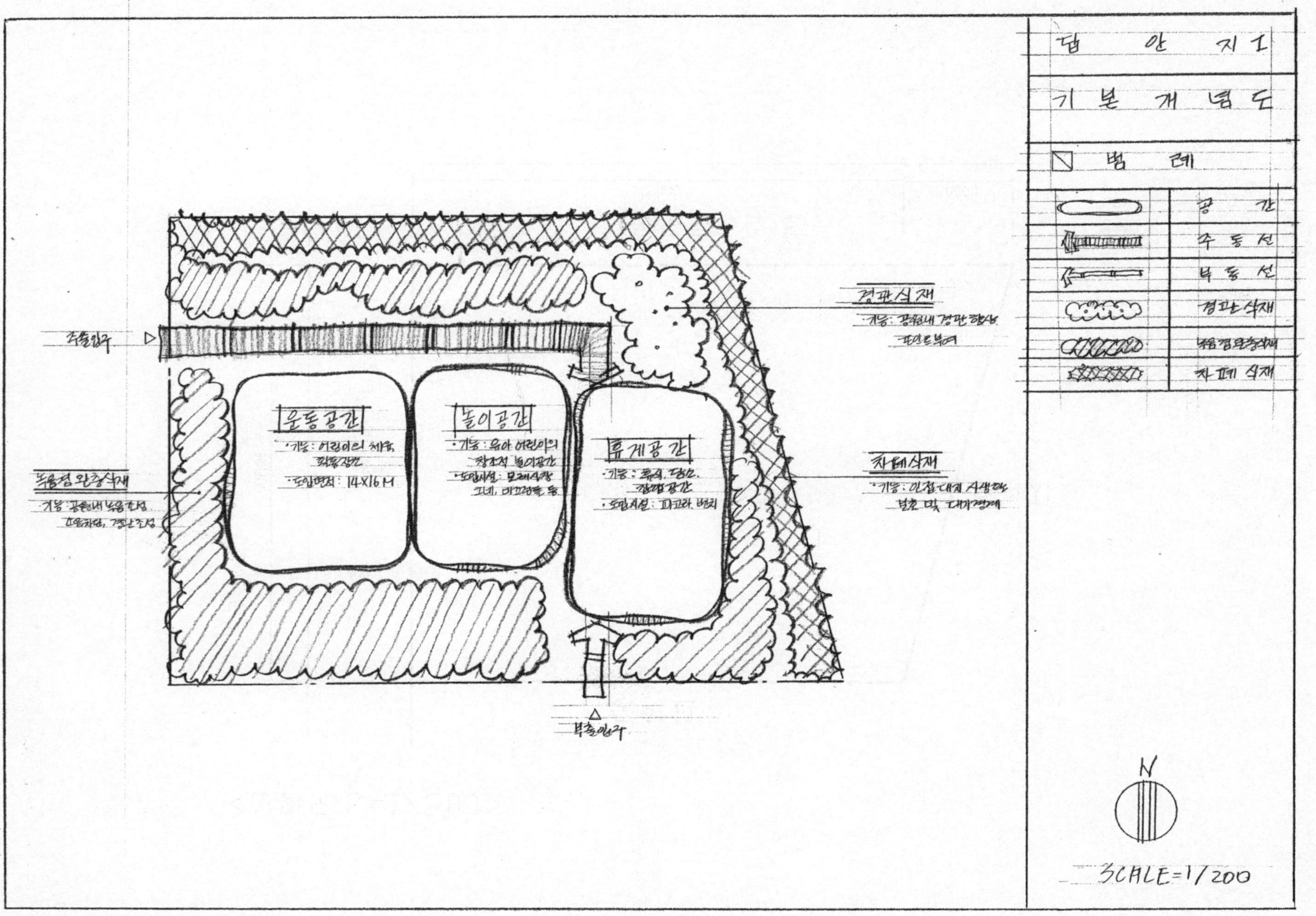
답 안 지 I
기 본 개 념 도
범 례
공 간
주 동 선
부 동 선
경관식재
녹음겸 완충식재
차폐식재
경관식재
기능 : 공원내 경관 향상, 포인트 부여
차폐식재
기능 : 인접 대지 시선 차단 및 대지경계
녹음겸 완충식재
기능 : 공원내 녹음 조성, 소음차단, 경관 조성
주출입구
운동공간
기능 : 어린이의 체육, 활동공간
도입면적 : 14X16M
놀이공간
기능 : 유아 어린이의 창조적 놀이공간
도입시설 : 모래사장, 그네, 미끄럼틀 등
휴게공간
기능 : 휴식, 담소, 정적인 공간
도입시설 : 파고라, 벤치
부출입구
N
SCALE=1/200

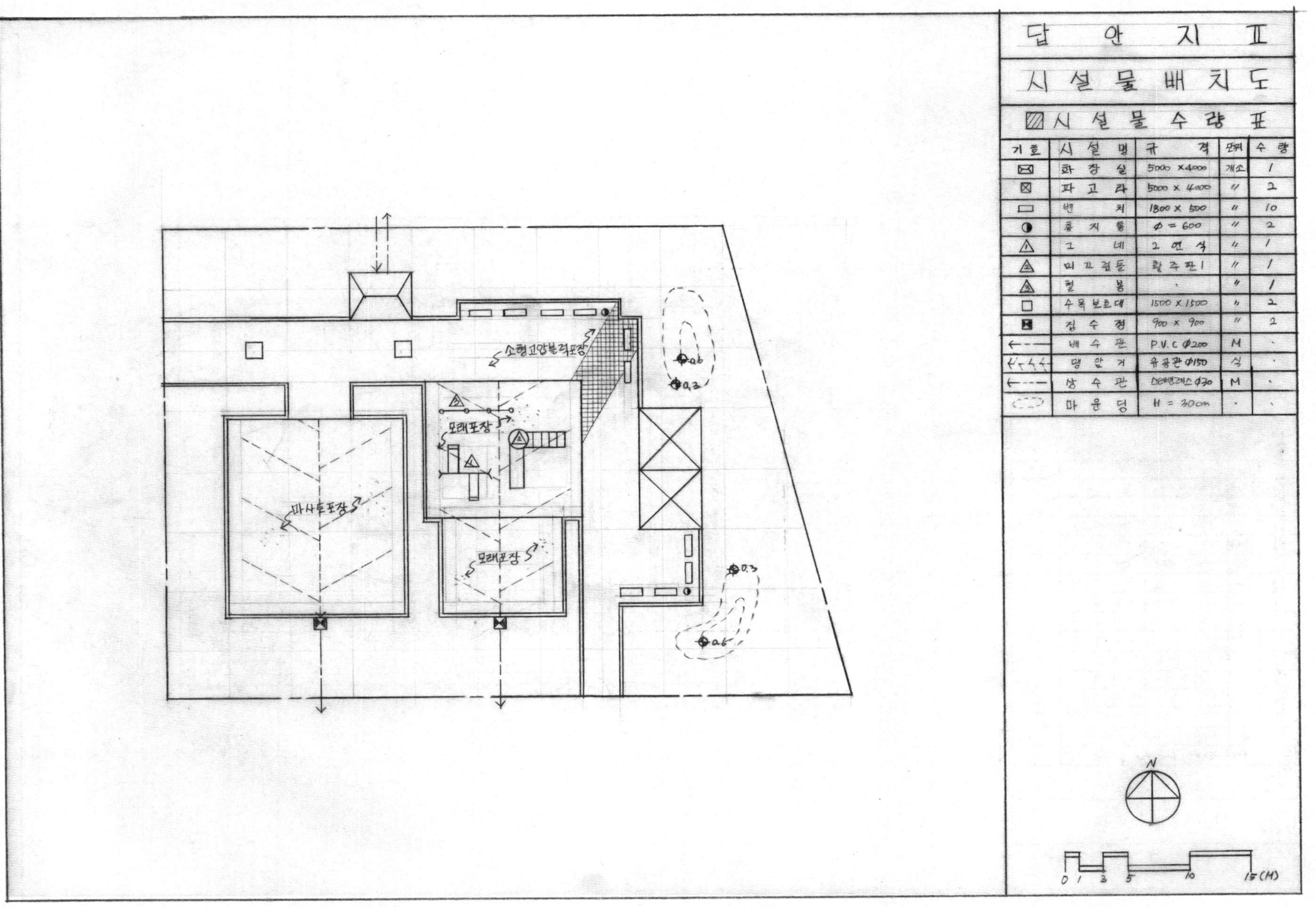
답 안 지 II
시 설 물 배 치 도
시 설 물 수 량 표
기호 | 시설명 | 규격 | 단위 | 수량
화장실 | 5000 × 4000 | 개소 | 1
파고라 | 5000 × 4000 | 〃 | 2
벤치 | 1800 × 500 | 〃 | 10
휴지통 | φ = 600 | 〃 | 2
그네 | 2 연 식 | 〃 | 1
미끄럼틀 | 활주판1 | 〃 | 1
철봉 | · | 〃 | 1
수목보호대 | 1500 × 1500 | 〃 | 2
집수정 | 900 × 900 | 〃 | 2
배수관 | P.V.C φ200 | M | ·
맹암거 | 유공관 φ150 | 식 | ·
상수관 | 스테인레스 φ70 | M | ·
마운딩 | H = 300m | · | ·
소형고압블럭포장
모래포장
모래포장
마사토포장
N
0 1 3 5 10 15(M)

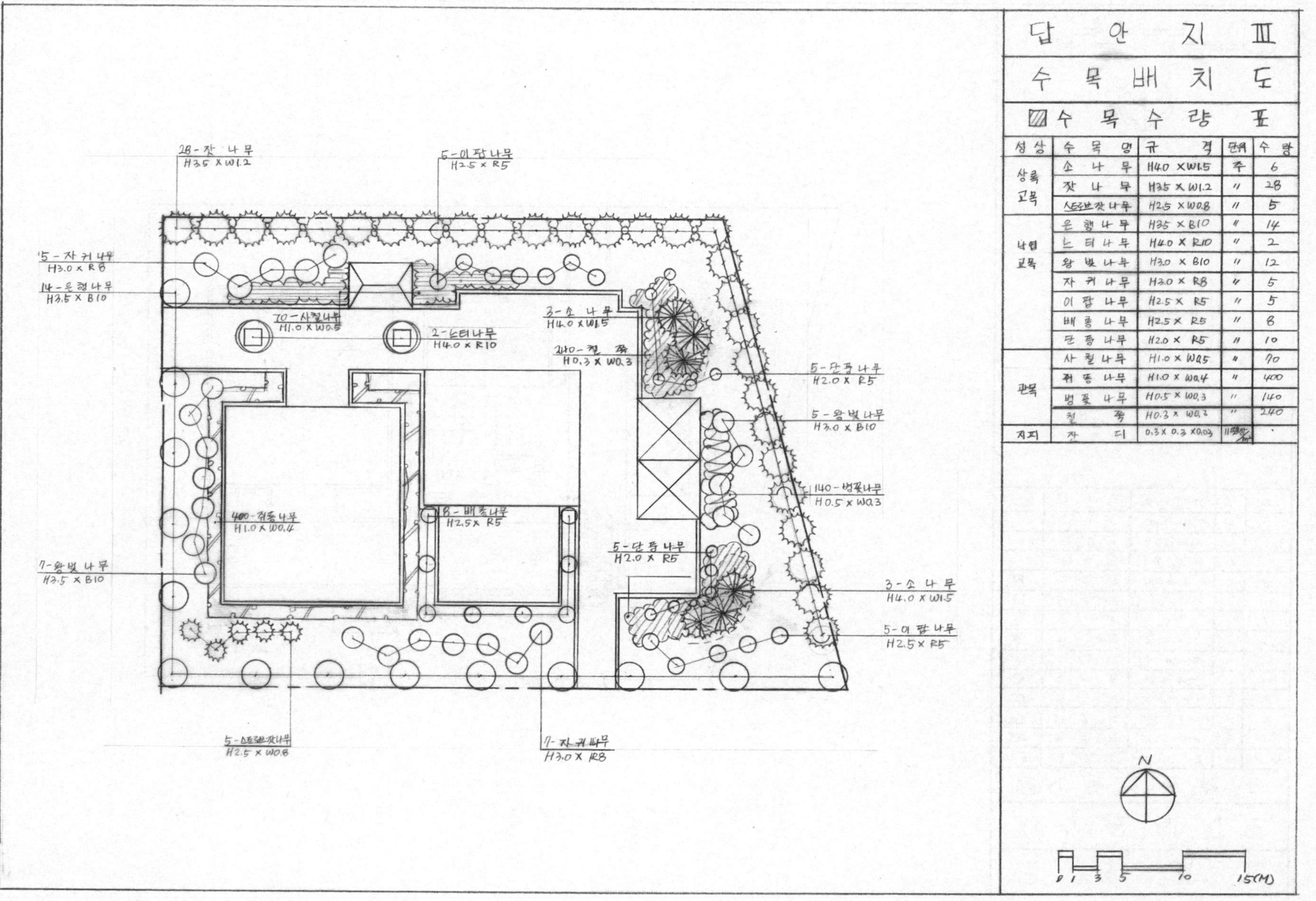

답 안 지 Ⅲ
수 목 배 치 도
수 목 수 량 표

성상	수목명	규격	단위	수량
상록교목	소나무	H4.0 × W1.5	주	6
	잣나무	H3.5 × W1.2	〃	28
	스트로브잣나무	H2.5 × W0.8	〃	5
낙엽교목	은행나무	H3.5 × B10	〃	14
	느티나무	H4.0 × R10	〃	2
	왕벚나무	H3.0 × B10	〃	12
	자귀나무	H3.0 × R8	〃	5
	이팝나무	H2.5 × R5	〃	5
	배롱나무	H2.5 × R5	〃	8
	단풍나무	H2.0 × R5	〃	10
관목	사철나무	H1.0 × W0.5	〃	70
	쥐똥나무	H1.0 × W0.4	〃	400
	병꽃나무	H0.5 × W0.3	〃	140
	철쭉	H0.3 × W0.2	〃	240
지피	잔디	0.3 × 0.3 × 0.03	m²	·

28-잣나무 H3.5 × W1.2
5-이팝나무 H2.5 × R5
5-자귀나무 H3.0 × R8
14-은행나무 H3.5 × B10
70-사철나무 H1.0 × W0.5
2-느티나무 H4.0 × R10
3-소나무 H4.0 × W1.5
240-철쭉 H0.3 × W0.3
5-단풍나무 H2.0 × R5
5-왕벚나무 H3.0 × B10
140-병꽃나무 H0.5 × W0.3
400-쥐똥나무 H1.0 × W0.4
8-배롱나무 H2.5 × R5
7-왕벚나무 H3.5 × B10
5-단풍나무 H2.0 × R5
3-소나무 H4.0 × W1.5
5-이팝나무 H2.5 × R5
5-스트로브잣나무 H2.5 × W0.8
7-자귀나무 H3.0 × R8
N
0 1 3 5 10 15(M)

06 어린이공원 [조경산업기사 1994, 1999, 2001, 2012(4회), 2013(1회), 2019(2회) 기출]

■ 요구사항

수도권 주변 택지개발 사업지구 내 어린이공원을 조성하려 한다. 다음의 조건과 기능구상도를 참조하여 어린이공원의 계획평면도와 배식설계도 그리고 조경시설물 설계도를 작성하시오.

(1) 부지현황(58페이지 참조)

- 20m 도로변에 위치한 30×45m의 평탄한 부지로 6m폭의 보행자 전용도로로 개설되어 있음
- 서측에 주거지, 동측에 초등학교 연접되어 있음
- 도로로부터 15m지점, 서측 주거지로부터 15m 지점에 R=3.0m의 원형플랜터(H=0.4m)가 설치되어 있음

(2) 기능 구상도

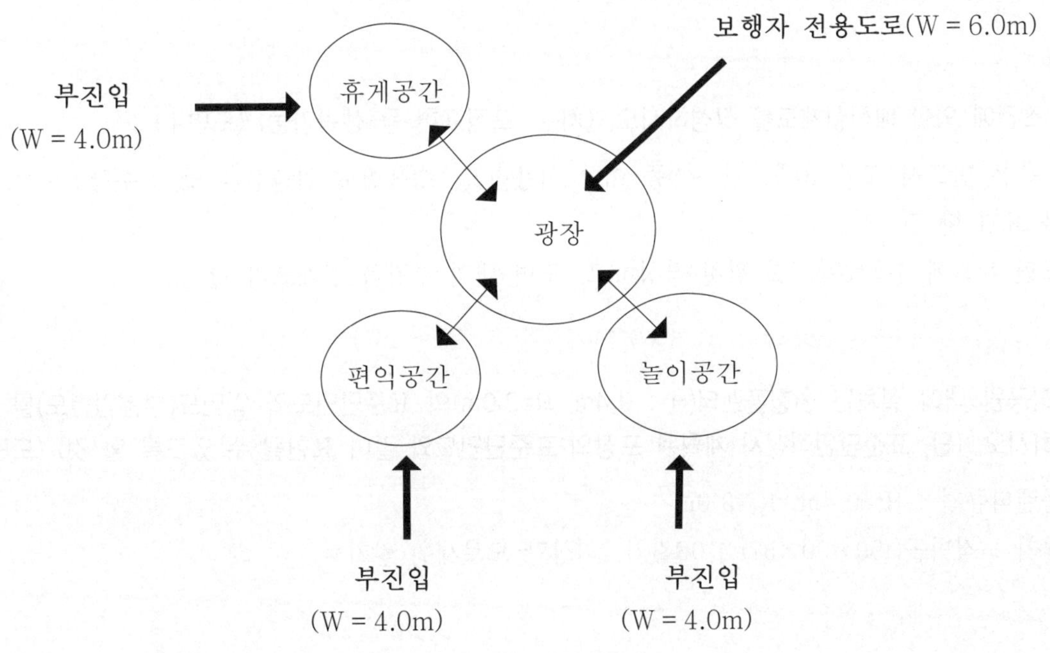

- 광장을 중심으로 4개 출입구와 4개 공간으로 구분

1. 현황도를 1/200으로 확대하여 작성하고, 다음 사항과 주요 치수가 표현된 계획 평면도를 작성하시오. (단, 어린이공원 내 시설율은 60% 이하가 되도록 하고, 놀이공간은 200m² 이상이 되도록 하시오.) (도면 I)

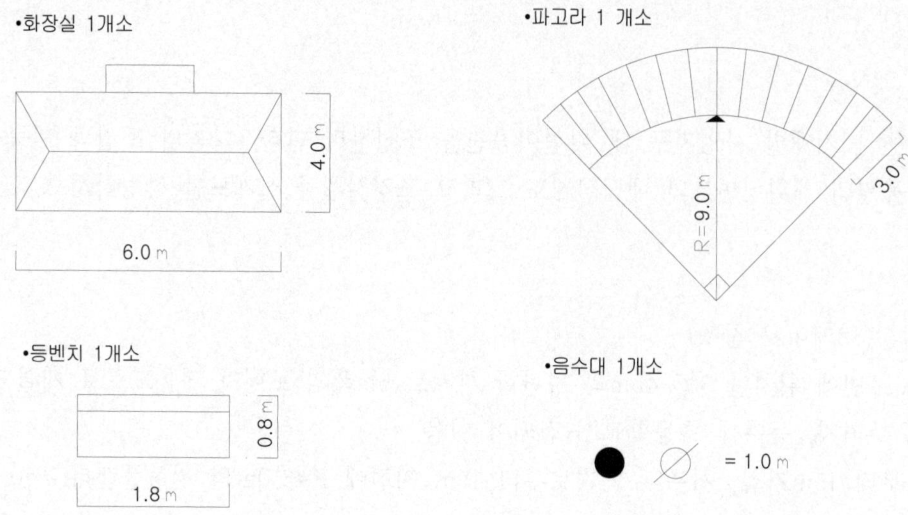

■ 포장

•보도포장에 적합한 재료 선정 표기할 것

•놀이공간은 모래사장(THK-300)으로 할 것

2. 다음 조건에 의한 배식설계도를 작성하시오. (치수, 포장표현 등 생략가능) (도면 I)

•수종은 반드시 교목 10종, 관목 3종 이상 사용하고, 수목별로 인출선을 긋고 수량, 수종, 규격 등을 표기 할 것

•도면 우측에 수목수량표를 필히 작성하고, 도면 내의 수량을 집계표기 할 것

3. 어린이공원 내에 설치된 원형플랜터(H : 0.4m, R=3.0m)의 표준단면도와 입면도(부분입면도)를 1/10으로 작성하시오. (단, 표준단면작성시 계획된 포장의 표준단면도와 같이 표현될 수 있도록 할 것) (도면 II)

•플랜터규격 : H=0.4m, R=3.0m

•쌓기 : 적벽돌(190×90×57) 1.0B쌓기, 최상단 모로세워 쌓기

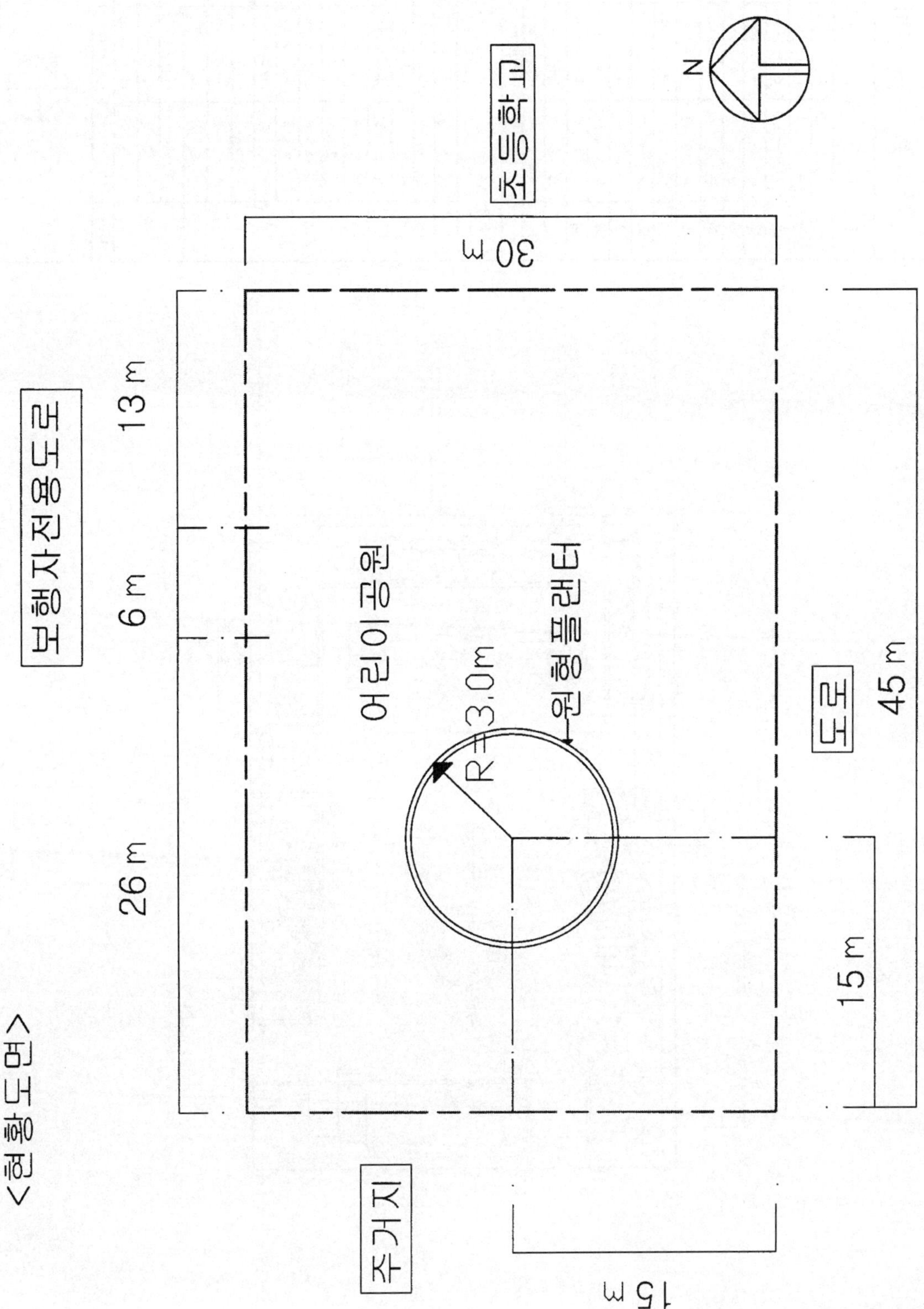
<현황도면>
보행자전용도로
13 m
6 m
26 m
초등학교
30 m
N
어린이공원
R=3.0m
원형플랜터
도로
45 m
15 m
주거지
15 m

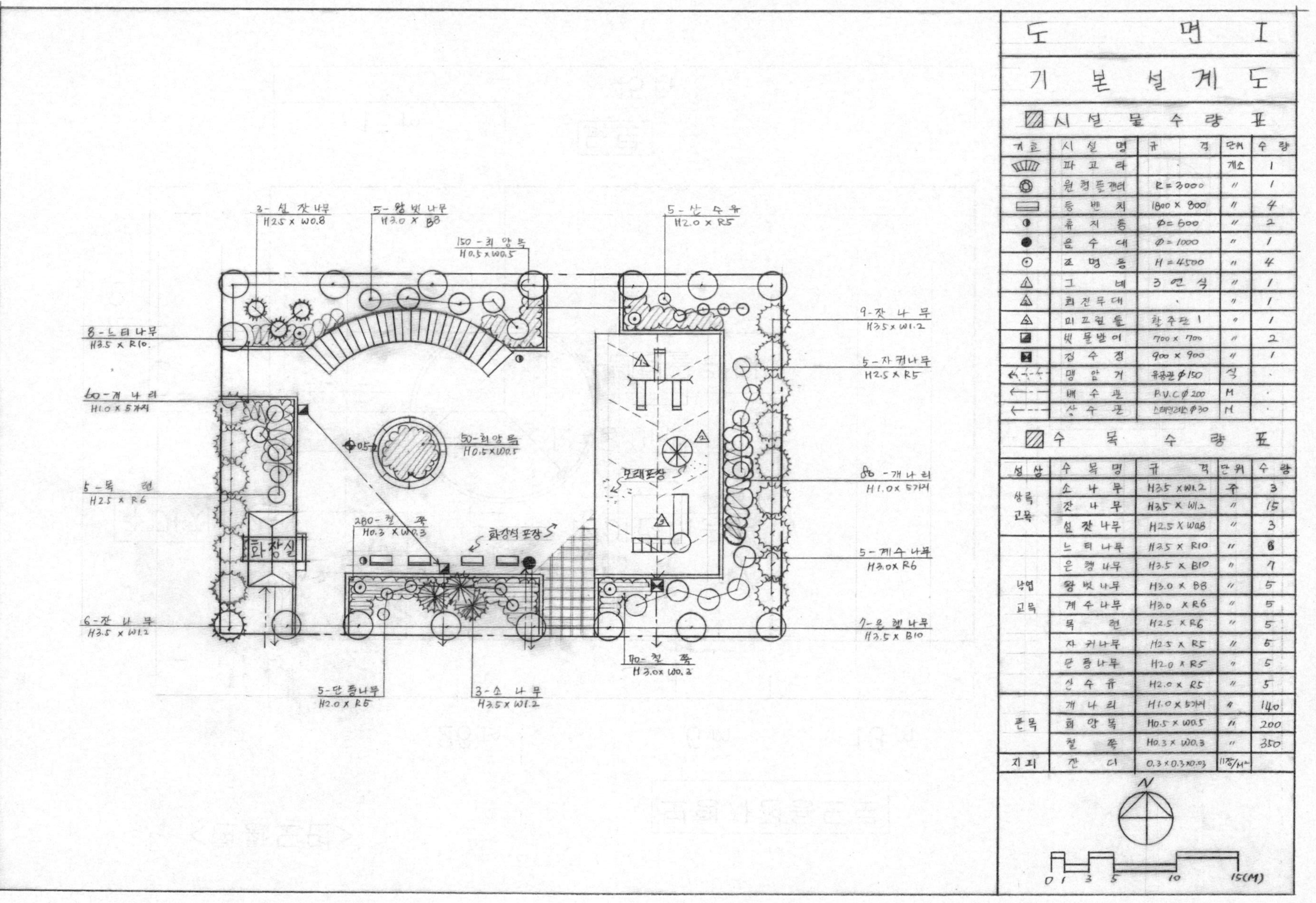
도 면 I
기 본 설 계 도
시 설 물 수 량 표
기호 시설명 규격 단위 수량
파고라 · 개소 1
원형플랜터 R=3000 〃 1
등벤치 1800×800 〃 4
휴지통 Φ=600 〃 2
음수대 Φ=1000 〃 1
조명등 H=4500 〃 4
그네 3연식 〃 1
회전무대 · 〃 1
미끄럼틀 활주판 1 〃 1
빗물받이 700×700 〃 2
집수정 900×900 〃 1
맹암거 유공관Φ150 식 ·
배수관 P.V.CΦ200 M ·
상수관 스테인리스Φ30 M ·
수 목 수 량 표
성상 수목명 규격 단위 수량
상록 고목 소나무 H3.5×W1.2 주 3
잣나무 H3.5×W1.2 〃 15
섬잣나무 H2.5×W0.8 〃 3
낙엽 고목 느티나무 H3.5×R10 〃 8
은행나무 H3.5×B10 〃 7
왕벚나무 H3.0×B8 〃 5
계수나무 H3.0×R6 〃 5
목련 H2.5×R6 〃 5
자귀나무 H2.5×R5 〃 5
단풍나무 H2.0×R5 〃 5
산수유 H2.0×R5 〃 5
관목 개나리 H1.0×5가지 〃 140
회양목 H0.5×W0.5 〃 200
철쭉 H0.3×W0.3 〃 350
지피 잔디 0.3×0.3×0.03 11장/M²
N
0 1 3 5 10 15(M)
3-섬잣나무 H2.5×W0.8
5-왕벚나무 H3.0×B8
150-회양목 H0.5×W0.5
5-산수유 H2.0×R5
9-잣나무 H3.5×W1.2
5-자귀나무 H2.5×R5
80-개나리 H1.0×5가지
5-계수나무 H3.0×R6
7-은행나무 H3.5×B10
8-느티나무 H3.5×R10
60-개나리 H1.0×5가지
5-목련 H2.5×R6
6-잣나무 H3.5×W1.2
50-회양목 H0.5×W0.5
280-철쭉 H0.3×W0.3
화강석포장
모래포장
화장실
70-철쭉 H3.0×W0.3
5-단풍나무 H2.0×R5
3-소나무 H3.5×W1.2

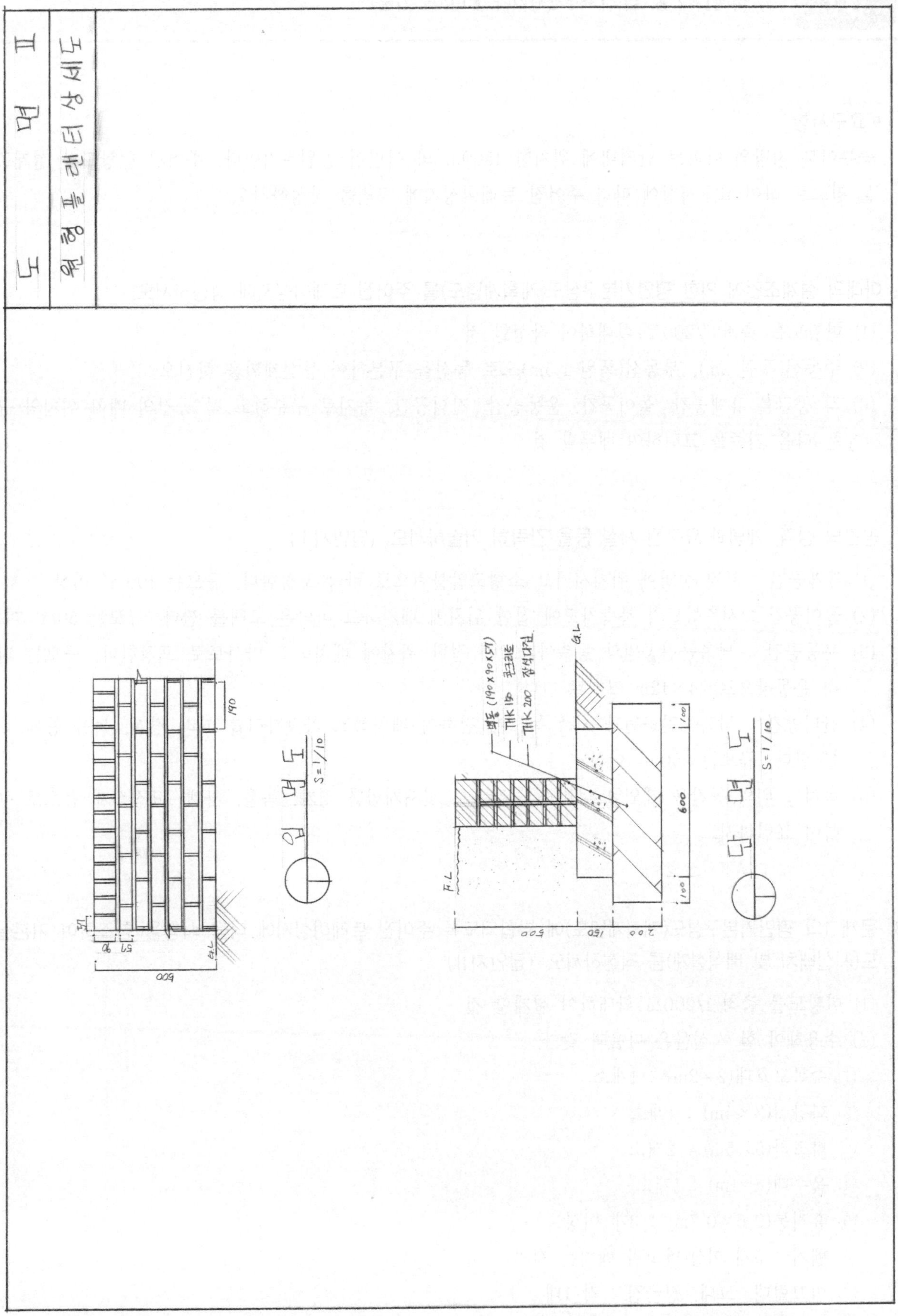

도 면 Ⅱ

원형플랜터상세도

190
600
G.L
90
57

입 면 도
S=1/10

F.L
벽돌 (190×90×57)
THK150 콘크리트
THK200 잡석다짐
G.L
500
150
200
100
600
100

단 면 도
S=1/10

07 어린이공원 [조경산업기사 1994년 기출]

■ 요구사항

중부이북 지방의 아파트 단지내에 위치한 1500m²의 어린이 공원부지이다. 주어진 현황도와 설계조건을 참고로 하여 요구사항에 따라 주어진 트레이싱지에 도면을 작성하시오.

1. 아래의 설계조건에 의한 평면기본구상도(계획개념도)를 주어진 트레이싱지에 작성하시오.

(1) 현황도를 축척 1/200로 확대하여 작성할 것

(2) 주동선(폭원 2m), 부동선(폭원 1.5m)으로 동선을 구분하여 동선계획을 하시오.

(3) 각 공간을 휴게공간, 놀이공간, 운동공간, 잔디공간, 녹지로 구분하고 각 공간의 배치 위치와 규모는 다음 기준을 고려하여 배분할 것

2. 공간의 성격, 개념과 요구된 시설 등을 간략히 기술하시오. (답안지Ⅰ)

(1) 휴게공간 : 부지 중앙에 위치시키고 소형고압블럭으로 바닥 포장한다. 규모는 100m² 이상

(2) 놀이공간 : 서측녹도와 북측차도에 접한 위치에 배치하고 바닥은 모래를 깐다. 규모는 50m² 이상

(3) 운동공간 : 남측근린공원과 동측아파트에 접한 위치에 배치하고 마사토로 포장한다. 규모는 다목적 운동장으로 24×12m 크기로 한다.

(4) 잔디공간 : 남측근린공원과 서측 녹도에 접하여 배치하고 가장자리를 따라 경계, 녹음 등의 식재를 한다. 규모는 250m² 이상

(5) 녹지 : 위의 공간을 제외한 나머지 공간으로 식재개념을 경계, 녹음, 차폐, 요점식재 등으로 구분하여 표현하시오.

3. 문제 1의 평면기본구상도(계획개념도)에 부합되도록 주어진 트레이싱지에 다음 사항을 참조하여 기본설계도(시설배치 및 배식설계)를 작성하시오. (답안지Ⅱ)

(1) 현황도를 축척 1/200로 확대하여 설계할 것

(2) 수용해야 할 시설물은 다음과 같다.

① 수목보호대(2×2m) : 1개소

② 화장실(3×4m) : 1개소

③ 파고라(5×5m) : 2개소

④ 음수대(ϕ=1m) : 1개소

⑤ 휴지통(0.6×0.7m) : 3개 이상

⑥ 벤치 : 5개 이상(파고라 벤치는 제외)

⑦ 미끄럼대, 그네, 정글짐 : 각 1대

(3) 설계시 수용시설물의 크기와 기호는 다음 그림으로 한다.

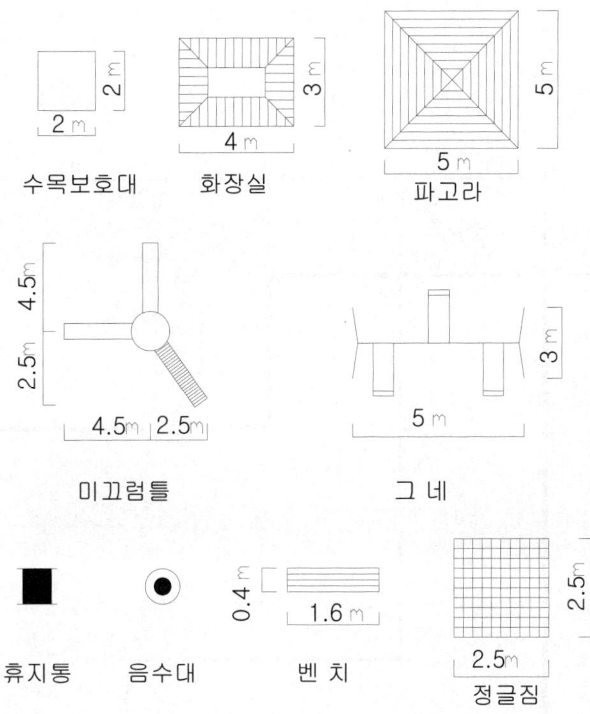

(4) 공간유형에 주어진 포장재료를 선택하여 표현하고, 그 재료를 명시할 것

(5) 식재수종은 다음 중에서 선택하여 사용하되 계절의 변화감 등을 고려하여 10종 이상을 사용할 것

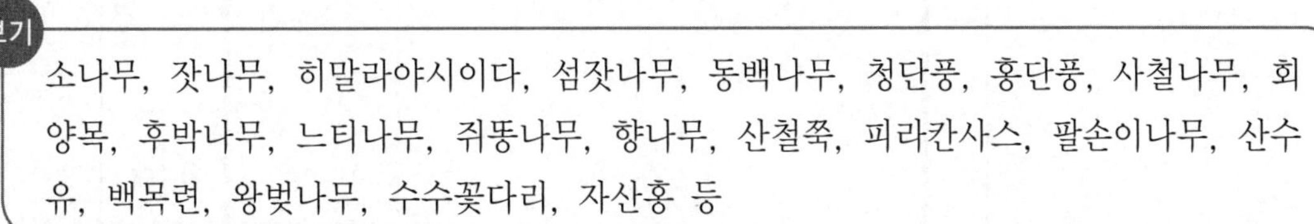
보기

소나무, 잣나무, 히말라야시이다, 섬잣나무, 동백나무, 청단풍, 홍단풍, 사철나무, 회양목, 후박나무, 느티나무, 쥐똥나무, 향나무, 산철쭉, 피라칸사스, 팔손이나무, 산수유, 백목련, 왕벚나무, 수수꽃다리, 자산홍 등

(6) 수목의 명칭, 규격, 수량은 인출선을 사용하여 표기할 것

(7) 도면의 우측여백에 시설물과 식재수목의 수량표를 표기하시오.

(8) 배식 평면의 작성은 식재개념과 부합되어야 하며, 대지 경계에 위치하는 경계식재의 폭은 2m 이상 확보하여야 한다.

4. C-C′ 단면도를 작성하시오. (축척 1/200) (답안지Ⅲ)

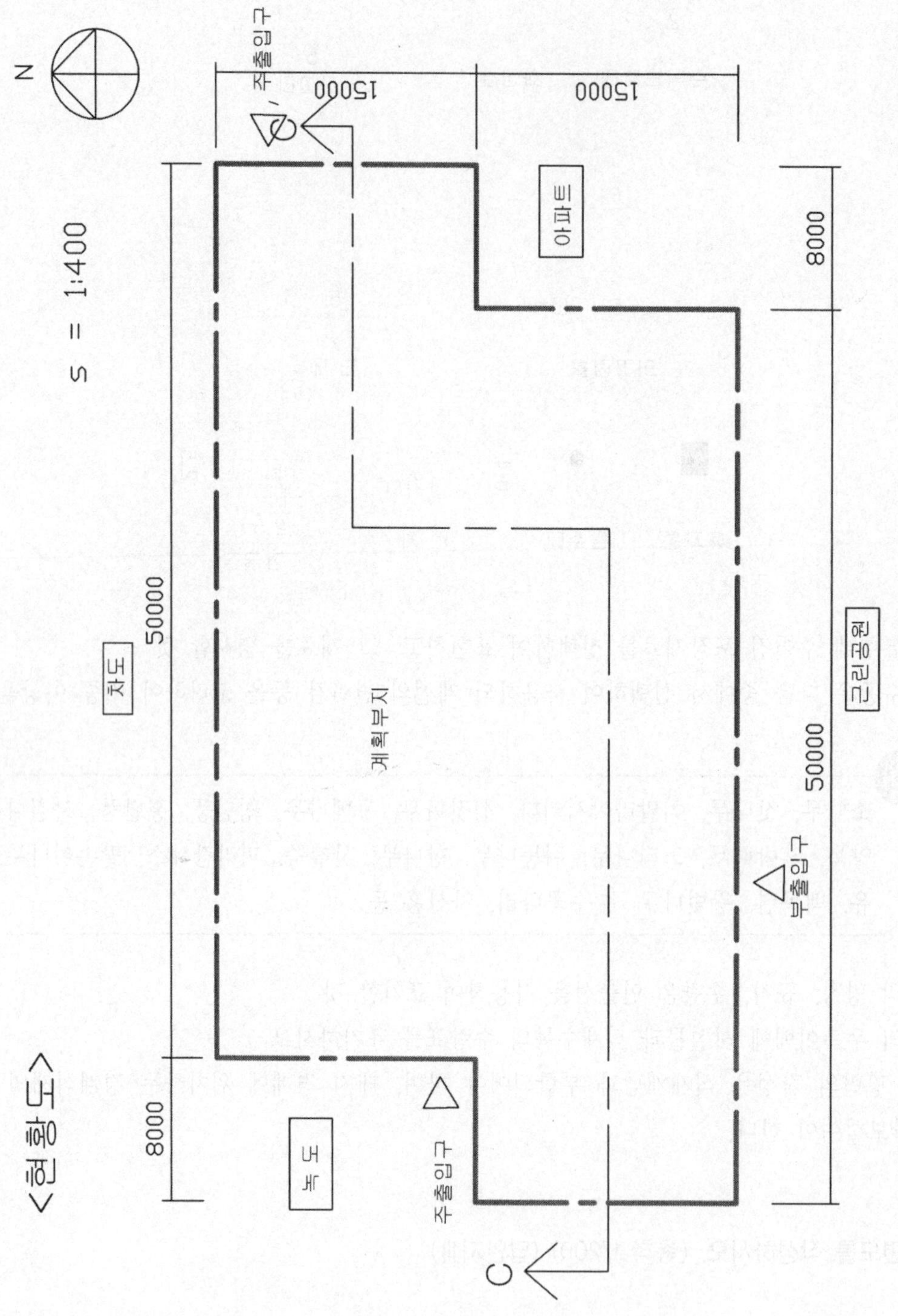

<현황도>
S = 1:400
N
주출입구
15000
15000
8000
아파트
50000
차도
계획부지
근린공원
50000
부출입구
8000
보도
주출입구
C

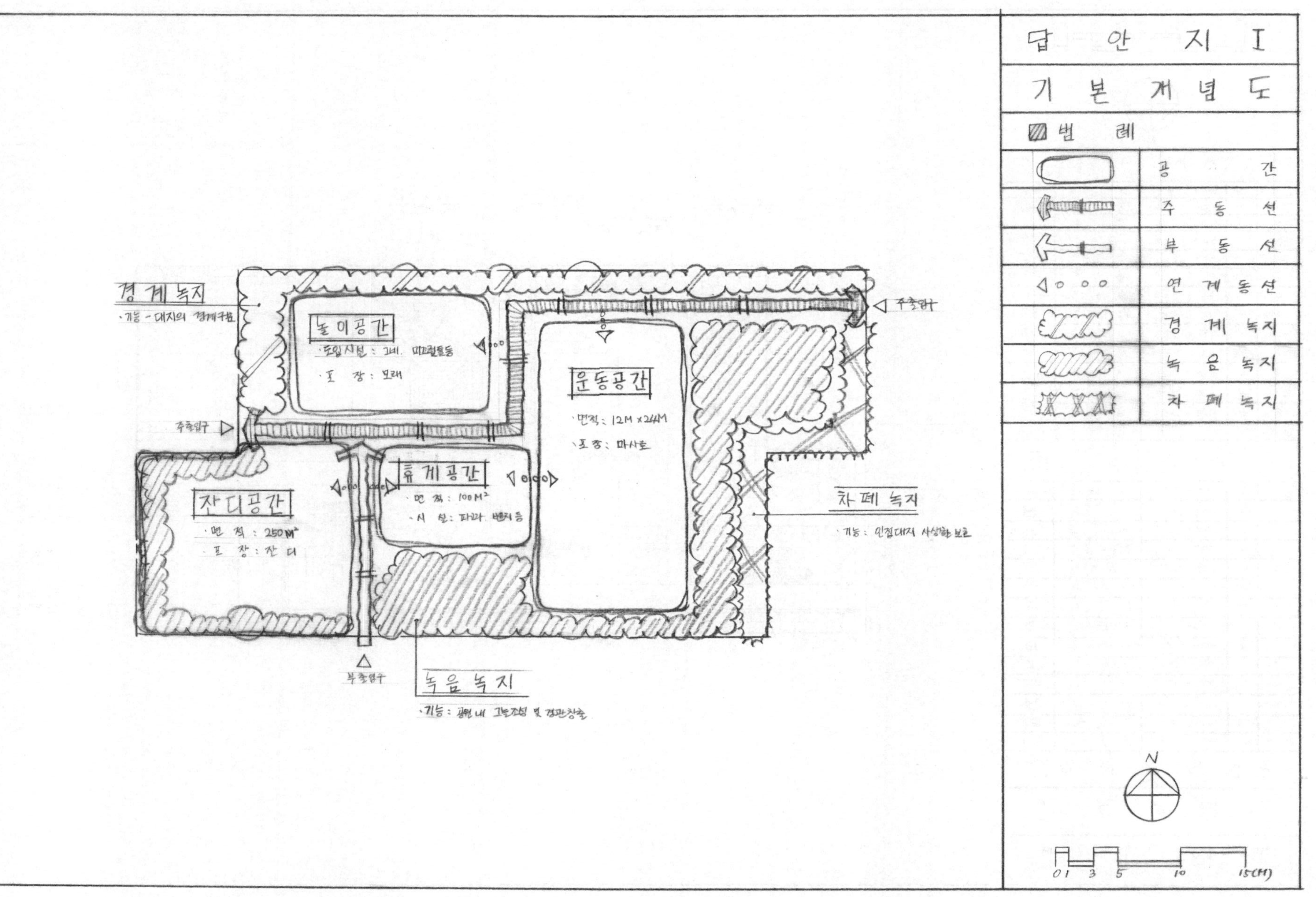

답안지 I
기본개념도
범례
공간
주동선
부동선
연계동선
경계녹지
녹음녹지
차폐녹지
경계녹지
·기능 - 대지의 경계구분
놀이공간
·포장 : 모래
주출입구
운동공간
·면적 : 12M x 24M
·포장 : 마사토
휴게공간
·면적 : 100M²
잔디공간
·면적 : 250M²
·포장 : 잔디
차폐녹지
부출입구
녹음녹지
N
0 1 3 5 10 15(M)

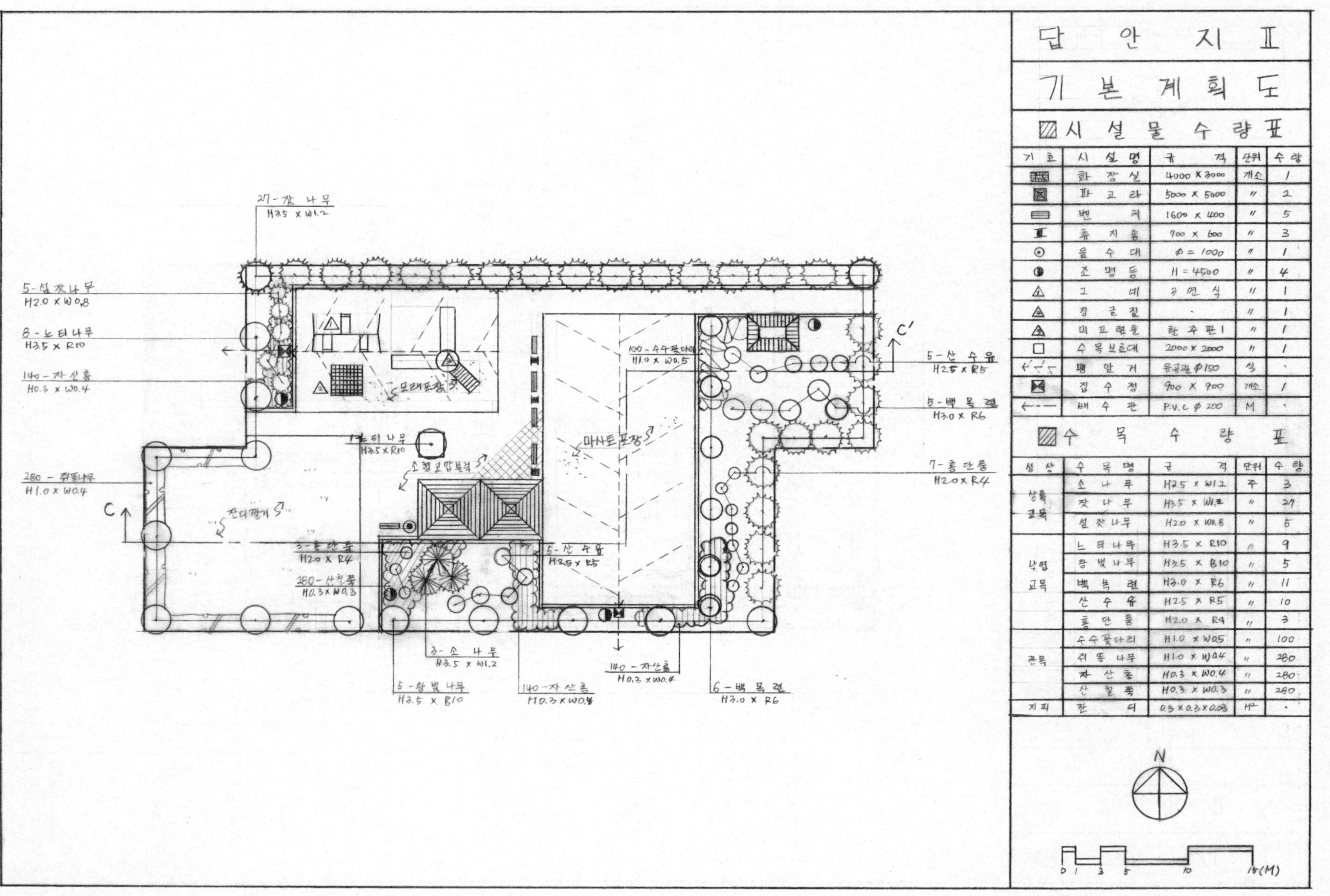

답 안 지 Ⅱ
기 본 계 획 도
시 설 물 수 량 표
기호 | 시설명 | 규격 | 단위 | 수량
화장실 | 4000 X 3000 | 개소 | 1
파고라 | 5000 X 5000 | 〃 | 2
벤치 | 1600 X 400 | 〃 | 5
휴지통 | 700 X 600 | 〃 | 3
음수대 | Φ = 1000 | 〃 | 1
조명등 | H = 4500 | 〃 | 4
그네 | 3 연 식 | 〃 | 1
정글짐 | | 〃 | 1
미끄럼틀 | 활 주 판 1 | 〃 | 1
수목보호대 | 2000 X 2000 | 〃 | 1
맹암거 | 유공관 Φ150 | 식 |
집수정 | 900 X 900 | 개소 | 1
배수관 | P.V.C Φ 200 | M |
수 목 수 량 표
성상 | 수목명 | 규격 | 단위 | 수량
상록교목 | 소나무 | H2.5 X W1.2 | 주 | 3
잣나무 | H3.5 X W1.2 | 〃 | 27
섬잣나무 | H2.0 X W0.8 | 〃 | 5
낙엽교목 | 느티나무 | H3.5 X R10 | 〃 | 9
왕벚나무 | H3.5 X B10 | 〃 | 5
백목련 | H3.0 X R6 | 〃 | 11
산수유 | H2.5 X R5 | 〃 | 10
홍단풍 | H2.0 X R4 | 〃 | 3
관목 | 수수꽃다리 | H1.0 X W0.5 | 〃 | 100
쥐똥나무 | H1.0 X W0.4 | 〃 | 280
자산홍 | H0.3 X W0.4 | 〃 | 280
산철쭉 | H0.3 X W0.3 | 〃 | 280
지피 | 잔디 | 0.3 X 0.3 X 0.03 | M² |
N
0 1 3 5 10 15(M)
27-잣 나무 H3.5 X W1.2
5-섬잣나무 H2.0 X W0.8
8-느티나무 H3.5 X R10
140-자산홍 H0.3 X W0.4
280 - 쥐똥나무 H1.0 X W0.4
C
C'
잔디깔기
1-느티나무 H3.5 X R10
소형고압블럭
모래포장
마사토포장
100-수수꽃다리 H1.0 X W0.5
3-홍단풍 H2.0 X R4
280-산철쭉 H0.3 X W0.3
5-산수유 H2.5 X R5
3-소 나무 H3.5 X W1.2
5-왕벚나무 H3.5 X B10
140-자산홍 H0.3 X W0.4
140-자산홍 H0.3 X W0.4
6-백목련 H3.0 X R6
5-산 수유 H2.5 X R5
5-백목련 H3.0 X R6
7-홍단풍 H2.0 X R4

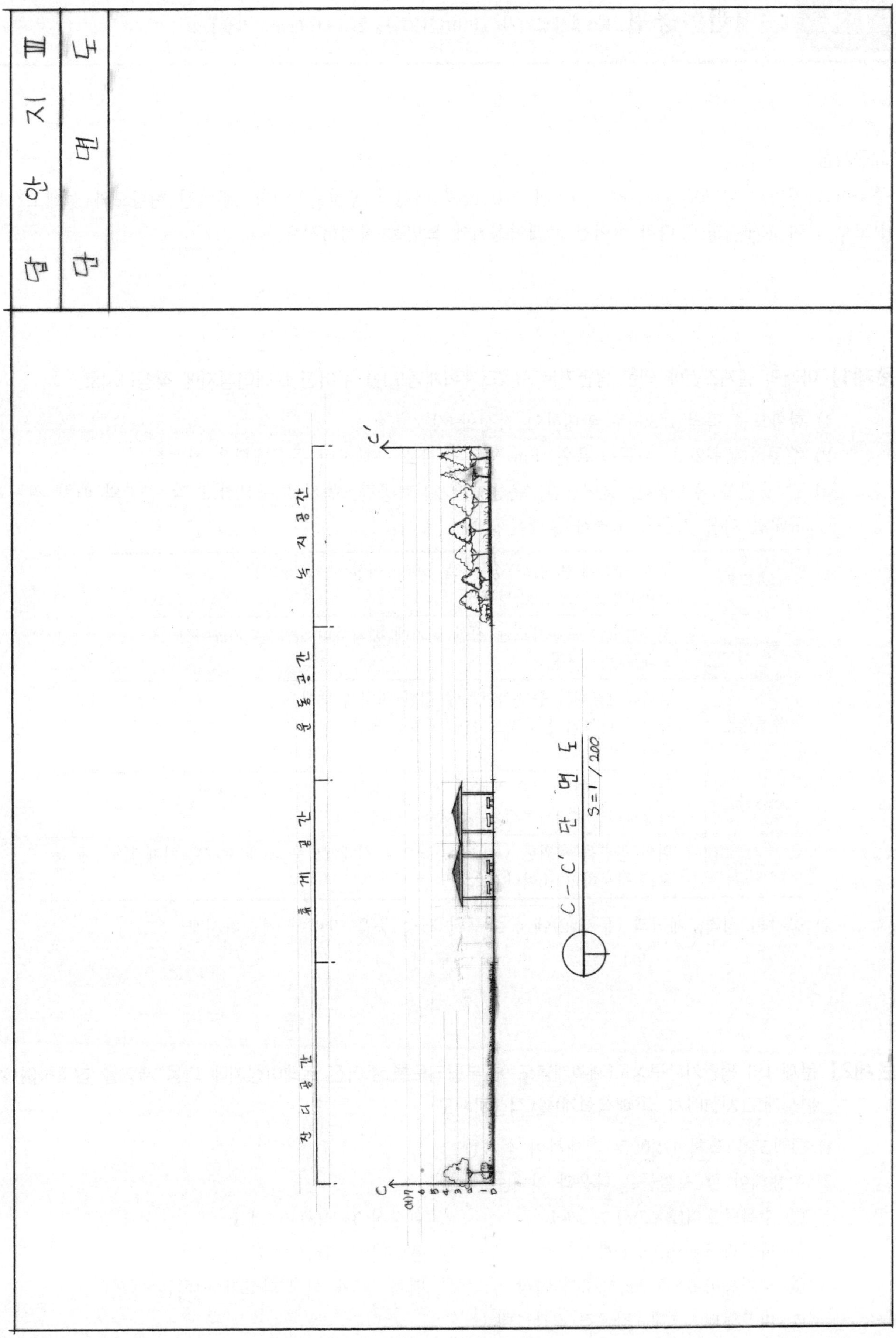

답 안 지 Ⅲ

단 면 도

잔디공간 휴게공간 운동공간 녹지공간

C C'

(M)7 6 5 4 3 2 1 0

C – C' 단면도

S=1/200

08 어린이공원 [조경산업기사 2009년(2회), 2011년(1회) 기출]

■ 요구사항

중부이북 지방의 아파트 단지내에 위치한 1500㎡의 어린이 공원부지이다. 주어진 현황도와 설계조건을 참고로 하여 요구사항에 따라 주어진 트레이싱지에 도면을 작성하시오.

[문제1] 아래의 설계조건에 의한 평면기본구상도(계획개념도)를 주어진 트레이싱지에 작성하시오.

1) 현황도를 축척 1/200로 확대하여 작성할 것
2) 주동선(폭원2m), 부동선(폭원1.5m)으로 동선을 구분하여 동선계획을 하시오.
3) 각 공간을 휴게공간, 놀이공간, 운동공간, 잔디공간, 녹지로 구분하고 각 공간의 배치 위치와 규모는 다음 기준을 고려하여 배분할 것.

구분	기준
휴게공간	- 부지 중앙에 위치, 포장규모는 100㎡이상 - 소형고압블럭으로 바닥포장
놀이공간	- 서측녹도와 북측차도에 접한 위치에 배치하며 규모는 50㎡이상 - 모래로 바닥포장
운동공간	- 남측근린공원과 동측아파트에 접한 위치에 배치 - 규모는 다목적 운동장으로 24×12m 크기 - 마사토로 포장
잔디공간	- 남측근린공원과 서측 녹도에 접하여 배치, 규모는 250㎡이상 - 가장자리를 따라 경계, 녹음 등의 식재
녹지	- 위의 공간을 제외한 나머지 공간으로 식재개념을 경계, 녹음, 차폐요점식재 등으로 구분하여 표현하시오.

4) 공간의 성격,, 개념과 (문제 2)에서 요구된 시설 등을 간략히 기술하시오.

[문제2] 문제 1의 평면기본구상도(계획개념도)에 부합되도록 주어진 트레이싱지에 다음 사항을 참조하여 기본설계도(시설배치 및 배식설계)를 적성하시오.

1) 현황도를 축척 1/200로 확대하여 설계할 것.
2) 수용해야 할 시설물은 다음과 같다.
   ① 수목보호대(2×2m) : 1개소 ② 화장실(3×4m) : 1개소
   ③ 파고라(5×5m) : 2개소 ④ 음수대(∅=1m) : 1개소
   ⑤ 휴지통(0.6×0.7m) : 3개 이상 ⑥ 벤치 : 5개 이상(파고라 벤치는 제외)
   ⑦ 미끄럼대, 그네, 정글짐 : 각 1대

3) 설계시 수용시설물의 크기와 기호는 다음 그림으로 한다.

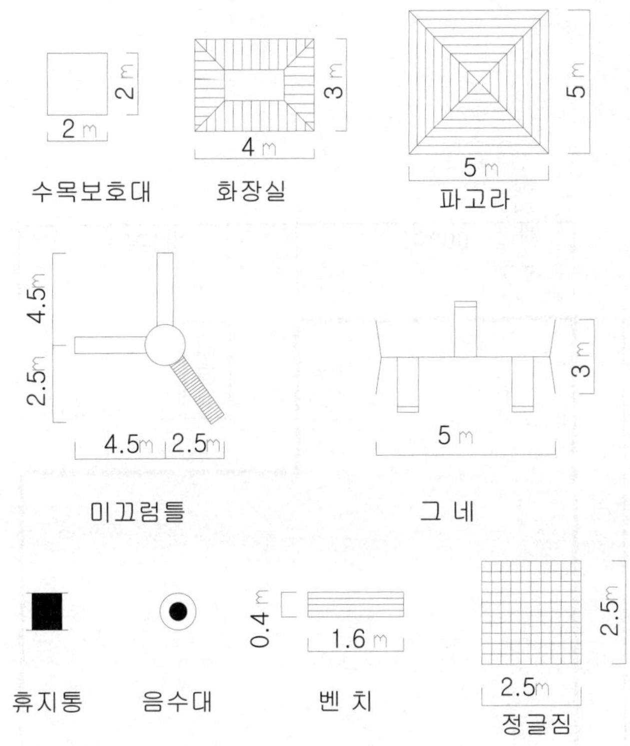

4) 공간유형에 주어진 포장재료를 선택하여 표현하고, 그 재료를 명시할 것.
5) 식재수종은 다음 중에서 선택하여 사용하되 계절의 변화감 등을 고려하여 10종 이상을 사용할 것.

보기

"소나무, 잣나무, 히말라야시이다, 섬잣나무, 동백나무, 청단풍, 홍단풍, 사철나무, 회양목, 후박나무, 느티나무, 쥐똥나무, 향나무, 산철쭉, 피라칸사스, 팔손이나무, 산수유, 백목련, 왕벚나무, 수수꽃다리, 자산홍 등"

6) 수목의 명칭, 규격, 수량은 인출선을 사용하여 표기할 것.
7) 도면의 우측여백에 시설물과 식재수목의 수량표를 표기하시오.
8) 배식 평면의 작성은 식재개념과 부합되어야 하며, 대지 경계에 위치하는 경계식재의 폭은 2m 이상 확보하여야 한다.

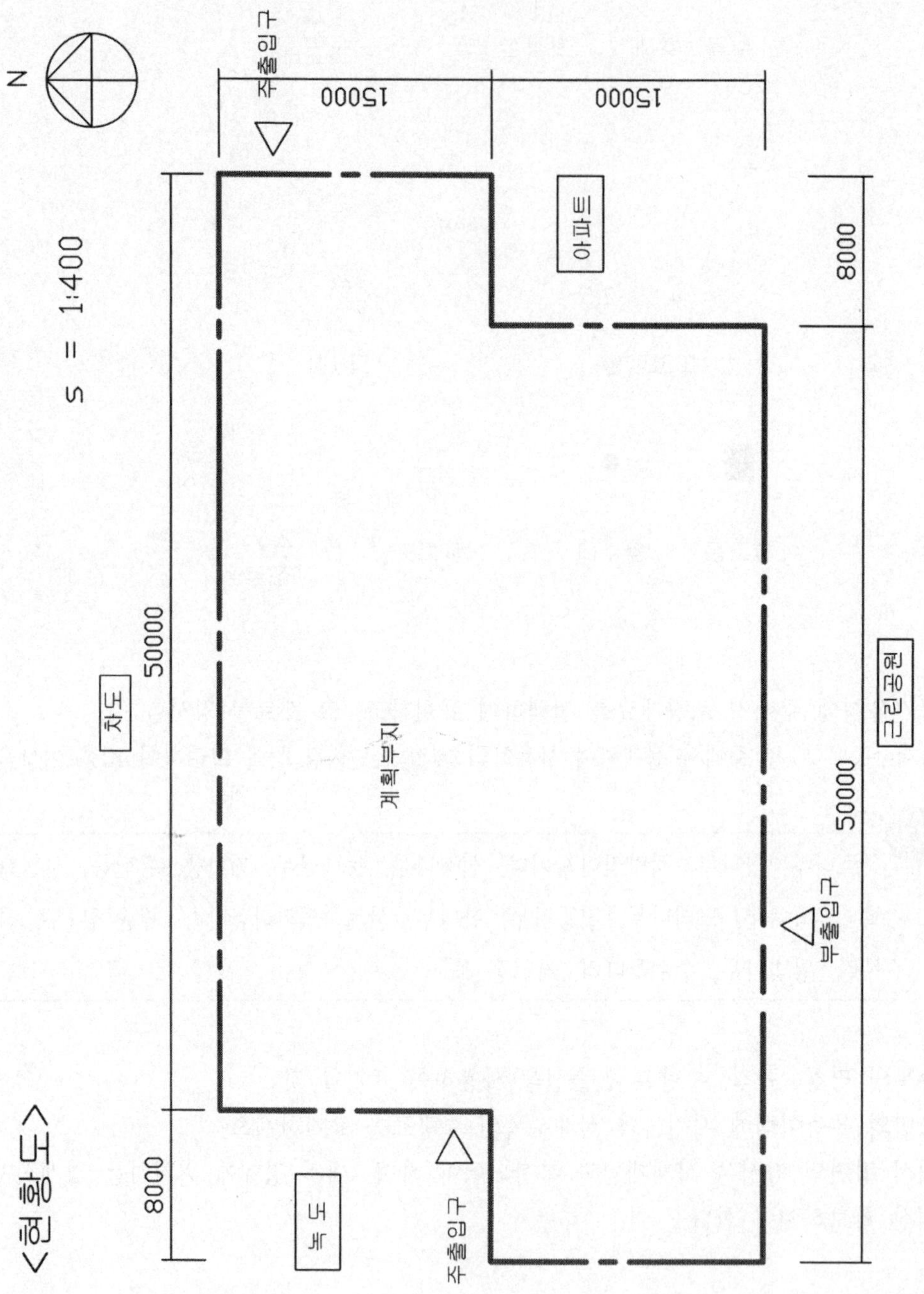

<현 황 도>
S = 1:400
N
주출입구
15000
15000
아파트
8000
50000
차도
계획부지
근린공원
50000
부출입구
8000
농도
주출입구

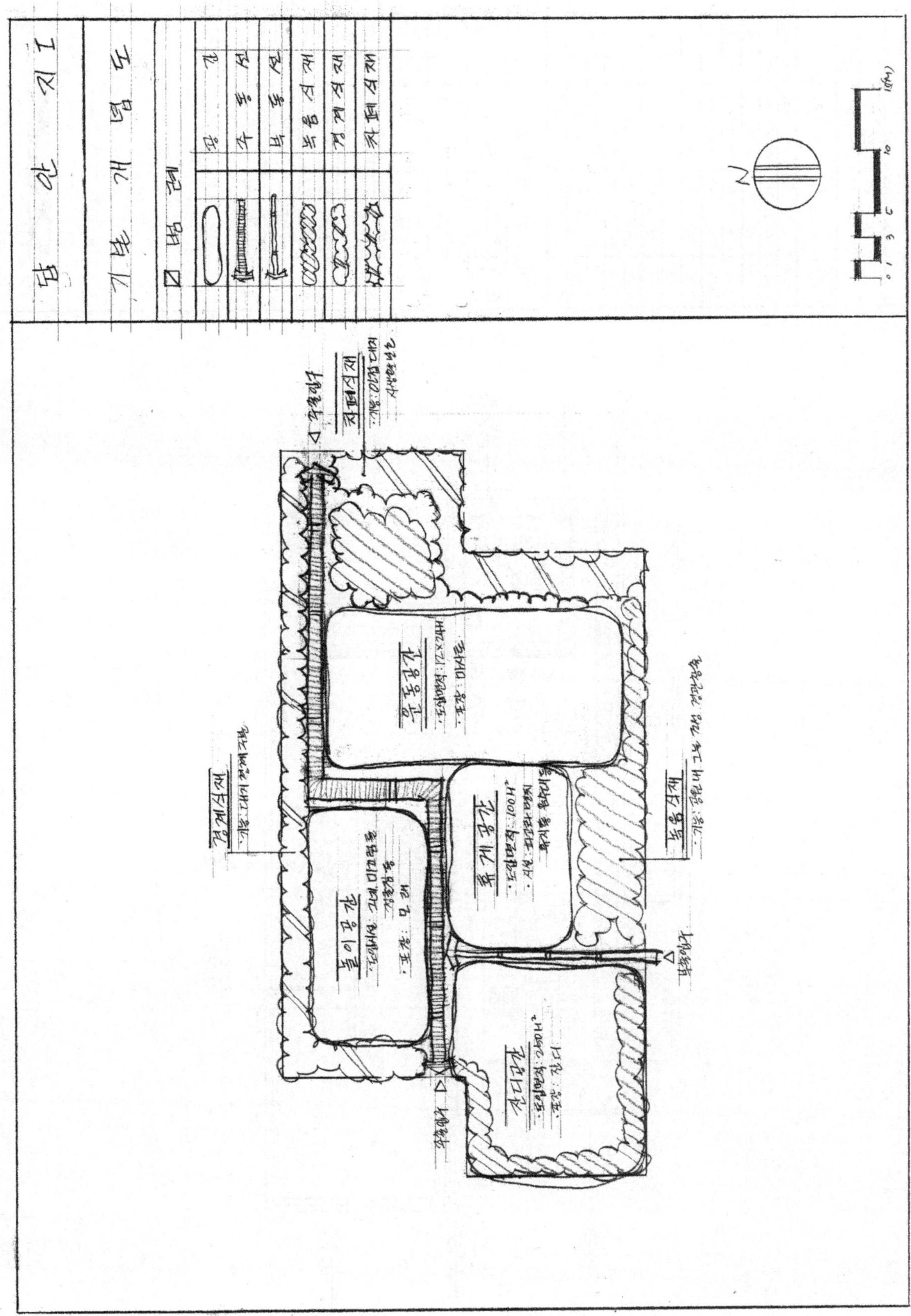
기본 개념도
범례
광장
주동선
부동선
녹음식재
경계식재
차폐식재
운동공간
놀이공간
휴게공간
잔디공간
경계식재
녹음식재
차폐식재
주출입구
부출입구

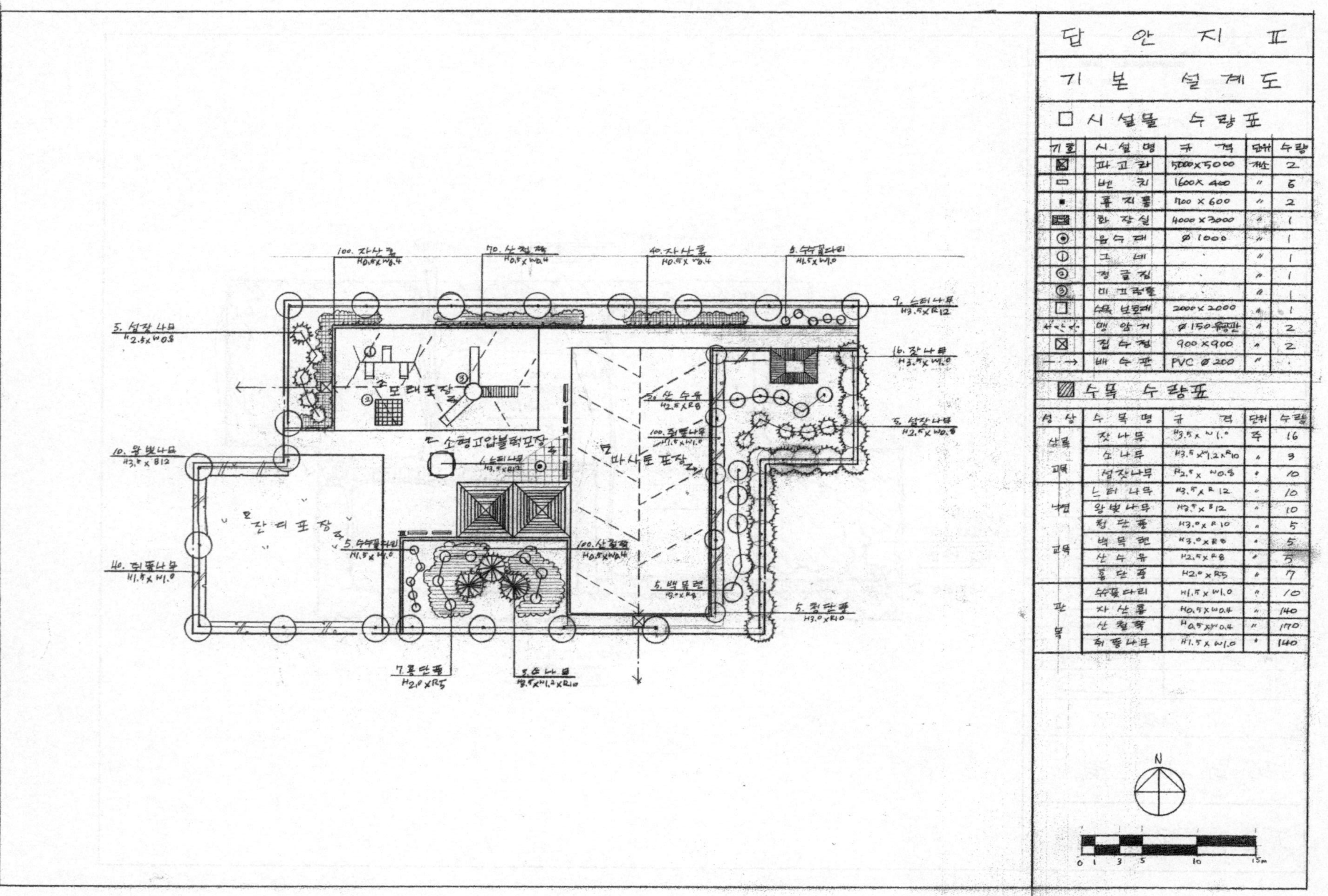

답안지 Ⅱ

기본설계도

□ 시설물 수량표

기호	시설명	규격	단위	수량
	파고라	5000×5000	개소	2
	벤치	1600×400	〃	6
	휴지통	700×600	〃	2
	화장실	4000×3000	〃	1
①	음수대	∅1000	〃	1
①	그네	·	〃	1
②	정글짐	·	〃	1
③	미끄럼틀	·	〃	1
	수목 보호대	2000×2000	〃	1
	맹암거	∅150 유공관	〃	2
	집수정	900×900	〃	2
—·→	배수관	PVC ∅200	〃	·

▨ 수목 수량표

성상	수목명	규격	단위	수량
상록교목	잣나무	H3.5×W1.0	주	16
	소나무	H3.5×W1.2×R10	〃	3
	섬잣나무	H2.5×W0.8	〃	10
낙엽교목	느티나무	H3.5×R12	〃	10
	왕벚나무	H3.5×B12	〃	10
	청단풍	H3.0×R10	〃	5
	백목련	H3.0×R8	〃	5
	산수유	H2.5×R8	〃	5
	홍단풍	H2.0×R5	〃	7
관목	수수꽃다리	H1.5×W1.0	〃	10
	자산홍	H0.5×W0.4	〃	140
	산철쭉	H0.5×W0.4	〃	170
	쥐똥나무	H1.5×W1.0	〃	140

09 어린이공원 [조경산업기사 2002년, 2019년(1회) 기출]

■ 요구사항

중부이북지역 주택단지 내에 어린이 공원을 설계하고자 한다. 주어진 현황과 별첨도면을 이용하여 문제 요구 순서대로 작성하시오. (단, 문제 요구순서의 도면 작성은 별첨 현황도면을 각각 1/200로 확대하여 사용할 것)

현황

- 주택 단지 내에 위치한 50m×30m(1500m²)의 장방형 대지로 계획대지의 점선 부분은 진입이 이루어지는 곳으로 남동쪽에 주진입구(10m×8m)가 있으며, 남, 동, 북쪽에 각기 1개소의 부진입구가 형성되어 있다.
- 주택단지의 어린이가 이용하는 어린이 공원으로 조성하고자 한다.

1. 아래의 조건을 참고하여 지급된 용지 1매에 평면기본구상도(설계계획개념도)를 작성하시오. (20점)

(1) 공간배치계획, 동선계획, 식재계획 개념이 포함될 것
(2) 동선계획은 주동선, 보조동선으로 동선을 구분할 것
(3) 공간 및 기능배분은 녹지공간, 휴게공간, 놀이공간, 운동공간으로 구분하고 공간성격 및 요구시설 등을 간략히 기술할 것
(4) 경계식재, 녹음식재, 경관식재, 요점식재 등의 식재개념을 표시할 것
(5) 시설물 배치시에 고려될 수 있도록 각종시설을 참고하여 설계계획개념도를 작성할 것

2. 아래의 조건을 참고하여 지급된 용지 1매에 시설물 배치 및 식재기본설계가 포함된 조경설계도를 작성하시오. (40점)

(1) 공간구성 및 시설물배치는 다음과 같이한다.
① 녹지면적 : 공원면적의 1/3 이상 확보
② 다목적 운동공간(4m×16m) 1개소
③ 모래판(11m×16m) 1개소
④ 광장 및 산책로 : 포장재료는 30cm×30cm 보도블럭으로 할 것
⑤ 화장실 : (3m×4m) 1개소
⑥ 파골라 : (5m×5m) 2개소
⑦ 벤치 : 4개소 이상
⑧ 휴지통 : 4개소 이상
⑨ 음수대 : 1개소
⑩ 수목보호대 : 1개소 이상(1.5m×1.5m)
⑪ 미끄럼대 : 1개소
⑫ 그네 : 1개소 ⑬ 정글짐 : 1개소

(2) 수목의 명칭, 규격, 수량은 인출선을 사용하여 표기할 것
(3) 수종은 다음 중에서 선택하여 사용하되 계절의 변화감을 고려하여 10종 이상 사용할 것

보기

소나무, 스트로브잣나무, 히말라야시이다, 섬잣나무, 느티나무, 배롱나무, 동백나무, 모과나무, 청단풍, 홍단풍, 굴거리나무, 꽝꽝나무, 산수유, 백목련, 수수꽃다리, 녹나무, 후박나무, 식나무, 명자나무, 산철쭉, 회양목, 쥐똥나무, 종려, 팔손이나무, 등나무, 잔디

(4) 수종의 선택은 지역적인 조건을 최대한 고려하여 선택할 것
(5) 식재 수종의 수량표를 도면 여백(중앙 하단)에 작성할 것
(6) 설치 시설물에 대한 범례표와 수량을 우측 여백에 작성할 것

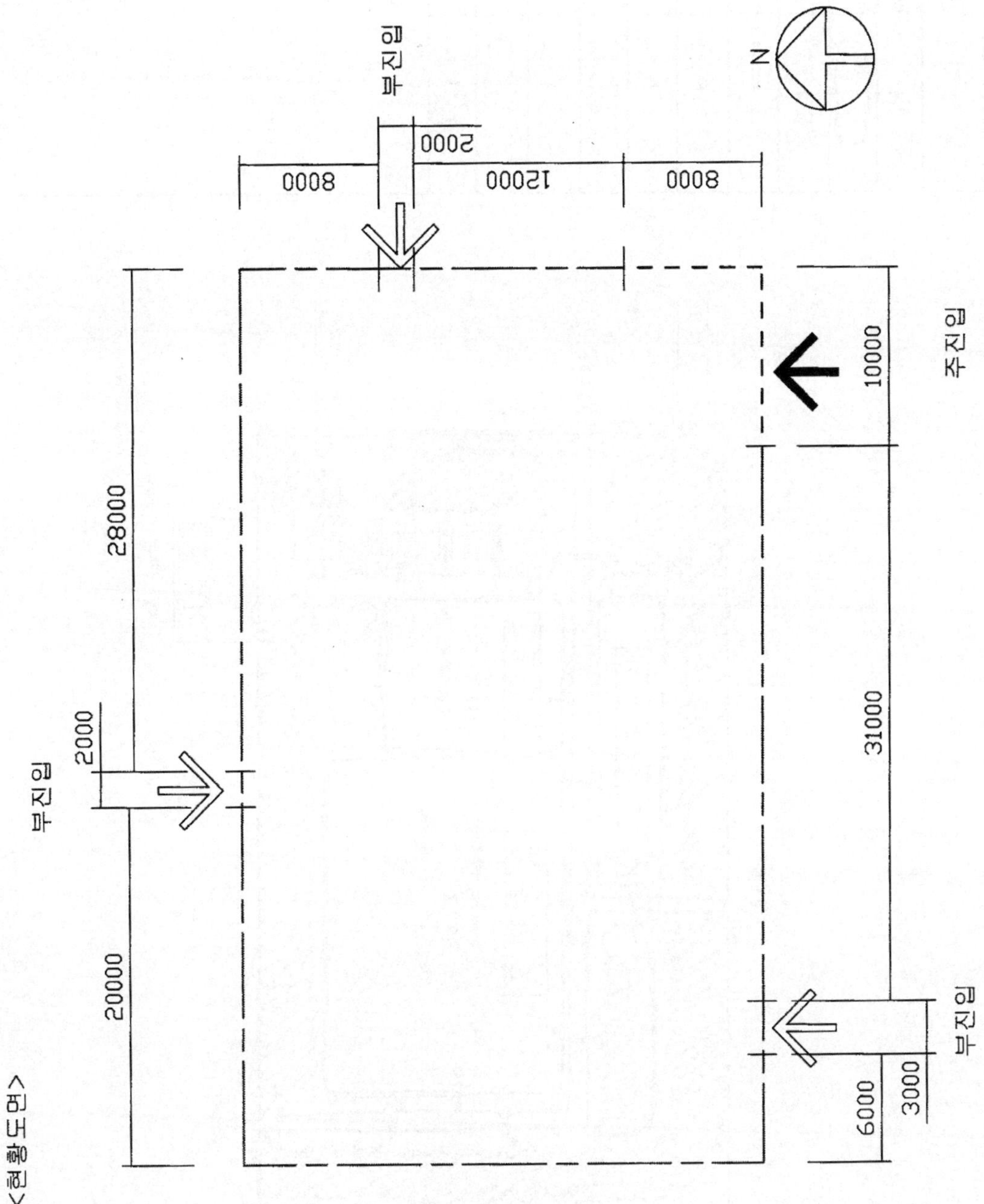

부진입
주진입
부진입
부진입
N
8000
2000
15000
8000
28000
2000
20000
10000
31000
3000
6000

<현황도면>

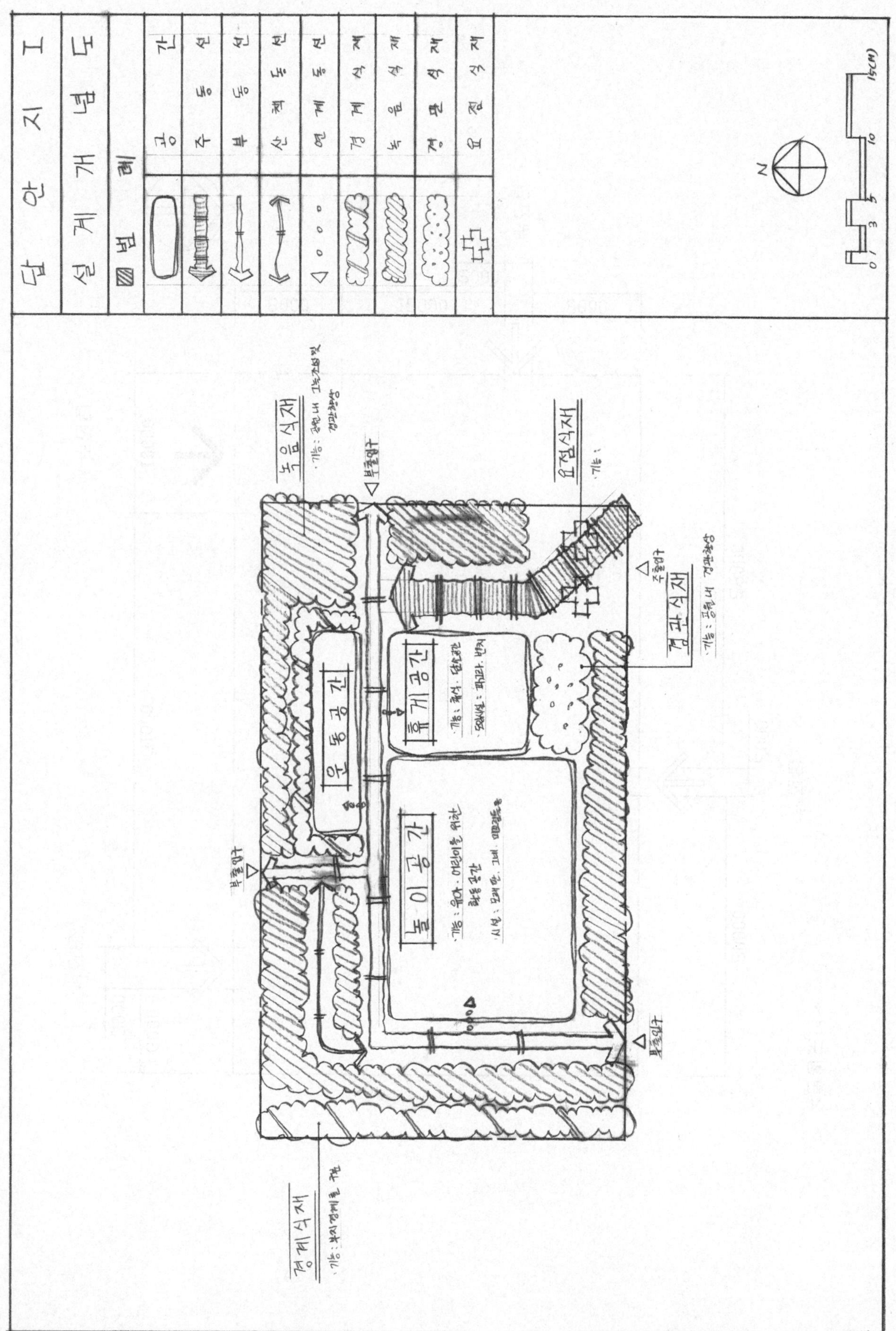
설계개념도
범례
공간
주동선
부동선
산책동선
연계동선
경계식재
녹음식재
경관식재
요점식재
운동공간
휴게공간
놀이공간
부출입구
주출입구
녹음식재
경계식재
기능 : 부지경계를 구분
경관식재
요점식재
15(M)

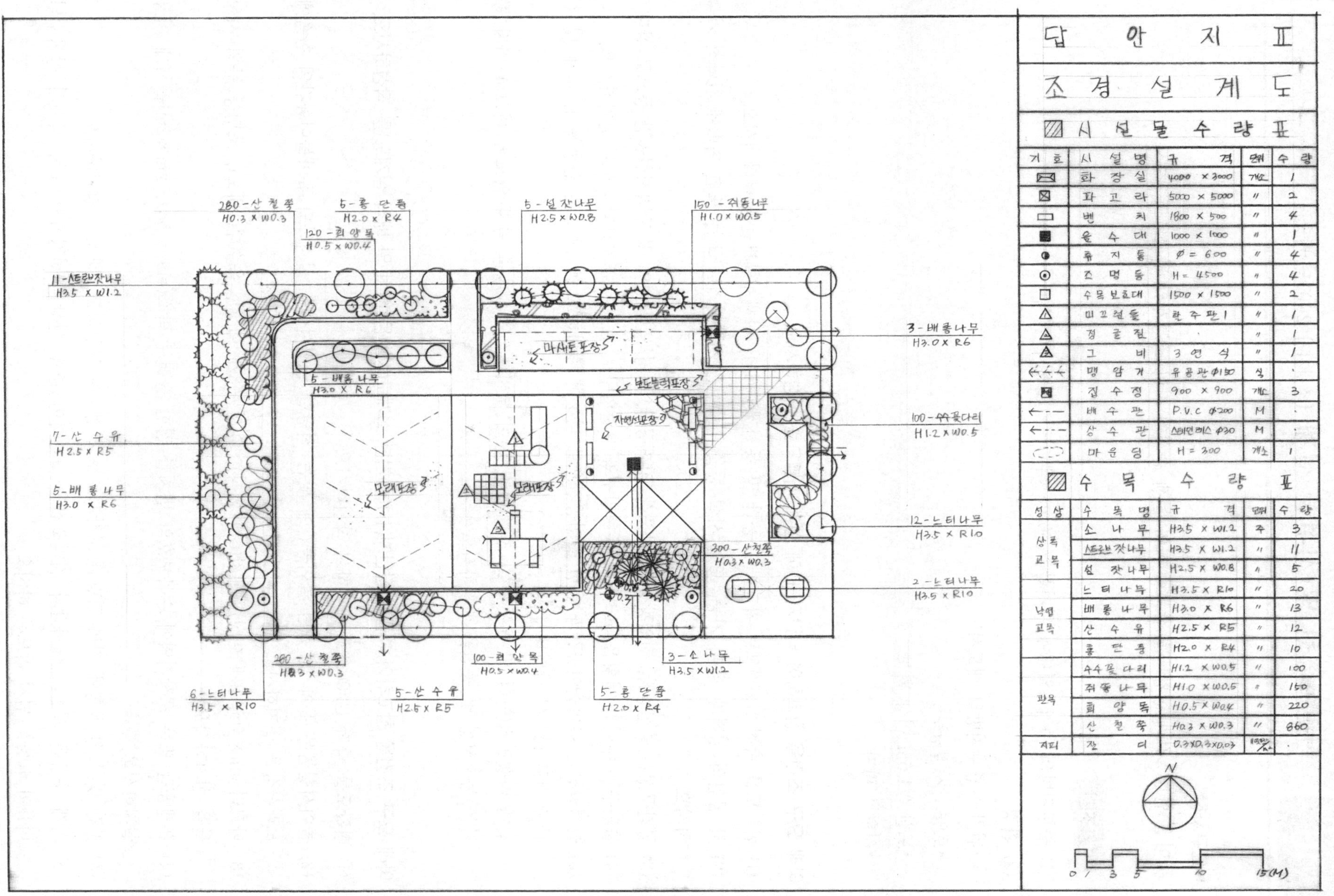
답 안 지 Ⅱ
조 경 설 계 도
시 설 물 수 량 표
기호 | 시설명 | 규격 | 단위 | 수량
화장실 | 4000 × 3000 | 개소 | 1
파고라 | 5000 × 5000 | 〃 | 2
벤치 | 1800 × 500 | 〃 | 4
음수대 | 1000 × 1000 | 〃 | 1
휴지통 | ∅ = 600 | 〃 | 4
조명등 | H = 4500 | 〃 | 4
수목보호대 | 1500 × 1500 | 〃 | 2
미끄럼틀 | 활주판 1 | 〃 | 1
정글짐 | 〃 | 1
그네 | 3연식 | 〃 | 1
맹암거 | 유공관 ∅150 | 식
집수정 | 900 × 900 | 개소 | 3
배수관 | P.V.C ∅200 | M
상수관 | 스테인레스 ∅30 | M
마운딩 | H = 300 | 개소 | 1
수 목 수 량 표
성상 | 수목명 | 규격 | 단위 | 수량
상록교목 | 소나무 | H3.5 × W1.2 | 주 | 3
스트로브잣나무 | H3.5 × W1.2 | 〃 | 11
섬잣나무 | H2.5 × W0.8 | 〃 | 5
낙엽교목 | 느티나무 | H3.5 × R10 | 〃 | 20
배롱나무 | H3.0 × R6 | 〃 | 13
산수유 | H2.5 × R5 | 〃 | 12
홍단풍 | H2.0 × R4 | 〃 | 10
관목 | 수수꽃다리 | H1.2 × W0.5 | 〃 | 100
쥐똥나무 | H1.0 × W0.5 | 〃 | 150
회양목 | H0.5 × W0.4 | 〃 | 220
산철쭉 | H0.3 × W0.3 | 〃 | 860
지피 | 잔디 | 0.3×0.3×0.03 | 11매/m² | .
N
0 1 3 5 10 15(M)
280-산철쭉 H0.3 × W0.3
5-홍단풍 H2.0 × R4
120-회양목 H0.5 × W0.4
5-섬잣나무 H2.5 × W0.8
150-쥐똥나무 H1.0 × W0.5
11-스트로브잣나무 H3.5 × W1.2
3-배롱나무 H3.0 × R6
마사토포장
5-배롱나무 H3.0 × R6
보도블럭포장
100-수수꽃다리 H1.2 × W0.5
자연석포장
7-산수유 H2.5 × R5
5-배롱나무 H3.0 × R6
모래포장
모래포장
12-느티나무 H3.5 × R10
300-산철쭉 H0.3 × W0.3
2-느티나무 H3.5 × R10
280-산철쭉 H0.3 × W0.3
100-회양목 H0.5 × W0.4
3-소나무 H3.5 × W1.2
6-느티나무 H3.5 × R10
5-산수유 H2.5 × R5
5-홍단풍 H2.0 × R4

10 어린이공원 및 시설물 설계 [조경기사 2001년 기출]

■ 요구사항

주어진 환경조건과 현황도를 참고로 하여 문제 순서에 따라 조경계획 및 설계를 하시오.

현황조건

(1) 중부지방의 주거지역내에 위치한 2,300m²의 어린이공원 부지이다.

(2) 환경

- 위치 : 중부지방의 대도시
- 토양 : 사질양토
- 토심 : 1.5m 이상 확보
- 지형 : 평지

1. 아래 요구 조건을 참고하여 답안지(Ⅰ)에 설계 개념도를 작성하시오.

(1) 현황도를 축척 1/200으로 확대하여 공간 및 동선계획개념, 식재계획개념을 나타내시오.

(2) 각 공간의 성격과 개념, 기능, 도입 시설 등을 인출선을 사용하거나 또는 도면 여백에 간략히 기술하시오.

(3) 공간구성은 중심광장, 진입광장, 놀이공간, 휴게공간, 녹지공간, 편익 및 관리시설공간 등으로 한다.

(4) 출입구는 주어진 현황을 고려하여 주출입구와 부출입구로 나누어 배치하되 3개소 설치하시오.

(5) 놀이공간은 유아놀이공간과 유년 놀이공간으로 나누어 배치하고 녹지공간은 완충녹지, 차폐 및 경관 녹지로 나누어 나타내시오.

(6) 전체 시설면적(놀이 및 운동시설, 휴게시설 등)이 부지면적의 60%를 넘지 않도록 하고 나머지 공간은 녹지시설 및 동선을 배치하시오.

2. 아래 요구 조건을 참고하여 지급된 답안지(Ⅱ)에 기본 설계도(시설물 배치 및 배식 설계도)를 작성하시오.

(1) 현황도를 축척 1/200으로 확대하여 작성하시오.

(2) 놀이시설물은 유아 및 유년 놀이공간에 맞는 적당한 놀이시설을 설치하되 유아놀이공간의 한쪽에 모래사장을 설치하시오.

(3) 파고라(4m×4m, 2개 이상), 벤치(6개 이상), 휴지통(3개 이상), 음수대(1개소), 조명등 등의 시설물을 설치하시오.

(4) 휴게공간 또는 포장지역에 수목보호와 벤치를 겸한 플랜트 박스(plant box, 2m×2m)를 4개 이상 설치하시오.

(5) 공간 및 동선 유형에 따라 적당한 포장재료를 선정하여 표현하고, 재료를 명시하시오.

(6) 식재 수종은 계절의 변화감과 지역조건을 고려하여 15종 이상을 선정하되 교목 식재시 상록수의 비율이 40%를 넘지 않도록 하시오.

(7) 수목의 명칭, 규격, 수량은 인출선을 사용하여 표시하시오.

(8) 설계시 도입된 전체 시설면적과 시설물 및 수목의 수량표를 도면 우측에 작성하시오. 단, 수목의 수량표는 상록수, 낙엽수로 구분하여 작성하시오.

3. 문제 2에서 작성한 설계안에서 중요한 내용이 내포되는 전체 부지의 종단 또는 횡단의 단면도를 지급된 트레이싱지에 1/200으로 작성하시오, 단 평면도상에 종단(또는 횡단)되는 부분을 A-A′로 표시하되 반드시 진입 광장 부분이 포함되어야 한다.

(1) 단면도에 재료면, 치수, 표고, 기타 중요사항 등을 나타낸다.

4. 문제 3에서 작성한 단면도 하단에 아래에 주어진 내용으로 3연식 철제 그네의 평면도와 입면도의 설계도를 1/40으로 작성하고 정확한 치수와 재료명을 기재하시오.

(1) 보와 기둥은 탄소강관 8cm 것을 사용한다.
(2) 보를 지탱하는 기둥은 보의 양단(兩端)에만 설치한다.
(3) 양단의 기둥은 보를 중심으로 하여 각각 2개의 기둥을 설치하는데, 지면에서 이 1개의 기둥 사이는 1.2m이다. 그리고 각 기둥의 하단부(지면에 접하는 곳)는 기둥 상단부(보와 연결되는 곳)보다 바깥쪽으로 20cm 벌려서 안전성을 갖게 한다.
(4) 기둥의 최하단부는 지하의 콘크리트(1 : 3 : 6)에 고정한다. 이때 콘크리트의 크기는 사방 40cm, 높이 60cm로 하고, 잡석다짐은 사방 60cm, 높이 20cm로 한다.
(5) 그네줄은 직경 1cm의 쇠사슬로 하여 앉음판은 두꺼운 목재판(두께 3cm, 길이 52cm, 폭 30cm)을 사용한다.
(6) 그네줄은 보의 양단에서 60cm 떨어져 위치토록 한다.
(7) 보와 연결되는 1개(조)의 그네줄 너비는 50cm이며, 다음 그네줄과의 사이는 80cm로 한다.
(8) 그네줄의 길이는 2.3m로 하고, 지면과는 30cm 떨어져 앉음판이 위치하도록 한다.
(9) 그네줄과 보와의 연결은 탄소강판(두께 1mm) 속에 베어링을 감싸서 보와 용접하고 줄과 연결한다.

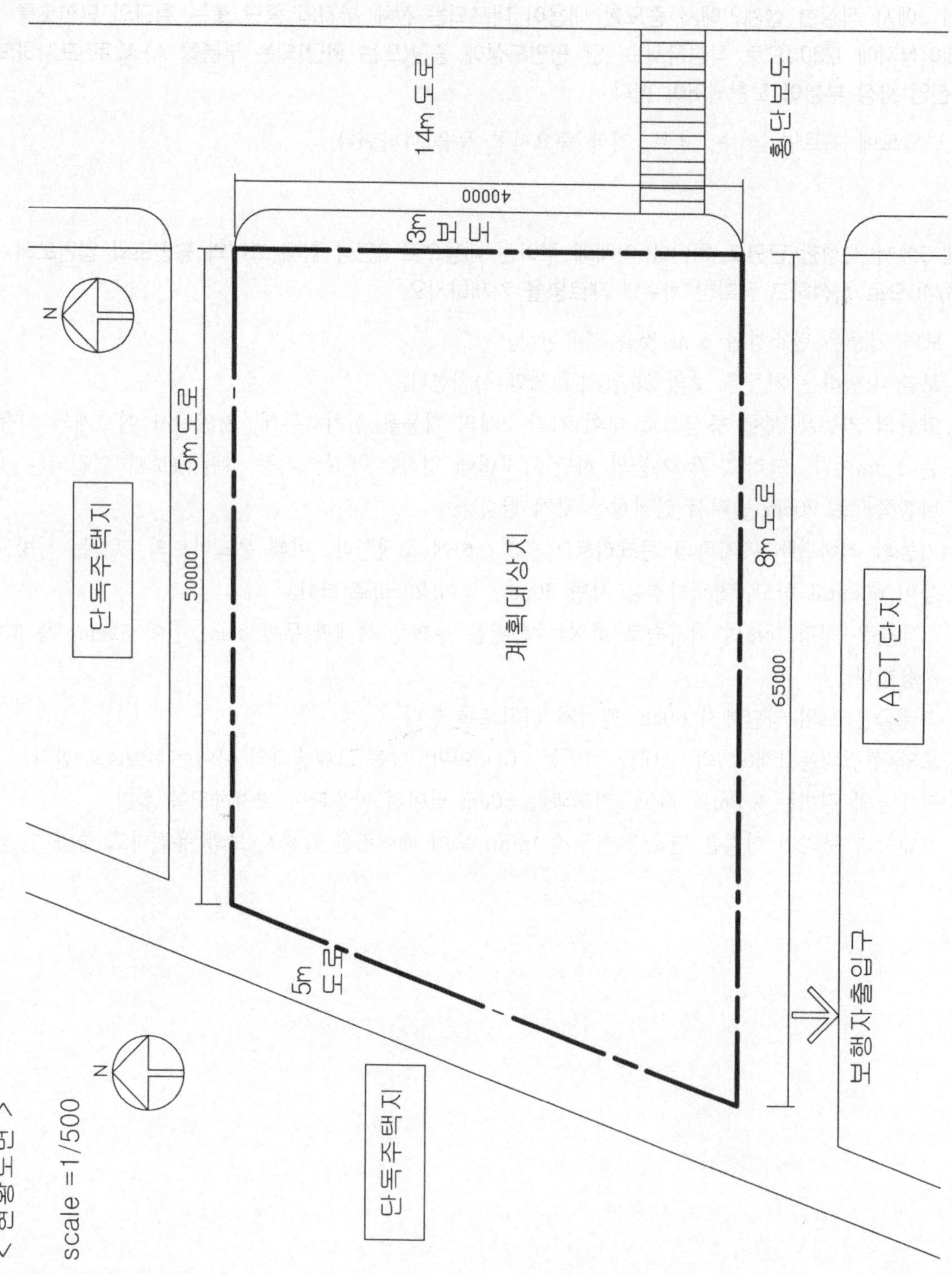
14m 도로
횡단보도
40000
3m 보도
N
5m 도로
50000
단독주택지
계획대상지
8m 도로
65000
APT 단지
5m 도로
보행자출입구
N
단독주택지
< 현황도면 >
scale =1/500

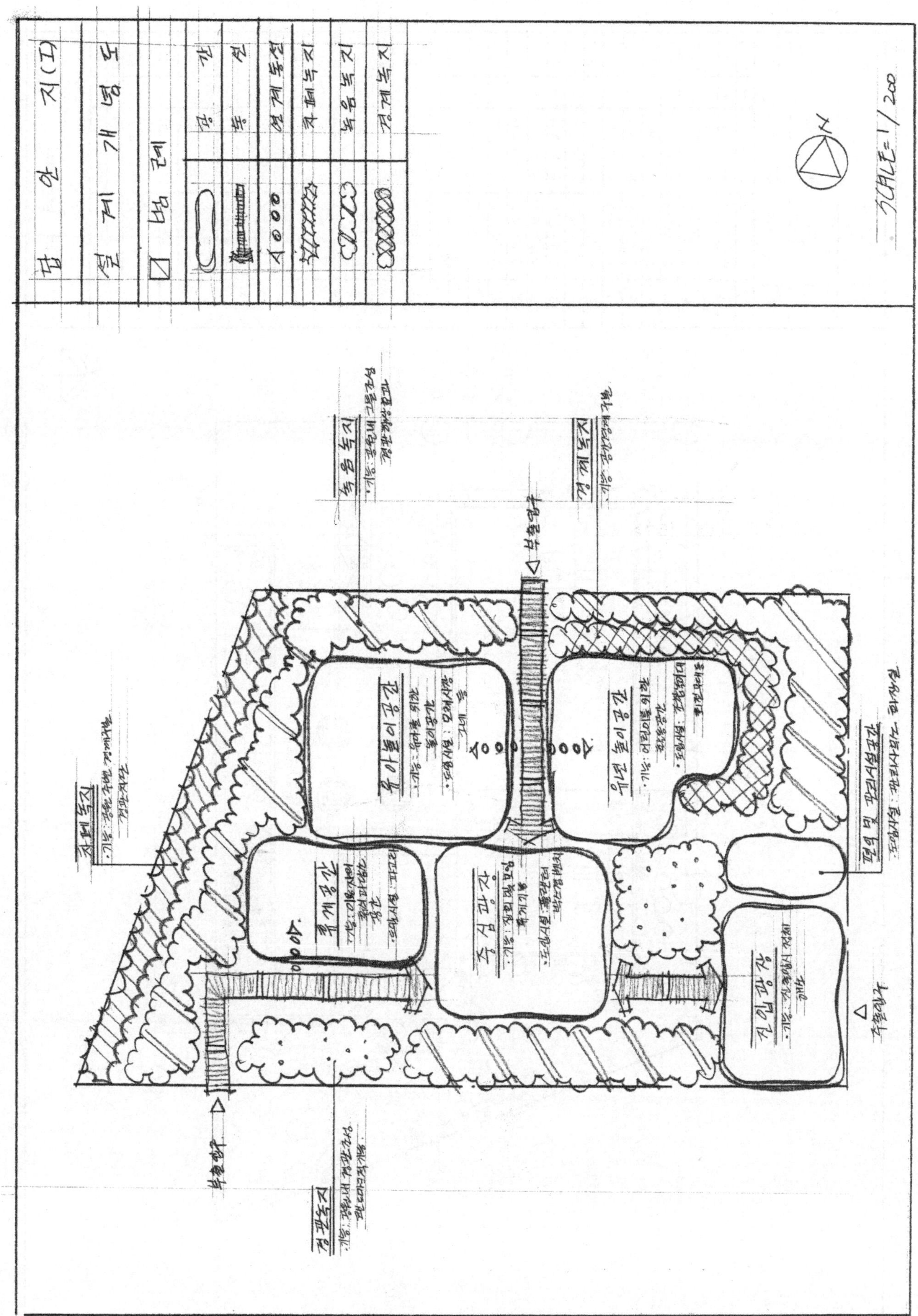
답안지(Ⅰ)
설계개념도
범례
공간
동선
차폐녹지
녹음녹지
경계녹지
유아놀이공간
유년놀이공간
중심광장
휴게공간
진입광장
주출입구
부출입구
SCALE=1/200

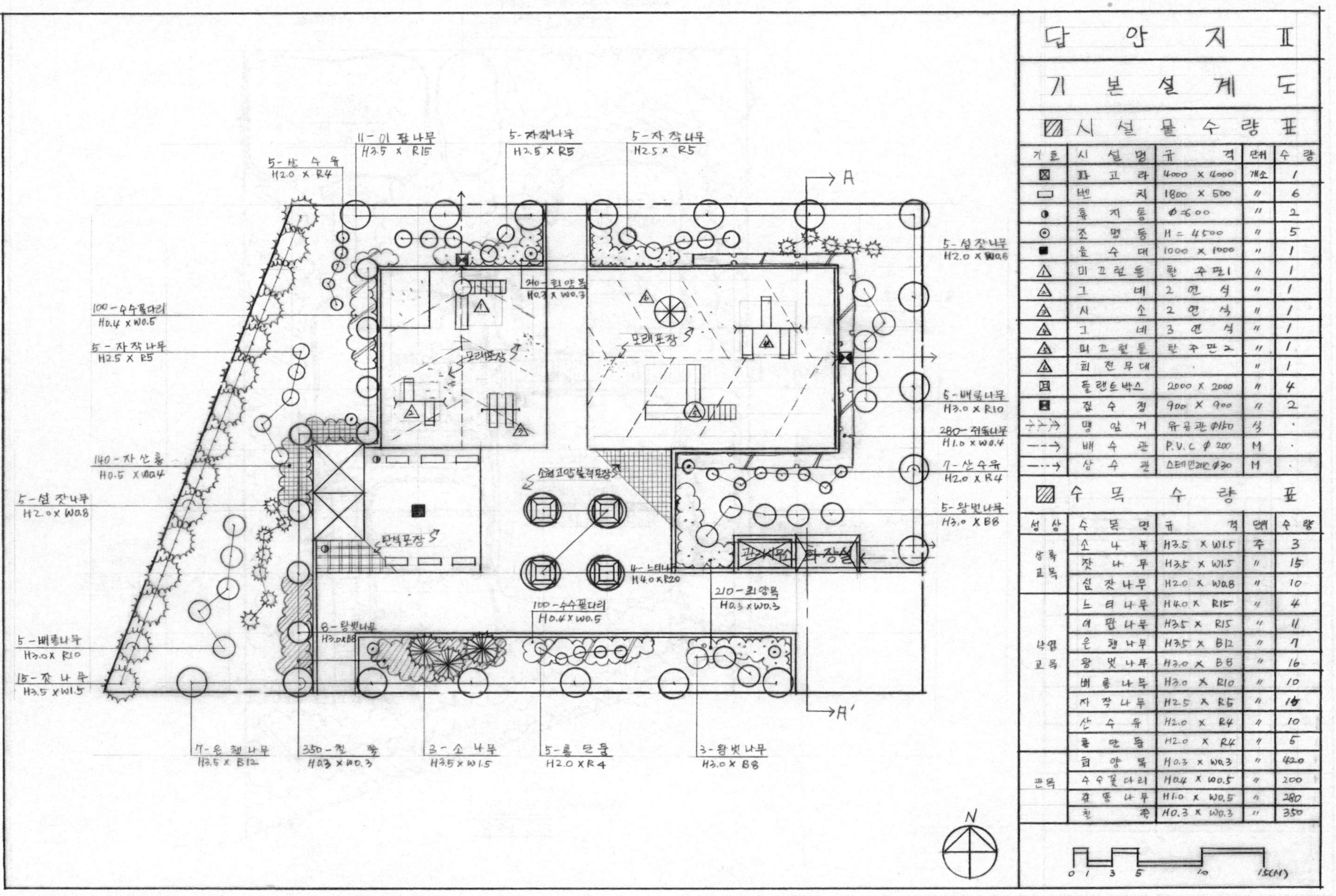

답안지 Ⅱ

기본설계도

시설물 수량표

기호	시설명	규격	단위	수량
⊠	파고라	4000 X 4000	개소	1
▭	벤치	1800 X 500	〃	6
◐	휴지통	φ=600	〃	2
⊙	조명등	H=4500	〃	5
■	음수대	1000 X 1000	〃	1
△	미끄럼틀	활주판1	〃	1
△	그네	2연식	〃	1
△	시소	2연식	〃	1
△	그네	3연식	〃	1
△	미끄럼틀	활주판2	〃	1
△	회전무대	·	〃	1
▣	플랜트박스	2000 X 2000	〃	4
▣	집수정	900 X 900	〃	2
→→	맹암거	유공관 φ150	식	·
---→	배수관	P.V.C φ200	M	·
---→	상수관	스테인레스 φ30	M	·

수목 수량표

성상	수목명	규격	단위	수량
상록교목	소나무	H3.5 X W1.5	주	3
	잣나무	H3.5 X W1.5	〃	15
	섬잣나무	H2.0 X W0.8	〃	10
낙엽교목	느티나무	H4.0 X R15	〃	4
	이팝나무	H3.5 X R15	〃	11
	은행나무	H3.5 X B12	〃	7
	왕벚나무	H3.0 X B8	〃	16
	배롱나무	H3.0 X R10	〃	10
	자작나무	H2.5 X R5	〃	15
	산수유	H2.0 X R4	〃	10
	홍단풍	H2.0 X R4	〃	5
관목	회양목	H0.3 X W0.3	〃	420
	수수꽃다리	H0.4 X W0.5	〃	200
	쥐똥나무	H1.0 X W0.5	〃	280
	철쭉	H0.3 X W0.3	〃	350

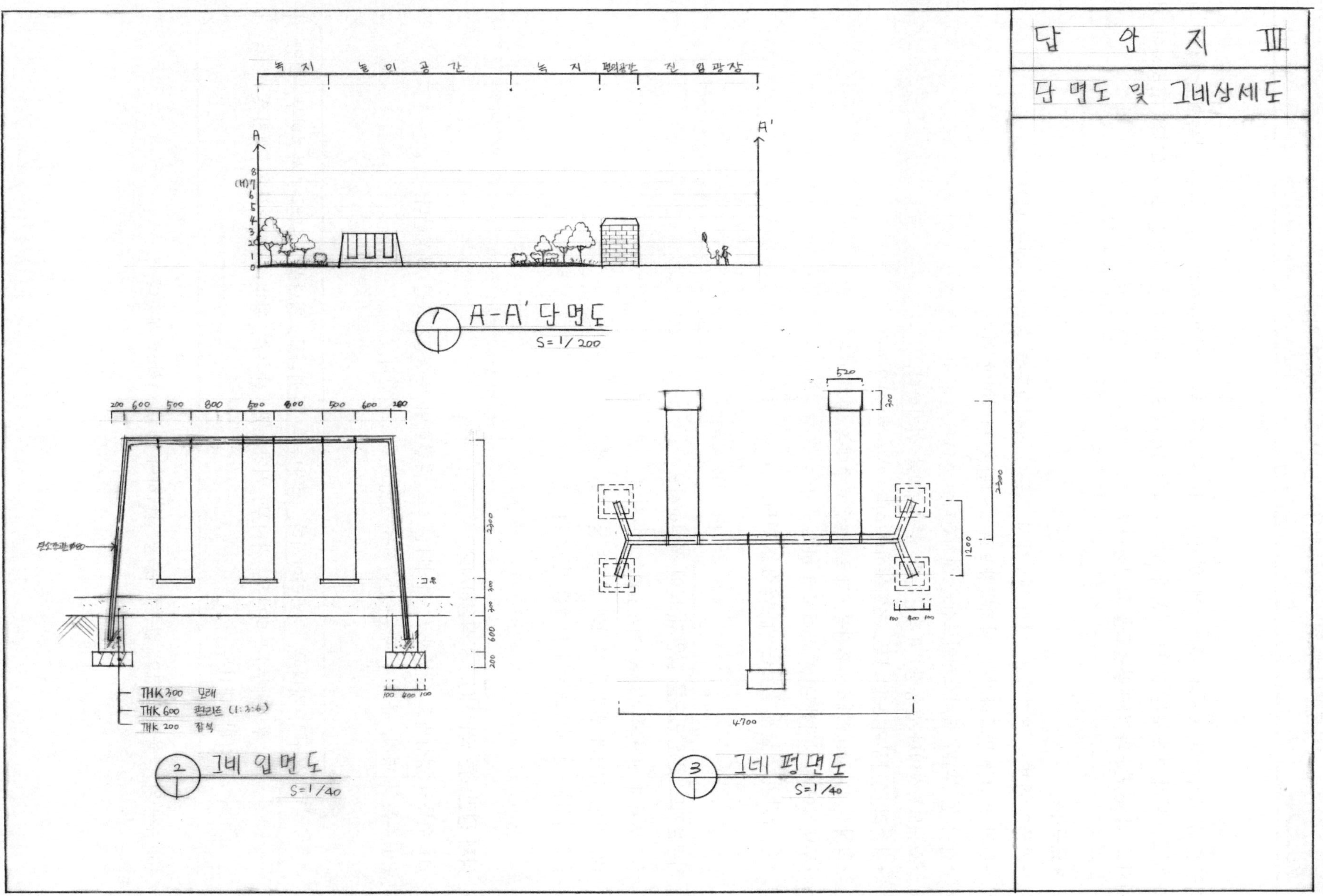
답 압 지 Ⅲ
단면도 및 그네상세도
녹 지
놀 이 공 간
녹 지
편의공간
진 입 광 장
A
A'
A-A' 단면도
S=1/200
THK 300 모래
THK 600 콘크리트 (1:3:6)
THK 200 잡석
그네 입면도
S=1/40
4700
그네 평면도
S=1/40

11 어린이공원 [조경산업기사 2001년, 2005년 기출]

다음은 중부지방의 도시내 주택가에 위치한 어린이공원 부지 현황도이다. 부지내는 남북으로 1%의 경사가 있고, 부지 밖으로는 5%의 경사가 있다. 축척 1/200으로 확대하여 주어진 요구조건을 고려하여 기본계획도 및 단면도와 식재평면도를 작성하시오.

■ 요구조건

- 기존의 옹벽을 제거하고, 여러 방면에서 접근이 용이하도록 출입구 5개를 만든다.
- 위의 조건을 만족하려면, 남북방향으로 3~4단을 만들어야 한다.
- 간이 농구대와 롤러스케이트장을 설치한다.
- 소규모광장이나 운동장, 휴게공간과 휴게시설을 설치한다.
- 기존의 소나무와 느티나무, 조합놀이대(이동 가능)를 이용한다.
- 화장실(4×5m) 1개소, 휴지통, 가로등, 음료수대를 설치한다.
- 주택지역과 인접한 곳은 차폐식재 한다.
- 각 공간의 기능에 알맞은 바닥포장을 한다.

1. 기본설계도 및 단면도를 답안지(Ⅰ)에 작성하시오.

(1) 부지내 변경된 지형을 점표고로 나타낼 것
(2) 기존 부지와 변경된 부지의 단면도를 그릴 것
(3) 시설물 및 바닥포장의 범례를 만들 것

2. 식재 평면도를 답안지(Ⅱ)에 작성하시오.

(1) 수목의 성상별로 구분하고, 가나다순으로 정렬하여 수량집계표를 완성한다.
(2) 수목의 명칭, 규격, 수량은 인출선을 사용하여 표기한다.

소나무, 잣나무, 히말라야시다, 섬잣나무, 동백나무, 청단풍, 홍단풍, 사철나무, 회양목, 후박나무, 느티나무, 감나무, 서양측백, 산수유, 왕벚나무, 영산홍, 백철쭉, 수수꽃다리, 태산목

(3) 수목의 생육에 지장이 없는 수종을 선택하여 15종 이상 식재한다.

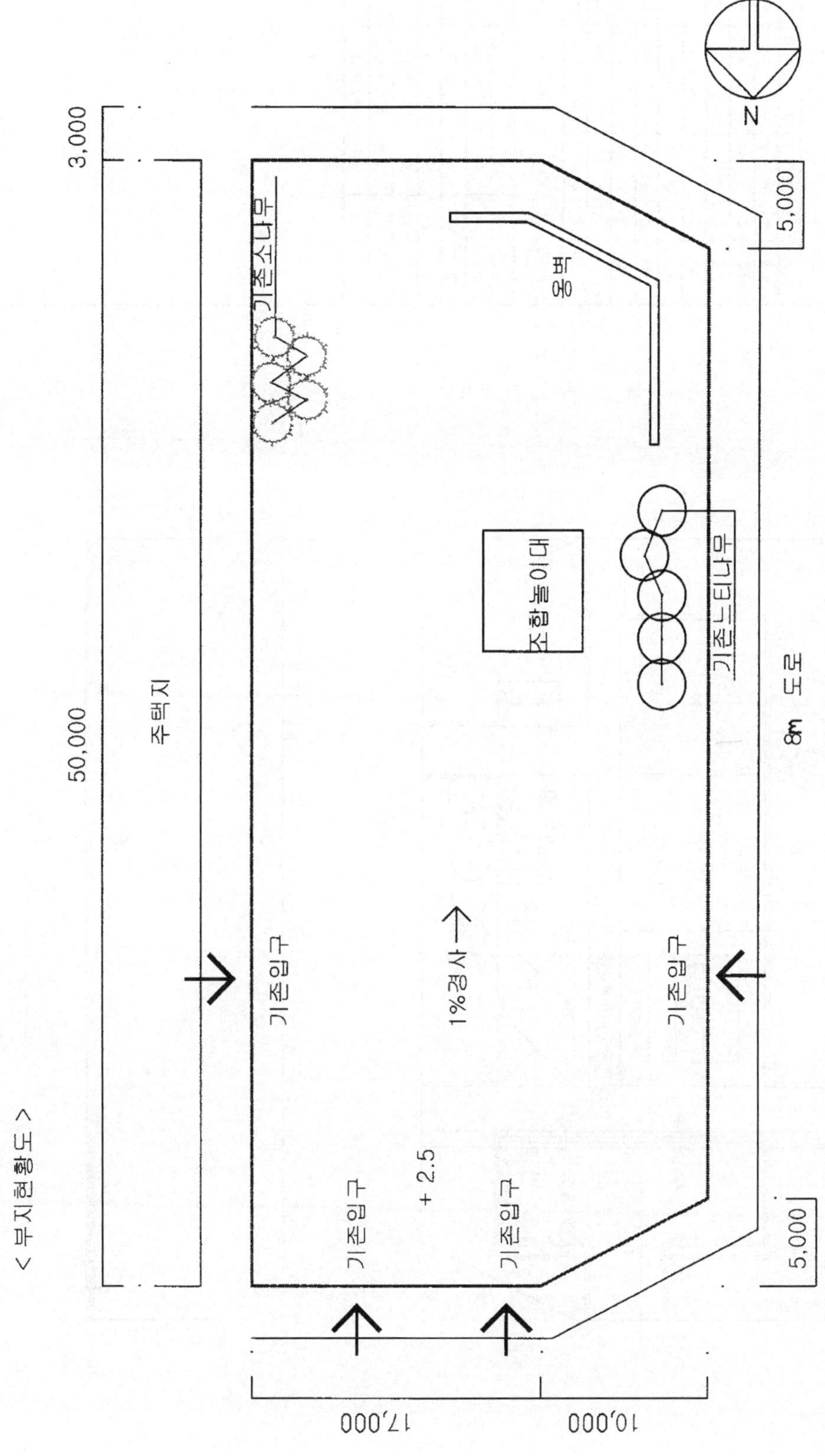
< 부지현황도 >
주택지
50,000
3,000
기존소나무
옹벽
조합놀이대
기존느티나무
8m 도로
5,000
5,000
기존입구
1%경사
기존입구
기존입구
+ 2.5
기존입구
17,000
10,000
N

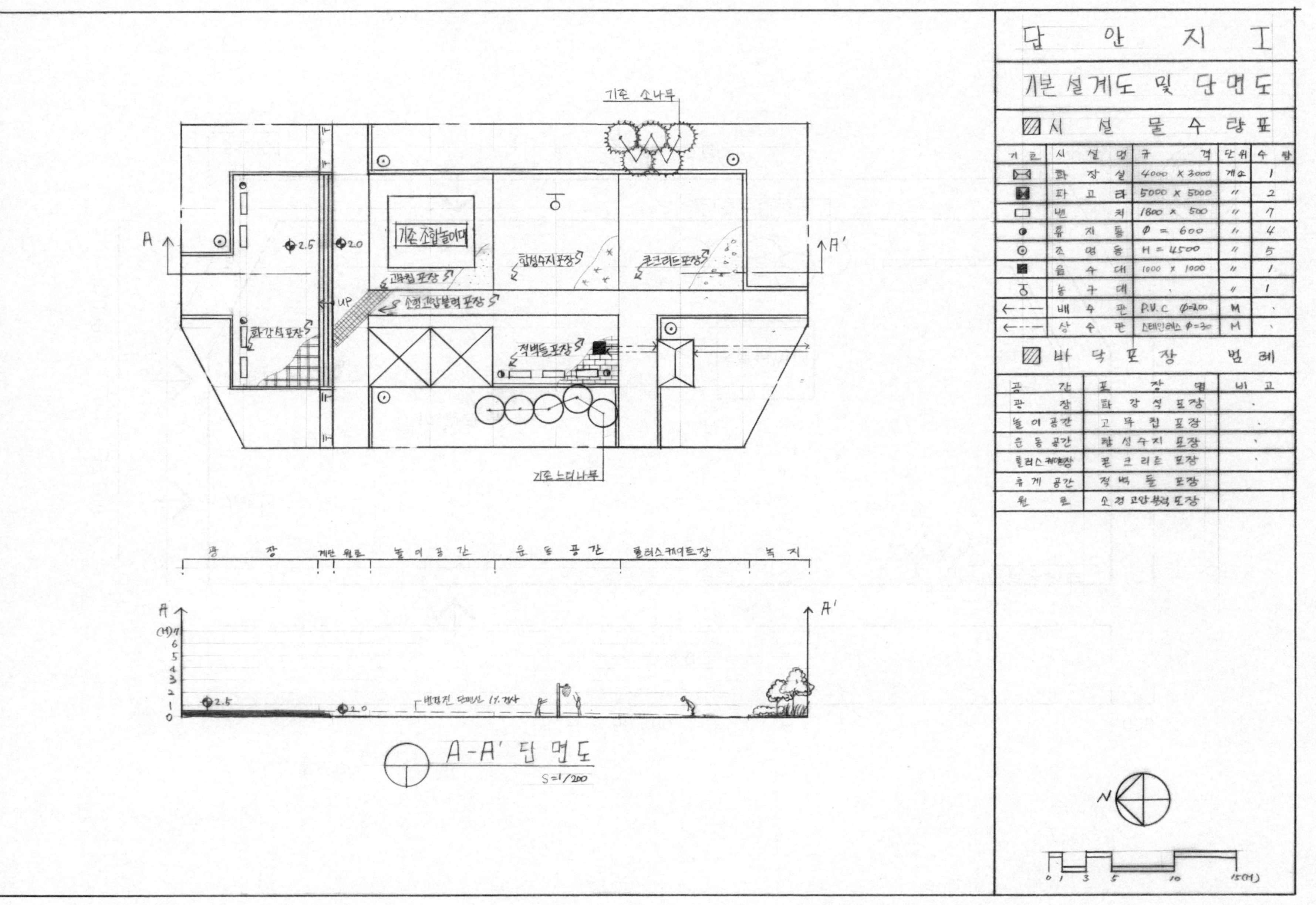

답안지 I
기본설계도 및 단면도
시설물 수량표
기호 시설명 규격 단위 수량
화장실 4000 X 3000 개소 1
파고라 5000 X 5000 〃 2
벤치 1800 X 500 〃 7
휴지통 Ø = 600 〃 4
조명등 H = 4500 〃 5
음수대 1000 X 1000 〃 1
농구대 〃 1
배수관 P.V.C Ø=200 M
상수관 스테인레스 Ø=30 M
바닥포장 범례
공간 포장명 비고
광장 화강석 포장
놀이공간 고무칩 포장
운동공간 합성수지 포장
롤러스케이트장 콘크리트 포장
휴게공간 적벽돌 포장
원로 소형고압블럭 포장
기존 소나무
기존 조합놀이대
합성수지포장
콘크리트포장
고무칩 포장
소형고압블럭 포장
화강석포장
적벽돌포장
기존 느티나무
UP
2.5
2.0
A
A'
광장
계단
원로
놀이공간
운동공간
롤러스케이트장
녹지
(M)
0 1 2 3 4 5 6 7
비탈진 단면선 1% 경사
A-A' 단면도
S=1/200
N
0 1 3 5 10 15(M)

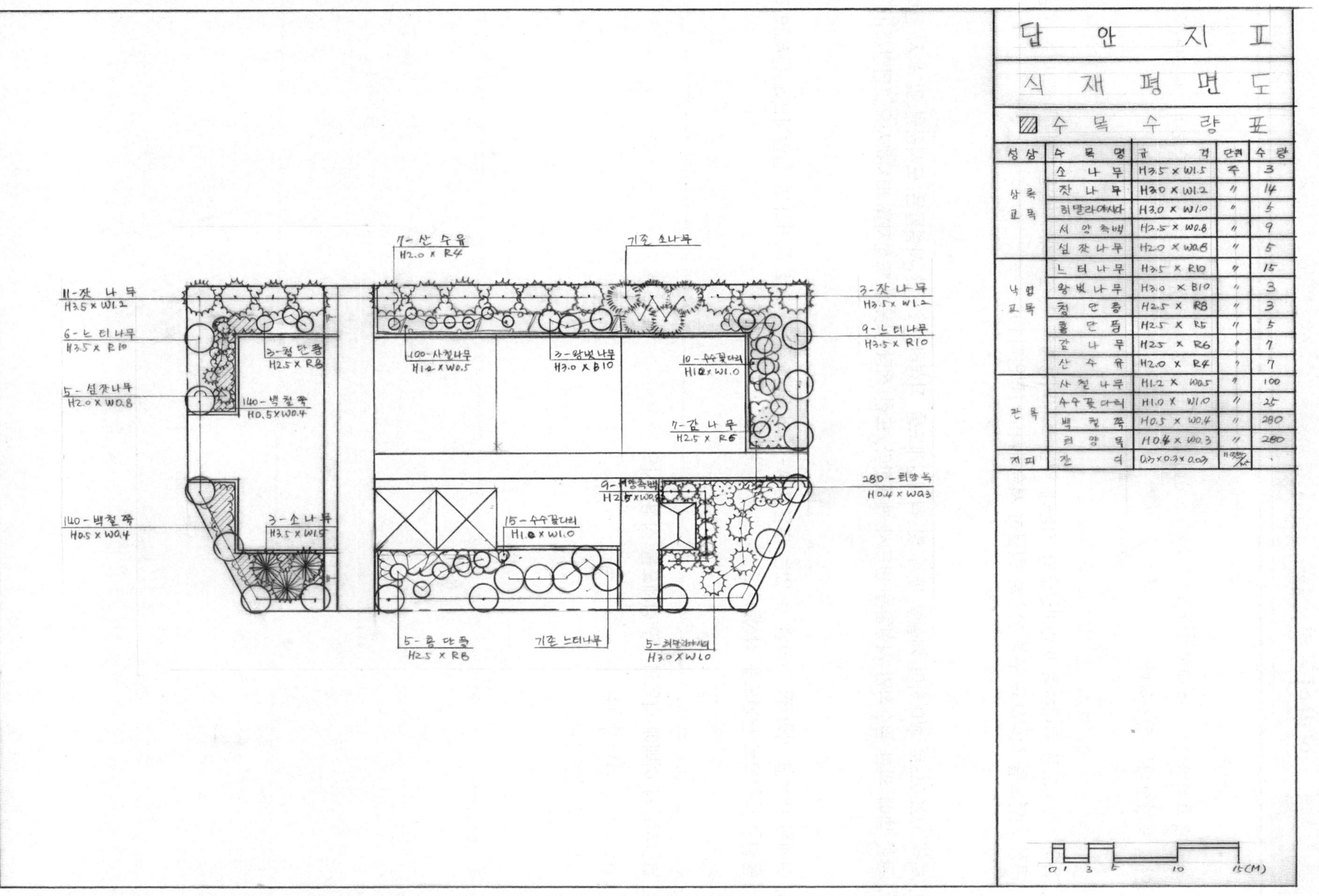

성상	수목명	규격	단위	수량
상록교목	소나무	H3.5 x W1.5	주	3
	잣나무	H3.0 x W1.2	〃	14
	히말라야시다	H3.0 x W1.0	〃	5
	서양측백	H2.5 x W0.8	〃	9
	섬잣나무	H2.0 x W0.8	〃	5
낙엽교목	느티나무	H3.5 x R10	〃	15
	왕벚나무	H3.0 x B10	〃	3
	청단풍	H2.5 x R8	〃	3
	홍단풍	H2.5 x R5	〃	5
	감나무	H2.5 x R6	〃	7
	산수유	H2.0 x R4	〃	7
관목	사철나무	H1.2 x W0.5	〃	100
	수수꽃다리	H1.0 x W1.0	〃	25
	백철쭉	H0.5 x W0.4	〃	280
	회양목	H0.4 x W0.3	〃	280
지피	잔디	0.3 x 0.3 x 0.03	11매/m²	·

12 어린이공원 [조경기사 1994년 기출]

다음은 중부지방 도시 주택가의 어린이 공원부지이다. 주변환경과 지형은 현황도와 같으며, 지표면은 나지이고 토양상태는 양호하다.

1. 축척 1/200으로 확대하여 어린이공원의 기능에 맞는 토지이용계획, 동선계획, 시설물계획을 나타내는 기본구상 개념도를 작성하고 구성 방안을 간단히 서술하시오. (답안지Ⅰ)

2. 축척 1/200으로 확대하여 시설물 배치 및 식재설계도를 작성하시오. 단 시설물은 도시공원 및 녹지 등에 관한 법에 의한 필수적인 시설물을 반드시 계획한다. 또한 적당한 곳에 도섭지를 배치하시오. (답안지Ⅱ)

3. 설계된 내용을 가장 잘 나타낼 수 있는 부분은 A–A′의 단면 절단선으로 표기하고, 답안지Ⅲ에 문제2번과 동일한 축척으로 단면도를 작성하시오.

4. 답안지Ⅲ의 여백에 다음의 단면상세도를 작성하시오.
   (1) 도섭지 단면상세도
   (2) 포장 단면상세도

<현황도면>

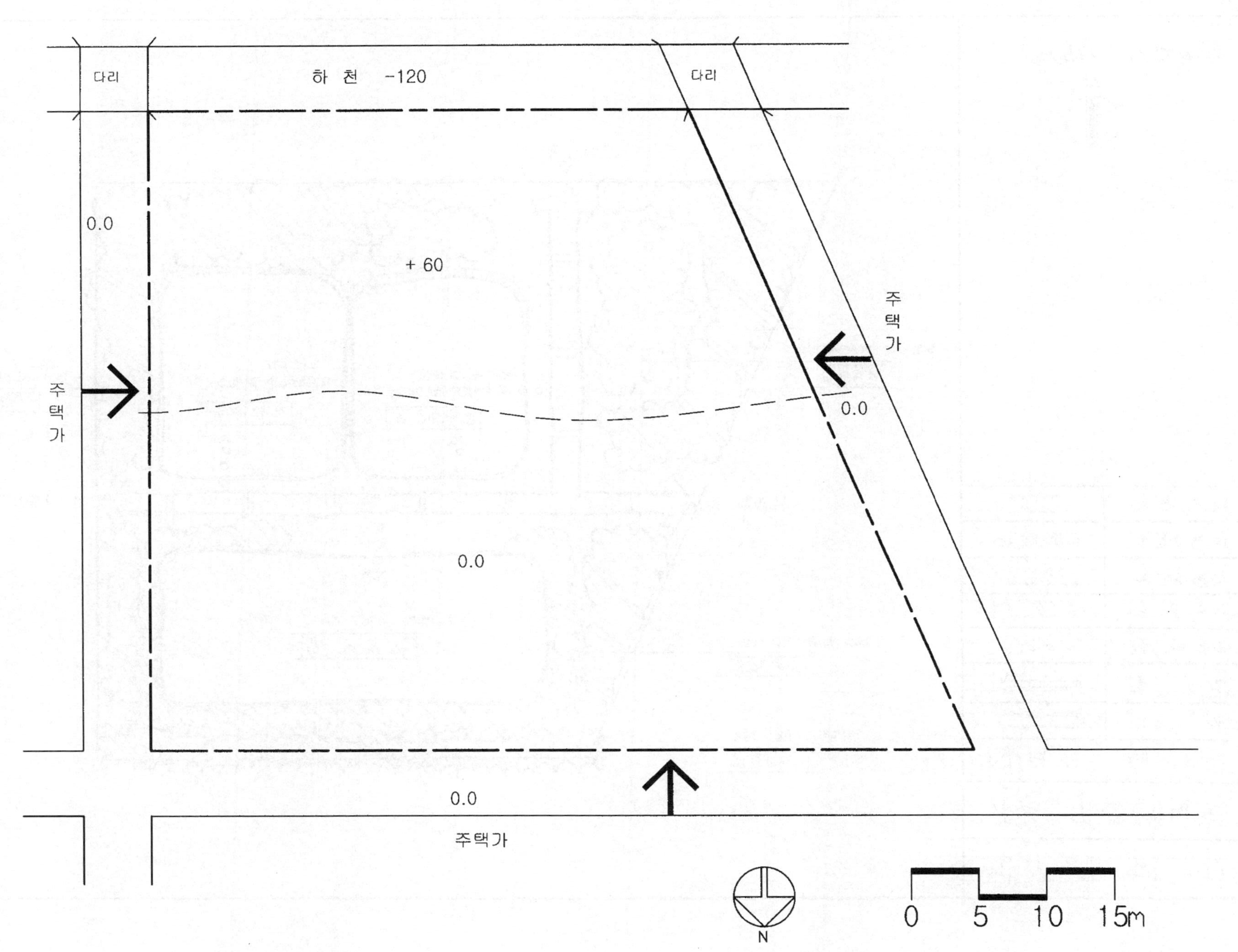

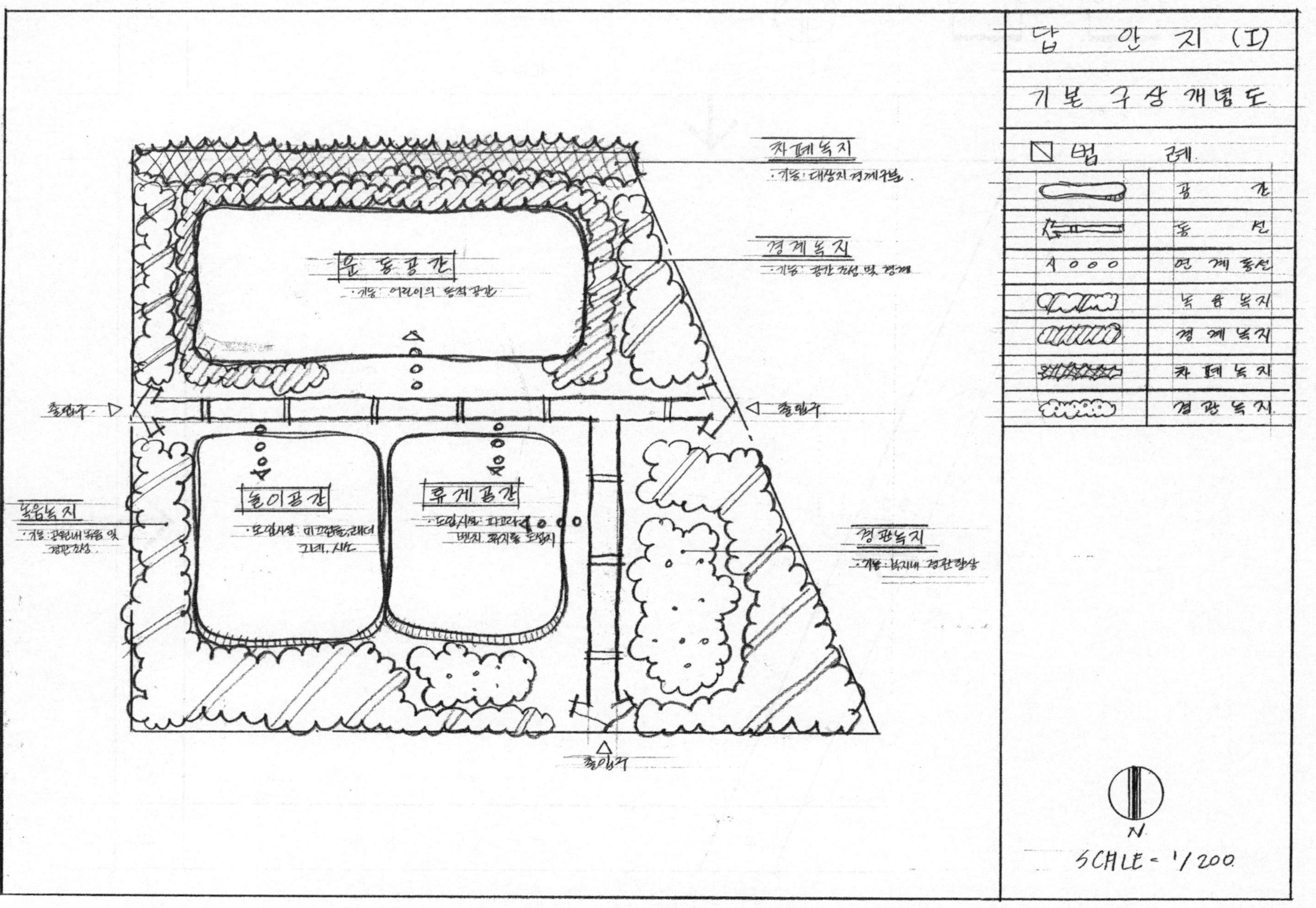
답 안 지 (I)
기 본 구 상 개 념 도
범 례
공 간
동 선
연 계 동 선
녹 음 녹 지
경 계 녹 지
차 폐 녹 지
경 관 녹 지
N
SCALE = 1/200
차폐녹지
경계녹지
운동공간
놀이공간
휴게공간
녹음녹지
경관녹지
출입구
출입구
출입구

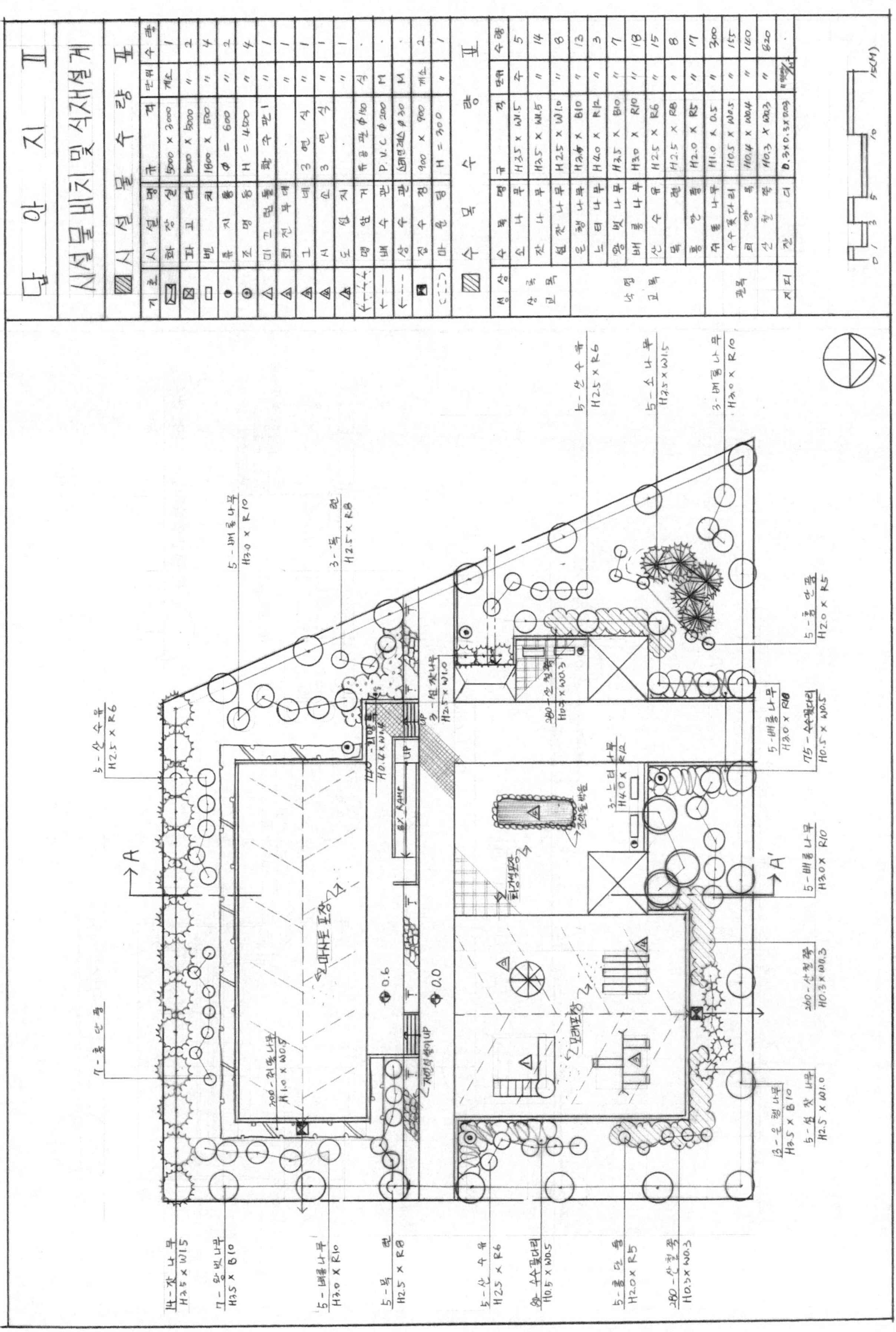
답 안 지 Ⅱ
시설물배치 및 식재설계
시 설 물 수 량 표
수 목 수 량 표

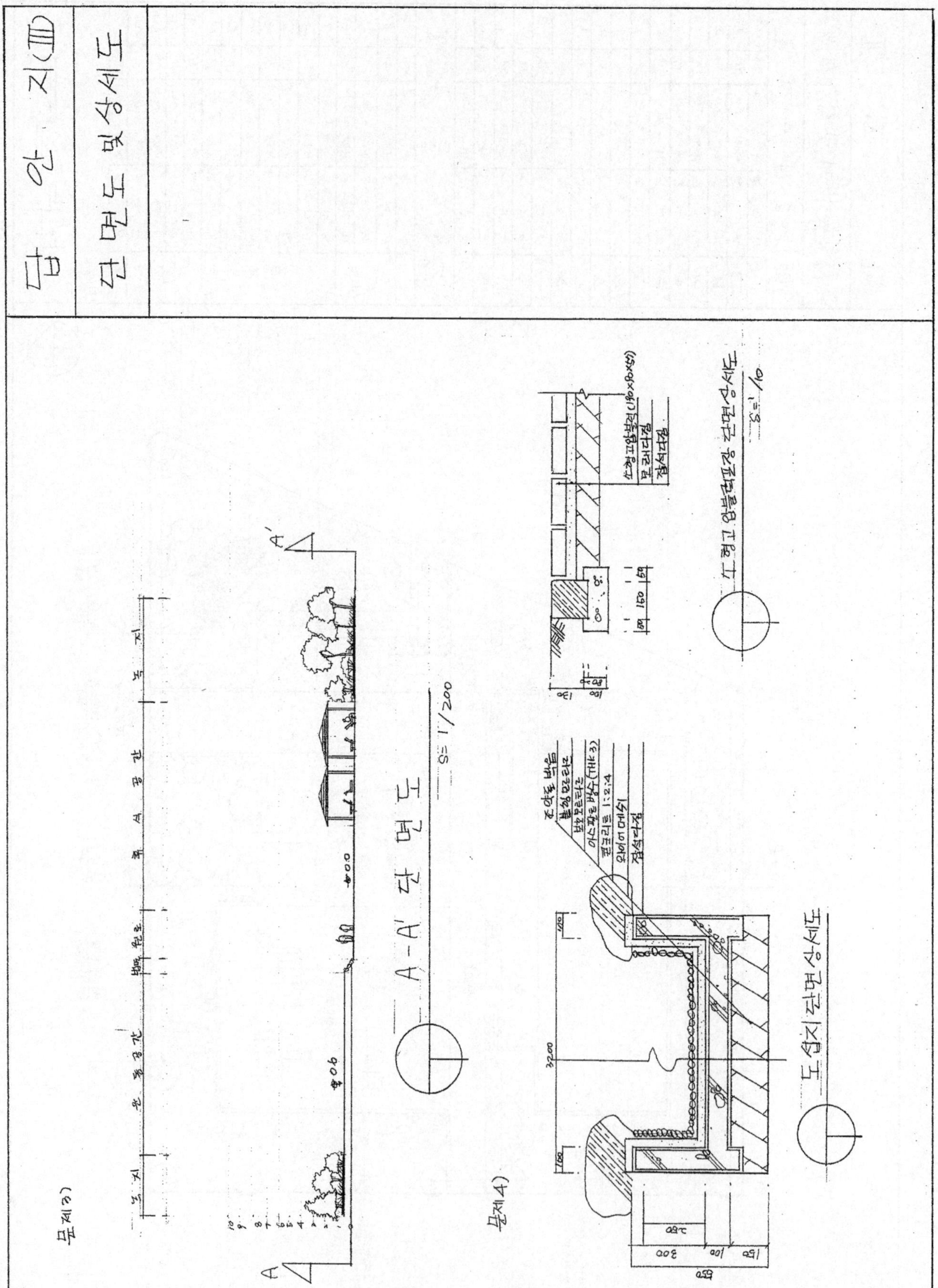

답안지(III)

단면도 및 상세도

문제3)

녹지 | 운동공간 | 보행원로 | 휴식공간 | 녹지

A　A'

±0.6　±0.0

A-A' 단면도

S= 1/200

문제4)

3200　100　100

조약돌 박음
붙임모르타르
보호모르타르
아스팔트 방수(THK 3)
콘크리트 1:2:4
와이어메쉬
잡석다짐

300　280　100　150　550

도섭지 단면상세도

130　100　80　50　150　50

소형고압블럭(190×90×57)
모래다짐
잡석다짐

소형고압블럭포장 단면상세도

S= 1/10

13 어린이공원 [조경기사 1993년, 1995년 기출]

■ 요구사항

주어진 설계조건과 지급된 트레이싱지로 문제 순서에 따라 작성하시오.

1. 다음 현황도와 같은 계획개념으로 어린이 공원을 조성하려고 한다. 주어진 트레이싱지로 요구사항에 따라 조경시설물 배치도를 축척 1/300으로 작성하시오. (답안지 I) (88페이지 참조)
   (1) 어린이 공원의 정지계획을 개념도의 계획고와 같이 조성하며, 공원내부의 진입방법은 주진입에서 진입시 폭 3m의 계단을 설치해야 하며 계단에 면하여 Ramp를 폭 2m로 설치하고 계단은 H15cm×W30cm로 할 것
   (2) 휴게시설 및 광장공간에는 파고라(H2.7m×W4.0m×L8.0m) 1개, 휴지통 2개, 평의자 6개 이상 설치하고 포장은 임의로 재료를 선정 표시할 것
   (3) 다목적 운동공간의 표면은 마사토 다짐을 하고 배수를 고려 맹암거 및 집수정을 설치할 것
   (4) 놀이시설공간에는 조합놀이시설 1개 이상을 설치하고, 모래를 깔며 집수정 및 맹암거 표시를 할 것
   (5) 시설물의 범례표는 우측하단에 작성할 것
   (6) 휴게시설공간에는 5m×5m의 사각파고라 1개를 설치할 것
   (7) 법면의 경사는 1 : 2로 할 것

2. 다음 현황도를 1/300으로 확대하여 아래 식재개념에 맞추어 식재 배치도를 완성하시오. (답안지 II)
   (1) 수종은 반드시 교목 10종, 관목 5종 이상 사용하고 수목별로 인출선을 긋고 수량, 수종, 규격 등을 표시할 것
   (2) 도면 우측 하단에 수목 수량표를 필히 작성하여 도면내의 수목수량을 집계할 것
   (3) 놀이 시설 주위에는 경계식재를 할 것
   (4) 휴게공간 주위에는 수고 4.0m 이상의 낙엽 대교목으로 녹음식재를 할 것
   (5) 시선이 양호한 것을 선택해 경관식재를 할 것

3. 설계도의 내용을 가장 잘 보여 주는 부분(종단 부분 전체)을 평면도상의 A–A′로 표기하고 이 부분의 전체적 단면도를 1/300 축척으로 주어진 트레이싱지 1매에 작성하시오. (답안지 II)

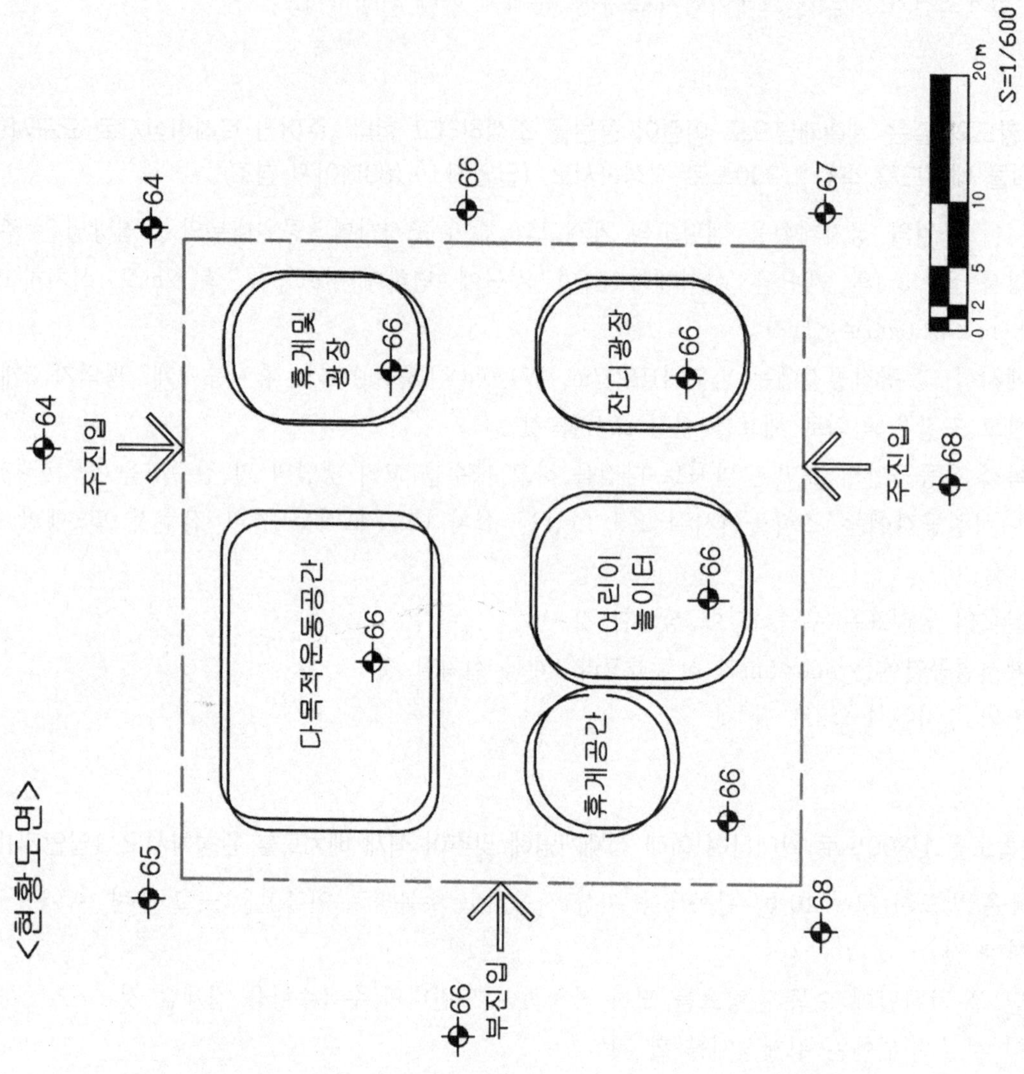

S=1/600
0 1 2 5 10 20 m
주진입
주진입
부진입
휴게및 광장
잔디광장
다목적운동공간
어린이 놀이터
휴게공간
64
64
65
66
66
66
66
66
66
66
67
68
68

<현황도면>

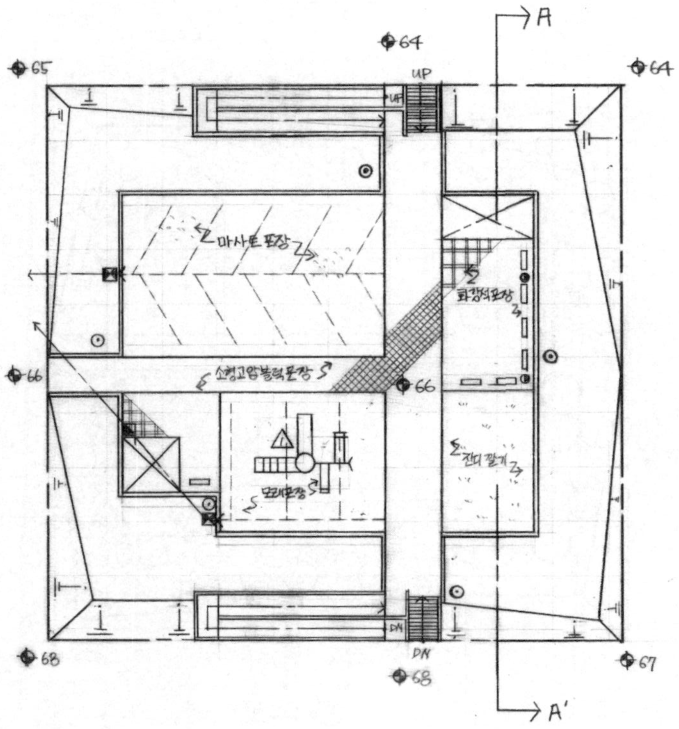

답 안 지 Ⅰ

시 설 물 배 치 도

시 설 물 수 량 표

기호	시설명	규격	단위	수량
	장파고라	8000 × 4000	개소	1
⊠	파고라	5000 × 5000	〃	1
▭	벤치	1800 × 500	〃	7
◑	휴지통	φ = 600	〃	2
⊙	조명등	H = 4500	〃	5
△	조합놀이대	·	〃	1
	집수정	900 × 900	〃	2
	맹암거	유공관 φ=150	식	·
←——	배수관	P.V.C φ=200	M	·
	빗물받이	700 × 700	개소	1

마사토포장

화강석포장

소형고압블럭포장

모래포장

잔디깔기

UP

DN

A

A'

64

64

64

65

66

66

67

68

68

N

0 1 3 5 10 20(M)

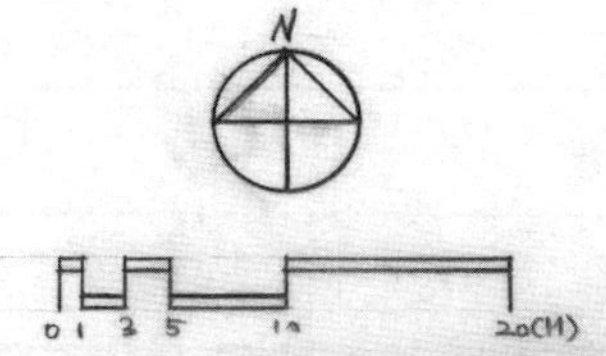

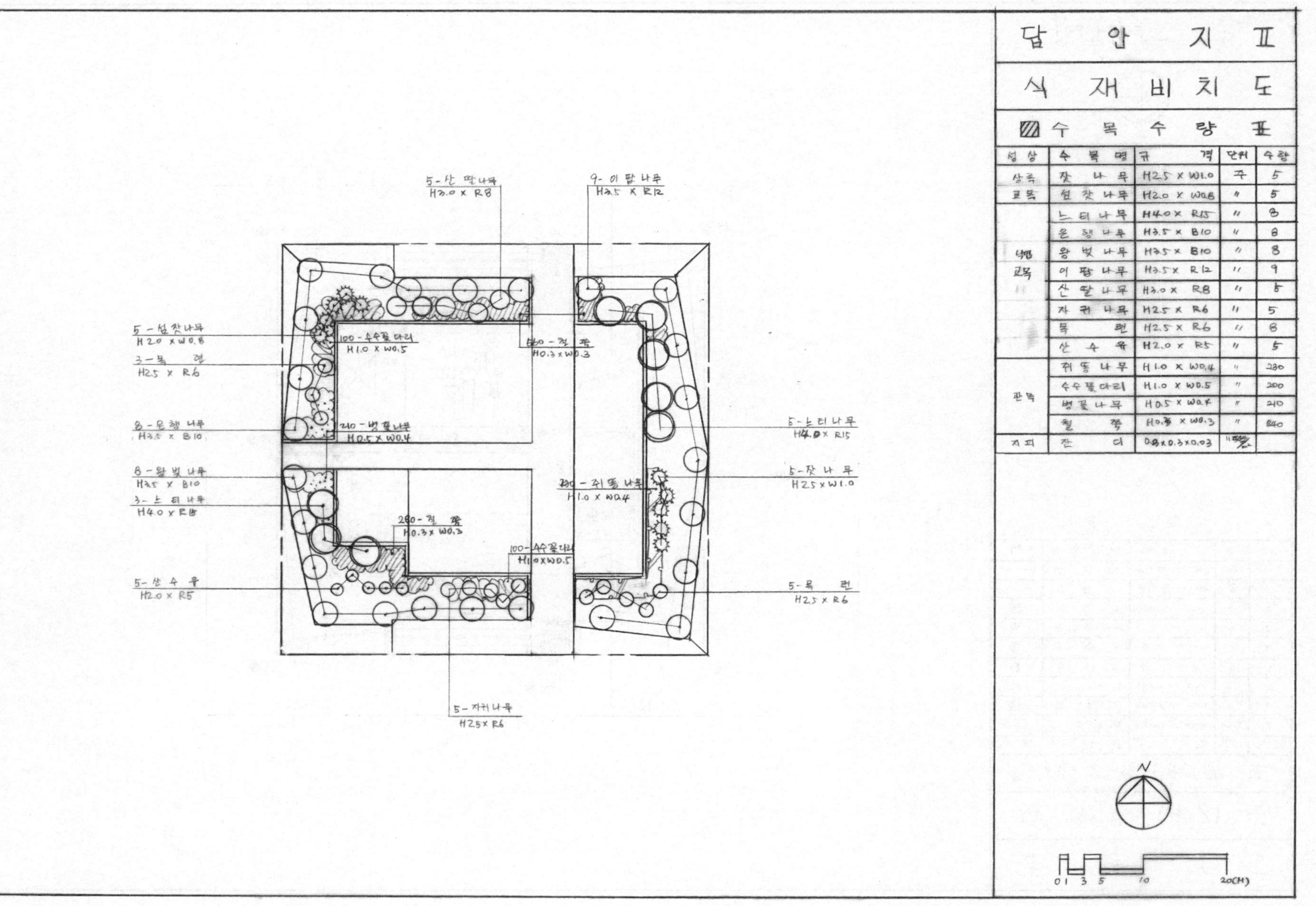

성 상	수 목 명	규 격	단위	수량
상록 교목	잣 나 무	H2.5 x W1.0	주	5
	섬 잣 나 무	H2.0 x W0.8	〃	5
낙엽 교목	느 티 나 무	H4.0 x R15	〃	8
	은 행 나 무	H3.5 x B10	〃	8
	왕 벚 나 무	H3.5 x B10	〃	8
	이 팝 나 무	H3.5 x R12	〃	9
	산 딸 나 무	H3.0 x R8	〃	5
	자 귀 나 무	H2.5 x R6	〃	5
	목 련	H2.5 x R6	〃	8
	산 수 유	H2.0 x R5	〃	5
관목	쥐 똥 나 무	H1.0 x W0.4	〃	230
	수수꽃다리	H1.0 x W0.5	〃	200
	병 꽃 나 무	H0.5 x W0.4	〃	240
	철 쭉	H0.3 x W0.3	〃	840
지피	잔 디	0.3 x 0.3 x 0.03	〃 [illegible]	

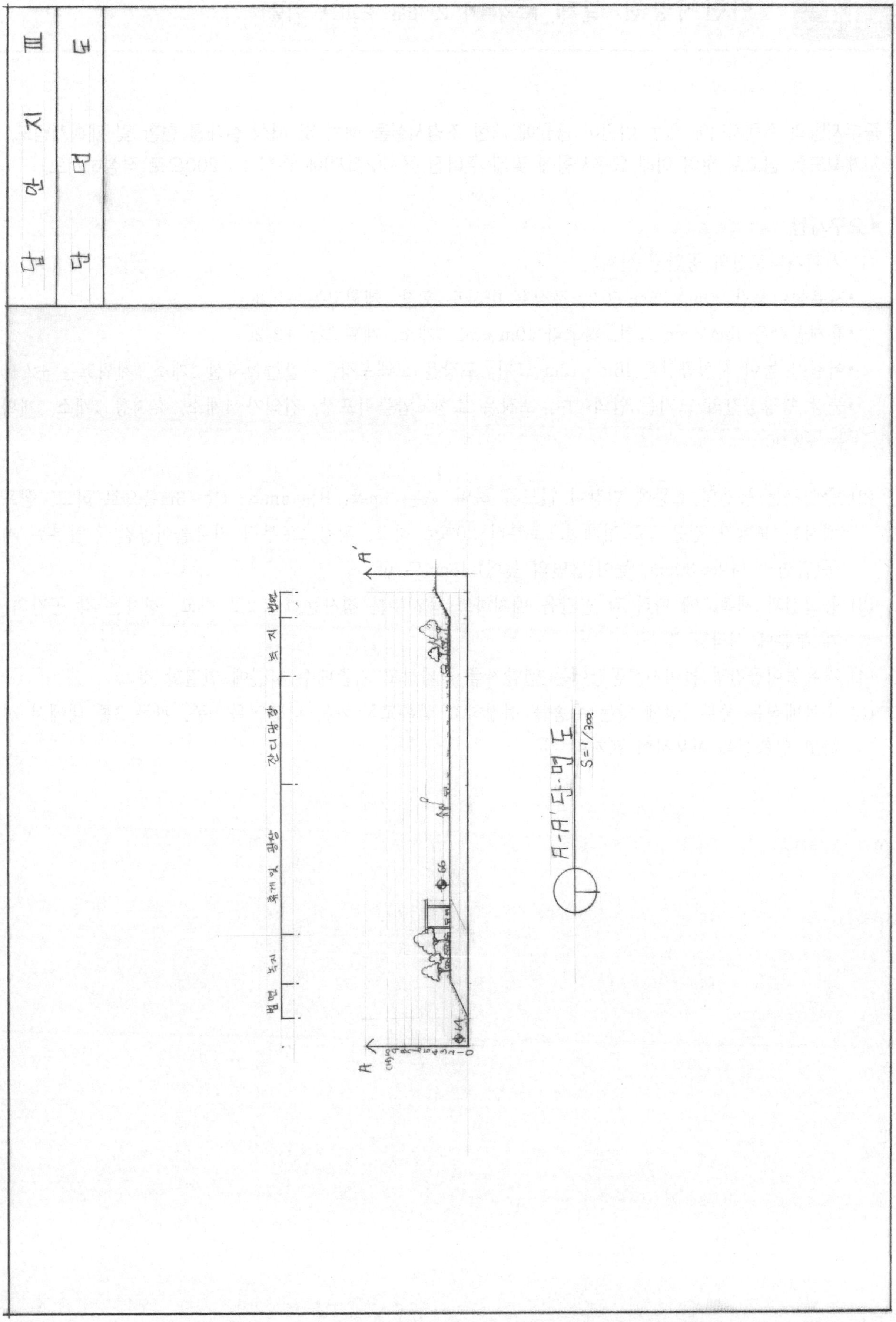

답 안 지 Ⅲ
단 면 도

법면 녹지 휴게 및 광장 잔디광장 녹지 법면

A A'

A-A' 단면도
S=1/300

14 어린이공원 설계 [조경기사 1996년, 2001년 기출]

1. 중부지방의 주택지내에 있는 어린이 공원에 대한 조경시설물 배치 및 배식 설계를 현황 및 계획개념도, 정지계획도를 참고로 하여 아래 요구사항에 맞게 주어진 용지(2절지)에 축척 1 : 200으로 작성하시오.

■ 요구사항

(1) 계획개념도상의 공간별 설계는
- •자유놀이공간 20m×25m 크기, 포장은 마사토 포장, 계획고는 +2.30
- •휴게공간은 15m×8m 크기, 파고라 10m×5m 1개소, 계획고는 +2.20
- •어린이 놀이 시설공간은 16m×12m 크기, 포장은 모래포장, 조합놀이시설 1개소, 계획고는 +2.10
- •중앙 광장공간의 크기는 임의이며, 포장은 소형고압블럭포장, 긴의자 4개소, 휴지통 1개소, 계획고는 +2.00

(2) 출입구는 동선의 흐름에 지장이 없도록 하며, A는 3m폭, B는 5m폭, C는 3m폭으로 하고, 램프의 경사는 보행자 전용도로 경계선으로부터 20%로 하고, 광장으로부터 자유놀이공간 진입부는 계단폭(답면의 너비) 30cm, 높이(답면의 높이) 15cm로 함

(3) 등고선과 계획고에 따라 각 공간을 배치하고 녹지부분 경사는 1 : 2로 하고, 경사는 각 공간의 경계 부분에 시작할 것

(4) 자유놀이공간과 놀이시설공간에는 맹암거를 설치하고 기존배수 시설에 연결할 것

(5) 수목배식은 중부지방에 맞는 수종을 선정하고 상록교목 2종, 낙엽교목 5종, 관목 2종 내에서 선정하고 인출선을 이용하여 표기할 것

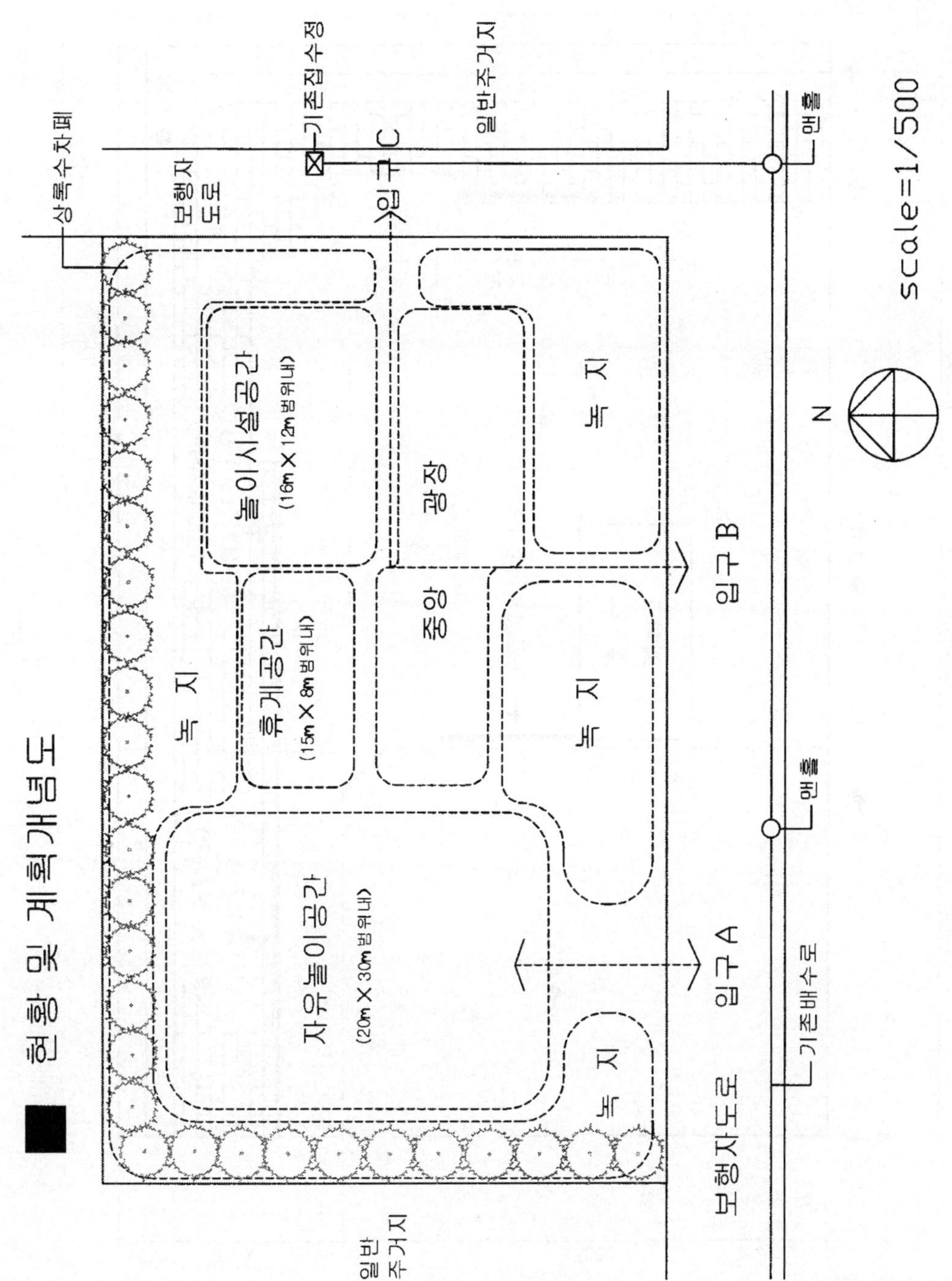
■ 현황 및 계획개념도
상록수차폐
보행자도로
기존집수정
입구 C
일반주거지
녹지
놀이시설공간
(16m X 12m 범위내)
광장
중앙
휴게공간
(15m X 8m 범위내)
녹지
자유놀이공간
(20m X 30m 범위내)
녹지
입구 B
입구 A
맨홀
맨홀
기존배수로
보행자도로
일반 주거지
N
scale=1/500

■ 정지계획도

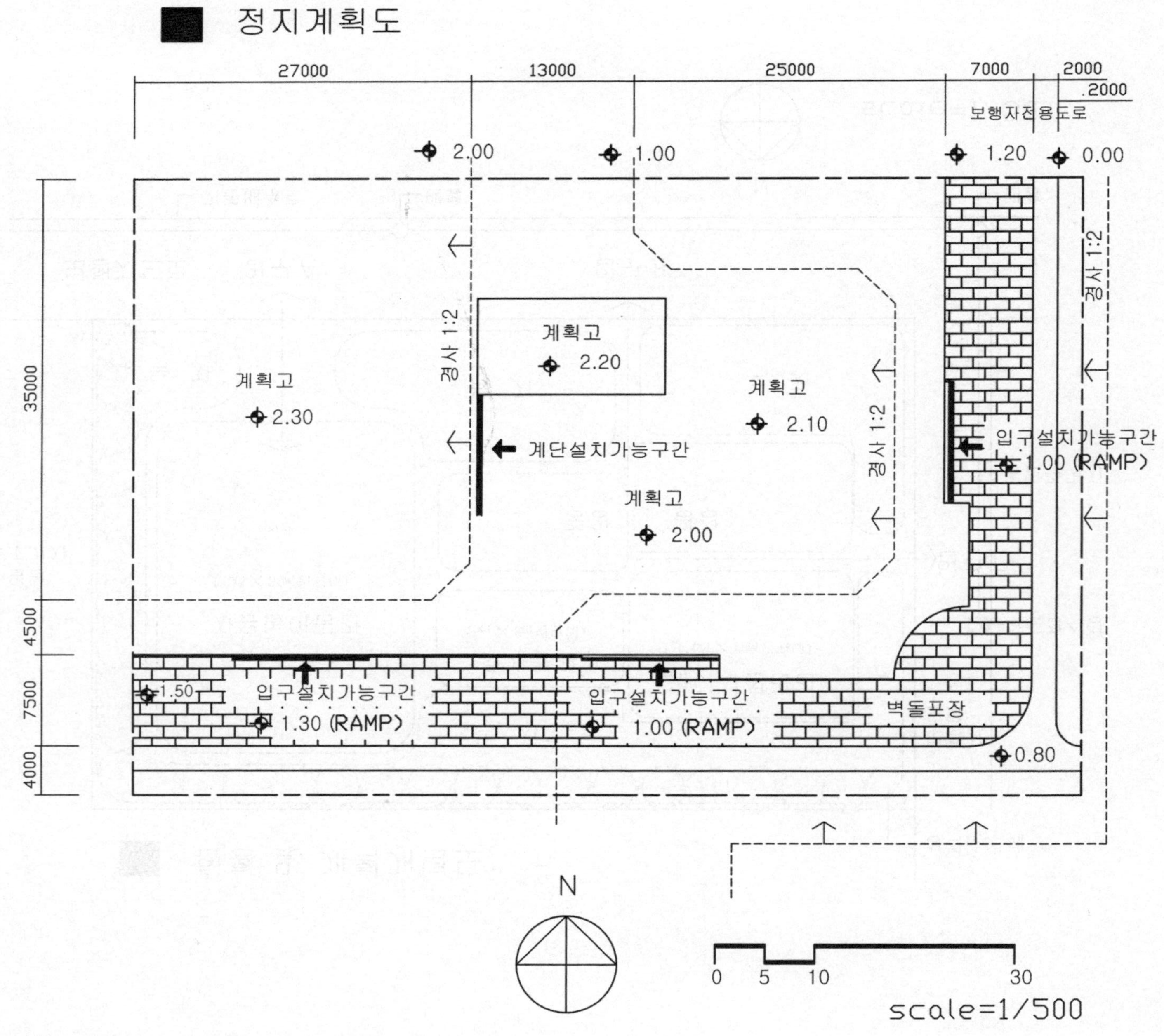

27000
13000
25000
7000
2000
2000
보행자전용도로
2.00
1.00
1.20
0.00
35000
4500
7500
4000
계획고
2.30
경사 1:2
계획고
2.20
계단설치가능구간
계획고
2.10
계획고
2.00
경사 1:2
입구설치가능구간
1.00 (RAMP)
경사 1:2
1.50
입구설치가능구간
1.30 (RAMP)
입구설치가능구간
1.00 (RAMP)
벽돌포장
0.80
N
0 5 10 30
scale=1/500

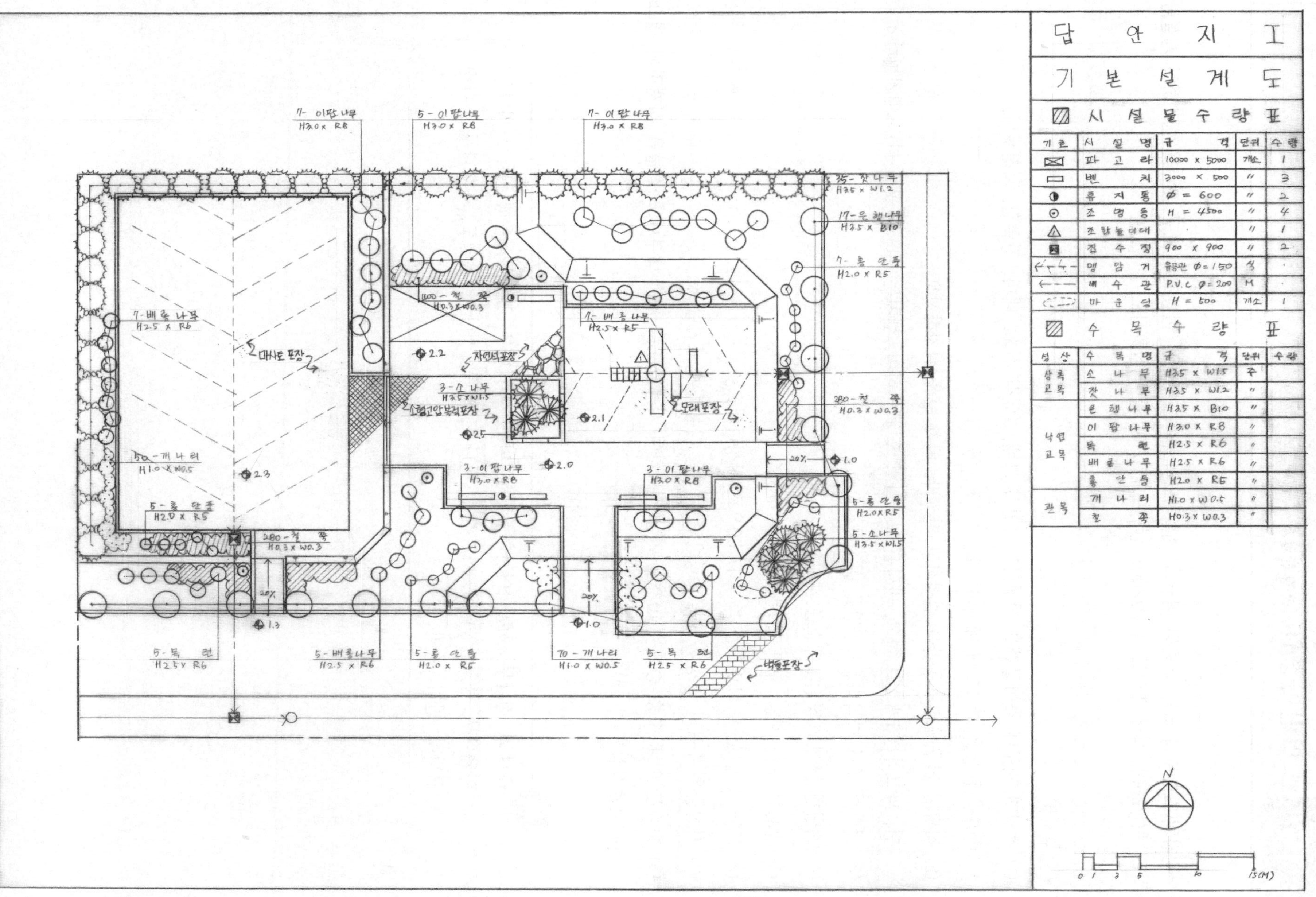

기호	시설명	규격	단위	수량
	파고라	10000 x 5000	개소	1
	벤치	3000 x 500	〃	3
	휴지통	Ø = 600	〃	2
	조명등	H = 4500	〃	4
	조합놀이대	·	〃	1
	집수정	900 x 900	〃	2
	맹암거	유공관 Ø=150	M	·
	배수관	P.V.C Ø=200	M	·
	마운딩	H = 500	개소	1

성상	수목명	규격	단위	수량
상록교목	소나무	H3.5 x W1.5	주	
	잣나무	H3.5 x W1.2	〃	
낙엽교목	은행나무	H3.5 x B10	〃	
	이팝나무	H3.0 x R8	〃	
	목련	H2.5 x R6	〃	
	배롱나무	H2.5 x R6	〃	
	홍단풍	H2.0 x R5	〃	
관목	개나리	H1.0 x W0.5	〃	
	철쭉	H0.3 x W0.3	〃	

15 어린이공원 [조경산업기사 1995년 기출]

중부지방의 도심부에 있는 어린이 공원을 계획하고자 한다. 주어진 현황도와 요구 조건을 참조하여 시설물 배치도 Ⅰ(1/200), 식재 배식도 Ⅱ (1/200), 단면도Ⅲ(1/100)를 작성하시오.

▪ 요구사항

(1) 적당한 지구에 놀이공간을 설정하고 4연식 그네, 4연식 시소, 래더, 정글짐, 회전무대, 미끄럼틀 등을 각 1조씩 배치하시오.

(2) 적당한 지구에 휴식공간을 설정하고 파고라, 벤치 등을 설치하시오.
(단, 파고라는 1개소로 하고, 바닥은 보도블럭 포장을 하며, 벤치는 필요한 곳에 다수 배치한다.)

(3) 적당한 곳에 다목적운동공간을 설정하시오.

(4) 적당한 곳에 화장실 2개소를 배치하시오.

(5) 필요한 곳에 계단, 램프, 스텐드를 설치하시오.

(6) 도면 Ⅲ에 A-A' 단면도를 축척 1/100으로 작성하시오.

(7) 시설물은 수목의 명칭, 규격, 수량은 인출선을 사용하여 표기할 것.

(8) 수종은 아래 수종 중에서 10가지 이상 선택하여 사용할 것 (공간 내부에도 식물을 식재하되 필요한 보호시설을 할 것)

잣나무, 전나무, 히말라야시다, 후피향나무, 후박나무, 벚나무, 은행나무, 느티나무, 아왜나무, 중국단풍나무, 아카시아, 돈나무, 철쭉, 개나리, 유엽도, 눈향나무 , 다정큼나무, 잔디, 송악

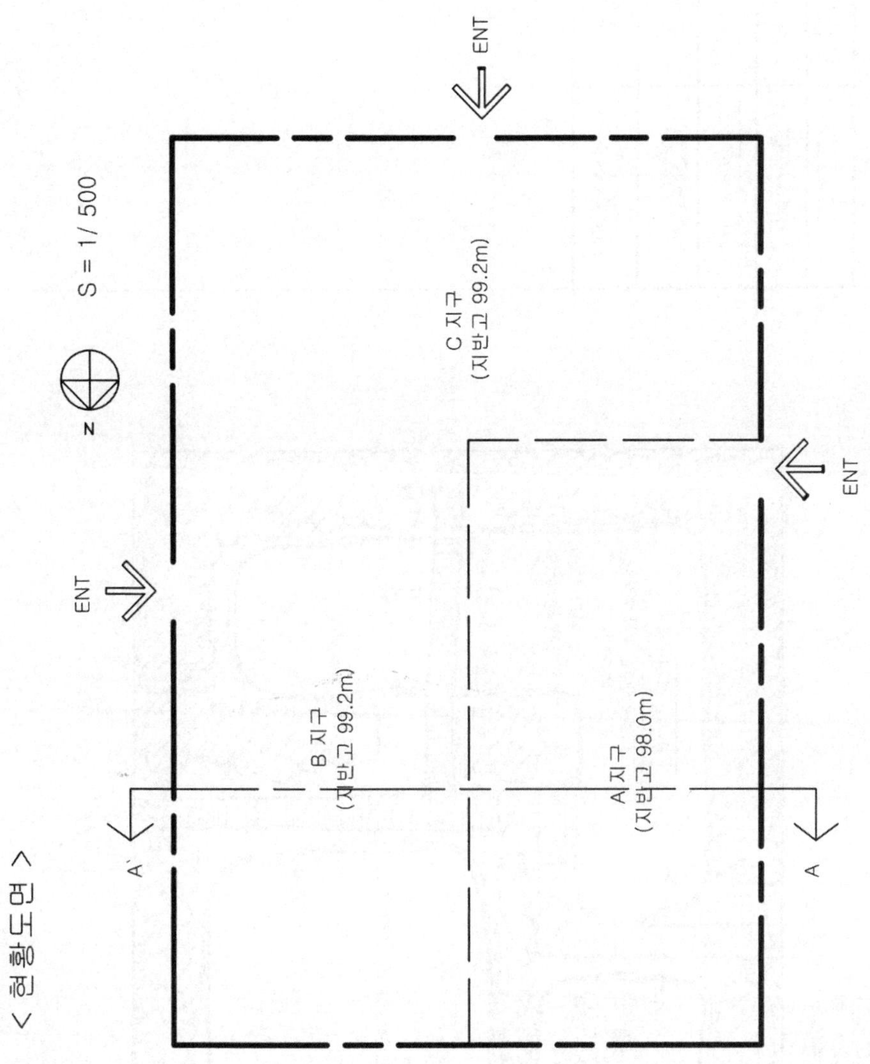
< 현황도면 >
S = 1/ 500
N
ENT
ENT
ENT
C 지구
(지반고 99.2m)
B 지구
(지반고 99.2m)
A 지구
(지반고 98.0m)
A'
A

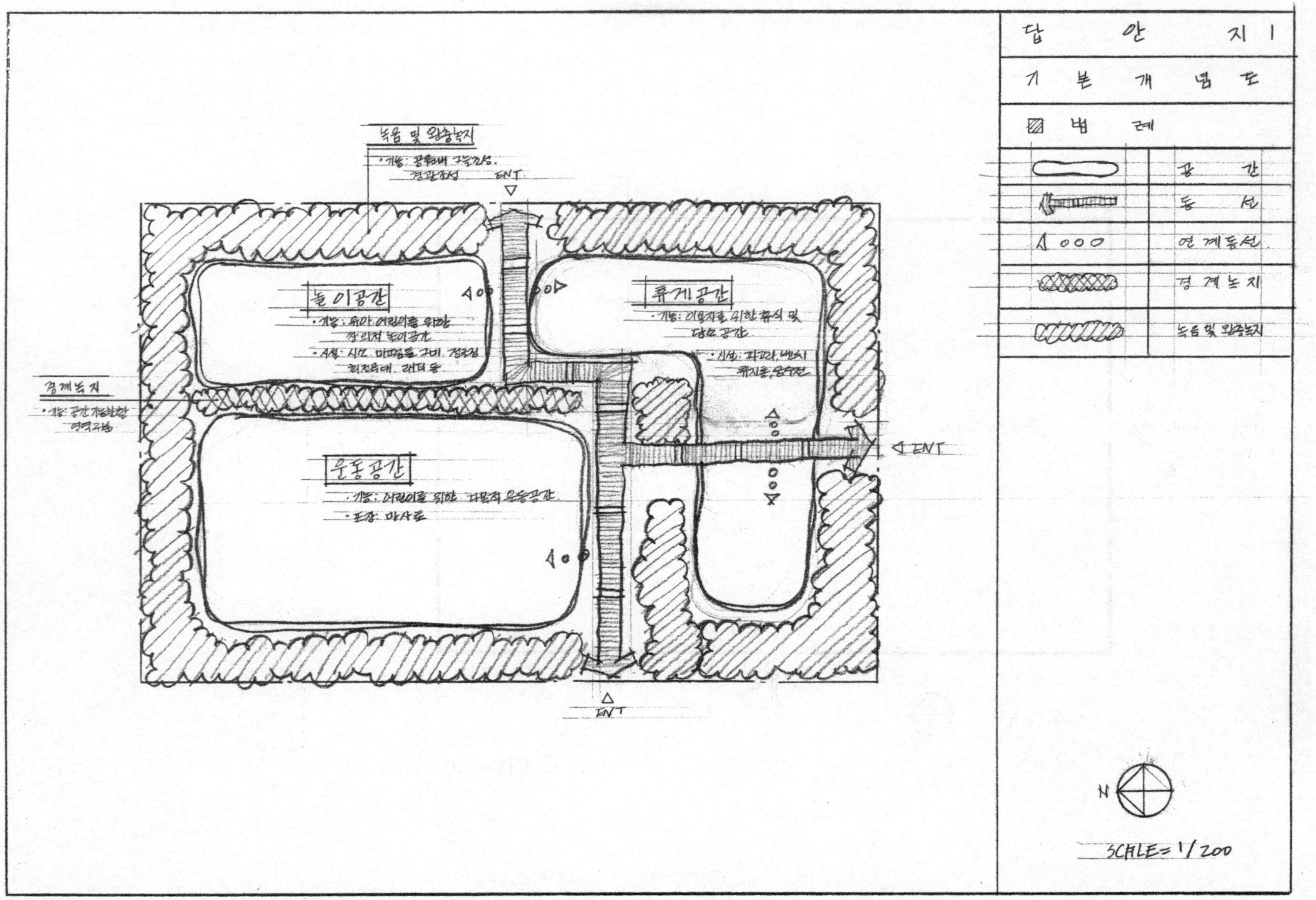
답 안 지 I
기 본 개 념 도
범 례
공 간
동 선
연 계 동 선
경 계 녹 지
녹음 및 완충녹지
녹음 및 완충녹지
ENT
놀이공간
·기능 : 유아·어린이를 위한 창의적 놀이공간
휴게공간
·기능 : 이용자를 위한 휴식 및 담소공간
·시설 : 파고라, 벤치, 휴지통, 음수전
경계녹지
운동공간
·기능 : 어린이를 위한 다목적 운동공간
·포장 : 마사토
ENT
ENT
N
SCALE=1/200

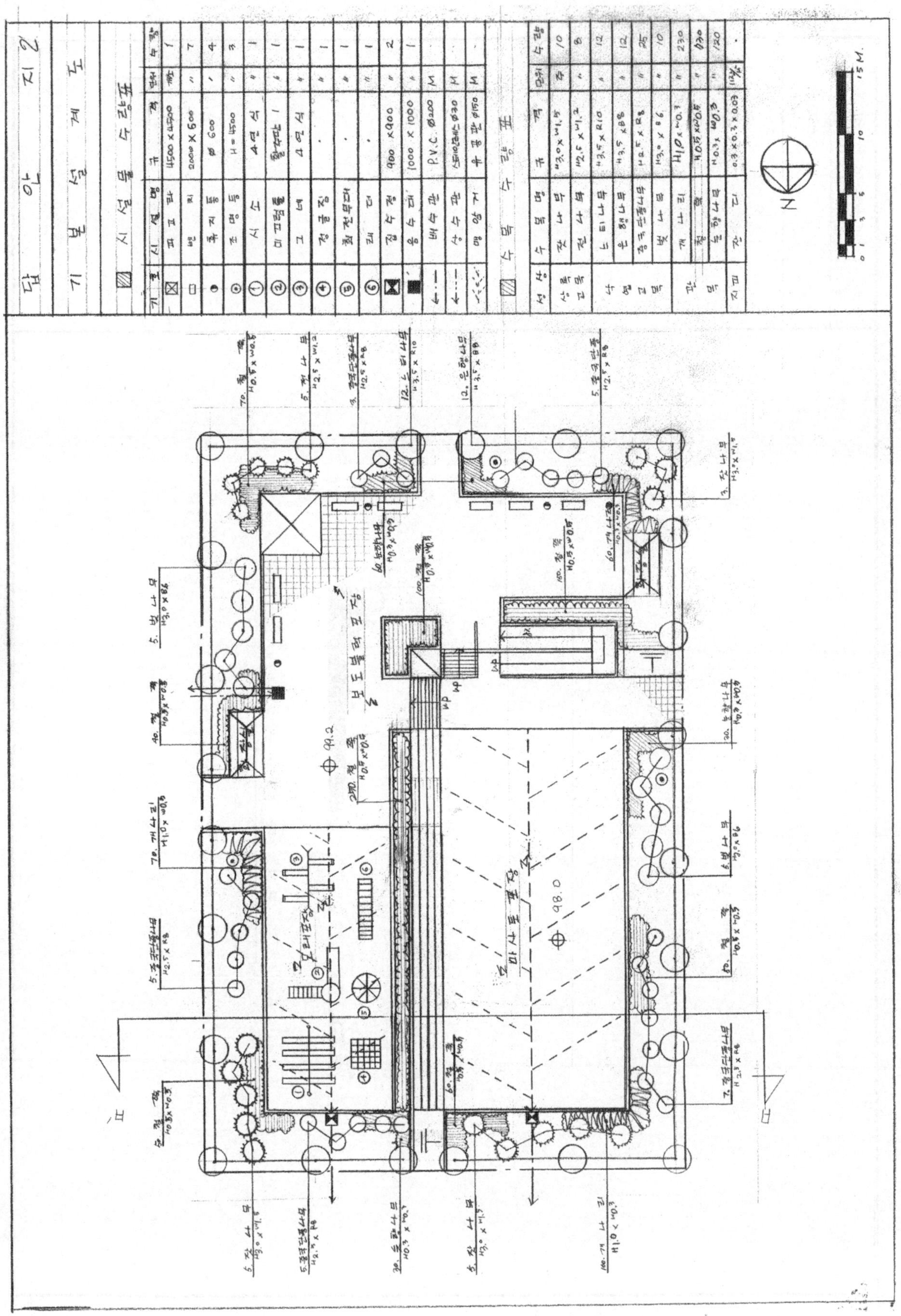

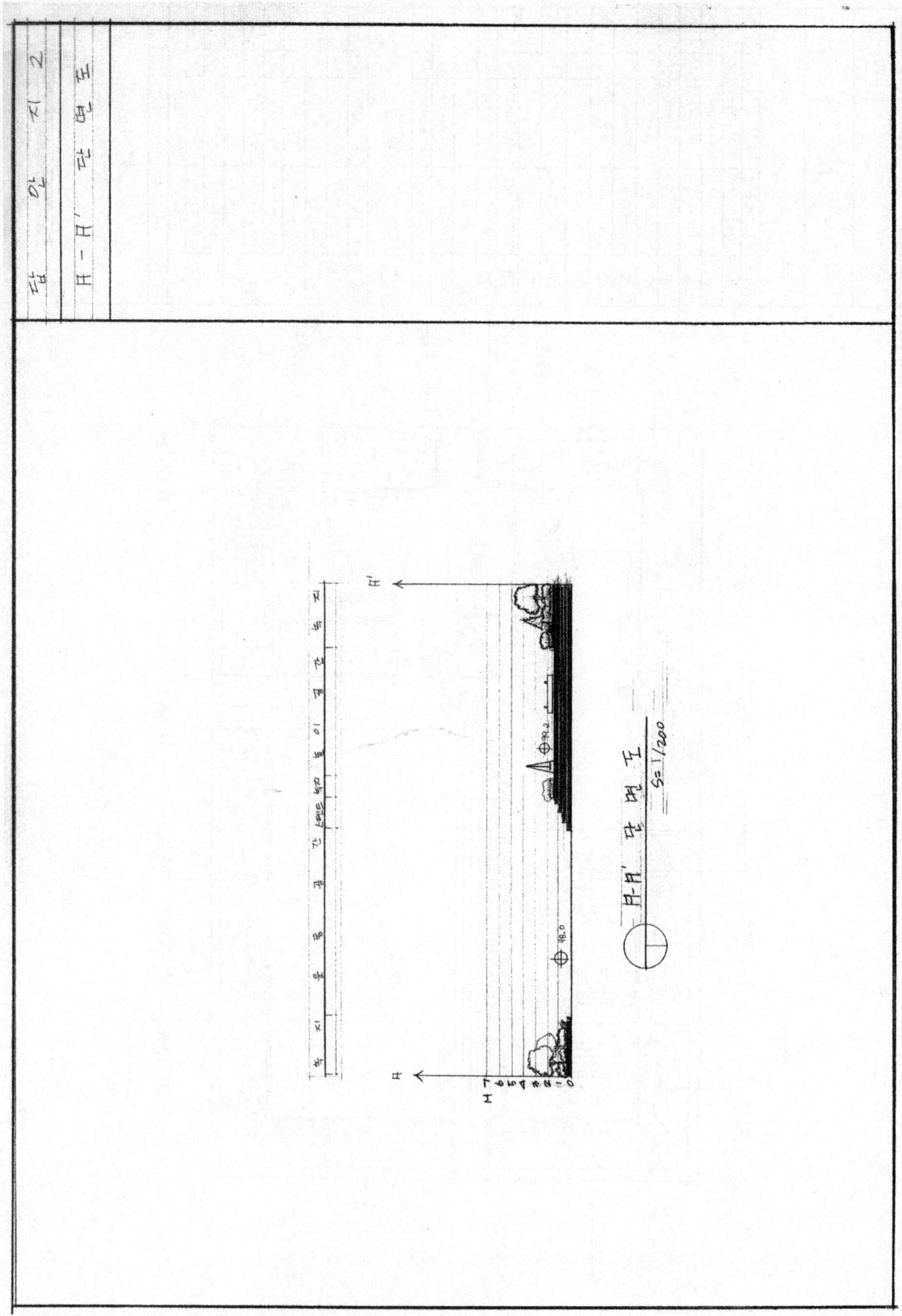
답 안 지 2
A - A' 단 면 도
A-A' 단 면 도
S=1/200

16 어린이공원 [조경산업기사 2007년, 2010년(2회), 2012년(1회), 2013년(2회) 기출]

아래에 주어진 도면은 중부 이북지방의 어린이공원 부지이다. 다음 조건들을 충족시키는 기본구상 개념도 [답안지1]와 시설물 배치도 및 배식평면도[답안지2]를 축척 1/100으로 작성하시오.

1. 아래조건을 참조하여 기본구상 개념도를 작성하시오.
   (1) 적당한 곳에 휴게공간, 놀이공간, 다목적운동공간 등을 배치한다.
   (2) 필요한 지역에 경계식재, 차폐식재를 한다.
   (3) 주동선과 부동선, 진입관계, 공간배치, 식재개념 배치 등을 개념도의 표현기법을 사용하여 나타내고, 각 공간의 명칭, 성격, 기능을 약술하시오.
   (4) 어린이 공원에 피해야 할 수종 5종 이상을 우측 여백에 작성하시오.
   (5) 빈 공간에 범례를 작성하시오.

2. 아래 요구조건을 참조하여 시설물 배치 및 배식평면도를 작성하시오.
   (1) 휴게공간은 동북 방향으로 배치하고, 파고라 2개, 벤치, 휴지통, 음수대 등의 시설물을 설치하시오. (면적은 50㎡ 이상)
   (2) 놀이공간은 동남방향으로 배치하고, 정글짐, 회전무대, 그네, 미끄럼틀, 철봉, 시소, 사다리 등의 놀이시설물을 5개 이상 설치하시오.(면적은 90㎡ 이상)
   (3) 다목적 운동공간은 서쪽방향으로 배치하고, 벤치, 휴지통 등의 시설물을 설치하시오.(면적은 70㎡ 이상)
   (4) 식재공간의 최소폭은 2m 이상으로 하시오.
   (5) 식재 설계시 중부지방수종 10종 이상을 선정하고, 인출선을 사용하여 수량, 수종명, 규격을 표기하고, 범례란에 시설물 수량표와 수목수량표를 작성하시오.
   (6) 도면하단부에 설계된 내용을 가장 잘 나타낼 수 있는 A-A'의 절단선을 표시하고 축척 1/100로 단면도를 작성하시오.

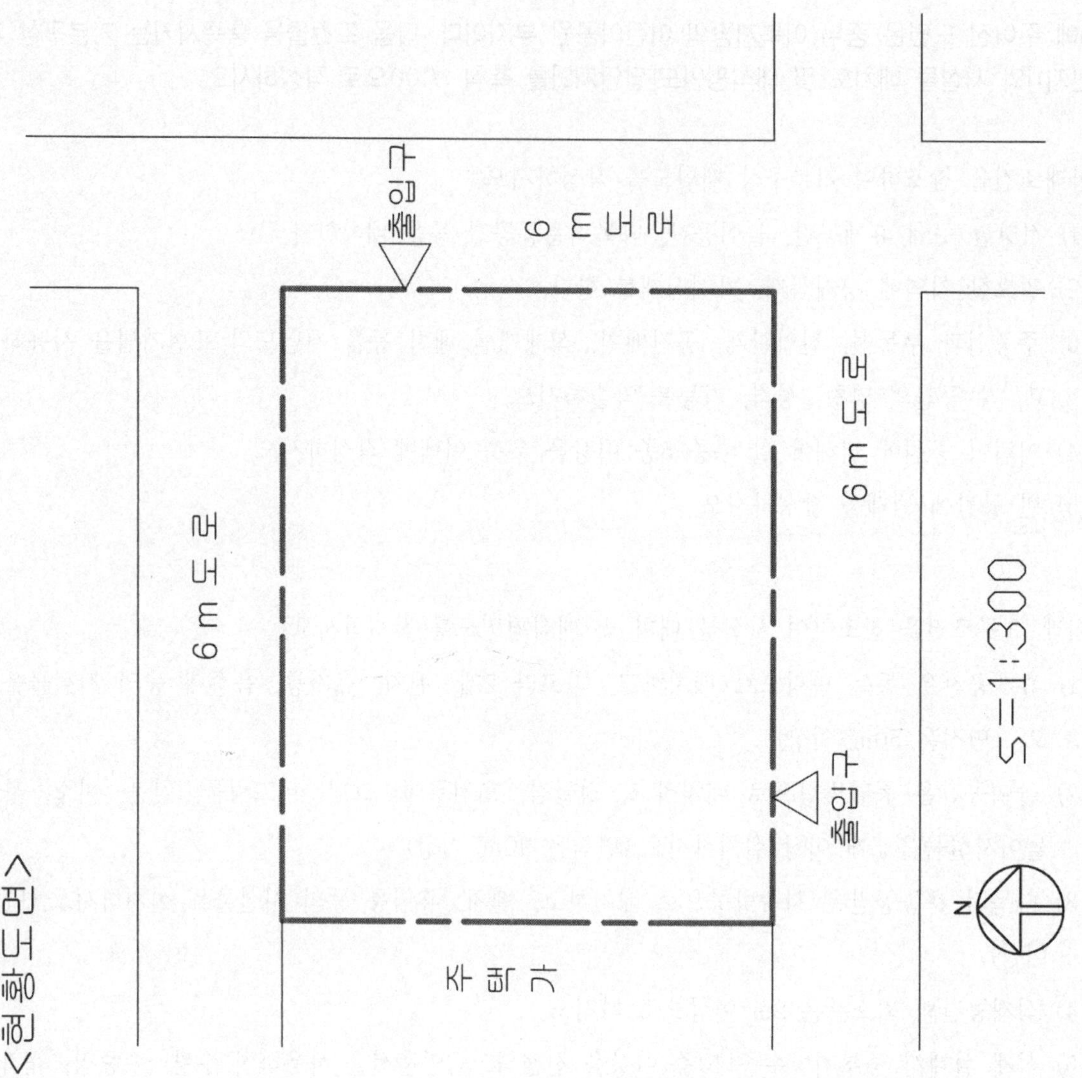
출입구
6m 도로
6m 도로
6m 도로
출입구
주택가
N
S=1:300
<현황도면>

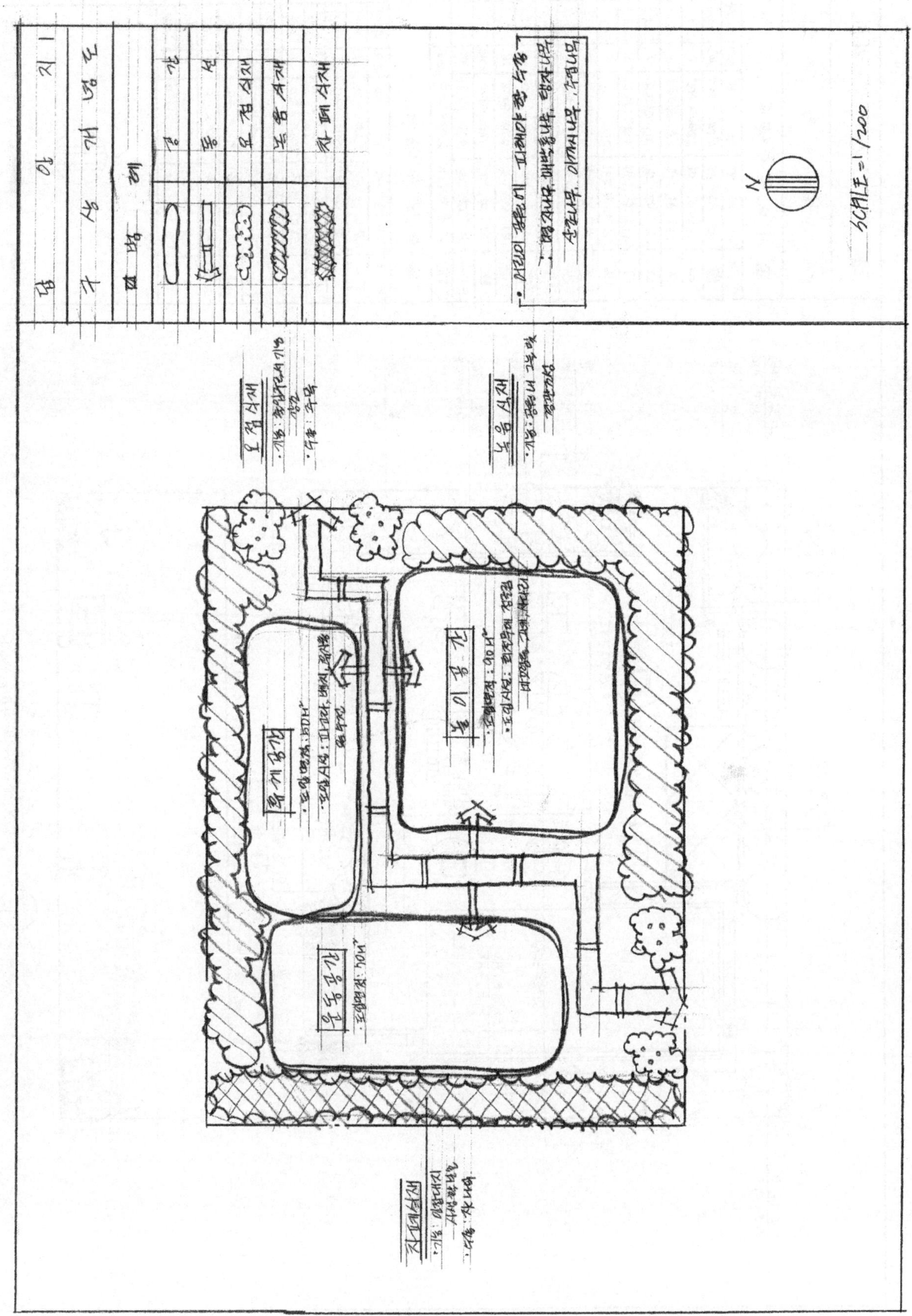

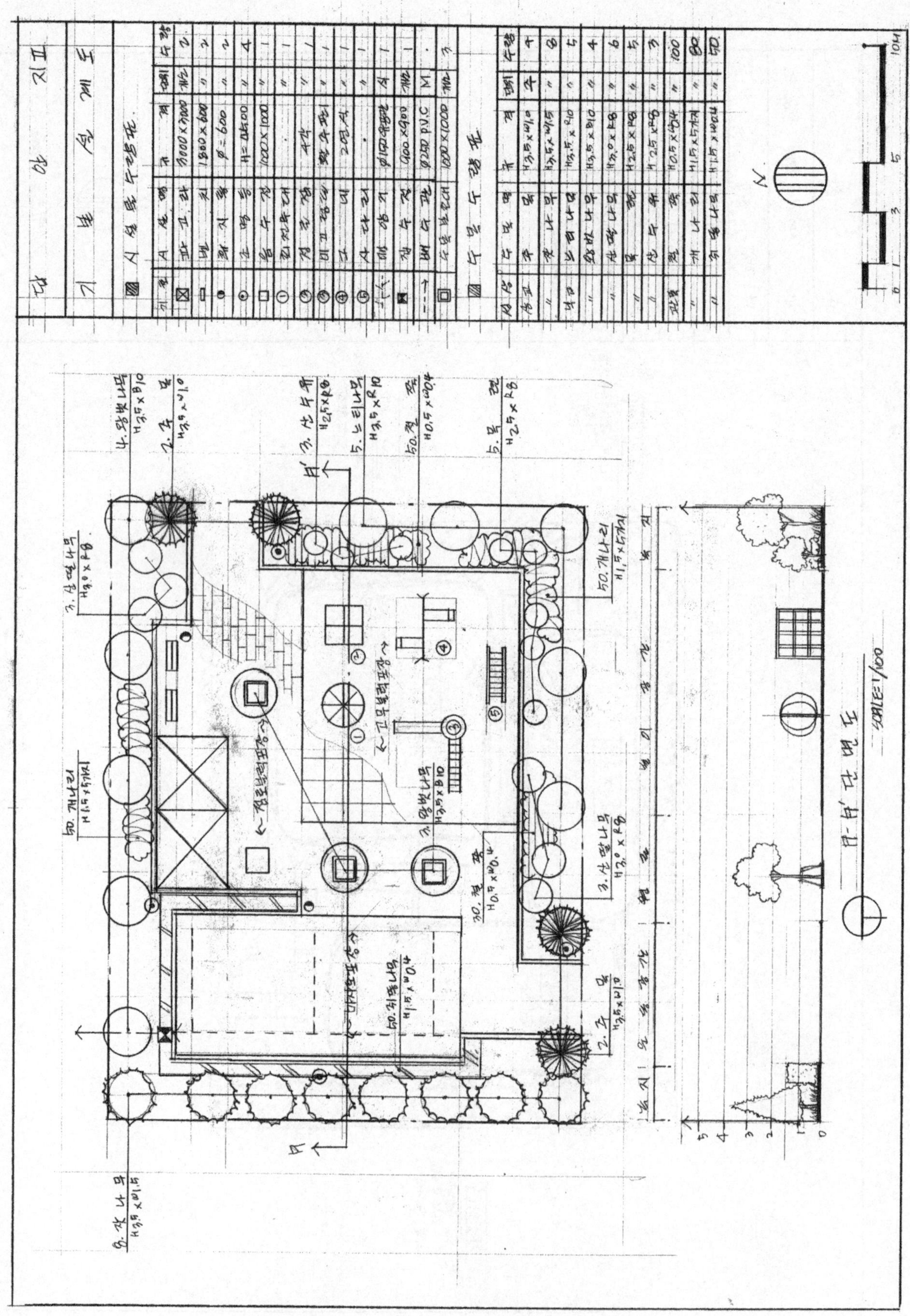

17 상상어린이공원 [조경산업기사 2010년 (4회), 2020년(4회), 2021년(2회) 기출]

■ 요구사항

다음은 도심에 위치한 면적 약 1,600m^{2}의 어린이공원의 부지현황도이다. 대상지는 2~4층 높이의 주택과 빌라로, 둘러싸여 있으며 대상지의 3면은 4~6m의 도로와 인접해 있다. 주어진 요구조건을 반영하여 트레이싱지에 축척 1/200로 제도하시오.

[문제1] 설계개념도

(1) 주요 공간을 보행도로 및 광장, 휴게공간, 놀이공간, 운동공간 및 녹지공간으로 구분하고 공간 둘레에 순환형 산책로를 계획하시오

(2) 출입구는 현황도에 표시된 위치 4곳으로 제한합니다.

(3) 동쪽에서 남쪽 방향으로 빗물계류장을 만들고, 동남쪽 출입구에서 목교를 통해 어린이공원으로 연결될 수 있도록 하시오

(4) 부지 중앙의 서쪽에 위치한 기존의 경로당 전면부에 면적 300m^2 규모의 광장을 계획하고, 광장 동쪽으로 면적 300m^{2}의 어린이놀이공간을 배치하시오.

(5) 광장과 어린이공원의 북쪽으로 면적 30m^{2}의 유아놀이터와 면적 40m^{2}의 운동공간을 계획하시오.

(6) 빗물 계류변에 적당한 휴게공간을 조성하시오.

(7) 주동선과 부동선, 진입관계, 공간배치, 시설물 및 식재배치 등을 개념도의 표현기법을 사용하여 나타내고, 각 공간의 명칭, 성격, 기능 등을 약술하시오.

[문제2] 시설물 배치도 및 식재설계도

(1) 어린이놀이터에는 조합놀이대 1식, 2인용 그네 1식을 설치하고, 놀이터의 서쪽 모서리에 물놀이터를 계획하시오.

(2) 유아놀이터의 중앙에 모래놀이터를 계획하고 놀이터 둘레에 보호자의 감시와 쉼터를 위한 앉음벽과 음수대 각각 1식을 배치하시오.

(3) 어린이와 유아놀이터에는 안전을 고려한 바닥포장을 선정하시오.

(4) 운동공간에는 체력단련시설 3식을 배치하시오.

(5) 계류변 휴게공간에는 태양열 파고라를 1식 배치하고, 내부에 평의자를 배치하며 바닥은 점토벽돌로 포장하시오.

(6) 각 공간의 경관과 기능을 고려하여 상록·낙엽교목 10종 이상과 관목을 선정하여 식재설계를 하시오.

(7) 북·서쪽의 진입광장 중앙부에는 초점식재를 하고, 빗물계류장에는 주변 환경을 고려한 적정 수종을 도입하시오.

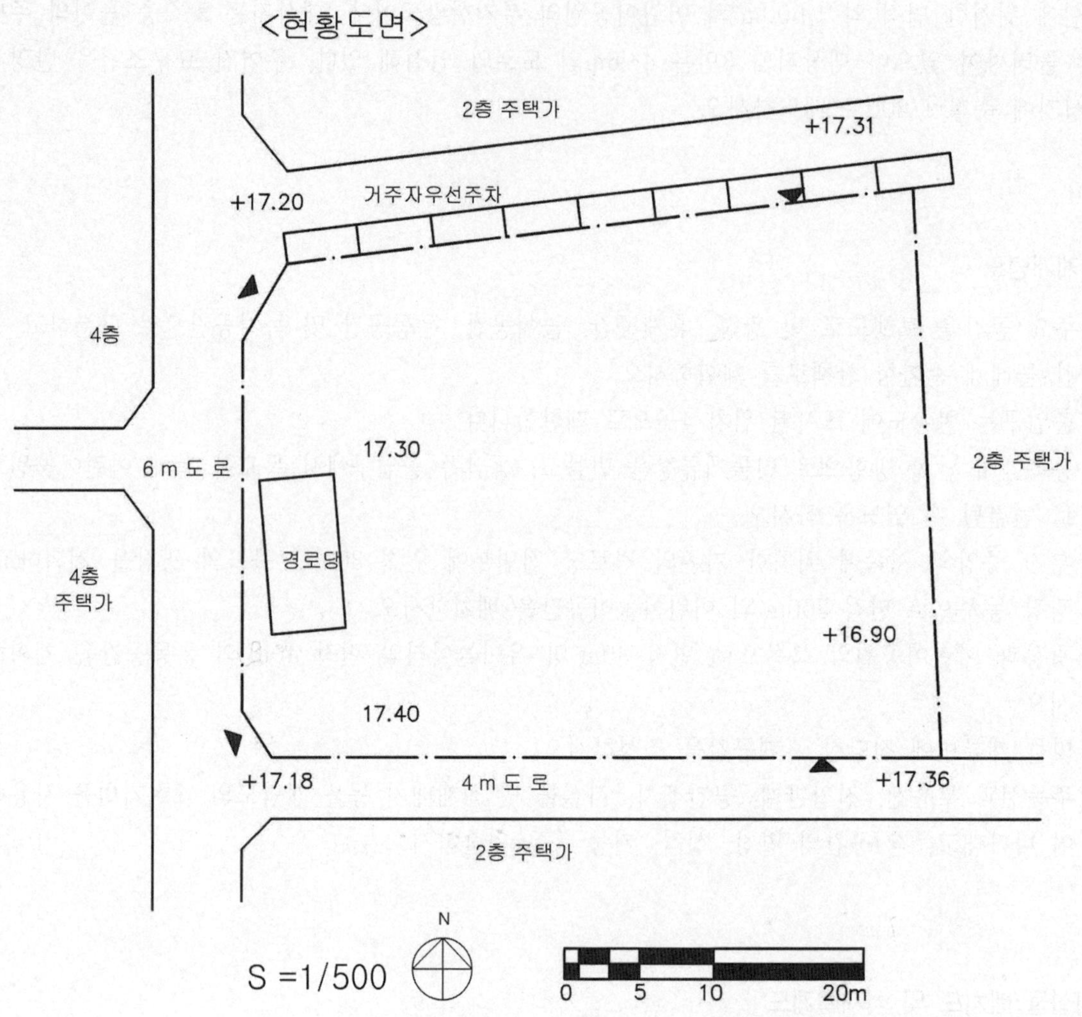
<현황도면>
2층 주택가
+17.31
+17.20
거주자우선주차
4층
17.30
6 m 도 로
2층 주택가
경로당
4층
주택가
+16.90
17.40
+17.18
4 m 도 로
+17.36
2층 주택가
N
S =1/500
0
5
10
20m

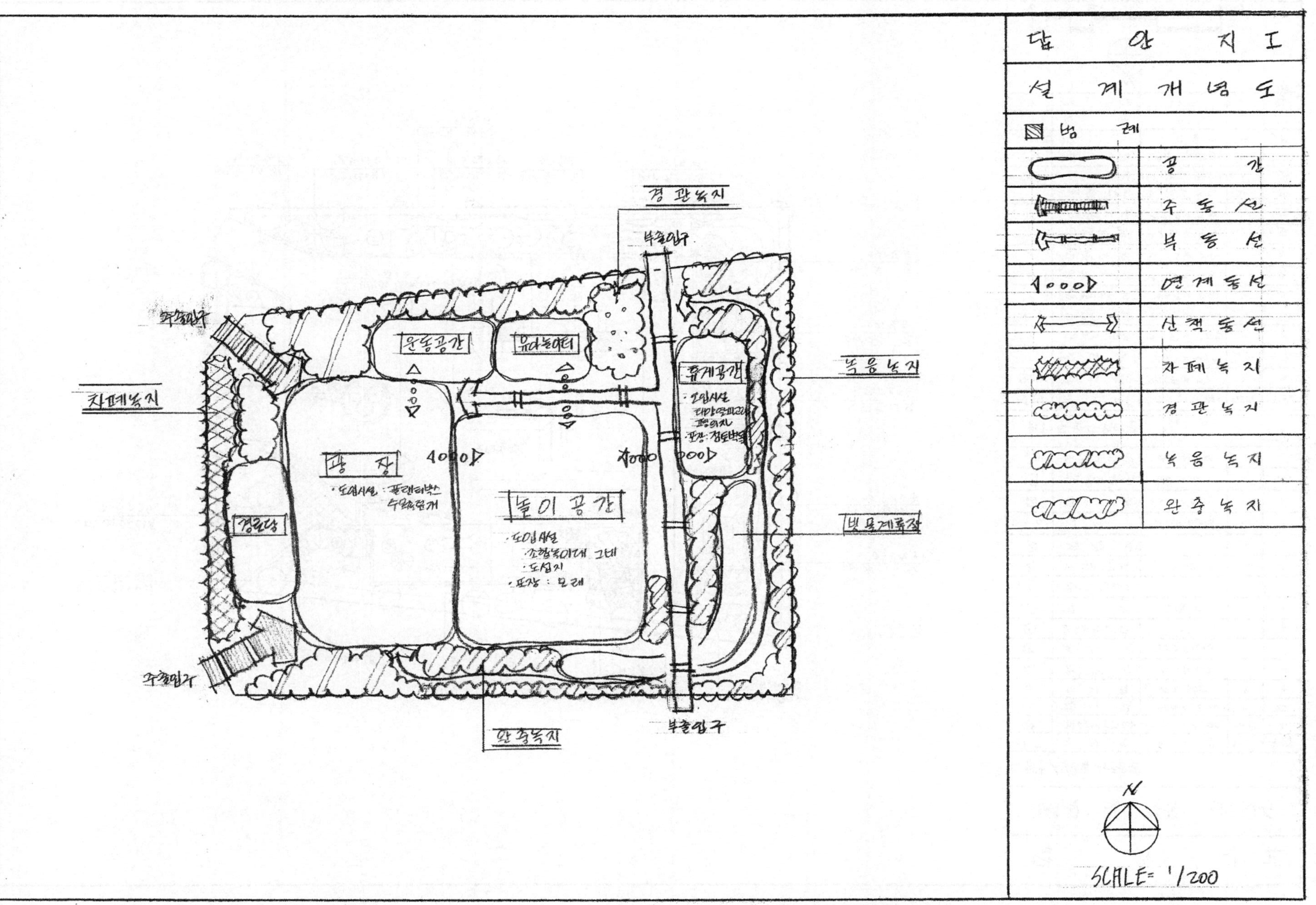
답 안 지 Ⅰ
설 계 개 념 도
범 례
공 간
주 동 선
부 동 선
연 계 동 선
산 책 동 선
차 폐 녹 지
경 관 녹 지
녹 음 녹 지
완 충 녹 지
SCALE= 1/200
경 관 녹 지
부출입구
녹 음 녹 지
빗물계류장
완충녹지
차폐녹지
주출입구
운동공간
유아놀이터
휴게공간
광 장
놀이 공간
경관장

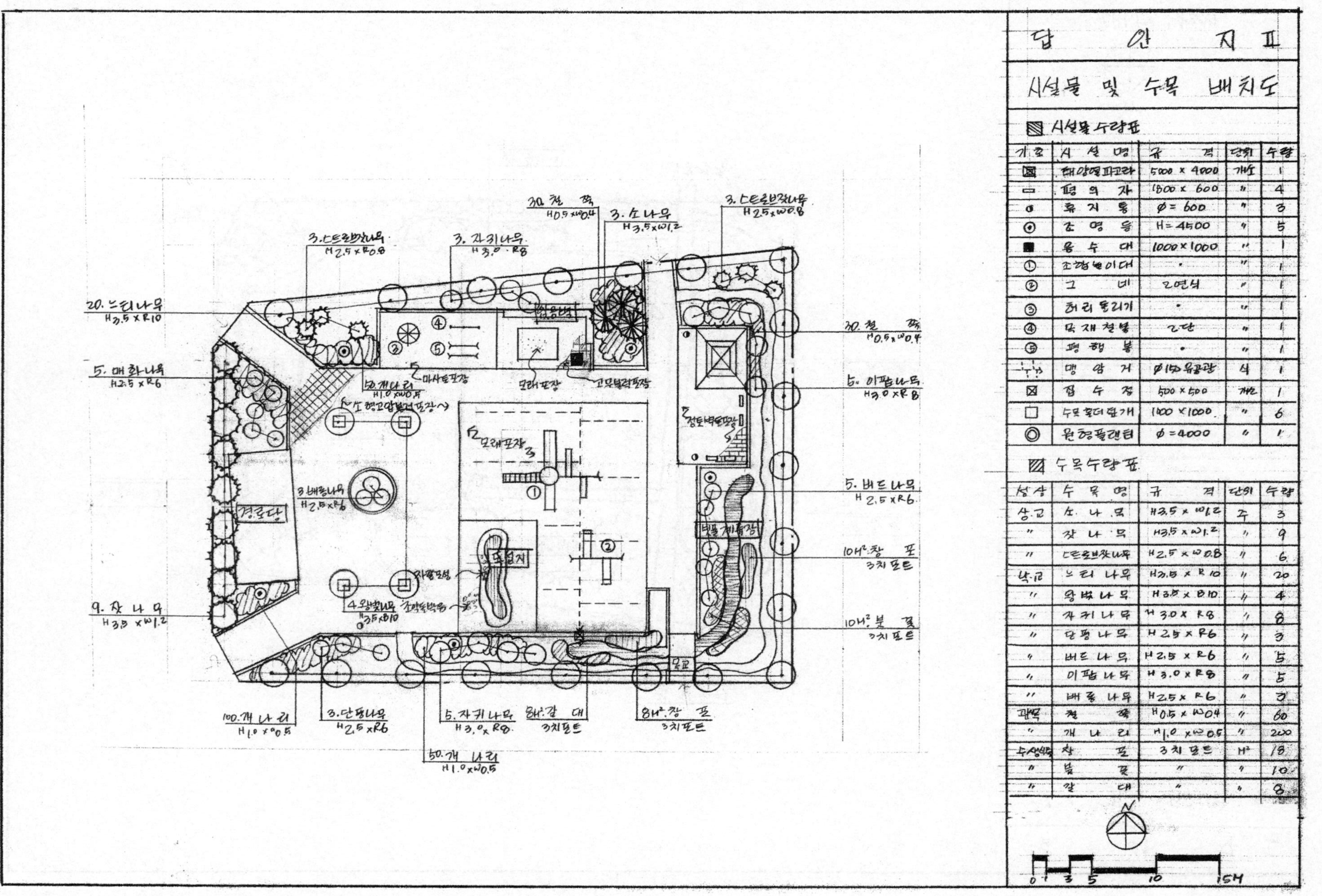

기호	시설명	규격	단위	수량
	태양열파고라	5000 × 4000	개소	1
	평의자	1800 × 600	〃	4
	휴지통	∅ = 600	〃	3
	조명등	H = 4500	〃	5
	음수대	1000 × 1000	〃	1
①	조합놀이대	•	〃	1
②	그네	2연식	〃	1
③	허리돌리기	•	〃	1
④	목재철봉	2단	〃	1
⑤	평행봉	•	〃	1
	맹암거	∅150 유공관	식	1
	집수정	500 × 500	개소	1
	수목보호덮개	1000 × 1000	〃	6
	원형플랜터	∅ = 4000	〃	1

성상	수목명	규격	단위	수량
상교	소나무	H3.5 × W1.2	주	3
〃	잣나무	H3.5 × W1.2	〃	9
〃	스트로브잣나무	H2.5 × W0.8	〃	6
낙교	느티나무	H3.5 × R10	〃	20
〃	왕벚나무	H3.5 × B10	〃	4
〃	자귀나무	H3.0 × R8	〃	8
〃	단풍나무	H2.5 × R6	〃	3
〃	버드나무	H2.5 × R6	〃	5
〃	이팝나무	H3.0 × R8	〃	5
〃	배롱나무	H2.5 × R6	〃	3
관목	철쭉	H0.5 × W0.4	〃	60
〃	개나리	H1.0 × W0.5	〃	200
수생식물	창포	3치포트	M²	18
〃	붓꽃	〃	〃	10
〃	갈대	〃	〃	8

18 상상어린이공원설계 [조경산업기사 2011년(1회), 2021년(4회) 기출]

■ 요구사항

다음은 중부지방의 주택가 주변에 위치하고 있는 상상어린이공원 부지이다. 서쪽으로는 동사무소가 있으며, 현황도와 설계조건들을 참고하여 설계개념도(답안지Ⅰ)와 시설물배치도 및 배식설계도(답안지Ⅱ)를 작성하시오.

[문제1] 주어진 요구조건을 반영하여 축척 1/200로 확대하여 설계개념도를 작성하시오.

(1) 부지 중앙부에 300㎡의 놀이공간을 배치하고, 놀이공간 동쪽으로는 60㎡의 유아 놀이공간, 서쪽으로는 동사무소와의 접근이 용이하도록 100㎡의 휴게공간을 계획한다.
(2) 운동공간은 주민의 이용이 자유로울 수 있도록 놀이공간의 남쪽, 동선 아래로 계획하고, 배드민턴 코트는 놀이공간의 북쪽에 배치한다.
(3) 놀이공간과 유아 놀이공간은 동선과 자연스레 연계될 수 있도록 하며, 부지 외곽부에 지역경관을 고려하여 마운딩을 한다.
(4) 주동선과 부동선, 진입관계, 공간배치, 식재개념 배치 등을 개념도의 표현기법을 사용하여 나타내고, 각 공간의 명칭, 성격, 기능을 약술한다.

[문제2] 설계개념도를 반영하여 축척 1/200로 시설물배치 및 식재설계도를 작성하시오.

(1) 놀이공간은 흔들기구 2식, 조합놀이대 1식, 어린이의 상상력을 자극할 수 있는 상상놀이기구 1식을 설치하고, 포켓에 그네를 배치하며, 안정성을 고려한 포장을 한다.
(2) 유아놀이공간은 상상놀이기구 1식을 설치하고 모래로 포설한다.
(3) 휴게공간 남서쪽으로 휴식을 위한 파고라 등의 시설물을 설치하고, 친환경적인 포장을 한다.
(4) 운동공간은 체력단련시설 4식을 연계하여 배치한다.
(5) 배드민턴장 1면을 배치한다.
(6) 휴게공간은 동사무소와 인접하여 배치하며, 야외탁자 3식을 설치한다.
(7) 출입구 쪽에는 볼라드를 설치하여 차량의 진입을 차단하고, 안내판을 설치한다.
(8) 동선에 포켓을 만들어 등의자를 설치하고, 놀이공간 주변 포켓에는 음수대를 설치한다.
(9) 식재 설계시 교목 10종 이상을 선정하고, 인출선을 사용하여 수량, 수종명, 규격을 표기하고, 범례란에 시설물수량표와 수목수량표를 작성하시오.

<부지현황도>

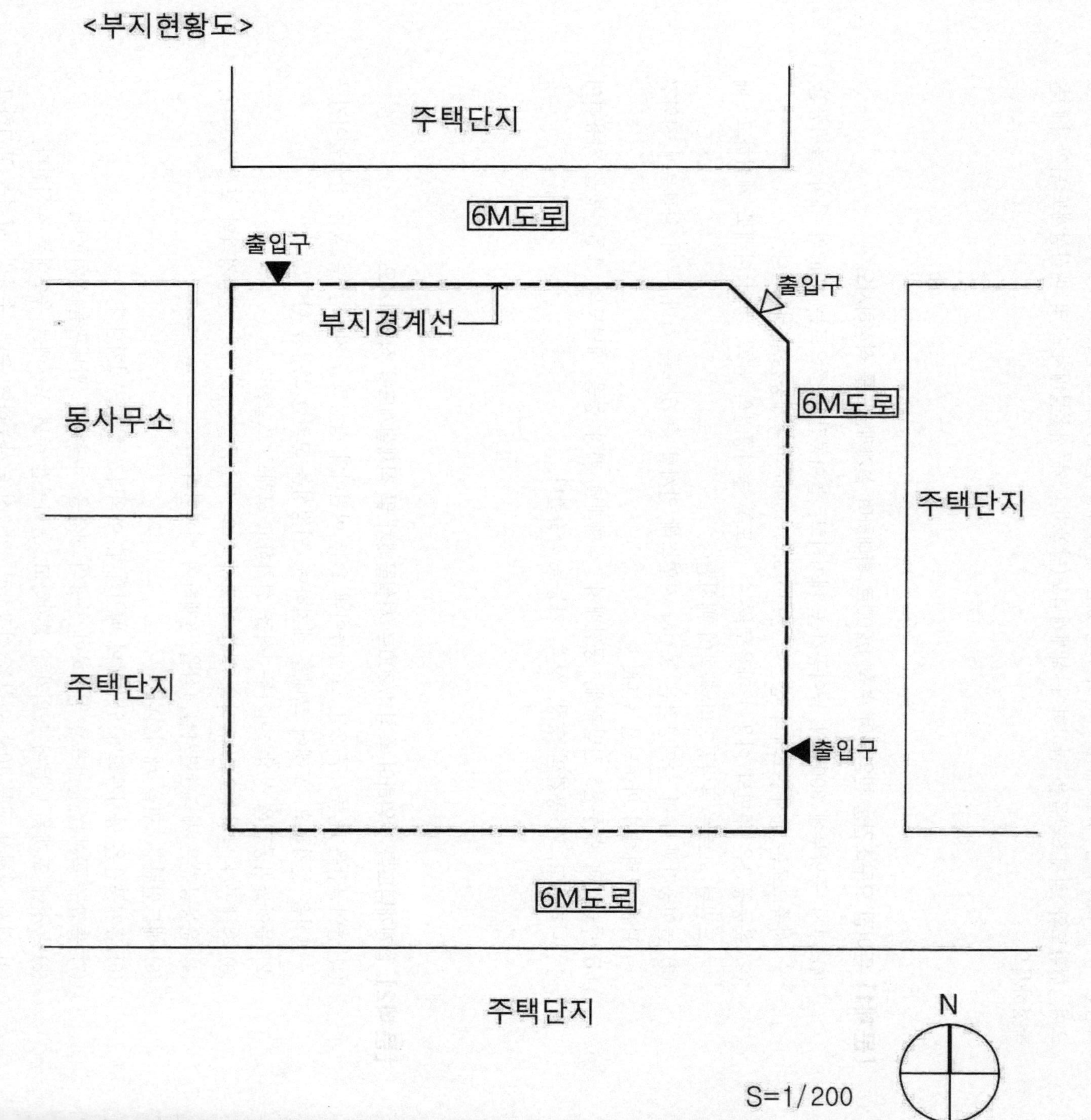

주택단지
6M도로
출입구
출입구
부지경계선
동사무소
6M도로
주택단지
주택단지
출입구
6M도로
주택단지
N
S=1/200

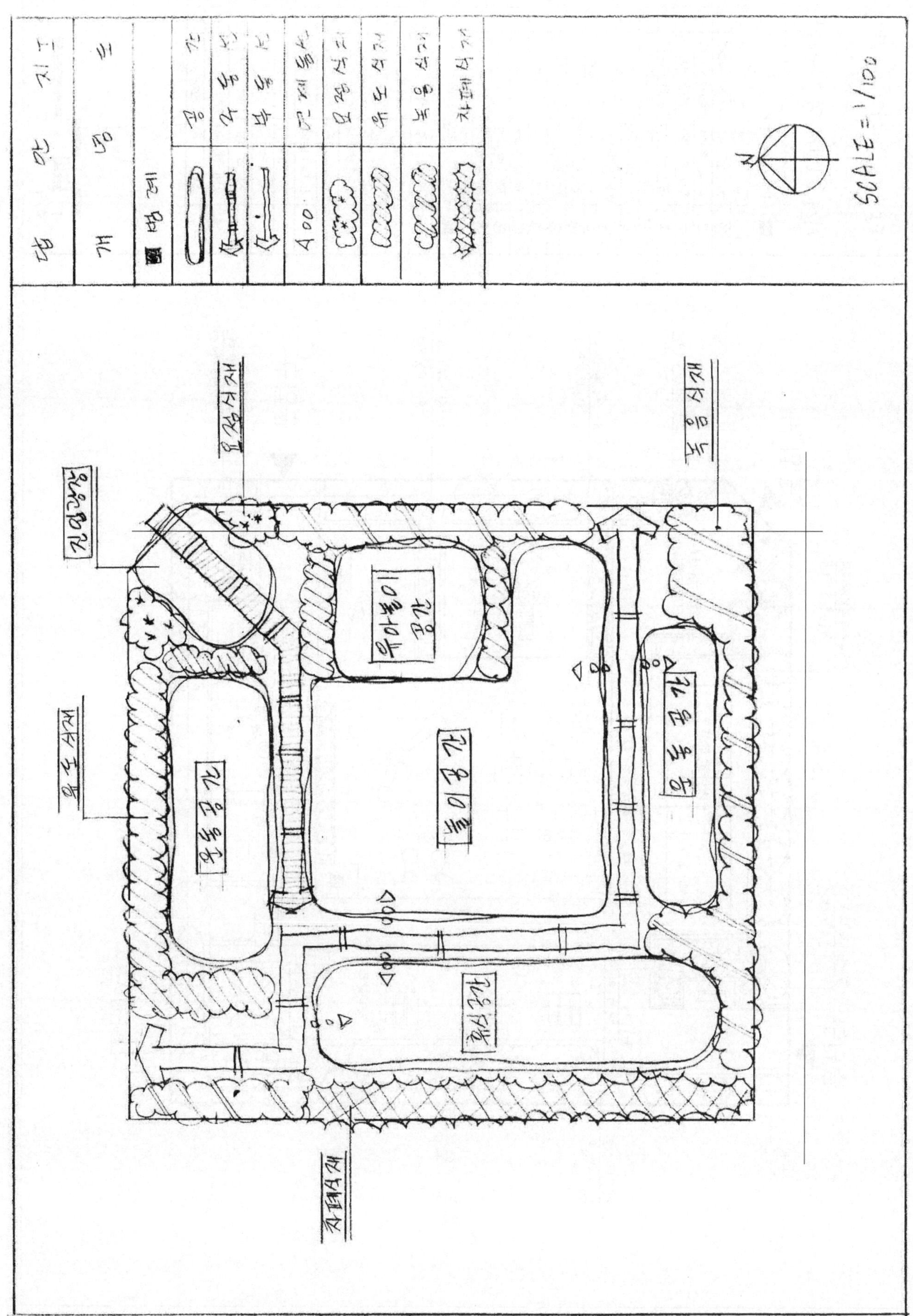
범례
공간
주동선
부동선
요점식재
완충식재
녹음식재
차폐식재
SCALE = 1/100
N
진입광장
요점식재
녹음식재
완충식재
차폐식재
유아놀이공간
놀이공간
운동공간
휴식공간

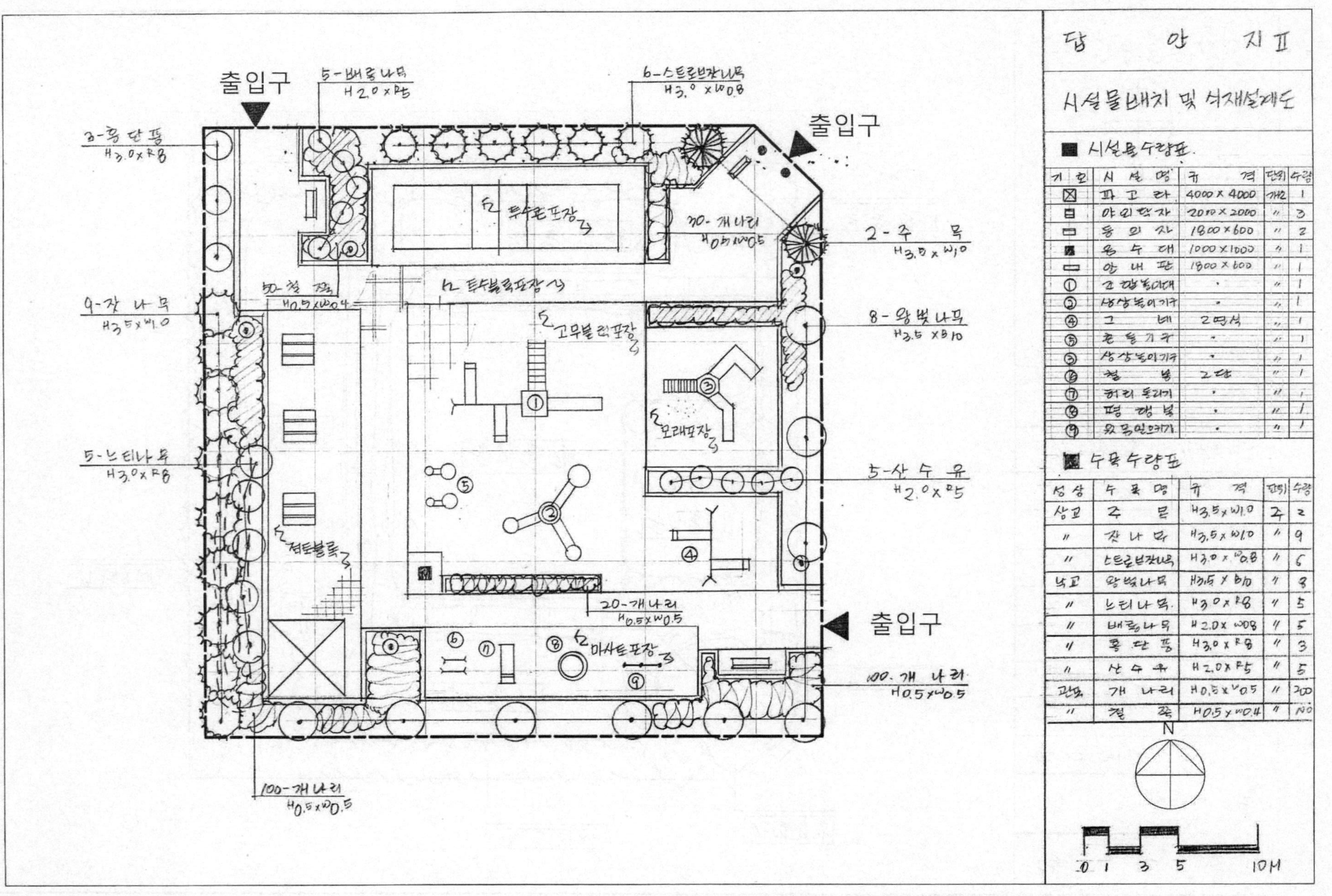
답 안 지 II
시설물배치 및 식재설계도
■ 시설물수량표
파고라 4000 X 4000 개소 1
야외탁자 2000 X 2000 3
등의자 1800 X 600 2
음수대 1000 X 1000 1
안내판 1800 X 600 1
그네 2연식 1
철봉 2단 1
■ 수목수량표
상교 주목 H3.5 x W1.0 주 2
잣나무 H3.5 x W1.0 9
스트로브잣나무 H3.0 x W0.8 6
낙교 왕벚나무 H3.5 X B10 8
느티나무 H3.0 x R8 5
배롱나무 H2.0 x R5 5
홍단풍 H3.0 x R8 3
산수유 H2.0 x R5 5
관목 개나리 H0.5 x W0.5 200
철쭉 H0.5 x W0.4
출입구
출입구
출입구
5-배롱나무 H2.0 x R5
6-스트로브잣나무 H3.0 x W0.8
3-홍단풍 H3.0 x R8
2-주목 H3.5 x W1.0
8-왕벚나무 H3.5 x B10
5-산수유 H2.0 x R5
9-잣나무 H3.5 x W1.0
5-느티나무 H3.0 x R8
20-개나리 H0.5 x W0.5
100-개나리 H0.5 x W0.5
50-철쭉 H0.5 x W0.4
투수콘포장
투수블록포장
고무블럭포장
모래포장
마사토포장
10M

19 소공연장 어린이공원 [조경산업기사 2011(4회), 2022(2회), 2023년(2회) 기출]

■ 현황 및 기획의도

대상지는 중부지방으로 주택가와 보차로 변에 접하여 있으며, 기존공지(대상지)와 종이 재활용공장이 이전됨에 따라 공지(굵은 실선 부분)를 시험대상지로 계획하려 할 때 주어진 조건에 따라 포장광장, 소공연장, 어린이놀이터, 경계식재대 등이 포함된 어린이공원을 계획하여 제출하시오.

[답안지 I]에는 개념도를 작성하여 제출하시오.(S=1/200)

(1) 각 공간의 적절한 위치와 공간개념이 잘 나타나도록 다이어그램을 이용하여 표현하시오.
(2) 각 공간의 공간명과 도입시설개념을 서술하시오.
(3) 주동선과 부동선의 출입구를 표시하고 구분하여 표현하시오.
(4) 배식개념을 내용에 맞게 표현하고 서술하시오.

[답안지 II]에는 시설물계획과 배식계획이 나타나는 조경계획도를 제출하시오.(S=1/200)

(1) 주택가 쪽과 차로 쪽에 인접한 대상지에는 보행로(폭3m)를 전체적으로 계획하시오. 또한, 가로수식재(수목보호대, 1m×1m)를 조성하시오.
(2) 공장이전부지와 계획대상지와의 경계는 철재 휀스(H=1.8m)를 설치하시오.
(3) 주어진 곳에서 주동선(폭3m) 2개소를 계획하시오.
  • 남쪽 진입 시 레벨차 +0.75m로 계단(h=15㎝, b=30㎝, 화강석)을 설치하시오.
  • 계단은 총 단수대로 그리고 up, down 표시 시 -1단으로 표시하시오.
(4) 주동선이 서로 만나는 교차점 지역에는 포장광장을 계획하시오.
  • 모양 : 정육각형　　• 규격 : 내변길이(직경) 12m　　• 포장 : 콘크리트블럭포장
(5) 부동선(폭 2m, L=35m 내외, 자유곡선형, 동서방향, 도섭지와 접하시오) 1개소를 계획하시오.
(6) 포장광장의 중심에 정육각형 플랜터박스(내변길이 3m)를 설치하여 낙엽대교목(H8.0×R25)을 식재하시오.
(7) 소공연장은 포장광장에 접하도록 북동쪽에 계획하시오.
  • 모양 : 포장광장 중심으로부터 확장된 정육각형(반경 10m)
  • 면적 : 80㎡
  • 포장 : 잔디와 판석포장
  • 용도 : 휴식, 공연장
(8) 소공연장 외곽부에는 관람용 스탠드(h=30㎝, b=60㎝, 2단, 콘크리트시공 후 방부 목재 마감, L=20m 내외) 설치하시오.
(9) 어린이놀이터를 계획하시오.
  • 면적 : 250㎡
  • 포장 : 탄성고무칩포장(친환경)
  • 놀이시설물 : 조합놀이대(영역 10m×10m, 4종 조합형)1개소, 흔들형 의자 놀이대 3개소
  • 원형파고라 : 직경 5m,부동선 입구 근처, 하부 벽돌 포장

(10) 부지 남쪽 보행로와 접한 구간을 폭3m의 경계식재대(border planting)를 계획한 후 식재 처리하시오.

(11) 벽천(면적 25㎡, 저수조 포함)에서 발원하는 도섭지는 물놀이 공간으로 부동선과 놀이터 사이에 편균 폭 1.5m, L=25m 내외, 자연석판석 경계, 물높이 최대 10㎝로 계획하고, 목교(폭 90㎝) 2개소를 놀이터와 연결하여 계획하시오.

(12) 포장광장 우측에 휴식공간(면적 40㎡ 내외)을 계획하고 쉘터(평면의 모양은 사다리꼴, 밑변 7m×윗변11m, 폭3m)를 1개소 설치하시오.

(13) 기타 시설물 계획시 아래를 참고하시오.

- 음수전(1m×1m) 1개소, 볼라드(직경 20㎝) 5개소, 휴지통 (600×600) 2개소, 조명등(H=5m) 4개소, 부동선과 놀이터 주변에 벤치(1,800×450) 4개소 8개, 포장 3종류 이상
- 기타 문제에서 언급하지 않은 곳에는 레벨조작하지 말 것

(14) 동서방향의 단면도를 반드시 벽천이 경유되도록 S=1/200로 작성하시오.

(15) 배식계획시 마운딩(H=1.5m, 폭=3m, 길이=25m)조성 후 경관식재, 녹음식재, 산울타리식재(놀이터 주변, 폭 60㎝, 길이 30m 내외), 경계식재대(border planting, 관목류) 등을 계획 내용에 맞게 배식하시오.(단, 온대중부수종으로 교목 10종 이상, 관목 3종 이상으로 하시오.)

보기

느티나무, 독일가문비, 때죽나무, 플라타너스(양버즘), 소나무(적송), 복자기, 산수유, 수수꽃다리, 스트로브잣나무, 아왜나무, 왕벚나무, 은행나무, 자작나무, 주목, 측백나무, 후박나무, 구실잣밤나무, 산딸나무, 층층나무, 앵도나무, 개나리, 꽝꽝나무, 눈향나무, 돈나무, 철쭉, 진달래

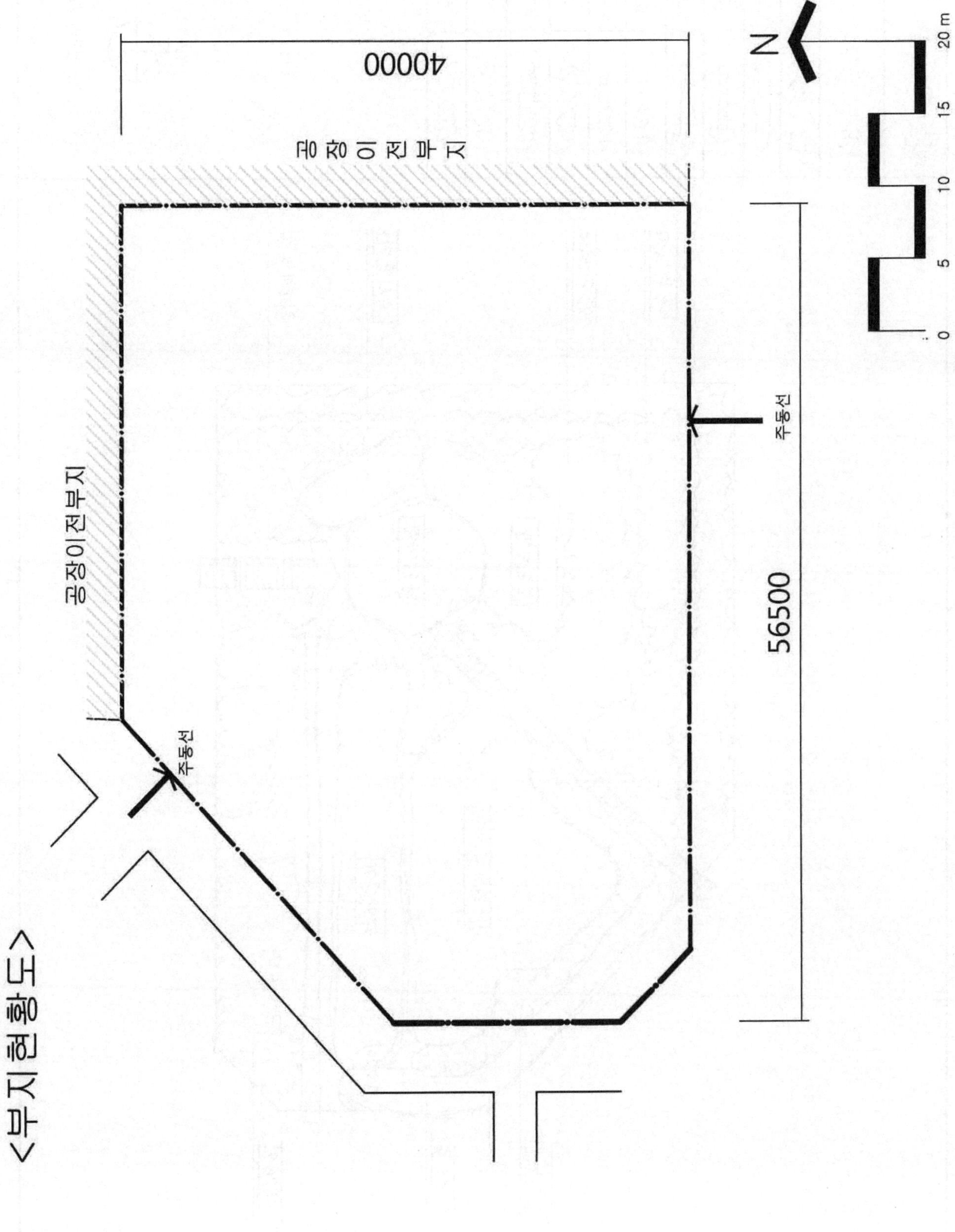
<부지현황도>
공장이전부지
공장이전부지
40000
56500
주동선
주동선
N
0 5 10 15 20 m

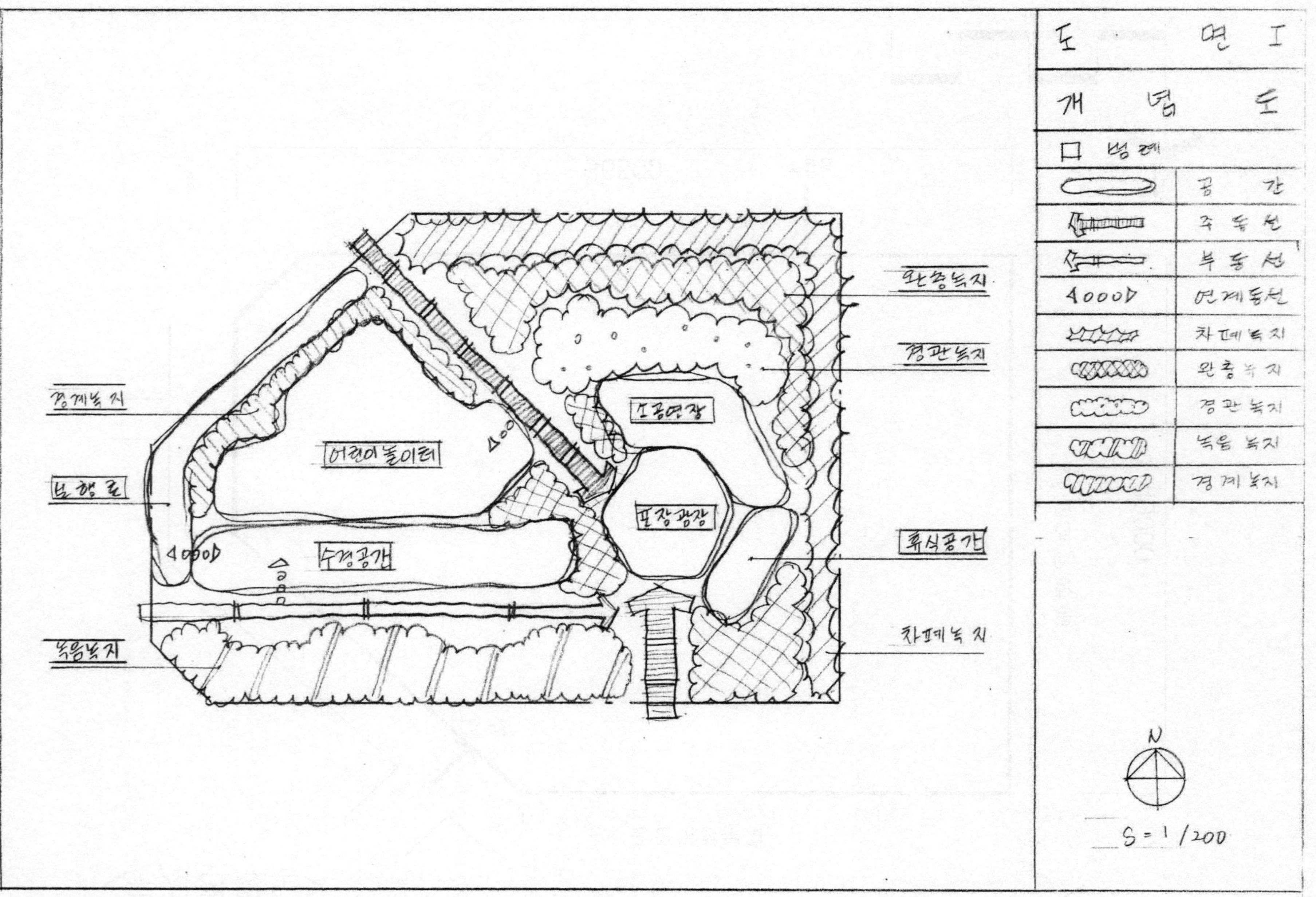

도 면 I
개 념 도
범례
공간
주동선
부동선
연계동선
차폐녹지
완충녹지
경관녹지
녹음녹지
경계녹지
S=1/200
완충녹지
경관녹지
휴식공간
차폐녹지
경계녹지
보행로
녹음녹지
어린이놀이터
수경공간
소공연장
포장광장

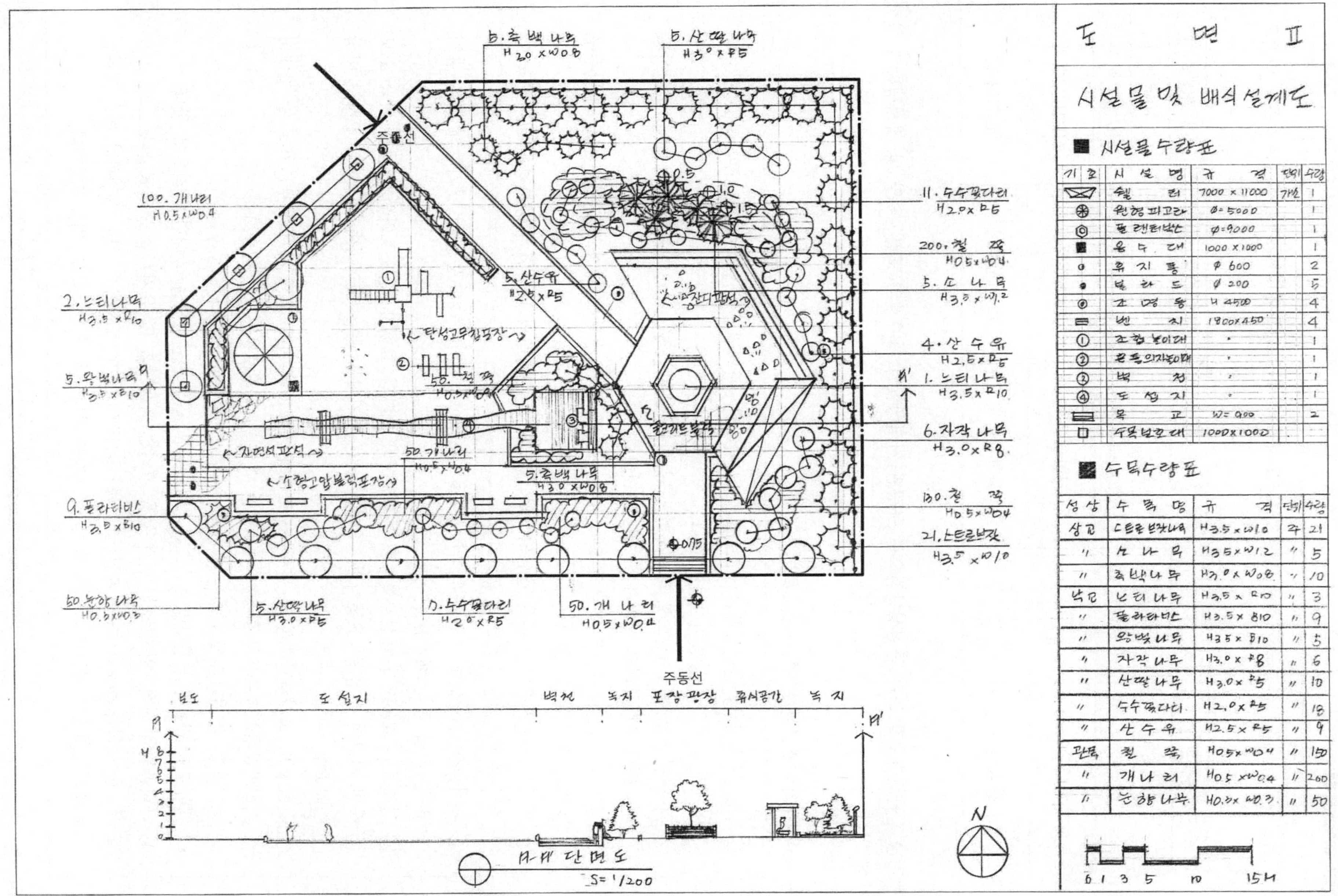

■ 시설물수량표

기호	시설명	규격	단위	수량
	쉘터	7000×11000	개소	1
	원형파고라	φ=5000		1
	플랜터박스	φ=9000		1
	음수대	1000×1000		1
	휴지통	φ600		2
	볼라드	φ200		5
	조명등	H4500		4
	벤치	1800×450		4
①	조합놀이대	·		1
②	흔들의자놀이대	·		1
③	벽천	·		1
④	도섭지	·		1
	목교	W=000		2
	수목보호대	1000×1000		

■ 수목수량표

성상	수목명	규격	단위	수량
상록	스트로브잣나무	H3.5×W1.0	주	21
〃	소나무	H3.5×W1.2	〃	5
〃	측백나무	H3.0×W0.8	〃	10
낙엽	느티나무	H3.5×R10	〃	3
〃	플라타너스	H3.5×B10	〃	9
〃	왕벚나무	H3.5×B10	〃	5
〃	자작나무	H3.0×R8	〃	6
〃	산딸나무	H3.0×R5	〃	10
〃	수수꽃다리	H2.0×R5	〃	18
〃	산수유	H2.5×R5	〃	9
관목	철쭉	H0.5×W0.4	〃	150
〃	개나리	H0.5×W0.4	〃	200
〃	눈향나무	H0.3×W0.3	〃	50

3 근린공원

• 적용법규 : 도시계획시설로 지정된 공원으로「도시공원 및 녹지등에 관한법」의 설치기준을 만족해야 한다.

근린공원유형	설치기준	유치거리	규모	시설면적
근린생활권	제한없음	500m 이하	1만m² 이상	40/100 이하
도보권	제한없음	1,000m 이하	3만m² 이상	40/100 이하
도시계획구역권	공원기능 발휘장소	제한없음	10만m² 이상	40/100 이하
광역권	공원기능 발휘장소	제한없음	100만m² 이상	40/100하

• 기능 : 근린거주자 또는 근린생활권으로 구성된 지역생활권 거주자의 보건 · 휴양 및 정서생활의 향상에 기여함을 목적으로 설치된 공원

• 기본설계기준(조경설계기준, 건설교통부승인)

① 「도시공원법상」 근린생활권, 도보권, 도시계획권, 광역권의 근린공원으로 구분하고 있으나 설계자의 창의력을 발휘하여야 한다.
② 각 근린생활권을 중심으로 배치하며「초등학교+근린공원」,「근린공원+유아공원, 어린이공원」 등의 조합형태로 설치하는 것도 고려한다.
③ 공원의 입지적 여건을 충분히 고려하여 주변의 좋은 경관을 배경으로 활용하고, 근린주구 주민의 요구를 반영한다.
④ 토지이용은 가족단위 혹은 집단의 이용단위와 전 연령층의 다양한 이용특성을 고려하고 기존의 자연조건을 충분히 활용한다.
⑤ 휴게공간은 사용자 1인당 25m²의 면적을 표준으로 하며, 특히 운동장, 구기장과 같은 동적 휴게공간을 적극 배치한다.
⑥ 안전하고 효율적인 동선계획으로 통과교통의 배제와 보행자전용도로와의 연계를 적극 도모하며 사고의 위험성, 교통시설, 주변건축물, 토지이용 등을 고려하여 출입구는 2개소 이상 설치한다.
⑦ 환경정화, 도시경관조성 및 완충녹지로서의 기능과 문화재 혹은 사적의 보존기능 및 장래의 시설확장후보지로서의 활용까지도 겸할 수 있는 환경보존공간을 배치한다.
⑧ 놀이기구 및 기타시설의 수는 공간의 크기를 고려하여 정한다.
⑨ 대규모의 개방공간(잔디밭 등) 오픈스페이스의 공간적인 감각을 최대한 살리도록 한다.
⑩ 근린공원의 성격, 입지조건, 면적 등을 고려하여 녹지율 및 유치시설을 결정한다.
⑪ 조속한 녹화와 충분한 녹음, 계절감, 교육 · 정서적인 측면, 도시미적 측면, 유지관리 등을 고려한 수종을 선택하고 공간의 기능과 시설물의 속성을 반영하는 다양한 식재기법을 적용한다.

• 공간구성 및 시설물배치

녹지	녹음, 경관, 요점, 경계, 차폐, 완충 등의 식재도입
운동공간	·이용자의 건강과 체육활동 장소 ·설치시설 : 다목적운동공간, 농구장 · 배드민턴장 등
놀이공간	·유아, 어린이(유년) 연령별 놀이공간 분할 ·설치시설 : 모래판, 그네, 미끄럼틀, 시소, 회전무대, 조합놀이대, 흔들말 등의 놀이시설물
휴게공간	·휴게공간 : 이용자의 휴식, 대화장소 ·정적휴게공간 : 위요된 분위기에서 이용자의 명상, 사색의 공간으로 주변으로 산책동선 연결 ·설치시설 : 파고라, 벤치, 휴지통, 음수대
광장	·진입광장 : 입구의 정체성을 배려한 공간 ·중앙광장 : 집·분산과 휴게를 갖는 공간 ·정체해소, 모임과 집회기능 ·설치시설 : 상징조형물, 플랜터(식수대), 수목홀덮개, 벤치 등
수경공간	·물을 이용하여 청량감, 시각적 즐거움 제공 및 친수공간으로 활용 ·설치시설 : 연못, 벽천, 분수, 도섭지, 생태연못
편익 및 관리시설공간	·편익공간 : 화장실, 매점 등 ·관리시설공간 : 관리사무소

20 근린공원설계 [조경산업기사 2007, 2009(4회), 2012(2회), 2014년(4회) 기출]

※ 다음은 중부이북지방의 도시내 주거지역에 인접한 근린공원의 부지(63×37m) 배치도이다. 축적 1/200으로 확대하여 주어진 요구조건을 반영시켜 설계개념도 (답안지 1)와 시설물배치도 및 배식설계도(답안지 2)를 작성하시오.

■ 설계의 요구조건

- 적당한 곳에 휴게공간, 다목적 운동공간, 서비스공간, 놀이공간, 녹지공간 등을 배치한다.
- 유치원과 인접한 지역에 차폐식재를 한다.
- 녹지율 40% 이상을 만족시킬 것.

구 분	면 적	배치 위치
다목적 운동공간	400m²	부지의 우상
휴게공간	200m²	부지의 우하
놀이공간	200m²	부지의 좌상
서비스공간	100m²	부지의 좌하

[문제1] 설계개념도작성

- 주동선과 부동선, 진입관계, 공간배치, 식재개념 배치 등을 개념도의 표현기법을 사용하여 나타내고, 각 공간의 명칭, 성격, 기능을 약술하시오.

[문제2] 시설물배치도 및 배식설계도

- 포장재료는 적당한 재료를 선정하여 설계하고 재료명을 표기하시오.
- 시설배치는 미끄럼틀, 그네, 철봉, 시소, 모래판은 필수시설, 회전무대, 정글짐, 파고라, 쉘터, 배구장 또는 농구장, 벤치, 음수전은 선택시설로 한다.
- 빈 공간에 범례를 작성할 것
- 식재설계시 총 12수종 이상을 선정하여 식재설계를 하시오. (계절감을 감상할 수 있도록 배식설계를 할 것)
- 식재한 수량을 집계하여 범례란에 수목수량표를 도면 우측에 작성하시오.

■ 부지 배치도 (S= 1/500)

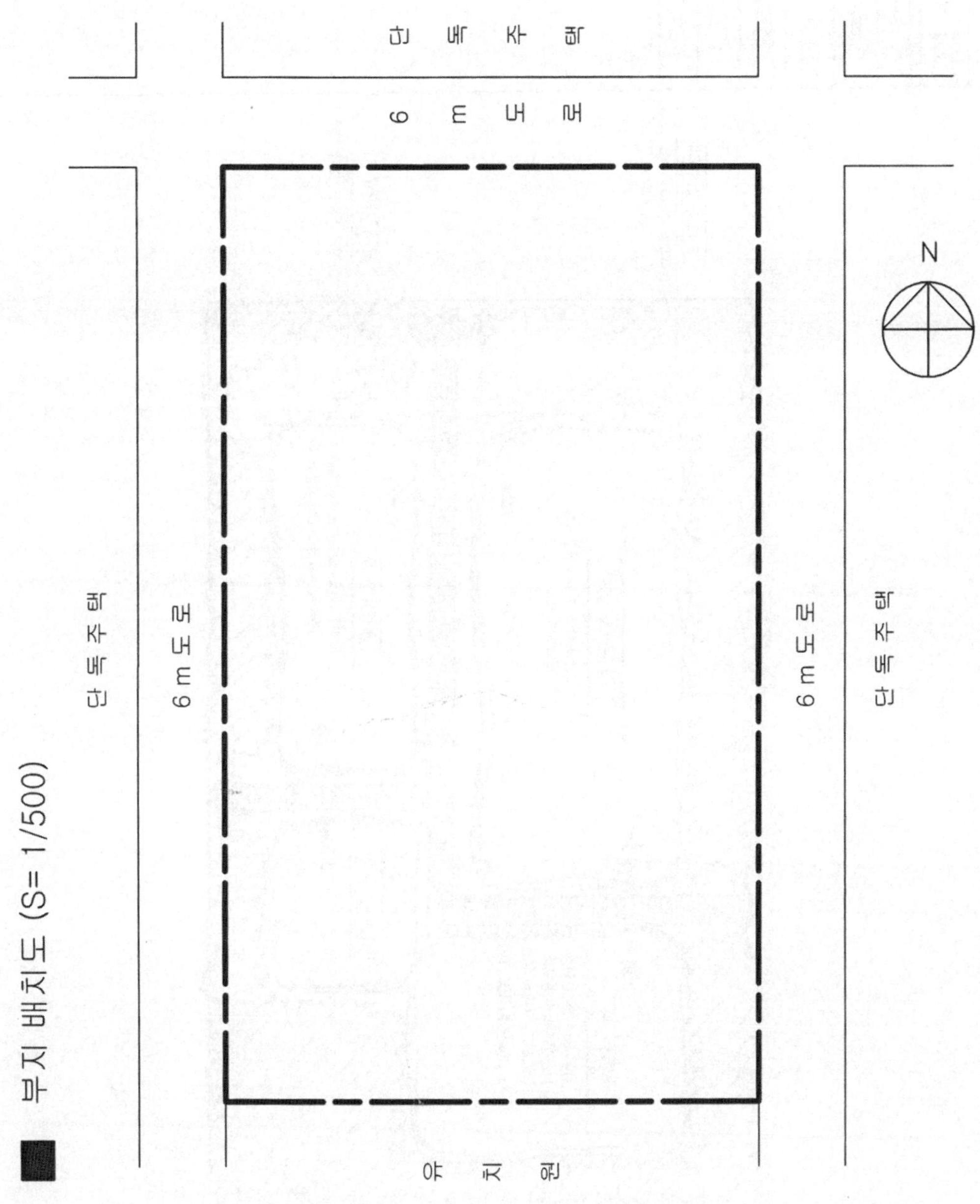

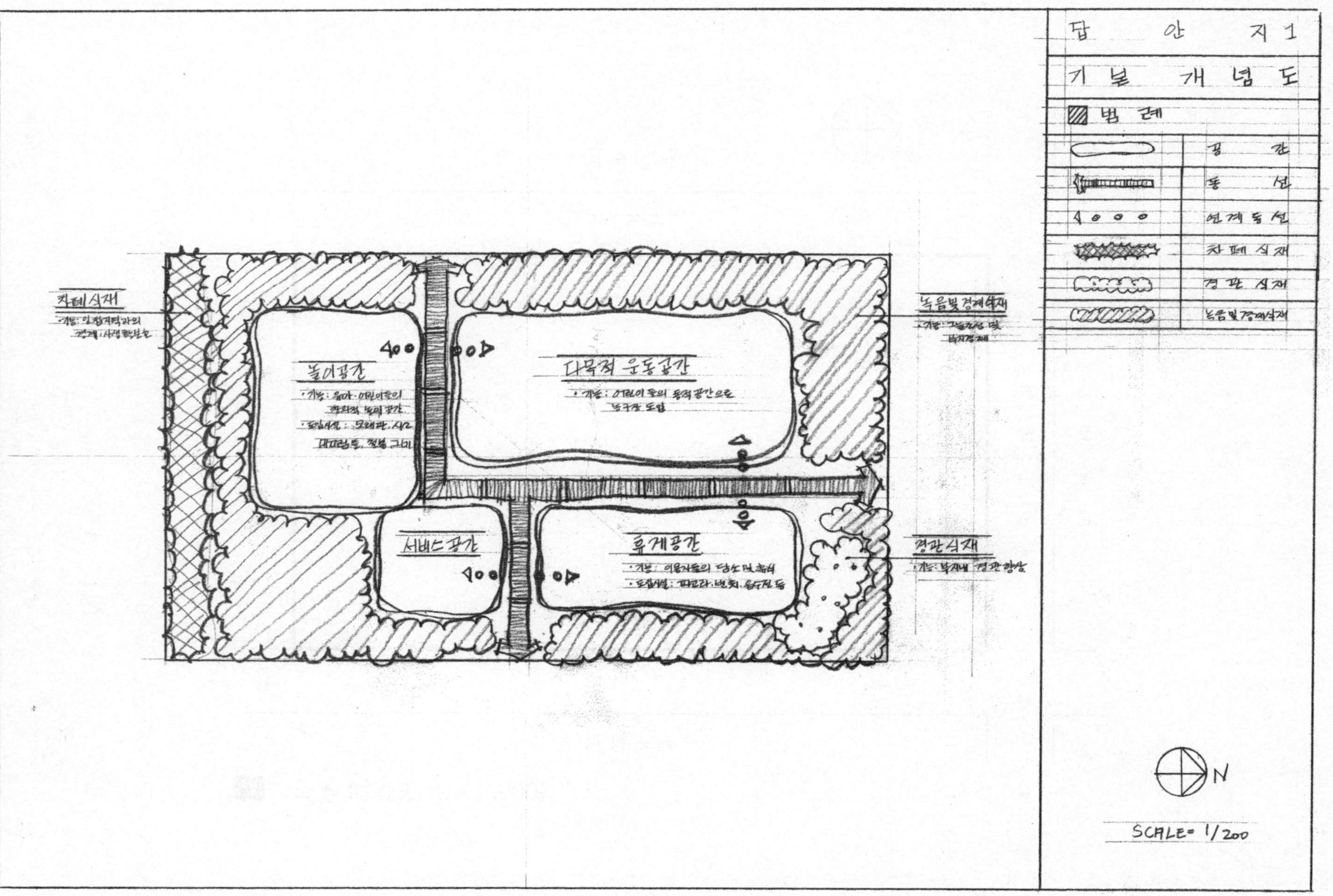
답안지1
기본개념도
범례
공간
동선
연계동선
차폐식재
경관식재
녹음및경계식재
차폐식재
녹음및경계식재
다목적 운동공간
놀이공간
서비스공간
휴게공간
경관식재
SCALE= 1/200

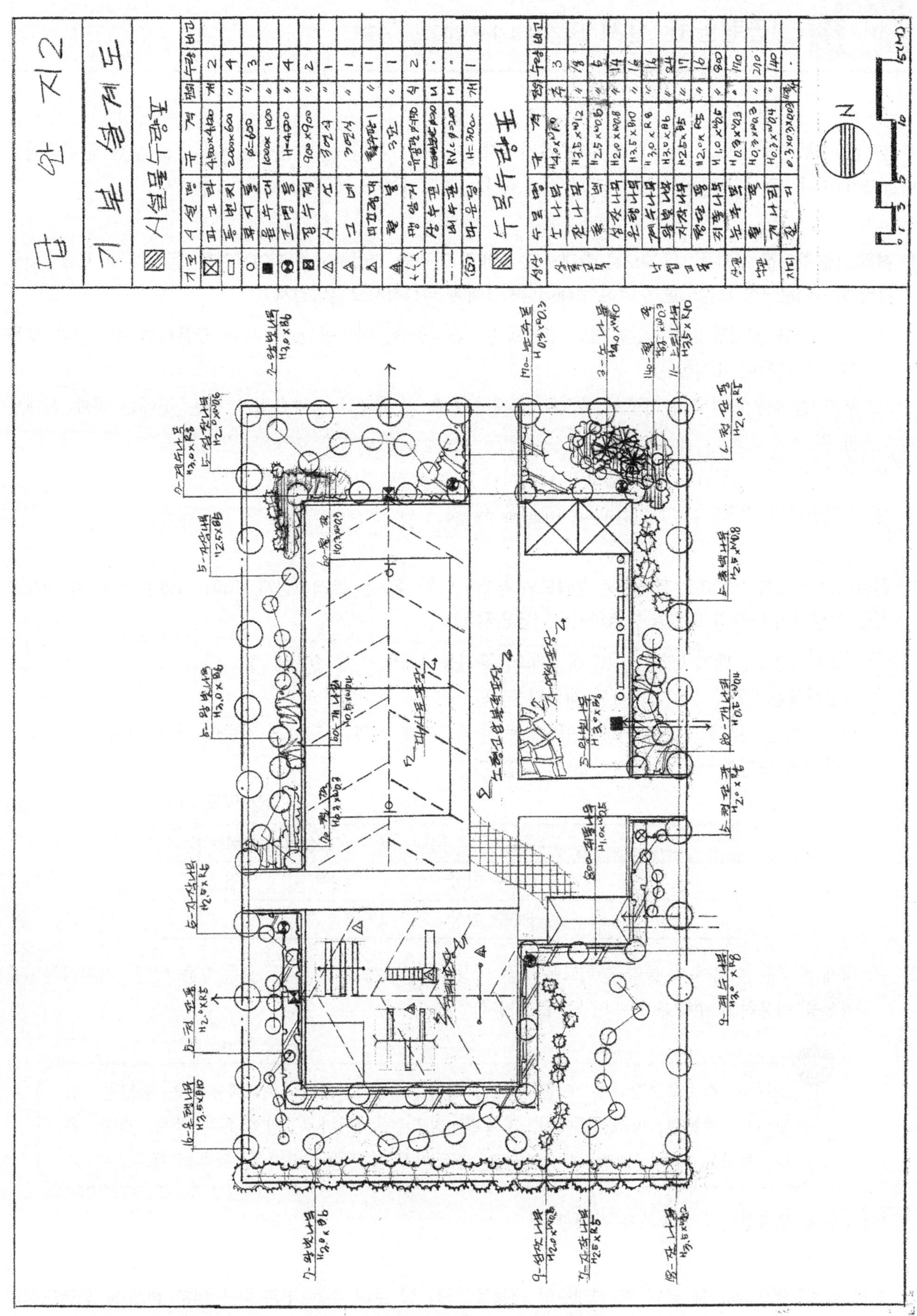
답안지2
기본설계도
시설물수량표
수목수량표

21 근린공원 설계 [조경산업기사 2002년 기출]

우리나라 중부지방의 어느 지하철역 주변 부지이다. 이곳에 지하철을 이용하는 시민들을 위한 근린공원을 만들고자 한다. 주어진 현황도 및 각각의 설계조건을 참고하여 조경설계도면을 작성하시오.

1. 현황도에 주어진 부지를 1/300으로 확대하고 아래의 조건을 고려하여 토지이용계획, 동선계획, 시설계획을 나타내는 기본구상 개념도를 주어진 트레이싱지 1매에 작성하시오. (답안지Ⅰ)
   ① 각 공간을 집입광장, 수경을 겸한 휴게공간, 편익공간, 잔디공간, 녹지로 구분하여 주동선과 부동선을 구분하여 표시할 것
   ② 부지 둘레를 따라 2m 이상의 폭으로 식재하되 특히 시각적 불량요소가 있는 곳에는 차폐 식재를 할 것
   ③ 편의 시설은 전철 출구와 인접하여 배치하며 매점을 둘 것
   ④ 잔디공간의 외곽부는 마운딩(mounding)을 할 것

2. 현황도의 부지를 1/300로 확대하여 개념도와 부합되도록 주어진 트레이싱지 1매에 시설물 배치 및 식재설계를 작성하되 아래의 조건을 반영하시오. (답안지Ⅱ)
   ① 파고라 3개소, 벤치 6개소, 음수대 1개소, 휴지통 3개소 이상 설치할 것
   ② 포장재료는 2종류이상으로 하되 재료명을 표기할 것
   ③ 식재면적은 전체부지면적의 15% 이상으로 하되, 아래 표의 식재밀도 기준에 따라 식재 기준수량을 계산하여 도면의 여백에 계산식을 써 넣을 것

(식재밀도 기준)

구 분	식재밀도(m^2 당)	상록비율(%)
교목	0.1주 이상	상록 40 : 낙엽 60
관목	1.0주 이상	

   ④ 식재 수종은 다음에서 골라 상록교목 2종 이상, 낙엽교목 5종 이상, 관목 3종 이상, 지피식물 1종 이상을 이용하고 수량표시는 인출선을 사용할 것

   보기

   소나무, 스트로브잣나무, 이팝나무, 느티나무, 측백, 회화나무, 배롱나무, 홍단풍, 섬잣나무, 백목련, 메타세콰이어, 자목련, 칠엽수, 서어나무, 왕벚나무, 주목, 철쭉, 옥향, 회양목, 잔디, 꽝꽝나무, 자산홍, 쥐똥나무, 맥문동, 비비추, 원추리 등

   ⑤ 도면의 우측하단에 수량표를 작성할 것

3. 기본 설계도면의 작성을 끝낸 후 설계도의 내용을 가장 잘 보여 주는 부분(종단 부분 전체)을 평면도상의 A–A′로 표기하고 이 부분의 전체적 단면도를 1/300 축척으로 주어진 트레이싱지 1매에 작성하시오.

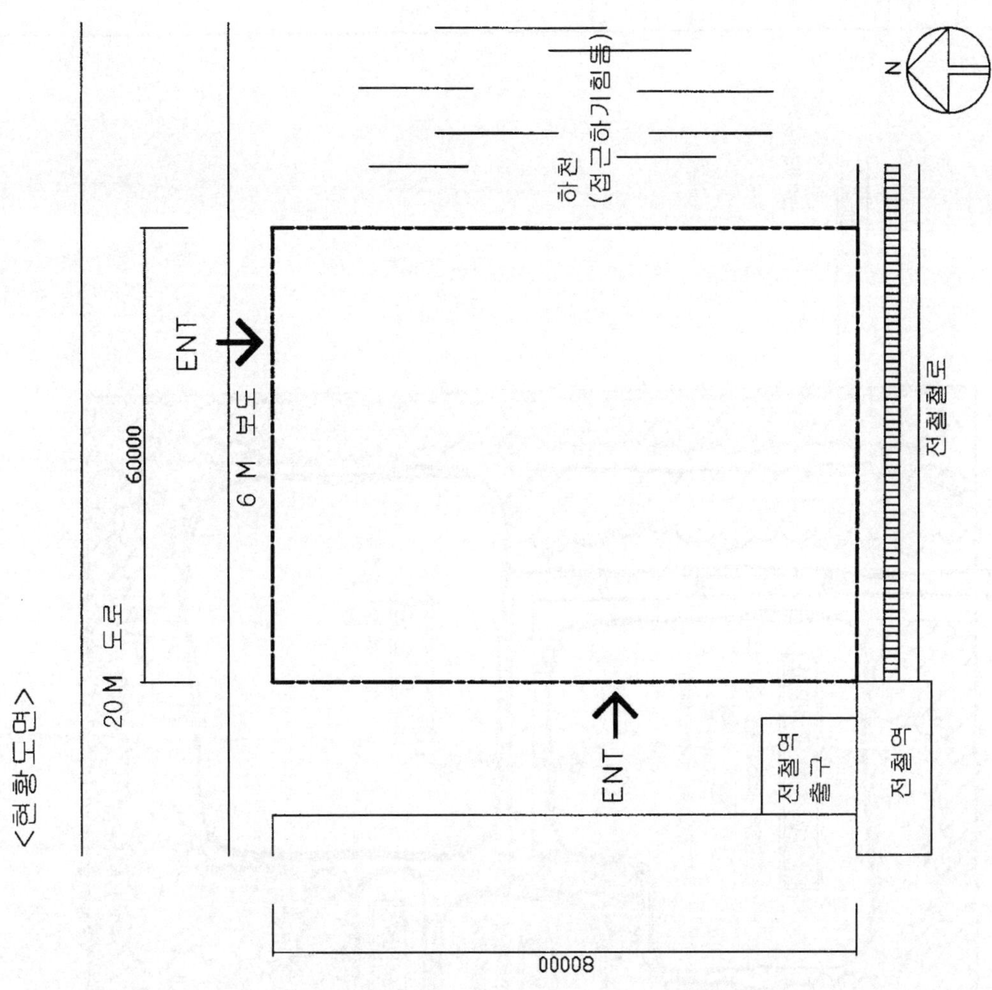
<현황도면>
20 M 도로
60000
6 M 보도
ENT
하천
(접근하기 힘듦)
N
ENT
전철역 출구
전철역
전철철로
80000

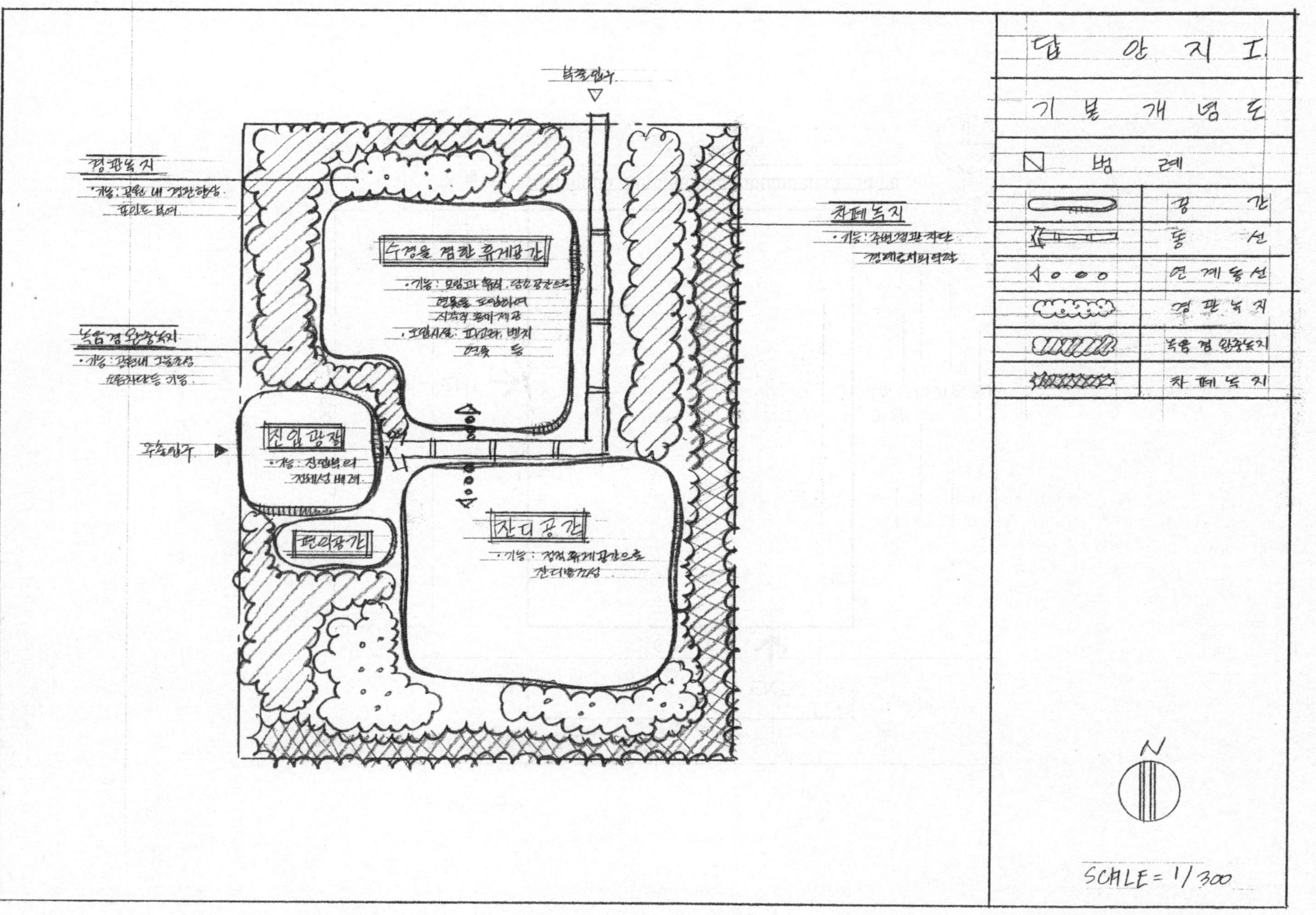

답안지 I
기본개념도
범례
공간
동선
연계동선
경관녹지
녹음겸 완충녹지
차폐녹지
N
SCALE=1/300
북측입구
경관녹지
·기능 : 공원 내 경관향상, 포인트 부여
차폐녹지
·기능 : 주변경관 차단, 경계공간의 역할
수경을 겸한 휴게공간
·기능 : 모임과 휴식, 담소공간으로 연못을 도입하여 시각적 흥미 제공
·도입시설 : 파고라, 벤치, 연못 등
녹음겸 완충녹지
·기능 : 공원내 그늘조성, 소음차단등 기능
주출입구
진입광장
·기능 : 진입부의 정체성 배려
편의공간
잔디공간
·기능 : 정적 휴게공간으로 잔디밭 조성

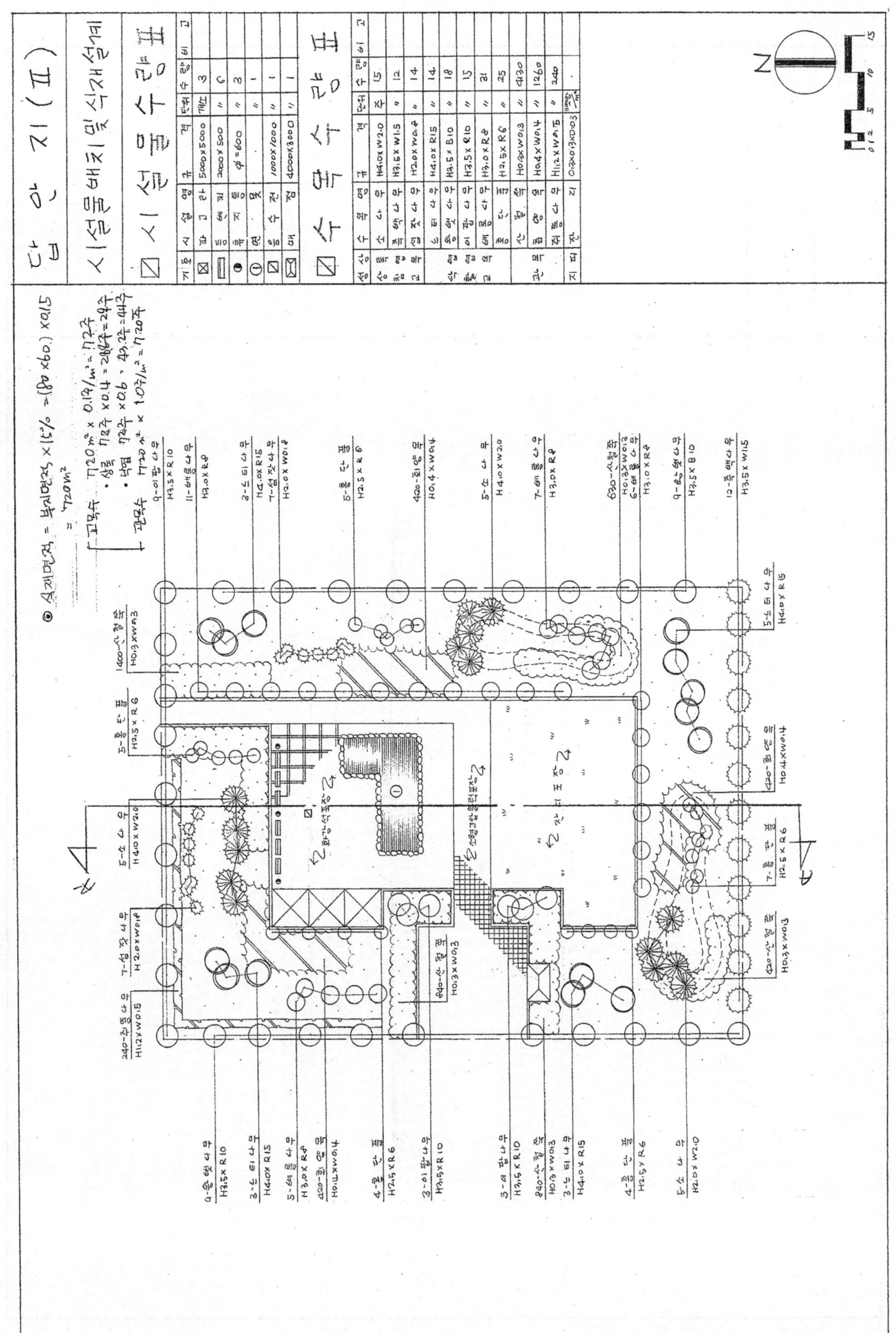

답안지 Ⅲ

단면도

녹지 잔디공간 원로 휴식공간 녹지

연못

A A'

A-A' 단면도

Scale = 1/300

22 근린공원 설계 [조경기사 1997년 기출]

문제에 주어진 현황도의 부지는 중부지방에 위치하고 있으며, 4면이 도로로 둘러싸인 근린공원 부지이다. 주어진 요구조건을 충족시키는 설계개념도(답안지 I)와 기본설계 및 배식설계도(답안지 II)를 작성하시오.

1. 설계조건을 고려하여 답안지 I 에 축척 1/500으로 설계개념도를 작성하시오.

2. 설계조건을 고려하여 답안지 II 에 축척 1/500으로 기본설계 및 배식설계도를 작성하시오.

① 부지 북동측 중앙부에 60×45m 규모의 다목적 운동장, 남서측 중앙부에는 30×30m규모의 잔디광장을 배치할 것.
② 남측 중앙에 주진입로(폭 12m), 동·서측 중앙에 부진입로(폭 6m), 부지경계주변을 따라 산책로(폭 2m) 배치할 것
③ 부지의 외곽경계부는 경계 및 화훼 녹지대를 설치하고, 마운딩 설계를 적용할 것(마운딩 등고선의 간격은 1m로 설계하고 최고 높이 3m 이내로 배치할 것)
④ 적당한 곳에 휴게공간 2개소를 배치하고, 휴게공간 내에 파고라(6×6m) 7개를 설치할 것
⑤ 주진입로 중앙부에 6m 간격으로 수목보호대(grating 2×8m)를 배치하고 녹음수를 식재할 것
⑥ 포장재료 2가지 이상 사용하여 설계하고, 도면상에 표기할 것
⑦ 배식 설계는 보기 수종 중에서 10수종 이상을 선정하여 도면 여백에 수목수량표를 작성할 것

잣나무, 소나무, 측백나무, 녹나무, 후박나무, 은행나무, 자작나무, 왕벚나무, 꽝꽝나무, 동백나무, 배롱나무, 홍단풍, 느티나무, 영산홍, 회양목, 쥐똥나무, 눈주목, 개나리, 잔디

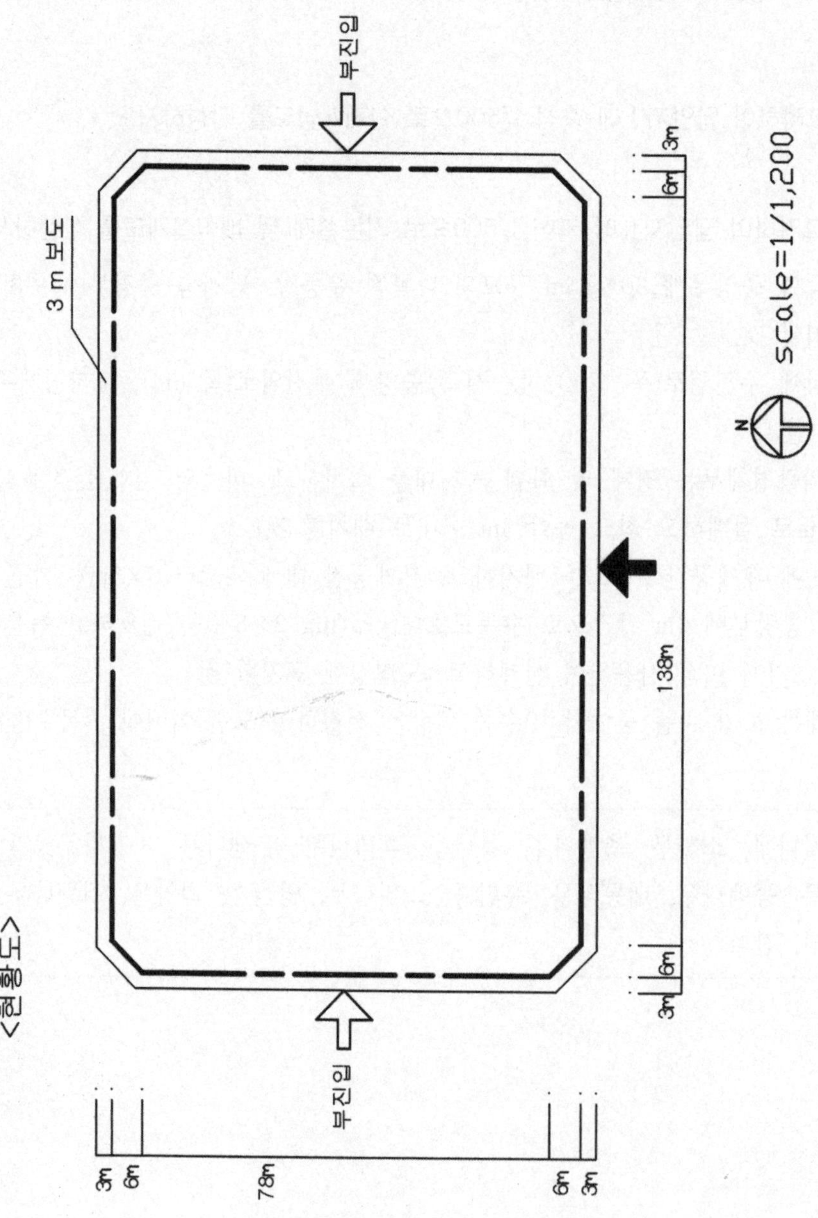
<현황도>
3 m 보도
부진입
부진입
138m
78m
3m
6m
scale=1/1,200
N

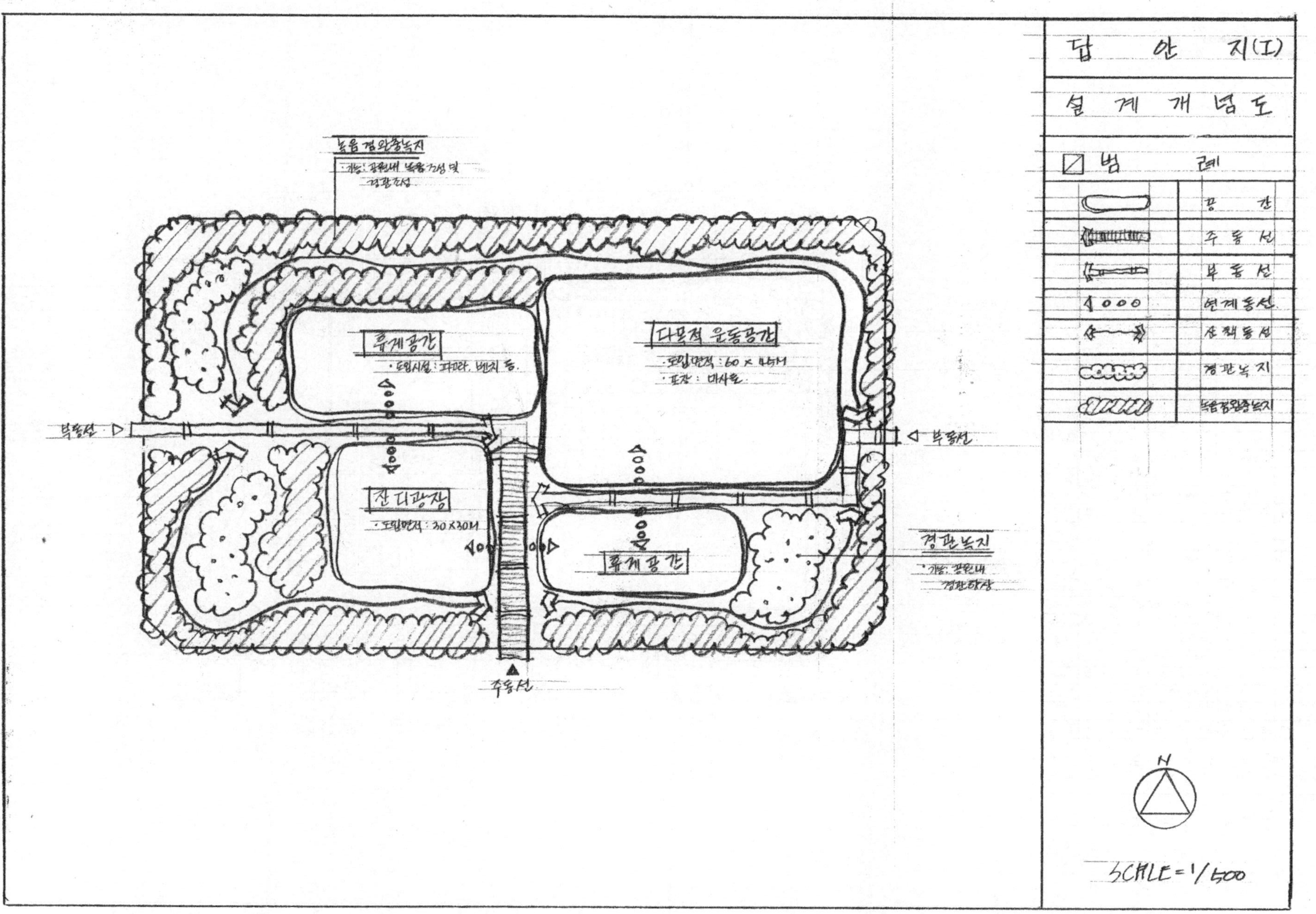
답 안 지(I)
설 계 개 념 도
범 례
공 간
주 동 선
부 동 선
연계동선
산책동선
경 관 녹 지
완충녹지
휴게공간
다목적 운동공간
잔디광장
휴게공간
경관녹지
부동선
주동선
SCALE=1/500

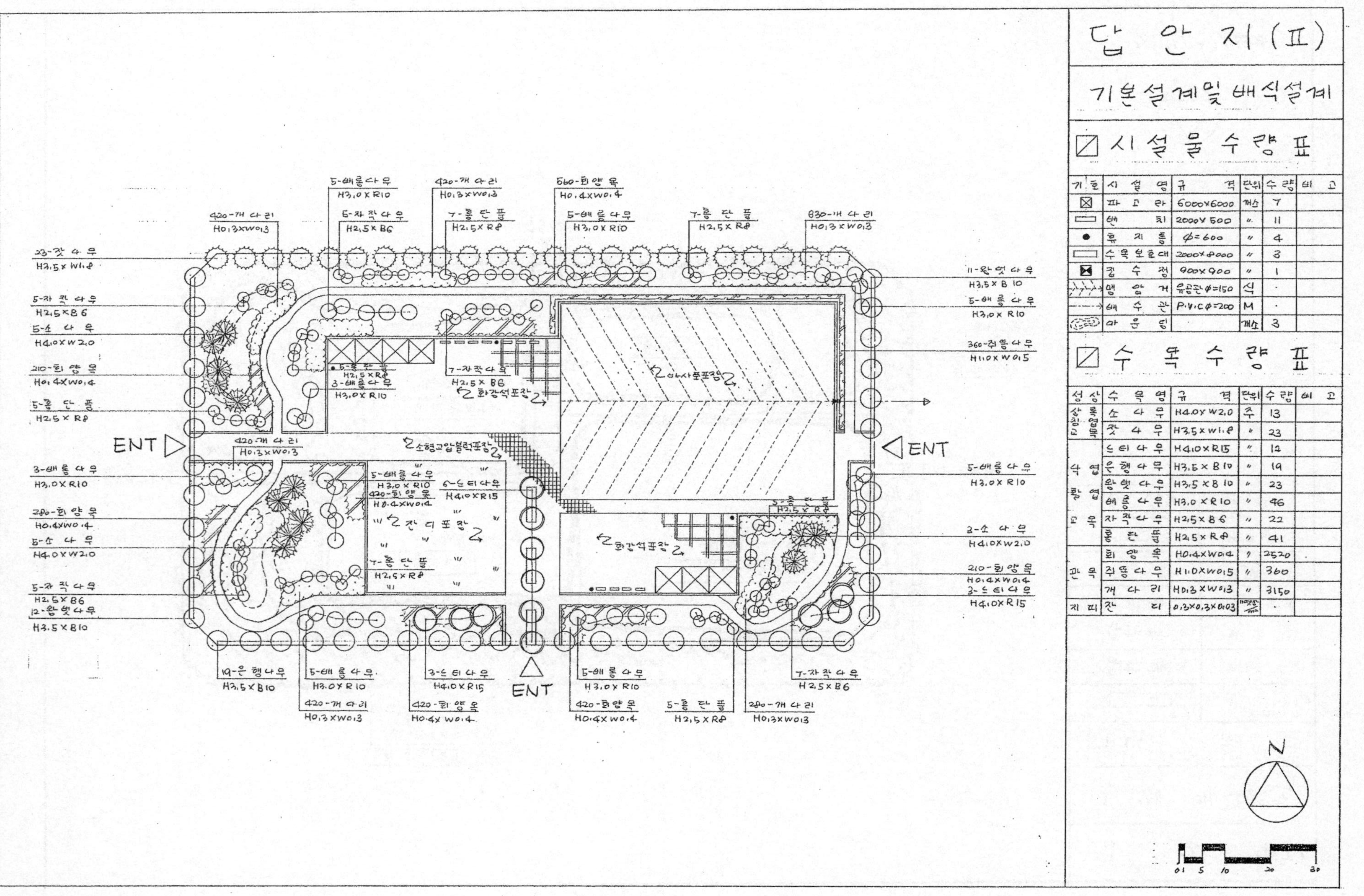

시설물수량표

기호	시설명	규격	단위	수량	비고
⊠	파고라	6000×6000	개소	7	
▭	벤치	2000×500	〃	11	
●	휴지통	φ=600	〃	4	
▭	수목보호대	2000×2000	〃	3	
⊠	공수정	900×900	〃	1	
→	맹암거	유공관φ=150	식	·	
→	배수관	P.V.Cφ=200	M	·	
	마운딩		개소	3	

수목수량표

성상	수목명	규격	단위	수량	비고
상록교목	소나무	H4.0×W2.0	주	13	
	잣나무	H3.5×W1.8	〃	23	
낙엽교목	느티나무	H4.0×R15	〃	12	
	은행나무	H3.5×B10	〃	19	
	왕벚나무	H3.5×B10	〃	23	
	배롱나무	H3.0×R10	〃	46	
	자작나무	H2.5×B6	〃	22	
	홍단풍	H2.5×R8	〃	41	
관목	회양목	H0.4×W0.4	〃	2520	
	쥐똥나무	H1.0×W0.5	〃	360	
	개나리	H0.3×W0.3	〃	3150	
지피	잔디	0.3×0.3×0.03	m²	·	

23 근린공원설계 [조경산업기사 2003년 기출]

※다음은 중부지방의 도시 내에 위치한 근린공원의 부지 현황도이다.
축척 1/400으로 확대하여 주어진 요구조건을 반영시켜 설계개념도(답안지 1)와 시설물 배치도 및 배식설계도(답안지 2)를 작성하시오.

(1) 요구조건

① 근린공원 내의 진출·입은 반드시 현황도에 지정된 곳(6곳)에 한정된다.

② 적당한 곳에 운동공간, 놀이공간, 휴게공간, 진입광장, 녹지공간 등을 조성한다.

③ 적당한 곳에 차폐녹지, 녹음 겸 완충녹지, 수경녹지공간 등을 조성한다.

④ 주동선과 부동선, 진입관계, 공간배치, 식재개념배치 등을 개념도의 표현기법을 사용하여 나타내고, 각 공간의 명칭, 성격, 기능을 약술하시오.

⑤ 빈 공간에 범례를 작성할 것

⑥ 공간별 요구시설은 다음과 같다.

구 분	배치 위치	시설명, 규격 및 배치 수량
운동공간	북서방향	다목적 운동장(30×50m)
놀이공간	남동방향	30×17m 규모이고, 놀이시설 종류는 4연식 그네 1조, 2방식 미끄럼대 1조를 포함한 놀이시설물 3종 이상 등
휴게공간	북동방향	퍼걸러(4×8m) 2개소, 벤치 10개, 휴지통, 음수전 등
집입광장	남서방향	화장실(5×10m), 수목보호대(1.5×1.5m) 등
녹지공간	부지경계부 주변 부분	완충녹지, 경계녹지가 필요한 곳에 설계

(2) 식재설계에 관한 사항

① 각 공간의 경관과 기능을 고려하여 10수종 이상의 수종을 〈보기〉에서 선택하여 식재설계를 하시오.

② 식재한 수량을 집계하여 수목 수량표를 도면 우측에 작성하시오.

소나무, 은행나무, 느티나무, 메타세쿼이어, 낙우송, 산벚나무, 층층나무, 꽃사과, 생강나무, 단풍나무, 붉나무, 자귀나무, 함박꽃나무, 말발도리, 병꽃나무, 화살나무, 감탕나무

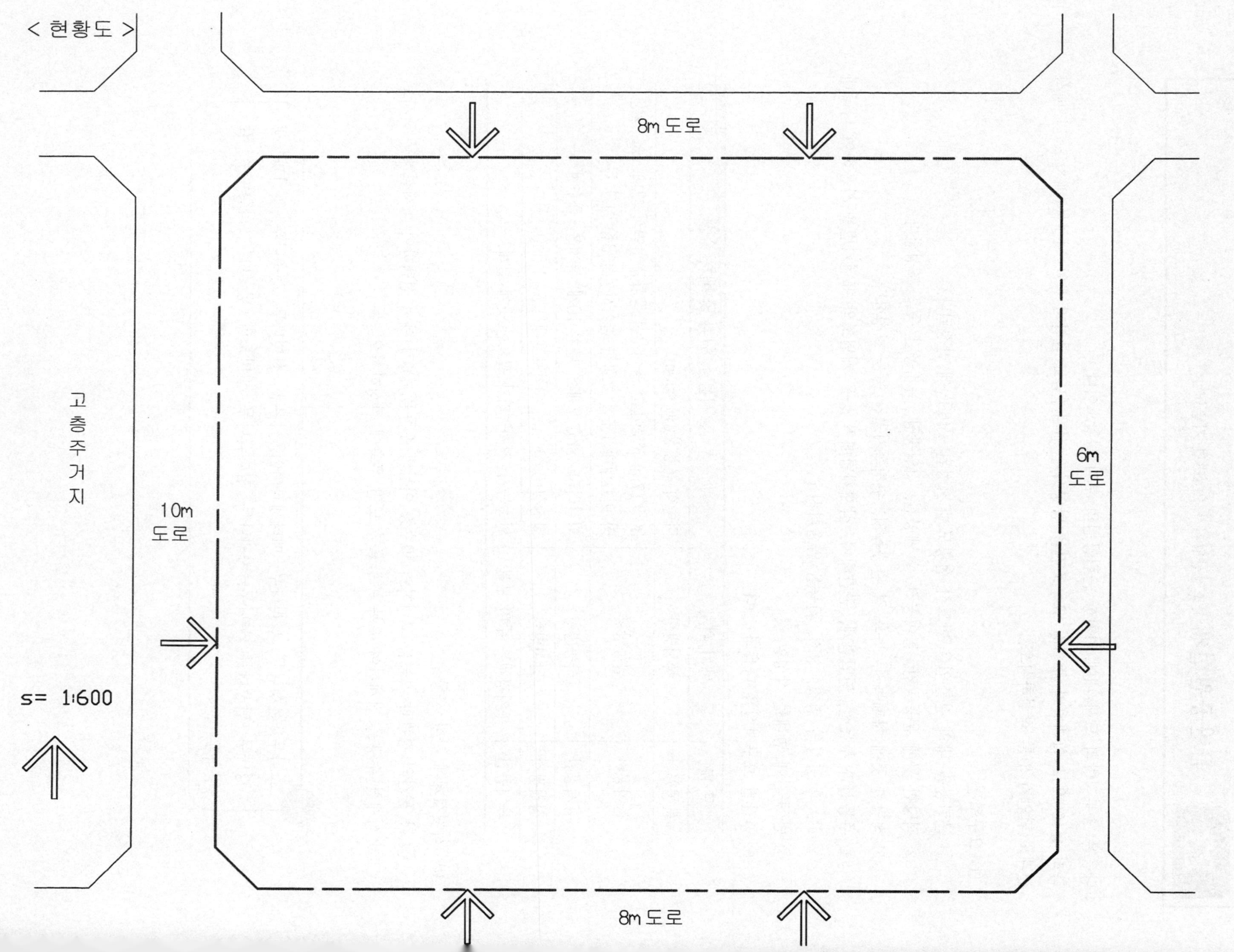
< 현황도 >
8m 도로
6m 도로
10m 도로
고층주거지
s= 1:600
8m 도로

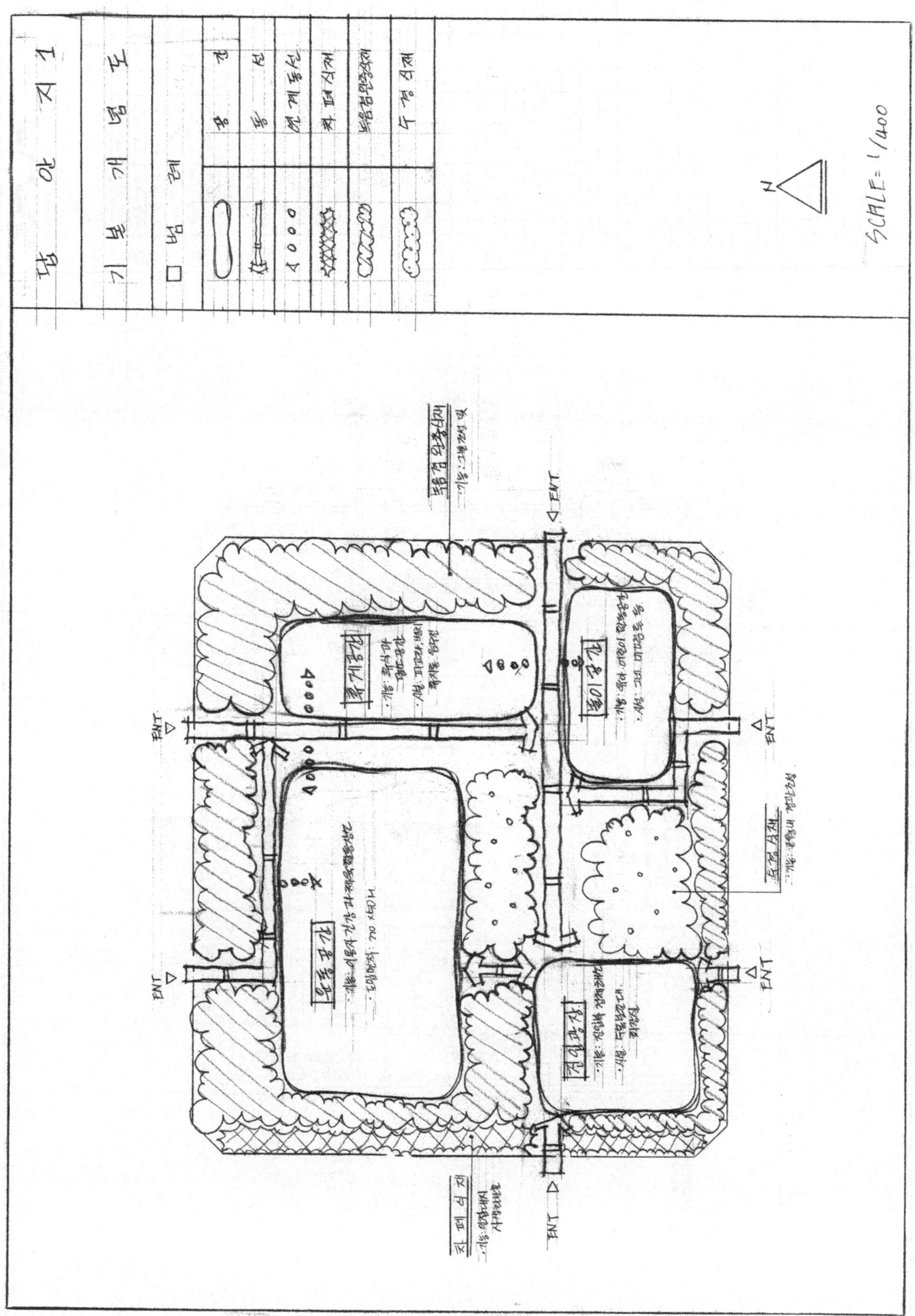

N
SCALE= 1/400
ENT

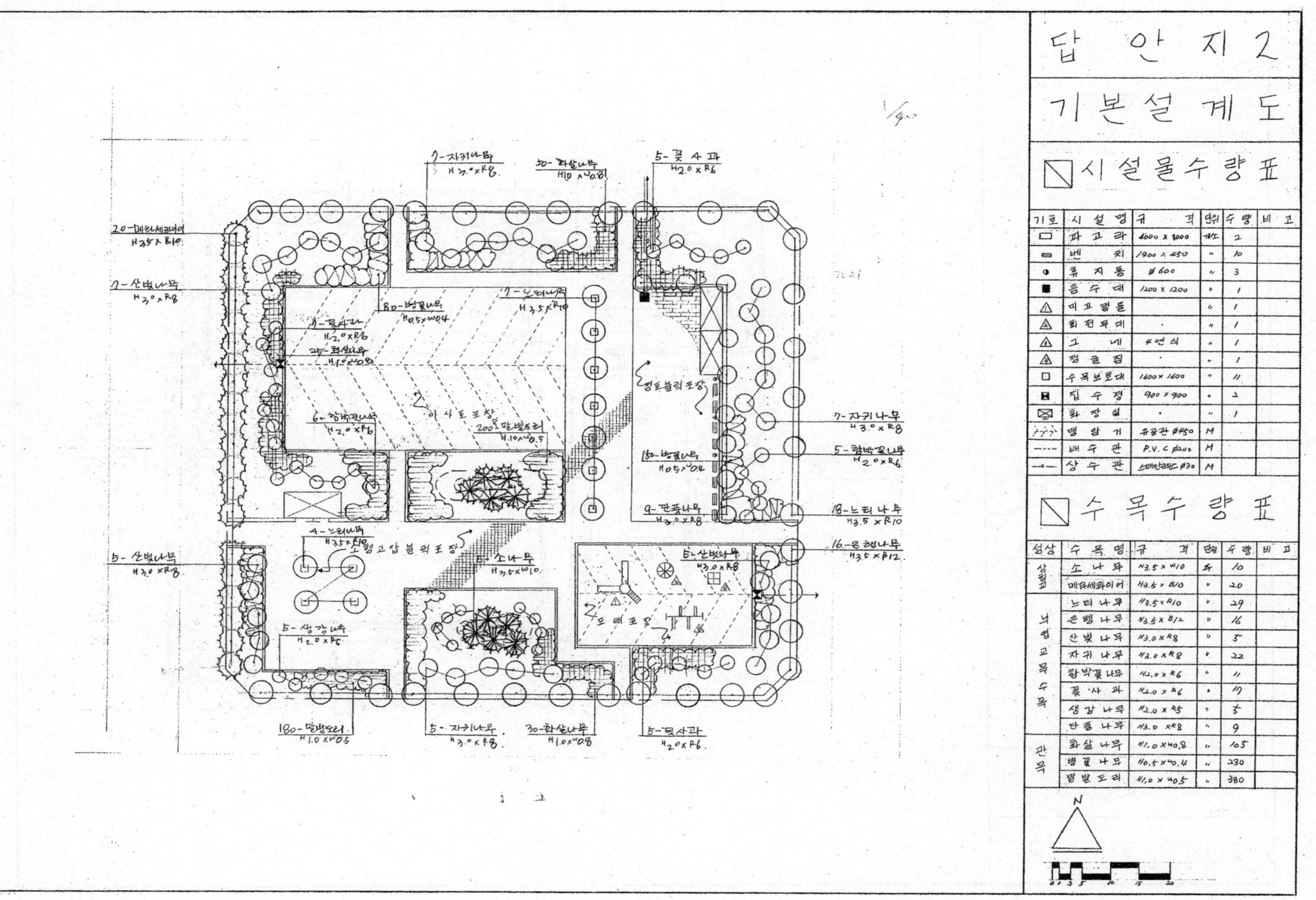
답안지 2
기본설계도
시설물수량표
기호 | 시설명 | 규격 | 단위 | 수량 | 비고
파고라 | 6000 x 3000 | 개소 | 2
벤치 | 1900 x 450 | " | 10
휴지통 | ø600 | " | 3
음수대 | 1200 x 1200 | " | 1
미끄럼틀 | " | 1
회전무대 | " | 1
그네 | 4연식 | " | 1
정글짐 | " | 1
수목보호대 | 1600 x 1600 | " | 11
집수정 | 900 x 900 | " | 2
화장실 | " | 1
맹암거 | 유공관 ø450 | M
배수관 | P.V.C ø200 | M
상수관 | 스테인레스 ø30 | M
수목수량표
성상 | 수목명 | 규격 | 단위 | 수량 | 비고
상록 | 소나무 | H3.5 x W10 | 주 | 10
메타세콰이어 | H3.5 x B10 | " | 20
낙엽교목 | 느티나무 | H3.5 x R10 | " | 29
은행나무 | H3.5 x B12 | " | 16
산벚나무 | H3.0 x R8 | " | 5
자귀나무 | H3.0 x R8 | " | 22
왕벚꽃나무 | H2.0 x R6 | " | 11
꽃사과 | H2.0 x R6 | " | 17
생강나무 | H2.0 x R5 | " | 5
단풍나무 | H3.0 x R8 | " | 9
관목 | 화살나무 | H1.0 x W0.8 | " | 105
병꽃나무 | H0.5 x W0.4 | " | 230
말발도리 | H1.0 x W0.5 | " | 380
N
7-자귀나무 H3.0xR8
30-화살나무 H1.0xW0.8
5-꽃사과 H2.0xR6
20-메타세콰이어 H3.5xB10
7-산벚나무 H3.0xR8
7-느티나무 H3.5xR10
80-병꽃나무 H0.5xW0.4
11-꽃사과 H2.0xR6
25-화살나무 H1.0xW0.8
6-왕벚꽃나무 H2.0xR6
마사토포장
200-말발도리 H1.0xW0.5
점토블럭포장
150-병꽃나무 H0.5xW0.4
9-단풍나무 H3.0xR8
7-자귀나무 H3.0xR8
5-왕벚꽃나무 H2.0xR6
18-느티나무 H3.5xR10
16-은행나무 H3.5xB12
4-느티나무 H3.5xR10
소형고압블럭포장
5-소나무 H3.5xW10
5-산벚나무 H3.0xR8
5-산벚나무 H3.0xR8
모래포장
5-생강나무 H2.0xR5
180-말발도리 H1.0xW0.5
5-자귀나무 H3.0xR8
30-화살나무 H1.0xW0.8
5-꽃사과 H2.0xR6

24 근린공원설계 [조경산업기사 2006년 기출]

※다음은 중부지방의 도시내 주거지역에 인접한 근린공원의 부치 배치도이다.
축척 1/300으로 확대하여 주어진 요구조건을 반영시켜 설계개념도(답안지Ⅰ)와 기본설계도 및 식재설계도(답안지Ⅱ)를 작성하시오.

(1) 설계요구조건

① 근린 공원내의 진출입은 반드시 현황도에 지정된 주진입(6m)와 보조진입(4m, 3m)에 한정된다.

② 적당한 곳에 정적 휴게공간, 다목적운동공간, 운동공간, 어린이놀이공간, 녹지공간, 편익시설 등을 배치한다.

③ 필요한 지역에 경계식재, 차폐식재를 한다.

④ 주동선과 부동선, 진입관계, 공간배치, 식재개념 배치 등을 개념도의 표현기법을 사용하여 나타내고, 각공간의명칭, 성격, 기능을 약술하시오.

⑤ 빈 공간에 범례를 작성하시오.

⑥ 공간별 요구 시설은 다음과 같다.

구 분	면 적	포장재료	시설배치기준 및 수량
다목적 운동공간	약 $1,000m^2$	마사토	매점 및 화장실(5×10m) 1개소
운동공간		보도블럭	배드민턴장 2면(20×20m)
정적 휴게공간	약 $900m^2$	잔디	파고라 5×10m 2개소, 5×5m 2개소, 벤치 10개소, 휴지통 6개소, 음수전 2개소 등
어린이놀이공간	약 $300m^2$	모래	그네, 미끄럼틀 등 3종 이상
녹지공간			부지 주변부에 3m 이상의 경계식재

(2) 식재 설계(답안지Ⅱ) 요구조건

① 다음의 보기 수종 중에서 총 13수종 이상을 선정하여 식재 설계를 하시오.

소나무, 은행나무, 잣나무, 왕벚나무, 섬잣나무, 측백나무, 후박나무, 자작나무, 계수나무, 단풍나무, 느티나무, 겹벚나무, 주목, 산수유, 황매화, 꽝꽝나무, 회양목, 굴거리나무, 아왜나무, 구실잣밤나무, 쥐똥나무, 잔디, 녹나무, 동백나무, 등나무

② 식재한 수량을 집계하여 범례란에 수목 수량표를 도면 우측에 작성하시오.

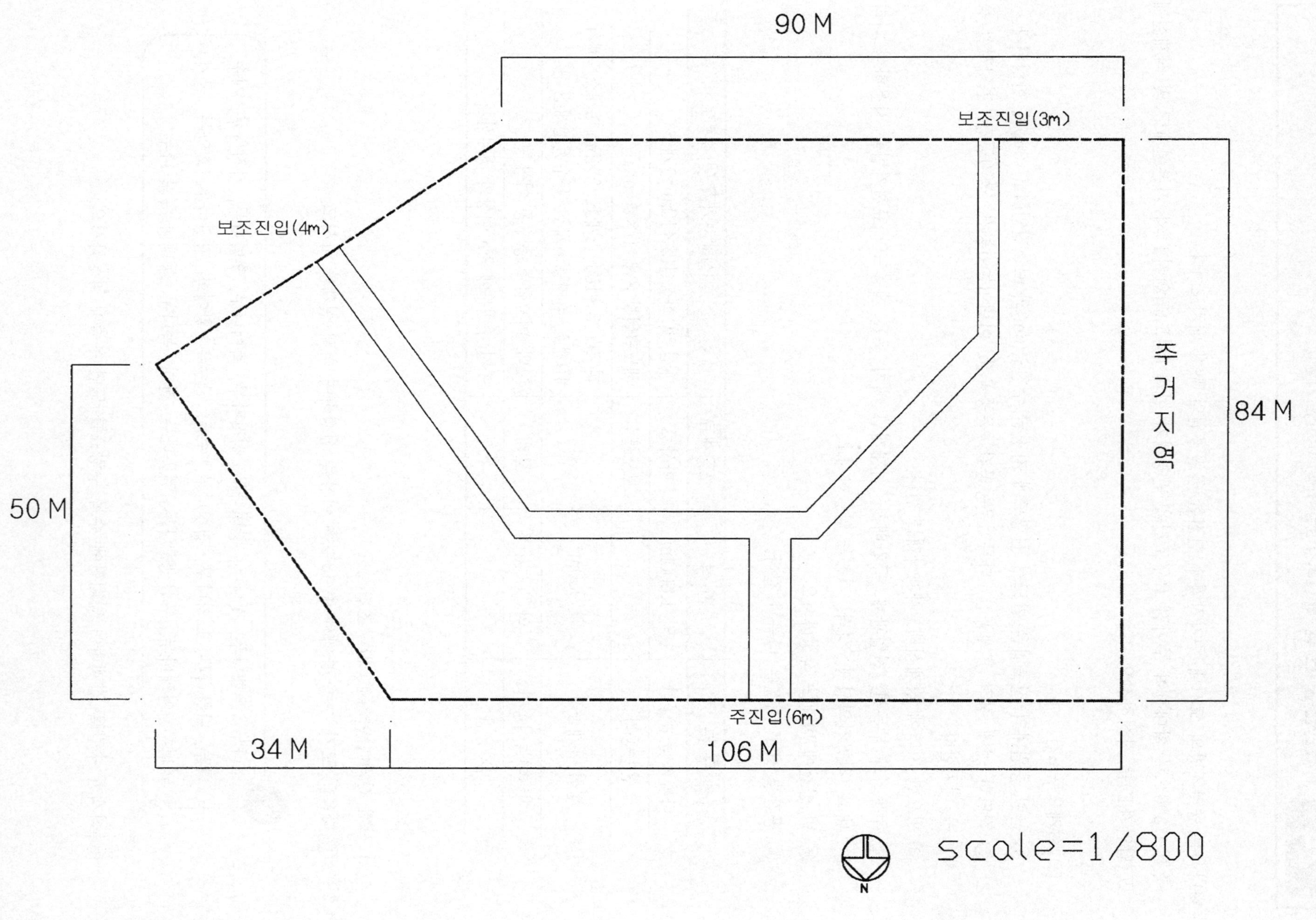
90 M
보조진입(3m)
보조진입(4m)
주거지역
84 M
50 M
주진입(6m)
34 M
106 M
N
scale=1/800

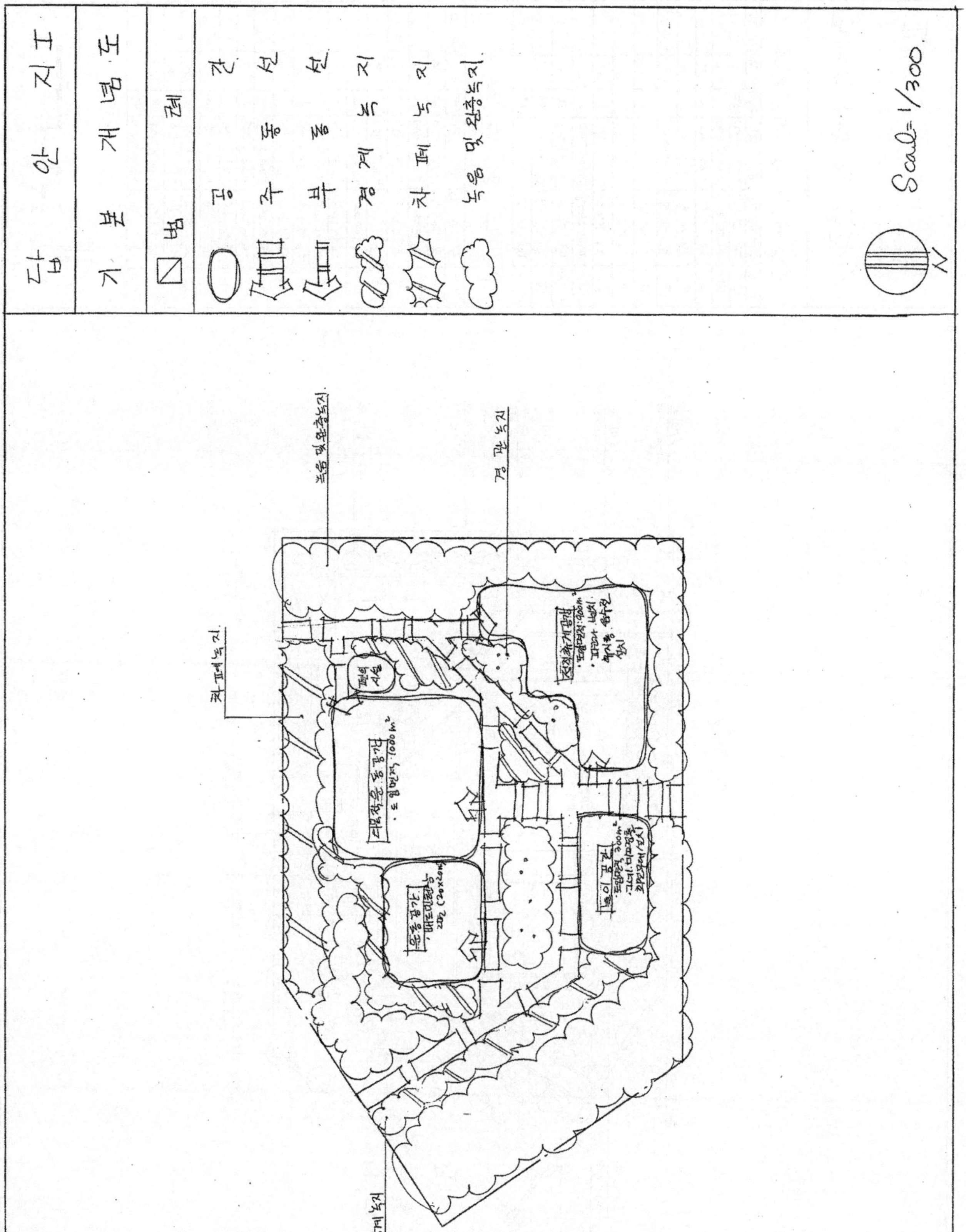

답안지 I

기본개념도

범례

공간

주동선

부동선

경계녹지

차폐녹지

녹음 및 완충녹지

Scale=1/300

N

녹음 및 완충녹지

경계녹지

차폐녹지

편의시설

다목적운동광장

운동공간

휴게공간

놀이공간

경계녹지

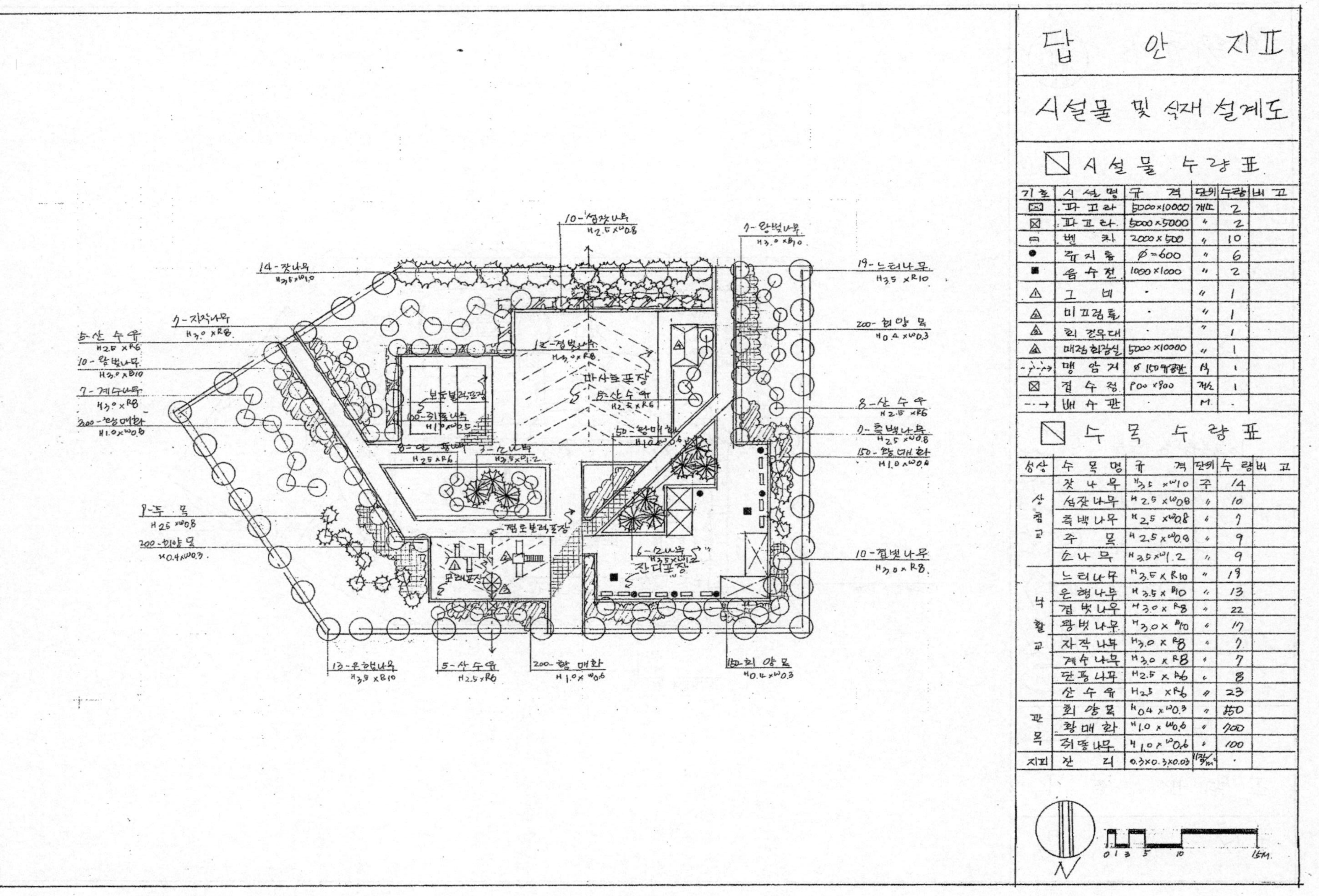

시설물 수량표

기호	시설명	규격	단위	수량	비고
	파고라	5000×10000	개소	2	
⊠	파고라	5000×5000	〃	2	
	벤치	2000×500	〃	10	
●	휴지통	ø=600	〃	6	
■	음수전	1000×1000	〃	2	
△1	그네	·	〃	1	
△2	미끄럼틀	·	〃	1	
△3	회전무대	·	〃	1	
△4	매점화장실	5000×10000	〃	1	
	맹암거	ø150유공관	식	1	
⊠	집수정	900×900	개소	1	
--·→	배수관	·	M	·	

수목 수량표

성상	수목명	규격	단위	수량	비고
상록교	잣나무	H3.5×W1.0	주	14	
	섬잣나무	H2.5×W0.8	〃	10	
	측백나무	H2.5×W0.8	〃	7	
	주목	H2.5×W0.8	〃	9	
	소나무	H3.5×W1.2	〃	9	
낙엽교	느티나무	H3.5×R10	〃	19	
	은행나무	H3.5×B10	〃	13	
	겹벚나무	H3.0×R8	〃	22	
	왕벚나무	H3.0×B10	〃	17	
	자작나무	H3.0×R8	〃	7	
	계수나무	H3.0×R8	〃	7	
	단풍나무	H2.5×R6	〃	8	
	산수유	H2.5×R6	〃	23	
관목	회양목	H0.4×W0.3	〃	550	
	황매화	H1.0×W0.6	〃	700	
	쥐똥나무	H1.0×W0.6	〃	100	
지피	잔디	0.3×0.3×0.03	11장/m²	·	

25 근린공원 [조경산업기사 2009년(1회), 2020년(1회) 기출]

공통조건

- 공원내의 설치 시설 및 공간은
  ① 정적휴식공간 : 약 900m²
  ② 다목적 운동공간 : 약 1,000m²
  ③ 운동시설(배드민턴코트 2면) : 20m×20m
  ④ 어린이놀이터 : 약300m² (3종류 이상 놀이시설 배치)
  ⑤ 파고라(5m×10m) : 1~2개소, 파고라(5m×5m) : 2~4개소
  ⑥ 벤치 : 10개소
  ⑦ 음수전 : 2개소
- 동선은 기존동선을 최대한 반영하여 동선계획을 수립하되 산책로의 연장길이는 150m 이상 되도록 처리한다.
- 정적 휴식공간에는 잔디포장, 다목적 운동공간에는 마사토포장, 기타는 보도블럭포장, 어린이놀이터는 모래포장으로 각각 포장하며, 별도의 공간 계획시 적합한 포장을 임의로 배치한다.

1. 공통조건과 아래의 조건을 참고하여 지급된 용지 1매에 현황도를 1/400로 확대하여 평면 기본구상도(설계계획개념도)를 작성하시오.
   (1) 공간 및 기능분배를 합리적으로 구분하고 공간 성격 및 도입시설 등을 간략히 기술한다.
   (2) 공간배치계획, 동선계획, 식재계획 등의 개념이 포함되어야 한다.

2. 공통조건과 아래의 조건을 참고하여 지급된 용지 1매에 현황도를 1/400로 확대하여 시설물배치와 수목 기본설계가 나타나도록 조경설계도를 작성하시오.
   (1) 공원 소요시설물 및 공간배치는 적절하게 하고 동선계획, 포장설계 등을 합리적으로 한다.
   (2) 설치 시설물에 대한 범례표는 우측 여백에 반드시 작성한다.(단, 설치 시설물 개수도 반드시 기재할 것)
   (3) 주동선 보도와 산책로는 포장을 하지 않고, 각 공간별로는 필요한 포장을 한다.
   (4) 계절의 변화감을 고려하고 다음 수종 중 13가지 이상을 선택하여 배식한다.

보기

소나무, 은행나무, 잣나무, 굴거리나무, 동백나무, 후박나무, 왕벚나무, 쥐똥나무, 계수나무, 단풍나무, 섬잣나무, 자작나무, 산철쭉, 꽝꽝나무, 광나무, 산수유, 겹벚나무, 황매화, 느티나무, 주목, 좀작살나무, 회양목, 사철나무, 등나무, 송악

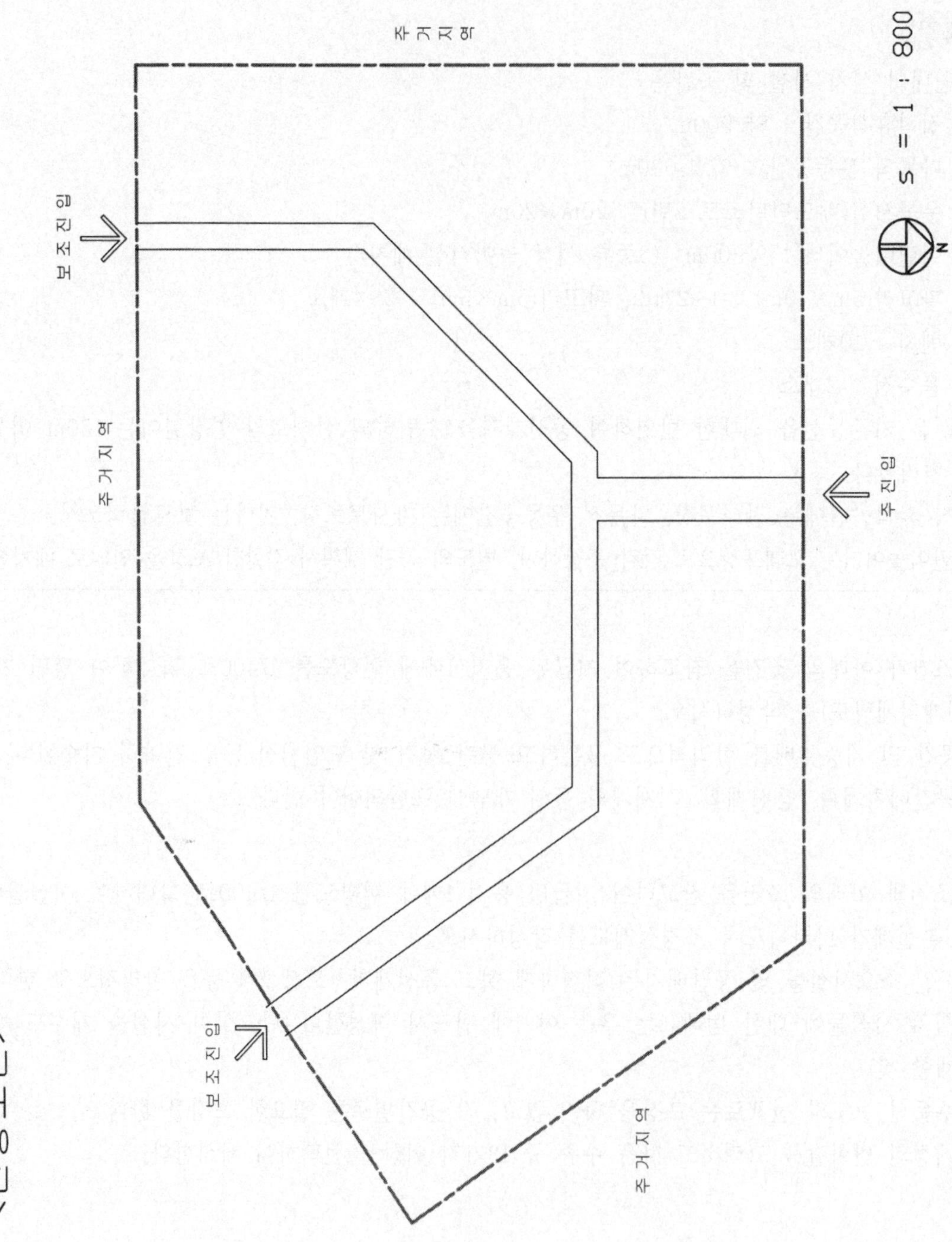
<현황도면>
주거지역
주거지역
주거지역
보조진입
보조진입
주진입
N
S = 1 : 800

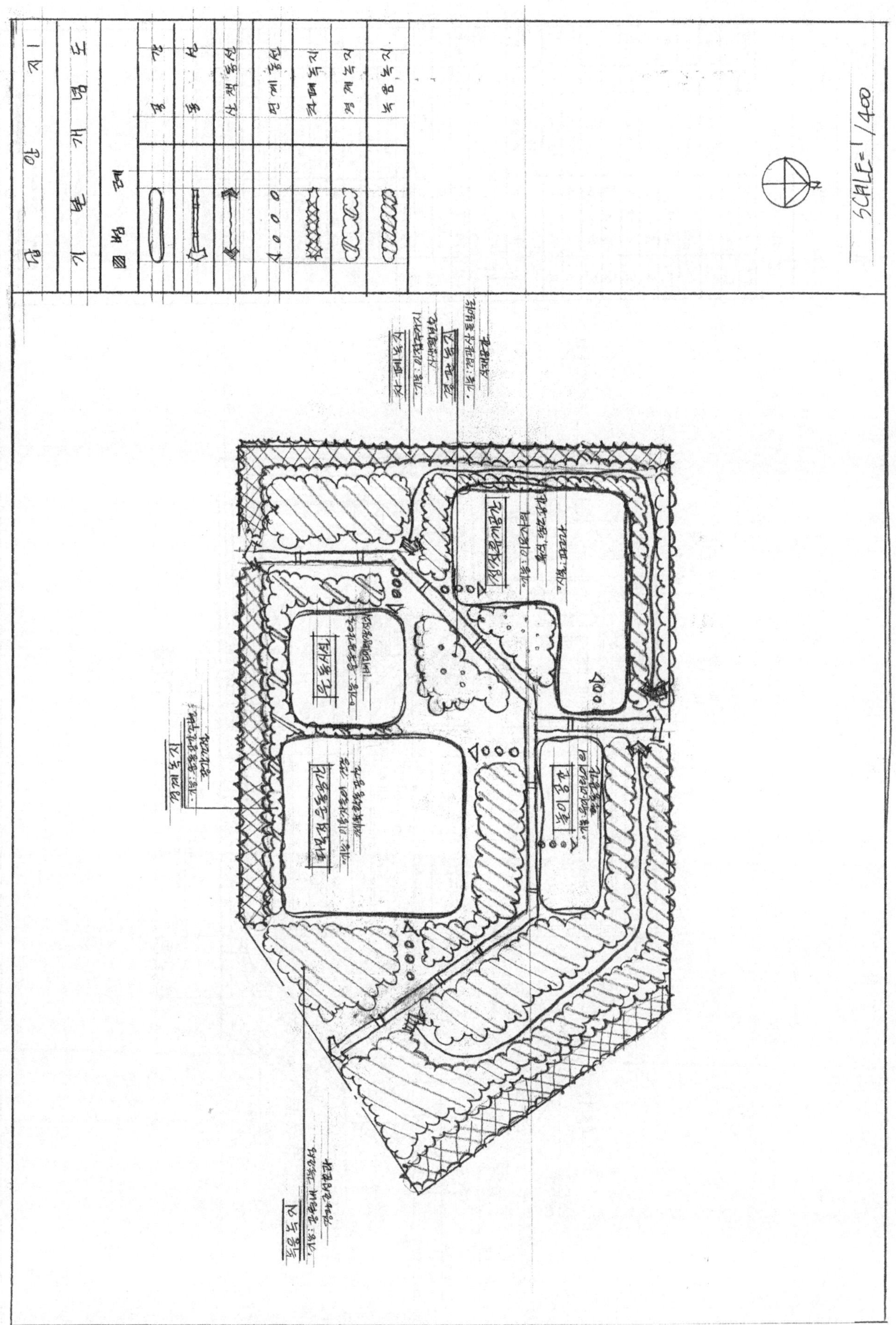
답 안 지
기 본 개 념 도
범 례
공 간
동 선
산 책 동 선
연 계 동 선
차 폐 녹 지
경 계 녹 지
녹 음 녹 지
경계녹지
녹음녹지
다목적운동공간
운동시설
정적휴게공간
놀이공간
차폐녹지
경관녹지
SCALE=1/400

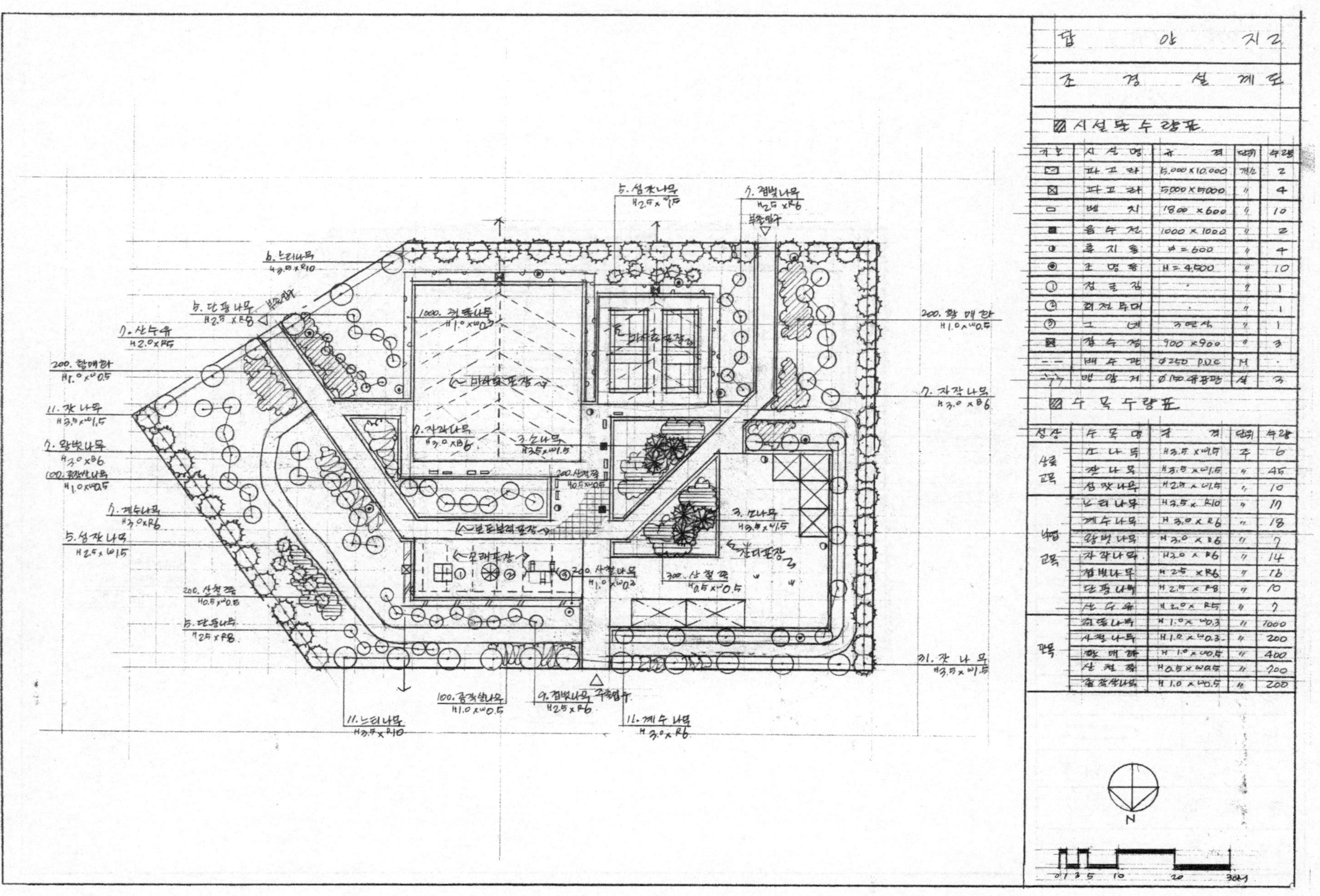
조 경 설 계 도
시설물수량표
기호 | 시설명 | 규격 | 단위 | 수량
파고라 | 5,000×10,000 | 개소 | 2
파고라 | 5000×5000 | 〃 | 4
벤치 | 1800×600 | 〃 | 10
음수전 | 1000×1000 | 〃 | 2
휴지통 | ϕ=600 | 〃 | 4
조명등 | H=4,500 | 〃 | 10
정글짐 | 〃 | 1
회전무대 | 〃 | 1
그네 | 3연식 | 〃 | 1
집수정 | 900×900 | 〃 | 3
배수관 | ϕ250 P.V.C | M
맹암거 | ϕ150 유공관 | 식 | 3
수목수량표
성상 | 수목명 | 규격 | 단위 | 수량
상록교목
소나무 | H3.5×W1.5 | 주 | 6
잣나무 | H3.5×W1.5 | 〃 | 45
섬잣나무 | H2.5×W1.5 | 〃 | 10
낙엽교목
느티나무 | H3.5×R10 | 〃 | 17
계수나무 | H3.0×R6 | 〃 | 18
왕벚나무 | H3.0×B6 | 〃 | 7
자작나무 | H3.0×B6 | 〃 | 14
겹벚나무 | H2.5×R6 | 〃 | 16
단풍나무 | H2.5×R8 | 〃 | 10
산수유 | H2.0×R5 | 〃 | 7
관목
회양나무 | H1.0×W0.3 | 〃 | 1000
사철나무 | H1.0×W0.3 | 〃 | 200
황매화 | H1.0×W0.5 | 〃 | 400
산철쭉 | H0.5×W0.5 | 〃 | 700
쥐똥나무 | H1.0×W0.5 | 〃 | 200
N
0 1 3 5 10 20 30M

26 근린공원 및 어린이놀이터설계 [조경산업기사 1999년, 2007년 기출]

1. 도면 I 은 근린공원의 계획부지이다. 주변환경과 부지내의 지형 등을 참고로하여 요구사항에 따라 주어진 트레이싱지에 도면을 작성하시오.

(1) 도면 I 을 축척 1 : 600으로 확대하여 설계할 것 (단, 확대된 도면에는 등고선은 그리지 않아도 됨)

(2) 확대된 도면에 다음 공간들을 수용하는 토지이용계획 구상개념도를 수립하고 그 공간내부에 해당되는 공간의 명칭을 기입하시오. (예 : 놀이공간)

① 수용하여야 할 공간

- 운동공간(축구장)(65m×100m) 1개소, 휴게공간(15×35m) 1-2개소
- 광장 2개소(포장광장(400m²) 1개소, 비포장광장(500m²) 1개소)
- 놀이공간(20×25m) 1개소, 수경공간(400m²) 1개소, 청소년회관공간(건폐면적 600m²) 1개소, 보존공간 1개소, 완충녹지공간(필요한 부분에 배치)

② 공간배치에 고려할 사항

- 축구장은 남북방향으로 배치한다.
- 수경공간은 지형등고선을 고려하여 굴착토량을 최소화하는 곳에 배치한다.
- 청소년 회관은 부지 서쪽의 상가지역과 인접하여 배치한다.
- 비포장 광장은 휴게공간, 수경공간과 인접하여 배치한다.
- 놀이공간은 주택가와 인접한 곳에 배치한다.

2. 도면 II 는 중부지방에 위치하는 어린이 놀이터의 부지이다. 아래의 조건을 참고로 주어진 트레이싱지에 기본설계도를 작성하시오.

(1) 도면 II 를 축척 1/200으로 확대하시오.

(2) 계획부지 면적을 산출하여 도면상단의 답란에 계산식과 면적을 쓰시오.

(3) 어린이 놀이시설 5종 이상을 배치하고 반드시 도섭지 1개소를 설치하시오.

(4) 휴게시설로 파고라 1개, 벤치 10개를 배치하시오.

(5) 식재지역은 부지 둘레를 따라 2m 이상의 폭으로 배치하시오.

(6) 필요한 곳에 모래, 자갈, 보도블록 등을 사용하고 도면상에 표시하시오.

(7) 수목의 명칭, 규격, 수량은 인출선을 사용하여 표기할 것

(8) 수종은 다음 중에서 선택하여 사용하되 계절의 변화감을 고려하여 10종 이상을 사용할 것
"은행나무, 후박나무, 아왜나무, 느티나무, 왕벚나무, 아카시아, 단풍나무, 동백, 잣나무, 측백나무, 쥐똥나무, 산철쭉, 협죽도, 호랑가시나무, 수수꽃다리, 잔디, 맥문동, 마삭줄."

(9) 도면 우측여백에 시설물과 식재수목의 수량표를 표시하시오.

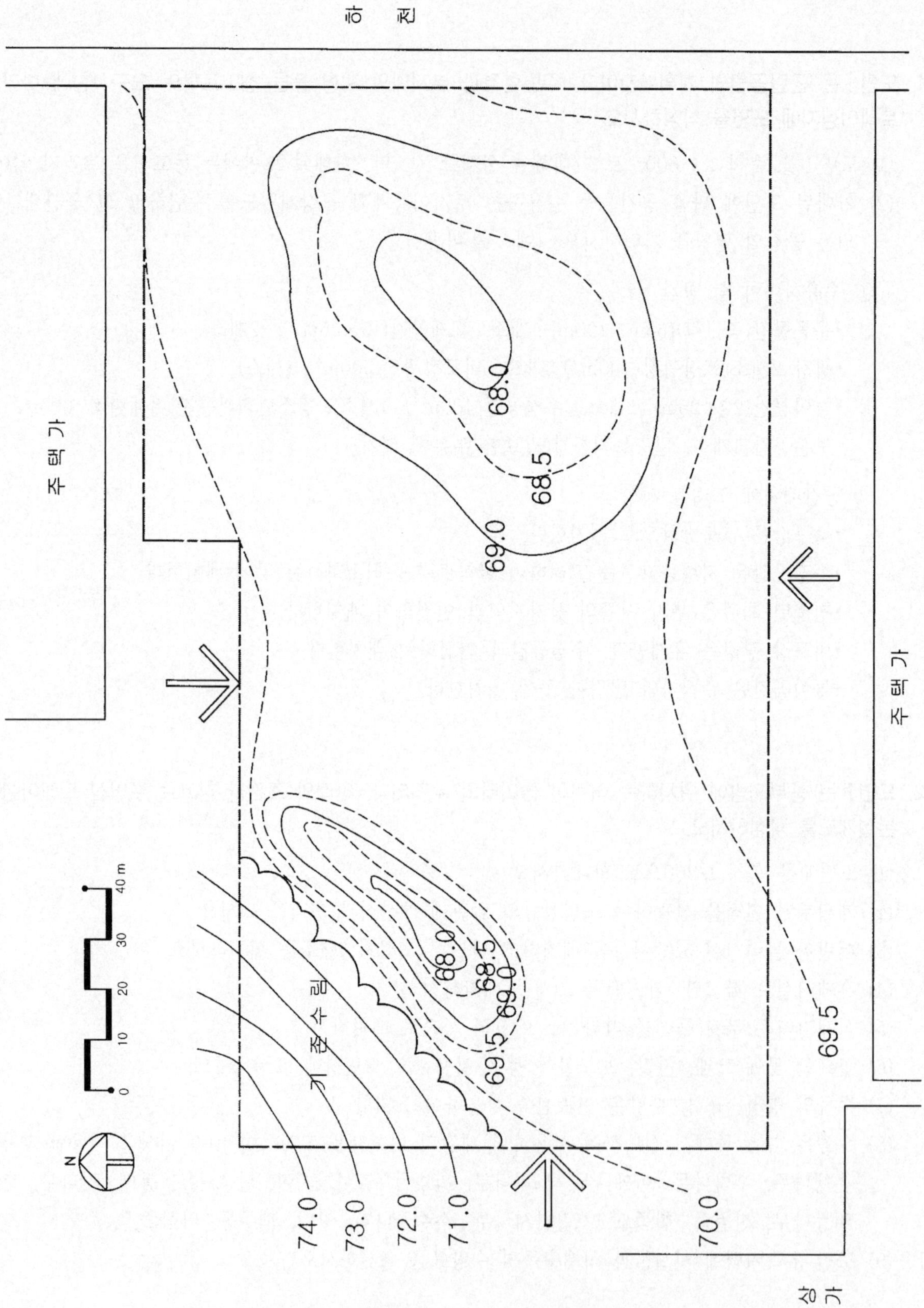

하천
주택가
주택가
상가
기존수림
68.0
68.5
69.0
68.0
68.5
69.0
69.5
69.5
74.0
73.0
72.0
71.0
70.0
0 10 20 30 40 m
N

< 현황도면 1 >

<현황도면 2>

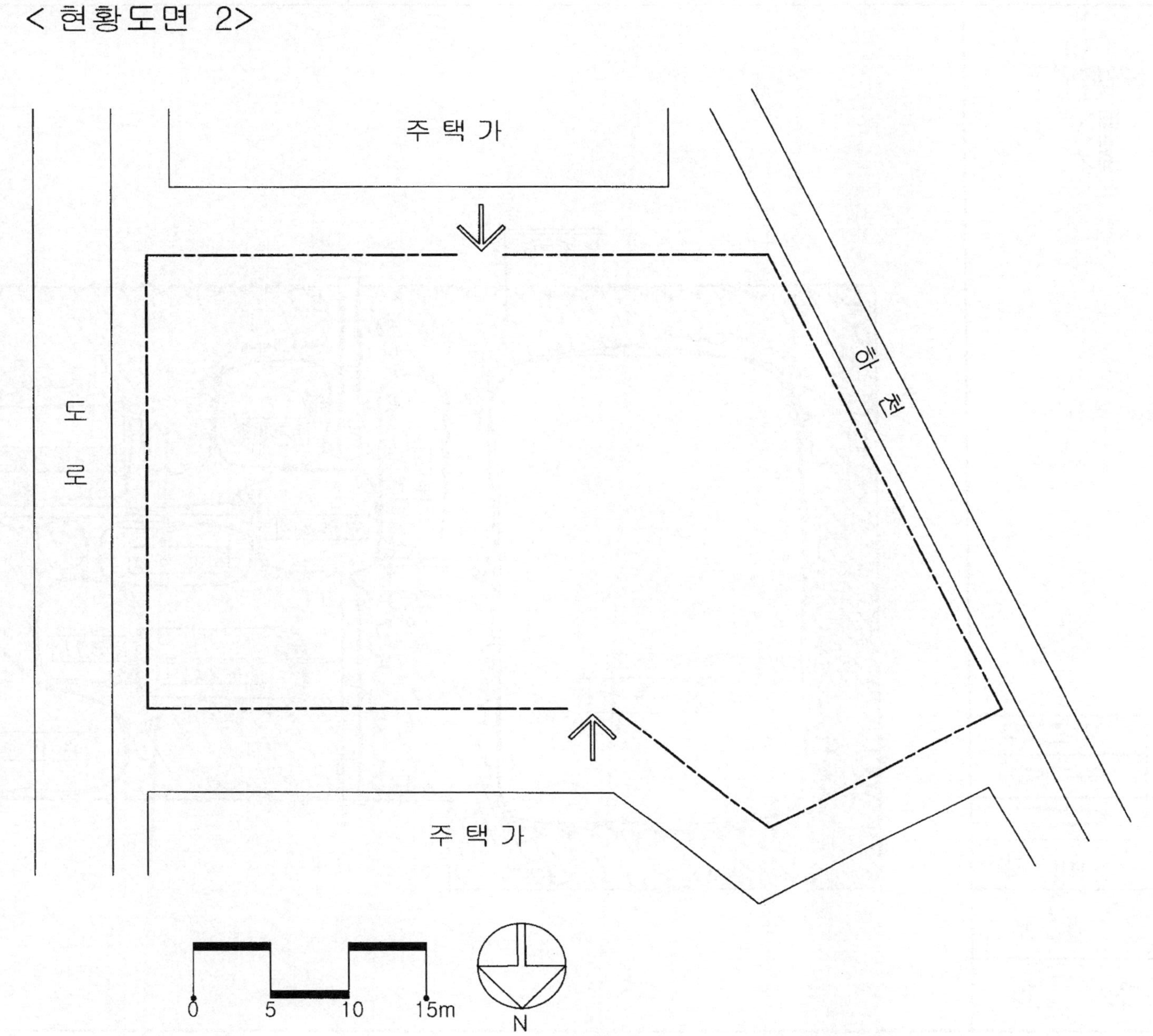

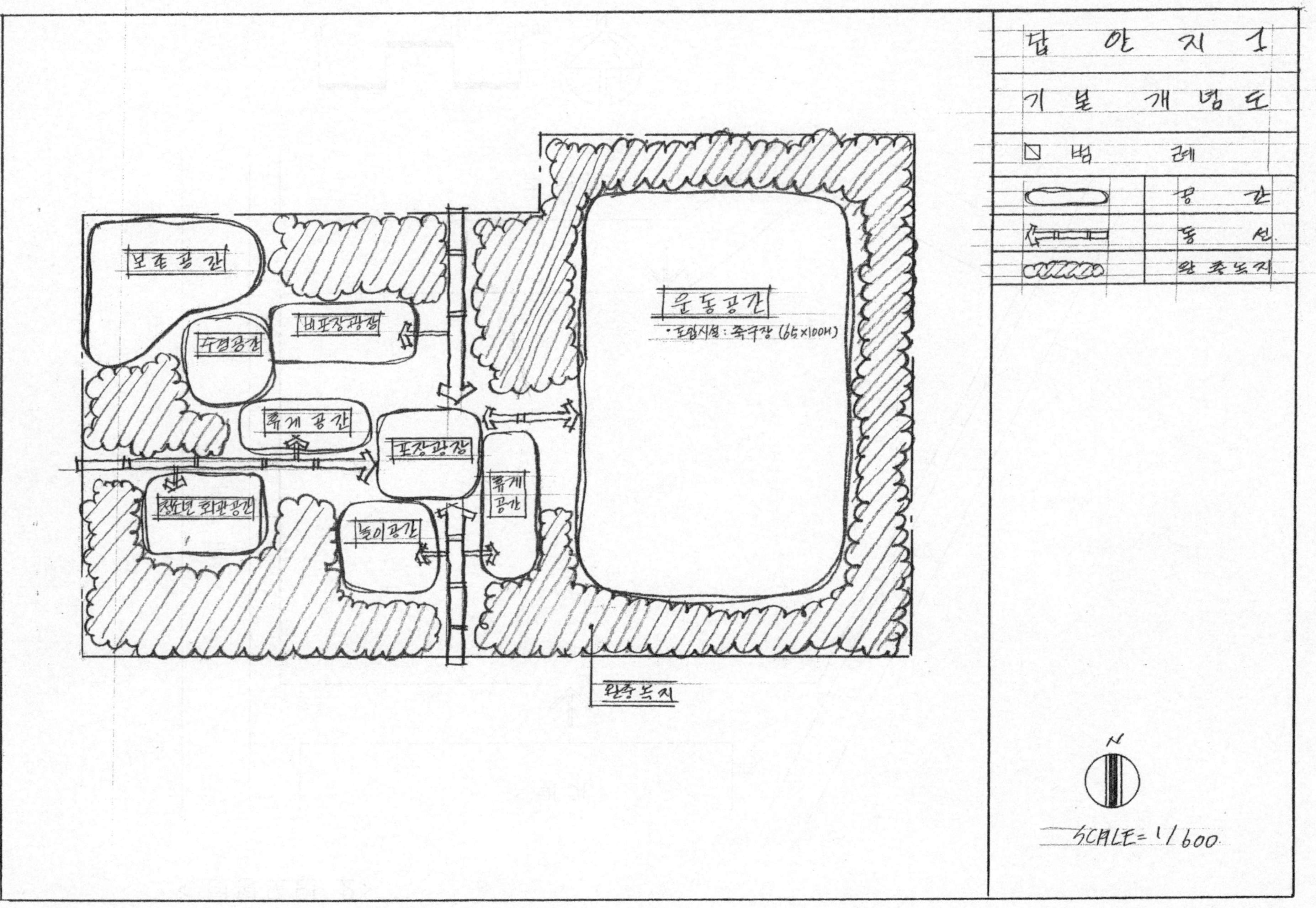
답 안 지 1
기 본 개 념 도
범 례
공 간
동 선
완 충 녹 지
운동공간
• 도입시설 : 축구장 (65×100M)
보존공간
수경공간
비포장광장
휴게 공간
포장광장
휴게 공간
청소년 회관공간
놀이공간
완충녹지
N
SCALE=1/600

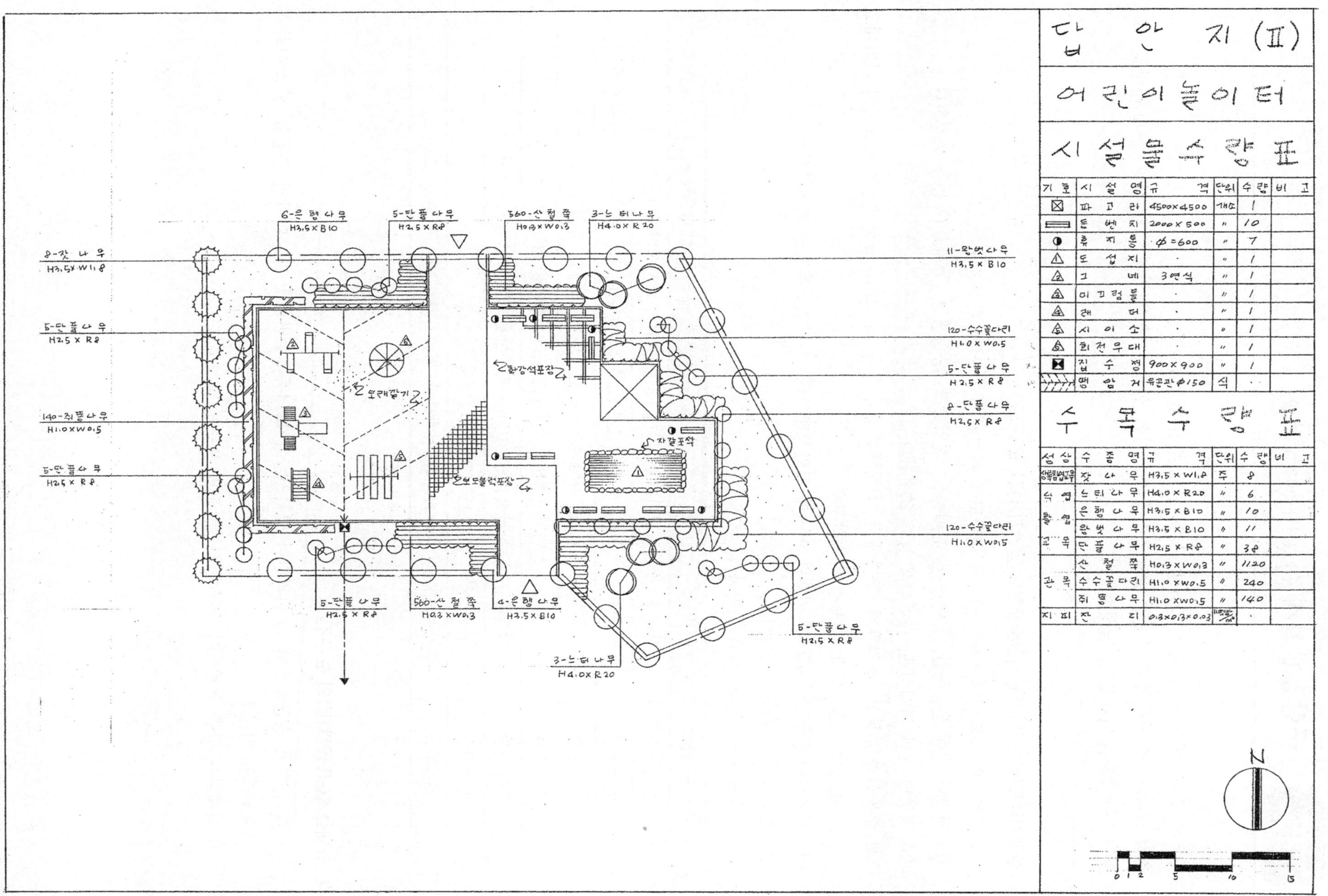
답 안 지 (Ⅱ)
어린이놀이터
시설물수량표
기호 | 시설명 | 규격 | 단위 | 수량 | 비고
파고라 | 4500×4500 | 개소 | 1
평벤치 | 2000×500 | 〃 | 10
휴지통 | φ=600 | 〃 | 7
모래밭 | · | 〃 | 1
그네 | 3연식 | 〃 | 1
미끄럼틀 | · | 〃 | 1
래더 | · | 〃 | 1
시이소 | · | 〃 | 1
회전무대 | · | 〃 | 1
집수정 | 900×900 | 〃 | 1
맹암거 | 유공관φ150 | 식 | ·
수목수량표
성상 | 수종명 | 규격 | 단위 | 수량 | 비고
잣나무 | H3.5×W1.8 | 주 | 8
느티나무 | H4.0×R20 | 〃 | 6
은행나무 | H3.5×B10 | 〃 | 10
왕벚나무 | H3.5×B10 | 〃 | 11
단풍나무 | H2.5×R8 | 〃 | 38
산철쭉 | H0.3×W0.3 | 〃 | 1120
수수꽃다리 | H1.0×W0.5 | 〃 | 240
쥐똥나무 | H1.0×W0.5 | 〃 | 140
지피 | 잔디 | 0.3×0.3×0.03 | ·
6-은행나무 H3.5×B10
5-단풍나무 H2.5×R8
560-산철쭉 H0.3×W0.3
3-느티나무 H4.0×R20
8-잣나무 H3.5×W1.8
5-단풍나무 H2.5×R8
140-쥐똥나무 H1.0×W0.5
5-단풍나무 H2.5×R8
11-왕벚나무 H3.5×B10
120-수수꽃다리 H1.0×W0.5
5-단풍나무 H2.5×R8
8-단풍나무 H2.5×R8
120-수수꽃다리 H1.0×W0.5
5-단풍나무 H2.5×R8
560-산철쭉 H0.3×W0.3
4-은행나무 H3.5×B10
5-단풍나무 H2.5×R8
3-느티나무 H4.0×R20
화강석포장
모래깔기
보도블럭포장
자갈포설
N
0 1 2 5 10 15

27 근린공원설계 [조경기사 2003년 기출]

※다음은 중부지방의 도시 내에 위치한 근린공원의 부지 현황도이다.

축척 1/200으로 확대하고 주어진 요구조건을 반영시켜 설계개념도(답안지Ⅰ)와 시설물배치도(답안지Ⅱ) 및 식재설계도(답안지Ⅲ)을 작성하시오.

1. 설계개념도(답안지Ⅰ)와 시설물배치도(답안지Ⅱ)의 요구조건

(1) 근린공원 내의 진출·입은 반드시 현황도에 지정된 곳(4곳)에 한정한다.

(2) 적당한 곳에 운동공간, 놀이공간, 휴게공간, 진입광장, 중앙광장, 녹지공간 등을 조성한다.

(3) 적당한 곳에 경계식재, 차폐식재 등을 조성한다.

(4) 주동선과 부동선, 진입관계, 공간배치, 식재개념배치 등을 개념도의 표현기법을 사용하여 나타내고 각 공간의 명칭, 성격, 기능을 약술하시오.

(5) 시설물배치도(답안지Ⅱ)의 범례란 여백에 자연생태 연못의 단면상세도를 작성하시오.

(6) 빈공간에 범례를 작성하시오.

(7) 공간별 요구시설은 다음과 같다.

구 분	배치위치	시설명, 규격 및 배치수량
운동공간	북서측	길거리농구장(10×20m)1면, 배드민턴장(13×7m)1면
놀이공간	남동측	4연식 그네 1조, 2연식 미끄럼대 1조 등 놀이시설물 3종 이상
휴게공간	북동측	파고라(4×8m)2개소, 벤치 10개소, 휴지통, 음수전 등
수경공간	동측	자연생태형 연못(100m^2), 실개울 20m 이상
진입광장	남서측	화장실(5×10m), 수목보호대(1.5×1.5m), 벤치 등
중앙광장	부지 중앙부	파고라(4×8m), 벤치 등
녹지공간	부지경계부	차폐식재, 경계식재, 경관식재가 필요한 곳에 설치

2. 식재설계도(답안지Ⅲ)의 요구조건

(1) 각 공간의 경관과 기능을 고려하여 교목8종, 관목 4종, 수변식물 3종 이상의 수종을 선정하여 식재설계를 하시오.

(2) 식재한 수량을 집계하여 수목수량표를 도면 우측에 작성하시오.

설계를 위한 Tip

※생태연못

(1) 조성방법

① 생태연못의 형태는 가급적 부정형이면서 다양한 굴곡이 나타내도록 함

② 방수

- 방수가 필요가 없을 경우에는 점착성이 강한 진흙이나 논흙 등을 이용하여 습지를 조성
- 방수를 실시할 경우 벤토나이트, 방수시트를 이용하며, 피복토층은 진흙이나 논흙을 이용하면 생태적인 측면에서 바람직함

(2) 식물

① 수생식물 : 생육기의 일정기간에 식물체의 전체 혹은 일부분이 물에 잠기어 생육하는 식물로 생활형에 따른 수생식물을 분류하면 아래와 같다.

생활형	특 징	적절한 수심		예
정수식물 (추수식물)	뿌리를 토양에 내리고 줄기를 물 위로 내놓아 대기 중에 잎을 펼치는 수생식물	0~30cm	수심 20cm 이상	갈대, 부들, 줄, 창포 등
			수심 20cm 미만	물옥잠, 택사, 미나리 등
부엽식물	뿌리를 토양에 내리고 잎을 수면에 띄우는 수생식물	약 30~60cm		마름, 수련, 가래, 어리연꽃 등
침수식물	뿌리를 토양에 내리고 물속에서 생육하는 수생식물	약 45~190cm		말즘, 검정말, 물수세미 등
부수식물 (부유식물)	물위에 자유롭게 떠서 사는 수생식물			생이가래, 개구리밥 등

② 습생식물

- 습한 토양에서 생육하는 식물로서 통기조직이 발달되어있지 않아 장기간의 침수에 견딜 수 없는 초본 및 목본식물
- 적용식물 : 갯버들, 물억새, 물푸레나무, 낙우송, 버드나무, 오리나무

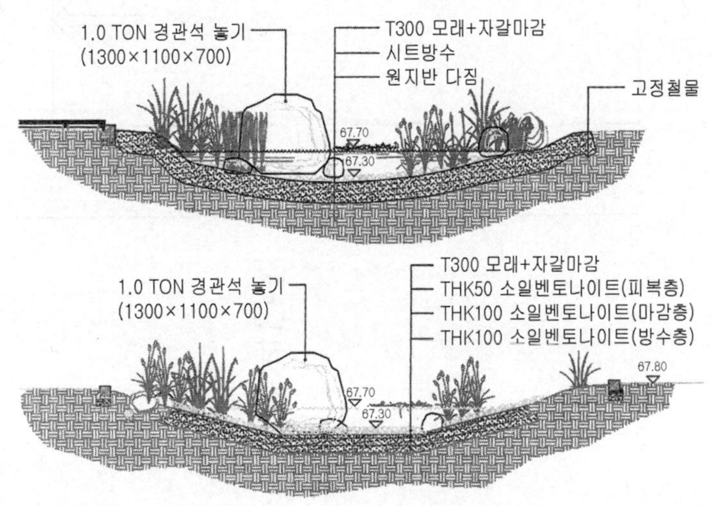

생태연못 단면상세도

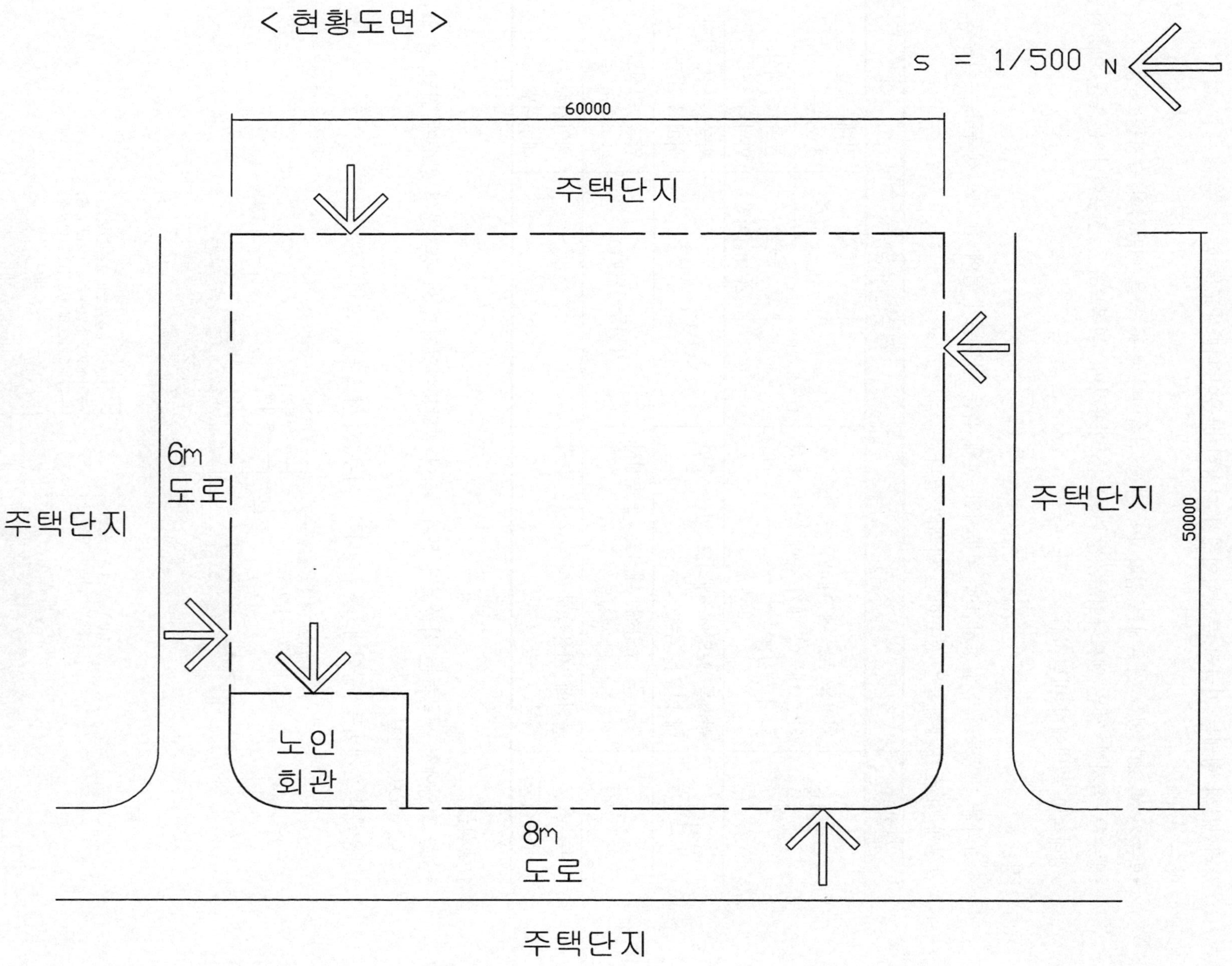

< 현황도면 >
S = 1/500
N
60000
주택단지
6m 도로
주택단지
주택단지
50000
노인회관
8m 도로
주택단지

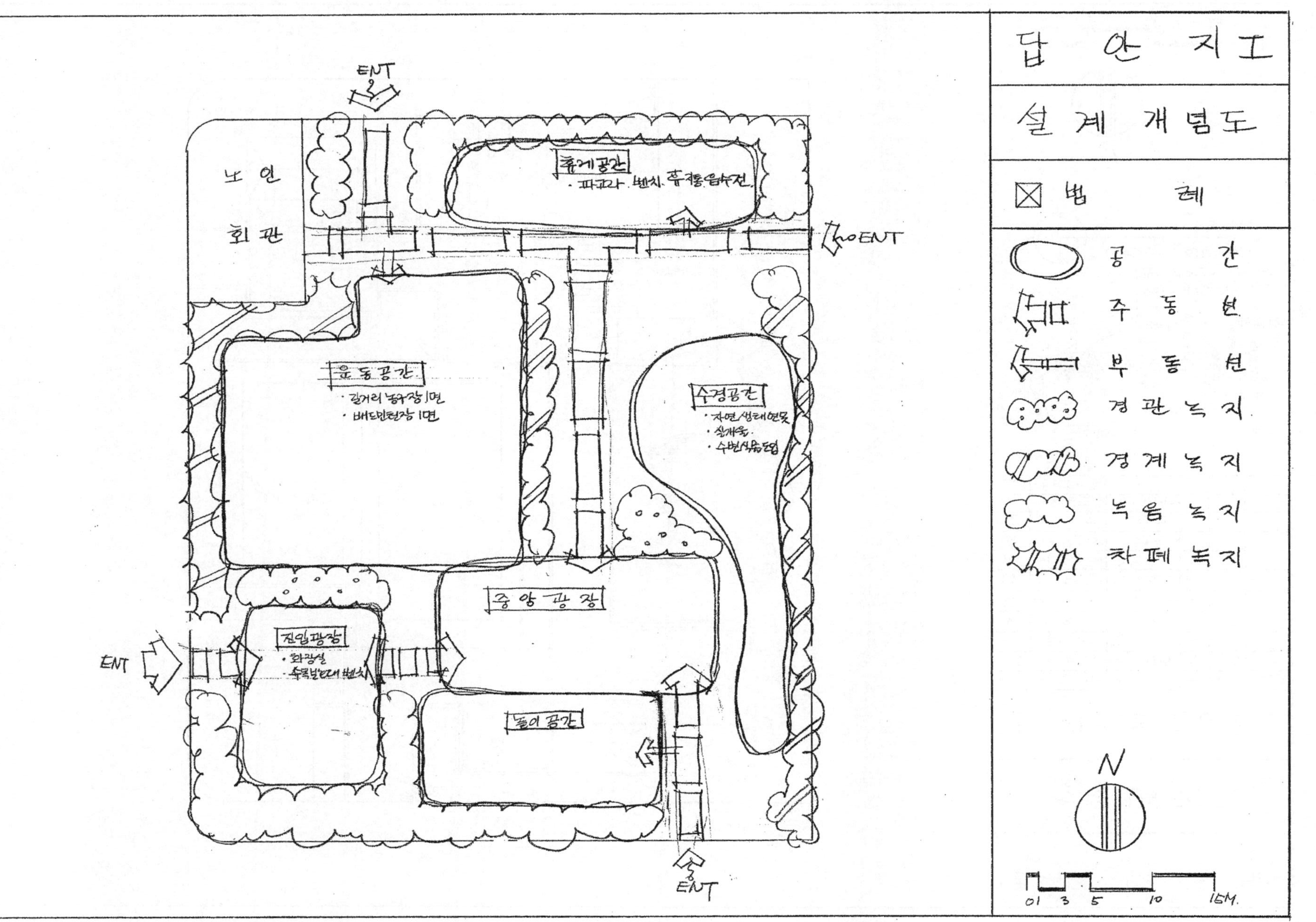
답안지 I
설계개념도
범례
공간
주동선
부동선
경관녹지
경계녹지
녹음녹지
차폐녹지
N
0 1 3 5 10 15M
노인
회관
휴게공간
· 파고라, 벤치, 휴지통, 음수전
운동공간
· 길거리 농구장 1면
· 배드민턴장 1면
수경공간
· 자연 생태 연못
· 실개울
· 수변식물 도입
중앙광장
진입광장
· 화장실
· 수목보호대 벤치
놀이공간
ENT
ENT
ENT
ENT

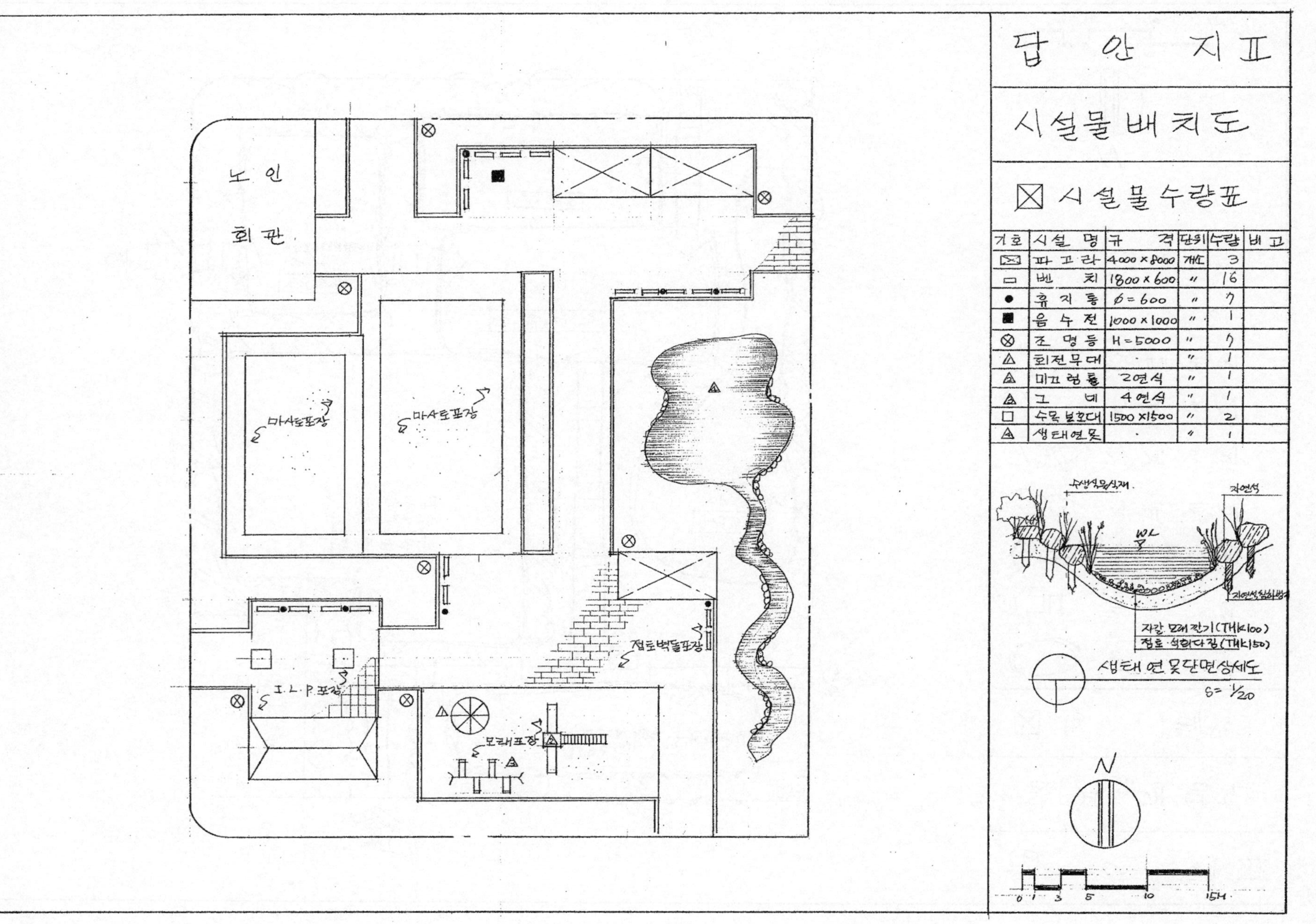

기호	시설명	규격	단위	수량	비고
⊠	파고라	4000×8000	개소	3	
▭	벤치	1800×600	〃	16	
●	휴지통	ϕ=600	〃	7	
■	음수전	1000×1000	〃	1	
⊗	조명등	H=5000	〃	7	
△	회전무대	·	〃	1	
△	미끄럼틀	2연식	〃	1	
△	그네	4연식	〃	1	
□	수목보호대	1500×1500	〃	2	
△	생태연못	·	〃	1	

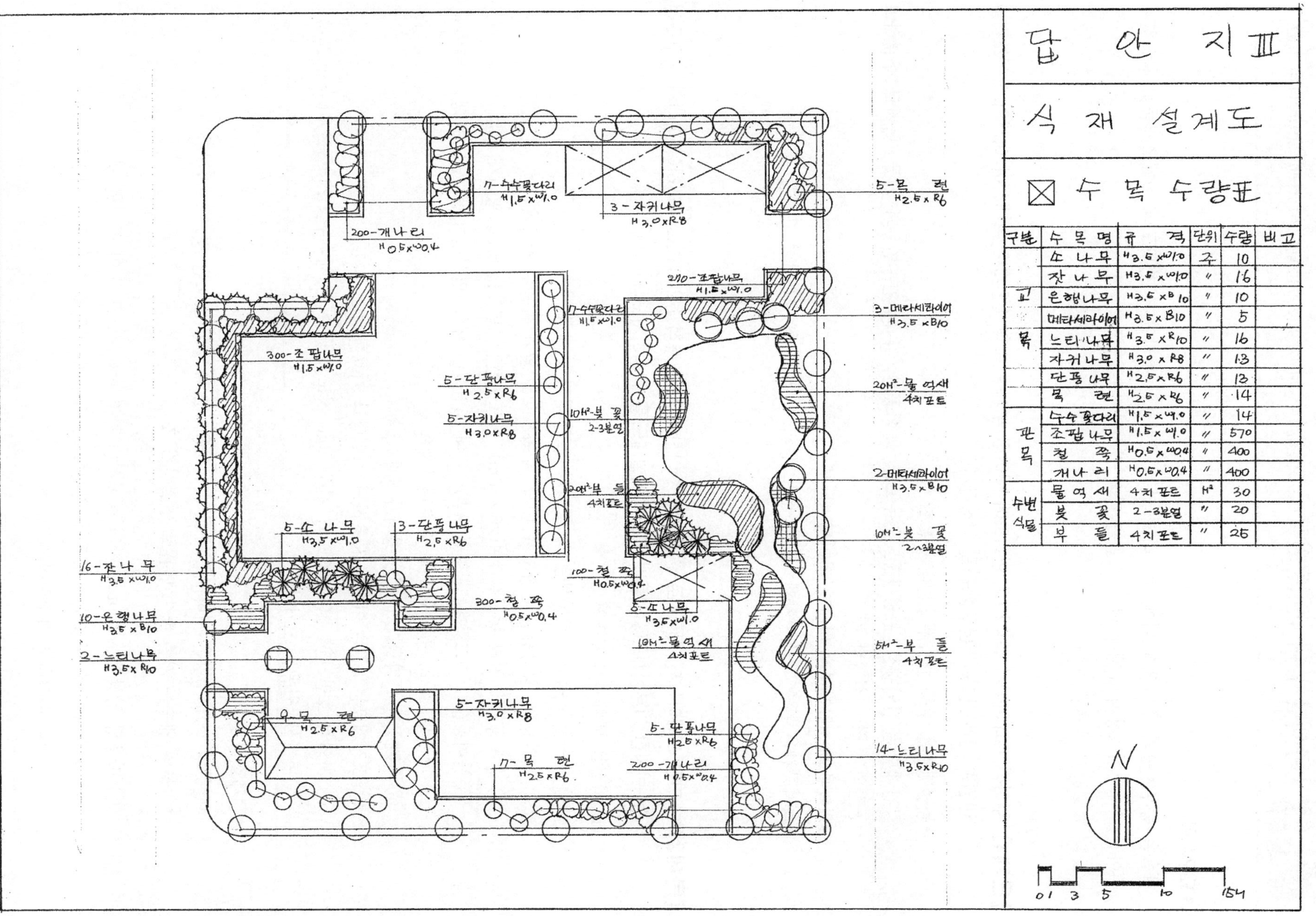

구분	수목명	규격	단위	수량	비고
교목	소나무	H3.5×W1.0	주	10	
	잣나무	H3.5×W1.0	〃	16	
	은행나무	H3.5×B10	〃	10	
	메타세콰이어	H3.5×B10	〃	5	
	느티나무	H3.5×R10	〃	16	
	자귀나무	H3.0×R8	〃	13	
	단풍나무	H2.5×R6	〃	13	
	목련	H2.5×R6	〃	14	
관목	수수꽃다리	H1.5×W1.0	〃	14	
	조팝나무	H1.5×W1.0	〃	570	
	철쭉	H0.5×W0.4	〃	400	
	개나리	H0.5×W0.4	〃	400	
수변식물	물억새	4치포트	m²	30	
	붓꽃	2-3분얼	〃	20	
	부들	4치포트	〃	25	

28 주택단지 내 근린공원설계[조경산업기사 2008(2회), 2009(2회), 2014(1회), 2019년(4회) 기출]

■ 요구사항

다음은 중부지방의 주택단지 내에 위치하고 있는 근린공원 부지이다. 현황도와 설계조건들을 참고하여 주어진 트레싱지 2장에 문제에 따른 도면을 각각 작성하시오.

[문제1] 주어진 트레이싱지 1매(Ⅰ)로 현황도에 주어진 부지를 축척 1/200로 확대하여 아래의 요구조건을 반영한 설계개념도(기본구상도)를 작성하시오.

- 동선개념은 주동선과 부동선을 구분할 것
- 공간개념은 진입광장, 중앙광장, 운동공간, 놀이공간, 휴게공간, 연못과 계류, 녹지로 구분하고 공간의 특성을 설명할 것
- 외곽부와 계류부분은 마운딩 처리를 할 것
- 녹지공간은 완충, 녹음, 차폐, 요점, 유도 등의 식재개념을 구분하여 표현할 것

[문제2] 주어진 트레이싱지 1매(Ⅱ)로 현황도에 주어진 부지를 축척 1/200으로 확대하여 아래의 요구조건을 반영한 기본설계도(시설물배치도+배식설계도)를 작성하시오.

(1) 시설물 배치도 설계조건

① 주동선은 폭4m, 부동선은 3m를 기본으로 하되 변화를 줄것

② 진입광장, 중앙광장 : 장의자 10개, 수목보호홀 덮개(녹음수 식재용)

③ 운동공간 : 거리 농구장 1면(20×10m), 배드민턴장 1면(14×6m), 평의자 6개

④ 놀이공간 : 미끄럼대(활주면 2면), 그네 (3연식), 시소(3연식), 철봉(3단), 평행봉, 놀이집, 퍼골라 1개소, 평의자 5개, 음수대 1개소

⑤ 휴게공간 : 파골라 1개소, 평의자 6개

⑥ 포장재료는 3종류 이상을 사용하되 재료명과 기호를 반드시 표기할 것

⑦ 자연형 호안 연못 100㎡정도와 계류 20m 정도 : 급수구, 배수구, 오버플로우(over flow), 펌프실, 월동용 고기집

■ 전제조건

- 연못의 소요 수량은 지하수를 개발하여 사용가능 수량이 확보된 것으로 가정함
- 연못의 배수는 기존 배수 맨홀로 연결시킬 것

⑧ 마운딩 정상부는 1.5m로 하되 등고선의 간격을 0.5m 로 하여 표기할 것

⑨ 도면 우측에 시설물 수량표를 작성하고, 도면의 여백을 이용하여 자연형 호안 단면도를 NON-SCALE로 작성하시오.

(2) 배식설계도 설계조건

① 문제 1의 평면기본구상도(계획개념도)와 시설물배치도의 내용을 충분히 반영할 것

② 수종은 교목 8종(유실수 2종 포함), 관목 6종, 수생 및 수변식물 3종 이상을 선정하여 사용규격을 정할 것

③ 부지 외곽지역과 필요한 부위에는 차폐식재를 하고, 상록교목으로 완충수림대를 조성할 것

④ 동선 주변과 광장, 휴게소에는 녹음수를 식재할 것

⑤ 출입구 주변은 요점, 유도 식재를 하고, 관목을 적절히 배치할 것

⑥ 인출선을 사용하여 수종명, 규격, 수량을 표기할 것

⑦ 도면 우측에 식물수량표를 시설물수량표 하단에 함께 작성할 것

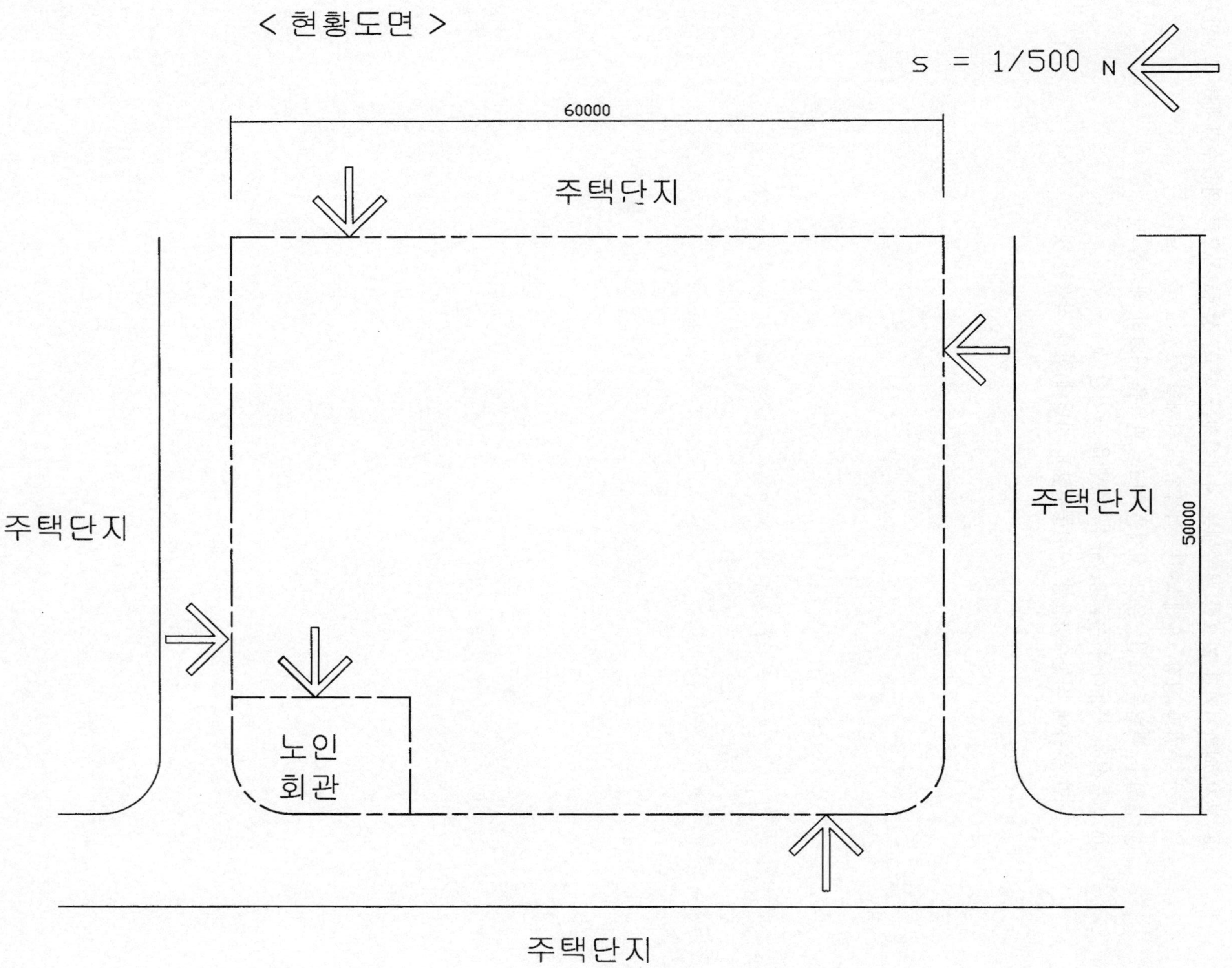

< 현황도면 >
S = 1/500
N
60000
주택단지
주택단지
주택단지
50000
노인
회관
주택단지

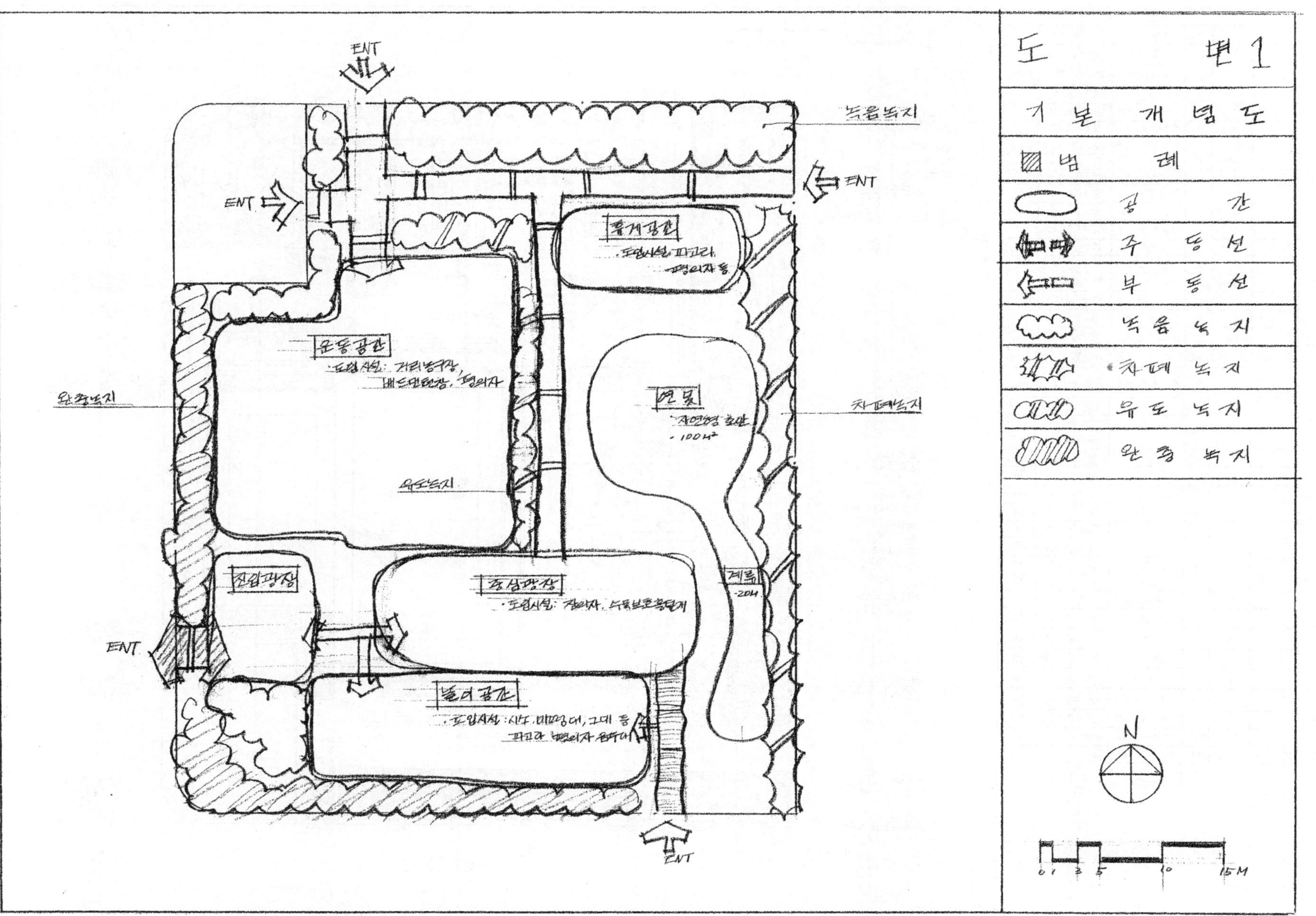

도면 1
기본개념도
범례
공간
주동선
부동선
녹음녹지
차폐녹지
유도녹지
완충녹지
휴게공간
운동공간
연못
진입광장
중심광장
놀이공간
계류
녹음녹지
차폐녹지
완충녹지
유도녹지
ENT
N
0 1 3 5 10 15M

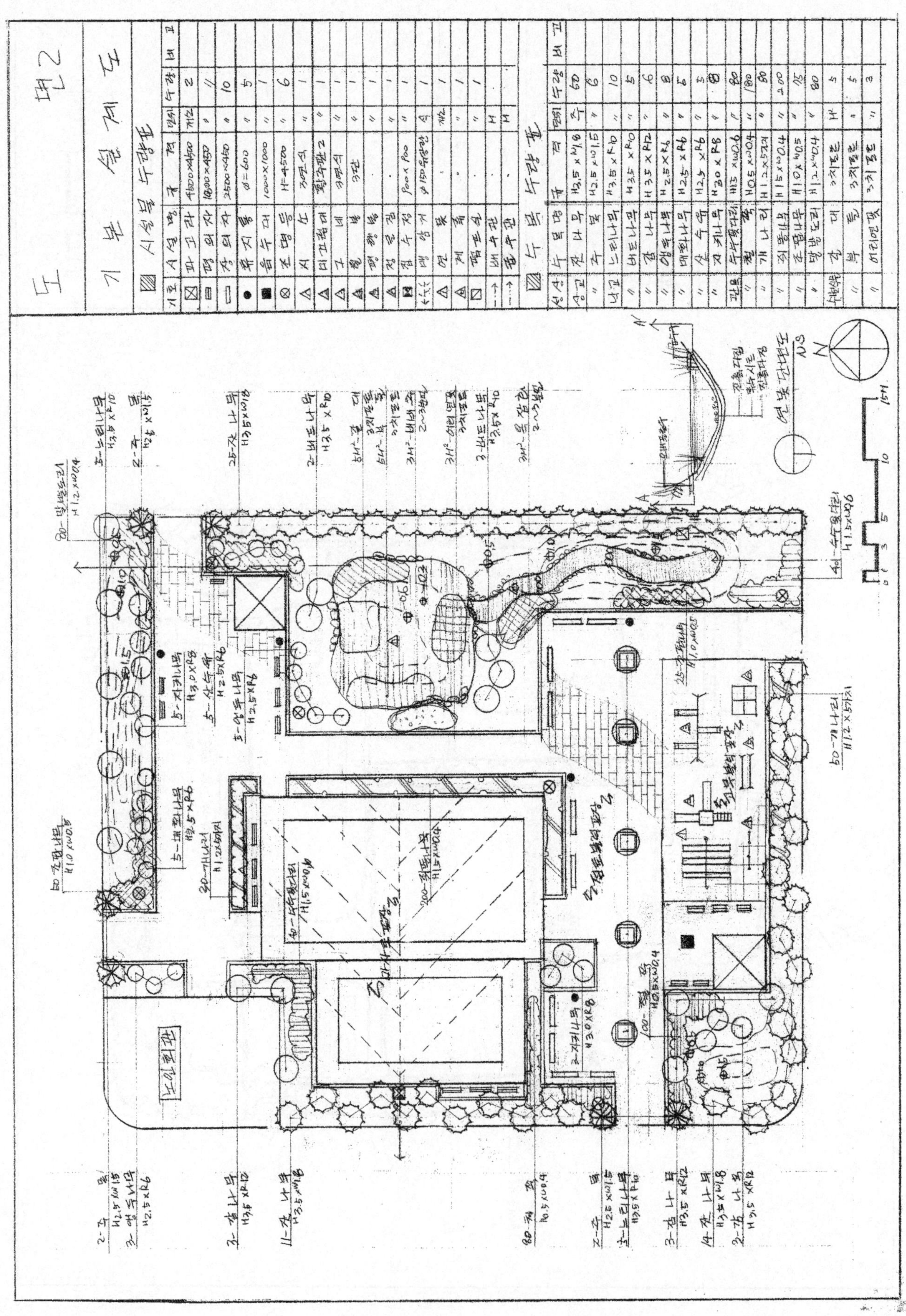

도면2
기본설계도

29 근린공원설계 [조경산업기사 2001년, 2005년, 2008년, 2022년(1회) 기출]

※현황도는 근린주구내에 조성되는 근린공원용 대지이다. 현황도의 내용과 다음의 설계조건을 참조하여 기본설계도, 설계개념도 및 단면도를 작성하시오.

1. 설계조건

구 분	배치위치	규 격	설계지침 및 배치시설
광장	남서	80m² 이상	많은 사람들이 집회 할 수 있고 다목적 이용이 가능한 디자인, 벤치, 휴지통 소수의 교목
휴식공간	북동	40m² 이상	파고라, 벤치, 휴지통, 음수전, 소수의 교목
놀이공간	남동	60m² 이상	미끄럼틀, 정글짐, 시소, 철봉, 평행봉, 그네, 회전무대 등 5종 이상
녹지	주변부	최소폭 2.0m 이상	시설지 주변부, 위요 분위기 형성, 중부이북지방수종 10종 이상 선택
기존수림			최대한 보존, 정자(전망대), 오솔길

2. 주어진 트레이싱지(Ⅰ)에 설계개념도(윗부분)와 단면도(아랫부분)를 작성하시오.

(1) 설계개념도 : 축척 1/200으로 하여 설계개념도 작성기법에 의하여 트레이싱지 상부에 개념도를 작성하시오. 계획고를 12.5m로 하여 기존수림 이외의 지역을 대상으로 평면이 되도록 등고선을 변경을 하되 변경등고선은 실선으로, 기존등고선은 점선으로 표현하시오.

(2) 단면도 : 기본설계를 마친 후 설계내용에 따라 현황도에서 표시하고 있는 A-A′ 단면도를 트레이싱지 아랫부분에 축척 1/100로 작성하시오.

(3) 면적산출 : 도면의 우측상단에 대지면적을 산식과 함께 기재하시오.

3. 주어진 트레이싱지(Ⅱ)에 기본설계도를 작성하시오.

현황도 및 설계조건을 참조하여 축척 1/100로 기본설계도를 작성하시오. 단, 녹지를 제외한 나머지 공간에는 공간성격에 맞는 각기 다른 바닥재료를 선택하여 설계하고, 외부환경으로부터 아늑하게 이용할 수 있도록 녹지를 배치하여 구상할 것이며, 배식 설계 후 인출선에 의한 수법으로 수목설계 내용을 표기하여 도면을 완성하고 도면의 우측 여백에 시설물과 식재수목의 수량표를 작성하시오.

<현 황 도 면>

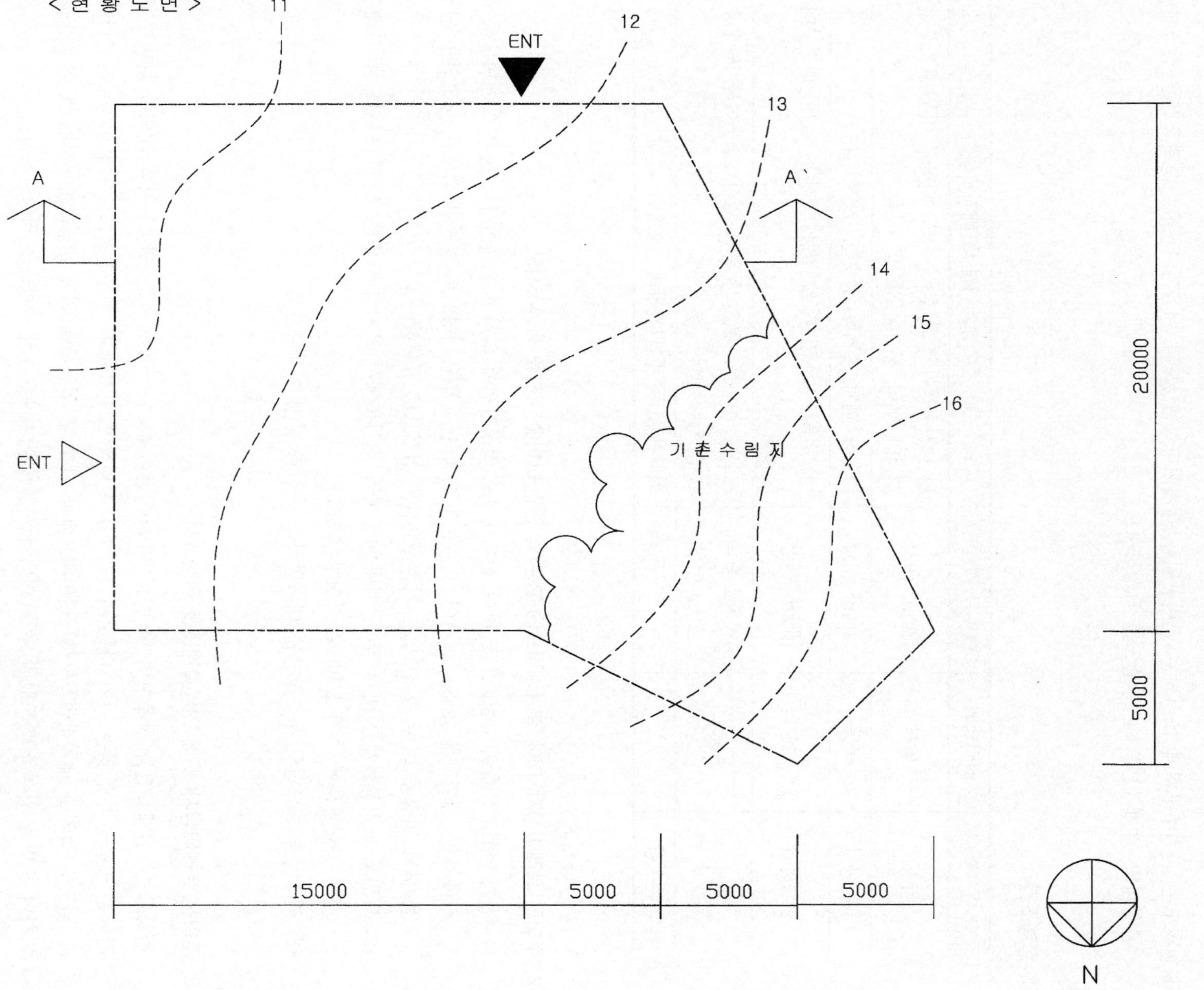
11
12
13
14
15
16
ENT
ENT
A
A`
기 존 수 림 지
20000
5000
15000
5000
5000
5000
N

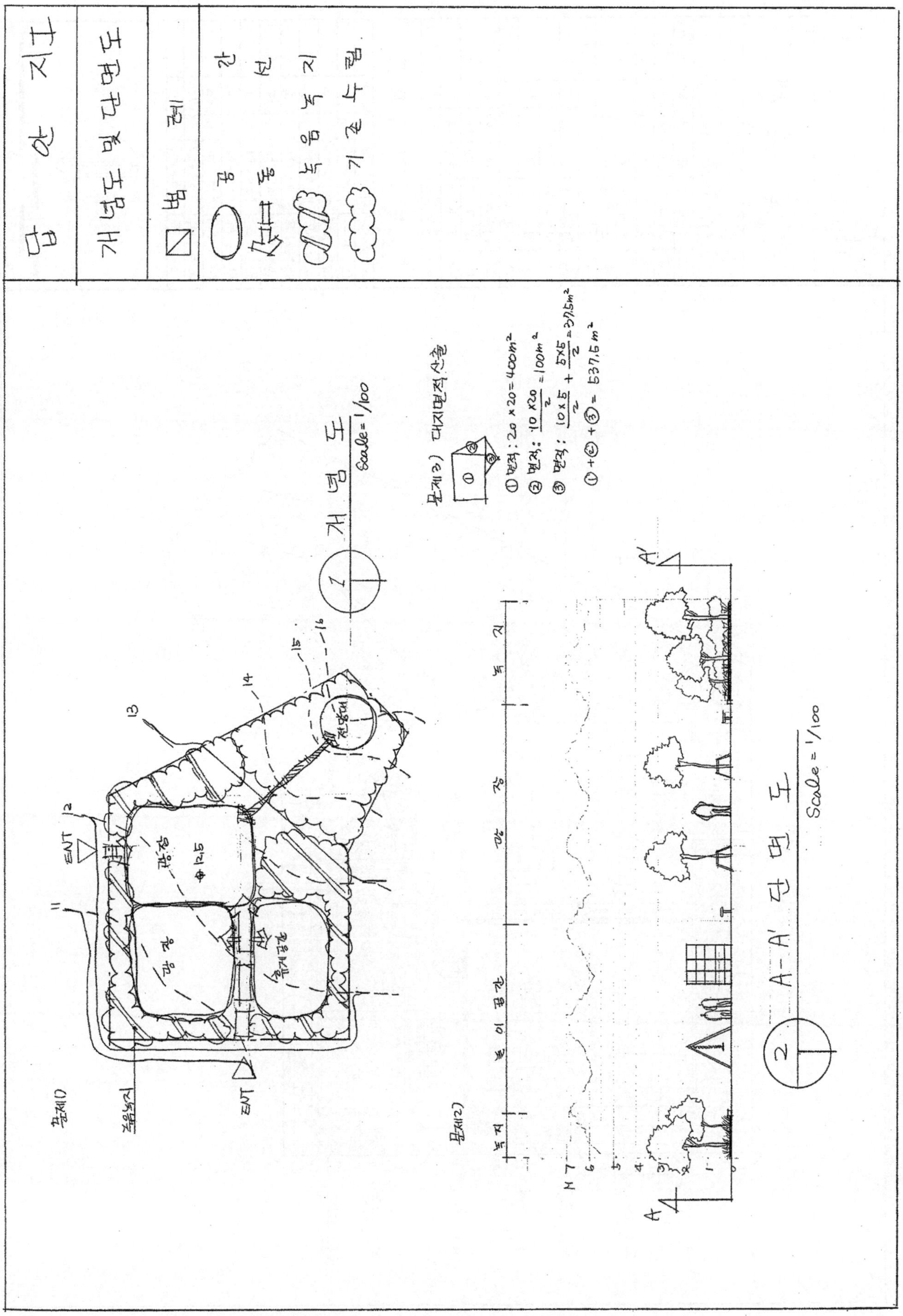

답 안 지

개념도 및 단면도

범 례

공 간

동 선

녹음녹지

기존수림

문제1)

11 ENT 12

녹음녹지

13

광장

광장

+12.5

ENT

14

휴게공간

15

16

전망대

① 개 념 도

Scale=1/100

문제3) 대지면적 산출

① 면적 : 20×20=400m²

② 면적 : $\frac{10\times20}{2}$ =100m²

③ 면적 : $\frac{10\times5}{2}$ + $\frac{5\times5}{2}$ =37.5m²

①+②+③= 537.5m²

문제2)

녹지 | 놀이공간 | 광 장 | 녹 지

M 7, 6, 5, 4, 3, 2, 1, 0

A | A'

② A-A' 단 면 도

Scale=1/100

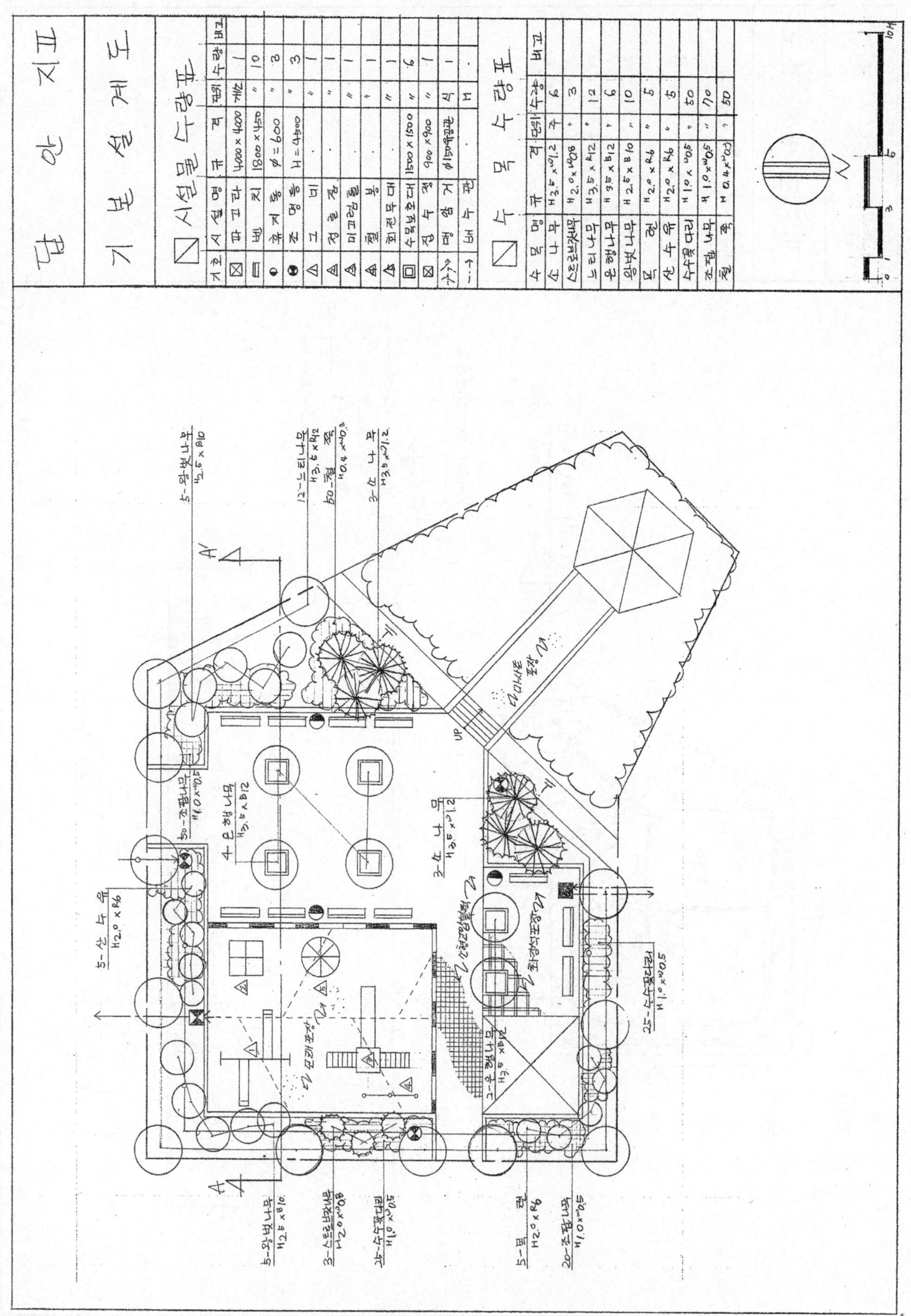
답안지표
기본설계도
시설물 수량표
수목 수량표

30 근린공원 [조경산업기사 2007년 기출]

제시된 현황도 중부지방 근린공원의 부지(60m×40m)이다. 현황도 부지의 북쪽, 서쪽으로는 주택가가 인접해 있으며 동쪽, 남쪽은 차로와 접하고 있다.

문제1. 축척 1/300으로 확대하여 주어진 요구조건을 반영시켜 설계개념도[답안지1]를 작성하시오.

문제2. 축척 1/200으로 확대하여 주어진 요구조건을 반영시켜 시설물배치 및 식재설계도[답안지2]를 작성하시오.

설계요구조건

(1) 동선계획시 진입구는 현황도에 표시된 3곳에 한정하고, 주동선의 폭은 5m 부동선의 폭은 3m로 하고 불필요한 동선은 계획하지 않는다.
(2) 어린이 놀이공간 (300m²이내) 은 정글짐, 철봉, 시소를 설치하고 맹암거를 설치한다.
(3) 휴식공간 (300m²)은 휴식과 수경공간의 복합공간으로서 벽천, 연못(자유면적)을 설치하고 연못 내에는 분수대를 설치한다.
(4) 운동공간 (650m²) 은 동쪽에 위치시키고 배구장 2조와 다목적 운동공간으로서 활용한다.
(5) 시설물은 장파고라 1개소, 음수전 2개소, 휴지통, 벤치 4개, 조명등 6개를 설치한다.
(6) 포장은 각 공간의 특성에 맞게 설치한다.
(7) 적당한 수종을 10수종 이상 선정하여 식재 설계를 하시오.
(8) 인출선을 사용하여 수종명, 수량, 규격을 표시하고, 식재한 수량을 집계하여 범례란에 수목수량표를 도면 우측에 작성하시오.

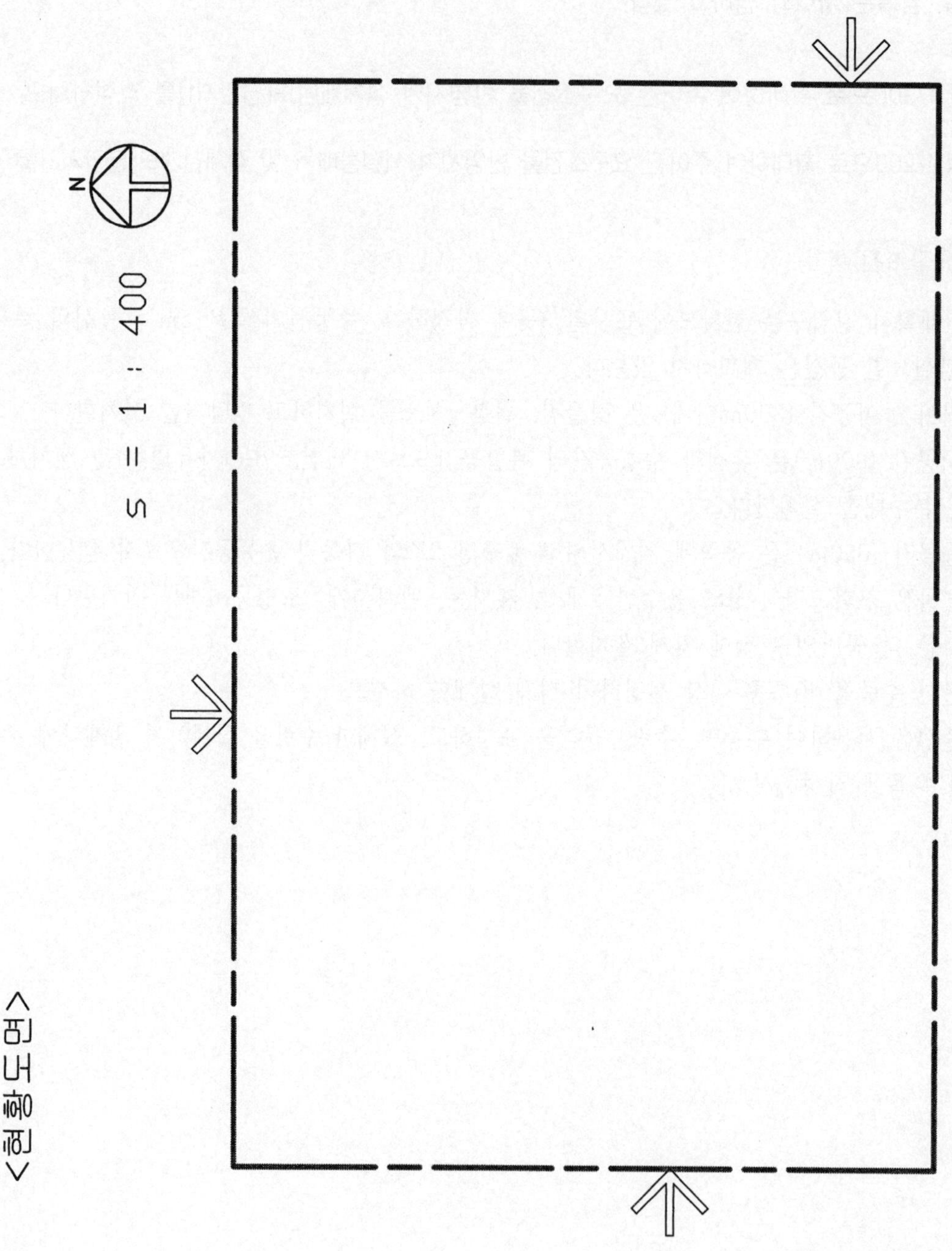
N
S = 1 : 400
<현황도면>

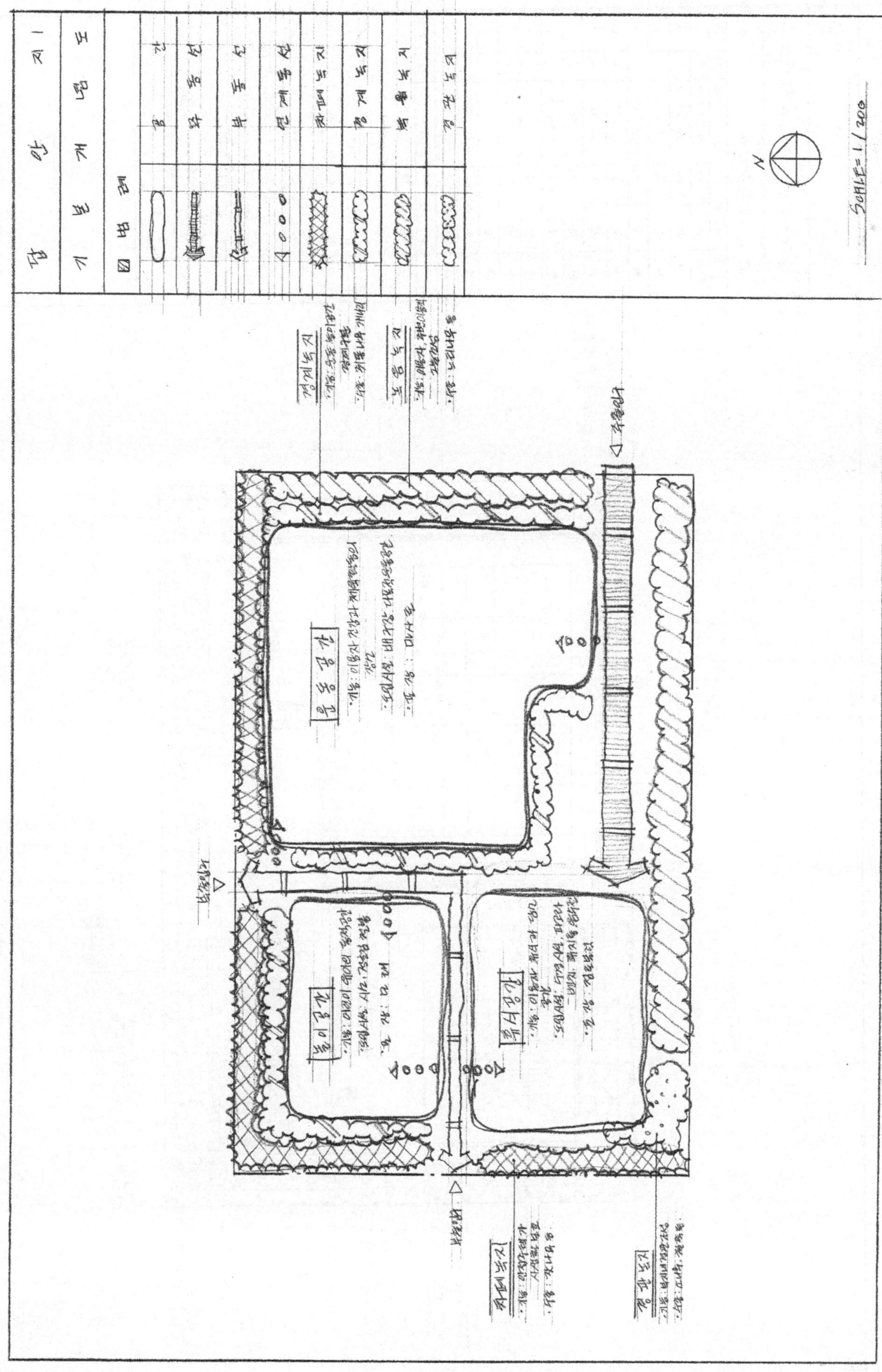

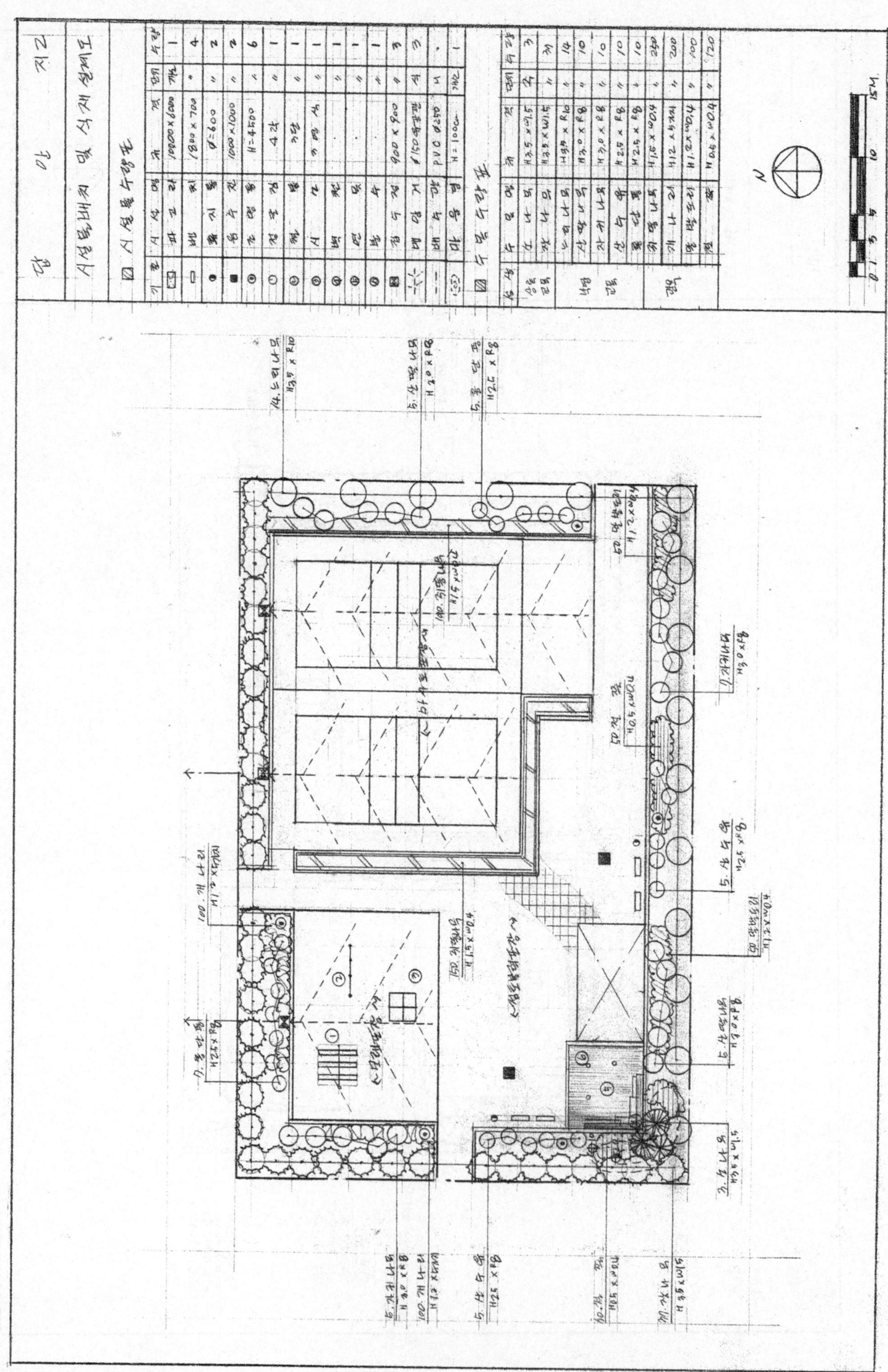

31 근린공원 [조경기사 2007년 기출]

■ 요구사항

다음은 중부지방에 위치한 주택지의 근린공원이다.

1. 아래의 조건을 참고하여 현황도를 축척 1/300로 확대하여 설계개념도를 작성하시오.[답안지1]
   (1) 주동선과 부동선을 구분하고 산책동선을 설계하시오.
   (2) 중앙광장, 운동공간, 놀이공간, 전망 및 휴게공간 등을 배치하시오.
   (3) 도로에 차폐식재(완충녹지대)를 계획하고, 경관, 유도, 차폐, 완충 등 식재개념을 표기하시오.

2. 아래의 요구조건을 참고하여 축척 1/300로 확대하여 시설물 배치도를 작성하시오.[답안지2]
   (1) 주동선을 남측 중앙(폭9m), 부동선은 동측(폭4m)설계하며, 주민들이 산책할 수 있는 산책로(폭 2m)를 배치하고, 이들이 서로 순환할 수 있도록 설계할 것
   (2) 중앙광장 : 높이 10.3m, 폭은 15m로 조성, 수목보호대(1m×1m) 설치
   (3) 전망 및 휴게공간 : 높이 14.5m, 주동선(정면)과 같은 축선상에 위치 할 것
   (4) 중앙광장에서 계단, 램프(Ramp)를 이용하여 접근할 수 있도록 설계할 것
   (5) 계단 (단높이 : 15cm, 단너비 : 30cm), 램프(경사도 14% 미만) (단, 계단과 램프는 붙여서 그린다.)
   (6) 운동공간 : 다목적 운동공간 (28m×40m), 배수시설을 설치
   (7) 놀이공간 : 시소(3연식), 그네(2연식), 미끄럼틀(활주판 2개), 철봉(4단), 정글짐, 회전무대 또는 조합놀이대 등 놀이시설 6개 배치, 배수시설 설치
   (8) 파고라(4m×4m) 2개소, 벤치는 20개소, 음수대 1개소 설치
   (9) 등고선은 점선으로 표기하고, 등고선 조작이 필요할 시 조작 가능
   (10) 정지로 생긴 경사면 1 : 1로 조절할 것
   (11) 도면의 우측여백에 시설물의 수량집계표를 작성할 것

3. 아래의 요구조건을 참고하여 축척 1/300으로 확대하여 배식설계도를 작성하시오.[답안지3]
   (1) 경사구간을 관목을 군식할 것
   (2) 도로와 인접한 곳은 완충 녹지대를 3m 이상 조성
   (3) 완충 녹지대는 상록 교목을 식재
   (4) 각 공간의 기능과 경관을 고려하여, 지역조건에 맞는 수목 12종 이상을 선정하되, 상록 : 낙엽의 비율이 3 : 7이 되도록 식재
   (5) 도면의 우측여백에 수목의 수량집계표를 작성할 것

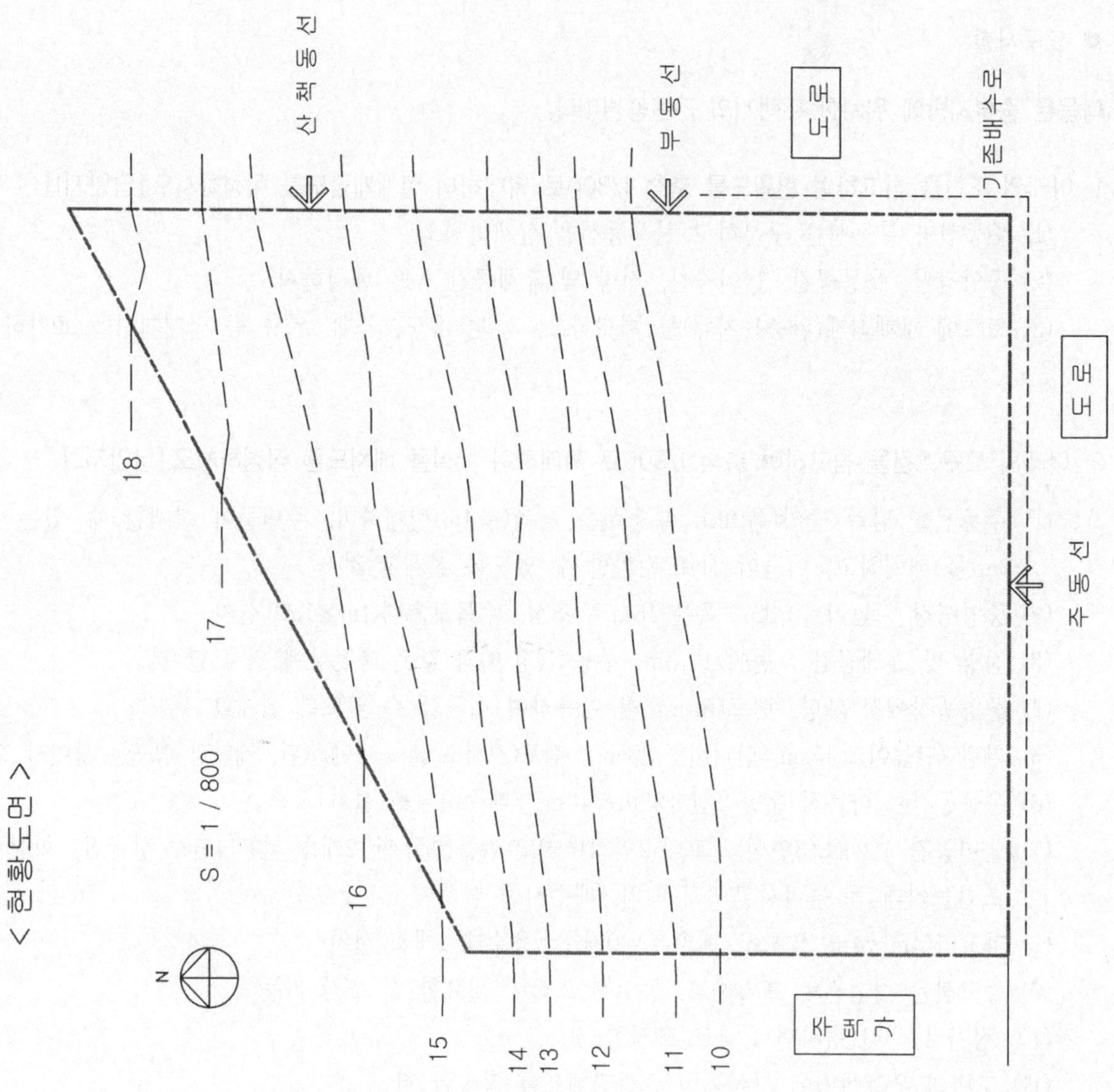
< 현황도면 >
S = 1 / 800
N
산책동선
부동선
도로
기존배수로
도로
주동선
주택가
18
17
16
15
14
13
12
11
10

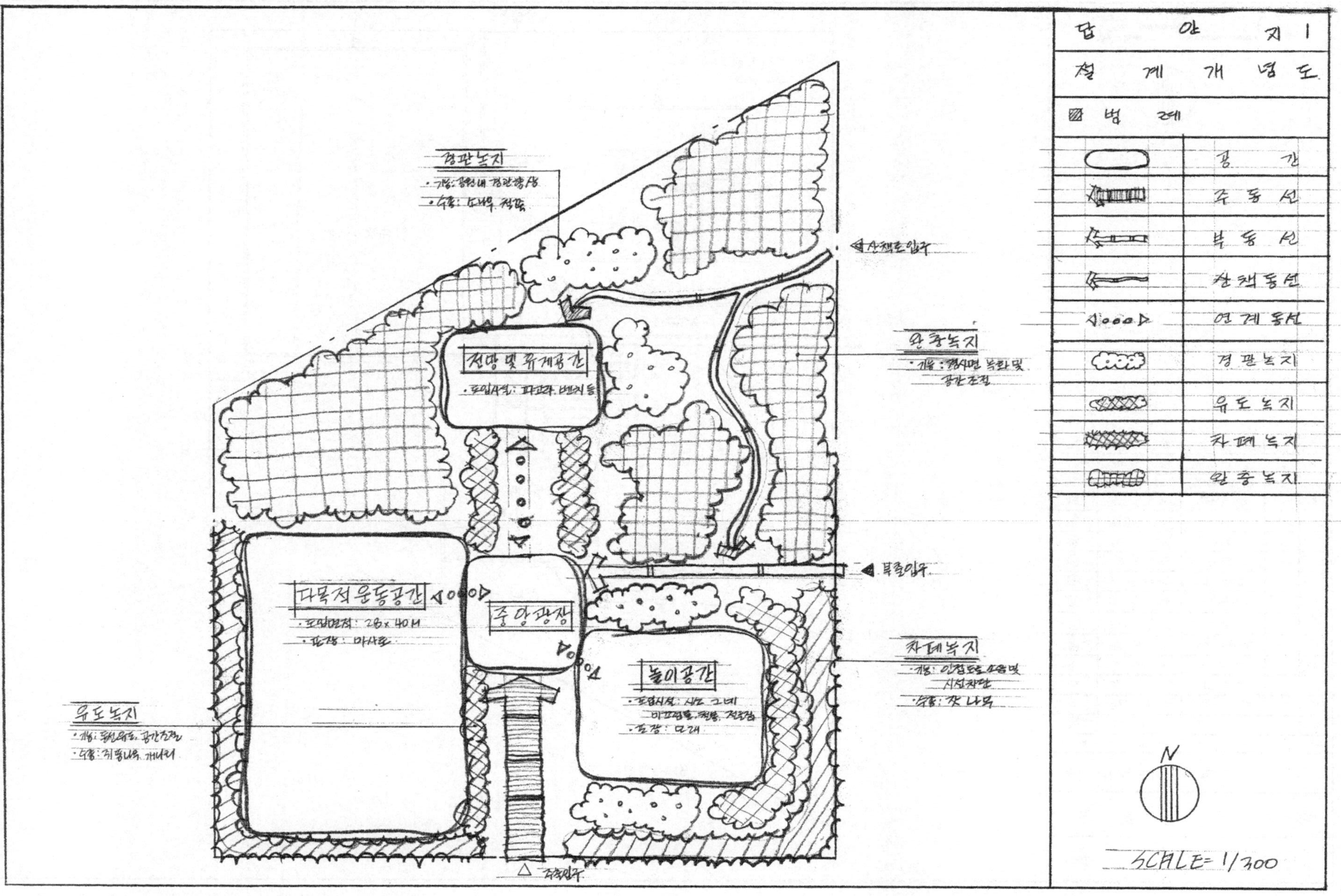
답안지 1
설계개념도
범례
공간
주동선
부동선
산책동선
연계동선
경관녹지
유도녹지
차폐녹지
완충녹지
SCALE=1/300
N
경관녹지
완충녹지
차폐녹지
유도녹지
전망 및 휴게공간
다목적운동공간
중앙광장
놀이공간
산책로입구
부출입구
주출입구

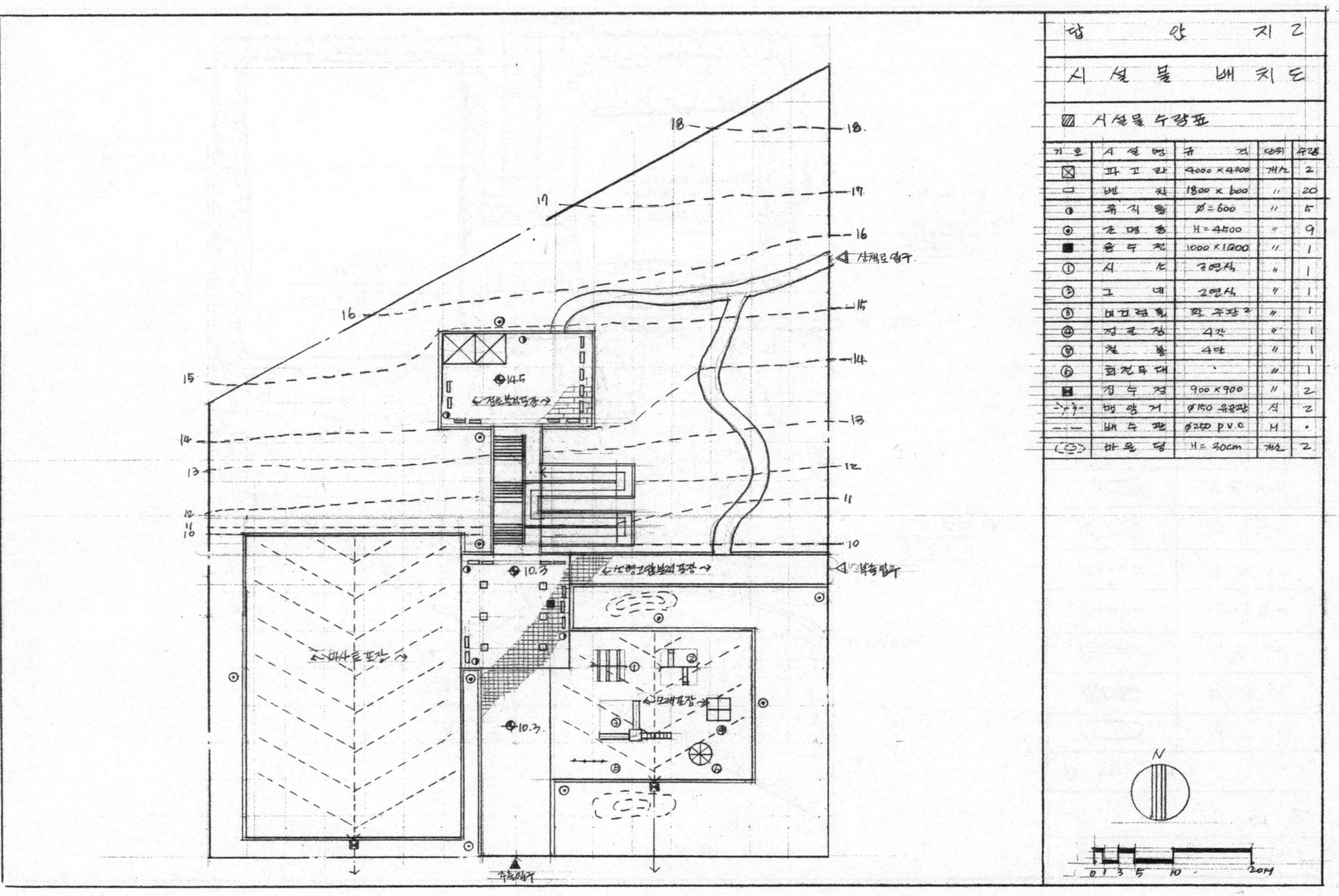
답안지 2
시설물배치도
시설물수량표
기호 | 시설명 | 규격 | 단위 | 수량
파고라 | 4000×4000 | 개소 | 2
벤치 | 1800×600 | 〃 | 20
휴지통 | Ø=600 | 〃 | 5
조명등 | H=4500 | 〃 | 9
음수전 | 1000×1000 | 〃 | 1
시소 | 3연식 | 〃 | 1
그네 | 2연식 | 〃 | 1
미끄럼틀 | 〃 | 1
정글짐 | 4각 | 〃 | 1
철봉 | 4단 | 〃 | 1
회전무대 | 〃 | 1
집수정 | 900×900 | 〃 | 2
맹암거 | Ø150 유공관 | 식 | 2
배수관 | Ø250 P.V.C | M
마운딩 | H=30cm | 개소 | 2
산책로입구
부출입구
주출입구
마사토포장
모래포장
N
0 1 3 5 10 20M

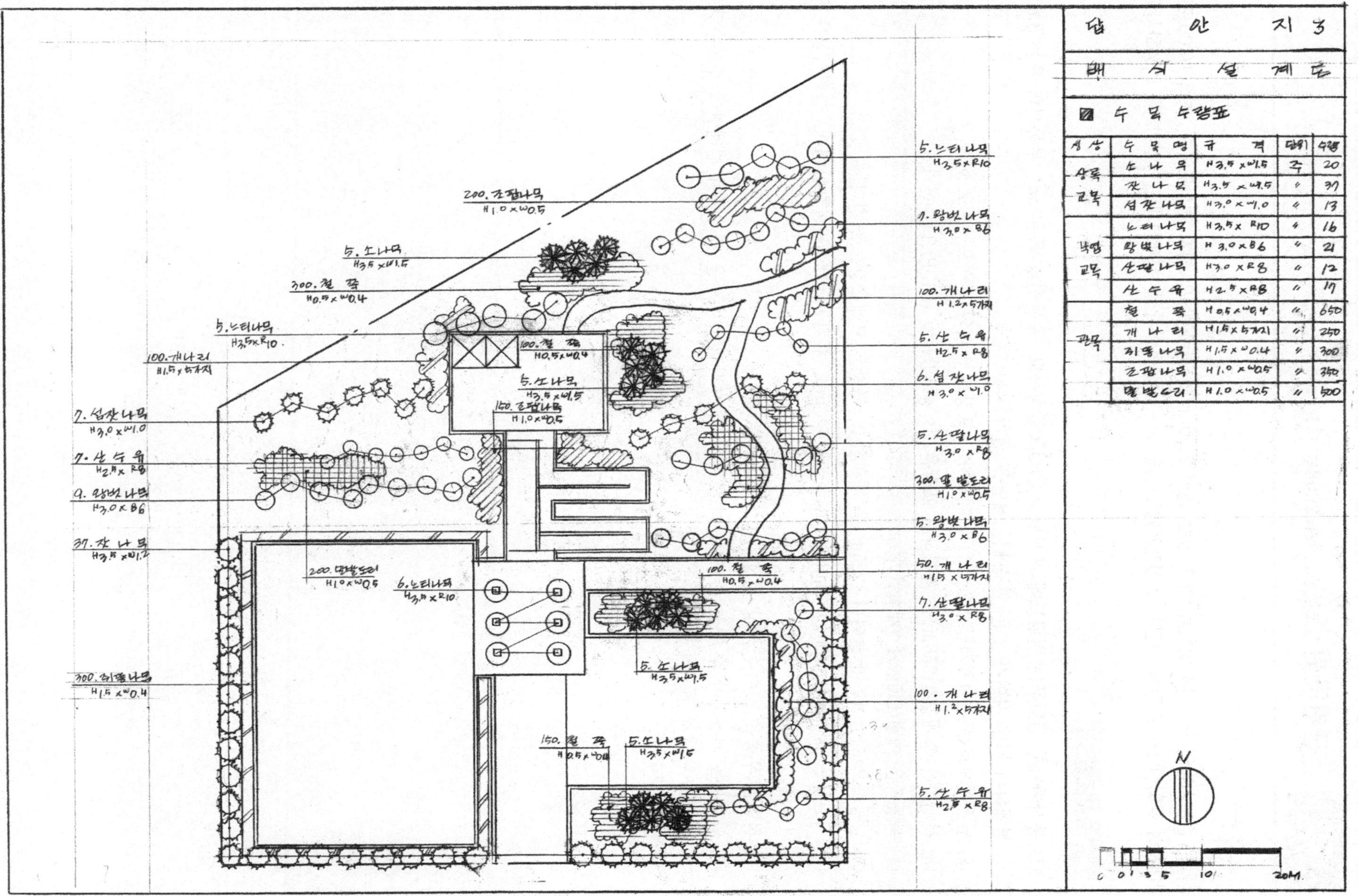

수목수량표

성상	수목명	규격	단위	수량
상록교목	소나무	H3.5×W1.5	주	20
	잣나무	H3.5×W1.5	〃	37
	섬잣나무	H3.0×W1.0	〃	13
낙엽교목	느티나무	H3.5×R10	〃	16
	왕벚나무	H3.0×B6	〃	21
	산딸나무	H3.0×R8	〃	12
	산수유	H2.5×R8	〃	17
관목	철쭉	H0.5×W0.4	〃	650
	개나리	H1.5×5가지	〃	250
	쥐똥나무	H1.5×W0.4	〃	300
	조팝나무	H1.0×W0.5	〃	350
	말발도리	H1.0×W0.5	〃	500

32 근린공원 [조경산업기사 2008년 기출]

다음은 중부지방의 도시 내 하천을 끼고 있는 면적 2,000㎡의 근린공원의 부지 현황도이다. 축척 1/200으로 확대하여 주어진 요구조건을 반영시켜 설계개념도[답안지1], 시설물배치 및 식재설계도[답안지2]를 작성하시오.

요구조건

(1) 동선계획시 진입구는 현황도에 표시된 3곳으로 한정하고, 주동선의 폭은 5m, 부동선의 폭은 3m로 설계하며 레벨 차이가 있는 입구에는 계단을 설치한다.

(2) 남서쪽으로는 정적휴게공간(280㎡)을 계획하고 포장은 잔디와 판석포장으로 한다.

(3) 북서쪽은 휴게공간(250㎡)을 계획하고 포장은 소형고압블럭 (I.L.P)으로 한다.

(4) 북동쪽은 매점(150㎡)을 계획한다.

(5) 남동쪽으로는 어린이 놀이터 (225㎡)를 계획하고, 포장은 모래포장으로 한다.

(6) 시설물은 장파고라 2개(10×6m), 파고라 3개(4×4m), 휴지통 5개, 빗물받이 4개, 놀이시설은 임의로 설치한다.

(7) 적당한 수종을 10수종 이상 선정하여 식재설계를 하시오.

(8) 인출선을 사용하여 수종명, 수량, 규격을 표시하고, 식재한 수량을 집계하여 범례란에 수목수량표를 도면 우측에 작성하시오.

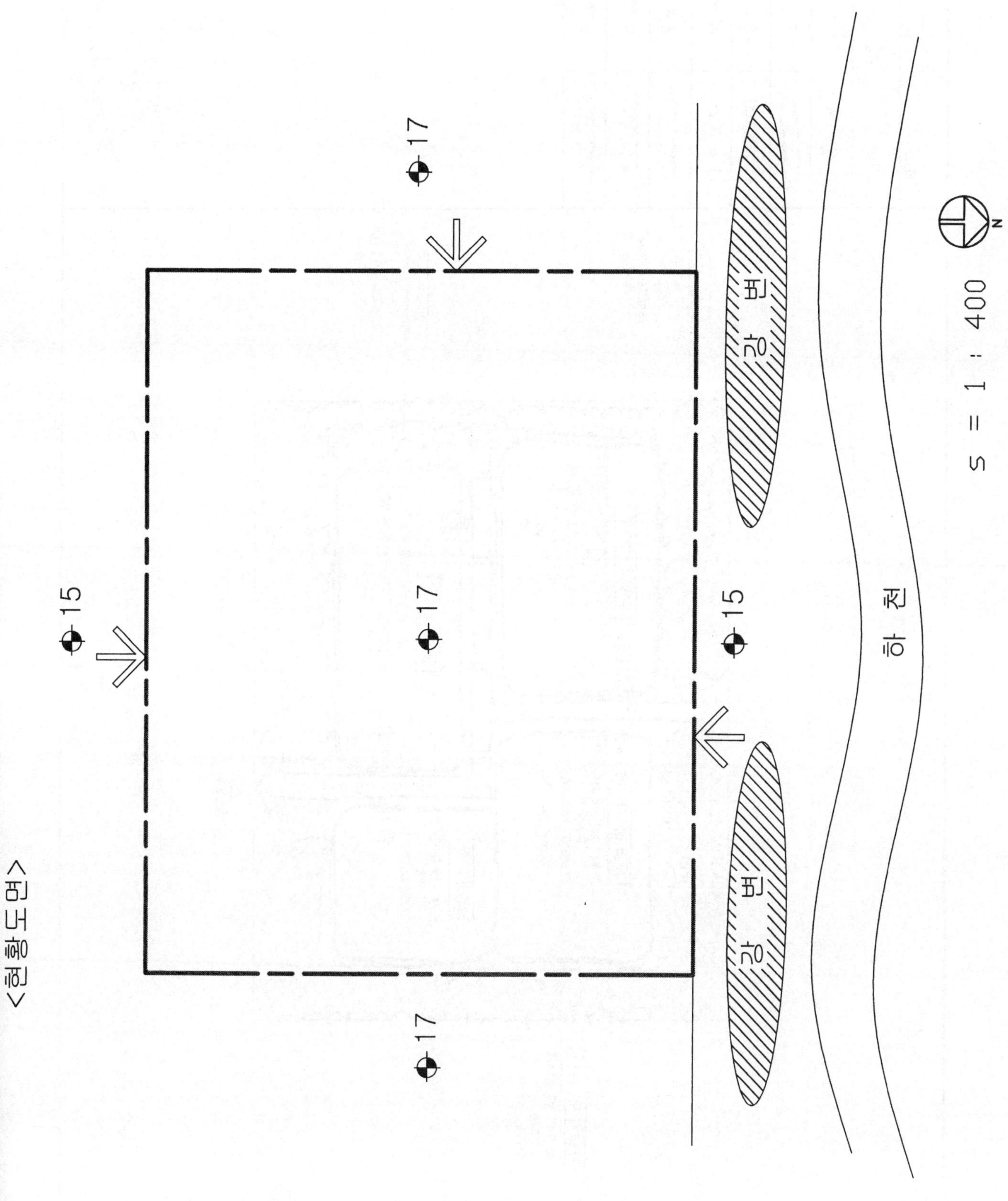
<현황도면>
15
17
17
17
15
강 변
강 변
하 천
S = 1 : 400
N

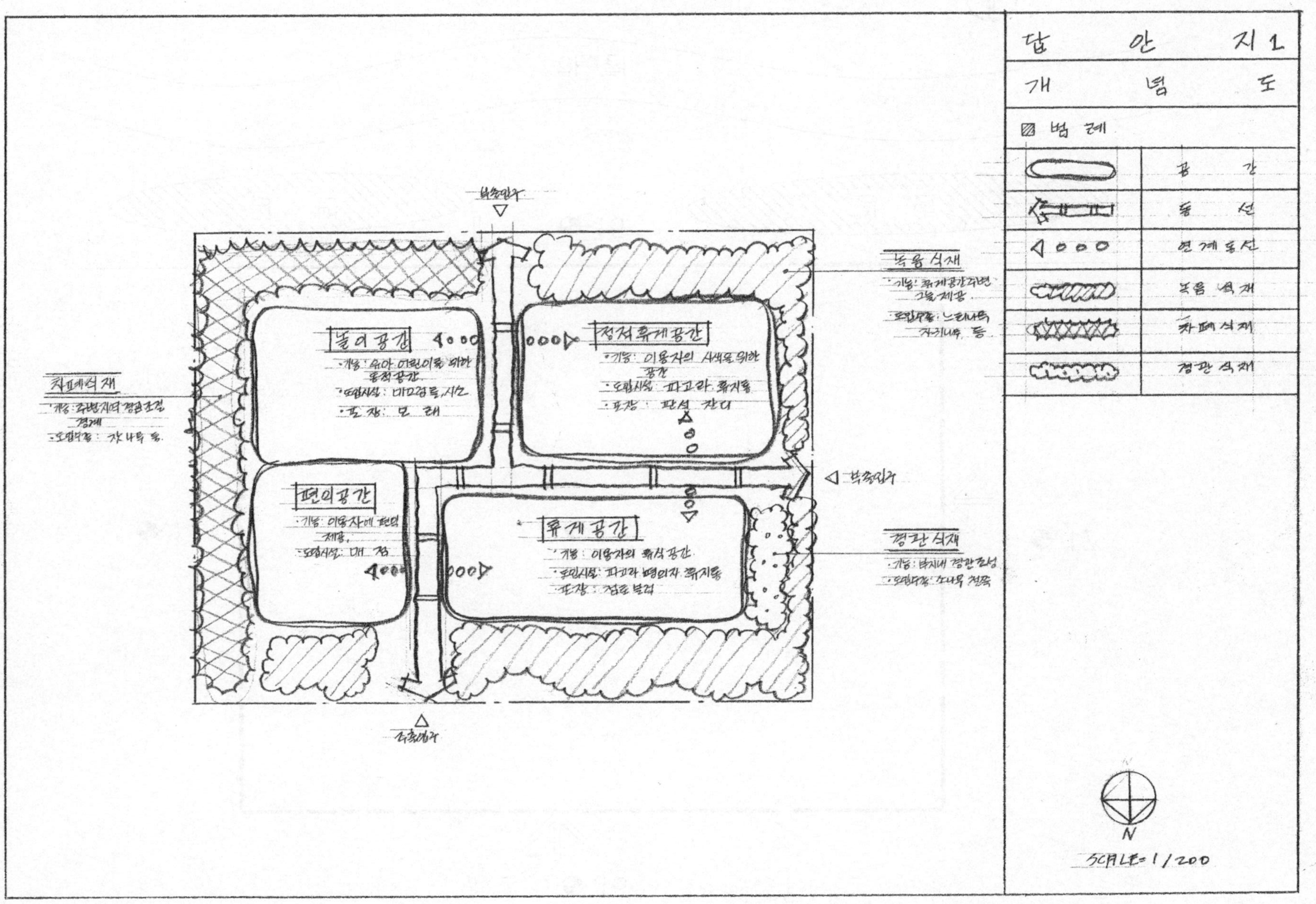
답 안 지 1
개 념 도
범 례
공 간
동 선
연 계 동 선
녹 음 식 재
차 폐 식 재
경 관 식 재
놀이공간
편의공간
정적휴게공간
휴게공간
녹음식재
경관식재
차폐식재
SCALE=1/200
N

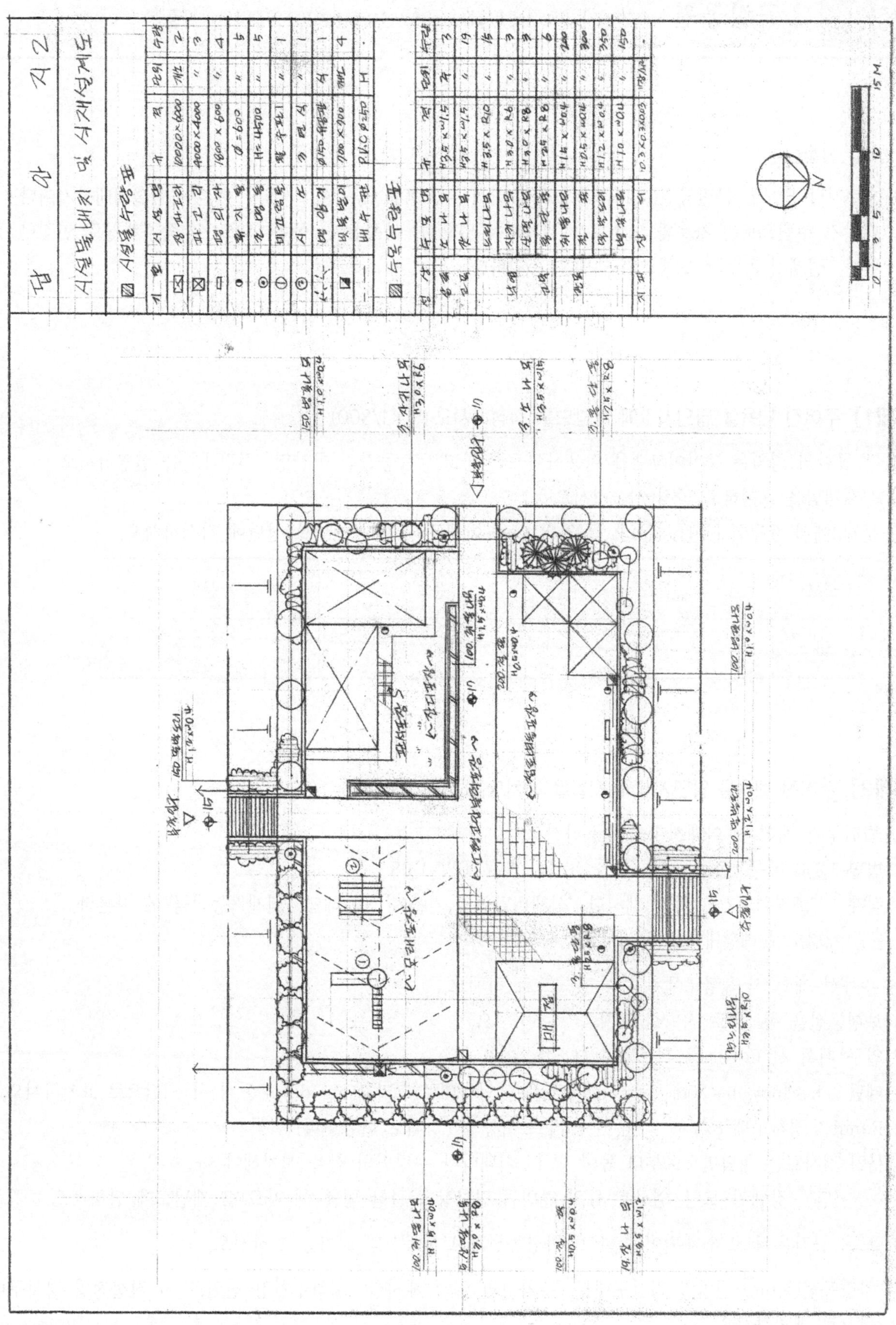

33 근린공원 [조경기사 2011년(4회), 2017년(2회), 2019년(4회) 기출]

■ 현황 및 기획의도

(1) 중부지방 도보권 근린공원(A,B구역)으로 총면적 47,000㎡ 중 'A' 구역이 우선 시험설계대상지이다.

(2) 대상지 주변으로는 차로와 보행로가 계획되어 있으며, 북쪽상가, 동쪽아파트, 서쪽주택가로 인접한 곳이다. 설계시 차로와 보행로의 레벨은 동일하다.

[문제1] 주어진 내용을 답안지 I 에 개념도를 작성하시오.(S = 1/300)

(1) 각 공간의 영역은 다이어그램을 이용하여 표현하고, 각 공간의 공간명, 적정개념을 설명하시오.

(2) 식재개념을 표현하고 약식 서술하시오.

(3) 문제2에서 요구한 [문1], [문2], [문3]의 답을 아래표와 같이 개념도 상단에 작성하시오.

문제	문1	문2	문3
답			

[문제2] 주어진 내용을 답안지 II 에 시설물 배치도를 작성하시오.(S=1/300)

(1) 법면구간 계획 시 아래사항을 적용하시오.

- 법면 1:1.8 적용, 절토, 법면 폭을 표시하시오. 예)W=1.08
- 식재 : '조경설계기준' 에서 제시한 '식재비탈면의 기울기' 중 해당 '식재가능식물' 에 따른다.

[문1] 개념도에 해당내용을 답하시오.

(2) 주동선 계획 시 현황도에서 주어진 곳으로 하시오.

- 보행동선을 폭 5m로 적당한 포장을 사용하시오.
- 입구 계획 시 R = 3m를 확보하여 다소 넓힌다.
- 계단 : h = 15㎝, b = 30㎝, w = 5m(계단은 총 단수대로 그리고 up, down 표시 시 -1단으로 표기하시오.
- Ramp : 경사구배 8%, w = 2m, 콘크리트 시공 후 석재로 마감한다.

[문2] 경사로는 바닥면으로부터 높이 몇 m 이내마다 수평면의 참을 설치해야 하는가?
(단, '장애인·노인·임산부 등의 편의 증진보장에 관한 법률' 에 따르며, 개념도에 답하시오.)

(3) 모든 공간은 서로 연계되어야 하고, 차량동선과 보행동선의 교차는 피하시오.

(4) 차량동선(폭6m) 진입시 경사구배는 '주차장법' 에서 제시한 '지하주차장 진입로' 의 직선진입 경사구배 값으로 계획하시오.

[문3] 해당 경사구배 값(%)을 개념도에 답하시오.

(5) 산책로는 폭 2m의 자유곡선형이며, 경사구간은 10%를 적용, 콘크리트 포장(경계석 없음)으로 계획하시오.

(6) 잔디광장을 계획하시오.

- •면적 : 32m×17m
- •위치 : 부지의 중심지역
- •포장 : 잔디깔기
- •용도 : 휴식 및 공연장
- •레벨 : -60㎝, 외곽부는 스탠드로 활용(h=15㎝, b=30㎝, 화강석 처리)

(7) 잔디광장 주변으로 폭3m, 6m의 활동공간을 계획하고, 주동선에서 진입 시 폭은 12m로 하시오. 또한 수목보호대(1m×1m) 10개를 설치하여 교목 식재를 하시오.

(8) 부지 동남쪽에는 농구장(15m×28m) 1개소를 계획하되 여유폭은 3m 이상으로 하며, 포장은 합성수지 포장으로 하시오. 또한 농구장 주변으로 벤치설치 공간 4개소에 8개를 설치하며, 경계산울타리를 식재하시오.

(9) 전체적으로 편익시설 공간(7m×26m)을 계획하고, 화장실(5m×7m) 1개소와 벤치 다수를 배치하시오.

(10) 주차장은 소형승용차 26대를 직각주차방식으로 계획하시오.

- •주차장 규격은 '주차장법' 상의 '일반형' 으로 하며 '1대당 규격' 을 1개소에 적고 주차대수 표기는 예) ①,②…로 하시오.
- •보행자 안전동선(w=1.5m)을 확보하고, 측구배수 여유폭을 70㎝ 확보하시오.

(11) 어린이 모험 놀이공간을 계획하시오.

- •면적은 300㎡ 내외로 하고, 포장은 탄성고무포장을 사용한다.
- •모험놀이시설을 3종 이상 구상하고, 수량표에 표기하시오.(단, 개당 면적 15㎡ 이상으로 한다.)

(12) 휴식공간(10m×12m, 목재데크)을 적당한 곳에 계획하고, 파고라(4.5m×4.5m) 2개소, 음수대 1개소, 휴지통 1개를 배치하시오. 또한 휴식공간 주변에 연못(80㎡ 내외, 자연석 경계)을 계획하시오.

(13) 배수계획은 대상지의 아래(서쪽)공간에만 계획하시오.

- •주차장, 연못, 농구장, 놀이터에는 빗물받이(510×410), 집수정(900×900)을 설치하시오.
- •잔디광장에는 Trench drain(w=20㎝, 측구수로관용그레이팅)배수와 집수정을 설치하시오.
- •최종배수 3곳에는 우수맨홀(D=900)을 설치하시오.

[문제3] 주어진 내용을 답안지Ⅲ에 배식평면도를 작성하시오.(1/300)

(1) 수종선정 시 온대중부수종으로 상록교목 3종, 낙엽교목 7종, 관목 3종 이상을 배식하시오.

(2) 주차장 좌측(부지 북쪽) 식재지역은 참나무과 총림을 조성하시오. 단, 총림조성 시 수고 4m 이상으로 40주 이상을 군식하시오.

(3) 주요부 마운딩(h=1.5m, 규모 : 50㎡ 내외)처리 후 경관식재 1개소, 산책로 주변과 수경공간 주변에는 관목식재, 주동선은 가로수식재, 완충식재, 녹음식재 등을 인출선을 사용하여 작성하시오.

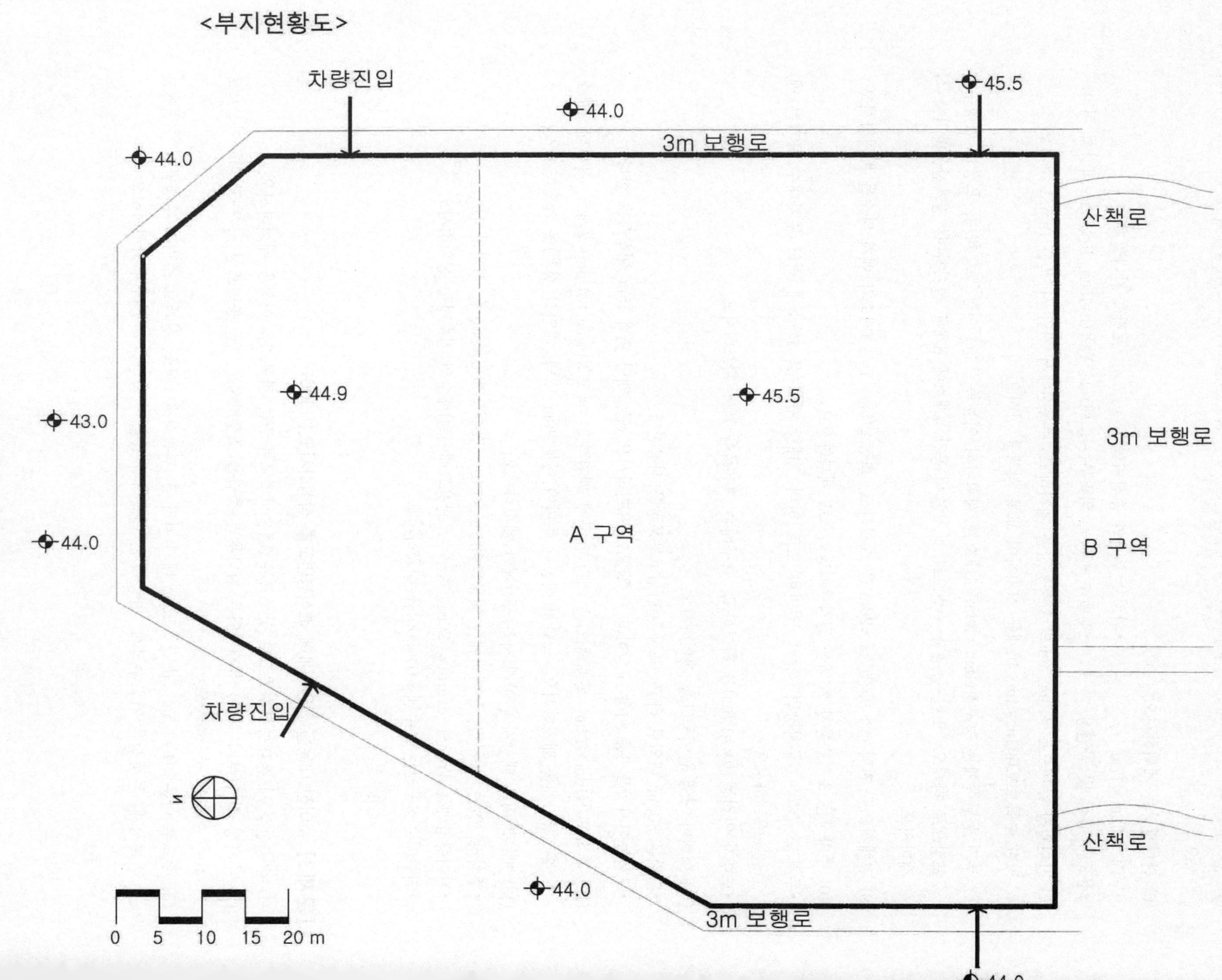

<부지현황도>
차량진입
45.5
44.0
44.0
3m 보행로
산책로
44.9
45.5
43.0
3m 보행로
A 구역
44.0
B 구역
차량진입
N
산책로
44.0
3m 보행로
0 5 10 15 20 m

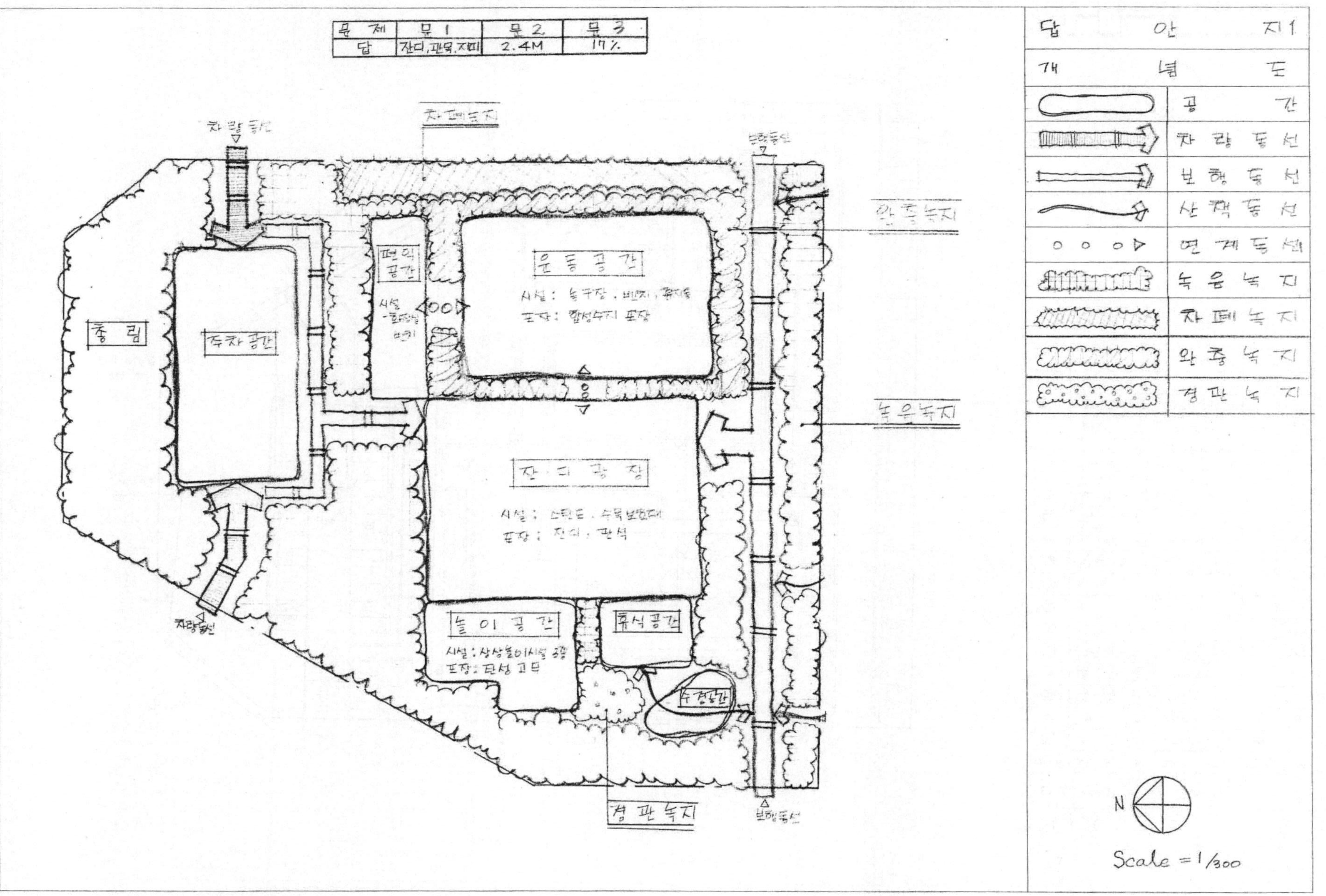
문제 | 문1 | 문2 | 문3
답 | 잔디,관목,지피 | 2.4M | 17%
답안지1
개념도
공간
차량동선
보행동선
산책동선
연계동선
녹음녹지
차폐녹지
완충녹지
경관녹지
차폐녹지
차량동선
완충녹지
녹음녹지
편의공간
운동공간
시설 : 농구장, 벤치, 음수대
포장 : 합성수지 포장
주차공간
총림
잔디광장
놀이공간
휴식공간
수경공간
경관녹지
보행동선
N
Scale = 1/300

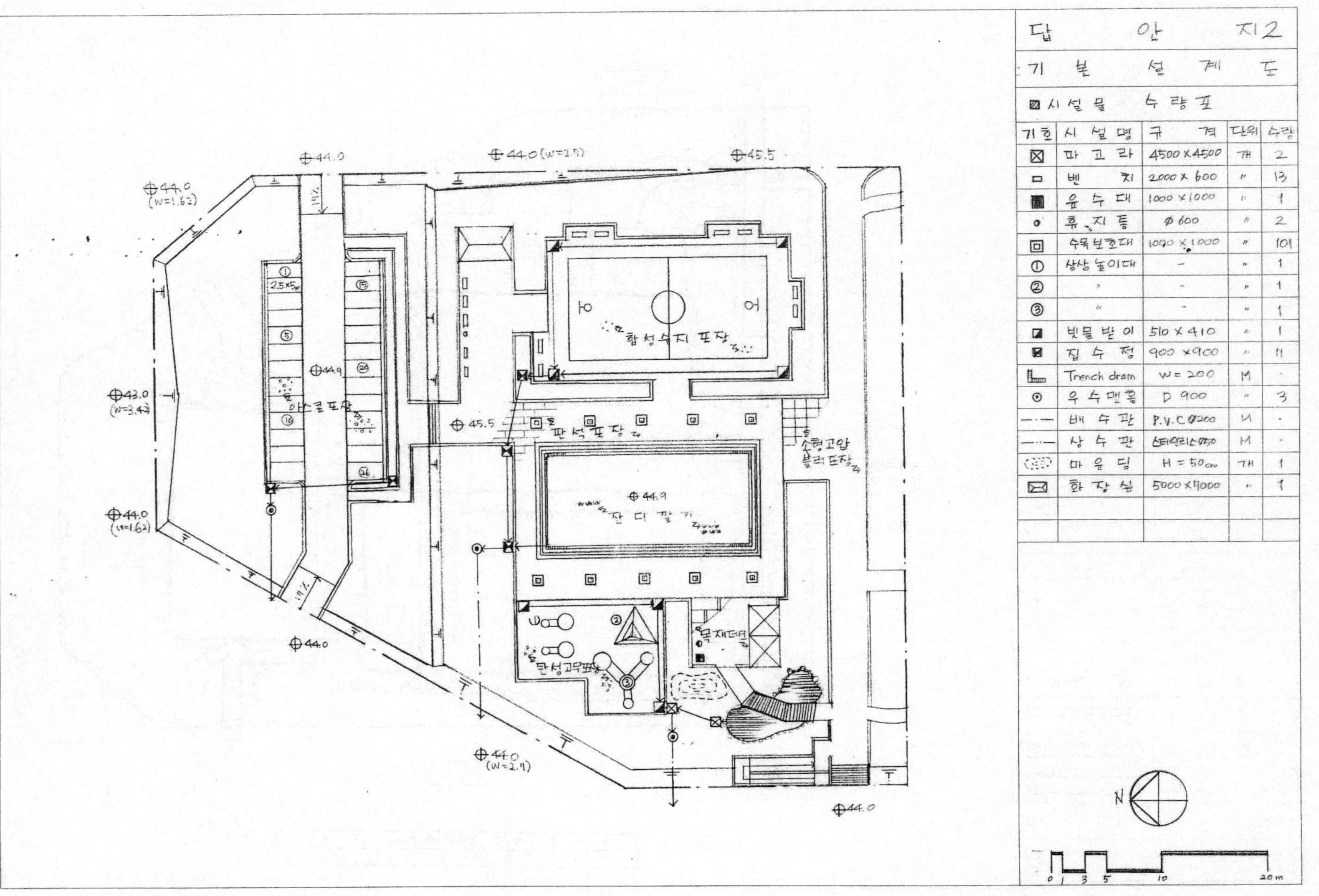
답 안 지2
기 본 설 계 도
시설물 수량표
기호 | 시설명 | 규격 | 단위 | 수량
파고라 | 4500×4500 | 개 | 2
벤치 | 2000×600 | 〃 | 13
음수대 | 1000×1000 | 〃 | 1
휴지통 | Ø600 | 〃 | 2
수목보호대 | 1000×1000 | 〃 | 101
① 상상놀이대 | - | 〃 | 1
② 〃 | - | 〃 | 1
③ 〃 | - | 〃 | 1
빗물받이 | 510×410 | 〃 | 1
집수정 | 900×900 | 〃 | 11
Trench drain | W=200 | M | ·
우수맨홀 | D 900 | 〃 | 3
배수관 | P.V.C Ø200 | M | ·
상수관 | 스테인리스Ø50 | M | ·
마운딩 | H=50cm | 개 | 1
화장실 | 5000×11000 | 〃 | 1
N
0 1 3 5 10 20m
합성수지포장
판석포장
소형고압블럭포장
잔디깔기
아스콘포장
탄성고무포장
목재데크
2.5×5m
44.0
44.0 (W=2.1)
45.5
44.0 (W=1.62)
43.0 (W=3.43)
44.9
44.0 (W=2.7)

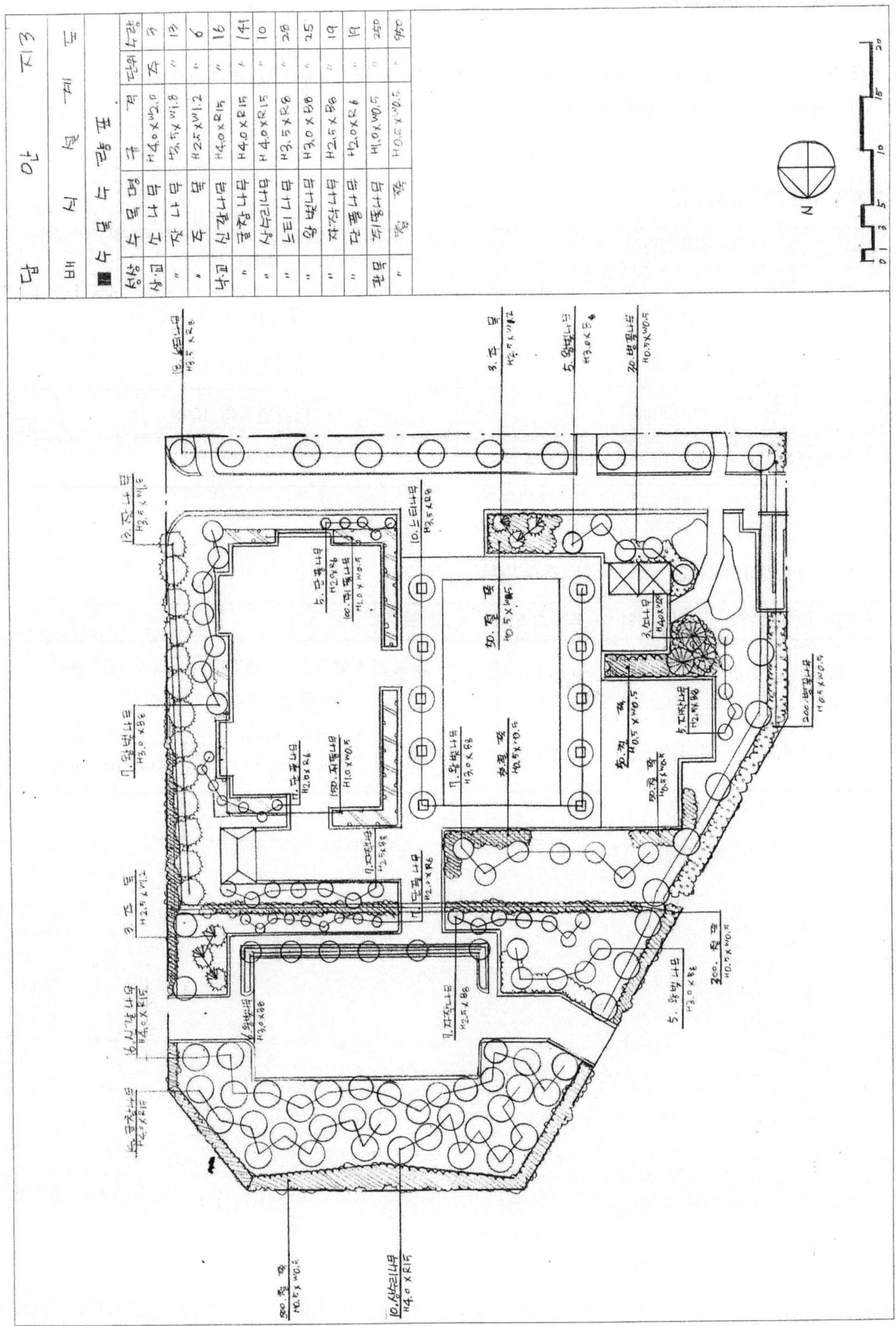
답안 지13
배식설계도
■ 수목수량표
성상 | 수목명 | 규격 | 단위 | 수량
상교 | 소나무 | H4.0×W2.0 | 주 | 3
〃 | 잣나무 | H3.5×W1.8 | 〃 | 13
〃 | 주목 | H2.5×W1.2 | 〃 | 6
낙교 | 신갈나무 | H4.0×R15 | 〃 | 16
〃 | 굴참나무 | H4.0×R15 | 〃 | 141
〃 | 상수리나무 | H4.0×R15 | 〃 | 10
〃 | 느티나무 | H3.5×R8 | 〃 | 28
〃 | 왕벚나무 | H3.0×B8 | 〃 | 25
〃 | 자작나무 | H2.5×B8 | 〃 | 19
〃 | 단풍나무 | H2.0×R6 | 〃 | 19
관목 | 쥐똥나무 | H1.0×W0.5 | 〃 | 250
〃 | 철쭉 | H0.5×W0.5 | 〃 | 950
N
0 1 3 5 10 15 20

4 건축물 주변조경설계

- 적용 법규 : 건축법에 의거 200㎡ 이상의 대지를 대상으로 용도 지역 및 건축물의 규모에 따라 지방자치단체의 조례가 정하는바에 따른다.

- 대지안의 조경(서울시 기준)

건축연면적 (건축바닥면적×층수(지하층제외)	조경면적
1,000㎡	대지면적의 5%
1,000㎡~2,000㎡	대지면적의 10%
2,000㎡	대지면적의 15%
자연녹지지역, 보전녹지지역 안의 건축물	대지면적의 20%

- 조경면적 1㎡마다 식재할 수목의 수량 (조경기준)

구분	상업지역	공업지역	주거지역	녹지지역	비고
교목	0.1이상	0.3이상	0.2이상	0.2주이상	• 상록수 식재비율 : 교목 및 관목 중 규정 수량의 20% 이상 • 지역에 따른 특성수종 식재비용 : 규정 식재수량 중 교목의 10% 이상
관목	1.0이상	1.0이상	1.0이상	1.0이상	

34 유치원 [조경산업기사 2002년 기출]

※서울지방의 어느 주택가에 위치하는 면적규모가 35m×30m인 유치원 부지이다. 현황도면에 주어진 현황내용과 설계조건을 고려하여 축척에 맞도록 주어진 답안지(Ⅰ), (Ⅱ)를 작성하시오.

1. 본 유치원의 건폐율은 얼마인지 계산식과 정답을 답안지(Ⅰ)의 답란에 기재하시오. (단, 소숫점 2자리까지만 취하고 3자리 이하는 버릴 것)

2. 부지의 좌측도로에 인접한 두 등고선 간격인 A, B 두 점 사이의 지형경사도는 몇 %인지 계산식과 정답을 답안지(Ⅰ)의 답란에 기재하시오. (단, 소숫점 2자리까지만 취하고 3자리 이하는 버릴 것)

3. 다음 요구조건을 고려하여 공간구성과 동선개념을 표현한 기본구상 개념도를 답안지(Ⅰ)의 도면에 작성하시오.
   - 요구사항
     ① 공간의 구성은 놀이공간, 휴식공간, 주차공간, 전정, 후정 등으로 기능을 구분하시오.(단, 주차공간은 소형승용차 2대분의 주차공간으로 구상할 것)
     ② 동선계획은 어린이들의 안전을 고려하여 보행동선과 차량동선을 분리시켜 구상하시오.
     ③ 보행동선은 대문의 위치를 선정하고 대문으로부터 건물의 현관 진입구까지 2m 폭원으로 하고 차량동선은 대문으로부터 주차공간까지 4m폭원으로 구상하시오.

4. 답안지(Ⅱ)에 현황도면을 축척 1/100으로 확대(등고선은 확대하지 말 것)하고 문제 3에서 작성한 기본 구상개념도와 아래의 요구조건을 고려하여 기본 설계도를 작성하시오.
   - 요구사항
     ① 놀이공간내에 모래밭(5m×5m) 1개소를 배치할 것
     ② 휴식공간내에 벤치(W0.4m×L1.2m) 5개를 배치할 것
     ③ 주차공간은 소형승용차(2.5m×6.0m) 2대분을 배치할 것
     ④ 대문은 보행자 진입문(2m 폭)과 차량진입문(4m)으로 분리시켜 설치할 것
     ⑤ 식재식물은 아래 식물중에서 10종 이상 선정하여 배식설계 할 것
     "자작나무, 느티나무, 백목련, 녹나무, 벽오동, 자귀나무, 후박나무, 주목, 향나무, 측백, 배롱나무, 홍단풍, 수수꽃다리, 개나리, 꽝꽝나무, 철쭉, 쥐똥나무, 동백, 회양목, 잔디"
     ⑥ 식재식물 선택은 기본구상개념도와 기본설계도의 시설배치에 적합하도록 할 것
     ⑦ 인출선을 사용하여 수종, 수량, 규격을 표기하고 수량표를 우측여백에 표시하시오.

< 현황도면 >

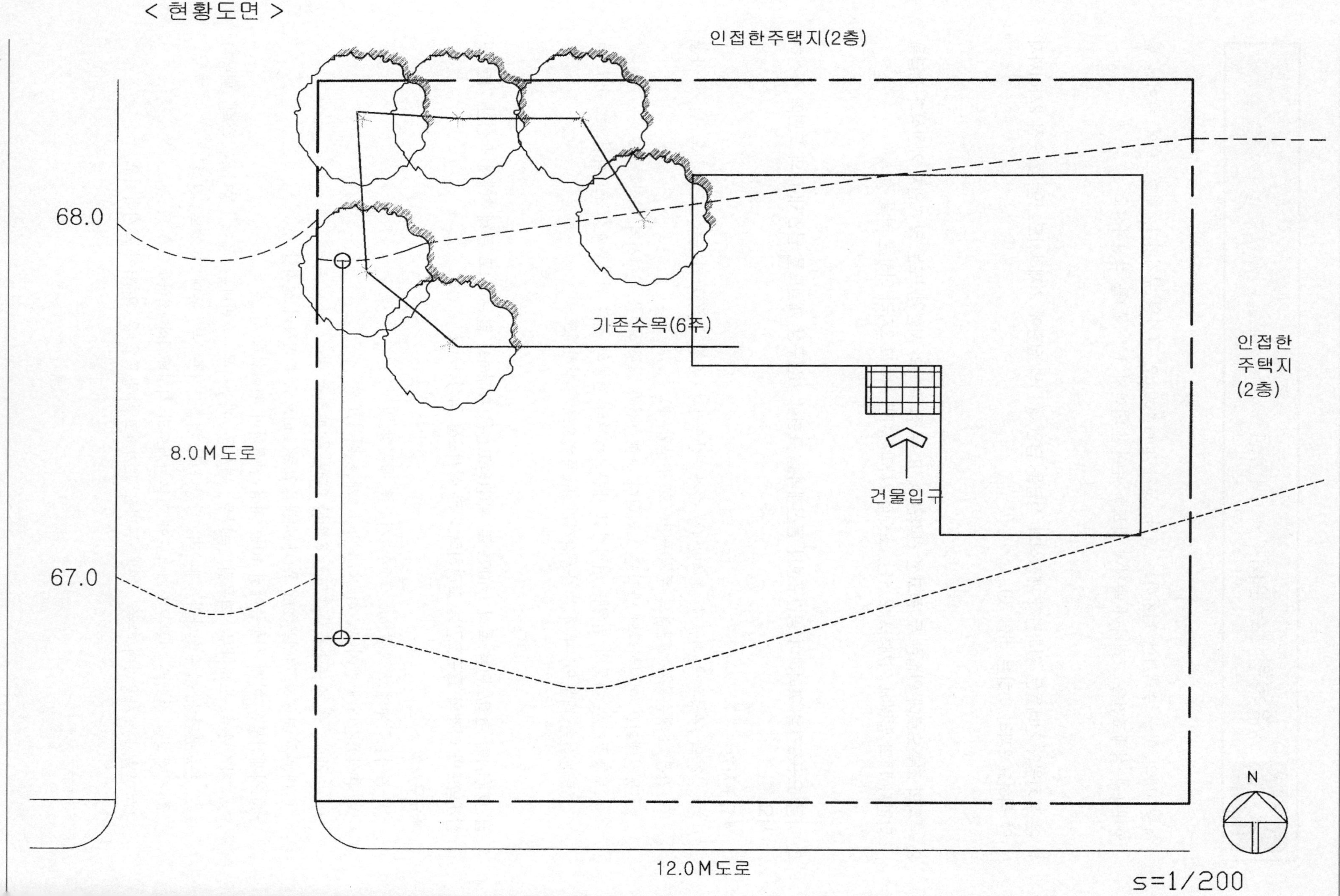

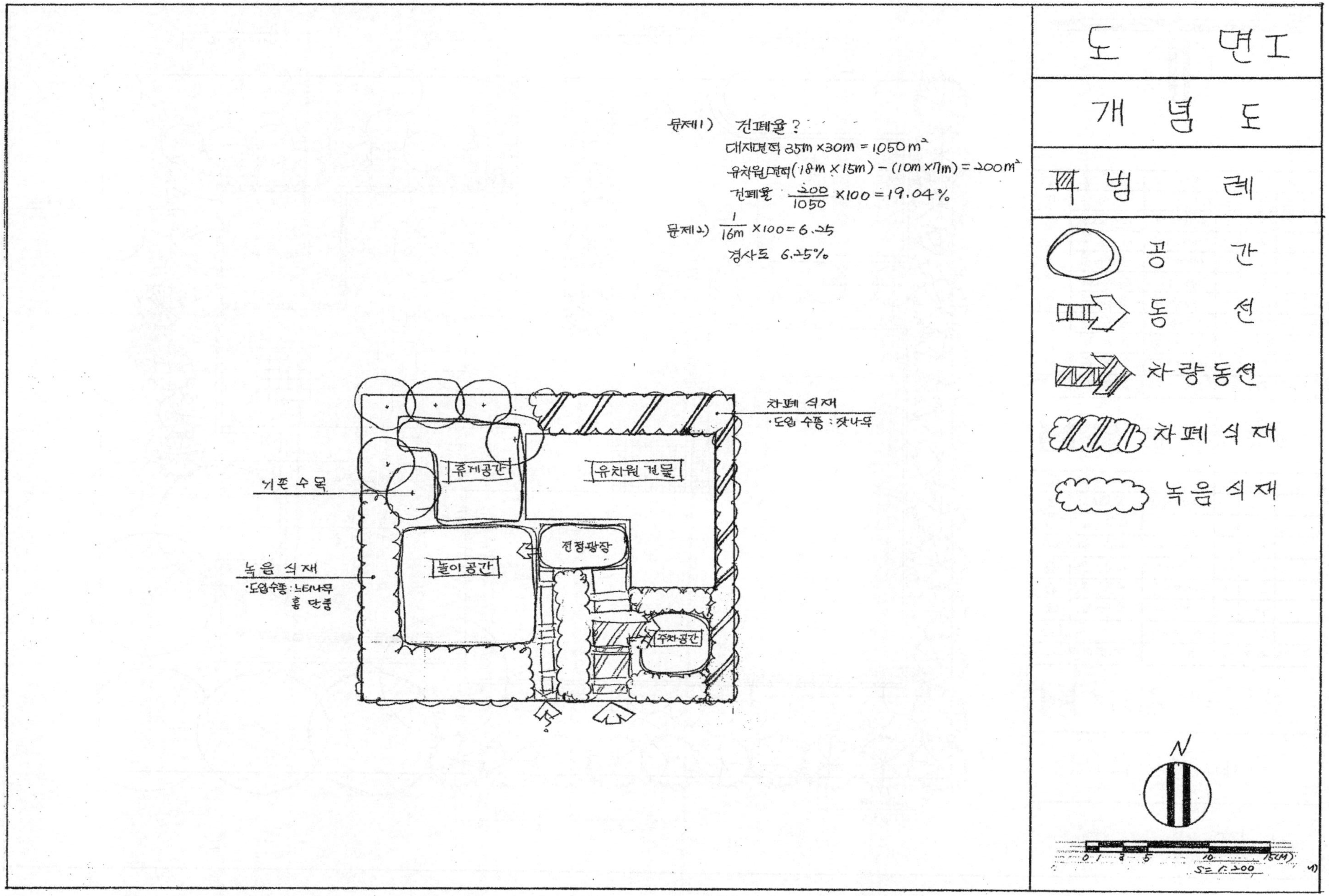

문제1) 건폐율?

대지면적 35m × 30m = 1,050 m^2

유치원면적 (18m × 15m) − (10m × 7m) = 200 m^2

건폐율 $\frac{200}{1050}$ × 100 = 19.04%

문제2) $\frac{1}{16m}$ × 100 = 6.25

경사도 6.25%

차폐 식재
·도입 수종 : 잣나무

유치원 건물

휴게공간

기존 수목

전정광장

놀이 공간

녹음 식재
·도입수종 : 느티나무
홍단풍

주차공간

도면명
개념도
범례

공간
동선
차량동선
차폐 식재
녹음 식재

N

0 1 3 5 10 15(M)
S = 1:200

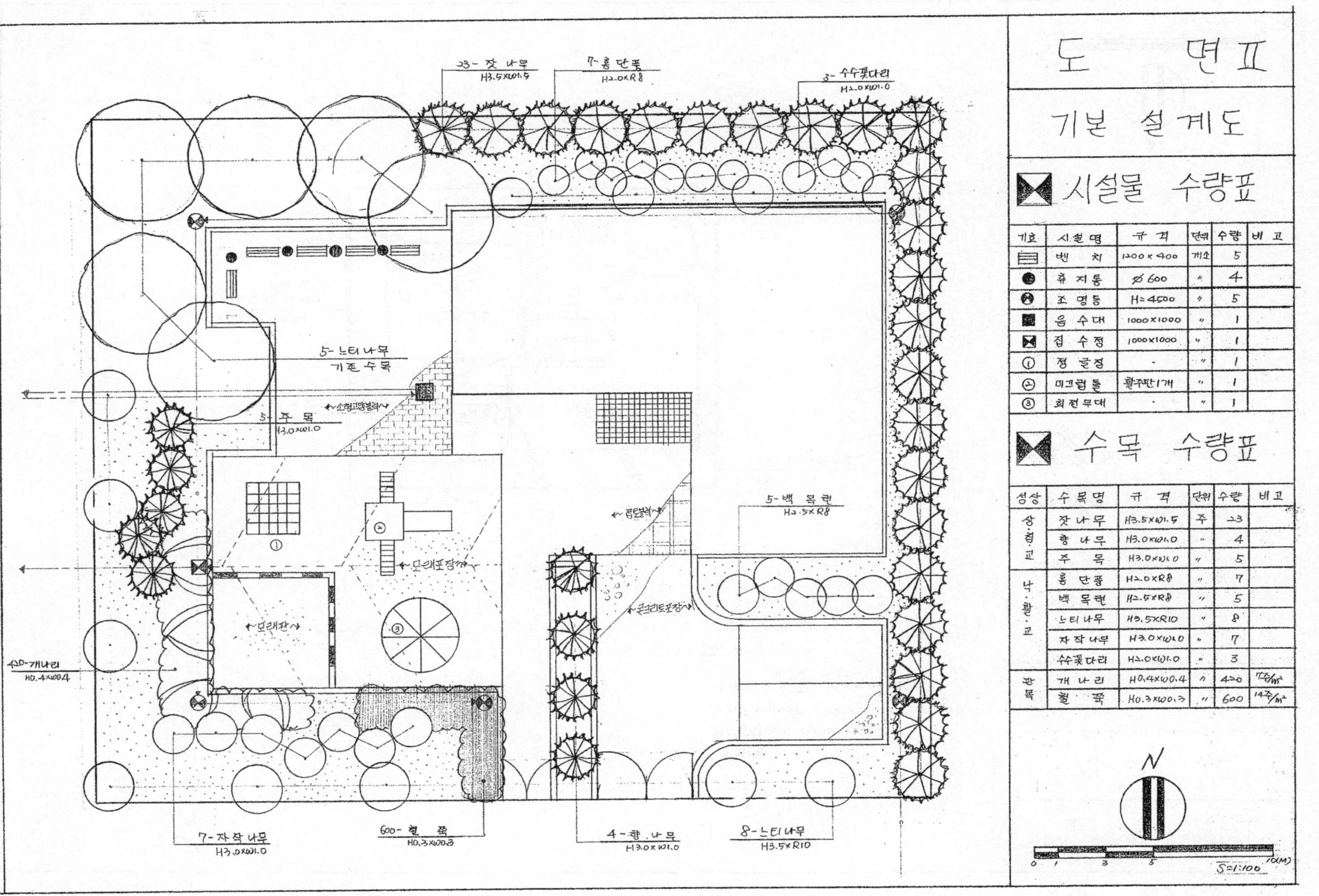
도 면 Ⅱ
기본 설계도
시설물 수량표
기호 시설명 규격 단위 수량 비고
벤치 1200×400 개소 5
휴지통 ∅600 〃 4
조명등 H=4500 〃 5
음수대 1000×1000 〃 1
집수정 1000×1000 〃 1
정글짐 · 〃 1
미끄럼틀 활주판1개 〃 1
회전무대 · 〃 1
수목 수량표
성상 수목명 규격 단위 수량 비고
상록교 잣나무 H3.5×W1.5 주 23
향나무 H3.0×W1.0 〃 4
주목 H3.0×W1.0 〃 5
낙엽교 홍단풍 H2.0×R8 〃 7
백목련 H2.5×R8 〃 5
느티나무 H3.5×R10 〃 8
자작나무 H3.0×W1.0 〃 7
수수꽃다리 H2.0×W1.0 〃 3
관목 개나리 H0.4×W0.4 〃 420 7주/m²
철쭉 H0.3×W0.3 〃 600 14주/m²
N
S=1:100
23-잣나무 H3.5×W1.5
7-홍단풍 H2.0×R8
3-수수꽃다리 H2.0×W1.0
5-느티나무 기존 수목
5-주목 H3.0×W1.0
5-백목련 H2.5×R8
420-개나리 H0.4×W0.4
7-자작나무 H3.0×W1.0
600-철쭉 H0.3×W0.3
4-향나무 H3.0×W1.0
8-느티나무 H3.5×R10
모래포장
모래판
콘크리트포장

35 사무용 건축물 조경설계 [조경산업기사 2003년 기출]

■ 요구사항

중부지역의 어느 도시에 있는 사무용 건축물에 조경설계를 하고자 한다. 주어진 도면과 요구조건에 따라 작성하시오.

1. 주어진 건축법 관계조항에 맞는 최소한의 법정조경면적과 주어진 조례상의 수목수량 산출내용을 도면 I 의 답란에 쓰시오.

(1) 건축법 시행령 제 27조

면적 200m² 이상인 대지에 건축물의 건축 등을 할 때에 건축주는 용도지역 및 건축물의 규모에 따라 건축조례가 정하는 기준에 의하여 조경에 필요한 조치를 하여야 한다.

(2) 해당 도시의 건축조례 제 32조

① 조경대상의 건축물 규모

- 연면적 2000m² 이상인 건축물 : 대지면적의 15% 이상
- 연면적 1000m² 이상 2000m² 미만인 건축물 : 대지면적의 10% 이상
- 연면적 1000m² 미만인 건축물 : 대지면적의 5% 이상

② 대지안의 식수 등 조경은 다음 표에 정하는 기준에 적합하여야 한다.

구 분	식재밀도	상록비율	비 고
교목	0.2본 이상/m²	상록 50% : 낙엽 50%	교목 중 수고 2m 이상의 교목 60% 이상 식재
관목	0.4본 이상/m²		

2. 다음의 조건을 참고하여 지급된 도면 I 에 주어진 시설물과 건물 내의 공간 기능과 진출입문의 위치를 고려하여 건물주변의 순환동선을 배치한 포장 및 시설물 배치도를 작성하시오. (현황 도면과 같은 축척으로 할 것)

(1) 옥상조경은 설치하지 않는다.

(2) 설치코자 하는 시설물은 건물 남서쪽 공간에 4m×7m의 파고라 2개소, 파고라 하부 및 주변에 길이 길이 2m×폭50cm 10개소, 휴지통 50cm×50cm 3개소, 보행 주진입로 주변에 가로 2m×세로 2m×높이 3m의 환경조각물 1개소이다.

(3) 동선의 배치는 다음과 같이 한다.

① 보행 주동선의 폭은 6m로 하고, 포장 구분할 것

② 건물 주변 순환동선의 폭은 2m 이상으로 하여 포장구분 할 것

③ 대지 경계선 주변은 식재대를 두르며, 식재대의 최소폭은 1m로 할 것

④ 파고라 벤치주변은 휴게공간을 확보하여 포장 구분할 것

⑤ 포장은 적벽돌, 소형고압블럭, 자연석, 콘크리트, 화강석 포장 등에서 선택하되 반드시 재료를 명시할 것

(4) 설치 시설물에 대한 범례표와 수량을 도면 우측 여백에 작성할 것

3. 다음의 조건을 참고하여 주어진 도면II에 식재 기본설계도를 작성하시오.

(1) 대지의 서측 경계 및 북측 경계에는 차폐식재, 주차장 주변에는 녹음식재 플랜트박스에는 상록성 관목식재를 할 것 (단, 문제 1의 법정조경 수목 수량을 고려하여 식재할 것)

(2) 다음의 수종 중에서 적합한 상록교목 5종, 낙엽교목 5종, 관목 4종을 선택할 것

섬잣나무(H2.0m×w1.2m)	스트로브잣나무(H2.0m×w1.0m)
향나무(H3.0m×w1.2m)	향나무(H1.2m×w0.3m)
독일가문비(H1.5m×w0.8m)	아왜나무(H2.0m×w1.0m)
동백나무(H1.5m×w0.8m)	주목(H0.5m×w0.4m)
회양목(H0.3m×w0.3m)	광나무(H0.4m×w0.5m)
주목(H1.5m×w1.0m)	느티나무(H3.5m×R10cm)
프라타너스(H3.5m×B10cm)	청단풍(H2.0m×R5cm)
목련(H2.5m×R5cm)	꽃사과(H1.5m×R4cm)
산수유(H1.5m×R5cm)	자산홍(H0.4m×w0.5m)
쥐똥나무(H1.0m×w0.3m)	수수꽃다리(H1.5m×w0.8m)
영산홍(H0.4m×w0.5m)	

(3) 수목의 명칭, 규격, 수량은 인출선을 사용하여 표기할 것

(4) 수종의 선택은 지역적인 조건을 최대한 고려하여 선택할 것

(5) 식재수종의 수량표를 도면 여백(도면 우측)에 작성할 것

※현황도면과 동일축척으로 하여 작성할 것

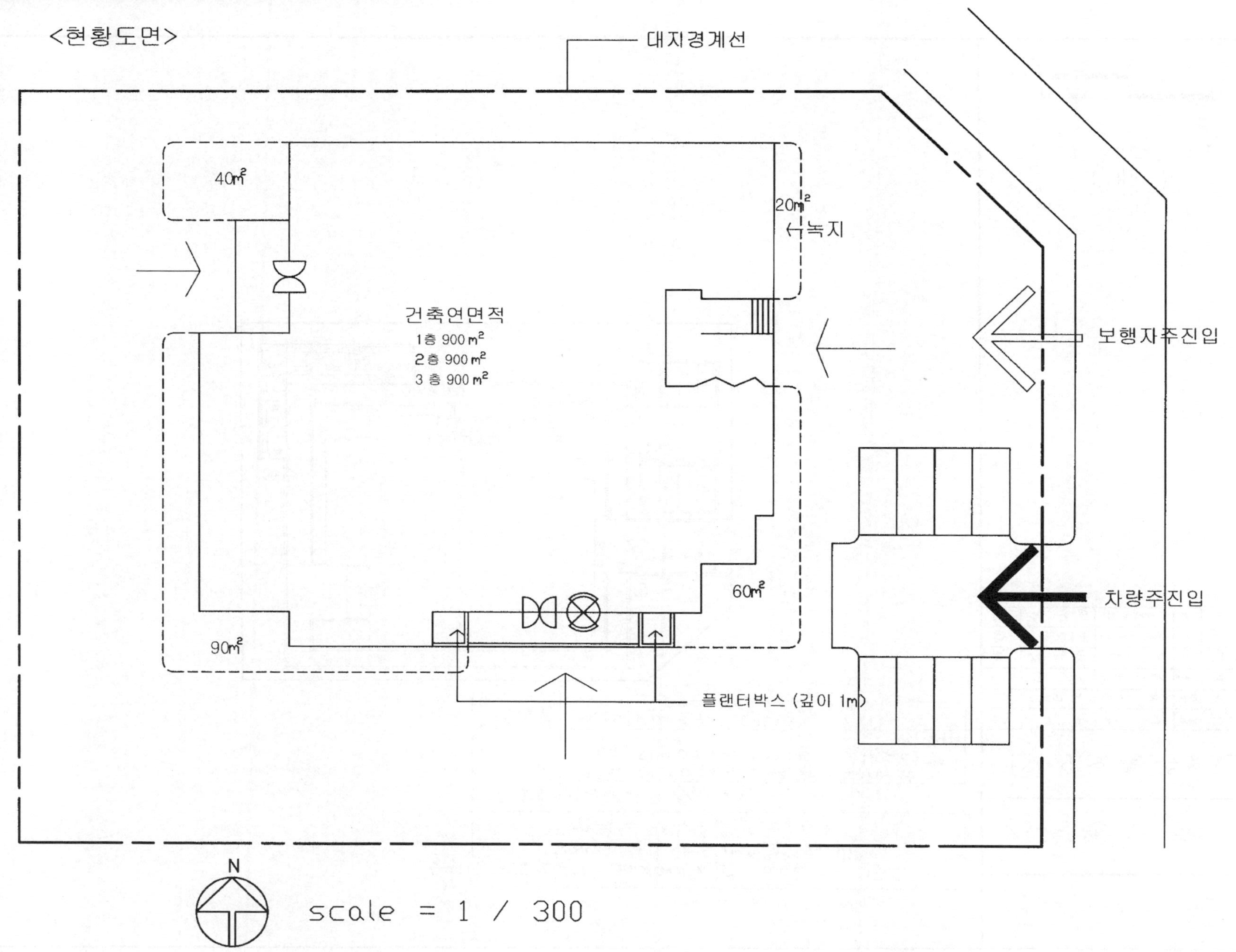
<현황도면>
대지경계선
40㎡
20㎡
녹지
건축연면적
1층 900㎡
2층 900㎡
3층 900㎡
보행자주진입
60㎡
차량주진입
90㎡
플랜터박스 (깊이 1m)
N
scale = 1 / 300

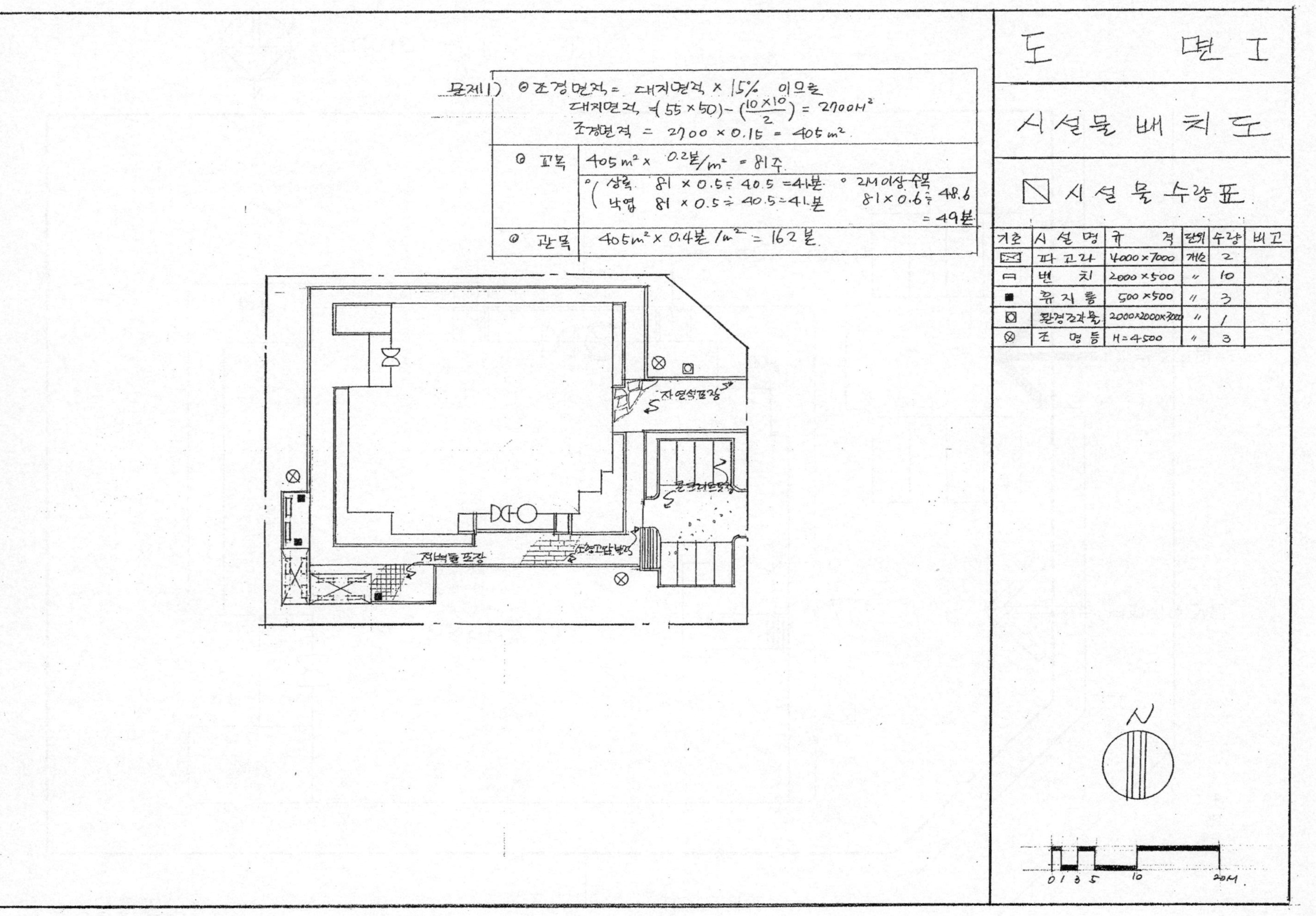

도면 I
시설물 배치도
시설물 수량표
기호 | 시설명 | 규격 | 단위 | 수량 | 비고
파고라 | 4000×7000 | 개소 | 2
벤치 | 2000×500 | 〃 | 10
휴지통 | 500×500 | 〃 | 3
환경조각물 | 2000×2000×3000 | 〃 | 1
조명등 | H=4500 | 〃 | 3
문제1) ◎ 조경면적 = 대지면적 × 15% 이므로
대지면적 = (55×50) - (10×10/2) = 2700M²
조경면적 = 2700 × 0.15 = 405m²
◎ 교목 405m² × 0.2본/m² = 81주
상록 81 × 0.5 ≒ 40.5 = 41본
낙엽 81 × 0.5 ≒ 40.5 = 41본
2M 이상 수목 81 × 0.6 ≒ 48.6 = 49본
◎ 관목 405m² × 0.4본/m² = 162본
자연석포장
콘크리트포장
적벽돌포장
소형고압블럭
0 1 3 5 10 20M
N

도면 II

식재 기본 설계도

수목 수량표

성상	수목명	규격	단위	수량	비고
상록교	향나무	H3.0×W1.2	주	37	
	독일가문비	H1.5×W0.8	〃	7	
	스트로브잣나무	H2.0×W1.0	〃	5	
	섬잣나무	H2.0×W1.2	〃	5	
	향나무	H1.2×W0.3	〃	3	
낙엽교	플라타너스	H3.5×B10	〃	18	
	목련	H2.5×R5	〃	6	
	산수유	H1.5×R5	〃	7	
	꽃사과	H1.5×R4	〃	7	
	청단풍	H2.0×R5	〃	7	
관목	자산홍	H0.4×W0.5	〃	100	
	수수꽃다리	H1.5×W0.8	〃	50	
	쥐똥나무	H1.0×W0.3	〃	100	
	주목	H0.5×W0.4	〃	7	

3-향나무 H1.2×W0.3
5-스트로브잣나무 H2.0×W1.0
5-섬잣나무 H2.0×W1.2
7-산수유 H1.5×R5
7-청단풍 H2.0×R5
20-수수꽃다리 H1.5×W0.8
30-수수꽃다리 H1.5×W0.8
7-주목 H0.5×W0.4
40-자산홍 H0.4×W0.5
37-향나무 H3.0×W1.2
18-플라타너스 H3.5×B10
5-산수유 H1.5×R5
100-자산홍 H0.4×W0.5
6-목련 H2.5×R5
7-꽃사과 H1.5×R4
7-독일가문비 H1.5×W0.8
100-쥐똥나무 H1.0×W0.3

N

0 1 3 5 10 20M

36 오피스텔빌딩 주변 조경설계 [조경산업기사 1992년 기출]

※우리나라 중부지방에 있는 도시 상업지역 내의 12층 오피스빌딩 주변 조경계획을 수립하고자 한다. 주어진 현황도 및 각각의 설계조건을 참고하여 1/300으로 확대하여 문제의 순서대로 도면을 작성하시오.

1. 대지면적 2831.4m², 건축연면적 13,224m² 일 때 건축법 시행령 제 15조(대지안의 조경)에 의한 법정의 최소면적을 산정하여 답안지Ⅰ 우측 상단의 답란에 써 넣으시오. (단, 옥상조경은 없는 것으로 한다. 연면적 2,000m² 이상 일 땐 대지면적의 15%를 조경면적으로 정함)

2. 주어진 설계조건과 대지현황에 따라 설계구상도(계획개념도)를 답안지Ⅰ에 작성하시오.
   (1) 동선의 흐름을 표시하고 각 공간의 계획 개념을 구분하여 나타낼 것
   (2) 공간구성, 동선, 배식개념 등은 인출선을 사용하여 도면내의 여백에 표시할 것
   (3) 조경면적은 문제 1에서 산정된 건축법상의 최소 조경면적 이상 되도록 한다. (단, 계산치는 소수점 이하 2자리까지 한다.)
   (4) A부분에는 승용차 10대분 이상의 옥외주차장을 확보하고 출구와 입구를 분리 계획한다.
   (5) B부분에는 보도와 인접된 150m² 이상의 시민 휴식공간을 조성한다.
   (6) 오피스빌딩의 후면에는 완충식재를 한다.

3. 주어진 설계조건과 대지현황을 참고하여 시설물 배치와 식재배식 설계를 답안지Ⅱ에 작성하시오.
   (1) 시설물은 벽천, 연못, 분수, 벤치, 파고라, 플랜터, 환경조각, 볼라드, 수목보호대, 조명등 등에서 5가지 선택하여 배치하고 답안지Ⅱ의 하단에 수량표를 작성할 것
   (2) 시민휴식공간 주변에는 환경조형물을 설치한다.
   (3) 포장부분은 그 재료를 명시할 것
   (4) 식재수종 및 수량표시는 인출선을 이용하여 표시하고 단위, 규격, 수량이 표시된 수량표를 답안지Ⅱ의 하단 여백에 작성한다.
   (5) 수종은 아래 수종 중에서 10종 이상을 선택하여 사용한다.

보기

은행나무, 소나무, 왕벚나무, 느티나무, 목련, 독일가문비, 히말라야시다, 플라타너스, 측백나무, 광나무, 동백나무, 아왜나무, 꽃사과, 철쭉, 수수꽃다리, 향나무, 홍단풍, 섬잣나무, 자산홍, 영산홍, 눈주목, 피라칸사스, 꽝꽝나무 등

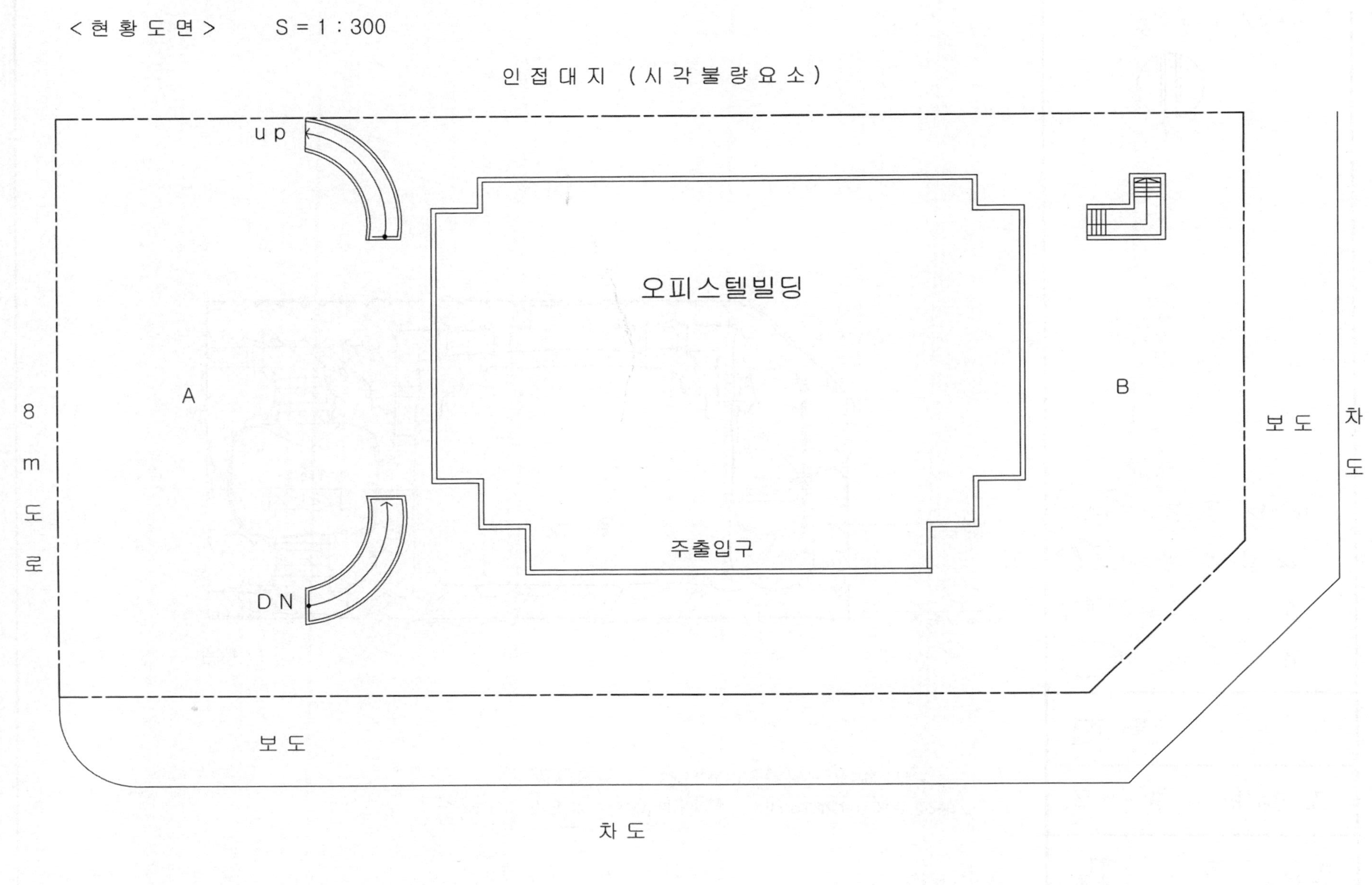
<현황도면> S = 1 : 300
인접대지 (시각불량요소)
up
오피스텔빌딩
A
B
8m도로
보도
차도
주출입구
DN
보도
차도

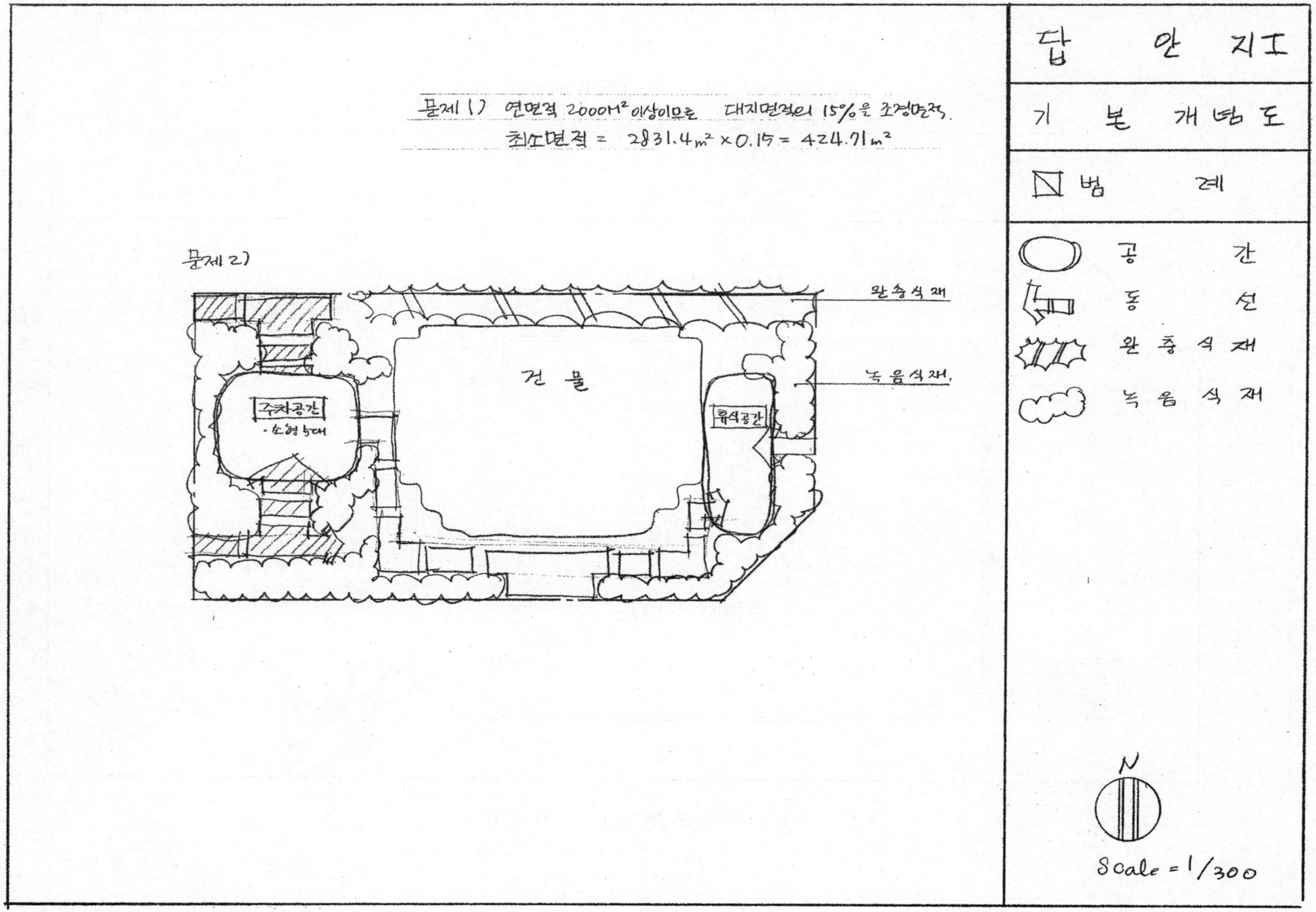

답 안 지 I

기 본 개 념 도

범 례

- 공간
- 동선
- 완충식재
- 녹음식재

N

Scale = 1/300

문제 1) 연면적 $2000m^2$ 이상이므로 대지면적의 15%을 조경면적.

최소면적 = $2831.4m^2 \times 0.15 = 424.71m^2$

문제 2)

답 안 지Ⅱ

시설물 및 배식설계도

▧ 시설물수량표

기호	시설명	규격	단위	수량	비고
⊠	파고라	4500×4500	개소	1	
▭	벤치	1800×600	〃	2	
⊡	환경조각	·	〃	1	
○	볼라드	∅=600	〃	4	
△	연못	·	〃	1	

▧ 수목수량표

성상	수목명	규격	단위	수량	비고
상록교	히말라야시다	H3.5×W1.2	주	17	
	독일가문비	H2.5×W0.8	〃	7	
낙엽교	은행나무	H3.5×B10	〃	12	
낙활교	느티나무	H3.5×R10	〃	4	
	왕벚나무	H3.0×B10	〃	3	
	목련	H2.5×R6	〃	9	
	꽃사과	H2.0×R6	〃	7	
	홍단풍	H2.0×R6	〃	7	
관목	수수꽃다리	H1.0×W0.5	〃	60	
	철쭉	H0.5×W0.4	〃	250	
	자산홍	H0.5×W0.3	〃	200	
	눈주목	H0.4×W0.3	〃	200	

200-자산홍 H0.5×W0.3

17-히말라야시다 H3.5×W1.2

12-은행나무 H3.5×B10

4-느티나무 H3.5×R10

UP

3-목련 H2.5×R6

3-목련 H2.5×R6

250-철쭉 H0.5×W0.4

60-수수꽃다리 H1.0×W0.5

3-왕벚나무 H3.0×B10

3-목련 H2.5×R6

DN

아스팔트포장

200-눈주목 H0.4×W0.3

점토벽돌포장

7-독일가문비 H2.5×W0.8

7-홍단풍 H2.0×R6

7-꽃사과 H2.0×R6

N

0 1 3 5 10 20M.

37 사무실 건축물 조경설계 [조경기사 1994, 1997, 1999, 2008, 2019년(1회) 기출]

■ 요구사항

주어진 도면과 같은 사무실용 건출물 외부공간에 조경설계를 하고자 한다. 아래의 공통사항과 각 설계조건을 이용하여 문제 요구 순서대로 작성하시오.

공통사항

•지하층 슬래브 상단면의 계획고는 +10.50 이다.

•도면의 좌측과 후면 지역은 시각적으로 경관이 불량하고 건축물이 위치하는 지역은 중부지방의 소도시로서 공해가 심하지 않은 곳이다.

1. 공통사항과 아래의 조건을 참고하여 지급된 용지 1매에 평면기본구상도(계획개념도)를 작성하시오. (1/300로 확대하여 설계할 것)

(1) 북측 및 서측에 상록수 차폐를 하고, 우측에 운동공간 (정구장 1면) 및 휴게공간, 남측에 주차공간, 건물 전면에 광장을 계획할 것

(2) 도면의 "가" 부분은 지하층 진입, "나" 부분은 건물 진입을 위한 보행로, "다" 부분은 주차장 진입을 위한 동선으로 계획할 것

(3) 건물 전면광장 주요지점에 환경조각물 설치를 위한 계획을 할 것

(4) 공간배치계획, 동선계획, 식재계획 개념을 기술할 것

2. 공통사항과 아래의 조건을 참고하여 지급된 용지 1매에 시설물 배치평면도를 작성하시오. (1/300으로 확대하여 설계할 것)

(1) 도면의 a-j까지의 계획고에 맞추어 설계를 하고 "가" 지역은 폭 5m, 경사도 10%의 램프로 처리, "나" 지역은 계단의 1단의 높이 15cm로 계단처리를 하고 보행로의 폭은 3m로 처리, "다" 지역은 폭 6m의 주차진입로로 경사도 10%의 램프로 처리하고 계단 및 램프 ↑(up)로 표시할 것

(2) (빗금) 부분의 계획고는 +11.35로 건물로의 진입을 위하여 계단을 설치하고 계단은 높이 15cm, 디딤판 폭 30cm로 한다.

(3) 휴게공간에 파고라 1개, 의자 4개, 음수대 1개, 휴지통 2개 이상을 설치할 것

(4) 건물 전면공간에 높이 3m, 폭 2m의 환경조각물 1개소를 설치할 것

(5) 포장재료는 주차장 및 차도의 경우는 아스팔트, 그 밖의 보도 및 광장은 콘크리트 보도블럭 및 화강석을 사용할 것.

(6) 차도측 보도에서 건축물 대지쪽으로 정지작업시 경사도는 1 : 1.5로 처리함

(7) 정구장은 1면으로 방위를 고려하여 설치할 것

(8) 설치시설물에 대한 범례표는 우측 여백에 작성할 것 (설치 시설물의 수량도 기재할 것)

3. 공통사항과 아래의 조건을 참고하여 지급된 용지 1매에 식재기본설계 (배식설계)를 하시오. (1/300로 확대하여 설계할 것)

(1) 사용수량은 10수종 이상으로 하고 차폐에 사용되는 수목은 수고 3m 이상의 상록수로 할 것
(2) 주차장 주변에 대형 녹음수로 수고 4m 이상 수관폭 3m 이상 식재
(3) 진입부분 좌우측에는 상징이 될 수 있는 대형수를 식재할 것
(4) 지하층의 상부는 토심을 고려하여 식재토록 할 것
(5) 수목은 인출선에 의하여 수량, 수종, 규격 등을 표기할 것
(6) 수종의 선택은 지역적인 조건을 최대한 고려하여 선택할 것
(7) 수목의 범례와 수량 기재는 도면의 우측에 표를 만들어 기재할 것

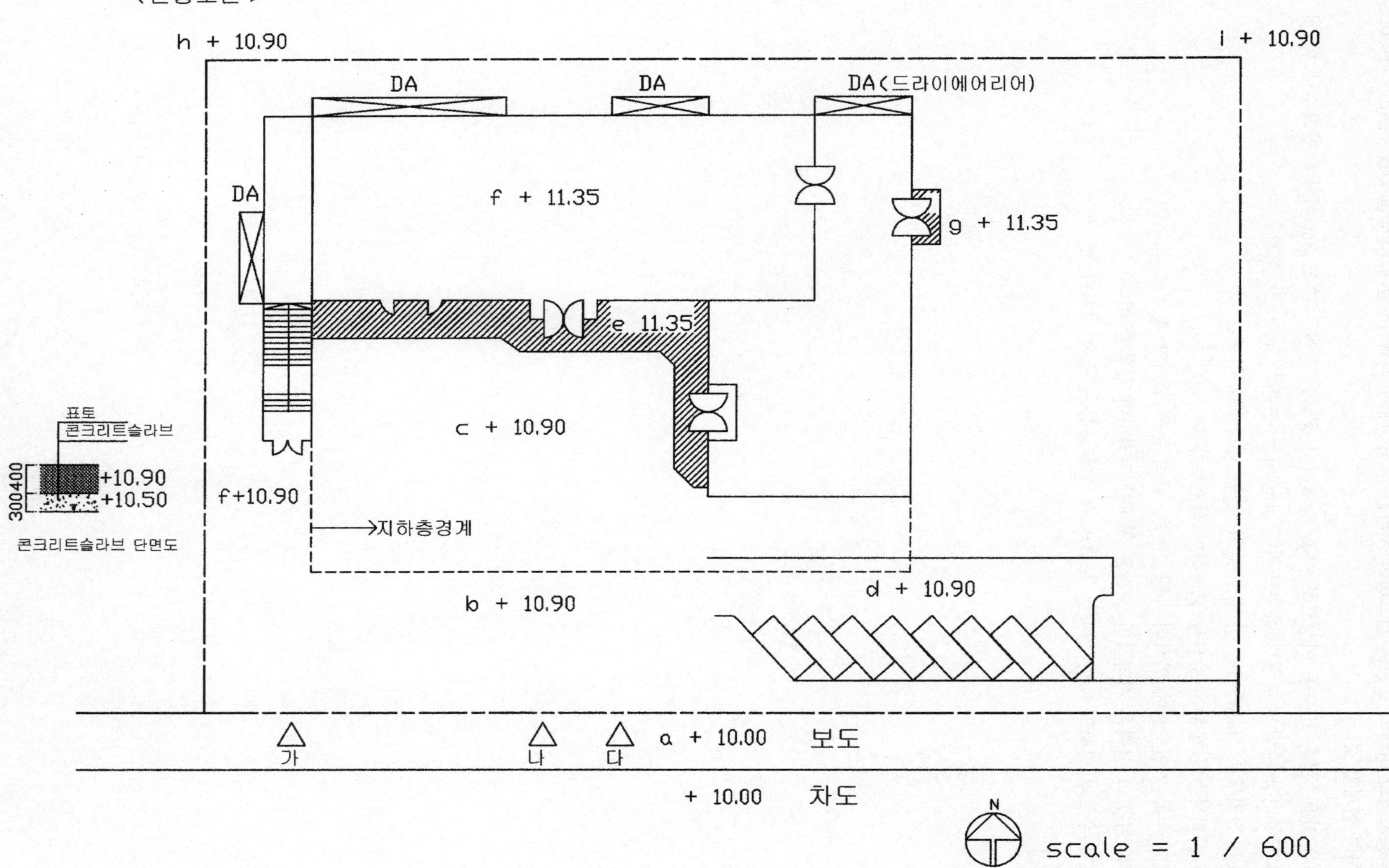
<현황도면 >
h + 10.90
i + 10.90
DA
DA
DA(드라이에어리어)
DA
f + 11.35
g + 11.35
e 11.35
c + 10.90
f+10.90
지하층경계
표토
콘크리트슬라브
+10.90
+10.50
300
400
콘크리트슬라브 단면도
b + 10.90
d + 10.90
가
나
다
a + 10.00
보도
+ 10.00
차도
N
scale = 1 / 600

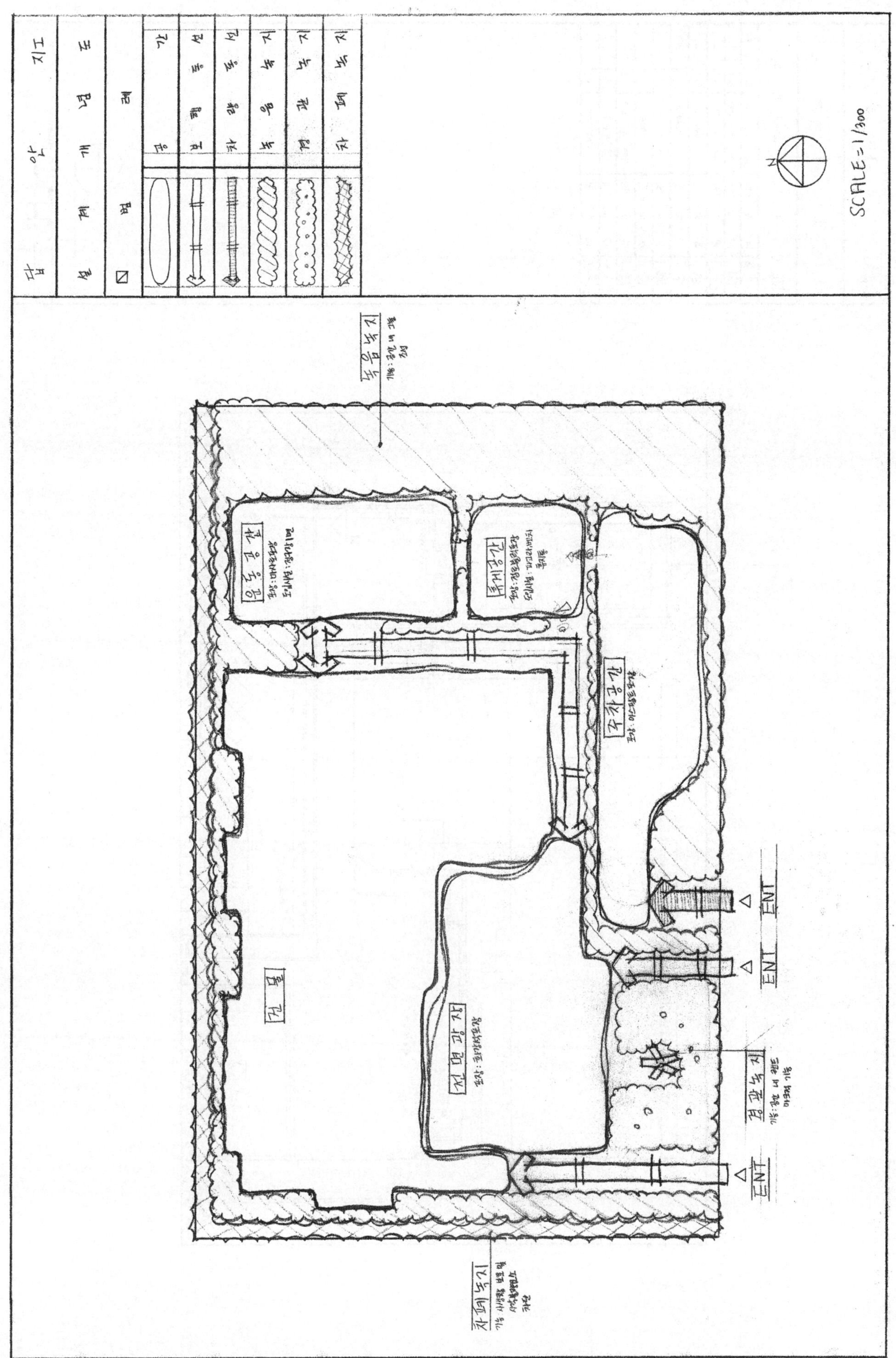
답안지
설계개념도
범례
공간
보행동선
차량동선
녹음녹지
경관녹지
차폐녹지
SCALE=1/300
N
녹음녹지
운동공간
휴게공간
주차공간
건물
전면광장
경관녹지
차폐녹지
ENT
ENT
ENT

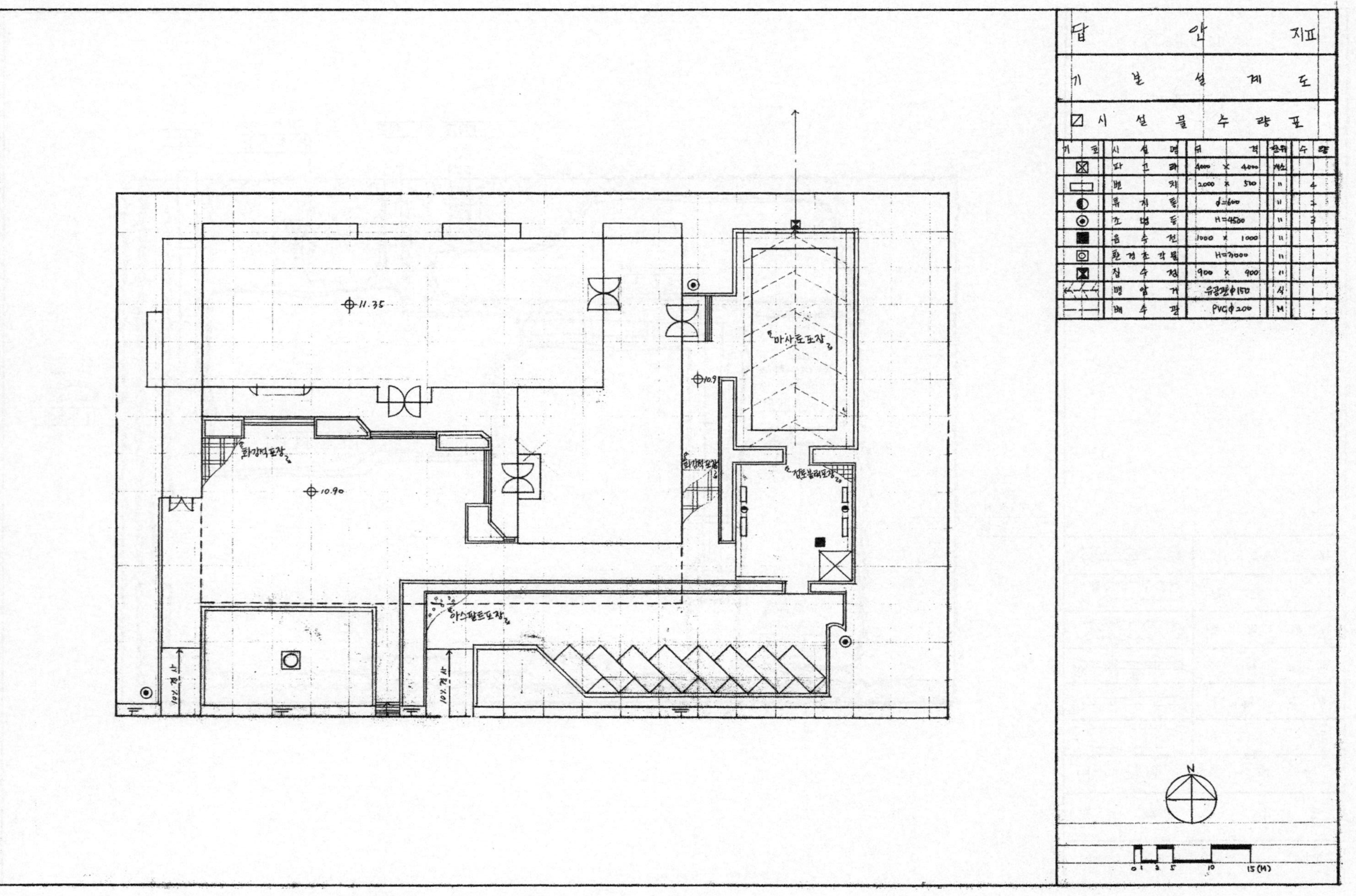
답 안 지Ⅱ
기 본 설 계 도
시 설 물 수 량 표
기호 | 시설명 | 규격 | 단위 | 수량
파고라 | 4000 × 4000 | 개소 | 1
벤치 | 2000 × 500 | 〃 | 4
휴지통 | ϕ=600 | 〃 | 2
조명등 | H=4500 | 〃 | 3
음수전 | 1000 × 1000 | 〃 | 1
환경조각물 | H=3000 | 〃 | 1
집수정 | 900 × 900 | 〃 | 1
맹암거 | 유공관ϕ150 | 식 | 1
배수관 | PVCϕ200 | M | ·
마사토포장
화강석포장
판석포장
점토블럭포장
아스팔트포장
11.35
10.90
10.9
N
0 1 2 5 10 15(M)

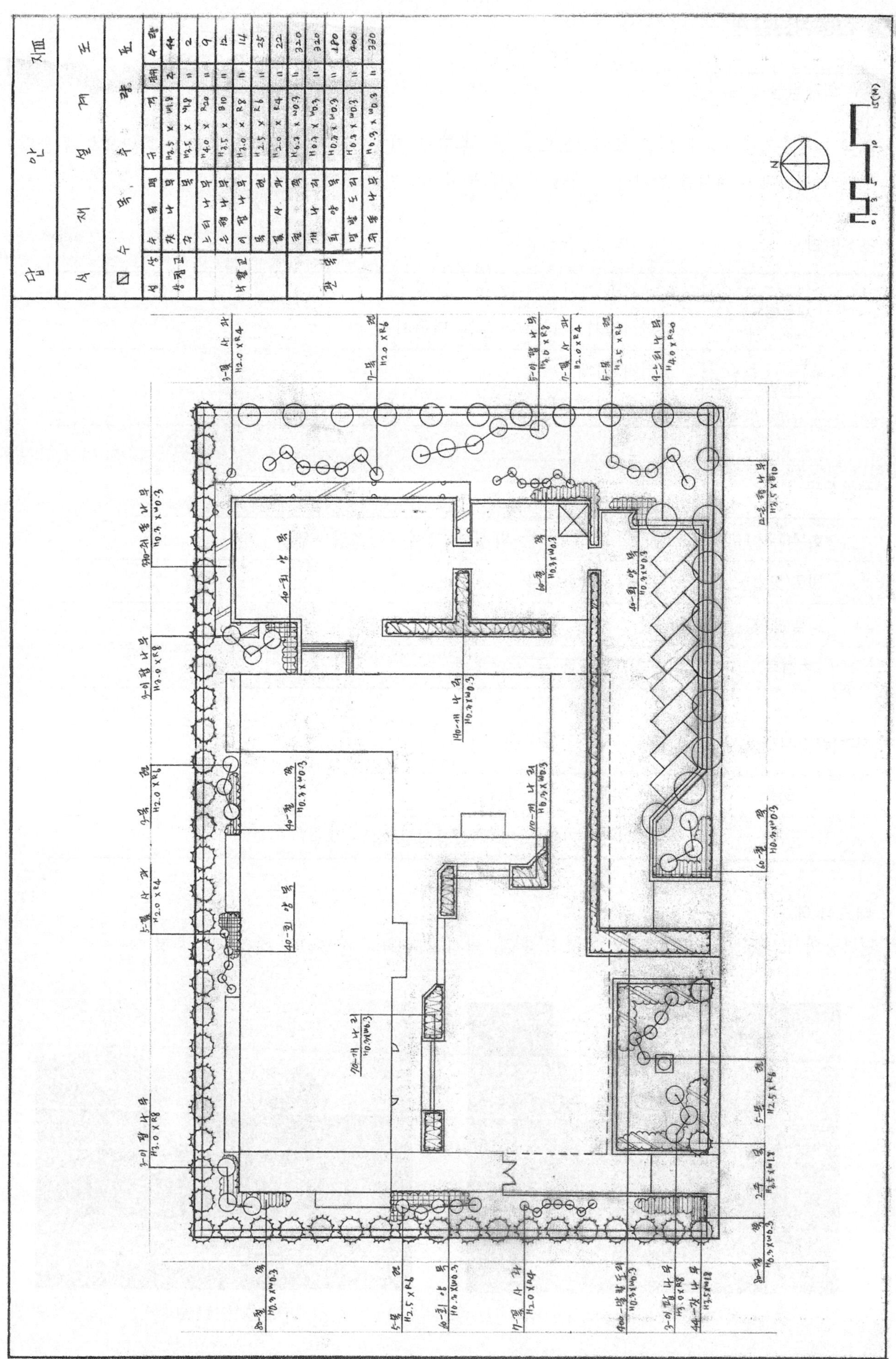

5 전통정원설계

화계정원

- 개념 : 풍수지리사상에 의한 택지선정으로 전저후고의 지형으로 인해 생겨난 계단식화단으로 건물의 후원에 위치하며 경사를 완화하는 계단의 형태(높이 1m 이하)이다.

- 조성방법

재료별	· 장대석쌓기(화강석) / 바른켜쌓기 · 자연석쌓기 / 다듬지 않는 막돌사용
기능별	· 장식적 화계 · 경계를 겸한 화단

- 적용식물

화목(花木)	모란, 철쭉, 진달래, 황매화, 산수유, 조팝나무
과목(果木)	앵도나무, 매화나무
상록(常綠)	반송
초화류	비비추, 옥잠화 등 / 약초류

- 점경물(장식적요소)

석물	석함, 석분, 괴석, 석연지 등
굴뚝	전돌 축석 +기와(벽면에 십장생 무늬를 새김)

- 대표적 예

경복궁의 교태전후원 / 창덕궁의 대조전 후원, 낙선재 후원 / 창경궁의 통명전의 후정

그림. 경복궁 교태전 후원의 화계

그림. 화계 (전통정원재현)

38 전통정원 설계 [조경산업기사 2004년 기출]

1. 다음은 중부지방의 사적지내 한옥의 전통정원 부지 현황도이다. 축척 1/100으로 확대하여 주어진 요구조건을 반영시켜 식재설계도를 작성하시오.(답안지Ⅰ)

(1) 설계의 요구조건

① 안방에서 후문에 이르는 직선거리 진입동선을 원로 폭 1.6m로 설계한다. 후문에서 안방까지의 레벨 차이와 등경사도를 고려하여 계단을 설계하고, 적당한 지점에 계단참을 설계하시오.

② 식재지는 후문에서 일점쇄선까지이다.

③ 전통정원 후원의 특성을 고려하여 화계를 설계하고, 화계에 꽃을 감상할 수 있도록 필요한 초화류와 관목을 보기 수종 중에서 10수종 이상 선정하여 설계하시오.

④ 인출선을 사용하여 수종명, 수량, 규격을 표시하고, 식재한 수량을 집계하여 범례란에 수목수량표를 도면 우측에 작성하시오.

비비추, 옥잠화, 대왕참나무, 왕벚나무, 모과나무, 가이즈까향나무, 반송, 히말라야시다, 양버즘나무, 살구나무, 피라칸사스, 매화나무, 산철쭉, 명자나무, 꽝꽝나무, 눈향

2. 문제1에서 식재한 식재개념을 답안지 2의 상단에 축척 1/100으로 작성하고, 현황도면에 표시된 A–A′ 단면 절단선을 따라 단면도를 축척 1/50으로 확대하여 작성하시오. (답안지Ⅱ)

(1) 개념도 및 단면도(답안지Ⅱ)의 요구조건

① 식재 개념도를 그리고, 빈 공간에 화계에 대한 특성, 기능, 시설 등을 간단한 설명과 함께 개념도의 표현 방법을 사용하여 그려 넣으시오.

② 단면도상에서 장대석의 치수, 사고석의 치수를 표기하시오.

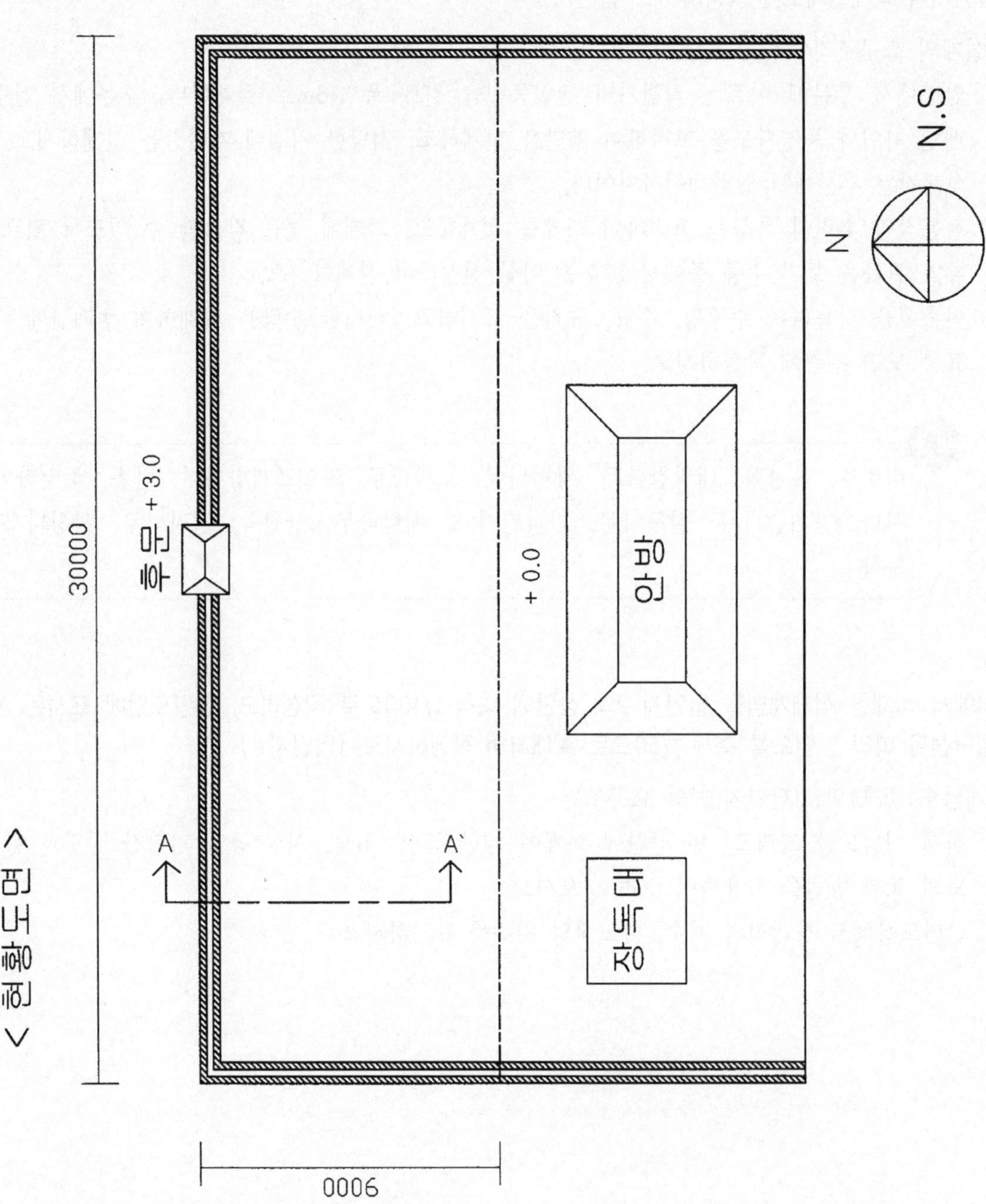
N.S
N
30000
후문 + 3.0
+ 0.0
안방
A
A`
장독대
< 현황도면 >
9000

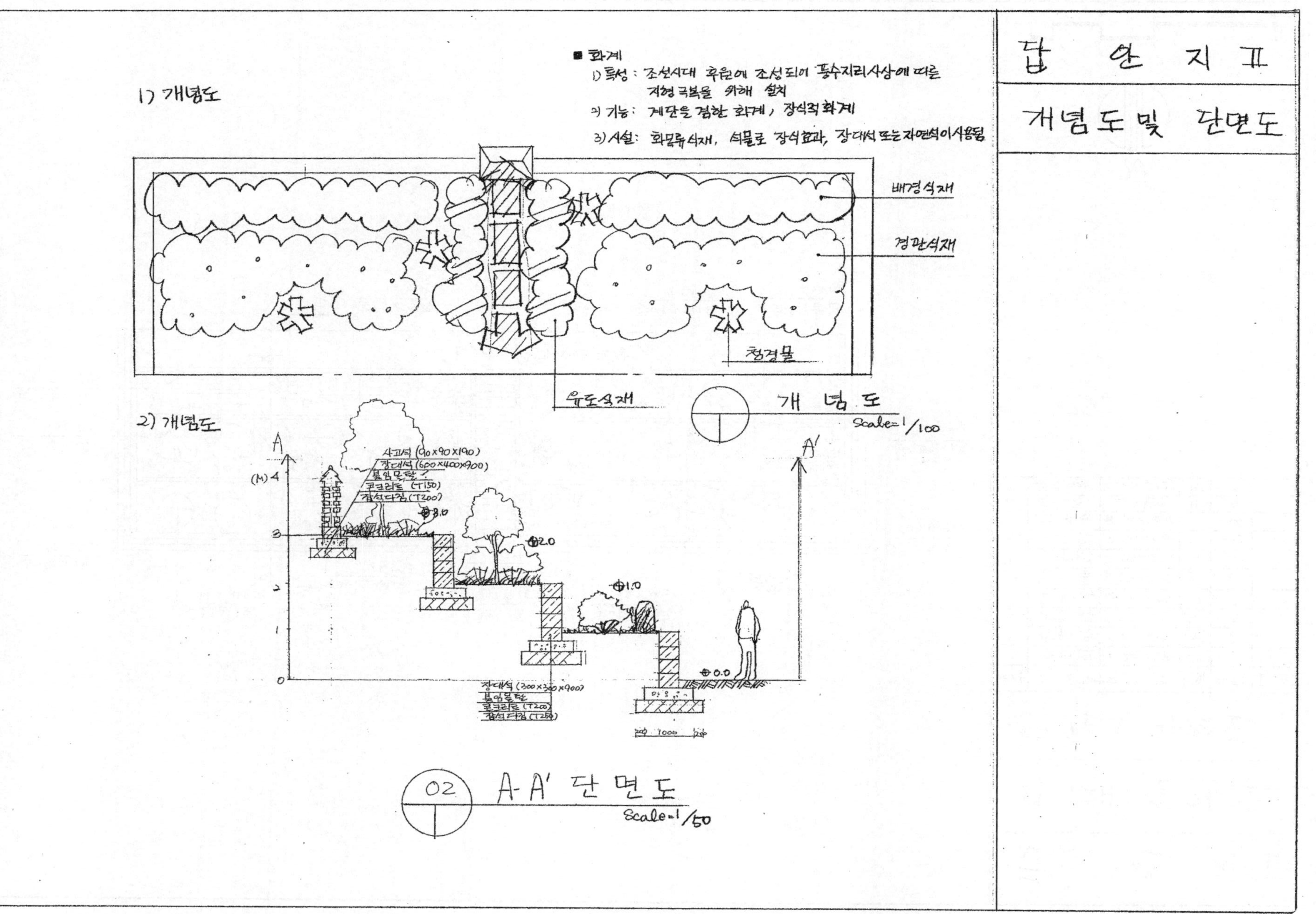
답안지 II
개념도 및 단면도
■ 화계
1) 특성 : 조선시대 후원에 조성되어 풍수지리사상에 따른 지형 극복을 위해 설치
2) 기능 : 계단을 겸한 화계, 장식적 화계
3) 시설 : 화목류식재, 석물로 장식효과, 장대석 또는 자연석이 사용됨
1) 개념도
배경식재
경관식재
점경물
유도식재
개념도
Scale=1/100
2) 개념도
A
A'
(M) 4
3
2
1
0
사고석 (90×90×190)
장대석 (600×400×900)
붙임모르타르
콘크리트 (T150)
잡석다짐 (T200)
3.0
2.0
1.0
0.0
장대석 (300×300×900)
붙임모르타르
콘크리트 (T200)
잡석다짐 (T250)
1000
02
A-A' 단면도
Scale=1/50

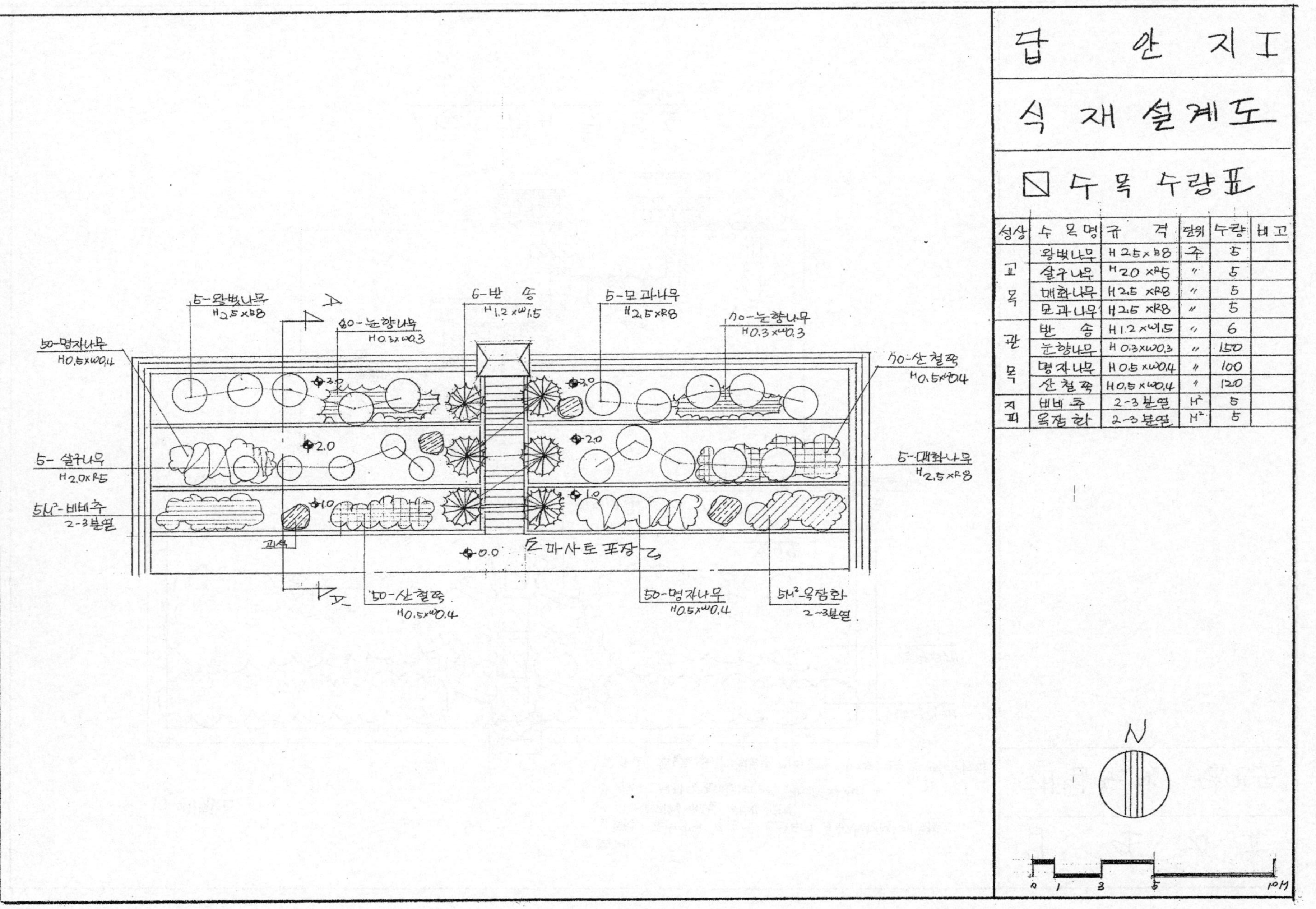

답 안 지 Ⅰ

식 재 설 계 도

☐ 수목수량표

성상	수목명	규격	단위	수량	비고
교목	왕벚나무	H2.5×B8	주	5	
	살구나무	H2.0×R5	〃	5	
	매화나무	H2.5×R8	〃	5	
	모과나무	H2.5×R8	〃	5	
관목	반송	H1.2×W1.5	〃	6	
	눈향나무	H0.3×W0.3	〃	150	
	명자나무	H0.5×W0.4	〃	100	
	산철쭉	H0.5×W0.4	〃	120	
지피	비비추	2-3분얼	m²	5	
	옥잠화	2-3분얼	m²	5	

6 인공지반조경설계

- 인공지반 적용

인공적으로 구축된 건축물이나 구조물 등의 식물생육이 부적합한 불투수층의 구조물 위에 조성되는 식재기반인 인공지반의 조경(옥상, 지하구조물 상부 및 썬큰 등의 조경을 포함한다)

- 설계목표

부족한 녹지공간을 확보하여, 도시 미기후 조절 및 생물서식공간(비오톱)이 되도록 조성하고, 기존 인공구조물과의 조화 및 생물다양성을 제고하여 자연친화적인 환경보전을 효율적으로 수행할 수 있도록 한다.

- 설계전 검토사항

다음의 사항들을 사전조사하고 검토하여 설계에 반영한다.
(1) 이용목적, 이용상황, 이용행태 등의 사회·행태적 조건
(2) 기후·미기후, 햇빛, 바람 등 자연환경 조건
(3) 구조적 안전성, 접근성, 이용적 안정성, 하부구조 등 인공환경조건
(4) 유지관리의 정도나 경제성 등의 조건
(5) 관련 법규

- 식재기반의 구성

방수층, 방근층, 배수층, 여과층, 식재기반층, 피복층으로 구성한다.

방수시설	내구성이 우수하고 녹화에 적합한 방수재를 선정하며, 배수 드레인과 연결부 등 상세부분에 주의하여 설치
방근시설	인공구조물의 균열에 대비하고 식물의 뿌리가 방수층에 침투하는 것을 막기 위해 방근용 시트설치
배수시설	·배수판 아래의 구조물 표면은 1.5~2.0%의 표면기울기를 유지 ·인공지반 배수층의 두께는 토양층의 깊이와 배수소재의 종류에 따라 배수성능과 통기성을 고려하여 결정
여과층	·배수층위에는 식재기반의 토양이 배수층으로 혼입되지 않도록 여과층을 설치, 세립토양은 거르고 투수기능은 원활한 재료·규격으로 설계

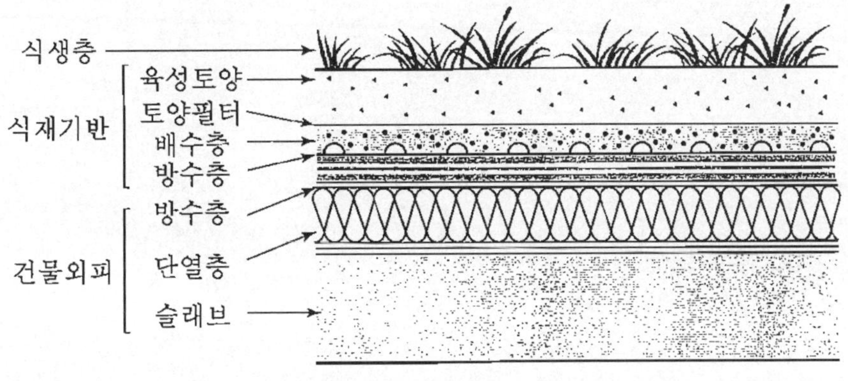

그림. 옥상녹화시스템 구성

• 옥상의 환경조건과 조경수종조건

환경조건	옥상 조건	수종조건
토심	토심부족	천근성수종
하중	경량하중 요구	비속성수종, 소폭 성장 수종
미기후	바람, 추위, 복사열 심함	내풍성수종
토양	양분부족	생존력이 강한 수종
수분	습도부족	내건성 수종

• 인공지반에 식재 식물과 생육에 필요한 식재 토심

형태상분류	자연토양사용시(cm 이상)	인공토양사용시(cm 이상)
잔디/ 초본류	15	10
소관목	30	20
대관목	45	30
교목	70	60

그림. 옥상정원사례1

그림. 옥상정원사례2

39 옥상정원 설계 [조경산업기사 1998년, 2000년 기출]

※서울 도심의 상업지역에 위치한 18층의 오피스 건물의 저층부(5층 floor)에 옥상 정원을 조성하려고 한다. 주어진 현황도면(4, 5층 평면도)과 다음에 제시하는 조건들을 고려하여 옥상정원 배식설계도, 단면도, 단면상세도를 작성하시오.

(1) 현황

- 서측편에 폭원 50m의 광로가 있으며, 남쪽과 북쪽에는 본 건물과 유사한 규모의 건물이 있음
- 건물의 주용도는 업무시설(사무실)임

(2) 기타사항

- 5층 옥상정원의 기본 바닥면은 설계시 전체 바닥면이 ±0.00인 것으로 간주하여 모든 요구사항을 해결하도록 함

1. 주어진 트레이싱지 1매에 5층 옥상정원 계획부지의 현황도를 1/100으로 확대하고, 확대된 도면에 4층 평면도를 참조하여 기둥의 위치를 도면 표기법에 맞게 그려 넣고, 식재할 식재대(planter box) 및 시설물, 포장 등을 다음 조건에 고려하여 옥상정원의 기본설계 및 배식설계도를 작성하시오. (답안지Ⅰ)

(1) 기본설계도의 요구조건

① 식재대를 높이가 다른 3개의 단으로 구성하되, 전체적으로 대칭형의 배치가 되도록 하며, 옥상정원의 출입구 정면에서 바라볼 때 변화감 있는 입면이 만들어 질 수 있도록 구상할 것

② 옥상 경계의 파라펫의 높이는 1.8m임, 하중 때문에 제일 높은 식재대의 높이가 1.2m 이상이 되지 않도록 하며, 가급적 마운딩도 고려하지 않는다.

③ 각 식재대의 높이 등의 점표고를 이용하여 표시토록 함

④ 식재대의 크기를 치수선으로 표기하도록 함

⑤ 식재대 이외의 지역은 석재타일로 포장하려고 함

⑥ 휴게를 위한 장의자를 2개소 이상 고려하여 배치함

(2) 배식 설계의 요구조건

① 다음에 주어진 수종 중에서 상록교목, 낙엽교목(각 2종 이상), 관목(5종 이상), 지피, 화훼류(5종 이상)를 이용토록 하여, 수목별로 인출선을 긋고 수량, 수종, 규격 등을 표기함.

② 도면의 우측에 집계된 수목수량표를 작성하되, 상록교목, 낙엽교목, 관목, 지피, 화훼류로 구분하여 집계하시오.

보기

둥근소나무(H1.2×W1.5), 수수꽃다리(H1.8×W0.8), 주목(둥근형)(H0.4×W0.3), 주목(선형)(H1.5×W0.8), 꽃사과(H2.0×W0.8), 영산홍(H0.3×W0.3), 산수국(H0.4×W0.6), 맥문동(3~5분얼), 산수유(H2.0×R3), 회양목(H0.3×W0.3), 꽃창포(2~3분얼), 장미(3년생 2가지), 담쟁이(L0.3), 소나무(H3.0×W1.5×R10), 조릿대(H0.4×W0.2), 후록스(2~3분얼)

2. 계획된 설계안에 대해 동서 방향으로 단면 절단선 A-A′를 표시하고, 표시된 부분의 단면도를 1/100으로 그리되, 반드시 옥상정원의 출입구를 지나도록 그리시오. 또 다음의 조건들을 고려하여 그 일부분을 1/40으로 부분 확대하여 단면 상세도를 그리시오. (단, 확대하는 부분은 반드시 식재대와 포장의 단면 상세가 같이 나타날 수 있는 부분을 선택하고 단면도 상에 확대된 부분을 표기할 것(답안지 II))

(1) 단면도 상에는 각 부분의 표고를 기입할 것.

(2) 하중의 저감을 위하여 경량토를 쓰도록 하는데, 그 상세는 내압투수판(Thk 30) 위에 투수 시트(Thk 5)를 깔고, 배수용 인공 혼합토(Thk 50), 그 위에 육성용 인공 혼합토를 쓰도록 한다. 육성용 인공 혼합토의 두께는 소관목 30cm, 대관목 50cm, 교목의 경우는 최소 60cm 이상이 되도록 해야 한다.

(3) 포장 부분은 옥상 바닥면의 마감이 시트 방수로 방수 처리된 상태이므로 석재타일(Thk 30)의 부착을 위한 붙임 몰탈(Thk 20)만을 고려한다.

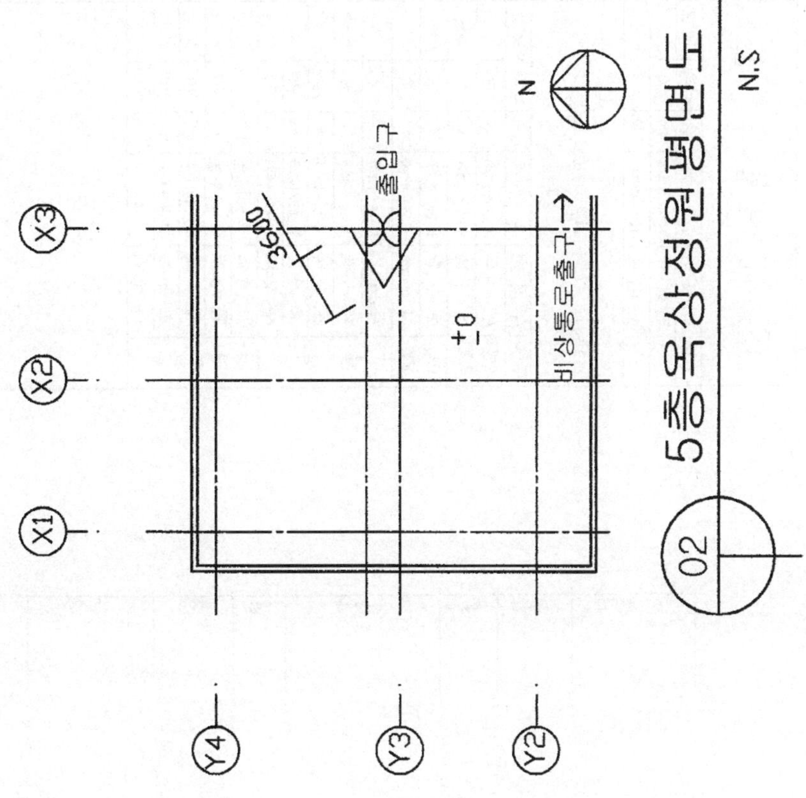
5층 옥상정원 평면도
02
N.S
N
출입구
비상통로출구→
3600
±0
X1
X2
X3
Y4
Y3
Y2

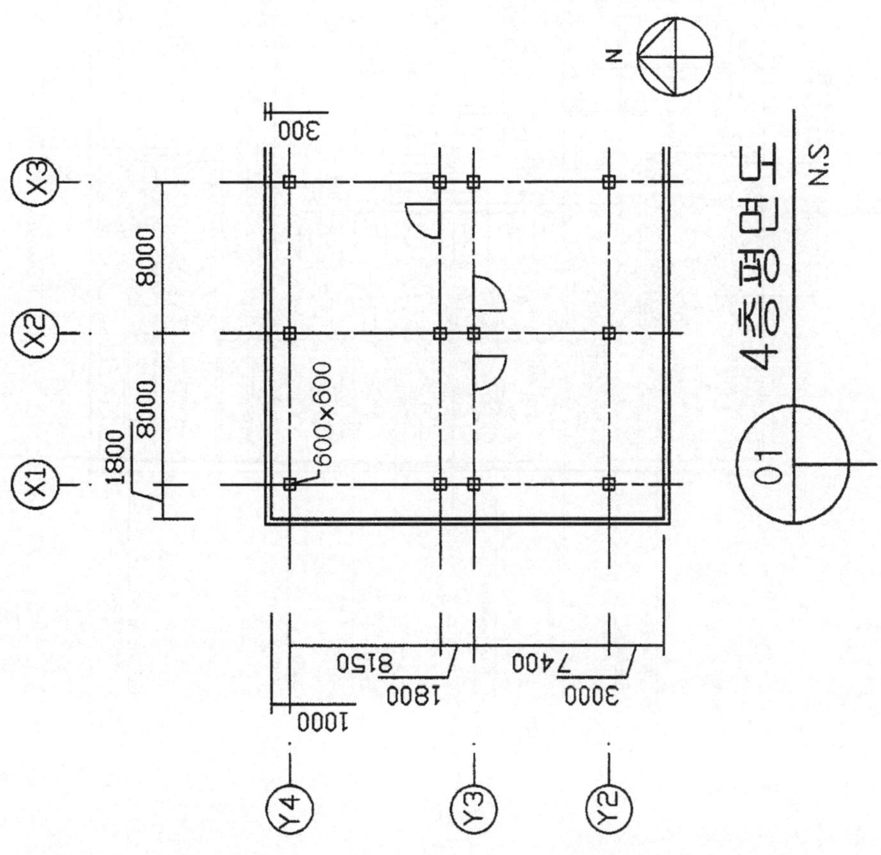
4층 평면도
01
N.S
N
X1
X2
X3
Y4
Y3
Y2
1800
8000
8000
600×600
300
1000
8150
1800
7400
3000

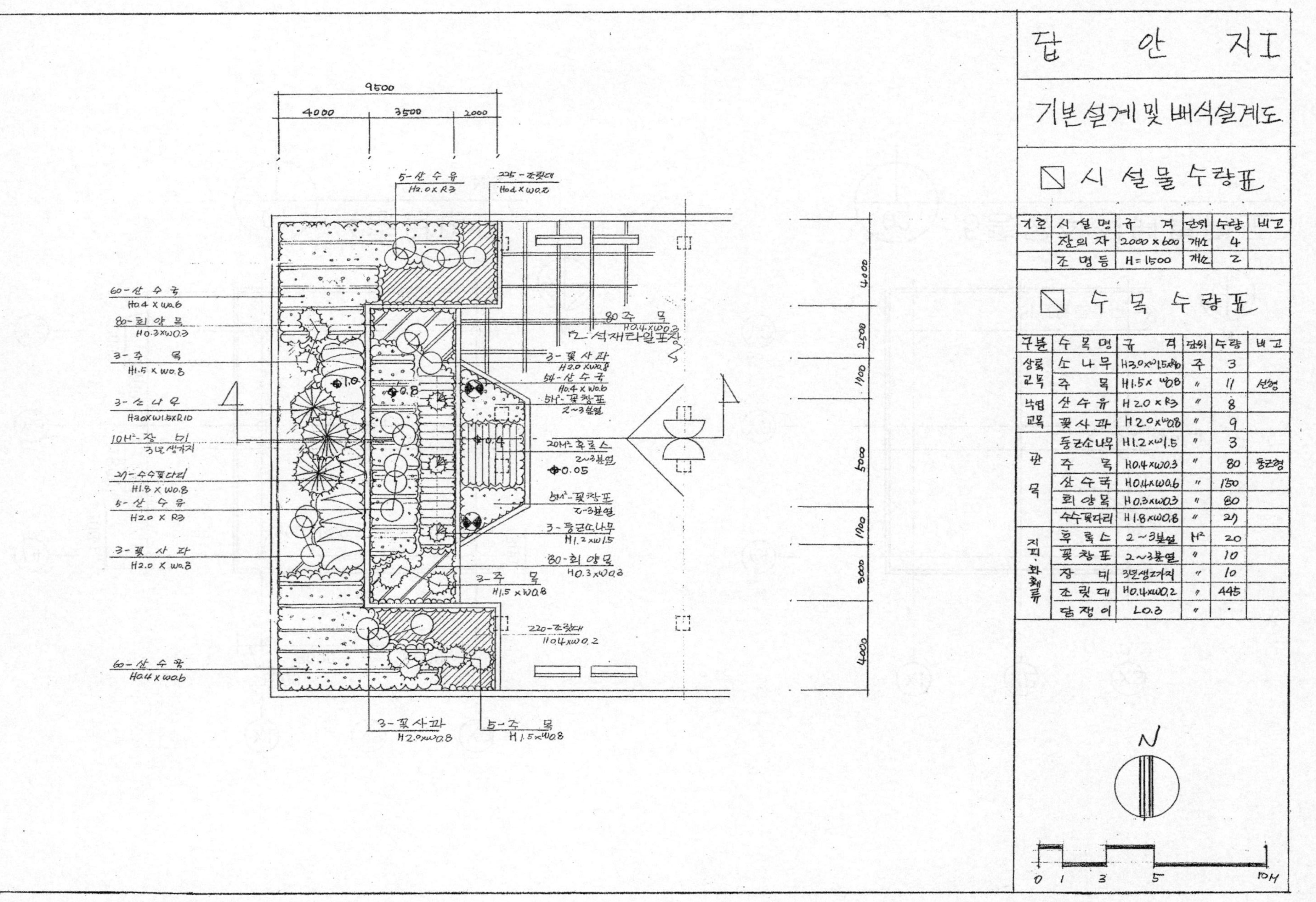

☐ 시설물 수량표

기호	시설명	규격	단위	수량	비고
	장의자	2000×600	개소	4	
	조명등	H=1500	개소	2	

☐ 수목 수량표

구분	수목명	규격	단위	수량	비고
상록교목	소나무	H3.0×W1.5×R10	주	3	
	주목	H1.5×W0.8	〃	11	선형
낙엽교목	산수유	H2.0×R3	〃	8	
	꽃사과	H2.0×W0.8	〃	9	
관목	둥근소나무	H1.2×W1.5	〃	3	
	주목	H0.4×W0.3	〃	80	둥근형
	산수국	H0.4×W0.6	〃	150	
	회양목	H0.3×W0.3	〃	80	
	수수꽃다리	H1.8×W0.8	〃	27	
지피·화훼류	후록스	2~3분얼	M²	20	
	꽃창포	2~3분얼	〃	10	
	장미	3년생2가지	〃	10	
	조릿대	H0.4×W0.2	〃	445	
	잔디	L0.3	〃	·	

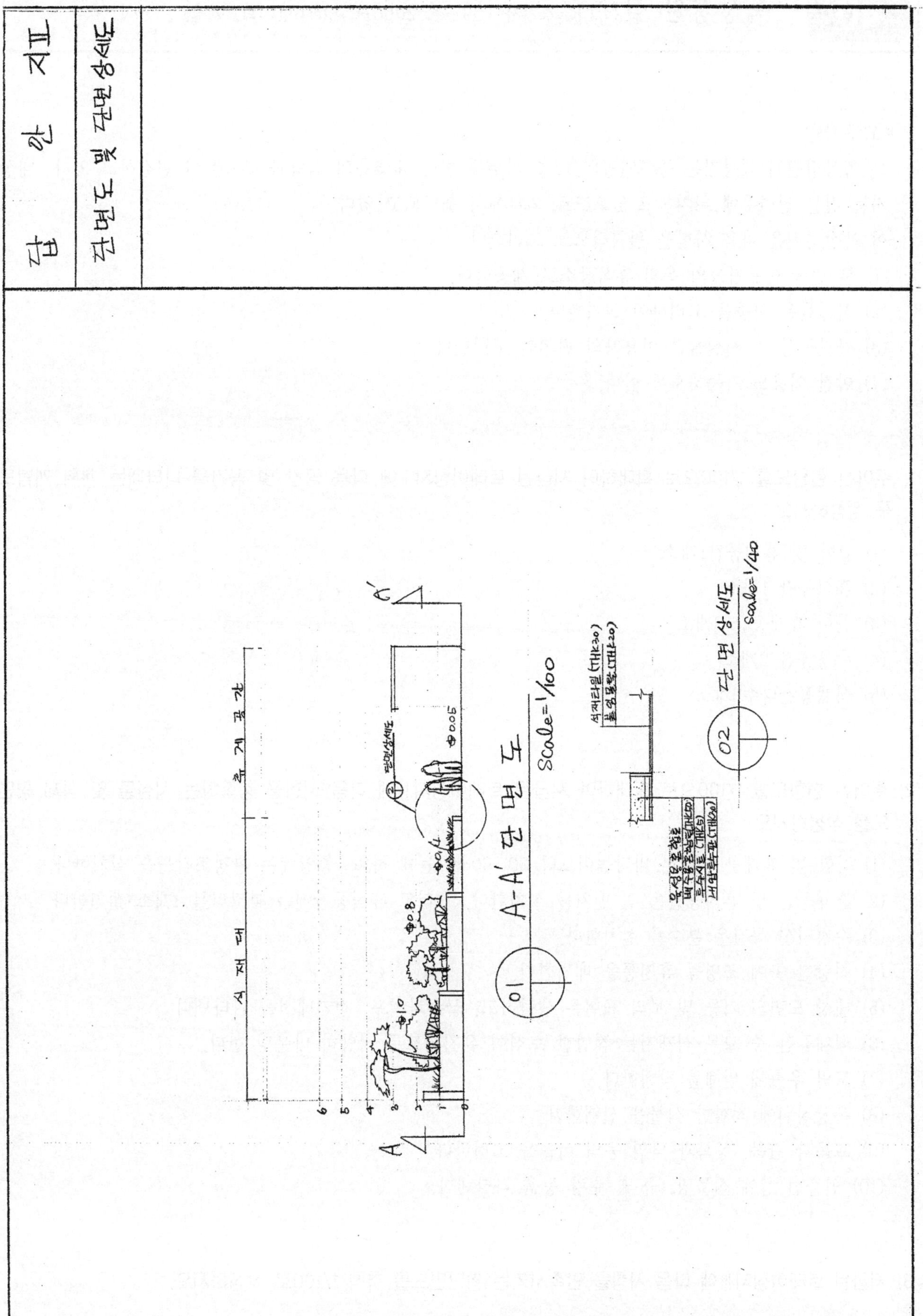

답 안 지 II

단면도 및 단면상세도

식재대 휴게공간

6
5
4
3
2
1
0

A A'

Φ1.0 Φ0.8 Φ0.4 Φ0.05

② 단면상세도

01 A-A' 단면도
Scale=1/100

석재타일(THK30)
붙임몰탈(THK20)

육성토혼합토
배수용혼합토(THK50)
투수시트(THK5)
내압투수판(THK30)

02 단면상세도
scale=1/40

40 옥상정원 설계 [조경기사 1998년, 2006년, 2010년(4회) 기출]

■ 요구사항

본 옥상정원의 대상지는 중부지방의 12층 업무용 빌딩 내 5층의 식당과 휴게실이 인접하고 있다. 대상지는 건물 전면부에 위치하고 있으므로 외부에서 조망되고 있다.

이 옥상정원은 다음 사항을 원칙적으로 고려한다.

(1) 본 빌딩 이용자들의 옥외 휴식장소로 제공한다.
(2) 시설물은 하중을 고려하여 설치한다.
(3) 공간구성 및 시설물은 이용자의 편의를 고려한다.
(4) 야간 이용도 가능하도록 한다.

1. 주어진 현황도를 1/100으로 확대하여 지급된 트레이싱지Ⅰ에 다음 공간 및 공간을 나타내는 계획 개념도를 작성하시오.

(1) 집합 및 휴게공간1개소
(2) 휴식공간 1개소
(3) 간이 휴게공간 2개소
(4) 수경공간 2개소
(5) 식재공간다수 개소

2. 주어진 현황도를 1/100으로 확대하여 지급된 트레이싱지Ⅱ에 다음 사항을 충족하는 시설물 및 식재 평면도를 작성하시오.

(1) 집합 및 휴게공간은 본 바닥높이보다 30~60cm 높게 하며, 중앙에는 환경조각물을 설치한다.
(2) 휴게공간 및 휴식공간은 긴 벤치를 설치한다. 그리고 휴식공간에는 파고라를 1개소 설치한다.
(3) 수경시설 공간은 분수를 설치한다.
(4) 적당한 곳에 조명등 휴지통을 배치한다.
(5) 대상 도면의 기둥 및 보의 표현은 생략하고, 급수파이프, 전기배선을 나타낸다.
(6) 식재공간 중 교목 식재지는 적합한 토심이 유지되도록 적당히 마운딩 한다.
(7) 도면 우측에 범례를 작성한다.
(8) 옥상정원에 적합한 식물을 선택한다.
(9) 교목과 관목, 상록과 낙엽 등의 비율을 고려한다.
(10) 인출선 상에 식물명, 규격, 수량 등을 나타낸다.

3. 지급된 트레이싱지Ⅲ에 다음 사항을 만족시키는 횡단면도를 축척 1/100로 작성하시오.

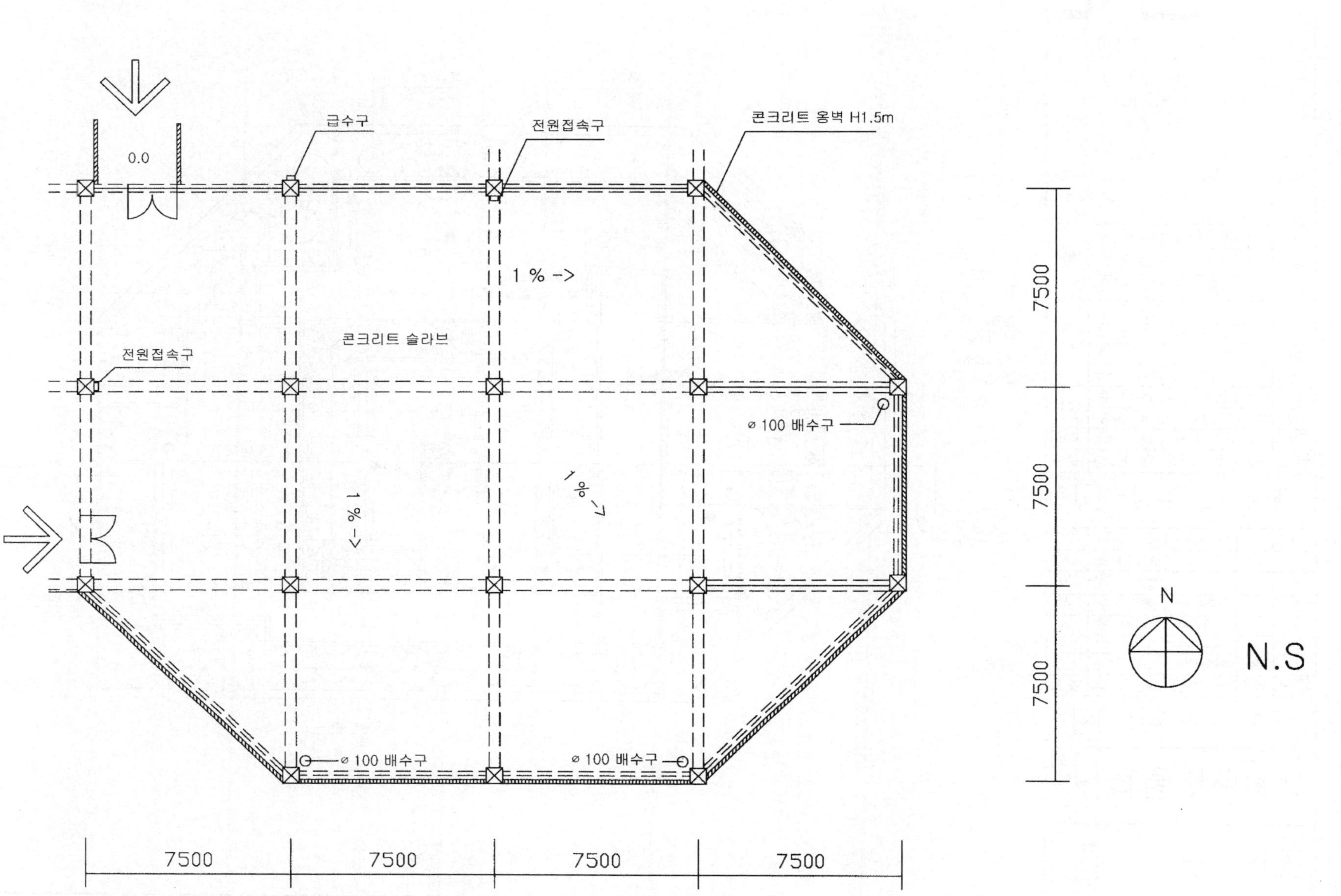

< 현황도면 >
0.0
급수구
전원접속구
콘크리트 옹벽 H1.5m
1 % ->
콘크리트 슬라브
전원접속구
ø 100 배수구
1 % ->
1 % ->
ø 100 배수구
ø 100 배수구
7500
7500
7500
7500
7500
7500
7500
N
N.S

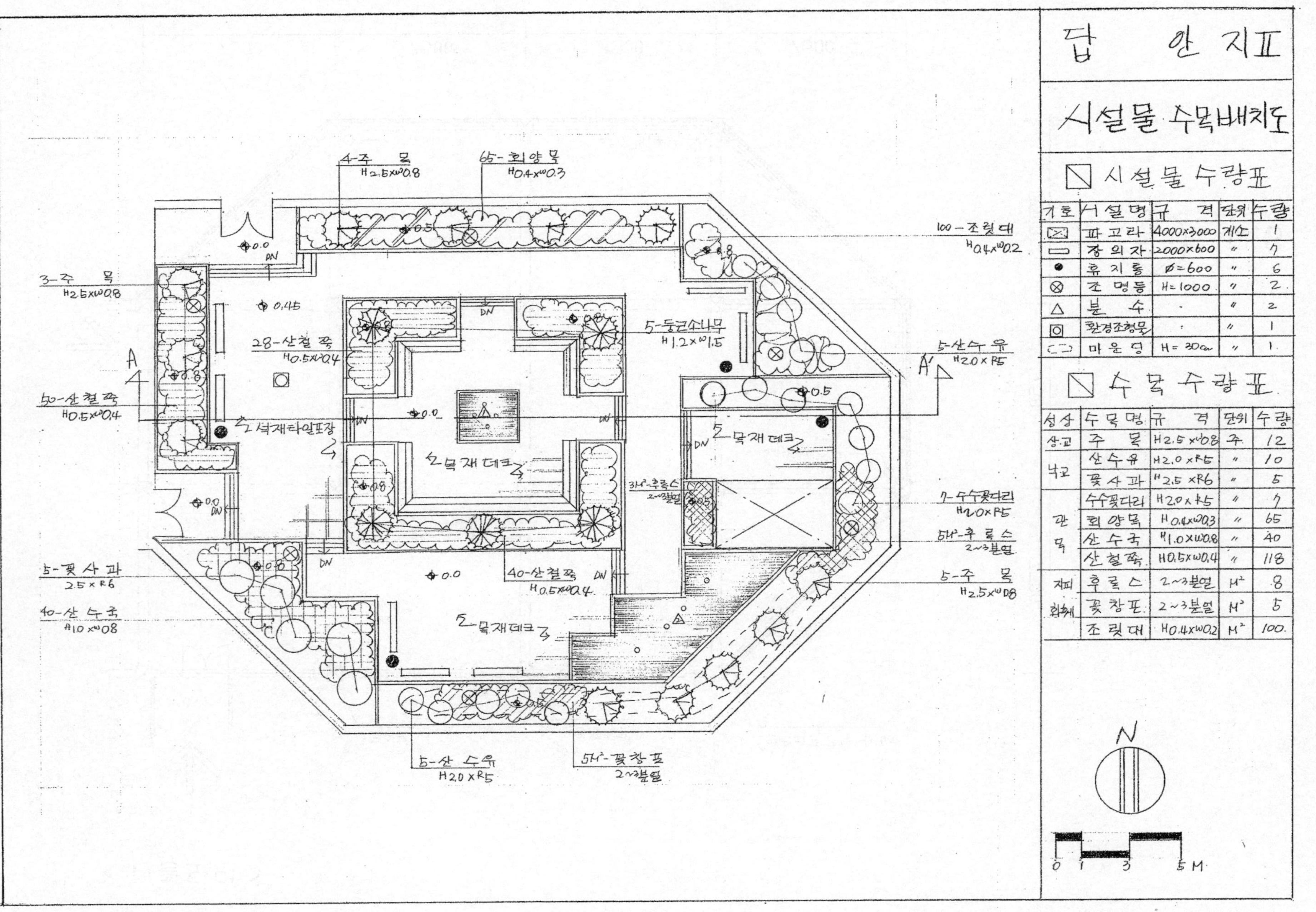

답 안 지Ⅲ
시설물 수목배치도
시설물 수량표
기호 | 시설명 | 규격 | 단위 | 수량
파고라 | 4000×3000 | 개소 | 1
장의자 | 2000×600 | 〃 | 7
휴지통 | ø=600 | 〃 | 6
조명등 | H=1000 | 〃 | 2
분수 | · | 〃 | 2
환경조형물 | · | 〃 | 1
마운딩 | H=30㎝ | 〃 | 1
수목수량표
성상 | 수목명 | 규격 | 단위 | 수량
상교 | 주목 | H2.5×W0.8 | 주 | 12
낙교 | 산수유 | H2.0×R5 | 〃 | 10
꽃사과 | H2.5×R6 | 〃 | 5
관목 | 수수꽃다리 | H2.0×R5 | 〃 | 7
회양목 | H0.4×W0.3 | 〃 | 65
산수국 | H1.0×W0.8 | 〃 | 40
산철쭉 | H0.5×W0.4 | 〃 | 118
지피 화훼 | 후록스 | 2~3분얼 | M² | 8
꽃창포 | 2~3분얼 | M² | 5
조릿대 | H0.4×W0.2 | M² | 100
N
0 1 3 5M
4-주목 H2.5×W0.8
65-회양목 H0.4×W0.3
100-조릿대 H0.4×W0.2
3-주목 H2.5×W0.8
5-둥근소나무 H1.2×W1.5
28-산철쭉 H0.5×W0.4
5-산수유 H2.0×R5
50-산철쭉 H0.5×W0.4
석재타일포장
목재데크
3M²-후록스 2~3분얼
7-수수꽃다리 H2.0×R5
5M²-후록스 2~3분얼
5-꽃사과 2.5×R6
40-산철쭉 H0.5×W0.4
5-주목 H2.5×W0.8
40-산수국 H1.0×W0.8
5-산수유 H2.0×R5
5M²-꽃창포 2~3분얼

답안지 I

계획 개념도

범례

공간

동선

경관식재

경계식재

집합 및 휴게공간

수경공간

간이휴게 공간

휴식공간

간이휴게공간

수경공간

N

0 1 3 5M

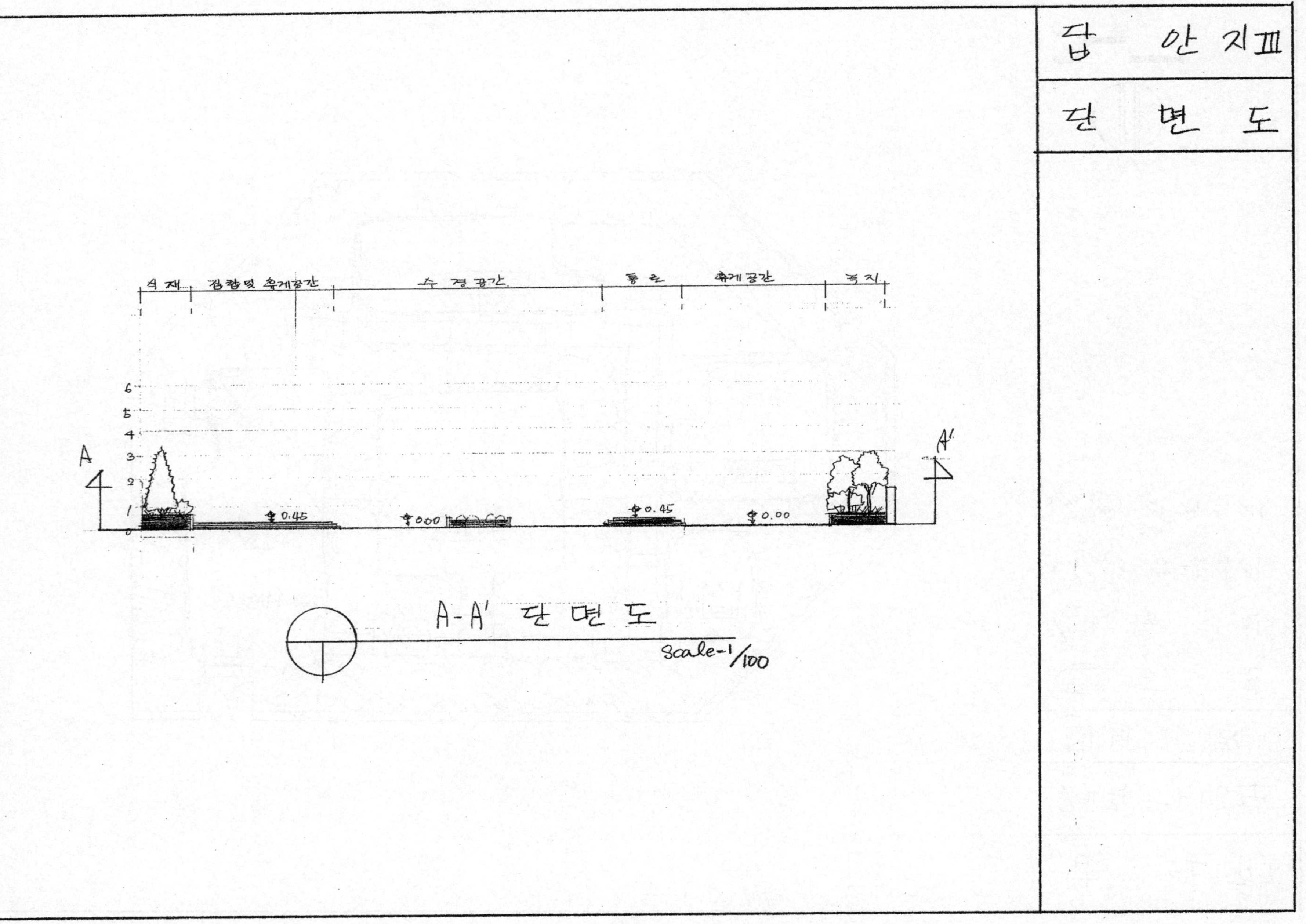
답 안 지Ⅲ
단 면 도
A
A'
A-A' 단면도
Scale-1/100

41 근린공원 및 주차공원 [조경기사 2006년, 2020년(2회) 기출]

■ 요구사항

주어진 트레싱지에 현황도와 설계지침을 참고하여 답안지 1에 설계개념도(1/150)와 답안지2에 기본설계 및 배식설계도(1/150), 답안지3에 종단면도(1/150)와 벽천 및 연못스케치(non scale)를 작성하시오.

설계지침

(1) 본대지는 간선가로변 근린공원이며, 지하에 공용주차장의 기능이 요구되고 있다.

(2) 본 대지 중 거의 전체 면적에 조성될 지하주차장을 감안한 공원계획은 작성하는 바, 주요 도입시설의 종류와 규모는 다음과 같이 계획한다.

- 공간 : 놀이공간, 다목적 포장공간, 중앙광장, 침상공간, 휴게공간, 화장실, 녹지공간 등을 배치한다.
- 동선 : 주동선과 부동선, 진입관계, 공간배치, 식재개념 배치 등을 개념도의 표현기법을 사용하여 나타내고, 각 공간의 명칭, 성격, 기능을 약술하시오.
- 포장 재료를 3종 이상 선정하여 설계하고 재료명을 표기하시오.
- 공간별 요구시설은 다음과 같다.

구분	시설배치 기준 및 수량
침상공간	- 남서쪽 모서리에 침상광장(Sunken plaza)을 100m² 이상 확보 - 환경조형물, 지하주차장 보행진입계단 등
다목적 포장공간	- 다목적 포장광장을 100m² 이상 확보 - 파고라 2개 이상, 벤치, 휴지통 등
중앙광장	- 대상지 중앙부 중심광장 확보 - 간이무대, 스탠드 설치
놀이공간	- 북동쪽 모서리 100m² 이상 확보 - 조합놀이대를 포함하여 5종 이상
휴게공간	- 놀이공간인접한 곳, 중앙광장 주변에 설치, 파고라 또는 쉘터 설치
지상 보행공간	- 최소폭 : 1.2m - 부지가 면한 각 보도로부터 진입로를 확보하며, 인접 아파트 단지로의 연결성을 유지 - 주동선과 부동선(산책로)의 위계가 분명히 보이도록 설정
지하주차장 차량동선	- 지하주차장의 차량진입로는 부지의 서북측, 진출로는 남동쪽에 설치 (진출입로 인접할 곳에 전면도로 차량 흐름의 방해를 최소화하기 위해 접속구간을 설치한다.)
지하주차장 환기시설	- 평면 면적 : 4m² 이상 - 녹지 내 설치 (2~4개소 : 평면상 균등 배치)
녹지	- 연못 및 벽천 설치 - 최소폭 : 1.5m - 가로변을 제외한 인근 아파트에 면한 외곽부분의 위요 및 차폐식재 도입 (지형 변화 고려)
화장실	- 평면 면적 : 20m² 이상 - 가로에 인접하고 보행자의 이용 빈도가 높은 곳에 위치시키고 주변은 차폐시킬것

(3) 식재 수종은 우리나라 중부 이북지방을 기준으로 낙엽교목(7종이상), 상록교목(4종이상)을 도입할 것.
(4) 녹지를 제외한 바닥 포장은 공간 분위기를 감안하여 3종이상의 재료를 사용하여 각기 달리 표현할 것.

2. [답안지1]의 작성

(1) 주어진 트레싱지 1매를 이용하여 제시한 현황도 및 설계지침을 참고하여 축척 1/150로 설계개념도를 작성하되 동선과 토지이용에 관한 사항이 모두 포함되도록 한다.

(2) [답안지2]의 작성

- 주어진 트레싱지 1매에 현황도 및 설계지침, 설계개념도를 참고하여 축척 1/150로 기본설계도(시설물+식재)를 작성하시오.
- 포장, 시설배치, 수목식재 등을 계획하고, 필요한 사항의 레터링 및 인출선에 의한 수목표기 등을 작성하시오.
- 도면 우측의 여백에 시설물 수량표와 식재식물 수량표를 작성하시오.

3. [답안지3]의 작성

(1) 기본설계도의 작성을 끝낸 후 설계도의 내용을 가장 잘 보여 주는 부분(종단 부분 전체)을 평면도상의 A-A′ 로 표기하고 이 부분의 전체적 단면도를 1/150 축척으로 주어진 트레이싱지 1매에 작성하시오. (단, 반드시 지하주차장 부분까지 단면도에 표현하도록 한다.)

(2) 벽천과 연못의 모습을 함께 도면의 여백에 스케치로 나타내시오.(스케일 무시)

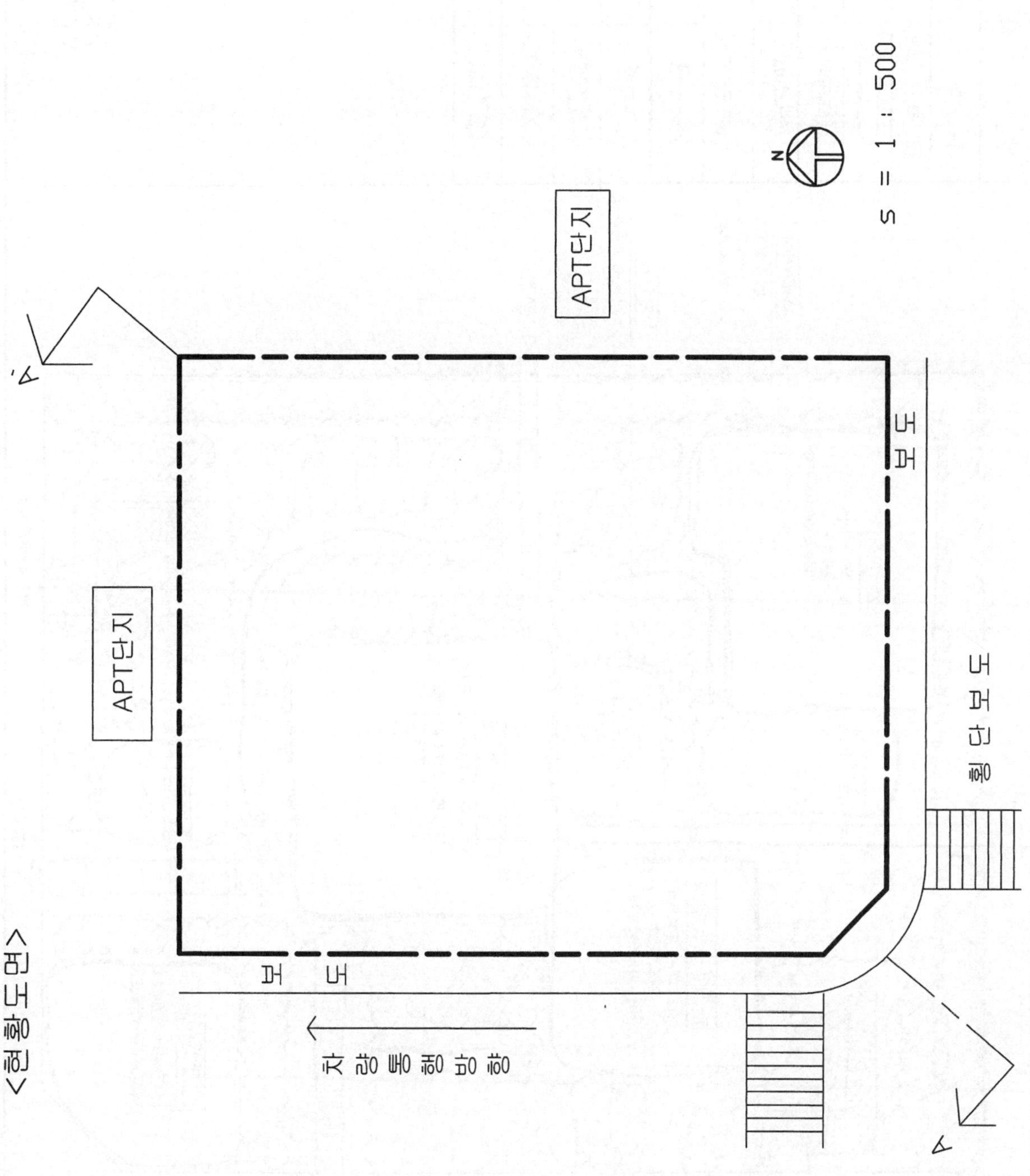

<현황도면>
APT단지
APT단지
보 도
보 도
횡 단 보 도
차 량 통 행 방 향
N
S = 1 : 500
A
A'

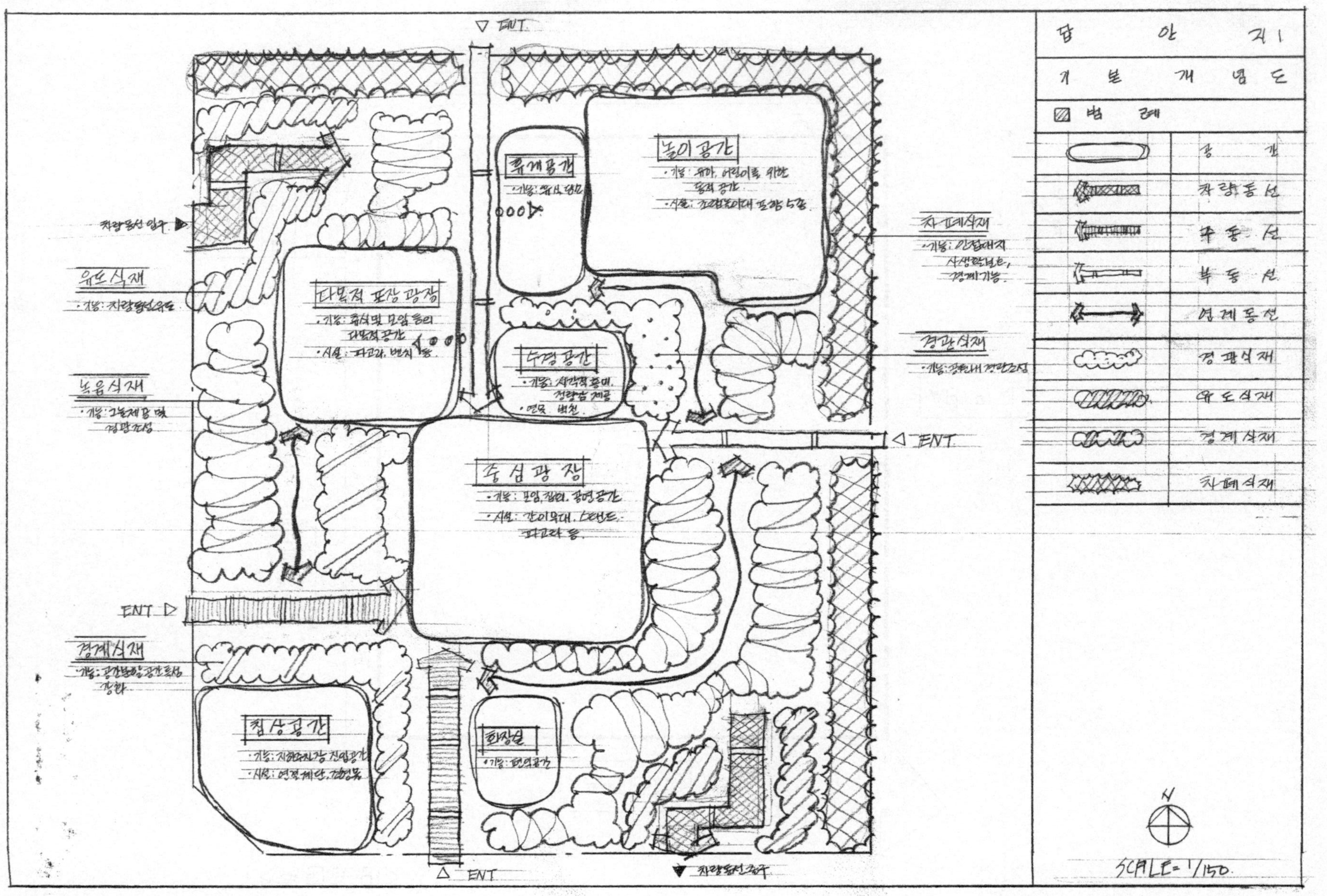
답 안 지
기 본 개 념 도
범 례
공 간
차 량 동 선
주 동 선
부 동 선
연 계 동 선
경 관 식 재
유 도 식 재
경 계 식 재
차 폐 식 재
ENT.
놀이공간
휴게공간
다목적 포장광장
수경공간
중심광장
화장실
침상공간
유도식재
녹음식재
경계식재
차폐식재
경관식재
SCALE = 1/150.

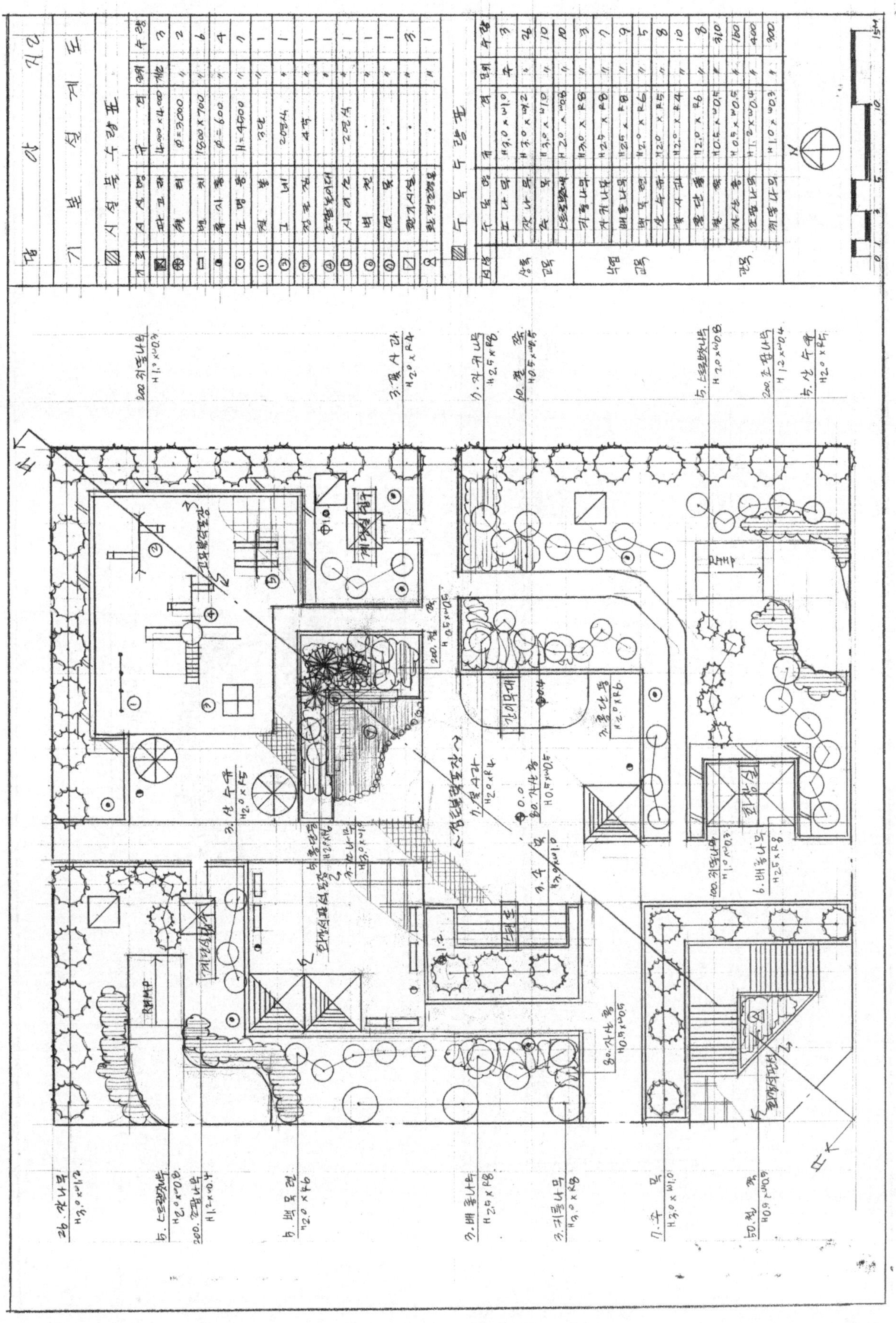

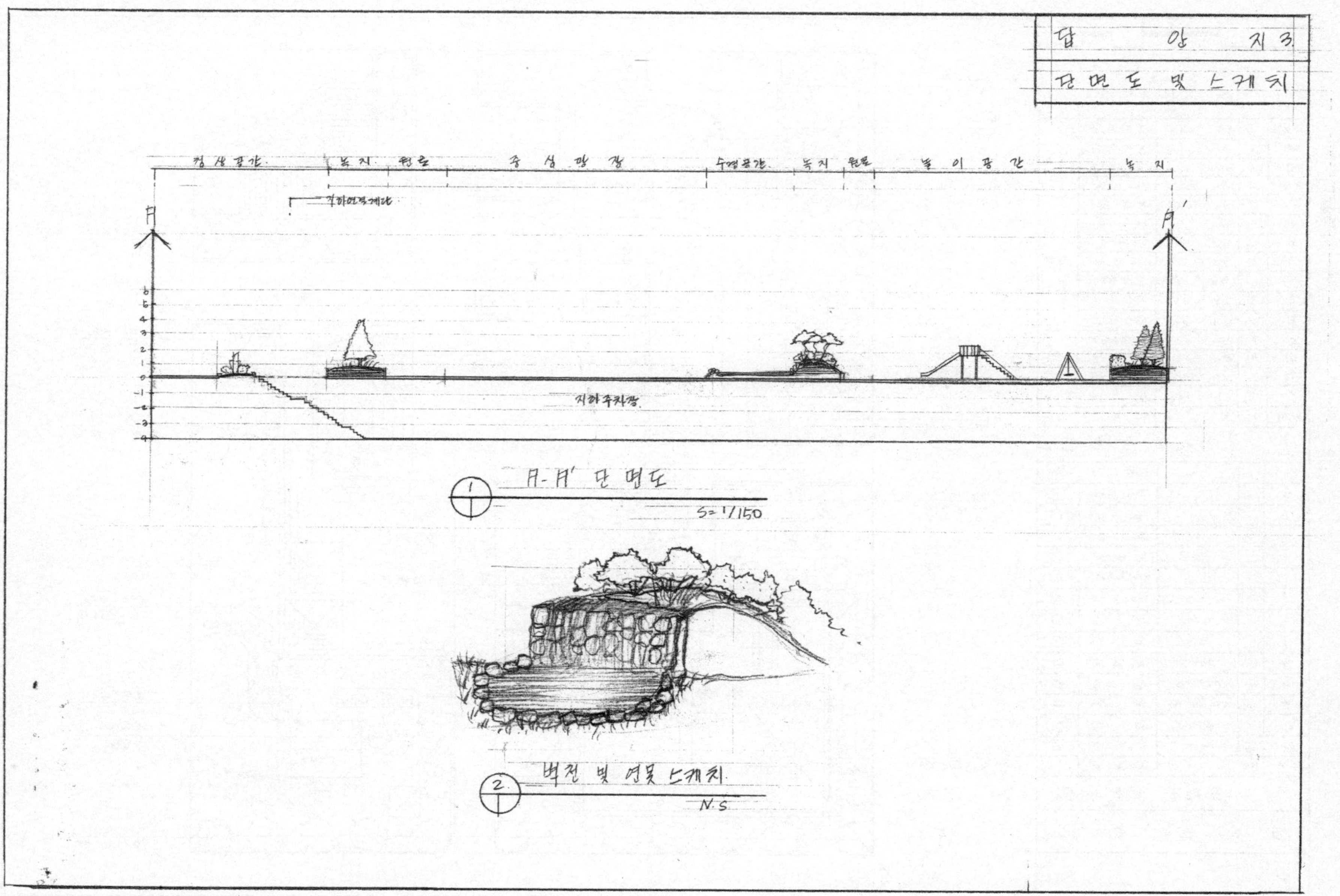
답 안 지 3
단 면 도 및 스 케 치
휴 식 공 간
녹 지
원 로
중 심 광 장
수경공간
녹 지
원로
놀 이 공 간
녹 지
A
A'
지하주차장
A-A' 단 면 도
S=1/150
벽천 및 연못 스케치
N.S

42 근린공원 설계 [조경기사 2009년(4회), 2014년(1회) 기출]

■ 요구사항

주어진 트레싱지에 현황도와 설계지침을 참고하여 답안지 1에 설계개념도(1/150)와 답안지2에 기본설계 및 배식설계도(1/150), 답안지3에 종단면도(1/150)와 벽천 및 연못스케치(non scale)를 작성하시오.

설계조건

(1) 본대지는 간선가로변 근린공원이며, 상부와 우측에 아파트단지가 있고 좌측과 하단에 도로와 접하고 있으며 지하에 공용주차장의 기능이 요구되고 있다.

(2) 본 대지 중 거의 전체 면적에 조성될 지하주차장을 감안한 공원계획은 작성하는 바, 주요 도입시설의 종류와 규모는 다음과 같이 계획한다.

- 공간 : 놀이공간, 다목적 포장공간, 중앙광장, 침상공간, 휴게공간, 화장실, 녹지공간 등을 배치한다.
- 동선 : 차량동선, 보행 주동선과 부동선, 진입관계, 공간배치, 식재개념 배치 등을 개념도의 표현기법을 사용하여 나타내고, 각 공간의 명칭, 성격, 기능을 약술하시오.
- 공간별 요구시설은 다음과 같다.

구 분	시설배치 기준 및 수량
침상공간	- 남서쪽 모서리에 침상광장(Sunken plaza)을 100m² 이상 확보 - 벽천과 연못, 계단과 램프(Ramp)를 설치
다목적 포장공간	- 대상지 중앙부에 다목적 포장광장을 100m² 이상 확보 - 파고라 2개 이상, 벤치, 휴지통 등
중앙광장	- 대상지 중앙부 중심광장 확보 - 간이무대설치
놀이공간	- 북동쪽 모서리 100m² 이상 확보 - 유아용 놀이시설 5종 이상
휴게공간	- 놀이공간인접한 곳, 파고라 또는 쉘터 설치
지상 보행공간	- 최소폭 : 1.2m - 부지가 면한 각 보도로부터 진입로를 확보하며, 인접 아파트 단지로의 연결성을 유지 - 주동선과 부동선(산책로)의 위계가 분명히 보이도록 설정
지하주차장 차량동선	- 지하주차장의 차량진입로는 부지의 서북측, 진출로는 남동쪽에 설치 (진출입로 인접할 곳에 전면도로 차량 흐름의 방해를 최소한 공간에 설치)
지하주차장 환기시설	- 평면 면적 : 4m² 이상 - 녹지 내 설치 (3~4개소 : 평면상 균등 배치)
녹지	- 가로변을 제외한 인근 아파트에 면한 외곽부분의 위요 및 차폐식재 도입 (지형변화 고려)
화장실	- 평면 면적 : 20m² 이상 - 가로에 인접하고 보행자의 이용 빈도가 높은 곳에 위치시킬것

(3) 식재 수종은 우리나라 중부 이북지방을 기준으로 낙엽교목(7종이상), 상록교목(4종이상)을 도입할 것.

(4) 녹지를 제외한 바닥 포장은 공간 분위기를 감안하여 3종이상의 재료를 사용하여 각기 달리 표현할 것.

[답안지1]의 작성

(1) 주어진 트레싱지 1매를 이용하여 제시한 현황도 및 설계지침을 참고하여 축척 1/150로 설계개념도를 작성하되 동선과 토지이용에 관한 사항이 모두 포함되도록 한다.

[답안지2]의 작성

(1) 주어진 트레싱지 1매에 현황도 및 설계지침, 설계개념도를 참고하여 축척 1/150로 기본설계도(시설물+식재)를 작성하시오.

(2) 포장, 시설배치, 수목식재 등을 계획하고, 필요한 사항의 레터링 및 인출선에 의한 수목표기 등을 작성하시오.

(3) 도면 우측의 여백에 시설물 수량표와 식재식물 수량표를 작성하시오.

[답안지3]의 작성

(1) 기본설계도의 작성을 끝낸 후 설계도의 내용을 가장 잘 보여 주는 부분(종단 부분 전체)을 평면도상의 A-A′ 로 표기하고 이 부분의 전체적 단면도를 1/150 축척으로 주어진 트레이싱지 1매에 작성하시오. (단, 반드시 지하주차장 부분까지 단면도에 표현하도록 한다.)

(2) 벽천과 연못의 모습을 함께 도면의 여백에 스케치로 나타내시오.(스케일 무시)

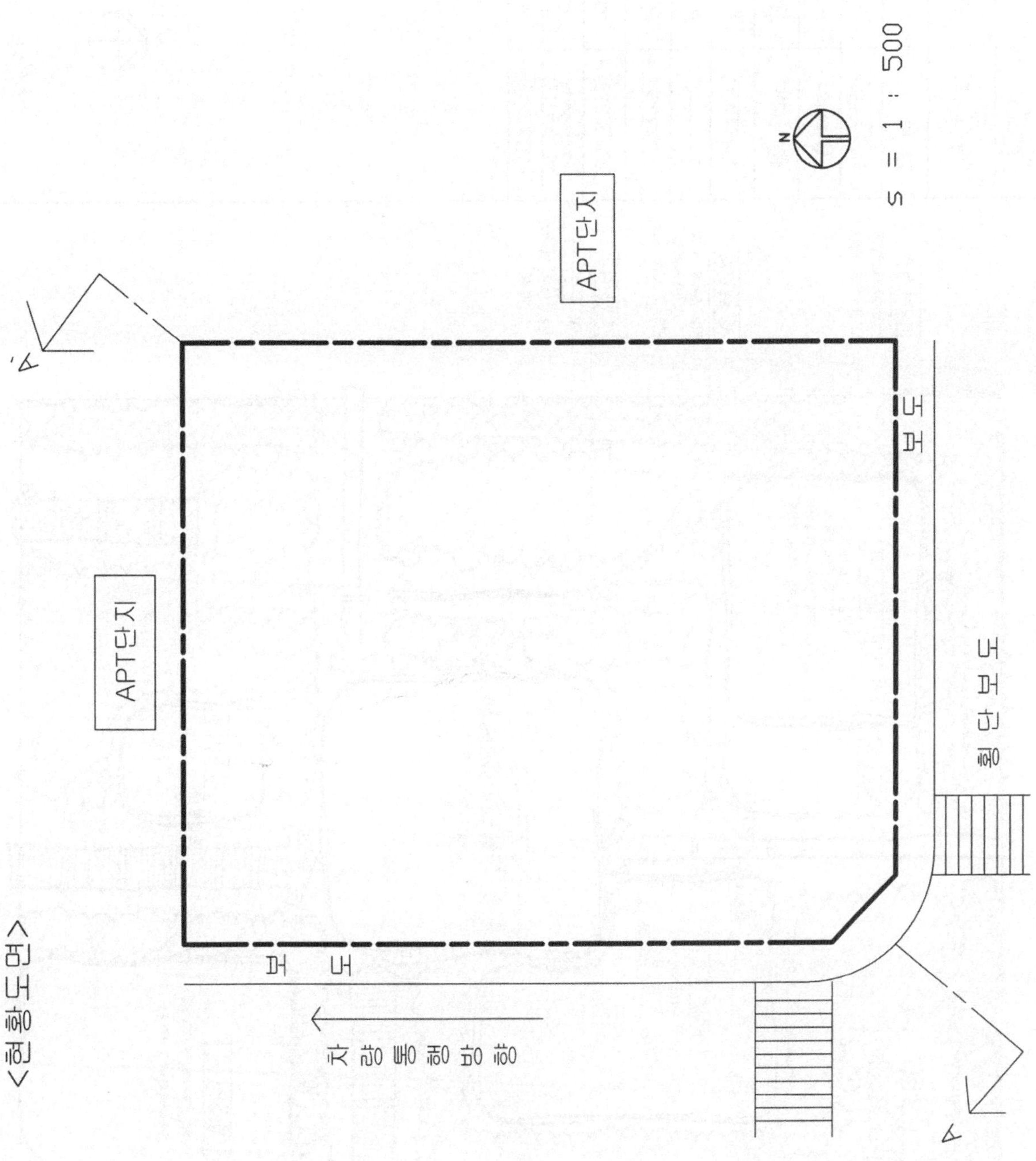

<현황도면>
APT단지
APT단지
보도
보도
횡단보도
차량통행방향
A
A'
N
S = 1 : 500

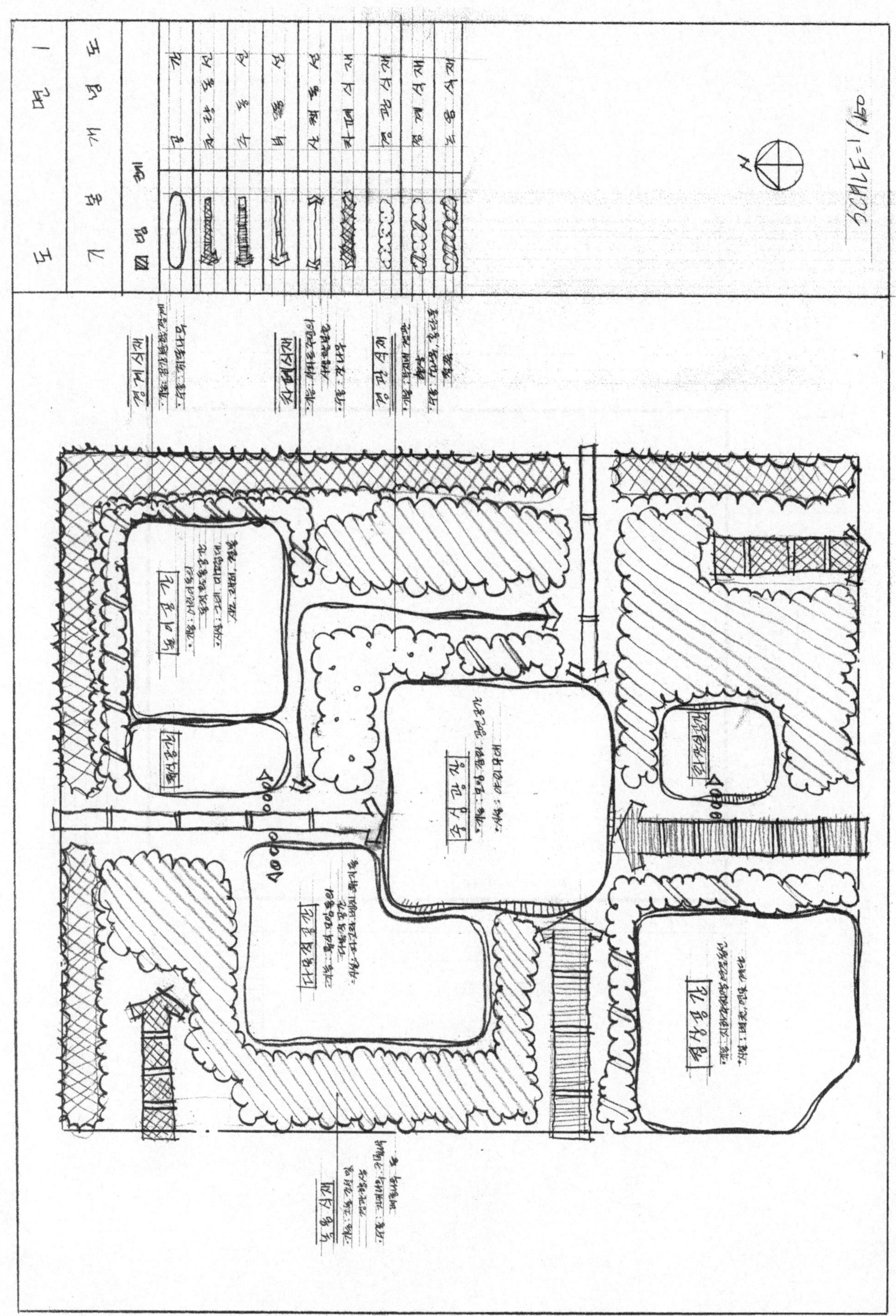
도면명
기본구상도
범례
SCALE=1/150

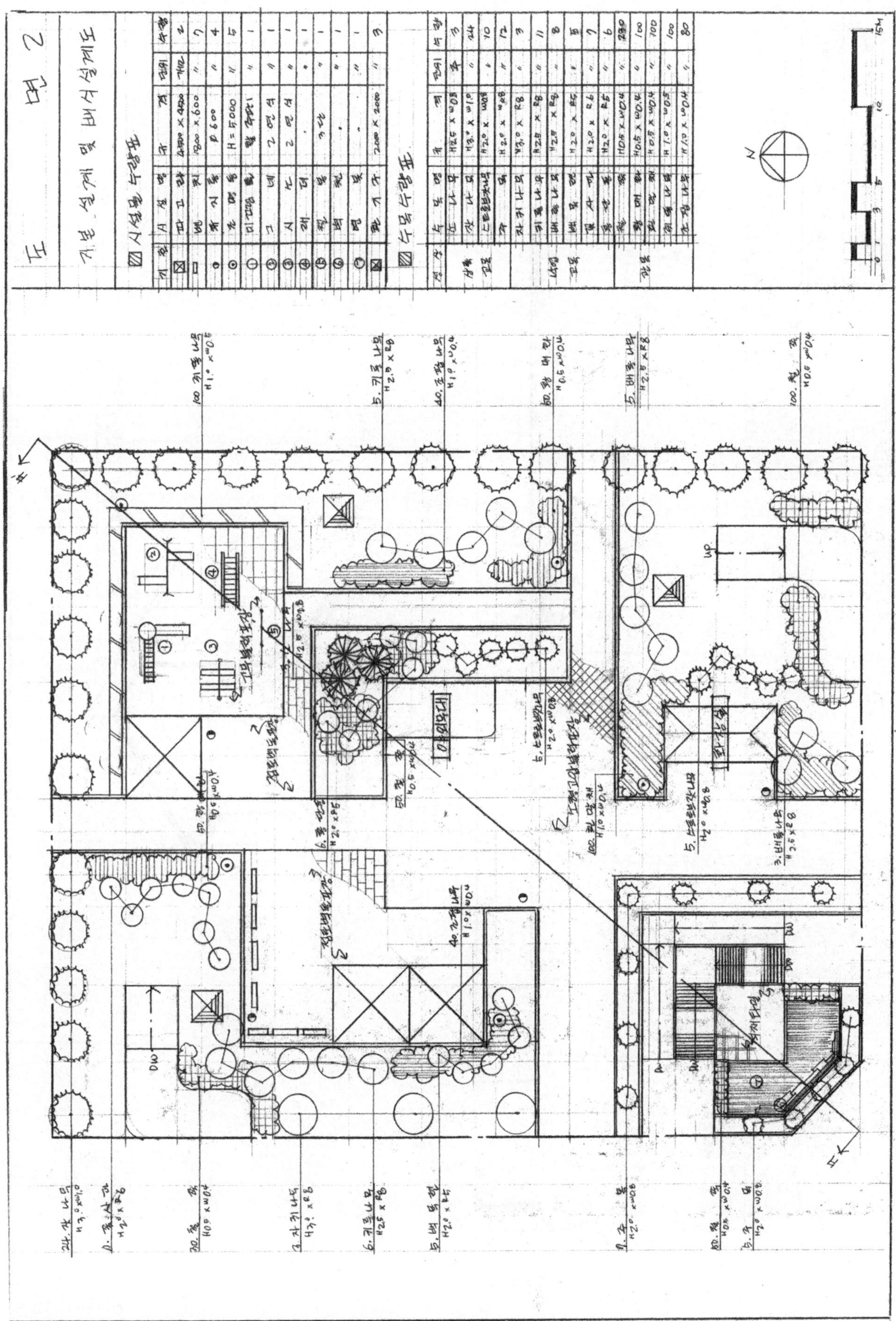

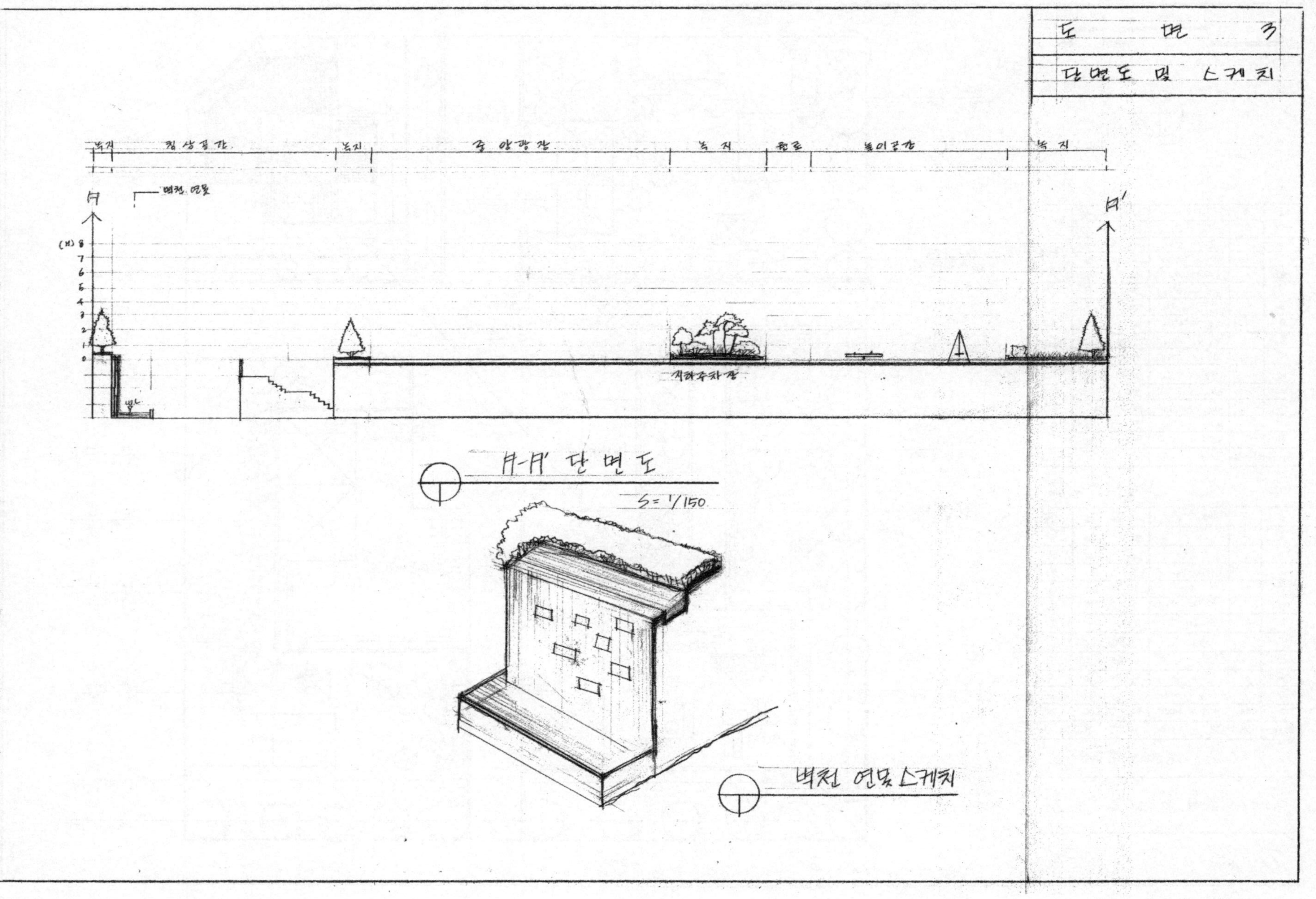
도면 3
단면도 및 스케치
녹지
침상공간
녹지
중앙광장
녹지
원로
놀이공간
녹지
벽천, 연못
지하주차장
A-A' 단면도
S=1/150
벽천 연못 스케치

43 주차공원 설계 [조경기사 2007년(1회), 2023년(1회) 기출]

※다음은 중부지방 도심 내에 위치한 주차공원의 부지이다. 제시된 부지 현황도를 축척 1/300로 확대하여 주어진 요구조건을 반영시켜 설계개념도(답안지 1)와 시설물배치 및 식재설계도(답안지 2), 단면도와 단면상세도(답안지 3)를 작성하시오.

1. 개념도의 요구조건

(1) 차량 진출입공간, 보행 진출입공간, 휴게공간, 중앙광장, 관리공간 등을 배치할 것
(2) 지하 주차장의 차량 진출입공간은 이면도로 북쪽, 부지 상단에 설치할 것
(3) 설계의 요구조건을 반영시켜 공간과 동선을 배치하고, 각 공간의 특성, 기능, 시설 등을 간단한 설명과 함께 개념도의 표현방법을 사용하여 그리시오.
(4) 적당한 곳에 경관, 녹음, 요점, 유도식재 등 식재개념을 표기하시오.

2. 시설물 식재설계의 요구조건

(1) 휴게공간에 퍼걸러(4×4m) 2개소, 벤치 6개 이상 설치할 것
(2) 필요한 곳에 볼라드, 음수대, 휴지통, 조명등을 배치할 것
(3) 중앙광장의 중심에 환경조형물을 설치하고, 이동식 화분대 4개 이상 설치할 것
(4) 포장재료를 2가지 이상 사용하여 설계하고 재료명을 표기할 것
(5) 식수대(Plant box)에 폭 30cm의 연식의자를 배치할 것
(6) 중부지방의 기후를 고려하여 교목 10종 이상과 관목 및 초화류의 수종 선정하여 배식설계를 하고 인출선을 사용하여 수종명, 수량, 규격을 표시하시오.
(7) 식재한 수량을 집계하여 범례란에 수목수량표를 작성하되, 수목수량표의 목록을 상록교목, 낙엽교목, 관목, 화훼류, 지피류 등 수목성상별로 구분하여 나열하시오.

3. 단면도 요구조건

(1) 단면도의 축척은 1/300으로 작성할 것
(2) 바닥면은 콘크리트슬래브 30cm 두께임
(3) 부지 중앙광장의 식수대를 지나는 종, 횡단면도 중 한 가지를 그릴 것
(4) 식수대 단면도 바닥은 콘크리트 맨 하단 내압투수판 30mm, 위 투수시트 5mm 설치 후 인공경량토로 교목, 관목 식재가 가능한 깊이로 설계하시오.
(5) 포장단면 상세도는 포장면과 식재대가 나오도록 하여 축척 1/20으로 그리며 바닥은 콘크리트면으로 되어 있으므로 붙임 모르타르 50mm 설치 후 포장단면을 그리시오.

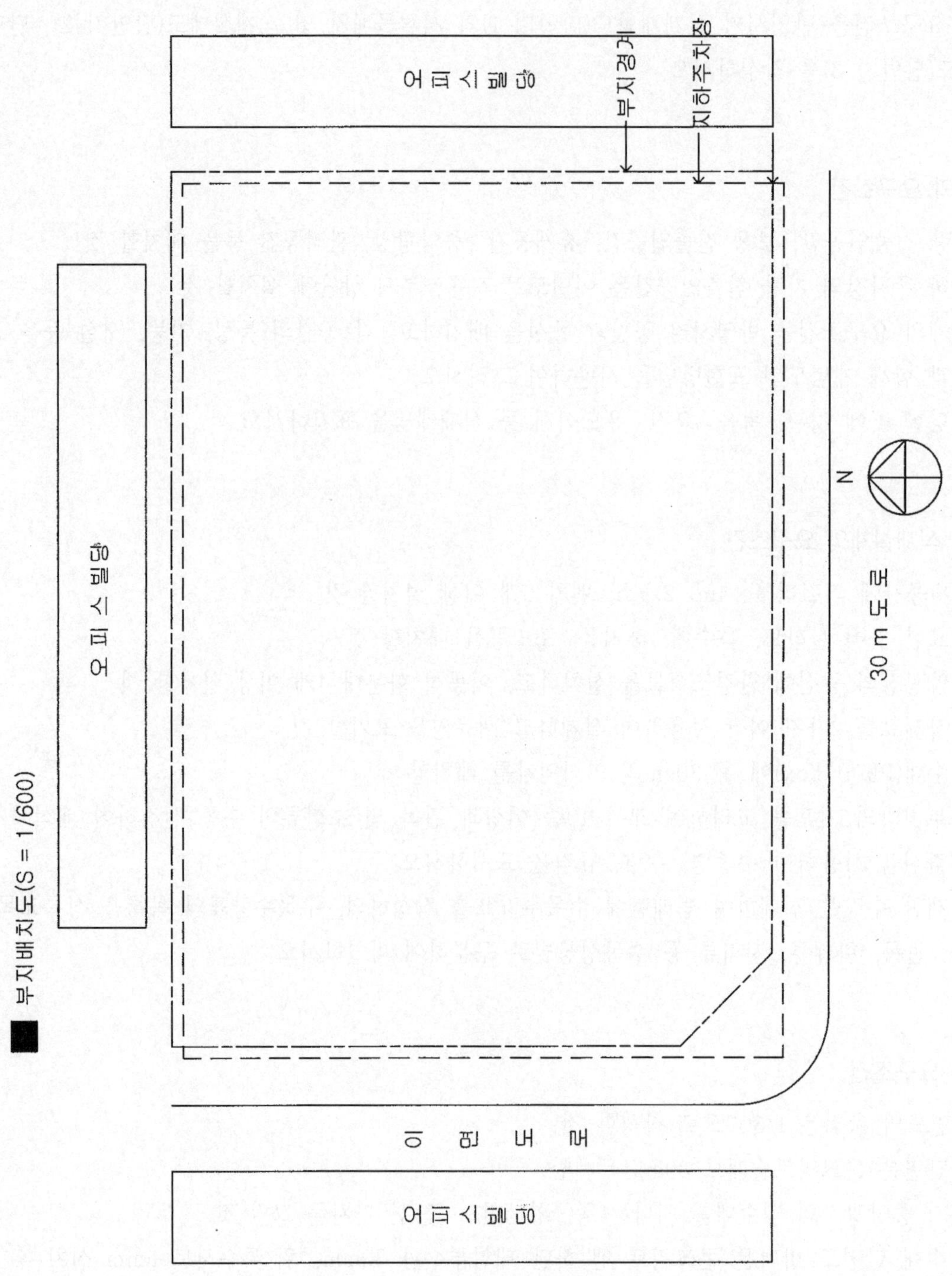

■ 부지배치도(S = 1/600)

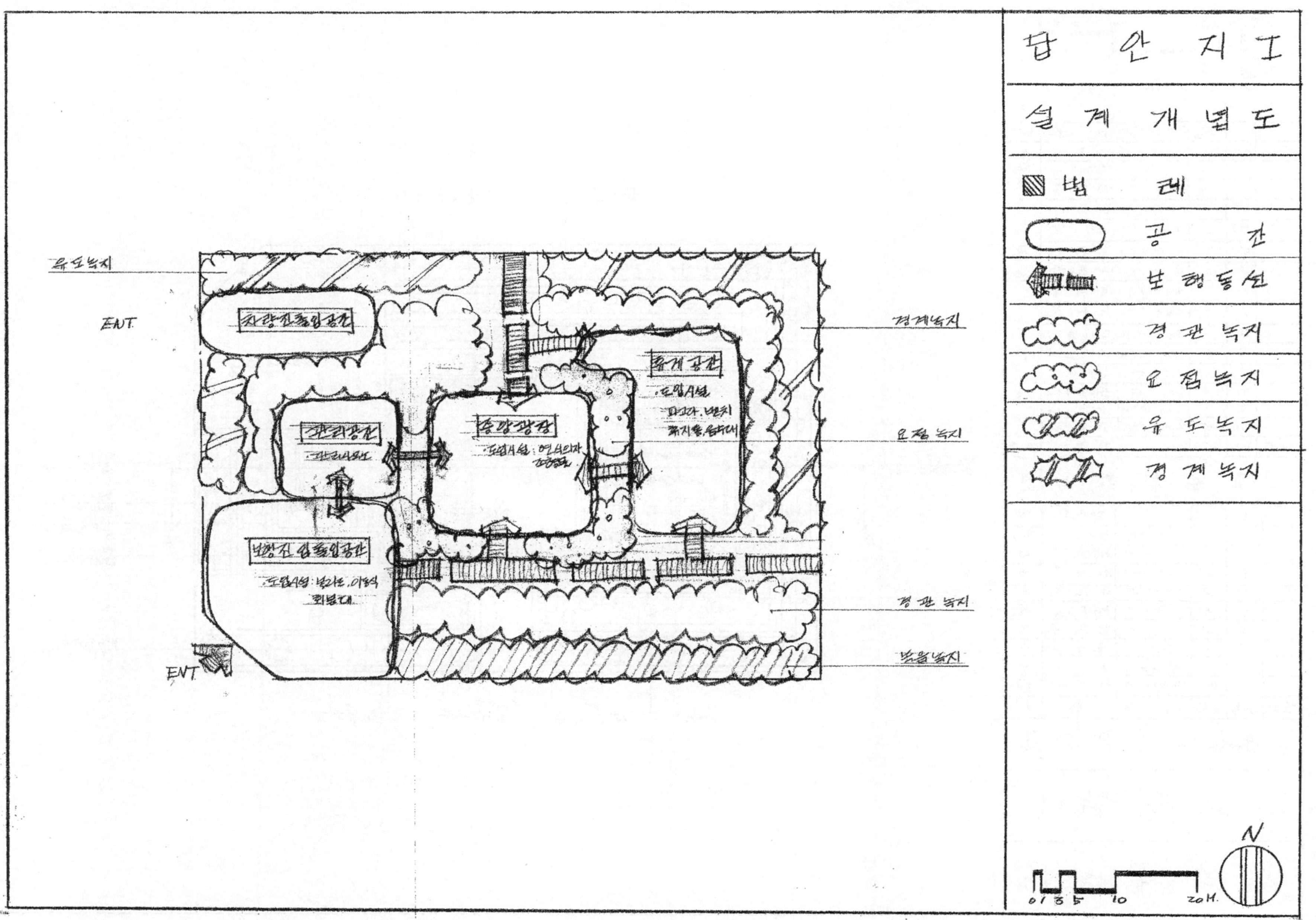
답안지 Ⅰ
설계개념도
범례
공간
보행동선
경관녹지
요점녹지
유도녹지
경계녹지
차량진출입공간
관리공간
중앙광장
휴게공간
보행진출입공간
ENT.
N

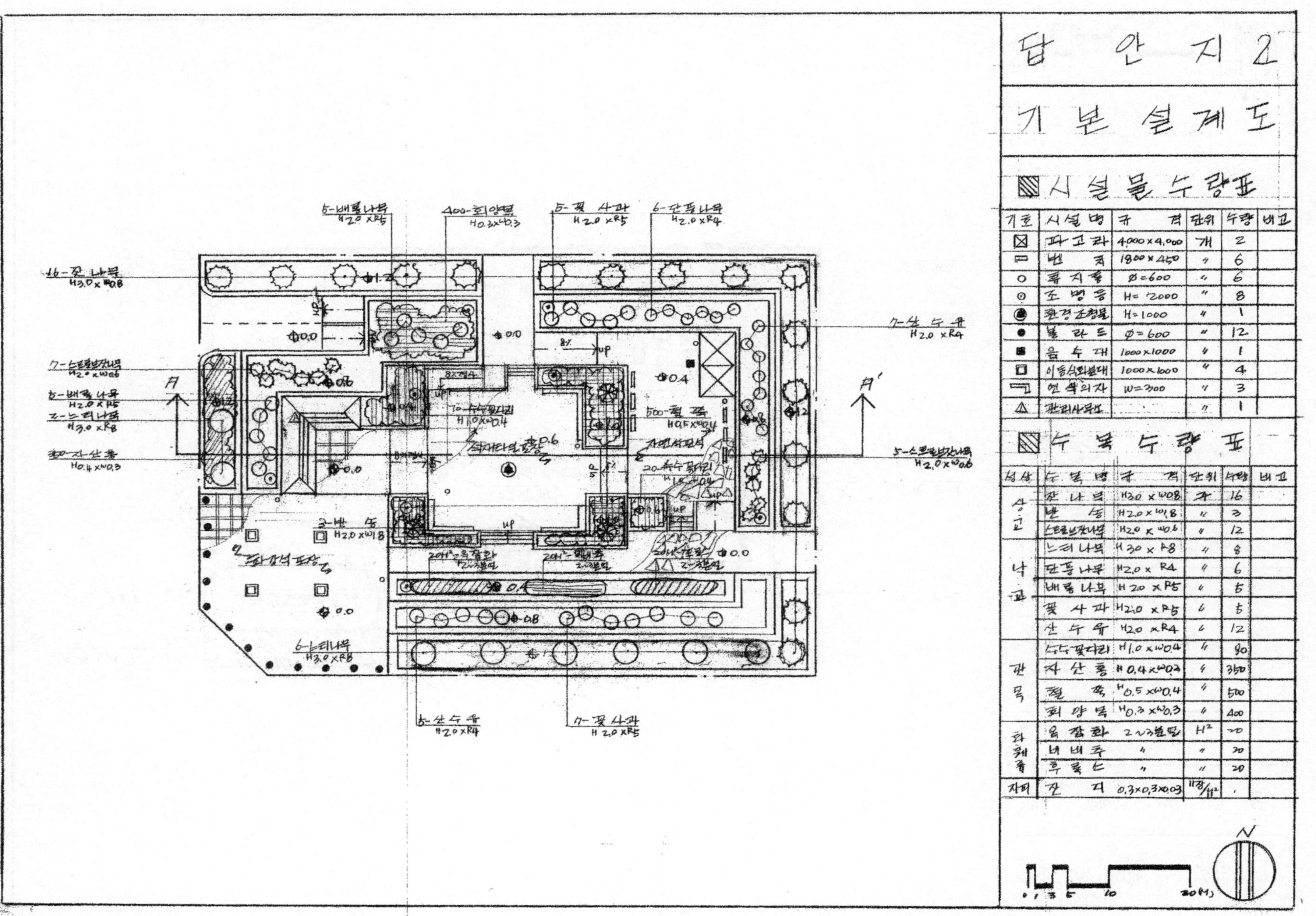

시설물수량표

기호	시설명	규격	단위	수량	비고
⊠	파고라	4,000×4,000	개	2	
	벤치	1800×450	〃	6	
○	휴지통	ø=600	〃	6	
⊙	조명등	H=2000	〃	8	
◉	환경조형물	H=1000	〃	1	
●	볼라드	ø=600	〃	12	
■	음수대	1000×1000	〃	1	
▣	이동식화분대	1000×1000	〃	4	
	연속의자	W=300	〃	3	
△	관리사무소		〃	1	

수목수량표

성상	수목명	규격	단위	수량	비고
상록교목	잣나무	H3.0×W0.8	주	16	
	반송	H2.0×W1.8	〃	3	
	스트로브잣나무	H2.0×W0.6	〃	12	
낙엽교목	느티나무	H3.0×R8	〃	8	
	단풍나무	H2.0×R4	〃	6	
	배롱나무	H2.0×R5	〃	5	
	꽃사과	H2.0×R5	〃	5	
	산수유	H2.0×R4	〃	12	
관목	수수꽃다리	H1.0×W0.4	〃	90	
	자산홍	H0.4×W0.3	〃	350	
	철쭉	H0.5×W0.4	〃	500	
	회양목	H0.3×W0.3	〃	400	
화훼류	옥잠화	2~3분얼	m^2	20	
	비비추	〃	〃	20	
	후록스	〃	〃	20	
지피	잔디	0.3×0.3×0.03	11장/m^2	.	

답 안 지 3

단면도및 상세도

식재공간 관리공간 중앙광장 휴게공간 식재공간

A A'

지하주차장

01 A-A' 단면도

SCALE=1/300

02 단면상세도

SCALE=1/20

7 운동공원설계

- 적용법규 : 도시계획시설로 지정된 공원으로 「도시공원 및 녹지 등에 관한법」의 설치기준을 만족해야 한다.

설치기준	유치거리	규모	시설면적
공원기능 발휘장소	제한없음	1만m² 이상 3만m² 미만	50/100 이상
		3만m² 이상 10만m² 미만	50/100 이상
		10만m² 이상	50/100 이상

- 기능 : 체육활동을 통한 건전한 신체와 정신의 배양을 목적으로 설치된 공원

- 기본설계기준

기본설계기준(조경설계기준, 건설교통부승인)

① 운동시설지구는 육상경기장 겸 축구장을 중심에 두고 주변에는 운동종목의 성격과 입지조건을 고려하여 배치한다.
② 운동시설은 공원 전면적의 50%이내의 면적을 차지하도록 하며 주축을 남-북 방향으로 배치한다.
③ 공원면적의 5~10%는 다목적광장으로, 시설 전면적의 50~60%는 각종 경기장으로 배치한다.
④ 야구장, 궁도장 및 사격장 등의 위험시설은 정적휴게공간 등의 다른 공간과 격리하거나 지형, 식재 또는 인공구조물로 차단한다.
⑤ 환경보존지구는 주변지역과의 차단, 내부의 상충되는 토지이용의 격리, 기후조건의 완화, 정적휴게공간 및 장래 시설확장 후보지로서의 활용을 고려하여 배치한다.
⑥ 공원 면적의 30~50%는 환경보존녹지로 확보하며 외주부 식재는 최소 3열 식재이상으로 하여 방풍 · 차폐 및 녹음효과를 얻을 수 있어야 한다.
⑦ 운동시설로는 체력단련시설을 포함한 3종 이상의 시설을 배치한다.

44 운동공원 [조경산업기사 2000년, 2003년 기출]

■ 요구사항

우리나라 중부지방 도시주택지 내에 소규모 운동공원을 조성하려 한다. 제시된 현황도를 축척 1/300으로 확대하여 계획·설계하되, 등고선의 형태는 프리핸드로 개략적으로 옮겨 제도하고, 아래의 설계지침에 의거하여 주어진 트레이싱지에 문제 1, 문제 2를 각각 작성하시오.

설계지침

(1) 계획부지 내에 최소한 다음과 같은 시설을 수용하도록 한다.
  ① 체육시설 : 테니스코트 2면, 배구코트 1면, 농구코트 1면, 다목적 운동구장(50×40m 이상) 1개소
  ② 휴게시설 : 잔디광장(500m² 이상), 휴게소 2개소(휴게소 내에 퍼걸러(6m×6m) 7개소 설치), 산책로 등
  ③ 주차시설 : 소형 주차 10대분 이상

(2) 북측 진입(8m)을 주진입으로, 남측 진입(6m)을 부진입으로 하되, 부진입측에서만 차량 진출·입이 허용되도록 하고, 필요한 곳에 산책동선(2m)을 배치하도록 한다. 단, 주진입로 중앙선을 따라 6m 간격으로 수목보호대(2.0m×2.0m)를 설치하시오.

(3) 시설배치는 기존 등고선을 고려하여 계획하되, 시설배치에 따른 기존 등고선의 조정, 계획은 도면상에 표시하지 않는 것으로 한다. 92m 이상은 양호한 기존 수림지 이므로 보존하도록 한다.

1. 상기의 설계지침에 의거 공간구성, 동선, 배식개념 등이 표현된 설계개념도를 축척 1/300로 주어진 트레이싱지 1매에 작성하시오.

2. 문제 1의 설계개념도를 토대로 아래 사항에 따라 시설배치계획도와 배식설계도를 축척 1/300로 주어진 트레이싱지 1매에 작성하시오.
   (1) 시설배치계획도를 작성하시오.
   (2) 배식개념에 부합되는 배식설계도를 작성하되, 10가지 이상의 수종을 선정하여 수량, 수종, 규격 등을 인출선을 사용하여 명시하고 적당한 여백에 수목수량표를 작성하시오.
   (3) 체육시설 중 테니스코트, 배구코트의 규격은 다음에 따른다.

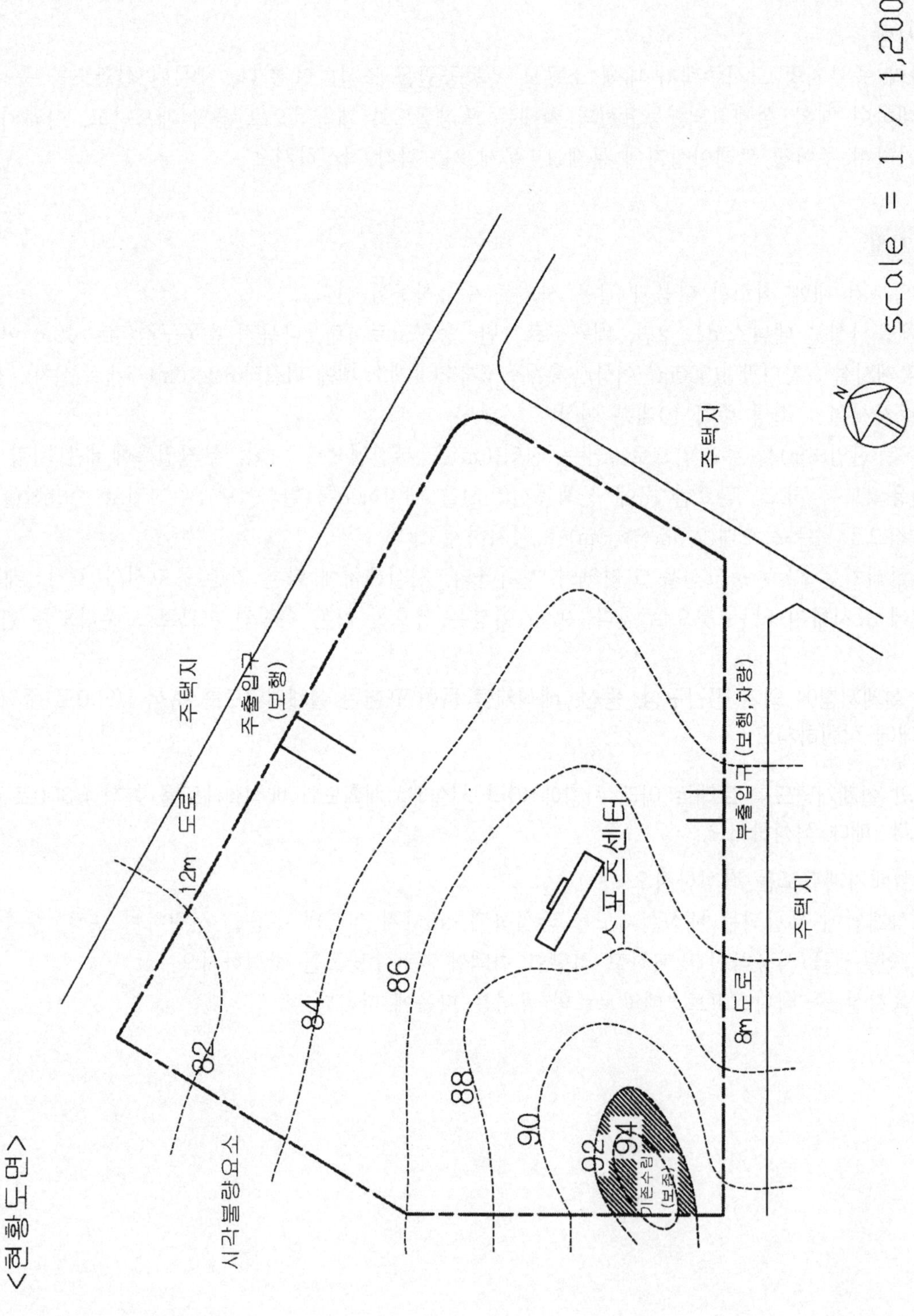

<현황도면>
scale = 1 / 1,200
주택지
주출입구 (보행)
12m 도로
주택지
스포츠센터
부출입구(보행,차량)
8m 도로
주택지
시각불량요소
82
84
86
88
90
92
94
기존수림 (보존)

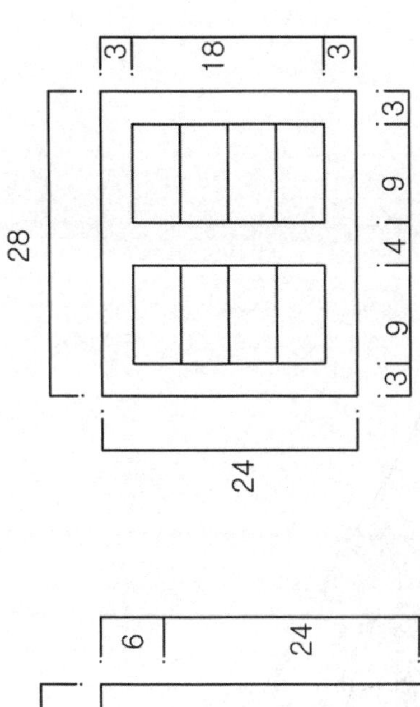

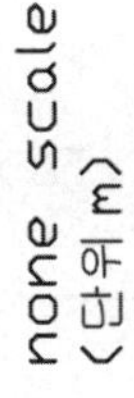
none scale
(단위 m)

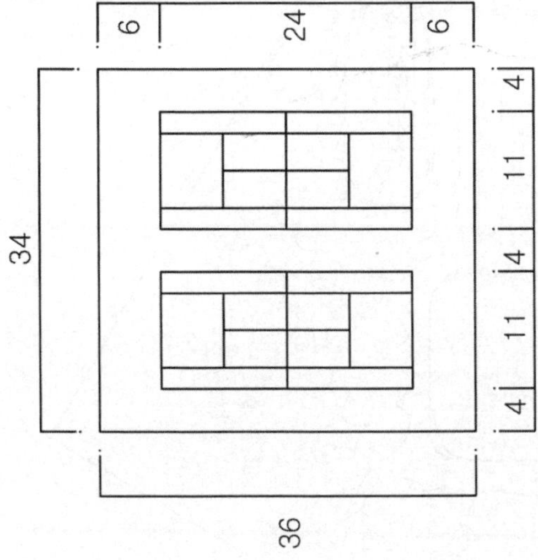

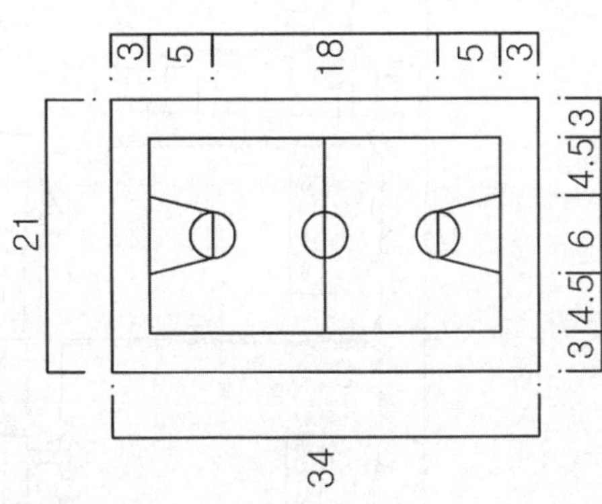

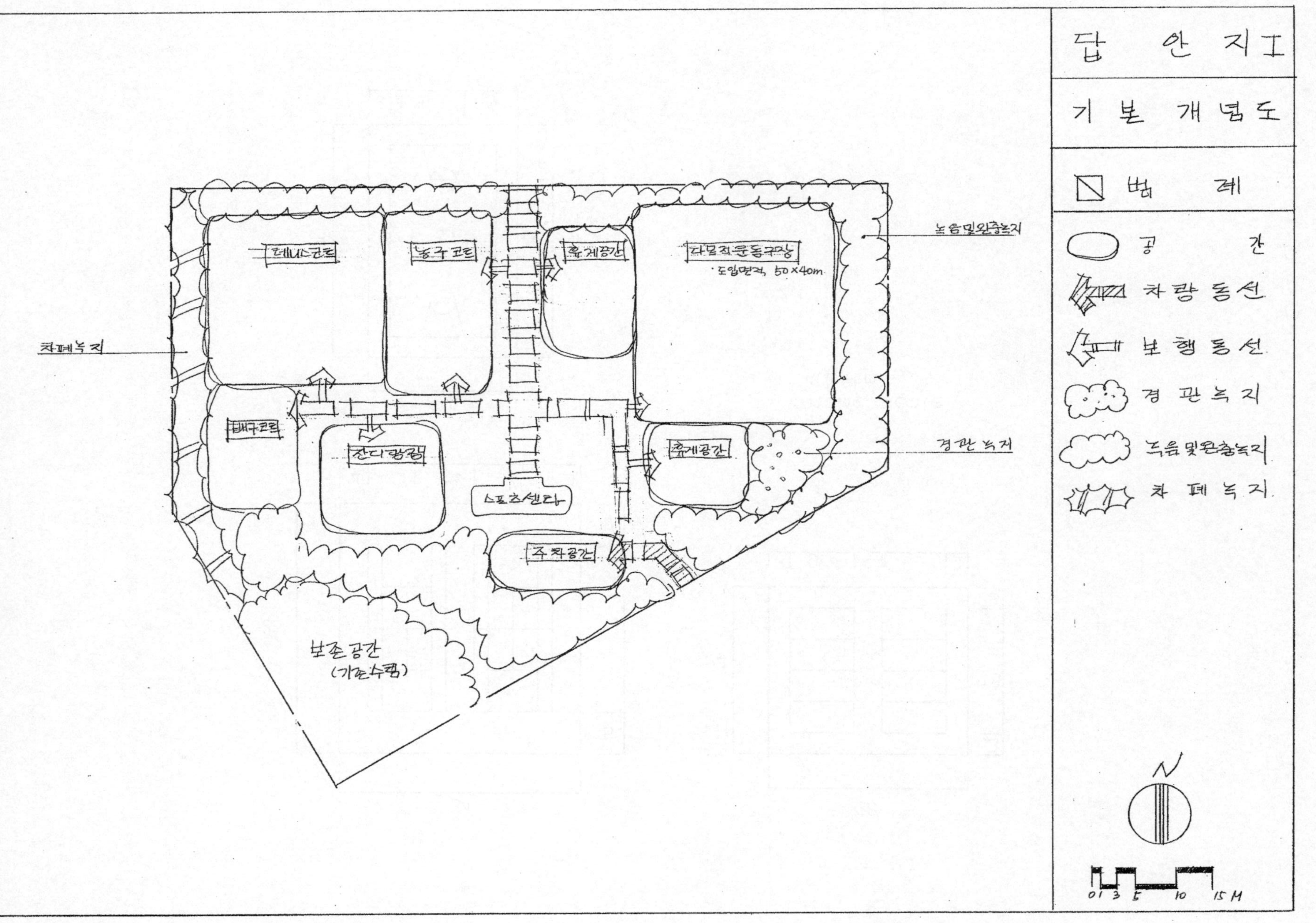
답안지 I
기본개념도
범례
공간
차량동선
보행동선
경관녹지
소음및완충녹지
차폐녹지
테니스코트
농구코트
휴게공간
다목적운동구장
·도입면적, 50×40m
배구코트
잔디광장
스포츠센터
휴게공간
주차공간
보존공간
(기존수림)
차폐녹지
소음및완충녹지
경관녹지
N
0 1 3 5 10 15M

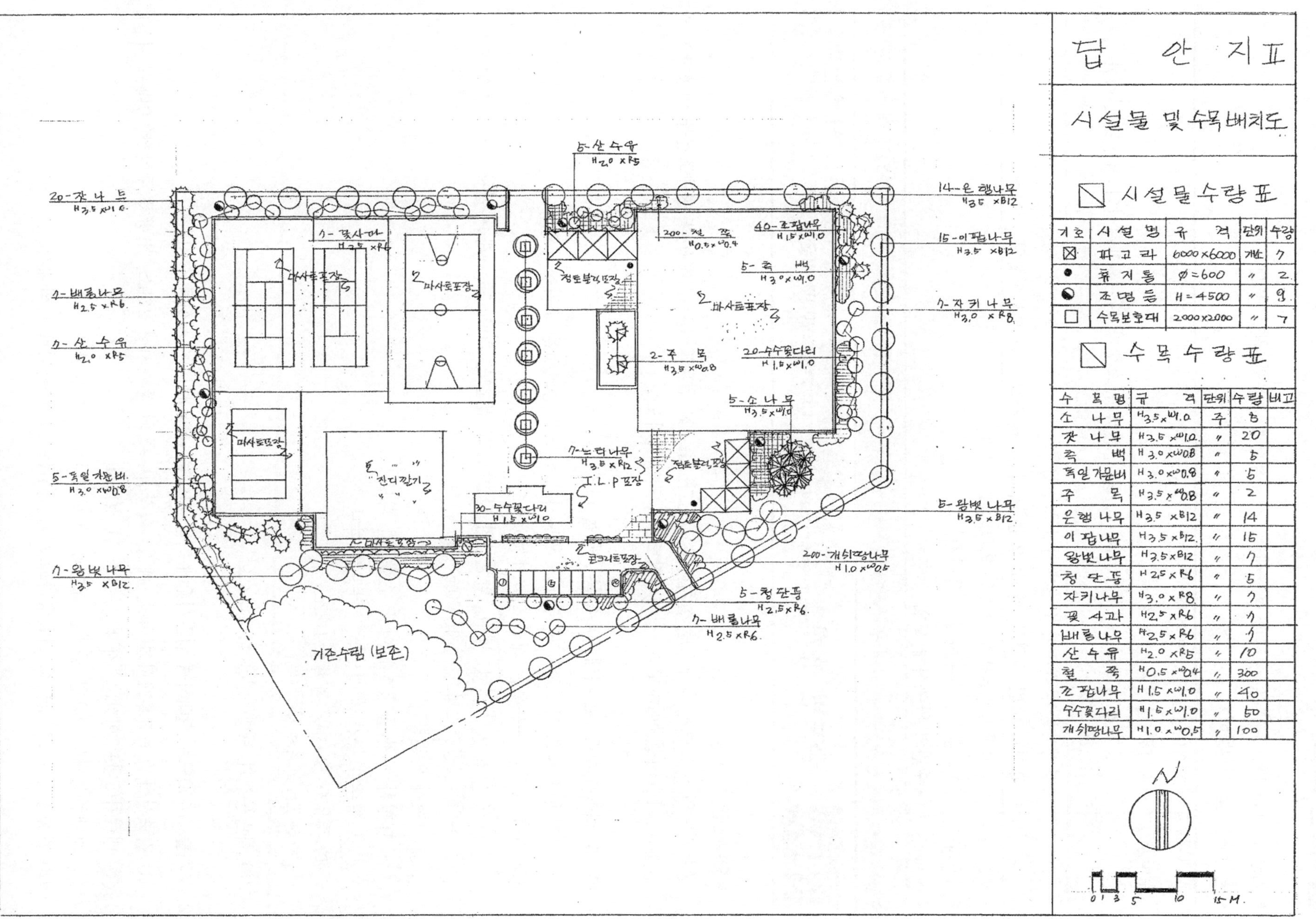
답안지표
시설물 및 수목배치도
시설물수량표
기호 | 시설명 | 규격 | 단위 | 수량
파고라 | 6000×6000 | 개소 | 7
휴지통 | Ø=600 | 〃 | 2
조명등 | H=4500 | 〃 | 9
수목보호대 | 2000×2000 | 〃 | 7
수목수량표
수목명 | 규격 | 단위 | 수량 | 비고
소나무 | H3.5×W1.0 | 주 | 5
잣나무 | H3.5×W1.0 | 〃 | 20
측백 | H3.0×W0.8 | 〃 | 5
독일가문비 | H3.0×W0.8 | 〃 | 5
주목 | H3.5×W0.8 | 〃 | 2
은행나무 | H3.5×B12 | 〃 | 14
이팝나무 | H3.5×B12 | 〃 | 15
왕벚나무 | H3.5×B12 | 〃 | 7
청단풍 | H2.5×R6 | 〃 | 5
자귀나무 | H3.0×R8 | 〃 | 7
꽃사과 | H2.5×R6 | 〃 | 7
배롱나무 | H2.5×R6 | 〃 | 7
산수유 | H2.0×R5 | 〃 | 10
철쭉 | H0.5×W0.4 | 〃 | 300
조팝나무 | H1.5×W1.0 | 〃 | 40
수수꽃다리 | H1.5×W1.0 | 〃 | 50
개쉬땅나무 | H1.0×W0.5 | 〃 | 100
N
0 1 3 5 10 15M
20-잣나무 H3.5×W1.0
7-배롱나무 H2.5×R6
7-산수유 H2.0×R5
5-독일가문비 H3.0×W0.8
7-왕벚나무 H2.5×B12
5-산수유 H2.0×R5
14-은행나무 H3.5×B12
15-이팝나무 H3.5×B12
7-자귀나무 H3.0×R8
5-왕벚나무 H3.5×B12
200-개쉬땅나무 H1.0×W0.5
5-청단풍 H2.5×R6
7-배롱나무 H2.5×R6
7-꽃사과 H2.5×R6
마사토포장
잔디깔기
7-느티나무 H3.5×R12
I.L.P포장
30-수수꽃다리 H1.5×W1.0
콘크리트포장
점토블럭포장
200-철쭉 H0.5×W0.4
40-조팝나무 H1.5×W1.0
5-측백 H3.0×W1.0
2-주목 H3.5×W0.8
20-수수꽃다리 H1.5×W1.0
5-소나무 H3.5×W1.0
기존수림(보존)

8 국도변 휴게소

- 기능 : 이용자의 휴식 및 생리적 욕구해소, 차량점검과 주유를 위한 공간
- 공간구성 및 시설물배치

주차공간	·고속도로로부터 안전하게 출입하기 위한 변속차선에 이어진 주차장 ·차량의 안전한 출입유도 ·소형차(2.5×5m), 대형차(5×10m)로 구분하며 소형차량은 휴게시설의 이용이 편리한 위치에 설치
휴식공간	·상업시설이 갖추어진 휴게시설물(건물) ·휴식과 주변 경관을 볼 수 있는 옥외휴식공간으로 휴게시설설치
식재	·주차장입구부분의 감속을 위한 유도 식재 ·옥외휴식공간주변의 녹음식재 ·주변의 완충식재 도입

45 국도변 휴게소 [조경기사 1993년, 1997년, 2000년 기출]

■ 요구조건

중부지방의 국도변에 휴게소를 설치하려고 한다. 주어진 현황도 (S=1/1000)와 설계조건을 이용하여 공간개념도 I, 시설물배치도 II, 식재계획도 III를 작성하시오.

1. 부지를 축척 1/400으로 확대하여 다음 사항을 나타

(1) 부지내의 지표고는 50m 및 51m의 평탄지가 되도록 등고선을 조작하시오.

(2) 다음 공간을 수용하는 개념도를 작성하시오. (답안지 I)

① 휴게 시설 공간(식당, 매점, 화장실의 단층 단일 건물)을 300m²로 1개소 설치

② 옥외휴식공간 2개소 설치(200m² 내)

③ 보행자 안전공간

④ 대형차 주차 공간 5대 이상 주차공간 확보

⑤ 소형주차 공간 20대분의 주차공간 확보

⑥ 주유소 및 차량 정비소 1개소

⑦ 완충공간 1개소

(3) 차량동선과 보행동선을 나타내시오.

2. 부지를 1/400으로 확대하여 답안지 II에 다음 사항을 나타내시오. (시설물 설치)

(1) 각종시설 : 복합휴게시설(식당, 매점, 화장실), 옥외 휴게시설 2개소, 소형차 주차장(20대분 이상), 대형차(5대분 이상) 주차장, 주유소 겸 정비소

(2) 보행동선에서 필요한 곳에는 계단과 램프(경사로)를 설치한다.

(3) 완충공간을 1m 높이로 마운딩하고 표기 단위는 50cm 단위로 나타내시오.

3. 식재계획도 (답안지 III)는 수종 10종 이상으로 한다.

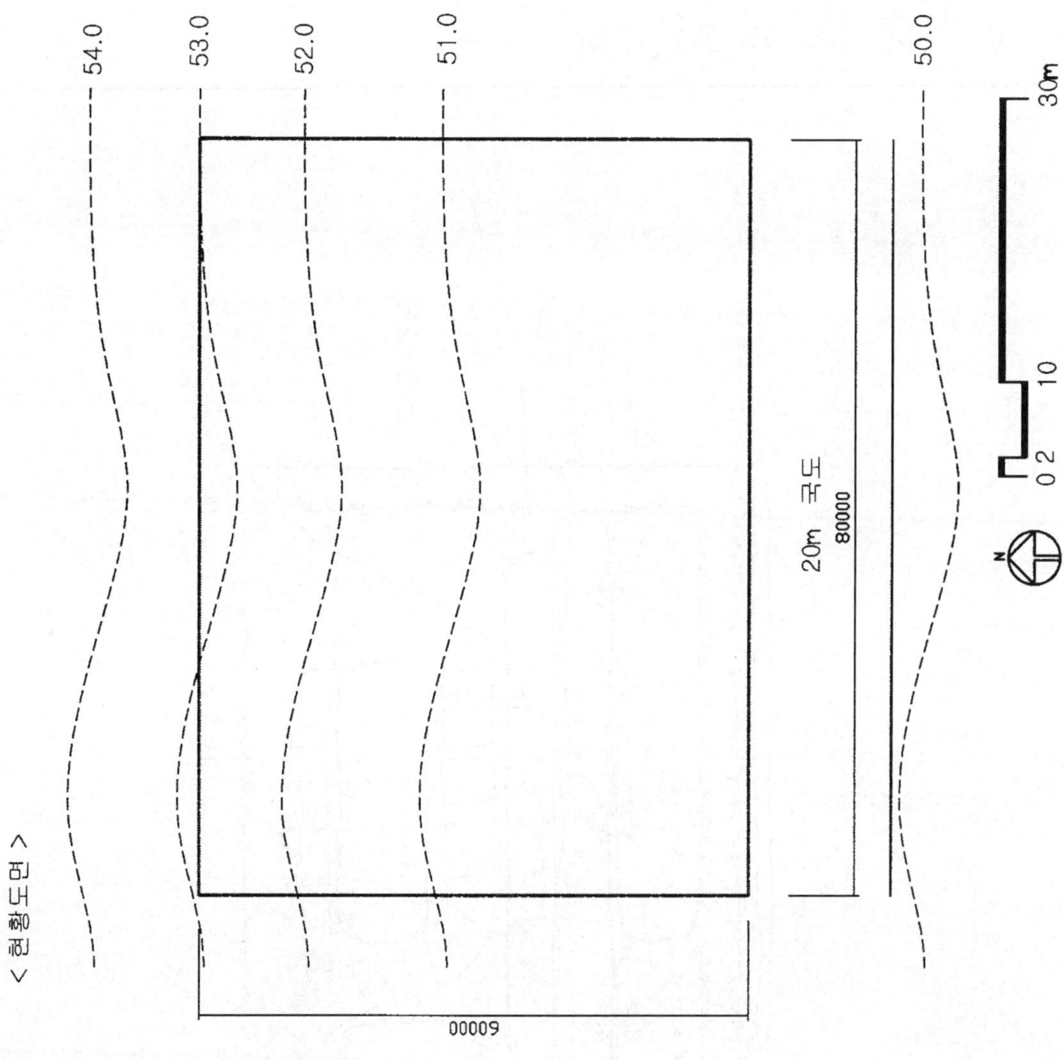

< 현황도면 >
54.0
53.0
52.0
51.0
50.0
20m 국도
80000
60000
0 2 10 30m
N

답안지 I
기본개념도
범례
공간 / 차량동선 / 보행동선 / 완충녹지

54.0
53.0
52.0
51.0

휴식공간
휴게시설공간
·면적 300m²
·식당, 매점, 화장실
휴식공간
·면적 200m²
·파고라, 벤치, 휴지통
보행자 안전공간
소형차 주차공간
·20대분
대형차 주차공간
·5대분
주유소 및 차량정비소
녹음및완충녹지
완충녹지

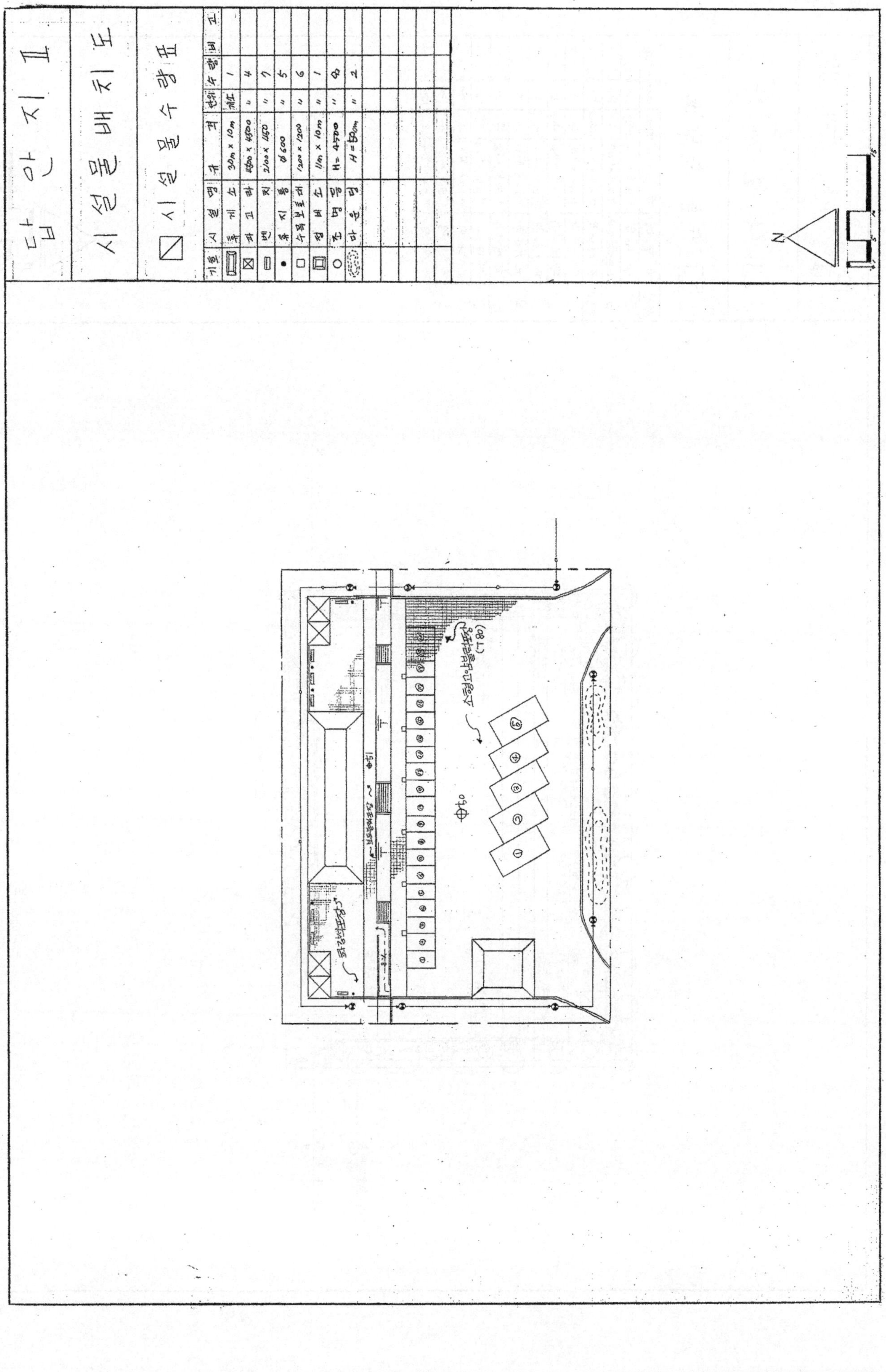

답안지 II

시설물배치도

시설물수량표

기호	시설명	규격	단위	수량	비고
	휴게소	30m × 10m	개소	1	
	파고라	4500 × 4500	〃	4	
	벤치	2100 × 450	〃	7	
	휴지통	ø600	〃	5	
	수목보호대	1200 × 1200	〃	6	
	정배소	11m × 10m	〃	1	
	조명등	H= 4500	〃	8	
	마운딩	H=500m	〃	2	

소형고압블럭포장 (T80)

보도블럭포장

N

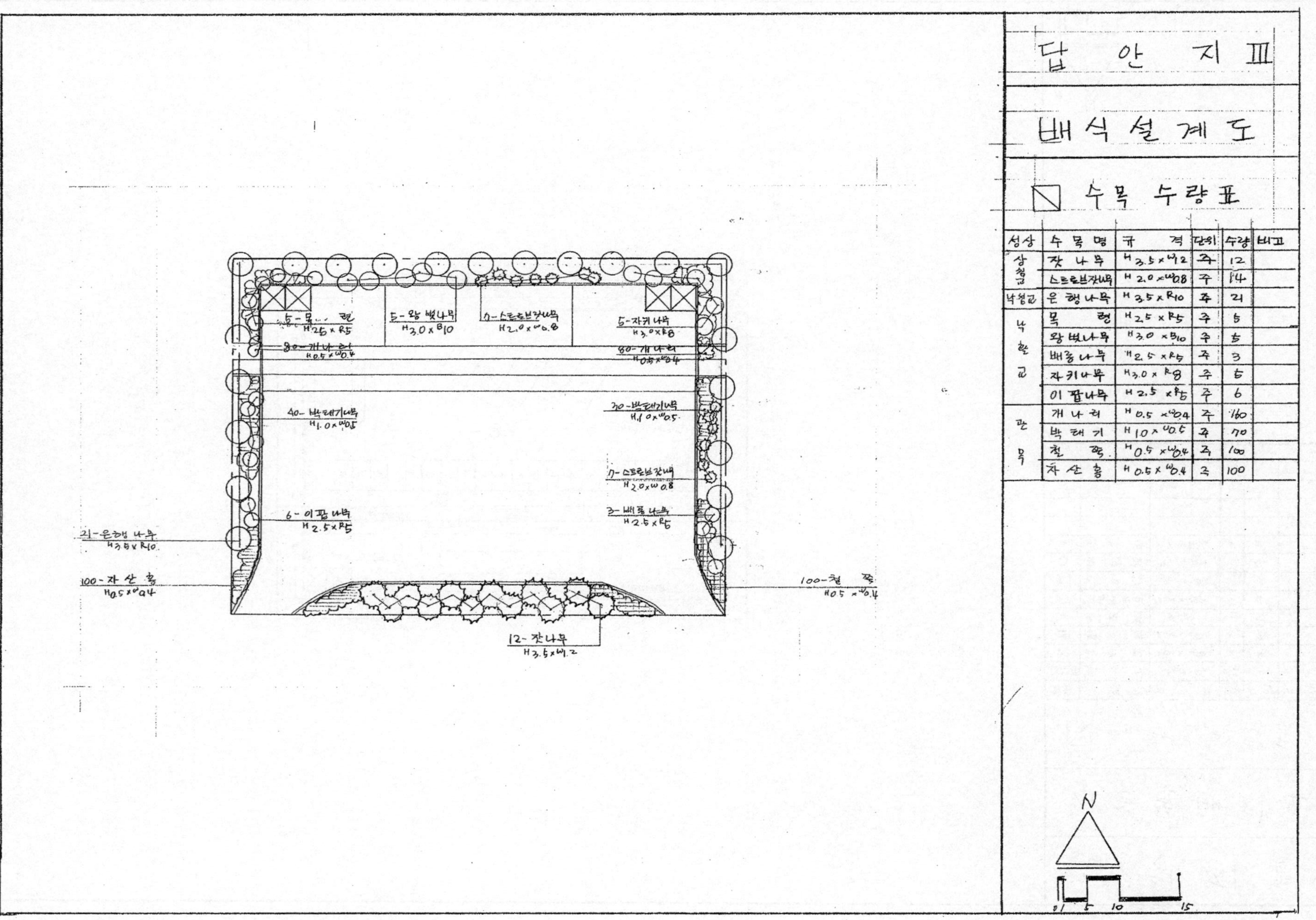

성상	수목명	규격	단위	수량	비고
상록교	잣나무	H3.5×W1.2	주	12	
	스트로브잣나무	H2.0×W0.8	주	14	
낙엽교	은행나무	H3.5×R10	주	21	
낙엽교	목련	H2.5×R5	주	5	
	왕벚나무	H3.0×B10	주	5	
	배롱나무	H2.5×R5	주	3	
	자귀나무	H3.0×R8	주	5	
	이팝나무	H2.5×R5	주	6	
관목	개나리	H0.5×W0.4	주	160	
	박태기	H1.0×W0.5	주	70	
	철쭉	H0.5×W0.4	주	100	
	자산홍	H0.5×W0.4	주	100	

9 광장설계

46 아파트 단지 진입부 광장설계 [조경기사 1998년, 2002년, 2020년(1회) 기출]

※제시된 현황도는 중부지방의 아파트 단지의 진입부이다. 도면 내용 중 설계 대상지(일점쇄선부분)만 요구조건에 따라 설계하시오.

1. 설계 구상개념도 작성 (답안지Ⅰ)
   (1) 주어진 부지를 축척 1 : 200으로 확대하여 작성한다.
   (2) 주민들이 쾌적하게 통행하고 휴식할 수 있도록 동선, 광장, 휴게 및 녹지공간 등을 배치한다.
   (3) 각 공간의 성격과 지형관계를 고려하여 배치한다.
   (4) 각 공간의 명칭과 구상개념을 약술한다.
   (5) 주동선, 부동선을 알기 쉽게 표현한다.

2. 시설물 및 식재 설계도 작성 (답안지Ⅱ)
   (1) 주어진 부지를 축척 1 : 200으로 확대하여 작성한다.
   (2) 동선을 지형, 통행량을 고려하여 지체장애자도 통행 가능하도록 램프와 계단을 적절히 혼합한다.
   (3) 적당한 곳에 퍼걸러 8개(크기, 형태 임의), 장의자 10개, 조명등 10개를 배치한다.
   (4) 포장재료는 2종 이상 사용하고 도면상에 표기한다.
   (5) 식재설계는 경관 및 녹음 위주로 하는 다음 수종에서 10종 이상 선택하여 설계한다.
   (6) 동선주위에는 경계식재를 하여 동선을 유도한다.

> 벚나무, 은행나무, 아왜나무, 소나무, 잣나무, 느티나무, 백합목, 백목련, 청단풍, 녹나무, 돈나무, 쥐똥나무, 산철쭉, 기리시마철쭉, 회양목, 유엽도, 천리향

   (7) 인출선을 사용하여 수종, 수량, 규격 등을 기재하고, 도면 우측에 수종집계표를 작성하시오.
   (8) 기존 등고선의 조작이 필요한 곳에는 수정을 가하며 파선으로 표시한다.

3. 단면도 작성 (답안지Ⅲ)
   (1) 문제지에 표시된 A-A′ 단면도를 설계된 내용에 따라 축척 1 : 200으로 작성하시오.
   (2) 설계내용을 나타내는데 필요한 곳에 점표고(spot elevation)를 표시하시오.

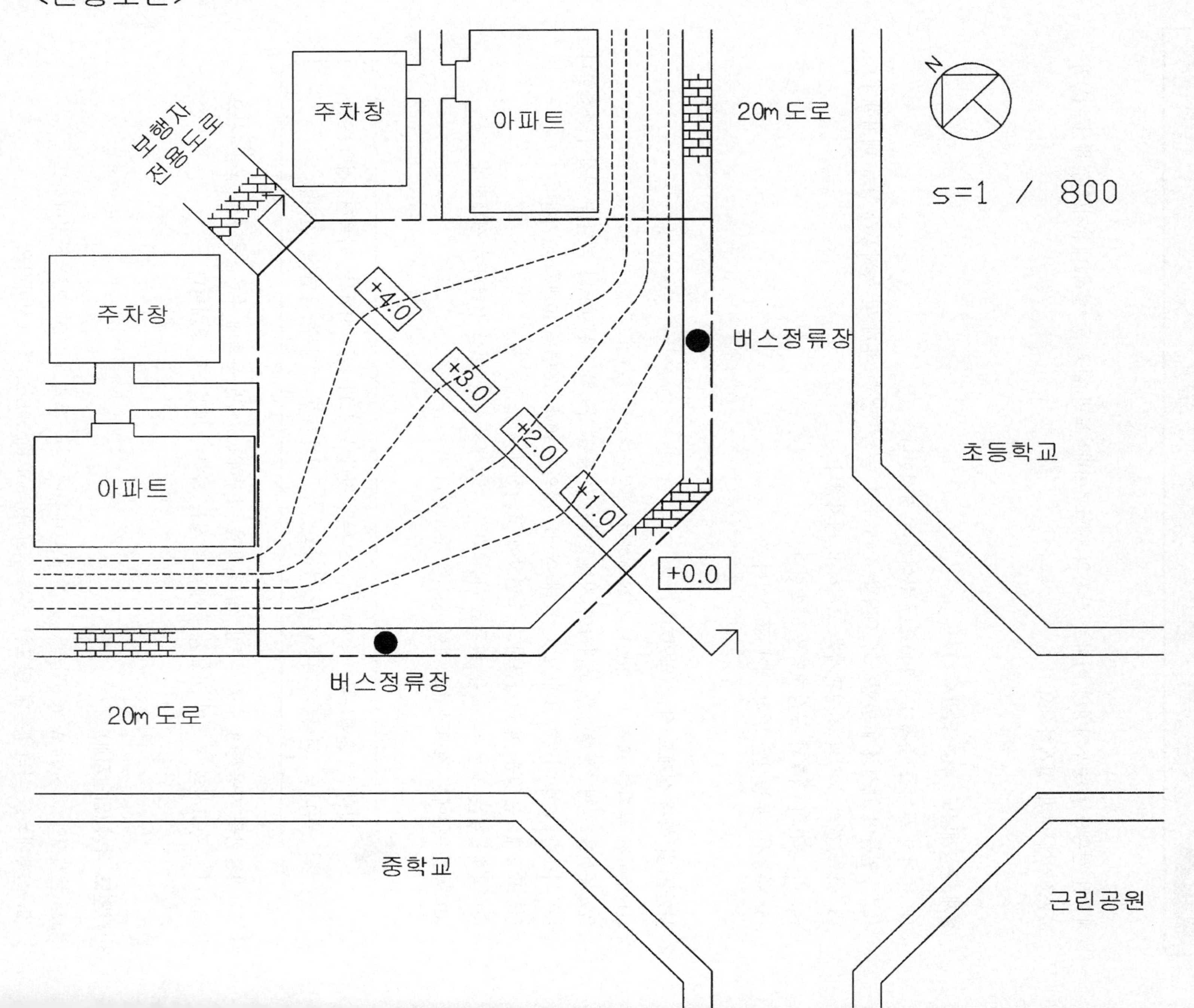
<현황도면>
보행자 전용도로
주차장
아파트
20m 도로
S=1 / 800
주차장
아파트
+4.0
+3.0
+2.0
+1.0
+0.0
버스정류장
초등학교
버스정류장
20m 도로
중학교
근린공원

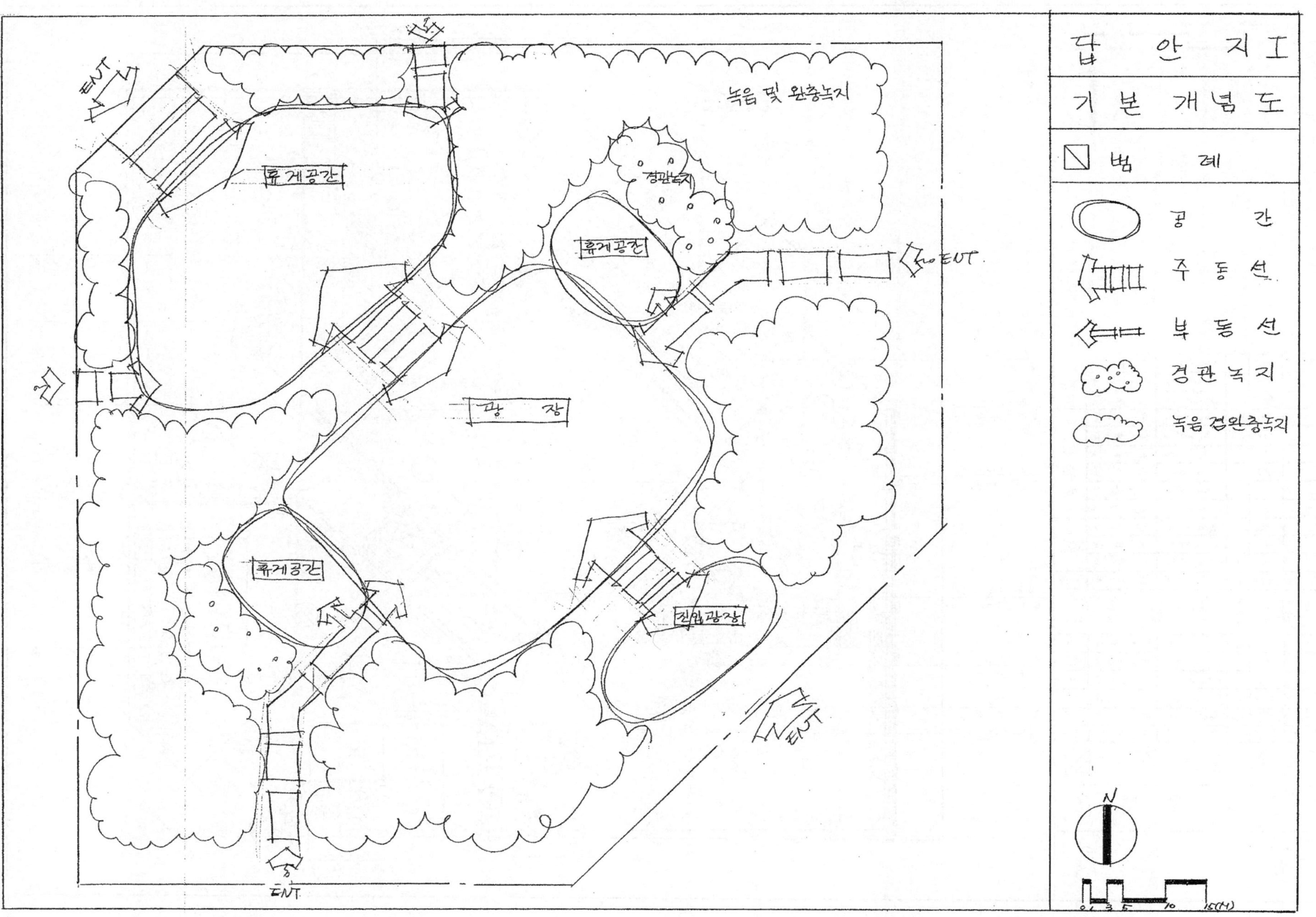
답안지 I
기본개념도
범례
공간
주동선
부동선
경관녹지
녹음 겸 완충녹지
녹음 및 완충녹지
경관녹지
휴게공간
휴게공간
광장
휴게공간
진입광장
ENT
EXIT
ENT
ENT
0 1 3 5 10 15(M)

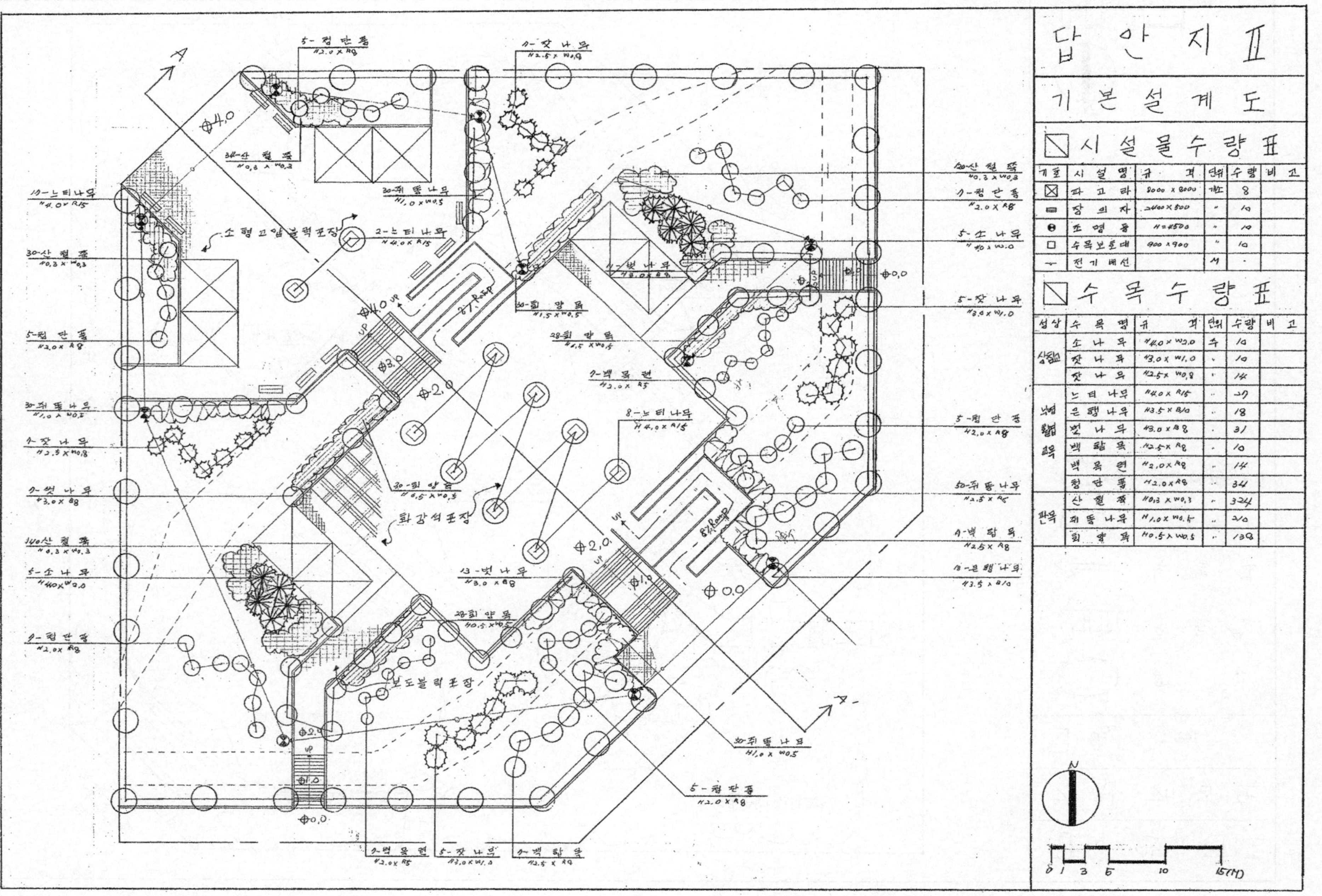

□ 시설물수량표

기호	시설명	규격	단위	수량	비고
⊠	파고라	8000×8000	개소	8	
▭	장의자	2400×500	〃	10	
⊖	조명등	H=4500	〃	10	
□	수목보호대	900×900	〃	10	
⌐	전기배선		M	.	

□ 수목수량표

성상	수목명	규격	단위	수량	비고
상록교목	소나무	H4.0×W2.0	주	10	
	잣나무	H3.0×W1.0	〃	10	
	잣나무	H2.5×W0.8	〃	14	
낙엽활엽교목	느티나무	H4.0×R15	〃	27	
	은행나무	H3.5×B10	〃	18	
	벚나무	H3.0×R8	〃	31	
	백합목	H2.5×R8	〃	10	
	백목련	H2.0×R8	〃	14	
	청단풍	H2.0×R8	〃	34	
관목	산철쭉	H0.3×W0.3	〃	324	
	쥐똥나무	H1.0×W0.5	〃	210	
	회양목	H0.5×W0.5	〃	130	

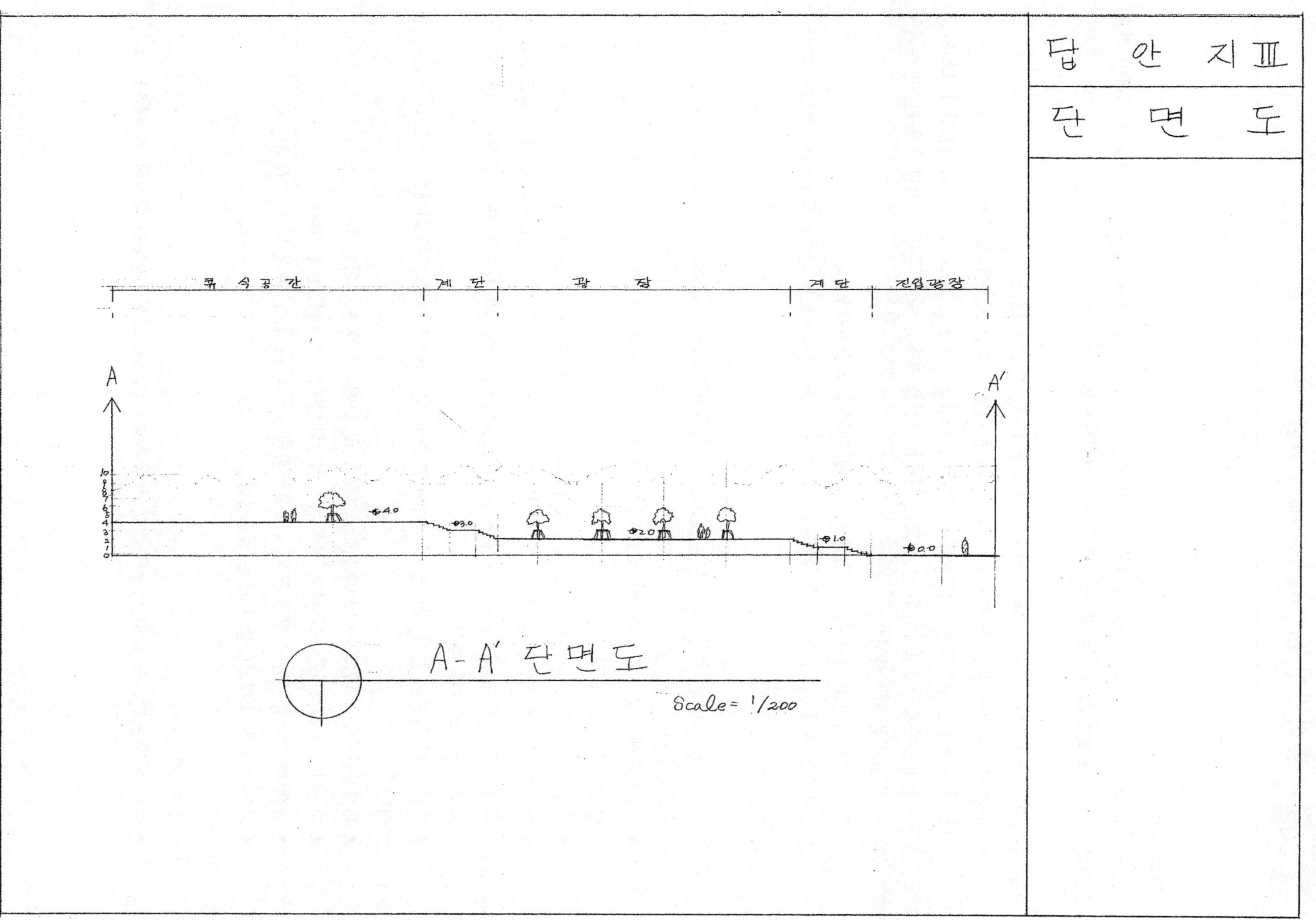

답안지 III
단면도
휴식공간
계단
광장
계단
진입광장
A
A'
Φ4.0
Φ3.0
Φ2.0
Φ1.0
Φ0.0
A-A' 단면도
Scale= 1/200

47 휴식광장 [조경산업기사 2008년 기출]

■ 요구사항

중부지방 도시내의 시민을 위한 휴식광장을 계획 및 설계하고자 한다. 주어진 조건을 참고하여 계획개념도 및 조경설계도(시설물 및 수목배치도)를 작성하시오.

1. 주어진 트레이싱지(Ⅰ)에 1/150 축척으로 계획개념도를 작성하시오.
   (1) 부지내는 각 위치별로 차이가 있는 지역으로 높이를 고려한 계획을 실시하시오.
      다. 공간구성은 주진입공간 1개소(60㎡ 정도), 중앙광장 1개소(150㎡ 정도), 휴게공간 1개소(80㎡ 정도), 수경공간 1개소(70㎡ 정도, 연못과 벽천을 포함), 벽천 주변에 계단식 녹지 및 녹지공간 조성을 계획하시오.
   (2) 각 공간의 범위를 나타내고, 공간의 명칭 및 개념을 약술하시오.
   (3) 주어진 트레싱지(Ⅰ)의 여백을 이용하여 현황도 부지 대지면적을 산출하시오.(단, 반드시 계산식을 포함하여 작성)

2. 주어진 트레싱지(Ⅱ) 1/150 축척으로 시설물 및 식재설계도를 완성하시오.
   (1) 시설물 설계
   - 주진입구에는 진입광장을 계획하고 광장 내 적당한 위치에 시계탑 1개를 설치한다.(단, 규격 및 형상은 임의로 표현한다.)
   - 중앙 광장의 중심부근에 기념조각물 1개소를 설치한다.(단, 규격 및 현상은 임의로 표현한다.)
   - 연못과 벽천이 조합된 수경공간을 지형조건을 감안하여 도입하고, 계획내용에 따라 등고선을 조작하며, 필요한 곳에 계단 및 마운딩 처리를 한다.(단, 연못의 깊이는 해당 공간의 계획부지 표고보다 - 1m 낮게 계획)
   - 벽천 주변 녹지는 높이 차이를 고려하여 마운딩 및 계단식 녹지(또는 화계를 2~3단 정도)를 설치한다.
   - 휴게공간에 파고라(5.0×10.0×2.2m) 1개소 및 등벤치 2개를 설치한다.
   - 대상지의 공간성격을 고려하여 평벤치를 적당한 곳에 4개 이상을 설치한다.
   - 광장 내에 녹음수를 식재한 곳에 수목보호홀덮개(tree grating)를 설치하고 식재한다.
   - 바닥 포장은 소형고압블럭 또는 점토블럭으로 한다.

   (2) 식재설계
   - 식재 식물은 반드시 10종 이상으로 하고 상록수, 낙엽수, 교목, 관목을 적절히 선정한다.

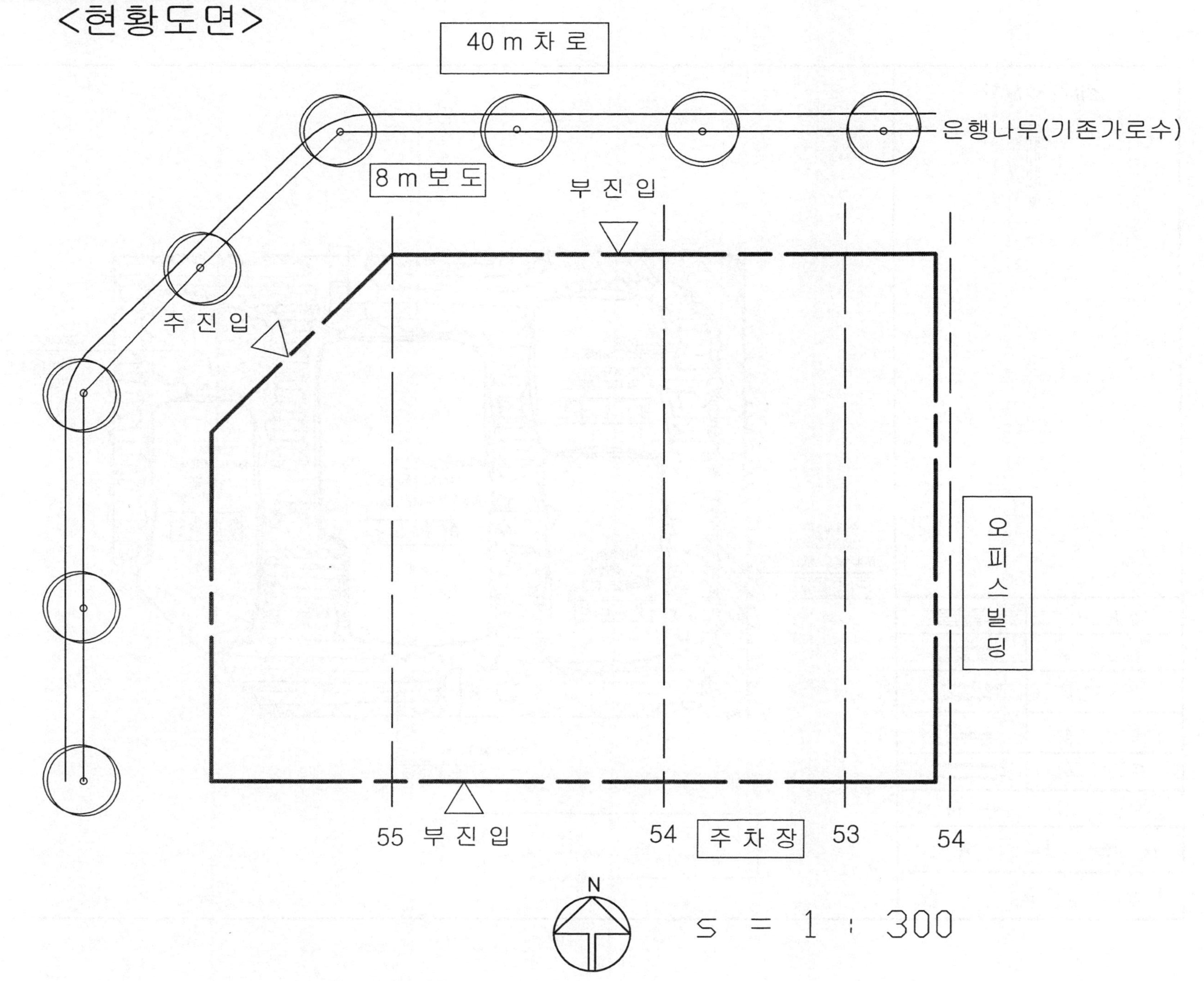

<현황도면>
40 m 차로
은행나무(기존가로수)
8 m 보도
부진입
주진입
55 부진입
54
주차장
53
54
오피스빌딩
N
S = 1 : 300

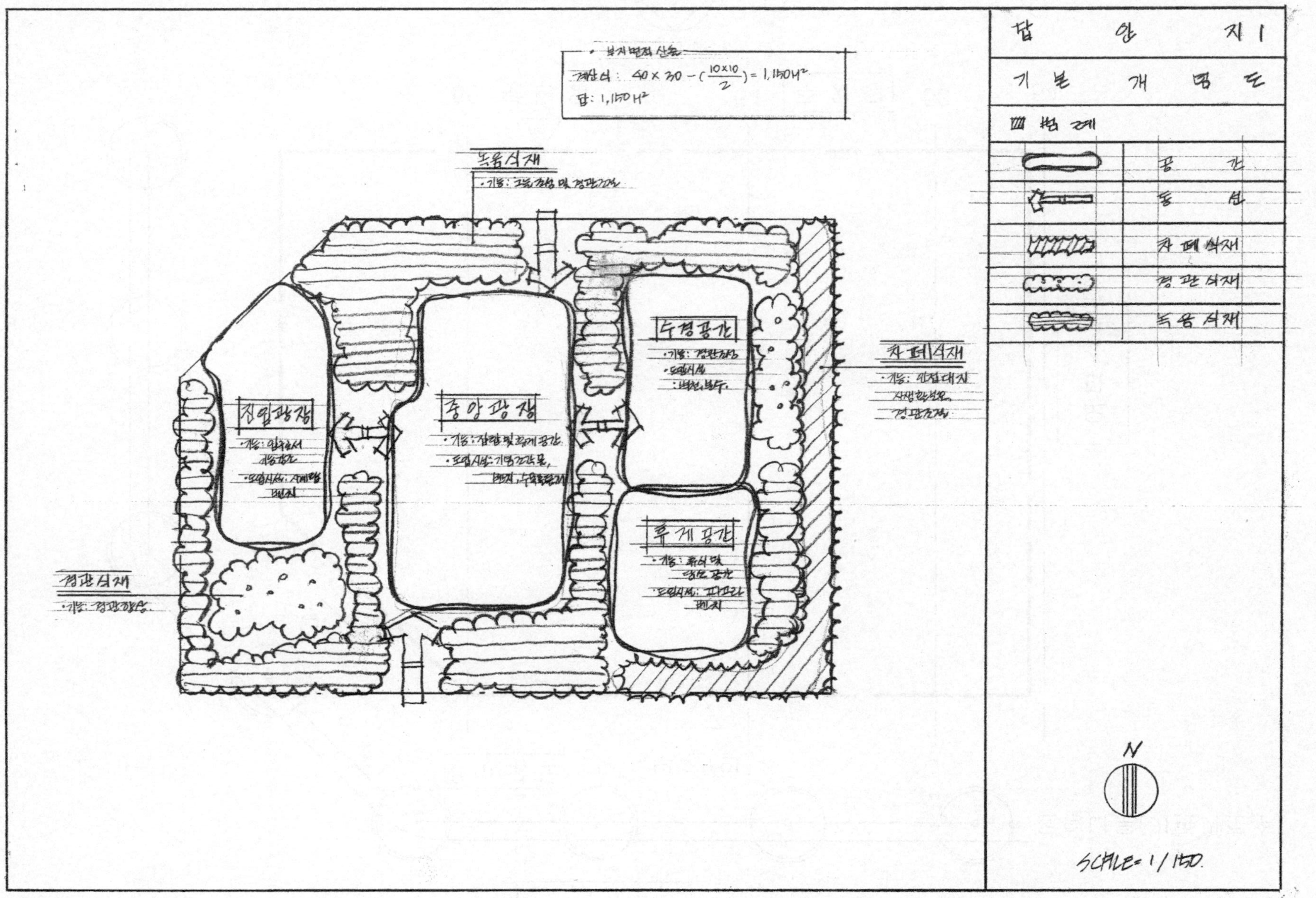
답안지 I
기본계획도
범례
공간
동선
차폐식재
경관식재
녹음식재
• 부지면적 산출
계산식 : 40 × 30 − (10×10/2) = 1,150m²
답: 1,150m²
녹음식재
차폐식재
경관식재
진입광장
중앙광장
수경공간
휴게공간
N
SCALE=1/150

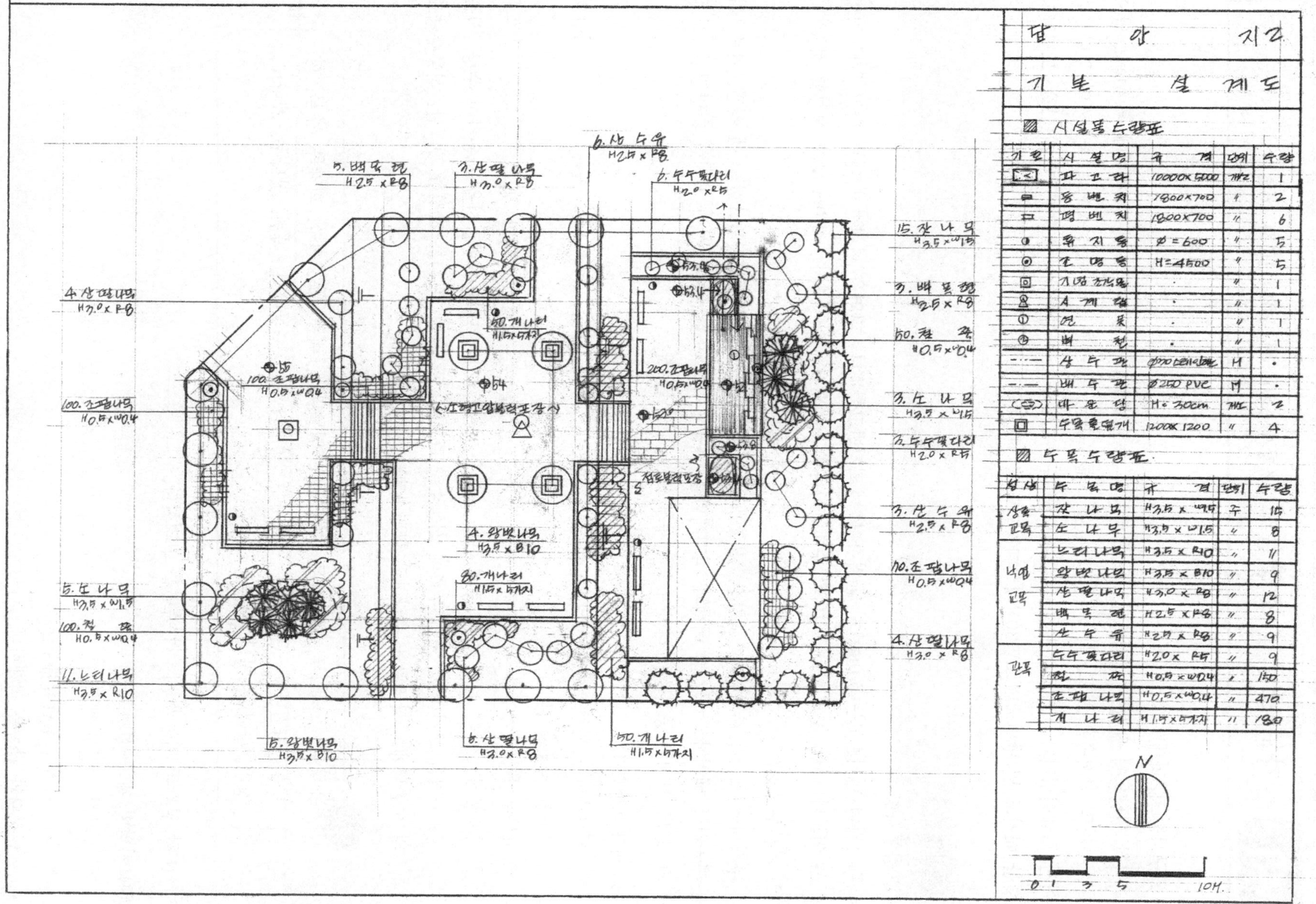
답 안 지 2
기 본 설 계 도
시설물 수량표
기호 | 시설명 | 규격 | 단위 | 수량
파고라 | 10000X5000 | 개소 | 1
등벤치 | 1800X700 | 〃 | 2
평벤치 | 1800X700 | 〃 | 6
조명등 | H=4500 | 〃 | 5
시계탑 | · | 〃 | 1
연못 | · | 〃 | 1
벽천 | · | 〃 | 1
배수관 | φ250 PVC | M | ·
1200X1200 | 〃 | 4
수목수량표
성상 | 수목명 | 규격 | 단위 | 수량
상록교목 | 잣나무 | H3.5 x W1.5 | 주 | 15
소나무 | H3.5 x W1.5 | 〃 | 8
낙엽교목 | 느티나무 | H3.5 x R10 | 〃 | 11
왕벚나무 | H3.5 x B10 | 〃 | 9
산딸나무 | H3.0 x R8 | 〃 | 12
백목련 | H2.5 x R8 | 〃 | 8
산수유 | H2.5 x R8 | 〃 | 9
관목 | 수수꽃다리 | H2.0 x R5 | 〃 | 9
철쭉 | H0.5 x W0.4 | 〃 | 150
조팝나무 | H0.5 x W0.4 | 〃 | 470
개나리 | H1.5 x 5가지 | 〃 | 180
N
0 1 3 5 10M

10 가로소공원설계(침상정원)

48 가로 소공원 조경설계 [조경기사 2005년, 2011년(1회) 기출]

■ 요구사항(제2과제)

주어진 현황도에 제시된 설계대상자는 우리나라 중부지방의 중소도시의 가로모퉁이에 위치하고 있으며, 부지의 남서쪽은 보도, 북쪽은 도시림과 고물수집장, 동쪽은 학교 운동장으로 둘러싸여 있다. 주어진 트레이싱지와 설계조건에 따라 현황도를 축척 1/200으로 확대하여 도면1(공간개념도), 도면2(시설물 배치도 및 단면도), 도면3(식재설계평면도)을 작성하시오.

설계조건

(1) 공통사항

대상지의 현지반고는 5.0m로서 균일하며, 계획지반고는 "나" 지역을 현지반고 대로 하고 "가" 지역은 이보다 1.0m 높게, "다" 지역의 주차구역은 0.3m 낮게, "라" 지역은 3.0m 낮게 설정할 것

(2) 기본구상조건

부지내에 보행자 휴식공간, 주차장, 침상공간, 경관식재공간을 설치하고 필요한 곳에 경관, 완충, 차폐녹지를 배치하고 공간별 특성과 식재개념을 설명하시오. 또한 현황도상에 제시한 차량진입, 보행자 진입, 보행자 동선을 고려하여 동선체계구상을 표현할 것.

(3) 식재설계조건

① 도로변에는 완충식재를 하되, 50m 광로 쪽은 수고 3m 이상, 24m 도로 쪽은 수고 2m 이상의 교목을 사용할 것

② 고물수집장 경계부분은 식재처리하고, 도시림 경계부분은 식재를 생략할 것.

③ 식재설계는 다음 보기 수종 중 적합한 식물을 10종 이상 선택하여 인출선을 사용하여 수량, 식물명, 규격을 표시하고, 도면 우측에 식물수량표(교목, 관목 등 구분)를 작성할 것 (단, 식물수량표의 수종명에는 학명란을 추가하고 학명 1개만 예시, 표기할 것)

보기

소나무, 느티나무, 배롱나무, 가중나무, 쥐똥나무, 쥐똥나무, 철쭉, 회양목, 주목, 향나무, 사철나무, 은행나무, 짱짱나무, 동백나무, 수수꽃다리, 목련, 잣나무, 개나리, 장미, 황매화, 잔디, 맥문동

④ 각 공간의 기능과 시각적 측면을 고려한다.

(4) 지역별 계획·설계조건

각 공간의 시설물 배치시는 도면의 여백에 시설물 수량표를 작성할 것

■ "가" 지역 : 경관식재공간

• 잔디와 관목을 식재한다.

• "나" 지역과 연계하여 가장 적절한 곳에 8각형 정자(한변길이 3m) 1개소를 설치한다.

■ “나” 지역 : 보행자 휴식공간

- “가” 지역과의 연결되는 동선은 계단을 설치하고 경사면은 기초식재 처리한다.
- 바닥포장은 화강석 포장으로 한다.
- 화장실 1개소, 파고라(4×5m) 3개소, 음수대 1개소, 벤치 6개소, 조명등 4개소를 설치한다.

■ “다” 지역 : 주차장 공간

- 소형 10대분(3m×5m/대)의 주차공간으로서 폭 5m의 진입로를 계획하고 바닥은 아스콘 포장을 한다.
- 주차공간과 초등학교 운동장 사이는 높이 2m 이하의 자연스런 형태로 마운딩 설계를 한 후 식재처리 한다.

■ “라” 지역 : 침상공간(Sunken space)

- “라” 지역의 서쪽면(w1과 w2를 연결하는 공간)은 폭 2m의 연못을 만들고 서쪽벽은 벽천을 만든다.
- 연못과 연결하여 폭 1.5m, 바닥높이 2.3m의 녹지대를 만들고 식재한다.
- S1 부분에 침상공간으로 진입하는 반경 3.5, 폭 2m의 라운드형( )계단을 벽천방향으로 진입하도록 설치한다.
- S2 부분에 직선형 계단(수평거리 : 10m, 폭 : 임의)을 설치하되 신체장애자의 접근도 고려할 것
- S1과 S2 사이의 벽면(북측벽면과 동측벽면)은 폭 1m, 높이 1m의 계단식 녹지대 2개를 설치하고, 식재한다.
- 중앙부분에 직경 5m의 원형플랜터를 설치한다.
- 바닥포장은 적색과 회색의 타일포장을 한다.
- 벽천과 연못, 녹지대가 나타나는 단면도를 축척 1/60으로 그리시오. (도면2에 작성할 것)
- 계단식 녹지대의 단면도를 축척 1/60으로 그리시오. (도면2에 작성할 것)

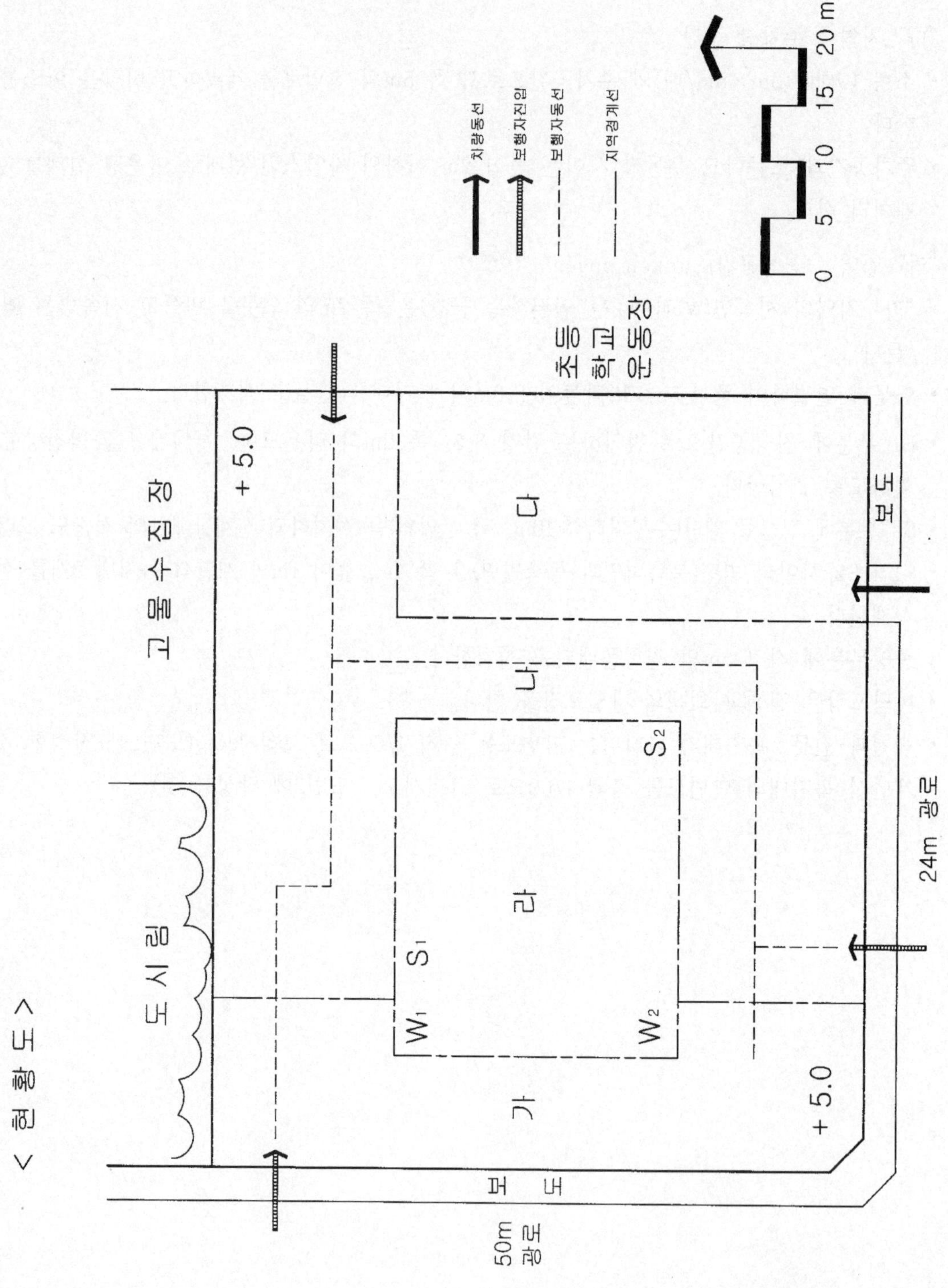

< 현 황 도 >
도 시 림
고 물 수 집 장
+ 5.0
초등학교 운동장
다
나
라
가
S1
S2
W1
W2
+ 5.0
보 도
50m 광로
보 도
24m 광로
차량동선
보행자진입
보행자동선
지역경계선
0 5 10 15 20 m

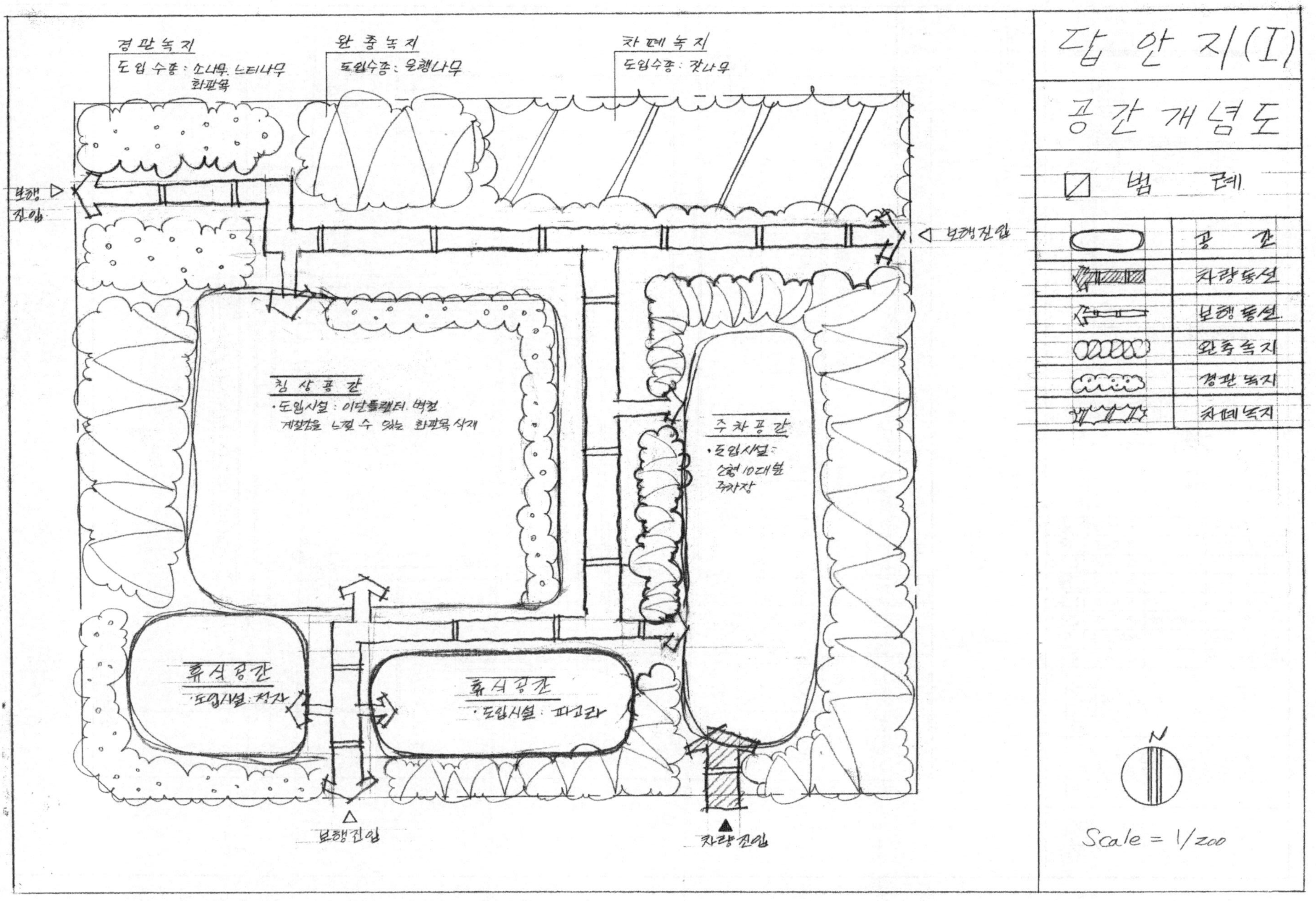
답안지(I)
공간개념도
범례
공간
차량동선
보행동선
완충녹지
경관녹지
차폐녹지
Scale = 1/200
N
경관녹지
도입수종 : 소나무, 느티나무
화관목
완충녹지
도입수종 : 은행나무
차폐녹지
도입수종 : 잣나무
보행진입
보행진입
보행진입
차량진입
침상공간
·도입시설 : 이단플랜터, 벽천
계절감을 느낄 수 있는 화관목 식재
주차공간
·도입시설 : 소형 10대분 주차장
휴식공간
·도입시설 : 정자
휴식공간
·도입시설 : 파고라

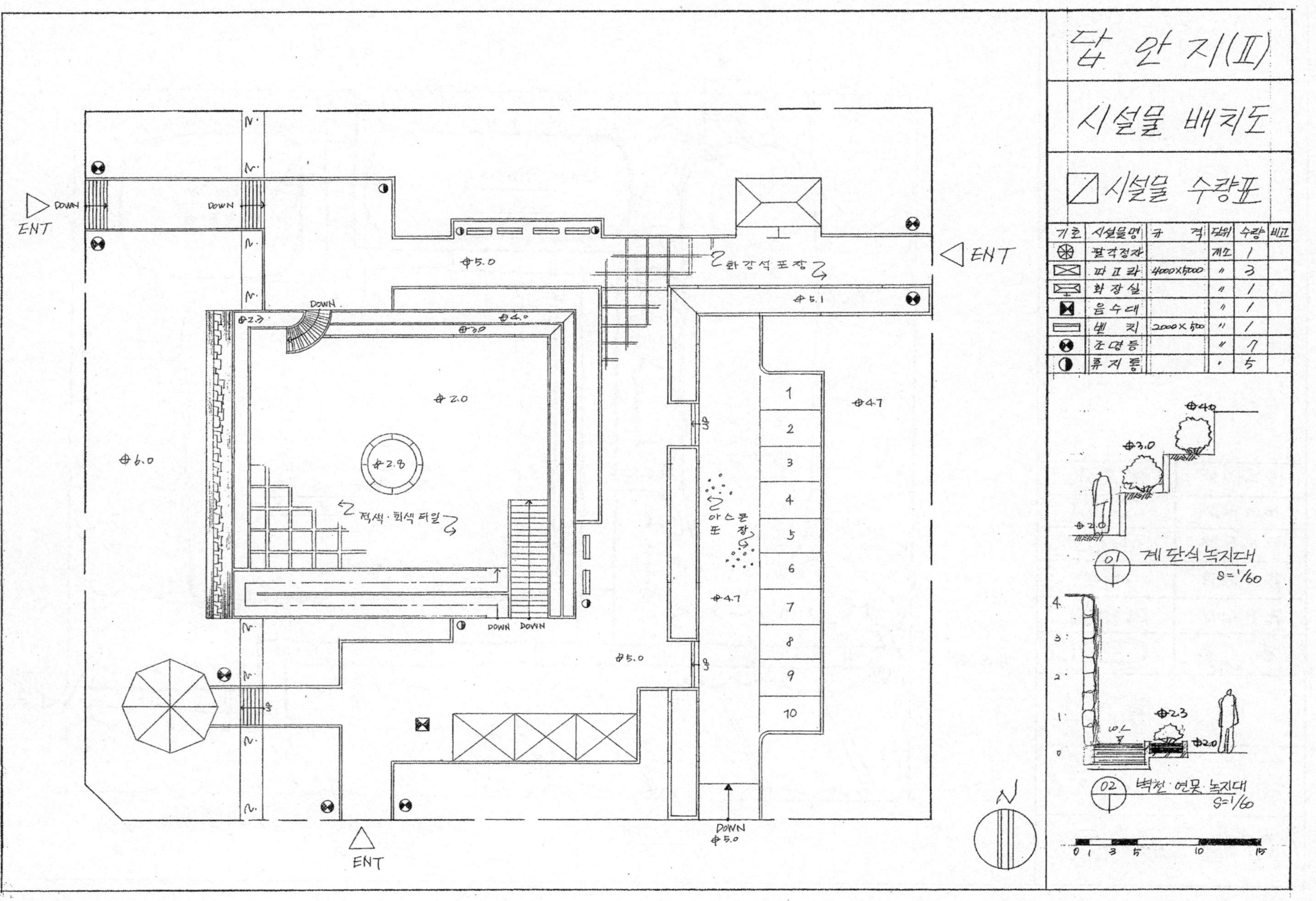
답 안 지(Ⅱ)
시설물 배치도
시설물 수량표
기호 | 시설물명 | 규격 | 단위 | 수량 | 비고
팔각정자 | | 개소 | 1
파고라 | 4000×5000 | 〃 | 3
화장실 | | 〃 | 1
음수대 | | 〃 | 1
벤치 | 2000×500 | 〃 | 1
조명등 | | 〃 | 7
휴지통 | | 〃 | 5
01 계단식 녹지대 S=1/60
02 벽천·연못 녹지대 S=1/60
화강석 포장
아스콘 포장
적색·회색 타일
ENT
ENT
ENT
DOWN
N

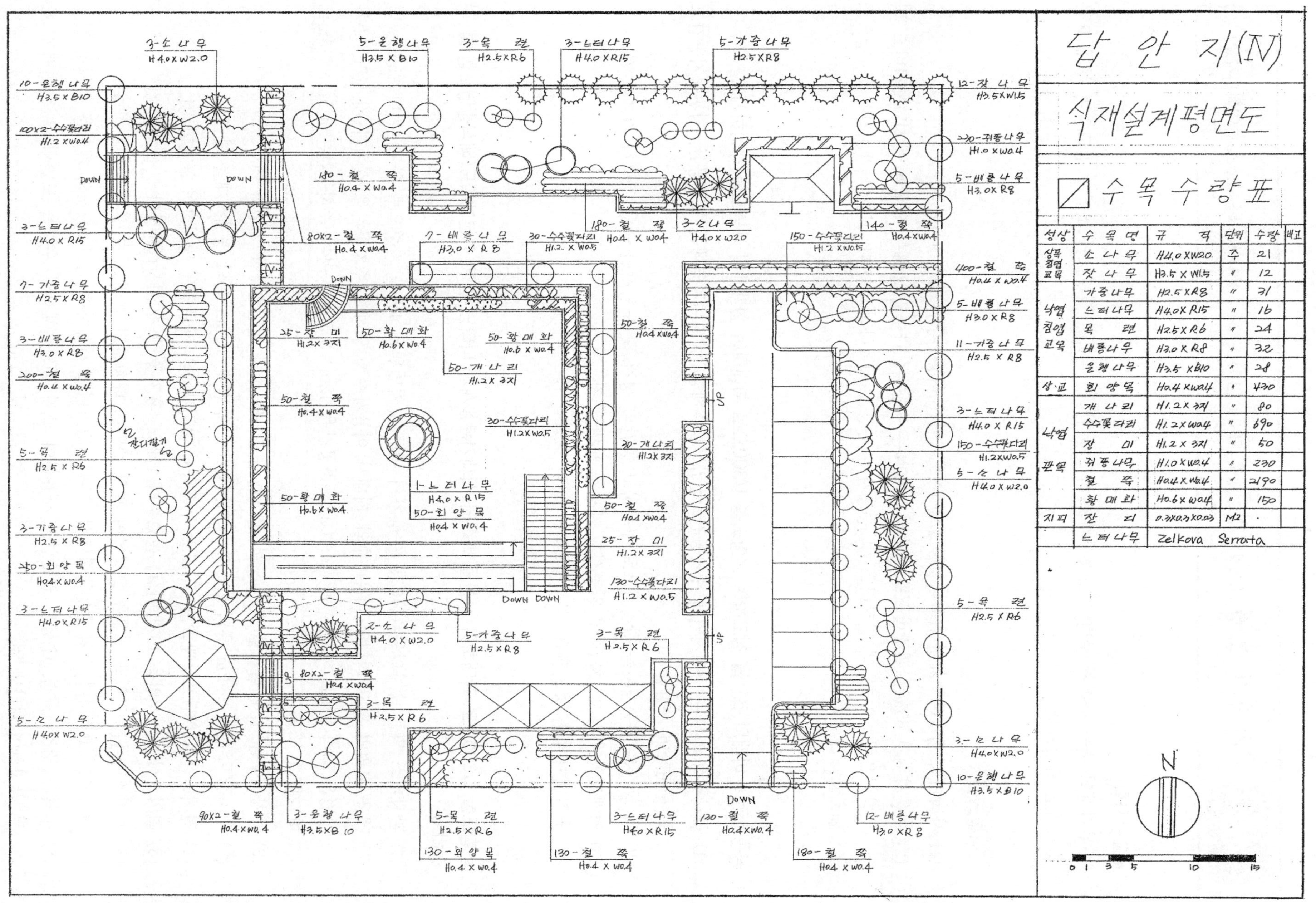
답 안 지(N)
식재설계평면도
수목수량표
성상 | 수목명 | 규격 | 단위 | 수량 | 비고
상록교목 | 소나무 | H4.0xW2.0 | 주 | 21
잣나무 | H3.5xW1.5 | 〃 | 12
낙엽활엽교목 | 가중나무 | H2.5xR8 | 〃 | 31
느티나무 | H4.0xR15 | 〃 | 16
목련 | H2.5xR6 | 〃 | 24
배롱나무 | H3.0xR8 | 〃 | 32
은행나무 | H3.5xB10 | 〃 | 28
상관 | 회양목 | H0.4xW0.4 | 〃 | 430
낙엽관목 | 개나리 | H1.2x3지 | 〃 | 80
수수꽃다리 | H1.2xW0.4 | 〃 | 690
장미 | H1.2x3지 | 〃 | 50
쥐똥나무 | H1.0xW0.4 | 〃 | 230
철쭉 | H0.4xW0.4 | 〃 | 2190
황매화 | H0.6xW0.4 | 〃 | 150
지피 | 잔디 | 0.3x0.3x0.03 | M2 | .
느티나무 Zelkova Serrata
DOWN
UP
N
0 1 3 5 10 15

11 사적지주변조경설계

49 사적지 조경 [조경기사 1996, 2008, 2010(1회), 2012(1회), 2023년(2회) 기출]

■ 요구사항

중부지방의 어느 사적지 주변의 조경설계를 하고자 한다. 주어진 현황도와 조건을 참고하여 문제 요구 순서대로 작성하시오.

공통조건

(1) 사적지의 탐방은 3계절형(최대일률 1/60)이고, 연간 이용객수는 120,000명

(2) 이용자수의 65%는 관광버스를 이용하고 10%는 승용차, 나머지 25%는 영업용 택시, 노선버스 및 기타이용이라고 할 때 관광버스 및 승용차 주차장을 계획하려고 한다. (단, 체재시간은 2시간으로 회전율은 1/2.5이다.)

1. 공통조건과 아래의 조건을 참고하여 현황도를 1/300으로 확대하여 설계계획 개념도를 작성하시오.

(1) 공간구성 개념은 경외지역에 주차공간, 진입 및 휴게공간, 경내지역에는 보존공간, 경관녹지공간으로 구분하여 구성할 것

(2) 각 공간은 기능배분을 합리적으로 구분하고 공간의 성격 및 도입시설 등을 간략히 기술할 것

(3) 경계지역에는 시선차단 및 완충식재 개념을 도입할 것

(4) 공간배치계획, 동선계획, 식재계획의 개념이 포함될 것

2. 현황도를 1/300으로 확대하여 시설물 배치와 식재기본설계가 나타난 설계 기본계획도(배식평면포함)를 작성하시오.

(1) 관광버스 평균 승차인원은 40명, 승용차의 평균 승차인원은 4인을 기준으로 하고, 기타 25%는 면적을 고려치 말고 최대일 이용자수와 최대시 이용자수를 구하여 주차공간을 설치할 것. (단, 주차방법은 직각주차로 하고, 관광버스 1대 주차공간을 12m×3.5m, 승용차 주차공간은 5.5m×2.5m로 할 것)

(2) 주차대수를 쉽게 식별할 수 있도록 버스와 승용차의 주차 일련번호를 기입할 것

(3) 주차장 주위에 2~3m 폭의 인도를 두며, 주차장 주변에 2~3m 폭의 경계식재를 할 것

(4) 전체공간의 바닥포장재료는 4가지로 구분하되 마감재료의 재료명을 명시하여 표현할 것

(5) 편익시설(벤치 3인용 10개 이상, 음료수대 2개소, 휴지통 10개 이상)을 경외에 설치할 것

(6) 상징조형물은 진입과 시설을 고려하여 광장 중앙에 배치하되 형태와 크기는 자유로 한다.

(7) 계획고를 고려하여 경외 진입광장에서 경내로 경사면을 사용하여 답고 15cm의 계단을 설치할 것.

(8) 수목의 명칭, 규격, 수량은 인출선을 사용하여 표기하고 전체적인 수량을 도면의 우측 여백에 표로 작성하여 나타낼 것

(9) 계절의 변화감을 고려하여 가급적 전통수종을 선택하되, 다음 수종 중에서 20가지 이상을 선택하여 배식할 것

보기

은행나무, 소나무, 잣나무, 굴거리나무, 동백, 후박나무, 개나리, 벽오동, 회화나무, 대추나무, 자귀나무, 모과나무, 수수꽃다리, 회양목, 이태리포플러, 수양버들, 산수유, 불두화, 눈향나무, 영산홍, 옥향, 산철쭉, 진달래, 느티나무, 느릅나무, 백목련, 일본목련, 꽝꽝나무, 가시나무, 리기다소나무, 왕벚나무, 광나무, 홍단풍, 테다소나무, 송악

3. 지급된 용지 1매에 현황도상에 표시된 A–A′ 단면을 축척 1/300으로 작성하시오.

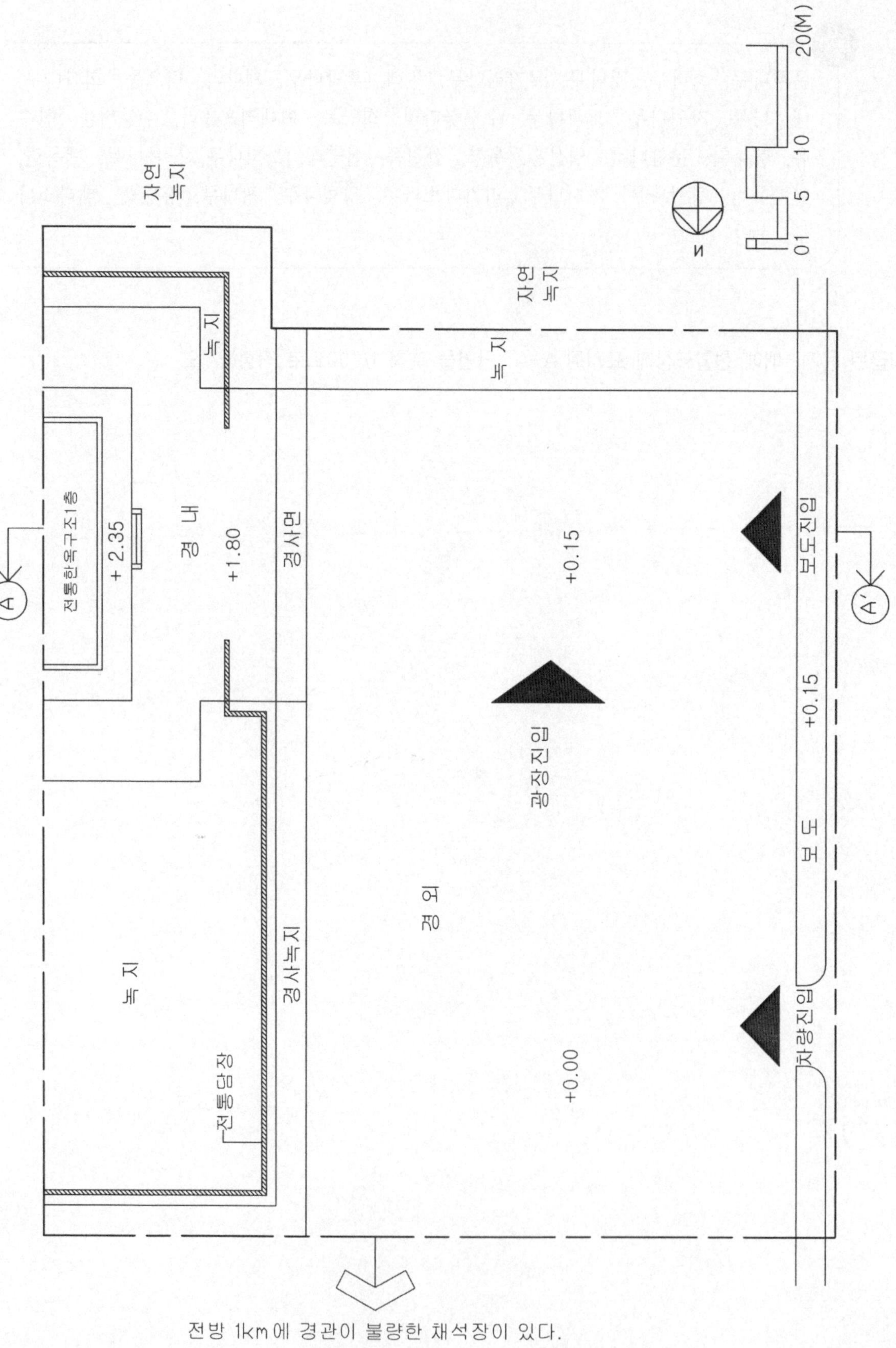

< 현황도면 >

자연 녹지

녹 지

전통한옥구조1층

+ 2.35

경 내

+1.80

경사면

A

A'

+0.15

보도진입

광장진입

+0.15

보 도

경 외

경사녹지

녹 지

전통담장

차량진입

+0.00

0 1 5 10 20(M)

전방 1km에 경관이 불량한 채석장이 있다.

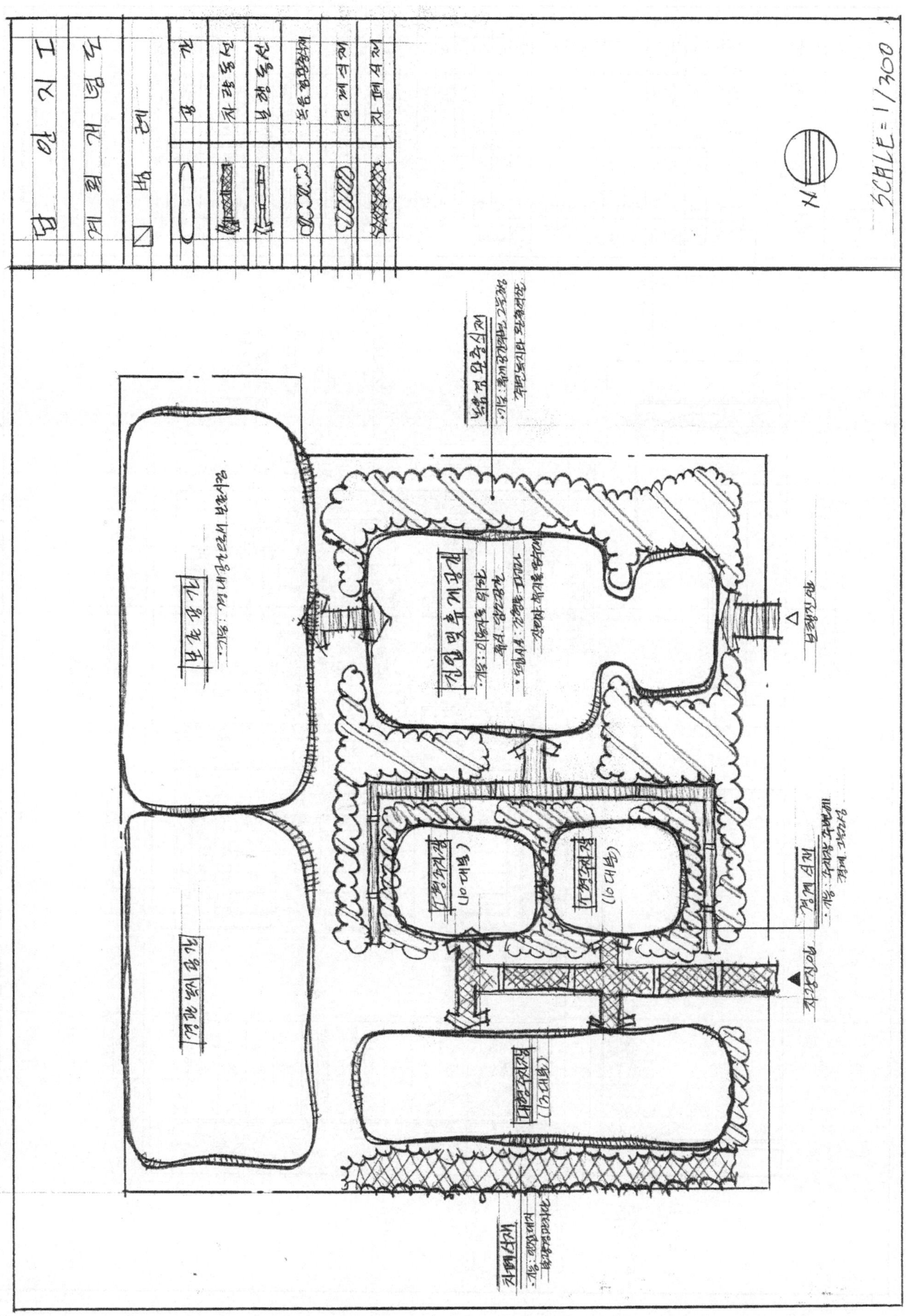

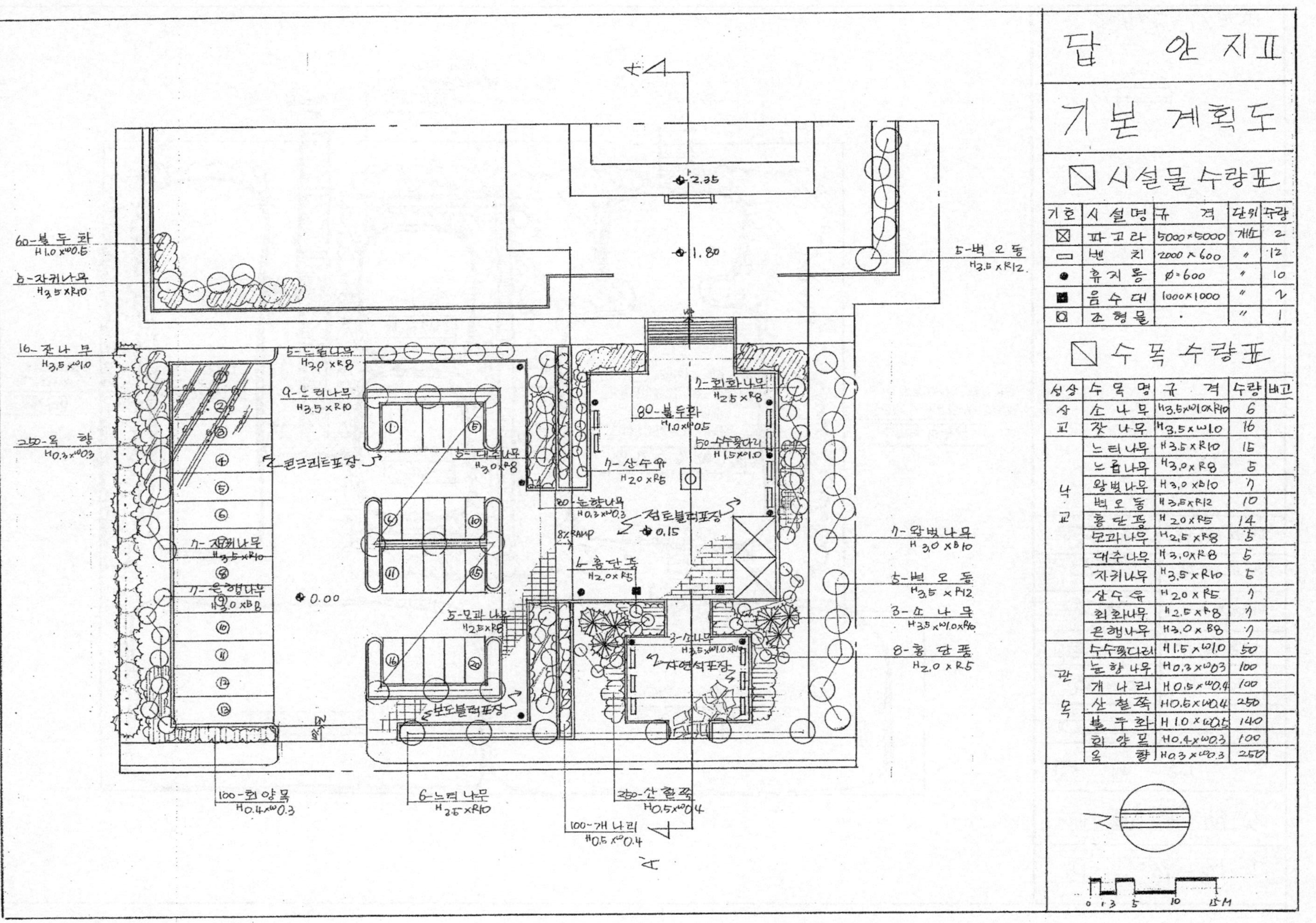

답 안 지 표
기 본 계 획 도
시설물 수량표
기호 | 시설명 | 규격 | 단위 | 수량
파고라 | 5000×5000 | 개소 | 2
벤치 | 2000×600 | 〃 | 12
휴지통 | ∅=600 | 〃 | 10
음수대 | 1000×1000 | 〃 | 2
조형물 | · | 〃 | 1
수목 수량표
성상 | 수목명 | 규격 | 수량 | 비고
상교 | 소나무 | H3.5×W1.0×R10 | 6
잣나무 | H3.5×W1.0 | 16
낙교 | 느티나무 | H3.5×R10 | 15
느릅나무 | H3.0×R8 | 5
왕벚나무 | H3.0×B10 | 7
벽오동 | H3.5×R12 | 10
홍단풍 | H2.0×R5 | 14
모과나무 | H2.5×R8 | 5
대추나무 | H3.0×R8 | 5
자귀나무 | H3.5×R10 | 5
산수유 | H2.0×R5 | 7
회화나무 | H2.5×R8 | 7
은행나무 | H3.0×B8 | 7
관목 | 수수꽃다리 | H1.5×W1.0 | 50
눈향나무 | H0.3×W0.3 | 100
개나리 | H0.5×W0.4 | 100
산철쭉 | H0.5×W0.4 | 250
불두화 | H1.0×W0.5 | 140
회양목 | H0.4×W0.3 | 100
옥향 | H0.3×W0.3 | 250
60-불두화 H1.0×W0.5
5-자귀나무 H3.5×R10
16-잣나무 H3.5×W1.0
250-옥향 H0.3×W0.3
5-벽오동 H3.5×R12
5-느릅나무 H3.0×R8
9-느티나무 H3.5×R10
콘크리트포장
5-대추나무 H3.0×R8
7-산수유 H2.0×R5
80-불두화 H1.0×W0.5
50-수수꽃다리 H1.5×W1.0
7-회화나무 H2.5×R8
80-눈향나무 H0.3×W0.3
점토블럭포장
8% RAMP
6-홍단풍 H2.0×R5
7-자귀나무 H3.5×R10
7-은행나무 H3.0×B8
5-모과나무 H2.5×R8
3-소나무 H3.5×W1.0×R10
자연석포장
보도블럭포장
7-왕벚나무 H3.0×B10
5-벽오동 H3.5×R12
3-소나무 H3.5×W1.0×R10
8-홍단풍 H2.0×R5
100-회양목 H0.4×W0.3
6-느티나무 H3.5×R10
250-산철쭉 H0.5×W0.4
100-개나리 H0.5×W0.4
2.35
1.80
0.15
0.00
A
A'
0 1 3 5 10 15M

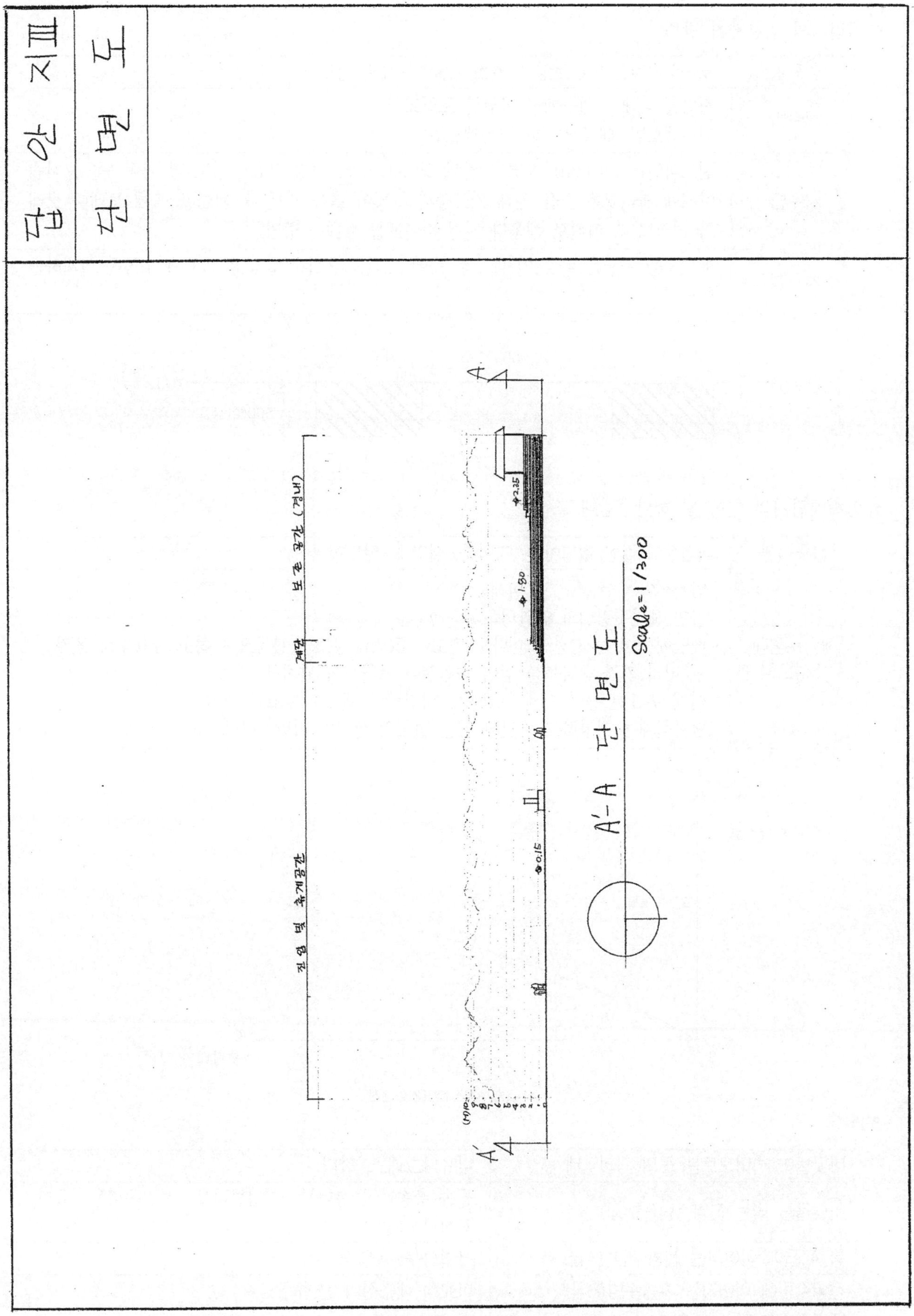

답안지Ⅲ

단면도

진입 및 휴게공간
계단
보존 공간 (경내)

(M)10
9
8
7
6
5
4
3
2
1
0

A'
A

◈0.15
◈1.80
◈2.35

A'-A 단면도

Scale=1/300

12 방조림 및 조각공원설계

• 매립지의 염분제거 방법

성토법	교목식재지는 양질토양을 최소 1.5m 두께로 성토
객토법	지반을 파내고 외부에서 반입한 토양교체 전면객토법, 대상객토법, 단목객토법
사주법	샌드파일(sand pile) 공법에 의해 길이 6~7m, 직경 40cm 정도 철 파이프를 오니층 아래에 자리잡은 다음 원래 지표층까지 넣어 흙을 파낸 후 파이프 속에 모래나 모래가 섞인 산흙 따위로 채운다음 철 파이프를 빼내는 방법
사구법	배수구를 파놓은 다음 이 배수구 속에 모래를 혼합하여 넣고 이곳에 수목을 식재하는 방법

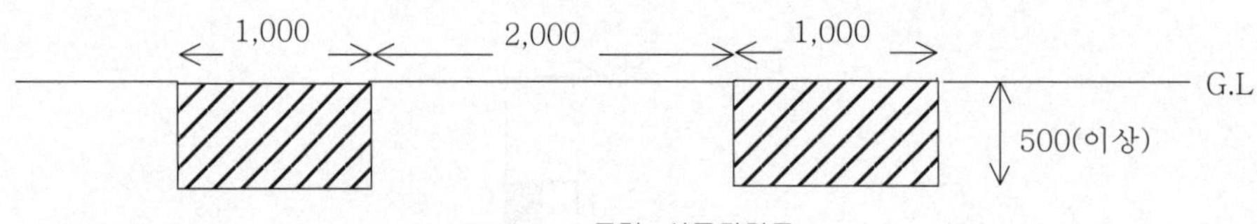

그림. 사구단면도

• 임해매립지의 식생 및 해안수림대 조성

선구식생	내염성이 강한 취명아주, 명아주, 실망초, 달맞이꽃 등
해안수림대 조성요령	· 임관선이 y = $\sqrt{x}$ 로 식재 · 자연 해안수림대의 임관선은 $y = 2\sqrt{x}$ · 해안에 면하는 최전선의 나무 수고는 50cm 정도의 관목으로 하고 내륙부로 옮겨감에 따라 키가 큰나무를 심어 수관선이 포물선이 되게함 · 식재 후 1년 동안 식재의 앞쪽에 바람막이 펜스(1.8m)를 설치 · 단목식재는 지양하고 수관이 닿을 정도의 군식이 바람직하다.

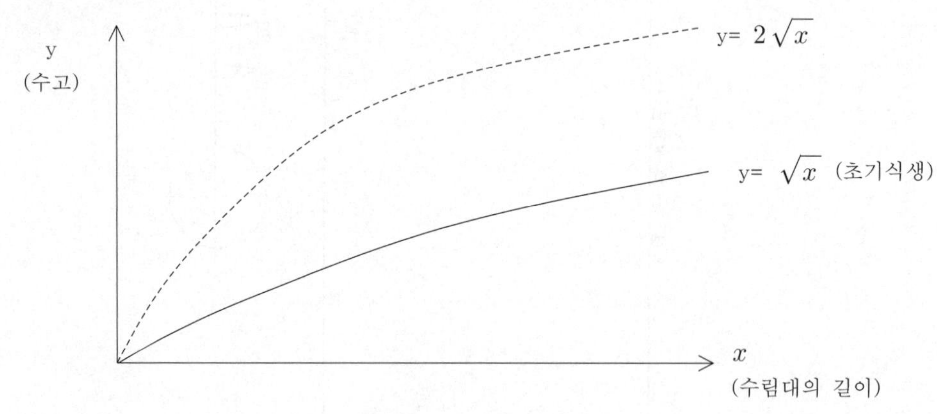

그림. 해안수림대 임관선

• 수종

바닷물이 튀어오르는 곳의 지피식재	버뮤다그래스, 잔디
바닷물을 막는 전방수림(특A급)	곰솔(흑송), 눈향나무, 다정큼나무, 섬쥐똥나무, 유카, 가시나무 등
특 A 급에 이어지는 전방수림 (A급)	사철나무, 유엽도
전방수림에 이어지는 후방수림(B급)	비교적 내조성이 큰 수종
내부수림(C급)	일반조경수종

50 방조림 및 조각공원 설계 [조경기사 1994년, 1998년, 2000년 기출]

■ 비번호(등번호)

• 시험시간 : 3시간(제2과제)

주어진 현황도는 남해안의 매립지로 防潮林(방조림-Zone Ⅰ)과 彫刻公園(조각공원-Zone Ⅱ)을 조성하려는 부지이다. 이곳은 강한 바닷바람이 육지를 향해 불어오며, 매립지는 토양염분이 다량 함유되어 있을 뿐 아니라 중장비로 매립공사를 하여 토양층이 다져진 상태이다. 지형은 평활하며 현황도에 나타난 바와 같이 바다와 인접한 매립지 남단은 콘크리트옹벽을 설치하였으며, 부지 북쪽과 동쪽은 12m와 6m의 도로가 인접해 있고 지하에 배수관이 매설되어 있다. 그리고 12m 도로(양쪽에 1.5m의 도로가 있음) 건너편은 주택단지 예정지이다. 다음 조건들을 잘 읽고 답하시오.

1. 지급된 트레이싱지 1매에 현황도를 참고하여 다음 요구사항을 만족하는 도면을 작성하시오. (답안지 Ⅰ)

(1) 계획부지에서 Zone Ⅰ은 방조림 조성지역이고, Zone Ⅱ는 조각공원 조성지역이다. 이들 부지는 토양염분 용탈과 토양개량을 하기 위해 砂鳩(사구)를 설치한 후 2~3년간 방치한 다음 조성한다.

(2) 계획부지에서 Zone Ⅰ은 강한 바닷 바람을 막기 위한 식생대 조성지역이다. 기존의 해안 자연식생이 갖는 林冠線(임관선)이 잘 나타날 수 있도록 해안 생태적인 측면에서 식재한다.

(3) 주어진 트레이싱지에 가장 일반적으로 적용하는 사구 설치에 대한 평면도를 1 : 250의 축척으로 나타내시오.

(4) 사구 2~3개 정도가 나타나는 단면도를 축척 1 : 50으로 답안지(Ⅰ)의 하단에 그리시오.

(5) Zone Ⅰ의 Belt 1, 2, 3에 최적인 식물을 아래 〈보기〉에서 제시된 식물 중에서 15종 이상 선택하여 주어진 현황도(작성한 사구 평면도 위에)에 식재설계를 하고 인출선으로 식물명, 수량, 규격 등을 나타내시오. 단, 식재 식물은 동종의 것을 군식 단위로 표현하시오.

돈나무, 목련, 다정큼나무, 개나리, 죽도화, 은행나무, 동백나무, 벚나무, 우묵사스레피나무, 후박나무, 일본목련, 해송, 해당화, 사철나무, 눈향나무, 단풍나무, 백목련, 팔손이, 유엽도(협죽도), 독일가문비, 왕쥐똥나무, 개비자나무, 중국단풍, 잎갈나무, 벽오동, 들잔디, 맥문동, 아주기리, 원추리, 버뮤다글래스, 켄터키블루그래스, 갯방풍, 땅채송화(갯채송화)

(6) Zone Ⅰ에 설계된 식물을 Belt 1, 2, 3으로 구분하여 수량표를 도면 우측 여백에 작성하시오.

(7) Zone Ⅰ에 설계된 방조림의 식생단면도를 축척 1 : 200으로 답안지(Ⅰ)의 도면 하단에 나타내시오.

2. 지급된 트레이싱지 1매에 조각공원을 조성하려는 공간 (ZoneⅡ)을 축척 1 : 200으로 확대하여 다음 사항을 만족하는 도면(답안지Ⅱ)을 작성하시오.

(1) ZoneⅡ의 남단 경계선(A-B)과 동서 경계선(A-C, B-D)에서 내부쪽으로 5.0m씩 경관식재공간으로 조성하려 한다. 이때 동서쪽의 식재공간은 출입동선에 지장이 되지 않도록 길이를 조절한다.

(2) (1)항의 경관녹지공간과 연결(부지내부쪽)하여 폭 3.0m, 높이 0.6m의 단을 설치하고 흙을 채운 후 지피식물을 식재하여, 조각물을 적당히 배치한다.

(3) 부지 중앙부에 동서 방향으로 15m, 남부 방향으로 4m, 높이 0.6m의 조각물 전시공간을 조성하는데 식재와 단(벽체)의 처리는 (2)항과 같다.

(4) 부지 북쪽 경계선(C-D)에서 부지 내부쪽으로 폭 4.0m의 녹지대를 조성하는데 적당히 마운딩한 후 식재설계를 한다. 이때 마운딩은 높이를 등고선으로 나타낸 후 그 위에 식재설계를 한다.

(5) 식물은 주변의 환경과 공원의 성격에 잘 부합되는 것으로 임의로 선택하여 설계한다. 그리고 마운딩하는 녹지공간은 마운딩 높이를 등고선으로 나타낸 후 그 위에 식재설계를 한다.

(6) 부지내부의 적당한 곳에 장방형 퍼걸러 2개소, 정방형 퍼걸러 4개소를 설치한다.

(7) 부지내부의 적당한 곳에 녹음수를 5, 6주 식재하고 녹음수 밑에 수목보호 겸 벤치를 설치한다.

(8) 적당한 곳에 화장실과 음수대를 설치한다.

(9) 부지와 인접한 12m의 도로에 소형 자동차를 주차할 수 있는 평행주차장을 만든다.

(10) 위 사항에 만족하는 설계도 기본설계 및 배식 평면도를 작성하시오.

(11) 도면 여백에 설계된 식물과 시설물의 수량표를 작성하시오.

<현황도>

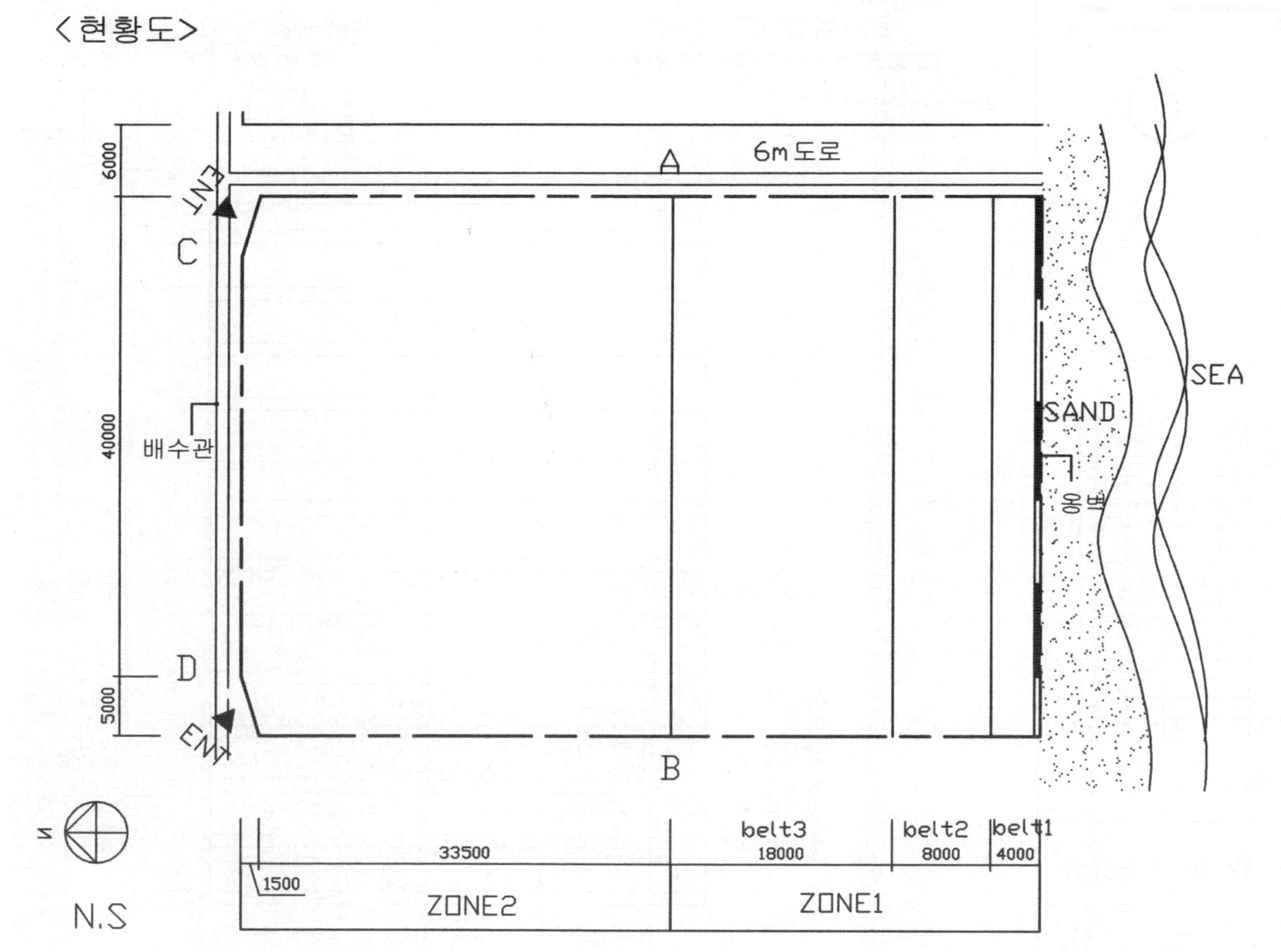
6m 도로
A
B
C
D
ENT
ENT
배수관
SAND
SEA
옹벽
6000
40000
5000
belt3
18000
belt2
8000
belt1
4000
33500
1500
ZONE2
ZONE1
N.S

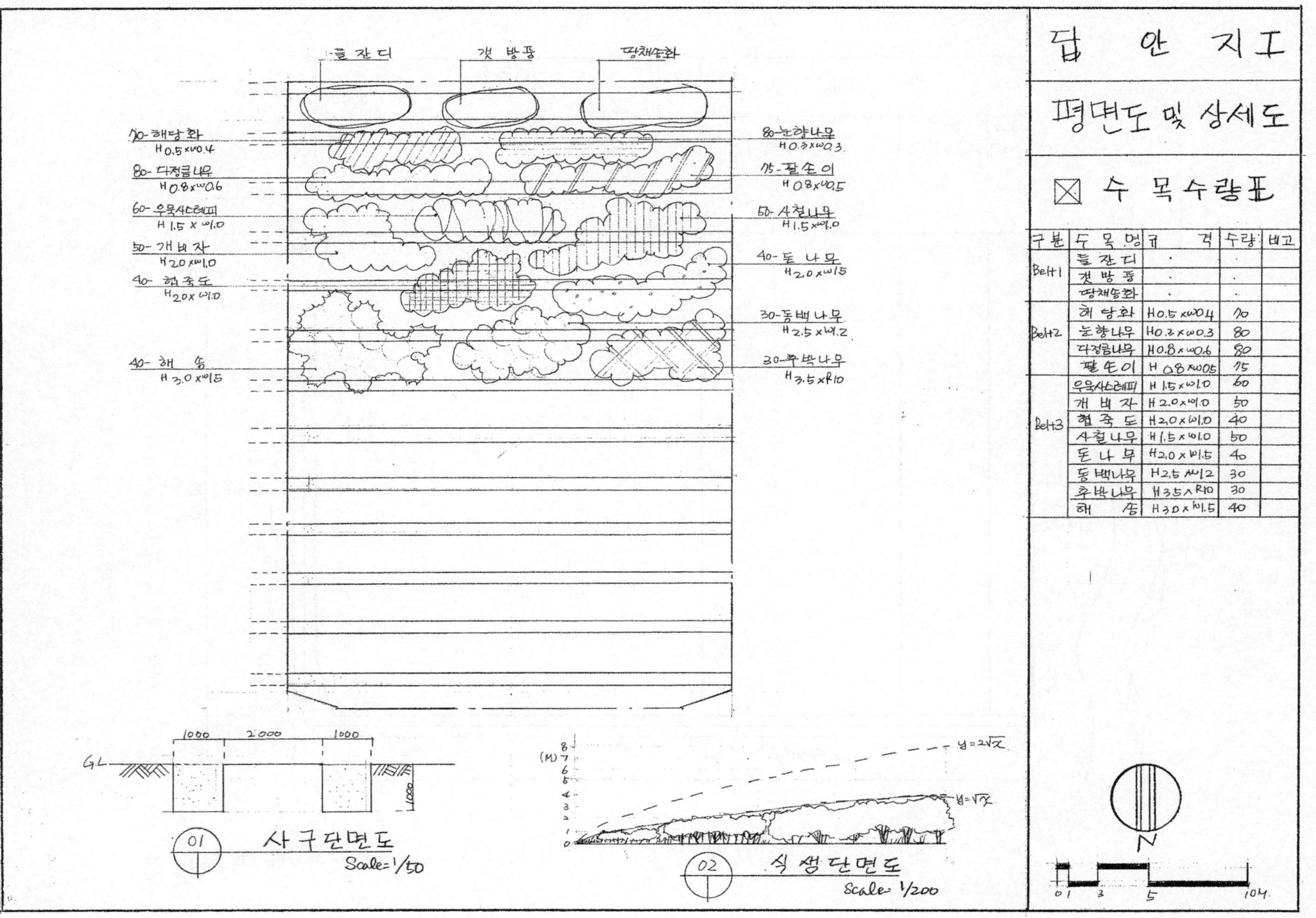

구분	수목명	규격	수량	비고
Belt1	들잔디	·	·	
	갯방풍	·	·	
	땅채송화	·	·	
Belt2	해당화	H0.5×W0.4	70	
	눈향나무	H0.3×W0.3	80	
	다정큼나무	H0.8×W0.6	80	
	팥손이	H0.8×W0.5	75	
Belt3	우묵사스레피	H1.5×W1.0	60	
	개비자	H2.0×W1.0	50	
	협죽도	H2.0×W1.0	40	
	사철나무	H1.5×W1.0	50	
	돈나무	H2.0×W1.5	40	
	동백나무	H2.5×W1.2	30	
	후박나무	H3.5×R10	30	
	해송	H3.0×W1.5	40	

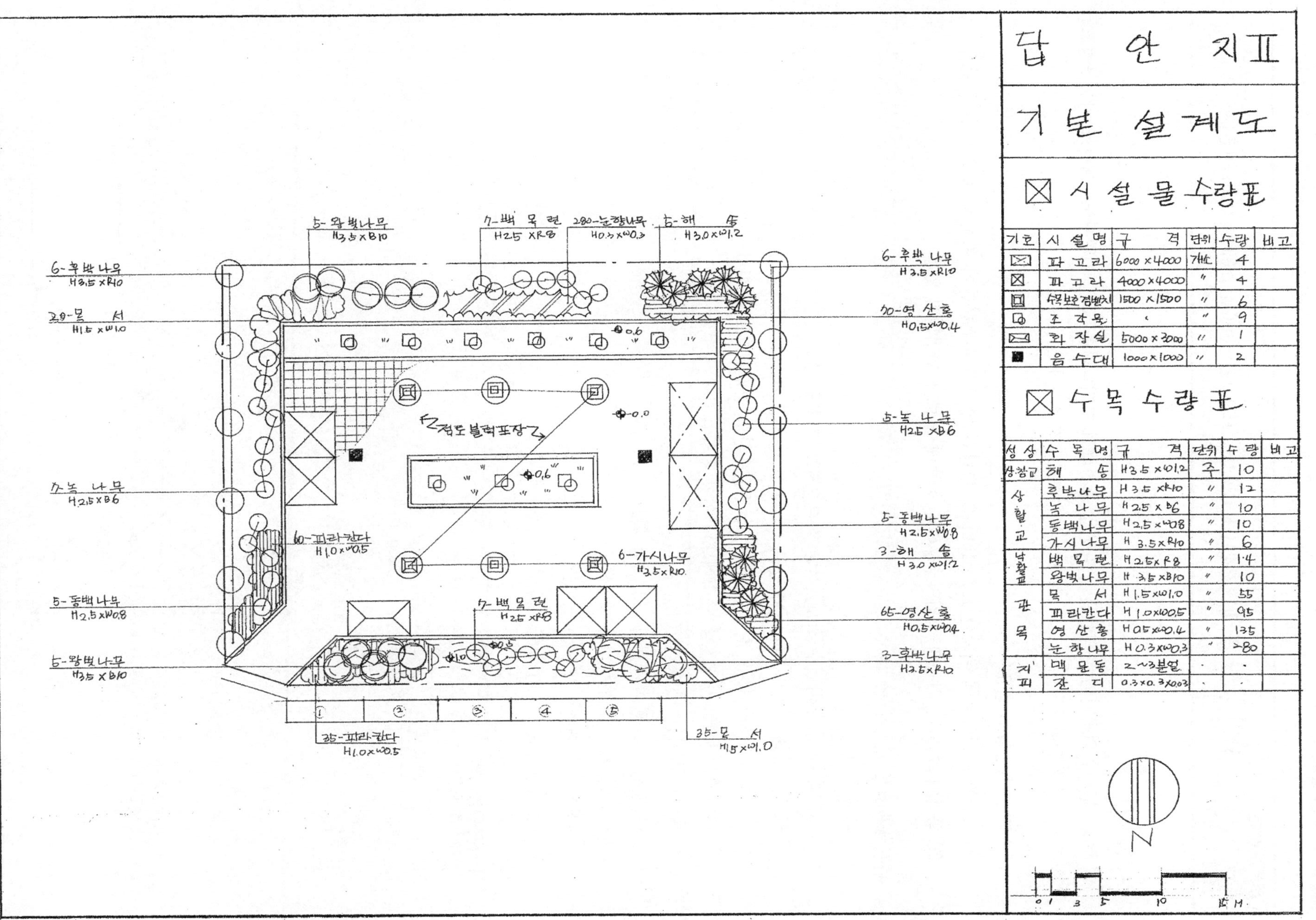

기호	시설명	규격	단위	수량	비고
	파고라	6000×4000	개소	4	
	파고라	4000×4000	〃	4	
	수목보호겸벤치	1500×1500	〃	6	
	조각물	〃	〃	9	
	화장실	5000×3000	〃	1	
	음수대	1000×1000	〃	2	

성상	수목명	규격	단위	수량	비고
상록교	해송	H3.5×W1.2	주	10	
상록교	후박나무	H3.5×R10	〃	12	
	녹나무	H2.5×B6	〃	10	
	동백나무	H2.5×W0.8	〃	10	
	가시나무	H3.5×R10	〃	6	
낙엽교	백목련	H2.5×R8	〃	14	
	왕벚나무	H3.5×B10	〃	10	
관목	목서	H1.5×W1.0	〃	55	
	피라칸다	H1.0×W0.5	〃	95	
	영산홍	H0.5×W0.4	〃	135	
	눈향나무	H0.3×W0.3	〃	280	
지피	맥문동	2~3분얼	·	·	
	잔디	0.3×0.3×0.03	·	·	

13 주차공원설계

51 주차공원설계 [조경기사 1994년, 1998년, 2000년, 2012년(2회) 기출]

■ 요구사항

중부권 대도시 외곽지역에 역세권 주차장을 조성하려 한다. 다음 조건과 현황도, 그리고 기능구성도를 참조하여 주차공원 설계구상도와 조경기본설계도를 작성하시오.

(1) 부지현황(현황도 참조)

① 35m광로 가각부에 위치한 107×150m의 평탄한 부지로 우측하단에 지하철 출입구 위치 있음

② 북측에 주거지, 서측에 상업지, 남측과 동측에 도로와 연접되어 있음

(2) 설계조건

① 주차장 계획

- 300대 이상 주차대수 확보, 전량 직각주차로 계획할 것
- 주차장규격 : 2.5×5m, 주차통로 6m 이상 유지할 것
- 기 제시된 진출입구 유지, 내부는 가급적 순환형 동선체계로 계획할 것
- 북·서측에 12m이상, 남·동측에 6m 이상 완충녹지대 조성할 것

② 도입시설(기능구성도 참조)

- 녹지면적 : 공원 전체의 1/3 이상 확보
- 휴게공원 : 700m² 이상 2개소
- 화장실 : 건축면적 60m² 1개소
- 주차관리초소 : 건축면적 16m² 2개소

기능구성도

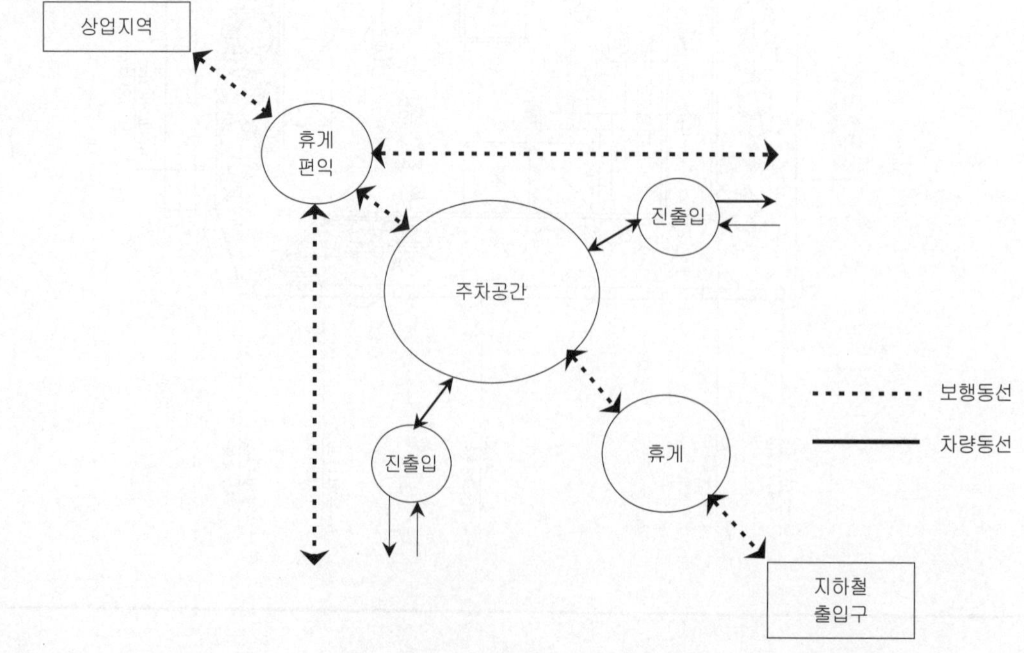

1. 현황도를 1/400으로 확대하여 다음 사항이 표현된 설계구상도를 작성하시오.

(1) 동선 및 공간구성

① 동선은 차량, 보행, 구분 표현하고 차량동선에는 방향을 명기할 것

② 각 공간의 휴게, 편익, 주차, 진출입공간 등으로 구분하고 공간성격 및 요구시설을 간략히 기술하시오.

(2) 식재개념

① 공간별로 완충, 경관, 녹음, 요점식재 개념 등을 표현하고 주요 수종 및 배식기법을 간략히 기술하시오.

2. 현황도를 1/400으로 확대하여 다음 조건에 의거 시설물 배치, 포장, 식재 등이 표현된 조경기본설계도를 작성하시오.

(1) 시설물배치(필수시설)

① 화장실(6×10m) 1개소

② 주차관리초소(4×4m) 2개소

③ 음수대(ϕ1m) 2개소 이상

④ 수목보호대(1.5×1.5m) 10개소 이상

⑤ 파고라(4×8m) 3개소 이상

(2) 포장 : 차량공간은 ASCON'으로 계획하고, 보행공간은 2종 이상의 재료를 사용하되 구분되도록 표현하시오.

(3) 배식

① 수종은 반드시 교목 15종, 관목 5종 이상 사용하고 수목별로 인출선을 긋고 수량, 수종, 규격 등을 표시할 것

② 도면 우측에 수목 수량표를 필히 작성하여 도면내의 수목수량을 집계할 것

(4) 기타 : 주차대수 파악이 용이하도록 BLOCK 별로 주차대수 누계를 명기할 것

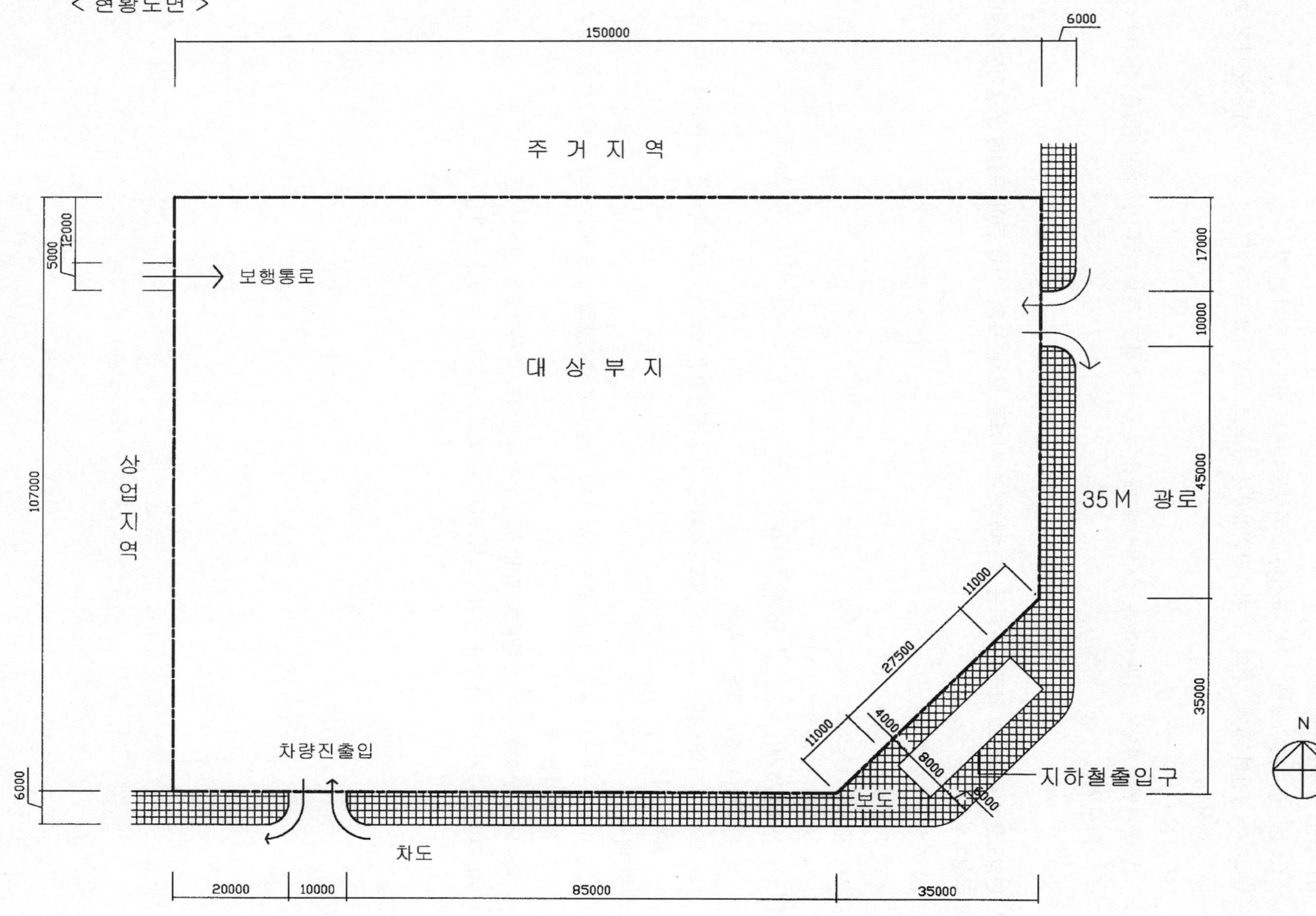
< 현황도면 >
150000
6000
주 거 지 역
12000
5000
보행통로
17000
10000
대 상 부 지
107000
상업지역
45000
35M 광로
11000
27500
35000
11000
4000
8000
5000
N
차량진출입
6000
지하철출입구
보도
차도
20000
10000
85000
35000

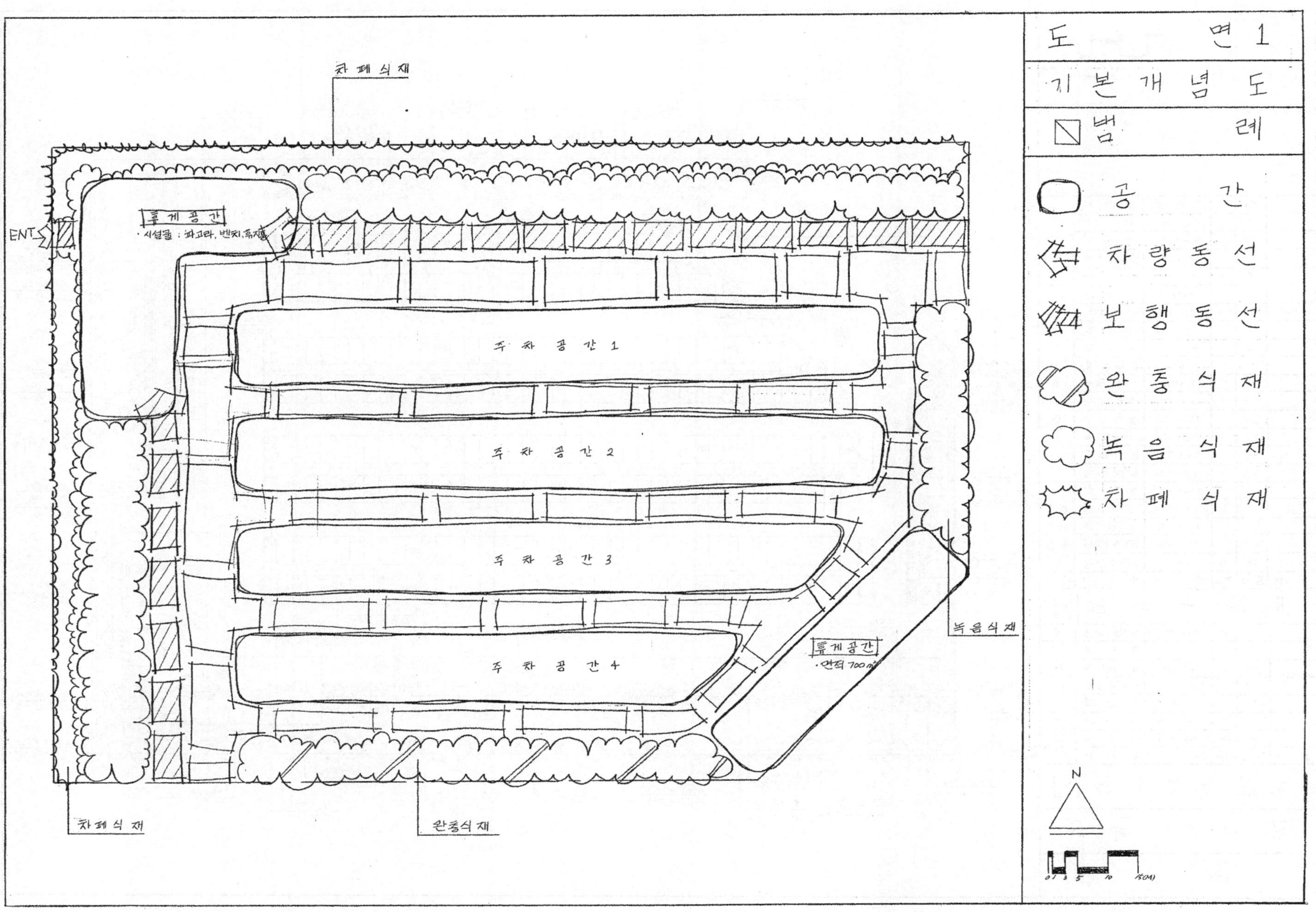

도면 1
기본개념도
범례
공간
차량동선
보행동선
완충식재
녹음식재
차폐식재
차폐식재
휴게공간
·시설물 : 파고라, 벤치, 휴지통
ENT
주차공간 1
주차공간 2
주차공간 3
주차공간 4
녹음식재
휴게공간
·면적 700㎡
차폐식재
완충식재
N
0 1 3 5 10 15(M)

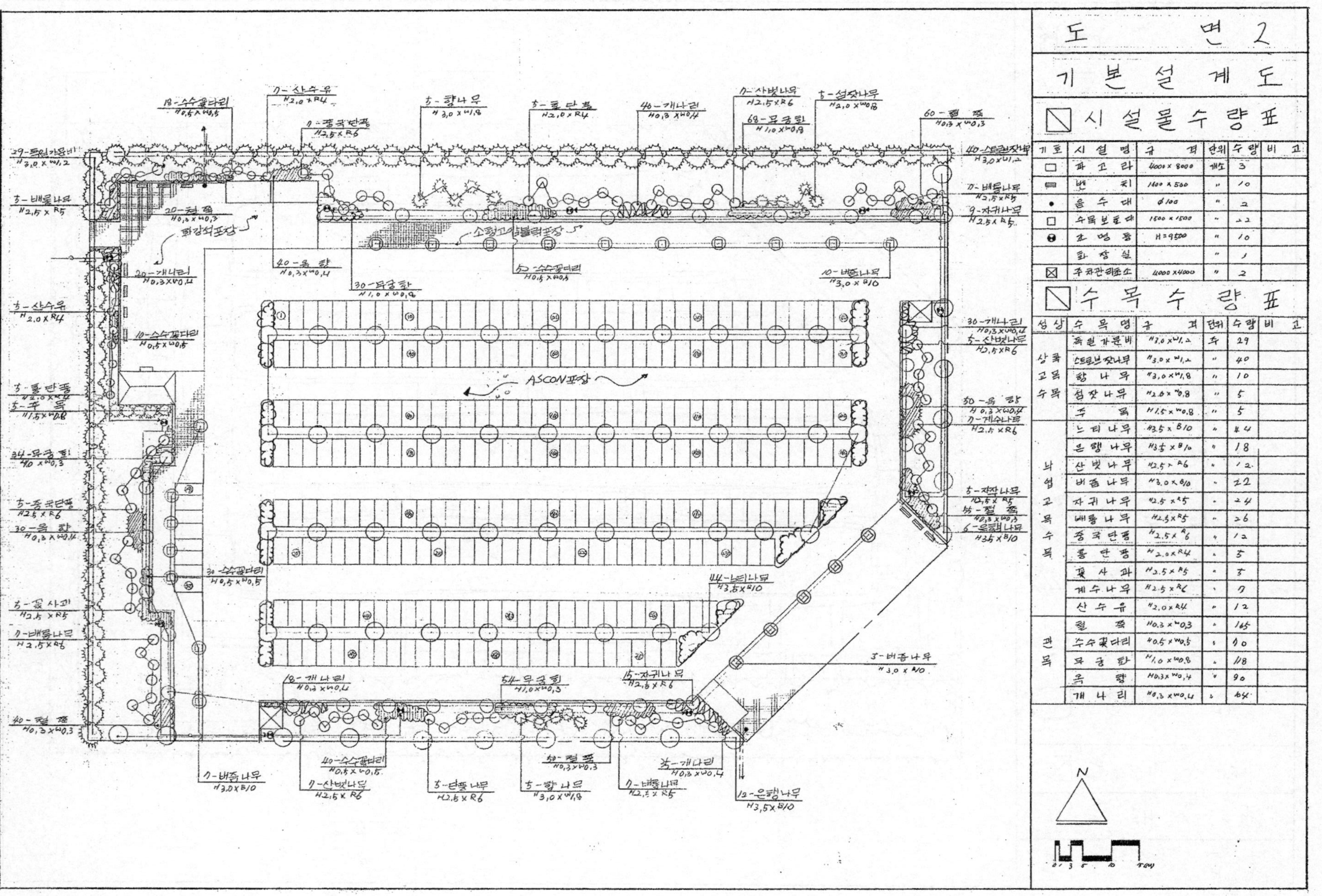

시설물수량표

기호	시설명	규격	단위	수량	비고
□	파고라	4000×8000	개소	3	
▭	벤치	1600×500	〃	10	
•	음수대	∅100	〃	2	
□	수목보호대	1500×1500	〃	22	
⊕	조명등	H=9500	〃	10	
	화장실		〃	1	
⊠	주차관리초소	4000×4000	〃	2	

수목수량표

성상	수목명	규격	단위	수량	비고
상록교목수목	독일가문비	H3.0×W1.2	주	29	
	스트로브잣나무	H3.0×W1.2	〃	40	
	향나무	H3.0×W1.8	〃	10	
	섬잣나무	H2.0×W0.8	〃	5	
	주목	H1.5×W0.8	〃	5	
낙엽교목수목	느티나무	H3.5×B10	〃	44	
	은행나무	H3.5×B10	〃	18	
	산벚나무	H2.5×R6	〃	12	
	버즘나무	H3.0×B10	〃	22	
	자귀나무	H2.5×R5	〃	24	
	배롱나무	H2.5×R5	〃	26	
	중국단풍	H2.5×R6	〃	12	
	홍단풍	H2.0×R4	〃	5	
	꽃사과	H2.5×R5	〃	5	
	계수나무	H2.5×R6	〃	7	
	산수유	H2.0×R4	〃	12	
관목	철쭉	H0.3×W0.3	〃	165	
	수수꽃다리	H0.5×W0.5	〃	10	
	무궁화	H1.0×W0.8	〃	118	
	옥향	H0.3×W0.4	〃	90	
	개나리	H0.3×W0.4	〃	64	

14 생태공원 설계

■ 생태공원

• 개념

생태적 요소를 주제로 한 자연관찰 및 학습을 위한 공원으로 생태원리에 입각하여 조성하여 최소의 에너지투입에 의해 유지관리가 가능하도록 조성된 공원

• 기능

① 생물서식처(비오톱) 복원으로 다양한 소생물권형성하여 생태적으로 안정적인 서식처제공
② 자연체험과 자연관찰 활동공간제공, 정보제공 및 해설기능의 공원
③ 도시주민이 살아있는 생물체와 공생하는 장소
④ 훼손된 도시생태계의 개선
⑤ 지역의 생물다양성을 보전하는 역할을 수행

• 기본설계기준(조경설계기준, 건설교통부승인)

① 인공화된 도시나 산업화된 공간에 자연 및 환경교육적으로 흥미있고 재현 또는 창출가능한 생태계, 개체군 서식처 또는 비오톱(또는 소생물권)을 조성하는 것을 설계목표로 한다.
② 자연계의 형성과정의 이해를 토대로 단위생태계 또는 특정 생물종, 개체군의 서식처를 재현, 조성 또는 창조하며, 자연적인 상황에 가장 가까운 환경을 조성한다.
③ 수종선정 및 식재설계 : 식물종은 가능한 대상지 주위의 자생식물 종을 선정하되, 대상지역의 기후·미기후 및 기타의 환경조건에 가장 적합한 식물종을 선정한다.
④ 연못 및 습지조성, 모래언덕이나 진흙과 같은 지형변화, 낙엽층과 쓰러진 통나무 등의 보존으로 풍부하고 매력적인 자연환경과 다양한 생물상을 제공한다.
⑤ 수변 공간을 조성할 때는 경계부 선형이나 기울기, 바닥의 형태 또는 깊이에 변화를 주는 등의 방법으로 다양한 생물서식환경을 조성해 준다.

• 공원주요 시설 및 조성개념

사례 : 서울 길동 생태공원

주요 시설	도입요소 및 시설		기능 및 설치시설	조성개념
중심 시설 지역	광장 지구	열린마당	간이 휴게, 자전거보관소, 생태관련이벤트	관찰을 하기에 앞서 생태공원에 대한 정보와 관찰방법등을 사전에 학습하는 공간
		탐방객안내소	안내/관리공간, 교육공간,	
		야외전시 및 관찰	야외강의장, 야외전시대, 야외관찰대	
		임시탐방객안내소	교육공간, 전시공간(판넬, 모형), 팜플렛, 안내데스크	
생물 서식 지역	저수 지구	저수보	수중섬, 물고기집, 어류산란처 제공	호소와 관련된 생물들의 생태적 안정과 활동을 위한 서식환경 조성
		조류관찰대	서식처 환경보호 및 관찰장소(데크설치)	

생물 서식 지역	습지 지구	습지조성	습지식물, 수서곤충, 어류, 잠자리의 서식공간	• 습지와 관련된 생물들의 생태적인 안정과 생활을 돕기위한 서식환경 조성 • 주요 목표생물종의 생활사에 관련된 서식환경 조성 수환경의 조건에 따른 생육 유형별 분류 조성
	초지 지구	건생초지	움집, 석축, 장작더미, 나무무더기로 나지서식환경 도입	인간의 정주환경 주변과 나지에서 초지천이단계의 선구수종이 이루어내는 환경내에서 활동하는 생물서식환경 조성
	산림 지구	자연탐방로	수관구조별로 인위적 조절에 의해 다양한 공간을 조성하고 각 공간들을 관찰로(기존 등산로)변에 나열식으로 전개함	기존의 식생환경과 외래종을 제거하고 자연식생만을 유지하는 지역

• 지구별 적용식물

① 저수지구

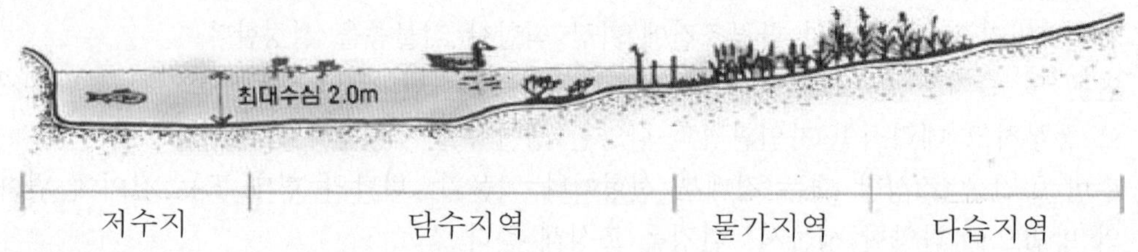

저수지	·수중보/ 저수보 설치 ·주종 : 갯버들, 보조교목 : 버드나무
담수지역	자연유도
물가지역	·조류유인시설(나무말뚝, 식생군락지, 자갈밭 등)로 자연유도 ·주종 : 갈대, 보조종 : 부들, 골풀, 줄풀
다습지역	·주종 : 억새, 갯버들, ·보조종 : 여뀌, 꼬리조팝, 버드나무, 귀룽나무

② 습지지구

㉠ 수생식물 : 생육기의 일정기간에 식물체의 전체 혹은 일부분이 물에 잠기어 생육하는 생활형

추수식물(정수식물)	갈대, 부들, 줄, 창포 등
부엽식물	수련, 어리연꽃, 마름, 자라풀
부유식물	개구리밥, 물옥잠, 부레옥잠, 생이가래 등
침수식물	붕어마름, 나사말, 물수세미, 말즘 등

그림. 마름

그림. 부들

그림. 연꽃

그림. 수련

㉡ 습생식물 : 습한토양에서 생육하는 식물로서 통기조직이 발달되어 있지 않아 장기간의 침수에 견딜 수 없는 초본 및 목본식물

목본식물	물푸레나무, 낙우송, 버드나무, 오리나무
초본	물억새, 달뿌리풀, 여뀌, 미나리, 고마리 등

③ 산림지구

㉠ 산림내 식재단면 예

인위적천이원	귀화 및 외래수종 제거
야생초화원	식생나지에 초본류조성/ 원추리, 구절초, 제비꽃 등 양수성 초화류식재
양치류원	관목, 초본류 훼손지역에 초본류식재/ 고사비, 고비 등 초본류 식재
자연적천이원	기존식생보존

㉡ 산림주연부 식재단면 예

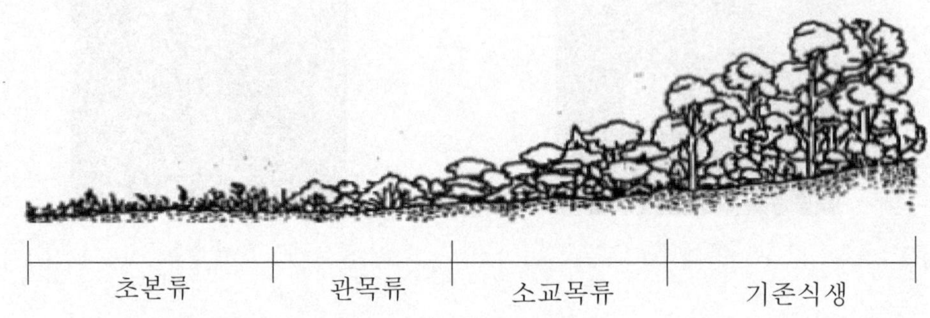

초본류	·자연유도 및 인위적 식재 ·국수나무, 개미취, 미역취 등
관목류	·산딸기, 노박덩굴, 붉나무, 찔레나무 등
교목	·참나무류, 산벚나무, 생강나무 등
기존식생	·귀화 및 외래수종 제거

52 생태공원설계 [조경기사 2000년 기출]

※다음에 제시된 현황 도면은 중부지방에 위치한 생태공원 부지의 일부이다. A, B, C 각 지영의 현황조건과 아래에 요구조건을 참고하여, 축척 1/200으로 하여 기본설계도를 작성하시오.

(1) 현황조건
- A 지역은 물이 고여 있거나 때때로 물에 잠기는 지역이다.
- B 지역은 매우 습한 지역이다.
- C 지역은 척박하고 건조한 지역이다.
- A, B, C 지역의 진입은 C 지역 남쪽에서만 가능하다.

(2) 요구조건
- C 지역에 진입광장과 휴게공간을 조성하고 적당한 시설을 설치한다.
- A, B, C 지역을 관찰할 수 있는 관찰동선을 계획한다.
- A, B 지역에 관찰동선과 연결된 관찰장소를 각각 2개소씩 설치한다.
- 진입관장, 휴게공간, 관찰동선, 관찰장소 등의 설치에 필요한 재료의 선정과 시공은 자연친화적인 방법으로 한다.
- A, B, C 지역의 환경조건에 맞는 식물들을 아래의 〈보기〉에서 선택하여 각 지역마다 5종류씩 실재설계하시오. 단, 이미 한 지역에 식재된 수종은 다른 지역에는 중복되게 식재할 수 없다.
- 식재수량표를 도면 우측에 작성하시오.

소나무, 물푸레나무, 가시나무, 메타세콰이어, 낙우송, 부들, 여뀌, 붉나무, 갯버들, 갈대, 물억새, 굴참나무, 오리나무, 찔레, 자귀나무, 함박꽃나무, 담팔수, 말발도리, 다정큼나무, 화살나무, 돈나무, 붉은병꽃나무, 매자기, 골풀, 물봉선

설계를 위한 Tip

- 식재 가능한 수종

지역	수종
A, B지역	낙우송, 메타세콰이어, 오리나무, 물푸레나무
	부들, 여뀌, 갯버들, 갈대, 물억새, 매자기, 골풀, 물봉선
C지역 인공수림대(자연림, 산지수종)	참나무류(갈참, 신갈, 갈참, 상수리 등), 소나무, 자귀나무, 말발도리, 화살나무, 붉은병꽃나무, 찔레, 오리나무, 함박꽃나무,

< 현황도면 >

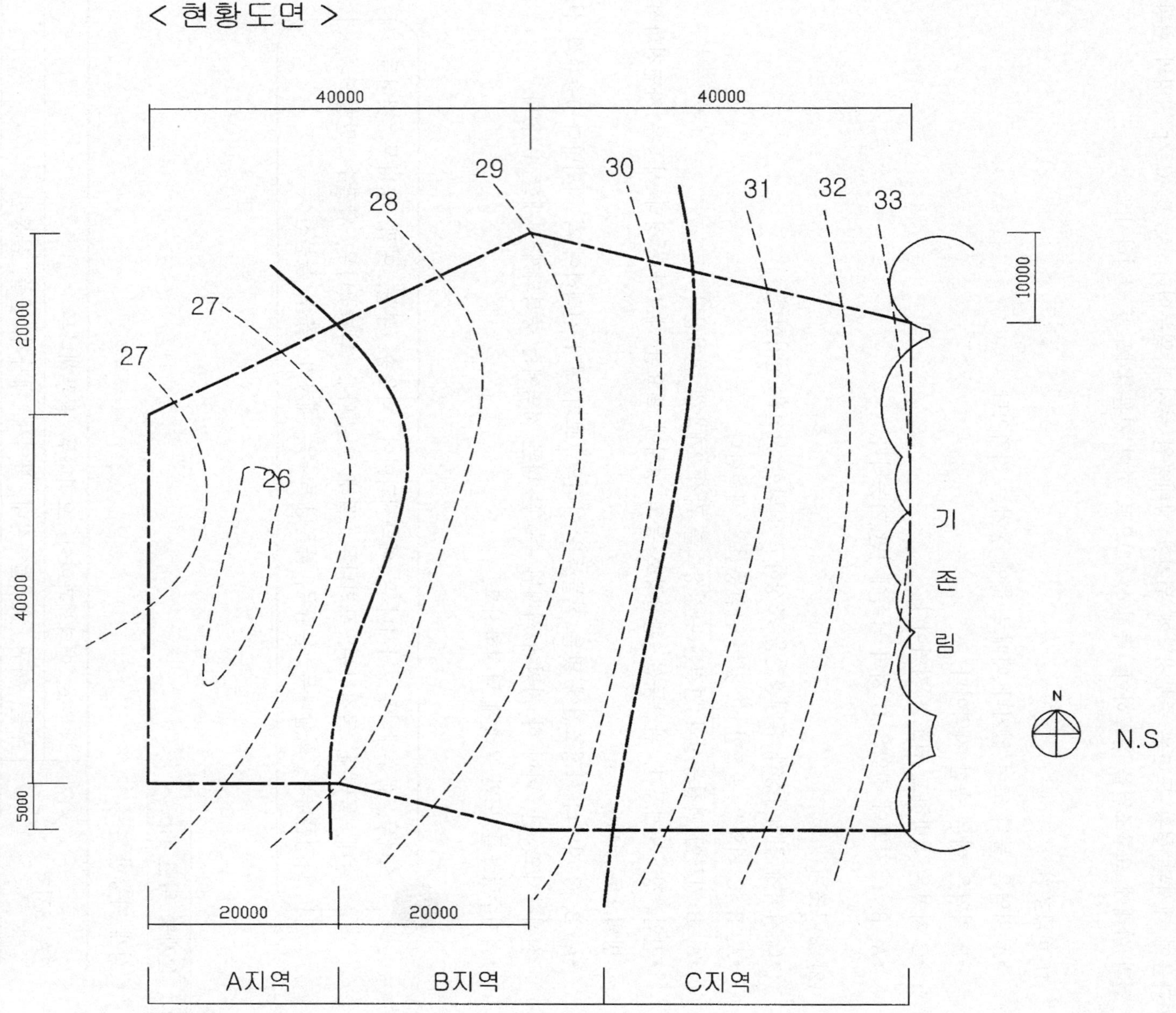

40000
40000
29
30
28
31
32
33
10000
27
27
20000
26
40000
기
존
림
N
N.S
5000
20000
20000
A지역
B지역
C지역

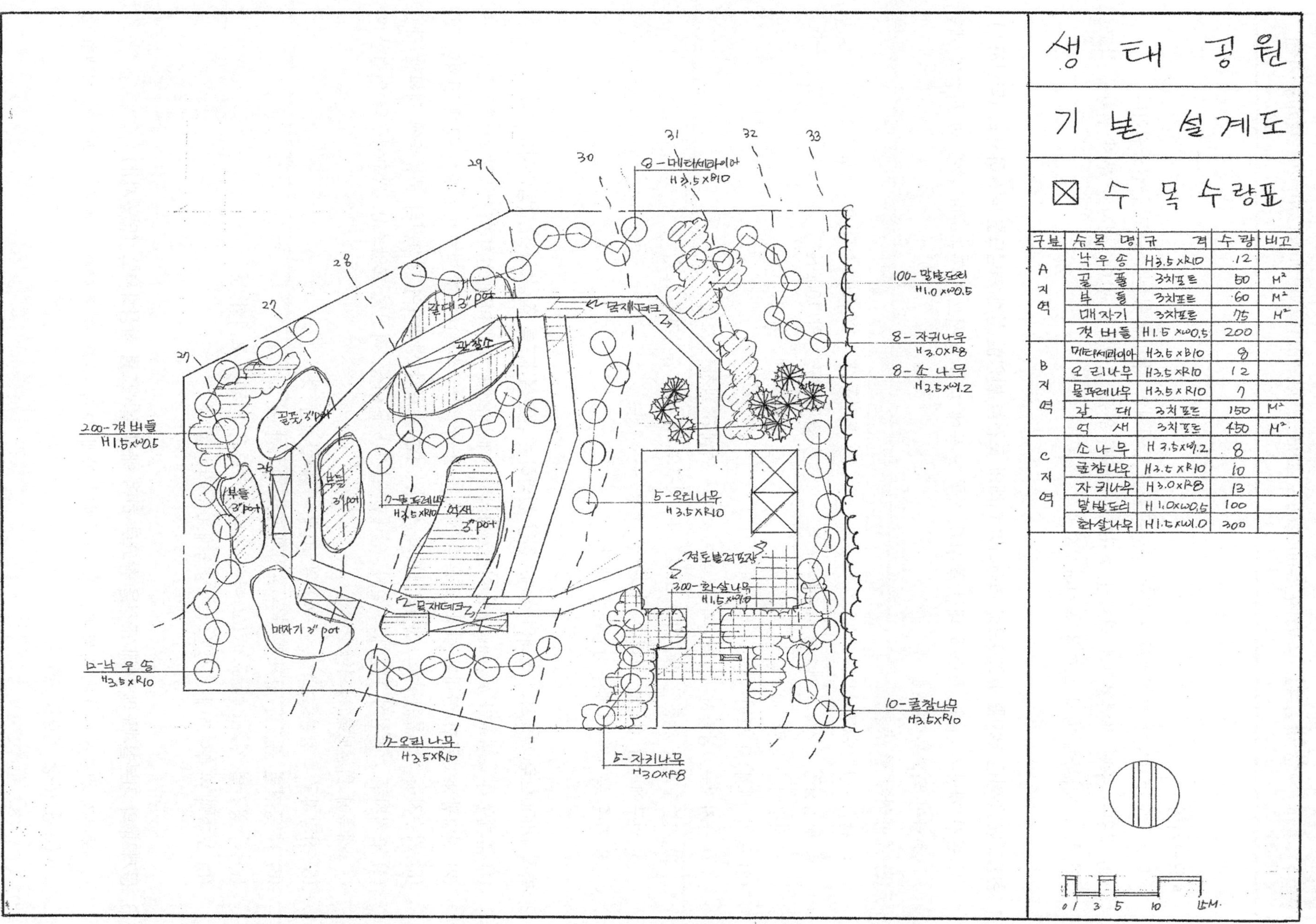
생 태 공 원
기 본 설계도
수 목 수량표
구분 | 수목명 | 규격 | 수량 | 비고
A지역 | 낙우송 | H3.5×R10 | 12 |
골풀 | 3치포트 | 50 | M²
부들 | 3치포트 | 60 | M²
매자기 | 3치포트 | 75 | M²
갯버들 | H1.5×W0.5 | 200 |
B지역 | 메타세콰이아 | H3.5×B10 | 8 |
오리나무 | H3.5×R10 | 12 |
물푸레나무 | H3.5×R10 | 7 |
갈대 | 3치포트 | 150 | M²
억새 | 3치포트 | 450 | M²
C지역 | 소나무 | H3.5×W1.2 | 8 |
굴참나무 | H3.5×R10 | 10 |
자귀나무 | H3.0×R8 | 13 |
말발도리 | H1.0×W0.5 | 100 |
화살나무 | H1.5×W1.0 | 300 |
8-메타세콰이아 H3.5×R10
100-말발도리 H1.0×W0.5
8-자귀나무 H3.0×R8
8-소나무 H3.5×W1.2
200-갯버들 H1.5×W0.5
2-낙우송 H3.5×R10
7-오리나무 H3.5×R10
5-자귀나무 H3.0×R8
10-굴참나무 H3.5×R10
5-오리나무 H3.5×R10
7-물푸레나무 H3.5×R10
300-화살나무 H1.5×W1.0
점토블럭포장
목재데크
관찰소
갈대 3" pot
골풀 3" pot
부들 3" pot
억새 3" pot
매자기 3" pot
0 1 3 5 10 15M.

53 생태공원 [조경기사 2000, 2001, 2006, 2008, 2011(2회), 2014(2회), 2019(2회)년 기출]

■ 요구사항

•우리나라 중부지방 도심지의 자연형 근린공원과 주거지역 사이에 있는 소규모 근린공원이다.

•본 공원은 주변 자연환경과 연계된 소규모의 생태공원을 조성하고 한다. 제시된 부지 현황을 참고로 하여 요구사항에 따라 도면을 작성하시오.

1. 현황도에 주어진 부지를 1/300으로 확대하여 아래의 조건을 반영한 설계 개념도를 작성하시오. (답안지 I)

(1) 동선 개념은 관찰, 학습에 대한 동선과 서비스 등에 대한 동선으로 구분하며 관찰 및 학습의 개념 전달이 되도록 계획할 것

(2) 수용해야 할 공간

① 관찰, 산책로(W=1.5~2.0m)

② 휴게공간 : 1개소(개소당 약 50m²)

③ 진입광장 : 2개소(개소당 약 100m²)

④ 습지지구 : 약 1000m²

⑤ 저수지구 : 약 500m²

⑥ 삼림지구 : 약 1000m²

(3) 공간 배치 시 고려사항

① 습지지구, 삼림지구, 저수지구, 휴게공간과 연계된 관찰로 조성

② 기존수로를 활용한 저수지구 조성, 저수지구와 연계한 습지지구 조성

③ 외부에서의 접근을 고려한 진입광장 조성

④ 기존 녹지와 연계된 삼림지구 배치

2. 축척 1/300으로 확대하여 아래의 설계조건을 반영하는 기본설계도를 작성하시오. (답안지 II)

(1) 휴게공간 : 파고라(4×4m) 1개 이상, 평의자 5개, 휴지통 1개 이상 설치할 것

(2) 진입광장 : 종합 안내판 설치, 녹음수 식재를 할 수 있는 수목보호홀 덮개가 필요한 곳에 설치할 것

(3) 저수지구 : 조류관찰소, 안내판 1개소 설치, 기존 수로와 연계하여 대상지의 북동측에 계획할 것

(4) 습지지구 : 동선형 관찰데크 설치, 안내판 설치 5개 이상, 자연형 호안조성, 저수지구와 인접한 아래측에 위치토록 계획할 것

(5) 삼림지구 : 관찰로 조성, 수목표찰 10개 이상 설치할 것

(6) 각 공간별 특징과 성격에 맞는 포장재료를 명기할 것

(7) 각 공간별 계획고를 표기하고 마운딩 되는 부분은 등고선 표기할 것

(8) 도면의 우측여백에 시설물의 수량집계표를 작성할 것

3. 문제2항의 기본설계도에 아래 조건을 참고로 하여 배식 설계도를 작성하시오. (답안지 II)

(1) 중부지방의 산림지구 자생 수종을 식재하되 아래 보기 수종 중 적합한 수종을 선택하여 식재할 것 (10종 이상 선정할 것)

상수리, 갈참, 느티나무, 은행나무, 청단풍나무, 졸참나무, 굴참나무, 신갈나무, 소나무, 생강나무, 팥배나무, 산벚나무, 꽃사과, 목백합, 프라타너스, 층층나무, 국수나무, 자산홍, 백철쭉, 철쭉, 진달래, 청가시덩굴, 병꽃나무, 찔레 등

(2) 중부지방의 자연식생구조를 도입한 다층구조의 녹지로 조성되는 생태적 식재 설계를 (1)번 항의 보기에서 수종을 선정하여야 할 것
(3) 우측 여백 공간에 10×10m(100m²)의 면적에 식재 평면상세와 입면도를 상층, 중층, 하층식생이 구분되게 스케일 없이 작성할 것
(4) 수목의 명칭, 규격, 수량을 인출선을 사용하여 표시할 것
(5) 습지지구 주변과 저수지구 주변에 적합한 식물을 식재할 것
아래 보기 식물 중 적합한 식물을 10종 이상 선정하여 식재할 것

갯버들, 버드나무, 갈대, 부들, 골풀, 소나무, 살구나무, 산초나무, 억새, 꼬리조팝, 찔레, 왕벚나무, 산딸나무, 국수나무, 붉나무, 생강나무, 개망초, 토끼풀, 메타세쿼이아, 물푸레나무, 낙우송

특히 조류의 식이식물 및 은신처가 가능한 식물을 선정할 것

(6) 도면의 여백을 이용하여 수목 수량집계표를 작성할 것

설계를 위한 Tip

※생태공원

공원지구 및 적용식생

지구구분	식생군락
저수지구	갈대, 부들, 줄 군락
습지지구	10~20cm 수심 갈대, 줄류, 고마리, 억새, 물푸레나무, 낙우송, 버드나무, 오리나무
산림지구	북서쪽 소나무, 참나무 군락지(상수리, 갈참, 굴참, 신갈, 떡갈, 졸참나무), 팥배나무, 산벚나무, 오리나무, 함박꽃나무, 화살나무, 말발도리, 찔레, 생강나무, 단풍나무, 국수나무, 붉나무, 산초나무, 산딸나무 등

<현황도면>

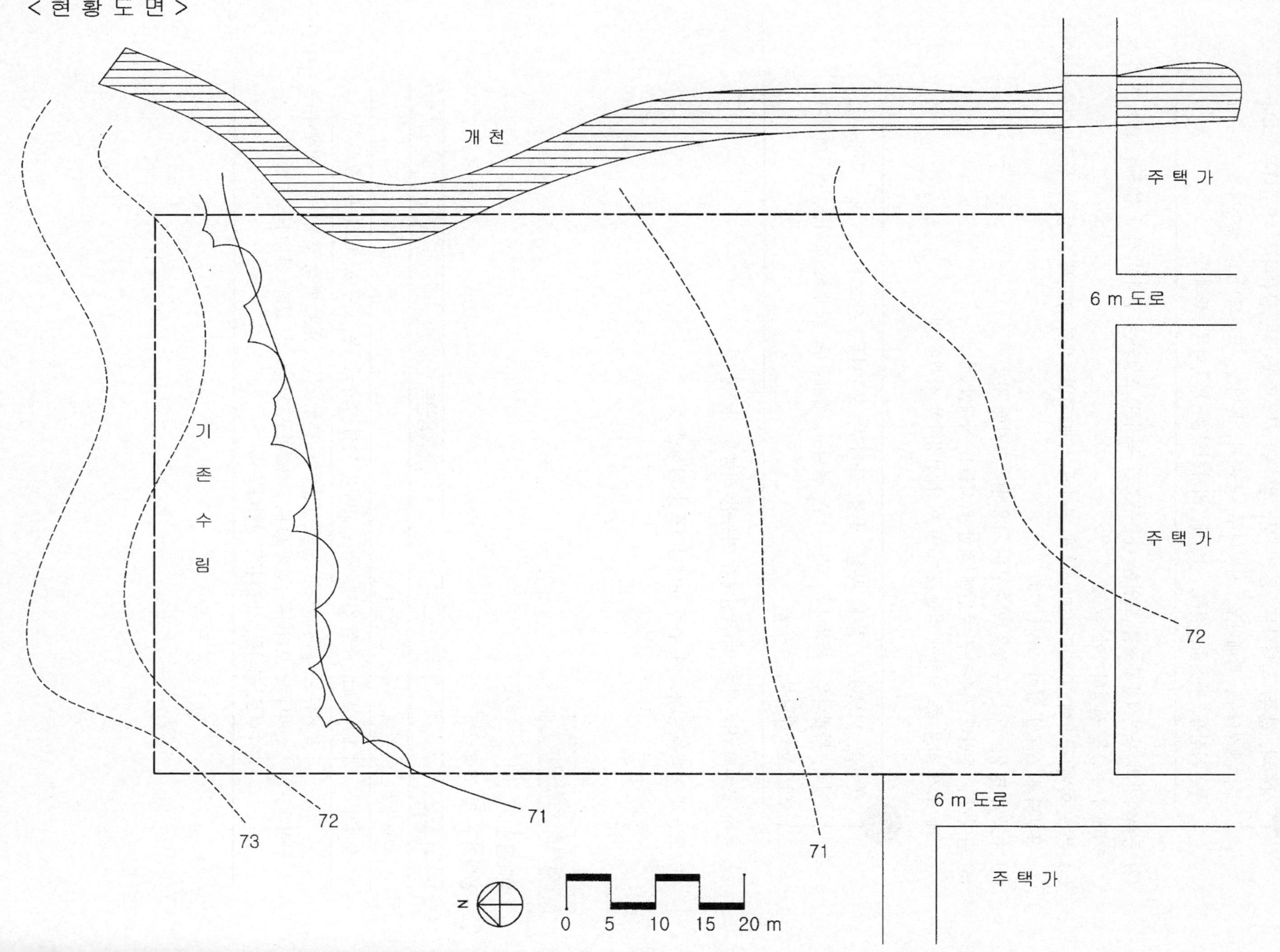

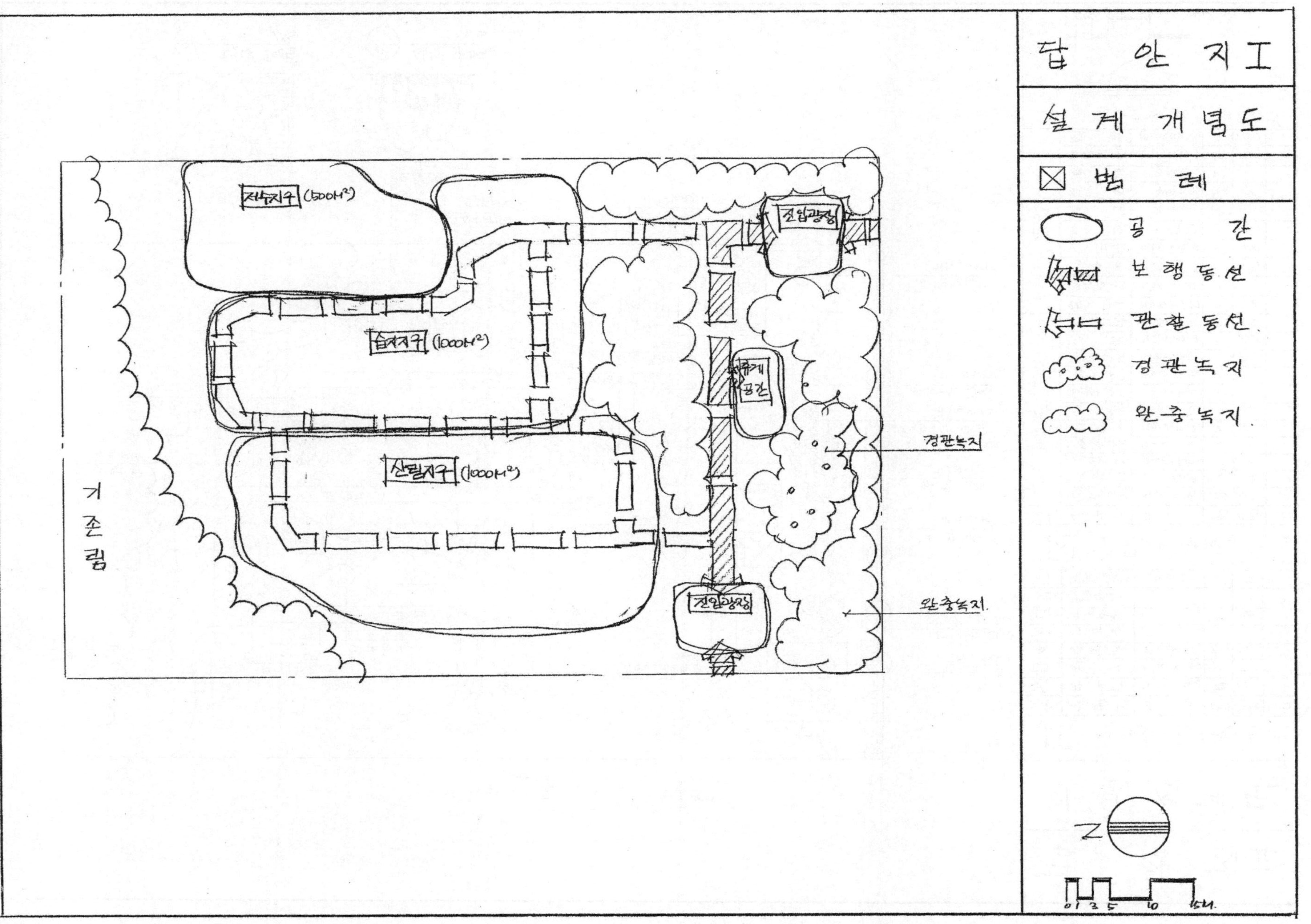

답안지 I
설계개념도
범례
공간
보행동선
관찰동선
경관녹지
완충녹지
습지지구 (1000m²)
산림지구 (1000m²)
진입광장
휴게공간
진입광장
경관녹지
완충녹지
기존림

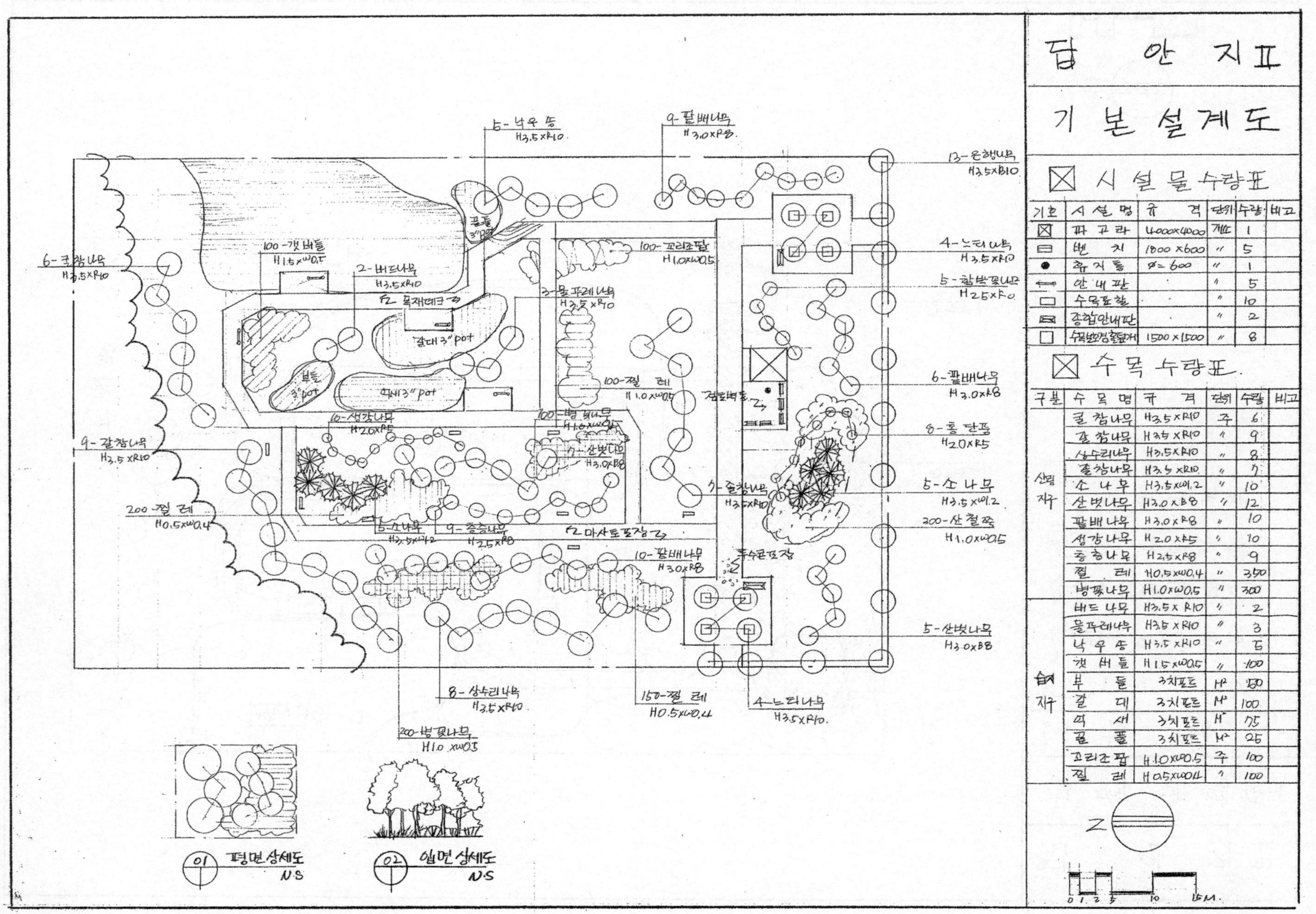

⊠ 시설물 수량표

기호	시설명	규격	단위	수량	비고
⊠	파고라	4000×4000	개소	1	
⊟	벤치	1800×600	〃	5	
●	휴지통	ø=600	〃	1	
	안내판		〃	5	
▭	수목표찰		〃	10	
	종합안내판		〃	2	
□	수목보호홀덮개	1500×1500	〃	8	

⊠ 수목 수량표

구분	수목명	규격	단위	수량	비고
산림지구	굴참나무	H3.5×R10	주	6	
	갈참나무	H3.5×R10	〃	9	
	상수리나무	H3.5×R10	〃	8	
	졸참나무	H3.5×R10	〃	7	
	소나무	H3.5×W1.2	〃	10	
	산벚나무	H3.0×B8	〃	12	
	팥배나무	H3.0×R8	〃	10	
	생강나무	H2.0×R5	〃	10	
	층층나무	H2.5×R8	〃	9	
	진달래	H0.5×W0.4	〃	350	
	병꽃나무	H1.0×W0.5	〃	300	
습지지구	버드나무	H3.5×R10	〃	2	
	물푸레나무	H3.5×R10	〃	3	
	낙우송	H3.5×R10	〃	5	
	갯버들	H1.5×W0.5	〃	100	
	부들	3치포트	M²	150	
	갈대	3치포트	M²	100	
	억새	3치포트	M²	75	
	골풀	3치포트	M²	25	
	고리조팝	H1.0×W0.5	주	100	
	진달래	H0.5×W0.4	〃	100	

15 호안생태복원설계

54 호안생태복원 [조경기사 2004년 기출]

■ 요구사항

다음은 남부지방의 어느 하천주변이다. 기존 하천에는 블록제방이 조성되어 있으며 이를 이용한 사주부(point bar)호안 및 고수부지 주변의 식생공법을 시행하려 한다. Unit2를 중심으로 우측에 자전거도로를 설치하며 조각공원, 휴식공간 및 주차장 등의 조경시설지를 계획하려고 한다. 또한 하천은 최대수위를 넘지 않는 것으로 한다. 주어진 조건에 따라 현황도를 축척 1/200으로 확대하여 도면 Ⅰ, 도면 Ⅱ, 도면 Ⅲ을 작성하시오.

① 도면 1 : 공간개념도(축척 1/200)1장 - 공간구상 및 도입요소를 설명할 것
② 도면 2 : 종합계획도(시설물배치도 및 배식평면도)(축척 1/200)1장
③ 도면 3. Ⓒ - Ⓒ′ 부분상세도 1장 : 사주부 호안공법 평면도(축척 1/50, 폭 2m, 길이 12m 이상으로 작성, 단면도 (축척 1/50)

계획 및 설계조건

(1) unit1부분 : 평면도와 단면도 작성시 사주부 호안공법으로 시행하며 다음 조건을 참고하여 기존 하천선부터 설계하시오.

- 기존호안블럭(300×300mm), 폭 2m로 설계한다.
- 나무말뚝박기 : 원재 ∅ 120mm×L1,000mm이며, 호안블럭을 따라 1열로 길게 박는다.
- 야자섬유두루말이(2열) : ∅ 300mm×L4,000mm의 원통형으로 배치하고, 두루마리를 고정시키기 위해 나무말뚝(∅15mm, 길이600mm)을 1m 간격으로 배치한다. 두루마리 안엔 3곳에 박아 갈대를 심는다.
- 갈대심기 : 갈대뗏장은 9매/㎡ 정도로 자유롭게 점떼붙이기로 심고 전체폭은 1m로 피복하며 비탈면 바닥공의 설치를 위해 퇴적물을 제거한 후 갈대뗏장(200×200mm)을 구덩이에 배치한다. 또한 돌로 가볍게 눌러 주도록 한다.
- 갯버들 꺾꽂이(L=600mm) : 나머지 상단부 1m의 폭에 갯버들 그루터기 16주/㎡를 정도로 심는다.
- 도면상에 표현이 불가능한 사항은 인출선을 사용하여 설계하시오.
  사주부 호안공법에 적용되는 나무말뚝박기, 야자섬유두루말이, 갈대심기, 갯버들꺽꽂이의 수량은 편의상 시설물 및 수목수량표에 포함하지 않는다.

(2) unit2 부분 : 제방지역으로 좌우측 공간보다 2m 높게 설계하며 교목과 관목을 식재한다. 단, 하천식생에 적합한 수종을 선별하여 식재한다.

(3) unit3 부분 : 휴식공간, 조각공원, 잔디공간으로 분리하여 설계하되, 조각공원을 중심으로 상하로 휴식공간과 잔디공간으로 분리하여 설계한다.

- 자전거 도로는 제방하단 우측에 설계하며 폭 2m로 투수콘을 포장한다.
- 자전거 도로 우측엔 2.5m이상의 보행자 공간을 설계하시오.
- 조각공원 : 면적은 160㎡ 이상으로 하며 중앙엔 원형연못 (직경 4m)를 두며, 그 주위로 2m폭의 원형동선(포장 : 투수콘)을 계획한다. 조각을 전시하는 공간은 잔디로 하며 다수의 조각을 배치하시오.
- 휴식공간 : 면적은 120㎡ 이상으로 하고, 이동식 쉘터(4,000×4,000mm) 2개소, 이동식 벤치(1,800×400mm) 6개, 휴지통 직경(∅700mm)2개를 설치하며 포장은 투수콘으로 한다.
- 잔디공간 : 면적은 150㎡ 이상으로 하고, 원형쉘터 (∅3,000mm)4개를 설치하며, 잔디공간 주변부로는 화관목을 식재한다.

(4) unit4부분 : 주차장 설계구역으로서 주차배치는 직각주차방식(일방통행)을 채택하여 10대분의 소형주차공간(5m×2.5m)을 확보한다. 포장은 아스콘포장이며 보행자의 안전을 위하여 unit3과 주차장 사이에 진입시 3m폭 이상의 보행자 완충공간을 확보한다. 차도와 접한 부분은 완충녹지대를 설치한다.

(5) 기타시항

- 기타시설물은 적절히 설치하되 배수시설은 도로쪽으로 출수한다.
- 따로 지정하지 않은 공간은 주변지역과의 조화를 고려하여 식재한다.
- 식재시 수종선정은 다음 사항을 참고하여 이중 적절한 수종과 식물을 선정하여 교목 2종이상, 하층식물5종이상을 식재하시오.
- 적용식물은 저수호안수종으로는 갈대, 부들, 부처꽃, 금불초, 꽃창포, 꼬리조팝나무, 붓꽃(7~10분얼)등이 고수호안수종으로는 질경이, 민들레, 쑥부쟁이, 구절초, 패랭이, 층꽃, 유채 등이 있다. (단, 저수부는 상단을 기준으로 제방좌측이고, 고수부는 제방우측과 unit3, unit4이다.)
- 교목으로는 낙우송, 물푸레나무, 왕버들, 후박나무 등이 기본적으로 사용되며 그 외 수종을 사용할 수 있다.
- 하층식물 도입시 규격은 3~4인치 포트(pot)로 한다.

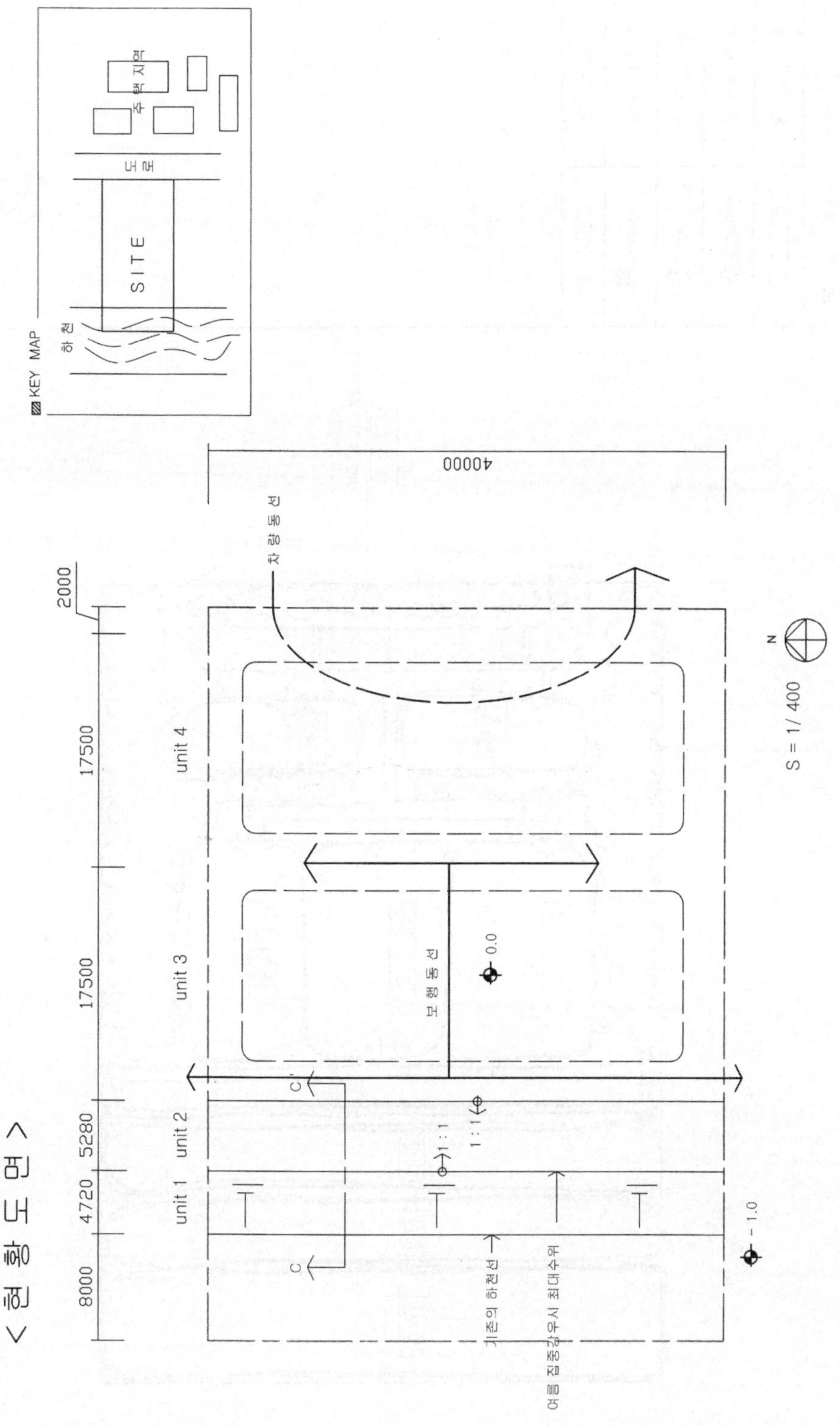

< 현 황 도 면 >
KEY MAP
하 천
SITE
도 로
주 택 지 역
40000
차 량 동 선
2000
17500
17500
5280
4720
8000
unit 4
unit 3
unit 2
unit 1
보 행 동 선
0.0
1 : 1
C'
C
기존의 하천선
여름 집중강우시 최대수위
- 1.0
S = 1/ 400
N

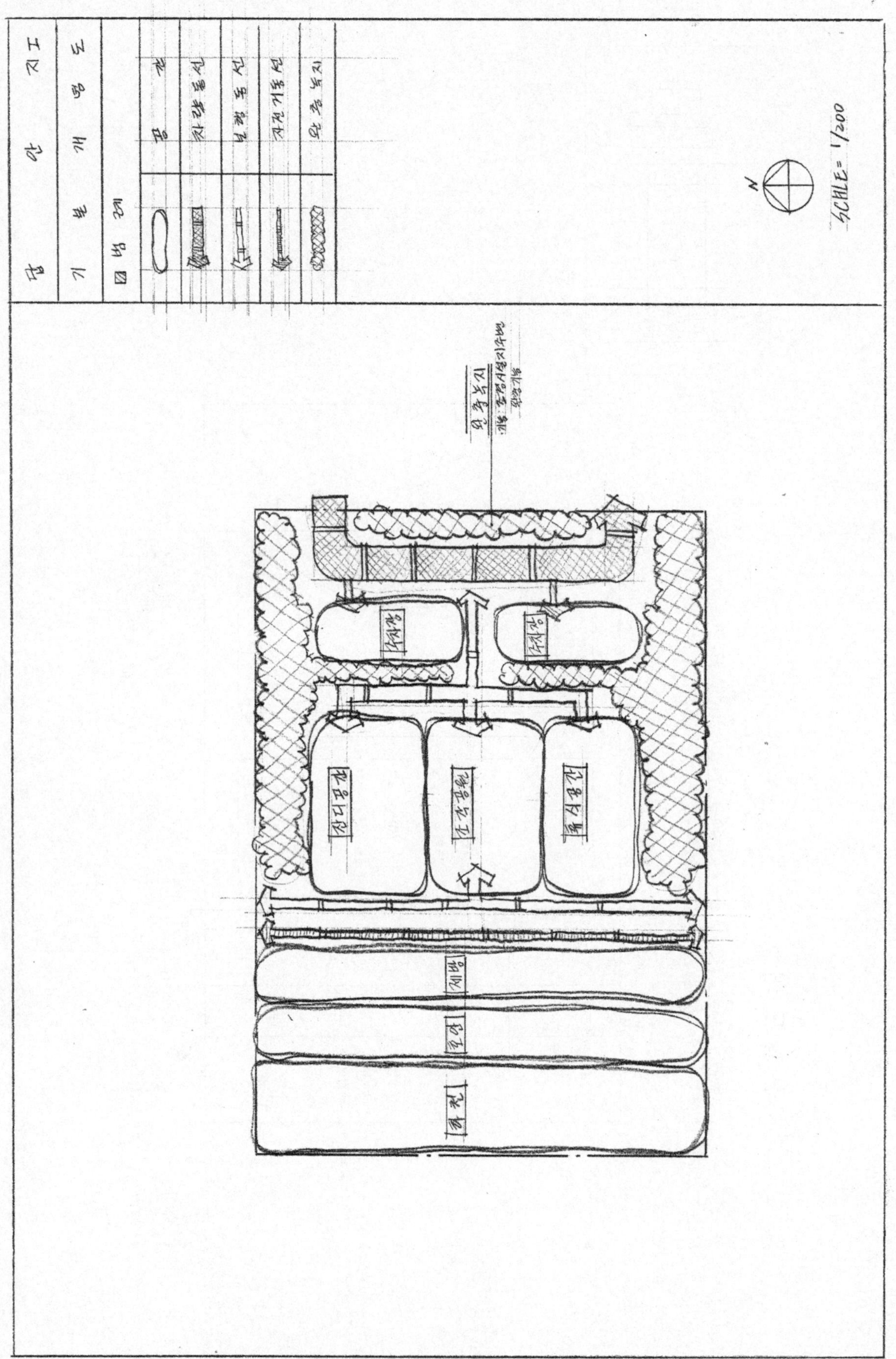
답안지
기본 개념도
범례
공간
차량동선
보행동선
자전거동선
완충녹지
N
SCALE = 1/200
완충녹지
주차장
주차장
잔디공간
조각공원
휴식공간
제방
호안
하천

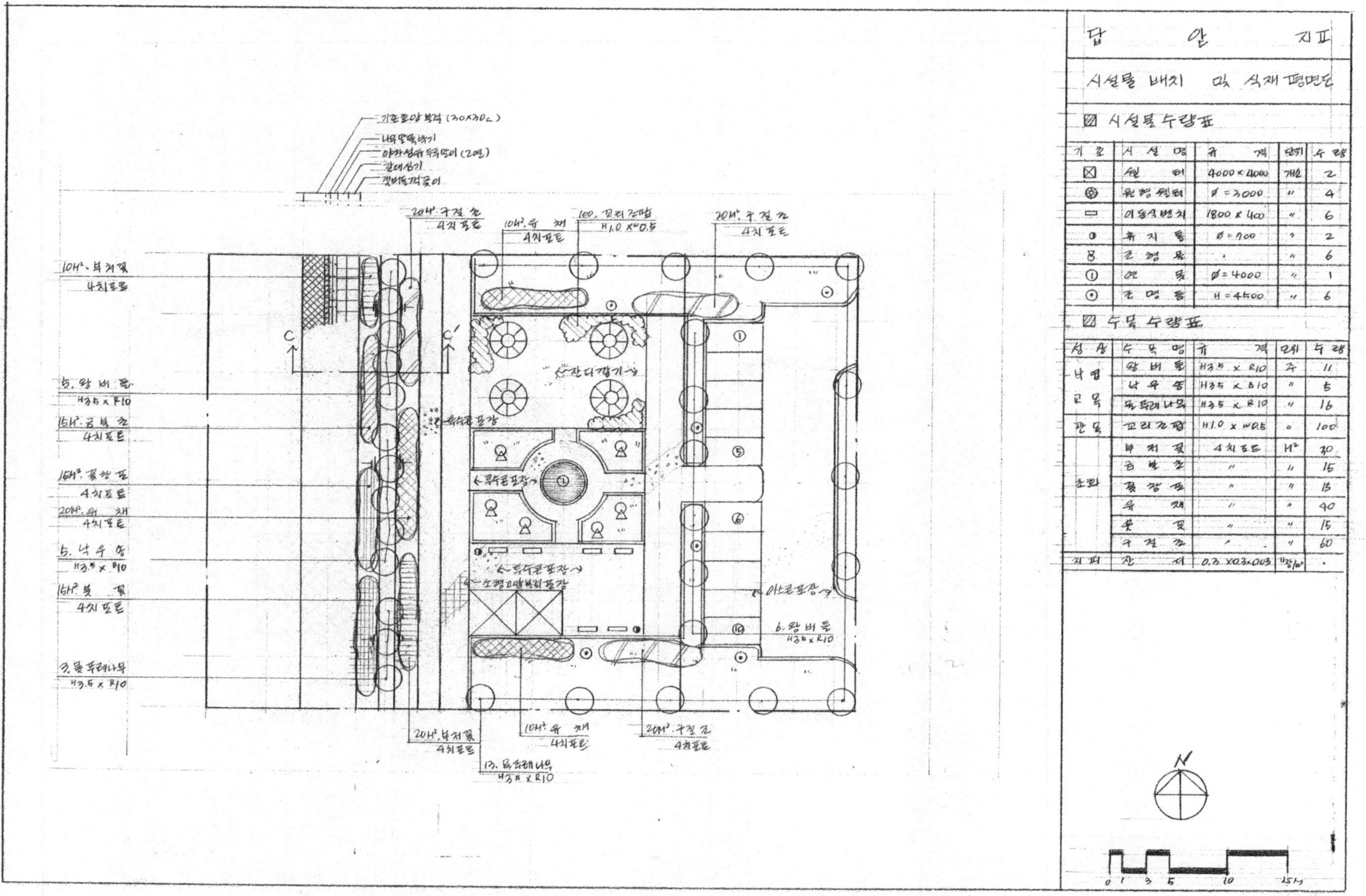
답 안 지 II
시설물 배치 및 식재평면도
시설물 수량표
기호 | 시설명 | 규격 | 단위 | 수량
쉘터 | 4000×4000 | 개소 | 2
원형벤치 | Ø=3000 | 4
이동식벤치 | 1800×400 | 6
휴지통 | Ø=700 | 2
음수전 | 6
연못 | Ø=4000 | 1
조명등 | H=4500 | 6
수목 수량표
성상 | 수목명 | 규격 | 단위 | 수량
낙엽교목 | 왕벚나무 | H3.5×R10 | 주 | 11
낙우송 | H3.5×B10 | 5
물푸레나무 | H3.5×R10 | 16
관목 | 꼬리조팝 | H1.0×W0.5 | 100
초화 | 부처꽃 | 4치포트 | m² | 30
금불초 | 15
꽃창포 | 15
유채 | 40
붓꽃 | 15
구절초 | 60
지피 | 잔디 | 0.3×0.3×0.03 | 매/m²
N
0 1 3 5 10 15m
C
C'
수관디딤기
투수콘포장
아스콘포장
소형고압블럭포장
10m². 부처꽃 4치포트
5. 왕벚나무 H3.5×R10
15m². 금불초 4치포트
15m². 꽃창포 4치포트
20m². 유채 4치포트
5. 낙우송 H3.5×R10
15m². 붓꽃 4치포트
3. 물푸레나무 H3.5×R10
20m². 구절초 4치포트
10m². 유채 4치포트
100. 꼬리조팝 H1.0×W0.5
6. 왕벚나무 H3.5×R10
20m². 부처꽃 4치포트
13. 물푸레나무 H3.5×R10
갯버들 식재

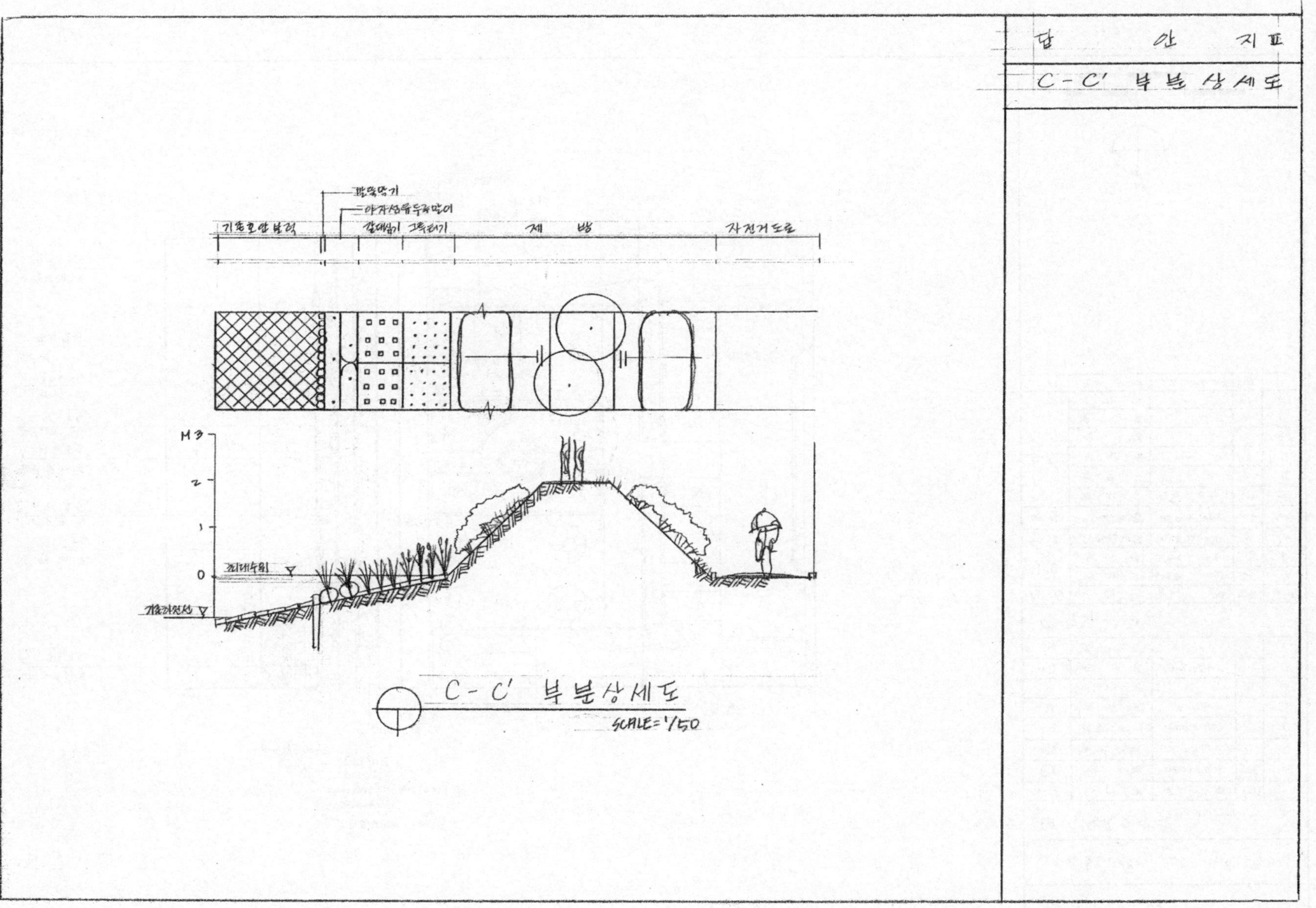
답 안 지 표
C-C' 부분상세도
제 방
자전거도로
C-C' 부분상세도
SCALE=1/50

16 묘지공원, 도시미관광장설계

■ 묘지공원 (조경설계기준)

(1) 묘역의 면적비율은 공원의 종류, 토지이용상황, 운영관리의 편의 및 기타 여건에 의해 결정하되 전면적의 1/3 이하로 한다. 전반적으로 엄숙하고 경건한 분위기를 창출하되, 명쾌하고 아름다운 분위기를 갖추도록 한다.

(2) 장제장은 관리사무소와 가까운 곳에 진입로와 연결시키되 묘역에서 격리시켜 배치한다. 석물작업장을 설치하는 경우는 묘역과 차단된 곳에 배치하며, 방음과 차단을 위한 차폐식재를 도입한다.

(3) 놀이터와 묘역 사이는 차폐식재로 차단수목을 식재하여 놀이터 주변과 경계를 짓고 아늑한 분위기를 조성한다.

(4) 원로는 주진입로, 분산도로 등의 간선도로와 연결보도, 소로 등의 지선도로로 구성하며, 필요한 곳에 자동차가 회전할 수 있는 광장을 설치한다.

(5) 공원면적의 30~50% 정도를 환경보존녹지로 확보하고, 식재는 목적과 기능에 적합하고 생태적 조건에 맞는 수종을 선정한다.

■ 광장(조경설계기준)

(1) 많은 사람이 모이는 위치로 하되, 다수인이 집산하는 다른 시설과 근접되지 않는 장소에 입지시키고, 정적 · 동적공간의 배분에 균형을 주어야 한다.

(2) 탄력적 토지이용계획 및 원활한 접근을 위한 출입구 배치에 유의한다.

(3) 광장의 규모는 이용자수 및 이용행태를 추정하여 산정한다.

(4) 교차점 광장, 역전광장, 주요시설 광장을 포함한 교통광장은 각종 차량과 보행자간의 안전성, 원활한 교통의 흐름을 고려한 편의성, 간선도로 및 주요시설 등과 연계성, 연속성 확보에 주력하여 설계한다.

(5) 식재는 도시환경조건에 견딜 수 있는 수종을 선발하여 운전자와 보행자의 시야가 방해받지 않도록 한다.

(6) 중심대광장, 근린광장, 경관광장을 포함하는 미관광장은 이용자의 쾌적성, 주변경관과의 연속성, 주변도로와의 접근성, 보행자의 안전성 등의 확보를 설계목표로 한다.

(7) 광장의 설계형식에 맞는 식재기법을 도입하여 주위환경과 조화를 이루도록 배식하며 녹음수 및 화목류의 도입을 적극 고려한다.

(8) 특수광장은 지하광장, 건축광장, 피난광장을 포함한다. 지하광장은 도로와의 연계성을 고려하여 원활한 교통흐름을 확보하도록 하며, 건축광장은 건축물 내부와의 연계성, 피난광장은 피난자의 접근성 확보에 초점을 맞추어 설계한다.

55 묘지공원 도시미관광장설계 [조경기사 2008년(2회) 기출]

[문제1] 개념도

1. 다음에 제시된 묘지공원 부지에 요구조건을 수용하여 개념도를 작성하시오.

■ 요구조건

- 평사면(등고선 간격이 일정), 오목사면(등고선 높이가 올라갈수록 간격이 좁아짐), 볼록사면(등고선 높이가 올라갈수록 간격이 넓어짐)에 각각 납골묘지, 교회인 묘지, 일반이 이용묘지를 배치하시오.
- 경사 50% 이상은 보존하며, 계곡 및 능선부분도 보존하시오.
- 경사 50% 이하는 정지계획이 가능하며, 여기에 주차장, 관리공간, 입구광장, 중앙광장, 휴식공간, 생산공간(채석 관련), 생산물 전시 판매장을 배치하시오.
- 적당한 곳에 납골당과 그 좌측에 추모기념공간을 계획하시오.
- 주동선, 부동선, 추모보행동선을 계획하시오.
- 공간과 공간사이에 완충식재, 경관식재, 차폐식재, 녹음식재 등 식재개념을 표현하시오.

[문제2] 다음 현황은 우리나라 남부지방의 도심에 위치한 도시미관 광장부지이다. 부지 내부는 평탄한 지형이며 공지상태이다. 설계시 요구사항에 따라 변형되는 지반고 및 시설물의 높이 등은 현지반고를 '0'을 기준으로 하여 나타낸다.

본 광장은 남북으로 똑같은 면적이 되게 양분하고 그 중앙에 동선을 설치하며 북측 공간은 벽천, 분수, 연못이 함께 있는 '수경공간'으로 남측공간은 조각물을 전시하는 '조각전시공간'으로 그리고 부지 주변부는 녹지공간으로 조성하려한다. 다음 요구사항을 잘 읽고 트레싱지에 조경설계도 (시설물배치도 및 식재 설계도) 축척 1/200으로 설계하시오.

■ 요구사항

1. 중앙동선
   - 부지의 동서방향으로 부지 중앙에 폭 4.0m의 동선을 설치한다.
   - 동선의 중앙(부지의 중앙)에 직경 4m, 높이 40cm의 지반을 조성한다. 높이 40cm의 외벽은 석재(마름돌)로 사용한다.
   - 위의 '나' 항에서 조성된 지반의 중앙에 반경 1.0m너비, 높이 30cm의 단을 설치하고 시계탑겸 상징탑을 세운다. 단은 석재로 사용하며 시계탑겸 상징탑의 형태와 높이는 설계자 임의로 한다.
   - 동선의 바닥포장은 녹색 투수콘으로 한다.

2. 부지외곽

- 출입구를 제외한 부지의 외곽부는 폭 4.0m, 높이 80cm의 식재함(plant box)를 설치하며 양질의 토양을 채운 후 식재한다.
- 식재함은 철근콘크리트로 시공한 후 노출부는 소성벽돌로 치장쌓기 한다.

3. 수경공간

- 수경공간은 전체적으로 현 지반보다 60cm 낮게 하고, 중앙 동선에서 장애자, 노약자 등 누구나 접근할 수 있도록 계단, 램프를 설치한다.
- 연못의 곡선부분은 부지 동, 서면의 경계선의 중앙에서 반경 10.0m의 원호로 하고 적당한 위치에서 직선과 연결시키며 분수가 공존하도록 한다.
- 직선부분의 연못폭은 최소 3.0로하며 분수가 있는 연못 바닥의 높이는 수경공간의 지면보다 30cm 낮게 하고 연못 경제부위의 높이는 수경공간의 지면보다 40cm높게 한다.
- 벽천을 식재함과 연결시켜 설치하되 높이는 바닥에서 3.0m의 수직벽으로 한다.
- 연못 주변의 적당한 식재공간에 2.0m×3.0m의 순환펌프실 2개소를 설치한다.
- 연못 주변의 적당한 곳에 파고라 (3.6m×3.6m) 4개소와 장의자 2개소를 설치한다.
- 적당한 곳에 집수구 2개를 설치한다.
- 수경공간의 바닥은 소형고압블럭(I.L.P)로 포장한다.

4. 조각물전시공간

- 조각물 전시공간의 지면은 현 지면과 같게 한다.
- 조각물을 전시할 장소는 남측 식재함과 연결하여 조성하되 평면적인 형태는 수경시설의 형태와 같은 대칭형으로 조성한다.(수경공간 참조)
- 조각물을 전시할 장소의 지반고는 현지반보다 40cm높게 한다. 이때 외벽은 콘크리트로 시공하고 노출부는 석재로 마감한다.
- 적당한 곳에 파고라 2개를 설치하되 9.0m×6.0m×3.0m의 ㄱ형으로 한다.
- 적당한 곳에 6.0m×4.0m의 화장실을 1개소를 설치한다.
- 적당한 곳에 5.0m×4.0m의 관리소 겸 매점 1개소를 설치한다.
- 바닥은 소형고압블럭포장(I.L.P)으로 포장한다.

5. 식재

- 각 공간의 기능성과 경관성이 잘 나타날 수 있도록 식재설계를 한다.
- 상록수 위주로 구성하되 계절적 변화감이 있도록 설계한다.
- 교목과 관목 등의 구성이 조화되게 설계한다.
- 식재함 외에 수경공간과 조각물 전시공간 내부의 적당한 곳에 식재하고 보호조치 한다.
- 다음에 제시된 식물 중 12종 이상을 선택하여 식재설계를 한다.

보기

소나무, 잣나무, 해송, 감탕나무, 태산목, 느티나무, 은행나무, 후박나무, 천리향, 가시나무, 가이쯔까향나무, 목서, 아카시나무, 능수버들, 피라칸사, 단풍나무, 호랑가시나무, 영산홍, 눈향나무, 느릅나무, 현사시, 잔디, 아주가(Ajuga), 맥문동

- 인출선을 사용하여 식물명, 규격, 수량 등을 기재하고 도면 우측에 수량표를 작성한다.

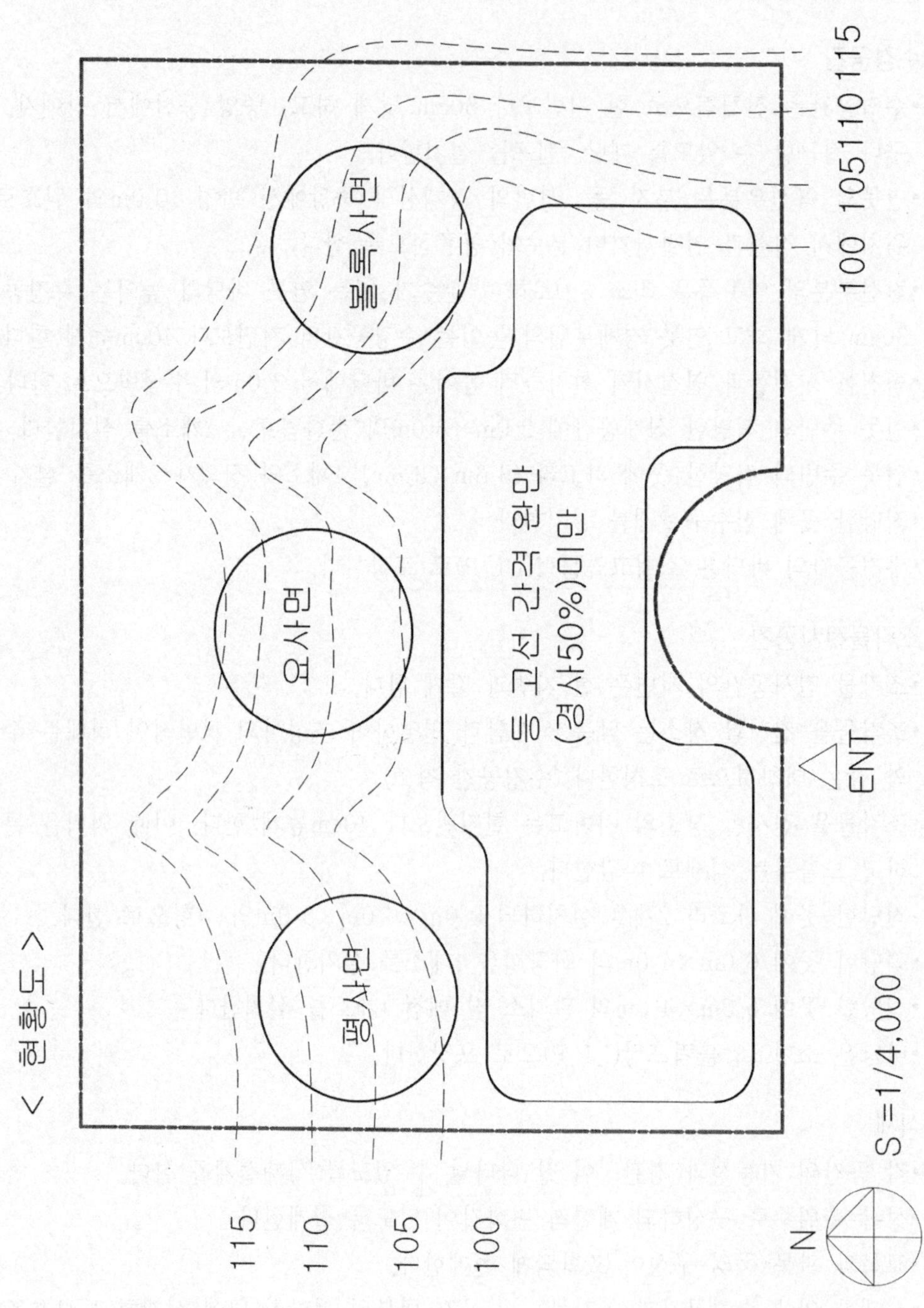

< 현황도 >
평사면
요사면
볼록사면
등고선 간격 완만
(경사50%)미만
ENT
S=1/4,000
N
115
110
105
100
100 105 110 115

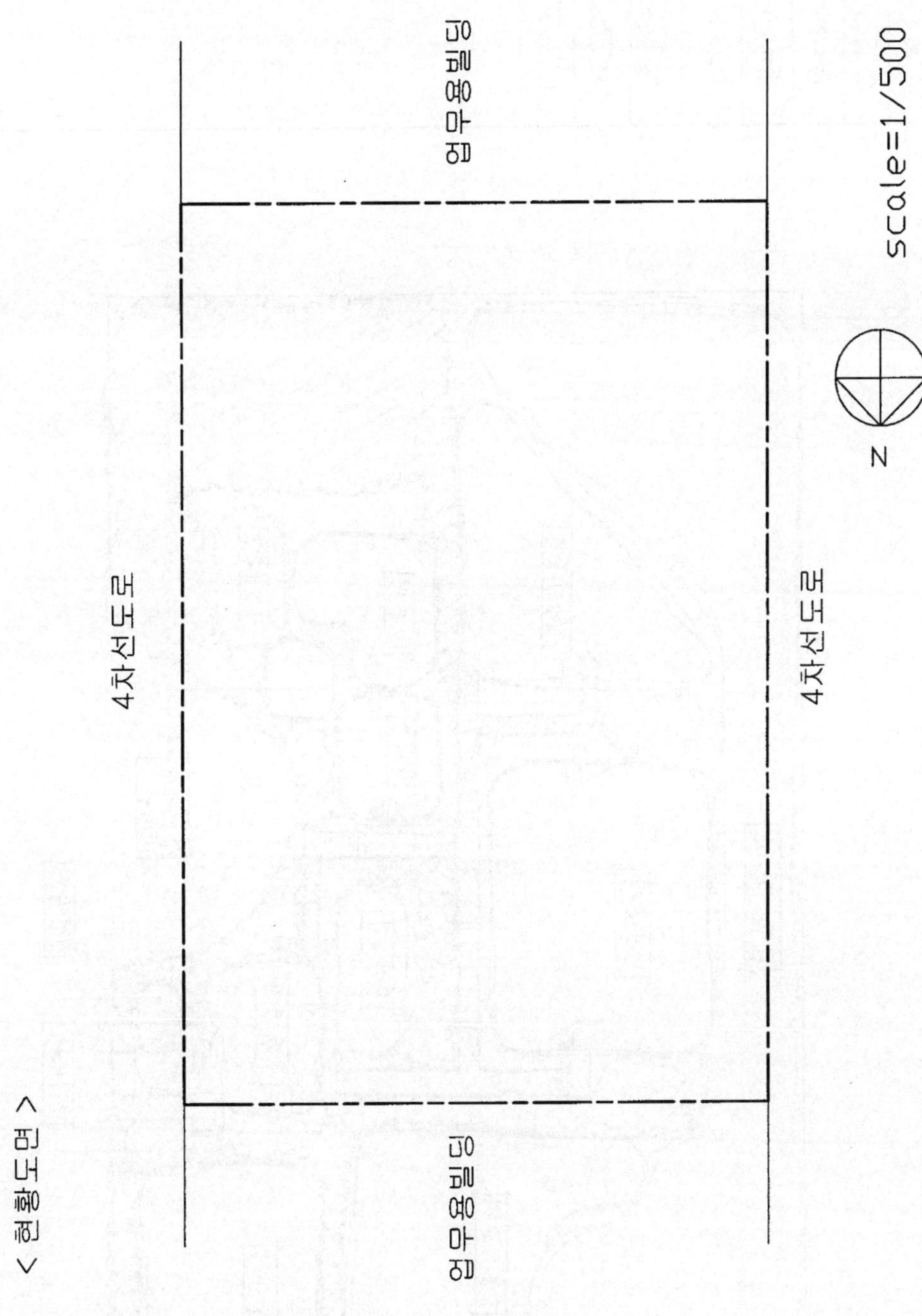
업무용빌딩
scale=1/500
N
4차선도로
4차선도로
업무용빌딩
< 현황도면 >

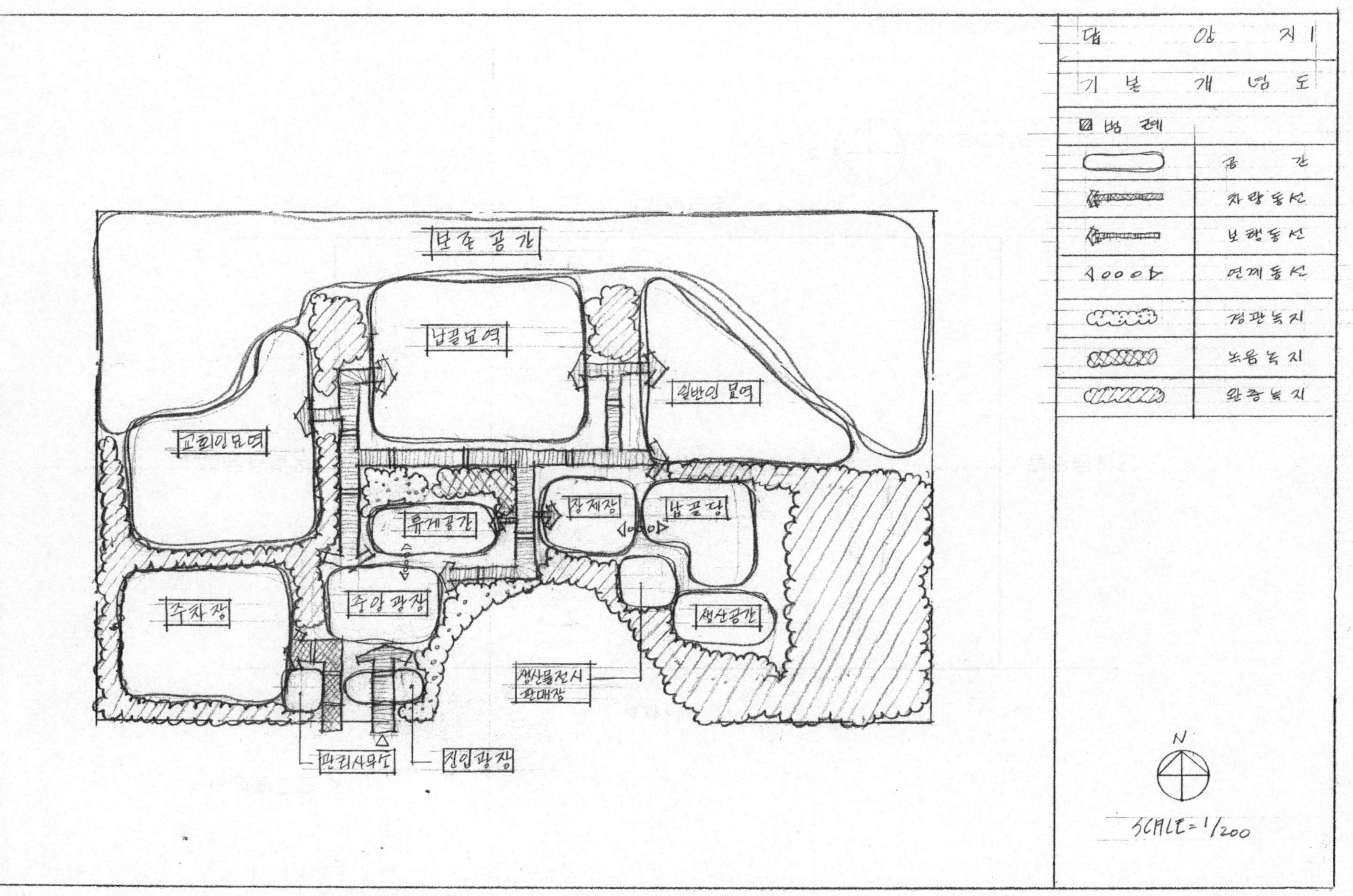

대안지 1
기본개념도
범례
공간
차량동선
보행동선
연계동선
경관녹지
녹음녹지
완충녹지
보존공간
납골묘역
일반인 묘역
교회인묘역
유게공간
장제장
납골당
주차장
중앙광장
생산공간
생산물전시
판매장
관리사무소
진입광장
N
SCALE=1/200

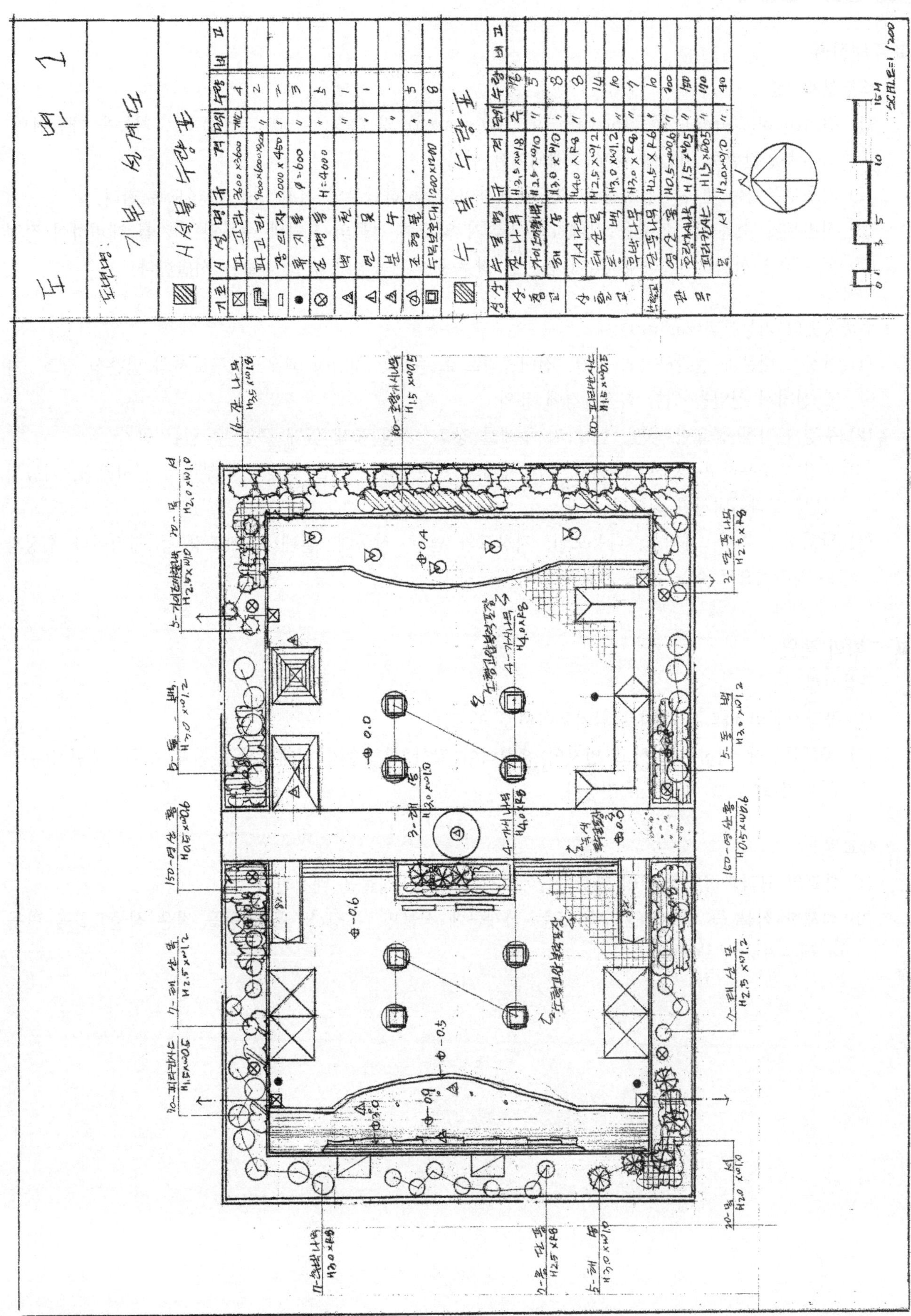

17 정원조경설계

■ 주택정원

• 조경설계기준

(1) 전정(public area), 주정(private or living area) 및 측정(service area)으로 기능을 배분하며, 각 세부공간별로 기능에 맞게 설계되어야 한다.

(2) 기초부분에는 관목류나 소교목류를 식재하여 건물 하단부의 거친 면을 가리도록 한다.

(3) 전면부가 수목으로 건물을 지나치게 가리지 않도록 건물의 크기와 수목의 크기를 대비하여 적정한 수종을 선택하며, 식재지역이 음지인 경우에는 내음성이 강한 식물을 선발한다.

• 주택정원의 기능분할(zoning)

(1) 전정 : 대문과 현관사이의 공간, 전이공간으로 주택의 첫인상 좌우, 입구로서의 단순성 강조, 차고 설치시 진입을 위한 회전반경에 유의

(2) 주정 : 가장 중요한 공간, 한 가지 주제를 강조, 가장 특색 있게 꾸밀 수 있는 공간

(3) 후정 : 조용하고 정숙한 분위기, 침실에서의 전망이나 동선을 살리되 외부에서의 시각적, 기능적 차단, 프라이버시가 최대한 보장

(4) 작업정 : 주방, 세탁실, 다용도실, 저장고와 연결, 장독대, 빨래터, 건조장 등 전정이나 후정과는 시각적으로 어느 정도 차단하여 동선연결

■ 그밖의 정원

• 공장정원

(1) 공장정원의 바닥은 나지로 남겨두어서는 안 된다.

(2) 공해물질에 내성이 강하고 먼지의 흡착력이 강한 활엽수의 식재면적을 전체 수목식재면적(수관부 면적)의 70% 이상으로 정한다.

• 학교원

(1) 학교의 교과과정에 맞추어 자연학습에 도움이 되는 식물을 배식한다.

(2) 식재한 식물 중 대표적인 수목 또는 식재군에 식물명, 특성 및 용도 등을 적은 식물표찰을 만들어 세우거나 부착한다.

56 주택정원 [조경기사 2009년(1회), 2013년(1회), 2022년(4회) 기출]

■ 요구사항

주어진 도면과 같이 주택정원을 설계하고자 한다. 아래의 공통사항과 각 설계조건을 고려하여 문제의 요구 순서대로 도면을 작성하시오.

공통사항

- 주어진 부지의 표고차를 고려한다.
- 부지의 지형은 북에서 남측으로 완만한 하향경사를 이루고 있다.
- 서측은 경관이 불량하고, 북측은 배수가 불량하여 비가 오면 우수가 고인다.
- 북동측에는 보호수목인 참나무(H6.0×R40)가 위치하고 있다.
- 주택의 평면은 문제지에 제시된 도면의 원안대로 축척에 맞게 작성한다.

1. 아래 설계조건을 참고하여 지급된 트레이싱 용지 1매에 설계개념도를 1/100로 확대하여 작성하시오.
   (1) 대문 주변에 소형주차장(승용차)을 배치하고, 주변은 차폐식재를 하시오.
   (2) 주어진 조건을 고려하여 외부공간을 전정, 주정, 후정(연못 및 휴식공간), 측정, 작업정, 소형주차장(승용차1대)으로 구분하여 공간을 구성하시오.
   (3) 동선은 정원 전체를 순환할 수 있도록 계획하시오.
   (4) 개념도는 공간구성과 동선구상을 표현하고 각 공간별 개념, 배식설계 및 시설물 배치설계 개념을 간단히 기술하시오.

2. 아래 설계조건을 참고하여 지급된 트레이싱 용지 1매에 시설물배치도를 1/100로 확대하여 작성하시오.(단, 여백을 이용하여 연못단면 상세도 함께 작성)
   (1) 배수가 불량한 곳에 20m^2 이상의 크기로 자연형 연못을 배치하시오.
   (2) 보호수목과 연못을 연계하여 휴게공간을 조성하고, 등의자(L1,600×W450) 2개소를 적절히 배치하시오.
   (3) 경사진 곳을 한 곳 선정하여 침목계단 (단높이 : 15cm, 답면의 폭 : 30cm)을 5m 정도 설치하고, 침목계단 좌우로 자연석 쌓기를 하며, 계단 상단 및 하단에 높이를 표시하시오.
   (4) 부지 남측부에는 경관을 고려하여 자연스럽게 마운딩 (높이 : 1.0m 이상)을 설치하시오.
   (5) 대문주변에 소형주차장(승용차용)을 관련 규정에 맞도록 설치하시오.
   (6) 주정의 적절한 위치에 경관석(3석조)을 1개소 설치하시오.
   (7) 정원 내에 적합한 장소에 정원등을 3개소 이상 설치하시오.
   (8) 각 공간별 주요 지점(전정, 주정, 후정의 연못, 보호수목 주변, 작업정, 소형주차장)6곳에 마감고를 표기하시오.
   (9) 설치시설물에 대한 범례표는 도면 우측 여백에 반드시 작성하시오.
   (10) 도면의 하단에 자연형 연못의 단면도(축척 1/30)를 반드시 작성하시오.

3. 아래 설계조건을 참고하여 지급된 트레이싱 용지 1매에 배식설계도(수목배치도)를 1/100로 확대하여 작성하시오.

(1) 식재수종은 정원의 기능 및 계절의 변화감을 고려하여 적합한 수목을 15종 이상(연못 주변 초화류 포함) 배식하시오.

(2) 연못 주변에는 적합한 초화류를 3종 이상 반드시 식재하시오.

(3) 부지 남측부에는 마운딩(높이 : 1.0m 이상)지역에는 소나무와 관목을 사용하여 경관식재를 하시오.

(4) 경관이 불량한 곳은 차폐식재를 하시오.

(5) 수종의 선택은 공간기능 및 부지조건을 고려하여 선택하시오.

(6) 수목은 인출선에 의하여 수량, 수종, 규격을 표기하시오.

(7) 수목의 범례는 도면의 우측에 표를 만들어 반드시 작성하시오.

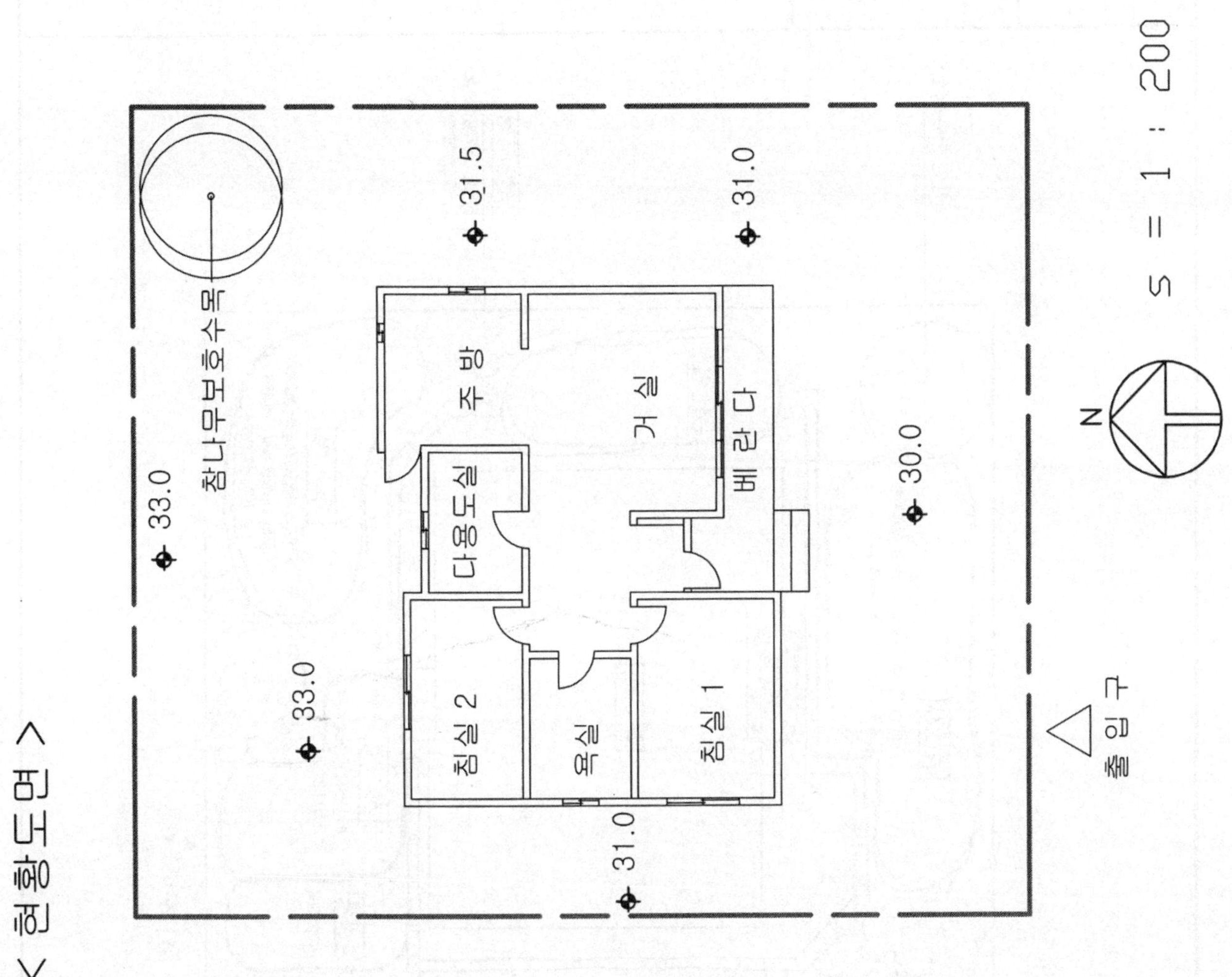
< 현황도면 >
참나무보호수목
33.0
31.5
31.0
주 방
거 실
다용도실
베 란 다
30.0
33.0
침실 2
욕실
침실 1
31.0
출입구
N
S = 1 : 200

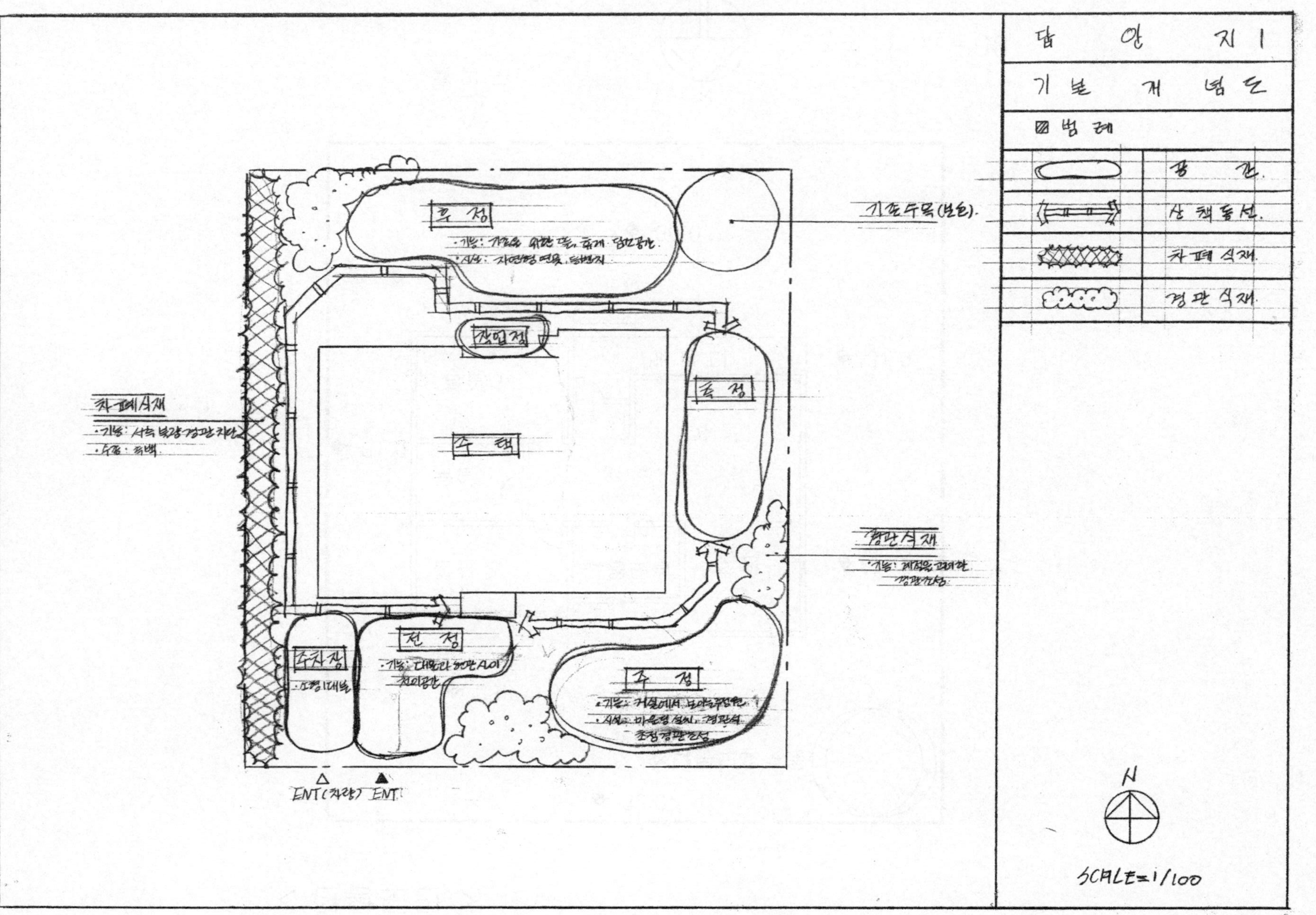
답 안 지 1
기 본 개 념 도
범 례
공 간
산 책 동 선
차 폐 식 재
경 관 식 재
기존수목(보존)
후 정
작업정
측 정
주 택
차폐식재
경관식재
전 정
주차장
주 정
ENT(차량)
ENT
N
SCALE=1/100

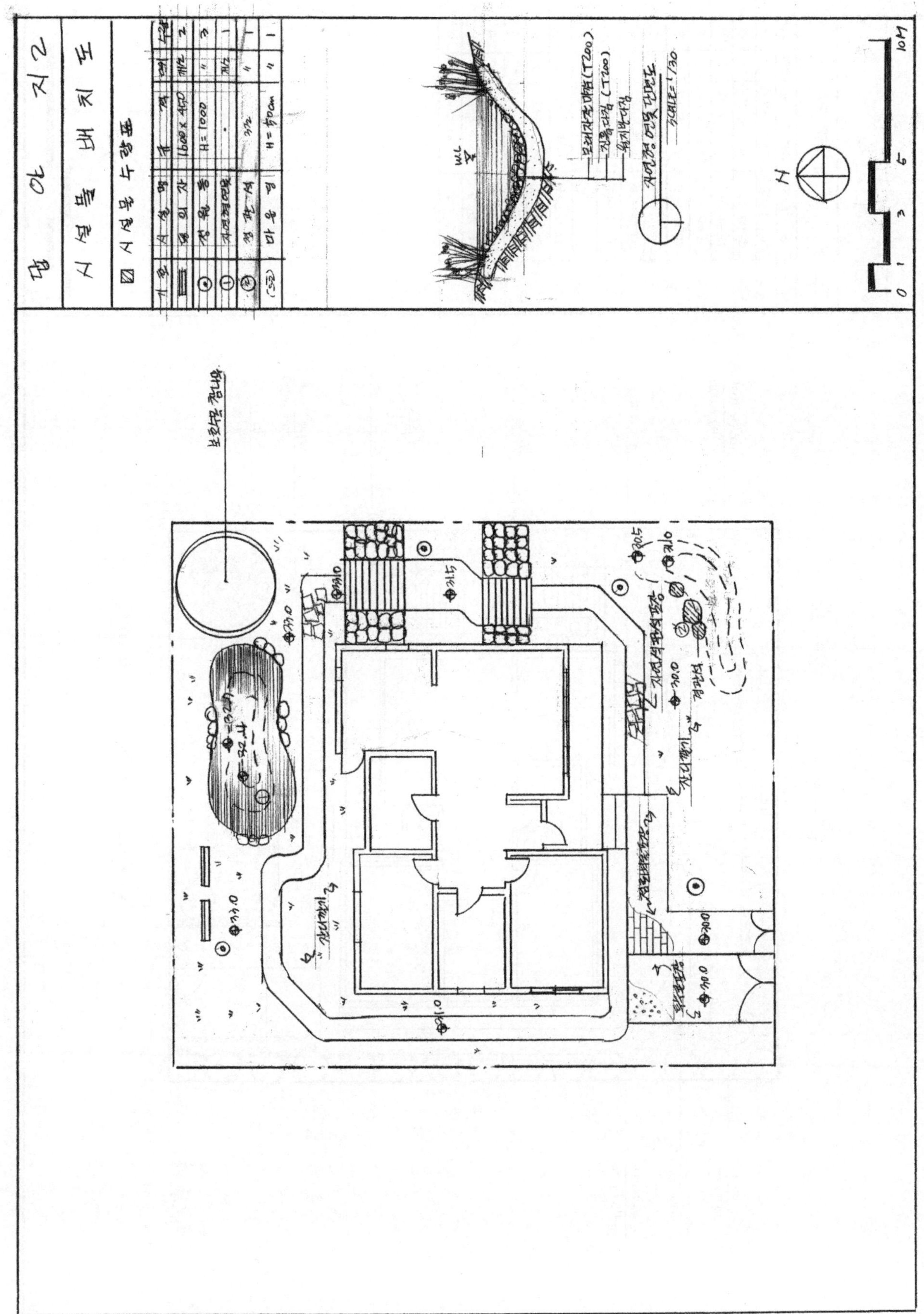

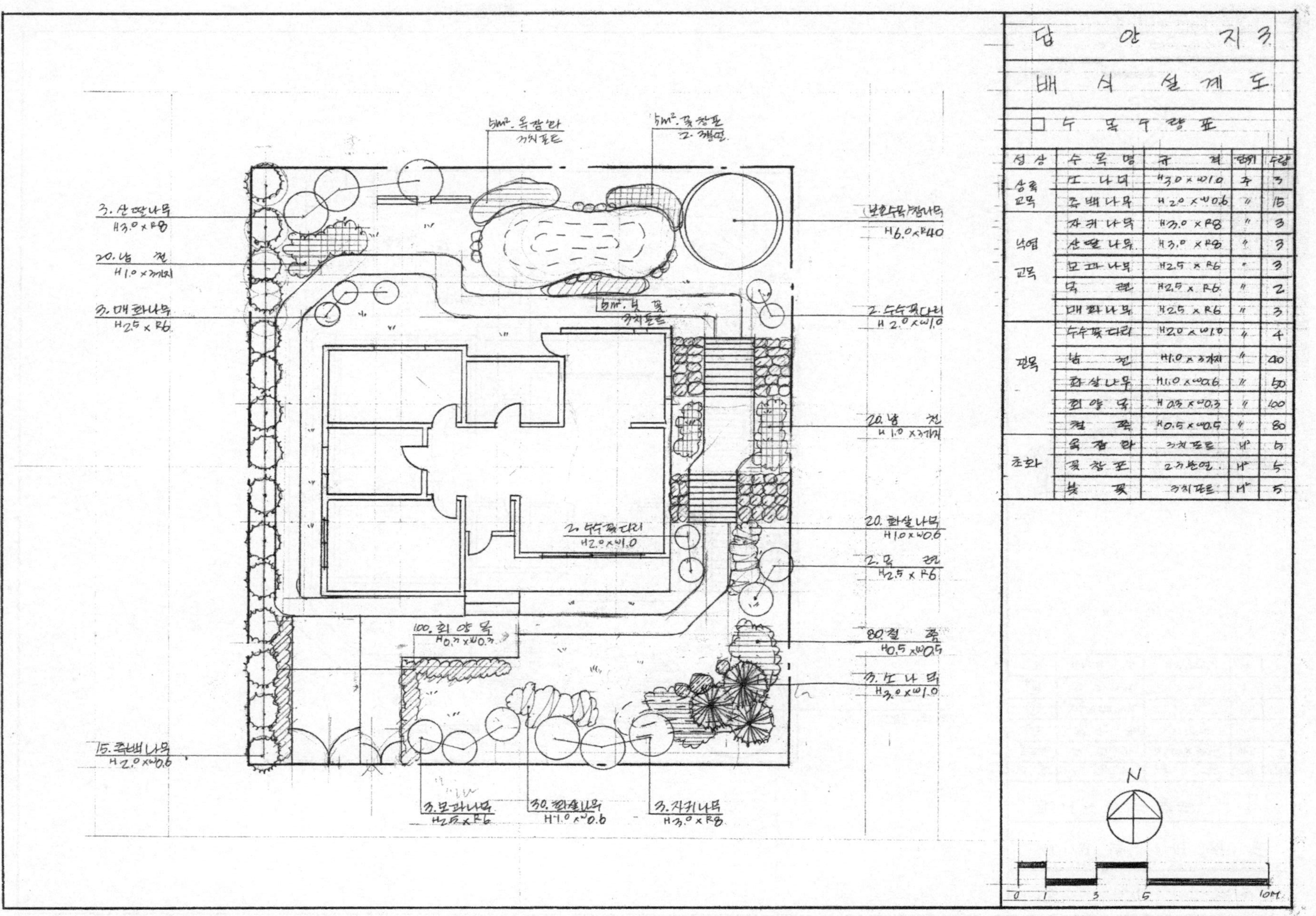

성상	수목명	규격	단위	수량
상록교목	소나무	H3.0×W1.0	주	3
	측백나무	H2.0×W0.6	〃	15
낙엽교목	자귀나무	H3.0×R8	〃	3
	산딸나무	H3.0×R8	〃	3
	모과나무	H2.5×R6	〃	3
	목련	H2.5×R6	〃	2
	매화나무	H2.5×R6	〃	3
관목	수수꽃다리	H2.0×W1.0	〃	4
	남천	H1.0×3가지	〃	40
	화살나무	H1.0×W0.6	〃	50
	회양목	H0.3×W0.3	〃	100
	철쭉	H0.5×W0.5	〃	80
초화	옥잠화	3치포트	m²	5
	꽃창포	2·3분얼	m²	5
	붓꽃	3치포트	m²	5

18 암벽주제공원

57 암벽주제공원 [조경산업기사 2013년(4회) 기출]

■ 요구사항

채석장의 절개지를 암벽등반을 위한 주제공원으로 조성하려 할 때 다음의 조건으로 개념도(답안지Ⅰ)와 시설물과 식재를 위한 조경계획도 및 단면도(답안지Ⅱ)를 축척 1/200로 작성하시오.

계획 및 설계조건

(1) 현황 및 계획조건

① 주동선 : 폭 5m 콘크리트블록포장 설계
② 부동선 : 폭 3m 콘크리트블록포장 설계
③ 암벽등반공간 : 36m × 10m로 바닥에 목재데크 설치하며, 15cm 높게 함
④ 쉼터공간 : 80㎡ 내외의 크기로 2개소 설치(북서, 북동), 파고라(4m×4m) 4개소 설치
⑤ 주민체육시설공간 : 160㎡ 내외로 파고라, 체력단련시설 5종 설치
⑥ 어린이모험놀이공간 : 240㎡ 내외로 놀이시설 3종 설치
⑦ 화장실 : 4m×7m

(2) 공통사항

① '가' 지역은 등반시설공간으로 식재를 생략하고, '나' 지역은 최소 4m 이상의 식재대를 설치한다.
② 식재 시 중부지방에 적합한 수종 13종 이상 배식(교목 10종 이상, 관목 3종 이상)하시오.
③ 단면도는 녹지대를 경유한 동-서 방향의 단면도 작성하시오.
④ 개념도 작성시 개념 등 서술하시오.

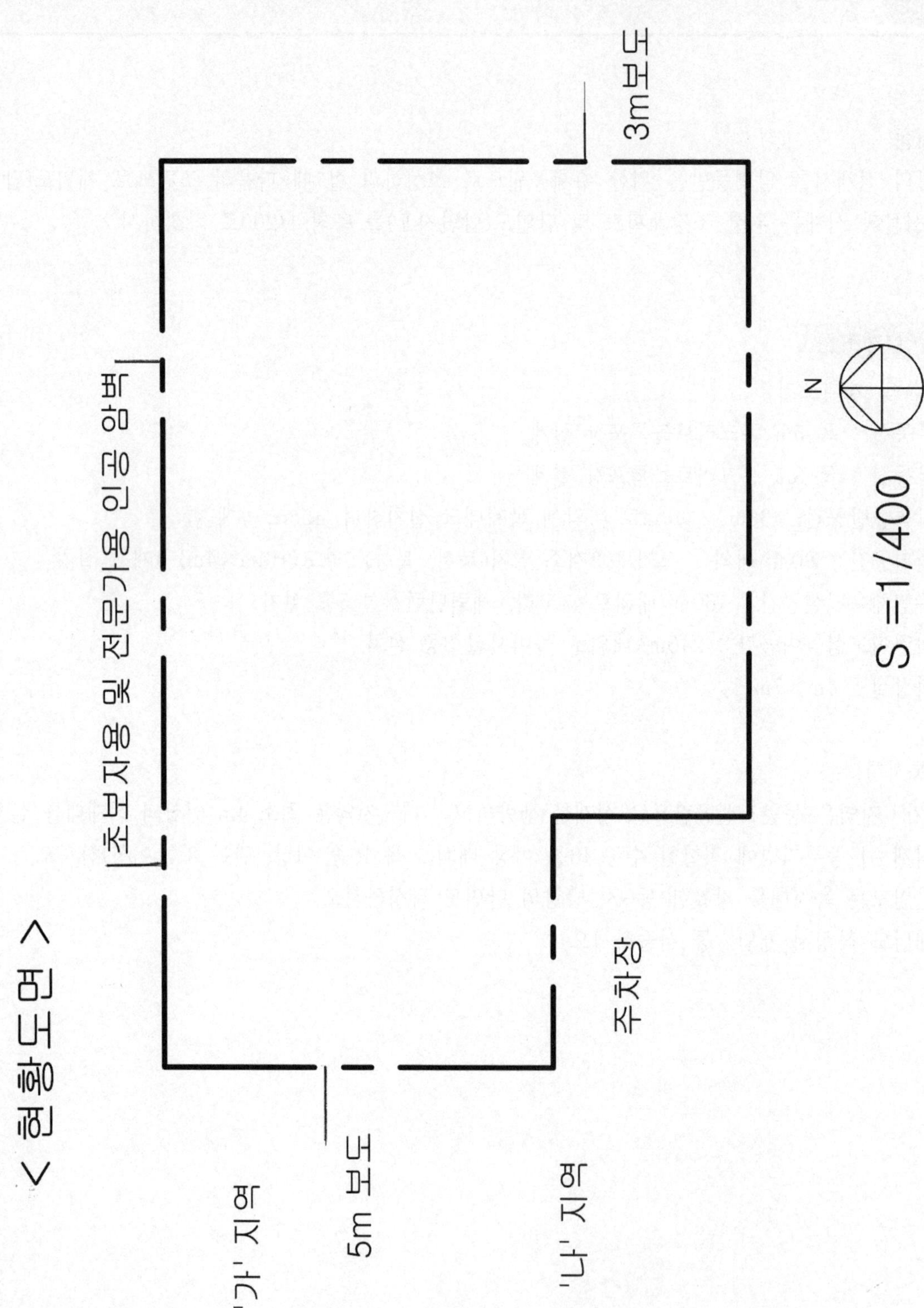
< 현황도면 >
초보자용 및 전문가용 인공 암벽
3m보도
5m 보도
'가' 지역
'나' 지역
주차장
N
S =1/400

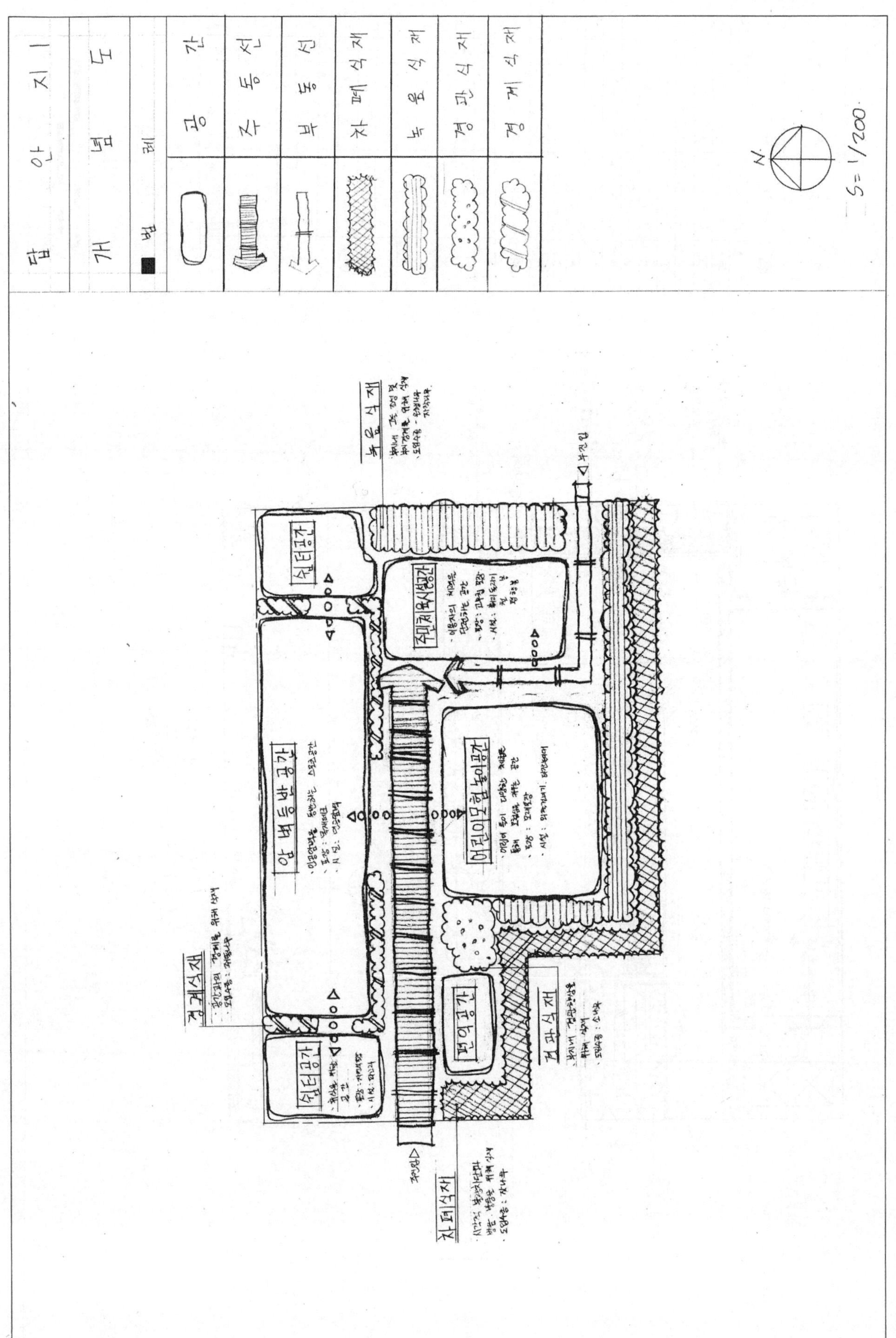
답안지
개념도
범례
공간
주동선
부동선
차폐식재
녹음식재
경관식재
경계식재
N.
S= 1/200
쉼터공간
주민휴식공간
어린이모험놀이공간
편익공간
녹음식재
경관식재
경계식재
차폐식재
주진입
부진입

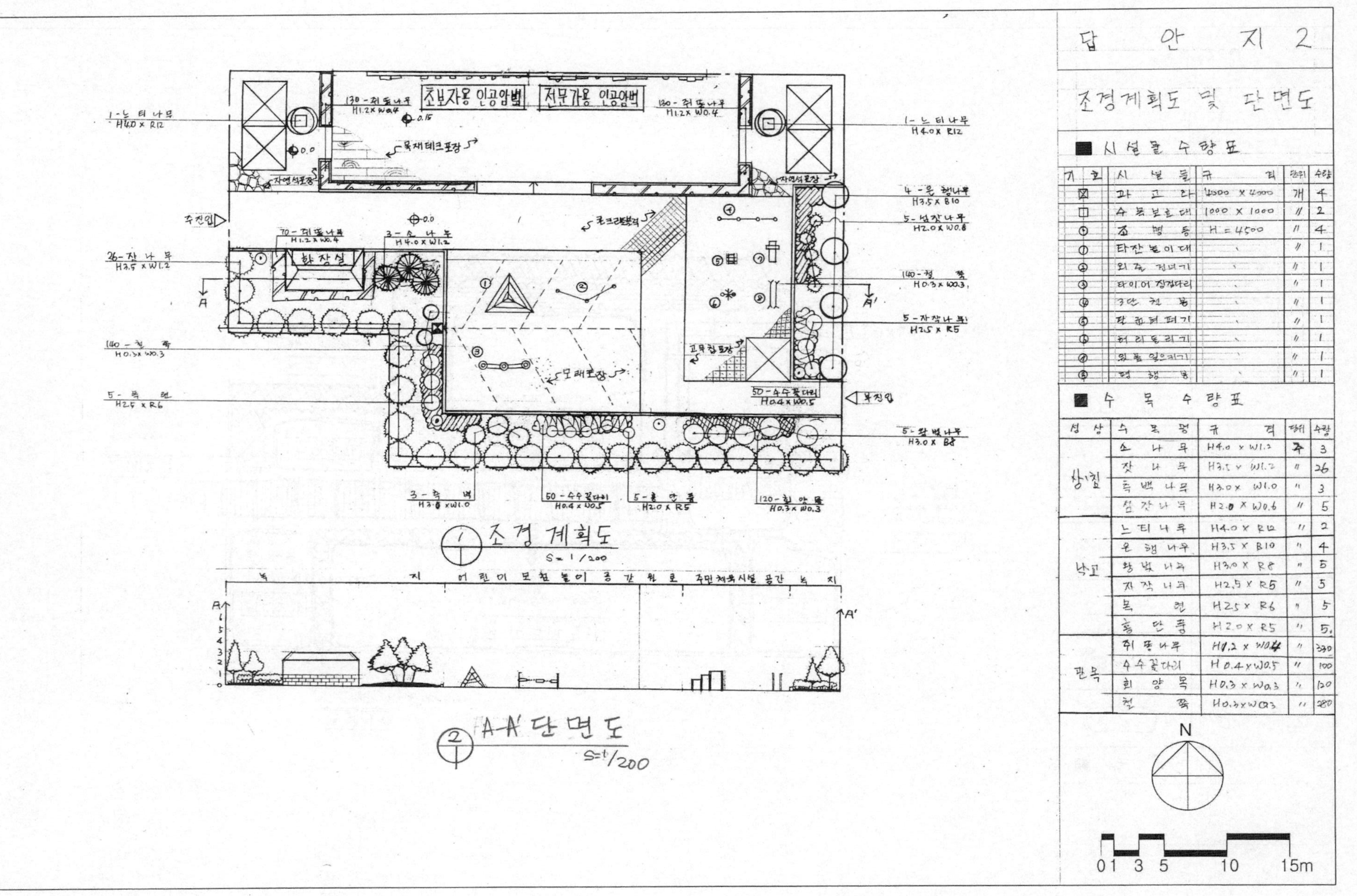
답 안 지 2
조경계획도 및 단면도
■ 시설물 수량표
기호 시설물 규격 단위 수량
파고라 4000 X 4000 개 4
수목보호대 1000 X 1000 // 2
조명등 H=4500 // 4
타잔놀이대 // 1
외줄건너기 // 1
타이어징검다리 // 1
3연철봉 // 1
팔굽혀펴기 // 1
허리돌리기 // 1
윗몸일으키기 // 1
평행봉 // 1
■ 수목수량표
성상 수목명 규격 단위 수량
상록 소나무 H4.0 x W1.2 주 3
잣나무 H3.5 x W1.2 // 26
측백나무 H3.0 x W1.0 // 3
섬잣나무 H2.0 X W0.6 // 5
낙엽 느티나무 H4.0 X R12 // 2
은행나무 H3.5 X B10 // 4
왕벚나무 H3.0 X R8 // 5
자작나무 H2.5 X R5 // 5
목련 H2.5 X R6 // 5
홍단풍 H2.0 X R5 // 5
관목 쥐똥나무 H1.2 x W0.4 // 330
수수꽃다리 H0.4 x W0.5 // 100
회양목 H0.3 x W0.3 // 120
철쭉 H0.3 x W0.3 // 280
N
0 1 3 5 10 15m
초보자용 인공암벽
전문가용 인공암벽
목재데크포장
자연석포장
콘크리트포장
모래포장
고무칩포장
주진입
부진입
화장실
① 조경계획도
S=1/200
녹지
어린이 모험놀이 공간
휴게공간
주민체육시설 공간
녹지
② A-A' 단면도
S=1/200

19 항일운동 추모공원

58 항일운동 추모공원설계 [조경기사 2013년(4회), 2018년(1회), 2022년(1회) 기출]

■ 요구사항

경기지역에 독립정신의 계승을 위한 항일운동 추모공원을 조성 할 때, 다음의 조건에 따라 개념도(답안지 I), 시설물배치도(답안지 II), 배식평면도(답안지 III)를 축척 1/300로 작성하시오.

(1) 공통사항

① '가' 지역과 '나' 지역은 36.4m, '다' 지역의 지반고는 38.4m로 하여 설계
② 주동선은 폭 8m 이상의 투수성 포장으로 설계
③ 식재계획은 녹음 · 경관 · 완충식재 등을 도입하고 개념도는 공간의 특징 표기

(2) 설계조건

① '가' 지역 : 진입공간으로 주차장과 연계하여 소형승용차 10대와 장애인주차 2대 설치
② '나' 지역 : 중앙광장(22m×22m)을 설치하고 높이 4m의 문주(800×800) 4개 설치, 기록 · 기념관(600m^2내외)을 단층팔각지붕으로 하고, 전면에는 80m^2내외의 정형연못 2개 설치, 휴식공간(480m^2내외)은 시설물공간과 잔디공간으로 구분하고 파고라(5m×10m) 설치
③ '가' 지역과 '나' 지역은 H=2.2m 사괴석담장과 W=1.2m의 기와지붕 중문 설치
④ '다' 지역 : 추모 기념탑 공간(23m×20m)으로의 진입은 계단과 산책로로 설계하고, 장축은 동서방향, 중심에는 직경 5m의 원형좌대(H=15cm) 설치 후 직경 2m의 스테인레스 기념탑(H=18m) 설치, 주변에 H=3m 군상조형물(1m×2.6m) 2개, 길이 4m의 명각표석 설치
⑤ 다음 수종 중 적합한 수종 13종 이상으로 배식설계

보기

소나무, 잣나무, 주목, 측백나무, 갈참나무, 노각나무, 느티나무, 매화나무, 목련, 물푸레나무, 산딸나무, 산수유, 수수꽃다리, 은행나무, 자작나무, 태산목, 눈향나무, 개나리, 남천, 무궁화, 백철쭉, 진달래, 협죽도, 잔디

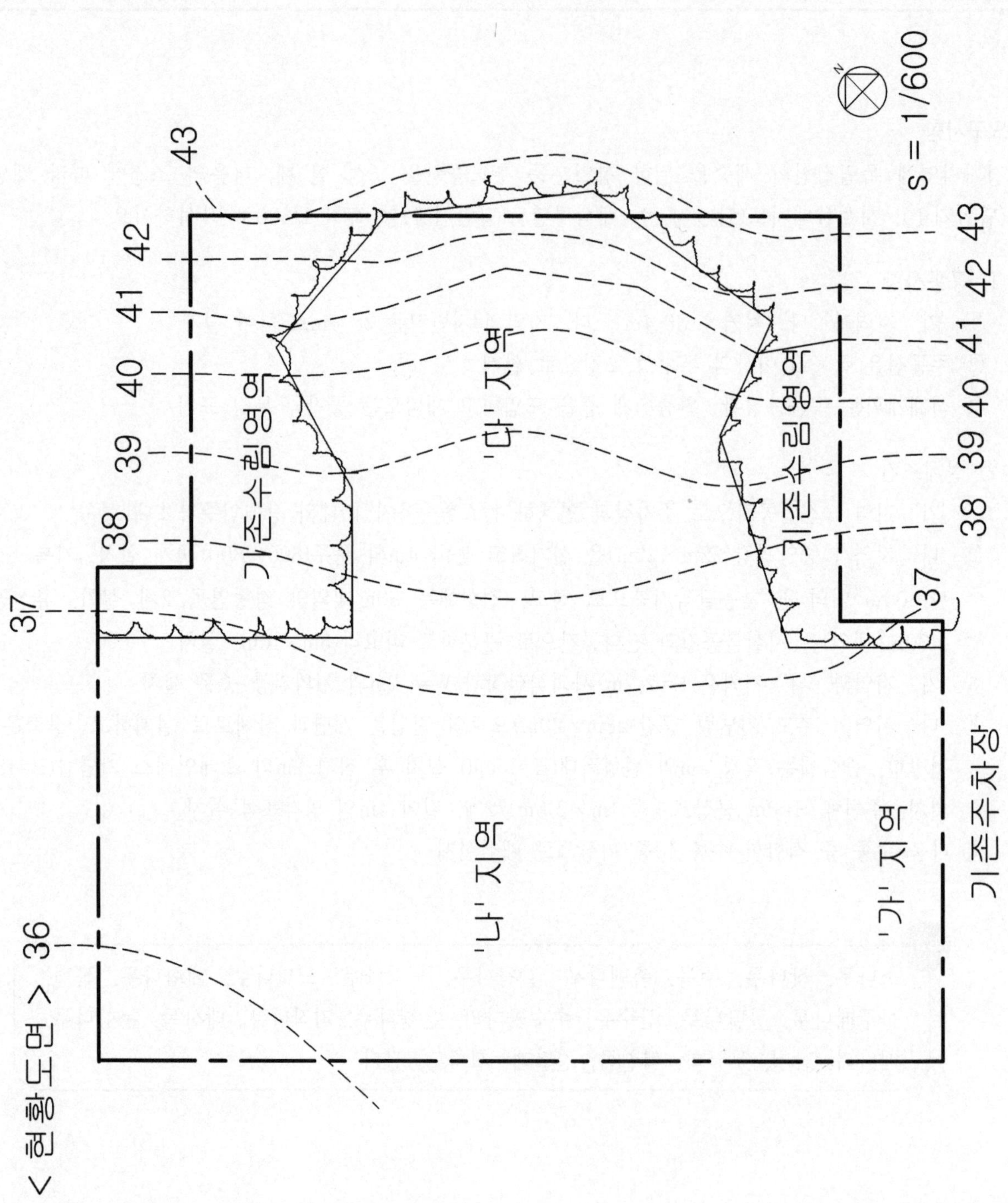
< 현황도면 >
36
37
38
39
40
41
42
43
기존수림영역
'다' 지역
'나' 지역
'가' 지역
기존주차장
s = 1/600

대상지 I	
개념도	
범례	
(symbol)	공간
(symbol)	동선
(symbol)	완충녹지
(symbol)	경관녹지
(symbol)	녹음녹지

N

S=1/300

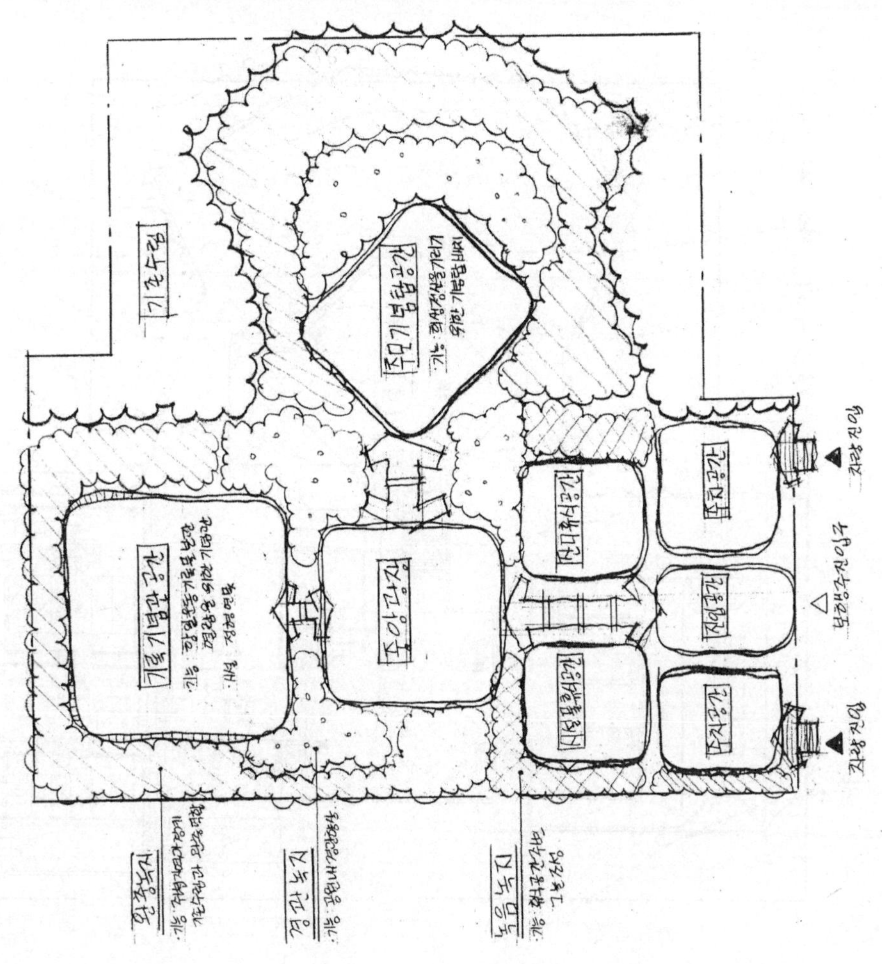

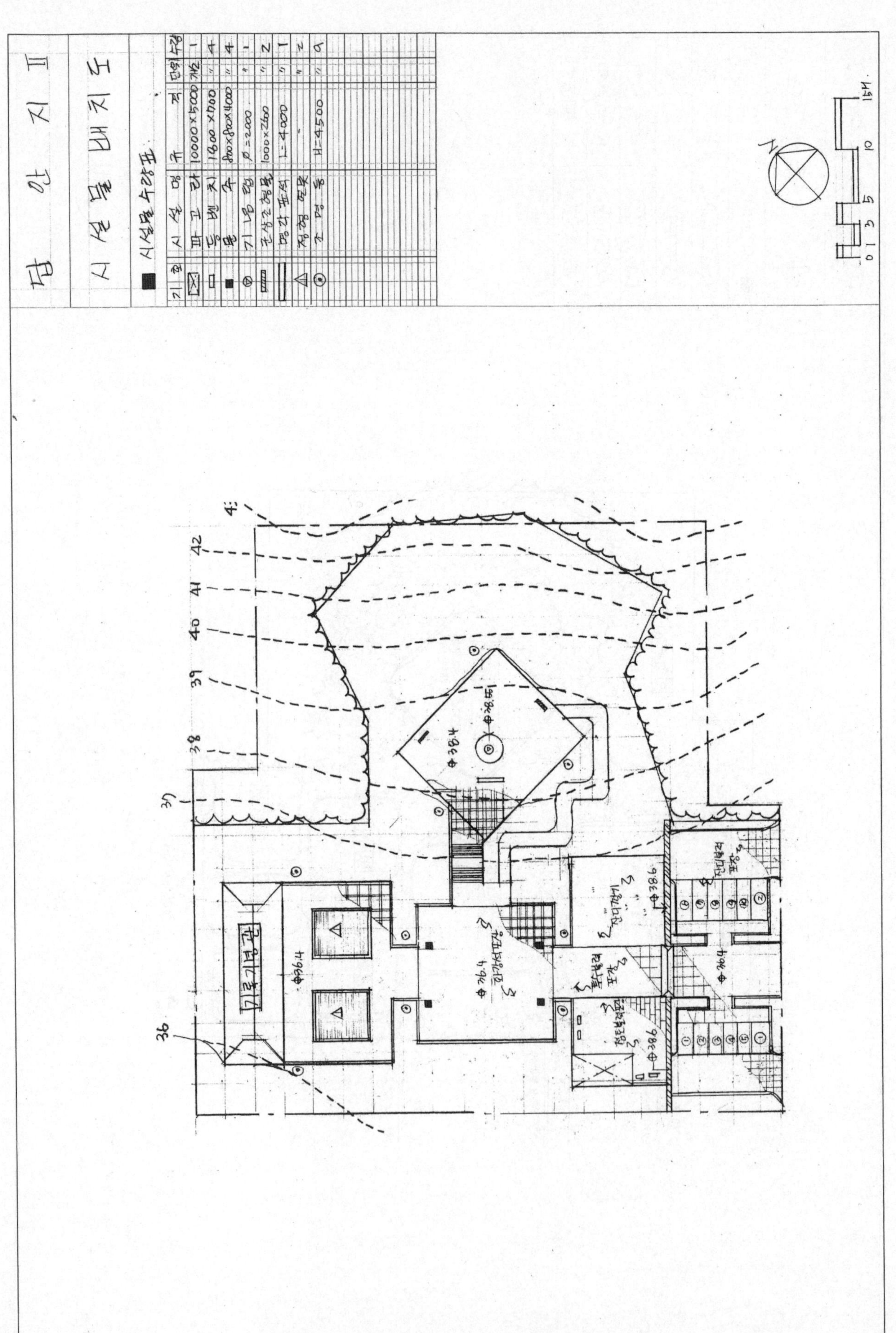
답 안 지 Ⅱ
시설물 배치도
■ 시설물수량표
36
37
38
39
40
41
42
43

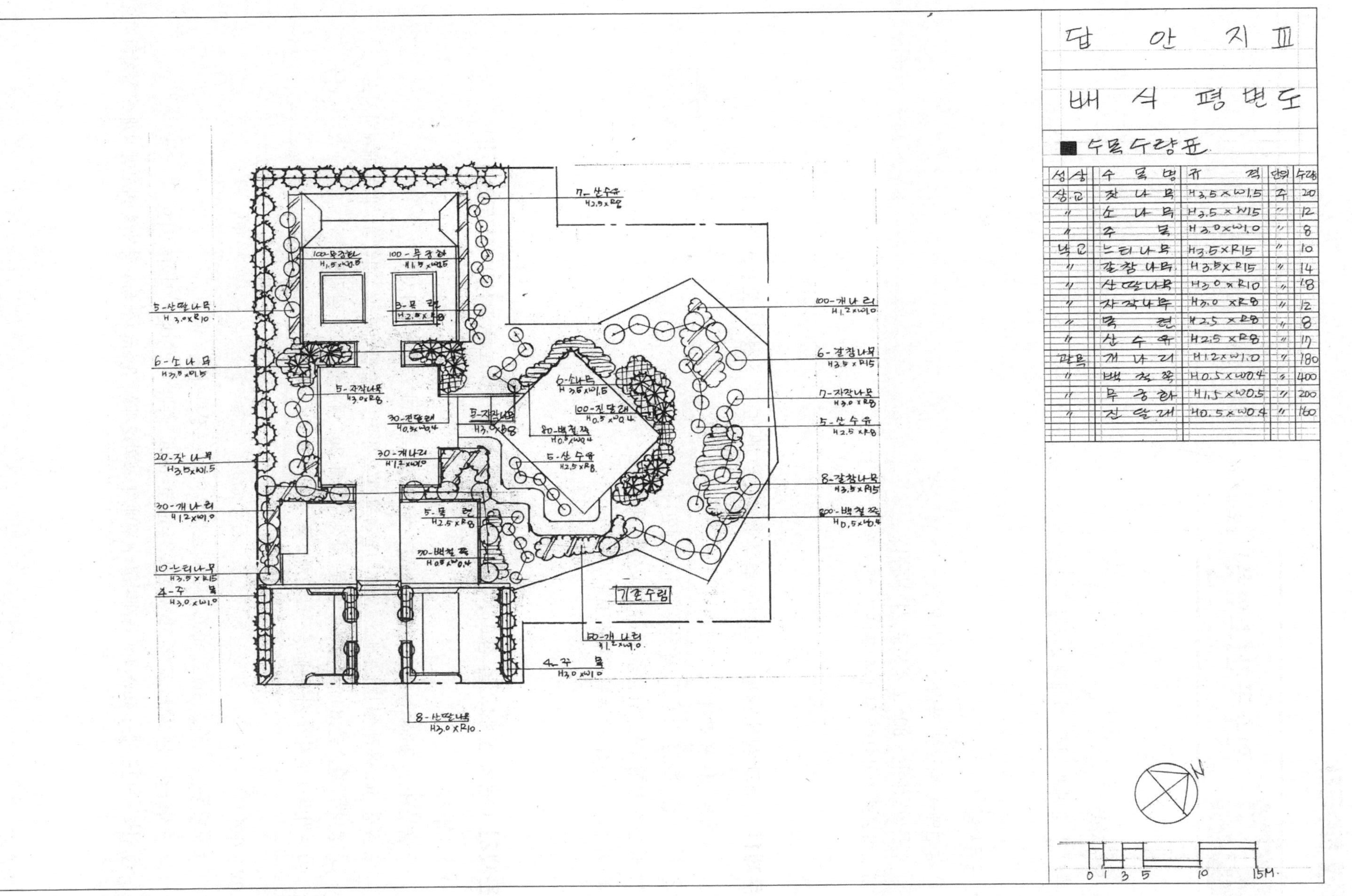

성상	수목명	규격	단위	수량
상교	잣나무	H3.5×W1.5	주	20
〃	소나무	H3.5×W1.5	〃	12
〃	주목	H3.0×W1.0	〃	8
낙교	느티나무	H3.5×R15	〃	10
〃	갈참나무	H3.5×R15	〃	14
〃	산딸나무	H3.0×R10	〃	18
〃	자작나무	H3.0×R8	〃	12
〃	목련	H2.5×R8	〃	8
〃	산수유	H2.5×R8	〃	17
관목	개나리	H1.2×W1.0	〃	180
〃	백철쭉	H0.5×W0.4	〃	400
〃	무궁화	H1.5×W0.5	〃	200
〃	진달래	H0.5×W0.4	〃	160

20 친수공간

59 친수공간(소연못) [조경기사 2015년(1회), 2020년(4회) 기출]

■ 요구사항

주어진 도면과 같은 설계대상지에 친수공간(소연못)을 조성하려고 한다. 지역은 남부지방으로

■ 공통사항

1) 동선에는 적당한 포장을 하시오.
2) 연못의 깊이는 80cm 정도로 설계하시오.
3) A지역과 B지역의 경계에 통나무 휀스를 설치하시오.

[문제1] 다음의 설계조건을 참고하여 축척 1/300로 개념도를 작성하시오.(답안지 I)

1) A지역은 친수공간이다.
2) B지역은 수경휴식공간, 주차공간을 설계한다.
3) 동선은 보행동선, 관찰동선, 주차동선을 계획한다.
4) 식재는 완충식재, 녹음식재를 도입한다.

[문제2] 다음의 설계조건을 참고하여 축척 1/300로 시설물배치도를 작성하시오.(답안지 II)

1) A지역
   ① 흙무덤을 경유하는 관찰 및 산책로를 폭 2m의 목재데크로 설치하시오.
   ② 직경 5m 육각전망대 1개소, 35m^2 완충공간 2개소, 학습안내판 2, 횟대 10개를 배치하시오.
   ③ 통나무 휀스를 80cm 높이로 연못 가장자리에 2m 여유를 두고 설치하시오.
   ④ A지역과 B지역 사이에 경사로 2개소를 설치하고 길이를 쓰시오.

2) B지역
   ① 보행동선은 폭을 3m로 하고 콘크리트블록으로 포장하시오.
   ② 주차출입구는 2개소로 하고 차로폭은 6m로 하며, 승용차 18대로 설치하시오.
   ③ 연못 주변부에는 4m×4m 목재파고라(평벤치 포함)2개소, 3.5m×3.5m 평상형 파고라 2개소 설치하시오.

[문제3] 흙무덤을 지나는 C-C′ 단면도를 축척 1/200로 작성하시오.(답안지 Ⅱ)

[문제4] 아래 사항을 참고로 축척 1/300로 배식평면도를 작성하시오.(답안지 Ⅲ)

① 연못에는 수생식물(수련 등)3종 이상, 20% 정도로 피복률로 식재하시오.

② A지역 8.5m 이하에는 초화류(금계국, 벌개미취 등) 3종이상, 50% 정도의 피복률로 식재하시오.

③ A지역 8.5m 이상에는 관목(진달래, 갯버들 등) 3종 이상, 교목은 남부수종 2종이상으로 포함하여 5종 이상 식재하시오.

④ B지역에는 교목3종 이상, 관목 2종 이상 식재하시오.

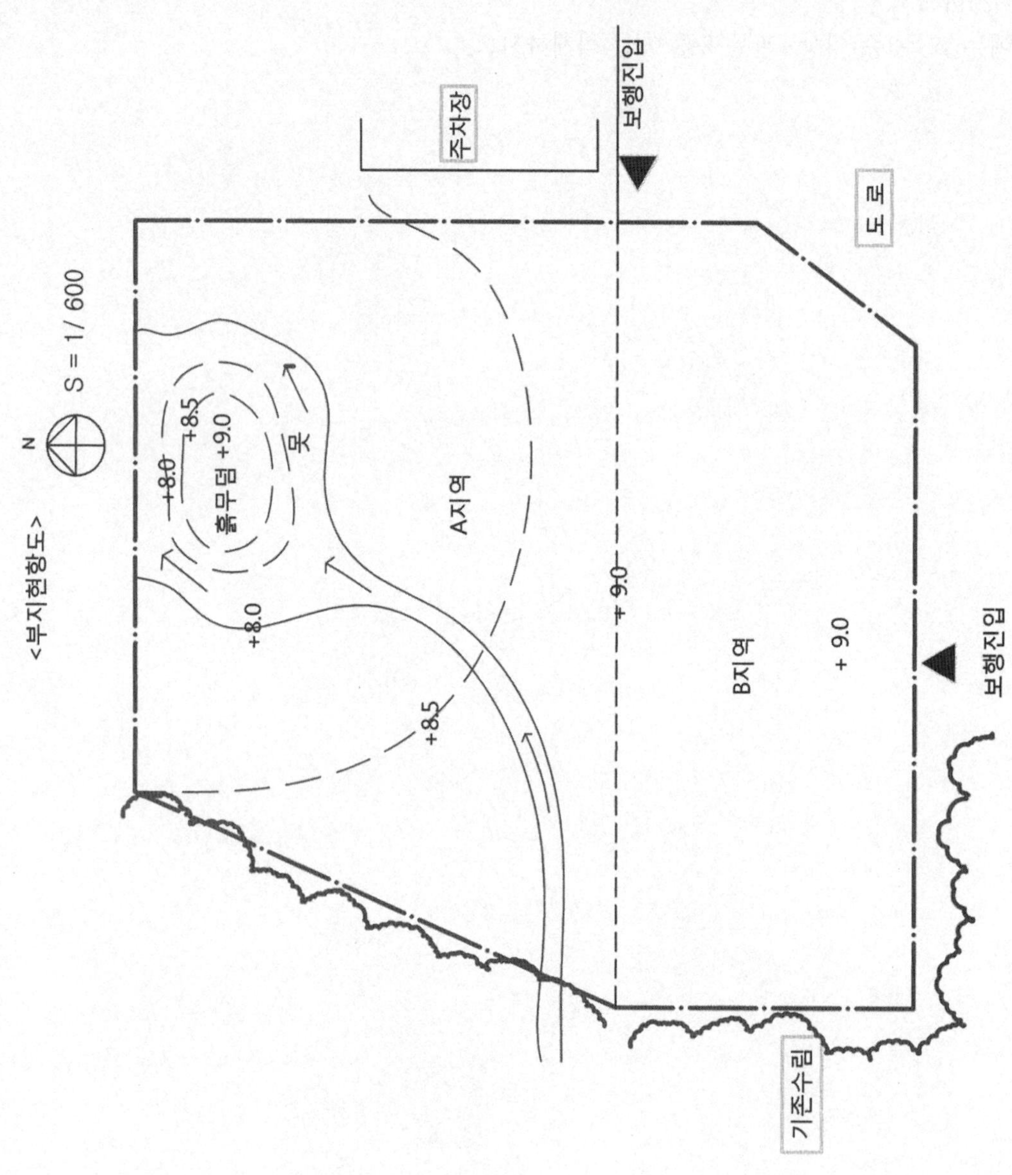

<부지현황도>
N
S = 1/ 600
주차장
보행진입
도 로
흙무덤 +9.0
+8.5
+8.0
못
A지역
+8.0
+8.5
+ 9.0
B지역
+ 9.0
보행진입
기존수림

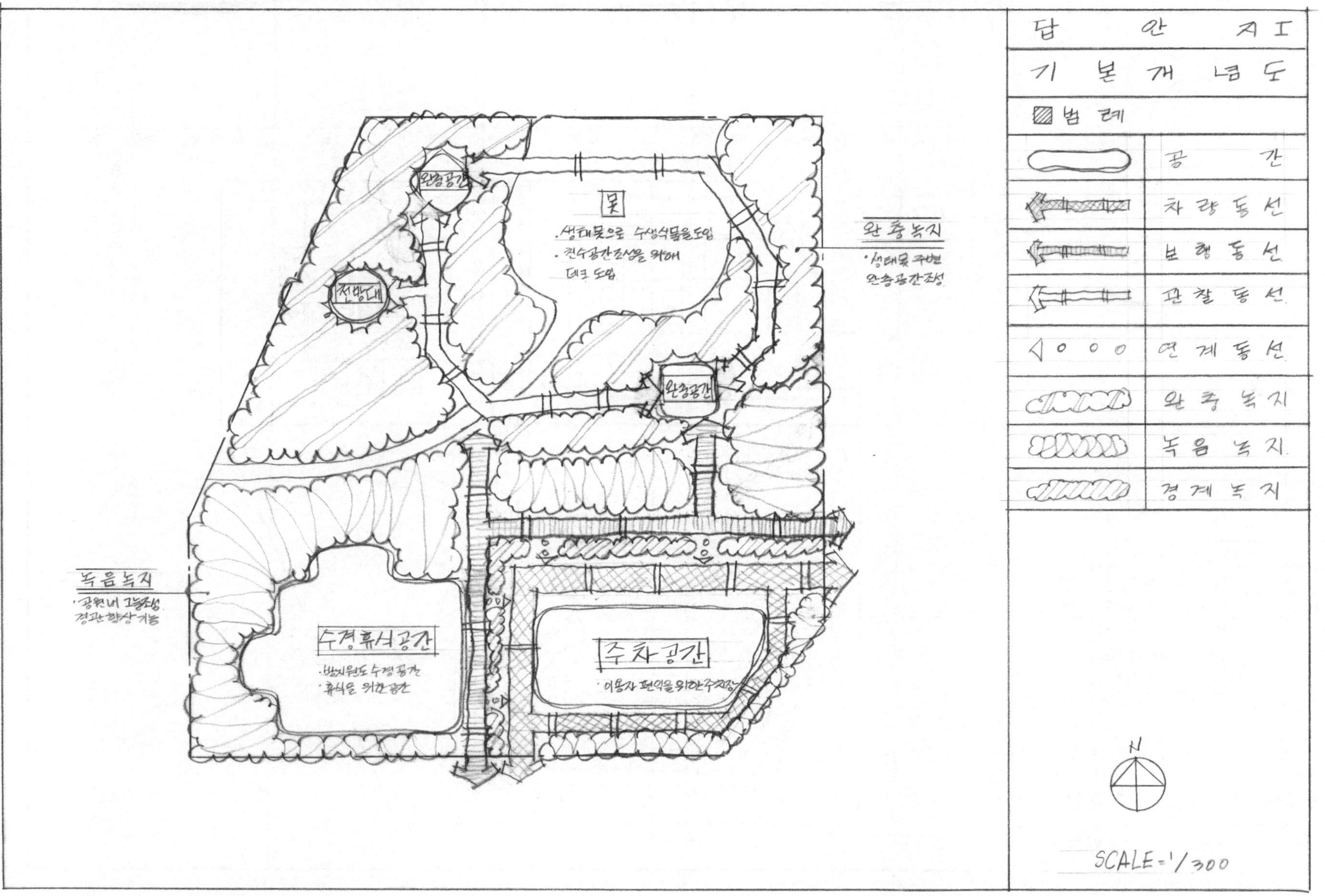
답안지
기본개념도
범례
공간
차량동선
보행동선
관찰동선
연계동선
완충녹지
녹음녹지
경계녹지
못
·생태못으로 수생식물을 도입
·친수공간조성을 위해 데크 도입
완충공간
전망대
완충녹지
·생태못 주변 완충공간조성
녹음녹지
·공원내 그늘조성
경관향상 기능
수경휴식공간
·분지원도 수경공간
·휴식을 위한 공간
주차공간
·이용자 편익을 위한 주차장
N
SCALE=1/300

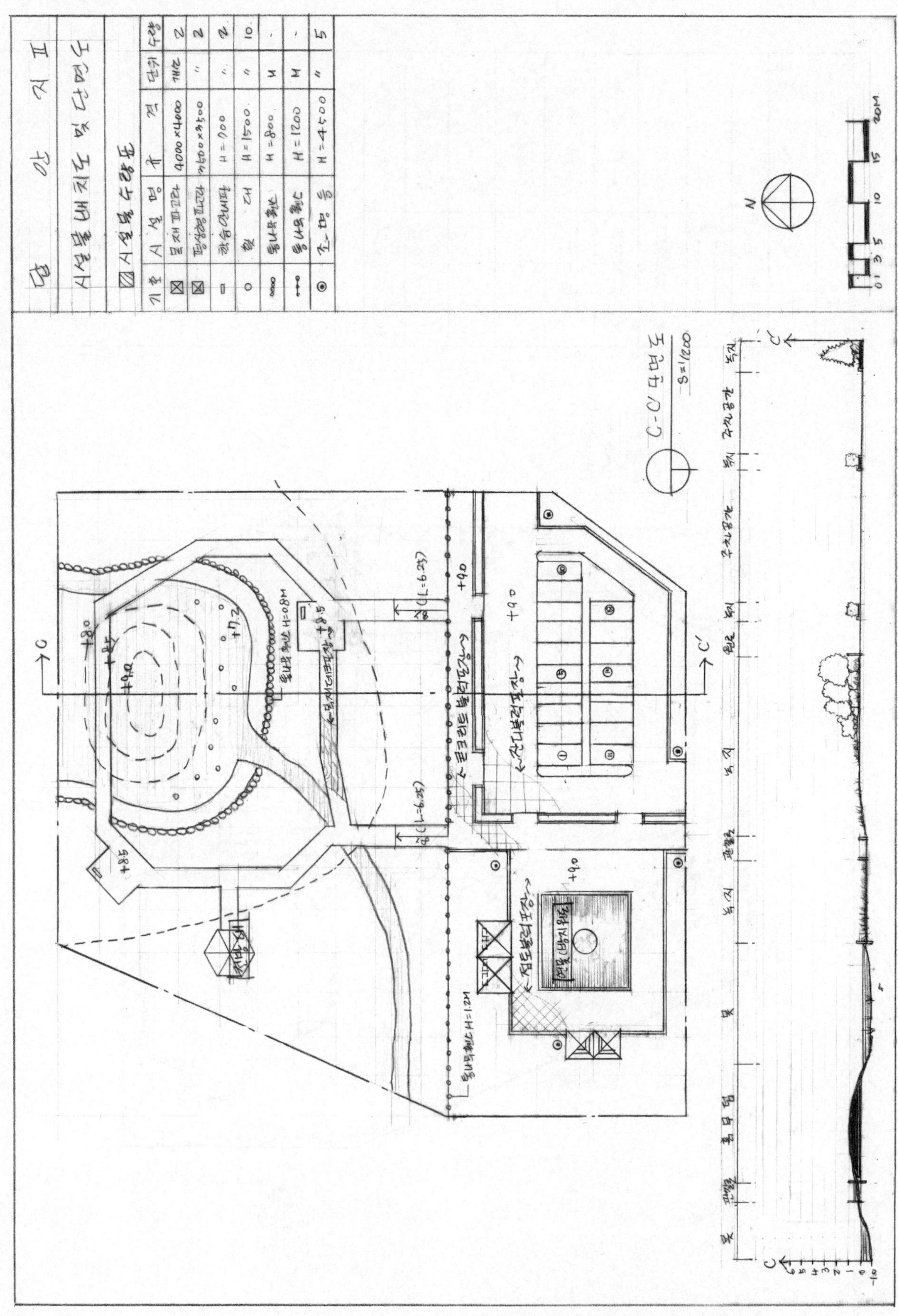

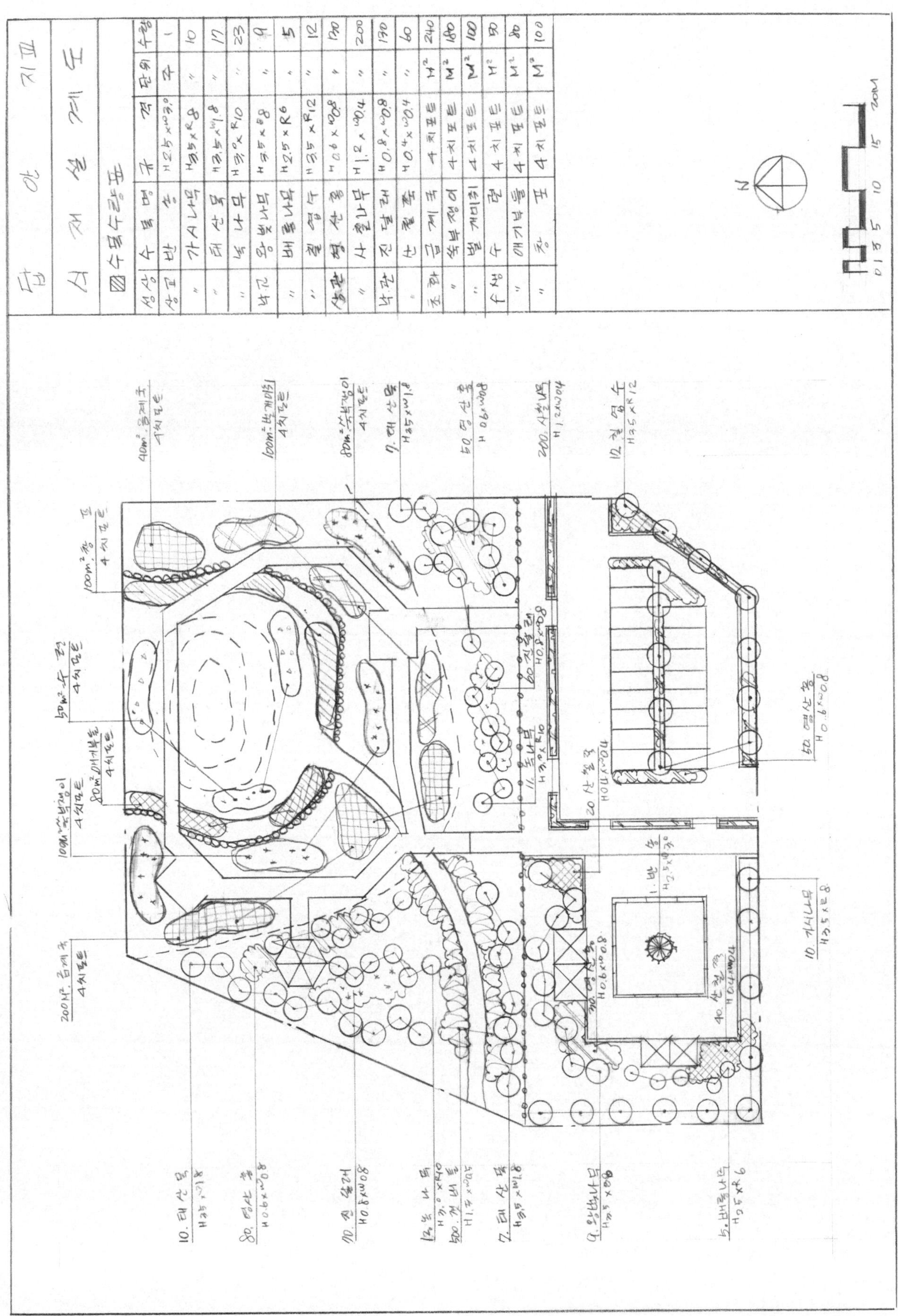
답안지 Ⅲ
식재설계도

제2편

조경실기 복합형

2-1 조경 필답형

01 조경실기-필답형

1 | 조경의 개념 및 영역

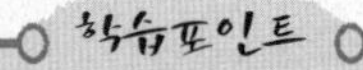

•조경분야 시대별추이와 도시계획이론(하워드의 전원도시론, 페리의 근린주구 이론)에 대한 이해와 암기가 요구된다.

1 조경의 개념

① 자연의 보존과 관리를 고려하면서 쾌적한 환경을 조성하는 기술

② 외부공간을 취급하는 계획 및 설계전문분야, 토지를 미적, 경제적으로 조성하는데 필요한 기술과 예술의 종합된 실천과학, 인공적 환경의 미적특성을 다루는 전문분야

2 조경의 수행공간

① 공원과 휴양공간, 상징조형물 공간, 가로경관 및 공공공간, 도로공간 및 가로시설, 정원 및 수목원, 안전을 고려한 공간설계, 휴양시설 공간, 연구시설공간, 교육공간, 치료정원, 역사공간의 보전과 복원, 복구, 보전, 복합 공간 및 상업공간, 경관예술 및 토지 조각, 실내조경

② 조경에서는 공공 공개 공간(public open space)으로서의 옥외공간에 주된 관심을 가져 왔다.

3 조경가의 역할(M. Lauie)

조경계획 및 평가 → 단지계획 → 조경설계

4 조경분야의 시대별 추이

1960년대 환경 생태적 관심 → 1970년대 인간행태에 관심 → 1980년대 인간의 생태 · 행태 · 미적에 관심 → 1990년대 포스트모더니즘(Post-modernism)영향으로 기능적 공간적 공간구성에 더해 개인적 경험을 강조하는 장소성에 대한 관심이 고조 됨

5 도시계획이론

① 고대의 도시계획 : 계획가는 히포데이무스로 밀레토스에 격자형 도시계획을 함

② 현대의 도시설계

<table>
<tr><th>이론</th><th>주창자</th><th>특징</th></tr>
<tr><td>전원
도시론</td><td>하워드</td><td>• 대도시인구분산을 위한 소도시론이며 자족적 자립도시
• 도시-전원-전원도시로 도시와 농촌의 장점을 결합
• 계획내용
- 인구 규모는 3만 2천명수용, 시가지 약 400ha
- 방사형 모양 계획으로 중심부에 공공시설, 중간지역에는 주택과 학교, 외곽지역엔 공장, 창고, 철도
- 도시의 물리적 확장을 제한하기 위해 도시 외곽에 넓은 농업용 토지를 배치하며, 토지는 모두 공유함
- 시민 경제 유지를 위한 공업지대 보유
- 상·하수도, 전기, 가스, 철도 등 공공 공급시설은 도시 자체에서 해결
- 대도시와는 대량 교통으로 연결
• 계획도시 레치워드(1903년, 최초전원도시), 웰윈</td></tr>
<tr><td>근린주구
이론</td><td>페리
(C.A
Perry)</td><td>• 사회적 밀도 측면(초등학교 인구규모)에서 설계
• 근린주구에서 편리성, 쾌적성, 주민들간의 사회적 교류를 도모
• 근린주구 형성 원칙
<table>
<tr><td rowspan="3">규모
(Size)</td><td>주거단위</td><td>1개의 초등학교 인구규모</td></tr>
<tr><td>근린의
규모</td><td>약 65ha, 거주민 5~6천명, 학생 1~2천명을 수용하는 초등학교</td></tr>
<tr><td>물리적인
크기</td><td>반경 1/4mile(약 400m)</td></tr>
<tr><td colspan="2">주구의 경계
(Boundary)</td><td>• 4면의 간선도로에 의해 구획
• 주구 내 통과교통 방지하며, 차량 우회 가능한 간선도로 계획</td></tr>
<tr><td colspan="2">내부 가로체계
(interior Streets)</td><td>순환교통 촉진, 통과교통 배제(cul-de-sac)</td></tr>
<tr><td colspan="2">오픈스페이스
(Open Space)</td><td>• 주민의 일상생활 충족을 위한 소공원, 레크리에이션 체계 구축
• 소공원, 위락공간 약10% 확보</td></tr>
<tr><td colspan="2">공공시설
(Institution)</td><td>학교와 교회 등은 주구 중심부에 적재적소에 통합배치</td></tr>
<tr><td colspan="2">상업시설
(Shopping District)</td><td>• 주구 내 서비스 가능한 근린점포 등을 1 개소 이상 설치
• 상점가를 주요도로의 결절점(코너)에 배치</td></tr>
</table></td></tr>
<tr><td>라드번
시스템</td><td>라이트와
스타인</td><td>• 하워드의 이론을 계승하여 미국에 전원도시 건설
• 뉴저지의 420ha 토지에 계획(인구팽창과 주거 환경 개선 대책)
• 인구 2만 5천명 수용
• 슈퍼블럭, 통과교통배제, 보·차도 분리, 쿨데삭, 오픈스페이스(30%)</td></tr>
</table>

예 제 1

조경가의 역할(M. Lauie)의 3단계를 쓰시오.

정답 조경계획 및 평가 → 단지계획 → 조경설계

예 제 2

다음에서 〈보기〉설명하는 도시이론의 주창자와 도시이론을 쓰시오.

<보기>
- 대도시인구분산을 위한 소도시론이며 자족적 자립도시
- 인구 규모는 3만 2천명수용
- 방사형 모양 계획으로 중심부에 공공시설, 중간지역에는 주택과 학교, 외곽지역엔 공장, 창고, 철도
- 도시의 물리적 확장을 제한하기 위해 도시 외곽에 넓은 농업용 토지를 배치하며, 토지는 모두 공유함

정답 하워드의 전원도시론

2 | 조경계획의 과정

학습포인트

- 조경계획의 접근방법과 조경계획 수립과정과 설계안의 특성과 발달과정, 이용후평가사항에 대한 이해와 암기가 요구된다.

1 조경계획의 접근방법

① 토지이용계획으로서의 조경계획
- Lovejoy 정의 : 토지은 가장 효율적 계획이라고 함
- Hackett의 정의 : 경관적 측면에서 토지이용을 결합

② 레크레이션계획으로서의 조경계획 (S. Gold)

자원접근법	• 공급이 수요를 제한, 자연공원계획에 적용
활동접근법	• 공급이 수요를 창출, 대도시주변 계획 • 과거의 레크레이션 참가 사례가 레크레이션 수요를 결정함
경제접근법	비용 · 편익분석에 의한 방법, 지역사회의 경제적 기반이나 예산규모가 결정
행태접근법	이용자의 행동패턴에 맞춰 계획
종합접근법	네가지 접근법의 긍정적 측면만 취함

예 제 1

레크레이션 계획으로서의 조경계획의 종류5가지를 쓰시오.

정 답 자원접근법, 활동접근법, 경제접근법, 행태접근법, 종합접근법

예 제 2

다음 보기에서 설명하는 레크레이션 계획의 접근법은?

<보기>
- 공급이 수요를 창출, 대도시주변 계획
- 과거의 레크레이션 참가 사례가 레크레이션 수요를 결정함

정 답 활동접근법

2 레크리에이션 계획으로서의 조경계획

① 여가 시간에 행하는 레크리에이션을 그에 적합한 공간 및 시설에 관련시키는 계획
② 노동 후의 정신과 육체를 새롭게 하는 것, 기분전환, 놀이 등
③ 사회 계획으로서의 레크리에이션의 개념(사회 · 심리적 측면)
- 마슬로우(Maslow) 의 욕구 위계 단계 : 욕구가 인간행동에 일차적인 영향을 준다는 가설
- 기초욕구 → 안전욕구 → 소속감 → 자아지위 → 자아실현

3 조경계획의 수립과정

① 목표 → 기준 및 방침모색 → 대안작성 및 평가 → 최종안 결정 및 시행
② 세부 수립과정

<table>
<tr><td rowspan="3">목표</td><td>자연환경 분석</td><td>물리생태적접근
환경생태학</td><td rowspan="3">종합
(관련법규검토)</td><td rowspan="3">기본구상
(다이어그램, 대안 작성)</td><td rowspan="3">기본계획
• 토지이용계획
• 교통동선계획
• 시설물배치계획
• 식재계획
• 하부구조계획
• 집행계획</td><td rowspan="3">기본 설계</td><td rowspan="3">실시 설계</td></tr>
<tr><td>경관 분석</td><td>시각미학적접근
환경미학</td></tr>
<tr><td>인문환경 분석</td><td>사회행태적접근
환경심리학</td></tr>
</table>

예 제 1

조경계획의 접근방법 3가지를 쓰시오.

정답 물리생태적 접근, 시각미학적 접근, 사회행태적 접근

예 제 2

조경계획과정에서 분석의 종류3가지를 쓰시오.

정답 자연환경분석, 경관분석, 인문환경분석

예 제 3

조경계획의 수립과정을 쓰시오.

정답
- 목표 → 기준 및 방침모색 → 대안작성 및 평가 → 최종안 결정 및 시행
- 목표 → 분석 → 종합 → 기본구상 → 기본계획 → 기본설계 → 실시설계

예 제 4

조경기본계획 시 세부계획에 대해 쓰시오.

정답 토지이용계획, 교통동선계획(동선계획), 시설물배치계획, 식재계획, 하부구조계획, 집행계획

4 계획과 설계의 구분

계획	설계
• 목표 → 자료분석 → 기본계획 • 문제의 발견과 분석 • 논리적 · 객관적으로 접근	• 기본설계 → 실시설계 • 문제의 해결과 종합에 관련 • 주관적 · 직관적 · 예술성강조

5 설계안의 특성

규범적인안	권위주의적인 안, 현재의 여건을 고려하지 않음
최적안	모든 요구조건을 최대로 만족시킬 수 있는 안
만족스러운안	주어진 시간과 비용에 의해 얻을 수 있는 최선의 안
혁신적인안	창조적인안

6 설계안의 발달과정

제1세대	체계적과정	설계과정에 관심, 체계적과정이 확립
제2세대	참여설계	설계과제에 관심, 설계행위에 관심, 이용자와 설계자가 토론 후 설계안 마련, 비전문가의 주도로 설계안작성이 어려움
제3세대	예측과 반박	전문가의 전문성과 필요성 다시 인정하게 됨, 피드백
제4세대	순환적과정	이용 후 평가

7 평가

사전검토	• 도시관리계획 환경성 검토 : 국토의 계획 및 이용에 관한 법률 • 토지적성평가 : 국토의 계획 및 이용에 관한 법률
영향평가	• 환경영향평가 (미리 평가하여 환경영향을 최소화함) – 관련법 : 환경영향평가법 – 전략환경영향평가, 소규모환경영향평가, 환경영향평가 – 대기환경 · 수환경 · 토지환경 · 자연생태환경 · 생활환경 · 사회경제분야 • 이용 후 평가 – 개선안을 마련함과 동시에 다음의 유사한 프로젝트에 기초자료로 이용하고자 함 (순환적 과정) – Friemann의 옥외공간의 평가 : 물리사회적환경, 이용자, 설계과정, 주변환경

예 제 1

설계안의 특징을 설명한 내용이다. 빈칸을 채우시오.

<보기>

체계적과정 → (㉠) → 예측과 반박 → (㉡)

정답 ㉠ 참여설계, ㉡ 순환적 과정(순환과정)

예 제 2

'주어진 시간과 비용에 의해 얻을 수 있는 최선의 안'이라는 설계안을 쓰시오.

정답 만족스러운 안

예 제 3

Friemann의 옥외공간의 이용 후 평가 시 평가항목 4가지를 쓰시오.

정답 물리사회적환경, 이용자, 설계과정, 주변환경

학습포인트

3 | 자연환경조사

•식생 조사법과 토양도의 종류, 토성에 대한 이해와 암기가 요구된다.

식생	표본조사법	• 쿼트라트법, 접선법, 포인트법, 간격법 • 군락측도 : 빈도, 밀도, 수도, 피도, 우점도 → 우점종파악 • 빈도(frequency) = $\frac{\text{어떤 종의 출현 쿼드라트수}}{\text{조사한 총 쿼드라트수}} \times 100(\%)$ • 밀도(density) = $\frac{\text{어떠한 종의 개체수}}{\text{조사한 모든 개체수}} \times 100(\%)$ • 수도(abundance) = $\frac{\text{어떤 종의 총 개체수}}{\text{어떤 종의 출현한 쿼드라트수}}$ 또는 평균 개체수 = $100 \times \frac{D(\text{밀도})}{F(\text{빈도})}$ • 피도(coverage) = $\frac{\text{어떤종의피도}}{\text{모든종의피복율}}$
	녹지자연도	• 0등급 10등급(11등급), 1/50,000지도로 지형도상에 1km 간격 정방형격자로 현지조사를 통하여 판정함 • 0등급 수역, 1~3등급(개발지),4~7등급(개발가능지), 8등급~10등급(보전지역)
	생태자연도	• 자연환경의 생태적 가치, 자연성, 경관적가치 등을 구분 • 법적근거 : 자연환경보전법 • 1/25,000 지도 • 등급별 기준 : 1등급, 2등급, 3등급, 별도 관리지역 • 생태자연도 작성지침 평가항목 : 식생, 멸종위기 야생생물, 습지 지형
토양	토양도종류	• 개략토양도 : 1/50,000 • 정밀토양도 : 1/25,000, 토양군, 토양통(동일모재로부터 발달, 지명명), 토양구, 토양상 – 영문부호 $S_o C 2$: 송정 양토, 침식이 있는 7~15%경사 → S_o : 토양통 및 토성, C : 경사도, 2 : 침식정도 • 간이산림토양도 : 1/25,000
	토양단면	• O층(유기물층) – A층(표층, 용탈층) – B(집적층) – C(모재층) • 표층 : 광물 토양의 최상층으로 외계와 접촉되어 그 영향을 받는 층, 흑갈색이며 식물에 필요한 양분이 풍부하여 식물의 뿌리가 왕성하게 활동하고 있는 층
	토성	• 토성 : 토양의 물리적성질, 토양입자의 크기에 따라 모래, 점토, 미사로 분류 • 물리적 특성 : 토성(土性), 토양입단, 토양경도, 토양구조, 밀도 및 삼상, 토양온도 등으로 분류 • 화학적 특성 : 토양의 산도, 염류, 염기포화도, 전기전도도, 양이온 치환능력
	토양구조	입상 · 떼알구조

<table>
<tr><td rowspan="1">토양</td><td>토양수분</td><td>• 결합수 → 흡습수 → 모관수 → 중력수
• 모관수
– 흡습수의 둘레에 싸고 있는 물
– 토양공극 사이를 채우고 있는 수분으로 식물유효수분
– pF(potential Force) 2.7~4.2범위</td></tr>
<tr><td rowspan="3">지형</td><td>거시적파악</td><td>• 계획단위이며 윤곽결정, 자연조건의 개략조사 단계
• 지역주변, 지역연관성, 위치(경계)</td></tr>
<tr><td>미시적파악</td><td>계획구역의 도면표시, 산정과 계곡 능선의 흐름조사, 등고선의 간격검토</td></tr>
<tr><td>경사도분석</td><td>$경사도 = \frac{수직거리(등고선간격)}{수평거리(등고선간의 평면거리)} \times 100$</td></tr>
<tr><td>수문</td><td>수지형발달</td><td>화강암질의 영향으로 발달</td></tr>
<tr><td rowspan="2">기후</td><td>지역기후</td><td>지역의 일조량, 강우량, 풍속 등</td></tr>
<tr><td>미기후</td><td>• 국부적인 장소에 나타나는 기후가 주변기후와 현저히 달리 나타날 때
• 알베도(표면에 닿은 복사열이 흡수되지 않고 반사되는 비율), 쾌적기후, 일조, 안개와 서리</td></tr>
<tr><td>원격탐사</td><td colspan="2">• 항공기나 인공위성 등을 이용하여 땅위의 것을 탐사
• 단시간내정보수집, 재현가능, 심층부의 정보는 간접적으로 얻음
• 종중복(60%), 횡중복(30%)</td></tr>
</table>

예 제 1

자연환경을 생태적 가치, 자연성, 경관적 가치 등에 따라 등급화하여 1/25,000로 작성된 도면을 무엇이라고 하는가?

정 답 생태자연도

예 제 2

조경계획에서 식생 분석을 위하여 식물군락의 자연성을 등급화한 지도는?

정 답 녹지자연도

예 제 3

생태자연도 작성지침 시 평가항목 4가지는?

정답 식생, 멸종위기 야생생물, 습지, 지형

예 제 4

토양단면의 토양층의 수직적 분포에 대해 쓰시오.

정답 유기물층 → 용탈층 → 집적층 → 모재층 → 암반층

예 제 5

토양의 물리적 특성에 해당되는 특성은 3가지 이상 쓰시오.

정답 토성(土性), 토양입단, 토양경도, 토양구조, 밀도 및 삼상, 토양 온도 등

예 제 6

표면에 닿은 복사열이 흡수되지 않고 반사되는 비율을 나타내는 용어는?

정답 알베도

학습포인트

4 | 경관조사

•경관조사기법과 경관평가시 척도유형과 경관평가 방법에 대해 알아야한다.

경관조사기법	기호방법	기호를 이용해서 분석 도면작성, Lynch분석
	심미적요소계량화	Leopold의 스코틀랜드 계곡경관의 평가로 특이성값의 크기 계산
	메쉬분석방법	일정한 간격으로 구획한 도상분석, 종합하여 경관의 질을 평가
	시각회랑에 의한 방법	Litton의 산림경관분석 • 거시경관 : 파노라믹경관(전경관), 지형경관(천연미적경관), 위요경관, 초점경관 (구심적경관) • 세부경관 : 관개경관(터널적/캐노피경관), 세부경관, 일시적경관
		• 경관의 우세요소 : 형태, 선, 색채, 질감 • 경관의 우세원칙 : 대조, 연속성, 축, 집중, 상대성, 조형 • 변화요인 : 운동, 빛, 기후조건, 계절, 거리, 관찰위치, 규모, 시간
		• 시각회랑설정, 경관관찰점설정(LCP : 전경, 중경, 배경의 조망점선정)
	사진에 의한 분석	• 항공사진으로 분석 • 쉐이퍼모델(자연경관에서의 시각적 선호에 관한 계량적 예측)
경관평가	척도유형	• 명목척, 순서척, 등간척(리커드, 어의구별척), 비례척
	측정방법	• 형용사목록법, 카드분류법, 어의구별척, 리커드척도, 순위조사, SBE방법, 쌍체비교법 • 어의구별척 : 경관에 대한 의미의 질 및 강도를 밝히기 위해 형용사의 양극 사이를 7단계로 나누고 평가자가 느끼는 정도를 표시 • 리커드척도 : 응답자의 태도나 가치를 측정하는 조사로 보통 5점척도가 사용됨

예 제 1

Litton의 산림경관분석 분석시 거시경관 4가지는?

정답 파노라믹경관(전경관), 지형경관(천연미적경관), 위요경관, 초점경관(구심적경관)

예 제 2

Litton의 산림경관분석 분석 시 경관의 우세요소는?

정 답 형태, 선, 색채, 질감

예 제 3

경관측정 시 응답자의 태도나 가치를 측정하는 조사로 보통 5점척도가 사용되는 측정방법은?

정 답 물리커드 척도

5 | 인문환경조사

학습포인트

- 인문사회환경조사 시 수요량산정 방법과 동시수용력에 대해 이해하고 계산할 수 있어야 한다.

구분	항목	내용
인문·사회환경조사	조사내용	• 인구, 토지이용조사, 교통조사, 시설물조사, 역사적유물조사, 인간행태
	수요량산정	• 시계별모델 : 예측연도가 단기간, 환경조건변화가 적은 경우 • 중력모델 : 대단지에 단기예측 • 요인분석모델 : 과거의 이용 추세로 추정 • 외삽법 : 선례가 없는 경우 비슷한 곳 대신 조사 • 예측방법 정성적 예측: 델파이 예측법, 전문가 판단모형, 시나리오 설정법 정량적 예측: 인과모형, 공간상호작용모형, 시계열분석법
	공간의 수요량계획 수용력	• 내용 : 원수, 최대일률(계절집중률), 회전율(시간집중률), 최대일이용자수, 최대시 이용자수 • 표준단위 규모 동시수용력(M) = 연간이용자수(Y) × 최대일율(C) × 회전율 × 서비스율 (S : 60~80%) • 수용력 : 어떠한 공간 내에서 본질적인 변화 없이 외부영향을 흡수할 수 있는 능력 생태적 수용력: 자연계 생태적 균형을 깨뜨리지 않는 범위 내에서 또는 대상지역 생태계가 어느 정도 훼손까지 흡수하여 회복할 수 있는 능력에 따라 이용자수 결정 사회적 수용력: 인간이 활동하는데 필요한 육체적, 정신적 필요 공간량

예 제 1

다음 보기에서 설명하는 여가공간의 정성적 추정 방법은?

<보기>
- 장기 수요예측방법의 하나로 관련 분야 전문가들의 경험 있는 의견을 조합하는 방법이다.
- 기본적인 데이터가 부족하거나 계량화하기 어려운 문제에 대해 유용하다.

정답 델파이기법

예 제 2

공간의 수요량 산정방법을 3가지 이상 쓰시오.

정답 시계열모델, 중력모델, 요인분석모델, 외삽법

예 제 3

연간이용자수 50,000명, 최대일률이 1/50, 회전율 1/10, 시설의 이용율이 0.2, 1인당 시설의 단위규모 $10m^2$일 때 시설의 규모는?

정답 50,000명 × 1/50 × 1/10 × 0.2 × 10 = $200m^2$

예 제 4

어떤 공원의 연간 이용객이 300,000명, 최대일률은 1/60, 회전율은 0.5, 서비스율은 0.8이라고 할 때 동시수용력은 몇 명인가?

정답 동시수용력(M) = 연간이용자수(Y) × 최대일률(C) × 회전율 × 서비스율
= 300,000 × 1/60 × 0.5 × 0.8 = 2,000명

학습포인트

6 | 조경계획의 접근방법

• 조경계획의 접근방법 시 물리생태적접근(맥하그 이론), 시각미학적 접근(연속적 경험, 이미지, 시각적 복잡성), 사회행태접근(개인적 공간, 영역성, 셉테드)에 대한 세부 이론을 이해하고 암기해야한다.

1 물리 · 생태적 접근

에너지순환	효율적인 계획과 설계를 통해 낮은 엔트로피 추구
제한인자파악	물리적인자(홍수, 가뭄, 온도, 빛, 양분), 생물적인자(경쟁, 천이, 먹이사슬)
McHarg	• 생태적결정론 (자연+인간) • 적지선정을 위한 도면결합법 사용 : 일정한 지역을 계획목적에 알맞은 용도로 사용하기 위함 • 적지분석 : 그 지역의 고유한 생태적 특성에 미칠 영향을 바탕으로 다양한 후보 지역들의 상대적 가치를 비교 · 분석하고 그들이 갖는 잠재적 가능성과 위험성을 도면에 나타냄

2 시각미학적접근

Berlyne의 미적반응(4단계)	자극탐구 → 선택 → 해석 → 반응	
연속적경험	Thiel	• 연속적경험을 기호화, 장소중심적(도심공간)
	Halprine	• Motation symbol(인간행동의 움직임 표시법) • 진행중심적, 폐쇄성이 낮은곳
	Abernathy, Noe	• 도시내 연속적 경험을 살릴 기법을 연구
이미지	Lynch (환경인식)	• 도시 거시적 이미지형성의 5요소 : 통로 , 모서리, 지역, 결절점, 랜드마크
	Steinitz	• 린치의 이미지를 더욱 발전시켜 컴퓨터 그래픽과 상관계수 분석을 통해 형태와 행위의 일치
시각적복잡성	• 중간정도 복잡성에서 시각적 선호가 높음	
시각적영향	제이콥스 & 웨이	시각적 투과성 높고 복잡성 낮으면 → 시각적 흡수력이 낮고 시각적 영향이 크다. → 개발의 부적지가 된다.
경관의 훼손 가능성	리튼	• 자연경관에 경관훼손가능성 • 훼손가능성이 높은 경관 : 지형경관, 초점경관, 두 개의 서로 다른 요소가 만나는 곳
경관의 가치평가	레오폴드	하천경관 평가, 특이성비 계산
	아이버슨	주요조망점에서 보여지는 지각강도와 관찰횟수를 고려
시각적 선호	변수4가지 : 물리적변수, 추상적변수, 상징적변수, 개인적변수	

3 사회형태적접근

<table>
<tr><td>행태기준설정</td><td colspan="2">• 기능적측면, 생리적측면, 지각적측면, 사회적측면</td></tr>
<tr><td>행태적 분석모델</td><td colspan="2">• PEQI모델, 순환모델, 3원적모델</td></tr>
<tr><td rowspan="2">인간행태</td><td>개인적공간</td><td>Hall
• 친밀한 거리(0~1.5ft) : 아기를 안아주거나 이성간의 가까운 사람들
• 개인적거리(1.5~4ft) : 친한 사람 간의 일상적 대화가 유지 거리
• 사회적거리(4~12ft) : 업무상 대화에서 유지되는 거리
• 공적거리(12ft 이상) : 연사, 배우 등의 개인과 청중 사이에 유지되는 거리</td></tr>
<tr><td>영역성</td><td>• 개념 : Altman 영역성 1차적, 2차적, 공적영역
• 설계응용 : Newman
(아파트 범죄 발생율 높은 이유 연구 : 범죄예방 공간 주장함)
• 셉테드(CPTED,
crime preventionthroughenvironmental design)
– 환경설계를 통한 범죄예방 설계기법을 지칭하며, 도시 시설의 설계 단계부터 범죄를 예방할 수 있는 환경으로 조성하는 기법 및 제도 등을 통칭함
– 감시(조직적 · 기계적 · 자연적), 접근통제(조직적 · 기계적 · 자연적), 공동체 강화(근린교류 활성화)
<table>
<tr><td>실천전략</td><td>설계내용</td></tr>
<tr><td>자연감시</td><td>주변을 잘 볼 수 있고 은폐 장소를 최소화시킨 설계</td></tr>
<tr><td>접근통제</td><td>외부인과 부적절한 사람의 출입을 통제하는 설계</td></tr>
<tr><td>영역성의 강화</td><td>공간의 책임의식과 준법의식을 강화시키는 설계</td></tr>
<tr><td>활동의 활성화</td><td>자연감시와 연계된 다양한 활동을 유도하는 설계</td></tr>
<tr><td>유지관리</td><td>지속적으로 안전한 환경 유지를 위한 계획</td></tr>
</table></td></tr>
<tr><td>혼잡</td><td colspan="2">• 밀도와 관련된 개념
• 유형 : 물리적밀도, 사회적밀도, 지각된밀도</td></tr>
<tr><td>인간행태분석</td><td colspan="2">• 물리적흔적관찰 : 이용의 부산물로 관찰, 저비용, 중요정보를 얻을 수 있음
• 인간행태관찰 : 시간차촬영(Time-Lapse-Camera)
• 인터뷰
• 설문지</td></tr>
</table>

예 제 1

벌라인(Berlyne)이 주장한 인간의 미적 반응(aesthetic response) 과정을 순서대로 바르게 나열하시오.

<보기>

자극해석, 자극선택, 반응, 자극탐구

정 답 자극탐구 → 자극선택 → 자극해석 → 반응

예 제 2

자연과학에 기반하여 인간의 환경적응 문제를 파악하고 새로운 환경창조에 기여하자고 주장한 이안 맥하그(Ian McHarg)의 이론을 쓰시오.

정 답 생태적 결정론

예 제 3

인간의 영역성을 나타내는 Altman의 영역구분 중 사회적 단위 측면으로 분류한 영역을 쓰시오.

정 답 1차적 영역, 2차적 영역, 공적 영역

예 제 4

린치(K. Lynch)가 제시한 도시의 이미지 형성에 기여하는 물리적 요소를 모두 고르시오.

<보기>

ㄱ. 지역(districts) ㄴ. 통로(paths) ㄷ. 상징(symbols)
ㄹ. 결절점(nodes) ㅁ. 장소(place)

정 답 ㄱ, ㄴ, ㄹ

예 제 5

다음과 같은 개인 간의 거리 및 공간에 대한 인간의 행태를 연구한 학자는?

<보기>
개인과 개인 사이에 유지되는 간격을 "개인적 거리"라 하고, 개인 주변에 형성되어 개인이 점유하는 공간을 "개인적 공간"이라 부른다.

정답 Hall

예 제 6

셉티드의 실천전략을 3가지 이상 쓰시오.

정답 자연감시, 접근통제, 영역성강화, 활동의 활성화, 유지관리

예 제 7

인간행태분석 방법에 대해 쓰시오.

정답 물리적흔적관찰, 인간행태관찰, 인터뷰, 설문지

7 | 관련법규

학습포인트

- 용도지역 · 용도지구 · 용도구역 구분과 도시기반시설의 종류, 도시공원의 종류와 공원시설 부지면적, 공원시설 유형별 세부시설, 자연공원의 분류와 용도지구, 건축법의 조경관련사항, 도시숲의 기능별 유형과 정원유형 등에 대해 자세한 내용을 이해하고 암기해야 한다.

1 국토의 계획 및 이용에 관한 법률 : 도시군기본계획 → 도시군관리계획

① 도시관리계획 : 용도지역, 지구, 구역지정과 변경, 기반시설의 설치 정비, 지구단위계획구역 지정

- 용도지역 · 용도지구 · 용도구역구분과 그 안에서의 건폐율과 용적율

<table>
<tr><th colspan="5">구분</th><th>건폐율</th><th>용적율</th></tr>
<tr><td rowspan="21">용도지역</td><td rowspan="16">도시지역</td><td rowspan="6">주거지역</td><td rowspan="2">전용주거</td><td>1종</td><td>50</td><td>50~100</td></tr>
<tr><td>2종</td><td>50</td><td>50~150</td></tr>
<tr><td rowspan="3">일반주거</td><td>1종</td><td>60</td><td>100~200</td></tr>
<tr><td>2종</td><td>60</td><td>100~250</td></tr>
<tr><td>3종</td><td>50</td><td>100~300</td></tr>
<tr><td colspan="2">준주거지역</td><td>70</td><td>200~500</td></tr>
<tr><td rowspan="4">상업지역</td><td colspan="2">중심상업</td><td>90</td><td>200~1500</td></tr>
<tr><td colspan="2">일반상업</td><td>80</td><td>200~1300</td></tr>
<tr><td colspan="2">유통상업</td><td>80</td><td>200~1100</td></tr>
<tr><td colspan="2">근린상업</td><td>70</td><td>200~900</td></tr>
<tr><td rowspan="3">공업지역</td><td colspan="2">전용공업</td><td>70</td><td>150~300</td></tr>
<tr><td colspan="2">일반공업</td><td>70</td><td>150~350</td></tr>
<tr><td colspan="2">준공업</td><td>70</td><td>150~400</td></tr>
<tr><td rowspan="3">녹지지역</td><td colspan="2">보전녹지</td><td>20</td><td>50~80</td></tr>
<tr><td colspan="2">생산녹지</td><td>20</td><td>50~100</td></tr>
<tr><td colspan="2">자연녹지</td><td>20</td><td>50~100</td></tr>
<tr><td rowspan="3">관리지역</td><td colspan="3">보전관리</td><td>20</td><td>50~80</td></tr>
<tr><td colspan="3">생산관리</td><td>20</td><td>50~80</td></tr>
<tr><td colspan="3">계획관리
(다만, 성장관리방안을 수립한 지역의 경우 해당 지방자치단체의 조례로 125% 이내에서 완화하여 적용)</td><td>40</td><td>50~100</td></tr>
<tr><td colspan="4">농림지역</td><td>20</td><td>50~80</td></tr>
<tr><td colspan="4">자연환경보전지역</td><td>20</td><td>50~80</td></tr>
<tr><td>용도지구</td><td colspan="6">경관지구, 고도지구, 방화지구, 방재지구, 보호지구, 취락지구, 개발진흥지구, 특정용도제한지구, 복합용도지구</td></tr>
<tr><td>용도구역</td><td colspan="6">개발제한구역, 도시자연공원구역, 시가화조정구역, 수산자원보호구역, 입지규제최소구역</td></tr>
</table>

② 도시기반시설

시설	세분
교통시설	도로·철도·항만·공항·주차장·자동차정류장·궤도·차량 검사 및 면허시설
공간시설	광장·공원·녹지·유원지·공공공지
유통공급시설	유통업무설비, 수도·전기·가스·열공급설비, 방송·통신시설, 공동구·시장, 유류저장 및 송유설비
공공문화체육시설	학교·공공청사·문화시설·공공 필요성이 인정되는 체육시설·연구시설·사회복지시설·공공직업훈련시설·청소년수련시설
방재시설	하천·유수지·저수지·방화설비·방풍설비·방수설비·사방설비·방조설비
보건위생시설	장사시설·도축장·종합의료시설
환경기초시설	하수도·폐기물처리 및 재활용시설·빗물저장 및 이용시설·수질오염방지시설·폐차장

③ 도로

사용형태별 구분	일반도로, 자동차전용도로, 보행자도로, 보행자우선도로, 자전거전용도로, 고가도로, 지하도로
기능별 구분	주간선도로, 보조간선도로, 집산도로, 국지도로, 특수도로

④ 유원지

- 준주거지역·일반상업지역·자연녹지지역 및 계획관리지역에 한하여 설치할 것
- 다만, 유원지 면적의 50% 이상이 계획관리지역에 해당하면 나머지 면적이 생산관리지역이나 보전관리지역에 해당하는 경우에도 설치할 수 있다.
- 유원지 전체면적의 90퍼센트 이상이 준주거지역·일반상업지역·자연녹지지역 또는 계획관리지역에 해당하는 경우로서 도시계획위원회의 심의를 거쳐 유원지의 나머지 면적을 생산관리지역이나 보전관리지역에 연속해서 설치하는 경우

⑤ 공공공지

시 · 군 내의 주요 시설물 또는 환경의 보호, 경관의 유지, 재해대책, 보행자의 통행과 주민의 일시적인 휴식공간의 확보를 위하여 설치하는 시설을 말함

⑥ 광장

구분		목적
교통광장	교차점광장	도시 내 주요도로의 교차점에 설치하는 광장
	역전광장	역전에서의 교통 혼잡을 방지하고 이용자의 편리를 도모하기 위하여 철도역의 전면에 접속한 광장
	주요시설물 광장	항만 또는 공항 등 일반교통의 혼잡요인이 있는 주요시설에 대한 원활한 교통처리를 위하여 당해 시설에 접속되는 부분에 결정
일반광장	중심대광장	다수시민의 집회 · 행사 · 사교 등을 위하여 필요한 경우 설치하는 광장
	근린광장	시민의 사교 · 오락 · 휴식 등을 위하여 필요한 경우에는 주구단위로 설치하는 광장
경관광장	주민의 휴식 · 오락 및 경관 · 환경의 보전을 위하여 필요한 경우에 하천, 호수, 사적지, 보존가치가 있는 산림이나 역사적 · 문화적 · 향토적 의의가 있는 장소에 설치하는 광장	
지하광장	지하도 또는 지하상가와 접속하여 원활한 교통처리를 도모하고 이용자에게 휴식을 제공하기위하여 필요한 경우에 설치하는 광장	
건축물 부설광장	건축물의 이용효과를 높이고 광장의 기능을 고려해 건축물의 내부 또는 주위에 설치하는 광장	

예 제 1

국토의 계획 및 이용에 관한 법률에 의한 용도지역을 쓰시오.

정답 도시지역, 관리지역, 농림지역, 자연환경보전지역

예 제 2

국토의 계획 및 이용에 관한 법률에 의한 용도지역 중 녹지지역을 쓰시오.

정답 보전녹지지역, 생산녹지지역, 자연녹지지역

예 제 3

「국토의 계획 및 이용에 관한 법률」상 용도지구에 해당하는 것만을 모두 고르면?

<보기>
ㄱ. 보호지구　　ㄴ. 보전지구　　ㄷ. 취락지구
ㄹ. 미관지구　　ㅁ. 방재지구　　ㅂ. 개발제한지구

정답 ㄱ, ㄷ, ㅁ

예 제 4

다음 보기의 도시기반시설은 어떤 시설로 분류되는가?

<보기>

광장 · 공원 · 녹지 · 유원지 · 공공공지 등

정답 공간시설

예 제 5

교통광장의 종류를 쓰시오.

정답 교차점, 역전광장, 주요시설물(항만 · 공항)광장

2 도시공원 및 녹지 등에 관한 법

① 용어

- 도시녹화 : 식생 · 물 · 토양 등 자연친화적인 환경이 부족한 도시지역에 의한 도시지역의 공간(「산림법」에 의한 산림은 제외)에 식생을 조성하는 것
- 도시공원 : 도시지역 안에서 도시자연경관의 보호와 시민의 건강 · 휴양 및 정서생활의 향상에 기여하기 위하여 설치 또는 지정(도시자연공원구역은 제외) 도시 · 군관리계획으로 결정된 것
- 도시지역 안의 식생이 양호한 수림의 훼손을 유발하는 개발을 제한할 필요가 있는 지역 등 도시의 자연환경 및 경관을 보호하고 도시민에게 건전한 여가 · 휴식공간을 제공할 수 있는 지역을 대상으로 지정할 것
- 녹지 : 「국토의 계획 및 이용에 관한 법률」에 의한 녹지로서 도시지역 안에서 자연환경을 보전하거나 개선하고, 공해나 재해를 방지함으로써 도시경관의 향상을 도모하기 위하여 도시 · 군관리계획으로 결정된 것

② 도시공원기본계획의 내용

- 수립권자 : 광역시장 · 특별자치시장 · 특별자치도지사 또는 대통령령으로 정하는 시의 시장
- 계획년도 : 10년을 단위
- 내용
  - 지역적 특성 및 계획의 방향 · 목표에 관한 사항
  - 인구, 산업, 경제, 공간구조, 토지이용 등의 변화에 따른 공원녹지의 여건 변화에 관한 사항
  - 공원녹지의 종합적 배치에 관한 사항
  - 공원녹지의 축(軸)과 망(網)에 관한 사항
  - 공원녹지의 수요 및 공급에 관한 사항
  - 공원녹지의 보전 · 관리 · 이용에 관한 사항
  - 도시녹화에 관한 사항
  - 그 밖에 공원녹지의 확충 · 관리 · 이용에 필요한 사항으로서 대통령령으로 정하는 사항

③ 도시공원 종류 유치거리

공원구분			유치거리	규모
국가도시공원			제한없음	300만m^2 이상일 것
생활권 공원	소공원		제한없음	제한없음
	어린이공원		250m 이하	1,500m^2 이상
	근린공원	근린생활권근린공원	500m 이하	10,000m^2 이상
		도보권근린공원	1,000m 이하	30,000m^2 이상
		도시지역권근린공원	제한없음	100,000m^2 이상
		광역권근린공원	제한없음	1,000,000m^2 이상
주제 공원	역사공원		제한없음	제한없음
	문화공원		제한없음	제한없음
	수변공원		제한없음	제한없음
	묘지공원		제한없음	100,000m^2 이상
	체육공원		제한없음	10,000m^2 이상
	도시농업공원		제한없음	10,000m^2 이상
	방재공원		–	–

④ 도시공원의 공원시설 부지면적

공원구분		공원면적	공원시설부지면적
생활권 공원	소공원	전부해당	20% 이하
	어린이공원	전부해당	60% 이하
	근린공원	30,000m^2 미만	40% 이하
		30,000m^2 이상 ~ 100,000m^2 미만	
		100,000m^2 이상	
주제 공원	역사공원	전부해당	제한없음
	문화공원	전부해당	
	수변공원	전부해당	40% 이하
	묘지공원	전부해당	20% 이상
	체육공원	30,000m^2	50% 이하
		30,000m^2 이상 ~ 100,000m^2 미만	
		100,000m^2 이상	
	도시농업공원	전부해당	40% 이하

- 체육공원에 설치되는 운동시설은 공원시설 부지면적의 60% 이상일 것
- 골프연습장의 부지면적 중 시설물의 설치면적은 도시공원면적의 5% 미만일 것
- 근린공원의 부지면적을 산정할 때 수목원의 부지면적은 해당 수목원 안에 있는 건축물의 면적만을 합산하여 산정한다.
- 도시농업공원의 부지면적을 산정할 때 도시텃밭의 면적은 제외하여 산정한다.

⑤ 공원시설

필수시설 도로 · 광장 및 공원관리시설

구분	세부시설
조경시설	• 공원경관을 아름답게 꾸미기 위한 시설 • 관상용식수대 · 잔디밭 · 산울타리 · 그늘시렁 · 못 및 폭포 그 밖에 이와 유사한 시설
휴양시설	• 야유회장 및 야영장(바비큐시설 및 급수시설을 포함) 그 밖에 이와 유사한 시설로써 자연공간과 어울려 도시민에게 휴식공간을 제공하기 위한 시설 • 경로당, 노인복지관 • 수목원(「수목원 · 정원의 조성 및 진흥에 관한 법률」에 따른 수목원)
유희시설	• 시소 · 정글짐 · 사다리 · 순환회전차 · 궤도 · 모험놀이장 • 유원시설(「관광진흥법」에 따른 유기시설 또는 유기기구) • 발물놀이터 · 뱃놀이터 및 낚시터 그 밖에 이와 유사한 시설 • 도시민의 여가선용을 위한 놀이시설
운동시설	• 「체육시설의 설치 · 이용에 관한 법률 시행령」에서 정하는 운동종목을 위한 운동시설. 다만, 무도학원 · 무도장 및 자동차경주장은 제외하고, 사격장은 실내사격장에 한하며, 골프장은 6홀 이하의 규모에 한함 • 자연체험장
교양시설	• 도시민의 교양 함양을 위한 시설 • 도서관, 독서실, 온실, 야외극장, 문화예술회관, 미술관, 과학관, 장애인복지관(국가 또는 지방자치단체가 설치하는 경우에 한정) • 청소년수련시설(생활권 수련시설에 한함) • 학생기숙사(「대학설립 · 운영규정」에 따른 지원시설로 한정), • 어린이집(「영유아보육법」에 따른 국공립어린이집 및 「산업입지 및 개발에 관한 법률」에 따른 국가산업단지, 일반산업단지 또는 도시첨단산업단지 내 도시공원에 설치하는 「영유아보육법」에 따른 직장어린이집에 한정) • 「유아교육법」에 따른 국립유치원 및 공립유치원 • 천체 또는 기상관측시설, 기념비, 옛무덤, 성터, 옛집 그 밖의 유적 등을 복원한 것으로서 역사적 · 학술적 가치가 높은 시설 • 공연장(「공연법」에 의한 공연장) 및 전시장 • 전시장, 어린이 교통안전교육장, 재난 · 재해 안전체험장 및 생태학습원(유아숲체험원 및 산림교육센터를 포함) • 민속놀이마당 • 정원

구분	세부시설
편익시설	• 우체통 · 공중전화실 · 휴게음식점[「자동차관리법 시행규칙」에 따른 이동용 음식판매 용도인 특수작업형 특수자동차를 사용한 휴게음식점을 포함] · 일반음식점 · 약국 · 수화물예치소 · 전망대 · 시계탑 · 음수장 · 제과점(음식판매자동차를 사용한 제과점을 포함) 및 사진관 그 밖에 이와 유사한 시설로서 공원이용객에게 편리함을 제공하는 시설 • 유스호스텔, 선수 전용 숙소, 운동시설 관련 사무실 • 「유통산업발전법」에 따른 대형마트 및 쇼핑센터, 「지역농산물 이용촉진 등 농산물 직거래 활성화에 관한 법률 시행령」에 따른 농산물 직매장
공원관리시설	• 공원관리에 필요한 시설 • 창고 · 차고 · 게시판 · 표지 · 조명시설 · 폐쇄회로 텔레비전(CCTV) · 쓰레기처리장 · 쓰레기통 · 수도, 우물, 태양에너지설비(건축물 및 주차장에 설치하는 것으로 한정)
도시농업시설	• 도시농업을 위한 시설 • 도시텃밭, 도시농업용 온실 · 온상 · 퇴비장, 관수 및 급수 시설, 세면장, 농기구 세척장
그 밖의 시설	• 「장사 등에 관한 법률」에 따른 장사시설 • 특별시 · 광역시 · 특별자치시 · 특별자치도 · 시 또는 군(광역시의 관할 구역에 있는 군은 제외)의 조례로 정하는 역사 관련 시설 • 동물놀이터 • 국가보훈관계 법령(「국가보훈 기본법」)에 따른 보훈단체가 입주하는 보훈회관 • 무인동력비행장치(「항공안전법 시행규칙」에 따른 무인동력비행장치로서 연료의 중량을 제외한 자체중량이 12k그램 이하인 무인헬리콥터 또는 무인멀티콥터) 조종연습장 • 국제경기장을 활용하는 공익목적 시설로서 특별시 · 광역시 · 특별자치시 · 특별자치도 · 시 또는 군(광역시의 관할 구역에 있는 군은 제외한다)의 조례로 정하는 시설

⑥ 녹지

완충녹지	• 대기오염 소음 · 진동 · 악취 등 공해와 사고, 자연재해 방지를 위한 녹지 • 공장, 사업장 주변–공해차단과 또는 완화 – 전용주거지역, 교육 및 연구시설인접(조용한 환경이어야 하는 시설) : 녹화면적률 50% 이상 – 재해발생 시 피난목적 : 녹화면적률 70% 이상 – 원인시설의 보안대책, 상충되는 토지이용의 조절 : 녹화면적률 80% 이상 – 녹지폭 : 원인시설로 부터 최소 10m 이상 • 철도, 고속도로 교통시설 주변–공해 차단 또는 완화 – 녹화면적률 80% 이상 – 원인시설의 양측에 균등하게 설치 – 녹지폭 : 원인시설로 부터 최소 10m 이상
경관녹지	도시의 자연적 환경을 보전하고 개선 훼손된 지역 개선하여 도시 경관 향상
연결녹지	• 도시안의 공원, 하천 유기적 연결과 산책공간 역할, 생태연결통로 • 산책 및 휴식을 위한 소규모 가로(街路)공원이 되도록 할 것 • 연결녹지의 폭 : 최소 10m 이상, 녹지율은 70% 이상

⑦ 도시공원 면적기준

- 도시시역안에 거주 주민 1인당 : 6m² 이상
- 개발제한구역·녹지지역을 제외한 도시지역 안의 주민 : 1인당 3m² 이상

⑧ 녹지활용계약과 녹화계약

구분	녹지활용계약	녹화계약
개념	식생 또는 임상(林床)이 양호한 토지의 소유자와 해당 토지를 일반 도시민 에게 제공하는 것을 조건으로 해당 토지의 식생 또는 임상의 유지·보존 및 이용에 필요한 지원을 하는 것을 내용으로 하는 계약	도시녹화를 위해 토지소유자 또는 거주자와 묘목의 제공 등 필요한 지원을 하는 것을 내용으로 하는 계약
대상지 조건	• 300m² 이상의 면적인 단일토지일 것 • 녹지가 부족한 도시지역 안에 임상 (林床)이 양호한 토지 및 녹지의 보존 필요성은 높으나 훼손의 우려가 큰 토지 등 녹지활용계약의 체결 효과가 높은 토지를 중심으로 선정된 토지 일 것 • 사용 또는 수익을 목적으로 하는 권리가 설정되어 있지 아니한 토지일 것	• 토지소유자 또는 거주자의 자발적 의사나 합의를 기초로 도시녹화에 필요한 지원을 하는 협정 형식을 취할 것 • 협정 위반의 상태가 6월을 초과 하여 지속되는 경우에는 녹화계약을 해지 • 녹화계약구역은 구획 단위로 함
계약 기간	5년 이상(토지 상황에 따라 조정 가능)	5년 이상

⑨ 도시공원 부지에서의 개발행위 등에 관한 특례

- 민간공원추진자가 설치하는 도시공원을 공원관리청에 기부채납(공원면적의 70% 이상 기부채납하는 경우를 말함)하는 경우로서 다음 각 호의 기준을 모두 충족하는 경우에는 기부채납하고 남은 부지 또는 지하에 공원시설이 아닌 시설(녹지지역 · 주거지역 · 상업지역에서 설치가 허용되는 시설, 비공원시설)을 설치할 수 있다.
- 도시공원 전체 면적이 5만m² 이상일 것
- 해당 공원의 본질적 기능과 전체적 경관이 훼손되지 아니할 것

⑩ 저류시설의 설치 및 관리기준

- 빗물을 일시적으로 모아 두었다가 바깥 수위가 낮아진 후에 방류하기 위하여 설치하는 유입시설, 저류지, 방류시설 등 일체의 시설
- 저류시설은 「국토의 계획 및 이용에 관한 법률」 및 「도시계획시설의 결정 · 구조 및 설치기준에 관한 규칙」에 의하여 도시계획시설 중 저류시설로 중복 결정
- 적용 면적
  - 저류시설부지의 면적비율은 해당도시공원 전체면적의 50% 이하
  - 상시저류시설(친수공간을 조성하기 위하여 평상시에는 일정량의 물을 저류하고 강우 시에는 저류지에 일시적으로 저류하도록 설계된 시설)은 60% 이상
  - 일시저류시설(평상시에는 건조 상태로 유지하고 강우로 인하여 유입이 있을 때만 일시적으로 저류하도록 설계된 시설)은 40% 이상

예 제 1

다음은 도시공원 및 녹지 등에 관한 법률 상 관련된 용어이다. 적합한 용어를 쓰시오.

<보기>

- (㉠) : 식생 · 물 · 토양 등 자연친화적인 환경이 부족한 도시지역에 의한 도시지역의 공간(「산림법」에 의한 산림은 제외)에 식생을 조성하는 것
- (㉡) : 도시지역 안에서 도시자연경관의 보호와 시민의 건강 · 휴양 및 정서생활의 향상에 기여하기 위하여 설치 또는 지정(도시자연공원구역은 제외) 도시 · 군관리계획으로 결정된 것
- (㉢) : 「국토의 계획 및 이용에 관한 법률」에 의한 녹지로서 도시지역 안에서 자연환경을 보전하거나 개선하고, 공해나 재해를 방지함으로써 도시경관의 향상을 도모하기 위하여 도시 · 군관리계획으로 결정된 것

정답 ㉠ 도시녹화, ㉡ 도시공원, ㉢ 녹지

예 제 2

다음 보기의 도시공원 및 녹지 등에 관한 법률상 도시공원 면적기준의 내용을 채우시오.

<보기>

도시시역안에 거주 주민 1인당 (㉠)m^2 이상, 개발제한구역·녹지지역을 제외한 도시지역 안의 주민 1인당 (㉡)m^2 이상으로 한다.

정답 ㉠ 6, ㉡ 3

예 제 3

도시공원 및 녹지 등에 관한 법률 상 민간공원추진자가 도시공원을 기부채납하고 남은 부지에 비공원시설을 설치할 수 있는 조건에 관한 내용이다. (ㄱ)와 (ㄴ)의 내용을 채우시오.

<보기>

- 도시공원 전체면적이 (ㄱ)m^2 이상일 것
- 공원면적의 (ㄴ)% 이상을 기부채납하는 경우

정답 (ㄱ) 50,000, (ㄴ) 70

예 제 4

다음 보기내용의 공원시설은?

<보기>
순환회전차 · 궤도 · 유원시설(「관광진흥법」에 따른 유기시설 또는 유기기구, 발물놀이터 · 뱃놀이터 및 낚시터 그 밖에 이와 유사한 시설

정답 유희시설

예 제 5

다음의 ㉠~㉣에 적당한 내용을 보기의 도시공원시설에서 골라 알맞게 넣으시오.

<보기>
휴양시설, 유희시설, 운동시설, 공원관리시설, 조경시설, 교양시설
(㉠) : 야유회장, 야영장　　(㉡) : 사다리, 궤도
(㉢) : 분수, 관상용식수대, 조각　　(㉣) : 게시판, 표지

정답 ㉠ 휴양시설, ㉡ 유희시설, ㉢ 조경시설, ㉣ 공원관리시설

3 자연공원법

분류	• 국립공원(환경부장관지정) • 도립공원, 광역시립공원(도지사, 특별시장, 광역시장) • 군립공원, 시립공원, 구립공원(군수, 구청장) • 지질공원(환경부장관인증)
지정기준	자연생태계, 자연경관, 문화경관, 지형보존, 위치 및 이용편의
용도지구 계획	공원자연보존지구, 공원자연환경지구, 공원마을지구, 공원문화유산지구
공원시설의 구분 및 종류	공공시설(공원관리사무소, 탐방안내소, 매표소, 우체국 등), 보호 및 안전시설, 휴양 및 편의시설, 문화시설, 교통 · 운수시설, 상업시설, 숙박시설, 부대시설

① 세계최초국립공원 : 옐로스톤 (1872년)
② 우리나라 최초국립공원 : 지리산 (1967년), 최초도립공원 : 금오산(1970년),
최초 군립공원 : 강천산(1981년)

예 제 1

자연공원법에 의한 자연공원의 유형을 쓰시오.

정답 국립공원, 도립공원(광역시립공원), 군립공원(시립공원, 구립공원), 지질공원

예 제 2

「자연공원법」상 용도지구로 옳은 것만을 모두 고르시오.

<보기>
ㄱ. 공원자연환경지구　ㄴ. 공원마을지구　ㄷ. 공원자연보호지구
ㄹ. 공원문화유산지구　ㅁ. 집단시설지구　ㅂ. 공원자연보존지구

정답 ㄱ, ㄴ, ㄹ, ㅂ

4 건축법

① 대지안의 조경과 건축물 옥상조경

대지안의 조경	• 면적이 200m² 이상인 대지에 건축을 하는 건축주는 용도지역 및 건축물의 규모에 따라 해당 지방자치단체의 조례로 정하는 기준에 따라 대지에 조경조치를 함 • 국토교통부장관은 식재기준, 조경 시설물의 종류 및 설치방법, 옥상 조경의 방법 등 조경에 필요한 사항을 정하여 고시할 수 있음
건축물 옥상조경	• 옥상부분 조경면적의 3분의 2에 해당하는 면적을 대지의 조경면적으로 산정 • 이 경우 조경면적으로 산정하는 면적은 조경면적의 100분의 50을 초과할 수 없음

② 공개공지

- 문화 및 집회시설, 종교시설, 판매시설(「농수산물 유통 및 가격안정에 관한 법률」에 따른 농수산물유통시설은 제외한다), 운수시설(여객용 시설만 해당한다), 업무시설 및 숙박시설로서 해당 용도로 쓰는 바닥면적의 합계가 5천m² 이상인 건축물
- 일반주거지역, 준주거지역, 상업지역, 준공업지역에 설치
- 대지면적의 100분의 10 이하의 범위에서 건축조례로 정함 (이 경우 조경면적과 「매장문화재 보호 및 조사에 관한 법률」에 따른 매장문화재의 현지보존 조치 면적을 공개공지등의 면적으로 할 수 있음)
- 모든 사람들이 환경친화적으로 편리하게 이용할 수 있도록 긴 의자 또는 조경시설 등 건축조례로 정하는 시설을 설치
- 공개공지 등을 설치하는 경우에는 대지면적에 대한 공개공지 등 면적 비율에 따라 완화하여 적용
  - 용적률은 해당 지역에 적용하는 용적률의 1.2배 이하
  - 높이 제한은 해당 건축물에 적용하는 높이 기준의 1.2배 이하

- 공개공지 등에는 연간 60일 이내의 기간 동안 건축조례로 정하는 바에 따라 주민들을 위한 문화행사를 열거나 판촉 활동을 할 수 있으나 울타리를 설치하는 등 공중이 해당 공개공지 등을 이용하는데 지장을 주는 행위를 해서는 안됨

③ 조경기준

- 조경 : 경관을 생태적, 기능적, 심미적으로 조성하기 위하여 식물을 이용한 식생공간을 만들거나 조경시설을 설치하는 것
- 조경면적 = 식재된 부분의 면적 + 조경시설공간의 면적을 합한 면적
- 식재면적은 당해 지방자치단체의 조례에서 정하는 조경면적의 50% 이상
- 하나의 식재면적은 한 변의 길이가 1m 이상으로서 $1m^2$ 이상
- 하나의 조경시설공간의 면적은 $10m^2$ 이상
- 조경면적의 배치
  - 대지 면적 중 조경의무면적의 10% 이상에 해당하는 면적은 자연지반이어야 하며, 그 표면을 토양이나 식재된 토양 또는 투수성 포장구조
  - 대지의 인근에 보행자전용도로 · 광장 · 공원 등의 시설이 있는 경우에는 조경면적을 이러한 시설과 연계되도록 배치
  - 너비 20m 이상의 도로에 접하고 $2,000m^2$ 이상인 대지 안에 설치하는 조경은 조경의무면적의 20% 이상을 가로변에 연접하게 설치
- 식재수량 및 규격 : 조경면적 $1m^2$마다 교목 및 관목의 수량

상업지역	교목 0.1주 이상, 관목 1.0주 이상
공업지역	교목 0.3주 이상, 관목 1.0주 이상
주거지역	교목 0.2주 이상, 관목 1.0주 이상
녹지지역	교목 0.2주 이상, 관목 1.0주 이상

- 식재교목의 최소규격

흉고직경	5cm 이상
근원직경	6cm 이상
수관폭	0.8m 이상
수고	1.5m 이상

- 수목의 수량 가중 산정

구분	규격	주당 가중
낙엽교목	수고 4m 이상이고, 흉고직경 12cm 또는 근원직경 15cm 이상	수목 1주는 교목 2주
상록교목	수고 4m 이상이고, 수관폭 2m 이상	
낙엽교목	수고 5m 이상이고, 흉고직경 18cm또는 근원직경 20cm 이상	수목 1주는 교목 4주
상록교목	수고 5m 이상이고, 수관폭 3m 이상	
낙엽교목	흉고직경 25cm 이상 또는 근원직경 30cm 이상	수목 1주는 교목 8주
상록교목	수관폭 5m 이상	

• 옥상조경 및 인공지반 조경
  - 옥상조경 면적의 산정 : 지표면에서 2m 이상의 건축물이나 구조물의 옥상에 식재 및 조경시설을 설치한 부분의 면적. 다만, 초화류와 지피식물로만 식재된 면적은 그 식재면적의 2분의 1에 해당하는 면적
  - 지표면에서 2m 이상의 건축물이나 구조물의 벽면을 식물로 피복한 경우, 피복면적의 2분의 1에 해당하는 면적 : 피복면적을 산정하기 곤란한 경우에는 근원직경 4cm 이상의 수목에 대해서만 식재수목 1주당 0.1m^2로 산정, 벽면녹화면적은 식재의무면적의 100분의 10을 초과하여 산정하지 않음
  - 건축물이나 구조물의 옥상에 교목이 식재된 경우에는 식재된 교목 수량의 1.5배를 식재한 것으로 산정
• 식재 토심 (배수층의 두께를 제외한 두께임)

구분	식재토심(배수층제외)	인공토양 사용시	비고(생육적심)
초화류 및 지피식물	15cm 이상	10cm 이상	30cm
소관목	30cm 이상	20cm 이상	45cm
대관목	45cm 이상	30cm 이상	60cm
교목	70cm 이상	60cm 이상	150cm 이상

• 관수 및 배수 : 수목의 정상적인 생육을 위하여 건축물이나 구조물의 하부시설에 영향을 주지 아니하도록 관수 및 배수시설을 설치
• 방수 및 방근 : 옥상 및 인공지반의 조경에는 방수조치를 하여야 하며, 식물의 뿌리가 건축물이나 구조물에 침입하지 않도록 함.
• 유지관리 : 높이 1.2m 이상의 난간 등의 안전구조물을 설치, 수목은 바람에 넘어지지 않도록 지지대를 설치

예 제 1

건축법의 조경과 관련한 사항이다. 빈칸에 적합한 내용을 쓰시오.

<보기>
• 면적이 (㉠)m^2 이상인 대지에 건축을 하는 건축주는 용도지역 및 건축물의 규모에 따라 해당 지방자치단체의 조례로 정하는 기준에 따라 대지에 조경조치를 한다.
• 옥상부분 조경면적의 (㉡)에 해당하는 면적을 대지의 조경면적으로 산정하며, 이 경우 조경면적으로 산정하는 면적은 조경면적의 (㉢)%을 초과할 수 없다.

정답 ㉠ 200, ㉡ 2/3, ㉢ 5

예 제 2

〈보기〉는 「조경기준」상 조경의 정의에 관한 내용이다. 〈보기〉에서 괄호 안에 들어갈 용어를 바르게 나열한 것은?

〈보기〉
"조경"이라 함은 경관을 (㉠, ㉡, ㉢)으로 조성하기 위하여 식물을 이용한 식생공간을 만들거나 조경시설을 설치하는 것을 말한다.

정답 생태적 - 기능적 - 심미적

예 제 3

다음 보기 ㉠, ㉡에 적합한 내용을 쓰시오.

〈보기〉
건축법 제42조제2항에 따른 국토교통부고시 '조경기준'에는 조경의무면적의 (㉠)이상을 식재면적으로 하고, 대지면적중 조경의무면적의 (㉡)% 이상은 자연지반이어야 하며, 그 표면을 토양이나 식재된 토양 또는 투수성 포장구조로 하여야 한다고 규정하고 있다.

정답 ㉠ 50%(50/100), ㉡ 10

5 주택건설기준 등에 관한 규정

① 소음방지대책의 수립
사업주체는 공동주택을 건설하는 지점의 소음도(실외소음도)가 65데시벨 미만이 되도록 하되, 65데시벨 이상인 경우에는 방음벽·수림대 등의 방음시설을 설치하여 해당 공동주택의 건설지점의 소음도가 65데시벨 미만이 되도록 소음방지대책을 수립

② 소음 등으로부터의 보호
공동주택·어린이놀이터·의료시설(약국은 제외)·유치원·어린이집 및 경로당은 다음 각 호의 시설로부터 수평거리 50m 이상 떨어진 곳에 배치

③ 공동주택의 배치·도로(주택단지 안의 도로를 포함하되, 필로티에 설치되어 보도로만 사용되는 도로는 제외) 및 주차장(지하, 필로티, 그 밖에 이와 비슷한 구조에 설치하는 주차장 및 그 진출입로는 제외)의 경계선으로부터 공동주택의 외벽(발코니나 그 밖에 이와 비슷한 것을 포함)까지의 거리는 2m 이상 띄어야 하며, 그 띄운 부분에는 식재 등 조경에 필요한 조치를 함

④ 부대시설 : 진입도로, 주택단지안의 도로, 주차장, 관리사무소, 안내표지판 등

⑤ 복리시설 : 유치원, 주민공동시설 등

⑥ 주민공동시설

- 종류 : 경로당, 어린이놀이터, 어린이집, 주민운동시설, 도서실(정보문화시설과 「도서관법」에 따른 작은도서관을 포함), 주민교육시설(영리를 목적으로 하지 않는 공동주택의 거주자를 위한 교육장소), 청소년 수련시설, 주민휴게시설, 독서실, 입주자집회소, 공용취사장,
- 100세대 이상의 주택을 건설하는 주택단지에는 다음에 따라 산정한 면적 이상의 주민공동시설을 설치하여야 한다. 다만, 지역 특성, 주택 유형 등을 고려하여 특별시 · 광역시 · 특별자치시 · 특별자치도 · 시 또는 군의 조례로 주민공동시설의 설치면적을 그 기준의 4분의 1 범위에서 강화하거나 완화하여 정할 수 있다.

100세대 이상 ~ 1,000세대 미만	세대당 $2.5m^2$를 더한 면적
1,000세대 이상	$500m^2$에 세대당 $2m^2$를 더한 면적

- 면적은 각 시설별로 전용으로 사용되는 면적을 합한 면적으로 산정한다. 다만, 실외에 설치되는 시설의 경우에는 그 시설이 설치되는 부지 면적으로 한다.
- 해당 주택단지의 포함 시설

150세대 이상	경로당, 어린이놀이터
300세대 이상	경로당, 어린이놀이터, 어린이집
500세대 이상	경로당, 어린이놀이터, 어린이집, 주민운동시설, 작은 도서관

예 제 1

다음 보기 ㉠, ㉡, ㉢에 적합한 내용을 쓰시오.

<보기>

- 「주택건설기준 등에 관한 규정」상 공동주택의 방음벽·수림대 등의 방음시설을 설치해야 하는 일반적인 기준이 되는 실외 소음도는 (㉠)이다.
- (㉡)세대 이상의 주택을 건설하는 주택단지에는 다음에 따라 산정한 면적 이상의 주민공동시설을 설치하여야 한다. 다만, 지역 특성, 주택 유형 등을 고려하여 특별시 · 광역시 · 특별자치시 · 특별자치도 · 시 또는 군의 조례로 주민공동시설의 설치면적을 그 기준의 (㉢) 범위에서 강화하거나 완화하여 정할 수 있다.

정답 ㉠ 65dB, ㉡ 100, ㉢ 1/4

예 제 2

300세대 이상일 때 주택단지 포함시설을 쓰시오.

정답 경로당, 어린이놀이터, 어린이집

6 자전거이용활성화에 관한 법률

① 자전거도로구분

자전거전용도로, 자전거보행자겸용도로, 자전거전용차로(자전거자동차겸용도로), 자전거 우선도로

② 설계속도

자전거전용도로	시속 30km
자전거보행자겸용도로	시속 20km
자전거전용차로	시속 20km

③ 폭과 곡선반경

- 하나의 차로를 기준으로 1.5m 이상(다만, 지역 상황 등에 따라 부득이하다고 인정되는 경우 1.2m 이상)
- 곡선반경

설계속도(km/hr)	곡선반경(m)
30 이상	27
20 이상~30 미만	12
10 이상~20 미만	5

③ 종단경사

종단경사(%)	제한길이(m)
7 이상	120 이하
6 이상~7 미만	170 이하
5 이상~6 미만	220 이하
4 이상~5 미만	350 이하
3 이상~4 미만	470 이하

④ 도로 · 철도와의 평면교차

- 자전거도로가 일반도로 · 철도와 평면교차하는 경우에는 교차각을 90도로 하고, 교차점으로부터 자전거도로 각 양측의 25m 이상 구간은 시야에 장애가 없도록 함
- 교차점으로부터 25m 이상 구간의 시야를 확보하지 못하거나 자전거도로의 종단경사가 3% 이상인 경우에는 교차가 시작되기 전 3m 이상의 지점에 자전거 과속방지용 안전시설을 설치
- 자동차의 횡단을 허용하는 자전거도로 구간에는 흰색 점선으로 표시

예 제 1

다음 보기 ㉠, ㉡, ㉢에 적합한 내용을 쓰시오.

<보기>

자전거도로의 설계속도는 (㉠)km/hr이고, 하나의 차로의 너비는 (㉡)m 이다.
곡선반경 설계 시 30km/hr 일때는 곡선반경을 (㉢)m로 한다.

정답 ㉠ 30, ㉡ 1.5, ㉢ 27

7 주차장법

① 주차장 종류 : 노상주차장, 노외주차장, 부설주차장

② 주차장구획기준

• 평행주차형식

구분	너비(m 이상)	길이(m 이상)
경형	1.7	4.5
일반형	2.0	6.0
보도와 차도의 구분이 없는 주거지역의 도로	2.0	5.0
이륜자동차전용	1.0	2.3

• 평행주차형식 이외 경우

구분	너비(m 이상)	길이(m 이상)
경형	2.0	3.6
일반형	2.5	5.0
확장형	2.6	5.2
장애인전용	3.3	5.0
이륜자동차전용	1.0	2.3

③ 노상주차장의 계획기준

• 주간선도로에 설치하지 않으며 다만, 분리대나 그 밖에 도로의 부분으로서 도로교통에 크게 지장을 주지 아니하는 부분에 대해서는 설치가능

• 너비 6m 미만의 도로에 설치하지 않으며 다만, 보행자의 통행이나 연도(沿道)의 이용에 지장이 없는 경우로서 해당 지방자치단체의 조례로 따로 정하는 경우에는 설치가능

• 종단경사도(자동차 진행방향의 기울기)가 4%를 초과하는 도로에 설치하지 않으며 다만, 종단경사도가 6% 이하인 도로로서 보도와 차도가 구별되어 있고, 그 차도의 너비가 13m 이상인 도로에 설치하는 경우 설치 가능

• 고속도로, 자동차전용도로 또는 고가도로에 설치하여서는 안됨

• 노상주차장에는 다음의 구분에 따라 장애인 전용주차구획을 설치함
  - 주차대수 규모가 20대 이상 50대 미만인 경우 : 한 면 이상
  - 주차대수 규모가 50대 이상인 경우 : 주차대수의 2%부터 4%까지의 범위에서 장애인의 주차수요를 고려하여 해당 지방자치단체의 조례로 정하는 비율 이상

④ 출구 및 입구(노외주차장의 차로의 노면이 도로의 노면에 접하는 부분을 말함)는 다음 각목에 해당하는 장소에는 설치해서는 안 됨

• 횡단보도(육교 및 지하횡단보도를 포함)로부터 5m 이내에 있는 도로의 부분

• 너비 4m 미만의 도로(주차대수 200대 이상인 경우에는 너비 10m 미만의 도로)와 종단기울기가 10%를 초과하는 도로

• 유아원, 유치원, 초등학교, 특수학교, 노인복지시설, 장애인복지시설 및 아동전용시설 등의 출입구로부터 20m 이내에 있는 도로의 부분

- 주차대수 400대를 초과하는 규모의 노외주차장의 경우에는 노외주차장의 출구와 입구를 각각 따로 설치한다. 다만, 출입구의 너비의 합이 5.5m 이상으로서 출구와 입구가 차선 등으로 분리되는 경우에는 함께 설치할 수 있음

⑤ 노외주차장의 구조 및 설비기준

- 출구와 입구에서 자동차의 회전을 쉽게 하기 위하여 필요한 경우에는 차로와 도로가 접하는 부분을 곡선형으로 함
- 출구 부근의 구조는 해당 출구로부터 2m(이륜자동차전용 출구의 경우에는 1.3m)를 후퇴한 노외주차장의 차로의 중심선상 1.4m의 높이에서 도로의 중심선에 직각으로 향한 왼쪽·오른쪽 각각 60도의 범위에서 해당 도로를 통행하는 자를 확인할 수 있도록 하여야 함
- 지하식·건물식 노외주차장
  - 차로의 높이는 바닥면으로부터 2.3m 이상으로 하며 경사로너비는 직선형 3.3.(2차로 6.0m), 곡선형 3.6m 이상(내변 반경은 6m 이상 확보
  - 경사로의 경사도는 직선부는 17% 이하로 하고 곡선부는 14% 이하로 함
  - 벽면 30cm이상, 10~15cm 미만의 연석 설치(차로너비포함)

예 제 1

주차장법에 의한 평행주차형식 이외 경우 확장형과 장애인 전용 주차너비(m)와 폭(m)을 쓰시오.

① 확장형 : ________________

② 장애인 전용 : ____________

정답 ① 확장형 : 2.6 × 5.2m,
② 장애인전용 : 3.3 × 5.0m

예 제 2

다음은 주차장법에 의한 노외주차장 및 지하식·건물식 노외 주차장

<보기>

- 출구와 입구에서 자동차의 회전을 쉽게 하기 위하여 필요한 경우에는 차로와 도로가 접하는 부분을 (㉠)형으로 한다.
- 출구 부근의 구조는 해당 출구로부터 (㉡)m를 후퇴한 노외 주차장의 차로의 중심선상 (㉢)m의 높이에서 도로의 중심선에 직각으로 향한 왼쪽·오른쪽 각각 60도의 범위에서 해당 도로를 통행하는 자를 확인할 수 있도록 하여야 한다.
- 지하식·건물식 노외주차장경사로의 경사도는 직선부는 (㉣)% 이하로 하고 곡선부는 (㉤)% 이하로 한다.

정답 ㉠ 곡선형, ㉡ 2, ㉢ 1.4, ㉣ 17, ㉤ 14

8 산림관련법

① 도시숲 등의 조성 및 관리에 관한 법률

- 수립권자 : 산림청장은 관계 중앙행정기관의 장과 협의하여 10년마다 수립 · 시행
- 도시숲 : 도시에서 국민의 보건 · 휴양 증진 및 정서 함양과 체험활동 등을 위하여 조성 · 관리하는 산림 및 수목을 말하며, 「자연공원법」에 따른 공원구역은 제외한다.
- 생활숲 : 마을숲 등 생활권 및 학교와 그 주변지역에서 국민들에게 쾌적한 생활환경과 아름다운 경관의 제공 및 자연학습교육 등을 위하여 조성 · 관리하는 다음의 산림 및 수목을 말한다.

마을숲	산림문화의 보전과 지역주민의 생활환경 개선 등을 위하여 마을 주변에 조성 · 관리하는 산림 및 수목
경관숲	우수한 산림의 경관자원 보존과 자연학습교육 등을 위하여 조성 · 관리하는 산림 및 수목
학교숲	「초 · 중등교육법」에 따른 학교와 그 주변지역에서 학습환경 개선과 자연학습교육 등을 위하여 조성 · 관리하는 산림 및 수목

- 가로수 : 「도로법」에 따른 도로(고속국도를 제외) 등 대통령령으로 정하는 도로의 도로구역 안 또는 그 주변지역에 조성 · 관리하는 수목
- 도시숲의 기능 구분

유 형	기 능
기후보호형 도시숲	폭염 · 도시열섬 등 기후여건을 개선하고 깨끗한 공기를 순환 · 유도하는 기능을 가진 도시숲
경관보호형 도시숲	심리적 안정감과 시각적인 풍요로움을 주는 등 자연경관의 감상 · 보호 기능을 가진 도시숲
재해방지형 도시숲	홍수 · 산사태 등 자연재해를 방지하거나 소음 · 매연 등 공해를 완화하여 국민의 안전을 지키는 기능을 가진 도시숲
역사 · 문화형 도시숲 등	문화재 또는 사찰 · 사당 등 종교적 장소와 전통마을 주변에 조성 · 관리하여 역사를 보존하고 문화를 진흥하는 기능을 가진 도시숲
휴양 · 복지형 도시숲	체험 · 놀이 · 학습을 통한 교육과 산림욕 · 산림치유 등 휴양 · 치유 등의 기능을 가진 도시숲
미세먼지 저감형 도시숲	미세먼지 발생원으로부터 생활권으로 유입되는 미세먼지 등 오염물질을 차단하거나 흡수 · 침강 등의 방법으로 저감하는 기능을 가진 도시숲

② 가로수의 조성 · 관리

- 가로수 조성 · 관리 계획

승인	지방자치단체의 장
승인내용	• 가로수 심고 가꾸기 • 가로수 옮겨심기 • 가로수 제거 • 가로수 가지치기 등 • 도로신설시 도로에 가로수 조성 (설계단계부터)
조성 · 관리기준 기본방향	• 국민생활환경으로서 녹지 공간 확대 • 보행자와 운전자를 위한 쾌적하고 안전한 이동 공간 제공 • 국토 녹색네트워크 연결축으로서 기능 발휘 유도

- 식재위치
  - 보도내 교목 식재시 보 · 차도 경계선부터 가로수 수간 중심까지 최소 1m 이상 확보
  - 보도가 없는 도로에 교목을 식재시 갓길 끝으로부터 수평거리 2m 이상 떨어지도록 식재
  - 절토비탈면은 원칙상 식재 불가능 (다만, 녹화, 차폐 등 특별한 목적이 있다고 인정되는 경우에는 절토 비탈면에도 가로수를 식재할 수 있음)
  - 보행자전용도로 및 자전거전용도로에는 보행자 및 자전거의 원활한 이동과 안전에 제한이 없는 범위 내에서 가로수를 식재 가능
  - 중앙분리대, 기타 가로수관리청이 특별히 필요하다고 인정하는 위치에 식재 가능
- 식재기준
  - 교목, 관목 식재

구분	기 준
교목	• 식재간격은 8m를 기준으로 함(다만, 도로의 위치와 주위 여건, 식재수종의 수관폭과 생장속도, 가로수로 인한 피해 등을 고려하여 식재간격을 조정할 수 있음) • 식재유형은 도로선형과 평행한 열식을 원칙으로 하되 도로의 여건, 방음·녹음제공·경관개선 등 특정목적에 따라 군식·혼식 가능함 • 보도의 한쪽을 기준으로 1열심기를 하고 보도의 폭이 넓을 경우 2열 이상 식재함 • 도로의 동일 노선과 도로 양측에는 동일한 수종으로 식재함 (다만, 도로의 방향이 바뀌거나 도로가 신설·확장되는 경우에는 동일 노선일지라도 다른 수종으로 식재할 수 있음)
관목	• 식재간격은 식재수종의 특성에 따라 경관조성과 교통안전에 지장이 없는 범위 내에서 식재 • 식재유형은 동일수종으로 군식하고, 하나의 식재군에는 동일 수종으로 식재 (다만, 경관적으로 중요한 지역에는 다른 수종으로 혼식)
식재공간의 여유가 있는 경우 운전자와 보행자의 안전과 도로구조의 안전에 지장이 없는 범위 내에서 교목과 관목, 초본류를 다층구조로 식재함	

- 식재시기
  - 가로수가 정상적인 활착이 가능한 봄철과 가을철에 심는 것을 원칙 (다만, 가로수관리청이 필요하다고 인정하는 경우에는 다른 기간을 정하여 심을 수 있음)

③ 수목원 · 정원의 조성 및 진흥에 관한 법률

- 수목원 · 정원진흥기본계획의 내용 : 수립권자 : 산림청장이 5년마다 수립 · 시행
- 수목원 유형

구분	조성 및 운영주체
국립수목원	산림청장이 조성 · 운영하는 수목원
공립수목원	지방자치단체가 조성 · 운영하는 수목원
사립수목원	법인 · 단체 또는 개인이 조성 · 운영하는 수목원
학교수목원	「초 · 중등교육법」 및 「고등교육법」에 따른 학교 또는 다른 법률에 따라 설립된 교육기관이 교육지원시설로 조성 · 운영하는 수목원

• 정원 유형 및 세부기준

구분	조성 및 운영주체
국가정원	• 국가가 조성·운영하는 정원 • 정원의 총면적은 30만 m^2 이상일 것. 다만, 역사적·향토적·지리적 특성을 고려하여 국가적 차원에서 특별히 관리할 필요가 있는 경우 등 산림청장이 정하여 고시하는 경우에는 정원의 총면적을 30만m^2 미만으로 할 수 있다. • 정원의 총면적 중 원형보전지 및 조성녹지를 포함한 녹지의 면적이 40% 이상일 것 • 서로 다른 주제별로 조성한 정원이 5종 이상일 것 • 정원 방문객에 대한 안내 및 교육을 담당하는 1명 이상의 전문인력을 포함하여 정원 관리전담인력이 8명 이상일 것 • 정원 총면적을 기준으로 10만m^2당 1명 이상의 정원 전문관리인이 있을 것
지방정원	• 지방자치단체가 조성·운영하는 정원 • 정원의 총면적이 10만m^2 이상일 것. 다만, 역사적·향토적·지리적으로 특별히 관리할 필요가 있다고 관할 지방자치단체의 장이 인정하는 경우에는 정원의 총면적이 10만m^2 미만인 경우에도 지방정원으로 지정할 수 있음 • 정원의 총면적 중 녹지면적이 40% 이상일 것
민간정원	법인·단체 또는 개인이 조성·운영하는 정원
공동체 정원	• 국가 또는 지방자치단체와 법인, 마을·공동주택 또는 일정지역 주민들이 결성한 단체 등이 공동으로 조성·운영하는 정원 • 정원을 조성·운영하는 국가 또는 지방자치단체와 법인, 마을·공동주택 또는 일정지역 주민들이 결성한 단체 등(공동체)의 접근이 용이한 장소에 조성될 것 • 정원의 조성·운영과 관련하여 공동체의 활동을 위한 공간을 갖출 것
생활정원	• 국가, 지방자치단체 또는 「공공기관의 운영에 관한 법률」에 따른 공공기관으로서 대통령령으로 정하는 기관이 조성·운영하는 정원으로서 휴식 또는 재배·가꾸기 장소로 활용할 수 있도록 유휴공간에 조성하는 개방형 정원 • 시설기준 – 일반 공중이 접근가능 한 장소 또는 건축물의 유휴공간에 설치할 것 – 정원의 총면적 중 녹지면적이 60% 이상일 것 – 정원의 조성에 이용자가 참여할 수 있는 참여형 정원을 갖출 것 – 정원의 식물 중 자생식물의 비중이 20% 이상일 것
주제정원	• 교육정원 : 학생들의 교육 및 놀이를 목적으로 조성하는 정원 • 치유정원 : 정원치유를 목적으로 조성하는 정원 • 실습정원 : 정원설계, 조성 및 관리 등을 통하여 전문인력 양성을 목적으로 조성하는 정원 • 모델정원 : 정원산업 진흥을 위하여 새롭게 도입되는 정원 관련 기술을 활용하여 조성하는 정원 • 그 밖에 지방자치단체의 조례로 정하는 정원

예 제 1

도시숲 등의 조성 및 관리에 관한 법률상 도시숲의 기능을 4가지 이상 쓰시오.

정답 기후보호형 도시숲, 경관보호형 도시숲, 재해방지형 도시숲, 역사 · 문화형 도시숲등, 휴양 · 복지형 도시숲, 미세먼지 저감형 도시숲

예 제 2

도시숲 등의 조성 및 관리에 관한 법률상 생활숲 유형을 쓰시오.

정답 마을숲, 경관숲, 학교숲

예 제 3

수목원 · 정원의 조성 및 진흥에 관한 법률상 정원의 유형을 쓰시오.

정답 국가정원, 지방정원, 민간정원, 공동체정원, 생활정원, 주제정원

9 자연환경보전법

① 환경부장관은 전국의 자연환경보전을 위한 자연환경보전기본계획을 10년마다 수립

② 관련용어

자연환경	지하 · 지표(해양을 제외) 및 지상의 모든 생물과 이들을 둘러싸고 있는 비생물적인 것을 포함한 자연의 상태(생태계 및 자연경관을 포함)를 말함
자연환경보전	자연환경을 체계적으로 보존 · 보호 또는 복원하고 생물다양성을 높이기 위하여 자연을 조성하고 관리하는 것
자연환경의 지속가능한 이용	현재와 장래의 세대가 동등한 기회를 가지고 자연환경을 이용하거나 혜택을 누릴 수 있도록 하는 것
자연생태	자연의 상태에서 이루어진 지리적 또는 지질적 환경과 그 조건 아래에서 생물이 생활하고 있는 일체의 현상
생태계	식물 · 동물 및 미생물 군집들과 무생물 환경이 기능적인 단위로 상호작용하는 역동적인 복합체
소(小)생태계	생물다양성을 높이고 야생동 · 식물의 서식지간의 이동가능성 등 생태계의 연속성을 높이거나 특정한 생물종의 서식조건을 개선하기 위하여 조성하는 생물서식공간
생물다양성	육상생태계 및 수생생태계(해양생태계를 제외)와 이들의 복합생태계를 포함하는 모든 원천에서 발생한 생물체의 다양성을 말하며, 종내 · 종간 및 생태계의 다양성을 포함

생태축	생물다양성을 증진시키고 생태계 기능의 연속성을 위하여 생태적으로 중요한 지역 또는 생태적 기능의 유지가 필요한 지역을 연결하는 생태적서식공간
생태통로	도로 · 댐 · 수중보 · 하구언 등으로 인하여 야생동 · 식물의 서식지가 단절되거나 훼손 또는 파괴되는 것을 방지하고 야생동 · 식물의 이동 등 생태계의 연속성 유지를 위하여 설치하는 인공 구조물 · 식생 등의 생태적 공간
자연경관	자연환경적 측면에서 시각적 · 심미적인 가치를 가지는 지역 · 지형 및 이에 부속된 자연요소 또는 사물이 복합적으로 어우러진 자연의 경치
대체자연	기존의 자연환경과 유사한 기능을 수행하거나 보완적 기능을 수행하도록 하기 위하여 조성하는 것
생태 · 경관 보전지역	생물다양성이 풍부하여 생태적으로 중요하거나 자연경관이 수려하여 특별히 보전할 가치가 큰 지역으로서 환경부장관이 지정 · 고시하는 지역
자연유보지역	사람의 접근이 사실상 불가능하여 생태계의 훼손이 방지되고 있는 지역 중 군사상의 목적으로 이용되는 외에는 특별한 용도로 사용되지 아니하는 무인도로서 대통령령이 정하는 지역과 관할권이 대한민국에 속하는 날부터 2년간의 비무장지대
생태 · 자연도	산 · 하천 · 내륙습지 · 호소 · 농지 · 도시 등에 대하여 자연환경을 생태적 가치, 자연성, 경관적 가치 등에 따라 등급화하여 작성된 지도
자연자산	인간의 생활이나 경제활동에 이용될 수 있는 유형 · 무형의 가치를 가진 자연상태의 생물과 비생물적인 것의 총체
생물자원	「생물다양성 보전 및 이용에 관한 법률」에 따른 생물자원
생태마을	생태적 기능과 수려한 자연경관을 보유하고 이를 지속가능하게 보전 · 이용할 수 있는 역량을 가진 마을로서 환경부장관 또는 지방자치단체의 장 규정에 의하여 지정한 마을
생태관광	생태계가 특히 우수하거나 자연경관이 수려한 지역에서 자연자산의 보전 및 현명한 이용을 통하여 환경의 중요성을 체험할 수 있는 자연 친화적인 관광
자연환경복원 사업	훼손된 자연환경의 구조와 기능을 회복시키는 사업으로서 다음에 해당하는 사업 (다만, 다른 관계 중앙행정기관의 장이 소관 법률에 따라 시행하는 사업은 제외) • 생태 · 경관보전지역에서의 자연생태 · 자연경관과 생물다양성 보전 · 관리를 위한 사업 • 도시지역 생태계의 연속성 유지 또는 생태계 기능의 향상을 위한 사업 • 단절된 생태계의 연결 및 야생동물의 이동을 위하여 생태통로 등을 설치하는 사업 • 「습지보전법」 습지보호지역등(내륙습지로 한정)에서의 훼손된 습지를 복원하는 사업 • 그 밖에 훼손된 자연환경 및 생태계를 복원하기 위한 사업으로서 대통령령으로 정하는 사업

③ 생태 · 경관보전지역의 구분

생태·경관핵심 보전구역 (핵심구역)	생태계의 구조와 기능의 훼손방지를 위하여 특별한 보호가 필요하거나 자연경관이 수려하여 특별히 보호하고자 하는 지역
생태·경관완충 보전구역 (완충구역)	핵심구역의 연접지역으로서 핵심구역의 보호를 위하여 필요한 지역
생태·경관전이 보전구역 (전이구역)	핵심구역 또는 완충구역에 둘러싸인 취락지역으로서 지속가능한 보전과 이용을 위하여 필요한 지역

10 유네스코 맵(UNESCO MAB, Man and the Biosphere Programme)

① 유네스코 생물권 보존지역(Biosphere Reserve)

- 생물권보전지역 사업을 수행하고 있는 정부 간의 프로그램
- 생물다양성을 보전하고 지역사회의 발전을 도모하며 문화가치를 유지하기 위하여 유네스코(UNESCO)가 지정하는 지역
- 유네스코에서 선정하는 3대 보호지역(생물권보전지역 · 세계유산 · 세계지질공원) 중 하나로, 생물권보전지역으로 지정되면 해당 지역은 무분별한 개발이 억제됨

② 우리나라 지정

- 설악산(1982), 제주도(2002), 신안 다도해(2009), 광릉숲(2010), 전북 고창군(2013), 전남 순천시(2018), 강원도 접경지역(철원 · 화천 · 양구 · 인제 · 고성, 2019), 경기도 연천(2019) 등 12곳
- 북한은 백두산(1989), 구월산(2004), 묘향산(2009), 칠보산(2014), 금강산(2018) 등 5곳이 지정
- 한반도에는 총 17곳이 생물권보전지역으로 지정

③ 용도구획의 구분 및 허용행위

핵심지역 (core area)	• 희귀종 · 고유종 다수 분포하고 생물다양성이 높은 지역 • 엄격히 보호되는 하나 또는 여러 개의 지역 • 생물의 다양성의 보전과 간섭을 최소화한 모니터링, 파괴적이지 않은 조사 연구
완충지역 (buffer area)	• 핵심지역을 둘러싸고 있거나 인접한 지역(핵심지역 보호) • 환경교육, 레크리에이션, 생태관광, 기초연구 및 응용연구 등 건전한 생태적 활동에 적합한 협력 활동
전이지역 (transition area)	• 다양한 농업활동, 주거지, 기타 다른 용도, 지역의 자원을 함께 관리 • 지속가능한 방식으로 개발하기 위해 지역사회, 관리당국, 학자, 비정부단체(NGO), 문화단체, 경제적 이해집단과 기타 이해 당사자들이 함께 일하는 곳

예 제 1

다음은 자연환경보전법상 관련되는 용어이다. 빈칸을 채우시오.

<보기>
- (㉠) : 생물다양성을 증진시키고 생태계 기능의 연속성을 위하여 생태적으로 중요한 지역 또는 생태적 기능의 유지가 필요한 지역을 연결하는 생태적서식공간
- (㉡) : 사람의 접근이 사실상 불가능하여 생태계의 훼손이 방지되고 있는 지역 중 군사상의 목적으로 이용되는 외에는 특별한 용도로 사용되지 아니하는 무인도로서 대통령령이 정하는 지역과 관할권이 대한민국에 속하는 날부터 2년간의 비무장지대
- (㉢) : 기존의 자연환경과 유사한 기능을 수행하거나 보완적 기능을 수행하도록 하기 위하여 조성하는 것

정답 ㉠ 생태통로, ㉡ 자연유보지역, ㉢ 대체자연

예 제 2

자연환경보전법상 생태 · 경관보전지역을 구분하시오.

정답 생태·경관핵심 보전구역, 생태·경관완충 보전구역, 생태·경관전이 보전구역

학습포인트

8 | 제도의 기초

•선의 종류와 용도, 도면의 종류에 대해 알고 있어야 한다.

1 선의 종류에 의한 사용 방법

용도에 의한 명칭	선의 종류		선의 용도
외형선	굵은실선		대상물이 보이는 부분의 모양을 표시
치수선	가는실선		치수를 기입하는 데 사용
치수보조선			치수를 기입하기 위하여 도형으로부터 끌어내는 데 사용
지시선			기술, 기호 등을 표시하기 위하여 끌어내는데 사용
회전단면선			도형 내에 그 부분의 끊은 곳을 90도 회전하여 표시
중심선			도형의 중심선을 간략하게 표시
수준면선			수면, 유면 등의 위치를 표시
숨은선	가는 파선 또는 굵은 파선		대상물의 보이지 않는 부분의 형상을 표시
중심선	가는 1점쇄선		•도형의 중심을 표시 •중심 이용한 중심 괘적을 표시
기준선			위치 결정의 근거가 된다는 것을 명시할 때 사용
피치선			되풀이하는 도형의 피치를 취하는 기준을 표시
특수지정선			특수한 가공을 하는 부분 등 특별히 요구사항을 적용할 수 있는 범위를 표시하는데 사용
가상선	가는 2점쇄선		•인접 부분을 참고로 표시 •공구, 지그 등의 위치를 참고로 나타내는 데 사용 •가동 부분을 이동 중의 특정한 위치 또는 이동한계의 위치로 표시하는 데 사용 •가공 전 또는 가공 후의 모양을 표시하는 데 사용 •되풀이되는 것을 나타내는 데 사용 •도시된 단면의 앞쪽에 있는 부분을 표시
무게중심선			단면의 무게 중심을 연결한 선을 표시하는 데 사용
파단선	불규칙한 파형의 가는 실선 또는 지그재그선		대상물의 일부를 파단한 경계선 또는 일부를 떼어낸 경계를 표시

용도에 의한 명칭	선의 종류		선의 용도
절단선	가는 1점 쇄선으로 끝 부분 및 방향이 변하는 부분을 굵게 한 것		단면도를 그리는 경우 그 절단 위치를 대응하는 그림에 표시
해칭	가는 실선으로 규칙적으로 줄을 늘어 놓은 것		도형의 한정된 특정 부분을 다른 부분과 구별하는 데 사용
특수한 용도의 선	가는선		• 외형 및 숨은선의 연장을 표시할 때 사용 • 평면이란 것을 나타내는 데 사용 • 위치를 명시하는 데 사용
	아주 굵은 실선		얇은 부분의 단선 도시를 명시하는데 사용

가는 선, 굵은 선 및 아주 굵은 선의 굵기 비율은 1:2:4로 한다.
제작도면을 그릴 때 서로 겹치는 경우 우선순위
문자·기호 → 외형선 → 숨은선 → 절단선 → 중심선 → 무게중심선 → 치수보조선

2 도면의 종류

평면도	계획의 전반적인 사항을 알기 위한 도면
입면도	수직적 공간 구성을 보여주기 위한 도면
단면도	지상과 지하 부분 설명시 사용
상세도	실제 시공이 가능하도록 표현한 도면, 재료표현·치수선·시공방법을 표기
투시도	• 조감도 (Bird's-eye-view) : 시점위치가 높은 투시도 • 소점에 의한 분류 : 1소점(평행투시도), 2소점(유각 · 성각투시도), 3소점(경사 · 사각투시도)
투상도	• 공간에 있는 물체의 모양이나 크기를 하나의 평면 위에 가장 정확하게 나타내기 위해 일정한 법칙에 따라 평면상에 정확히 그리는 그림 • 정투상도는 제 3각법과 제1각법이 있고 입체적 투상도에는 등각도, 사투상도, 투시도가 있다. – 제1각법 : 눈 → 물체 → 투상 – 제3각법 : 눈 → 투상 → 물체 • 축측투상법(axonometric, 엑소노메트릭) – 대상물의 좌표면이 투상면에 대해 경사를 이룬 직각 투상 – 등각 투상도, 2등각 투상도, 부등각 투상도

예 제 1

다음은 선의 종류에 대한 설명이다. 빈칸을 채우시오.

<보기>
- (㉠) : 도형의 중심을 표시, 중심 이용한 중심 괘적을 표시
- (㉡) : 대상물의 보이지 않는 부분의 형상을 표시

정답 ㉠ 1점쇄선, ㉡ 따선

예 제 2

다음 빈칸을 채우시오.

<보기>
- (㉠) : 공간에 있는 물체의 모양이나 크기를 하나의 평면 위에 가장 정확하게 나타내기 위해 일정한 법칙에 따라 평면상에 정확히 그리는 그림
- (㉡) : 실제 시공이 가능하도록 표현한 도면, 재료표현·치수선·시공방법을 표기하는 그림

정답 ㉠ 투상도, ㉡ 상세도

9 | 경관분석 및 광장척도

학습포인트

•경관분석의 접근방법(생태학적, 형식미학적, 정신물리학적, 심리학적, 현상학적, 기호학적, 경제학적)과 도시광장의 척도에 대해 이해하고 암기해야 한다.

1 경관분석

일반적 조건 : 신뢰성, 타당성, 예민성, 실용성, 비교가능성

2 경관분석의 종류

<table>
<tr><td>생태학적 접근</td><td>• 생태적 건강성에 초점 / 생태적 질서가 잘 유지되어야 경관의 질이 높음
• 인간생태학 : 이안 맥하그
• 경관생태학 : 경관의 구조, 경관의 기능, 경관의 변화</td></tr>
<tr><td>형식미학적 접근</td><td>• 경관을 미적대상으로 보고 경관이 지닌 물리적 구성의 미적특성을 규명
• 형태심리학
– 사람이 형태를 어떻게 지각하는지를 연구
– 도형과 배경의 원리
– 도형조직의 원리
<table>
<tr><th>구분</th><th>예시</th></tr>
<tr><td>근접성</td><td>●● ●● ●●
시각요소간의 거리에 따라 시각요소간에 그룹이 결정</td></tr>
<tr><td>유사성</td><td>○○○○○○○○○
●●●●●●●●●
시각요소간의 거리가 동일할 때 유사한 물질적 특성을 지닌 요소는 하나의 그룹을 이룸, 공동운명의 법칙</td></tr>
<tr><td>완결성
(폐쇄성)</td><td>· 폐쇄된 형태는 통합되기 쉬움
· 폐쇄(위요)된 도형을 선호하는 방향으로 그룹이 형성</td></tr>
<tr><td>연결성</td><td>같은 방향으로 연결된 요소는 동일한 그룹으로 느껴짐</td></tr>
</table></td></tr>
<tr><td>정신물리학적 접근</td><td>• 사진분석에 의한 방법으로 선호도와 경관미를 평가,
• 심리적 사건과 물리적 사건과의 관계, 감지와 자극사이 계량적 관계성 연구, 정량적접근</td></tr>
<tr><td>심리학적 접근</td><td>• 경관의 심리적 느낌, 인간적척도(휴먼스케일), 이미지</td></tr>
</table>

<table>
<tr><td rowspan="7">현상학적 접근</td><td colspan="2">• 경관에 대한 총체적인 경험을 대상
• 렐프의 장소성(존재적 내부성, 소속감 혹은 일체감)</td></tr>
<tr><td>간접적내부성</td><td>간접경험, 화가나 시인작품</td></tr>
<tr><td>행동적내부성</td><td>개인이 실제로 한 장소에 위치, 장소정체성</td></tr>
<tr><td>감정적내부성</td><td>장소에 대한 감정이입측면, 행동적 내부성보다 심오하고 풍부한 경험</td></tr>
<tr><td>존재적내부성</td><td>경험을 통한 풍부한 의미로 소속감을 가지며 장소와의 깊고 완벽한 일체감</td></tr>
<tr><td colspan="2">• 풍수지리설, 장소의 무용(시공간적 접근), 실존적접근</td></tr>
<tr><td>기호학적 접근</td><td colspan="2">• 경관이 조성된 의도 즉, 경관에 부여하고자 했던 의미를 밝히고자 하는 측면</td></tr>
<tr><td>경제학적 접근</td><td colspan="2">• 경관자원의 가치를 금전적 가치로 평가</td></tr>
</table>

3 도시광장의 척도

① D/H = 1 : 2, 1 : 3이 적당하며, 24m가 인간 척도
② 메르텐스의 이론
③ 높이의 2배 떨어진 곳(앙각 27°)에서 건물전체가 관찰
- 건물군을 보기 위해서는 3배 떨어진 거리(앙각 18°)
- 카밀로지테 : 광장의 최소폭은 건물높이와 같고 최대높이의 2배를 넘지 않도록 함

④ 건물높이(H)와 거리(D)의 비

D/H비	앙각(°)	인 지 결 과
D/H=1	45	건물이 시야의 상한선인 30° 보다 높음, 상당한 폐쇄감을 느낌
D/H=2	27	정상적인 시야의 상한선과 일치하므로 적당한 폐쇄감을 느낌
D/H=3	18	폐쇄감에서 다소 벗어나 주 대상물에 더 시선을 느낌
D/H=4	12	공간의 폐쇄감은 완전히 소멸

예 제 1

경관분석의 종류에 대해 쓰시오.(5가지 이상)

정답 생태학적 접근, 형식미학적 접근, 정신물리학적 접근, 심리학적 접근, 현상학적 접근, 기호학적 접근, 경제학적 접근

예 제 2

다음 보기 내용에 적합한 경관분석 접근방법을 쓰시오.

<보기>
- 사진분석에 의한 방법으로 선호도와 경관미를 평가
- 심리적 사건과 물리적 사건과의 관계, 감지와 자극사이 계량적 관계성 연구정량적접근

정답 정신물리학적 접근

예 제 3

경관에 대한 총체적인 경험을 대상으로 한 렐프의 장소성에서 내부성 4가지 유형을 쓰시오.

정답 간접적 내부성, 행동적 내부성, 감정적 내부성, 존재적 내부성

예 제 4

건물의 높이가 H, 거리 D의 관계가 3일 때 앙각과 인지결과에 대해 쓰시오.

정답 D/H = 3 이므로 앙각은 18도, 인지결과는 폐쇄감에서 다소 벗어나 주 대상물에 더 시선을 느낀다.

학습포인트

10 | 색채이론 및 미적구성원리

•색의 3속성(색표기방법)과 한국인의 색, 색채의 조화론, 미적구성원리(통일성, 다양성)을 암기해야 한다.

1 색채이론

① 색의 지각

박명시	주간시와 야간시의 중간상태의 시각
푸르킨예(Purkinie) 현상	어둡게 되면(새벽녘과 저녁때) 즉 명소시에서 암소시 상태로 옮겨질 때, 파랑계통의 색(단파장)의 시감도가 높아져서 밝게 보이는 시감각 현상

② 색의 3속성 - 색상(H), 명도(V), 채도(C)

③ 색의 표시법 : 멘셀의 표색계 → 표기는 $\frac{HV}{C}$

색상(Hue)	• 색상을 표시하기 위해서 색명의 머릿글자를 기호로 구성 • 적(R)·황(Y)·녹(G)·청(B)·자(P)의 5색으로 나눈 후 그사이에 주황(YR)·황록(GY)·청록(BG)·청자(PB)·적자(RP)가 배치되어 10색으로 분할,
명도(Value)	• 무채색의 흑색 0~백색 10으로 나눈 것으로 11단계
채도(Chroma)	• 무채축을 0으로 하고 수평방향으로 차례로 번호가 커짐. 번호가 높을수록 채도는 높으며 색상에 따라 채도는 다름 • 색상의 채도가 가장 높은 색을 순색이라 함

④ 색명법 : 색의이름, 기본색명 · 일반색명(기본색명에 형용사나 수식어 붙임) · 관용색명(비둘기색, 딸기색)

⑤ 한국인의 색

- 배경사상 : 음과 양의 기운이 생겨나 하늘과 땅이 되고 다시 음양의 두 기운이 목(木) · 화(火) · 토(土) · 금(金) · 수(水)의 오행을 생성하였다는 음양오행사상을 기초
- 오방색 : 오행에는 오색이 따르고 방위가 따르는데, 중앙과 사방을 기본으로 삼아 황(黃)은 중앙, 청(靑)은 동, 백(白)은 서, 적(赤)은 남, 흑(黑)은 북을 뜻함
- 오간색 : 다섯 가지 방위인 동, 서, 남, 북, 중앙 사이에 놓이는 색, 동방 청색과 중앙 황색의 간색인 녹색(綠色), 동방 청색과 서방 백색의 간색인 벽색(碧色), 남방 적색과 서방 백색의 간색인 홍색(紅色), 북방흑색과 중앙 황색의 간색인 유황색(硫黃色), 북방 흑색과 남방 적색과의 간색인 자색(紫色)이 있음

⑥ 색의 혼색

가법혼색	• 색광을 혼합하여 새로운 색을 만듦 • 색광혼합은 색광을 가할수록 혼합색이 점점 밝아짐 • 빨강(Red), 초록(Green), 파랑(Blue)은 색광의 3원색, 모두 합치면 백색광이 됨
중간혼색	• 혼색 결과가 색의 밝기와 색이 평균치보다 밝아 보이는 혼합 • 종류 : 계시가법혼색, 병치가법혼색
감법혼색	• 혼합색이 원래의 색보다 명도가 낮아지도록 색을 혼합하는 방법 • 마젠타(Magenta), 노랑(Yellow), 시안(Cyan)이 감법혼색의 3원색이며 이 3원색을 모두 합하면 검정에 가까운 색이 됨 • 감산혼합, 색료혼색이라고도 함

⑦ 색채조화론

레오다르도 다빈치	• 색채조화의 연구의 선구자적 역할, 반대색의 조화를 최초로 주장, 명암대비법 개발
저드	• 질서의 원리, 유사성의 원리, 친근성의 원리, 명료성의 원리
셔브뢸	• 색의 3속성에 바탕을 둔 색채체계를 만듬, 색의 조화와 대비의 법칙을 저술 • 색채조화를 유사 및 대비의 관계에서 규명
문&스펜서	• 색채조화를 과학적으로 설명, 조화와 부조화, 미도계산

2 미적구성원리

① 통일성과 다양성

통일성	• 전체를 구성하는 부분적 요소들이 유기적으로 잘 짜여져 통일된 하나로 보이는 것 • 달성방법 : 조화, 균형, 대칭, 강조 , 반복
다양성	• 구성방법에 있어 획일적이지 않고 변화 있는 구성 • 변화, 리듬, 대비

② 비례

- 피보나치(Fibonacci)수열
- 황금비례(Golden section, 황금분할) - 1 : 1.618
- 모듈러(modulor) - 르 꼬르뷔지에는 휴먼스케일을 디자인 원리로 사용, 인체기준으로 황금비례를 적용

③ 앙각(종으로 보이는 시야범위)과 시계(횡으로 보이는 시야범위)

앙각	보통 ∠18° ~ ∠45° 범위, 자연스러운각 ∠27°
시계	중심축으로 기준으로 ∠30 ~ 45°

예 제 1

다음 보기에서 설명하는 색채용어를 쓰시오.

<보기>
어듭게 되면(새벽녘과 저녁때) 즉 명소시에서 암소시 상태로 옮겨질 때, 파랑계통의 색(단파장)의 시감도가 높아져서 밝게 보이는 시감각 현상

정답 푸르키니에 현상

예 제 2

먼셀의 표색계에서 색표기 방법을 쓰시오.

정답 $\frac{H(\text{색상})\,V(\text{명도})}{C(\text{채도})}$

예 제 3

우리나라 색채인 오방색과 오간색을 쓰시오.

① 오방색 : ________________

② 오간색 : ________________

정답 ① 오방색 : 황색, 청색, 백색, 적색, 흑색
② 오간색 : 녹색, 벽색, 홍색, 유황색, 자색

예 제 4

다음 보기의 디자인요소 중 통일성을 이루기 위한 사항을 모두 고르시오.

<보기>
변화, 조화, 강조, 반복, 리듬, 대비, 균형, 대칭

정답 조화, 강조, 반복, 균형, 대칭

예 제 5

르꼬르뷰지에(Le Corbusier)가 신장 183cm인 인간의 바닥에서 배꼽까지의 높이 113cm를 기본으로 하여 만든 디자인용 인간척도(人間尺度)를 무엇이라고 하는가?

정답 모듈러

학습포인트

11 | 공간별 조경시설계획

- 조경시설물과 조경구조물의 배치에 관한 세부적인 내용과 경사로, 계단과 관련된사항, 자연친화형 빗물 처리시설에 대해 이해하고 암기해야 한다.

1 휴게공간과 휴게시설

① 휴게공간

- 시설공간, 보행공간, 녹지공간으로 나누어 설계
- 도로변에 면하지 않도록 배치하고 입구는 2개소 이상 배치하되, 1개소는 이상에는 12.5% 이하의 경사로로 설계함
- 놀이터에는 유아가 노는 것을 보호자가 가까이에서 볼 수 있도록 휴게시설 배치

② 휴게시설

그늘시렁(파고라)	높이 220~260cm, 해가림투영밀폐도 70%
벤치	• 긴휴식에는 등의자, 짧은 휴식에는 평의자 설치 • 등받이 각도 96~110도, 앉은판의 높이 34~46cm · 폭 38~45cm, 전체높이 75~85cm, 1인당 최소 45cm
야외탁자	앉은판의 높이 34~41cm, 폭 25~30cm, 앉은판과 탁자 아래면 사이 간격 25~32cm, 앉은판과 탁자의 평면간격 15~20cm 기준
평상	마루높이 34~41cm
그늘막(쉘터)	처마높이 2.5~3.0m

2 관리시설

설계 대상공간마다 1개소 원칙, 통합관리시 2~3개소당 1개소, 화장실 공용이용

관리사무소	• 입구부분 또는 공원의 주도로에 면하여 설치해서 사무소로서의 기능뿐만 아니라 해당 공간과 조화를 이루는 상징물이 되도록 설계 • 이용자에 대한 서비스기능과 조경공간의 관리기능을 보유
공중화장실	이용자가 알기 쉽고 편리한 곳에 배치
전망시설	입지 및 유형에 따라 전망데크, 스카이워크(공중보행데크), 관찰대, 전망쉘터 및 정자로 분류하며 각 공간의 기능에 맞게 계획
휴지통	• 설계대상공간의 휴게공간 · 운동공간 · 놀이공간 · 보행공간 · 산책로와 같은 보행동선의 결절점, 관리사무소 · 상점과 같이 이용량이 많은 지점의 적정 위치에 배치 • 각 단위공간의 의자와 같은 휴게시설에 근접시키되, 보행에 방해 되지 않도록 하고 수거하기 쉽게 배치 • 단위공간마다 1개소 이상 배치
볼라드	• 옥외공간과 도로나 주차장이 만나는 경계 부위의 포장면에 배치 • 배치 간격은 1.5 m 안팎으로 설계, 높이는 80~100 cm로 하고, 그 지름은 10~20 cm로 함
안전난간	• 주변에 옹벽이나 급경사지와 같이 추락의 위험이 있는 놀이터 · 휴게소 · 산책로와 같은 공간에 설치 • 높이는 바닥의 마감면으로부터 110 cm 이상, 간살의 간격은 15 cm 이하로 함
출입문	• 설계대상공간의 성격 · 규모 · 주변의 이용현황 등을 고려하여 주출입구 · 부출입구 · 보조출입구 등을 배치 • 주 출입구는 수평접근이 가능하도록 하며 부득이한 곳은 경사로, 계단의 순으로 설계 • 주출입구에는 입구마당 등의 전이공간을 배치 • 주출입구는 장애인 등이 접근하기에 불편함이 없도록 최소한의 경사로로 설계한다. 다만, 부득이 할 경우에는 폭의 50% 이내 구간에 계단으로 설치

음수대	• 녹지에 접한 포장 부위에 배치 • 성인 · 어린이 · 장애인 등 이용자의 신체 특성을 고려하여 적정 높이로 설계하되, 하나의 설계 대상 공간에는 최소한 모든 이용자가 이용 가능하도록 설계 • 겨울철의 동파를 막기 위한 보온용 설비와 퇴수용 설비를 반영 • 배수구는 청소가 쉬운 구조와 형태로 설계 • 지수전, 제수밸브와 같은 필요시설을 적정 위치에 제 기능을 충족시키도록 설계함

3 안내표지시설 : 표지시설의 재료, 형태, 색을 통일, 식별성, CIP개념 도입

유도표지	개별단위 시설물 목표물의 방향 및 위치 정보제공하여 유도
해설표지	정보해설 표지시설
종합안내표지	광역정보를 종합적으로 안내
도로표지	도로의 관련된 각종 정보를 전달

4 경관조명시설

① 옥외공간에 설치되는 환경성, 안전성, 쾌적성 등의 목적으로 연출되는 조명시설

② 분류

- 보행등 : 설치 높이의 5배 이하 거리로 설치, 밝기 3 lux 이상
- 정원등 : 높이는 2m 이하
- 잔디등 : 높이는 1m 이하로 잔디밭 경계를 따라 설치
- 투광등 : 아랫방향에서 비추도록 설치
- 벽부등 · 부착등 · 문주등 : 별도의 등주가 필요 없음
- 네온조명 · 튜브조명 : 별도의 등기구가 필요 없음
- 공원등 : 높이 2.7~4.5m, 조도는 중요장소는 5~30 lx, 기타장소는 1~10 lx, 놀이공간, 운동공간, 광장 등 휴게공간은 6lx 이상을 적용, 광원은 메탈할라이드를 적용

5 놀이시설

① 배치

- 정적인 놀이시설과 동적인 놀이시설은 분리시켜 배치하고, 모험놀이시설이나 복합놀이시설은 놀이기능이 연계되거나 순환될 수 있도록 배치
- 미끄럼대 등 높이 2m가 넘는 시설물은 인접한 주택과 정면 배치를 피함
- 그네 · 미끄럼대 등 동적인 놀이시설은 시설물의 주위로 3.0m 이상, 흔들말 · 시소 등의 정적인 놀이시설은 시설물 주위로 2.0m 이상의 이용공간을 확보하여야 하며, 시설물의 이용공간은 서로 겹치지 않도록 함

② 놀이시설 배치

미끄럼대	• 북향 또는 동향 배치 • 미끄럼판 : 높이 1.2(유아용)~2.2m(어린이용), 각도 30~35도, 폭 40~45cm • 착지판 : 바깥쪽으로 2~4도 기울기, 착지면은 10cm 이하
그네	• 2인용 : 높이 2.3~2.5m, 길이 3.0~3.5m, 폭 4.5~5.0m • 안장과 모래밭의 높이 35~45cm • 보호책의 높이는 60cm를 기준으로 하며 그네의 회전반경을 고려하여 그네 길이보다 최소 1m 이상 멀리 배치
모래사장	• 독립된시설로 최소 $30m^2$, 모래깊이 30cm • 마감면은 모래면보다 5cm이상 높게 하고, 폭은 12~20cm를 표준으로 함
놀이벽	평균높이 0.6~1.2m, 두께 20~40cm, 주변에 다른 시설 배치 회피
주제형놀이	모험놀이, 전통놀이, 감성놀이, 조형놀이, 학습놀이시설

6 운동시설

축구장	장축남북, 길이 120~90m, 폭 90~45(국제경기 길이 110~100m, 폭 75~64m)
육상경기장	• 경기자의 태양광선에 의한 눈부심을 최소화하기 위해, 트랙과 필드의 장축은 북-남 혹은 북북서-남남동 방향으로, 관람자를 위해서 메인스탠드를 트랙의 서쪽에 배치 • 코스의 폭 : 1.25m, 흙포장, 합성수지포장, 잔디포장 등 이용과 관리 및 경제성을 고려
테니스장	• 장축 정남북 기준으로 동서 5~15도 편차 범위, 주풍과 일치 • 일광이 좋고 배수가 양호하며, 지하수위가 높지 않은 곳에 위치하며, 코트 주위에 잔디나 식수대를 효과적으로 배치 • 코트 뒤편에 흰색계열의 건물이나 보행자 도로, 차도 등 움직이는 물체가 없도록 함 • 세로 23.77m, 가로 10.97m, 단식 8.23m, 표면배수 기울기 0.2~1.0%
배구장	장축 남북, 방풍시설마련, 길이 18m 너비 9m
농구장	장축 남북, 방풍시설마련, 길이 28m 너비 15m
야구장	방위 내외야수가 오후에 태양을 등지고, 홈플에이트를 동쪽과 북서쪽 사이에 자리잡게 함
배드민턴장	세로13.4m 가로 6.1m
게이트볼장	세로 20m 가로 25m, 세로 15m 가로 20m, 경기라인 밖으로 1m 규제라인
풋살장	장축을 남북으로 길이 40m 폭 20m, 국제경기에 필요한 길이는 38~42m, 폭은 18~22m, 여유폭은 2.5m, 라인 폭 8cm

7 수경시설

분수	수조의 너비는 바람이 없는 곳은 분수높이의 2배, 바람의 영향이 있는 곳은 분수높이의 4배를 기준
연못	• 물의 공급과 배수를 위한 유입구와 배수구를 설계 • 인공적인 못에는 바닥에 배수시설을 설계, 수위조절을 위한 월류구(Over flow)를 고려
폭포 및 벽천	• 지형의 높이차를 이용하여 물을 떨어뜨려 모양과 소리를 즐기는 조경시설물
수경용수의 순환횟수	• 물놀이를 전제 (친수시설 : 분수, 시냇물, 폭포, 벽천, 도섭지 등) : 1일 2회 • 물놀이를 전제하지 않는 공간 (경관용수 : 분수, 폭포, 벽천) : 1일 1회 • 감상을 전제 (자연관찰용수 : 공원지 · 관찰지) : 2일 1회
수질정화시스템	• 물리적 처리법 : 폭기, 침전, 여과, 흡착 • 화학적 처리법 : 응집, 침전, 산화, 이온 투입 • 생물학적 처리법 : 미생물, 수생식물(미나리, 부레옥잠, 갈대 등) 이용
급수계획	• 급수원은 상수 · 지하수 · 중수 · 하천수 · 저장한 빗물을 현지 여건에 따라 적용 • 초기 원수 및 보충수 확보가 쉬워 항상 수경연출이 가능해야 함
유량설계	• 계류의 유량산출은 개수로의 유량산출에 준하여 매닝의 공식을 적용 • 폭포의 유량산출은 프란시스의 공식, 바진의 공식, 오끼의 공식, 프레지의 공식을 적용 • 관의 마찰손실수두와 관내의 유속계산은 베르누이 정리를 이용하여 산출

8 조경구조물

① 정의
- 조경시설물 : 도시공원 및 녹지 등에 관한 법률의 공원시설 중 상부구조의 비중이 큰 시설물
- 조경구조물 : 토지에 정착하여 설치된 시설물

② 적용 : 앉음벽, 장식벽, 울타리, 담장, 야외무대, 스탠드 등의 시설물

③ 야외공연장
- 이용자의 집 · 분산이 용이한 곳에 배치, 비상차량 서비스 동선 연결, 음압레벨의 영향에 민감한 시설로부터 이격
- 객석의 전후영역은 표정이나 세밀한 몸짓을 이상적으로 감상할 수 있는 생리적 한계인 15m 이내로 하는 것을 원칙
- 평면적으로 무대가 보이는 각도(객석의 좌우영역)는 104~108° 이내로 설정
- 객석의 바닥 기울기는 후열객의 무대방향 시선이 전열객의 머리끝 위로 가도록 결정
- 객석에서의 부각은 15° 이하, 최대 30°까지 허용

9 조경포장

① 보도용 포장

보도, 보차혼용도로, 자전거도, 자전거보행자도, 공원 내 도로 및 광장 등 주로 보행자에게 제공되는 도로 및 광장의 포장을 말함

② 간이포장

- 비교적 교통량이 적은 도로의 도로면을 보호 · 강화하기 위한 도로포장
- 주로 차량의 통행을 위한 아스팔트 콘크리트포장과 콘크리트포장을 제외한 기타의 포장을 말함

③ 강성포장(rigid pavement) : 시멘트 콘크리트포장

④ 연성포장 : 아스팔트콘크리트포장, 투수콘크리트포장 등

⑤ 충격흡수보조재

- 합성고무 SBR(스티렌 · 부타디엔계 합성고무)을 고형 폴리우레탄 바인더로 접착하여 탄성과 침투성을 갖도록 한 것을 말함

⑥ 직시공용 고무바닥재

- EPDM(에틸렌 · 프로필렌 · 디엔계 합성고무) 입자를 폴리우레탄 바인더로 접착시켜 과산화수소나 유황으로 경화한 것을 말함

⑦ 인조잔디

- 폴리아마이드, 폴리프로필렌, 기타 섬유로 만든 직물에 일정 길이의 솔기를 단 기성제품을 말함

⑧ 고무블록

- 충격흡수보조재에 내구성 표면재를 접착시키거나 균일재료를 이중으로 조밀하게 하고, 표면을 내구적으로 처리하여 충격을 흡수할 수 있도록 성형 · 제작한 것으로 일반 고무블록과 고무칩이나 우레탄칩을 입힌 블록 등을 말함

⑨ 차도용 포장

- 관리용 차량이나 한정된 일반 차량의 통행에 사용되는 도로로서 최대 적재량 4톤 이하의 차량이 이용하는 도로의 포장

10 환경조형시설

① 목적

- 공적 공간에 설치되는 예술작품
- 쾌적한 주거환경 조성 및 이용자의 미적 욕구를 수용하는 등 공공 목적으로 설치되는 시설

② 종류

구분	내용
미술장식품	「문화예술진흥법」에 따라 공동주택단지 등에 설치하는 회화·조각·공예·사진·서예 등의 조형 예술물과 벽화·분수대·상징탑 등의 환경은 조형물로서 관련 조례에 따라 심의 등의 절차를 필요로 하는 시설
순수창작 조형물	• 작가의 순수한 예술적 창작력을 강조한 조형물 • 독자적인 미적 가치를 형성하기 위하여 공공미술로서의 의미와 작가의 개성에 비중을 둔 조형물
기능성 환경조형물	• 시계탑, 조명기구, 문주 등 본래 시설물이 지니는 기능은 충족 • 조형적 가치와 의미가 충분히 발휘되도록 설계한 환경조형물
모뉴멘트	역사적 기념물이나 상징조각 등과 같이 기념비적인 조형물의 성격을 가진 조형물

③ 환경조형시설의 성능평가 항목

- 조형성 요인 : 형태성, 창의성, 심미성, 기능성
- 환경성 요인 : 조화성, 안전성
- 사회성 요인 : 시공성, 객관성

11 경사로

① 배치 · 구조 및 규격

- 평지가 아닌 곳에 보행로를 설치할 경우에는 「장애인 · 노인 · 임산부의 편의 증진보장에 관한 법률」 등의 관련 법규에 적합한 경사로를 설계

② 장애인등의 통행이 가능한 접근로(「장애인 · 노인 · 임산부의 편의 증진보장에 관한 법률」상 편의시설의 구조 · 재질 등에 관한 세부기준 적용)

- 유효폭 및 활동공간
  - 휠체어사용자가 통행할 수 있도록 접근로의 유효폭은 1.2m 이상으로 함
  - 휠체어사용자가 다른 휠체어 또는 유모차 등과 교행할 수 있도록 50m마다 1.5m×1.5m 이상의 교행구역을 설치
  - 경사진 접근로가 연속될 경우에는 휠체어사용자가 휴식할 수 있도록 30m마다 1.5m×1.5m 이상의 수평면으로 된 참을 설치
- 기울기 등
  - 접근로의 기울기는 18분의 1이하로 함 (다만, 지형상 곤란한 경우에는 12분의 1까지 완화)
  - 대지 내를 연결하는 주접근로에 단차가 있을 경우 그 높이 차이는 2cm 이하로 함
- 경계
  - 접근로와 차도의 경계 부분에는 연석 · 울타리 기타 차도와 분리할 수 있는 공작물을 설치
  - 연석의 높이는 6cm 이상 15cm 이하로 할 수 있으며, 색상과 질감은 접근로의 바닥재와 다르게 설치할 수 있음
- 재질과 마감
  - 접근로의 바닥표면은 장애인 등이 넘어지지 아니하도록 잘 미끄러지지 않는 재질로 평탄하게 마감
  - 블록 등으로 접근로를 포장하는 경우에는 이음새의 틈이 벌어지지 않도록 하고, 면이 평탄하게 시공
  - 장애인 등이 빠질 위험이 있는 곳에는 덮개를 설치하되, 그 표면은 접근로와 동일한 높이가 되도록 하고 덮개에 격자구멍 또는 틈새가 있는 경우에는 그 간격이 2cm 이하가 되게 함
- 보행장애물
  - 접근로에 가로등 · 전주 · 간판 등을 설치하는 경우에는 장애인등의 통행에 지장을 주지 아니하도록 설치하여야 함
  - 가로수는 지면에서 2.1m까지 가지치기를 실시함

③ 경사로(「장애인 · 노인 · 임산부의 편의 증진보장에 관한 법률」상 편의시설의 구조 · 재질 등에 관한 세부기준 적용)

• 유효폭 및 활동공간
  - 경사로의 유효폭은 1.2m 이상으로 하여야 한다. 다만, 건축물을 증축 · 개축 · 재축 · 이전 · 대수선 또는 용도변경하는 경우로서 1.2m 이상의 유효폭을 확보하기 곤란한 때에는 0.9m까지 완화할 수 있음
  - 바닥면으로부터 높이 0.75m 이내마다 휴식을 할 수 있도록 수평면으로된 참을 설치함
  - 경사로의 시작과 끝, 굴절 부분 및 참에는 1.5m×1.5m 이상의 활동공간을 확보하여야 한다. 다만, 경사로가 직선인 경우에 참의 활동공간의 폭은 (1)에 따른 경사로의 유효폭과 같게 할 수 있음

• 기울기
  - 경사로의 기울기는 12분의 1 이하로 함
  - 다음의 요건을 모두 충족하는 경우에는 경사로의 기울기를 8분의 1까지 완화할 수 있음 : 신축이 아닌 기존시설에 설치되는 경사로일 것. 높이가 1m 이하인 경사로로서 시설의 구조 등의 이유로 기울기를 12분의 1이하로 설치하기가 어려울 것, 시설관리자 등으로부터 상시보조 서비스가 제공될 것

• 손잡이
  - 경사로의 길이가 1.8m 이상이거나 높이가 0.15m 이상인 경우에는 양측면에 손잡이를 연속하여 설치하여야 함
  - 손잡이를 설치하는 경우에는 경사로의 시작과 끝부분에 수평손잡이를 0.3m 이상 연장하여 설치하여야 한다. 다만, 통행상 안전을 위하여 필요한 경우에는 수평손잡이를 0.3m 이내로 설치할 수 있음

• 재질과 마감
  - 경사로의 바닥표면은 잘 미끄러지지 아니하는 재질로 평탄하게 마감
  - 양측면에는 휠체어의 바퀴가 경사로 밖으로 미끄러져 나가지 않도록 5센티m 이상의 추락방지턱 또는 측벽을 설치할 수 있음
  - 휠체어의 벽면 충돌에 따른 충격을 완화하기 위하여 벽에 매트를 부착할 수 있음

12 계단

① 조경설계기준

• 경사가 18%를 초과하는 경우는 보행에 어려움이 발생되지 않도록 계단을 설치

• 구조 및 규격
  - 기울기는 수평면에서 35°를 기준으로 하고, 폭은 장애인 · 노인 · 임산부 등의 편의증진 보장에 관한 법률 시행규칙 (편의시설의 구조 · 재질 등에 관한 세부기준)에 따라 설계
  - 계단의 폭은 연결도로의 폭과 같거나 그 이상의 폭으로 단높이는 18cm 이하, 단너비는 26cm 이상으로 함
  - 높이 2m 를 넘는 계단에는 2m 이내마다 당해 계단의 유효폭 이상의 폭으로 너비 120cm 이상인 참을 둠

- 높이 1m 를 초과하는 계단으로서 계단 양측에 벽, 기타 이와 유사한 것이 없는 경우에는 난간을 두고, 계단의 폭이 3m 를 초과하면 매 3m 이내마다 난간을 설치한다. 다만, 계단의 단높이가 15cm 이하이고 단너비가 30cm 이상일 경우에는 예외로 할 수 있음
- 옥외에 설치하는 계단의 단수는 최소 2단 이상으로 하며 계단바닥은 미끄러움을 방지할 수 있는 구조로 설계함
- 계단의 경사는 최대 30~35°가 넘지 않도록 함

② 장애인등의 통행이 가능한 계단(「장애인 · 노인 · 임산부의 편의 증진보장에 관한 법률」상 편의시설의 구조 · 재질 등에 관한 세부기준 적용)

- 계단의 형태
  - 계단은 직선 또는 꺾임형태로 설치할 수 있음
  - 바닥면으로부터 높이 1.8m 이내마다 휴식을 할 수 있도록 수평면으로된 참을 설치 가능
- 유효폭
  - 계단 및 참의 유효폭은 1.2m 이상으로 함. 다만, 건축물의 옥외 피난계단은 0.9m 이상으로 할 수 있음
- 디딤판과 챌면
  - 계단에는 챌면을 반드시 설치하여야 함
  - 디딤판의 너비는 0.28m 이상, 챌면의 높이는 0.18m 이하로 하되, 동일한 계단(참을 설치하는 경우에는 참까지의 계단을 말함)에서 디딤판의 너비와 챌면의 높이는 균일하게 하여야 함
  - 디딤판의 끝부분에 아래의 그림과 같이 발끝이나 목발의 끝이 걸리지 아니하도록 챌면의 기울기는 디딤판의 수평면으로부터 60도 이상으로 하여야 하며, 계단코는 3센티m 이상 돌출하여서는 안됨

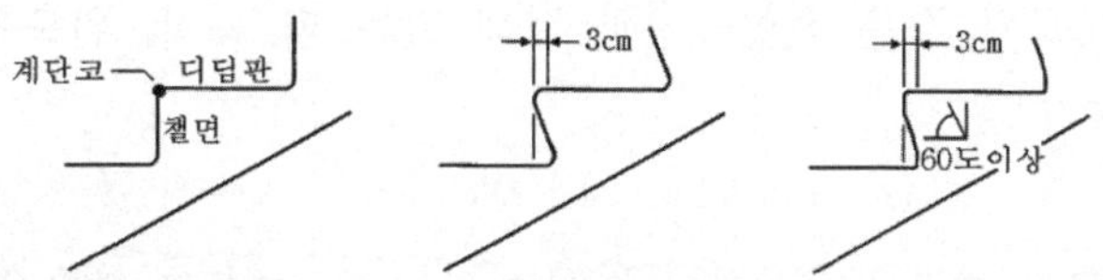

- 재질과 마감
  - 계단의 바닥표면은 미끄러지지 아니하는 재질로 평탄하게 마감할 수 있음
  - 계단코에는 줄눈넣기를 하거나 경질고무류 등의 미끄럼방지재로 마감함. 다만, 바닥표면 전체를 미끄러지지 아니하는 재질로 마감한 경우에는 그러하지 않음
  - 계단이 시작되는 지점과 끝나는 지점의 0.3m 전면에는 계단의 폭만큼 점형블록을 설치하거나 시각장애인이 감지할 수 있도록 바닥재의 질감 등을 달리함

13 자연친화형 빗물처리시설

① 빗물침투

- 빗물과 지표수를 땅속으로 침투시켜 지표면의 유출량을 감소시키고 지하수를 함양하는 것
- 잔디도랑, 침투정, 못, 습지와 같이 빗물이 침투할 수 있는 시설의 설치를 먼저 고려

② 빗물침투와 저장 설계

- 공원의 녹지 · 잔디밭, 텃밭과 같은 지역은 식재 면을 굴곡 있게 설계하되 $100m^2$마다 1개소씩 오목하게 설계

- 녹지의 식재 면은 1/20~1/30 정도의 기울기로 설계
- 주변보다 낮은 오목한 곳에 침투통을 설계
- 원지형 보존지역의 비탈면 하부와 완충녹지의 하부에는 잔디 도랑·자갈 도랑과 같은 선형의 침투 시설을 설계
- 선형의 침투시설에는 20 m마다 침투통을 설치
- 낮은 곳의 침투정에는 홍수 때를 대비하여 인접한 우수관이나 우수맨홀까지 배수관을 설치

③ 빗물침투 및 저류시설

- 점토질이 많은 불투수성 포장, 지하수위가 높은 지역은 대상 지역에서 제외
- 투수성 포장 : 포장 면을 통하여 우수를 직접 땅속으로 스며들게 함, 포장 면이 오염되지 않은 지역을 대상으로 함

④ 빗물여과녹지대

- 토양과 식생에 의한 여과, 침투 및 저류와 같은 방법으로 유출량을 조절하고 오염물질을 정화하는 시설
- 도로, 주차장과 같은 오염발생원에 인접한 곳 혹은 도로 비탈면과 하천 둔치 경계부에 설치하여 빗물이 정화되면서 지면으로 서서히 유입되는 시설

⑤ 식생 수로

- 빗물여과녹지대와 유사한 기능을 갖는 녹지형 배수로이나, 빗물여과지는 평탄하거나 완경사로 조성되는 형태임에 반해서, 식생 수로는 일정한 폭과 경사를 형성하면서 선형을 따라서 지표수 유출이 가능한 녹지대
- 침투를 촉진하는 첫 번째 기능을 하며, 교목, 관목, 초화류를 식재하되 수로에는 가능한 한 목본을 심지 않음
- 차도, 보도, 자전거도로와 같은 선형동선과 접해 있는 띠 녹지, 완충녹지와 같은 선형녹지대를 대상으로 함

⑥ 침투도랑

- 굴착한 도랑에 쇄석자갈 혹은 돌을 채워 유입된 우수를 땅속에 분산하는 시설
- 도로, 주차장, 광장, 운동장과 같은 시설지와 인접한 곳의 녹지대에 도로 및 시설지의 선형과 평행하게 설치

⑦ 잔디 수로

- 굴착한 도랑에 잔디를 덮어 유입된 우수를 땅속으로 분산하는 시설
- 도로, 주차장, 광장, 운동장과 같은 시설지와 인접한 곳의 녹지대에 도로 및 시설지의 선형과 평행하게 설치하되, 포장경계석으로부터 약 0.3~0.5m 간격으로 떨어지게 설치

⑧ 침투통

- 굴착한 구덩이에 쇄석자갈 혹은 돌을 채워 유입된 우수를 땅속으로 분산하는 시설
- 침투통의 규격
  - 30~50×30~50cm2(W×L) 내외의 정방형, 직사각형, 원형의 형태로 설치가 가능
  - 깊이(H)는 80~120cm 내외로 하되 안식각을 형성할 수 있도록 하며, 우수유입 · 유출량을 고려하여 규모를 조정하거나 도입 숫자를 가감하여 설치
- 쇄석자갈 측면은 부직포를 설치하여 토사가 유입되는 것을 방지
- 공원, 완충 · 경관녹지, 녹지 섬과 같은 녹지대를 대상으로 함

• 주변 건물로부터 1.5m 이격하여 설치
• 침투통 바닥을 통한 침투로, 바닥에 입경 3~7cm 크기의 쇄석을 20cm 이상 충전
• 침투통 측면은 입경 3~7cm 크기의 쇄석을 15cm 이상 채움
• 충전쇄석 하부에 15cm 이상의 깊이로 모래를 포설, 침투통 상부는 스틸그레이팅을 설치
• 24시간 이내에 저류된 빗물이 침투될 수 있도록 투수계수를 설정

⑨ 수영 연못

• 습지의 수질정화 기능을 통해 정화된 빗물을 연못에 유입시키고 저류하여 수영장으로 사용하는 시설
• 빗물이 유입되는 정화구역에는 수질정화기능이 있는 식물을 심고 토양보다는 불활성의 입자가 적은 조약돌이나 자갈로 기반을 조성하여 빗물이 정화될 수 있도록 함
• 수영연못 시스템에는 수돗물을 사용하지 않는 것으로 함
• 펌프에 의해 물이 순환될 수 있는 구조로 하며, 물에 포함된 세균을 비롯한 유해요소를 제거하기 위해 정화 필터를 설치

⑩ 레인가든(Rain garden)

• 식물이나 토양의 화학적, 생물학적, 물리학적 특성을 활용하여 주위 환경의 수질과 수량 모두를 조절하는 자연지반을 기본으로 하며, 오염된 유출수를 흡수하고 이 물을 토양으로 투수시키기 위해 식재를 활용하는 생물학적 저류지(bio-retention)
• 비가 많이 내리는 지역이나 부지 쪽으로 경사가 심한 지역에는 배수로를 설치
• 각 표면과 그 표면에서 배수되는 지점을 한눈에 볼 수 있는 개념도를 작성
• 표면에 떨어지는 빗물의 양을 계산하기 위하여 강우데이터를 구해 표면 지역과 곱하여 용량을 산정
• 건물에서 1.5m 이격하여 설치하고, 최대 저류 수심은 10~15cm 내외로 설치
• 24시간 이내에 저류된 빗물이 침투될 수 있도록 투수계수 설정
• 땅속에 10cm 깊이로, 3~7cm 입경의 쇄석을 충전하며, 충전쇄석의 막힘 현상을 방지하기 위한 투수시트를 설치
• 빗물정원 내에 1cm 이내의 자갈을 포설
• 월류되는 빗물은 우수(빗물)관로나 빗물관리시설로 유입될 수 있도록 함
• 사면경사는 1:2로하며, 빗물정원 주변의 흙탕물이 유입되지 않도록 설치
• 10년 정도의 주기로 빗물정원 내 토양을 치환하는 것을 고려함

⑪ 빗물체인

빗물을 순환시켜 다양한 용도로 활용하는 연계 시스템을 의미함

예 제 1

다음은 보기는 조경설계기준 상 놀이시설 중 모래사장에 관한 사항이다. 빈칸을 채우시오.

<보기>
- 독립된 시설로 최소 (㉠)를 확보하고, 모래깊이는 놀이의 안전을 고려하여 (㉡)이상으로 한다.
- 마감면은 모래면보다 (㉢)cm 이상 높게 하고, 폭은 12~20cm를 표준으로 한다.

정답 ㉠ $30m^2$, ㉡ 30cm, ㉢ 5cm

예 제 2

다음 보기는 조경설계기준에 제시된 놀이시설 설계고려사항이다. 빈칸을 채우시오.

<보기>
- 미끄럼대 등 높이 (㉠)m가 넘는 시설물은 인접한 주택과 정면 배치를 피한다.
- 그네 · 미끄럼대 등 동적인 놀이시설은 시설물의 주위로 (㉡)m 이상, 흔들말 · 시소 등의 정적인 놀이시설은 시설물 주위로 (㉢)m 이상의 이용공간을 확보하여야 하며, 시설물의 이용공간은 서로 겹치지 않도록 한다.

정답 ㉠ 2, ㉡ 3, ㉢ 2

예 제 3

다음 보기는 「장애인 · 노인 · 임산부의 편의 증진보장에 관한 법률」 등의 관련 법규에 적합한 경사로를 설계에 관한 내용이다. 빈칸을 채우시오.

<보기>
- 휠체어사용자가 통행할 수 있도록 접근로의 유효폭은 (㉠) 이상으로 한다.
- 휠체어사용자가 다른 휠체어 또는 유모차 등과 교행할 수 있도록 (㉡) 마다 1.5m×1.5m 이상의 교행구역을 설치한다.
- 경사진 접근로가 연속될 경우에는 휠체어사용자가 휴식할 수 있도록 (㉢)30m 마다 1.5m×1.5m 이상의 수평면으로 된 참을 설치한다.
- 접근로의 기울기는 (㉣)로 한다. (다만, 지형상 곤란한 경우에는 12분의 1까지 완화)
- 대지 내를 연결하는 주접근로에 단차가 있을 경우 그 높이 차이는 ( ) 이하로 한다.

정답 ㉠ 1.2m, ㉡ 50m, ㉢ 30m, ㉣ 1/18, ㉤ 2cm

예 제 4

다음 보기는 조경설계기준 상 계단 설치에 대한 내용이다. 빈칸을 채우시오.

<보기>

- 경사가 (㉠)를 초과하는 경우는 보행에 어려움이 발생되지 않도록 계단을 설치한다.
- 기울기는 수평면에서 (㉡)를 기준으로 하고, 폭은 장애인 · 노인 · 임산부 등의 편의증진 보장에 관한 법률 시행규칙 (편의시설의 구조 · 재질 등에 관한 세부기준)에 따라 설계한다.
- 계단의 폭은 연결도로의 폭과 같거나 그 이상의 폭으로 단높이는 (㉢) 이하, 단너비는 (㉣) 이상으로 한다.
- 높이 ( )를 넘는 계단에는 ( ) 이내마다 당해 계단의 유효폭 이상의 폭으로 너비 120cm 이상인 참을 둔다.

정답 ㉠ 18%, ㉡ 35˚, ㉢ 18cm, ㉣ 26cm, ㉤ 2m, ㉥ 2m

예 제 5

다음은 조경설계기준에 제시된 빗물침투 및 저류시설에 관련된 설명이다. 빈칸을 채우시오.

<보기>

- (㉠) : 토양과 식생에 의한 여과, 침투 및 저류와 같은 방법으로 유출량을 조절하고 오염물질을 정화하는 시설
- (㉡) : 굴착한 도랑에 쇄석자갈 혹은 돌을 채워 유입된 우수를 땅속에 분산하는 시설
- (㉢) : 식물이나 토양의 화학적, 생물학적, 물리학적 특성을 활용하여 주위 환경의 수질과 수량 모두를 조절하는 자연지반을 기본으로 하며, 오염된 유출수를 흡수하고 이 물을 토양으로 투수시키기 위해 식재를 활용하는 생물학적 저류지

정답 ㉠ 빗물여과녹지대, ㉡ 침투도랑, ㉢ 레인가든(Rain garden)

○ 학습포인트 ○

12 | 서양조경사

•서양 고대정원과 중세, 르네상스, 근세 정원의 주요양식과 작품에 대해 알아야 한다.

1 고대

나라	정원수법	년대	대표작품 및 특징
이집트	정형식	BC3200~ BC525	① 주택정원 : 높은울담과 수목을 열식, 키오스크(Kiosk), 침상지, 아메노피스 3세의 한 중신의 분묘, 메리레 정원 ② 신원 : 델엘 바하리의 핫셉수트 여왕의 장제신전 ③ 사자의 정원 : 시누헤 이야기, 레크미라의 무덤 벽화
서부 아시아	정형식	BC3000~ BC333	① 수렵원 : 길가메시 서사시, 훈련장·야영장·제사장 ② 공중정원 : 네브카드네자르2세가 왕비 아미티스를 위해 조성 ③ 지구라트 : 신전, 관측소, 도심중심에 설치, 지표물 ④ 파라다이스정원(4분원) : 주변에 울담, 방형공간에 十자수로, 과수재배
그리스	정형식	BC5c	① 주택정원 : 메가론타입, 중정, 가족중심, 아도니스원 (그리스신화배경, 포트가든, 윈도우가든, 옥상정원영향) ② 성림, 짐나지움, 아카데미 ③ 히포데이무스 : 최초의 도시계획가, 격자형가로망계획 ④ 아고라 : 최초의 광장, 시장기능, 시민들이 토론이나 선거장소
로마	정형식	BC5c후반 ~8c	① 별장 : 지형과 기후영향, 라우렌티장·터스카나장·아드리아장 ② 주택정원 : 폼베이시가 (Pansa가, Vetti가, Tiburtinus가) • 2개의 중정과 1개의 후원 • 아트리움(공적기능) → 페릴스트리움(주정, 사적기능, 식재가능) → 지스터스(후원, 5점형배치) 로 구성 ③ 포름 : 아고라가 발전, 귀족들의 지배장소 ④ 호르투스 : 로마시대 정원의 총칭

예 제 1

다음 보기에서 설명하는 이집트의 정원 유적을 쓰시오.

<보기>
- 현존하는 최고(最古)의 정원 유적
- 건축가 센누트가 설계
- 태양신인 아몬(Amen)신을 모신 곳으로 열주랑 형태의 3개의 경사로(Terrace)로 계획

정답 핫셉수트 여왕의 장제신전

예 제 2

사자의 정원으로 유명한 고대 이집트의 정원벽화 유적을 쓰시오.

정답 레크미라의 무덤벽화

예 제 3

이집트 사람들이 신성시한 나무로서, 죽은 자를 이 나무 그늘 아래서 쉬게 하는 풍습이 있었다. 이 나무의 이름을 쓰시오.

정답 무화과(Sycamore)

예 제 4

다음 빈칸을 채우시오.

<보기>
고대 이집트에서 나일강을 중심으로 동쪽에는 (㉠)과 서쪽에는 (㉡)을 설치하였다.

정답 ㉠ 예배신전, ㉡ 장제신전

예 제 5

고대 서부 아시아에서 사냥터 경관을 전하는 최고의 문헌을 쓰시오.

정답 길가메시 서사시

예 제 6

바빌론의 네브카드네자르 2세가 왕비 아미티스를 위해 조성한 정원을 쓰시오.

정답 공중가든(Hanging Garden)

예 제 7

다음 보기에서 설명하는 그리스의 정원 유적을 쓰시오.

<보기>
- 오늘날 지중해 연안지방의 포트가든 이나 옥상정원의 기원이 되었다.
- 푸르고 싱싱하게 생장하는 밀, 상치, 보리를 화분이나 바스켓에 심어 장식했다.

정 답 아도니스원

예 제 8

공공건물로 둘러 싸여 있으며, 때때로 수목도 심어졌던 그리스 도시민의 경제생활과 예술활동이 이루어졌던 공공용지를 쓰시오.

정 답 아고라(agora)

예 제 9

고대 로마시대의 폼페이 지방의 주택에서 3개의 정원공간이 나타나고 있는데 공간의 명칭을 순서대로 쓰시오.

<보기>

도로 → 출입구 → (㉠) → (㉡) → 지스터스(후원)

정 답 ㉠ 아트리움(Atrium), ㉡ 페리스틸리움(Peristylium)

예 제 10

공공건물과 주랑으로 둘러싸인 다목적 열린 공간으로 그리스의 아고라와 아크로폴리스를 질서정연한 공간으로 바꾼 공간의 명칭을 쓰시오.

정 답 포룸(Forum)

2

<table>
<tr><th>구분</th><th>나라</th><th>정원수법</th><th>년대</th><th>대표작품 및 특징</th></tr>
<tr><td>중세</td><td>서구 유럽</td><td>정형식</td><td>5~14c</td><td>① 폐쇄적정원, 자급자족적 성격을 지님
② 과수원, 유원, 초본원, 매듭화단(knot), 미원(maze)
③ 중세전기 : 수도원정원(이탈리아를 중심),
• 회랑식중정(클로이스트가든 → 장식적정원) + 실용적정원(→ 약초원, 초본원)
④ 중세후기 : 성관정원(프랑스와 잉글랜드를 중심으로), 장미이야기</td></tr>
<tr><td rowspan="3">이슬람</td><td>이란</td><td>정형식</td><td>7~13c</td><td>① 물과 녹음수를 중시, 높은 울담
② 오아시스 도시 – 이스파한 : 체하르바그, 왕의광장, 40주궁, 황제도로</td></tr>
<tr><td>스페인</td><td>중정식
(정형식)</td><td>8~15c</td><td>① 알함브라 궁전 : 알베르카중정(입구중정) / 사자의 중정(주랑식중정)/ 다라하중정/ 레하의 중정
② 제랄리페이궁 : 수로의 중정/ 사이프러스 중정</td></tr>
<tr><td>무굴 인도</td><td>정형식</td><td>16c~19c</td><td>① 피서용 바그(별장)발달 : 캐시미르지방
② 묘지와 정원의 결합 : 아그리와 델리지방, 타지마할(대표작)
③ 정원요소 : 물, 장식과 실용을 겸한 원정, 녹음수중시, 높은담(장엄미, 형식미, 사생활보호)</td></tr>
</table>

예 제 1

중세시대의 수도원에 사방이 회랑으로 둘러싸이고 각 회랑의 중앙에서 중정으로 출입구가 트여 원로를 구성하고 그 교차점인 중정 중앙에 수반 분수가 있는 정원의 명칭을 쓰시오.

정답 클로이스트 가든(Cloister Garden)

예 제 2

중세시대에 장원의 규모가 커지면서 주위를 성곽으로 두르는 폐쇄적인 형태로 주위에는 방어목적의 해자를 두었던 정원을 쓰시오.

정답 성관정원

예 제 3

알함브라 궁전의 파티오에 대한 내용이다. 괄호 안을 채우시오.

<보기>
- (㉠) : 외국 사신을 맞는 공적(公的)장소에 긴 연못 양편에서 도금양을 식재한 중정이다.
- (㉡) : 중앙에 분수를 두고 +자형으로 수로가 흐르게 한 것으로서 사적(私的)공간 기능이 강하다
- (㉢) : 여성적인 분위기의 정원으로 회양목으로 연취식재, 화단 사이는 맨흙의 원로된 중정이다.
- (㉣) : 색자갈로 무늬 포장된 곳으로 네 귀퉁이에 사이프러스를 식재되었고 중앙의 분수가 있다.

정답 ㉠ 알베르카 중정, ㉡ 사자의 중정, ㉢ 다라하(린다라야)중정, ㉣ 레하 중정

예 제 4

무굴인도에서 건물과 정원을 하나의 유니트로 하는 환경계획으로 동시대 이탈리아의 villa와 같은 개념을 쓰시오.

정답 바그(Bagh)

예 제 5

이슬람 건축의 백미로 샤 자한왕이 왕비의 죽음을 추념하기 위해 만든 분묘정원을 쓰시오.

정답 타지마할

3

나라	정원수법	년대	대표작품 및 특징
이탈리아	노단건축식 (정형식)	15c 피렌체, 터스카니지방	① 메디치장 : 메디치가문, 카레기장(르네상스최초의 빌라), 페에졸레, 카스텔로장
		16c 로마와 로마근교	① 벨베데레원 : 브라망테, 노단건축식의 시작 ② 빌라 마다마 : 라페엘로 주건물과 옥외공간을 하나의 유니트화 ③ 3대별장 : 에스테장 / 랑테장 / 파르네즈장 에스테장 : • 티볼리위치, 리고리오설계, 병렬형, 4단 • 뛰어난수경처리 : 백개분수, 경악분천, 용의분수, 물풍금 랑테장 : • 바그나이아, 비뇰라설계, 4단, 정원축과 연못축이 일치된 직렬형, 쌍둥이카지노(중간단위치) • 총림, 테라스, 화단조화 • 추기경테이블, 경악분천, 거인의분수, 돌고래의분수 파르네즈장 : 비뇰라설계, 2단
		17c 바로크 양식	① 대표적빌라 : 감베라이장 / 알도브란디나장/ 이솔라벨라/ 가르조니장/ 란셀롯티장 ② 각국의 영향 : 프랑스, 독일, 네덜란드영향(운하식정원)
프랑스	평면 기하학식 (정형식)	17c 바로크 양식	① 루이14세 절대주의왕정확립, 중상주의정책, 온난습윤, 낙엽수 산림풍부 ② 르 노트르의 대표적 작품 → 보르비콩트(출세작), 베르사유 궁원(대표작, 세계최대vista정원) → 장엄스케일, 정원이주가됨, 평면기하학식, 총림, 소로, 운하식, 화려하고장식적인정원 ③ 영향 : 정원계획(주변 유럽각국, 중국(원명원))/ 도시계획(러시아, 미국)
영국	정형식	16~17c	① 튜더왕조, 스튜어트왕조 ② 작품 : 햄프턴코트, 멜버른홀, 레벤스홀, 몬타큐트원 ③ 특징 : 테라스설치, 주 도로인 곧은 길, 축산, 보올링 그린, 매듭화단(knot), 약초원

예제 1

다음은 이탈리아 르네상스시대 정원작품에 대한 설명으로 빈칸을 채우시오.

<보기>
- (㉠) : 리고리오가 설계, 병렬형, 4단, 뛰어난 수경처리로 백개분수, 경악분천, 용의분수, 물풍금 등이 있다.
- (㉡) : 비뇰라가 설계, 4단, 정원축과 연못축이 일치된 직렬형, 쌍둥이카지노 등이 있다.
- (㉢) : 비뇰라가 설계, 2단의 테라스에 5각형 카지노 등이 있다.

정답 ㉠ 에스테장, ㉡ 랑테장, ㉢ 파르네제장

예제 2

다음 보기에서 설명하는 작품을 쓰시오.

<보기>
- 루이14세(태양왕) 상징화한 궁원으로 르 노트르가 설계하였다.
- 300ha에 이르는 세계 최대 정형식 정원으로 바로크 양식이다.

정답 베르사유 궁원

예제 3

평면기하학식을 확립한 르네상스 시대 조경가를 쓰시오.

정답 앙드레 르 노트르

4 근세조경

구분	나라	정원수법	년대	대표작품 및 특징
근세	영국	자연 풍경식	18c	① 배경 : 지형영향, 계몽주의, 풍경화, 낭만주의, 국민들의 심리적욕구, 픽쳐레스크 ② 풍경식대표적 조경가 : 브리짓맨→켄트→브라운→랩턴(풍경식조경완성, 레드북) ③ 챔버, 나이트, 프라이스 : 브라운파 정원을 비판 ④ 작품 : 스토우가든(ha-ha기법도입), 스투어헤드(테마공원), 루스햄, 블렌하임
	프랑스	자연 풍경식	18c말~19c초	에름논빌, 모르퐁테느, 쁘띠뜨리아농, 몽소공원, 말메종, 바가텔르
	독일	풍경식	18c말	바이마르공원, 무스코성의 대림원(수경시설에 주안점)
	미국 식민지시대	절충식	17c~19c	윌리암스버그수도계획, 마운트버논, 몬티첼로
	영국의 공공공원	풍경식	19c	① 비큰히드파크(옴스테드에 영향을 준 작품) : 1843년 조셉펙스턴설계, 공적위락+사적주택부지로 구성 ② 켄시턴파크, 리젠드파크
	미국	풍경식	1800~1950	① 앙드레파르망디에(미국최초 풍경식정원설계) ② 앤드류잭슨다우닝(미국문화와 부지에 맞게 풍경식설계)
			옴스테드	• 센트럴파크(보우와 옴스테드) : 미국도시공원의 효시 • 리버사이드단지계획
			엘리옷	수도권공원계통수립
			시카고 박람회	• 옴스테드(조경). 번함(건축), 맥킴(도시설계) • 영향 : 도시계획발달 / 도시미화운동 / 조경전문직에 대한 인식재고 / 로마에 아메리칸 아카데미설립
	독일		19c	① 분구원, 볼크파크, 도시림 ② 주택정원 : 구성식정원

예제 1

영국 풍경식 대표적 조경가이다. 순서대로 빈칸을 채우시오.

<보기>
찰스 브릿지맨 → (㉠) → 란셀로트 브라운 → (㉡)

정답 ㉠ 윌리암 켄트, ㉡ 험브리 랩턴

예제 2

스토우원에 하하 기법(Ha-Ha) 최초로 도입한 영국의 풍경식 조경가는?

정답 찰스 브릿지맨

예제 3

영국의 풍경식 정원에서 담을 설치할 때 능선에 위치함을 피하고 도랑이나 계곡 속에 설치하여 경관을 감상할 때 물리적 경계 없이 전원을 볼 수 있게 한 것으로 동양정원에서 차경수법과 유사한 기법을 쓰시오.

정답 하하(Ha-Ha)기법

예제 4

낭만주의를 바탕으로 사실주의 자연풍경식 정원이 발달된 나라를 쓰시오.

정답 영국

예제 5

다음 보기에서 설명하는 공원을 쓰시오.

<보기>
- 최초의 시민의 힘으로 이루어진 공원
- 사적 주택단지와 공적 위락용으로 이분화된 공원
- 조셉 팩스턴이 설계한 공원

정답 비큰히드 공원(Birkenhead Park)

예 제 6

Frederick Law Olmsted의 '공원관'에 강한 영향을 미친 19세기 영국의 공원을 쓰시오.

정 답 비큰히드 공원(Birkenhead Park)

예 제 7

미국 최초의 도시공원(㉠)과 국립공원(㉡)을 쓰시오.

정 답 ㉠ 센트럴파크, ㉡ 옐로스톤

학습포인트

13 | 동양조경사

- 중국조경사 (정원의 기원, 소주의 4대명원, 청시대 이궁 등), 일본 조경사(양식의 변천, 고산수식, 다정식 등)의 시대별 대표적 양식과 작품에 대해 알아야 한다.
- 한국전통조경은 조경에 영향을 준 전통사상과 고조선에서 고려시대는 대표적 작품을 위주로 조선시대는 궁궐정원, 민간정원(주택정원, 민간정원) 구분하여 대표적인 작품을 알아야 한다.

1 중국조경사

① 개요

- 중국정원의 기원 : 원(園 : 과수를 심는 곳) / 포(圃 : 채소를 심는 곳) / 유(囿 : 금수를 키우는 곳, 왕의 사냥터, 후세의 이궁)
- 중국 조경의 특징
  - 사실주의보다는 상징적 축조가 주를 이루는 사의주의 자연풍경식
  - 자연미와 인공미를 겸비한 정원
  - 경관의 조화보다는 대비에 중점
  - 남 · 북원림의 특징

북방원림	강남(소주)원림
봉건황제를 위한 유구(규모가 크고 개방적)	사가원림발달(좁고 폐쇄적 공간에 치밀하게 조영)
춥고 건조함	온난습윤
태호석이 주요 재료가 되어 석가산 조성, 산경과 수경의 조화	

② 세부기법 : 화창, 누창, 공창, 포지, 동문, 회랑

③ 시대별 중국조경사

시대	대표적작품	특 징	조경관련문헌
은, 주	원(園), 유(囿), 포(圃), 영대	① 정원의 기원 : 원, 유, 포 ② 영대 : 낮에는 조망, 밤에는 은성명월을 즐김	
진	아방궁	난지 : 동서200리, 남북20리의 연못 봉래산조성	
한	상림원 태액지원	① 상림원 : 왕의 사냥터, 중국정원 중 가장 오래된 정원, 곤명호를 비롯한 6대호, ② 태액지원	
삼국시대	화림원		
진	현인궁	① 왕희지 : 난정기에 정원운영기록, 곡수유상에 관한 기록 ② 도연명 : 안빈낙도, 은둔생활	
당	온천궁(화청궁) 이덕유의 평천산장	① 온천궁 : 대표적이궁, 태종이 건립, 현종이 화청궁으로 개명 ② 문인의 활동 : 두보, 백락천(백거이),왕유, 이태백	백락천의 장한가와 두보의 시에서 화청궁의 아름다움을 예찬
송	만세산(석가산) 창랑정(소주)	① 태호석을 본격적으로 사용(석가산수법) ② 중심지가 북쪽에서 남쪽 즉, 소주·남경 으로 이동	• 이격비의 낙양명원기 • 사마광의 독락원기 • 주돈이의 애련설
금	현재 북해공원전신		
원	사자림(소주)	• 석가산수법	
명	졸정원(소주)	① 조경활동이 남경과 소주 북경일대에 집중 관료들의 사가 정원 열기가 고조됨 ② 졸정원 : 중국 사가정원의 대표작품, 지당을 중심으로 구성, 여수동좌헌(부채꼴모양의 정자)	• 계성의 원야 : 중국의 작정서 • 문진향의 장물지 • 왕세정의 유금릉제원기 • 육조형의 경
청	• 건륭화원 • 이화원 • 원명원이궁 • 열하피서산장	① 이화원 : 청대의 대표작으로 대부분이 수원, ② 원명원 : 북경, 원명원 · 기춘원 · 장춘원세원림을 일컬음, 장춘원은 동양 최초로 서양식 기법을 도입(르노트르의 영향) ③ 승덕피서산장 : 승덕(북경), 피서 · 휴식 · 수렵을 위한 장소	

2 일본정원사

① 개요

- 일본정원의 특징
  - 중국의 영향을 받아 사의주의 자연풍경식이 발달
  - 자연의 사실적인 취급보다 자연풍경을 이상화하여 독특한 축경법으로 상징화된 모습
  - 기교와 관상적 가치에 치중하여 세부적 수법 발달
- 일본 정원의 양식 변천

  임천식 → 회유 임천식 → 축산 고산수식 → 평정 고산수식 → 다정 양식 → 원주파 임천형 → 축경식 수법

② 시대별 일본조경사

<table>
<tr><th colspan="2">시대</th><th colspan="4">특징 및 작품</th></tr>
<tr><td colspan="2">비조
(아즈카)시대</td><td colspan="4">• 임천식(지천식)
• 일본서기 : 백제인 노자공이 612년에 궁 남정에 수미산과 오교를 만들었다는 기록</td></tr>
<tr><td rowspan="3">평안
(헤이안)
시대</td><td>전기</td><td colspan="4">• 침전식
• 해안풍경묘사 : 하원원</td></tr>
<tr><td>중기</td><td colspan="4">• 침전조정원 : 동삼조전, 고양원</td></tr>
<tr><td>후기</td><td colspan="4">• 정토정원 : 평등원, 모월사
• 작정기</td></tr>
<tr><td colspan="2">겸창
(가마꾸라)시대</td><td colspan="4">• 침전조정원
• 막부와무사정원 : 칭명사, 영복사
• 선종정원 : 영보사, 건장사</td></tr>
<tr><td colspan="2" rowspan="5">실정
(무로마치)시대</td><td colspan="4">• 초기서원조정원 : 녹원사, 자조사</td></tr>
<tr><td rowspan="4">고산수정원</td><td rowspan="4">① 전란의 영향으로 경제가 위축
② 고도의 상징성과 추상성
③ 식재는 상록활엽수, 화목류는 사용하지 않음</td><td rowspan="2">축산고산수</td><td>대덕사 대선원</td></tr>
<tr><td>사용재료
: 나무, 돌, 왕모래</td></tr>
<tr><td rowspan="2">평정고산수</td><td>용안사 평정정원</td></tr>
<tr><td>사용재료 : 돌, 왕모래</td></tr>
<tr><td colspan="2" rowspan="2">도산시대</td><td colspan="2">서원조정원</td><td colspan="2">삼보원, 이지환정원, 서본원사 대서원</td></tr>
<tr><td>다정</td><td>① 천리휴
– 불심암(초암풍)
② 소굴원주
– 고봉 암정원</td><td colspan="2">다도를 즐기기 위한 소정원
수수분, 석등, 디딤돌,
마른소나무가지 등 사용</td></tr>
<tr><td colspan="2">강호
(에도)시대</td><td>• 원주파임천식
(1600~1868)
• 다정식정원완성</td><td>계리궁
수학원이궁
선동어소의 정원
강산 후락원
육의원
겸육원</td><td colspan="2">회유임천식 + 다정양식의 혼합형
다정양식은 계속 발전</td></tr>
<tr><td colspan="2">명치시대</td><td>축경식</td><td colspan="3">히비야공원, 축경식정원, 신숙어원, 적판이궁원</td></tr>
</table>

예 제 1

진의 왕희지는 관직을 떠난 뒤 난정에 벗을 모아 연회를 베풀었는데 난정기에 묘사된 정원기법을 쓰시오.

정답 곡수법

예 제 2

명시대의 중국정원의 작성서(㉠) 와 저자 (㉡)를 쓰시오.

정답 ㉠ 원야, ㉡ 계성

예 제 3

르 노트르의 영향을 받아 동양 최초의 서양식 정원이 조성된 중국의 정원을 쓰시오.

정답 원명원

예 제 4

중국 소주지방의 4대명원을 쓰시오.

정답 창랑정, 사자림, 졸정원, 유원

예 제 5

일본의 역사적 정원 양식의 변천과정이다. 빈칸을 채우시오.

<보기>
임천식 – (㉠) – 축산고산수식 – (㉡) – (㉢) – 원주파임천식

정답 ㉠ 회유임천식, ㉡ 평정고산수식, ㉢ 다정 양식

예 제 6

정원을 조성하는 왕모래와 몇 개의 바위만이 정원재료로 쓰일 뿐 식물은 일체 쓰이지 않았던 조경수법을 쓰시오.

정답 평정고산수식

예 제 7

일본 다정 양식의 정원 요소를 쓰시오.

정 답 포장석(징검돌), 세수분(물그릇, 쓰꾸바이), 석등

3 한국전통조경

① 개요

- 한국의 전통사상
  - 산수 토착적 신앙과 산악숭배사상
  - 도교와 은일사상 → 은일사상, 무위(無爲), 자연에의 귀의
  - 신선사상 → 중국 신선설로 불로장생이 목적, 동양의 유토피아로 봉래, 영주, 방장 삼신산(三神山)
  - 음양오행사상 → 음양설 + 오행설
  - 풍수지리사상 → 자연환경+사람+방위조합과 음양오행의 논리로 체계화됨, 가장 큰 영향을 미침
  - 유교사상
  - 불교사상
- 전통사상과 조경적 양상

사상	조경적 양상
산수 토착적신앙과 산악숭배사상	산을 신격화
도교와 은일사상	사대부의 별서, 누와 정
신선사상	- 정원내의 점경물, 정자의 명칭 - 정원내 원지에 삼신산을 의미하는 중도(中島)설치 - 상징화 시킬 수 있는 십장생(十長生)
음양오행사상	- 방지원도
풍수사상	- 국도 · 도읍 풍수 - 배산임수의 양택풍수 - 후원양식탄생 - 식재의 방위 및 수종선택
유교사상	- 향교와 서원의 공간배치와 정원의 독특한 양식 창출 - 궁궐배치나 민간주거공간의 배치(마당과 채의 구분) - 은둔적 사상의 별서정원 - 전통마을의 구성
불교사상	- 사찰 가람 배치 - 석등, 석탑, 석불, 석비 등 석조 미술품

② 고조선~고려시대

<table>
<tr><th colspan="2">시대</th><th colspan="4">대표작품</th></tr>
<tr><td colspan="2">고조선</td><td colspan="4">• 대동사강 제1권 단씨조선기에 정원에 관한 기록
• 노을왕이 유(囿)를 조성하여 짐승을 키웠다는 기록</td></tr>
<tr><td rowspan="3">삼국</td><td>고구려</td><td colspan="4">• 동명왕릉의 진주지, 안학궁 정원(못은 자연곡선으로 윤곽처리)
• 장안성, 금강사지 · 정릉사</td></tr>
<tr><td>백제</td><td colspan="4">• 임류각(경관조망), 궁남지(무왕의 탄생설화), 석연지(정원첨경물)
• 미륵사지, 정림사지</td></tr>
<tr><td>신라</td><td colspan="4">• 계림, 황룡사 · 분황사, 정전법(격자형가로망계획)</td></tr>
<tr><td colspan="2">통일신라</td><td colspan="4">• 동궁과 월지(임해전과 안압지)
– 신선사상을 배경으로 한 해안풍경을 묘사한 정원
– 왕과 신하의 위락공간으로 공적기능정원
– 남서쪽은 건물배치(직선형), 북동은 궁원배치(곡선형), 연못안에 3개의섬(신선사상), 무산십이봉(신선사상), 바닥은 강회로 처리
• 포석정의 곡수거 – 왕희지의 난정고사의 유상곡수연
• 사절유택 – 귀족들의 4계절별장, 최치원 은둔생활로 별서풍습시작
• 함양상림원 – 진성여왕때 최치원, 물길을 막기 위한 인공수림조성
• 불국사, 부석사</td></tr>
<tr><td colspan="2">발해</td><td colspan="4">상경용천부궁궐정원 / 주작대로를 기본축으로 한 격자형 가로망</td></tr>
<tr><td colspan="2" rowspan="5">고려</td><td rowspan="2">궁궐정원</td><td>만월대와 궁원</td><td>• 동지(귀령각지원)– 공적기능의 정원
• 귀령각, 사루, 청연각
• 격구장(동적기능의 정원)
• 화원, 정자중심, 석가산 정원(중국에서 도입)</td><td rowspan="5">① 강한대비효과
② 시각적 쾌감을 부여하기 위한 관상위주의 정원</td></tr>
<tr><td>수창궁원</td><td>북원 – 석가산, 격구장(동적기능), 만수정(정자)</td></tr>
<tr><td>이궁</td><td colspan="2">수덕궁원(태평정, 의종), 장원정(문종, 풍수상명당), 중미정(의종), 만춘정, 연복정(의종)</td></tr>
<tr><td colspan="3">청평사(문수원남지), 송광사</td></tr>
<tr><td>민간정원</td><td colspan="2">이규보 이소원정원(사륜정), 기홍수 곡수지, 경렴정 별서, 맹사성고택</td></tr>
</table>

③ 조선시대

<table>
<tr><th colspan="5">대표작품</th></tr>
<tr><td rowspan="12">궁궐정원</td><td rowspan="4">경복궁
(법궁)</td><td>경회루지원</td><td colspan="2">공적 기능의 정원 (방지3방도)</td></tr>
<tr><td>아미산원
(교태전후원)</td><td colspan="2">왕비의 사적정원 (계단식후원), 인공적축산</td></tr>
<tr><td>향원정지원</td><td colspan="2">방지원도, 주돈이의 애련설</td></tr>
<tr><td>자경전</td><td colspan="2">화문장과 십장생 굴뚝</td></tr>
<tr><td rowspan="6">창덕궁
(이궁)</td><td rowspan="5">후원</td><td>부용정역</td><td>방지원도, 부용정와 부용지</td></tr>
<tr><td>애련정역</td><td>계단식화계, 주돈이 애련설 영향,
애련정과 여련지</td></tr>
<tr><td>관람정역</td><td>곡선형, 반도지, 존덕정(6각 겹지붕)와 존덕정, 관람정(부채꼴모양)과 관람지</td></tr>
<tr><td>옥류천역</td><td>후정의 가장 안쪽 위치,
곡수거(소요암)와 인공폭포,
청의정(모정), 소요정, 태극정, 취한정, 농산정</td></tr>
<tr><td>청심정역</td><td>휴식목적, 빙옥지</td></tr>
<tr><td>낙선재후원</td><td colspan="2">계단식 후원(5단), 괴석, 괴석분(소영주 각자)</td></tr>
<tr><td>창경궁</td><td colspan="3">• 통명정원(불교용어 6신통 3명유래)
• 석란지(정토사상, 중도형 장방지)</td></tr>
<tr><td>덕수궁</td><td colspan="3">• 석조전 – 우리나라 최초의 서양식 건물
• 침상원 – 우리나라 최초의 유럽식 정원</td></tr>
<tr><td colspan="2">종묘</td><td colspan="3">• 조선시대 역대 왕과 왕비의 신주를 모신 유교사당</td></tr>
<tr><td colspan="2">사직단</td><td colspan="3">• 토지를 주관하는 신 社와 오곡을 주관하는 신인 稷 에게 제사를 지내는 제단</td></tr>
<tr><td colspan="2">왕릉</td><td colspan="3">• 자연관, 유교적세계관, 풍수사상이 특색있게 나타남
• 진입공간 → 제향공간(참배) → 성역공간(능침)</td></tr>
<tr><td>민간정원</td><td>주택정원</td><td colspan="3">• 유교사상에 영향(남·녀·상·하 를 엄격히 구분) → 마당과 채로 구분
• 풍수지리사상 → 후원, 화계
• 이내번의 선교장 : 강릉, 열화당, 활래정지원(방지방도)
• 유이주의 운조루 : 구례, 오미동가도, 방지원도
• 김동수가옥 : 정읍, 부정형연못
• 권벌의 청암정 : 봉화, 별당정원, 난형연못, 거북바위에서 청암정, 석교
• 박황가옥 : 달성, 하엽정, 방지원도</td></tr>
</table>

대표작품		
민간정원	별서정원	• 임수형과 내륙형, 계류형(계류관류형과 계류인접형) • 정자평유형 : 유실형(중심형, 편심형, 분리형, 배면형), 무실형 • 양산보의 소쇄원 : 담양, 대봉대, 제월당, 광풍각, 애양단, 매대, 오곡문 등 • 윤선도의 부용동 원림 : 완도, 낙서재, 동천석실, 세연정(방지방도, 판석제방) • 정영방의 서석지원 : 영양, 경정, 주일재, 사우단 • 다산초당원림 : 강진, 정석바위, 다조, 약천, 방지원도(석가산) • 주재성의 국담원 : 함안, 무기연당, 방지방도(2단호안), 양심대 • 민주현의 임대정 : 화순, 방지(상원), 부정형연못(하원), 주돈이 영향
	누정원림	• 樓(누) : 공적 목적, 2층의 마루구조, 방이 없는 경우가 많음 • 亭(정) : 사적 목적, 경치 좋은 곳에 축조, 방이 있는 경우가 많음 • 臺(대)
서원		• 유교사상바탕, 사림에 의한 학문연구, 선현제향, 지방도서관역할 • 공간구성 : 외삼문 → 누각 → 재실 → 강당 → 사당 • 소수서원(최초의 사액서원), 도산서원(이황, 정우당, 몽천, 절우사), 옥산서원, 병산서원 • 유네스코 세계문화유산에 등재된 서원: 소수서원, 남계서원, 옥산서원, 도산서원, 필암서원, 도동서원, 병산서원, 무성서원, 돈암서원
사찰		• 공간구성의 원칙 : 계층적질서, 자연과의 조화, 공간의 연계성, 인간적 척도 • 진입공간 → 중심공간 → 승화공간
전통마을		• 풍수지리설, 샤머니즘 음양오행설 • 하회마을, 양동마을, 외암리민속마을
읍성		• 지방행정중심지, 행정적 통제와 군사적방어기능 • 낙안읍성, 해미읍성, 고창읍성

예 제 1

한국전통정원에 영향 준 사상을 3가지 이상 쓰시오.

정답 은일사상, 신선사상, 풍수지리사상, 음양오행사상, 유교사상, 불교사상

예 제 2

동사강목(東史綱目)에 "궁성의 남쪽에 연못을 파고 20여리에서 물을 이끌어 들이고 사방의 언덕에 버드나무를 심고, 못 속에 섬을 만들어 방장선산을 모방하였다"라고 기록한 정원을 쓰시오.

정답 백제의 궁남지

예 제 3

다음 보기에서 설명하는 한국 정원 작품을 쓰시오.

<보기>
- 신선사상을 배경으로 한 해안풍경을 묘사한 정원이다.
- 서남쪽에 건물이 배치되고 동북쪽에 궁원이 배치하였다.
- 연못 속의 3개의 섬으로 북서쪽은 중간크기섬, 남동은 가장 큰섬, 가운데는 가장 작은섬, 세섬은 모두 호안석으로 쌓았으며 여러가지 경석이 얹혀있다.

정답 월지(안압지)

예 제 4

고려시대에 궁궐의 정원을 맡아보던 관서를 쓰시오.

정답 내원서

예 제 5

조선시대 궁궐조경에 곡수거형태가 남아있는 공간을 쓰시오.

정답 창덕궁 후원 옥류천공간(소요암)

예 제 6

창덕궁 궁궐의 원림 속에 있으며, 옥류천의 북쪽에 자리 잡고 있는 삿갓 지붕형 단칸모정(茅亭)으로 방지방도로 된 유일한 정자를 쓰시오.

정답 청의정

예 제 7

우리나라 최초의 서양식 건물(㉠)과 정형식 정원(㉡)을 쓰시오.

정답 ㉠ 덕수궁의 석조전, ㉡ 덕수궁의 침상원

예 제 8

덕수궁 석조전 앞의 분수와 연못을 중심으로 한 정원의 양식을 쓰시오.

정답 프랑스의 평면기하학식

예 제 9

조선시대 연못을 만들 때는 (㉠)을 고려하여 방지원도로 축조되었으며, 묘지를 정할 때는 (㉡)을 고려하여 좌청룡, 우백호로 했고, 택지 등은 (㉢)에 의해 입지를 선택했다.

정답 ㉠ 음양오행설, ㉡ 풍수지리설, ㉢ 풍수지리설

예 제 10

조선 시대 별서 정원 양식에 가장 큰 영향을 준 사상을 쓰시오.

정답 유교사상

예 제 11

조선시대 궁궐의 침전(寢殿) 후정(后庭)에서 볼 수 있는 대표적인 인공 시설물을 쓰시오.

정답 경사지를 이용해서 만든 계단식 노단, 화계

예 제 12

다음 보기에서 설명하는 정원유적을 쓰시오.

<보기>
전담 담양에 위치하며, 스승인 조광조가 유배되고 끝내 사사되자(기묘사화) 낙향하여 꾸민 정원이다. 원림은 자연계류를 중심으로 사면공간의 일부를 화계식으로 다듬어 정형식 요소를 가미하였다.

정답 양산보의 소쇄원

예 제 13

다음 보기에서 설명하는 정원유적을 쓰시오.

<보기>
중도가 없는 방지가 마당을 차지하며 연못을 중심으로 북쪽에 주일재, 서쪽에 경정(정자)이 위치한다.

정답 정영방의 서석지원

학습포인트

14 | 조경식재

- 식재의 이용효과와 식재설계시 물리적요소(형태, 색채, 질감), 토양 생육토심(평가등급)에 대한 사항을 이해하고 암기해야 한다.
- 조경설계기준에서 수목식재관련 내용, 옥상 및 인공지반 식재, 벽면녹화, 식재비탈면의 기울기별 식재가능식물 등에 대한 식재방법을 이해하고 암기해야 한다.
- 수목의 색채(줄기, 열매, 꽃)와 개화시기를 알아야 하며, 조경수목과 광선의 개념도 이해하고 음수와 양수를 구분할 수 있어야 한다.

1 식재 일반

① 식재의 이용효과

건축적 이용 효과	사생활의 보호, 차단 및 은폐, 공간분할, 점진적이해
공학적 이용 효과	토양침식조절, 음향의 조절, 대기정화 작용, 섬광조절, 반사광선 조절
기상학적 이용효과	태양복사열 조절, 온도조절 작용, 강수조절, 습도 조절, 바람 조절
미적 이용 효과	조각물로서 이용, 섬세한 선형미, 장식적인 수벽, 조류 및 소동물 유인

② 식재설계시 물리적 요소 : 형태, 색채, 질감 → 통일성과 다양성 있는 경관조성

- 질감을 이용한 시각적 효과
  - 식재는 질감이 거친 곳에서 부드러운 곳으로 자연스럽게 이동되게 한다.
  - 고운 → 중간 → 거친 질감의 식재구성 : 공간이 가까워 보인다.
  - 거친 → 중간 → 고운 질감의 식재구성 : 공간이 멀어 보인다.
- 수간의 색채가 뚜렷한 수종
  - 담갈색 얼룩무늬 : 모과나무, 배롱나무, 노각나무
  - 청록색 수피 : 벽오동
  - 붉은색 수피 : 소나무, 주목
  - 백색수피 : 자작나무
  - 청록백색 얼룩무늬 수피 : 플라타너스

③ 토양의 구성

- 광물질 45%, 유기질 5%, 수분 25%, 공기 25%
- 토양의 적정 부식질 함량 : 5~20%
- 토양단면(층위구성)
  - 유기물층 (O층 : L,F,H층) → 표층(용탈층)(A) → 집적층(B) → 모재층(C) → 모암층(D)
  - 표층(용탈층) : 미생물과 식물활동 왕성, 외부환경의 영향을 가장 많이 받음, 기후·식생 등의 영향을 받아 가용성 염기류 용탈
- 토양평가 항목

화학적 특성	토양산도, 전기전도도, 염기치환용량, 전질소량, 유효태인산 함유량, 치환성 칼륨·칼슘·마그네슘 함유량, 염분농도 및 유기물 함량.
물리적 특성	입경조성(토성), 투수성(포화투수계수), 공극률, 유효수분량, 토양경도 ④ 생육토심 및 객토량

• 생육토심

식물의 종류	생존최소심도(cm)			생육최소심도(cm)		배수층의 두께
	인공토	자연토	혼합토 (인공토 50%기준)	토양등급 중급이상	토양등급 상급이상	
잔디 및 초본류	10	15	13	30	25	10
소관목	20	30	25	45	40	15
대관목	30	45	38	60	50	20
천근성 교목	40	60	50	90	70	30
심근성 교목	60	90	75	150	100	30

• 토양평가 등급
- 각각의 토양평가 항목에 대한 평가등급은 '상급', '중급', '하급', '불량'의 4등급으로 구분한다.
- 일반적인 식재지에는 '하급' 이상의 토양평가 등급을 적용
- 식물의 생육환경이 열악한 매립지나 인공지반 위에 조성되는 식재기반이나 답압의 피해가 우려되는 곳의 토양은 '중급' 이상의 토양평가 등급을 적용
- 고품질의 조경용 식물을 식재하는 곳이나 조경용 식물의 건전한 생육을 필요로 하는 곳에서는 '상급'의 토양평가 등급을 적용
- 앞의 경우 이외의 경우에는 설계자가 설계목표에 따라 판단하여 토양의 적용등급을 설정
- 적용되는 등급의 평가기준에 미달하는 평가항목들은 해당 평가기준에 적합하도록 개량하거나 적합한 토양으로 치환하여 식재용토로 사용한다.

• 객토량

구분	교목	아교목	관목	지피 · 초화류
객토량	1.0m 깊이	0.7m 깊이	0.5m 깊이	0.2~0.3m

⑤ 토양 양분
• 양분요구도과 광선요구도는 상반되는 관계를 가진다.
• 비료목
- 근류균을 가진 수종으로 근류균에 의해 공중질소의 고정 작용 역할을 하여 토양의 물리적 조건과 미생물적 조건을 개선
- 콩과 식물 : 아까시나무, 자귀나무, 싸리나무, 박태기나무, 등나무, 주엽나무, 골담초, 칡 등
- 자작나무과 : 사방오리나무, 산오리나무, 오리나무 등
- 보리수나무과 : 보리수나무, 보리장나무 등
- 소철과 : 소철

예 제 1

식재의 이용효과에 대해 쓰시오.

정 답 건축적 이용효과, 공학적 이용효과, 기상학적 이용효과, 미적 이용효과

예 제 2

다음 보기 내용에 해당되는 식재의 이용효과를 쓰시오.

<보기>
- 토양침식조절
- 음향의 조절
- 대기정화 작용
- 섬광조절
- 반사광선 조절

정 답 공학적 이용 효과

예 제 3

식물에 필요한 토양의 구성성분에 관한 내용이다. 빈칸을 채우시오.

<보기>
광물질 (㉠)%, 유기질 (㉡)%, 수분 (㉢)%, 공기 (㉣)%

정 답 광물질 ㉠ 45%, 유기질 ㉡ 5%, ㉢ 수분 25%, ㉣ 공기 25%

예 제 4

다음은 토양평가 등급에 관한 내용이다. 빈칸을 채우시오.

<보기>
- 일반적인 식재지에는 '(㉠)' 이상의 토양평가 등급을 적용한다.
- 식물의 생육환경이 열악한 매립지나 인공지반 위에 조성되는 식재기반이나 답압의 피해가 우려되는 곳의 토양은 '(㉡)' 이상의 토양평가 등급을 적용한다.
- 고품질의 조경용 식물을 식재하는 곳이나 조경용 식물의 건전한 생육을 필요로 하는 곳에서는 '(㉢)'의 토양평가 등급을 적용한다.

정 답 ㉠ 하급, ㉡ 중급, ㉢ 상급

예 제 5

다음은 조경설계기준에 의한 식물의 생존과 생육토심을 나타낸 표이다. 빈칸에 적정토심을 쓰시오.

식물의 종류	생존최소심도(cm)			생육최소심도(cm)		배수층의 두께
	인공토	자연토	혼합토 (인공토 50%기준)	토양등급 중급이상	토양등급 상급이상	
잔디 및 초본류	10	15	13	30	25	10
소관목	20	㉠	25	㉣	40	15
대관목	30	㉡	38	㉤	50	20
천근성 교목	40	㉢	50	㉥	70	30
심근성 교목	60	90	75	150	100	30

정 답 ㉠ 30, ㉡ 45, ㉢ 60, ㉣ 45, ㉤ 60, ㉥ 90

2 조경양식에 의한 식재

정형식 식재	단식, 대식, 열식, 교호식재, 집단식재, 요점식재
자연풍경식 식재	부등변삼각형식재, 임의 식재(random planting), 모아심기, 군식, 산재식재, 배경식재
자유식 식재	• 특징 : 기능중시, 단순한 배식, 적은수의 우량목으로 요점, 자유식 식재 양식 • 식재 사례 : 직선의 형태가 많음, 루버형, 번개형, 아메바형, 절선형

3 기능식재

유 형	방 법
차폐식재	• 차폐이론 $\tan\alpha = \frac{H-e}{D} = \frac{h-e}{d}$ → h(수고) = $\tan\alpha \times d + e$ (e : 사람 눈높이, h : 수고, H : 건물 높이, D : 차폐건물과 사람과 거리, d : 수목과 사람와의 거리) 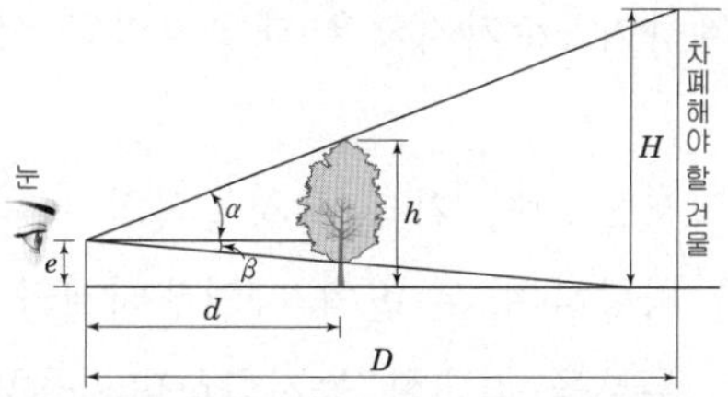 • 측방차폐 : 열식수의 간격을 수관폭의 2배 이하로 잡으면 측방의 차단 효과
	• 캄뮤플라즈(camouflage) : 주위의 사물과 형태와 색채 및 질감에 있어서 현저한 차가 생겨나지 않도록 일체화
가로막기 식재	• 목적 : 담장대용품, 경계의 표시, 진입방지, 통풍조절, 방화방풍, 일사조절, 장식 • 수종 : 지엽이 밀생, 전정에 강한 수종
녹음식재	• 수목의 그림자 길이 L = H × cot α (L : 수목의 그림자 길이, H : 수목의 높이, α : 태양고도) 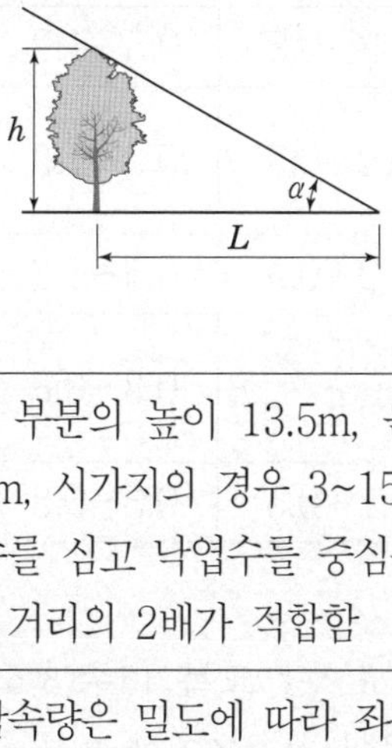 • 낙엽활엽수 적당
방음 식재	• 구조 : 식재너비20~30m, 중앙 부분의 높이 13.5m, 음원과 수음원까지 거리의 2배가 가장 적당, 가옥까지의 거리 30m, 시가지의 경우 3~15m • 수림대의 앞 뒤 부분에는 상록수를 심고 낙엽수를 중심부분에 식재하는 것이 효과적 • 식수대의 길이는 음원과 수음원 거리의 2배가 적합함
방풍식재	• 수목의 높이와 관계를 가지며 감속량은 밀도에 따라 좌우함 • 방풍효과는 바람의 위쪽에 대해서는 수고의 6~10배, 바람 아래쪽에 대해서는 25~30배 거리에 효과가 있음, 1.5~2m 간격의 정삼각형 식재로 5~7열로 식재 • 가장 효과가 큰 곳은 바람 아래쪽의 수고 3~5배에 해당되는 지점으로 풍속 65%가 감소 • 구조 : 식재너비 10~20m, 수림대의 길이는 수고의 12배 이상/ 주풍과 직각으로 배치
방화식재	• 방화용 수목 조건 : WD 지수 / T = W × D (T : 시간, W : 잎의 함수량, D : 잎의 두께) • 상록활엽수, 내화수 식재
방설식재	• 식재밀도가 높고, 수고높고, 지하고가 낮을수록 → 방설의 기능이 높아짐
지피식재	• 효과 : 흙먼지의 양을 감소, 토양 침식방지 및 표면 안정화, 강우로 인한 진땅방지, 미기후의 완화, 동상방지, 미적효과 • 잔디, 건물 주변에는 그늘에 강한 지피류(맥문동, 수호초 등)식재

4 조경설계기준에서 수목식재관련 내용

① 식재기능 요구시기

- 거의 완성에 가까운 상태로 식재하는 '완성형'과 5년 정도 경과 후 거의 완성형에 가까운 형태가 되는 '반완성형', 10~20년 정도 경과 후 완성형태가 되는 '장래완성형'으로 구분하며, 그에 따라 식재밀도 및 규격을 결정한다.
- 주거지, 학교, 병원 등은 '완성형'으로, 공원과 상업지역 그리고 공업지역 등은 '반완성형'과 '장래완성형'으로 설계하며, 주거지역은 대상지역의 상황에 따라 형식을 결정한다.

② 녹지조성 수준

- 이용밀집지역이나 특정시설주변, 기타 특정목적의 녹지는 '일반형 녹지'를 지향하고, 외주부의 녹지는 '생태형 녹지'를 지향하며, 주변의 자연생태계와 연결시킨다.
- 시설지를 제외한 모든 부분을 최대한 녹지화하며, 공공목적의 조경공간은 특별히 법령에 정해지지 않은 경우에는 최소 15% 이상의 녹지율을 확보한다.

[표. 일반형 녹지의 조성수준]

조성수준	규격	수량			비고
		교목(주)	관목(주)	잔디(m^2)	
상	대	0.5~1.0	1~15	1	이용빈도가 높은 주요 시설물의 주변, 기념공간
상	중대	0.2~0.5	0.5~1.2	1	
중상	대	0.2~0.5	0.5~1.2	1	가로녹지 등 보행자 및 차량의 통과빈도가 높은 지역
중상	중	0.2~0.5	0.5~1.2	1	일반공원 주변 등
중	중	0.15~0.3	0.3~0.8	1	
중하	중	0.1~0.5	0.3~0.8	1	

- 완성형의 식재기준은 100 m^2 당 교목 13주(3.5~5 m 간격), 소교목 16주(화목 포함), 관목 66주(2~3주/m) 및 묘목(식재지의 환경조건에 따라 필요한 양)으로 하고, 설계자가 대상지역의 조건에 따라 적절히 조정한다.

5 식재각론

① 고속도로 식재

• 기능과 분류

기능	식재의 종류
주 행	시선유도식재, 지표식재
사고방지	차광식재, 명암순응식재, 진입방지식재, 완충식재
방 재	비탈면식재, 방풍식재, 방설식재, 비사방지식재
휴 식	녹음식재, 지피식재
경 관	차폐식재, 수경식재, 조화식재
환경보존	방음식재, 임연보호식재

• 중앙분리대의 식재 방법

유형	식재수법
정형식	같은 크기 생김새의 수목을 일정간격으로 식재
열식법	열식하여 산울타리조성 차광효과가 높고, 기계 다듬기가 가능
랜덤식	여러 가지 크기와 형태의 수목을 동일하지 않은 간격으로 식재
루버식	조사각(12도)과 직각이 되도록 식재, 분리대가 넓어야함
무늬식	기하학적 도안에 따라 관목을 심어 정연하게 다듬는 수법
군식법	무작위로 크고 작은 집단으로 식재
평식법	분리대 전체에 관목보식

② 가로수식재

• 식재 방법
  - 열식(주로 정형식 식재)
  - 수간거리 6~10m (통상은 6m)
  - 차도 곁으로부터 0.65m 이상 떨어진 곳에 식재, 건물로부터 5~7m 떨어지게 식재한다.
  - 원칙적으로 도로폭 18m 이상 되는 지역에 조성한다.
  - 특별한 거리를 제외하고 구간 내 동일 수종 식재한다.

• 수종조건
  - 공해와 병충해에 강한 것
  - 수형이 정형적이고 수간이 곧은 수종
  - 적응력이 강하고 생장력이 빠른 수종
  - 여름철에는 녹음을 주며, 겨울엔 일조량을 채워줄 수 있는 수종
  - 향토성, 지역성, 친밀감이 있는 수종

③ 공장조경

• 공장조경 수종선정기준
  - 환경에 적응성이 강한 것
  - 생장속도가 빠르고 잘 자라는 것

- 이식이 용이한 것
- 대량으로 공급이 가능하고 구입비가 저렴한 것

• 식재지반 조성법

유형	조성법
성토법	타 지역에서 반입한 흙을 성토하는 방법
객토법	지반을 파내고 외부에서 반입한 토양교체
사주법	길이 6~7m, 직경 40cm 정도 철 파이프를 자리 잡은 후 흙을 파낸 후 파이프 속에 모래나 모래가 섞인 산 흙 따위로 채운 다음 철 파이프를 빼내는 방법
사구법	배수구를 파놓은 다음 이 배수구 속에 모래흙을 혼합하여 넣고 이곳에 수목을 식재하는 방법

• 적용수종
- 남부지방 : 태산목, 후피향나무, 돈나무, 굴거리나무, 아왜나무, 가시나무, 동백, 호랑가시나무, 돈나무 등
- 중부지방 : 은행나무, 튤립나무, 플라타너스, 무궁화, 잣나무, 향나무, 화백, 스트로브잣나무 등

④ 옥상 및 인공지반 식재

• 옥상 조경시 고려조건 : 하중(가장 중요), 배수, 방수, 관수(건조에 유의)
• 옥상정원 구조적 조건
- 하중에 영향을 미치는 요소 : 식재층의 중량, 수목중량, 시설물의 중량 등
- 식재층의 경량화

[표. 경량토의 종류 및 특성]

경량토 종류	용 도	특 성
버뮤 큘라이트	식재토양층에 혼용	• 흑운모, 변성암을 고온으로 소성 • 다공질로 보수성, 통기성, 투수성이 좋음 • 염기성 치환용량이 커서 보비력이 큼
펄라이트	식재토양층에 혼용	• 진주암을 고온으로 소성 • 다공질로 보수성, 통기성, 투수성이 좋음 • 염기성 치환용량이 작아 보비성이 없음
화산자갈 화산모래	배수층	• 화산분출암 속의 수분과 휘발성 성분이 방출 • 다공질로 통기성, 투수성이 좋음
피트	식재, 토양층에 혼용	• 한랭한 습지의 갈대나 이끼가 흙 속에서 탄소화 된 것 • 보수성, 통기성, 투수성이 좋음 • 염기성 치환용량이 커서 보비성이 크다. 산도가 높다.

• 식재기반은 방수층, 방근층, 배수층, 토양여과층, 토양층으로 구성됨

구분	저관리경량형(생태형)	관리중량형(이용형)
식재식물	• 지피식물(초본) • 극한적 입지조건에 잘 적응하고 높은 자생력을 갖춘 식물 • 이끼류, 다육식물, 초본류 및 화본류 등의 지피식물	관목류와 초본류를 중심으로 일부 교목류를 포함(다층구조)
토심	20cm 이하	20cm 이상
대상건물	신축건물 · 기존건물	신축건물
하중	• 경량 • 하중 부하는 단위면적당 120 kgf/m^2 내외	• 중량 • 단위면적당 300 kgf/m^2 이상의 고정하중이 요구
유지관리	관리최소화	지속적 관수, 시비, 관리필요
비용	조성 및 관리비용 최소화	과다한 비용

• 옥상조경용 수목조건
- 건조지, 척박지에 적합한 수종
- 천근성 수종
- 뿌리발달이 좋고 가지 튼튼한 것
- 생장속도가 느린 것
- 병충해에 강한 것

• 조경설계기준 상 토양층과 옥상녹화 식물 선택 기준
- 토양층은 표토층과 육성층으로 구성
- 표토층으로 사용 빈도가 높은 것으로 바크, 우드칩, 화산석, 화강풍화토(마사토) 등이 있으며, 표토의 특성, 마감 색상, 질감을 고려하여 선정
- 육성층에 도입되는 토양은 자연토양과 인공토양으로 구분한다. 건축물의 허용하중 범위 내에서 자연토양, 인공토양, 혼합토양(자연토양+인공토양)을 도입하되, 식물 생육에 적합한 통기성 · 투수성 · 보수성 · 보비력을 갖추어야 함

• 옥상식물 선택기준
- 뿌리분의 높이가 식재 기반층 두께(토심)에 맞게 결정되어야 함
- 점토나 유기질 토양에서 길러진 다년초는 옥상녹화에 적합하지 않음
- 경량형 녹화 조성을 위해 사용되는 식물은 생육 상태가 양호하고, 적정량의 질소 시비로 키워졌으며, 충분히 열악한 환경에 적응한 식물이어야 함
- 온실에서 재배한 것을 직접 적용하는 것은 안 되며, 야생 다년초의 경우 자연산지에서 직접 채취한 것이 아닌, 재배 생산을 통해 출하한 것을 권장함
- 식재 기반층의 두께가 얇을 때는 평평한 뿌리분 식물을 심음
- 포트묘 식물, 용기묘 식물 그리고 평평한 뿌리분 식물의 재배 토양은 주로 무기질 재료로 구성되어야 함
- 옥상녹화 조성 시 사용되는 뗏장은 부식질이 적거나 중간 정도인 사토(모래흙)에서 재배되어야 하며, 토끼풀 종류가 절대로 뗏장에 혼합되지 않아야 함.

⑤ 벽면(입면)의 생물서식공간화 공법

벽면녹화의 유형	• 건물벽면 녹화 : 다공질 재질의 벽면 기부에 담쟁이덩굴류 • 옹벽 녹화, 방음벽 녹화 • 호안변 녹화 • 돌담, 석축벽면 녹화 : 다공질의 자연소재로 녹화에 용이, 지진 시 도복방지를 위한 보강재로서 중요
벽면녹화의 목적	• 생물서식처 조성과 생물서식처 연결 • 기존벽면녹화에서 나타난 생물서식처로서의 한계성 극복 • 건축물 냉각 효과 • 도시내 녹지율 증가
벽면녹화의 효과	• 소동물 곤충 서식지 • 도시경관향상 • 건축물 강도 증가, 건물 내구성 향상 • 대기오염 감소 • 에너지 절감, 방음효과 • 벽면 보호, 벽면으로부터 반사광 방지 • 정서적 심리적 안정감

• 녹화식물의 특성
 - 관리성 : 항구적 녹화 가능, 생육이 왕성하고 피복이 빠른 식물, 병충해 및 건조에 강한 식물
 - 경관성 : 경관향상기능
 - 환경내성 : 내음성, 내건성, 내한성, 내공해성
 - 생육성 : 담쟁이 · 인동덩굴 · 등나무류 · 노박덩굴은 연간 신장량이 크며, 모람 · 마삭줄 · 줄사철나무는 연간 신장량이 작음

• 등반 보조재 종류

나무격자보조재	• 각재를 이용하여 40cm간격으로 격자를 만들어 사용 • 경질의 목재 사용 • 나무의 표면을 경사지게 깎아 물이 잘 흘러내리도록 조성 • 개인 주택이나 저층형 건물
그물망 보조재	• 10×10cm : 으름덩굴, 사위질빵, 마삭줄, 헤데라, 멀꿀 등 • 40×40cm : 등나무류, 포도 • 인동덩굴, 노박덩굴은 크기에 영향이 적용
와이어 보조재	• 격자형이나 벽면의 창문에 의해 장소가 부족한 경우 수직방향으로 설치 가능
철망 보조재	• 녹방지 처리가 필요

• 식재시 유의사항 : 멀칭실시(건조, 지온 상승, 잡초 방지), 작은 덩굴식물부터 식재하며 여러 종을 혼식함

• 입면 방위에 따른 식물생육 특성

환경압	남향 입면	북향 입면
바람	태풍이나 계절풍에 의한 식물의 박리, 토양이 쉽게 건조된다.	
건조	일조 조건이 좋아 쉽게 건조된다.	그늘져 쉽게 건조되지 않는다.
온도	고온이 되어 하루의 온도차도 심하다.	남향 벽면에 비해 기온이 낮으며, 온도 차도 적다. 상해(想害)가 우려된다.
일조	길다.	짧다. 조도도 낮다.

• 등반유형별 특징

등반유형	특징
등반부착형	• 입면의 기부에 덩굴식물 식재하여 입면에 직접 부착시켜 등반녹화 • 입면 표면 : 다공질, 요철이 많은 경우
등반감기형	• 그물이나 격자 등 등반 보조재를 입면에 설치하여 덩굴식물을 입면 기부에 식재하여 덩굴이 감아 올라가도록 식재 • 입면 구조 · 재질 상관없이 녹화 가능 • 흡착형 식물과 혼용할 경우 등반보조재의 시공량을 경감
하수형	• 입면의 상부에 식재용기를 설치하고 신장하는 덩굴을 늘어뜨려 녹화 • 덩굴이 바람에 흔들리지 않도록 입면에 보조재를 설치하여 부착
면적형	• 입면 요소에 식재공간을 설치하고 덩굴식물 식재 • 입면 면적이 넓고 식재 공간 설치가 가능한 경우
에스펠리어	• 입면 앞에 나무를 식재하여 나무의 줄기나 덩굴을 여러 형태로 얇게 벽면에 붙여서 녹화 • 경관적인 측면에서 녹화가 요구되는 공간 • 지속적인 유지관리가 요구

• 녹화식물 종류(조경설계기준)

기반	피복 양식	식물의 종류	식물의 특성	이용되는 기관	이용할 수 있는 식물	대상 구조물
자연 또는 인공	등반	덩굴식물	부착형	기근	송악류, 줄사철, 마삭줄, 능소화, 팻츠헤데라	벽면, 격자형 구조물, 아치, 파고라
				부착반(흡반)	담쟁이덩굴	
			감기형	줄기, 가지	남오미자, 인동덩굴, 멀꿀, 인동덩굴, 마삭줄, 으름덩굴, 노박덩굴, 키위, 쥐다래	
				덩굴손	시계꽃, 비그노니아	
				엽병	으아리	
			기대기형	줄기, 가지	덩굴장미류	
	하수	덩굴식물	부착형	줄기, 가지	송악류, 줄사철, 마삭줄, 능소화, 등수국, 팻츠헤데라, 담쟁이덩굴(일부부착)	

기반	피복 양식	식물의 종류	식물의 특성	이용되는 기관	이용할 수 있는 식물	대상 구조물
자연 또는 인공	하수	덩굴 식물	감기형	줄기, 가지, 덩굴손	남오미자, 인동덩굴, 멀꿀, 시계꽃, 으름덩굴, 노박덩굴, 키위, 쥐다래	벽면, 격자형구조물, 아치, 파고라
			포복형	줄기, 가지	패랭이꽃류, 빈카류, 로즈마리, 섬향나무류, 사철채송화, 회만초	
	상향생장	중저목	열식	줄기, 가지	수목(특히 구과식물류), 대나무류, 생울타리용 수목	벽면, 격자형 구조물
인공	붙임	저목, 초본, 덩굴 식물	–	–	수목, 초본류, 덩굴식물 포함	

⑥ 임해매립지의 식재

- 식물생육에 영향을 미치는 염분의 한계농도 : 수목-0.05%, 채소류-0.04%, 잔디-0.1%
- 염분제거법 : 성토법, 토량개량재로 토성개량, 사구설치
- 선구식생
  - 내염성이 강한 취명아주, 명아주, 실망초, 달맞이꽃 등
- 해안수림대 조성요령
  - 해안에 면하는 최전선에서 내륙부로 옮겨감에 따라 수관선이 포물선이 되게 함
  - 토양양분(질소질)이 부족하므로 비료목을 30~40% 혼식하는 것이 바람직
  - 곰솔, 해당화, 순비기나무, 사철나무 등 내염성에 강한 수목 식재

⑦ 화단식재

- 계절에 따른 화단

봄화단	• 한해(1년생) : 팬지, 데이지, 프리뮬러, 금잔화 • 다년생 : 꽃잔디, 은방울꽃, 붓꽃 • 구근 : 튤립, 크로커스, 수선화, 히아신스
여름화단	• 한해 : 페튜니아, 천일홍, 맨드라미, 매리골드 • 다년생 : 붓꽃, 옥잠화, 작약 • 구근 : 글라디올러스, 칸나
가을화단	• 한해 : 메리골드, 맨드라미, 페튜니아, 코스모스, 샐비어 • 다년생 : 국화, 루드베키아 • 구근 : 다알리아
겨울화단	꽃양배추

• 화단유형

– 입체화단

기식화단 (assorted flower bed)	중심에서 외주부로 갈수록 차례로 키가 작은 초화를 심어 작은 동산을 이루는 것으로 모둠화단이라고도 함
경재화단 (boarder flower bed)	건물의 담장, 울타리 등을 배경으로 그 앞쪽에 장방형으로 길게 만들어진 화단, 원로에서 앞쪽으로는 키가 작은 화초에서 큰 화초로 식재되어 한쪽에서만 감상하게 됨

– 평면화단

모전화단 (carpet flower bed)	카펫화단, 화문화단이라고도 하며 넓은 잔디밭이나 광장, 원로의 교차점 한가운데 설치, 키 작은 초화를 사용하여 꽃무늬를 나타냄
리본화단 (ribbon flower bed)	공원, 학교, 병원, 광장 등의 넓은 부지의 원로, 보행로 등과 건물, 연못을 따라서 설치된 너비가 좁고 긴 화단

· 특수화단

침상화단 (sunken garden)	보도에서 1m 정도 낮은 평면에 기하학적 모양의 아름다운 화단을 설계한 것으로 관상가치가 높은 화단
수재화단 (water garden)	물을 이용하여 수생식물이나 수중식물을 식재하는 것으로 연, 수련, 물옥잠 등이 식재
암석화단 (Rock garden)	바위를 쌓아올리고 식물을 심을 수 있는 노상을 만들어 여러해살이 식물을 식재(회양목, 애기냉이꽃, 꽃잔디)

⑧ 식재비탈면의 기울기

기울기			식재가능식물
1 : 1.5	66.6%	33° 40′	잔디·초화류
1 : 1.8	55%	29° 3′	잔디·지피·관목
1 : 3	33.3%	18° 30′	잔디·지피·관목·아교목
1 : 4	25%	14°	잔디·지피·관목·아교목·교목

예 제 1

다음은 조경설계기준에 따른 식재기능 요구 시기이다. 빈칸을 채우시오.

<보기>

• 거의 완성에 가까운 상태로 식재하는 '(㉠)'과 5년 정도 경과 후 거의 완성형에 가까운 형태가 되는 '(㉡)', 10~20년 정도 경과 후 완성형태가 되는 '(㉢)'으로 구분하며, 그에 따라 식재밀도 및 규격을 결정한다.

• 주거지, 학교, 병원 등은 '(㉣)'으로, 공원과 상업지역 그리고 공업지역 등은 '(㉤)'과 '(㉥)'으로 설계하며, 주거지역은 대상지역의 상황에 따라 형식을 결정한다.

정 답 ㉠완성형, ㉡ 반완성형, ㉢ 장래완성형, ㉣ 완성형, ㉤ 반완성형, ㉥ 장래완성형

예 제 2

다음은 조경설계기준에 따른 녹지조성 수준이다. 빈칸을 채우시오.

<보기>
- 이용밀집지역이나 특정시설주변, 기타 특정목적의 녹지는 '(㉠) 녹지'를 지향하고, 외주부의 녹지는 '(㉡)녹지'를 지향하며, 주변의 자연생태계와 연결시킨다.
- 시설지를 제외한 모든 부분을 최대한 녹지화하며, 공공목적의 조경공간은 특별히 법령에 정해지지 않은 경우에는 최소 (㉢)% 이상의 녹지율을 확보한다.

정답 ㉠ 일반형, ㉡ 생태형, ㉢ 15

예 제 3

녹음식재에서 고려해야 할 사항은 그림자의 길이와 계절과 시간에 따라 그림자가 생가는 방향이다. 정원에 2m되는 백목련을 심을 때 그림자의 길이를 계산하시오. (단, 태양고도는 30°)

계산식 : ______________________

정답 : ______________________

정답 그림자의 길이(L) = 수목의 높이(H)×태양고도 (cotα) : $\cot\alpha = \dfrac{1}{\tan\alpha}$,

$\tan 30^\circ = \dfrac{1}{\sqrt{3}}$ $\cot\alpha = \sqrt{3}$ 이므로 $L = 2 \times \sqrt{3} \fallingdotseq 3.46\text{m}$

예 제 4

방풍식재에 관련된 내용이다. 다음 빈칸을 채우시오.

<보기>
일반적으로 방풍림에 있어서 방풍효과가 미치는 범위는 바람위쪽에 대해서는 수고의 (㉠)배, 바람 아래쪽에 대해서는 (㉡)배의 거리에 이른다. 가장 효과가 큰 곳은 바람 아래쪽의 수고 3~5배에 해당되는 지점으로 풍속 (㉢)%가 감소효과가 있다.

정답 ㉠ 6~10, ㉡ 25~30, ㉢ 65

예 제 5

옥상과 인공지반 녹지조성 시 식재기반에 대한 내용이다. 빈칸을 채우시오.

<보기>
(㉠) → 방근층 → (㉡) → 토양여과층 → 토양층

정답 ㉠ 방수층, ㉡ 방근층

예 제 6

옥상 및 인공지반 식재 시 경량토 중 토양층에 사용 가능한 종류를 쓰시오.

정 답 버뮤큘라이트, 펄라이트

예 제 7

벽면녹화시 등반 유형을 4가지 이상 쓰시오.

정 답 등반부착형, 등반감기형, 하수형, 면적형, 에스펠리어

예 제 8

다음 빈칸을 채우시오.

<보기>
식재비탈면의 기울기가 1 : 1.8 일때 경사도는 (㉠)%이고, 적용가능한 식물은 (㉡) 이다.

정 답 ㉠ 55, ㉡ 잔디·지피·관목

6 조경수목

① 조경수목의 명명법(nomenclature)

- 보통명 : 각국어로 불림
- 학명 : 국제적인 규칙에 의한 명명(命名), 속명+종명+명명자

속명	• 식물의 일반적 종류를 의미 • Quercus(참나무류), Acer(단풍나무류), Pinus(소나무류) • 항상 대문자로 시작
종명	• 한속의 각각 개체구분을 위한 수식적 용어이며 서술적인 형용사를 씀 • 소문자로 시작
명명자	• 정확도를 높인 완전한 학명, 생략되거나 줄여져서 사용하기도 함 예) Linne • 변종이나 품종은 종명 다음에 var, for을 씀, 재배 품종은 cultivated variety

② 조경수목의 색채에 의한 분류

- 줄기나 가지가 뚜렷한 수종
  - 백색수피 : 자작나무, 백송 등
  - 적색수피 : 소나무(적갈색), 주목(짙은 적갈색), 흰말채나무 등
  - 청록색수피 : 벽오동, 식나무 등
  - 얼룩무늬수피 : 모과나무, 배롱나무, 노각나무, 플라타너스 등

- 열매에 색채가 뚜렷한 수종
  - 적색(붉은색)열매 : 주목, 산수유, 보리수나무, 산딸나무, 팥배나무, 마가목, 백당나무, 매자나무, 매발톱나무, 식나무, 사철나무, 피라칸사, 호랑가시나무 등
  - 황색(노란색)열매 : 은행나무, 모과나무, 명자나무, 탱자나무 등
  - 검정색열매 : 벚나무, 쥐똥나무, 꽝꽝나무, 팔손이나무, 산초나무, 음나무 등
  - 보라색열매 : 좀작살나무
- 단풍에 색채가 뚜렷한 수종
  - 황색(노란색)단풍 : 느티나무, 낙우송, 메타세콰이어, 튤립나무, 참나무류, 고로쇠나무, 네군도단풍, 비목나무, 계수나무 등
  - 붉은색(적색)단풍 : 감나무, 옻나무, 단풍나무류, 화살나무, 붉나무, 담쟁이덩굴, 마가목, 남천, 좀작살나무, 산딸나무 등
  - 단풍과 색소

노란색 단풍	카로티노이드, 크산토필
황금빛 단풍	타닌(tannin), 카로티노이드
붉은색 단풍	안토시아닌(Anthocyanin)계 크리산테민(chrysanthemine)

- 꽃에 색채가 뚜렷한 수종
  - 백색꽃 : 조팝나무, 팥배나무, 산딸나무, 노각나무, 백목련, 탱자나무, 돈나무, 태산목, 치자나무, 호랑가시나무, 팔손이나무 등
  - 적색(붉은색)꽃 : 박태기나무, 배롱나무, 동백나무 등
  - 황색(노란색)꽃 : 풍년화, 산수유, 매자나무, 개나리, 백합나무, 황매화, 죽도화 등
  - 자주색(보라색)꽃 : 박태기나무, 수국, 오동나무, 멀구슬나무, 수수꽃다리, 등나무, 무궁화, 좀작살나무 등
  - 주황색 : 능소화
- 개화시기에 따른 분류

2월	매화나무(백, 홍), 풍년화(황), 동백나무(적)
3월	매화나무, 생강나무(황), 개나리(황), 산수유(황), 서향
4월	호랑가시나무(백), 겹벚나무(담홍), 꽃아그배나무(담홍), 백목련(백), 박태기나무(자), 이팝나무(백), 등나무(자), 으름덩굴(자)
5월	귀룽나무(백), 때죽나무(백), 튤립나무(황), 산딸나무(백), 일본목련(백), 고광나무(백), 병꽃나무(홍), 쥐똥나무(백), 다정큼나무(백), 돈나무(백), 인동덩굴(황)
6월	개쉬땅나무(백), 수국(자), 아왜나무(백), 태산목(백), 치자나무(백)
7월	노각나무(백), 배롱나무(적,백), 자귀나무(담홍), 무궁화(자,백) 유엽도(담홍), 능소화(주황)
8월	배롱나무, 싸리나무(자), 무궁화(자,백), 유엽도(담홍)
9월	배롱나무, 싸리나무
10월	금목서(황), 은목서(백)
11월	팔손이(백)

- 조경수목과 광선
  - 음수가 생장할 수 있는 광량은 전수광량(하늘에서 내려쬐는 광량)의 50% 내외, 양수는 70% 내외 고사한계의 최소수광량은 음수는 5.0%, 양수는 6.5%
  - 관련개념

광포화점	빛의 강도가 점차적으로 높아지면 동화작용량도 상승하지만 어느 한계를 넘으면 그 이상 강하게 해도 동화작용량이 상승하지 않는 한계점
광보상점	광합성을 위한 CO_2의 흡수와 호흡작용에 의한 CO_2의 방출량이 같아지는 점
음지식물	광포화점이 낮은 식물
양지식물	광포화점이 높은 식물

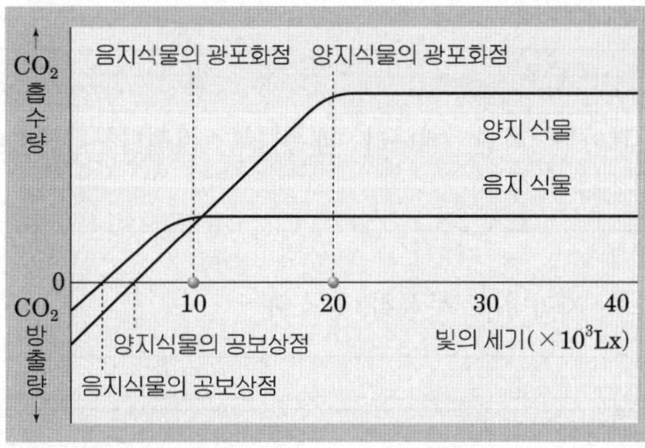

  - 음수와 양수

음수	동화효율이 높아 약한 광선 밑에서도 생육할 수 있는 수종
양수	동화효율이 낮아 충분한 광선 하에서만 생육할 수 있는 수종

  - 수목의 내음성 결정방법

직접판단법	각종 임관아래 각종 수목을 심고, 그 후의 생장상태를 판단
간접판단법	수관밀도의 차이, 자연전지의 정도와 고사의 속도, 수고생장속도의 차이에 의해 내음도의 결정 등

예 제 1

다음 보기 수종 중 황색(노란색)열매가 열리는 수종을 쓰시오.

<보기>
쥐똥나무, 은행나무, 꽝꽝나무, 팔손이나무, 산초나무, 음나무, 주목, 탱자나무산수유, 모과나무, 보리수나무, 벚나무, 산딸나무, 팥배나무

정답 은행나무, 모과나무, 명자나무, 탱자나무

예 제 2

다음 보기 수종 중 여름철(7~9월)에 개화하는 수종을 쓰시오.

<보기>
생강나무, 황매화, 노각나무, 목련, 개나리, 배롱나무, 자귀나무, 산딸나무, 병꽃나무, 쥐똥나무, 무궁화, 이팝나무, 능소화

정답 노각나무, 배롱나무, 자귀나무, 무궁화, 능소화

예 제 3

다음은 조경수목과 광선에 대한 내용이다. 빈칸을 채우시오.

<보기>
음수가 생장할 수 있는 광량은 전수광량(하늘에서 내려쬐는 광량)의 (㉠)% 내외, 양수는 (㉡)% 내외이며, 고사한계의 최소수광량은 음수는 ( )%, 양수는 ( )%이다.

정답 ㉠ 50, ㉡ 70, ㉢ 5.0, ㉣ 6.5

예 제 4

다음은 표의 빈칸을 채우시오.

㉠	빛의 강도가 점차적으로 높아지면 동화작용량도 상승하지만 어느 한계를 넘으면 그 이상 강하게 해도 동화작용량이 상승하지 않는 한계점
㉡	광합성을 위한 CO_2의 흡수와 호흡작용에 의한 CO_2의 방출량이 같아지는 점
㉢	광포화점이 낮은 식물
㉣	광포화점이 높은 식물

정답 ㉠ 광포화점, ㉡ 광보상점, ㉢ 음지식물, ㉣ 양지식물

2-2 조경적산

01 총론
02 공정관리
03 식재공사
04 지피식재공사
05 지형 및 정지설계
06 측량일반
07 토공사 및 기초공사
08 시설물 공사
09 운반공사
10 기계시공
11 조경석공사
12 포장공사
13 콘크리트공사
14 기타공사
15 품질관리
16 식물 및 시설물의 유지관리

01 총 론

1 | 적산의 개요

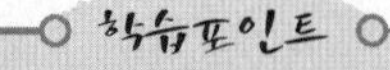

•수량계산을 위한 기준을 숙지하여 공사비수량 산출에 객관적 기준을 적용하도록 한다.

1 적산(cost estimating)

공사에 있어 시공계획에 따라 공사에 소요되는 재료 및 품의 수량을 산출하는 과정과 여기에 단가를 넣어 금액을 산정하는 과정을 적산이라고 한다.

재료명	규격	단위	수량	단가	재료비
소나무	H4.0×W1.2×R15	주	5	400,000	2,000,000
은행나무	H4.0×B15	주	4	135,000	540,000

적 산

2 수량의 계산

① 재료의 수량은 시방서 및 도면에 의하여 산출된 공사재료의 정미량에 재료 운반, 절단, 가공, 시공종에 발생되는 손실량을 가산한다.

② 품셈에 할증이 포함되어 있거나 표시되어 있지 아니한 경우에는 재료의 할증율을 적용함에 유의해야한다.

정미량	① 공사에 실제설치 되는 자재량이 정미량이다. ② 설계도서의 설계치수에 의한 계산수량으로 할증이 포함되지 않는다.
소요량	정미량+각재료의 할증량

3 수량의 종류

① 설계수량 : 실시설계 및 상세설계에 표시된 재료 및 치수에 의하여 산출한다.

② 계획수량 : 설계도에 명시되어 있지 않으나 시공현장 조건에 따라 수립시 소요되는 수량을 말한다.

③ 소요수량 : 설계수량과 계획수량의 산출량에 운반, 저장, 가공 및 시공과정에서 발생되는 손실량을 예측하여 부가한 할증수량을 말한다.

4 품셈의 정의 및 적용

① 품셈

㉮ 품의 양의 우리나라말

㉯ 사람이나 기계 등을 이용하여 어떤 공사목적물을 완성할 때 목적물의 단위 규격 당 소요되는 노력을 수량으로 나타낸 것으로 1개 단위 공사에 필요한 노무자의 종류 및 그 소요수량과 기계 사용시 그 종류와 소요량을 표시한 것

② 표준품셈

㉮ 공공 건설공사에 있어 품의 표준적인 계산 기준을 제공하기 위해 대표적이고 보편적인 공종, 공법을 기준으로 건설교통부에서 품셈을 제정

㉯ 공사에 따른 품셈은 물론 표준적인 재료의 수요량도 함께 수록

㉰ 표준품셈의 장단점

장 점	•원가계산의 편의를 도모, 일정한 기준 하에 공사비를 산정하여 공공 예산을 합리적으로 사용
단 점	•작업조건 및 환경의 반영이 곤란 •신기술, 신공법 적용이 불가능 •시장가격의 적절한 반영이 미흡

㉱ 조경공사의 표준품셈 적용

•표준품셈의 구성 : 토목부문 22장, 건축부문 23장, 기계설비 부분 3편 14장으로 구성

•조경공사의 품셈적용

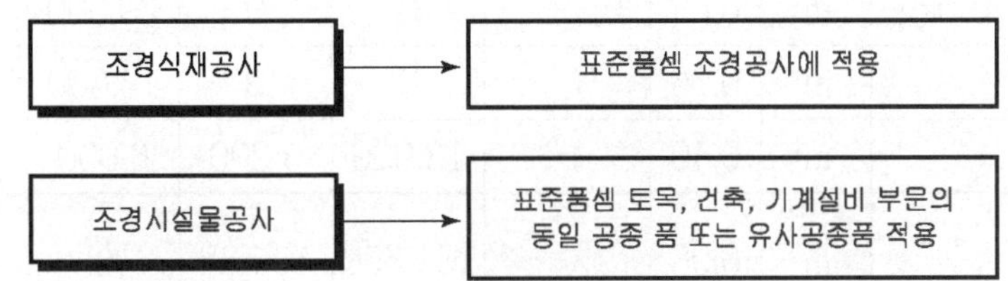

③ 품셈에 명시된 근로 시간기준은 1일 8시간(480분)을 기준으로 하되 준비, 작업지시, 작업장 이동, 작업후 정리 등의 시간 30분을 공제한 450분을 적용한다.

④ 품의 할증

㉮ 군작전 지구내 : 작업 할증률을 인부품의 20%까지 가산한다.

㉯ 도서 지구, 공항, 산악 지역내 : 작업 할증률을 인부품 50%까지 가산하다.

㉰ 야간작업 : PERT, CPM 공정계획에 의한 공기 산출 결과 정상 작업으로는 불가능하여 야간 작업을 할 경우나 공사 성질 상 부득이 야간 작업을 하여야 할 경우 작업 할증률은 인부품의 25%까지 계상한다.

㉱ $10m^2$ 이하(신축공사기준으로 바닥면적의 합계)의 소단위 건축공사 : 소단위 건축공사에서는 각 공정별 할증이 감안되지 않은 사항에 대해 인부품의 50%까지 가산할 수 있다.

5 일위대가(一位代價, Itemized Unit Cost)

① 길이, 면적, 체적, 중량, 개소 등의 시공 단위당 공사비 내역
② 공사량 1단위당 소요되는 재료비, 노무비, 경비 등의 복합적 합산된 복합단가

[느티나무(H3.5×R8)주당 일위대가(예시)]

수 종	규 격	단 위	수 량	금액계	노무비		재료비		경 비	
					단 가	금 액	단 가	금 액	단 가	금 액
느티나무	H3.5×R8	주	1		0	0	100,000	100,000	0	0
조경공		인	0.37		79,000	29,230	0	0	0	0
보통인부		인	0.22		60,000	13,200	0	0	0	0
계				142,430		42,430		100,000	0	0

③ 분류

㉮ 표준 일위대가 : 공종 단위당 공사비를 산출한 일위대가

[구조물 기초 m 당 표준일위대가]

공 종	규 격	단 위	수 량	금액계	노무비		재료비		경 비	
					단 가	금 액	단 가	금 액	단 가	금 액
시멘트	40kg	포	0.6		0	0	3,000	1,800	0	0
모래	1,600kg	m^3	0.04		0	0	21,000	840	0	0
자갈	1,700kg	m^3	0.05		0	0	20,000	1,000	0	0
잡석		m^3	0.06		0	0	15,000	900	0	0
거푸집		m^3	0.40		13,000	5,200	6,000	2,400	0	0
인력 비빔타설	무근	m^3	0.08		131,650	10,532	0	0	0	0
잡석다짐		m^3	0.06		36,000	2,160	0	0	0	0
계				24,832		17,892		6,940		0

㉯ 기본 일위대가 : 표준 일위대가에 세부 시공단위 당 공사비를 산출한 일위대가

[인력비빔타설 m^3 당 기본일위대가]

공 종	규 격	단 위	수 량	금액계	노무비		재료비		경 비	
					단 가	금 액	단 가	금 액	단 가	금 액
콘크리트		인	0.85		97,000	82,450	0	0	0	0
보통인부		인	0.82		60,000	49,200	0	0	0	0
				131,650		131,650		0		0

6 수량계산의 기준

① 수량은 C.G.S(centimeter-gram-second)단위를 사용한다.

② 수량의 단위 및 소수위는 표준품셈 단위표준에 의한다.

③ 수량의 계산은 지정 소수위 이하 1 위까지 구하고, 끝 수는 4사 5입 한다.

④ 계산에 쓰이는 분도(分度)는 분까지, 원주율, 삼각함수의 유효숫자는 세자리까지로 한다.

⑤ 면적계산은 보통 수학공식에 의하는 외에 삼사법(三斜法)이나 삼사유치법(三斜誘致法) 또는 플래니미터로 한다. 플래니미터 사용시 3회 이상 측정하여 그 중 정확하다고 생각되는 평균값으로 한다.

⑥ 체적계산은 의사공식에 의함을 원칙으로 하나 토사의 체적은 양단면 평균값에 거리를 곱하여 산출하는 것을 원칙으로 한다. 다만 거리평균값으로 고쳐서 산출할 수 있다.

⑦ 다음의 체적과 면적은 구조물의 수량에서 공제하지 않는다. 볼트의 구멍, 모따기, 물구멍, 이음줄눈의 간격, 포장공종의 1개소 당 $0.1m^2$ 이하의 구조물 자리, 철근콘크리트 중의 철근

⑧ 절토량은 자연 상태의 설계도의 양으로 한다.

7 단위 및 소수위 표준

1. 자재

종 목	규 격		단위수량		비 고
	단 위	소 수	단 위	소 수	
공사연장	m	2위	m	단위한	
공사폭원			m	1위	일위대가표에서는
직공인부			인	2위	2위까지 이하는 버림
공사면적			m^2	1위	
토적(높이, 나비)			m	2위	
토적(단면적)			m^2	1위	단면적
토적(체적)			m^3	2위	체적
토적(체적합계)			m^3	단위한	집계체적
떼	cm	단위한	m^2	1위	
모래, 자갈	mm	단위한	m^3	2위	
조약돌	cm	단위한	m^3	2위	
견치돌, 깬돌	cm	단위한	m^2	1위	
견치돌, 깬돌	cm	단위한	개	단위한	
돌쌓기 및 돌붙임	cm	단위한	m^2	1위	
돌쌓기 및 돌붙임	cm	단위한	m^3	1위	
사석(捨石)	cm	단위한	m^3	1위	
다듬돌(切石, 板石)	cm	단위한	개	2위	
벽돌	mm	단위한	개	단위한	
블록	mm	단위한	개	단위한	
시멘트			kg	단위한	일위대가표에서는
모르타르			m^3	2위	2위까지 이하 버림
콘크리트			m^3	2위	

종 목	규 격		단위수량		비 고
	단 위	소 수	단 위	소 수	
아스팔트			kg	단위한	
목재(판재) 목재(판재) 목재(판재) 합판	길이 m 폭 cm 두께 mm	1위 1위 1위 단위한	m^2 m^3 m^3 장	2위 3위 3위 1위	
말뚝 철강재 철근 볼트, 너트	길이 m 지름 mm mm mm mm	1위 단위한 단위한 단위한	개 kg kg 개	단위한 3위 단위한 단위한	총량표시는 ton으로 하고 단위는 3위까지 이하 버림
도료 도장			ℓ 또는 kg m^2	2위 1위	
옹벽			m^2	1위	
방수면적			m^2	1위	

2. 금액의 단위표준

종 목	단 위	지 위	비 고
설계서의 총계	원	1,000	이하 버림 (단, 10,000원 이하의 공사는 100원 이하 버림)
설계서의 소계	원	1	미만 버림
설계서의 금액	원	1	미만 버림
일위대가표의 총계	원	1	미만 버림
일위대가표의 금액	원	0.1	미만 버림

3. 재료별할증

재 료		할증률	재 료		할증률
목재	각재	5	도료		2
			타일	모자이크	3
	판재	10		도기	3
				자기	3
			강재류	이형철근	3
				원형철근	5
합 판	일반용	3		강판	10
	수장용	5		강관	10

재 료	할증률	재 료		할증률
테라코타	3	벽돌	붉은벽돌	3
원석(마름돌용)	30			
조경용수목	10		내화벽돌	3
잔디	10		시멘트벽돌	5

8 작업반장기준

현장작업조건	작업반장수
작업장이 광활하여 감독이 용이하고, 고도의 기능이 필요치 않은 경우	보통인부 25~50인에 1인
작업장이 협소하고, 감독 시야가 보통이며, 약간의 기능을 요하는 경우	보통인부 15~25인에 1인
고도의 기능과 철저한 감독이 요구되는 경우	보통인부 5~15인에 1인

9 소운반 거리

품에 포함된 것으로 소운반거리는 20m 이내의 거리를 말하며, 20m를 초과할 경우에는 이에 별도 계상하며 경사면의 소운반거리는 수직높이 1m를 수평거리 6m의 비율로 본다.

예 제 1

다음 괄호 안을 채우시오.

품에서 포함된 것으로 규정된 소운반거리는 (①)m 이내의 거리를 말하며, 소운반이 포함된 품에 있어서 소운반거리가 (②)m를 초과할 경우에는 초과분에 대하여 이를 별도 계상한다. 경사면의 소운반거리는 직고 1m를 수평거리 (③)m의 비율로 보며, 경사면의 소운반거리는 직고 1m 초과할 경우에는 초과분에 대하여 이를 별도 계상한다.

정 답 ① 20 ② 20 ③ 6

학습포인트

2 | 조경공사구성과 특징

• 조경공사의 전반적 내용과 건축, 토목 등의 공사와의 차이점에 대한 이해가 요구된다.

1 공사의 구성

<table>
<tr><td rowspan="9">일반적 분류</td><td rowspan="6">조경식재공사</td><td colspan="2">수목식재공사</td></tr>
<tr><td colspan="2">굴취 및 뿌리돌림</td></tr>
<tr><td colspan="2">지피식재공사</td></tr>
<tr><td colspan="2">수목이식공사</td></tr>
<tr><td colspan="2">식재기반공사</td></tr>
<tr><td colspan="2">유지관리공사</td></tr>
<tr><td rowspan="3">조경시설물공사</td><td>기반공사</td><td>정지, 기초터파기, 절취, 성토 등의 토공사, 시설물 기초, 급수 및 배수공사</td></tr>
<tr><td>구조물공사</td><td>옹벽, 석축, 가벽, 조형물, 수경시설의 구조물 포장공사</td></tr>
<tr><td>시설물공사</td><td>휴게시설, 놀이시설, 안내시설, 관리시설, 편익시설물 공사</td></tr>
<tr><td rowspan="16">세부공정</td><td>시공측량</td><td colspan="2">레벨, 평판측량, 사진측량 등</td></tr>
<tr><td>가설공사</td><td colspan="2">가설사무실, 가설창고, 숙소, 울타리 등</td></tr>
<tr><td>식재공사</td><td colspan="2">굴취, 식재, 파종, 사면녹화, 뿌리돌림 등</td></tr>
<tr><td>유지관리 공사</td><td colspan="2">수간보호, 관수, 제초 시비 등</td></tr>
<tr><td>토공사</td><td colspan="2">절성토, 터파기, 되메우기, 잔토처리, 부토 및 마운딩</td></tr>
<tr><td>운반공사</td><td colspan="2">인력운반, 목도운반</td></tr>
<tr><td>기계화시공</td><td colspan="2">굴삭, 적재, 운반, 다짐</td></tr>
<tr><td>콘크리트공사</td><td colspan="2">콘크리트 타설, 거푸집 제작 및 설치, 철근 조립 등</td></tr>
<tr><td>포장공사</td><td colspan="2">소형고압블럭, 점토블럭, 타일, 화강석, 고무블럭, 잔디블록 등</td></tr>
<tr><td>금속공사</td><td colspan="2">용접, 절단, 조립, 잡철물 제작 등</td></tr>
<tr><td>목재공사</td><td colspan="2">목재가공, 방부처리, 목재시설물 설치 등</td></tr>
<tr><td>급수 · 배수공사</td><td colspan="2">급 · 배수관 부설, 맹암거 설치, 집수정 등</td></tr>
<tr><td>조적공사</td><td colspan="2">벽돌쌓기, 블록쌓기 등</td></tr>
<tr><td>자연석공사</td><td colspan="2">자연석 놓기, 자연석 쌓기, 돌쌓기 등</td></tr>
<tr><td>도장공사</td><td colspan="2">목부페인트, 철부페인트 등</td></tr>
</table>

2 특성

공종의 다양성	•식재공사, 시설물공사로 분류 예를 들면, •파고라 설치시 필요한 공사 : 토공사, 콘크리트공사, 목공사, 포장공사, 금속공사, 도장공사 포함
재료의 다양성	•다양한 공간에 많은 종류의 시설물 시공 •수목, 목재, 철재, 석재, 배관재, 도장재, 조명자재, 포장재
공사의 소규모성	•작은 면적에 소요되는 자재양도 적은 양 •높은 단가 요구 하므로 시공상 경제적 효율이 낮음
공사지역의 산재성	•넓은 지역에서 여러 공종이 산재됨 •소요자재 및 작업인부의 이용에 따른 비용손실발생
표준화 및 시공기준의 난이성	•조경식물재료(생물재료)로 규격화가 어려움 •부적기 이식시 빈번한 하자발생
예술성	•설계의 작품성 기준 마련하지 못함 •예술품(환경조각, 문주 등) 견적가격 기준 모호
지속적 관리 필요성	•식물재료의 유지관리 •조경시설물의 내구성 유지를 위한 지속적 관리요구

3 | 공사비 산정 일반

학습포인트

•공사비 산출에 대한 일반적 방식과 적산과정의 이해와 현재 통상적 방식인 원가계산에 의한 공사비 계산서 작성능력이 요구된다.

1 공사비 산정방식

공사비 산출기준을 어디에 두느냐에 따라

1. 원가계산에 의한 방식

① 우리나라, 일본 등에서 적용하는 방식, 현재 통상적 방식

② 각 공종별 재료비, 노무비, 경비 산출방식

장 점	•분석적이고 체계적이며 공사비산정에 투명성
단 점	•현재의 건설시장 가격을 반영할 수 없으므로 현실성이 부족 •신공법, 신제품에 있어서는 공사비 책정이 어려움 •발주자측에서 매 공사마다 작성하므로 공사비 산출에 많은 시간이 소요
적 용	•일반적 공사에 적용

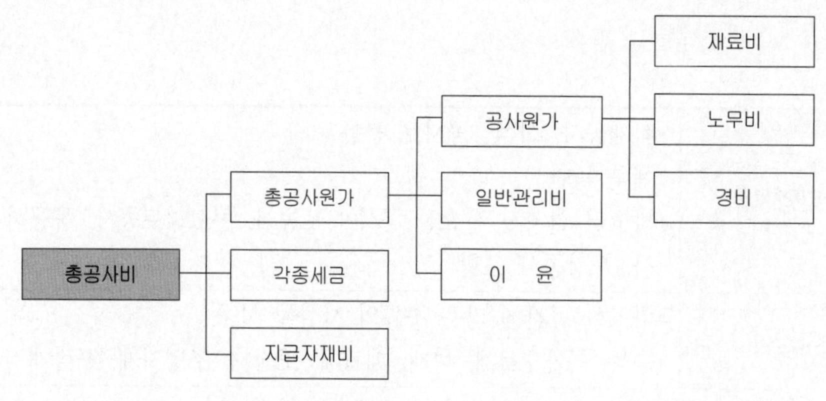

원가계산에 의한 공사비 구성

2. 거래실례가격(시장가격)에 의한 방식

현재 건설시장에서 형성된 거래가격을 이용하여 공사비를 산정

장 점	•현재 시장가격을 반영가능
단 점	•적산자의 주관적인 결정이 개입소지가 있음 •가격의 객관성, 단가 결정의 투명성이 부족
이 용	•신제품, 신공법 등 원가계산이 불가능한 비목 등에 제한적 사용

3. 실적공사비에 의한 방식

① 실제공사를 수행하기 위해 산정한 단가를 발주기관별로 축적

② 유사 공사의 공종별 입찰단가에 대한 정보를 지속적으로 축적하고 적정단가를 찾아내어 다음 공사의 단가로 활용하는 방식

③ 해당 공종의 원가를 따로 계산할 필요없이 재료비, 노무비, 경비 구분 없는 단일단가로 공사비산정

④ 유럽, 미국 등에서 주로 사용

장 점	•단일단가로 공사비를 산정하므로 발주자의 적산업무 간편 효율화 •건설시장의 동향을 즉각적으로 반영가능
단 점	•표준화된 공종의 분류, 오랜기간 축적된 공사비자료를 요구함 •항목별 산출기준 미정립, 표준화가 되지 않을 경우 문제점 발생
이 용	•신제품, 신공법 등 원가계산이 불가능한 곳에 제한적 사용

실적공사비 방식에 의한 공사비 구성

2 적산 진행과정(공사비 산정의 과정)

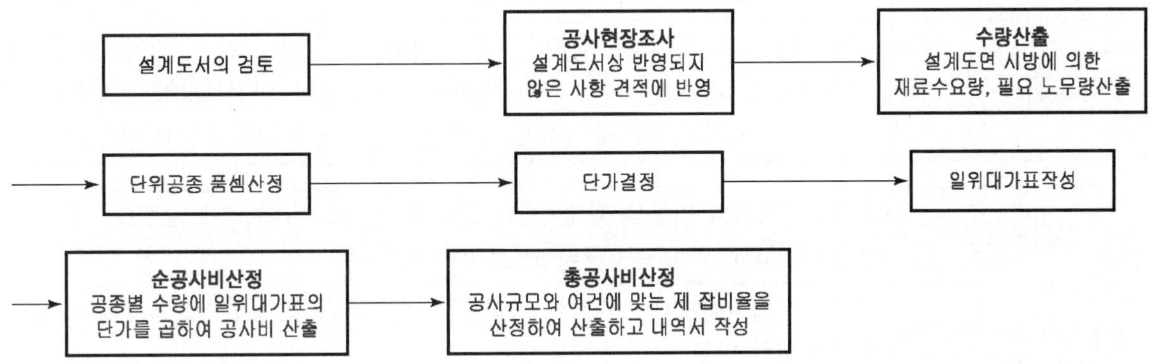

3 원가계산에 의한 공사비 산출

1. 공사비 구성

공사원가(재료비, 노무비, 경비), 일반관리비, 이윤, 세금으로 구성된다.

2. 공사원가산정

① 재료비

직접재료비	•공사목적물의 기본적 형태를 이루는 물품의 비용 •종류 : 수목, 잔디, 시멘트, 철근, 강관, 골재, 석재 등
간접재료비	•공사에 보조적으로 소비되는 재료 또는 소모성 물품의 가치 비용 •종류 : 소모재료비(기계오일, 접착제, 용접가스, 장갑), 소모공구, 기구, 비품비, 가설재료비
작업부산물	•목적공사물 시공 중 발생하는 작업 잔재류 중 환금이 가능한 재료 •종류 : 강재의 할증분, 시멘트 공포대, 공드럼 등
할증산입	•표준사용량에 손실량(작업할증량)을 가산하여 산정 •수목10%, 잔디 10%, 판재 10%, 합판 3%, 붉은벽돌 3% 등
재료비산정	•표준사용량에 운반, 저장 및 시공 중의 손실량을 현장 조건에 따라 가산하여 산정 •재료비=직접재료비+간접재료비−작업부산물

② 노무비

직접노무비	•정의 : 현장에서 공사 목적물을 완성하기 위해 직접 작업에 참여하는 인부에게 드는 비용 •산정 : 공종별 물량에 표준품셈에 의한 인력품을 곱하고 노임단가를 곱하여 직접노무비를 산정
간접노무비	•현장에서 보조로 종사하는 감독자 등에게 드는 비용 •산정 : 간접노무비=직접노무비×간접노무비율(%)
노무비산정	•노무비=직접노무비+간접노무비

③ 경비

정 의	순공사비 중 재료비와 노무비를 제외한 비용
내 용	전력비·수도광열비, 운반비, 기계경비, 특허권사용료, 기술료, 연구개발비, 품질관리비, 가설비, 지급임차료, 보험료, 복리후생비, 보관비, 외주가공비, 안전관리비, 소모품비, 세금·공과금, 교통비·통신비, 폐기물처리비, 도서인쇄비, 지급수수료, 환경보전비, 보상비

산재보험료	•정의 : 근로자의 업무상 재해예방과 근로자 보호에 이바지하는 보험료 •산정 : 노무비(직접노무비+간접노무비)×요율(%)
산업안전보건관리비 (안전관리비)	•정의 : 산업재해예방과 쾌적한 작업환경조성하여 근로자의 안전과 보건을 유지·증진을 위한 비용 •산정 : (재료비+직접노무비+관급자재(지급자재비))×율(%)
건설근로자 퇴직공제부금	•정의 : 건설근로자의 불안정한 고용상태 개선, 퇴직에 따른 일시적 생계안정을 위한 비용 •산정 : 직접노무비×율(%)
고용보험료	•정의 : 건설근로자의 실업예방과 고용촉진을 강화, 실업한 경우 생활에 필요한 급여를 실시하여 생활안정과 구직촉진을 위한 보험료 •산정 : 노무비(직접+간접)×율(%)
국민건강보험료	•정의 : 질병치료, 예방과 건강증진 등의 국민건강 향상을 도모하는 목적의 보험료 •산정 : 직접노무비×율(%)
국민연금보험료	•정의 : 국민의 노령과 장애 또는 사망에 대하여 연금을 지급하기 위한 목적의 보험료 •산정 : 직접노무비×율(%)
환경보전비	•정의 : 건설공사현장에 설치하는 환경오염방지시설의 설치 및 운영에 소요되는 비용 •산정 : (재료비+직접노무비+직접경비)×율(%)

④ 순공사비(공사원가)

순공사비산정	순공사비=재료비+노무비+경비

⑤ 일반관리비

정 의	회사가 사무실을 운영하기 위해 드는 비용
일반관리비산정	일반관리비=(재료비+노무비+경비)×일반관리비율(5~6%)

⑥ 이윤

정 의	영업의 이익으로 노무비와 경비(기술료와 외주가공비는 제외)와 일반관리비 합계액에 15%를 초과하지 않는 범위에서 산정
이윤산정	이윤=노무비+(경비−기술료−외주가공비)+일반관리비×15% 내외

⑦ 총공사비

총공사비 산정	총공사비=재료비+노무비+경비+일반관리비+이윤

예 제 1

조경공사 공사규모가 6억원, 공사기간이 5개월, 직접노무비가 9천만원 일 때 다음 표를 참고로 하여, 간접노무비율과 간접노무비를 계산하시오.

[간접노무비율]

구 분		간접노무비율
공사종류별	건축공사	14.5%
	토목공사	15%
	특수공사	15.5%
	기타공사	15%
공사규모별	5억원 미만	14%
	5~30억원 미만	15%
	30억원 이상	16%
공사기간별	6개월 미만	13%
	6~12개월 미만	15%
	12개월 이상	17%

(1) 간접노무비율?
(2) 간접노무비?

해 설 간접노무비율은 공사종류별, 공사규모별, 공사기간별 노무비율의 합에 대한 평균값으로 한다. 간접노무비는 직접노무비에 간접노무비율을 적용하여 얻는다.

정 답 (1) 간접노무비율=(15.5%+15%+13%)÷3=14.5%
(2) 간접노무비=90,000,000×14.5%=13,050,000원

예 제 2

조경공사에서 재료비가 9천5백만원, 노무비가 3천2백만원, 경비가 2천1백만원 일 때 일반관리비, 이윤 및 총원가를 각각 구하시오. (단, 일반관리비율은 6%, 이윤율은 15%를 적용한다.)

(1) 일반관리비는?
(2) 이윤?
(3) 총원가?

정 답
- 공사원가(순공사비)=95,000,000+32,000,000+21,000,000=148,000,000원
- 일반관리비=148,000,000×6%=8,880,000원
- 이윤=(32,000,000+21,000,000+8,880,000)×15%=9,282,000원
- 총원가=148,000,000 +8,880,000+9,282,000=166,162,000원

예 제 3

조경공사를 6개월에 걸쳐 시공할 때 다음의 참고 사항을 적용하여 아래의 공사원가 계산서를 완성하시오. (단, 총원가는 천단위 이하는 버리시오.)

(1) 간접노무비율

구분		간접노무비율
공사종류별	건축공사	14.5%
	토목공사	15%
	특수공사	15.5%
	기타공사	15%
공사규모별	5억원 미만	14%
	5~30억원 미만	15%
	30억원 이상	16%
공사기간별	6개월 미만	13%
	6~12개월 미만	15%
	12개월 이상	17%

(2) 일반관리비율 6%

(3) 이윤율 15%

[공사원가계산서]

구분			금액
순공사원가	재료비	직접재료비	26,000,000
		간접재료비	2,000,000
		작업부산물	1,200,000
		소계	
	노무비	직접노무비	14,000,000
		간접노무비	
		소계	
	경비	운반비	800,000
		전력비	200,000
		보험료	400,000
		복리후생비	1,000,000
		소모품비	800,000
		세금과 공과금	600,000
		소계	
일반관리비			
이윤			
총원가			

정답

[공사원가계산서]

구 분			금액
순공사원가	재료비	직접재료비	26,000,000
		간접재료비	2,000,000
		작업부산물	1,200,000
		소계	26,800,000
	노무비	직접노무비	14,000,000
		간접노무비	2,072,000
		소계	16,072,000
	경비	운반비	800,000
		전력비	200,000
		보험료	400,000
		복리후생비	1,000,000
		소모품비	800,000
		세금과 공과금	600,000
		소계	3,800,000
일반관리비			2,800,320
이윤			3,400,848
총원가			52,870,000

(1) 재료비 소계
26,000,000+2,000,000−1,200,000=26,800,000원

해설 작업부산물은 재료비에서 공제한다.

(2) 간접노무비
간접노무비율=(15.5%+15%+14%)÷3=14.8%
특수공사, 공사기간6개월, 공사금액 5억 미만에 해당
간접노무비=14,000,000×14.8%=2,072,000원

(3) 노무비소계
14,000,000+2,072,000=16,072,000원

(4) 경비소계
3,800,000원

(5) 일반관리비
(재료비+노무비+경비)×일반관리비율=(26,800,000+16,072,000+3,800,000)×6%
=2,800,320원

(6) 이윤
(노무비+경비+일반관리비)×15%=(16,072,000+3,800,000+2,800,320)×15%
=3,400,848원

(7) 총원가
재료비+노무비+경비+일반관리비+이윤
=26,800,000+16,072,000+3,800,000+2,800,320+3,400,848
=52,873,168 → 52,870,000원

예 제 4 (기출)

다음의 표를 보고 공사원가 계산서를 작성하시오. (단, 총공사비는 1,000원 이하는 버리시오.)

구 분		식 재	시설물	비 고
순공사비	직접재료비	26,500,000	18,420,000	
	간접재료비	4,350,000	2,880,000	
	소계			
	직접노무비	12,240,000	6,864,000	직접 노무비의 15%
	간접노무비			
	소계			
	산재보험료			노무비의 14%
	안전관리비			(재료비+직접노무)×2.5%
	기타경비			(재료비+노무비)×5%
	계			
일반관리비				순공사의 6%
계				
이윤				(계−재료비)×15%
총공사비				

정답

구 분		식 재	시설물	비 고
순공사비	직접재료비	26,500,000	18,420,000	
	간접재료비	4,350,000	2,880,000	
	소계	30,850,000	21,300,000	
	직접노무비	12,240,000	6,864,000	직접 노무비의 15%
	간접노무비	1,836,000	1,029,600	
	소계	14,076,000	7,893,600	
	산재보험료	1,970,640	1,105,104	노무비의 14%
	안전관리비	1,077,250	704,100	(재료비+직접노무)×2.5%
	기타경비	2,246,300	1,459,680	(재료비+노무비)×5%
	계	50,220,190	32,462,484	
일반관리비		4,960,960		순공사의 6%
계		87,643,634		
이윤		5,324,045		(계−재료비)×15%
총공사비		92,960,000		

해설
- 일반관리비=순공사비(재료비+노무비+경비)×6%
- 이윤=(노무비+경비+일반관리비)×15% 내외
- 총공사비=재료비+노무비+경비+일반관리비+이윤

학습포인트

4 | 공사 입찰 및 계약

•공사의 계약은 공사의 예정가격을 결정하여 시공업체를 선정하고 공사가 완공되어 공사대금을 수령할 때까지의 과정으로 적산업무의 기본요소가 된다.

1 입찰방식

입찰은 발주자가 시공자를 선택하는 방법으로 시공자는 이 공사를 얼마에 하겠다는 입찰서를 제출하면 입찰과정을 거쳐 낙찰되어야 계약을 할 수 있다.

1. 경쟁입찰방식

일반경쟁입찰	•정의 : 계약과 입찰 조건을 관보, 신문, 게시 등으로 공사의 종류, 입찰자의 자격 및 규정 등을 공고하여 입찰 참가자를 널리 공모하여 입찰시키는 방법 •장점 ① 균등한기회가 제공되고 담합의 우려가 적음 ② 경쟁에 의해 공사비를 절감 •단점 ① 과도한 경쟁으로 낙찰가가 저하되면 공사가 조잡해지고 시공정밀도가 떨어짐 ② 부적격자에게 낙찰될 우려
지명경쟁입찰	•정의 : 발주자가 그의 판단 기준에 의하여 공사에 가장 적격하다고 인정되는 3~7개의 업체를 선정하여 입찰시키는 방식 •장점 ① 시공상의 신뢰성이 있음 ② 부적격업자를 사전에 제거할 수 있다. •단점 ① 담합의 우려가 있음 ② 공사비가 일반경쟁입찰보다 상승
제한경쟁입찰	•정의 : 계약의 목적, 성질 등에 필요하다고 인정될 때 참가자의 자격을 제한할 수 있는 제도로 일반경쟁입찰과 지명경쟁입찰의 장점을 취하고 단점을 보완한 제도 •장점 ① 특수공법시공자가 참여 ② 담합의 가능성이 감소 ③ 공사의 신뢰성 확보 ④ 중소업체 및 지방업체를 보호

2. 특명입찰방식(수의계약)

정의	특정한 시공업자를 선정하여 도급계약을 체결하는 방식
장점	공사기밀유지, 입찰수속이 간단, 우량공사기대
단점	공사비가 높아짐, 공사금액 결정이 불명확

3. 설계시공일괄입찰(Turn-key Base)

발주자가 제시하는 공사의 기본계획 및 지침에 따라 그 공사의 설계서, 시공에 필요한 도서를 작성하여 입찰서와 함께 제출하는 입찰

4. PQ제도(Pre-Qualification)

입찰참가자격 사전심사제도로 건설업체의 공사수행능력을 기술적 능력, 재무상태, 시공경험 등 비가격적 요인을 종합적으로 검토하여 점수로 환산하고 가장 효율적으로 공사를 수행할 수 있는 업체에 입찰참가자격을 부여

예 제 1 (기출)

다음 설명에 적합한 공사의 도급업자 선정 방식을 보기에서 중복됨이 없이 고르시오.

<보기>
㉠ 일반경쟁입찰, ㉡ 지명경쟁입찰, ㉢ 제한경쟁입찰, ㉣ 특명입찰, ㉤ 입찰자격사전심사제도

(1) 가장 적합한 3~7정도의 시공업자를 선정하여 입찰하는 방식으로서 도급회사의 자본금·보유기재·자재 및 기술능력 등을 감안하여 지명

(2) 건설산업기본법에서 정한 일정자격 이외의 도급한도액·실적·기술보유현황 등을 정하여 입찰하는 방식

(3) 입찰 참가자를 공모하여 유자격자는 모두 참가하여 입찰하는 방식

(4) 입찰자의 시공경험, 기술능력, 경영상태, 신인도 등을 종합적으로 검토하여 가장 효율적으로 공사를 수행할 수 있는 업체에 입찰자격을 부여하는 제도로서 입찰 자격사전 심사제도

(5) 건축주가 시공회사의 신용·자산·공사경력·보유기재·자재·기술 등을 고려하여 그 공사에 적합한 1명에게 지명하여 입찰하는 방식으로 특명에 의한 계약

(1) (2) (3) (4) (5)

정답 (1) ㉡, (2) ㉢, (3) ㉠, (4) ㉤, (5) ㉣

2 입찰순서

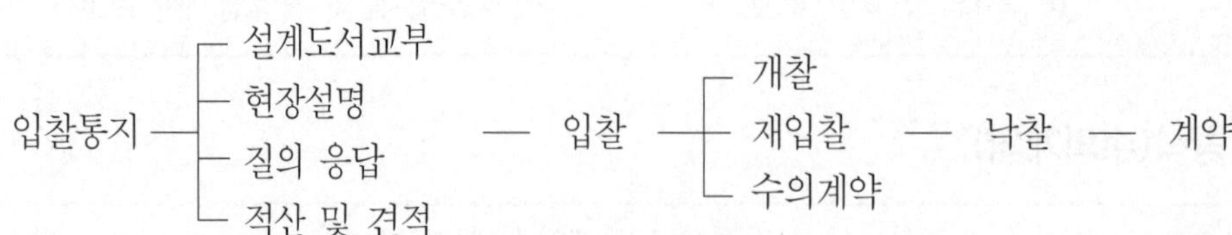

① 계약성립시기 : 쌍방이 계약서에 서명날인 했을 때 계약성립 시기로 본다.

② 도급자의 의무 완료시기(계약종료시기) : 건물 인수인계 후 그 증서를 교환했을 때

③ Lower Limit : 예정가격보다 조금 낮게 금액(보통 예정가격의 85%)을 책정하고 이보다 아래의 입찰자는 무효처리, 덤핑 수주 방지책이다.

④ 부대입찰제 : 하도급업체의 보호육성차원에서 입찰자에게 하도급자의 계약서를 첨부하도록 하여 덤핑입찰을 방지하고 하도급의 계열화를 유도하는 입찰방식이다.

02 공정관리

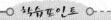

1 | 공정관리

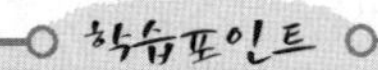

•최적공기 의미와 각 공정표의 장 · 단점과 용도에 대해 알아두도록 한다.

1 공정관리 일반

1. 공정관리의 목적

① 정의 : 시공에 관한 계획 및 관리의 모든 것으로 양질의 품질, 적절한 공사기간, 적절한 비용에 안전하게 시공하는 것

② 시공관리의 3대 기능 : 품질관리, 공정관리, 원가관리

㉮ 공정관리 : 시공계획에 입각하여 합리적이고 경제적인 공정을 결정

㉯ 품질관리 : 설계도서에 규정된 품질에 일치하고 안정되어 있음을 보증

㉰ 원가관리 : 공사를 경제적으로 시공하기 위해 재료비, 노무비, 그 밖의 현장경비를 기록, 통합하고 분석하는 회계절차

③ 관리의 상호관계

품질, 공정, 원가 사이에는 다음과 같은 관계가 있다. 공정을 X축, 원가를 Y축, 품질을 Z축이라 하면 그림과 같다.

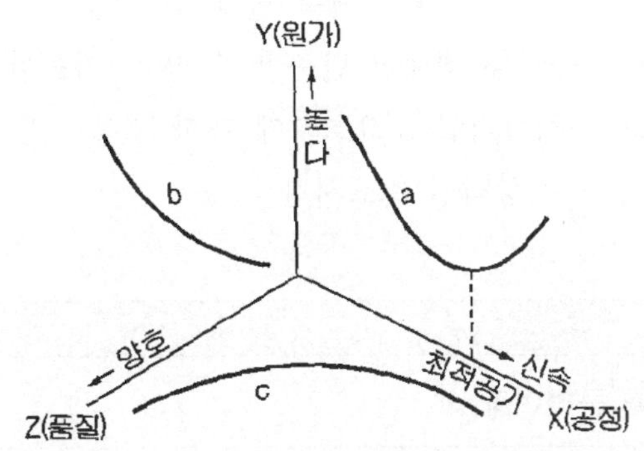

공정과 원가의 관계(a)	• 공기가 너무 빨라지거나 늦어지게 되면 원가는 올라간다. • 원가가 최소가 되는 점이 최적공기가 된다.
품질과 공정의 관계(c)	대체로 시간을 충분하게 하면 품질은 양호해진다.
원가와 품질의 관계(b)	좋은 품질일수록 원가는 높아진다.

2. 최적공기

총공사비	직접비와 간접비의 합계로 총공사비가 최소가 되는 공기를 최적공기라 한다.
직접비	재료비, 노무비, 기계운전비 등으로 시공속도를 빠르게 한면 공기는 단축되고 직접비는 증가한다.
간접비	관리비, 공통가설비, 감가상각비, 금리 등으로 공기가 단축되면 간접비는 감소된다.

① 최적공기(표준점)

공사일을 단축하여 생긴 간접비의 절감과 직접비의 증대된 것을 합하면 서로 상쇄되고 이 합계가 최소가 되도록 하는 것이 가장 적절한 시공속도 즉, 경제적 속도가 된다.

② 특급점 : 자재, 인력을 아무리 투입하여도 더 이상 공기를 단축할 수 없는 한계점으로 A점에 해당

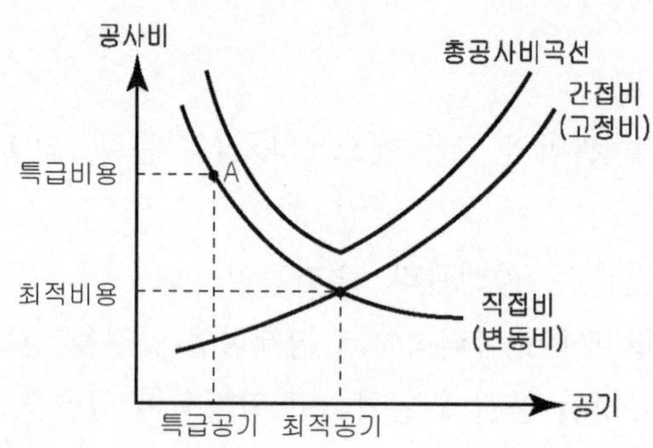

③ 비용경사(Cost slope) : 작업을 1일 단축할 때 추가되는 직접 비용

$$비용경사 = \frac{특급비용 - 표준비용}{표준시간 - 특급시간}(원/일)$$

- 특급비용(Crash Cost) – 공기를 최대한 단축 할 때의 비용
- 특급시간(Crash Time) – 공기를 최대한 단축할 수 있는 가능한 시간
- 표준비용(Normal Cost) – 정상적인 소요일수에 대한 비용
- 표준시간(Normal Time) – 정상적인 소요시간

예 제 1

다음 데이터의 비용경사를 구하여라.

작업명	Normal		Crash		Cost slope
	Time	Cost	Time	Cost	
A	5	120,000원	5	120,000원	㉮
B	6	60,000원	4	90,000원	㉯
C	10	150,000원	5	200,000원	㉰

정 답 ㉮ : A작업은 표준일수와 특급일수가 같으므로 단축이 불가능한 작업이다.

㉯ : B작업의 비용경사 $= \frac{90,000원 - 60,000원}{6일 - 4일} = 15,000월/일$

㉰ : C작업의 비용경사 $= \frac{200,000원 - 150,000원}{10일 - 5일} = 10,000원/일$

예 제 2

다음 그림은 CPM의 고찰에 의한 비용과 시간 증가율을 표시한 것이다. 그림의 기호에 해당하는 용어를 ( )속에 써 넣으시오.

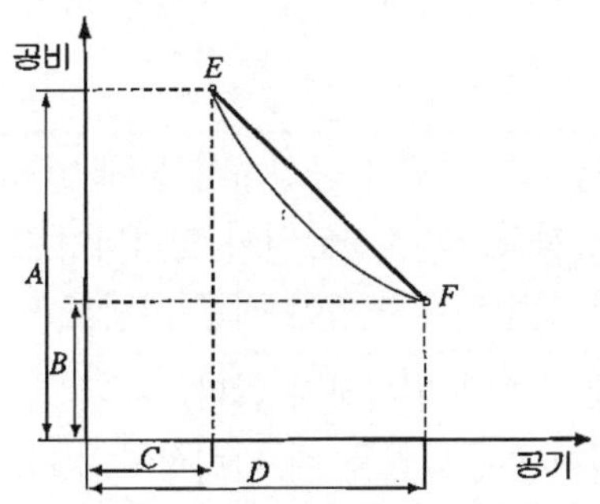

정 답 A : 특급비용
B : 정상비용(표준비용)
C : 특급공기
D : 정상공기(표준공기)
E : 특급점
F : 정상점(표준점)

예 제 3

거푸집 제작 공정에 따른 비용 증가율을 그림과 같이 표현할 때 이 공정을 계획보다 3일 단축할 때 소요되는 추가 직접 비용은 얼마인가?

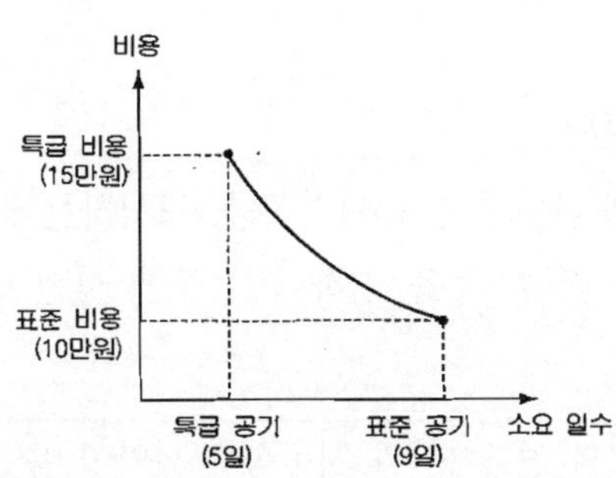

정 답 $$\text{비용경사} = \frac{\text{특급비용} - \text{표준비용}}{\text{표준공기} - \text{특급공기}}$$

$$= \frac{150{,}000\text{원} - 100{,}000\text{원}}{9\text{일} - 5\text{일}}$$

$$= \frac{50{,}000\text{원}}{4\text{일}} = 12{,}500\text{원}/\text{일}$$

3일 단축시 추가비용=12,500×3일=37,500원

2 공정표의 종류

1. 횡선식공정표 (Bar chart, Gantt chart)

세로축(종축)에 공사종목별 각 공사명을 배열하고 가로축(횡축)에 날짜를 표기하며, 공사명 별 공사의 소요시간을 횡선의 길이로서 나타낸다.

장 점	•공정별 공사와 전체의 공정시기 등에 일목요연하다. •공정별 공사의 착수·완료일이 명시되어 판단이 용이하다. •공정표가 단순하여 경험이 적은 사람도 이해가 쉽다.
단 점	•작업간에 관계가 명확하지 않다. •작업상황이 변동되었을 때 탄력성이 없다.
용 도	소규모 간단한 공사, 시급을 요하는 긴급한 공사에 사용된다.

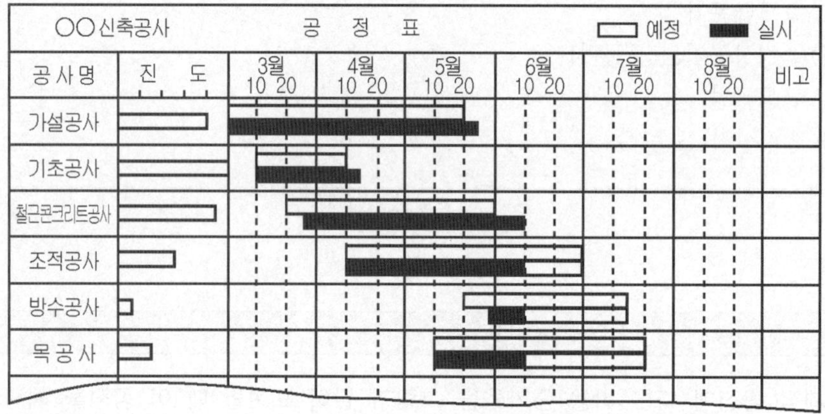

2. 기성고 공정표(사선식 공정표)

작업의 관련성은 나타낼 수 없으나, 공사의 기성고를 표시하는데 편리한 공정표로 세로에 공사량, 총인부 등을 표시하고, 가로에 월, 일수 등을 취하여 일정한 사선절선을 가지고 공사의 진행상태를 나타낸다.

장 점	•전체공정의 진도파악과 시공속도 파악이 용이하다. •banana 곡선에 의하여 관리의 목표가 얻어진다.
단 점	•공정의 세부사항을 알 수 없다. •보조적인 수단으로만 사용된다.
용 도	다른 방법과 병용(보조수단), 공종의 경향분석에 사용

① S-Curve(기성고 누계곡선)

공사가 착공 초기에는 진척사항이 완만하고 중간에 급해지며 준공단계에서 다시 완만해지는 양상으로 S자형 곡선이 된다.

② 진도관리 곡선(바나나 곡선)

공사일정의 예정과 실시상태를 그래프에 대비하여 공정진도를 파악하는 것이다. 진도관리 곡선은 먼저 예정진도 곡선을 그리고 상부허용한계와 하부허용한계를 설정한다.

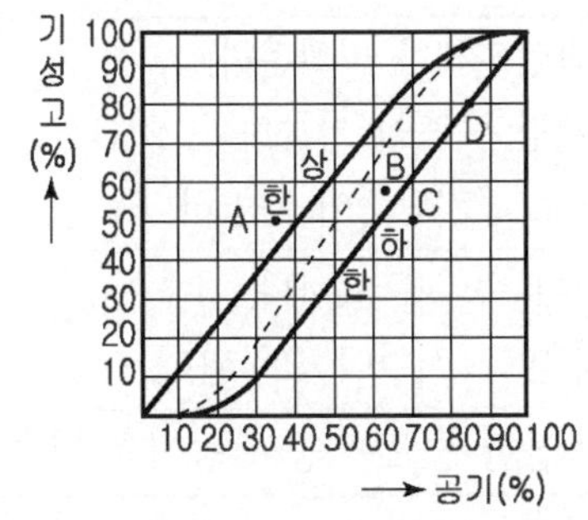

- A점 : 예정보다 많이 진척이 되어 있으나 허용한계선밖에 있으므로 비경제적인 시공이 되고 있다.
- B점 : 대체적으로 예정대로 진행되고 있으므로 그 속도로 공사를 진행해도 좋다.
- C점 : 하부허용한계를 벗어나 늦어지고 있으므로 공사를 촉진하지 않으면 안된다.
- D점 : 허용한계선상에 있으나 지연되기 쉬우므로 공사를 더욱 촉진시켜야한다.

3. 네트워크 공정표

각 작업의 상호관계를 네트워크(Net Work)로 표현하는 수법으로 PERT(Program Evaluation and Review Technique)와 CPM(Critical Path Method)의 기법이 대표적이다.

① PERT (Program Evaluation and Review Technique) : 기대되는 소요시간을 추정할 때 정상시간, 비관시간, 낙관시간으로 산정하므로 경험이 없는 신규사업, 비반복사업에 적용한다.

② CPM(Critical Path Method) : 소요시간을 추정할 때는 최장시간을 기준으로 하며, 최소비용(MCX : minimum cost expediting)의 조건으로 최적 공기를 구한다.

구 분	PERT	CPM
개발	1958년 미해군 Polaris 핵잠수함 건조계획시 개발	1956년 미국의 Dupon사에서 연구개발
주목적	공사기간 단축	공사비용 절감
이용	신규산업, 경험이 없는 사업	반복사업, 경험이 있는 사업
작성법	결합점(event)중심으로 작성	활동(activity)를 중심으로 작성 EST, EFT, LST, LFT
공기추정	3점 추정 $T_e = \frac{t_o + 4t_m + t_p}{6}$ 여기서, T_e : 기대시간 t_o : 낙관시간 t_m : 정상시간 t_p : 비관시간	경험에 의한 시간추정 (1점 견적, 최장시간)
여유시간	SLACK	Float : TF(전체여유), FF(자유여유), DF(종속여유)
MCX (최소비용)	이론이 없음	CPM의 핵심이론

장 점	•상호간의 작업관계가 명확하다. •작업의 문제점 예측이 가능하다. •최적비용으로 공기단축이 가능하다.
단 점	•공정표작성에 숙련을 요한다. •수정변경에 많은 시간이 요구된다.
용 도	대형공사, 복잡한 중요한 공사(공기를 엄수해야하는 공사)

예 제 1

공정관리 기법 중 바차트 공정표의 용도를 3가지만 쓰시오.

①

②

③

정답 ① 소규모의 간단한 공사
② 개략적인 공정표가 요구되는 경우
③ 긴급을 요하는 경우

예 제 2

그림과 같은 기성고 곡선(banana 곡선)에서 A, B, C, D는 각각 어떠한 상태인가?

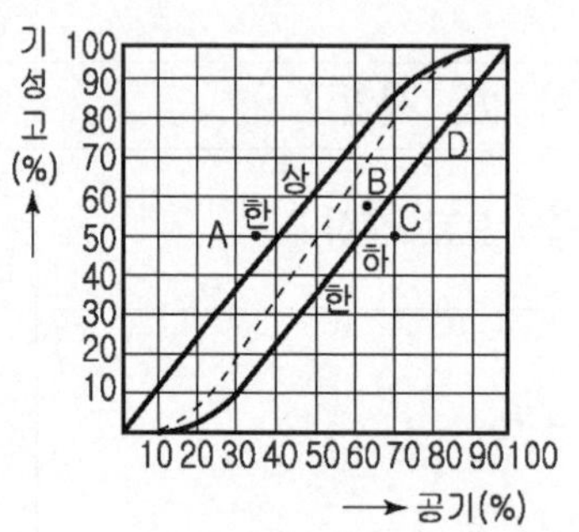

정답 ① A점 : 예정보다 많이 진척이 되어 있으나 허용한계선밖에 있으므로 비경제적인 시공이 되고 있다.
② B점 : 대체적으로 예정대로 진행되고 있으므로 그 속도로 공사를 진행해도 좋다.
③ C점 : 하부허용한계를 벗어나 늦어지고 있으므로 공사를 촉진시키지 않으면 안된다.
④ D점 : 허용한계선상에 있으나 지연되기 쉬우므로 공사를 더욱 촉진시켜야한다.

예 제 3

다음 용어를 간단히 설명하시오.

MCX 이론(Minimum Cost Expenditing Theory)

______

정답 각 작업을 최소의 비용으로 최적의 공기를 찾아 공정을 수행하는 관리기법

예 제 4

Network 공정표에 의한 공정관리 방법 중 PERT법은 (①)는 신규산업, CPM 법은 비용문제를 포함한 (②)는 반복사업에 적합하다.

① ______

② ______

정답 ① 경험이 없는
② 경험이 있는

예 제 5

경제적인 시공속도에 대한 설명이다. (   ) 안에 알맞은 말을 쓰시오.

① 총공사비는 간접비와 직접비로 구성되고 또 직접비는 공사 시공량에 비례한다고 가정하면 시공속도를 빠르게 하면 (㉠)는 그만큼 절감되고 (㉡)는 저렴하게 된다.

② 그러나 이것은 시공량에 비례된다고 가정하였기 때문에 실제로는 단위 시공량에 대한 (㉠)는 속도를 빨리할수록 점증하는 경향이 있다. 공사기일을 단축하여 (㉡)를 절감한 것과 (㉢)가 증대된 것을 합계로 하면 서로 상쇄되고 이 합계가 최소가 되도록하는 것이 가장 적절한 시공속도, 즉 경제적 속도가 될 것이다.

① ㉠ ______ ㉡ ______

② ㉠ ______ ㉡ ______ ㉢ ______

해설 직접비는 재료비, 노무비, 기계운전비 등으로 공사시공량에 비례하여 시공속도를 빠르게 할수록 증가한다. 간접비는 관리비, 공통가설비, 금리 등으로 공기가 단축되면 간접비는 감소한다. 직접비와 간접비의 합계가 총공사비가 되면 총공사비가 최소가 되는 공기를 최적공기라한다.

정답 ① : ㉠ 간접비, ㉡ 총공사비
② : ㉠ 총공사비, ㉡ 간접비, ㉢ 직접비

○ 학습포인트 ○

2 | 네트워크 공정표

•기출문제에서는 네트워크 공정표를 작성하여 일정계산을 하고 PERT또는 CPM 방식으로 시각을 나타내는 문제가 출제되고 있다. 출제빈도가 높은 부분이므로 철저한 학습이 요구된다.

1 네트워크의 용어

네트워크 공정표는 결합점(Event)과 액티비티(Activity) 그리고 더미(Dummy)로 구성된다.

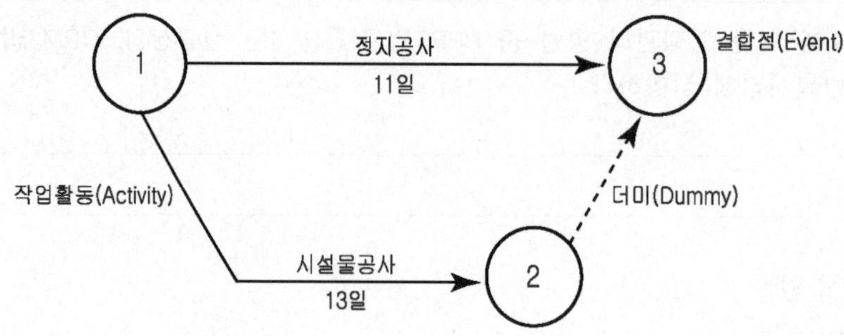

Activity(작업, 활동)	•화살선(Arrow)으로 나타낸다. •작업을 나타내며 일반적으로 작업명은 위에 표시하고 일수는 아래에 나타낸다.
Event(결합점, Node)	•작업의 종료, 개시 또는 작업과 작업간의 연결점은 나타낸다. •Event에는 번호를 붙여 작업명을 나타낸다.
Dummy(더미, 명목상작업)	•점선 화살선으로 나타낸다. •시간과 물량이 없는 명목상의 작업으로서 네트워크 공정표를 작성하는데 중요한 의미를 갖는다.

2 Net Work의 작성원칙

공정원칙	모든 공정은 대체 공정이 아닌 각 작업별 독립된 공정으로 반드시 수행 완료되어야 한다.
단계원칙	어느 단계에 연결되어 있는 모든 활동이 완료되기 전까지는 후속작업을 개시 할 수 없다.
활동원칙	결합점 사이에는 하나의 활동(작업)이 요구되며 필요에 따라 명목상 활동(더미)을 도입해야 한다.
연결원칙	공정표상 각 활동은 화살표 한쪽 방향으로 표시하며 개시와 종료 결합점은 하나이어야 한다

3 네트워크 공정표 작성의 기본규칙

① 작업의 시작점과 끝점은 Event로 표시되어야 하고 Event와 Event사이에는 하나의 Activity만 존재하여야 한다.

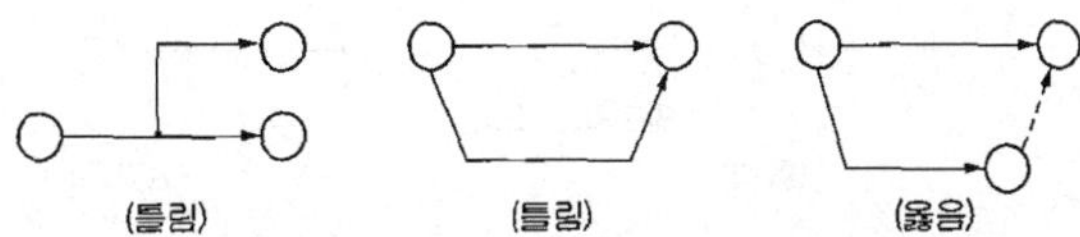

② 결합점에 들어오는 선행작업이 모두 완료되지 않으면 그 결합점에서 나가는 작업은 개시될수 없다.

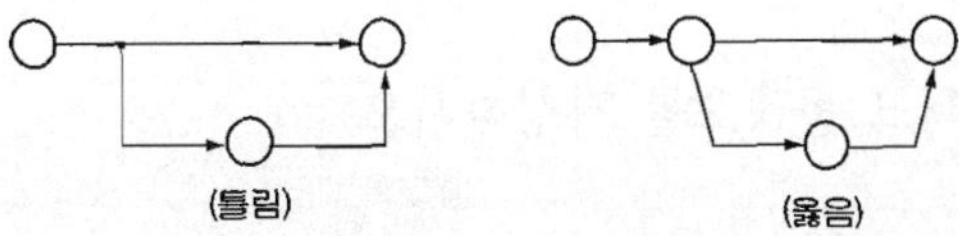

③ 네트워크의 최초 개시결합점과 최종 종료결합점은 하나씩이어야 한다.

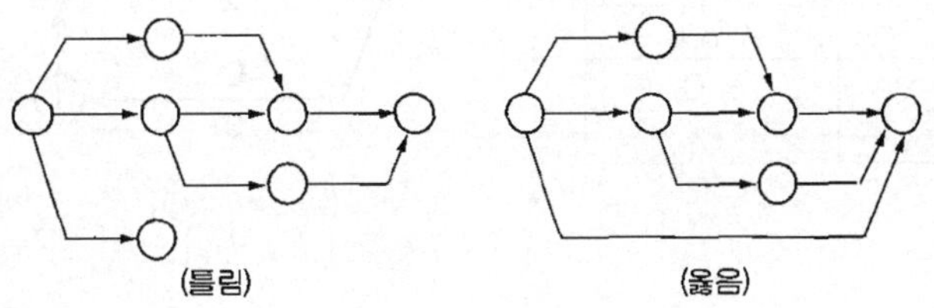

④ 네트워크상 작업을 표시하는 화살선은 역진 또는 회송되어서는 안된다.

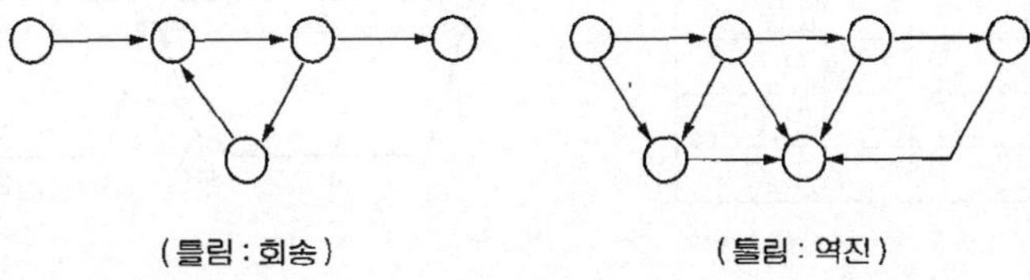

⑤ 가능한 한 작업의 상호간 교차를 피한다.

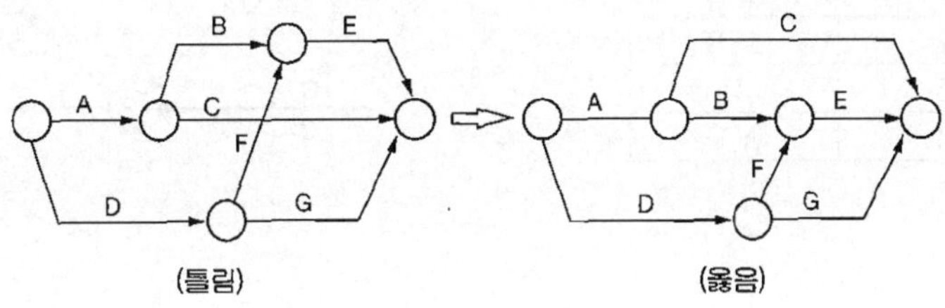

단, 부득이한 경우는 교차될 수도 있다.

⑥ 무의미한 더미(Dummy)는 피한다.

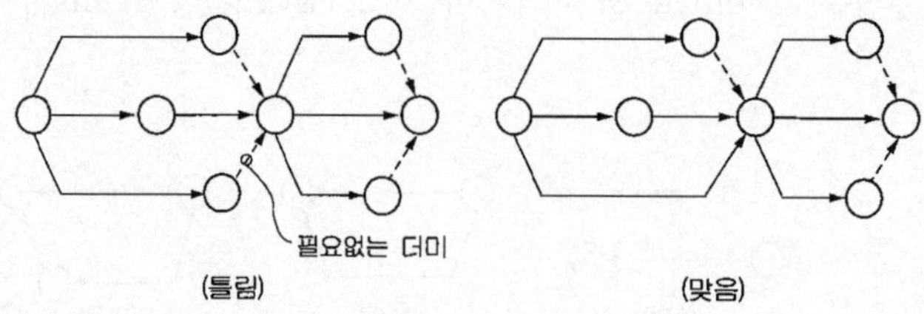

공정표연습예제

다음 데이터를 이용하여 네트워크 공정표를 작성하시오.

①

작업	작업일수	선행작업
A	1	없음
B	2	없음
C	3	없음
D	6	A,B,C
E	4	B,C
F	2	C

정답

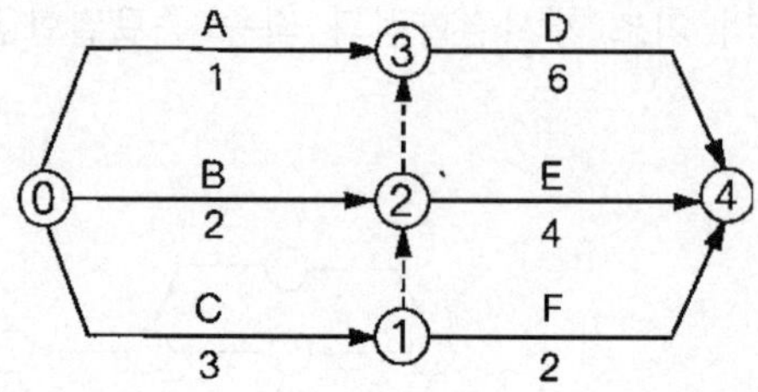

②

작업	작업일수	선행작업
A	5	없음
B	2	없음
C	4	없음
D	4	A,B,C
E	3	A,B,C
F	2	A,B,C

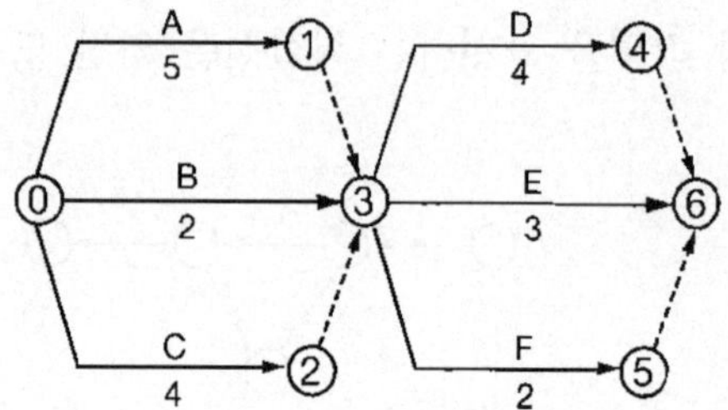

③

작업	작업일수	선행작업
A	5	없음
B	3	없음
C	2	없음
D	2	A,B
E	5	A,B,C
F	4	A,C

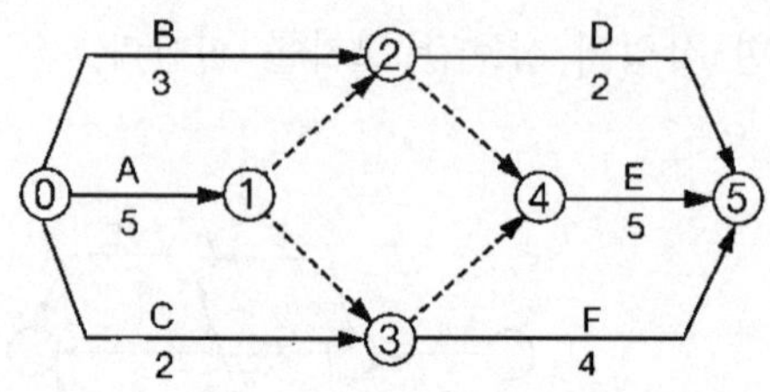

4 네트워크 공정표

1. 일정계산 용어

기 호	용 어	내 용
EST	가장 빠른 개시시간	•Eariliest starting time 작업에 착수하는데 가장 빠른 시간 •전진계산에서는 결합점에서 가장 큰값을 취한다. •결합점에서 EST=EFT
EFT	가장 빠른 종료시간	•Eariliest finishing time 작업을 종료할 수 있는 가장 빠른 시간 •EFT=EST+공기
LST	가장 늦은 개시시간	•Lastest starting time 작업을 늦게 착수하여도 좋은 시간 •LST= LFT−공기
LFT	가장 늦은 종료시간	•Lastest finishing time 작업을 종료하여도 좋은 시간 •후진계산에서는 결합점에서 가장 작은값을 취한다. •접합점에서 LFT=LST
CP	주공정선	•Critical Path •네트워크상에 전체공기를 규제하는 작업과정(가장 긴경로)여유시간은 0일이다.

2. 일정계산의 예

EST, EFT 계산	LST, LFT 계산
•최초작업부터 화살선을 따라 전진계산	•최종공기에서부터 역진계산
•소요일수를 더해간다.	•소요일수를 뺀다.
•결합점에서 큰값을 택한다.	•결합점에서 작은 값을 택한다.

예제 1

다음 공정표의 일정계산을 하시오.

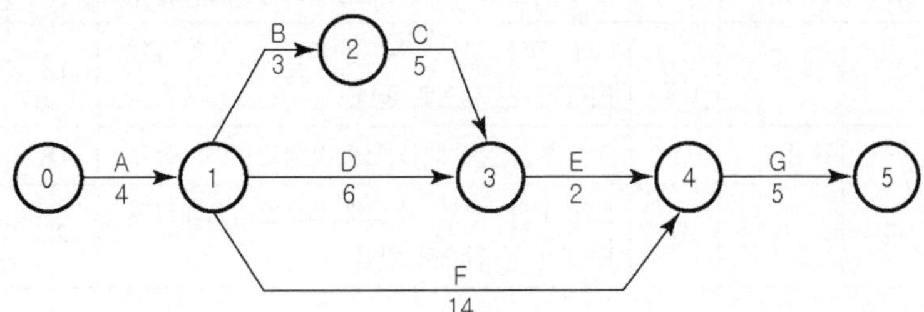

1) EST, EFT 계산
   ① 작업의 흐름에 따라 전진(좌에서 우) 계산한다.
   ② 최초작업의 EST는 0이다.
   A작업(0−①)의 EST=0이다.

③ 어느 작업의 EFT는 EST에 소요일수를 더하여 구한다.
A작업(0-①)의 EFT=A의 EST+A의 소요일수=0+4=4

④ 각 결합점에서 선행작업이 완료되어야 후속작업이 개시될 수 있다.
①번 결합점에서 개시되는 B,D,F 작업은 A작업이 완료되어야한다.

⑤ 복수의 작업에 후속되는 작업의 EST는 복수의 선행작업 중 EFT의 최대값이 된다.

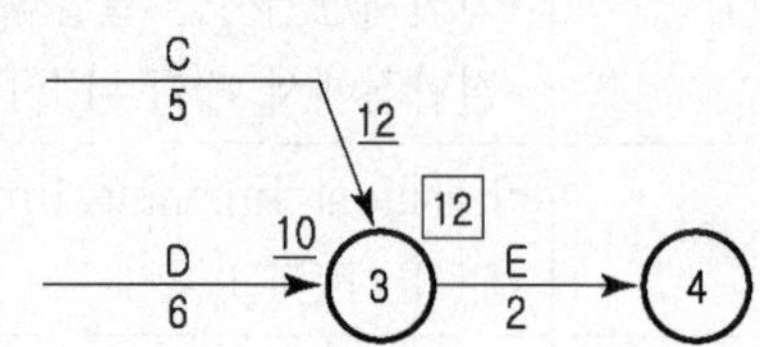

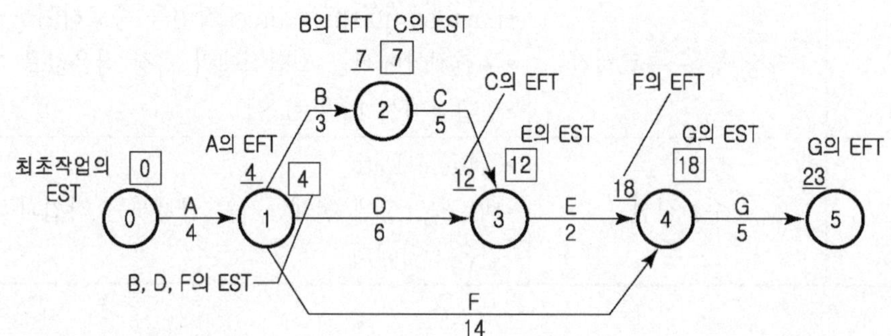

⑥ 최종 결합점에서 끝나는 작업의 EFT의 최대값이 전체공사의 소요기간이 된다.
전체공기는 G의 EFT값 즉, 23일이다.

⑦ EST, EFT의 일정계산 List
E의 EST는 C(12)와 D(10)의 EFT값 중 큰값 12가 된다.

작업명	소요일수	EST		EFT	
A	4	0	최초작업이다.	4	EST+소요일수=0+4
B	3	4	A의 완료 후 개시되므로 A의 EFT와 같다.	7	4+3
C	5	7	B의 완료 후 개시되므로 B의 EFT와 같다.	12	7+5
D	6	4	A의 완료 후 개시되므로 A의 EFT와 같다.	10	4+6
E	2	12	C와 D의 완료 후 개시되므로 C와 D중 EFT가 큰 값으로 한다.	14	12+2
F	14	4	A의 완료 후 개시되므로 A의 EFT와 같다.	18	4+14
G	5	18	E와 F의 완료 후 개시되므로 E와 F중 EFT가 큰 값으로 한다.	23	18+5

2) LST, LFT 계산

① 최종공기에서부터 역진 계산한다.

② 최종작업의 LFT는 공기와 같다

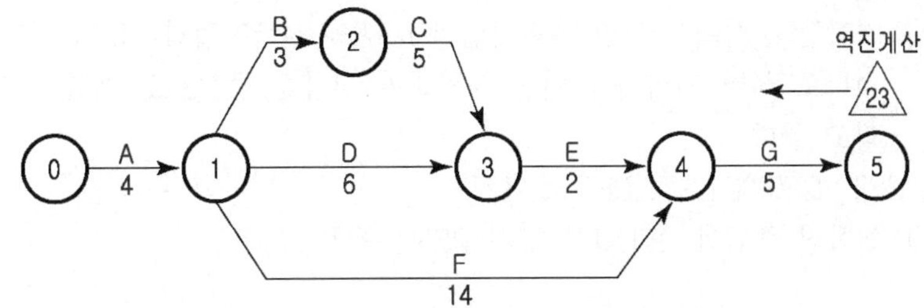

G작업의 LFT=23

③ 어느 작업의 LST는 LFT에서 소요일수를 감하여 구한다.
G작업의 LST=23−5=18

④ 각 결합점의 후속작업에 대한 LST값은 그 결합점 앞 선행작업의 LFT값이 된다.
E와 F의 LFT=G의 LST=18

⑤ 복수작업에 선행되는 작업의 LFT는 후속작업의 LST 중 가장 작은값으로 한다.

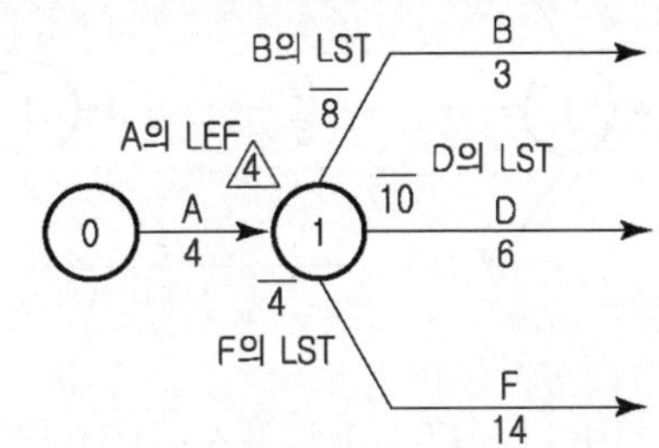

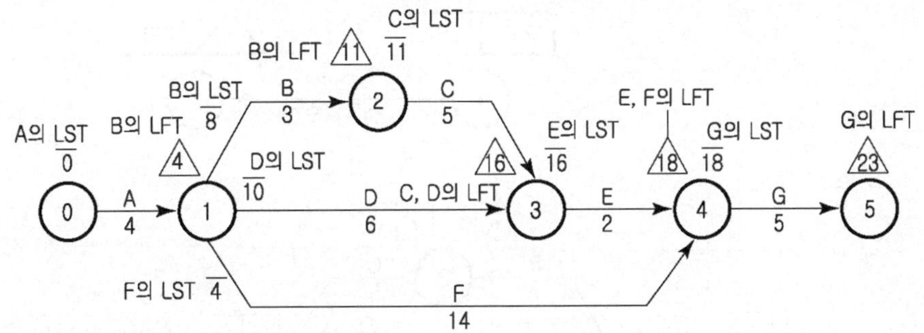

A의 LFT는 B, D, F의 LST 값 중 가장 작은 값(F의 4)이 된다.

⑥ LST, LFT의 일정계산 List

작업명	소요일수	LFT		LST	
G	5	23	공기와 같다.	18	EFT−소요일수=23−5
F	14	18	G의 LST는 E와 F의 LFT가 된다.	4	18−14
E	2	18		16	18−2
D	6	16	E의 LST는 C와D의 LFT가 된다	10	16−6
C	5	16		11	16−5
B	3	11	C의 LST와 같다.	8	11−3
A	4	4	B,D,F의 LST 중 가장 작은값이 A의 LFT가 된다.	0	4−4

⑦ 결합점 중심에서 보면 후속작업의 LST와 선행작업의 LFT는 항상 같으므로 일정계산시 하나로 묶어 나타내면 더욱 간편하며 결합점 중심으로 계산한 값을 LT(Latest Time)라고 한다.

3) EST, EFT와 LST, LFT의 표시

① 결합점 중심의 ET, LT 표시(PERT방식)

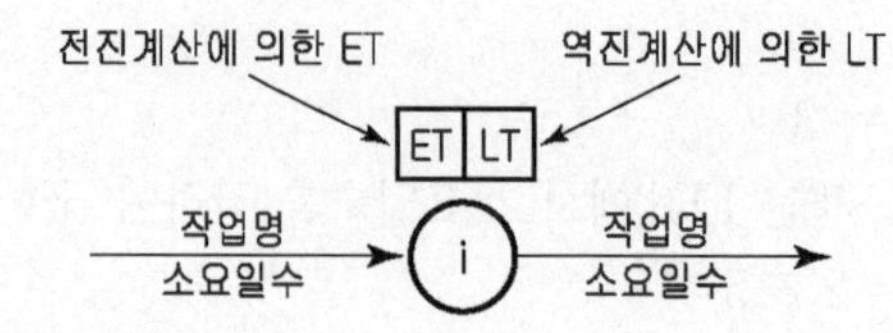

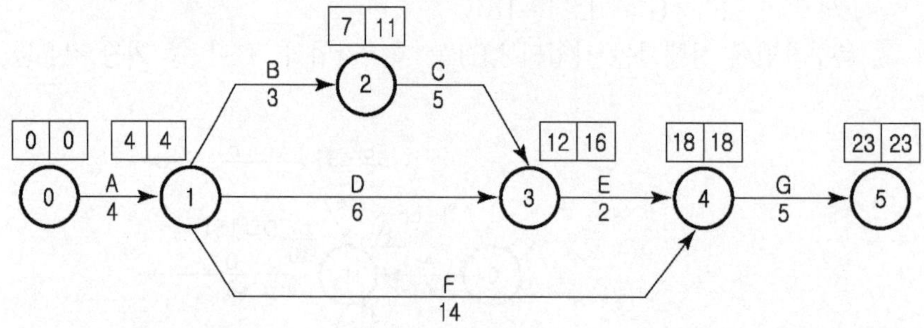

② 작업중심의 EST, EFT, LST, LFT 표시(CPM방식)

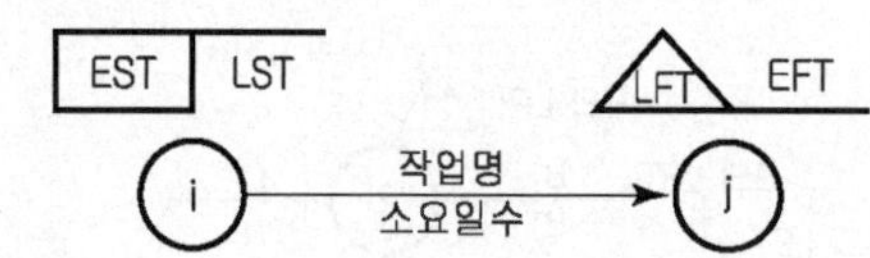

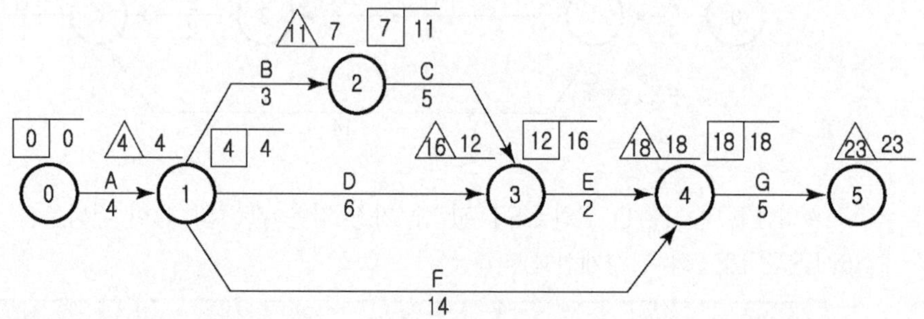

4) 주공정선(CP : Critical path)

주공정선은 하나만 있을 수도 있고 둘 이상일 수도 있다. 이 주공정선에 해당하는 경로는 여유가 Zero인경우로 이 경로에 해당하는 어느 한 작업만 지연이 되어도 전체공기가 지연되게 된다. 그러므로 주공정선을 표시하여 그 경로에 해당하는 작업은 중점적으로 관리할 필요가 있다.

학습포인트

3 | 네트워크 공정표의 여유계산

•작성한 네트워크 공정표에서 전체여유, 자유여유, 종속여유를 계산하는 문제가 자주 출제되고 있으므로 여유계산에 방법을 숙지하여야 한다.

1 네트워크 공정표상의 여유

TF(전체여유 : Total Float)	•작업을 EST로 시작하고 LFT로 완료할 때 생기는 여유 •TF=LFT−(EST+소요일수)=LFT−EFT
FF(자유여유 : Free Float)	•작업을 EST로 시작한 다음 후속작업도 EST로 시작하여도 존재하는 여유시간 •FF=후속작업의 EST−그 작업의 EFT
DF(종속여유 : Dependent Float)	•후속작업의 전체여유에 영향을 미치는 여유시간 •DF=TF−FF

2 여유계산의 예

■ 다음 공정표의 TF, FF, DF를 계산하시오.

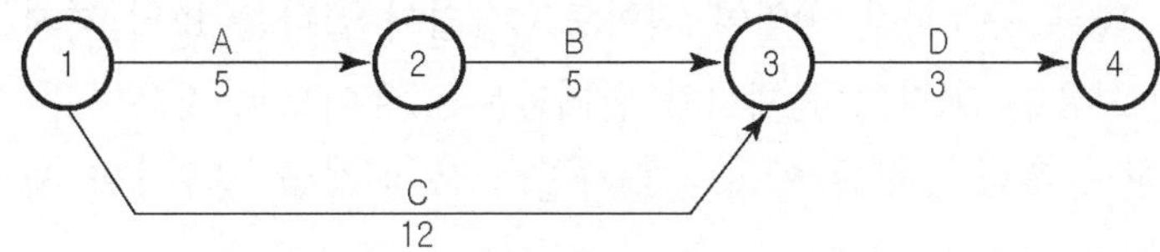

① 먼저 결합점 시각 ET와 LT를 구하고 각 작업별 EST, EFT, LST, LFT를 구한다.
② 주공정선(C.P)을 표시하고 TF=0 인 경로를 구한다.
③ 주공정선(C.P)이 아닌 모든 경로의 여유를 구한다.

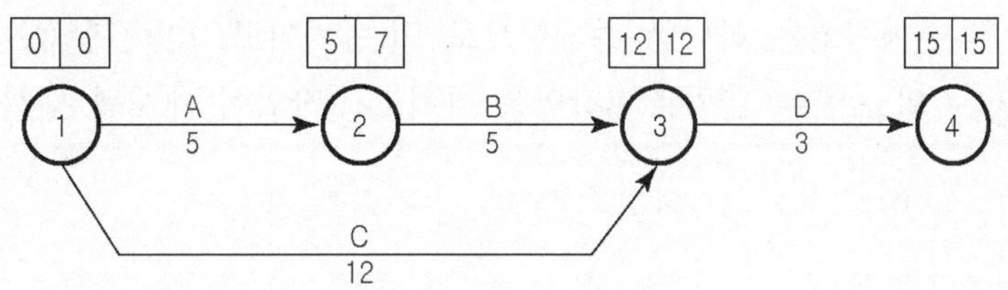

작업명	소요일수	EST	EFT	LST	LFT
A	5	0	5	2	7
B	5	5	10	7	12
C	12	0	12	0	12
D	3	12	15	12	15

④ 주공정선인 C,D의 작업의 여유는 Zero(0)이므로 A, B 작업에 대한 여유를 구한다.

A작업	TF=LFT-EFT=7-5=2
	FF=후속작업의 EST-그 작업의 EFT=5-5=0
	DF=TF-FF=2-0=2
B작업	TF=LFT-EFT=12-10=2
	FF=후속작업의 EST-그 작업의 EFT=12-10=2
	DF=TF-FF=2-2=0

⑤ 일정계산 List는 다음과 같이 작성할 수 있다.

작업명	EST	EFT	LST	LFT	TF	FF	DF	CP
A	0	5	2	7	2	0	2	
B	5	10	7	12	2	2	0	
C	0	12	0	12	0	0	0	*
D	12	15	12	15	0	0	0	*

3 자유여유(FF)

위의 예제에서 D의 선행작업은 B와 C이므로 D작업은 B와 C가 모두 완료되어야 개시할 수 있다. 따라서 B작업의 가장 빠른 종료시각 10일이 되어도 C작업이 끝나는 12일 까지는 D작업을 개시할 수 없다. 이때 B에 생기는 여유는 D 작업의 개시와 관계없는 여유이므로 자유여유(Free flot)라고 한다.
단, 자유여유는 어느 종료 결합점 앞의 선행작업이 둘 이상일 경우에만 생기게 된다.

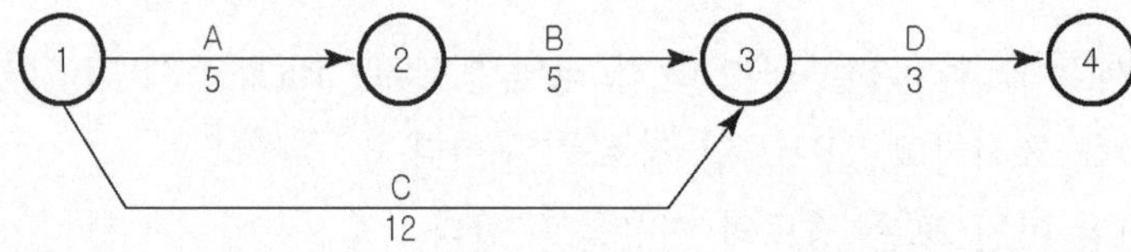

②번 결합점 앞의 선행작업은 하나만 존재하므로 FF는 0이고, ③ 결합점 앞의 선행작업은 B와 C이며 B의 EFT는 10일, C의 EFT는 12일로 B작업을 마치고 D작업이 개시될 때까지 생기는 여유 2일은 자유여유일이 된다.

4 종속여유(DF)

A와 B작업은 C작업이 완료될 때까지 2일의 여유가 있고 A작업의 가장 늦은 개시시각은 2일이 되며 A의 전체여유는 2일이다. 그러나 만일 A작업에서 여유일 만큼 늦어지게 되면 B의 여유는 없어지며 이와 같이 후속작업에 영향을 주는 여유를 종속여유라고 한다.

5 전체여유(TF)

전체여유는 각 작업의 LFT-EFT 이므로 A에서 2일 B에서 2일로 표시되며, A에서 2는 종속여유이고 B에서 2일은 자유여유이므로 A와 B 경로에서 존재하는 실제여유는 2일이 된다.

예 제 1

다음은 네트워크 공정표에 사용되는 용어를 설명한 것이다. (　) 안을 순서대로 채우시오.

(①)는 작업을 끝낼 수 있는 가장 빠른 시각을 말하고 개시 결합점에서 종료결합점에 이르는 가장 긴 패스를 (②)라 한다. (③)는 임의의 두 결합점간의 패스 중 소요기간이 가장 긴 패스를 말한다.

① ______

② ______

③ ______

정답 ① EFT, ② CP, ③ LP

예 제 2

네트워크 공정관리기법 중 서로 관계있는 항목을 연결하시오.

① 계산공기　　　㉮ 네트워크 중의 둘 이상의 작업이 연결된 작업의 경로
② 패스(Path)　　㉯ 네트워크 시간산식에 의하여 얻은 시간
③ 더미(dummy)　㉰ 작업의 여유시간
④ 플로우트(Float)　㉱ 네트워크 작업의 상호관계를 나타내는 점선 화살선

① ______ ② ______

③ ______ ④ ______

정답 ①-㉯, ②-㉮, ③-㉱, ④-㉰

예 제 3

다음 데이터를 네트워크 공정표로 작성하고 각 작업별 여유시간을 산출하시오.

작업명	작업일수	선행작업	비 고
A	2	없음	단, 크리티칼 패스는 굵은선으로 표시하고, 결합점에서는 다음과 같이 표시한다.
B	5	없음	
C	3	없음	LFT EFT / EST LST
D	4	A,B	(i) —작업명 / 작업일수→ (j)
E	3	A,B	

정답

① 공정표작성

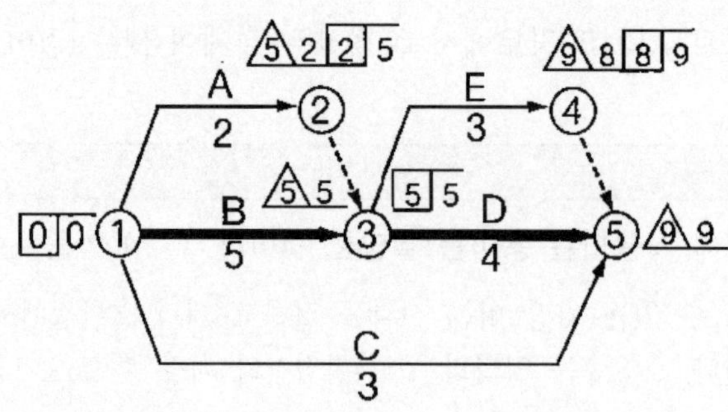

② 여유시간

작업명	TF	FF	DF	CP
A	3	3	0	
B	0	0	0	*
C	6	6	0	
D	0	0	0	*
E	1	1	0	

예 제 4

다음 데이터를 이용하여 네트워크 공정표를 작성하시오. 단, 주공정선은 굵은선으로 표시한다.

작업명	작업일수	선행작업	비고
A	1	없음	각 작업의 일정계산은 다음과 같이 한다. LFT EFT EST LST (i) 작업명 / 작업일수 → (j)
B	2	없음	
C	3	없음	
D	6	A, B	
E	5	A, B	
F	4	C	

정답

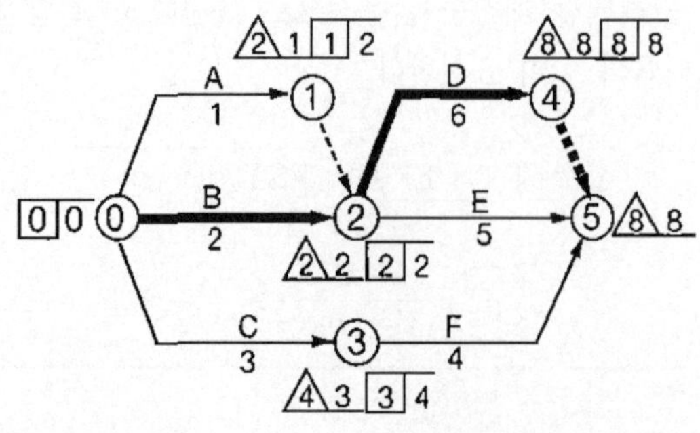

예 제 5

다음 데이터를 네트워크공정표로 작성하시오.

작업명	작업일수	선행작업	비고
A	1	없음	결합점에서는 다음과 같이 한다.
B	2	없음	LFT EFT / EST LST
C	3	없음	
D	6	A, B, C	(i) —작업명 / 작 업 일 수→ (j)
E	4	B, C	
F	2	C	주공정선은 굵은선으로 표시하시오.

정답

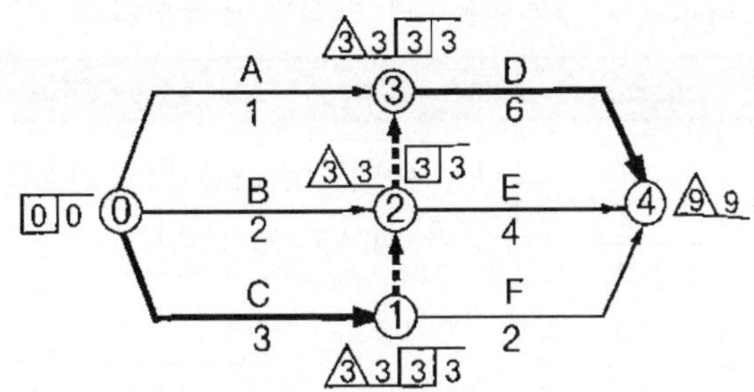

예 제 6

다음데이터를 네트워크 공정표로 작성하고, 각 작업의 여유시간을 구하시오.

작업명	작업일수	선행작업	비고
A	5	없음	네트워크 작성을 다음과 같이 표기한다.
B	3	없음	EST LST / LFT EFT
C	2	없음	
D	2	A, B	(i) —작업명 / 작 업 일 수→ (j)
E	5	A, B, C	
F	4	A, C	주공정선은 굵은선으로 표시하시오.

① 공정표 작성　　② 여유시간

정답

① 공정표 작성

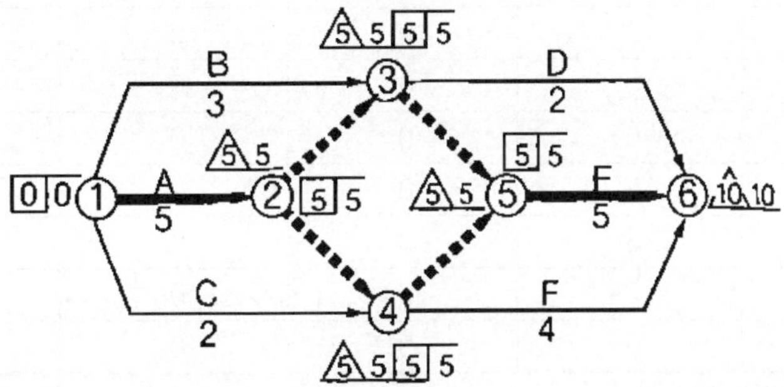

② 여유시간

작업명	TF	FF	DF	CP
A	0	0	0	*
B	2	2	0	
C	3	3	0	
D	3	3	0	
E	0	0	0	*
F	1	1	0	

예 제 7

다음 데이터를 네트워크 공정표로 작성하고, 각 작업의 여유시간을 구하시오.

작업	선행작업	소요일수	비고
A	없음	3	단, 이벤트(event)에는 번호를 기입하고, 주공정선은 굵은 선으로 표기한다.
B	없음	2	
C	없음	4	EST LST / LFT EFT
D	C	5	
E	B	2	ⓘ —작업명 / 작업일수→ ⓙ
F	A	3	
G	A, C, E	3	
H	D, F, G	4	

① 공정표작성　　② 여유시간

정답

① 공정표작성

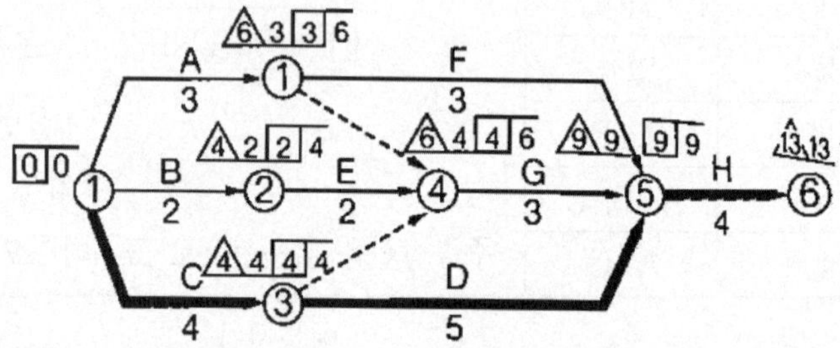

② 여유시간산정

작업명	TF	FF	DF	CP
A	3	0	3	
B	2	0	2	
C	0	0	0	*
D	0	0	0	*
E	2	0	2	
F	3	3	0	
G	2	2	0	
H	0	0	0	*

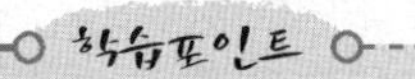

4 | 바챠트 공정표(Bar Chart)와 네트워크 공정표

•바챠트를 네트워크 공정표로 작성, 데이터 내용으로 바챠트 공정표 네트워크 공정표 작성 문제가 출제되고 있다.

1 바챠트 작성순서

① 바챠트는 횡축에 공기, 종축에 작업명을 열거한다.

② 다음의 네트워크 공정표를 바챠트로 표시한다.

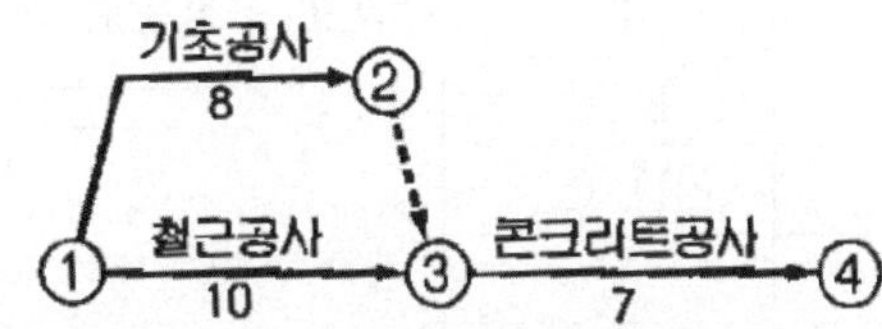

일수 작업	1	2	3	4	5	6	7	8	9	10	11	12	13	14	15	16	17
철근공																	
기초공																	
콘크리트공																	

2 바챠트 공정표와 네트워크 공정표의 비교

구분	바챠트 공정표	네트워크 공정표
기본형태	연속/작업 1 2 3 4 5 6 7 8 9 10 A B C D FF DF	A 3, B 4, C 5, D 10 ①, ②, ③, ④
선행작업 과 후속작업	· 선행작업과 후속작업의 정확한 표현이 어려움 · 다만, 시간상으로 연결된 작업으로 후속작업을 볼 수 밖에 없다. · 자유여유가 있을 때는 자유여유가 끝나는 일수, 그 외는 실제작업이 끝나는 일수와 연결되는 개시작업을 후속작업으로 본다.	선행작업과 후속작업이 분명하다.

예 제 1

다음 데이터를 바챠트로 작성하시오.

작업	작업일수	선행작업	비고
A	3	없음	각, 각 작업일수는 ■■■■ 로 표시하고 네트워크 공정표로 작성하였을 때 생기는 여유시간 중 FF는 ▭ 로 DF는 ┆┄┄┆ 로 표시한다.
B	4	없음	
C	2	없음	
D	2	B	
E	2	A	
F	1	E	
G	3	D, C	
H	3	D, C	
I	3	H	
J	2	G, F	
K	2	I, J	

정답

작업 \ 일수	1	2	3	4	5	6	7	8	9	10	11	12	13	14
A														
B														
C														
D														
E														
F														
G														
H														
I														
J														
K														

해설 아래와 같이 네트워크 공정표를 작성한 후 FF와 DF를 계산하여 바챠트 공정표에 표기한다.

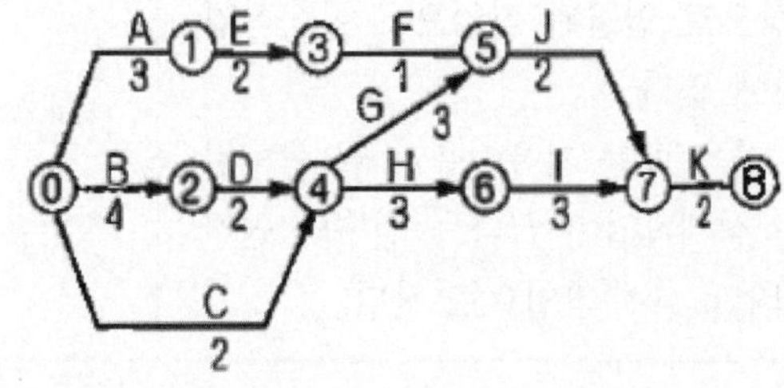

예 제 2

다음 주어진 횡선식 공정표(Bar Chart)를 네트워크(Net Work)공정표로 작성하시오. (단, 주공정선은 굵은선으로 표시한다. 화살형 네트워크로 하며 각 결합점에서의 계산은 다음과 같이 한다.)

EST | LST　　LFT EFT

i —작업명 / 작업일수→ j

일수 / 작업	1	2	3	4	5	6	7	8	9	10	11	12
A												
B												
C												
D												
E												
F												
G												
비고	작업명			FF는				DF는				

정답

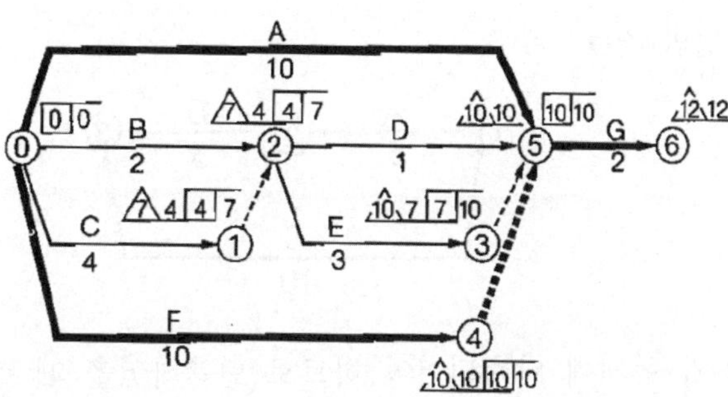

해설 순서 : 선행작업과 소요일수 파악 → 네트워크 공정표 작성

작업	선행작업	소요일수
A	없음	10
B	없음	2
C	없음	4
D	B, C	1
E	B, C	3
F	없음	10
G	A, D, E, F	2

학습포인트

5 | 최소비용에 의한 공기단축

•공기단축의 최소비용이론, 공기단축순서에 대한 내용, 데이터를 이용해 공정표를 작성하고 공기단축상태에서 총 공사비산출 등의 문제가 최근 출제되고 있다.

1 공기단축의 의의

정상적인 계획에 의해 수립된 공기가 지정공기보다 긴 경우나 작업진행 도중 지연으로 총 공기의 연장이 예상되는 경우 공기단축이 불가피하게 된다.
이때 공기 단축을 위해 공비의 증가없이 총공기를 단축할 수 있는지 여부를 먼저 검토하고 비용이 추가로 소요될 때는 최소의 경비로 단축될 수 있도록 한다.

2 최소비용이론(MCX)에 의한 공기단축의 예

① 최소비용 : 전체 공정표에서 최소의 비용으로 직접비를 단축하는 경로를 찾는 것을 의미한다.
② 공기단축의 예시
㉮ 단축경로가 단일경로일 경우

① —A 5→ ② —B 5→ ③

A와 B중 단축시 추가비용이 작은 것부터 단축한다.

㉯ 단축경로가 병행작업인 경우

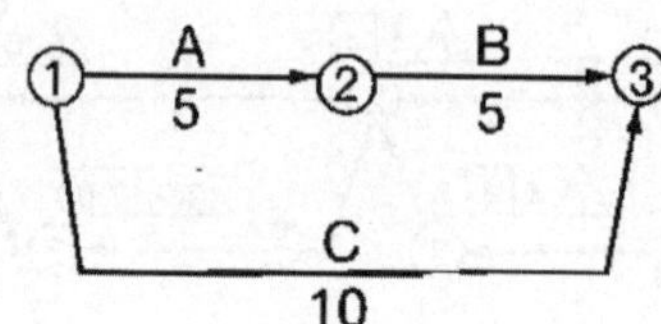

A와 C 또는 B와 C가 동시에 단축되어야 하므로 단축하였을 때 추가비용이 최소인 것부터 단축한다.

㉰ 단축경로가 병행작업으로 공기가 다른 경우

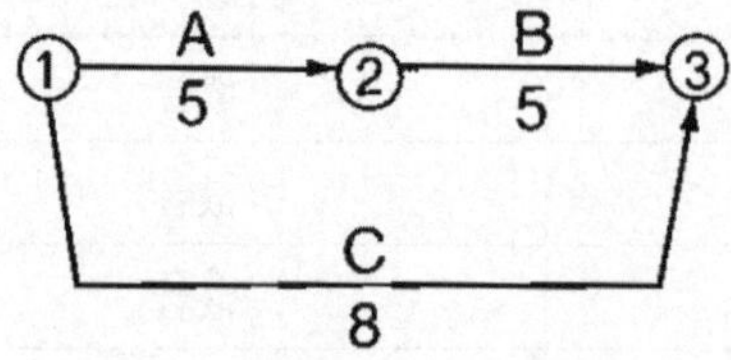

A, B 경로의 공기는 10일, C의 경로는 8일이므로 공기를 단축한다면 C는 단축대상이 아니다.
따라서 A와 B의 경로에서 최소비용으로 먼저 단축시킨다.
예를들어 3일을 단축시킨다면 A, B 경로에서 최소비용으로 먼저 단축시키고, A와 C 또는 B와 C 중 최소비용을 찾는다.

㉣ 단축경로가 병행경로와 단일경로가 혼합되어 있을 때

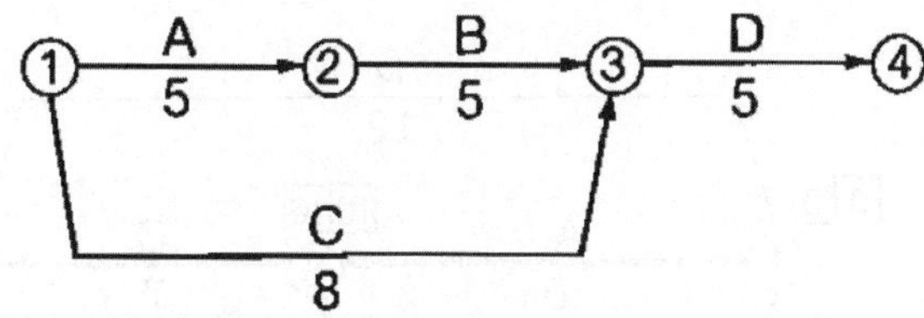

ABD는 공기가 15일 이고 CD경로는 13일 된다.

공기를 2일 이내로 단축한다면 ABD 경로만 고려하면 된다.

공기를 3일 이내로 단축한다면 ABD 경로에서 3일, CD 경로에서 1일을 단축해야한다. 단 D에서 단축비용이 최소가 된다면 CD 경로는 12일 되어 단축경로가 아니므로 나머지 단축도 계속 ABD 경로에서만 최소비용으로 해주면 된다.

3 공기단축순서

① 주공정선(CP)를 구한다. → 공기단축은 주공정선상의 작업들을 대상으로 실시한다.

② 각 작업별 단축 가능한 일수와 비용구배를 구한다.

㉮ 공기단축가능일수 = 표준공기 − 특급공기

㉯ 비용구배 $= \dfrac{\text{특급비용} - \text{표준비용}}{\text{표준공기} - \text{특급공기}}$

③ CP상 작업 중 비용구배가 최소인 작업을 우선하여 단축해 나간다.

④ 이때 Sub-path 상의 여유에 주의한다.

⑤ Sub-path가 CP가 되면 CP 모두에 대하여 단축을 고려한다.

예 제 1

다음의 네트워크 공정표에서 최소비용으로 공기를 5일간 단축할 때 추가비용을 구하시오.

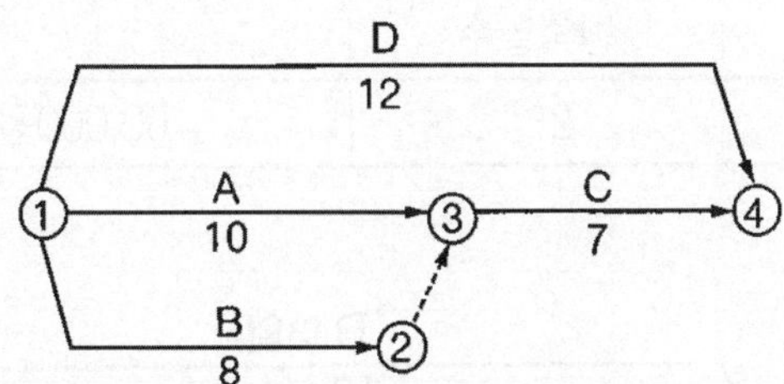

작업명	표준		특급		단축가능 일수	비용구배 (만원/ 일)
	소요일수	비용(만원)	소요일수	비용(만원)		
A	10	56	6	80	4	6
B	8	35	6	49	2	7
C	7	70	5	90	2	10
D	10	30	6	46	4	4

① 일정계산을 통해 주공정선(CP)를 구한다.

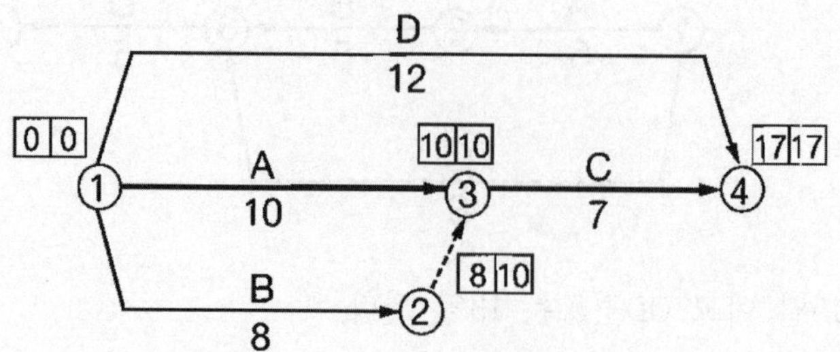

CP는 A → C 작업이 된다.

② 각 작업별 단축 가능한 일수와 비용구배를 구한다.
공정표상에 단축가능 일수와 비용구배를 기입해 둔다.

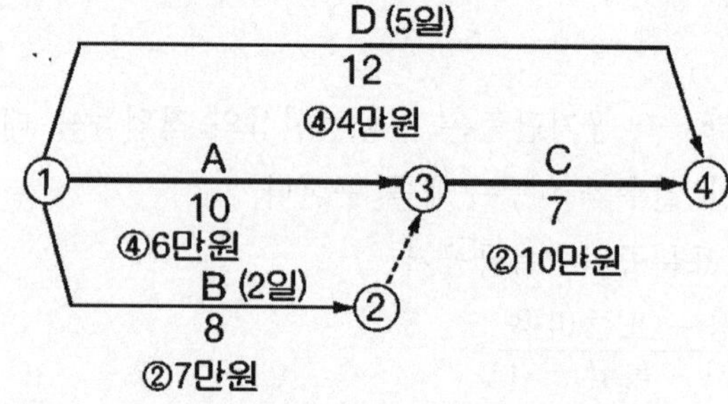

③ 각 작업별 단축 가능한 일수와 비용구배를 구한다.
A → C 작업이 CP상의 작업이므로 우선단축대상이며, 이중 비용구배가 적은 A작업을 우선 해서 단축한다.

⑤ 이때 Sub-path상의 여유에 주의한다.

- 1단계 단축공정표

단축대상작업	단축일수	추가비용
A작업	2일	60,000원×2일 = 120,000원

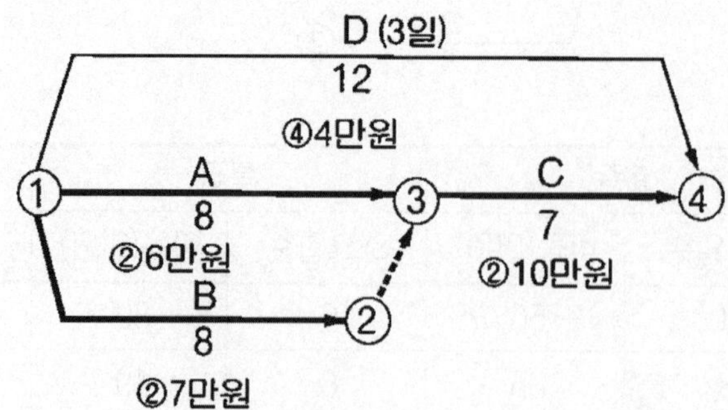

해설 ① A작업에서 2일을 단축하면 B작업도 CP가된다.
② A작업에서 2일을 단축한 후 공정표의 각 작업은 다음과 같이 바뀐다.

A작업	·소요일수 = 10일 – 2일 단축 = 8일 ·단축가능일수 = 4 – 2일단축 = 2일
B작업	여유 = 2일 – 2일단축 = 0 → 새로이 CP가 됨
C작업	변화없음
D작업	여유 = 5일 – 2일단축(A) = 3일 → 아직 여유가 남아있으므로 CP가 아님

• 2단계 단축공정표

단축대상작업	단축일수	추가비용
C작업	2일	100,000원×2일 = 200,000원

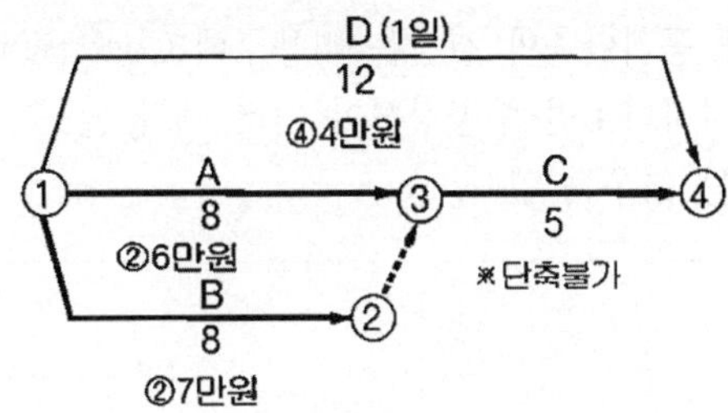

해설 1일을 더 단축하려면 CP상의 작업 중 단축대상 작업은 A, B 작업 이다.
① 3단계 단축

단축대상작업	단축일수	추가비용
A, B 작업	1일	130,000원×1일 = 130,000원

② 추가공사비 산출과 5일 단축된 공정표
• 추가공사비산출

단계	단축대상작업	단축일수	추가비용
1	A작업	2	60,000원×2일 = 120,000원
2	C작업	2	100,000원×2일 = 200,000원
3	A, B 작업	1	130,000원×1일 = 130,000원
5일 단축시 총 추가비용			450,000원

• 5일 단축된 공정표

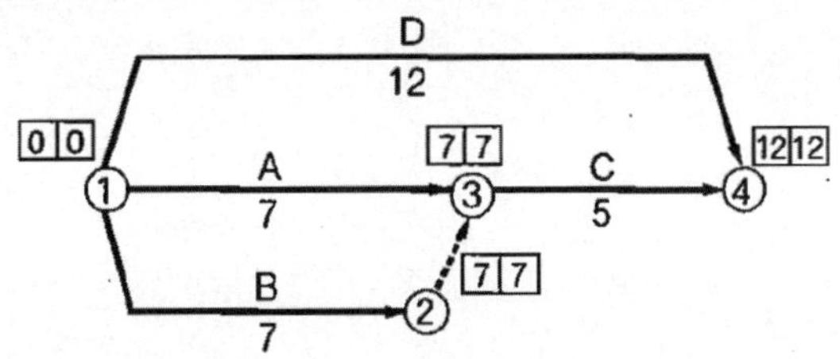

예 제 2

다음 네트워크 공정표에서 공기단축에 관한 설명 중 틀린 것을 모두 골라 번호를 표시하시오.

㉮ 최초의 공기단축은 반드시 주공정선에서부터 단축하여야한다.

㉯ 여러작업 중 공기단축의 결정은 비용구배(Cost Slope)가 최대인 것에서부터 실시한다.

㉰ 한 개의 작업이 공기단축 할 수 있는 범위는 급속시간(Crash Time)보다 더 작게 하여서는 안된다.

㉱ 급속시간 조건을 만족시키는 조건에서 하나의 작업이 최대한의 공기단축 가능한 시간은 주공정선이 그대로 존재하거나 혹은 주공정선이 아닌 작업에서 주공정선이 병행하여 발생한 그 시점까지이다.

㉲ 요구된 공기단축이 완료된 최종공정표에서의 주공정선은 최초의 주공정선과 달라져야만 한다.

정답 ㉯, ㉲

해설 바르게 고치면

㉯ → 여러 작업 중 공기단축의 결정은 비용구배(Cost Slope)가 최소인 것부터 실시한다.

㉲ → 공기단축을 다하다보면 주공정선이 여러 개가 될 수 있으나 최초의 주공정선이 주공정선에서 제외되는 경우는 없다.

예 제 3

공기단축기법에서 MCX(Minimum Cost eXpeding)기법의 순서를 보기에서 골라 기초로 쓰시오.

<보기>

㉮ 우선 비용구배가 최소인 작업을 단축한다.

㉯ 보조주공정선의 발생을 확인한다.

㉰ 단축한계까지 단축한다.

㉱ 단축가능한 작업이어야 한다.

㉲ 주공정선상의 작업을 선택한다.

㉳ 보조주공정선의 동시단축 경로를 고려한다.

㉴ 앞의 순서를 반복 시행한다.

정답 ㉲ → ㉱ → ㉮ → ㉰ → ㉯ → ㉳ → ㉴

예 제 4

다음 데이터를 이용하여 3일 공기단축한 네트워크 공정표를 작성하고 공기단축된 상태의 총공사비용을 산출하시오.

<table>
<tr><th>작업명</th><th>작업일수</th><th>선행작업</th><th>비용구배</th><th>비고</th></tr>
<tr><td>A</td><td>3</td><td>없음</td><td>5,000</td><td rowspan="6">1. 공기단축된 각 작업의 일정은 다음과 같이 표기하고 결합점 번호는 원칙에 따라 구하시오.
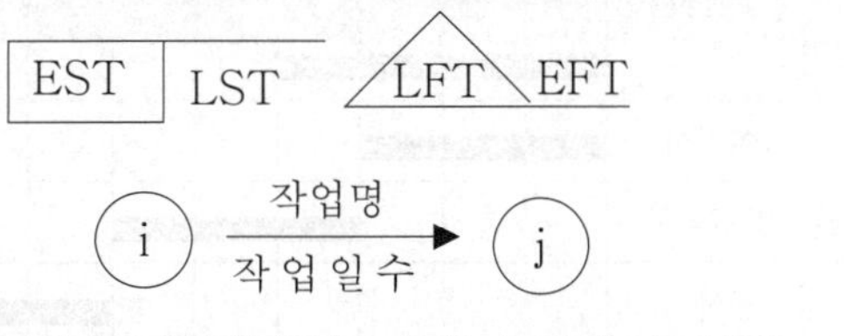

2. 공기단축은 작업일수의 1/2을 초과할 수 없다.
3. 표준공기시 총공사비는 2,500,000원이다.</td></tr>
<tr><td>B</td><td>2</td><td>없음</td><td>1,000</td></tr>
<tr><td>C</td><td>1</td><td>없음</td><td>1,000</td></tr>
<tr><td>D</td><td>4</td><td>A, B, C</td><td>4,000</td></tr>
<tr><td>E</td><td>6</td><td>B, C</td><td>3,000</td></tr>
<tr><td>F</td><td>5</td><td>C</td><td>5,000</td></tr>
</table>

정 답 ① 3일 단축된 네트워크 공정표

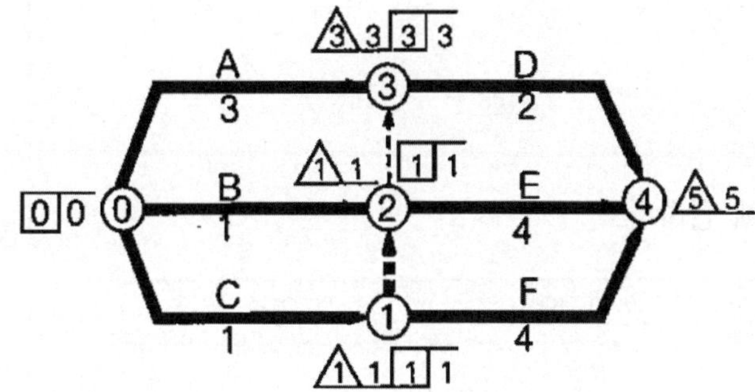

② 총공사비 = 표준공사비 + 추가공사비 = 2,500,000 + 20,000 = 2,520,000원

• 추가공사비

단축작업	단축일수	추가공사비
B	1일	1,000원
D, E	1일	7,000원
D, E, F	1일	12,000원

기출 및 예상문제

정 답

1. 아래 그림은 어느 조경공사의 바챠트(bar chart)공정표이다. 이공정표를 네트워크(net work)공정표로 바꿔 작성하시오. (단, 불필요한 곳에는 더미(dummy)를 사용하시오) (5점)

작업일수 / 작업명	1	2	3	4	5	6	7	8	9	10	11	12	13
기반시설공사													
자연석쌓기공사													
정지공사													
수목식재공사													
잔디식재공사													

정답

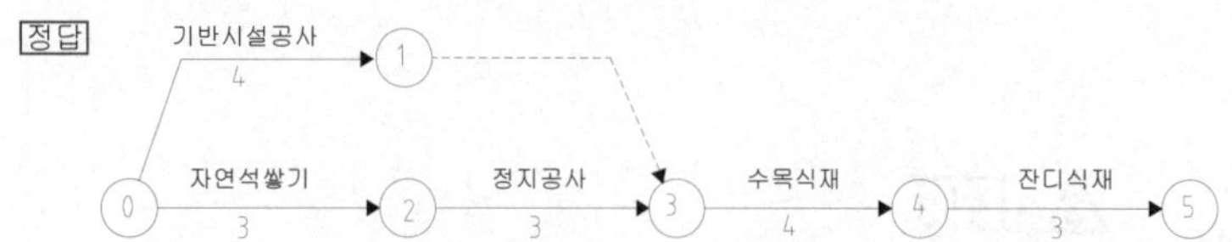

2. 아래 표를 보고 물음에 답하시오.

작업	선행작업	일수
A	없음	5
B	없음	2
C	없음	4
D	A, B, C	3
E	A, B, C	4

(1) 작업 최대일수는?

(2) EST, EFT, LST, LFT가 나타나는 네트워크 공정표를 작성하시오.

(3) 작업 여유시간(TF, FF, DF, CP)을 구하시오.

정답 **2**

(1) 작업 최대일수 : 9일

(2) 네트워크 공정표 작성

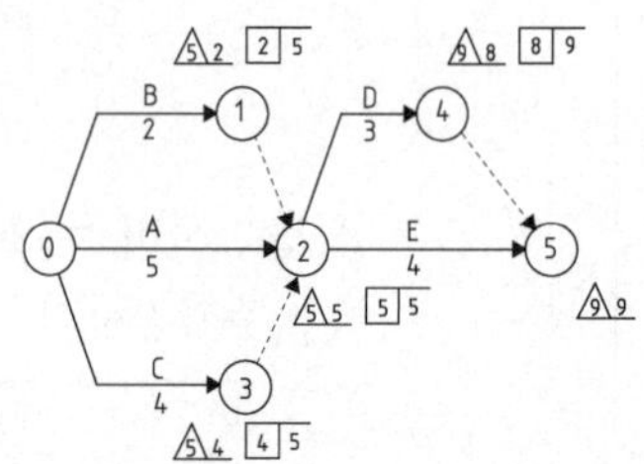

(3) 작업여유시간

작업	TF	FF	DF	CP
A	0	0	0	*
B	3	3	0	
C	1	1	0	
D	1	1	0	
E	0	0	0	*

정 답

3. 다음의 작업표를 보고 네트워크 공정표를 작성하고 CP를 나타내시오.

작업명	작업일수	선행작업
준비공사	10	–
벌개·제근공사	12	준비공사
수목이식공사	11	준비공사
정지공사	13	준비공사
배수공사	14	벌개·제근공사
구조물공사	10	벌개·제근공사, 수목이식공사
시설물공사	12	정지공사
포장공사	13	배수공사, 구조물공사, 시설물공사
식재공사	11	시설물공사
마무리공사	9	포장공사, 식재공사

정답

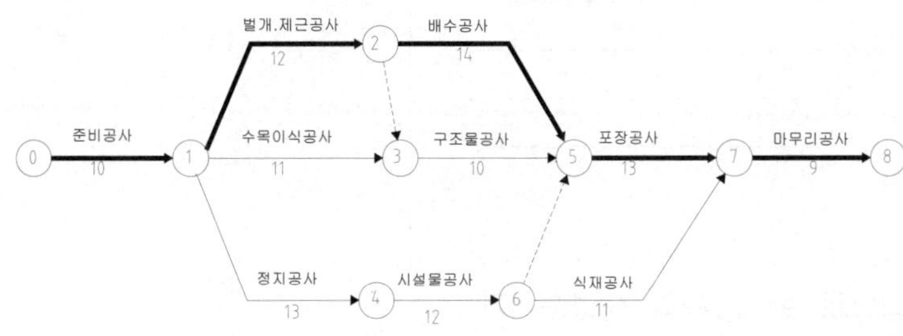

4. 다음 데이터를 네트워크 공정표로 작성하고, 각 작업의 여유시간을 구하시오.

<table>
<tr><th>작업명</th><th>작업일수</th><th>선행작업</th><th>비 고</th></tr>
<tr><td>A</td><td>2</td><td>없음</td><td rowspan="6">결합점에서는 다음과 같이 표시한다.
EST LST
LFT EFT
i 작업명 작업일수 j
주공정선은 굵은선으로 표시하시오.</td></tr>
<tr><td>B</td><td>3</td><td>없음</td></tr>
<tr><td>C</td><td>5</td><td>없음</td></tr>
<tr><td>D</td><td>4</td><td>없음</td></tr>
<tr><td>E</td><td>7</td><td>A,B,C</td></tr>
<tr><td>F</td><td>4</td><td>B,C,D</td></tr>
</table>

정답

정답

① 공정표 작성

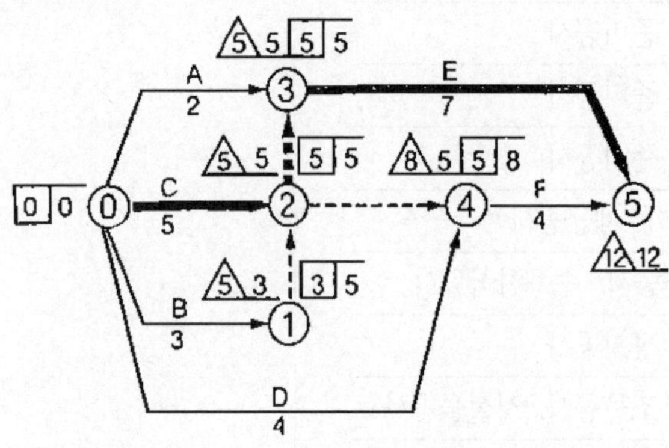

② 여유시간

작업명	TF	FF	DF	CP
A	3	3	0	
B	2	2	0	
C	0	0	0	*
D	4	1	3	
E	0	0	0	*
F	3	3	0	

5. 다음표와 같이 A~G의 일곱가지 작업으로 된 공사의 작업순서가 있을 때 애로우 다이어그램(Arrow diagram)을 작성하시오.

작업명	선행작업	후속작업	비 고
A	없음	B,C,D	예) ① ──activity──▶ ②
B	A	E,F	
C	A	F	
D	A	G	
E	B	G	
F	B,C	G	
G	D,E,F	없음	

정답

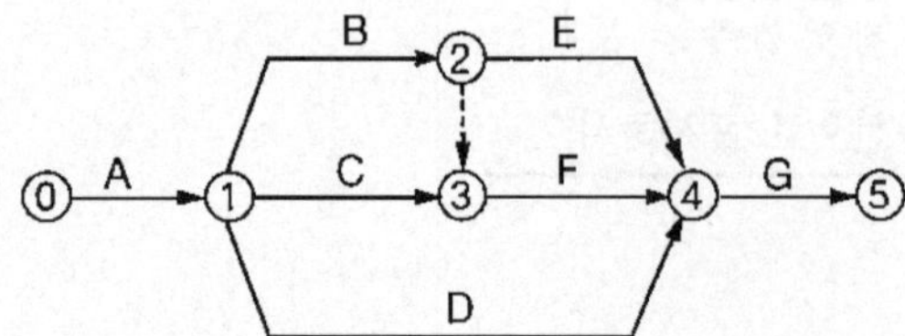

정 답

6. 다음 데이터를 네트워크로 작성하고, PERT 기법으로 각 결합점 시간을 계산하며, CPM 기법으로 각 작업 여유시간을 계산하시오.

작업명	작업일수	선행작업	비 고
A	4	없음	단, 공정표의 표현은 다음과 같이 한다. ET LT ET LT ⓘ 작업명 / 작업일수 (TF) FF (DF) ⓙ 주공정선은 굵은 선으로 표시하며, 결합점 번호는 작성원칙에 따라 부여한다. 더미의 여유시간은 계산하지 않는다.
B	2	없음	
C	4	없음	
D	2	없음	
E	7	C,D	
F	8	A,B,C,D	
G	10	A,B,C,D	
H	5	E,F	

정답

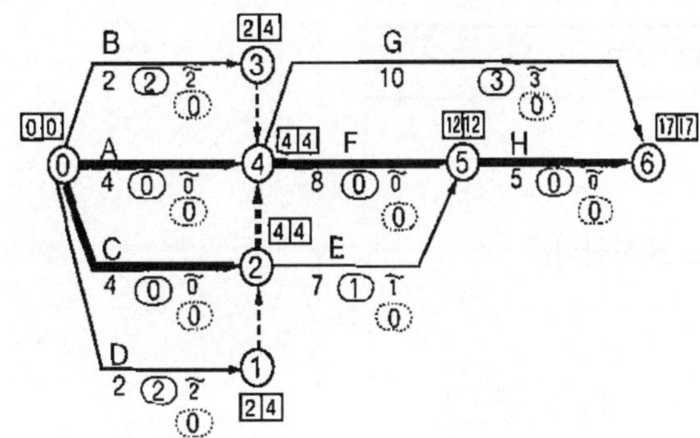

7. 다음 데이터를 네트워크 공정표로 작성하시오.

작업명	작업일수	선행작업	비 고
A	5	없음	주공정선은 굵은 선으로 표시한다. 각 결합점 일정계산은 PERT 기법에 의거 다음과 같이 계산한다. ET LT 작업명 / 공사일수 → ⓘ → 작업명 / 공사일수 단, 결합점 번호는 규정에 따라 기입한다.
B	2	없음	
C	4	없음	
D	5	A,B,C	
E	3	A,B,C	
F	2	A,B,C	
G	2	D,E	
H	5	D,E,F	
I	4	D,F	

정 답

정답

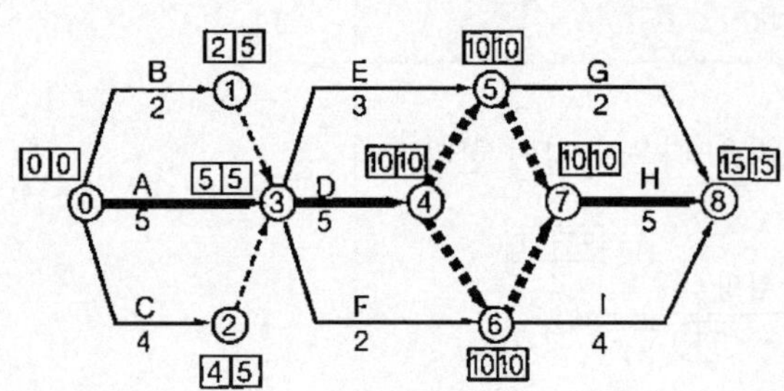

8. 다음 작업리스트에서 네트워크 공정표를 작성하고, 각 작업의 여유 시간을 구하시오.

작업명	작업일수	선행작업	비 고
A	4	없음	
B	6	A	
C	5	A	CP는 굵은 선으로 표시한다.
D	4	A	
E	3	B	EST LST LFT EFT
F	7	B,C,D	
G	8	D	i 작업명 작업일수 j
H	6	E	
I	5	E,F	
J	8	E,F,G	
K	6	H,I,J	

정답

① 공정표 작성

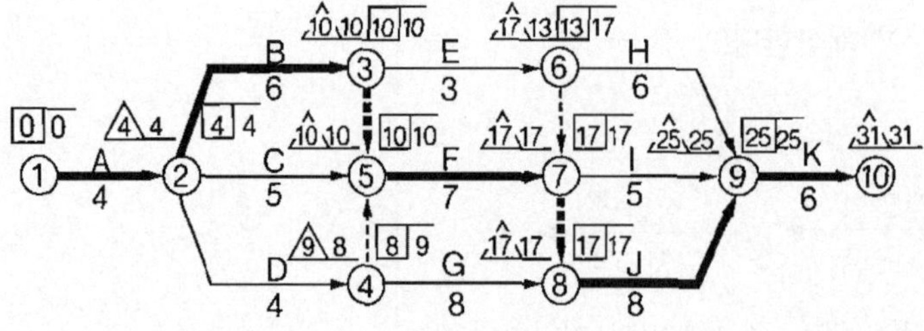

② 여유시간계산

작업명	TF	FF	DF	CP
A	0	0	0	*
B	0	0	0	*
C	1	1	0	
D	1	0	1	
E	4	0	4	
F	0	0	0	*
G	1	1	0	
H	6	6	0	
I	3	3	0	
J	0	0	0	*
K	0	0	0	*

9. 다음 데이터를 보고 물음에 답하시오.

작업명	선행작업	공기	비 고
A	없음	5	주공정선은 굵은선으로 표시한다. 각 결합점 일정계산은 PERT 기법에 의해 다음과 같이 계산한다. (ET LT / 작업명 / 작업일수 / j)
B	없음	7	
C	없음	3	
D	A, B	4	
E	A, B	8	
F	B, C	6	
G	B, C	5	

(1) 최대작업일수 : __________일

(2) 공정표 작성

(3) 여유시간 계산(주공정선은 CP에 표시)

작업명	TF	FF	DF	CP
A				
B				
C				
D				
E				
F				
G				

정 답

정답 9

(1) 최대작업일수 : 15일

(2) 공정표 작성

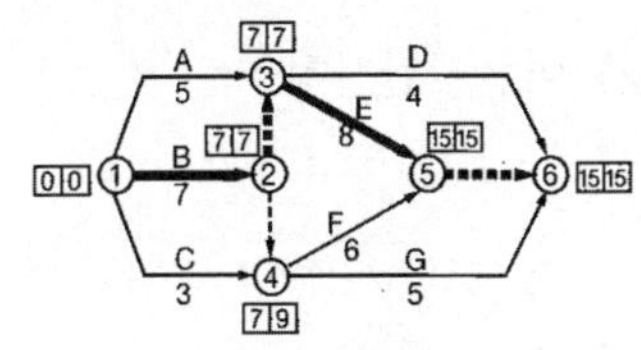

(3) 여유시간 계산
(주공정선은 CP에 표시)

작업명	TF	FF	DF	CP
A	2	2	0	
B	0	0	0	*
C	6	4	2	
D	4	4	0	
E	0	0	0	*
F	2	2	0	
G	3	3	0	

10. 다음 데이터를 네트워크 공정표로 작성하고, 각 작업의 여유시간을 구하시오.

작업명	작업일수	선행작업	비 고
A	6	없음	1.결합점에서는 다음과 같이 표시한다. EST LST LFT EFT i 작업명 작업일수 j 2. 주공정선은 굵은선으로 표시하시오.
B	4	없음	
C	3	없음	
D	3	B	
E	6	A, B	
F	5	A, C	

(1) 네트워크공정표작성

(2) 여유시간산정

11. 다음 데이터를 네트워크 공정표로 작성하고, 각 작업의 여유시간을 구하시오.

작업명	작업일수	선행작업	비고
A	2	없음	1. 결합점에서는 다음과 같이 표시한다. EST LST LFT EFT i 작업명 작업일수 j 2. 주공정선은 굵은선으로 표시하시오.
B	3	없음	
C	5	없음	
D	4	없음	
E	7	A, B, C	
F	4	B, C, D	

(1) 네트워크공정표작성

(2) 여유시간산정

정 답

정답 10

(1) 네트워크 공정표 작성

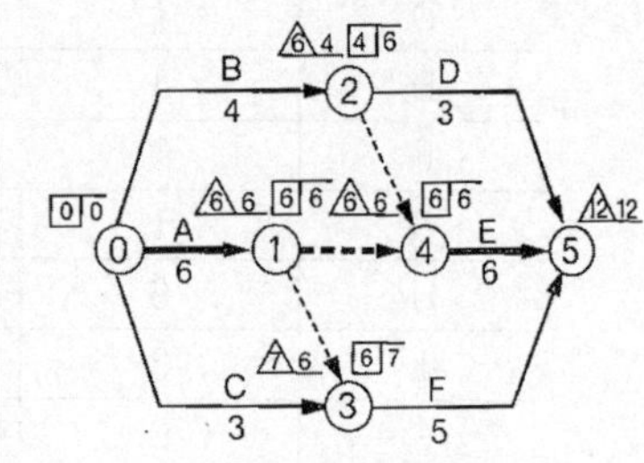

(2) 여유시간산정

작업명	TF	FF	DF	CP
A	0	0	0	*
B	2	0	2	
C	4	3	1	
D	5	5	0	
E	0	0	0	*
F	1	1	0	

정답 11

(1) 네트워크 공정표작성

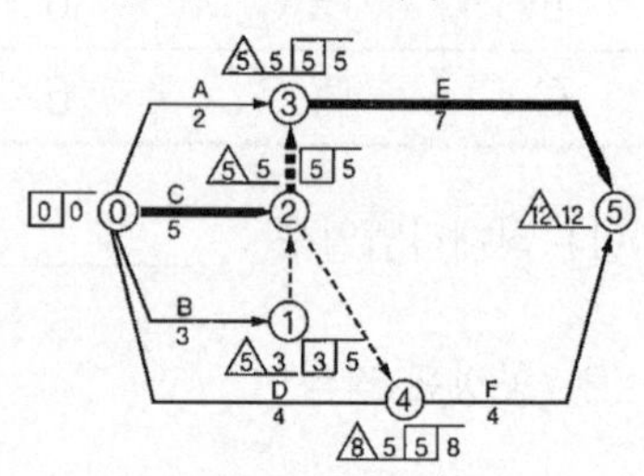

(2) 여유시간산정

작업명	TF	FF	DF	CP
A	3	3	0	
B	2	2	0	
C	0	0	0	*
D	4	1	3	
E	0	0	0	*
F	3	3	0	

정 답

12. 다음 데이터를 네트워크 공정표로 작성하고 각 작업의 여유시간을 구하시오. 또한 이를 횡선식 공정표(Bar Chart)로 전환하시오.

작업	작업일수	선행작업	비 고
A	없음	5	EST LST LFT EFT i 작업명 / 작업일수 → j 로 표기하고 주공정선은 굵은선으로 표시하시오. 단, Bar Chart로 전환하는 경우 ▬ 작업일수, ▭ FF, ⬚ DF로 표기
B	없음	6	
C	A	5	
D	A, B	2	
E	A	3	
F	C, E	4	
G	D	2	
H	G, F	3	

(1) 네트워크공정표작성

(2) 여유시간산정

(3) 횡선식공정표 작성

정답

(1) 네트워크공정표작성

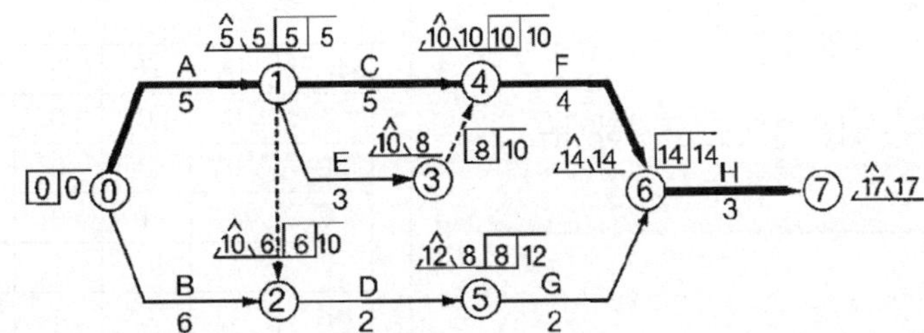

(2) 여유시간

작업명	TF	FF	DF	CP
A	0	0	0	*
B	4	0	4	
C	0	0	0	*
D	4	0	4	
E	2	2	0	
F	0	0	0	*
G	4	4	0	
H	0	0	0	*

(3) 횡선식 공정표작성

작업＼일수	1	2	3	4	5	6	7	8	9	10	11	12	13	14	15	16	17
A	■	■	■	■	■												
B	■	■	■	■	■	■	┈	┈	┈	┈							
C						■	■	■	■	■							
D							■	■	┈	┈	┈	┈					
E						■	■	■	┈	┈							
F											■	■	■	■			
G									■	■	┈	┈	┈	┈			
H															■	■	■

13. 다음의 작업리스트를 보고 물음에 답하시오.

작업명	작업일수	선행작업	비고
A	4	없음	1. 결합점에서는 그림과 같이 표기한다.
B	6	A	EST / LST / LFT / EFT
C	5	A	ⓘ —작업명 / 작업일수→ ⓙ
D	4	A	
E	3	B	
F	7	B, C, D	
G	8	D	
H	6	E	2. 주공정선은 굵은선으로 표시하시오.
I	5	E, G	
J	8	E, F, G	
K	6	H, I, J	

(1) C.P는 몇 일인가?

(2) 네트워크공정표를 작성하시오.

(3) 여유시간을 계산하고 CP를 표시하시오.

작업명	TF	FF	DF	CP
A				
B				
C				
D				
E				
F				
G				
H				
I				
J				
K				

정 답

정답 **13**

(1) C.P는 몇 일인가? : 31일

(2) 네트워크공정표를 작성하시오.

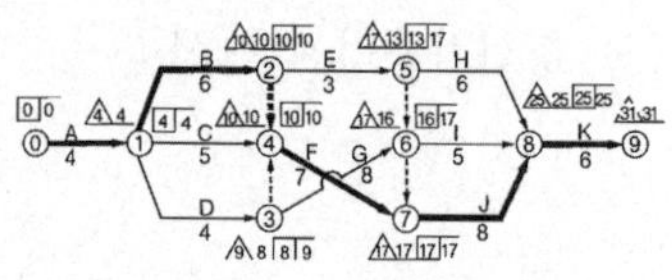

(3) 여유시간을 계산하고 CP를 표시하시오.

작업명	TF	FF	DF	CP
A	0	0	0	*
B	0	0	0	*
C	1	1	0	
D	1	0	1	
E	4	0	4	
F	0	0	0	*
G	1	0	1	
H	6	6	0	
I	4	4	0	
J	0	0	0	*
K	0	0	0	*

14. 다음 데이터를 네트워크 공정표로 작성하고, 각 작업의 여유시간을 구하시오.

작업	선행작업	소요일수	비 고
A	없음	3	1. 결합점에서는 그림과 같이 표기한다. EST LST LFT EFT i —작업명 / 작업일수→ j 2. 주공정선은 굵은선으로 표시하시오.
B	없음	4	
C	없음	5	
D	A, B	6	
E	B	7	
F	D	4	
G	D, E	5	
H	C, F, G	6	
I	F, G	7	

(1) 네트워크공정표작성

(2) 여유시간산정

15. 다음 데이터를 네트워크 공정표로 작성하고, 4일의 공기를 단축한 최종 상태의 총공사비를 산출하시오. (단, 최초 작성 네트워크 공정표에서 크리트컬 패스는 굵은선으로 표시하고 결합점 시간은 다음과 같이 표시한다.)

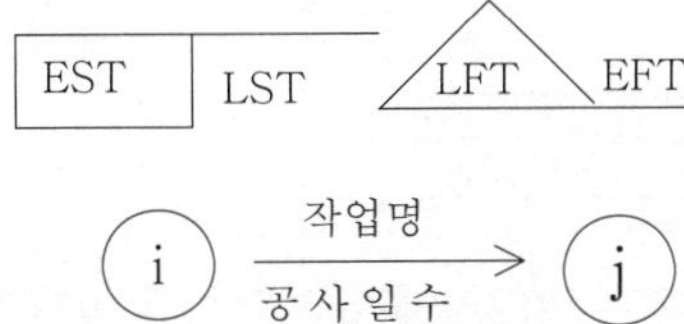

작업명	선행작업	표준(normal)		급속(crash)	
		소요일수	공사비	소요일수	공사비
A	없음	3일	70,000	2일	130,000
B	없음	4일	60,000	2일	80,000
C	A	4일	50,000	3일	90,000
D	A	6일	90,000	3일	120,000
E	A	5일	70,000	3일	140,000
F	B, C, D	3일	80,000	2일	120,000

(1) 네트워크공정표

(2) 단축된 상태의 공사비

정 답

정답 **14**

(1) 공정표작성

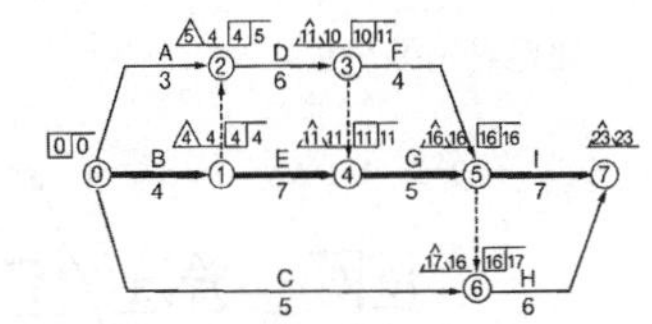

(2) 여유시간계산

작업명	TF	FF	DF	CP
A	2	1	1	
B	0	0	0	*
C	12	11	1	
D	1	0	1	
E	0	0	0	*
F	2	2	0	
G	0	0	0	*
H	1	1	0	
I	0	0	0	*

정 답

정답

(1) 네트워크공정표

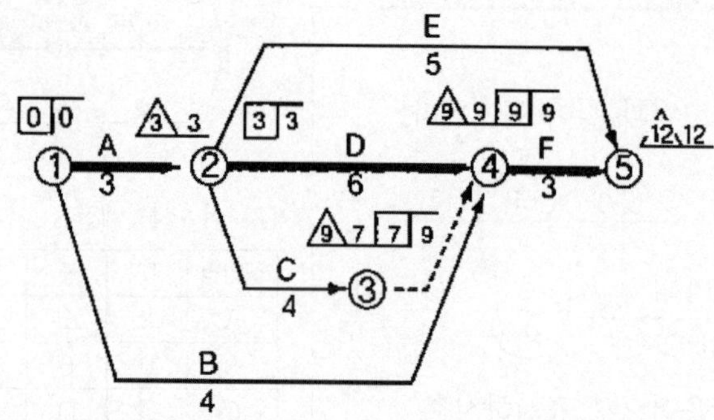

(2) 단축된 상태의 공사비

단계	단축대상작업	단축일수	추가공사비
1	D	2	10,000×2일 = 20,000원
2	F	1	40,000×1일 = 40,000원
3	D+C	1	50,000×1일 = 50,000원

총공사비 = 표준공사비 + 추가공사비
= 420,000 + 110,000 = 530,000원

16. 다음 데이터로 물음에 답하시오.

작업명	선행작업	작업일수	비 고
A	없음	3	주공정선은 굵은선으로 표기하고 각 결합점 일정계산은 PERT 기법에 의거하여 다음과 같이 계산한다. ET LT 작업명 → j 작업명 작업일수 작업일수
B	없음	6	
C	A, B	2	
D	A, B	1	
E	D	2	
F	C, E	2	
G	F	2	
H	C, E	5	
I	G, H	1	

(1) 네트워크 공정표작성

(2) 최장기일(C.P) ________일

정 답

정답

(1) 네트워크 공정표작성

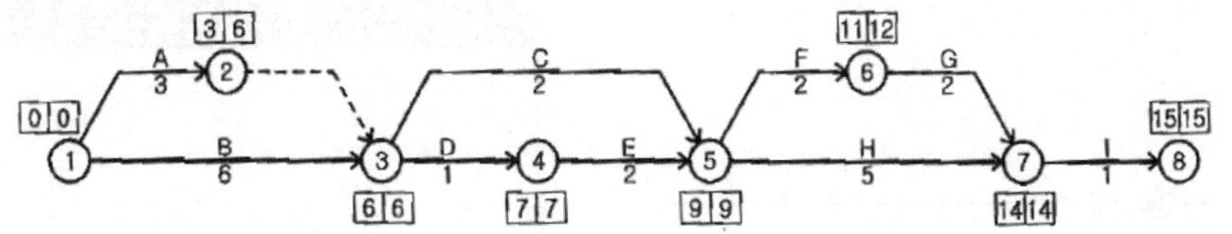

(2) 최장기일(CP) 15 일

17. 다음 네트워크 공정표를 보고 최조(最早)착수일(TE)과 최지(最遲)착수일(TL)을 구하시오. (주공정선은 굵은선으로 표시하시오.) (4점)

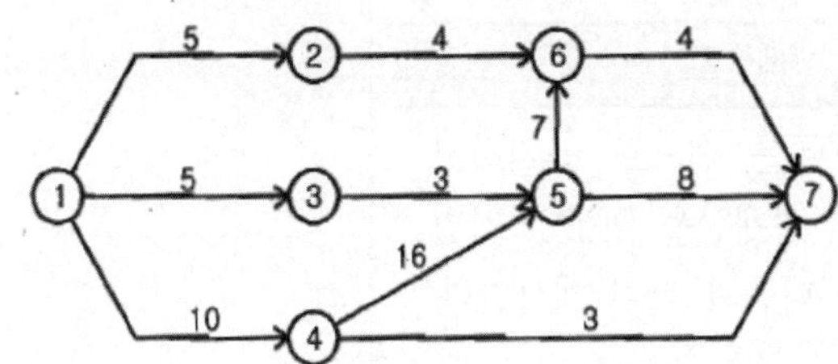

정답

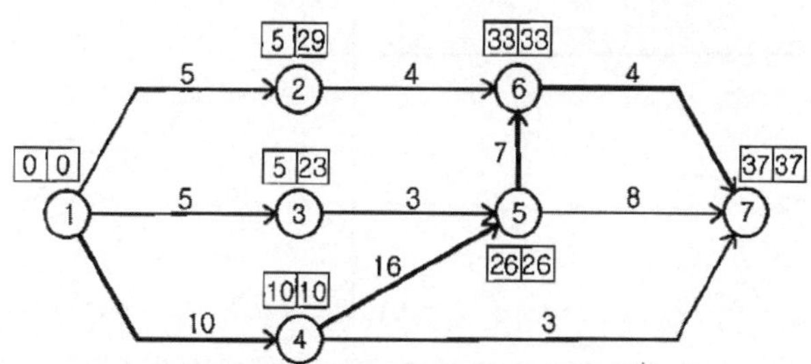

18. 다음의 작업리스트를 보고 물음에 답하시오.

작업명	A	B	C	D	E	F	G	H	I	J	K	L	M	N	O	P	Q
선행작업	–	–	A, B	A, B	A, B	E	C, F	C, F	C, F	G, H, I	J	J	C, D, F	M	K, L	O	N
소요일수	5	3	2	3	2	2	3	2	2	7	3	4	4	3	3	2	5

(1) C.P ____________일

(2) 네트워크공정표작성(단, CP는 굵은 선으로 표시하고 EST, EFT, LST, LFT는 생략한다.)

정 답

정답

(1) C.P 28 일
(2) 네트워크공정표작성

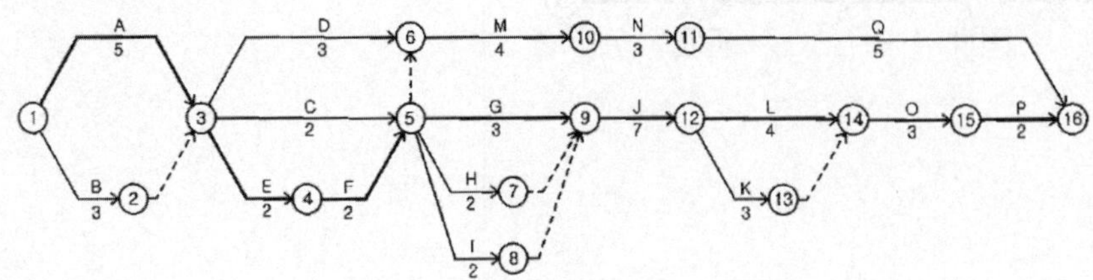

19. 다음의 데이터를 이용하여 네트워크 공정표로 작성하시오.

<table>
<tr><th>작업명</th><th>선행작업</th><th>작업일수</th><th>공사비</th><th>비 고</th></tr>
<tr><td>A</td><td>없음</td><td>3</td><td>70,000</td><td rowspan="6">주공정선은 굵은 선으로 표기하고 각 결합점 일정계산을 PERT 기법에 의거하여 다음과 같이 계산한다.
EST LST LFT EFT
i 작업명 작업일수 j</td></tr>
<tr><td>B</td><td>없음</td><td>4</td><td>60,000</td></tr>
<tr><td>C</td><td>A</td><td>4</td><td>50,000</td></tr>
<tr><td>D</td><td>A</td><td>6</td><td>90,000</td></tr>
<tr><td>E</td><td>A</td><td>5</td><td>70,000</td></tr>
<tr><td>F</td><td>B, C, D</td><td>3</td><td>80,000</td></tr>
</table>

(1) 네트워크공정표를 작성

(2) 공사비산출

① 계산식

② 정답

(3) 최대작업일수를 구하시오.

정답

(1) 네트워크 공정표작성

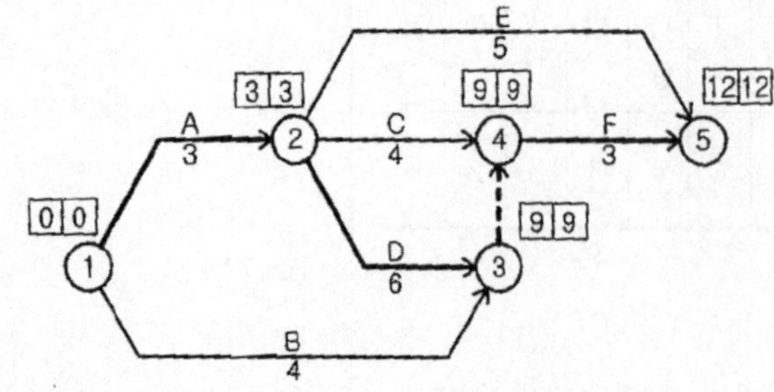

(2) 공사비산출
① 계산식 70,000+60,000+50,000+90,000+70,000+80,000=420,000
② 정 답 420,000원
(3) 최대 작업일수(C.P) : 12 일

03 식재공사

1 | 수목식재 공사개요

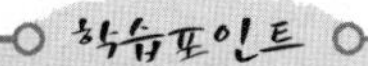

•잔디식재의 떼심기의 종류와 떼심는 방법에 대한 내용을 알아두도록 한다.

1 수목품질 및 규격

1. 수목의 품질

① 상록교목은 수간이 곧고 초두가 손상되지 않은 것으로 가지가 고루 발달하고 목질화되지 않는 다년생 신초를 제외한 수고가 지정수고 이상이어야 한다.

② 상록관목은 지엽이 치밀하여 수관에 큰 공극이 없으며, 수형이 잘 정돈된 것이어야 한다.

③ 낙엽교목은 주간이 곧으며, 근원부에 비해 수간이 급격히 가늘어지지 않은 것으로 가지가 도장되지 않고 고루 발달한 것이어야 한다.

④ 낙엽관목은 지엽이 충실하게 발달하고 합본되지 않은 것으로 지정 수고 이상이어야 한다.

2. 수목 측정 지표

수목의 형상별로 구분하여 측정하며, 규격의 증감 한도는 설계상 규격의 ±10% 이내로 한다.

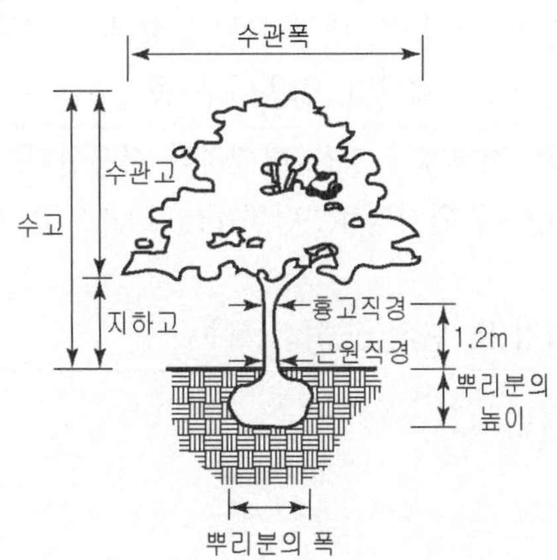

구분	내용
수 고	H : height, 단위 : m •지표면에서 수관 정상까지의 수직 거리를 말하며, 도장지(웃자람가지)는 제외한다. •관목의 경우 수고보다 수관폭 또는 줄기의 길이가 더 클 때 그 크기를 나무 크기로 본다.
수관폭	W : width, 단위 : m •수관 양단의 직선거리를 측정하는 것으로 타원형의 수관을 최소폭과 최대폭을 합하여 평균한 것을 채택한다. 도장지는 제외한다.

근원직경	R : Root, 단위 : cm •지표부위의 수간의 직경을 측정한다. •측정부가 원형이 아닌 경우 최대치와 최소치를 합하여 평균값을 채택한다.
흉고직경	B : Breast, 단위 : cm •지표면에서 1.2m 부위의 수간의 직경을 측정한다. •쌍간일 경우에는 각간 흉고 직경을 합한 값의 70%가 수목의 최대 흉고 직경치보다 클 때에는 이를 채택하며, 작을 때는 각간의 흉고직경 중 최대치를 채택한다.
지하고	C : Canopy, 단위 : m •수간 최하단부에서 지표의 수간까지의 수직높이를 말한다. •가로수나 녹음수는 적당한 지하고를 지녀야 한다.
주립수	S : Stock, 단위 : 지(枝) •근원부로부터 줄기가 여러 갈래로 갈라져 나오는 수종은 줄기의 수를 정한다.
잔 디	단위 : m^2, 매 •가로와 세로의 크기를 일정한 규격을 정하여 표시하며, 평떼일 경우 흙두께를 표시한다.

3. 수목규격표시

교목성수목	수고와 흉고 직경, 근원 직경, 수관 폭을 병행하여 사용한다. •수고(H)×수관 폭(W) : 전나무, 잣나무, 독일가문비 등 •수고(H)×수관 폭(W)×근원직경(R) : 소나무(수목의 조형미가 중시되는 수종) •수고(H)×근원직경(R) : 목련, 느티나무, 모과나무, 감나무 등 •수고(H)×흉고직경(B) : 플라타너스, 왕벗나무, 은행나무, 튤립나무, 메타세쿼이아, 자작나무 등
관목성 수목	•수고(H)×수관폭(W) : 철쭉, 병꽃나무, 눈향나무, 등 •수고(H)×수립수(지) : 개나리, 쥐똥나무 등
기타	•묘목 : 간장과 근원직경에 근장을 병행하여 사용한다. 간장(H, 단위 cm)×근원직경(R, 단위 cm)×근장(R, 단위 cm) •만경목 수고(H)×근원직경(R, 단위 cm) : 등나무 등

2 수목공사 과정

1. 수목이식공사

① 이식 : 수목을 현재 위치에서 다른 장소로 옮겨 심는 작업을 말한다. 가급적 뿌리에 많은 흙이 붙여져 옮겨져야 안전하다.

㉮ 뿌리분의 크기

- 수목의 근원 직경의 크기에 따라 비례한다.
- 분의 지름은 근원직경의 4배를 원칙으로 하며, 수종별 특성에 따라 조절할 수 있다.
- 뿌리돌림 된 수목의 경우에는 뿌리돌림 할 때의 분보다 다소 크게 하여 잔뿌리가 떨어져 나가지 않도록 한다.

•표준적인 뿌리분의 크기 구하는 공식(cm)
뿌리분의 직경＝24+(N−3)×d
여기서, N＝근원직경, d＝상수(상록수 4, 낙엽수5)

㉯ 뿌리분의 종류

보통분(일반수종)	접시분(천근성수종)	팽이분(심근성수종)
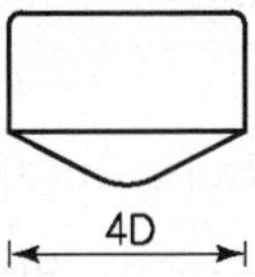 2D, D, 4D	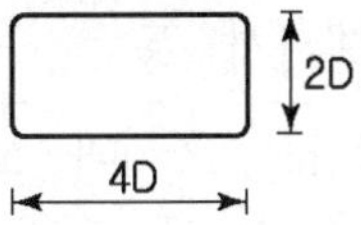 2D, 4D	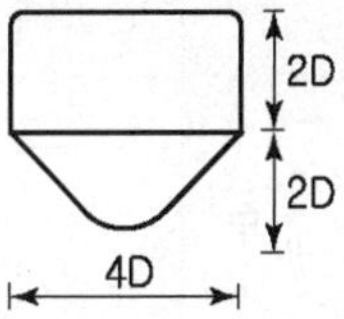 2D, 2D, 4D

예 제 1

R 25 소나무의 뿌리분 크기를 구하시오. (단, 뿌리분의 크기는 24+(N−3)×d, d : 상록수 4, 낙엽수 5 적용)

정 답 뿌리분의 크기＝24+(25−3)×4＝112cm

예 제 2 (기출)

수목을 이식하기 위해 굴취할 때 뿌리분의 형태와 크기는 나무의 성상에 따라 달라진다. 대표적인 뿌리분의 형태와 크기를 그림으로 나타내고 해당되는 수목을 5가지 이상 열거하시오.

정 답

보통분(일반수종)	접시분(천근성수종)	팽이분(심근성수종)
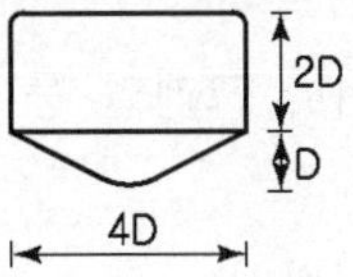 2D, D, 4D	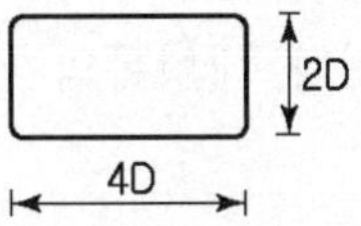 2D, 4D	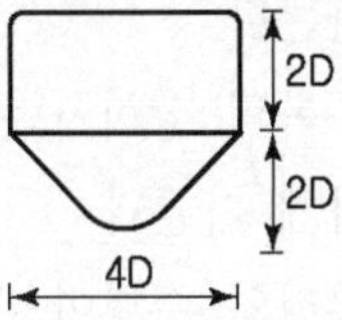 2D, 2D, 4D

(1) 일반수종 : 벚나무, 플라타너스, 단풍나무, 향나무, 측백나무 등
(2) 천근성수목 : 잎갈나무, 자작나무, 사시나무, 매화나무, 버드나무 등
(3) 심근성수목 : 소나무, 전나무, 주목, 태산목, 느티나무, 은행나무 등

㉰ 굴취

•이식을 위해 수목을 캐내는 작업을 말한다.

•규격에 따른 수목의 적용

<table>
<tr><td rowspan="4">교목</td><td>나무높이(H)</td><td>곰솔, 독일가문비나무, 동백나무, 리기다소나무, 섬잣나무, 실편백, 아왜나무, 잣나무, 전나무, 주목, 측백나무, 편백 등</td></tr>
<tr><td>흉고직경(B)</td><td>가중나무, 계수나무, 낙우송, 메타세콰이아, 벽오동, 수양버들, 벚나무, 은단풍, 은행나무, 자작나무, 칠엽수, 튜립나무(목백합), 프라타너스(버즘나무), 현사시나무(은수원사시) 등</td></tr>
<tr><td>근원직경(R)</td><td>소나무, 감나무, 꽃사과, 노각나무, 느티나무, 대추나무, 마가목, 매화나무, 모감주나무, 모과나무, 목련, 배롱나무, 산딸나무, 산수유, 이팝나무, 자귀나무, 층층나무, 쪽동백, 단풍나무, 회화나무, 후박나무, 등나무, 능소화, 참나무류 등</td></tr>
<tr><td colspan="2">•그 밖의 사항
① 굴취는 뿌리를 새끼로 돌려매는 품을 포함하며, 분이 없는 경우는 굴취품의 20%를 감한다.
② 굴취시 야생일 경우에는 굴취품의 20%까지 증가할 수 있다.
③ 가마니와 새끼는 별도 계상한다.</td></tr>
<tr><td rowspan="2">관목</td><td>관목품에 의한 굴취</td><td>광나무, 꽝꽝나무, 목서, 사철나무, 치자나무, 팔손이나무, 피라칸사스, 향나무, 회양목, 눈향나무, 철쭉, 매자기, 명자나무, 무궁화, 박태기나무, 병꽃나무, 불두화, 수수꽃다리, 조팝나무, 쥐똥나무, 해당화, 화살나무, 황매화, 흰말채나무, 개나리, 고광나무, 모란, 장미 등</td></tr>
<tr><td colspan="2">•그 밖의 사항
① 나무높이보다 수관폭이 더 클 때는 그 크기를 나무높이로 본다.
② 굴취시 야생일 경우에는 굴취품의 20%까지 증가할 수 있다.</td></tr>
</table>

② 수목 운반

㉮ 운반시 주의 사항(조경공사 표준시방서)

•운반시 거적, 시트 등으로 덮어 보호한다.

•운반 중 심하게 손상된 수목은 동종규격품으로 교체하고, 경미한 가지 부러짐은 감독의 지시를 따른다.

•수목의 상하차는 인력에 의하거나 대형목의 경우 체인블록이나 크레인 등 중기를 사용하여 안전하게 다룬다.

㉯ 뿌리와 수형이 손상되지 않기 위한 보호조치(조경공사 표준시방서)

•뿌리분의 보토를 철저히 한다.

•세근이 절단되지 않도록 충격을 주지 않는다.

•가지는 간편하게 결박한다.

•이중적재를 금한다.

•뿌리분이 충격을 받지 않도록 흙, 가마니, 짚 등의 완충재를 깐다.

•수목과 접촉하는 고형부에는 완충재를 삽입한다.

•운반 중 바람에 의한 증산을 억제하고 강우로 인한 뿌리분의 토양유실을 방지하기 위하여 덮개를 씌운다.

•차량의 용량과 수목의 무게 및 부피에 따라 적정 수량만 적재한다.

③ 수목의 중량산정

운반비의 산정을 위해 중량을 구하며, 수목의 전체중량(W)는 수목 지상부 중량(W_1)과 수목 지하부 중량(W_2)의 합으로 구하며 공식은 다음과 같다.

<table>
<tr><td rowspan="1">지상부 중량(W_1)</td><td colspan="2">$k\pi\left(\frac{d}{2}\right)^2 HW_0(1+P)$
여기서, k : 수간형상계수
d : 흉고직경(m) (근원직경만 제시된 경우 흉고직경=근원직경×0.8)
H : 수고(m)
W_0 : 수간의 단위체적당 중량(kg/m³)
P : 지엽의 다소에 따른 할증률</td></tr>
<tr><td rowspan="2">지하부 중량(W_2)</td><td colspan="2">$V\times k$
여기서, V : 뿌리분의 체적(m³)
k : 뿌리분의 단위체적당 중량(kg/m³)</td></tr>
<tr><td>뿌리분의 체적(V)
r=뿌리분의 반경(m)</td><td>접시분(천근성 수종) : $V=\pi r^3$
보통분(일반 수종) : $V=\pi r^3+1/6\pi r^3$
조개분(심근성 수종) : $V=\pi r^3+1/3\pi r^3$</td></tr>
</table>

예 제 3 (기출)

수고 4.0m, 흉고직경 20cm인 수목을 굴취하여 이식하려한다. 다음을 참고하여 물음에 답하시오. (뿌리분은 조개분, 수간형상계수는 0.5, 수간의 단위체적당 생체중량은 1,300kg/m³, 지엽의 할증은 0.2, 뿌리분의 직경은 1.2m, 뿌리분의 단위체적당 중량은 1,300kg/m³이며, 소수 3자리까지 구하고 사사오입하시오.)

(1) 수목의 지상부 중량은?
(2) 수목의 지하부 중량은?
(3) 수목의 전체중량은?

정답 (1) 수목의 지상부 중량

$$k\pi\left(\frac{d}{2}\right)^2 HW_0(1+P) = 0.5\times\pi\times\left(\frac{0.2}{2}\right)^2\times 4.0\times 1{,}300\times(1+0.2) = 98.02\text{kg}$$

(2) 수목의 지하부 중량은?

$$V=\pi r^3+\frac{1}{3}\pi r^3 = \pi\times(0.6)^3+\frac{1}{3}\pi(0.6)^3 = 0.904\text{m}^3$$

$$K = 1{,}300\text{kg/m}^3$$

$$V\times K = 0.904\times 1{,}300 = 1175.2\text{kg}$$

(3) 수목의 전체중량은?

지상부중량+지하부중량=98.02+1175.2=1273.22kg

2. 수목식재공사 (중요도 높음)

① 생존, 생육 최소 토양심도(조경 표준 시방서 기준)

식재를 위해 필요한 토양의 깊이는 다음의 생육최소토심 이상으로 한다.

성상별	생존 최소토심(cm)	생육 최소 토심(cm)
잔디, 초본류	15	30
소관목류	30	45
대관목류	45	60
천근성 교목류	60	90
심근성 교목류	90	150

② 품의 적용

㉮ 규격에 따른 수목의 적용

교목	나무높이 (H)	곰솔(나무높이 3m 이상은 근원직경에 의한 식재 적용), 독일가문비, 동백나무, 리기다소나무, 실편백, 아왜나무, 잣나무, 전나무, 주목, 측백나무, 편백 등
	흉고직경 (B)	본 품은 교목류인 가중나무, 계수나무, 낙우송, 메타세콰이어, 벽오동나무, 수양버들, 벚나무, 은단풍, 은행나무, 자작나무, 칠엽수, 튤립나무(목백합), 플라타너스, 현사시나무(은수원사시) 등
	근원직경 (R)	소나무, 감나무, 꽃사과, 노각나무, 느티나무, 대추나무, 마가목, 매화나무, 모감주나무, 모과나무, 목련, 배롱나무, 산딸나무, 산수유, 이팝나무, 자귀나무, 층층나무, 쪽동백, 단풍나무, 회화나무, 후박나무, 등나무, 능소화, 참나무류 등
	그 밖의 사항 •이품은 터파기 나무세우기, 묻기, 물주기, 지주목세우기, 손질, 뒷정리 등을 포함한다. •운반은 별도 계상한다. •지주목을 세우지 않을 때는 본 품의 20%를 감한다. •간석지와 염류토에 식재시는 품을 증가할 수 있다. •암반식재, 부적기식재 등 특수식재시는 품을 별도로 계상할 수 있다. •식재시 객토를 할 경우에는 식재품을 10%까지 증가할 수 있다.	

② 지주목설치

지주형	적용수목 · 적용지역	시공방법
단각지주	•묘목 •수고 1.2m의 수목	1개의 말뚝을 수목의 주간 바로 옆에 깊이 박고 그 말뚝에 주간을 묶어 고정시킨다.
이각지주	•수고 1.2~2.5m의 수목 •소형가로수	수목의 중심으로부터 양쪽으로 일정 간격을 벌려서 각목이나 말뚝을 깊이 30cm 정도로 박고, 박은나무를 각목과 연결 못으로 고정시킨 다음 가로지르는 각목과 식물의 주간을 새끼나 끈으로 묶는다.
삼발이	•소형, 대형 수목에 다 적용가능 •경관상 중요하지 않는 곳	박피 통나무나 각재를 삼각형으로 주간에 걸쳐 새끼나 끈으로 묶어 수목을 안정시킨다.

지주형	적용수목 · 적용지역	시공방법
삼각지주	•수고 1.2~4.5m 수목 •도로변이나 광장주변 등 보행자의 통행이 빈번한 곳	각재나 박피통나무를 이용하여 삼각이나 사각으로 박아 가로지른 각재와 주간을 결속한다. 지주경사각은 70°를 표준으로 한다.
연계형	•교목 군식지에 적용	각 수목의 주간에 각목 또는 대나무 등의 가로막대를 대고 주간과 결속하여 고정한다.
매몰형	•경관상 매우 중요한 위치 •통행에 지장을 주는 곳에 적용	식재구덩이 하부 뿌리분의 양쪽에 박피통나무를 눕혀 단단히 묻고 이를 지주대로 하여 뿌리분을 철선 또는 로프로 고정한다.
당김줄형	•대형목 •경관상 중요한 곳에 적용	완충재를 감아 수피를 보호하고 그 부위에서 세 방향으로 철선을 당겨 지표에 박은 말뚝에 고정한다.

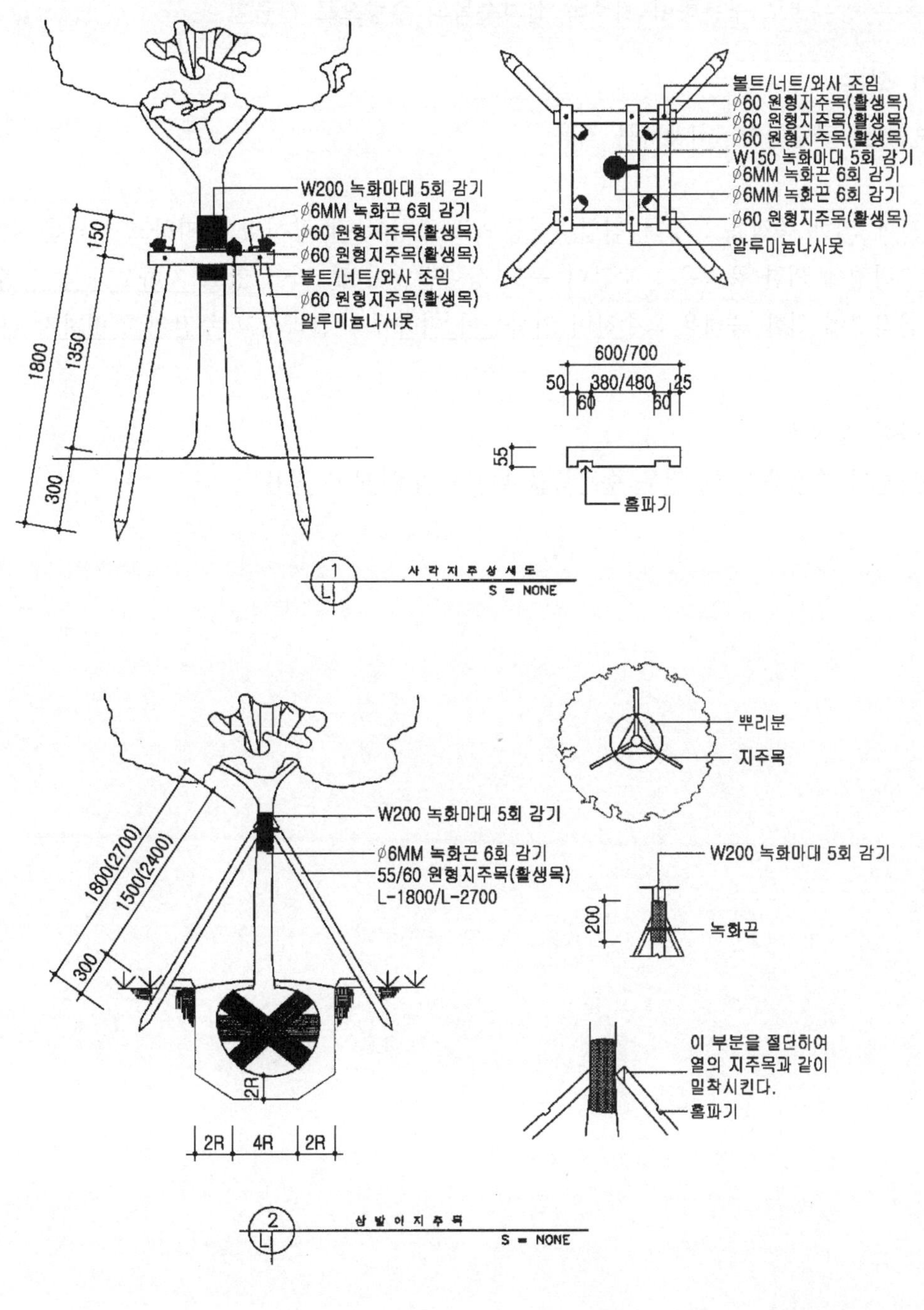

학습포인트

2 | 수목공사 공사비 산출

•식재공사, 식재기반공사, 유지관리공사 등의 일위대가를 작성을 통한 공사원가 산출을 할 수 있어야하며, 출제빈도가 높은 단원이므로 철저한 학습이 요구된다.

1 식재공사 공사비 산출과정

1. 수량산출

① 면적을 소단위로 나누어서 산출
② 도면별 상록교목, 낙엽교목, 관목, 만경목 순으로 각 수종별, 규격별로 수량을 집계함
③ 공구 단위별 총괄 집계표를 작성
④ 지주목은 종류별로 구분하여 지주목 설치수목의 수량으로 산출함

2. 품셈의 적용

토목표준품셈 '조경공사' 식재항목 적용

① 교목
㉮ 수고에 의한 품적용 : 상록 침엽수계통으로 수형이 잘 잡혀있고 지하고가 낮은 수종에 적용
㉯ 흉고직경에 의한 품적용 : 수간이 곧고 상향발달이 잘 되어 있고 지하고가 높은 수종에 적용
㉰ 근원직경에 의한 품적용 : 수간이 가슴높이 이하에서 갈라지고 주간이 뚜렷하지 않는 수종에 적용

② 관목
㉮ 관목류 품적용
㉯ 수고보다 수관폭이 클 경우 수관폭을 나무높이로 보고 적용

[식재품의 굴삭기 적용기준]

식재구분 \ 굴삭기 구분	0.4m³	0.7m³
나무높이에 의한 식재	수고 3.1~3.5m	–
흉고직경에 의한 식재	흉고직경 8~18cm	흉고직경 19~30cm
근원직경에 의한 식재	근원직경 10~20cm	근원직경 21~30cm

[떼붙임품(100m² 당)]

	보통인부(인)
줄떼	4.5
평떼	6.0

1) 수목 일위대가를 작성하시오.

① 잣나무 (주당)

수종	규격	단위	수량	노무비		재료비		경비	
				단가	금액	단가	금액	단가	금액
잣나무	H3.0×W1.5	주							
조경공		인							
보통인부		인							
계									

② 느티나무 (주당)

수종	규격	단위	수량	노무비		재료비		경비	
				단가	금액	단가	금액	단가	금액
느티나무	H4.0×R12	주							
조경공		인							
보통인부		인							
굴삭기									
계									

③ 은행나무 (주당)

수종	규격	단위	수량	노무비		재료비		경비	
				단가	금액	단가	금액	단가	금액
은행나무	H4.0×B10	주							
조경공		인							
보통인부		인							
굴삭기									
계									

④ 회양목 (주당)

수종	규격	단위	수량	노무비		재료비		경비	
				단가	금액	단가	금액	단가	금액
회양목	H0.5×W0.8	주							
조경공		인							
보통인부		인							
계									

2 식재기반 조성공사

수목의 활착과 경관조성을 위한 공사로 수목생육이 가능하도록 기반을 조성하는 성토, 부토, 마운딩, 면고르기 등의 토공사와 인공토에 의한 기반공사를 의미한다.

1. 종류

① 부토작업

목 적	•부토는 수목 및 지피류를 식재하는 녹지공간의 토질이 불리할 경우 원활한 식물생육을 위해 양토를 외부에서 반입하여 일정한 두께로 펴서 까는 작업 •평지구간에 토질의 불량도에 따라 15~40cm 범위내에 흙을 펴서 깔아 놓음
수량산출	토량산출=시행면적×부토두께 부토의 상태는 자연상태이고, 운반시(흐트러진상태)는 설계수량×L(토량변화율)
적용품	유사한 공종토목 표준품셈 '토공' 인력 흙다지 항목을 응용하여 적용

② 식재면 고르기 : 식재를 위해 돌, 자갈 등을 제거하는 등 세밀한 고르기를 하는 것을 말함

③ 인공 식재기반 조성 : 지하주차장, 건축물 옥상 등 콘크리트 슬라브 위에 녹지조성을 이해 수목식재 기반 조성

조성방법	•인공토조성 •혼합토조성
수량산출	•인공토 포설량=시행면적×포설깊이 •배수판 설치, 자갈부설 및 폴리에틸렌 유공관 설치는 별도 배수공사의 적산에 반영
적용품	•소규모 이므로 인력공사로 계상 •유사한 공종토목 표준품셈 '토공' 인력 흙다지기 항목을 응용하여 적용

2. 식재기반공사비 산출예시

예 제

15,000m²의 녹지에 식재기반을 조성하고자 두께 25cm의 부토를 시행하고 그 위에 마운딩을 아래 그림과 같이 20개소를 조성하고자 한다. 다음 조건 참조하여 전체토량과 부토펴기 및 고르기 면적, 마운딩 고르기 면적을 산출하고 표를 참조하여 일위대가작성과 식재기반 조성공사의 공사원가(순공사비)를 산출하시오.

<조건>

•보통인부 노임 : 60,000원
•토량은 자연상태로 소수점 1위까지 구하고 이하는 반올림하시오.
•마운딩의 단위는 cm이며, 성토량은 양단면평균법으로 구하며, 인력시공으로 계산하시오.

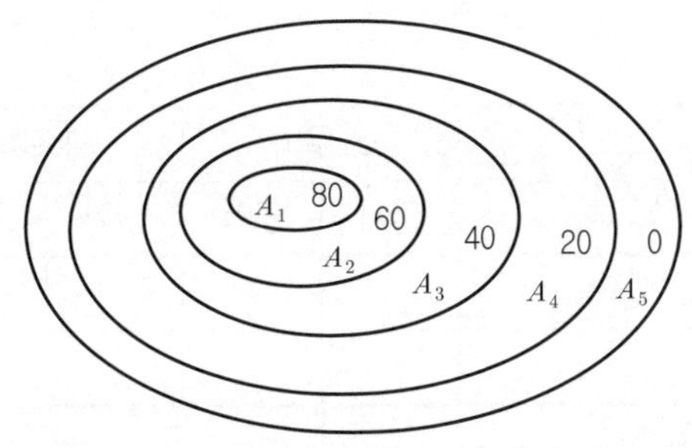

A_1 면적 = 10m²
A_2 면적 = 20m²
A_3 면적 = 40m²
A_4 면적 = 80m²
A_5 면적 = 100m²

[공종별 적용품]

공 종	인 부	수 량
부토펴기 및 고르기(m^2 당)	보통인부(인)	0.025
마운딩 성토(m^3 당)	보통인부(인)	0.10
마운딩 고르기 품(m^2 당)	보통인부(인)	0.017

1) 자연상태의 토량?
① 부토량?
② 마운딩토량?
③ 전체토량?

2) 고르기 면적?
① 부토펴기, 고르기 면적
② 마운딩 고르기 면적

3) 일위대가와 공사원가를 작성하시오.
① 부토펴기 및 고르기 (m^2 당)

공종	규격	단위	수량	노무비		재료비		경비	
				단가	금액	단가	금액	단가	금액
보통인부		인							
계									

② 마운딩 성토 (m^3 당)

공종	규격	단위	수량	노무비		재료비		경비	
				단가	금액	단가	금액	단가	금액
보통인부		인							
계									

③ 마운딩 고르기 (m² 당)

공종	규격	단위	수량	노무비		재료비		경비	
				단가	금액	단가	금액	단가	금액
보통인부		인							
계									

④ 공사원가

공종	규격	단위	수량	노무비		재료비		경비	
				단가	금액	단가	금액	단가	금액
부토펴기 및 고르기		m^2							
마운딩 성토		m^3							
마운딩 고르기		m^2							
계									

정답 1) 자연상태의 토량?

① 부토량?

$15{,}000m^2 \times 0.25m = 3{,}750m^3$

② 마운딩토량?

• $1개소토량 = \frac{0.2}{2}\{(10+20)+(20+40)+(40+80)+(80+100)\} = 39m^3$

해설) 양단면평균법으로 토량계산

등고선높이(h)=0.2m 적용

• $20개소토량 = 39m^3 \times 20개소 = 780m^3$

③ 전체토량?

부토량+마운딩토량 $= 3{,}750 + 780 = 4{,}530m^3$

2) 고르기 면적?

① 부토펴기, 고르기 면적

$15{,}000m^2 - (100m^2 \times 20개소) = 13{,}000m^2$

해설 •마운딩구간은 부토펴기, 고르기를 하지 않는 것으로 본다.

② 마운딩 고르기 면적

$100m^2 \times 20개소 = 2{,}000m^2$

3) 일위대가표를 작성하시오.

① 부토펴기 및 고르기 (m² 당)

공종	규격	단위	수량	노무비		재료비		경비	
				단가	금액	단가	금액	단가	금액
보통인부		인	0.025	60,000	1,500	0	0	0	0
계					1,500		0		0

② 마운딩 성토 (m³ 당)

공종	규격	단위	수량	노무비		재료비		경비	
				단가	금액	단가	금액	단가	금액
보통인부		인	0.1	60,000	6,000	0	0	0	0
계					6,000		0		0

③ 마운딩 고르기 (m² 당)

공종	규격	단위	수량	노무비		재료비		경비	
				단가	금액	단가	금액	단가	금액
보통인부		인	0.017	60,000	1,020	0	0	0	0
계					1,020		0		0

공종	규격	단위	수량	노무비		재료비		경비	
				단가	금액	단가	금액	단가	금액
부토펴기 및 고르기		m^2	13,000	1,500	19,500,000	0	0	0	0
마운딩 성토		m^3	780	6,000	4,680,000	0	0	0	0
마운딩 고르기		m^2	2,000	1,020	2,040,000	0	0	0	0
계					26,220,000		0		0

3 유지관리공사

보통 식물재료의 유지관리로 전정, 수간보호, 관수, 제초, 시비 약제살포 등을 포함한다.

구분	내용
전정작업	•수목의 원활한 생장을 위해 가지나 줄기를 제거하는 작업 •일반전정과 가로수 전정으로 구분되어 품이 설정 •흉고직경을 기준으로 주당 품셈 적용
수간보호	•수목의 고온해와 저온해 방지를 위해 거적이나 마대로 감아주는 작업
관 수	•주당 인력에 의한 관수 •식재면적 100m² 살수차에 의한 관수
제초 및 풀깍기	•제초와 잔디 풀깍기 •100m² 당 제초 및 풀깍기로 적용
시 비	•수목의 생육을 위해 교목시비, 관목시비, 잔디시비로 나눔 •교목시비는 100주당 품 적용 •관목시비는 100m² 당 품 적용 •잔디시비는 10,000m² 당 품 적용
약제살포	•수목성장과 병충해 방제를 위한 농약, 증산억제제, 발근촉진제 살포 •수목 약제살포는 주당 품 적용 •잔디 약제살포는 100m² 당 품 적용

1. 다음의 수목가격표, 품셈표, 노임단가 등을 참고하여 답란의 내역서를 작성하시오. (9점)

① 수목가격 및 설계수량표

수종	규격	주당단가	설계수량
은행나무	H3.0×B6	10,000	4
잣나무	H2.5×W1.2	5,000	10
느티나무	H2.5×R5	7,000	8
목련	H3.0×R6	8,000	5
개나리	H1.2×W0.6×5지	1,000	20
철쭉	H0.6×W0.6	2,000	40

② 품셈표

근원직경			흉고직경		
규격	조경공	보통인부	규격	조경공	보통인부
4(cm)	0.11(인)	0.07(인)	4(cm)	0.14(인)	0.09(인)
5	0.17	0.10	5	0.23	0.14
6	0.23	0.14	6	0.33	0.19
관 목 류			**수 고**		
규격	조경공	보통인부	규격	조경공	보통인부
0.3 이하(m)	0.01(인)	0.01(인)	1.6~2.0(m)	0.11(인)	0.09(인)
0.4~0.7	0.03	0.02	2.1~2.5	0.15	0.12
0.8~1.1	0.05	0.03	2.6~3.0	0.19	0.14
1.2~1.5	0.09	0.05			

③ 노임단가 : 조경공 10,000원, 보통인부 8,000원

내역서

수종	규격	단위	수량	인건비		재료비		계	
				단가	금액	단가	금액	단가	금액
은행나무	H3.0×B6	주							
잣나무	H2.5×W1.2	주							
느티나무	H2.5×R5	주							
목련	H3.0×R6	주							
개나리	H1.2×W0.6×5지	주							
철쭉	H0.6×W0.6	주							
계									

정 답

해설 **1**

인건비 단가산출
교목 규격별로 품셈 적용함
•H×B는 B(흉고직경)
•H×W는 H(수고)
•H×R은 R(근원직경)
에 따른 인부품을 적용

정답

수종	규격	단위	수량	인건비		재료비		계	
				단가	금액	단가	금액	단가	금액
은행나무	H3.0×B6	주	4	4,820	19,280	10,000	40,000	14,820	59,280
잣나무	H2.5×W1.2	주	10	2,460	24,600	5,000	50,000	7,460	74,600
느티나무	H2.5×R5	주	8	2,500	20,000	7,000	56,000	9,500	76,000
목련	H3.0×R6	주	5	3,420	17,100	8,000	40,000	11,420	57,100
개나리	H1.2×W0.6×5지	주	20	1,300	26,000	1,000	20,000	2,300	46,000
철쭉	H0.6×W0.6	주	40	460	18,400	2,000	80,000	2,460	98,400
계					125,380		286,000		411,380

2. 다음의 제시되는 수량산출표와 품셈표를 이용하여 수목식재에 의한 재료비와 노무비를 산정하시오. (단, 수목과 잔디의 할증은 10%이고, 떼는 m^2 당 10장을 정미량으로 한다.) (9점)

공사명	재료명	규격	단위	수량	단가	재료비	노무비	계
식재공사	소나무	H4.0×W1.2×R15	주	5	400,000			
	은행나무	H4.0×B15	주	4	135,000			
	잣나무	H3.6×W1.2	주	5	35,000			
	백목련	H5.0×R20	주	3	520,000			
	배롱나무	H3.0×R10	주	6	140,000			
	철쭉	H0.5×W0.4	주	40	1,500			
	회양목	H0.4×W0.3	주	500	1,000			
	잔디(평떼 심기)	0.3×0.3×0.03	장	400	150			
계								

정 답

해설 1

(1) 인건비 산출근거
- 은행나무
(0.33×10,000+0.19×8,000)×4 =19,280
- 잣나무
(0.15×10,000+0.12×8,000)×10 =24,600
- 느티나무
(0.17×10,000+0.1×8,000)×8 =20,000
- 목련
(0.23×10,000+0.14×8,000)×5 =17,100
- 개나리
(0.09×10,000+0.05×8,000)×20 =26,000
- 철쭉
(0.03×10,000+0.02×8,000)×40 =18,400

(2) 재료비 산출근거
- 은행나무
4×10,000=40,000
- 잣나무
10×5,000=50,000
- 느티나무
8×7,000=56,000
- 목련
5×8,000=40,000
- 개나리
20×1,000=20,000
- 철쭉
40×2,000=80,000

식재품

수고에 의한 식재			흉고직경에 의한 식재			근원직경에 의한 식재		
수고(m)	조경공(인)	인부(인)	흉고직경(cm)	조경공(인)	인부(인)	근원직경(cm)	조경공(인)	인부(인)
2.6~3.0	0.19	0.14	14~15	1.0	0.6	9~10	0.5	0.3
3.1~3.5	0.23	0.17	16~17	1.2	0.7	15~16	0.9	0.5
3.6~4.0	0.29	0.20	18~20	1.4	0.8	19~20	1.2	0.7

관목식재			잔디식재(100m² 당)	
나무높이(m)	조경공(인)	인부(인)	구분	보통인부
0.3미만	0.01	0.01	평떼심기	6.0
0.3~0.7	0.03	0.02	줄떼심기	4.5
0.8~1.1	0.05	0.03		

1일 노임	
구 분	노임(원)
조경공	15,000
보통인부	10,000

정답

공사명	재료명	규격	단위	수량	단가	재료비	노무비	계
식재공사	소나무	H4.0×W1.2×R15	주	5	400,000	2,200,000	92,500	2,292,500
	은행나무	H4.0×B15	주	4	135,000	594,000	84,000	678,000
	잣나무	H3.6×W1.2	주	5	35,000	192,500	31,750	224,250
	백목련	H5.0×R20	주	3	520,000	1,716,000	75,000	1,791,000
	배롱나무	H3.0×R10	주	6	140,000	924,000	63,000	987,000
	철쭉	H0.5×W0.4	주	40	1,500	66,000	26,000	92,000
	회양목	H0.4×W0.3	주	500	1,000	550,000	325,000	875,000
	잔디(평떼심기)	0.3×0.3×0.03	장	400	150	66,000	24,000	90,000
계						6,308,500	721,250	7,029,750

정 답

해설 **2**

- 잔디식재는 100m² 당 기준 실제식재면적 40m² 이므로 기준 면적을 나누어 계산한다.
- 수목과 잔디에 할증이 있으므로 설계수량×할증%×재료비단가
  (예) 소나무 재료비
  5주×1.1×400.000원
  =2,200,000원
- 소나무의 인건비 단가 산출시 R(근원직경)에 따른 품적용 시킴

■ 인건비산출근거

- 소나무
  (0.9×15,000+0.5×10,000)×5
  =92,500
- 은행나무
  (1.0×15,000+0.6×10,000)×4
  =84,000
- 잣나무
  (0.29×15,000+0.20×10,000)×5
  =31,750
- 백목련
  (1.2×15,000+0.7×10,000)×3
  =75,000
- 배롱나무
  (0.5×15,000+0.3×10,000)×6
  =63,000
- 철쭉
  (0.03×15,000+0.02×10,000)×40
  =26,000
- 회양목
  (0.03×15,000+0.02×10,000)×500
  =325,000
- 잔디
  $\frac{40}{100}$×6.0×10,000=24,000

3. 어느 공사지구에 은행나무 100주, 자작나무, 100주, 가중나무 20주를 이식하고자 한다. 다음 사항을 참고하여 각각의 일위대가와 공사비 내역서를 작성하시오. (단, * 란은 기재하지 않는다.)

수종	조경공(주당)		규격	뿌리분새끼 ϕ13mm	뿌리분 거적(m^2) (주당)	운반적재량 (6ton트럭) /대
	굴취(인)	식재(인)				
은행나무	0.6	0.9	H4.0m ×B10cm	20m	$2.5m^2$	20주
자작나무	0.9	1.2	H6.0m ×B11cm	25m	$3.0m^2$	20주
가중나무	0.5	0.8	H4.0m ×B8cm	20m	$2.5m^2$	20주

① 굴취에는 뿌리분 거적씌우기 새끼품이 포함된다.
② 지주목의 설치는 1개소당 육송원목(말구 4.5cm, 길이 120cm) 3개로 $0.007m^3$, 새끼 ϕ13mm, 10m, 박피작업에 보통인부 0.01인이 소요된다.
③ 수목의 운반시 상·하차는 인력으로 하고 수목 1주당 운반비 포함하여 인건비는 150원, 재료비는 200원이 소요된다.
④ 인건비는 1일 조경공은 10,000원/인, 보통인부 8,000원/인 이고, 육송원목은 70,000원/m^3, 새끼는 10원/m, 거적은 1,000원/m^2 이다.

(1) 식재 일위대가표

1) 은행나무 이식

(주당)

명칭	규격	단위	수량	인건비		재료비		계	
				단가	금액	단가	금액	단가	금액
굴취	조경공	인				*	*		
식재	조경공	인				*	*		
뿌리분 새끼	ϕ13mm	m		*	*				
거적	가마니	m^2		*	*				
계	*	*	*	*		*		*	

2) 자작나무이식

명칭	규격	단위	수량	인건비 단가	인건비 금액	재료비 단가	재료비 금액	계 단가	계 금액
굴취	조경공	인				*	*		
식재	조경공	인				*	*		
뿌리분 새끼	ϕ13mm	m		*	*				
거적	가마니	m^2		*	*				
계	*	*	*	*		*		*	

정 답

해설 3

수목 1주당 일위대가를 작성하고 수목의 총공사비를 산출한다.

정 답

3) 가중나무이식

굴취	조경공	인				*	*		
식재	조경공	인				*	*		
뿌리분 새끼	ϕ13mm	m		*	*				
거적	가마니	m^2		*	*				
계	*	*	*	*		*		*	

4) 지주목 (개소당)

육송 원목	말구 4.5cm, L=120 cm×3개	m^3		*	*				
지주용 새끼	ϕ13mm	m		*	*				
박피작업	보통인부	인				*	*		
계	*	*	*	*		*		*	

(2) 공사비내역서

명칭	규격	단위	수량	계		인건비		재료비	
				단가	금액	단가	금액	단가	금액
은행나무 이식	H4.0m ×B10cm	주							
자작나무 이식	H6.0m ×B11cm	주							
가중나무 이식	H4.0m ×B8cm	주							
수목운반비	6ton트럭	주							
지주목	*	개소							
계(1)	*	*	*	*		*		*	
간접노무비	인건비계×10%	식							
산재보험료	(인건비계 +간접노무비) ×24/1,000	식							
계(2)	*	*							
기타경비	계(2)×3%	*							
계(3)	*	*							
일반관리비	계(3)×5%	식							
계(4)	*	*							
이윤	계(4)×10%	식							
계(5)	*	*							
부가세	계(5)×10%	식							
총계	*	*							

1. *표 란은 기재하지 않는다.　　2. 소숫점 이하는 절사한다.

정 답

가. 식재 일위대가표

1) 은행나무 이식

(주당)

명칭	규격	단위	수량	인건비		재료비		계	
				단가	금액	단가	금액	단가	금액
굴취	조경공	인	0.6	10,000	6,000	*	*	10,000	6,000
식재	조경공	인	0.9	10,000	9,000	*	*	10,000	9,000
뿌리분 새끼	ϕ13mm	m	20	*	*	10	200	10	200
거적	가마니	m^2	2.5	*	*	1,000	2,500	1,000	2,500
계	*	*	*	*	15,000	*	2,700	*	17,700

2) 자작나무이식

(주당)

굴취	조경공	인	0.9	10,000	9,000	*	*	10,000	9,000
식재	조경공	인	1.2	10,000	12,000	*	*	10,000	12,000
뿌리분 새끼	ϕ13mm	m	25	*	*	10	250	10	250
거적	가마니	m^2	3	*	*	1,000	3,000	1,000	3,000
계	*	*	*	*	21,000	*	3,250	*	24,250

3) 가중나무이식

(주당)

굴취	조경공	인	0.5	10,000	5,000	*	*	10,000	5,000
식재	조경공	인	0.8	10,000	8,000	*	*	10,000	8,000
뿌리분 새끼	ϕ13mm	m	20	*	*	10	200	10	200
거적	가마니	m^2	2.5	*	*	1,000	2,500	1,000	2,500
계	*	*	*	*	13,000	*	2,700	*	15,700

4) 지주목

(개소당)

육송 원목	말구 4.5cm, L=120 cm×3개	m^3	0.007	*	*	70,000	490	70,000	490
지주용 새끼	ϕ13mm 조경공	m	10	*	*	10	100	10	100
박피 작업	보통인부	인	0.01	8,000	80	*	*	8,000	80
계	*	*	*	*	80	*	590	*	670

나. 공사비내역서

명칭	규격	단위	수량	계		인건비		재료비	
				단가	금액	단가	금액	단가	금액
은행나무 이식	H4.0m ×B10cm	주	100	17,700	1,770,000	15,000	1,500,000	2,700	270,000
자작나무 이식	H6.0m ×B11cm	주	100	24,500	2,425,000	21,000	2,100,000	3,250	325,000
가중나무 이식	H4.0m ×B8cm	주	20	15,700	314,000	13,000	260,000	2,700	54,000
수목 운반비	6ton 트럭	주	220	350	77,000	150	33,000	200	44,000
지주목	*	개소	220	670	147,400	80	17,600	590	129,800
계(1)	*	*	*	*	4,733,400	*	3,910,600	*	822,800
간접 노무비	인건비계 ×10%	식	3,910,600×10%=391,060						
산재 보험료	(인건비계 +간접 노무비) ×24/ 1,000	식	(3,910,600 +391,060)×24/1,000=103,239						
계(2)	*	*	계(1)+간접노무비+산재보험료 =4,733,400+391,060+103,239=5,227,699						
기타 경비	계(2) ×3%	식	5,227,699×3%=156,830						
계(3)	*	*	계(2)+기타경비=5,227,699+156,830 =5,384,529						
일반 관리비	계(3) ×5%	식	5,384,529×5%=269,226						
계(4)	*	*	계(3)+일반관리비=5,384,529+269,226=5,653,755						
이윤	계(4) ×10%	식	5,653,755×10%= 565,375						
계(5)	*	*	계(4)+이윤=5,653,755+565,375=6,219,130						
부가세	계(5) ×10%	식	6,219,130×10%=621,913						
총계	*	*	계(5)+부가세=6,219,130 +621,913=6,841,043						

정 답

정 답

4. 다음의 표를 보고 물음에 답하시오.

[표 1. 식재수종]

수종	규격	수량	단가	조건	비고
잣나무	H2.5×W1.0	9	150,000	•객토필요 •지주목필요	※지주목을 세우지 않을 때에는 식재품의 20%를 감한다. ※객토를 할 경우에는 식재품의 10%를 가산한다.
노각나무	H2.5×R5	14	28,000	•객토하지 않음 •지주목을 세우지 않음	
모과나무	H3.0×R8	11	72,000	•객토필요 •지주목을 세우지 않음	
메타세쿼이어	H3.5×B8	4	80,000	•객토필요 •지주목필요	
은행나무	H3.5×B10	8	185,000	•객토하지 않음 •지주목 필요	

[표 2. 식재품 및 객토량]

수고에 의한 식재				흉고직경에 의한 식재				근원직경에 의한 식재			
수고 (m)	조경공 (인)	보통인부 (인)	객토량 (m^3)	흉고직경 (cm)	조경공 (인)	보통인부 (인)	객토량 (m^3)	근원직경 (cm)	조경공 (인)	보통인부 (인)	객토량 (m^3)
1.6~2.0	0.11	0.09	0.099	6	0.32	0.19	0.217	5	0.17	0.10	0.101
2.1~2.5	0.15	0.12	0.141	8	0.50	0.29	0.345	8	0.37	0.22	0.183
2.6~3.0	0.19	0.14	0.189	10	1.68	0.39	0.513	10	0.51	0.30	0.256

[표 3. 노임 및 흙값]

조경공노임	보통인부	흙값
60,000원/일	34,000원/일	80,000원/m^3

(1) 인건비를 구하시오.

수종	수량	산출근거	인건비
잣나무			
노각나무			
모과나무			
메타세쿼이어			
은행나무			

(2) 필요한 객토량과 객토할 흙값을 구하시오.

① 객토량

계산과정 ______________________

② 객토할 흙값

계산과정 ______________________

정답

(1) 인건비를 구하시오.

수 종	수 량	산출근거	인건비
잣나무	9	{(0.15×1.1×60,000)+(0.12×1.1×34,000)}×9	129,492
노각나무	14	{(0.17×0.8×60,000)+(0.10×0.8×34,000)}×14	152,320
모과나무	11	{(0.37×0.9×60,000)+(0.22×0.9×34,000)}×11	293,832
메타세콰이어	4	{(0.5×1.1×60,000)+(0.29×1.1×34,000)}×4	175,384
은행나무	8	{(1.68×60,000)+(0.39×34,000)}×8	912,480

(2) 필요한 객토량과 객토할 흙값을 구하시오.

① 객토량 (계산과정)

잣나무 0.141×9=1.269m³

모과나무 0.183×11=2.013m³

메타세콰이어 0.345×4=1.38m³ ▸객토량=4.662m³

② 객토할 흙값(계산과정)

(1.269+2.013+1.38)×80,000=372,960원 ▸객토흙값=372,960원

5. 다음을 참조하여 수목의 재료비, 노무비를 산정하시오. (단, 수목의 할증율은 10%이고, 수고 2.5m 미만의 수목은 지주목을 설치하지 않는다.)

수종	규격	단위	수량	객토량(m³/주)	단가
주목	H2.5×W1.2	주	6	0.141	380,000
둥근소나무	H1.8×W1.5	주	5	0.099	535,000
느티나무	H4.5×R15	주	5	0.513	740,000
왕벚나무	H4.0×B15	주	10	1.146	250,000
산수유	H2.0×W0.9×R5	주	8	0.256	35,000
수수꽃다리	H1.0×W0.4	주	30	0.025	18,000
산철쭉	H0.3×W0.3	주	80	0.010	2,400

정 답

해설 **4**

• 인건비를 구하시오. ★

① 잣나무는 객토가 필요하므로 식재품에 (+)10% 가산한다.

② 노각나무는 객토를 하지 않고 지주목을 세우지 않으므로 식재품의 (−)20%를 감한다.

③ 모과나무는 객토가 필요하므로 식재품에 (+)10%를 가산하고 지주목을 세우지 않으므로 (−)20%를 감하므로 전체적으로 식재품의 (−)10%를 감한다.

④ 메타세콰이어 객토를 요하므로 식재품의 (+)10% 가산한다.

정 답

식재품(교목은 지주목을 세우지 않을 때 품의 20%를 감한다.)

수고에 의한 식재			흉고직경에 의한 식재			근원직경에 의한 식재		
수고 (m)	조경공 (인)	보통 인부(인)	흉고 직경 (cm)	조경공 (인)	보통 인부(인)	근원 직경 (cm)	조경공 (인)	보통 인부(인)
1.1 ~1.5	0.09	0.07	10	0.68	0.39	5	0.17	0.10
1.6 ~2.0	0.11	0.09	15	1.12	0.66	10	0.51	0.30
2.1 ~2.5	0.15	0.12	20	1.57	0.94	15	0.87	0.52

관목식재		
나무높이(m)	조경공(인)	보통인부(인)
0.3m 미만	0.01	0.01
0.3~0.7	0.03	0.02
0.8~1.1	0.05	0.03

단가		1일 노임	
흙	5,000원/m³	구분	노임(원)
지주목삼발이 소형 (H 5.0 이하)	11,500원/개소당	조경공	65,000
지주목삼발이 소형 (H 5.0 이상)	15,000원/개소당	보통인부	50,000

<공사내역서>

수종	규격	단위	수량	재료비	노무비
주목	H2.5×W1.2	주	6		
둥근소나무	H1.8×W1.5	주	5		
느티나무	H4.5×R15	주	5		
왕벚나무	H4.0×B15	주	10		
산수유	H2.0×W0.9×R5	주	8		
수수꽃다리	H1.0×W0.4	주	30		
산철쭉	H0.3×W0.3	주	80		

정답

수종	규격	단위	수량	재료비	노무비
주목	H2.5×W1.2	주	6	2,581,230	94,500
둥근소나무	H1.8×W1.5	주	5	2,944,975	46,600
느티나무	H4.5×R15	주	5	4,140,325	412,750
왕벚나무	H4.0×B15	주	10	2,922,300	1,058,000
산수유	H2.0×W0.9 ×R5	주	8	318,240	102,720
수수꽃다리	H1.0×W0.4	주	30	597,750	142,500
산철쭉	H0.3×W0.3	주	80	215,200	236,000

6. 수고 7m, 흉고직경 20㎝인 굴취된 수목의 중량을 구하시오. (단, 뿌리분은 조개분, 수간의 형상계수는 0.5, 수간의 단위체적 생체중량은 1,300kg/㎥, 지엽의 할증률은 0.1, 뿌리분의 직경은 1.2m, 뿌리분의 단위당 중량은 1.4ton/㎥이며, 소수3자리까지 계산하고 사사오입하시오.)

(1) 지상부 중량

(2) 지하부 중량

(3) 전체중량

정답

(1) 지상부 중량

$= k\pi(\frac{d}{2})^2 HW_o(1+P) = 0.5\times\pi\times(\frac{0.2}{2})^2\times 7\times 1{,}300\times(1+0.1)$

= 157.24kg

(2) 지하부 중량 = $(\pi r^3 + \frac{1}{3}\pi r^3)$×뿌리분의 단위중량

$= \{\pi\times(0.6)^3 + \frac{1}{3}\times\pi\times(0.6)^3\}\times 1{,}400$

= 1,266.69kg

(3) 수목전체중량 = 157.24 + 1,266.69 = 1,423.93kg

정 답

해설 **5**

*산출근거

(1) 수목재료비 ★
=수목값+객토값+지주목(교목에서 지주목을 설치한 경우)

- 주목
(6×1.1×380,000)+(6×0.141×5,000)+(6×11,500)=2,581,230
- 둥근소나무
(5×1.1×535,000)+(5×0.099×5,000)=2,944,975
- 느티나무
(5×1.1×740,000)+(5×0.513×5,000)+(5×11,500)=4,140,325
- 왕벚나무
(10×1.1×250,000)+(10×11,500)+(10×1.146×5,000)=2,922,300
- 산수유
(8×1.1×35,000)+(8×0.256×5,000)=318,240
- 수수꽃다리
(30×1.1×18,000)+(30×0.025×5,000)=597,750
- 산철쭉
(80×1.1×2,400)+(80×0.010×5,000)=215,200

(2) 노무비
- 주목
{(0.15×65,000)+(0.12×50,000)}×6=94,500
- 둥근소나무
{(0.11×0.8×65,000)+(0.09×0.8×50,000)}×5=46,600
- 느티나무
{(0.87×65,000)+(0.52×50,000)}×5=412,750
- 왕벚나무
{(1.12×65,000)+(0.66×50,000)}×10=1,058,000
- 산수유
{(0.17×0.8×65,000)+(0.10×0.8×50,000)}×8=102,720
- 수수꽃다리
{(0.05×65,000)+(0.03×50,000)}×30=142,500
- 산철쭉
{(0.03×65,000)+(0.02×50,000)}×80=236,000

정 답

7. 수목 보기 중에 일반 수종, 천근성, 심근성으로 분류하고, 뿌리의 형태와 크기를 그림으로 나타내시오.

> 〈보기수종〉
> 버드나무, 독일가문비, 편백, 사철나무, 때죽나무, 은행나무, 후박나무, 소나무, 자귀나무, 이팝나무, 은단풍, 자목련, 참나무, 낙우송, 전나무

정답

보통분(일반수종)	접시분(천근성수종)	팽이분(심근성수종)
2D, D, 4D	2D, 4D	2D, 2D, 4D
독일가문비, 자귀나무, 이팝나무, 은단풍	버드나무, 편백, 사철나무, 때죽나무, 낙우송,	은행나무, 후박나무, 참나무, 소나무, 자목련, 전나무,

8. 도시내 소공원의 식재공사 공사비원가를 작성하고자 한다. 식재품셈표를 참고하여 식재공사 내역서를 작성하시오. (단, 할증은 고려하지 않고, 계산은 하단의 여백을 이용하고 계산과정은 채점에서 제외한다.)

(1) 식재품셈표

근원직경에 의한 식재			흉고직경에 의한 식재		
근원직경 (cm)	조경공 (인)	보통인부 (인)	흉고직경 (cm)	조경공 (인)	보통인부 (인)
4 이하	0.11	0.07	4 이하	0.14	0.09
5	0.17	0.10	5	0.23	0.14
6	0.23	0.14	10	0.68	0.39
7	0.30	0.18	15	1.12	0.66
나무높이에 의한 식재			**관목류의 식재**		
나무높이 (m)	조경공 (인)	보통인부 (인)	나무높이 (m)	조경공 (인)	보통인부 (인)
1,1~1.6	0.09	0.07	0.3 미만	0.01	0.01
1.7~2.0	0.11	0.09	0.3~0.7	0.03	0.02
2.1~2.5	0.15	0.12	0.8~1.0	0.05	0.03
2.6~3.0	0.19	0.14			

(2) 노임단가 : 조경공 50,000원, 보통인부 36,000원

(3) 식재공사비 내역서

번호	수종	규격	수량	합계(원)		노무비(원)		재료비(원)	
				단가	계	단가	계	단가	계
1	벚나무	H3.0×B10	20					125,000	
2	꽃사과	H2.5×R5	10					17,000	
3	느티나무	H3.0×R6	20					15,000	
4	스트로브 잣나무	H2.5 ×W1.2	30					30,000	
5	수수꽃 다리	H1.2 ×W0.6	20					6,000	
6	회양목	H0.3 ×W0.3	200					2,800	
7	쥐똥나무	H1.0 ×W0.3	300					900	
8	소계	–	–					–	

정답

번호	수종	규격	수량	합계(원)		노무비(원)		재료비(원)	
				단가	계	단가	계	단가	계
1	벚나무	H3.0 ×B10	20	173,040	3,460,800	48,040	960,800	125,000	2,500,000
2	꽃사과	H2.5×R5	10	29,100	291,000	12,100	121,000	17,000	170,000
3	느티나무	H3.0×R6	20	31,540	630,800	16,540	330,800	15,000	300,000
4	스트로브 잣나무	H2.5 ×W1.2	30	41,820	1,254,600	11,820	354,600	30,000	900,000
5	수수꽃 다리	H1.2 ×W0.6	20	13,020	260,400	7,020	140,400	6,000	120,000
6	회양목	H0.3 ×W0.3	200	5,020	1,004,000	2,220	444,000	2,800	560,000
7	쥐똥나무	H1.0 ×W0.3	300	4,480	1,344,000	3,580	1,074,000	900	270,000
8	소계	–	–	–	8,245,600		3,425,600	–	4,820,0000

정 답

04 지피식재공사

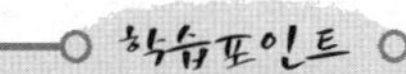

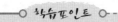

1 | 지피식재공사

•잔디식재의 떼심기의 종류와 떼심는 방법에 대한 내용을 알아두도록 한다.

1 지피식재의 종류

식물의 줄기가 넓게 퍼지는 성질을 이용하여 지표를 덮어주는 식재 방법을 말한다.

종류 : 맥문동, 이끼류, 돌나물, 아이비(ivy) 등

종 류	양 지	반음지	난 지	한 지	건 지	습 지
잔디	◎	×	◎	○	◎	×
양잔디	◎	△	△	◎	×	○
고사리류	×	◎	○	○	×	◎
속새	○	◎	○	◎	○	◎
석창포	○	◎	◎	○	×	◎
애기붓꽃	○	◎	◎	○	×	◎
맥문동	△	◎	◎	○	×	◎
돌나물	◎	○	○	◎	◎	×
아이비	○	◎	◎	○	○	○

(◎ 최적, ○ 적합, △ 다소부적합, ×부적합)

① 잔디 : 지피성, 내답압성, 재생력 등을 가진 초본을 가르킨다.

	종 류	
한국잔디	•들잔디(Zoysia japonica) •금잔디(Zoysia matrella) •왕잔디(Zoysia macrostachya)	•비로드잔디(Zoysia tenuifolia) •갯잔디(Zoysia sinica)
서양잔디	•켄터키블루그래스(Poa pratensis) •버뮤다그래스(Cynodom dactylon) •라이그래스(Lolium sp.)	•벤트그래스(Agrostis sp.) •페스큐 그래스(Festuca sp.)

② 맥문동

㉠ 상록다년초로 잎이 길며, 높이는 10~30cm 정도로 자란다.

㉡ 난초와 비슷한 모양으로 초여름에 연한 보랏빛 꽃이 피고 가을에는 검은색 열매를 맺는다.

2 잔디식재

1. 잔디의 종류 및 식재 시기

① 사용 잔디 : 발근력이 좋고, 주로 한국잔디를 사용

② 규격 : 30cm×30cm×3cm

③ 식재 시기 : 연중 가능, 여름과 겨울은 피함

2. 떼심기의 종류

구분	내용
평떼 붙이기 (Sodding, 전면 떼붙이기)	•잔디 식재 전면적에 걸쳐 뗏장을 맞붙이는 방법으로, 단기간에 잔디밭을 조성할 때 시공된다. •잔디소요매수 : 1m² 당 11매
어긋나게 붙이기	•뗏장을 20~30cm 간격으로 어긋나게 놓거나 서로 맞물려 배열한다. •잔디소요매수 : 1m² 당 5.5매
줄떼붙이기 (Vegetative Belt)	•줄 사이를 뗏장 너비 또는 그 이하의 너비로 뗏장을 이어 붙여가는 방법이다. 통상은 5~10cm 넓이의 뗏장을 5cm, 10cm, 20cm, 30cm 간격으로 5cm 정도 깊이의 골을 파고 식재한다. •잔디소요매수 : 1m² 당 5.5매(30cm 간격 경우)
이음메 붙이기	뗏장 사이의 줄눈 너비를 4cm, 5cm, 6cm 로 간격으로 배열 소요량 : 4cm (70%), 5cm (65%), 6cm(60%)
종자판 붙임 공법 (식생 매트 공법)	종자와 비료를 매트 모양의 종이판에 부착시켜 피복하여 녹화하는 공법. 여름, 겨울철에도 시공이 가능하며 시공 직후부터 보호 효과를 얻을 수 있다.

3. 떼심는 방법

① 뗏장의 이음새와 가장자리에 흙을 충분히 채우며, 뗏장 위에 뗏밥 뿌리기

② 뗏장을 붙인 후 110~130kg 무게의 롤러로 전압하고 충분히 관수한다.

③ 경사면 시공시 뗏장 1매당 2개의 떼꽂이를 박아 고정시키며 경사면의 아래에서 위쪽으로 식재한다.

4. 수량 산출 및 품셈

① 떼뜨기·떼붙임

㉮ 평떼의 경우 잔디 식재 전면적과 동일하게 산출한다.

㉯ 잔디 1장당 규격은 30cm×30cm로 1m² 당 11매가 소요된다.

② 종자판의 붙임·종자 살포 및 파종시

단위 면적 100m² 당 소요 재료량을 산출하고 전체 수량을 산출

예 제 1

아래 그림과 같은 100m×10m의 경사면에 평떼붙임 공사를 하려고 한다. 단면 A–A′ 를 참조하여 잔디 식재면적을 산출하시오.(소수점 2자리까지 하시오.)

<조건>

- 등고선 간격은 1m
- $\sqrt{45}$=6.708, $\sqrt{73}$=8.544, $\sqrt{80}$=8.944

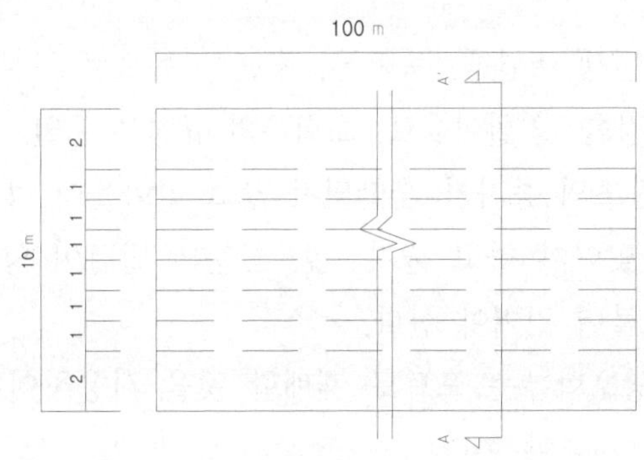

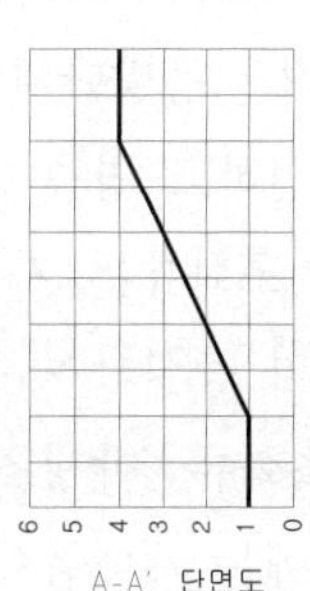

A-A′ 단면도

정답 ① 상단, 하단 평지 잔디면적 : 100×2=200m² ×2=400m²

② 중간경사지 잔디면적 : $\sqrt{6^2+3^2}=\sqrt{45}$, 6.708×100=670.8m²

③ 총잔디 식재면적 : 400+670.8=1,070.8m²

3 지피류 및 초화류 식재

1. 일반사항

① 적용범위

㉮ 잔디 및 비탈면녹화를 제외한 지피류와 초화류의 식재공사, 화단조성공사 등에 적용한다.

㉯ 재료에 따른 다양한 생육 및 재배조건을 충족시켜야 한다.

2. 식물재료

① 지피류 및 초화류 소재는 종자 및 1년생, 2년생, 숙근류, 구근류 등으로 구분한다.

② 종자의 규격은 중량단위의 수량과 순량률 및 발아율로, 초화류의 규격은 분얼, 포기 등으로 표시한다.

③ 종자는 신선하고 병충해가 없으며 잡초의 종자가 혼합되지 않고 발아율이 양호한 것이어야 한다.

④ 지피류 및 초화류는 지정된 규격에 맞아야 하고 줄기, 잎, 꽃눈의 발달이 양호하며, 병충의 피해가 없고 뿌리가 충실하여 흙이 충분히 붙어 있어야 한다.

⑤ 지피류, 초화류, 야생초화류 및 습생초화류는 포트로 재배한 것을 사용하여야 하며 야생채취가 허용된 경우에는 재배품이상의 품질을 지녀야 한다.

⑥ 분얼규격은 지정 수치의 분얼을 가져야 하며 발육상태는 균일하여야 하고 분얼되어 일정기간 성장한 것이어야 한다.

3. 시공

① 식재에 앞서 지반을 충분히 정지하고 쓰레기, 낙엽, 잡초 등을 제거한 후 적정량을 관수하여 식재상을 조성한다.

② 객토는 사질양토의 사용을 원칙으로 하나 지피류, 초화류의 종류와 상태에 따라 부식토, 부엽토, 이탄토 등의 유기질토양을 첨가할 수 있다.

③ 토심은 초장의 높이와 잎, 분얼의 상태에 따라 다르나 표토최소토심은 0.3~0.4m내외로 한다.

④ 식재하기 전 생육에 해로운 불순물을 제거한 후 바닥을 부드럽게 파서 고른다. 뿌리가 상하지 않도록 주의하면서 근원부위를 잡고 약간 들어올리는 듯 하면서 재배용토가 뿌리사이에 빈틈없이 채워지도록 심고 충분히 관수한다.

⑤ 왜성 대나무류 및 지피류 식재간격은 설계도서에 지정되지 않은 경우 0.15m(44주/㎡)를 표준으로 한다.

⑥ 지피류 및 초화류를 뗏장 또는 기타의 방법으로 식재하는 경우에는 제조업체의 제품시방서에 따른다.

⑦ 덩굴성 식물은 식재후 주요 장소를 대나무 또는 지정재료로 고정한다.

⑧ 종자의 파종은 재료별 파종방법에 따라 화단 전면에 걸쳐 균일하게 파종하며, 파종시기는 기후조건을 고려하여 파종직후 강우에 의해 종자가 유출되지 않고 지나치게 건조하지 않도록 양생·관리하여 발아를 촉진시킨다.

⑨ 특수한 식물의 식재와 파종에 대해서는 각 식물별 재식 및 파종방법 또는 공사시방서를 따른다.

⑩ 지피류 및 초화류 식재후에는 멀칭재를 사용하여 냉해나 건조피해를 막아주어야 한다.

05 지형 및 정지설계

1 | 지형

학습포인트

•지형도의 등고선을 판독할 수 있어야하며, 등고선의 4가지 표시방법과 등고선의 성질 등은 암기를 요한다.

1 지형의 표시법

1. 자연적 도법

① 음영법(shading) : 어느 일정한 방향에서 평행한 광선이 비칠 때 생기는 그림자로 지표면의 높고 낮은 상태를 표시한다.

② 우모법(hachuring) : 소의 털처럼 가는 선으로 지형을 표시하며 경사가 급하면 굵고 짧은선으로 경사가 완만하면 가늘고 긴선으로 나타낸다.

③ 특징 : 입체감이 잘 나타나며 그리기가 어렵다.

2. 부호적 도법

① 점고법(spot height system) : 하천, 항만, 해양 등에서의 심천측량을 점에 숫자를 기입하여 높이를 표시하는 방법

② 채색법(layer system) : 채색의 농도를 변화시켜 지표면의 고저를 나타내는 방법

③ 등고선법(contour system) : 등고선(일정한 간격의 수평면과 지표면이 교차하는 선을 기준면 위에 투영시켜 생긴 선)으로 지표면의 기복을 나타내는 방법으로 높이를 숫자로 표시하므로 임의 방향의 경사도를 쉽게 산출할 수 있다.

④ 특징 : 상대적인 고저차를 알기 쉬우나 입체감은 떨어진다.

2 등고선

1. 등고선의 용도

① 계곡선 : 표고의 읽음을 쉽게 하기 위한 선

② 주곡선 : 지형을 나타내는데 기본이 되는 선

③ 간곡선 : 완경사지 이외에 지모의 상태를 상세하게 설명하기 위한 선으로 주곡선 간격의 1/2 거리로 표시한다.

④ 조곡선 : 간곡선만으로 지형의 상태를 상세하게 나타낼 수 없을 때 사용하는 선으로 간곡선의 1/2 간격으로 표시한다.

2. 등고선의 종류와 간격

(단위 : m)

종류	기호	1 : 50,000	1 : 25,000	1 : 10,000
계곡선	굵은실선 ────	100	50	25
주곡선	가는실선 ────	20	10	5
간곡선	가는파선 ----------	10	5	2.5
조곡선	가는점선 ··········	5	2.5	1.25

3. 등고선의 성질

① 등고선 위의 모든 점은 높이가 같다.

② 등고선 도면의 안이나 밖에서 폐합되며, 도중에서 없어지지 않는다.

③ 산정과 오목지에서는 도면 안에서 폐합된다.

④ 높이가 다른 등고선은 절벽과 동굴을 제외하고 교차하거나 합치지 않는다. 절벽과 동굴에서는 2점에서 교차한다.

⑤ 등경사지는 등고선의 간격이 같으며, 등경사평면의 지표에서는 같은 간격의 평행선이 된다.

⑥ 급경사지는 등고선의 간격이 좁고, 완경사지는 등고선의 간격이 넓다.

⑦ 등고선 사이의 최단거리의 방향을 그 지표면의 최대경사의 방향이며, 최대경사의 방향을 등고선의 수직 방향이고, 물의 배수방향이다.

⑧ 철사면은 언덕으로 증가하는 간격을 가진 것이며, 높은 등고선은 낮은 등고선의 간격보다 더 넓다.

⑨ 요사면은 낮은 등고선이 높은 것보다 더 넓은 간격으로 증가하는 간격으로 된다.

4. 사면과 평사면

① 요사면 : 등고선이 고위부에 밀집해 있으며, 저위부에서 간격이 멀어진다.

② 철사면 : 등고선이 저위부에 밀집해 있으며, 고위부에서 간격이 멀어진다.

③ 평사면 : 전체적으로 등간격을 이루는 등고선의 상태

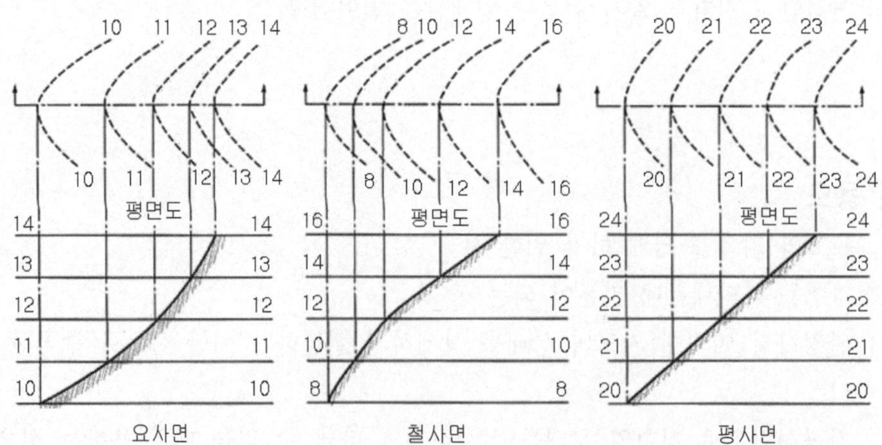

5. 지성선(地性腺)

지성선이란 지모(地貌)의 골격이 되는 선으로 지표면에 여러 개의 평면이 이루어졌다고 가정하면 그 평면이 만나는 선을 말하며 지형을 표시하는 중요한 요소이다.

지성선의 종류는 다음과 같다.

① 능선(凹 선) : 지표면의 높은 점을 연결한 선으로 분수선이라고도 한다.

② 계곡선(凸 선) : 지표면의 낮은 점들은 연결한 선으로 합수선이라고도 한다.

③ 경사변환선 : 능선이나 계곡선상의 경사상태가 변하는 경우의 선을 말한다.

④ 최대경사선(유하선) : 지표의 임의의 한점에서 그 경사가 최대로 되는 방향을 표시한 선으로 등고선에 직각으로 교차하며 물이 흐르는 선이란 의미에서 유하선이라고도 한다.

예 제 1 (기출)

지형도에 등고선을 나타낼 때 쉽고 자세히 판독할 수 있도록 표시하는 등고선의 4가지 종류(표시방법)와 지형도의 축척에 따른 등고선 간격을 나타내시오.

정답 1) 등고선의 4가지 종류

① 계곡선 : 표고의 읽음을 쉽게 하기 위한 선

② 주곡선 : 지형을 나타내는데 기본이 되는 선

③ 간곡선 : 완경사지 이외에 지모의 상태를 상세하게 설명하기 위한 선으로 주곡선 간격의 1/2거리로 표시한다.

④ 조곡선 : 간곡선만으로 지형의 상태를 상세하게 나타낼 수 없을 때 사용하는 선으로 간곡선의 1/2간격으로 표시한다.

2) 축척에 따른 등고선 간격

종 류	기 호	1 : 50,000	1 : 25,000	1 : 10,000
계곡선	굵은실선 ———	100	50	25
주곡선	가는실선 ———	20	10	5
간곡선	가는파선 -----------	10	5	2.5
조곡선	가는점선 ·········	5	2.5	1.25

2 | 정지설계

학습포인트

• 정지설계는 목적과 유형에 따라 부지 및 순환로 조성과 표면배수로 구분하며, 목적에 따라 경사변경하는 문제가 자주 출제되므로 등고선조정에 대한 이해와 학습이 요구된다.

1 평탄한 부지조성

공원, 주차장, 운동장 등 우리가 조성하는 모든 요소들을 배치하기 위해서는 평탄한 지역을 조성하여야한다. 평탄한 지역을 조성하는 데는 절토, 성토, 절토와 성토의 혼합, 옹벽의 4가지 방법이 있으며 경우에 따라 적절히 방법을 중복 적용한다. 절토와 성토의 양이 균형을 이루면 비싼 운반 및 처리비용을 절감할 수 있으며, 경사면이 작아지므로 비탈면붕괴 및 지반침하, 자연환경파괴 등을 줄일 수 있게 되어 대부분 이 방법으로 경사를 변경한다.

1. 절토방법-등고선 조정순서

① 지형도에 평탄한 지역의 위치를 선정한다.

② 평탄지역 밖에서 평탄지역을 지나가지 않는 낮은 방향의 가장 높은 등고선을 선택한다.

③ 평탄지역보다 조금 높게 계획고(F.L)를 정한다.

④ 선택된 등고선 보다 높은 등고선부터 조성부지의 뒤를 둘러싸도록 조정한다.

⑤ 건물로부터 제안된 적합한 등고선과 등고선 사이의 간격을 적합하게 유지하여 기존 등고선과 계획한다.

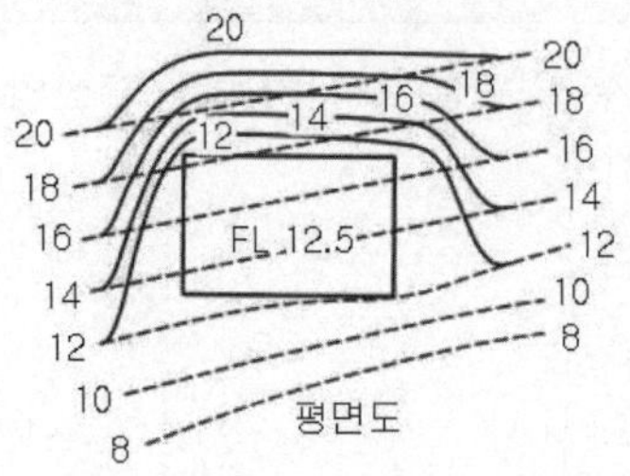

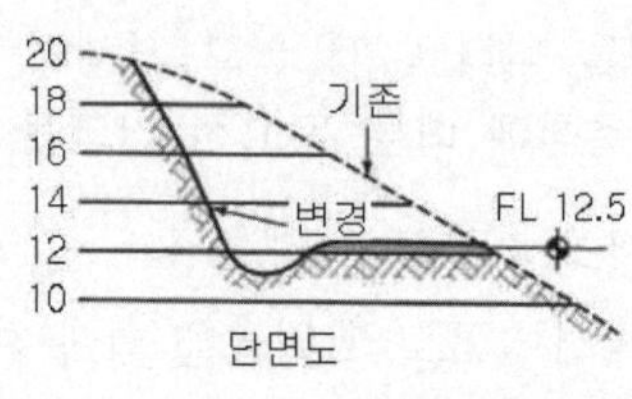

2. 성토방법-등고선 조정순서

① 평탄한 지역을 조성할 위치를 정한다.

② 그 지역을 통과하지 않는 높은 방향의 가장 낮은 등고선을 택한다.

③ 선택한 등고선보다 조금 높게 계획고(F.L)을 정한다.

④ 선택된 등고선부터 시작하여 낮은 등고선 방향으로 기존 등고선과 계획 등고선이 만나지 않을 때까지 계획선을 그린다.

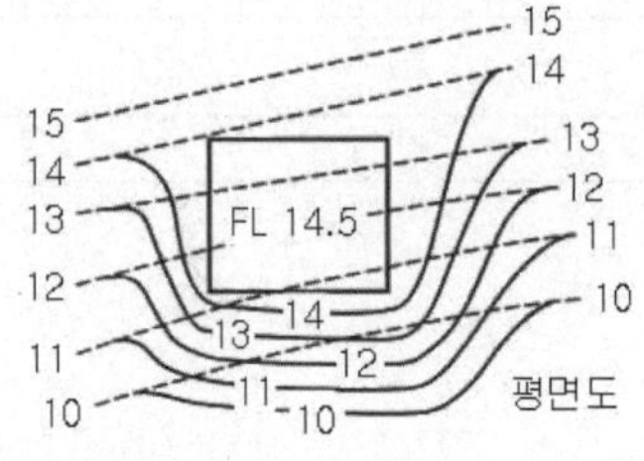

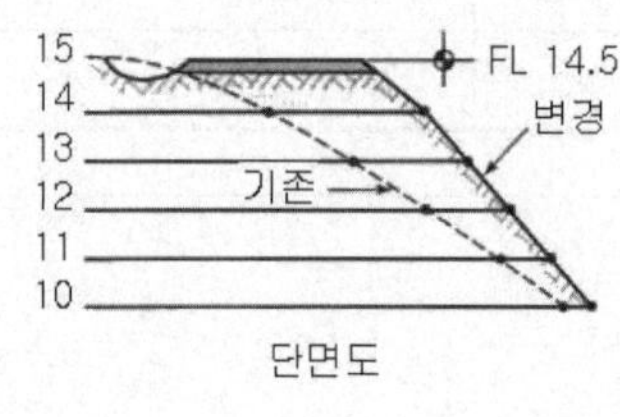

3. 절토・성토의 혼합방법-등고선 조정 순서

① 평탄한 지역을 통과하는 중간 등고선을 선택해 계획고를 정한다.

② 계획고 보다 높은 등고선은 위로 평탄 지역을 감싼다.

③ 계획고 보다 낮은 등고선은 아래 평탄지역을 감싸며 기존 등고선과 만나지 않을 때 까지 등고선을 조정한다.

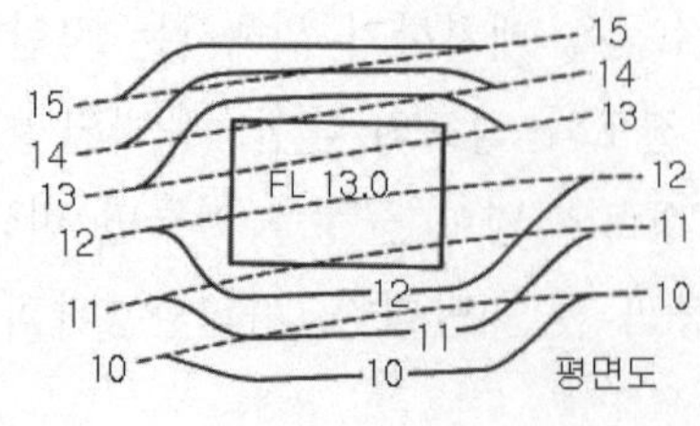

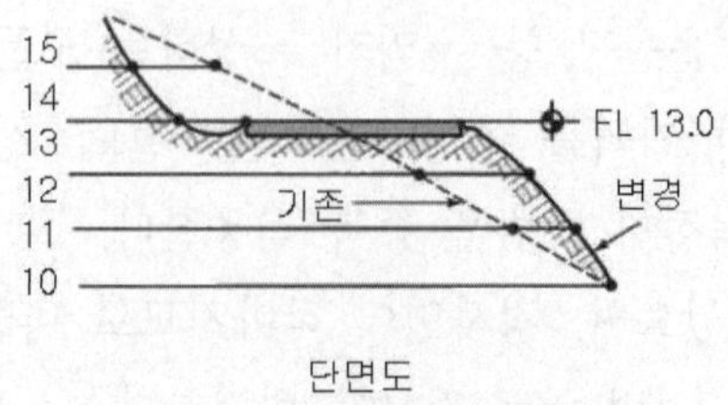

4. 옹벽에 의한 방법

① 많이 사용되는 방법이나 대규모 경사면이 발생하는 경우 다소 어렵지만, 소규모 옹벽으로 공간이용의 효율성을 높일 수 도 있다.

② 등고선은 합병하지 않는다는 성질에서 예외가 되므로 도면에 나타내기 어렵다.

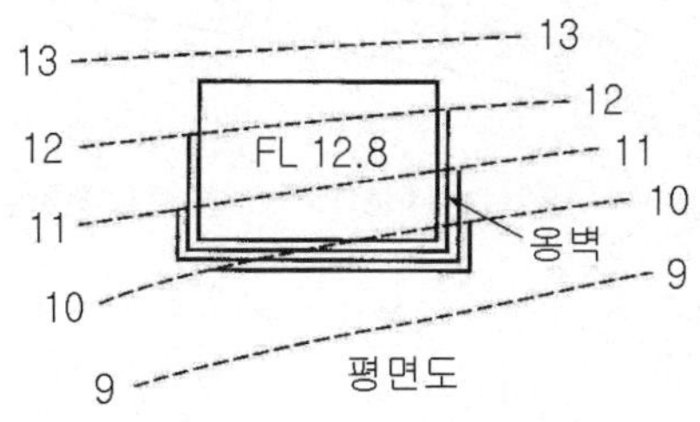

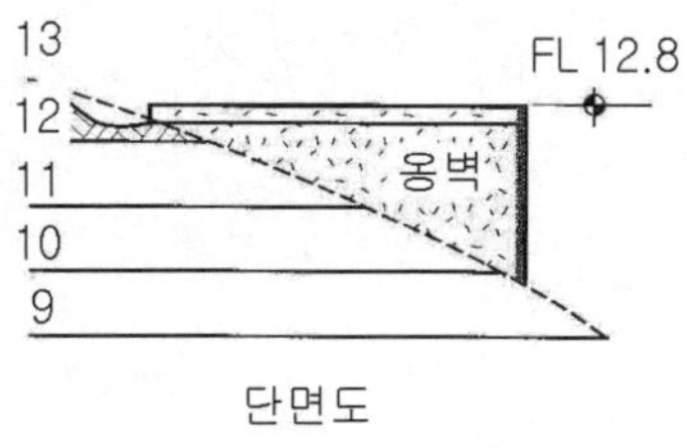

2 순환로의 조성

기존 지형과 조화를 이루고 가급적 차량과 보행자의 부담을 적게하는 보행로와 도로를 조성하여야 한다.

1. 절토방법

① 계획등고선의 개략적인 노폭과 위치를 정한다.

② 도로 밑에 있는 등고선과 도로의 위치를 고려해 계획할 도로에 대한 마감경사를 결정한다.

③ 선택된 등고선은 도로의 낮은 쪽으로 시작하여 위로 올라가며, 도로를 수직으로 건너가게 한다.

④ 도로의 다른면에 도달하면 기존의 등고선과 다시 연결될 때까지 평행하게 그린다.

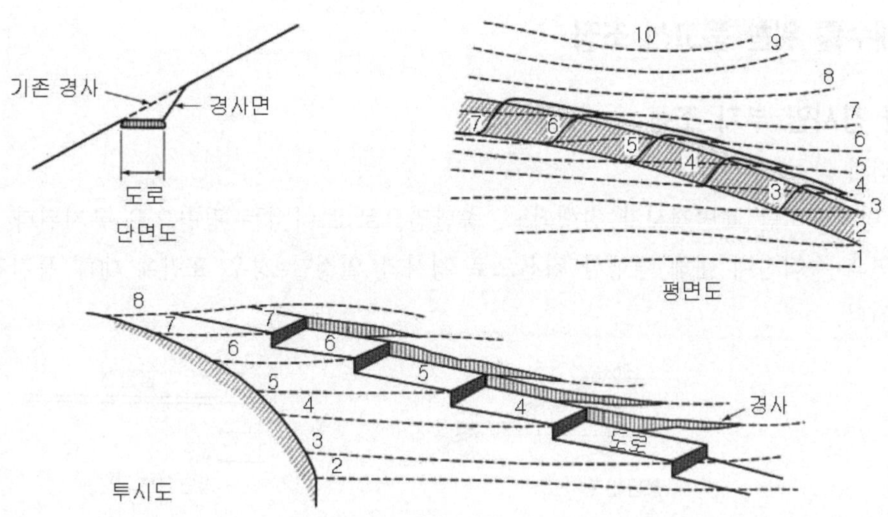

2. 성토방법

① 계획등고선의 개략적인 노폭과 위치를 정한다.

② 도로 밑에 있는 등고선과 도로의 위치를 고려해 계획할 도로에 대한 마감경사를 결정한다.

③ 선택된 등고선은 도로의 높은 쪽으로 시작하여 낮은쪽 내려가며, 도로를 수직으로 건너가한다.

④ 도로의 다른면에 도달하면 기존의 등고선과 다시 연결될 때까지 평행하게 그린다.

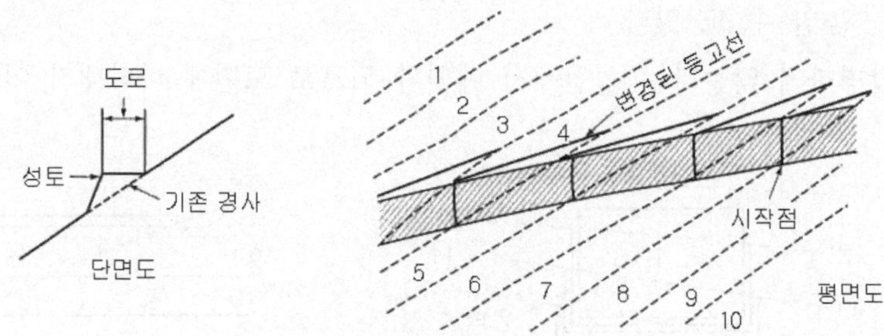

3. 절토와 성토의 혼합방법

① 도로의 중심과 등고선이 교차하는 지점의 기준을 정한다.

② 도로를 수직으로 횡단하는 등고선을 만들면, 성토는 등고선 반은 기존 등고선의 아래에, 절토인 나머지 반은 위에 연결되게 한다.

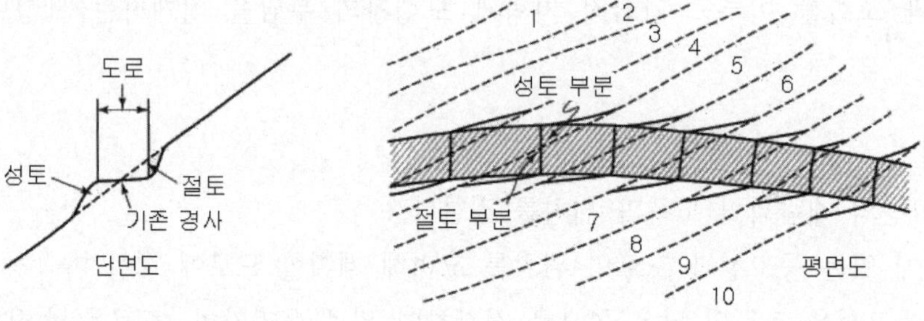

3 표면배수를 위한 등고선 조정

1. 균등한 경사면 부지 조성

① 단일경사

㉮ 한 방향으로만 표면경사가 진행되고, 종단면으로 보아서는 평면으로 유지된다.

㉯ 표면의 수직선에 대해 평행한 직선으로 경사가 일정할 경우 표면에 대해 등간격으로 등고선이 그려진다.

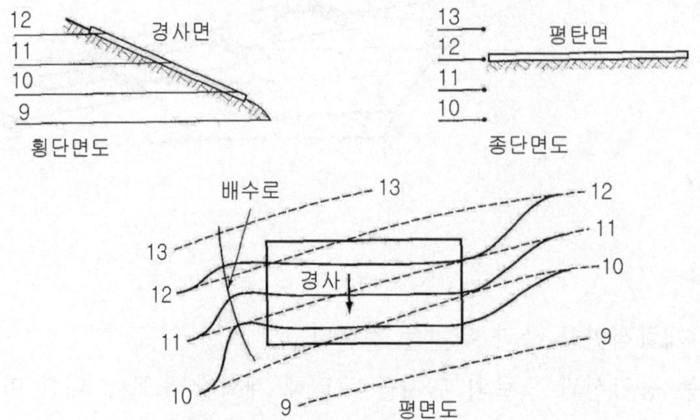

② 2방향 경사

㉮ 종단면, 횡단면 모두 경사면이다.

㉯ 등고선이 부지 표면을 대각으로 횡단하고, 등고선은 대각선 방향으로 균등한 간격을 유지 한다.

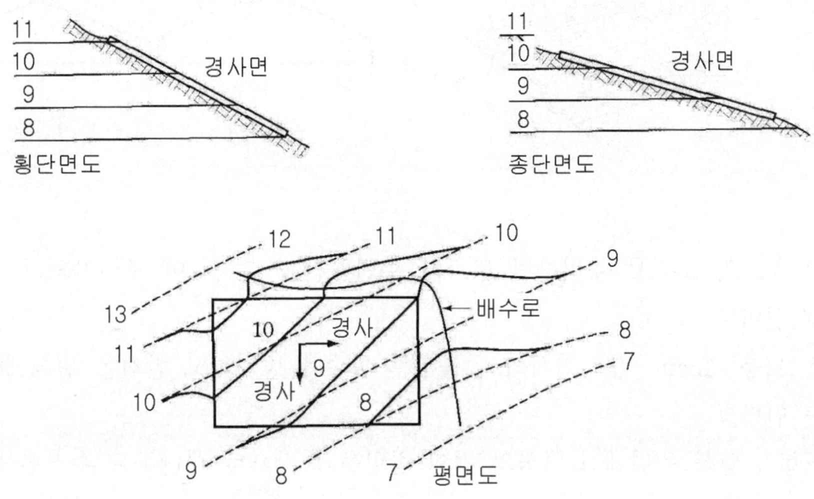

2. 도로의 배수를 위한 경사조정

도로 단면의 형태와, 연석, 표면배수시설에 대한 특성을 이해하고 이를 토대로 등고선을 조정한다.

① 도로단면의 형태

㉮ 수평형 : 종단방향만 경사지며 횡단은 평평한 형태

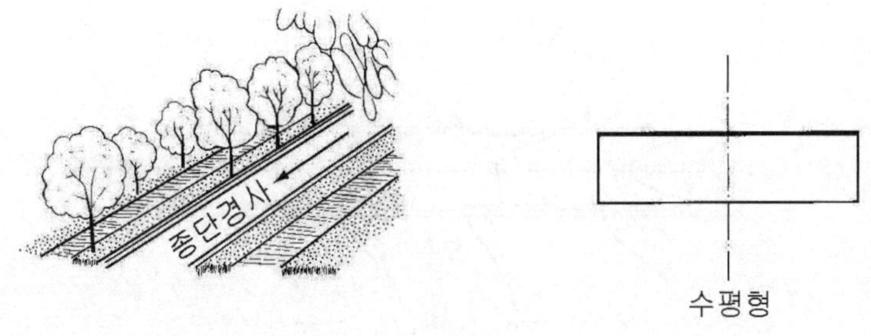

㉯ 편경사형 : 도로의 한방향으로 경사지게 하는 것으로, 곡선부의 원심력을 완화해준다.

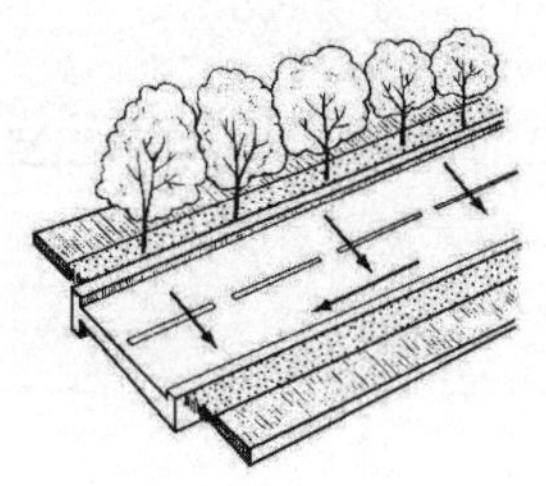

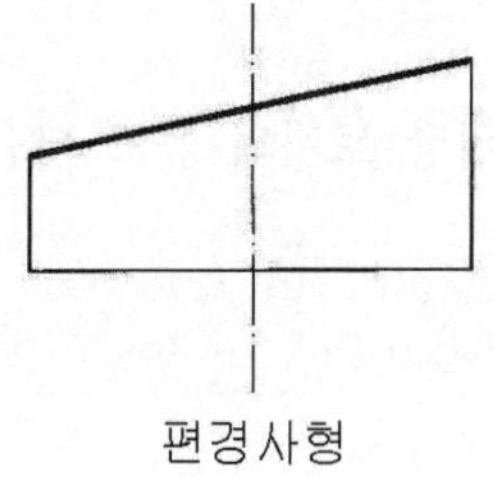

㉰ 포물선형과 접선형 : 일반적인 도로의 형태로 포물선 형태의 횡단경사를 주는 것으로 도도의 중앙을 높인다.

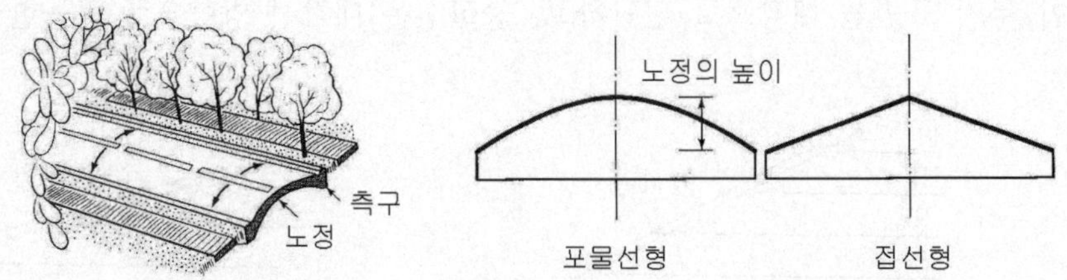

② 연석

㉮ 목적 : 차도와 보도를 분리하며 도로와 주변공간을 분리하여 보행자의 안전과 강우 유출을 제어하는 시설이다.

㉯ 높이는 보통 15cm 이며 연석의 돌출부는 파손을 방지하고 안전을 위해 둥글리거나 사건으로 모따기를 한다.

㉰ 도면표현 : 연석 윗면에서 연석의 길이 방향을 직각으로 횡단하고 수직면에 사선으로 그려진다.

③ 도로의 등고선-예시

포물선형의 도로 단면과 양단에 연석이 있는 도로의 등고선

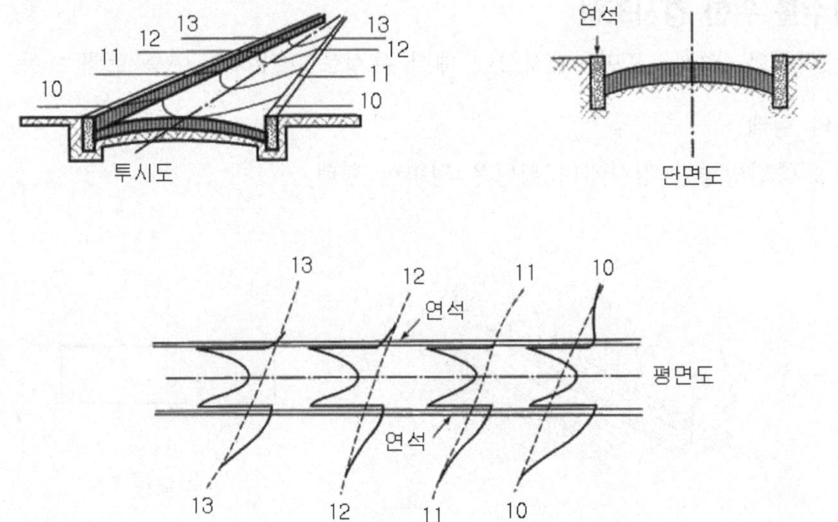

4 경사도

1. 정의

경사도는 수직 단위당 토지의 높고 낮음을 의미하며, 일반적으로 백분율, 비율, 각도로 표현된다.

2. 경사도 구하기

$$G=\frac{D}{L}\times 100(\%)$$

여기서, G : 경사율(%)

D : 두지점사이의 고저차

L : 두지점사이의 수평거리

1. 다음 도로의 등고선의 간격은 50cm 이다. 그림을 보고 등고선을 수정하여 굵은 실선으로 표시하시오.

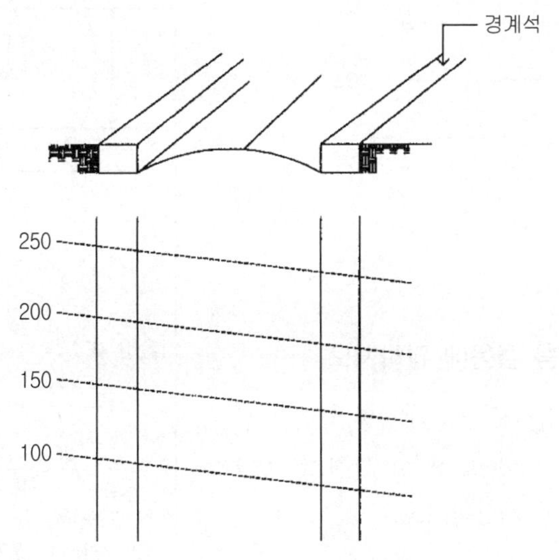

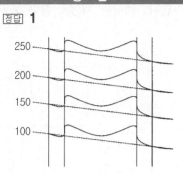

2. 다음 도로의 등고선 간격은 50cm 이다. 그림을 보고 등고선을 수정하여 굵은 실선으로 표시하시오.

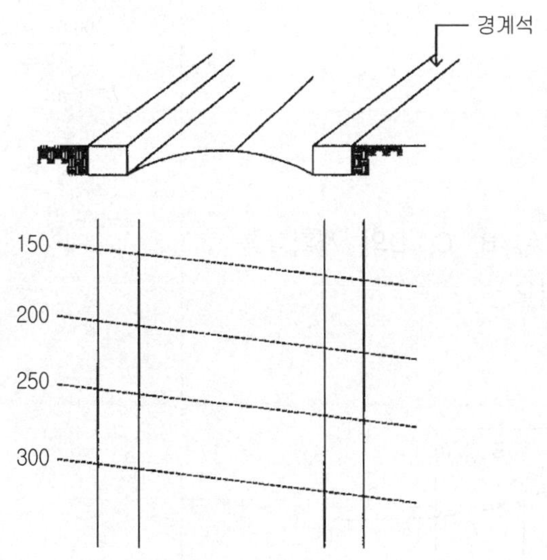

정 답

정답 1

250
200
150
100

정답 2

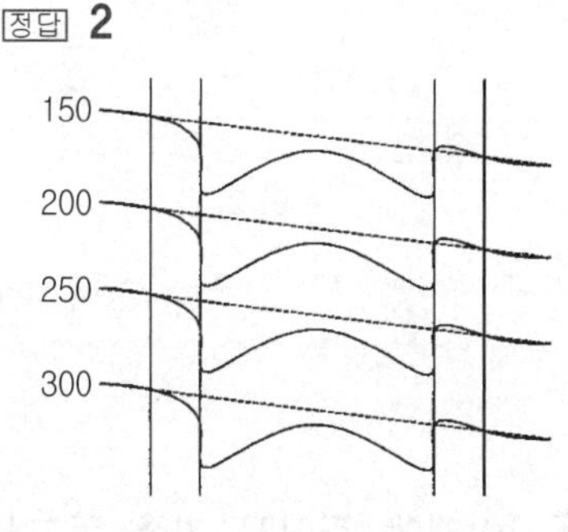

3. 아래 그림과 같이 양쪽에 측구와 비탈어깨를 갖는 원로를 조성하려 한다. 제시된 지형도 상에 등고선을 조작하시오. (C.L : 중심선)

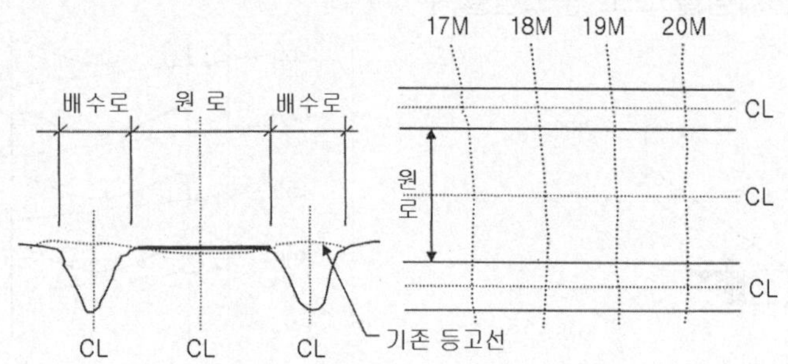

4. 아래의 그림은 도로를 설계한 것이다. 다음 물음에 답하시오.

A와 B구간의 거리는 50m 일 때 이 도로의 경사도는 (①)%이며 A 점으로부터 각각 94m까지 (②), 95m 까지 (③), 96m 까지 (④) 수평거리를 산정하시오. (단, 소수점 2자리까지 계산하시오.)

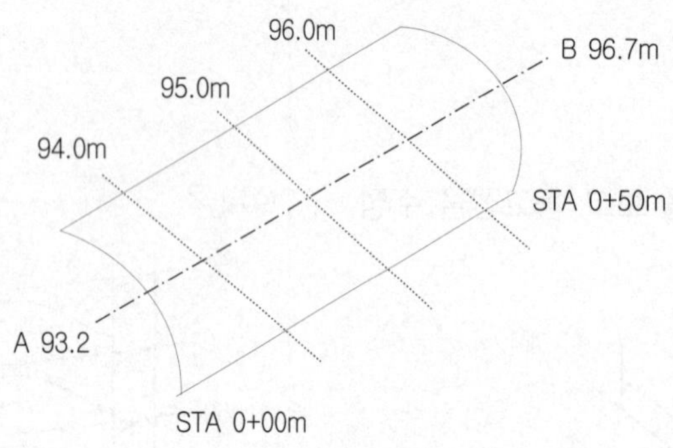

5. 아래에 주어진 기존 등고선을 조작하여 A, B, C, D의 계획고를 4.20으로 맞추는 도면을 1/400으로 완성하시오.

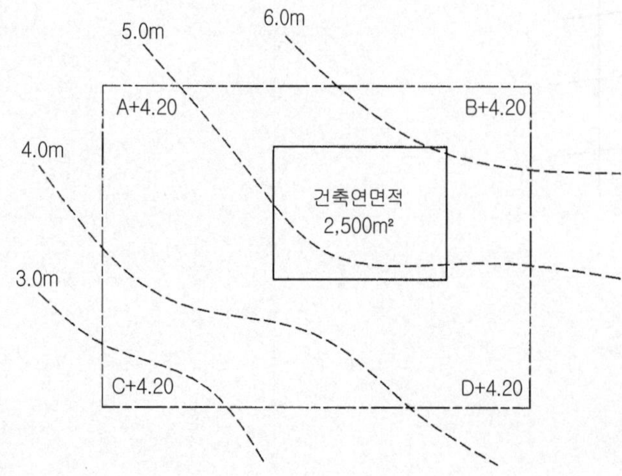

정 답

정답 3

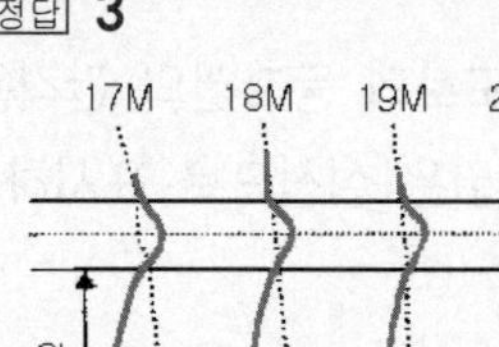
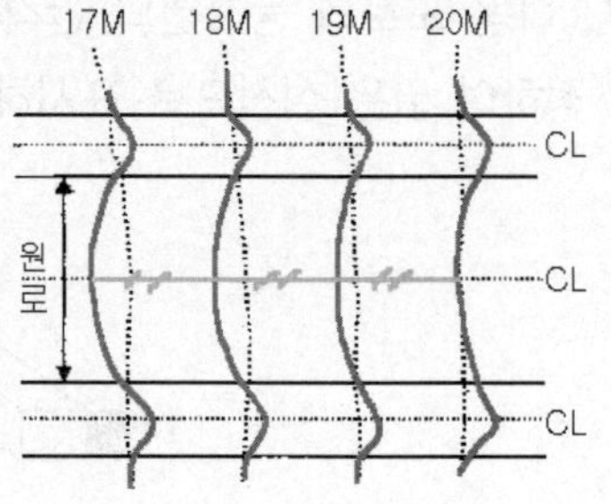

정답 4

① $G=\frac{D}{L}\times 100(\%)$

$=\frac{96.7-93.2}{50}\times 100(\%)$

$=7\%$

② 94m : 7%

$=\frac{94.0-93.2}{L}\times 100(\%)$

$L=11.42\text{m}$

③ 95m : 7%

$=\frac{95.0-93.2}{L}\times 100(\%)$

$L=25.71\text{m}$

④ 96m : 7%

$=\frac{96.0-93.2}{L}\times 100(\%)$

$L=40\text{m}$

정 답

정답

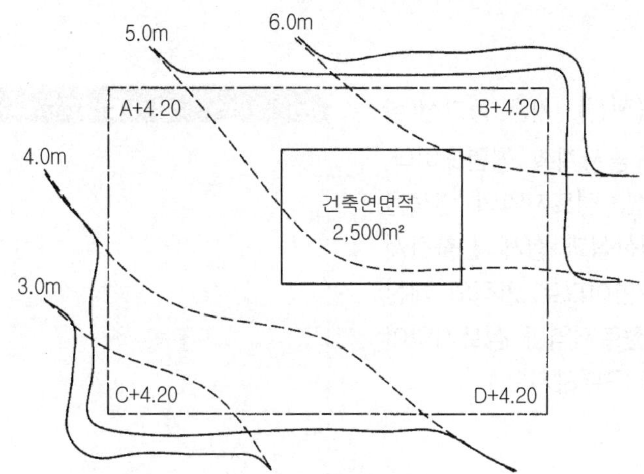

6. 다음과 같은 지형에 직사각형의 소광장을 조성하려한다. 부지하단 A, B 모서리의 점표고를 기입하고 계획등고선을 굵은 실선으로 나타내어 정지계획을 완성하시오. (단, 광장의 경사는 2%로하고 부지의 모든 절성토 경사는 100%이하로 한다.)

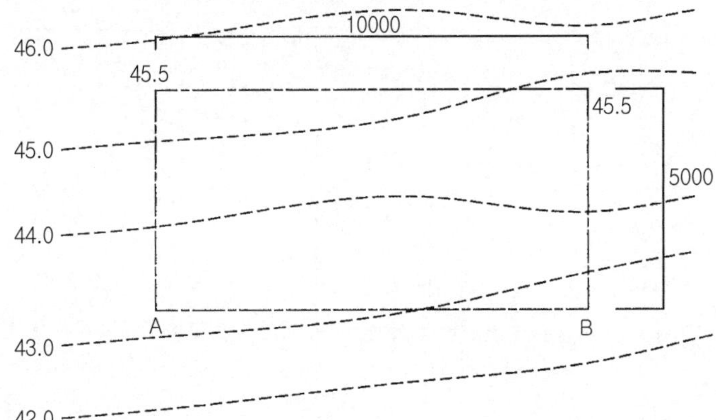

정답

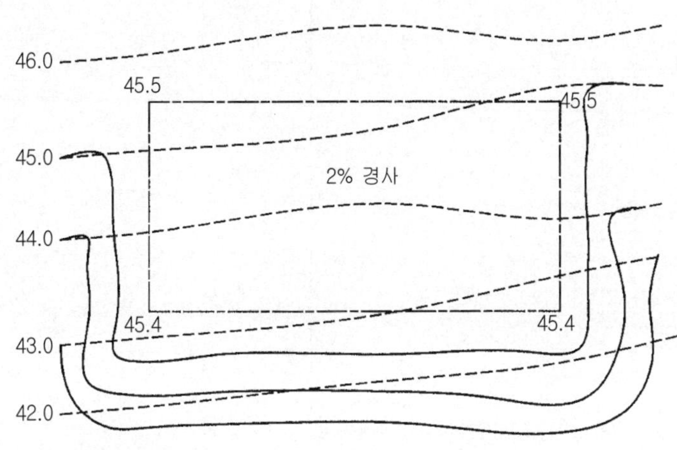

해설 6

① A, B의 점표고 구하기

$$경사도 = \frac{수직거리}{수평거리} \times 100$$

$$2\% = \frac{수직거리}{5} \times 100$$

∴ 수직거리 = 0.1

따라서, 45.5 − 0.1 = 45.4

② 성토 수평거리 구하기(경사 100%)

• 45m 등고선

$$100\% = \frac{45.4 - 45}{L} \times 100$$

$L = 0.4\text{m}$

• 44m 등고선

$$100\% = \frac{45.4 - 44}{L} \times 100$$

$L = 1.4\text{m}$

• 43m 등고선

$$100\% = \frac{45.4 - 43}{L} \times 100$$

$L = 2.4\text{m}$

7. 아래 그림은 토공량 산출을 위한 계획 등고선(점선), 기존 등고선(실선), 그리고 20m마다 횡단번호가 나타나 있는 공사계획 평면도이다. 이 도면을 보고 답안지의 No.별 횡단면도와 절·성토지역의 면적을 구한 후 양단면평균법에 의한 절·성토량을 계산식과 함께 산출하시오. (단, 모든 치수의 단위는 m이며, 무축척 도면이므로 면적의 계산은 제시된 치수에 따라 산출하고, 답안지에는 절토지역과 성토지역이 구분되도록 단면상의 성토지역에는 빗금을 그어 구분하시오.)

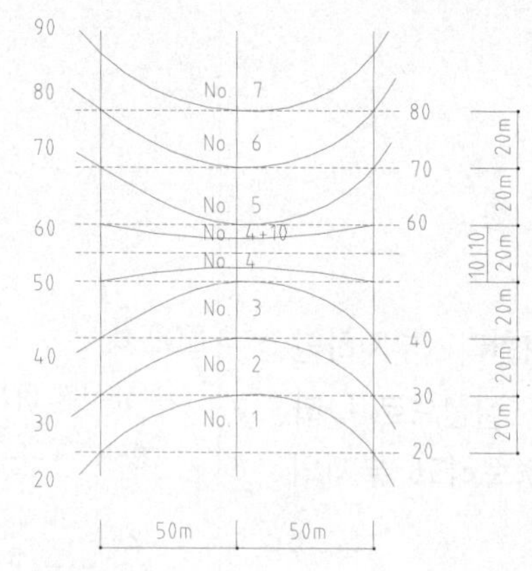

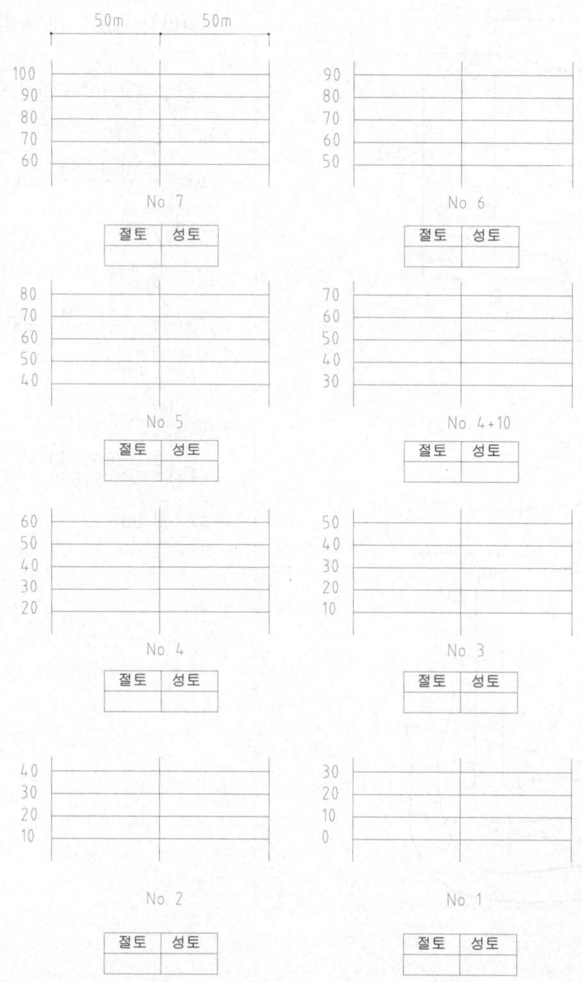

정 답

정답

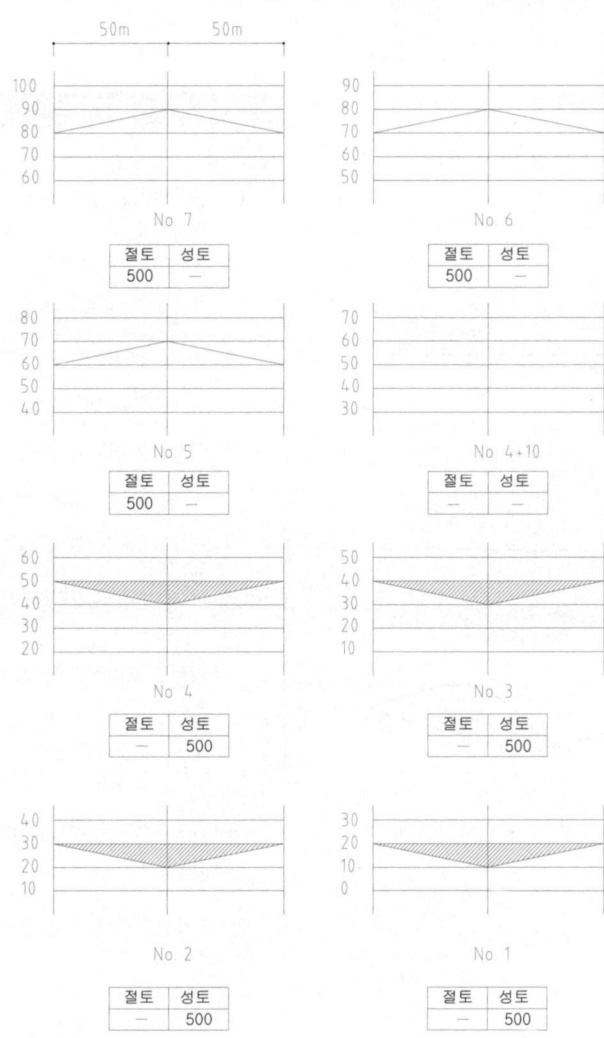

8. 다음 그림은 계획등고선과 기존 등고선의 단면이다. 아래 조건들을 보고 물음에 답하시오.

> 〈조건〉
> 1. 측점간의 간격(STA. n~STA. n+1)은 20m이다.
>   추가단면은 STA.n+x (x : STA.n로부터 STA.n+x까지의 거리(m)로 표시)
> 2. STA.0에서 STA.1까지 거리는 20m이다.
> 3. STA.n 거리는 0m에서 시작하여 72m까지이다.

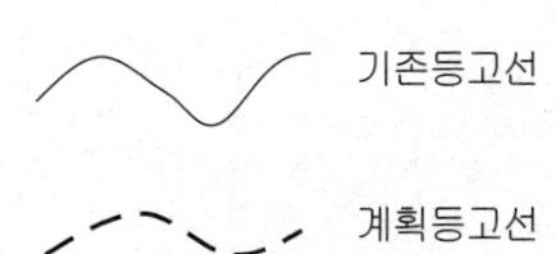

정 답

정답 **7**

(1) 절토량계산식

$$\left(\frac{500+500}{2}\right)\times 20+\left(\frac{500+500}{2}\right)\times 20+\left(\frac{500+0}{2}\right)\times 10=22,500\text{m}^3$$

∴총절토량 22,500m^3

(2) 성토량계산식

$$\left(\frac{0+500}{2}\right)\times 10+\left(\frac{500+500}{2}\right)\times 20+\left(\frac{500+500}{2}\right)\times 20+\left(\frac{500+500}{2}\right)\times 20=32,500\text{m}^3$$

∴총성토량 32,500m^3

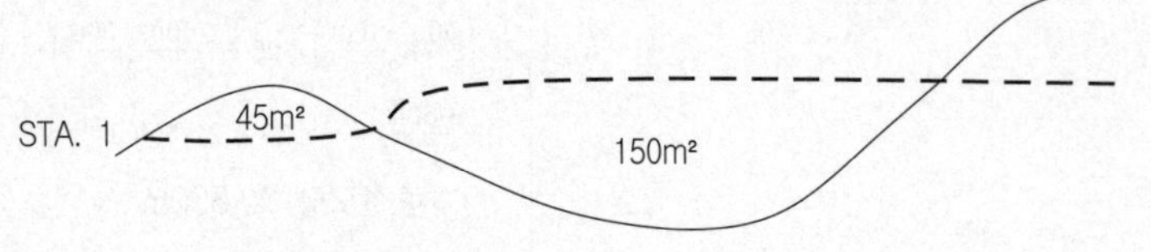

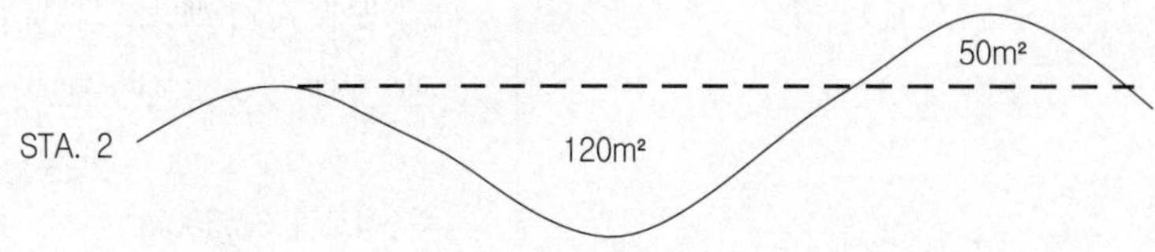

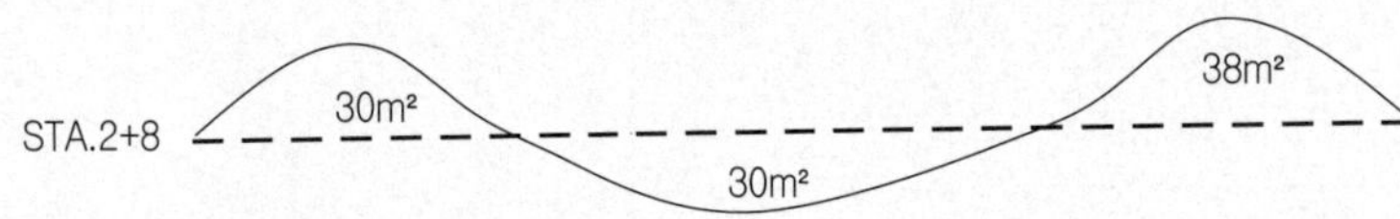

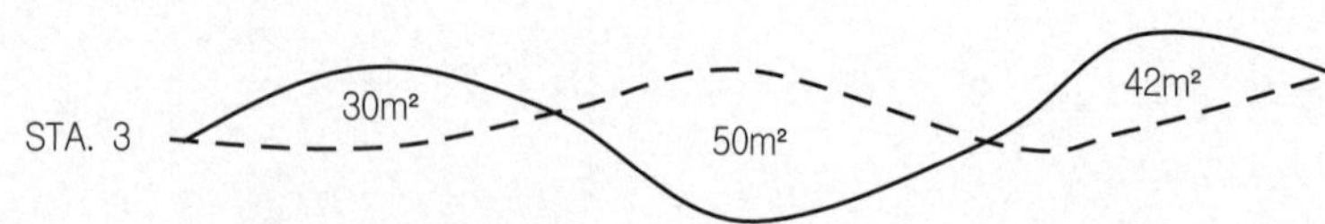

(1) 양단면평균법에 의한 성토량을 구하시오.

(2) 중앙단면법에 의한 절토량을 구하시오.

정 답

정답 8

(1) 양단면평균법에 의한 성토량을 구하시오.

① 0~STA. 1 구간

$\frac{0+150}{2} \times 20 = 1{,}500m^3$

② STA. 1~STA. 2 구간

$\frac{150+120}{2} \times 20 = 2{,}700m^3$

③ STA. 2~STA. 2+8 구간

$\frac{120+30}{2} \times 8 = 600m^3$

④ STA. 2+8~STA. 3 구간

$\frac{30+50}{2} \times 12 = 480m^3$

⑤ STA. 3~72m 구간

(간격 72m−(20+20+8+12) =12m)

$\frac{50+0}{2} \times 12 = 300m^3$

∴총성토량

=1,500+2,700+600+480+300

$=5{,}580m^3$

(2) 중앙단면법에 의한 절토량을 구하시오.

① STA.

1 구간 : $45 \times (10+10) = 900m^3$

② STA.

2 구간 : $50 \times (10+4) = 700m^3$

③ STA.

2+8 구간 : $(30+38) \times (4+6) = 680m^3$

④ STA.

3 구간 : $(30+42) \times (6+6) = 864m^3$

∴총절토량

$900+700+680+864 = 3{,}144m^3$

06 측량일반

1 | 측량일반

학습포인트

• 측량에서는 수준측량에서 기고식 야장의 기계고와 지반고를 계산하는 문제와 사진측량에 관한 문제가 출제되고 있다.

1 수준측량(Leveling)의 개요

1. 정의

기준면으로부터 지표면의 높이를 관측하는 측량으로 고저측량이라고도 한다.

2. 수준측량의 이용

① 기존 지형에 가장 알맞은 도로, 철도 및 운하의 설계
② 계획된 고저에 의한 건설 공사의 배치
③ 토공량의 산정과 공사 지역의 배수 특성의 조사
④ 토지의 현황을 표현하는 지도의 제작

3. 수준측량시의 용어

측점 (station, S)	표척을 세워서 시준하는 점으로 수준측량에서는 다른 측량방법과 달리 기계를 임의점에 세우고 측점에 세우지 않는다.
후시 (back sight, B.S)	지반고를 알고 있는 점에 표척을 세웠을 때 눈금을 읽은 값
전시 (fore sight, F.S)	표고를 구하려는 점(미지점)에 표척을 세웠을 때 눈금을 읽은 값
기계고 (instrument height, I,H)	기계를 수평으로 설치했을 때 기준면으로부터 망원경의 시준선까지의 높이 $I.H = G.H + B.S$
지반고 (ground height, G.H)	표척을 세운 지점의 지표면의 높이 $G.H = I.H - F.S$
이기점 (turning point, T.P)	기계를 옮기기 위한 점으로 전시와 후시를 동시에 취하는 점
중간점, 간시 (intermediate point, I.P)	그 점의 표고를 구하고자 전시만 취한 점
고저 차	두 지점간의 표고 차

4. 직접 수준측량의 원리

$$\Delta h = (a_1 - b_1) + (a_2 - b_2) + ... = (a_1 + a_2 + ...) - (b_1 + b_2 + ...)$$

$$= \Sigma B.S - \Sigma F.S$$

$$H_B = H_A + \Delta h = H_A + (\Sigma B.S - \Sigma F.S)$$

5. 직접 수준측량의 방법

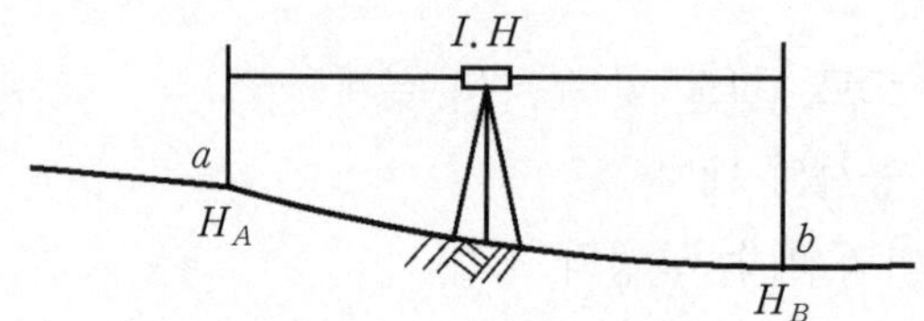

기계고(I.H) = H_A + 후시(a)

B점의 지반고 : H_B = 기계고(I.H) − 전시(b) = $H_A + a - b$

예 제 1

다음 그림에서 No_3의 지반고를 구하시오. (단, 측점 No_1의 BM 10m)

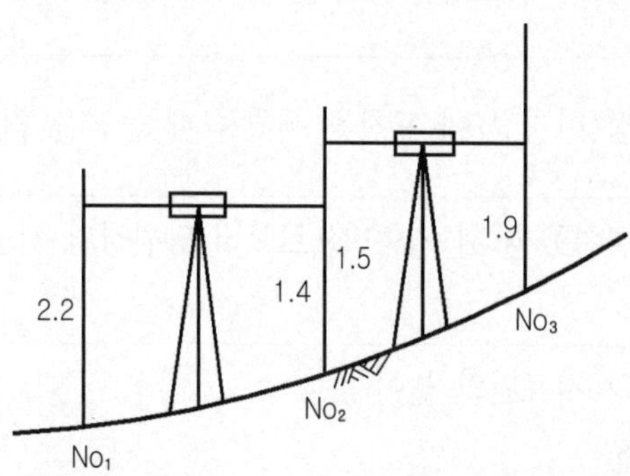

정답 $\Delta h = \Sigma B.S - \Sigma F.S$ = (2.2+1.5) − (1.4+1.9) = 0.4m

$No._3$의 지반고 = BM+Δh = 10+0.4 = 10.4m

6. 야장기입법

① 야장 : 고저측량의 결과를 표로 나타낸 것이다.

② 종류

	방 법	용 도
고차식	전시의 합과 후시의 합의 차로서 고저차를 구하는 방법이다	2점간의 높이만을 구하는 것이 주목적 이므로 점검이 용이하지 않다.
승강식	후시값과 전시값의 차가 ⊕이면 승(昇)란에 기입하고 ⊖이면 강(降)란에 기입하는 방법이다.	완전한 검산을 할 수 있어 정밀측량을 요할 때 쓰인다.
기고식	시준높이를 구한 다음 여기에 임의의 점의 지반높이에 그 후시를 더하여 기계높이를 얻은 다음 그것에서 다른 점의 전시를 빼어 그 점의 지반높이를 얻는 방법이다.	주로 사용하는 방법으로 중간시가 많을 때 사용하며 편리한 방법이나 완전한 검산을 할 수 없다.

예 제 2 (기출)

다음 기고식 야장의 기계고와 지반고를 계산하시오.

(단위 : m)

측점	후시(B.S)	기계고(I.H)	전시		지반고	비고
			이기점(T.P)	중간점(I.P)		
A	1.5				100	H_A=100m
1				1.8		
2				1.9		
3	2.0		0.7			
4				2.1		
B			2.5			
계						

(단위 : m)

정 답

측점	후시(B.S)	기계고(I.H)	전시		지반고	비고
			이기점(T.P)	중간점(I.P)		
A	1.5	101.5			100	H_A=100m
1		101.5		1.8	99.7	
2		101.5		1.9	99.6	
3	2.0	102.8	0.7		100.8	
4		102.8		2.1	100.7	
B		102.8	2.5		100.3	
계	3.5		3.2		ΔH=0.3	

해 설

(단위 : m)

측점	후시(B.S)	기계고(I.H)	전시 이기점(T.P)	전시 중간점(I.P)	지반고	비고
A	1.5	101.5 ←(100+1.5)			100	H_A=100m
1		101.5 ← 측량기를 옮기지않고 모르는 1,2지점을 바라봄		1.8	99.7←(101.5−1.8)	
2		101.5		1.9	99.6←(101.5−1.9)	
3	2.0	102.8 ←(100.8+2.0)	0.7		100.8←(101.5−0.7)	
4		102.8 ← 측량기를 옮기지않고 모르는 4, B 지점을 바라봄		2.1	100.7←(102.8−2.1)	
B		102.8	2.5		100.3←(102.8−2.5)	
계	3.5		3.2		⊿H=0.3	

* I.H(기계고)=G.H(지반고)+B.H(후시)
* G.H(지반고)=I.H(기계고)−F.S(전시)

예 제 3

다음 기고식 야장의 기계고와 지반고를 계산하시오.

측점	B.S	I.H	T.P	I.P	G.H	비고
A	1.528					B.M 100m
1				1.154		
2				1.892		
3	2.154		1.011			
4				1.063		
5				1.536		
6	1.405		2.377			
7				0.620		
B			0.433			B.M 101.254m
합계						
검산						

정 답

측점	B.S	I.H	T.P	I.P	G.H	비고
A	1.528	101.528			100.000	B.M 100m
1		101.528		1.154	100.374	
2		101.528		1.892	99.636	
3	2.154	102.671	1.011		100.517	
4		102.671		1.063	101.608	
5		102.671		1.536	101.135	
6	1.405	101.699	2.377		100.294	
7		101.699		0.620	101.079	
B		101.699	0.433		101.266	B.M 101.254m
합계	5.087		3.821			
검산	5.087−3.821=+1.266				101.266−100.000=+1.266	

예 제 4 (기출)

다음은 수준측량을 한 것을 도시한 것이다. 아래의 야장에 기입하시오.

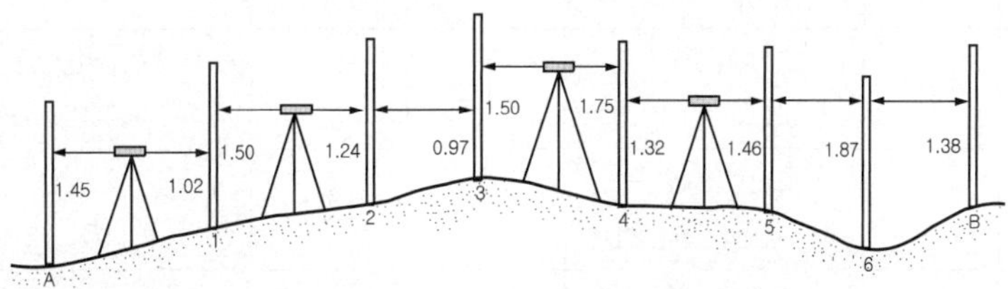

측점	B.S	I.H	T.P	I.P	G.H	비고
A						B.M 100m
1						
2						
3						
4						
5						
6						
B						
합계						
검산						

정답

측점	B.S	I.H	T.P	I.P	G.H	비고
A	1.45	101.45			100.0	B.M 100m
1	1.50	101.93	1.02		100.43	
2		101.93		1.24	100.69	
3	1.50	102.46	0.97		100.96	
4	1.32	102.03	1.75		100.71	
5		102.03		1.46	100.57	
6		102.03		1.87	100.16	
B		102.03	1.38		100.65	
합계	5.77		5.12			
검산	B.S − T.P = 5.77−5.12=0.65				ΔH=100.65−100.0=0.65	

해설

측점	B.S (후시)	I.H (기계고) = 지반고 + 후시	T.P (이기점)	I.P (중간점)	G.H (지반고) = 기계고 − 전시	비고
A	1.45	101.45 ←(100.0+1.45)			100.0	B.M 100m
1	1.50	101.93 ←(100.43+1.50)	1.02		100.43 ←(101.45−1.02)	
2		101.93 ←(101.69+1.24)		1.24	100.69 ←(101.93−1.24)	
3	1.50	102.46 ←(100.96+1.50)	0.97		100.96 ←(101.93−0.97)	
4	1.32	102.03 ←(100.71+1.32)	1.75		100.71 ←(102.46−1.75)	
5		102.03 ←측량기를 옮기지 않고 지반고만 구함		1.46	100.57 ←(102.03−1.46)	
6		102.03		1.87	100.16 ←(102.03−1.87)	
B		102.03	1.38		100.65 ←(102.03−1.38)	
합계	5.77		5.12			
검산	B.S − T.P = 5.77−5.12=0.65				ΔH=100.65−100.0=0.65	

예 제 5

그림과 같은 수준측량을 하였다. 다음 성과표를 작성하시오. (단, 각측점 간격은 20m, 구배 3% 상향 구배임)

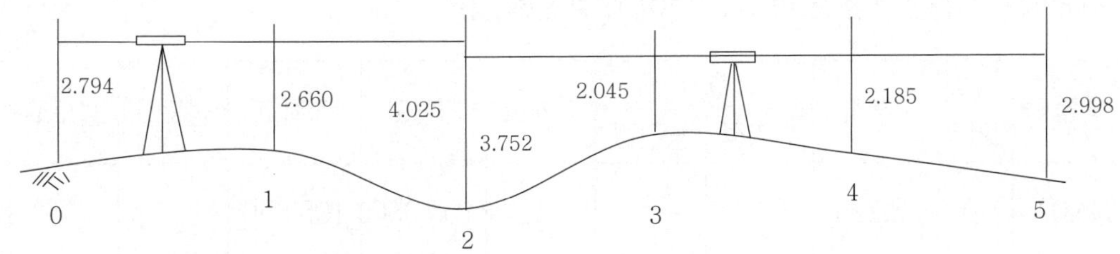

측점	거리	후시 (B.S)	전시(FS) 이기점 (T.P)	전시(FS) 중간점 (I.P)	기계고 (I.H)	지반고 (G.H)	계획고	성토고	절토고
0	0					150.375	148.00		
1	20								
2	40								
3	60								
4	80								
5	100								

정답

측점	거리	후시 (B.S)	전시(FS) 이기점 (T.P)	전시(FS) 중간점 (I.P)	기계고 (I.H)	지반고 (G.H)	계획고	성토고	절토고
0	0	2.794			153.169	150.375	148.00		2.375
1	20			2.660		150.509	148.60		1.909
2	40	3.752	4.025		152.896	149.144	149.20	0.056	
3	60			2.045		150.851	149.80		1.051
4	80			2.185		150.711	150.40		0.311
5	100		2.998			149.898	151.00	1.102	

해설

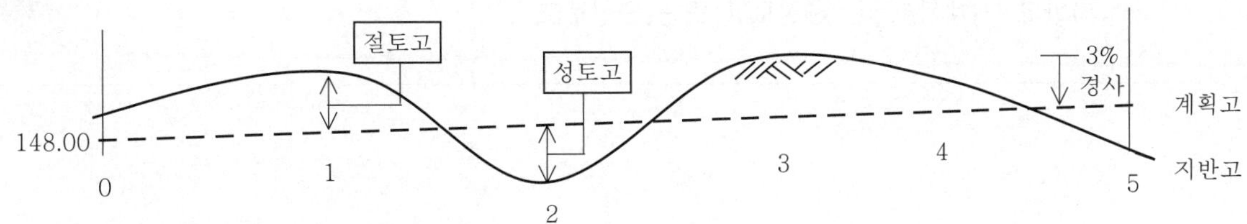

- 지반고 구하기 = 기계고 − 전시
- 기계고 구하기 = 지반고 + 후시
- 성토고 → 지반고 − 계획고 = ⊖ 값
- 절토고 → 지반고 − 계획고 = ⊕ 값
- 계획고 = 처음 계획고 + 수직높이(→ 경사도 = $\frac{\text{수직높이}}{\text{수평거리}} \times 100$)

예 제 6

수준측량을 한 결과 다음과 같은 성과표를 얻었다. 이 성과표를 이용하여 지반고, 계획고, 절토고, 성토고를 계산하시오. (단, No.0의 계획고는 105.650m이며, 지반고 105.000, 구배는 0%, 말뚝 간격 20m이다. 계산은 소수점 아래 3자리까지 계산할 것)

측점	추가거리	후시	전시		기계고	지반고	계획고	성토고	절토고	비고
			이기점	중간점						
No.0	0	3.525				105.000	105.650			
No.1	20			2.525						
No.2	40	2.535	0.555							
No.2+12	58			2.805						
No.3	60			3.856						
No.4	80	2.457	0.304							
No.4+5	85			3.858						
No.5	100		1.559							

정답

측점	추가거리	후시	전시		기계고	지반고	계획고	성토고	절토고	비고
			이기점	중간점						
No.0	0	3.525			108.525	105.000	105.650	0.650		
No.1	20			2.525		106.000	105.650		0.350	
No.2	40	2.535	0.555		110.505	107.970	105.650		2.320	
No.2+12	58			2.805		107.700	105.650		2.050	
No.3	60			3.856		106.649	105.650		0.999	
No.4	80	2.457	0.304		112.658	110.201	105.650		4.551	
No.4+5	85			3.858		108.800	105.650		3.150	
No.5	100		1.559			111.099	105.650		5.449	

해 설 구배는 0% 이므로 모든 측점의 계획고는 같다.

지반고 − 계획고 = ⊕절토고 또는 ⊖성토고

예 제 7

수준 측량을 한 결과 다음과 같은 성과표를 얻었다. 이 성과표를 이용하여 기계고, 지반고, 계획고, 성토고, 절토고를 구하시오. (No.0점의 계획고는 104.450m 이며, 지반고 102.805, 4.0% 상향구배임, 단위는 소수점 아래 4자리에서 반올림할 것)

측점	추가거리	후시	전시		기계고	지반고	계획고	성토고	절토고	비고
			이기점	중간점						
No.0	0	2.725				102.805	104.450			
No.1	20			2.314						
No.2	40	2.340	0.475							
$No.2^{+8}$	48			2.426						
No.3	60		3.508							

정 답

측점	추가거리	후시	전시		기계고	지반고	계획고	성토고	절토고	비고
			이기점	중간점						
No.0	0	2.725			105.530	102.805	104.450	1.645		
No.1	20			2.314		103.216	105.250	2.034		
No.2	40	2.340	0.475		107.395	105.055	106.050	0.995		
$No.2^{+8}$	48			2.426		104.969	106.370	1.401		
No.3	60		3.508			103.887	106.850	2.963		

예 제 8

다음은 터널내를 수준측량한 결과이다. 각 점의 지반고를 계산하시오. (단 No.1의 지반고는 123.450m 이고 No.1, No.4, No.5의 측점은 천장에 있다. 단위는 mm까지 계산한다.)

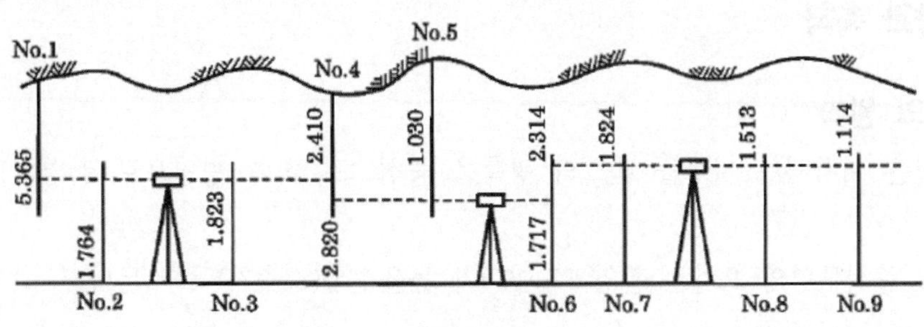

(단위 : m)

측점	거리	후시	전시		기계고	지반고	비
			이기점	중간점			
No.1	0.00						
No.2	20.00						
No.3	20.00						
No.4	20.00						
No.5	20.00						
No.6	20.00						
No.7	20.00						
No.8	20.00						
No.9	20.00						

정답

(단위 : m)

측점	거리	후시	전시		기계고	지반고	비
			이기점	중간점			
No.1	0.00	−5.365			118.085	123.450	
No.2	20.00			1.764		116.321	
No.3	20.00			1.823		116.262	
No.4	20.00	−2.820	−2.410		117.675	120.495	
No.5	20.00			−1.030		118.705	
No.6	20.00	2.314	1.717		118.272	115.958	
No.7	20.00			1.824		116.448	
No.8	20.00			1.513		116.759	
No.9	20.00		1.114			117.158	

2 사진측량과 축척

1. 사진측량의 원리

① 항공사진은 피사체인 지형을 렌즈의 광축을 중심으로 하여 평면으로 촬영하므로 화상은 지도와는 다르다.

② 그림에서 중심투영의 오차는 촬영고도(H)가 높을수록(소축척) 줄어든다.

2. 사진측량의 결정요소

① 카메라의 초점거리(f)와 촬영고도(H)

② 축척은 비고가 높은 곳은 대축척, 낮은 곳은 소축척이 된다.

3. 사진의 축척

그림에서 $\triangle OAB$와 $\triangle Oab$는 닮은꼴이므로

$$\frac{ab}{AB}=\frac{f}{H}=\frac{1}{m}=M$$

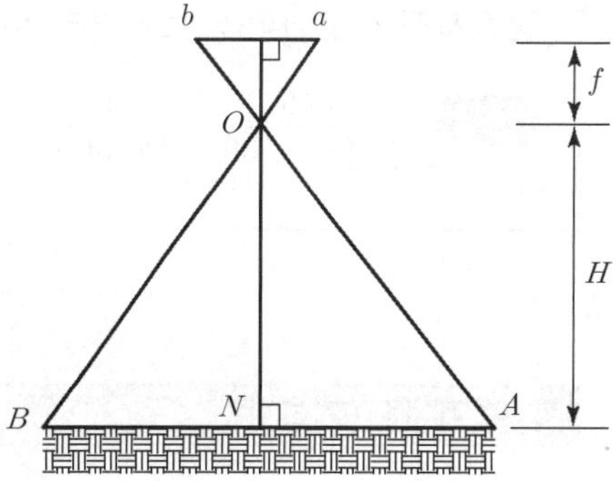

여기서, $\frac{1}{m}=M$: 사진축척

H : 비행기의 촬영고도

f : 카메라의 초점거리

따라서 $H=mf$ 즉, 비행기의 촬영고도는 축척을 정한 후 초점거리를 곱하여 구한다.

☞ 지표면이 평탄할 때 : $\frac{ab}{AB}=\frac{f}{H}=\frac{1}{m}=M$

☞ 지표면에 비고가 있을 때 :

M_A를 A점의 축척, M_B를 B점의 축척,

h_1을 A점의 비고, h_2를 B점의 비고라 하면

$$M_A=\frac{f}{H_A}=\frac{f}{H-h_1}=\frac{1}{m_A},\quad M_B=\frac{f}{H_B}=\frac{f}{H+h_2}=\frac{1}{m_B}$$

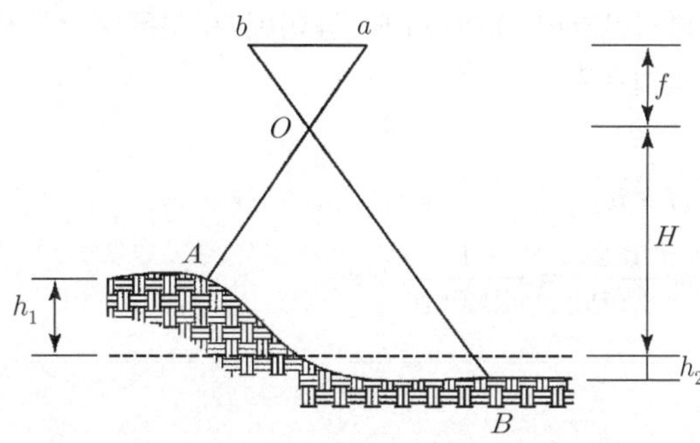

예 제 9 (기출)

촬영고도 3,000m인 비행기에서 화면거리 151mm인 카메라로 촬영한 수직항공사진에서 길이가 50m인 교량의 사진상 나타나는 길이를 구하시오.

정답 $M=\frac{f}{H}=\frac{1}{m}$

$$\frac{0.151}{3{,}000}=\frac{l}{50}$$

$\therefore l=2.5\text{mm}$

예 제 10 (기출)

공중사진에서 카메라 초점거리 150mm, 해발고도 3.5km, 지표고가 500m 일 때 축척을 구하시오.

정답 $\frac{0.15}{3{,}500-500}=\frac{1}{20{,}000}$

예 제 11 (기출)

축척 1/25,000 도면에 나타낸 격자 한 개의 면적이 1ha이다. 같은 넓이의 격자를 축척 1/5,000 도면에 그렸을 때 격자 1개의 면적은 몇 ha인가?

정답 $\left(\frac{5{,}000}{25{,}000}\right)^2=0.04\text{ha}$

해설 $\left(\frac{1}{m}\right)^2=\frac{\text{도상면적}}{\text{실제면적}}$

$\text{실제면적}=\text{도상면적}\times m^2$

$x=\frac{5{,}000^2}{25{,}000^2}$

$(25{,}000)^2:(5{,}000)^2=1\text{ha}:x$

$\therefore x=0.04\text{ha}$

예 제 12

f = 200mm의 카메라로 평지로부터 8,000m의 높이에서 찍은 수직 사진의 경우, 사진 상에 기준면 아래 비고 500m의 사진 축척은?

정답 $M=\frac{1}{m}=\frac{1}{H}=\frac{f}{(H+h)}$

$=\frac{0.2}{8{,}000+500}=\frac{0.2}{8{,}500}=\frac{1}{42{,}500}$

4. 중복도

① 종중복(overlap)

촬영 진행 방향에 따라 중복시키는 것을 말하며 일반적으로 종중복을 보통 60%를 중복시키고 최소한 50% 이상은 중복시켜야 한다.

② 횡중복(sidelap)

촬영 진행 방향에 직각으로 중복시키는 것을 말하며, 일반적으로 횡중복은 30%를 중복시키고 최소한 5% 이상은 중복시켜야 한다.

③ 중복도의 일반

㉮ 종중복을 60% 중복시키는 이유 : 인접 사진의 주점을 구하기 위해

㉯ 산악 지역이나 고층 빌딩이 밀집된 시가지 촬영 방법은 10~20% 이상 중복도를 높여 촬영하거나 2단 촬영한다.

5. 촬영 기선 길이

① 주점 기선 길이 : 임의의 사진의 주점과 다음 사진의 주점과의 거리

$$b_o = a\left(1 - \frac{P}{100}\right)$$

여기서 b_0 : 주점 기선장

a : 사진 1변 크기

P : 중복도(%)

② 촬영 기선 길이

1코스의 촬영 중 임의의 촬영점으로부터 다음 촬영점까지의 실제 거리를 촬영 종기선 길이(B)라 하며, 코스 간격을 나타내는 C를 촬영 횡기선 길이라 한다.

㉮ 촬영 종기선 길이 $B = mb_o = ma\left(1 - \frac{p}{100}\right)$

㉯ 촬영 횡기선 길이 $C = ma\left(1 - \frac{q}{100}\right)$

여기서, p : 종중복(%)

q : 횡중복(%)

b_0 : 주점 기선 길이

6. 사진 및 모델의 매수

① 사진의 실제 면적 계산

㉮ 사진 한 매의 경우

$$A = (a \cdot m)(a \cdot m) = a^2 \cdot m^2 = \frac{a^2H^2}{f^2}$$

여기서, A : 1매 사진의 실제 면적

m : 사진 축척

a : 사진 1변 길이

H : 비행 고도

f : 초점 거리

㉯ 단코스(strip)의 경우

$$A_o = A\left(1 - \frac{p}{100}\right) = (ma)^2\left(1 - \frac{p}{100}\right)$$

여기서, A : 1매 사진의 실제 면적

p : 종중복

A_0 : 촬영 유효 면적(한 모델의 면적)

㉰ 복코스(block)의 경우

$$A_o = A\left(1 - \frac{p}{100}\right)\left(1 - \frac{q}{100}\right) = (ma)^2\left(1 - \frac{p}{100}\right)\left(1 - \frac{q}{100}\right)$$

여기서, p : 종중복(60%)

q : 횡중복(30%)

A : 1매 사진의 실제 면적

A_0 : 촬영 유효 면적(한 모델의 면적)

② 사진 매수

안전율을 고려한 전체 면적의 사진 매수

$$사진매수 = \frac{F}{A_0} \times (1 + 안전율)$$

여기서, F : 촬영 대상 지역의 전체 면적($S_1 \times S_2$(km))

A_0 : 1 모델의 면적

예 제 13

평탄지 축척 1/10,000로 촬영한 연직 사진에서 촬영에 사용한 카메라의 f = 150mm, 화면의 크기 23×23cm, 종중복도 60%일 때 기선 고도비는?

정 답 $B = ma\left(1 - \frac{p}{100}\right) = 10,000 \times 0.23 \times \left(1 - \frac{60}{100}\right) = 920m$

$m = \frac{1}{m} = \frac{f}{H}$

$H = mf = 10,000 \times 0.15 = 1,500m$

$\therefore$ 기선 고도비 $= \frac{B}{H} = \frac{920}{1,500} = 0.613$

예 제 14

f = 150mm, 비행 고도 3,000m, 화면 크기 2,323cm일 때 종중복이 65%라면 이때의 기선장은 몇 m인가?

정 답 $m = \frac{1}{m} = \frac{f}{H} = \frac{0.15}{3,000} = \frac{1}{20,000}$

$B = ma\left(1 - \frac{p}{100}\right) = 20,000 \times 0.23 \times \left(1 - \frac{65}{100}\right) = 1,610m$

예 제 15

종중복 70%, 횡중복 20%일 때 촬영 종기선 길이와 촬영 횡기선 길이와의 비는?

정 답 $ma\left(1 - \frac{p}{100}\right) : ma\left(1 - \frac{q}{100}\right)$

$= \left(1 - \frac{70}{100}\right) : \left(1 - \frac{20}{100}\right) = 0.3 : 0.8 = 3 : 8$

예 제 16

촬영 고도 3,000m에서 f = 150mm의 사진기로 평지를 촬영한 밀착 사진의 크기가 23×23cm 이고 종중복 52%, 횡중복 30%일 때 연직 사진의 유효 면적은?

정답 ① 사진 축척

$$(M) = \frac{1}{m} = \frac{1}{H} = \frac{3,000}{0.15} = 20,000$$

② 유효 면적

$$(A_0) = (ma)^2\left(1 - \frac{p}{100}\right)\left(1 - \frac{30}{100}\right)$$

$$= (20,000 \times 0.23)^2 \times \left(\frac{1-52}{100}\right) \times \left(1 - \frac{30}{100}\right) = 7,109,760\text{m}^2 = 7.11\text{km}^2$$

예 제 17

가로 30km, 세로 20km인 장방형의 토지를 축척 1/50,000의 항공사진으로 종중복 60%, 횡중복 20%인 경우 사진 매수는? (단, 화면의 크기는 23×23cm 이다.)

정답 사진 매수 $= \dfrac{F(\text{촬영 대상 지역 면적})}{A_0(\text{유효 면적})} \times (1 + \text{안전율})$

① 촬영 대상 지역 면적

$$(F) = 30,000m \times 20,000m = 600,000,000m^2$$

② 유효 면적

$$(A_0) = (ma)^2\left(1 - \frac{p}{100}\right)\left(1 - \frac{q}{100}\right)$$

$$= (50,000 \times 0.23)^2 \times \left(\frac{1-60}{100}\right) \times \left(1 - \frac{20}{100}\right) = 42,320,000m^2$$

③ 사진 매수

$$\frac{F}{A_0} \times (1 + \text{안전율})$$

$$= \frac{60,000,000}{42,320,000} \times (1+0) = 14.18 = 15\text{매}$$

예 제 18

가로 30km, 세로 20km인 장방형의 지역을 초점 거리 150mm, 화면 크기 23×23cm의 엄밀 수직 사진으로 찍은 항공 사진상에서 삼각점 a, b의 거리가 150.0mm이고, 이어 대응하는 삼각점의 평면 좌표(x, y)는 A(24,763.48m,23,545.09m), B(22,763.48m,21,309.02m)이다. 비행 코스 방향의 중복도를 60%로 하며, 비행 코스간의 중복도를 20%로 하였을 때 다음 사항을 구하시오.

(1) 사진 축척

(2) 촬영 기선장의 길이

(3) 촬영 경로간의 길이

(4) 사진 1매의 피복 면적

(5) 사진의 매수

정답 (1) 사진 축척

① $\overline{AB}=\sqrt{(22,763.48-24,763.48)^2+(21,309.02-23,545.09)^2}$
$=3,000.00\text{m}$

② $\dfrac{1}{m}=\dfrac{\text{도상거리}}{\text{실제거리}}=\dfrac{0.15}{3,000.00}=\dfrac{1}{20,000}$

(2) 촬영 기선장의 길이

$B=m\cdot a\left(1-\dfrac{P}{100}\right)=20,000\times 0.23\times\left(1-\dfrac{60}{100}\right)=1,840.00\text{m}$

(3) 촬영 경로간의 길이

$C=m\cdot a\left(1-\dfrac{q}{100}\right)=20,000\times 0.23\times\left(1-\dfrac{20}{100}\right)=3,680.00\text{m}$

(4) 사진 1매의 피복 면적

$A=(m\cdot a)^2=(20,000\times 0.23)^2=21.16\text{km}^2$

(5) 사진의 매수

① $A_0=(m\cdot a)^2\left(1-\dfrac{P}{100}\right)\left(1-\dfrac{q}{100}\right)$
$=21.16\times 0.4\times 0.8=6.77\text{km}^2$

② $N=\dfrac{F}{A_0}=\dfrac{30\times 20}{6.77}=88.63=89$매

기출 및 예상문제

정 답

1. 다음 종단 수준측량의 결과도를 야장정리하고, 성토고와 절토고를 구하시오. (단, No.0의 지반고와 계획고를 120.300m로 하고, 구배는 3% 상향구배, 소수 4자리에서 반올림한다.) (10점)

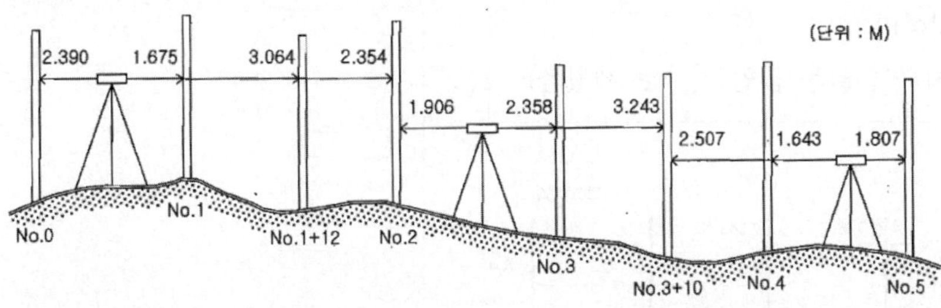

• 야장기입표

측점	추가거리(m)	후시	전시		기계고	지반고	계획고	성토고	절토고
			이기점	중간점					
No.0	0					120.300	120.300		
No.1	20								
No.1+12	32								
No.2	40								
No.3	60								
No.3+10	70								
No.4	80								
No.5	100								

정답

측점	추가거리(m)	후시	전시		기계고	지반고	계획고	성토고	절토고
			이기점	중간점					
No.0	0	2.39	–	–	122.690	120.300	120.300	–	–
No.1	20	–	–	1.675	–	121.015	120.900	–	0.115
No.1+12	32	–	–	3.064	–	119.626	121.260	1.634	–
No.2	40	1.906	2.354	–	122.242	120.336	121.500	1.164	–
No.3	60	–	–	2.358	–	119.884	122.100	2.216	–
No.3+10	70	2.507	3.243	–	121.506	118.999	122.400	3.401	–
No.4	80	–	–	1.643	–	119.863	122.700	2.837	–
No.5	100	–	1.807	–	–	119.699	123.300	3.601	–

2. 다음 그림은 종단측량의 스케치도이다. 아래 조건에 의하여 기고식으로 야장을 정리하고, 계획고, 성토고, 절토고를 구하시오. (단, 계산과정은 채점시 제외한다.)

〈조건〉
1. 각 측점간의 거리는 20M이고, 계획선을 측점 No.0의 계획고를 101.5m로 하여 1.15% 하향 경사이다.
2. No.3 측점의 스테프는 천정에 설치하여 읽은 값임(거꾸로 세웠음)

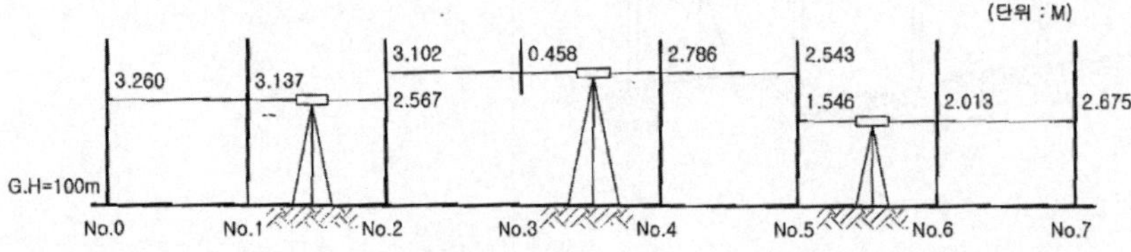

측점	추가거리	후시	전시		기계고	지반고	계획고	성토고	절토고
			이기점	중간점					
No.0	0					100.00	101.500		
No.1	20								
No.2	40								
No.3	60								
No.4	80								
No.5	100								
No.6	120								
No.7	140								

정답

측점	추가거리	후시	전시		기계고	지반고	계획고	성토고	절토고
			이기점	중간점					
No.0	0	3.260	–	–	103.260	100.00	101.500	1.500	–
No.1	20	–	–	3.137	–	100.123	101.270	1.147	–
No.2	40	3.102	2.567	–	103.795	100.693	101.040	0.347	–
No.3	60	–	–	−0.458	–	104.251	100.810	–	3.441
No.4	80	–	–	2.786	–	101.009	100.580	–	0.429
No.5	100	1.546	2.543	–	102.798	101.252	100.350	–	0.902
No.6	120	–	–	2.013	–	100.785	100.120	–	0.665
No.7	140	–	2.675	–	–	100.123	99.890	–	0.233

정답

3. 축척 1 : 25,000 지도상에서 두점 a, b 거리가 4cm, 초점거리 150mm, 화면크기 23cm×23cm 사진기로 촬영한 연직사진상에서 이 $\overline{ab}$ 관측결과 5cm 이었을 때, 이 값을 이용하여 다음 사항을 구하시오. (단, 종중복 60%, 횡중복 30%, 계산은 반올림하여 거리는 m단위까지, 면적은 m^2 단위까지 구한다.) (10점)

(1) 사진축척

① 계산식

② 정답

(2) 촬영고도

① 계산식

② 정답

(3) 촬영기선길이

① 계산식

② 정답

(4) 촬영경로간격

① 계산식

② 정답

정 답

정답 **3**

(1) 사진축척

① 계산식

$\frac{1}{m} = \frac{1}{25,000} = \frac{0.04}{x}$ 이므로

$x = 1,000\text{m}$

$\frac{0.05}{1,000} = \frac{1}{20,000}$

② 정답 : $\frac{1}{20,000}$

(2) 촬영고도

① 계산식

$\frac{1}{m} = \frac{\text{초점거리}(f)}{\text{촬영고도}(H)}$

$H = mf = 20,000 \times 0.15 = 3,000$

② 정답 : 3000m

(3) 촬영기선길이

① 계산식

$B = m \cdot a(1 - \frac{p}{100})$

$= 20,000 \times 0.23 \times (1 - 0.6)$

$= 1,840$

② 정답 : 1,840m

(4) 촬영경로간격

① 계산식

$C = m \cdot a(1 - \frac{q}{100})$

$= 20,000 \times 0.23 \times (1 - \frac{30}{100})$

$= 3,220$

② 정답 : 3,220m

07 토공사 및 기초공사

1 | 토공사

학습포인트

• 토공사의 개요, 흙의 삼상, 토량변화율 등에 관한 이해가 요구되며, 다른 건설기계와 연관한 복합적인 문제를 풀기위해 이해가 필요한 부분이다.

자연지형에 시설물을 시공하기 위한 기초 지반 형성작업으로 흙의 굴착, 싣기, 운반, 쌓기, 다짐 등 흙을 대상으로 하는 모든 작업을 말한다.

1 토공의 개요

토공이라 함은 자연 지형에 시설물을 시공하기 위한 기초 지반 형성 작업으로 흙의 굴착, 싣기, 쌓기, 다지기 등 흙을 대상으로 하는 모든 작업을 말함

2 토공의 용어

① 절토 (Cutting) : 흙을 파내는 작업으로 굴착이라고도 함
② 준설 (Dredging) : 수중의 흙을 파내는 수중에서의 굴착
③ 성토 (Banking) : 도로 제방이나 축제와 같이 흙을 쌓는 것
④ 매립 (Reclamation) : 저지대에 상당한 면적으로 성토하는 작업, 수중에서의 성토
⑤ 축제 (Embankment) : 하천 제방, 도로, 철도 등과 같이 상당히 긴 성토를 말함
⑥ 정지 : 부지 내에서의 성토와 절토를 말함
⑦ 유용토 : 절토한 흙 중에서 성토에 쓰이는 흙을 말함
⑧ 토취장 (Borrow-pit) : 필요한 흙을 채취하는 장소를 말함
⑨ 토사장 (Spoil-bank) : 절토한 흙이나 공사에 부적합한 흙을 버리는 장소를 말함
⑩ 토공정규(土工定規) : 성토 또는 절토를 할 때의 기준단면형을 말함

3 축제 각부의 명칭

① 비탈면(사면, Side slope) : 절토, 성토의 경사면을 말함
② 비탈경사(Slope) : 비탈의 경사는 수직거리 : 수평거리를 1 : m과 같이 나타냄
③ 비탈머리(Top of slope) : 비탈의 상단으로 절토 비탈머리, 성토 비탈머리가 있음
④ 비탈기슭(Bottom of slope) : 비탈의 하단으로 절토 비탈기슭, 성토 비탈기슭이 있음
⑤ 뚝마루(천단, Levee crown) : 축제의 윗면을 말함
⑥ 소단(턱, Berm) : 비탈면 절토로 만든 턱을 말함

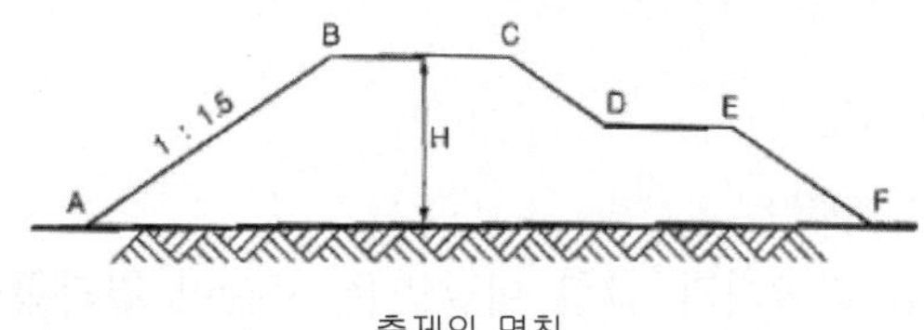

축제의 명칭

■ 축제 각부의 명칭

명 칭	단 면
뚝마루	$\overline{BC}$
비탈머리	B, C
소단	$\overline{DE}$
비탈면	$\overline{AB}$
비탈기슭	A, F

예 제 1

저지대에 상당한 면적으로 성토하는 작업 또는 육지를 조성하기 위하여 수중을 메우는 작업을 무엇이라 하는가?

정답 매립

예 제 2

수중에서 성토를 (①), 굴착을 (②)라고 한다. ( ) 안에 알맞은 용어를 써넣으시오.

①　　　　　　　　②

정답 ① 매립, ② 준설

예 제 3

다음은 제방의 성토 단면이다. 물음에 답하시오.

① 비탈의 상단 C, D 점을 무엇이라 하는가?
② 비탈의 하단 A, B 점을 무엇이라 하는가?
③ 제방의 정단(頂端) CD 부분을 무엇이라 하는가?
④ EF부분을 무엇이라 하는가?

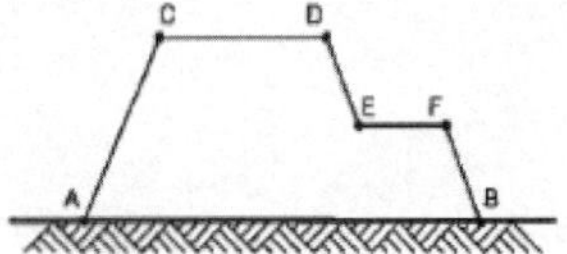

정답 ① 비탈머리, ② 비탈기슭, ③ 뚝마루(천단), ④ 턱(소단)

4 토공의 안정

① 흙의 안식각 (Angle of repose)

흙을 쌓아올려 그대로 두면 기울기가 급한 비탈면은 시간이 경과함에 따라 점차 무너져서 자연 비탈을 이루게 된다. 이 안정된 자연사면과 수평면과의 각도를 흙의 안식각 또는 자연 경사각이라 한다.

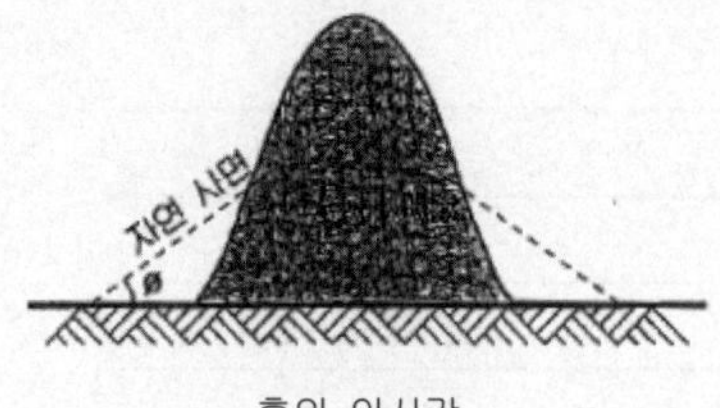

흙의 안사각

② 비탈구배(slope)

흙쌓기나 흙깍기의 비탈경사는 자연경사보다 완만하게, 즉 흙의 안식각 이하로 하면 안정도가 커진다. 흙은 함수비가 작을수록 안식각이 커져서 경제적으로 유리한 시공이 된다.

비탈구배는 수직높이 1에 대한 수평거리 n, 즉, 1:n으로 나타내며, 일반적으로 흙쌓기(성토)는 1:1.5, 흙깍기(절토)에서는 1:1을 표준으로 한다.

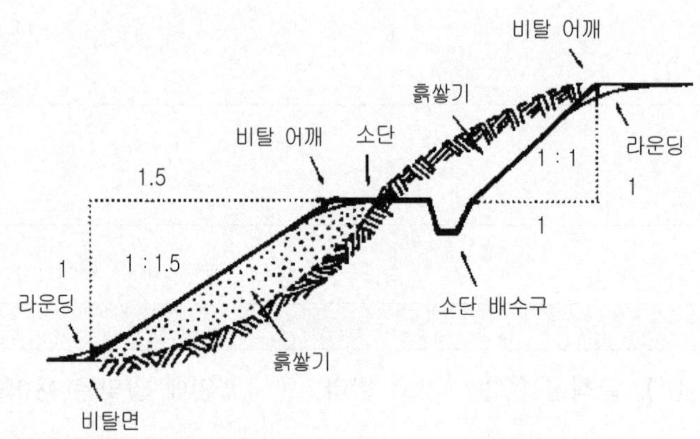

5 더돋기

① 개요

흙쌓기를 할때 공사 중의 흙의 압축 또는 공사 후의 흙의 수축이나 지반의 침하를 예상하여 미리 계획된 높이보다 흙을 더 쌓는것을 말한다.

② 여성토할 경사

$(H+h):(M-v)=1:x$

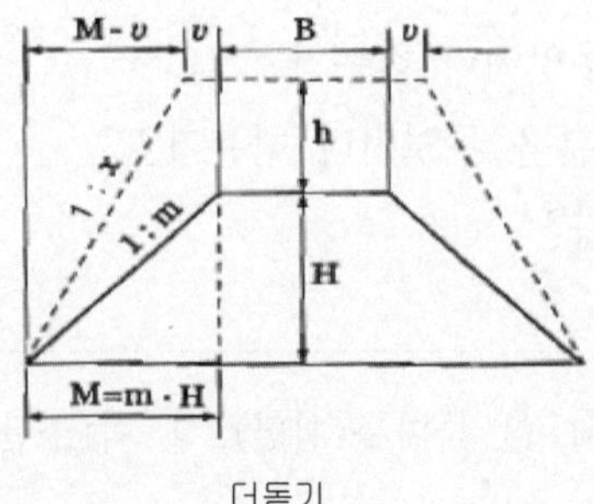

더돋기

예 제 1

흙은 자연상태에서 급경사면이 점차 붕괴하여 안정된 사면을 형성한다. 이 안정된 사면과 수평면과 이루는 각을 무엇이라고 하는가?

정 답 흙의 안식각

6 흙의 구성

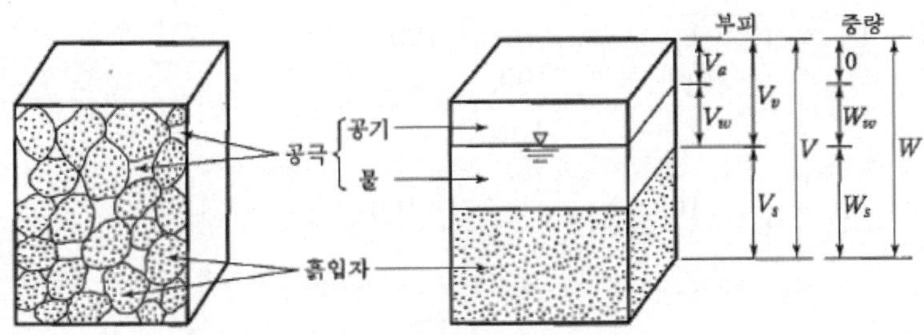

(a) 자연상태의 흙의 요소 (b) 삼상으로 나타낸 흙의 성분

여기서, V : 흙의 전체 체적 V_s : 토립자 부분의 체적 V_v : 공극의 체적
V_w : 함유수분의 체적 V_a : 공기의 체적
W : 흙의 전체 중량 W_s : 토립자 부분의 중량(건조중량)
W_w : 함유수분의 중량

그림. 흙의 삼상도

① 흙의 세가지 성분요소

흙의 전체체적(V)	$V = V_s + V_v = V_s + V_w + V_a$ 여기서, V_s : 흙 입자만의 체적 V_v : 간극의 체적 V_w : 간극 속의 물의 체적 V_a : 간극 속의 공기의 체적
전체의 중량(W)	공기의 중량은 무시한다고 가정하면 전체의 중량은 다음과 같다 $W = W_s + W_w$ 여기서, W_s : 흙 입자만의 중량 W_w : 물의 중량

② 공극비(간극비, void ratio, e) 와 공극률(간극률, Poosity, n)

- 공극비

개요	흙 입자만의 체적에 대한 공극의 체적비를 나타낸다.
공식	$e = \frac{공극의\ 체적}{흙\ 입자만의\ 체적} = \frac{V_v}{V_s}$
단위	무차원

- 공극률

개요	흙 전체의 체적에 대한 공극의 체적을 백분율로 나타낸다.
공식	$n = \frac{공극의\ 체적}{흙\ 전체의\ 체적} \times 100 = \frac{V_v}{V} \times 100$
단위	무차원

- 공극비와 공극율의 상호 관계식

$$e = \frac{V_v}{V_s} = \frac{V_v}{V - V_v} = \frac{\frac{V_v}{V}}{\frac{V}{V} - \frac{V_v}{V}} = \frac{\frac{n}{100}}{1 - \frac{n}{100}} = \frac{n}{100 - n}$$

$$n = \frac{V_v}{V} \times 100 = \frac{V_v}{V_s + V_v} \times 100 = \frac{\frac{V_v}{V_s}}{\frac{V_s}{V_s} + \frac{V_v}{V_s}} \times 100 = \frac{e}{1 + e} \times 100$$

③ 함수비(Water content, w) 와 함수율(ratio of moisture, w')

- 함수비

개요	흙 입자만의 중량에 대한 물의 중량을 백분율로 나타낸다.
공식	$w = \frac{물의\ 중량}{흙\ 입자만의\ 중량} \times 100 = \frac{W_w}{W_s} \times 100$
단위	%
함수율의 범위는 0에서 ∞사이이다.	

- 함수율

개요	흙 전체의 중량에 대한 물의 중량을 백분율로 나타낸다.
공식	$w' = \frac{물의\ 중량}{전체\ 흙의\ 중량} \times 100 = \frac{W_w}{W} \times 100$
단위	%
함수율의 범위는 0에서 100% 사이이다.	

- 함수비와 함수율의 관계

$$w' = \frac{W_w}{W} \times 100 = \frac{W_w}{W_s + W_w} \times 100 = \frac{\frac{W_w}{W_s}}{\frac{W_s}{W_s} + \frac{W_w}{W_s}} \times 100 = \frac{\frac{w}{100}}{1 + \frac{w}{100}} \times 100 = \frac{w}{1 + \frac{w}{100}}$$

④ 비중(specific gravity, G_s)

개요	흙 입자 실질부분의 중량과 같은 체적의 15℃증류수 중량의 비를 비중이라 한다.
공식	$G_s = \frac{\gamma_s}{\gamma_w} = \frac{W_s}{V_s} \cdot \frac{1}{\gamma_w}$ 여기서, γ_s : 흙 입자만의 단위중량(g/㎤, t/㎥) γ_w : 물의 단위중량 (g/㎤, t/㎥)
단위	무차원

흙입자만의 단위중량(γ_s) $= \frac{W_s}{V_s}$ 여기서, V_s : 흙입자만의 체적

물의 단위중량 (γ_w)$= \frac{W_w}{V_w}$ 여기서, V_w : 물의 부피

⑤ 포화도 (degree of saturation, S)

개요	공극 속에 물이 차 있는 정도를 나타낸다
공식	$S = \frac{\text{물의 체적}}{\text{공극의 체적}} = \frac{V_w}{V_v} \times 100$
단위	%
포화도의 범위는 0에서 100% 사이이다.	

예) 간극에 물이 가득찬 경우 $V_a = 0$, $V_v = V_w$ 이므로 S= 100%, 간극에 물이 완전히 건조한 경우 $V_w = 0$, $V_v = V_a$ 이므로 S = 0% 이다.

예 제 1 (기출)

다음의 보기를 참조하여 물음에 답하시오.

<보기>

순 토립자만의 용적 : 2㎥, 순토립자만의 중량: 4ton

물만의 용적 : 0.5㎥, 물만의 중량 : 0.5ton

공기만의 용적 : 0.5㎥, 전체 흙의 중량 : 4.5ton

전체 흙의 용적 : 3㎥, 15℃증류수의 밀도 : 999kg/㎥

(1) 간극비 ? ______________ (2) 간극률 ? ______________

(3) 함수비 ? ______________ (4) 함수률 ? ______________

(5) 겉보기비중 ? ______________ (6) 진비중 ? ______________

(7) 포화도 ? ______________

정 답 (1) 간극비 $(e=\frac{V_V}{V_S})=\frac{1}{2}=0.5$

(2) 간극률 $(n=\frac{V_V}{V}\times 100\%)=\frac{1}{3}\times 100=33.33\%$

(3) 함수비 $(W=\frac{W_W}{W_S}\times 100\%)=\frac{0.5}{4}\times 100=12.5\%$

(4) 함수율 $(W'=\frac{W_W}{W}\times 100\%)=\frac{0.5}{4.5}\times 100=11.11\%$

(5) 겉보기비중 $(G=\frac{W}{V}\times\frac{1}{r_w})=\frac{4.5}{3}\times\frac{1}{0.999}=1.5$

(6) 진비중 $(G_S=\frac{W_S}{V_S}\times\frac{1}{r_w})=\frac{4}{2}\times\frac{1}{0.999}=2.0$

(7) 포화도 $(S=\frac{V_W}{V_V}\times 100\%)=\frac{0.5}{1}\times 100=50\%$

7 토공계획

1. 시공기면(Formation level)

시공하는 지반의 계획고인 최종 끝손질 면을 말하며, FL로 표시한다.

고려사항은 다음과 같다.

① 토공량이 최소가 되도록 한다.

② 절토량과 성토량이 균형이 되도록 배분한다.

③ 비탈면 등은 흙의 안정을 고려한다.

2. 토량의 변화

자연상태의 흙을 굴착하고 운반하고 성토하는 경우, 산적되어 있는 상태의 토량을 운반하고 성토하는 경우 토량의 상태에 따라 단위중량과 부피가 서로 다르다.

① 원지반(자연지반, 절토, 굴착, 본바닥)토량
② 느슨한(흐트러진, 운반)토량
③ 다짐(완성, 성토)토량

3. 토량의 변화율

흙의 상태에 따른 체적비를 자연상태를 기준으로 하여 L, C 로 표시하며 L, C 의 값을 토량의 변화율이라 한다.

① 토량의 증가율

$$L = \frac{\text{흐트러진상태의 토양m}^3}{\text{자연상태의 토양m}^3}$$

② 토량의 감소율

$$C = \frac{\text{다져진상태의 토양m}^3}{\text{자연상태의 토양m}^3}$$

토량의 변화율

구하고자 하는 토량 / 기준이 되는 토량	자연상태의 토량	흐트러진상태의 토량	다져진상태의 토량
자연상태의 토량	1	L	C
흐트러진상태의 토량	1/L	1	C/L
다져진상태의 토량	1/C	L/C	1

③ 토량환산계수 적용시

㉮ $10m^3$의 자연상태 토량에 대한 흐트러진 상태의 토량은 $10 \times L(m^3)$이다.

㉯ $10m^3$의 자연상태 토량을 굴착한 후 흐트러진 다음 다짐 후의 토량은 $10 \times C(m^3)$이다.

㉰ $10m^3$의 성토에 필요한 원지반의 토량은 $10 \times \frac{1}{C}(m^3)$이다.

예 제 1 (기출)

자연상태의 모래질흙 1,000m³, 점토질흙 2,000m³를 굴착하여 10톤 덤프트럭으로 성토 현장에 반입하고 다졌다. 소요 덤프트럭 대수와 다진 후의 성토량을 구하시오. (단, 덤프트럭의 적재량은 5m³, 모래질흙의 L=1.25, C=0.88, 점토질흙의 L=1.30 C=0.99이다.) (4점)

(1) 소요 덤프트럭 대수

(2) 성토량

정답 (1) 소요 덤프트럭대수=$\frac{(1,000 \times 1.25) + (2,000 \times 1.30)}{5} = 770$대

(2) 성토량 $1,000 \times 0.88 + 2,000 \times 0.99 = 2,860m^3$

예 제 2 (기출)

다음 그림의 같은 A지역의 원지반을 굴착 운반하여 B, C지역에 성토할 때 사토량(자연상태)과 사토할 덤프트럭대수를 구하시오. (단, 점질토 C=0.90, L=1.25, 1,700kg/m³, 풍화암 C=1.1, L=1.35, 1,800kg/m³, 운반할 덤프트럭은 8ton 트럭이다. 계산시 소수는 버리시오.) (5점)

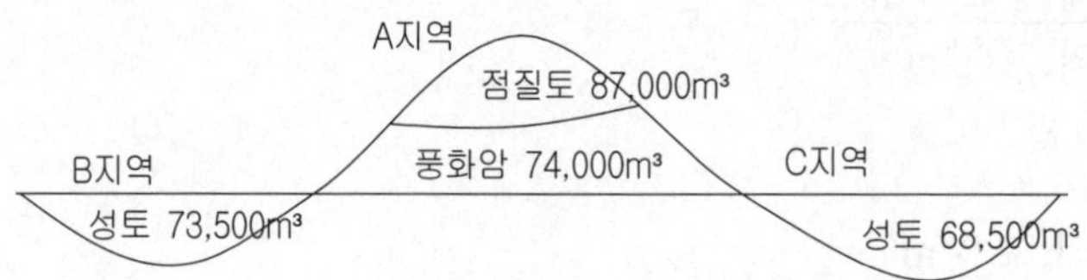

(1) 사토량(자연상태)

(2) 덤프트럭대수

정답 (1) 사토량(자연상태)

총성토량 B+C지역=$73,500+68,500=142,000m^3$

원지반 A지역에서 점질토부터 성토하면 성토량은 $87,000 \times 0.9 = 78,300m^3$

부족량은 $142,000-78,300=63,700m^3$

풍화암의 성토량은 $63,700m^3$을 자연상태의 값으로 환원하면 $63,700 \div 1.1 = 57,909m^3$

따라서 풍화암의 사토량은 $74,000-57,909=16,091m^3$

(2) 덤프트럭대수

① 부피로 계산시

$q = \frac{T}{r^t} \times L \frac{8}{1.8} \times 1.35 = 6m^3$

$(16,091m^3 \times 1.35) \div 6m^3 = 3,620$대

② 무게로 계산시

$16,091m^3 \times 1.8t/m^3 = 28,963.8ton$

$28,963.8 \div 8ton = 3,620$대

4. 토량계산

① 종횡단면도에서 절토량과 성토량을 계산한다.

② 토량의 변화율을 고려하여 보정토량을 계산한다.

• 절토보정토량=성토량× $\frac{1}{C}$

③ 차인토량을 계산한다.

㉮ 차인토량=절토량-성토량

㉯ 차인토량이 (+)이며, 그 측점에서 절토량이 성토량을 환산한 절토 보정토보다 적어 토량이 남는 것을 의미하며, (-)이면 절토량이 절토 보정 토량보다 적어 토량이 부족하다는 것을 의미한다.

④ 누가토량을 계산한다.

누가토량=∑차인토량

1. 다음 빈칸에 토량 환산계수값을 구하시오. (단, L=1.25, C=0.80이다.)

	자연 상태의 토량	흐트러진 상태의 토량	다져진 상태의 토량
자연 상태의 토량			
흐트러진 상태의 토량			

정답

	자연 상태의 토량	흐트러진 상태의 토량	다져진 상태의 토량
자연 상태의 토량	1	L=1.25	C=0.8
흐트러진 상태의 토량	$\frac{1}{L}=\frac{1}{1.25}$ $=0.8$	1	$\frac{C}{L}=\frac{0.8}{1.25}$ $=0.64$

2. 자연상태에서 25,000m³의 토량을 굴착, 운반, 성토한다. 이 중 25%는 점토이고, 나머지는 사질토이다. 운반은 4m³ 트럭을 사용할 때, 필요한 트럭의 수는 몇 대인가? (단, 점토의 경우 L=1.3, C=0.9이고 사질토의 경우 L=1.25, C=0.88이다.)

(1) 자연상태토량

(2) 운반토량

(3) 트럭대수

3. 원지반 토량 25,000m³의 굴착하여 사토장까지 운반하고 또 다시 원 위치에 되메워 다지기를 할 때 운반토량과 되메우기 후의 과부족 토량을 계산하시오. (단, 토량변화율 L=1.3, C=0.85)

(1) 운반토량

정 답

정답 2

(1) 자연상태토량
점토량=25,000×0.25=6,250m³
사질토량=25,000×0.75
=18,750m³

(2) 운반토량
점토량=점토량×L
=6,250×1.3=8,125m³
사질토량=사질토량×L
=18,750×1.25
=23,437.5m³
운반토량=8,125+23,437.5
=31,562.5

(3) 트럭대수
$\frac{\text{운반토량}}{\text{트럭의적재량}}$
$=\frac{31,562.5}{4}$
$=7,890.6\rightarrow 7,891$ 대

해설

덤프트럭의 소요대수는 올린 정수로 한다.

(2) 되메우기토량

(3) 과부족토량

4. 흙으로 18,000m³의 성토를 할 때의 굴착 및 운반 토량은 얼마나 될 것인가? (단, 토량 변화율은 L=1.25, C=0.90이다.)

(1) 굴착토량

(2) 운반토량

5. 다져진 토량 40,000m³가 성토하기 위하여 필요하나, 자연상태 토량 25,000m³ 밖에 확보되어 있지 않다. 자연상태 토량은 사질토로써 토량변화율은 L=1.30, C=0.85이다. 동일한 조건의 부족토량은 흐트러진 상태로 몇 m³ 인가?

(1) 다짐토량을 자연상태 토량으로 환산

(2) 부족토량

6. 다져진 상태의 토량 37,800m³를 성토하는데 흐트러진 상태의 토량 30,000m³가 있다. 이때, 부족토량은 자연상태의 토량으로 얼마인가? (단, 흙은 사질토이고, 토량의 변화율은 L=1.25, C=0.90이다.)

(1) 다져진 상태의 토량을 자연상태 토량으로 환산

(2) 흐트러진 상태의 토량을 자연상태 토량으로 환산

정 답

정답 **3**

(1) 운반토량

운반토량=원지반토량 $\times L$

$=25,000\times1.3=32,500\text{m}^3$

(2) 되메우기토량

① 되메우기 토량=운반토량 $\times\frac{C}{L}$

$=32,500\times\frac{0.85}{1.3}=21,250\text{m}^3$

② 되메우기 토량=원지반토량 $\times C$

$=25,000\times0.85=21,250\text{m}^3$

(3) 과부족토량

과부족토량=원지반토량−되메우기토량

$=25,000-21,250=3,750\text{m}^3$

해설

원지반을 굴착하는 경우는 자연상태의 토량이지만 되메우기를 할 때는 완성토량이 된다.

정답 **4**

(1) 굴착토량

굴착토량=완성토량(다짐토량) $\times\frac{1}{C}$

$=18,000\times\frac{1}{0.9}=20,000\text{m}^3$

(2) 운반토량

운반토량=굴착토량 $\times L$

$=20,000\times1.25=25,000\text{m}^3$

정답 **5**

(1) 다짐토량을 자연상태 토량으로 환산

자연상태토량=다져진 토량 $\times\frac{1}{C}$

$=40,000\times\frac{1}{0.85}=47,058.82\text{m}^3$

(2) 부족토량

① 자연상태 $=47,058.82-25,000$

$=22,058.82\text{m}^3$

② 흐트러진상태

부족토량(흐트러진) $=22,058.82\times L$

$=22,058.82\times1.30=28,676.47\text{m}^3$

(3) 부족토량(자연상태)

---

7. 다음과 같은 조건에서 절토, 운반하여 성토 후 발생되는 사토량(자연상태)은 얼마인가? (단, 역질토는 C=0.95, 점질토 C=0.90이고 역질토를 먼저 절취하여 성토한다.)

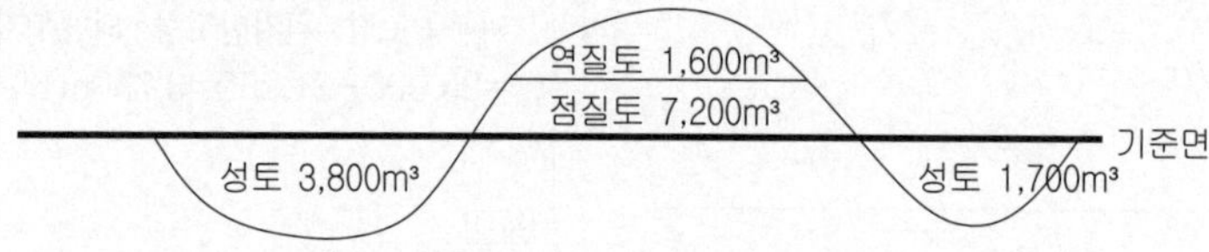

(1) 총성토량

---

(2) 역질토로 할 수 있는 성토량

---

(3) 잔여 성토량

---

(4) 잔여 성토에 필요한 자연상태 점질토량

---

(5) 사토량(남는 점질토량)

---

8. 사질토 50,000㎥와 경암 30,000㎥를 가지고 성토할 경우 운반 토량과 다져서 성토가 완료된 토량은 얼마인가? (단, 경암의 채움재를 20%로 보면, 사질토의 경우 L=1.2, C=0.9, 경암의 경우 L=1.65, C=1.40이다.)

계산과정

답

정 답

정답 6

(1) 다져진 상태의 토량을 자연상태 토량으로 환산

자연상태토량=다짐토량$\times \frac{1}{C}$

$=37,800\times \frac{1}{0.9}=42,000\text{m}^3$

(2) 흐트러진 상태의 토량을 자연상태 토량으로 환산

자연상태=흐트러진 토량$\times \frac{1}{L}$

$=30,000\times \frac{1}{1.25}=24,000\text{m}^3$

(3) 부족토량(자연상태)

부족토량(자연상태)

$=42,000-24,000=18,000\text{m}^3$

정답 7

(1) 총성토량$=3,800+1,700$
$=5,500\text{m}^3$

(2) 역질토로 할 수 있는 성토량

=역질토의 자연토량$\times C$

$=1,600\times 0.95=1,520\text{m}^3$

(3) 잔여 성토량

=총성토량−역질토의 성토량

$=5,500-1,520=3,980\text{m}^3$

(4) 잔여 성토에 필요한 자연상태 점질토량

잔여 성토량(자연상태)

=잔여 성토량$\times \frac{1}{C}$

$=3,980\times \frac{1}{0.90}=4,422.22\text{m}^3$

(5) 사토량(남는 점질토량)

점질토량−잔여성토량(자연상태)

$=7,200-4,422.22=2,777.78\text{m}^3$

정답 8

1. 운반토량 = 사질토×L(사질토)+경암×L(경암) = 50,000×1.2+30,000×1.65= 109,500㎥
2. 다짐토량 = 사질토×C(사질토)+경암×C(경암)−경암×C(경암)×0.2
= 50,000×0.9+30,000×1.4−30,000×1.4×0.2=78,600㎥

정답) 운반토량 = 109,500㎥,
다짐토량 = 78,600㎥

정 답

9. 그림과 같은 도로의 토공 계획시 A~B구간에 필요한 성토량을 토취장에서 15t 트럭으로 운반하여 시공할 때, 필요한 트럭의 총 연대수는 몇 대인가? (단, 자연상태 흙의 단위 체적중량= 1.9t/㎥, L=1.3, C=0.9이다.) 측점별 단면적은 A_1 =0, A_2=30, A_3=40, A_4=0이다.

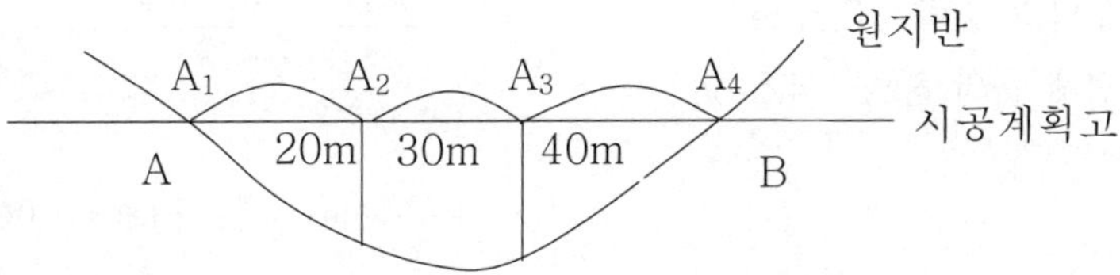

계산과정

____

답

____

해설 1

1. 성토량(V)

$$V_1 = \frac{A_1+A_2}{2}\times l = \frac{(0+30)}{2}\times 20 = 300\text{m}^3$$

$$V_2 = \frac{A_2+A_3}{2}\times l = \frac{(30+40)}{2}\times 30 = 1{,}050\text{m}^3$$

$$V_3 = \frac{A_3+A_4}{2}\times l = \frac{(40+0)}{2}\times 40 = 800\text{m}^3$$

성토량(V) = $V_1+V_2+V_3$ = 300 + 1,050 + 800 = 2,150m³

2. 성토량을 흐트러진 토량으로 환산

흐트러진 토량 = 성토량(V) × $\frac{L}{C}$ = 2,150× $\frac{1.3}{0.9}$ = 3,105.56m³

3. 트럭의 적재량(q_t)

$$q_t = \frac{T}{r^t}\times L = \frac{15}{1.9}\times 1.3 = 10.26\text{m}^3$$

4. 트럭의 총연대수(N)

트럭의 총연대수 = $\frac{\text{흐트러진토량}}{\text{트럭의 적재량}} = \frac{3{,}105.56}{10.26}$ = 302.69 →303대

해설 2

1. 원지반토량 = $\frac{\text{성토량}}{C} = \frac{2{,}150}{0.9} = 2{,}388.89\text{m}^3$

2. 흙의 무게 = 원지반 토량 × 단위체적중량 = 2,388.89 t

3. 트럭의 총연대수 = $\frac{\text{흙의 무게}}{\text{트럭의 적재량}} = \frac{4{,}538.89}{15} = 302.59$ → 303대

10. 다음 토질과 관계하는 자료를 참조하여 간극비와 함수율을 구하시오.

<보기>

① 순 토립자만의 용적 : 2㎥ ② 순토립자만의 중량 : 4ton
③ 물 만의 용적 : 0.5㎥ ④ 물만의 중량 : 0.5ton
⑤ 공기만의 용적 : 0.5㎥ ⑥ 전체 흙의 중량 : 4.5ton
⑦ 전체 흙의 용적 : 3㎥

(1) 간극비 = ____________________

(2) 함수율 = ____________________

해설

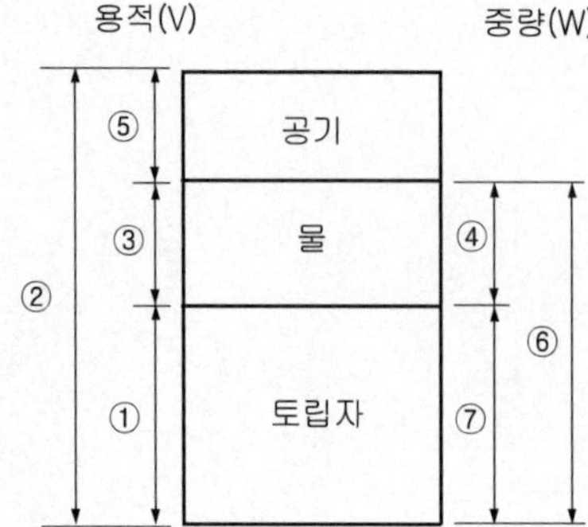

① V_S : 순토립자만의 용적
② W_S : 순토립만의 중량
③ V_W : 물의 용적
④ W_W : 물의 중량
⑤ V_a : 공기의 용적
⑥ W : 흙의 중량
⑦ V : 흙의 용적

(1) 간극비 ($e = \frac{V_V}{V_S}$) (2) 간극률 ($n = \frac{V_V}{V} \times 100\%$)

(3) 함수비 ($W = \frac{W_W}{W_S} \times 100\%$) (4) 함수율 ($W' = \frac{W_W}{W} \times 100\%$)

11. 토취장에서 원지반 토량 2,000m³를 굴착한 후 8t 덤프트럭으로 아래와 같은 단면의 도로를 축조하고자 한다. 이 토취장 흙의 40%는 점성토이고, 60%는 사질토이다.

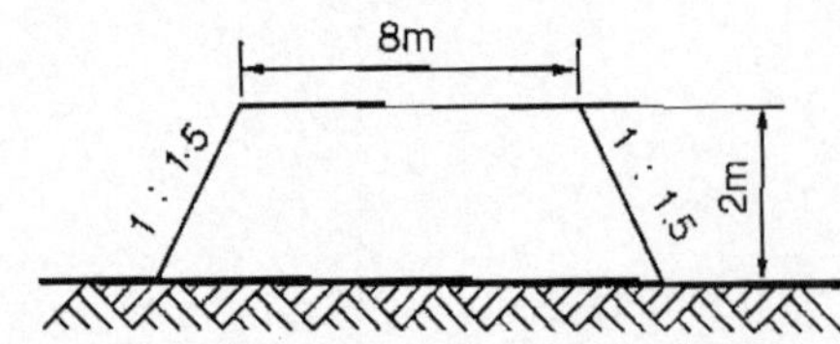

	토량 환산 계수		자연 상태 단위 중량
	L	C	
점성토	1.3	0.9	1.75t/m³
사질토	1.25	0.87	1.80t/m³

정 답

정답 **10**

(1) 간극비

$= \frac{③+⑤}{①} = \frac{0.5+0.5}{2} = 0.5$

(2) 함수율

$= \frac{④}{⑥} \times 100 = \frac{0.5}{4.5} \times 100 = 11.1\%$

정 답

(1) 운반에 필요한 8t 덤프트럭의 연대수를 구하시오.(단, 덤프트럭은 적재 중량 만큼 싣는 것으로 한다.)

•계산식 ______

•정 답 ______

(2) 시공 가능한 도로의 길이(m)를 산출하시오.(단, 도로의 시점 및 종점의 끝단은 수직으로 가정한다.)

•계산식 ______

•정 답 ______

정답

(1) 덤프 트럭의 연대수

	L	C	원지반 토량	원지반 중량	완성 토량
점성토	1.3	0.9	2,000×0.4=800	800×1.75=1,400t	800×0.9=720
사질토	1.25	0.87	2,000=0.6=1,200	1,200×1.80=2,160t	1200×0.87=1,044
			2,000m^3	3,560t	1,764m^3

① 점성토에 필요한 덤프 트럭의 연대수

$$덤프트럭대수_{(점성토)} = \frac{운반토량}{덤프트럭의적재량} = \frac{1,400}{8} = 175(대)$$

② 사질토에 필요한 덤프 트럭의 연대수

$$덤프트럭대수_{(사질토)} = \frac{운반토량}{덤프트럭의적재량} = \frac{2,160}{8} = 270(대)$$

③ 덤프 트럭의 연대수(N)

덤프 트럭의 연대수=175+270=445(대)

(2) 시공 가능한 도로의 길이

① 도로의 단면적(A)

$$A = \frac{(윗변+아랫변)}{2} \times 높이 = \frac{(8+14)}{2} \times 2 = 22(m^2)$$

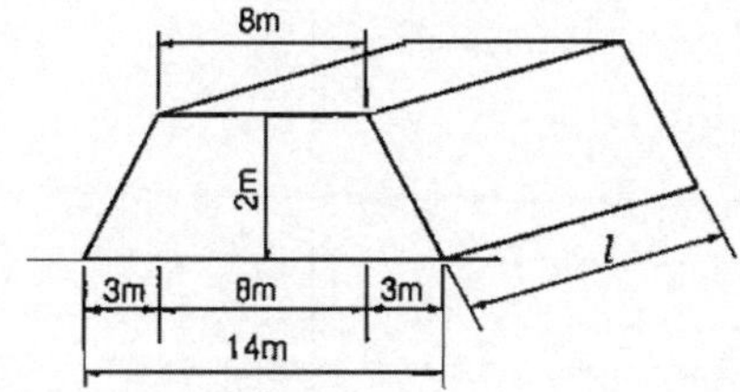

② 도로의 연장(L)

완성후 토량= $A \cdot l$

$$l = \frac{완성후토량}{A} = \frac{1,764}{22} = 80.18(m)$$

정 답

12. 다음 그림의 No.1과 No.2의 각 횡단면으로부터 2점간의 토량을 구하시오. (단, 2점간의 거리는 20m 이다.)

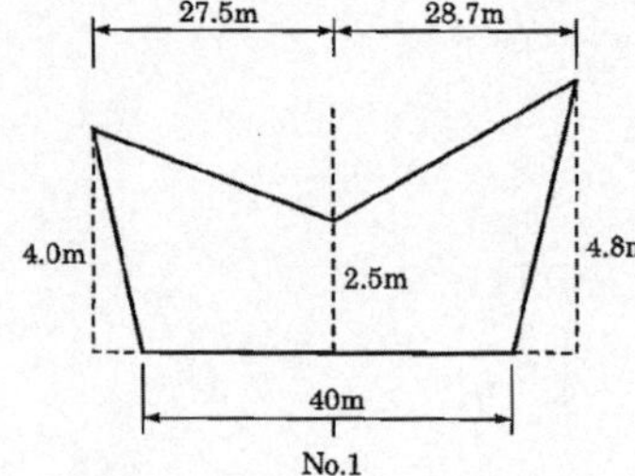

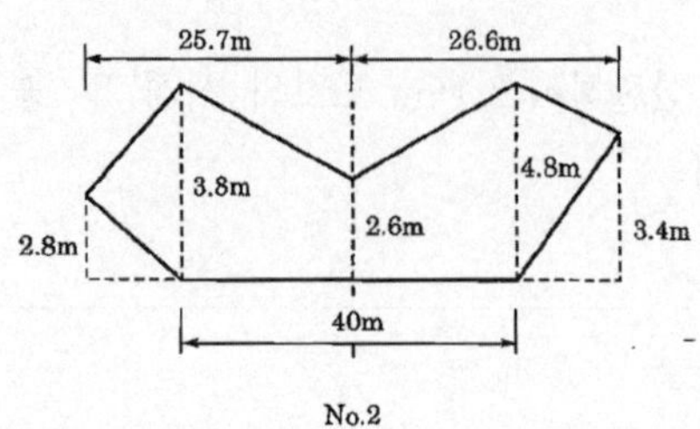

•계산식 ____________________

•정 답 ____________________

정답

(1) No.1 면적=A①+A②=158.25m^2

$$A① = \left\{\frac{(4+2.5)}{2} \times 27.5 - \frac{(7.5 \times 4)}{2}\right\} = 74.375\text{m}^2$$

$$A② = \left\{\frac{(2.5+4.8)}{2} \times 28.7 - \frac{(4.8 \times 8.7)}{2}\right\} = 83.875\text{m}^2$$

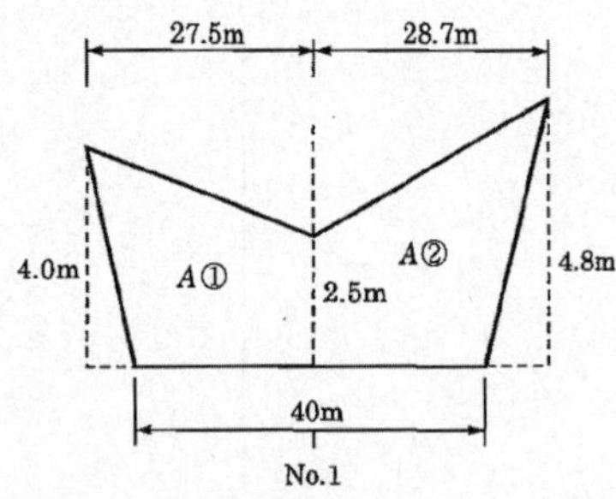

(2) No.2 면적=A①+A②+A③+A④=164.67m^2

$$A① = \left\{\frac{(2.8+3.8)}{2} \times 5.7 - \frac{(2.8 \times 5.7)}{2}\right\} = 10.83$$

$$A② = \left\{\frac{(2.6+3.8)}{2} \times 20\right\} = 64$$

$$A③ = \left\{\frac{(2.6+4.8)}{2} \times 20\right\} = 74$$

$$A④ = \left\{\frac{(4.8+3.4)}{2} \times 6.6 - \frac{(6.6 \times 3.4)}{2}\right\} = 15.84$$

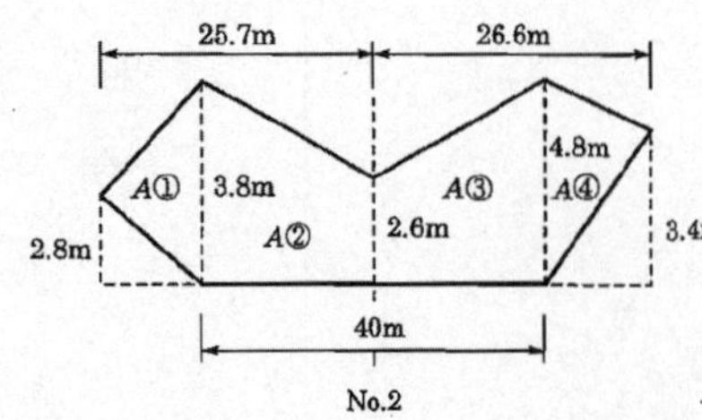

(3) 2점간의 토량

$$토량(V) = \frac{No.1 + No.2}{2} \times L = \frac{158.25 + 164.67}{2} \times 20 = 3{,}229.2\text{m}^2$$

13. 그림과 같이 2개소에서 횡단측량을 행하여 아래와 같이 Ⅰ, Ⅱ와 같은 결과를 얻었다. 양단면의 면적을 각각 구해 그 사이의 토량을 계산하시오. (단, 양단면 간격을 20M 이다.)

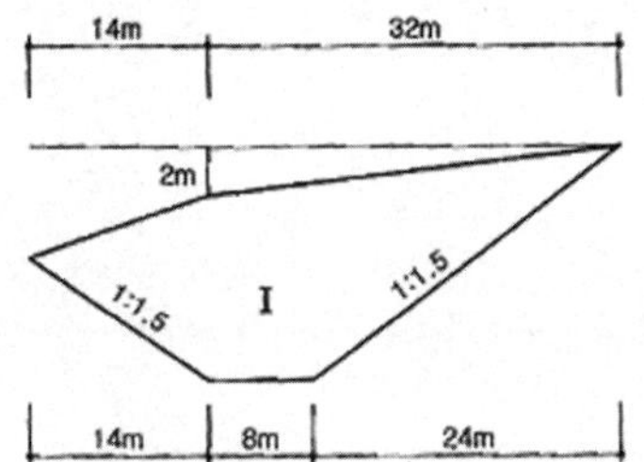

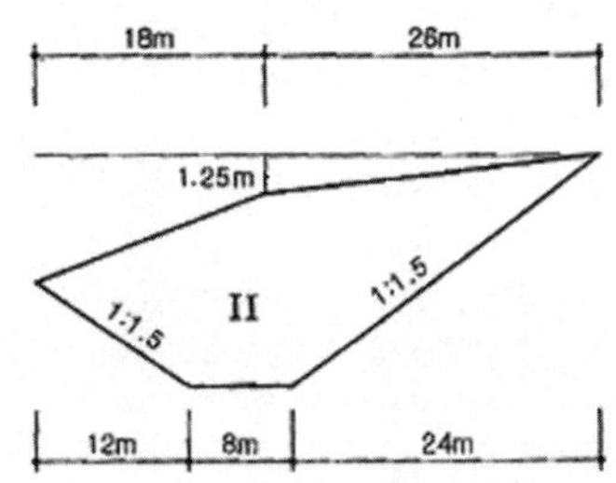

•계산식 ______________________

•정　답 __________

14. 도로를 만들기 위한 자연상태 토량 50,000m³가 있다. 성토되어질 도로의 사다리꼴 단면적은 윗변 길이가 6m이고, 높이는 4m, 구배는 1 : 1.5이다. 다음 물음에 답하시오. (단, L=1.2, C=0.9, 15ton 덤프트럭 사용, 흙의 단위중량 1.6t/m³) (7점)

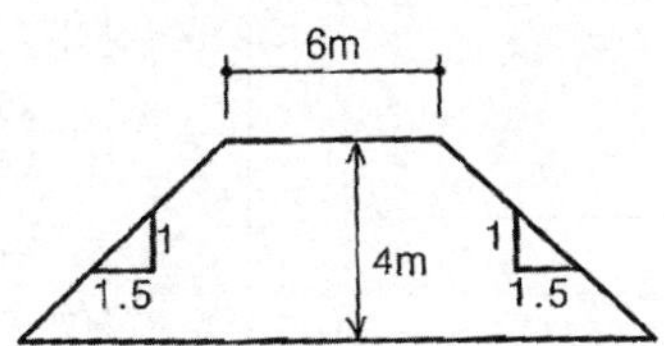

(1) 흐트러진 상태의 토량은 얼마인가?

•계산식 $50,000 \times 1.2 = 60,000$

•정　답 $60,000\text{m}^3$

(2) 덤프트럭으로 운반할 경우 차량대수는 얼마인가?

•계산식 $\dfrac{15}{1.6} \times 1.2 = 11.25$ $\quad \dfrac{50,000 \times 1.2}{11.25} = 5333.333$

•정　답 5334대

(3) 도로의 사다리꼴 단면적은 얼마인가?

•계산식 $\dfrac{6+6+6+6}{2} \times 4 = 48$

•정　답 48m^2

정　답

정답 **13**

•계산식

Ⅰ의 단면적 : $46 \times 16 - 14 \times 2 - 0.5(32 \times 2 + 14 \times 4.67 + 14 \times 9.33 + 24 \times 16) = 386.0\text{m}^2$

Ⅱ의 단면적 : $44 \times 16 - 18 \times 1.25 - 0.5 \times (26 \times 1.25 + 18 \times 6.75 + 12 \times 8 + 24 \times 16) = 364.5\text{m}^2$

토량 $V = \dfrac{386.0 + 364.5}{2} \times 20 = 7,505\text{m}^3$

•정답 : 7505m^3

(4) 다져졌을 때 도로의 길이를 몇 m로 만들 수 있는가?

•계산식 $\frac{50,000 \times 0.9}{48} = 937.5$

•정 답 937.5m

15. 다음의 그림과 같이 백호로 굴착을 하고 통로박스를 시공하고 되메우기 했을 때, 다음의 조건을 보고 물음에 답하시오.

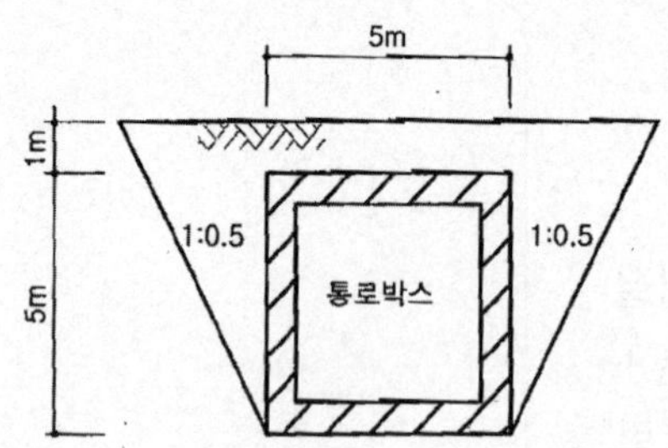

- 15ton 덤프트럭 2대
- 1회 싸이클시간 300분
- 1일 작업시간 6시간
- 암거길이 10m
- 덤프트럭 작업효율 0.9
- C=0.8, L=1.25
- r_t=1.8t/m^3

(1) 사토량을 본바닥상태로 구하시오.

•계산식 ____________________

•정 답 ________

(2) 덤프트럭 1대의 시간당 작업량을 구하시오.

•계산식 ____________________

•정 답 ________

(3) 덤프트럭 2대로 사토할 경우 소요일수를 구하시오.

•계산식 ____________________

•정 답 ________

정 답

정답 **15**

(1) 사토량을 본바닥상태로 구하시오.

•계산식

① 터파기량

$\frac{5+(3+5+3)}{2} \times 6 \times 10 = 480\ m^3$

② 되메우기량

$480-5\times5\times10=230m^3$

③ 사토량

$480-230\times\frac{1}{0.8}=192.5m^3$

(2) 덤프트럭 1대의 시간당 작업량을 구하시오.

•계산식

① $q=\frac{15}{1.8}\times1.25= 10.42m^3$

② $Q=\frac{60\times10.42\times\frac{1}{1.25}\times0.9}{300}$

$=1.5m^3/hr$

•정답 : 1.5m^3/hr

(3) 덤프트럭 2대로 사토할 경우 소요일수를 구하시오.

•계산식

$\frac{192.5}{1.5\times2\times6}=10.69 \rightarrow 11$일

•정답 : 11일

학습포인트

2 | 토공량 산정방법

• 토공량 산정시 적용하는 공식으로 출제빈도가 높은 부분이므로 철저한 학습이 필요하다.

1 면적계산(선으로 둘러싸인 부분)

지거법은 평균높이×밑변으로 면적을 구하는데 평균높이를 구하는 방법에 따라 사다리꼴공식과 심프슨 공식으로 구분된다.

1. 사다리꼴공식

$$A = d\left(\frac{y_1 + y_n}{2} + y_2 + y_3 + \ldots + y_{n-1}\right)$$

여기서, d : 지거의 간격　　$y_1,\ y_2 \cdots y_n$: 지거의 높이

2. 심프슨(Simpson) 공식 (제 1법칙)

경계선을 2차포물선으로 보고 지거의 두 구간을 한조로 하여 면적을 구하는 방법이다.

$$A = \frac{d}{3} y_0 + 4(y_1 + y_3 + \ldots. + y_{n-1}) + 2(y_2 + y_4 + \ldots + y_{n-2}) + y_n$$

$$= \frac{d}{3}(y_0 + 4\Sigma_{y\text{홀수}} + 2\Sigma_{y\text{짝수}} + y_n)$$

여기서, n은 짝수이고, 홀수인 경우에는 마지막 구간은 사다리꼴 공식으로 계산하여 합한다.

2 체적계산

단면적에 높이나 길이를 곱하여 계산할 수 있으며 체적계산에 따라 토공량과 저수량 등을 구할 수 있다.

1. 단면법

횡단면사이의 절토량과 성토량 계산시 이용되는 방법

① 양단면평균법

$$V(\text{체적}) = \frac{l}{2}(A_1 + A_2)$$

여기서, A_1, A_2 : 양단면적　l : 양단면거리

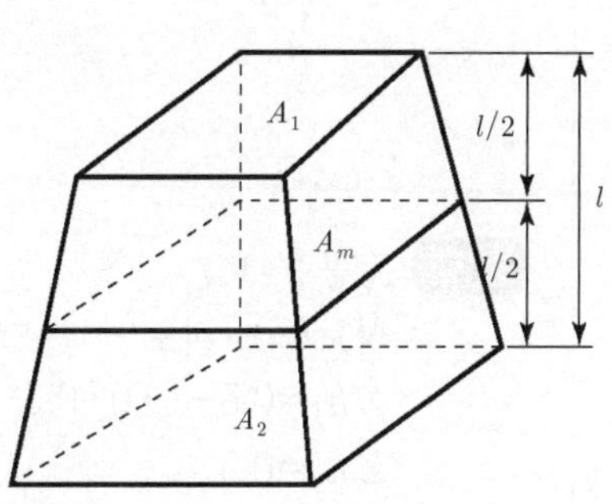

② 중앙단면법

$$V(\text{체적}) = A_m \cdot l$$

여기서, A_m : 중앙단면　l : 양단면간의 거리

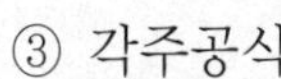

③ 각주공식

양단면이 평행하고 측면이 평면일 때 사용

$$V(\text{체적}) = \frac{l}{6}(A_1 + 4A_m + A_2)$$

여기서, A_1, A_2 : 양단면적　A_m : 중앙단면　l : 양단면간의 거리

2. 점고법

넓은 지역의 매립, 땅고르기 등에 필요한 토공량 계산하는 방법으로 전 구역을 직사각형 또는 삼각형으로 나누어 계산하는 방법이다.

① 사각형법

$$V(\text{체적}) = \frac{a \times b}{4}(\Sigma h_1 + 2\Sigma h_2 + 3\Sigma h_3 + 4\Sigma h_4)$$

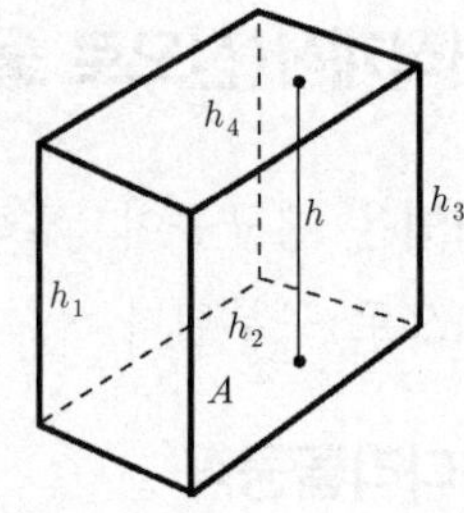

여기서, $a \times b$: 1개의 직사각형면적

Σh_1 : 1개의 직사각형에 관계하는 높이의 합

Σh_2 : 2개의 직사각형이 공유하는 높이의 합

Σh_3 : 3개의 직사각형이 공유하는 높이의 합

Σh_4 : 4개의 직사각형이 공유하는 높이의 합

② 삼각형법

$$V = \frac{a \times b}{6}(\Sigma h_1 + 2\Sigma h_2 + 3\Sigma h_3 + ... + 8\Sigma h_8)$$

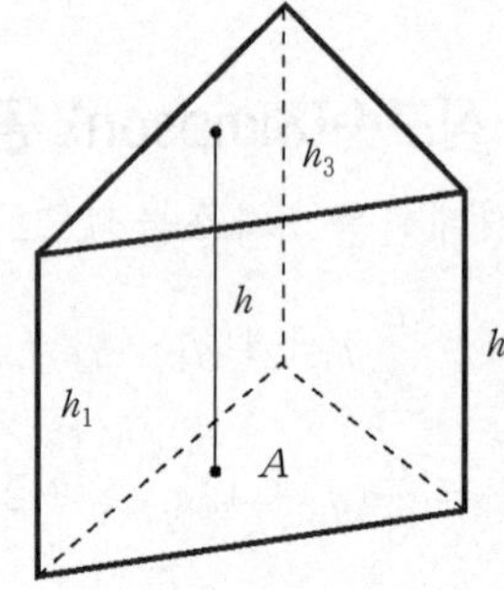

여기서, $a \times b$: 1개의 직사각형면적

Σh_1 : 1개의 삼각형에 관계하는 높이의 합

Σh_2 : 2개의 삼각형이 공유하는 높이의 합

Σh_3 : 3개의 삼각형이 공유하는 높이의 합

....

또는 $V = \frac{a \times b}{3}(\Sigma h_1 + 2\Sigma h_2 + 3\Sigma h_3 + ... + 8\Sigma h_8)$

여기서, $a \times b$: 1개의 삼각형면적

예 제 1

정지공사의 계획평면도이다. 계획부지를 20×15m 크기로 나누어 각점이 표고를 측량결과 값이 다음과 같았다. 계획고가 10.00m 일 때 토공량은? (단위 : m)

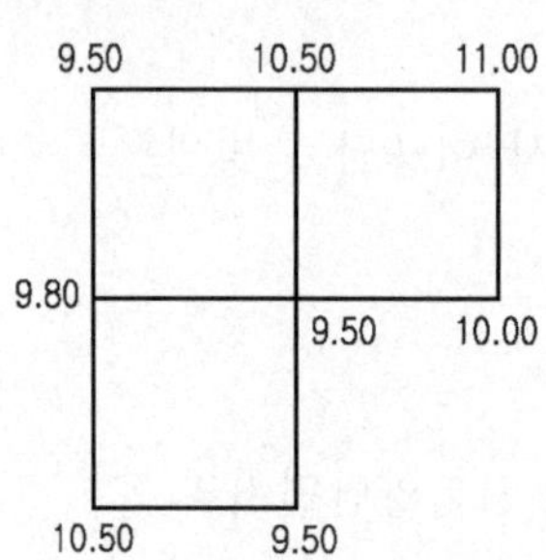

정답 토공량(V)

성토(+), 절토(−)

Σh_1=0.5−1+0+0.5−0.5=−0.5　　Σh_2=−0.5+0.2=−0.3

Σh_3=0.5　　Σh_4=0

$$V(\text{체적}) = \frac{a \times b}{4}(\Sigma h_1 + 2\Sigma h_2 + 3\Sigma h_3 + 4\Sigma h_4)$$

$\frac{20 \times 15}{4}[-0.5 + 2 \times (-0.3) + 3 \times (0.5) + 0] = 30\text{m}^3$　∴성토량 30m^3

예 제 2 (기출)

계획부지를 20×15m 크기로 나누어 각점의 표고를 측량 결과값이 다음과 같았다. 계획고 30m로 할 때 토공량과 경제적인 시공을 위한 계획고는 몇 m인가? (소수점 2자리까지 계산한다) (단위 : m)

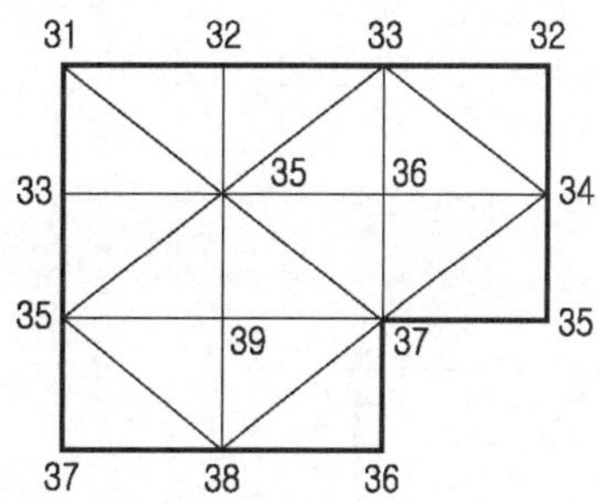

(1) 토공량 ?

(2) 경제적 계획고?

정답 (1) 절토량(V)

$$V=\frac{a\times b}{6}(\Sigma h_1+2\Sigma h_2+3\Sigma h_3+......+8\Sigma h_8)$$

Σh_1=7+6+5+2=20　　　　Σh_2=1+3+2=6

Σh_3=0　　　　Σh_4=5+8+3+6+4+9=35

Σh_5=0　　　　Σh_6=7

Σh_7=0　　　　Σh_8=5

$$V=\frac{15\times 20}{6}[20+(2\times 6)+0+(4\times 35)+0+(6\times 7)+0+(8\times 5)]=12{,}700\text{m}^3$$

(2) 경제적 계획고

$$h=\frac{\text{토공량}}{\text{부지면적}}=\frac{12{,}700}{20\times 15\times 8}=5.29\text{m}$$

30(계획고) + 5.29 = 35.29m

해설 경제적인 시공이란 절성토가 0인 상태, 흙의 반출입이 일어나지 않은 상태를 말한다.

3. 등고선법

등고선을 이용하여 토량을 계산하는 방법으로 각 등고선에 둘러싸인 면적은 구적기로 구하고 각 등고선간의 높이차를 h라 하면 각주 공식을 사용하여 다음과 같이 토공량을 구하며 남는 부분은 원뿔공식이나 양단면 평균법으로 구한다. 이 방법은 토공량이나 저수량 산정 등에 사용된다.

$$V = \frac{h}{3}A_1 + 4(A_2 + A_4 + \cdots + A_{n-1}) + 2(A_3 + A_5 + \cdots + A_{n-2}) + A_n$$

$$= \frac{h}{3}(A_1 + 4\Sigma A_{짝수} + 2\Sigma A_{홀수} + A_n)$$

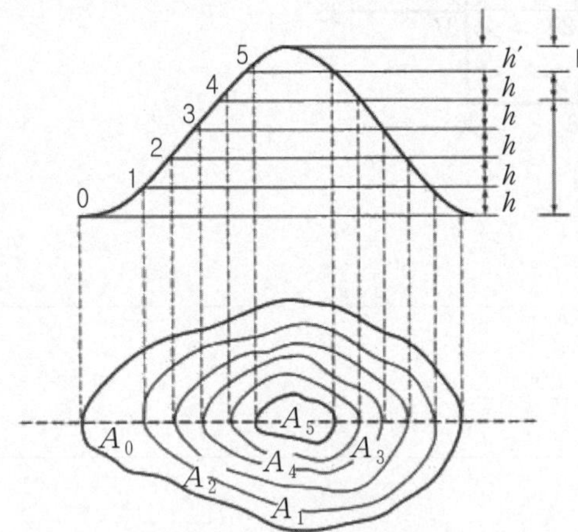

등고선 Ⅰ 구간은 각주공식으로
등고선 Ⅱ 구간은 양단면평균법
등고선 Ⅲ 구간은 원뿔공식을 적용한다.

4. 횡단면법(cross-section method)

① 도로공사에서 토량산출을 위해 사용되는 방법이다.

② 횡단면을 기준으로 하여 일정간격으로 구분하여, 횡단간격이 좁을수록 그 결과가 정확하다.

③ 계산방법 : 2개의 인접한 단면의 평균을 내어 면적을 구하고, 두면의 사이의 거리를 곱한다. 이러한 과정을 되풀이하여 전체 토량을 산출한다.

예 제 3

다음표를 보고 성토량을 구하시오.

측점	거리	성토면적(m²)	절토면적(m²)
1	–	20.72	5.24
2	20	14.46	0.00
3	20	8.34	0.00

정답

측점	거리	성토면적(m²)	평균성토면적(m²)	성토량(m³)
1	–	20.72		
2	20	14.46	$A_1 = \frac{20.72+14.46}{2} = 17.59$	$V_1 = 17.59 \times 20 = 351.8$
3	20	8.34	$A_2 = \frac{14.46+8.34}{2} = 11.40$	$V_2 = 11.40 \times 20 = 228.0$
합계				579.8

예 제 4

그림과 같은 등고선 지형의 체적을 구하시오. (단, 등고선간격은 5m이고, 각 등고선으로 둘러싸인 면적은 다음과 같다.)

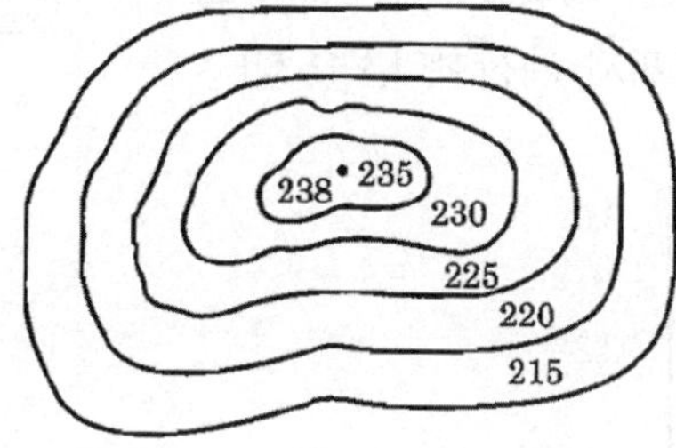

215m − 3,800m²
220m − 2,900m²
225m − 1,800m²
230m − 900m²
235m − 200m²

정답 $V=\frac{h}{3}\{A_1+4(A_2+A_4)+2A_3+A_5\}\ +\frac{1}{3}\pi r^2\times h$

$=\frac{5}{3}\{3{,}800+4(2{,}900+900)+2\times 1{,}800+200\}+\frac{1}{3}\times 200\times(238-235)=38{,}200\text{m}^3$

해설 등고선법(각주공식)+원뿔공식에 의해 계산

예 제 5

그림과 같은 등고선이 있을 때 각 등고선에 해당되는 면적을 보고 이 지형의 토량을 구하시오. (단, 소수 첫째자리 까지 계산하시오.)

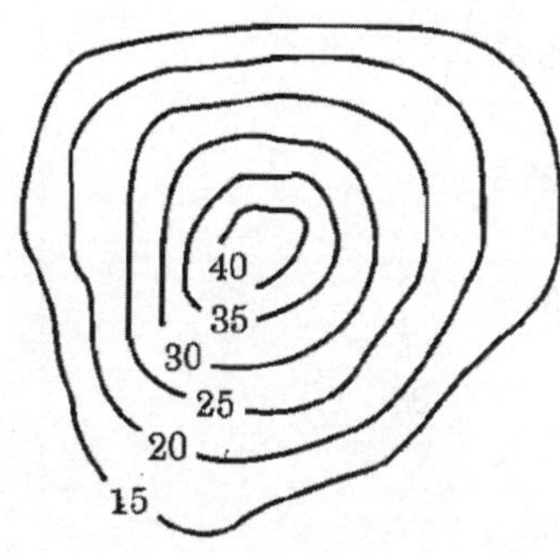

40m − 100m²
35m − 300m²
30m − 900m²
25m − 1,850m²
20m − 2,900m²
15m − 3,800m²

정답 $V=\frac{5}{3}\{3{,}800+4(2{,}900+900)+2\times 1{,}850+300\}+\left(\frac{100+300}{2}\right)\times 5$

$=38{,}333.33+1{,}000=39{,}333.3\text{m}^3$

$\therefore$ 토량은 $39{,}333.3\text{m}^3$

해설 등고선법(각주공식)+양단면평균법으로 계산

1. 다음 도면을 참고하여 절토량을 구하시오. (단, 계획표고는 80m이고, 격자의 1개의 넓이는 4m² 이다. 소수점 2자리까지 계산한다.) (5점)

	91.3	92.4	93.0
	91.0	92.0	92.2
90.6	89.8	91.4	91.6
89.5	88.8	91.0	91.2

2. 다음 도면을 참고하여 계획고 31.0m로 정지작업을 할 때 토공량을 구하시오. (단, 정사각형의 한변의 길이는 20m이다. 소수점 2자리까지 계산하시오)

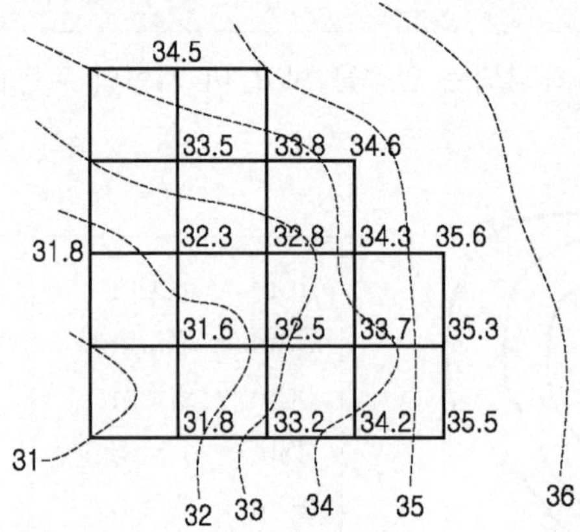

해설

$$V(체적)=\frac{a\times b}{4}(\Sigma h_1+2\Sigma h_2+3\Sigma h_3+4\Sigma h_4)$$

$\Sigma h_1=(34-31)+(35-31)+(34.6-31)+(35.6-31)+(31-31)+(35.5-31)$
$=3+4+3.6+4.6+0+4.5=19.7$

$\Sigma h_2=(34.5-31)+(33-31)+(31.8-31)+(31-31)+(35.3-31)+(31.8-31)$
$+(33.2-31)+(34.2-31)$
$=3.5+2+0.8+0+4.3+0.8+2.2+3.2=16.8$

$\Sigma h_3=(33.8-31)+(34.3-31)=2.8+3.3=6.1$

$\Sigma h_4=(33.5-31)+(32.3-31)+(32.8-31)+(31.6-31)+(32.5-31)+(33.7-31)$
$=2.5+1.3+1.8+0.6+1.5+2.7=10.4$

$$V=\frac{20\times 20}{4}(19.7+2\times 16.8+3\times 6.1+4\times 10.4)=11{,}320\text{m}^3$$

정 답

정답 **1**

$V(체적)=\frac{a\times b}{4}(\Sigma h_1+2\Sigma h_2+3\Sigma h_3+4\Sigma h_4)$

$\Sigma h_1=(91.3-80)+(93.0-80)+(90.6-80)+(89.5-80)+(91.2-80)$
$=11.3+13.0+10.6+9.5+11.2$
$=55.6$

$\Sigma h_2=(92.4-80)+(91.0-80)+(92.2-80)+(91.6-80)+(88.8-80)+(91.0-80)$
$=12.4+11.0+12.2+11.6+8.8+11.0=67$

$\Sigma h_3=89.8-80=9.8$

$\Sigma h_4=(92.0-80)+(91.4-80)$
$=12.0+11.4=23.4$

$V=\frac{4}{4}(55.6+2\times 67+3\times 9.8+4\times 23.4)=312.6\text{m}^3$

절토량 312.6m³

3. 아래 그림은 지형을 GL30m로 정지작업을 하려 한다. 이때 절취할 토량을 구하시오. (단, 사각형 한변의 길이는 30m이며 소수점 2자리까지 계산하시오.)

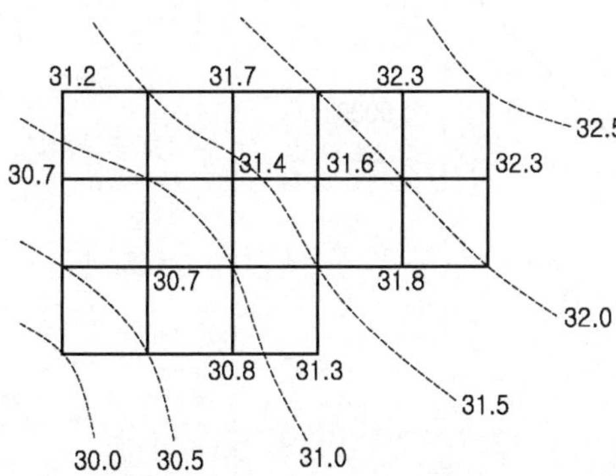

4. 다음과 같은 단면에서 성토의 토량을 계산하시오.

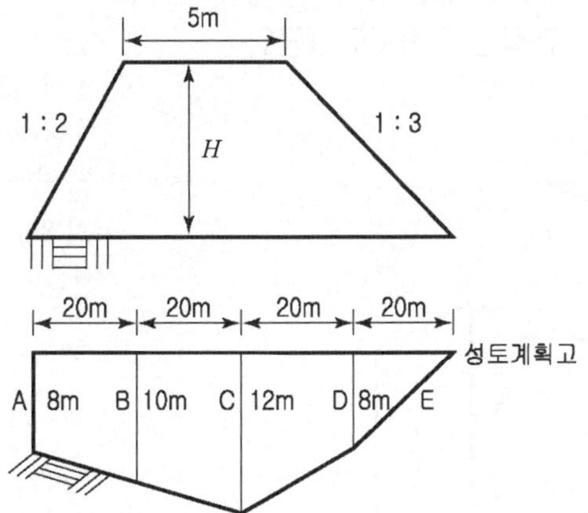

해설

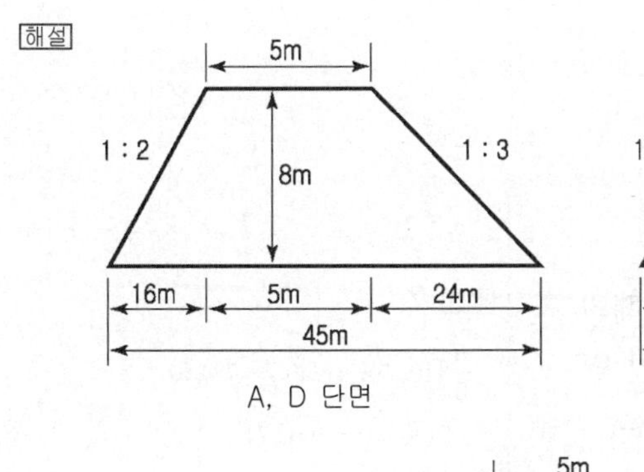

A, D 단면

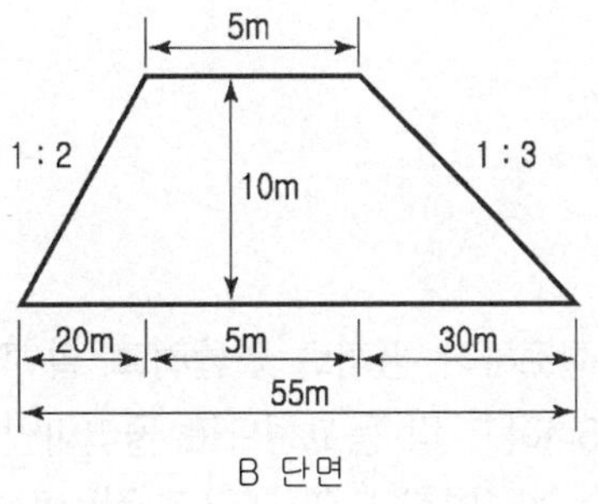

B 단면

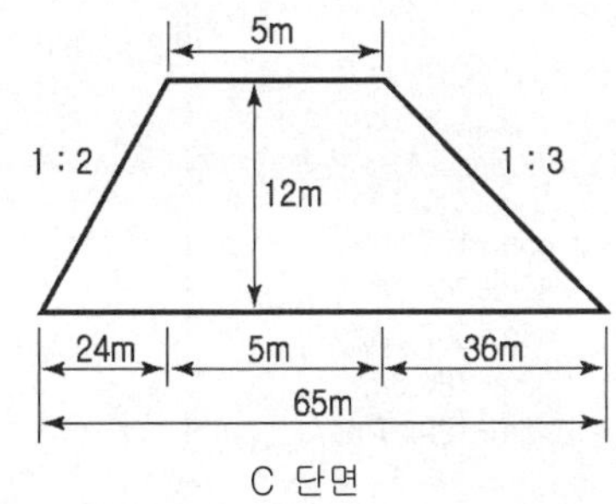

C 단면

정 답

정답 **3**

$V(체적) = \frac{a \times b}{4}(\Sigma h_1 + 2\Sigma h_2 + 3\Sigma h_3 + 4\Sigma h_4)$

$\Sigma h_1 = (31.2-30.0)+(32.5-30.0)+(32.0-30.0)+(31.3-30.0)$
$=1.2+2.5+2+1.3=7$

$\Sigma h_2 = (31.5-30)+(31.7-30.0)+(32.0-30.0)+(32.3-30.0)+(32.3-30.0)+(31.8-30.0)+(30.8-30.0)+(30.5-30.0)+(30.5-30.0)+(30.7-30.0)$
$=1.5+1.7+2+2.3+2.3+1.8+0.8+0.5+0.5+0.7=14.1$

$\Sigma h_3 = (31.5-30.0) = 1.5$

$\Sigma h_4 = (31.0-30.0)+(31.4-30.0)+(31.6-30.0)+(32.0-30.0)+(30.7-30.0)+(31.0-30.0)$
$=1.0+1.4+1.6+2.0+0.7+1.0$
$=7.7$

$V = \frac{30 \times 30}{4}(7.0+2\times14.1+3\times1.5+4\times7.7)$
$=15,862.5\text{m}^3$

정답 **4**

(1) 단면적(A)

$A=D=\frac{윗변+아랫변}{2}\times 높이$

$=\frac{5+45}{2}\times 8 = 200\text{m}^2$

$B=\frac{5+55}{2}\times 10 = 300\text{m}^2$

$C=\frac{5+65}{2}\times 12 = 420\text{m}^2$

(2) 성토토량(V)

양단면 평균법을 이용하면

$V_1 = \frac{200+300}{2}\times 20 = 5,000\text{m}^3$

$V_2 = \frac{300+420}{2}\times 20 = 7,200\text{m}^3$

$V_3 = \frac{420+200}{2}\times 20 = 6,200\text{m}^3$

$V_4 = \frac{200+0}{2}\times 20 = 2,000\text{m}^3$

성토토량$(V) = V_1 + V_2 + V_3 + V_4$
$=5,000+7,200+6,200+2,000$
$=20,400\text{m}^3$

해설

• 등고선법에 적용

5. 다음은 건설예정인 도로의 절토단면을 표시한 것이다. A와 B의 횡단면적을 구하시오.

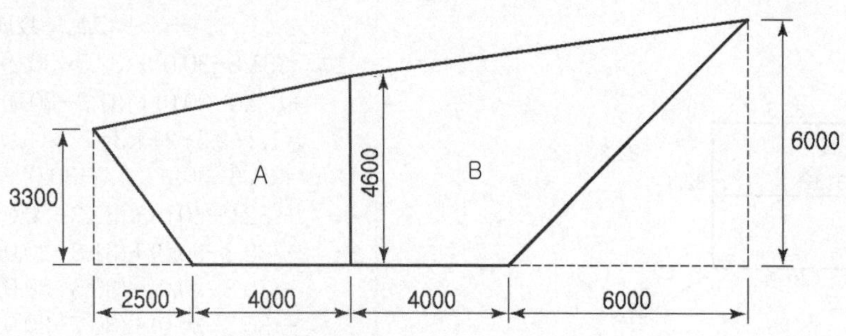

6. 도로 토공을 위한 횡단 측량 결과 다음 그림과 같은 결과를 얻었다. 각 지거의 크기는 h_0=2.0, h_1=2.2, h_2=1.8, h_3=1.7, h_4=1.6, h_5=1.8, h_6=1.6일 때 사다리꼴 법칙과 심프슨 제1법칙으로 면적을 구하시오. (단위 m, 소수점3자리에서 반올림하시오.)

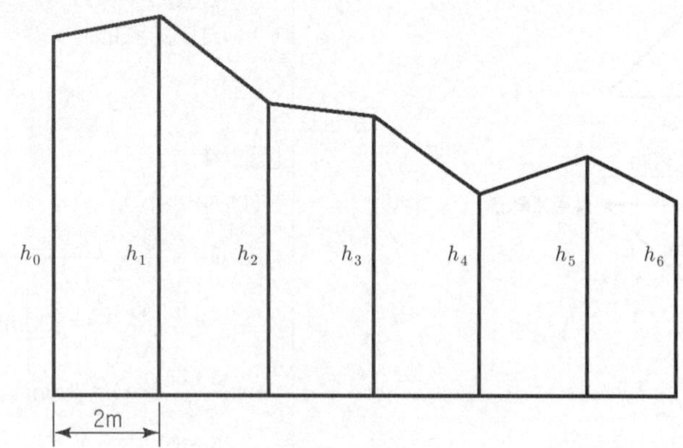

7. 그림과 같은 지형의 45m 이상을 절토하여 평지로 만들려고 할 때의 절토량을 산정하시오. 등고선간격은 5m이고 각 등고선으로 둘러싸인 면적은 다음과 같다. (단, 산출은 심프슨 제 1법칙에 의해 구할 것) (5점)

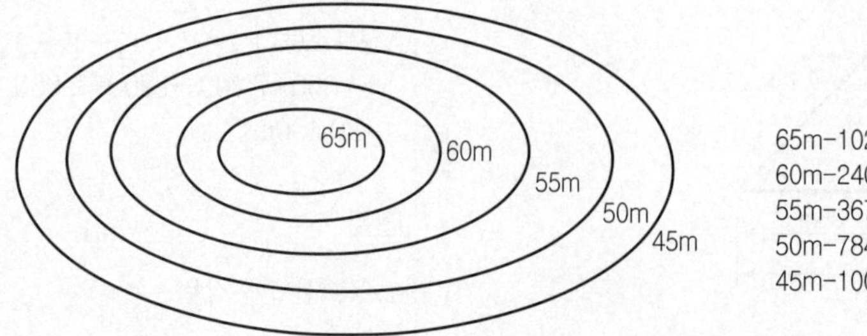

65m−102.5m²
60m−240.7m²
55m−367.3m²
50m−784.0m²
45m−1004.7m²

정 답

정답 5

A부분의 면적

$\left(\frac{3.3+4.6}{2}\times6.5\right)-\left(\frac{3.3\times2.5}{2}\right)$

$=21.55\text{m}^2$

B부분의 면적

$\left(\frac{4.6+6.0}{2}\times10\right)-\left(\frac{6.0\times6.0}{2}\right)$

$=35\text{m}^2$

정답 6

(1) 사다리꼴법칙(양단면평균법)

$d\left(\frac{y_1+y_n}{2}+y_2+y_3+\ldots+y_{n-1}\right)$

여기서, d : 지거의 간격

$y_1, y_2 \cdots y_n$: 지거의 높이

$2\left(\frac{2.0+1.6}{2}+2.2+1.8+1.7+1.6+1.8\right)$

$=21.8\text{m}^2$

(2) 심프슨 제1법칙

$\frac{d}{3}(y_1+4\Sigma_{y\text{짝수}}+2\Sigma_{y\cdot\text{홀수}}+y_n)$

$=\frac{2}{3}(2.0+4(2.2+1.7+1.8)$

$+2(1.8+1.6)+1.6)$

$=22.13\text{m}^2$

정답 7

$\frac{5}{3}\{102.5+4(240.7+784.0)$

$+2(367.3)+1004.7\}$

$=9{,}901\text{m}^3$

8. 아래 그림은 10m 간격의 등고선을 갖는 지형이다. 각 등고선 안의 면적이 다음과 같을 때 지형의 토량을 구하시오.

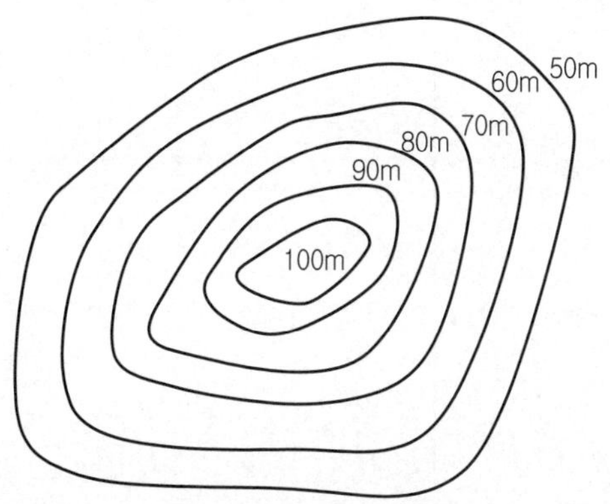

• 등고선에 둘러싸인 면적
50m=14,000m²
60m=8,000m²
70m=4,200m²
80m=1,500m²
90m=500m²
100m=150m²

9. 아래와 같은 지형도와 각 등고선에 해당되는 면적을 보고 이 지형의 전체 토량을 구하시오. (소수점3자리까지 계산한다.)

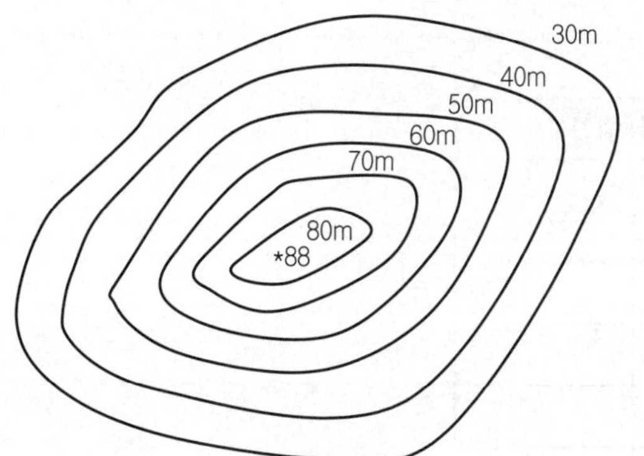

•등고선에 둘러싸인 면적
30m=10,500m²
40m=7,800m²
50m=3,400m²
60m=1,200m²
70m=560m²
80m=100m²

10. 그림과 같이 표고가 20m씩 차이나는 등고선으로 둘러싸인 지역의 흙을 굴착하여 공원을 계획할 때 1.0m³ 용적의 굴착기 2대를 동원할 굴착에 소요되는 기간은 며칠인가? (단, 굴착기 Cm=20초, E=0.8, k=0.8, L=1.2, 1일 작업시간=8시간, 등고선의 면적은 A_1=100m², A_2=80m², A_3=50m²이다. 계산은 소수점 2자리까지 하시오.)

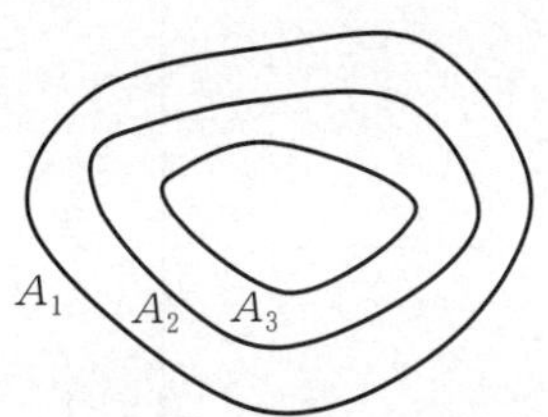

정 답

정답 **8**

$[\frac{10}{3}\{14,000+4(8,000+1,500)+2(4,200)+500\}]+\left(\frac{500+150}{2}\times 10\right)=206,250\text{m}^3$

해설

•50m~90m는 등고선법(각주공식)

•90m~100m는 양단면 평균법 적용

정답 **9**

$[\frac{10}{3}\{10,500+4(7,800+1,200)+2(3,400)+560\}+\left(\frac{560+100}{2}\times 10\right)+\{\frac{1}{3}\times 100\times(88-80)\}=183,100\text{m}^3$

해설 •30m~70m는 등고선법

•70m~80m는 양단면 평균법

•80m~88m는 원뿔공식 적용

정답 **10**

(1) 굴착토량(V)

풀이1) $V=\frac{h}{3}(A_1+4A_2+A_3)$

$=\frac{20}{3}(100+4\times 80+50)$

$=3,133.33\text{m}^3$

풀이2) $V=\frac{h}{6}(A_1+4A_2+A_3)$

$=\frac{40}{6}(100+4\times 80+50)$

$=3133.33\text{m}^3$

(2) 굴착기의 시간당 작업량(Q)

$Q=\frac{3,600\times q\times k\times f\times E}{C_m}$

$=\frac{3,600\times 1.0\times 0.8\times\left(\frac{1}{1.2}\right)\times 0.8}{20}$

$=96\text{m}^3/\text{hr}$

굴착토량에 관한 문제이므로 $f=\frac{1}{L}$을 사용하여 시간당 작업량은 자연상태 토량으로 구한다.

(3) 굴착기 2대의 1일 작업량

굴착기 2대의 1일 작업량=굴착기의 시간당 작업량×1일 작업시간×굴착기대수

=96×8×2=1,536m³/일

(4) 소요일수

전체작업량÷1일 작업량

=3,133.33÷1,536=2.04일→3일

11. 다음은 횡단면도를 나타낸 것이다. 아래 빈칸을 채우고 물음에 답하시오. (단, L=1.2, C=0.9이며, 소수점 세자리에서 반올림하시오.)

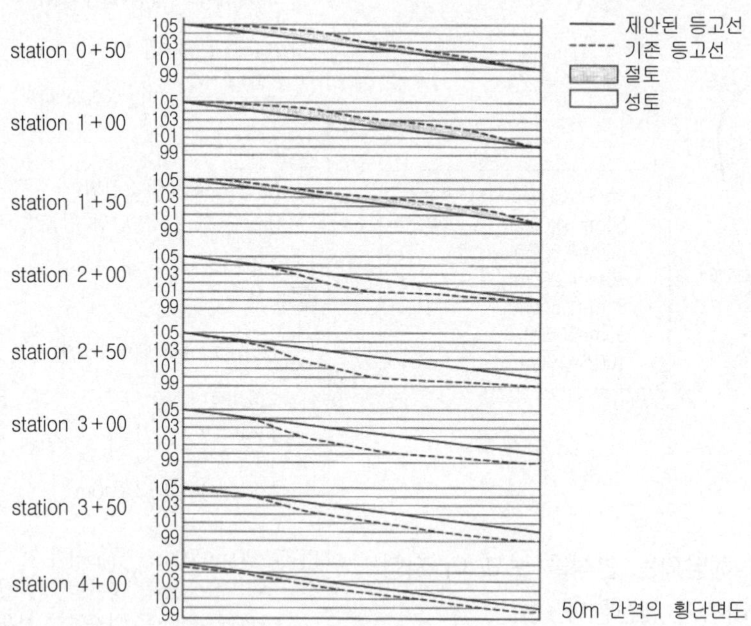

(1) 다음 빈칸을 채우시오.

측점	절토 단면적 (m^2)	절토평균 단면적 (m^2)	성토 단면적 (m^2)	성토평균 단면적 (m^2)	거리 (m)	체적(m^3)	
						절토	성토
0+00	0.0						
0+50	150.9				50		
1+00	218.9				50		
1+50	166.0		0.0		50		
2+00	2.5		171.0		50		
2+50	0.0		386.0		50		
3+00	11.3		318.2		50		
3+50	8.8		207.5		50		
4+00	5.03		91.8		50		
4+50	0.0		0.0		50		
합계							

(2) 부족한 토량(자연상태)은 얼마인가?

(3) $8m^3$의 덤프트럭으로 운반한다면 트럭의 소요대수는?

정 답

정 답

정답

(1) 다음 빈칸을 채우시오.

측점	절토 단면적 (m^2)	절토평균 단면적 (m^2)	성토 단면적 (m^2)	성토평균 단면적 (m^2)	거리 (m)	체적(m^3) 절토	체적(m^3) 성토
0+00	0.0						
0+50	150.9	75.45			50	3,772.5	
1+00	218.9	184.9			50	9,245	
1+50	166.0	192.45	0.0		50	9,622.5	
2+00	2.5	84.25	171.0	85.5	50	4,212.5	4,275
2+50	0.0	1.25	386.0	278.5	50	62.5	13,925
3+00	11.3	5.65	318.2	352.1	50	282.5	17,605
3+50	8.8	10.05	207.5	262.85	50	502.5	13,142.5
4+00	5.03	6.92	91.8	149.65	50	346	7,482.5
4+50	0.0	2.52	0.0	45.9	50	126	2,295
합계						28,172	58,725

(2) 부족한 토량(자연상태)

1) 절토의 성토량

$28,172\times0.9=25,354.8m^3$

2) 부족한 토량

$58,725-25,354.8=33,370.2m^3$ (성토량)

3) 자연상태 토량

$33,370.2\times\frac{1}{C}=33,370.2\times\frac{1}{0.9}=37,078m^3$

(3) $8m^3$의 덤프트럭으로 운반한다면 트럭의 소요대수는?

1) 운반토량

$37,078\times L=37,078\times1.2=44,493.6m^3$

2) 트럭소요대수

44,493.6÷8=5,561.7 → 5,562대

12. 다음은 노선측량의 성과가 다음과 같을 때 토량계산서를 완성하시오. (단, 토량환산계수 C=0.9) (단, 소수점 첫째자리까지 계산한다)

측점	거리 (m)	절토 단면적 (m^2)	절토 평균 단면적 (m^2)	절토 토량 (m^3)	성토 단면적 (m^2)	성토 평균 단면적 (m^2)	성토 토량 (m^3)	성토 보정 토량 (m^3)	차인 토량 (m^3)	누가 토량 (m^3)
NO.0	0	0			5					
1	20	20			10					
2	20	50			20					
3	20	30			10					
4	20	10			10					
5	20	20			30					
6	20	10			40					
7	20	0			10					
8	20	10			0					

정답

측점	거리 (m)	절토			성토				차인 토량 (m^3)	누가 토량 (m^3)
		단면적 (m^2)	평균 단면적 (m^2)	토량 (m^2)	단면적 (m^2)	평균 단면적 (m^2)	토량 (m^3)	보정 토량 (m^3)		
NO.0	0	0			5					
1	20	20	10	200	10	7.5	150	166.7	33.3	33.3
2	20	50	35	700	20	15.0	300	333.3	366.7	400.0
3	20	30	40	800	10	15.0	300	333.3	466.7	866.7
4	20	10	20	400	10	10.0	200	222.2	177.8	1,044.5
5	20	20	15	300	30	20.0	400	444.4	−144.4	900.1
6	20	10	15	300	40	35.0	700	777.8	−477.8	422.3
7	20	0	5	100	10	25.0	500	555.6	−455.6	−33.3
8	20	10	5	100	0	5.0	100	111.1	−11.1	−44.4

해설

(1) 평균단면적(A)

$$A = \frac{A_1 + A_2}{2}$$

(2) 토량(V)

V=평균단면적(A)×거리

(3) 성토보정토량

성토보정토량=성토량×$\frac{1}{C}$ (자연상태로 환원해준 토량)

(4) 차인차량

차인토량=절토량−성토량(여기서, 성토량은 성토보정토량이다.)

(5) 누가토량

누가토량=Σ차인토량

13. 부지의 지형을 측량한 결과가 다음과 같을 때, 절토와 성토의 토량균형을 이루기 위해서 시공기준면의 높이를 얼마로 하여야하는지 계산하시오. 단, 작은 사각형 넓이는 20×15m 이고, 점고법으로 산출하고 결과값은 소수점 세자리에서 반올림하여 계산하시오.)

9 8 9 9 8
8 9 8 9 9
8 9 7 9 8
9 8 7 7

정 답

정답

(1) 총토량 (V)

$\Sigma h_1 = 9 + 8 + 8 + 7 + 9 = 41$

$\Sigma h_2 = 8 + 9 + 9 + 9 + 7 + 8 + 8 + 8 = 66$

$\Sigma h_3 = 9$

$\Sigma h_4 = 9 + 8 + 9 + 7 + 9 = 42$

$$\frac{a \times b}{4}(\Sigma h_1 + 2\Sigma h_2 + 3\Sigma h_3 + 4\Sigma h_4) = \frac{20 \times 15}{4}\{41 + (2 \times 66) + (3 \times 9) + (4 \times 42)\}$$

$$= 27{,}600\text{m}^3$$

(2) 부지면적

$15 \times 20 \times 11 = 3{,}300\text{m}^2$

(3) 경제적 시공면의 높이

$$\frac{27{,}600}{3{,}300} = 8.36\text{m}$$

14. 아래 그림과 같이 10×10m의 구형으로 분할된 각 점의 표고를 측정한 결과이다. 표고 33m로 정지작업을 하면 절·성토량은 얼마인지 구하시오.

		35	35
	36	32	35
34	34	33	30
33	32	32	30
31	30	36	35

정답

$$V = \frac{A}{4}(\Sigma h_1 + 2\Sigma h_2 + 3\Sigma h_3 + 4\Sigma h_4)$$

$\Sigma h_1 = 2+2+3+1-2+2=8$

$\Sigma h_2 = 2-3+0-3-3+3=-4$

$\Sigma h_3 = (-1)+1=0$

$\Sigma h_4 = 0-1-1=-2$

$$V = \frac{A}{4}(\Sigma h_1 + 2\Sigma h_2 + 3\Sigma h_3 + 4\Sigma h_4) = \frac{10 \times 10}{4} \times \{(8 + 2 \times (-4) + 3 \times (0) + 4 \times (-2)\}$$

$= -200$

→ 성토량 200m^3

해설

절토(+), 성토(−)로 계산함

정 답

15. 아래 그림과 같이 15×20m의 사각분할 된 표고를 측정한 결과이다. 표고 10m로 정지작업을 할 때 다음 물음에 답하시오. (단, L =1.25, C=0.9, 흙의 단위 중량 1.8t/㎥, 운반할 덤프트럭은 4t 이다)

9	8	9	9	8
8	9	8	9	9
8	9	7	9	8
9	8	7	7	

(1) 성토량 ? ____________

(2) 덤프트럭 1회 적재량 ? ____________

(3) 성토할 토량을 운반하는데 필요한 트럭대수 ? ____________

정답

(1) 성토량

$$V=\frac{A}{4}(\Sigma h_1+2\Sigma h_2+3\Sigma h_3+4\Sigma h_4)$$

Σh_1 =1+2+2+1+3=9

Σh_2 =2+1+1+2+2+1+2+3=14

Σh_3 =1

Σh_4 =1+2+1+1+3 = 8

$$V=\frac{15\times20}{4}\{9+(2\times14)+(3\times1)+(4\times8)\}=5,400\text{m}^3$$

(2) 덤프트럭 1회 적재량

$$q=\frac{T}{r^t}\times L=\frac{4}{1.8}\times1.25=2.78\text{m}^3$$

(3) 성토할 토량을 운반하는데 필요한 트럭대수

$(5,400\times\frac{1.25}{0.9})\div2.78=2,697.84$ →2,698대

16. 아래 좌측 그림과 같은 지반을 0m를 기준으로 굴착하여 우측 그림과 같은 성토를 하려고 한다. 이 토량 운반에 4㎥ 적재 트럭으로 운반시 적재 트럭 대수와 성토 연장 길이를 구하시오. (단, C = 0.85, L =1.10)

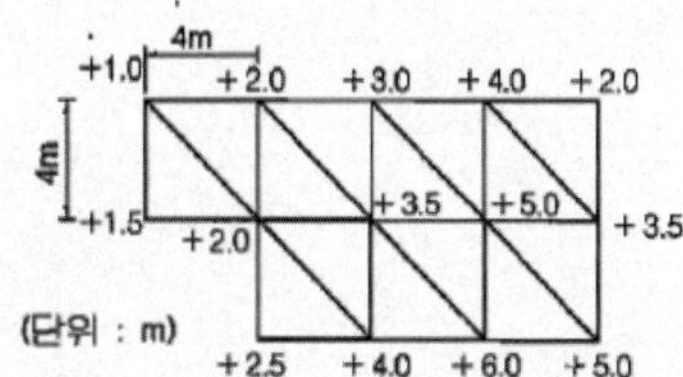

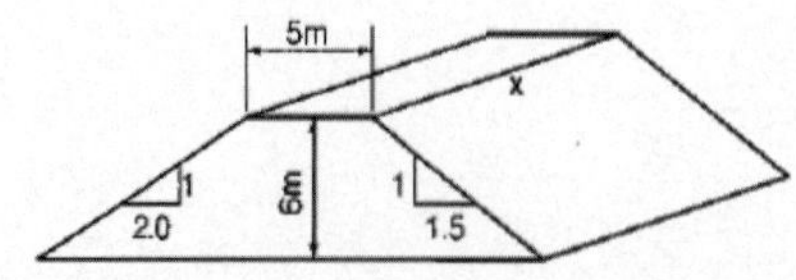

정답 16

(1) 적재 트럭 대수 : 108대

(2) 성토 연장 길이 : 3.57m

정 답

(1) 적재 트럭 대수

계산과정 ______________________________

(2) 성토 연장 길이

계산과정 ______________________________

해설

(1) 굴착토량(V)

Σh_1 = 1.5 +2.5 +2 = 6

Σh_2 = 1 +5 =6

Σh_3 = 2 +3 +4 + 3.5 + 6 + 4 = 22.5

Σh_4 = 0

Σh_5 = 2

Σh_6 = 3.5 +5 = 8.5

Σh_7 = 0

Σh_8 = 0

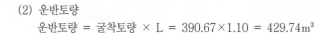

$$V=\frac{a\times b}{6}(\Sigma h_1+2\Sigma h_2+3\Sigma h_3+....8\Sigma h_8)$$

$$=\frac{4\times4}{6}\{[6+(2\times6)+(3\times22.5)+0+(5\times2)+(6\times8.5)+0+0]\}$$

$= 390.67\text{m}^3$

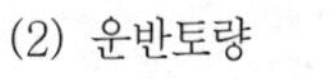

(2) 운반토량

운반토량 = 굴착토량 × L = 390.67×1.10 = 429.74m^3

(3) 덤프트럭대수

$$\text{트럭대수} = \frac{\text{운반토량}}{\text{트럭의 적재량}}=\frac{429.74}{4}=107.44\rightarrow 108\text{대}$$

(4) 성토단면적(A)

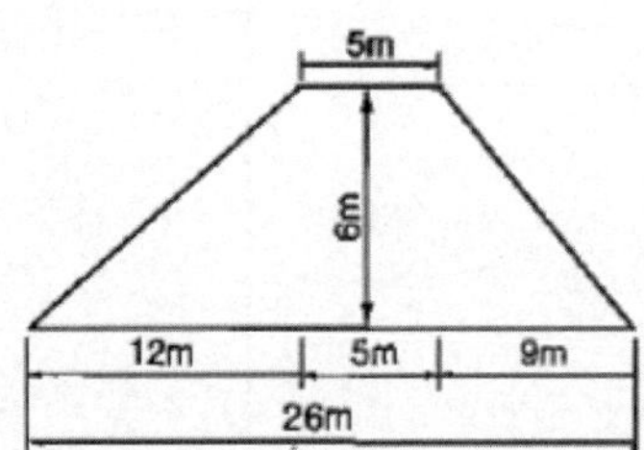

$$A=\frac{\text{윗변}+\text{아래변}}{2}\times\text{높이}=\frac{5+(12+5+9)}{2}\times6=93\text{m}^2$$

(5) 굴착토량을 완성토량(다짐토량)으로 환산

완성토량 = 굴착토량 × C = 390.67 × 0.85 = 332.07m^3

(6) 성토 연장길이

$$\text{성토 연장길이} = \frac{\text{완성토량}}{\text{성토의 단면적}}=\frac{332.07}{93}=3.57\text{m}$$

17. 구조물 기초를 시공하기 위하여 평탄한 지반을 다음 그림과 같이 굴착하고자 한다. 굴착할 흙의 단위중량은 1.82t/m^{3}이며, 토량환산계수 L=1.3, C=0.90이다)

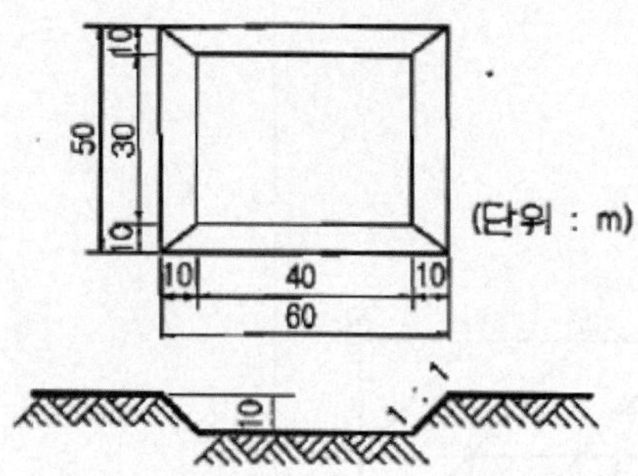

(1) 터파기 결과 발생한 굴착토의 총 중량은 몇 t 인가?

계산식 ______________________________

(2) 굴착한 흙을 덤프트럭으로 운반하고자 한다. 1대에 15㎥를 적재할 수 있는 덤프트럭을 사용한다면 총 몇 대분이 되는가?

계산식 ______________________________

(3) 굴착된 흙은 10,000㎡의 면적을 가진 성토장에 고르게 성토하고 다질 경우 성토장의 표고는 얼마만큼 높아지겠는가? (소수3자리에서 반올림하시오. 단 측면 비탈구배는 연직으로 가정한다.)

계산식 ______________________________

정답

(1) 굴착토량(V)

① 굴착토량(V)

$$V=\frac{A_1+A_2}{2}\times h=\frac{(30\times 40)+(50+60)}{2}\times 10=21,000\,\mathrm{m}^3$$

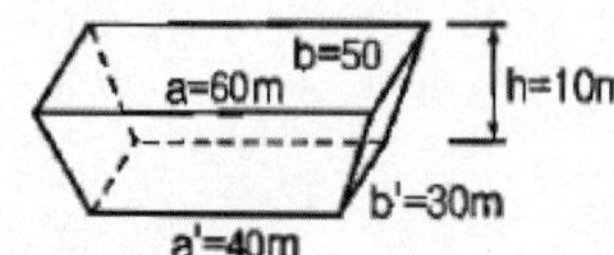

② 굴착토의 총중량(W)

$$W=r_t\times V=1.82\times 21,000=38,220\ t$$

정 답

(2) 운반토량

① 운반토량 = 굴착토량 × L = 21,000 ×1.3 = 27,300㎥

해설 운반토량은 흐트러진 상태를 고려함

② 덤프트럭의 대수 = $\frac{\text{운반토량}}{\text{덤프트럭의 적재량}} = \frac{27,300}{15} = 1,820$ 대

해설 덤프트럭대수 = $\frac{\text{굴착토량} \times L}{\text{트럭의 적재량}}$

(3) 성토장의 표고

① 다짐토량 = 굴착토량 × C = 21,000×0.9 = 18,900 ㎥

② 표고 = $\frac{\text{다짐토량}}{\text{성토면적}} = \frac{18,900}{10,000} = 1.89\text{m}$

해설 토량환산계수 C= 0.9를 고려

성토표고 = $\frac{\text{굴착토량} \times C}{\text{성토면적}}$

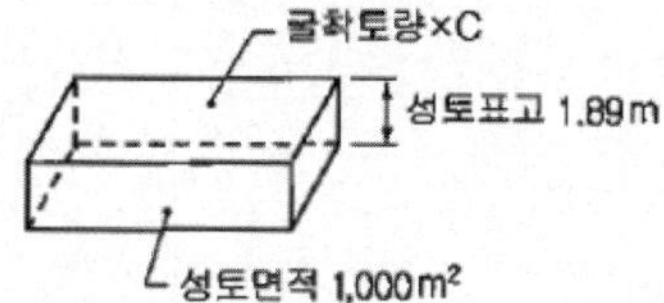

18. 다음 측량 성과를 보고 토량을 계산하시오. (단 계산은 소수아래 3 자리까지 하시오.)

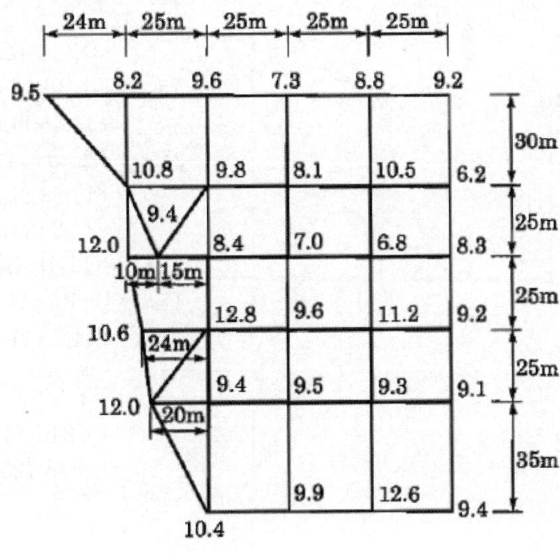

정답

$V①=\frac{30\times25}{4}\{8.2+10.8+9.2+6.2+2(9.6+9.8+7.3+8.1+88+10.5\}$

$=26,737.5m^3$

$V②=\frac{25\times25}{4}\{9.8+6.2+9.1+9.4+2(8.1+10.5+8.3+9.2+9.3+9.5$

$+12.8+8.4)+4(7+6.8+9.6+11.2)\}$

$=50,706.875m^3$

$V③=\frac{25\times35}{4}\{9.4+9.1+9.4+10.4+2(9.5+9.3+9.9+12.6)\}$

$=26,446.875m^3$

$V④=\frac{24\times30}{6}(9.5+8.2+10.8)=3,420m^3$

$V⑤=\frac{25\times25}{6}(10.8+9.8+9.4)=3,125m^3$

$V⑥=\frac{10\times25}{6}\{10.8+10.6+2(12+9.4)\}=2,675m^3$

$V⑦=\frac{15\times25}{6}\{9.8+12.8+2(9.4+8.4)\}=3,637.5m^3$

$V⑧=\frac{24\times25}{6}\{9.4+12+2(10.6+12.8)\}=6,820m^3$

$V⑨=\frac{20\times25}{6}(12.8+12+9.4)=2,850m^3$

$V⑩=\frac{20\times35}{6}(12+9.4+10.4)=3,710m^3$

$\therefore V=V①+V②+V③+V④+V⑤+V⑥+V⑦+V⑧+V⑨+V⑩$

$=26,737.5+50,796.875+26,446.875+3,420+3,125+2,675$

$+3,637.5+6,820+2,850+3,710$

$=130,218.75m^3$

19. 다음 계획부지의 면적을 5×5m 크기로 측량한 값이 다음과 같을 때 토량을 구하시오. 또한 성토, 절토량이 같아지는 계획고를 구하시오. (단, 계산은 소수점 아래 4가지에서 반올림할 것)

11.4 11.5 11.2 11.0 11.4
11.6 11.5 11.4 11.7 11.3
11.2 11.0 11.4 11.5 11.3
11.8 11.6 11.4

(1) 토량산출

(2) 계획고

정답 **19**

(1) 토량산출

$V=\frac{A}{4}(\Sigma h_1+2\Sigma h_2$

$+3\Sigma h_3+4\Sigma h_4)$

$\Sigma h_1=11.4+11.4+11.3$

$+11.4+11.8=57.3$

$2\Sigma h_2=2(11.5+11.2+11$

$+11.3+11.5+11.6$

$+11.2+11.6)=181.8$

$3\Sigma h_3=3(11.4)=34.2$

$4\Sigma h_4=4(11.5+11.4$

$+11.7+11)=182.4$

$=\frac{25}{4}(57.3+181.8$

$+34.2+182.4)$

$=2,848.125m^3$

(2) 계획고

$H=\frac{V}{A\times n}$

$=\frac{2,848.125}{5\times5\times10}=11.393m$

그러므로, 구하고자 하는

토량$(V)=2,848.125m^3$

계획고$(H)=11.393m$

정 답

20. 어느 지형의 택지조성을 위해서 20m×20m 격자로 구획하여 표고를 측정한 결과가 다음과 같다. 전 지역을 계획고 15m 로 땅고르기를 하였을 때 전지역에서 절토하여 성토한 후 남는 토량은?(단, 빗금 친 부분은 공원 용지로 현상태를 보존하고자 한다.)

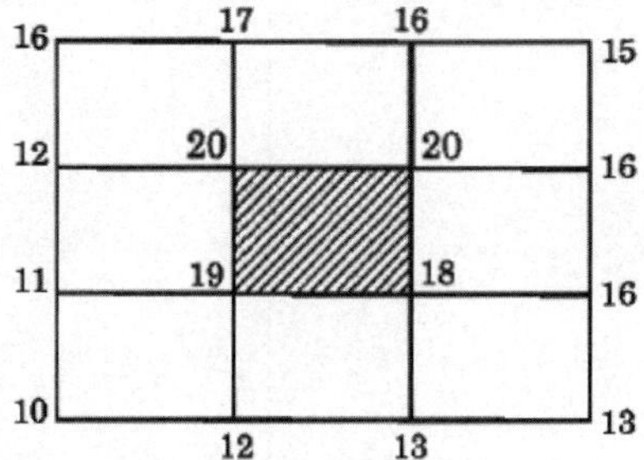

•계산식

•정 답

정답

(1) 풀이 1

① 전 지반 토량

$$(V)=\frac{20\times20}{4}\{(16+15+13+10)+2(17+16+16+16+13+12+11+12)$$
$$+4(20+20+19+18)\}=58,800\text{m}^3$$

② 전 계획 토량

$$(V')=\frac{20\times20}{4}(20+20+19+18)+(20\times20\times15\times8)$$
$$=55,700\text{m}^3$$

따라서, 성토한 후 남는 토량은 $V-V'=3,100\text{m}^3$이다.

(2) 풀이 2

절토고(+), 성토고(−)로 정하고 15m 계획고 이므로

$$V=\frac{20\times20}{4}\{(1+0-2-5)+2(2+1+1+1-2-3-4-3)$$
$$+3(5+5+3+4)\}=3,100\text{m}^3(\text{절토량})$$

정 답

21. 그림과 같은 모양의 면적을 사다리꼴공식과 Simpson 제1법칙으로 구하시오. (단, 지거의 간격은 모두 2m 이다.)

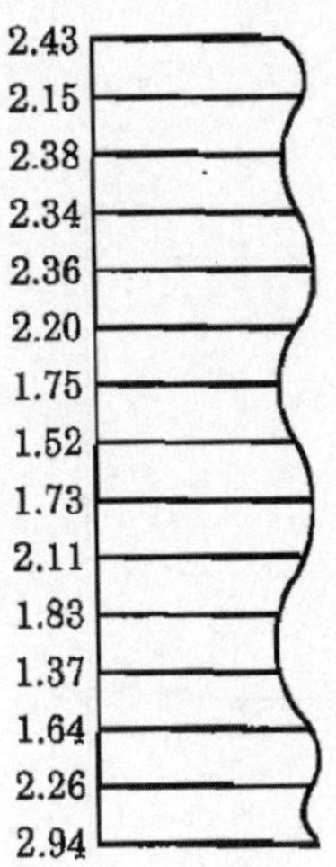

(1) 사다리꼴공식

•계산식

•정 답

(2) Simpson 제 1법칙

•계산식

•정 답

정답

(1) 사다리꼴공식(양단면평균법)

$$A = d\left(\frac{y_1 + y_n}{2} + y_2 + y_3 + \dots + y_{n-1}\right)$$

$$= 2\left(\frac{2.43 + 2.94}{2} + 2.15 + 2.38 + 2.34 + 2.36 + 2.20 + 1.75 + 1.52 + 1.73 + 2.11 + 1.83 + 1.37 + 1.64 + 2.26\right) = 56.65\text{m}^2$$

(2) 심프슨 제1법칙

$$\frac{d}{3}(y_0 + 4\Sigma_{y\text{짝수}} + 2\Sigma_{y\text{홀수}} + y_n)$$

$$= \frac{2}{3}\{2.43 + 2.94 + 4(2.15 + 2.34 + 2.20 + 1.52 + 2.11 + 1.37 + 2.26) + 2(2.38 + 2.36 + 1.75 + 1.73 + 1.83 + 1.64)\} = 56.37\text{m}^3$$

22. 정원 조성을 목적으로 각각 구간을 나누어 측량을 실시하여 다음과 같은 성과를 얻었다. 절·성토량이 균형이 되도록 시공기면을 정할 경우 시공기면의 높이를 구하시오. (단, 시공기면의 높이는 소수 3자리까지 구할 것)

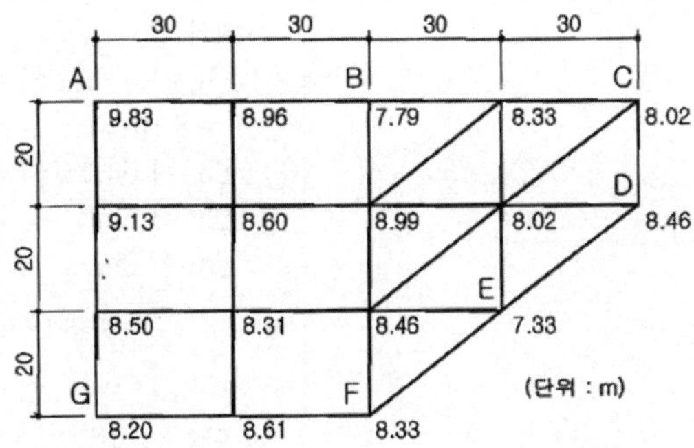

•계산식

•정 답

23. 어떤 구역의 토량을 계산하기 위해 시공기면상의 높이를 측정한 값이 다음과 같다. 이때의 전토량을 구하시오. (단, 구역은 동일한 형태이다.)

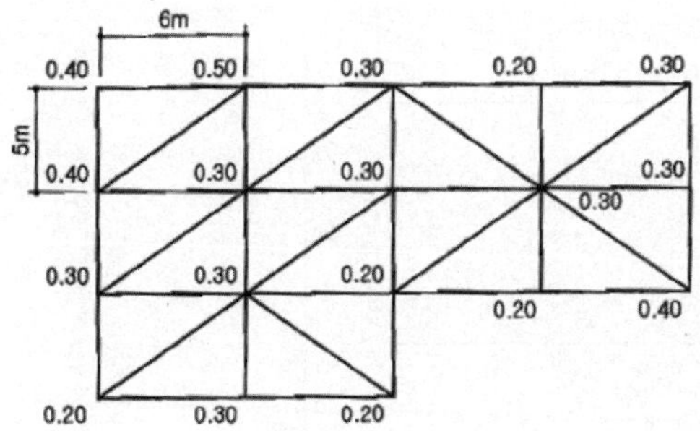

•계산식

•정 답

정 답

정답 **22**

(1) 계산식

① 사각분할

$V=\dfrac{20\times30}{4}\times(34.15+2\times52.65+4\times16.91)=31063.5$

② 삼각분할

$V=\dfrac{20\times30}{6}\times(16.12+2\times16.48+3\times33.11+6\times8.02)=19653$

③ 전체토량

$31063.5+19653=50716.5$

$\therefore \dfrac{50716.5}{10\times20\times30}=8.453$

(2) 정답 : 8.453m

정답 **23**

(1) 계산식

$\dfrac{5\times6}{6}(0.4+2\times2.1+3\times1.2+4\times0.5+5\times0.5+6\times0.3+7\times0.3+8\times0.3)=90$

(2) 정답 : $90m^3$

24. 다음 도면을 참고로 하여 아래의 물음에 답하시오.

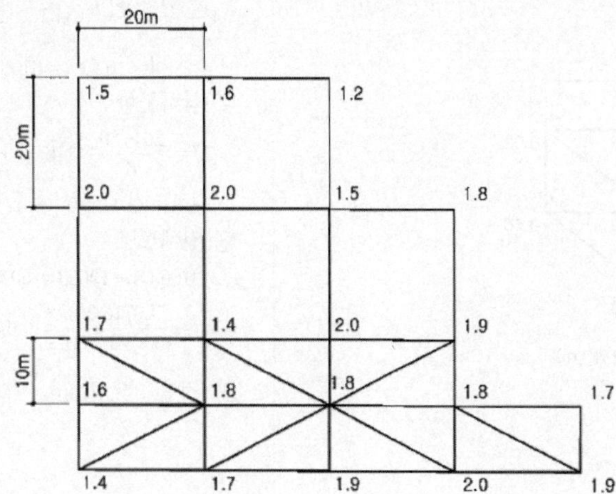

(1) 사각형의 절토량을 구하시오.

• 계산식

• 정 답

(2) 삼각형의 절토량을 구하시오.

• 계산식

• 정 답

(3) 총절토량을 구하시오

• 계산식

• 정 답

정 답

정답 24

(1) 사각형의 절토량을 구하시오.

• 계산식

$\sum h_1=1.5+1.2+1.8+1.7+1.9=8.1m$

$\sum h_2=1.6+2.0+1.4+2.0=7.0m$

$\sum h_3=1.5m$

$\sum h_4=2.0m$

$V=\frac{20\times20}{4}(8.1+2\times7.0+3\times1.5+4\times2.0)=3,460m^3$

• 정답 : $3.460m^3$

(2) 삼각형의 절토량을 구하시오.

• 계산식

$\sum h_1=1.7m$

$\sum h_2=1.7+2.0+1.9+1.6+1.4+1.9+1.9=12.4m$

$\sum h_3=1.4+1.7+2.0=5.1m$

$\sum h_4=1.8m$

$\sum h_6=1.8m$

$\sum h_8=1.8m$

$V=\frac{10\times20}{6}(1.7+2\times12.4+3\times5.1+4\times1.8+6\times1.8+8\times1.8)=2,473.33m^3$

(3) 총절토량을 구하시오.

• 계산식

$V=3,460+2,473.33=5,933.33m^3$

• 정답 : $5,933.33m^3$

3 | 기초공사 수량산출

학습포인트

•터파기량, 되메우기량, 잔토처리량 등의 수량산출 출제되며, 종합문제로 출제빈도가 높은 부분이므로 철저한 학습이 요구되는 단원이다.

1 터파기

자연 지형에 구조물을 설치하기 위해 흙을 파내는 작업으로 토공량 계산공식에 의해 수량산출한다.

1. 독립기초 수량산출

$$V(\mathrm{m}^3) = \frac{h}{6}[(2a+a')b+(2a'+a)b']$$

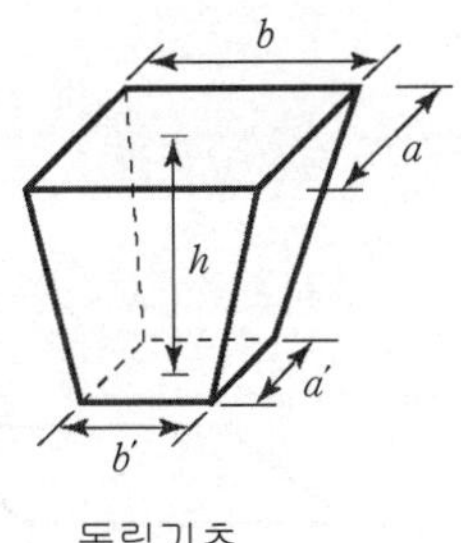

독립기초

2. 줄기초 수량산출

터파기 단면적에 길이를 곱하여 체적(m^3)를 계산하다.

$$V(\mathrm{m}^3) = \text{단면적}\left(\frac{a+b}{2}\right)h \times (\text{줄기초 길이})$$

여기서, a : 줄기초 단면 윗변길이

b : 줄기초 단면 아랫변길이

h : 줄기초 깊이

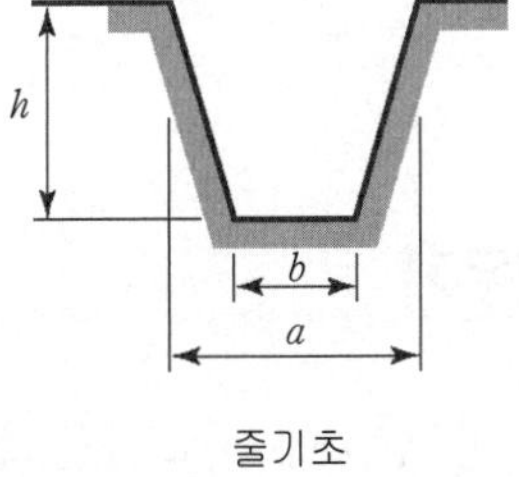

줄기초

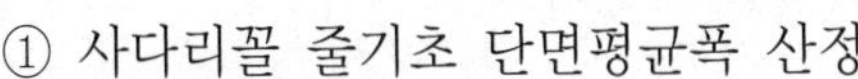

① 사다리꼴 줄기초 단면평균폭 산정

1200

800

평균폭

평균폭 $= \frac{1.2+0.8}{2} = 1\mathrm{m}$

② 줄기초 길이산정

줄기초에 있어서 중복된 부분은 터파기 뿐만 아니라, 기초상에서 잡석, 콘크리트(기초판, 기초벽) 등에도 동일하게 적용시킨다.

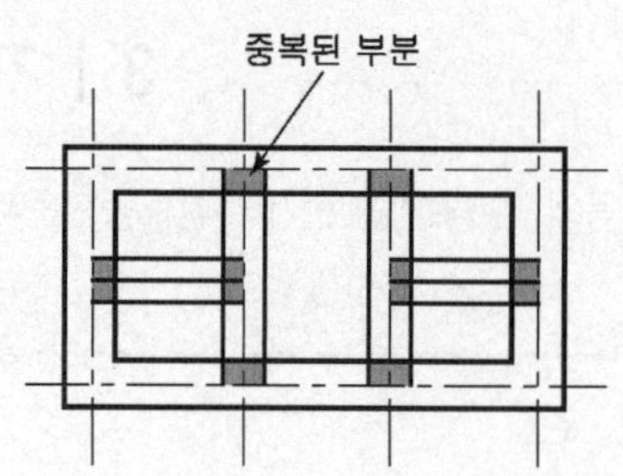

3. 온통파기 수량산출

$V(\mathrm{m}^3) = L_x \times L_y \times H$

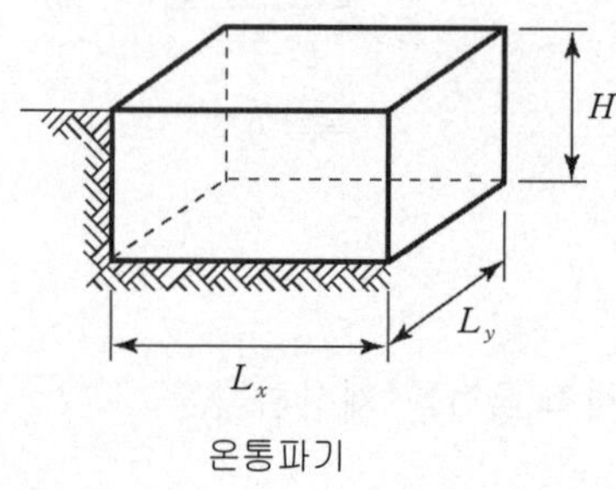

온통파기

2 되메우기

터파기 한 장소에 구조물을 설치한 후 파낸 흙을 다시 메우는 작업을 말한다.

되메우기 토량=터파기 체적-기초 구조부 체적

3 잔토처리

터파기한 양의 일부 흙을 되메우기 하고 남은 잔여 토량을 버리는 작업을 말한다.

① 일부 흙을 되메우고 잔토 처리 할 때

잔토처리량=(터파기체적-되메우기체적)×토량변화율 L값

② 흙파기량을 전부 잔토 처리 할 때

전토처리량=터파기 체적×토량 변화율 L값

예 제 1

다음과 같은 줄기초 시공에 필요한 터파기량, 되메우기량, 잔토처리량, 잡석량, 콘크리트량 및 거푸집량을 정미량으로 산출하시오. (L=1.2, 소수3자리에서 반올림하시오.)

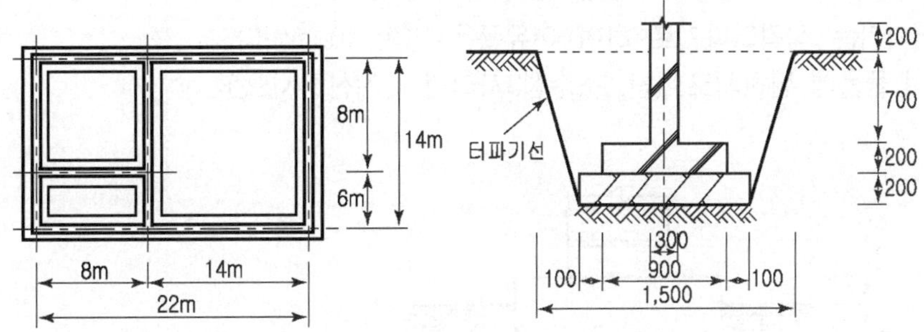

해 설 (1) 기초면의 단면은 평균폭 1.3m를 보고 계산한다.

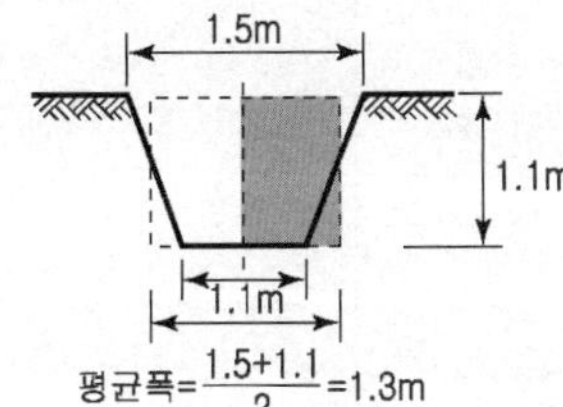

평균폭 1.3m를 보고 계산한다.

(2) 기초의 길이(터파기, 잡석량, 콘크리트량, 거푸집량) 산정은 정미량 산출이므로 중복된 부분(빗금친 부분)은 길이에서 제외한다.

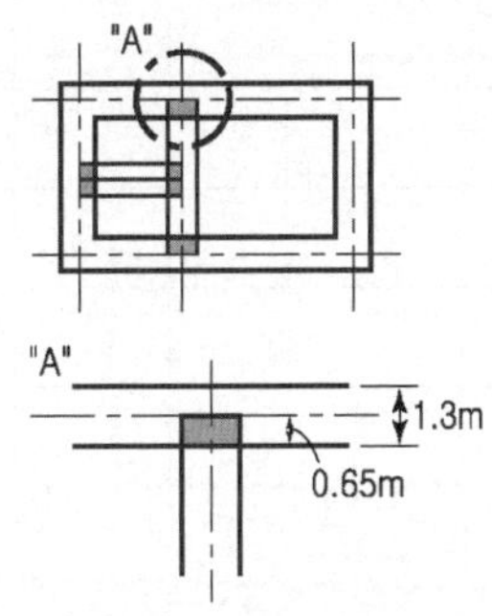

(3) 되메우기량 산정시 G.L(지반선)이하의 부분만 산정함을 유의한다.

정 답 (1) 터파기량 $\left(\frac{1.1+1.5}{2}\right)\times 1.1\times(94-0.65\times 4\text{개소})=130.70\text{m}^3$

(2) 잡석량 $1.1\times 0.2\times(94-0.55\times 4\text{개소})=20.196 \rightarrow 20.20\text{m}^3$

(3) 콘크리트량

1) 기초판 : $0.9\times 0.2\times(94-0.45\times 4\text{개소})=16.596\text{m}^3$

2) 기초벽 : $0.3\times 0.9\times(94-0.15\times 4\text{개소})=25.218\text{m}^3$

$\therefore$ $16.596+25.218=41.814\text{m}^3 \rightarrow 41.81\text{m}^3$

(4) 되메우기량=터파기량−구조체의 체적(G.L 이하)

$130.70-\{20.196+16.596+0.3\times 0.7\times(94-0.15\times 4\text{개소})\}=74.294 \rightarrow 74.29\text{m}^3$

(5) 잔토처리량=구조체의 체적(G.L 이하)×토량환산계수(L)

$\{20.196+16.596+0.3\times 0.7\times(94-0.15\times 4\text{개소})\}\times 1.2=67.687 \rightarrow 67.69\text{m}^3$

(6) 거푸집량

1) 기초판 : $0.2\times(94-0.45\times 4\text{개소})\times 2\text{면}= 36.88\text{m}^2$

2) 기초벽 : $0.9\times(94-0.15\times 4\text{개소})\times 2\text{면}=168.12\text{m}^2$ $\therefore 36.88+168.12=205\text{m}^2$

정 답

1. 그림과 같이 벽돌쌓기(1.0B)를 하여 담을 만들려고 한다. 담의 길이는 10m이고 터파기는 직각터파기로 하며 여유폭은 양쪽 10cm이다. 그림을 참조하여 물음에 답하시오. (단, 소수점3자리까지 계산하시오.) (6점)

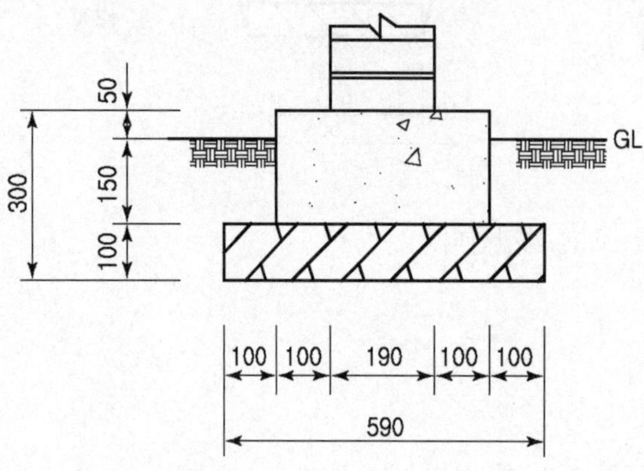

공종 및 재료	산출근거	단위	수량
터파기			
잔토처리			
되메우기			
잡석			
콘크리트			

정답

공종 및 재료	산출근거	단위	수량
터파기	$0.79\times0.25\times10=1.975m^3$	m^3	1.975
잔토처리	$(0.1\times0.59\times10)+(0.15\times0.39\times10)$	m^3	1.175
되메우기	$1.975-1.175=0.8\ m^3$	m^3	0.8
잡석	$0.1\times0.59\times10$	m^3	0.59
콘크리트	$0.2\times0.39\times10$	m^3	0.78

2. 다음 평면도와 단면도를 보고 수량산출서를 작성하시오. (단, 터파기 흙량 산출은 양단면 평균법으로 산출하고 할증은 없으며 계산치는 소수점 이하 2자리까지 구한다.) (6점)

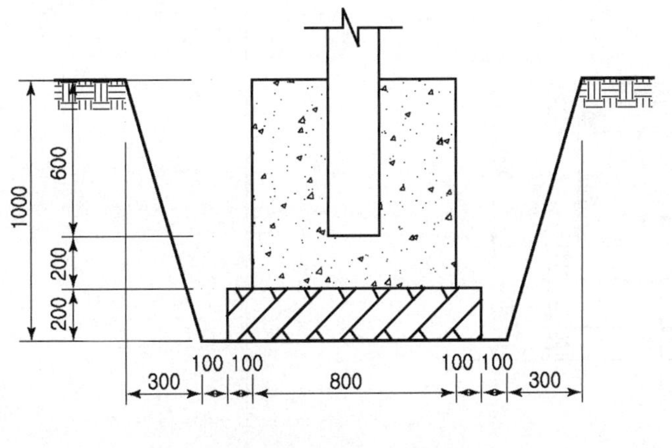

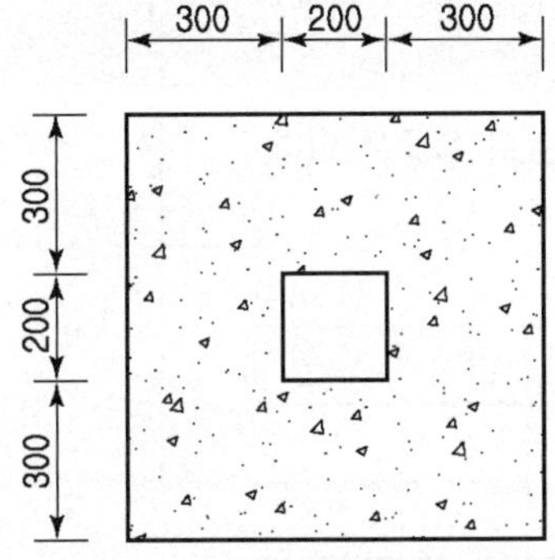

번호	구분	산출근거	단위	수량
1	터파기			
2	되메우기			
3	잔토처리			
4	콘크리트			
5	잡석			
6	거푸집			

정답

번호	구분	산출근거	단위	수량
1	터파기	$\frac{(1.8\times1.8)+(1.2\times1.2)}{2}\times1.0$	m^3	2.34
2	되메우기	2.34−0.71	m^3	1.63
3	잔토처리	(0.8×0.8×0.8)+(1.0×1.0×0.2)	m^3	0.71
4	콘크리트	(0.8×0.8×0.8)−(0.2×0.2×0.6)	m^3	0.48
5	잡석	1.0×1.0×0.2	m^3	0.2
6	거푸집	0.8×0.8×4면	m^2	2.56

정 답

해설 2

- 터파기 산출시 양단면평균×높이

3. 다음 도면은 식재대 옹벽의 단면도이다. 1m 당 수량 산출서를 작성하시오.

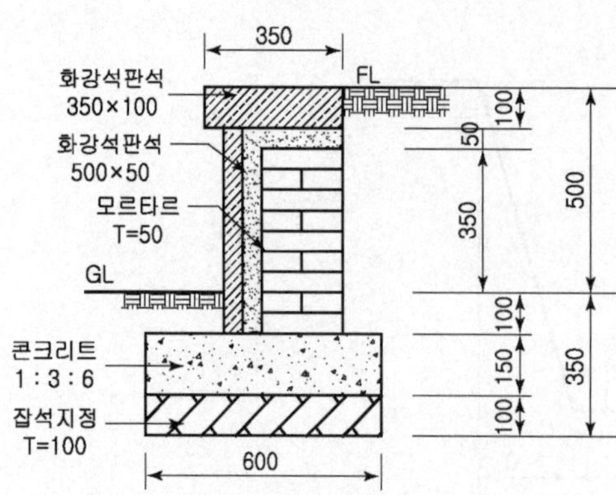

(가) 터파기의 여유폭은 각각 10cm로 하고 직각터파기로 하며 시멘트 벽돌은 1.0B쌓기 일 때 $1m^2$ 당 149 매로 계산한다.

(나) 소수점이하 세자리까지 유효하며 나머지는 절사하고 재료의 할증은 없다.

[플랜터옹벽(H500)수량산출서]

(1m당)

공종	산출근거	단위	수량
터파기			
잔토처리			
되메우기			
잡석지정			
콘크리트(1:3:6)			
합판거푸집			
시멘트벽돌(1.0B)			
화강석판석(500×50)			
화강석판석(350×100)			
모르타르(1:2)			

정답

공종	산출근거	단위	수량
터파기	0.8×0.35×1	m^3	0.28
잔토처리	(0.6×0.25×1)+(0.29×0.1×1)	m^3	0.179
되메우기	0.28−0.179	m^3	0.101
잡석지정	0.6×0.1×1	m^3	0.06
콘크리트(1:3:6)	0.6×0.15×1	m^3	0.09
합판거푸집	(0.15×1)×2	m^2	0.3
시멘트벽돌(1.0B)	0.45×1×149매	매	67.05
화강석판석(500×50)	0.5×0.05×1	m^3	0.025
화강석판석(350×100)	0.35×0.1×1	m^3	0.035
모르타르(1:2)	(0.05×0.5×1)+(0.19×0.05×1)	m^3	0.034

정 답

4. 다음의 평면도와 단면도를 보고 작업량을 구하시오. 터파기의 여유폭은 10cm 씩 주고 직각터파기하며, 평면도의 치수는 벽체의 중심을 기준으로 한 것이다. (단, 소수 3자리까지하고 정미량을 산출하시오.)

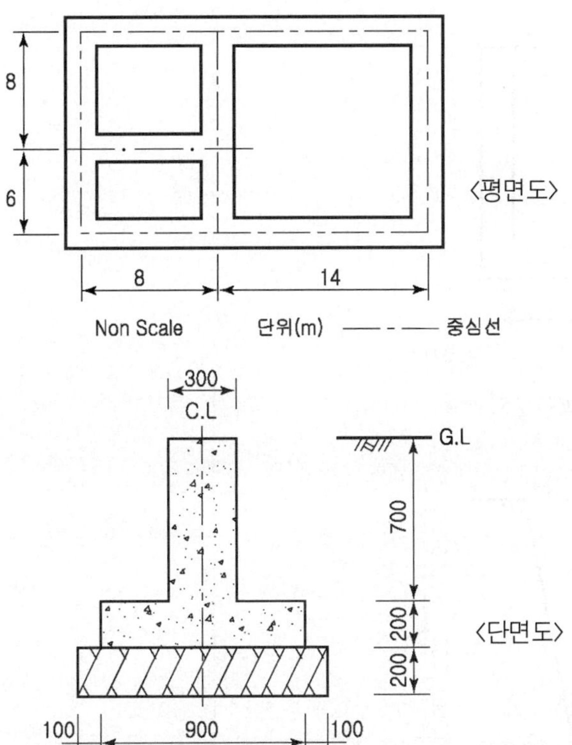

번호	공종	산출식	단위	수량
1	터파기			
2	잡석량			
3	콘크리트량			
4	잔토처리량			
5	되메우기량			

정답

번호	공종	산출식	단위	수량
1	터파기	$1.3\times1.1\times\{94-(0.65\times4)\}=130.702m^3$	m^3	130.702
2	잡석량	$1.1\times0.2\times\{(94-(0.55\times4)\}=20.196m^3$	m^3	20.196
3	콘크리트량	기초판 $0.9\times0.2\times\{(94-(0.45\times4)\}=16.596m^3$ 기초벽 $0.3\times0.7\times\{94-(0.15\times4)\}=19.614m^3$ $16.596+19.614=36.21m^3$	m^3	36.21
4	잔토처리량	$20.196+36.21=56.406m^3$	m^3	56.406
5	되메우기량	$130.702-56.406=74.296$	m^3	74.296

5. 아래 제시된 평면도와 단면도를 보고 물음에 답하시오. (단, 소수점 3자리까지 계산하시오.)

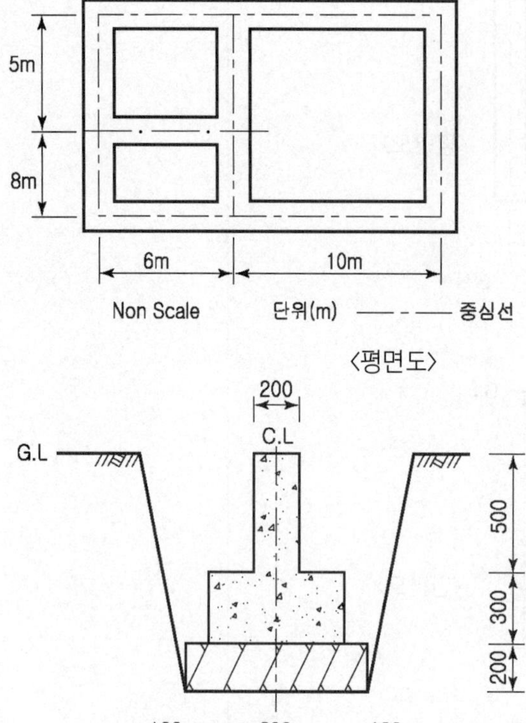

〈평면도〉

〈단면도〉

번호	공종	산출식	단위	수량
1	터파기			
2	잔토처리			
3	되메우기			
4	잡석량			
5	콘크리트			

정답

번호	공종	산출식	단위	수량
1	줄기초터파기	$\frac{(0.8+1.2)}{2}\times1\times(77-0.5\times4$개소$)=75m^3$	m^3	75
2	잔토처리	잡석량+콘크리트량 $=12.064+21.304=33.368m^3$	m^3	33.368
3	되메우기	$75-33.368=41.632m^3$	m^3	41.632
4	잡석량	$0.8\times0.2\times(77-0.4\times4$개소$)=12.064$	m^3	12.064
5	콘크리트	기초판 $0.6\times0.3\times(77-0.3\times4$개소$)=13.644m^3$ 기초벽 $0.5\times0.2\times(77-0.1\times4$개소$)=7.66m^3$	m^3	21.304

정 답

정 답

6. 다음 기초공사에 소요되는 터파기량(m^3), 콘크리트량(m^3),잡석다짐량(m^3), 되메우기량(m^3), 잔토처리량(m^3)을 산출하시오. (단, 토량환산계수는 C=0.9, L=1.2이고, 기초터파기 경사는 1:0.3으로 하고, 여유폭은 잡석면의 좌우 각각 10cm로 한다.)

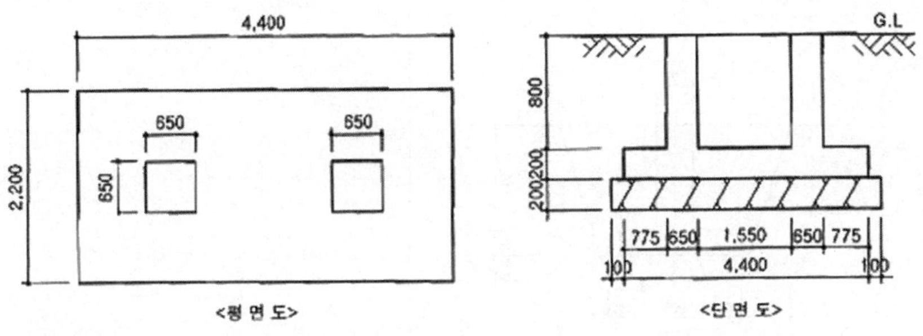

번호	구분	산출식	단위	수량
1	터파기		m^3	
2	콘크리트량		m^3	
3	잡석량		m^3	
4	되메우기량		m^3	
5	잔토처리량		m^3	

정답

번호	구분	산출식	단위	수량
1	터파기	•단변 : 2.6+2×1.2×0.3=3.32 •장변 : 4.8+2×1.2×0.3=5.52 $V=\frac{1.2}{6}(2\times2.6+3.32)\times4.8$ $+(2\times3.32+2.6)\times5.52=18.38$	m^3	18.38
2	콘크리트량	(4.4×2.2×0.2)+(0.65×0.65 ×0.8×2)=2.61	m^3	2.61
3	잡석량	4.6×2.4×0.2=2.21	m^3	2.21
4	되메우기량	18.38−(2.61+2.21)=13.56	m^3	13.56
5	잔토처리량	$(18.38-13.56\times\frac{1}{0.9})\times1.2=3.976$	m^3	3.976

정 답

7. 다음 그림과 같은 줄기초의 평면도와 단면도를 기준으로 아래 각각의 요구사항에 답하시오. (단, L은 1.2, C는 0.9로 한다.)

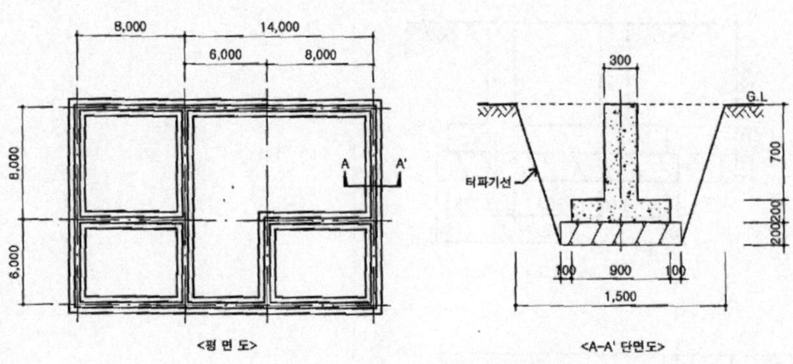

<평 면 도>   <A-A' 단면도>

번호	공종	산출식	단위	수량
1	터파기			
2	되메우기량			
3	잔토처리량			

정답

번호	공종	산출식	단위	수량
1	터파기	$\left(\frac{1.1+1.5}{2}\right)\times1.1\times(108-0.65\times6)=148.86$	m^3	$148.86m^3$
2	되메우기량	① 잡석 $1.1\times0.2\times(108-0.55\times6)=23.03$ ② 콘크리트 $0.9\times0.2\times(108-0.45\times6)+0.3\times0.7\times(108-0.15\times6)=41.45$ ③ 되메우기량 $148.86-(23.03+41.45)=84.38$	m^3	84.38
3	잔토처리량	$\left(148.86-84.38\times\frac{1}{0.9}\right)\times1.2=66.12$	m^3	66.12

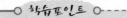

08 시설물 공사

1 | 단위시설 수량산출

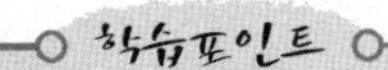

•단위 시설물 수량산출은 주어진 평면도, 입면도, 상세도 등을 보고 필요한 물량을 수량산출서로 작성하는 문제로 아래 기출문제를 위주로 학습하도록 한다.

예 제 1 (기출)

•터파기의 기초사방 여유폭은 20cm로 하고 직각터파기로 한다.
•재료의 할증률은 이형철근 3%, 철판 3%, 각재 5%, H형강 5%로 한다.
•소수점 이하 3자리까지 유효하고 나머지는 절사한다.
•되메우기, 잔토처리시 콘크리트 수량계산시 H형강 및 이형철근의 체적은 고려하지 않는다.

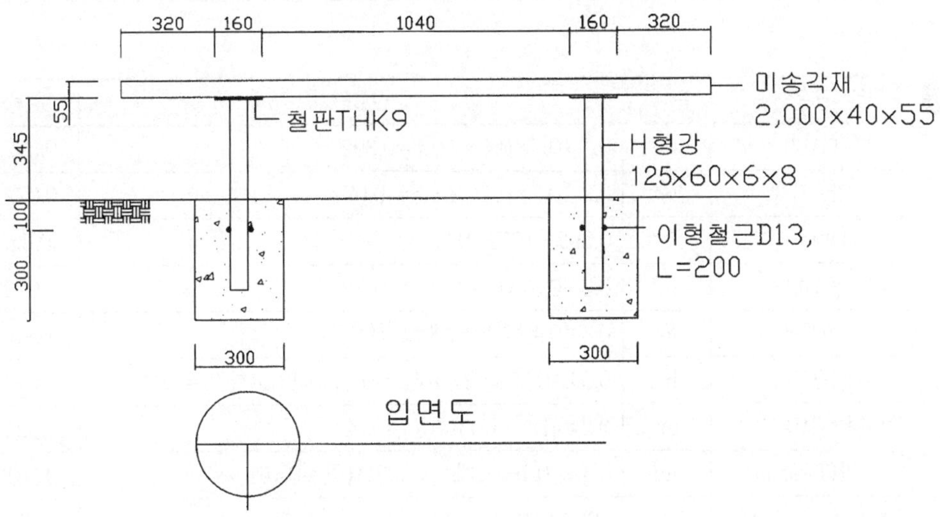

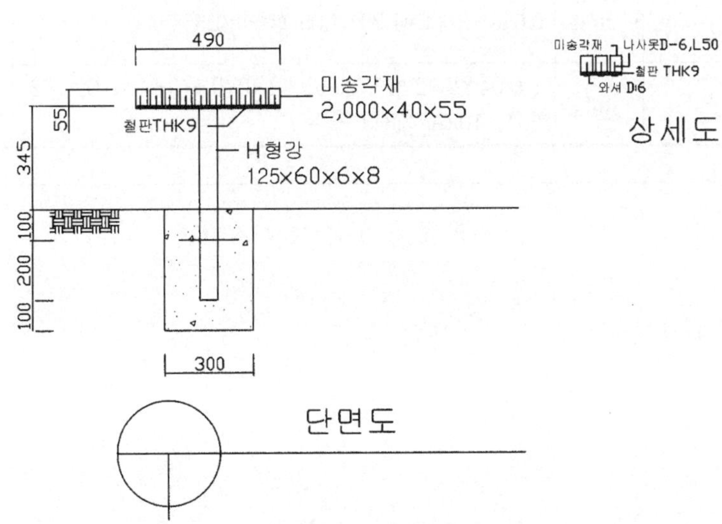

공 종	단 위	산출근거	수 량	비 고
터파기	m^3			
잔토처리	m^3			
되메우기	m^3			
콘크리트	m^3			
거푸집	m^2			
미송각재	m^3			
이형철근(D-13)	m			
철판(T=9mm)	m^2			
나사못(D6, L50)	EA			
와샤(D-6)	EA			
H형강 (125×60×6×8)	m			
목재방부	m^2			

정답

공 종	단 위	산출근거	수 량	비 고
터파기	m^3	0.7×0.7×0.4×2개소=0.392	0.392	
잔토처리	m^3	0.3×0.3×0.4×2개소= 0.072	0.072	
되메우기	m^3	0.392-0.072=0.32	0.32	
콘크리트	m^3	0.3×0.3×0.4×2개소=0.072	0.072	
거푸집	m^2	0.3×0.4×4면×2개소=0.96	0.96	
미송각재	m^3	0.04×0.055×2×10EA=0.044×1.05(할증)=0.046	0.046	
이형철근(D-13)	m	0.2×4EA×1.03(할증)=0.824	0.824	
철판(T=9mm)	m^2	0.49×0.16×2개소×1.03(할증)=0.161	0.161	
나사못(D6, L50)	EA	10EA×2개소=20	20	
와샤(D-6)	EA	10EA×2개소=20	20	
H형강 (125×60×6×8)	m	0.645×2개소=1.29×1.05(할증)=1.354	1.354	
목재방부	m^2	{(0.04×2×2면)+(0.055×2×2면)+(0.04×0.055×2면)}×10EA=3.844	3.844	

예 제 2 (기출)

다음에 제시하는 도면과 산출조건을 참조하여 수량산출서를 작성하시오.(8점)

(1) 터파기의 여유폭은 10cm로 하고 직각터파기로 계산할 것
(2) 소수점 이하 세자리까지 구하고 나머지는 절사하며 재료의 할증은 없음
(3) 원형파이프는 규격 ϕ50은 10kg/m, ϕ60은 12kg/m로 kg으로 환산하고 다른 공종은 모두 m^3 단위로 계산할 것

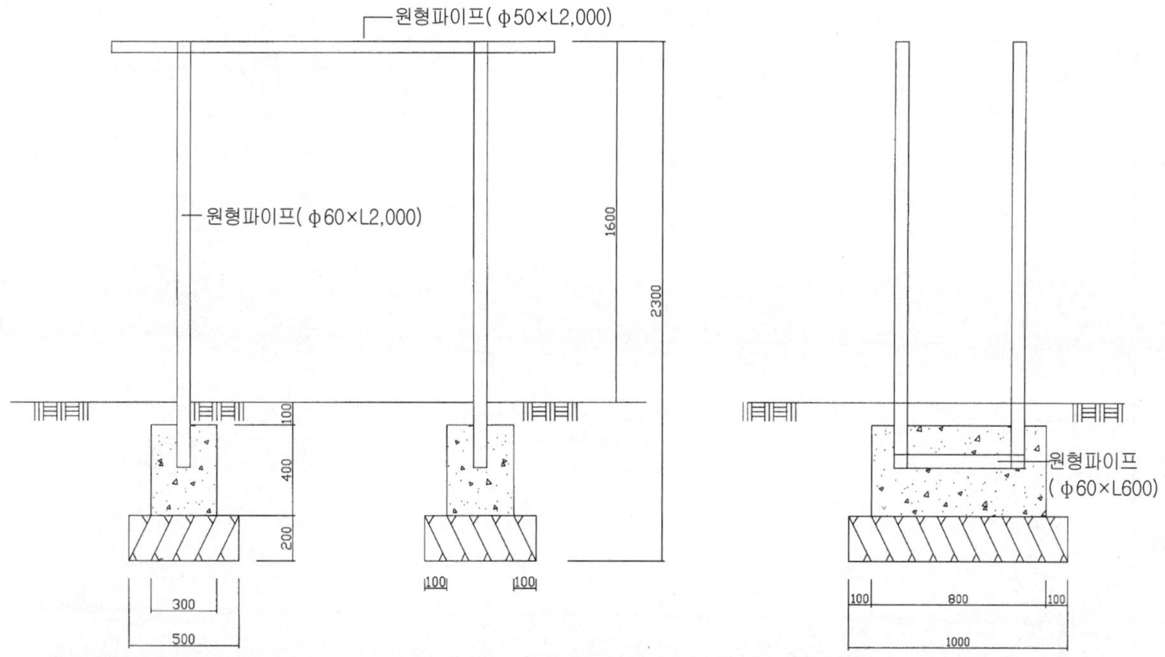

번 호	공 종	산출식	단 위	수 량
1				
2				
3				
4				
5				
6				
7				
8				

정답

번 호	공 종	산출식	단 위	수 량
1	터파기	0.7×1.2×0.7×2개소	m^3	1.176
2	잔토처리	(0.5×1×0.2×2개소)+(0.3×0.8×0.4×2개소)	m^3	0.392
3	되메우기	1.176−0.392	m^3	0.784
4	잡석지정	0.5×1×0.2×2개소	m^3	0.2
5	콘크리트	0.3×0.8×0.4×2개소	m^3	0.192
6	거푸집	{(0.3×0.4×2면)+(0.4×0.8×2면)}2개소	m^2	1.76
7	ϕ60파이프	2.0×4EA+0.6×2EA=9.2m×12kg/m	kg	110.4
8	ϕ50파이프	2.0×2=4.0m×10kg/m	kg	40

예 제 3 (기출)

다음 그림과 같은 연못을 조성할 때 발생되는 토공량, 소요공사의 수량 및 공사의 일위대가를 제시된 도면과 품셈을 보고 아래 표에 따라 답하시오. (단, 터파기는 직각터파기로 한다. 소수 3자리에서 반올림한다.)

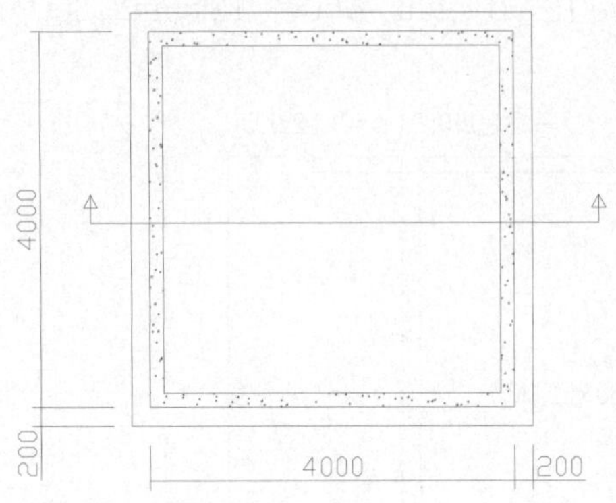

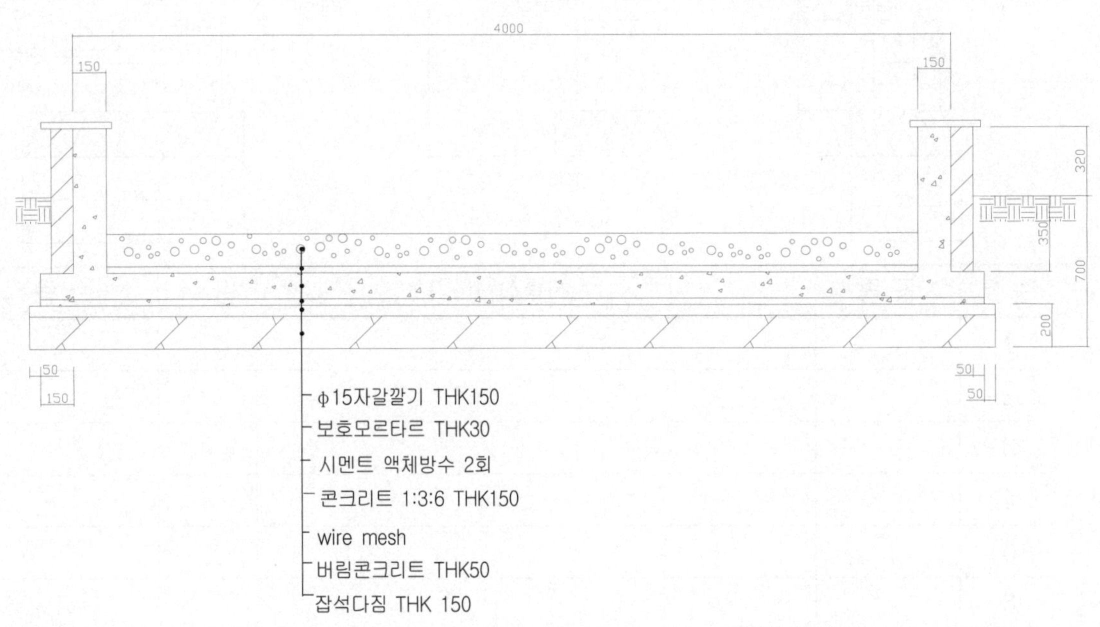

배합비	재료(m³ 당)			손비비기(m³ 당)		시멘트	포	2,000(원)
	시멘트 (kg)	모래 (m³)	자갈 (m³)	콘크리트공 (인)	보통인부 (인)	모래	m³	10,000
1 : 2 : 4	320	0.45	0.90	0.9	1.0	자갈	m³	10,000
1 : 3 : 6	220	0.47	0.94	0.9	0.9	콘크리트공	인	50,000
1 : 4 : 8	170	0.48	0.96	0.9	0.7	보통인부	인	25,000

번 호	공 종	산출식	단 위	수 량
1	터파기			
2	잔토처리			
3	되메우기			
4	잡석량			
5	버림콘크리트			
6	콘크리트(1 : 3 : 6)			
7	액체방수면적			

•콘크리트타설(1 : 3 : 6 손비빔)일위대가표

(m^3 당)

구 분	품 명	규 격	단 위	수 량	단 가	금 액	비 고
1	시멘트	보통시멘트					
2	모래	강모래					
3	자갈	자연자갈					
4	콘크리트공						
5	보통인부						
6	계						

정답

번 호	공 종	산출식	단 위	수 량
1	터파기	4.4×4.4×0.7=13.55	m^3	13.55
2	잔토처리	(4.4×4.4×0.2)+(4.3×4.3×0.15)+(4.2×4.2×0.35) =12.82	m^3	12.82
3	되메우기	13.55−12.82=0.73	m^3	0.73
4	잡석량	4.4×4.4×0.15=2.90	m^3	2.90
5	버림콘크리트	4.4×4.4×0.05=0.97	m^3	0.97
6	콘크리트(1 : 3 : 6)	(4.3×4.3×0.15)+(3.85×0.67×0.15×4)=4.32	m^3	4.32
7	액체방수면적	(3.7×3.7)+(0.67×3.7×4면)=23.61	m^2	23.61

•콘크리트타설(1:3:6 손비빔)일위대가표

(m^3 당)

구 분	품 명	규 격	단 위	수 량	단 가	금 액	비 고
1	시멘트	보통시멘트	kg	220	50	11,000	
2	모래	강모래	m^3	0.47	10,000	4,700	
3	자갈	자연자갈	m^3	0.94	10,000	9,400	
4	콘크리트공		인	0.9	50,000	45,000	
5	보통인부		인	0.9	25,000	22,500	
6	계					92,600	

해설 시멘트 220kg÷40kg=5.5포×2,000원=11,000원

09 | 운반공사

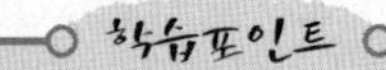

1 | 인력운반

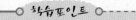

•운반공사에서는 운반수단에 따른 1일 운반량 산출문제와 목도 운반비 산출이 주로 출제되며 출제빈도는 높은 단원이다.

주로 공사현장 내부에서 운반으로는 주요 운반 수단인 지게운반, 손수레운반, 목도운반 등이 있으며 1일의 운반량과 목도운반비 등의 산출방법을 다루어 본다.

1 기본식

1일운반량	$Q = N \times q$ 여기서, Q : 1일 운반량 (kg/일, m^3/일) N : 1일 운반횟수 q : 1회 운반량(kg/회, m^3 /회)
1일의 운반횟수(N)	$N = \dfrac{T}{Cm} = \dfrac{T}{\dfrac{60 \times 2L}{V} + t} = \dfrac{VT}{120L + Vt}$ 여기서, T : 1일 실작업시간 (450분) cm : 1회 싸이클(1회 운반소요)시간(분) V : 평균왕복속도(m/hr)−운반로 상태별 운반 장비의 주행속도 L : 운반거리(m) t : 적재적하 소요시간(분)−자재를 싣고 부리는데 소요되는 시간
경사지 운반	경사지 운반은 경사도에 따라 환산거리계수를 적용하여 운반거리 값을 보정하여 준다. 운반거리=$L \times \alpha$ 여기서, α : 경사환산계수

2 종류별 기준적용

지게운반	•적재, 운반, 적하는 1인 기준 •1회 운반량은 25kg(보통토사), 삽 작업이 가능한 토석재를 기준으로 함 •2층 이상의 운반일 경우 수직높이 1m는 수평거리 6m의 비율로 계상
손수레운반	•적재, 운반 및 적하는 2인 기준 •1회 운반량은 250kg
목도운반	•2인, 4인, 6인이 1조가 되어 목도채를 이용하여 인력 운반하는 방법 •목도공 1회 운반량은 40kg

예 제 1 (기출)

다음 괄호 안을 채우시오. (3점)

토사류를 지게로 운반할 때 1회 운반량은 (①)kg으로 계산하고, 운반로가 고갯길인 경우에는 직고 (②)m를 수평거리 (③)m의 비율로 본다.

① ______________ ② ______________ ③ ______________

정답 ① 25, ② 1, ③ 6

예 제 2 (기출)

시멘트를 인력으로 운반하고자 한다. 다음의 조건과 공식을 이용하여 1일 운반량을 구하시오. (단, 소수 3자리까지 계산하고 사사오입하시오.) (3점)

$Q = N \times q$ $\quad$ $N = \dfrac{VT}{120L + Vt}$

[현장조건]

- 평균왕복속도 : 2,000m/hr
- 1일 실작업시간 : 450분
- 운반거리 : 30m
- 적재적하 소요시간 : 5분
- 1회 운반량 : 40kg

계 산 식	정 답

정답

계 산 식	정 답
$\dfrac{2{,}000 \times 450}{120 \times 30 + 2{,}000 \times 5} \times 40$	2647.06kg

3 목도운반비

기본식	운반비 $= \dfrac{M}{T} \times A \times C_m$ 여기서, M : 소요인원 $= \dfrac{\text{총운반량}}{\text{1인당1회운반량}}$ T : 1일 실 작업시간(450분) A : 목도공의 노임 $\quad$ C_m : 1회 사이클 시간(분)
1회 사이클시간(분)	$C_m = \dfrac{60 \times 2L}{V} + t$ 여기서, L : 운반거리(km) $\quad$ t : 적재적하 소요시간(분) V : 왕복평균속도(km/hr)

예 제 3 (기출)

1주의 중량이 80kg인 수목 50주를 60m 지점에 인력 소운반하여 식재하려 한다. 아래와 같은 현장 조건을 참조하여 주당 운반비와 총운반비를 산출하시오. (3점)

[현장조건]

- 왕복평균속도 : 2,000m/hr
- 경사로 : 30m(α=6)
- 목도공 1인의 1회 운반량 : 40kg
- 목도공의 노임 : 45,000원/일
- 적재 적하 소요시간 : 2분
- 1일 실작업시간 : 450분

(1) 주당운반비?

(2) 총운반비?

정답 (1) 주당운반비

운반비= $\frac{M}{T} \times A \times Cm$, M=80÷40=2인, $Cm = \frac{60 \times 2(30+30 \times 6)}{2,000} + 2 = 14.6$분

$\frac{2}{450} \times 45,000 \times 14.6 = 2,920$원

(2) 총운반비

50주×2,920원=146,000원

예 제 4 (기출)

자연석 160kg을 목도로 운반하려고 한다. 운반거리가 50m일 때 운반비를 구하시오.

- 준비작업시간 : 4분
- 1일 작업시간 : 360분
- 1인1회 운반량 : 40kg
- 인부노임 : 72,000원/일
- 평균왕복속도 : 2.0km/hr

(1) 계산식

(2) 정 답

정답 (1) 계산식

계산식 목도운반비= $\frac{72,000}{360} \times 4 \times \left(\frac{120 \times 50}{2,000} + 4\right) = 5,600$

(2) 정답 : 5,600원

기출 및 예상문제

1. 식재에 사용할 흙 100m³를 손수레로 운반하려한다. 운반거리는 100m이나 이중 40m는 4%의 경사로이다. 운반로 상태는 양호하며 다음 조건을 보고 물음에 답하시오. (단, 소수점 3자리에서 올림하며, 금액은 원단위 이하는 버린다.) (3점)

[현장조건]

- 평균왕복운속도 : 양호 3,000m/hr, 보통 2,500m/hr, 불량 2,000m/hr
- 손수레 1회 적재량 : 250kg
- 흙의 단위 중량 : 1,700kg/m³
- 1일 실작업시간 : 450분
- 1회 적재시간 : 5분
- 1일 노임 : 30,000원/인
- 경사환산거리계수 4% : 1.25

(1) 하루에 운반하는 횟수는 몇 회인가?

(2) 하루에 운반하는 흙은 몇 m³ 인가?

(3) 필요한 흙 모두 운반하는데 드는 노임은 얼마인가?

2. 자갈(5-25mm) 2,000m³를 운반하고자한다. 총 운반거리는 90m이고, 90m 중 30m 는 경사 3%정도의 경사로이다. 이때 운반은 손수레운반이며, 1일 실 작업시간은 450분이다. 운반적재 적하시간은 5분, 평균왕복속도는 2,000m/hr 이고, 경사 3%일 때 실거리 환산계수는 1.18이다. 보통 인부 노임은 8,150 이고 자갈의 단위중량은 1,700kg/m³ 이다. 다음 물음에 답하시오. (단, 소수점이하 두 자리까지 구하고 그 이하는 버리며, 금액은 원단위 이하는 버린다.) (3점)

(1) 실제 운반거리는?

(2) 자갈 m³ 당 운반비를 산출하시오.

(3) 자갈 총량에 대한 운반비를 산출하시오.

정 답

정답 1

(1) $N=\dfrac{VT}{120L+Vt}$

$=\dfrac{3,000\times450}{120\times(60+40\times1.25)+3,000\times5}$

$=47.87$회

(2) $Q=N\times q=47.87\times\dfrac{250}{1,700}$

$=7.04\text{m}^3$

(3) $\dfrac{100}{7.04}\times30,000\times2$

$=852,272$원

정답 2

(1) 실제 운반거리

60+30×1.18=95.4m

(2) 자갈 m³ 당 운반비

$Q=N\times q$

$N=\dfrac{VT}{120L+Vt}$

$=\dfrac{2,000\times450}{120\times95.4+2,000\times5}$

$=41.96$회

자갈 m³ 당 운반비는 1일의 노임÷1일 작업량

=(2인×8,150원)÷6.17m³

=2,641원

(3) 자갈 총량에 대한 운반비를 산출하시오.

2,000m³×2,641원

=5,282,000원

3. 수평거리 60m이고 10%의 고갯길을 갖는 불량한 운반로에서 손수레를 사용하여 잔디를 운반하여 320m²의 면적에 잔디(들떼)를 평떼로 식재하려 한다. 공식과 품셈표, 노임표, 기타사항을 참고하여 다음을 계산하시오. (단, 계산단위는 소수점 이하 둘째자리까지 하고 그 이하는 버리되 계산식을 반드시 기재한다.) (6점)

(1) 인력운반공식

$$Q = N \times q \qquad N = \frac{VT}{120L + Vt}$$

(2) 품셈표

① 손수레운반 속도

종류 \ 구분	적재 적하시간(t)	평균왕복속도(V)		
		양호	보통	불량
토사류	4분	3,000m/hr	2,500m/hr	2,000m/hr
수목류	5분			

② 떼운반

종류 \ 종별	줄떼적재량(매)	평떼적재량(매)	싣고부리는 시간(분)	싣고부리는 인부(인)
지게	30	10	2	1
손수레	150	50	5	2

③ 들떼식재(100m² 당)

구분 \ 공종	들떼뜨기(인)	떼붙임(인)
줄떼	3.0	6.2
평떼	6.0	6.9

④ 고갯길 운반 환산거리($\alpha \times L$)

운반방법 \ 경사(%)	2	4	6	8	10	12
손수레	1.11	1.25	1.43	1.67	2.00	–
트롤러	1.08	1.18	1.31	1.56	1.85	2.04

⑤ 노임

구 분	노 임(원)
조 경 공	80,000
보통인부	60,000

정 답

(3) 기타사항

① $1m^2$에 소요되는 잔디는 11장이다.

② 손수레는 2인 작업이다.

③ 1일 실작업시간은 450분이다.

④ 잔디 식재는 보통인부이다.

⑤ 할증율은 무시한다.

(1) 손수레로 하루에 운반할 수 있는 횟수는 몇 회인가?

(2) 잔디 모두를 운반하려면 몇 회를 왕복하여야하는가?

(3) 운반 노임은 모두 얼마나 필요한가?

(4) 잔디를 식재하는데 필요한 소요 인부수는?

(5) 잔디를 모두 식재하는데 필요한 노임은?

(6) 잔디를 운반, 식재하는데 소요되는 노임은 모두 얼마인가?

5. 평떼를 심기 위하여 떼 4,000장을 거리 80m지점으로 운반하려 한다. 손수레로 운반하는 경우와 지게로 운반하는 경우 각각의 운반비를 산출하여 다음 빈칸을 채우시오. (단, 모든 계산은 소수점이하 2자리까지하고 그 이하는 버림) (6점)

- 운반로는 평지이며 운반로 조건은 보통이다.
- 손수레, 지게의 평균 왕복속도는 작업로가 양호할 때 3,000m/hr, 보통일 때 2,500m/hr, 불량일 때 2,000m/hr이다.
- 인부노임은 9,000원/일이고, 1일 실작업시간은 450분이다.
- $N = \dfrac{T \times V}{120L + Vt}$
- 잔디 적재량과 작업시간을 다음표와 같다.

정 답

정답 **3**

(1) 손수레로 하루에 운반할 수 있는 횟수는 몇 회인가?

$N = \dfrac{450 \times 2,000}{120 \times 60 \times 2 + 2,000 \times 5}$

=36.88회

(2) 잔디 모두를 운반하려면 몇 회를 왕복하여야하는가?

- 총운반 잔디량
  $320m^2 \times 11$장=3,520장
- 총운반횟수
  3,520장÷50장=70.4회

(3) 운반 노임은 모두 얼마나 필요한가?

[풀이1]

- 1회 운반비
  (2인×60,000원)÷36.88회
  =3253.79원/회
- 총운반비
  70.4회×3253.79원
  =229,066.82원

[풀이2]

- $\dfrac{70.4회}{36.88회} \times 2인 \times 60,000원$
  =229,067.25원

(4) 잔디를 식재하는데 필요한 소요 인부수는?

(떼식재 $100m^2$ 당 소요인원이 6.9인 이므로)

$\dfrac{320m^2}{100m^2} \times 6.9인 = 22.08인$

(5) 잔디를 모두 식재하는데 필요한 노임은?

22.08인×60,000원
=1,324,800원

(6) 잔디를 운반, 식재하는데 소요되는 노임은 모두 얼마인가?

229,067.25+1,324,800
=155,3867.3원

(대당)

적재구분	줄떼적재량	평떼적재량	싣고부리는 시간	싣고 부리기 인부
지게	30장	10장	2분	1인
손수레	150장	50장	5분	2인

(1) 손수레운반

	산출근거	답
1일운반횟수		
1일운반량		
전체운반비		

(2) 지게운반

	산출근거	답
1일운반횟수		
1일운반량		
전체운반비		

정답

정답

(1) 손수레운반

	산출근거	답
1일운반횟수	$N=\dfrac{T\times V}{120L+Vt}=\dfrac{450\times 2,500}{120\times 80+2,500\times 5}=50.90$회	50.90회
1일운반량	$Q=N\times q$=50.90회×50장=2,545장	2,545장
전체운반비	2인×9,000원×$\dfrac{4,000장}{2,545장}$=28,290.76원	28,290.76원

(2) 지게운반

	산출근거	답
1일운반횟수	$N=\dfrac{T\times V}{120L+Vt}=\dfrac{450\times 2,500}{120\times 80+2,500\times 2}=77.05$회	77.05회
1일운반량	$Q=N\times q$=77.05회×10장=770.5장	770.5장
전체운반비	1인×9,000원×$\dfrac{4,000장}{770.5장}$=46,722.90원	46,722.90원

6. 현장에 반입된 벽돌을 지게를 이용하여 4층에 있는 작업장으로 인력운반하려고 한다. 기본식과 현장조건, 표를 참조하여 다음을 계산하시오. (소수3자리 이하는 절사하며 총계에서는 소수점이하 반올림하시오.) (4점)

기본식 $Q = N \times q$

[현장조건]

- 1일 작업시간 : 8시간
- 운반로가 평탄하지만 다소 운반에 지장이 있는 경우
- 지게 1회 운반량 : 50kg
- 벽돌 1매의 무게 : 2kg
- 1층 높이 : 3m 기준(수직 높이 1m는 수평거리 6m로 환산한다.)

구분 / 종류	적재적하 시간(t)	평균왕복속도(V)		
		양호	보통	불량
토사류	1.5분	3,000m/hr	2,500m/hr	2,000m/hr
석재류	2.0분			

(1) 하루의 운반횟수는?

(2) 하루의 운반(벽돌)량은?

7. 아래물음에 답하시오. (단, 계산은 소수점2자리까지 구하고 미만은 버린다.) (7점)

(1) 다음 대지의 면적을 구하시오.

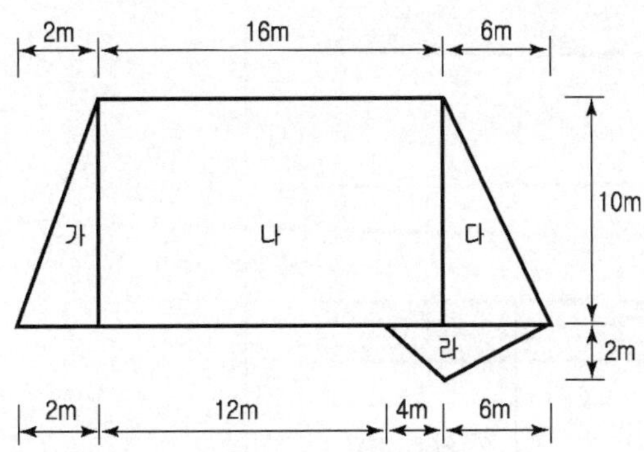

(2) 윗 그림의 대지에 잔디를 깔고자 할 때 잔디(0.3×0.3×0.03)의 소요매수는?

정 답

정답 **6**

(1) 하루의 운반횟수

$$N = \frac{T \times V}{120L + Vt}$$

$$= \frac{450 \times 2,500}{120 \times (9 \times 6) + 2,500 \times 2}$$

=97.99회

(2) 하루의 운반(벽돌)량

운반벽돌의 무게

97.99×50=4,899kg

벽돌량 4,899÷2=2,449.5장

→ 2450장

해설

T : 1인 실작업시간 450분 적용

(3) 손수레로 운반을 하고자 할 때 1일 운반횟수는 얼마인가?

단, $N=\dfrac{VT}{120L+Vt}$, 1일실 작업시간은 450분, 운반거리는 800m, 적재적하 소요시간 4분, 왕복 평균속도 3,000m/hr, 손수레 운반의 적재운반 적하는 2인을 기준으로 한다.

(4) 1회 운반시 잔디 50매를 운반한다면 전체 잔디를 운반하기 위해서는 몇 번 왕래하여야 하는가?

(5) 인부의 노무비가 1인 1일당 5,000원이라면 전체 잔디를 운반하는데 소요되는 총노무비는 얼마인가?

8. 자연석 600kg을 목도운반하려 한다. 운반거리는 500m이다. 아래 사항을 참조하여 운반비를 구하시오. (단, 소수점 3자리 이하는 버린다.) (3점)

$$\text{운반비}=\frac{M}{T}\times A\times\left(\frac{60\times 2L}{V}+t\right)$$

[현장조건]

- 1회 1인당 운반량 : 40kg
- 왕복운반속도 : 2.5km/hr
- 1일 실작업시간 : 360분
- 준비 작업시간 : 2분
- 목도공 노임 : 20,000원/일

계 산 식	정 답

정답

계 산 식	정 답
$\frac{M}{T}\times A\times\left(\frac{60\times 2L}{V}+t\right)$ $\frac{15}{360}\times 20,000\times\left(\frac{60\times 2\times 0.5}{2.5}+2\right)=2,1666.66$원	2,1666.66원

해설

M=600kg÷40kg=15인

정 답

정답 **7**

(1) 대지면적=가+나+다+라
$=(2\times 10\times\frac{1}{2})+(16\times 10)$
$+(6\times 10\times\frac{1}{2})+(10\times 2\times\frac{1}{2})$
$=210m^2$

(2) 잔디소요매수
$210m^2\div(0.3\times 0.3)=2,333.333..$매
∴ 2,333.33매

(3) 1일 운반횟수
$=\frac{VT}{120L+Vt}$
$=\frac{3,000\times 450}{120\times 800+3,000\times 4}$
=12.5회

(4) 전체 잔디 운반 횟수
2,333÷50=46.66회

(5) 총노무비
$\frac{\text{총운반횟수}}{\text{1일운반횟수}}\times$노무비
$=\frac{46.66}{12.5}\times(5,000\text{원}\times 2\text{인})$
=37,328원

해설

잔디소요매수 계산시

(1) 전체면적÷1매 면적
$210m^2\div(0.3\times 0.3)$
=2,333.333매

(2) $1m^2$ 당 11매 계산시
전체면적×11매
$=210m^2\times 11$매=2310매

9. 1개의 평균 중량이 200kg인 자연석 20개를 4인 1조로 목도 운반하여 경관석 놓기를 할 때 일위대가표를 참조하여 공사비를 산출하시오. (단, 소수위는 2위까지 구하고 미만은 절사하며, 금액은 원단위 미만은 절사한다.) (3점)

[현장조건]

- 운반거리 : 200m
- 평균왕복 속도 : 2,500m/hr
- 조경공 : 20,000원/일
- 목도공 : 25,000원/일
- 메고부리는 시간 : 10분
- 자연석 : 40,000원/ton
- 보통인부 : 15,000원/일
- 1일 실작업시간 : 450분

(ton당)

품 명	규 격	단 위	수 량	단 가	금 액	비 고
자연석	목도석	ton	1.0			
조경공		인	2.0			
보통 인부		인	2.0			
계						

(1) 1회 목도 운반소요시간은?

(2) 목도운반비는?

(3) 총공사비는?

해설 1ton당 경관석 놓기 비용=110,000원

품 명	규 격	단 위	수 량	단 가	금 액	비 고
자연석	목도석	ton	1.0	40,000	40,000	
조경공		인	2.0	20,000	40,000	
보통인부		인	2.0	15,000	30,000	
계					110,000원	

정 답

정답 9

(1) 1회 목도 운반 소요시간

$\frac{60 \times 2L}{V} + t$

$= \frac{60 \times 2 \times 200}{2,500} + 10 = 19.6$분

(2) 자연석 1개의 목도운반비

$= \frac{M}{T} \times A \times \left(\frac{60 \times 2L}{V} + t \right)$

$= \frac{4}{450} \times 25,000 \times 19.6$

=4,355원

4,355원×20개=87,100원

(3) 총공사비

목도공노임+경관석놓기비

=87,100+(110,000×4)

=527,100원

해설

M은 4인 1조이므로 4명 적용

정 답

10. 다음 공식과 조건을 이용하여 운반비를 산출하시오. (원 단위 미만 절사하시오.) (3점)

운반비= $\frac{M}{T} \times A \times \left(\frac{60 \times 2L}{V} + t\right)$

[현장조건]

- V(평균왕복속도)=1.5km/hr
- t(적재적하소요시간)=2분
- T(1일 실작업시간)=450분
- 1회 운반량=40kg/인
- 총운반량=3.8ton
- 운반거리=300m
- 목도운반비 25,000원/일

계 산 식	정 답

정답

계 산 식	정 답
$\frac{95}{450} \times 25,000 \times \left(\frac{60 \times 2 \times 300}{1,500} + 2\right)$	137,222원

해설

M=3,800kg÷40kg/인=95인

11. 1주의 중량이 80kg인 어떤 수목 20주를 50m 떨어진 지역에 목도로 운반하여 이식하려한다. 현장조건이 다음과 같을 때 아래물음에 답하시오. (단, 계산식에서 소수는 버리지 말고 계산하며, 산출된 금액에서의 소수위는 원단위미만은 버린다.) (4점)

[현장조건]

- 도로상태 : 양호
- 경사로 : 20m(경사로 40%, 22°)
- 목도공 1인 1회 운반량 : 40kg
- 목도공 노임 : 13,500원 / 일

[운반비계산식]

- 기본식= $\frac{M}{T} \times A \times \left(\frac{60 \times 2 \times L}{V} + t\right)$, T=450분, t=2분
- 왕복평균속도

도로의 상태	속도(km/hr)
양호	2.0
보통	1.5
불량	1.0

•경사지 운반환산계수

경사도	%	10	20	30	40	50	60	70	80	90
	각도	6	11	17	22	27	31	35	39	42
환산계수(α)		2	3	4	5	6	7	8	9	10

(1) 목도공수(주당)

(2) 소운반거리

(3) 1주당운반비

(4) 총운반비

12. 자연석 250kg짜리 4개와 100kg짜리 30개가 있다. 이것을 40m 지점에 목도로 운반하려 한다. 운반로 중 20m는 20% 경사로로 운반로의 상태는 보통이다. 평균왕복속도는 1.5km/hr, 경사로 20%의 환산계수 3, 1회 운반량 40kg/인, 준비작업시간4분, 하루의 작업시간 400분/일, 목도공의 노임 100,000원/일이다. 목도공 수와 운반비를 구하시오. (단, 소수점 3자리까지 구하고 반올림한다.) (4점)

(1) 목도공 수

(2) 운반비

정 답

정답 **11**

(1) 목도공수

$\frac{80\text{kg}}{40\text{kg}}=2$인

(2) 소운반거리

$L\times\alpha=20\text{m}\times5=100\text{m}$

$(50\text{m}-20\text{m})+100\text{m}=130\text{m}$

(3) 1주당운반비

$\frac{2}{450}\times13,500\times\left(\frac{60\times2\times0.13}{2}+2\right)$

$=588$원

(4) 총운반비

588원×20주=11,760원

정답 **12**

(1) 목도공 수(M)

$=\frac{\text{총운반량}}{\text{1회의운반량}}$

$=\frac{250\times4+100\times30}{40}=100$인

(2) 운반비

$\frac{M}{T}\times A\times\left(\frac{60\times2\times L}{V}+t\right)$

$L=20+20\times3=80\text{m}$

$\frac{100}{400}\times100,000\times\left(\frac{60\times2\times80}{1,500}+4\right)$

$=260,000$원

13. 80m의 수평거리 이동 후 20m는 10%의 램프경사를 갖는 불량한 운반로에서 리어카로 잔디를 운반하여, 400㎡의 면적에 잔디를 줄떼(서로 어긋나게 붙이기)로 식재하려 한다. 아래의 품셈표, 노임표, 기타 사항을 참고하여 다음을 계산하시오.(단, 계산과정의 중간값과 결과값은 소수점 이하 둘째 자리까지 구하고, 나머지는 버리되 계산식을 반드시 기재한다)

1) 품셈표

① 리어카 운반

구분 / 종류	적재 적하 시간 (t)	평균왕복속도(V)		
		양호	보통	불량
토사류	4분	3,000(m/hr)	2,500(m/hr)	2,000(m/hr)
석재류	5분			

② 떼운반

종별 / 종류	줄떼 적재량(매)	평떼 적재량(매)	싣고부리는 시간(분)	싣고부리는 인부(인)
지게	30	10	2	1
리어카	150	50	5	2

③ 고갯길 운반 환산거리계수

경사% / 운반방법	2	4	6	8	10	12
리어카	1.11	1.25	1.43	1.67	2.00	2.4
트롤리	1.08	1.18	1.31	1.56	1.85	2.04

④ 떼식재(100m^2 당)

공종 / 구분	들떼뜨기(인)	떼붙임(인)
줄떼	3.0	6.2
평떼	6.0	6.9

2) 노임

구분	노임(원)
조경공	50,000원/일
인부	36,000원/일

정 답

3) 기타사항

① $1m^2$에 소요되는 평떼는 11장이다.

② 리어카는 2인작업이다.

③ 1일 실작업시간은 450분이다.

④ 잔디 식재인부는 보통인부이다.

⑤ 할증률은 무시한다.

(1) 리어카로 하루에 운반할 수 있는 횟수는 몇 회인가?

계산식 ______

(2) 잔디를 모두 운반하려면 몇 회를 왕복하여야 하는가?

계산식 ______

(3) 운반노임은 얼마나 필요한가?

계산식 ______

(4) 잔디를 식재하는 데 필요한 소요인부수는?

계산식 ______

(5) 잔디를 모두 식재하는 데 필요한 노임은?

계산식 ______

정답

1) 리어카 운반횟수 $N = \frac{VT}{120L + Vt} = \frac{2,000 \times 450}{120 \times (80 + 20 \times 2) + 2,000 \times 5} = 36.88$회

2) 잔디 운반 왕복횟수

① 잔디 소요량 = 식재 면적 × 단위면적당 소요량 ×식재율 = 400×11×0.5=2,200장

해설 : 줄떼(어긋나게 붙이기)이므로 평떼식재기준 50%가 소요된다.

② $\frac{2,200}{150} = 14.66$회

3) 운반노임$= \frac{36.88}{14.66} \times 36,000 \times 2 = 28,620.39$원

4) 잔디식재 소요인부수 = $\frac{400}{100} \times 6.2 = 24.8$인

5) 식재노임 = 24.8×36,000=892,800원

6) 운반, 식재노임 = 28,620.39+892,800=921,420.39원

10 기계시공

1 | 기계시공

학습포인트

• 기계시공에서는 기계별 시간당 작업량을 구하는 계산문제의 출제빈도가 높으며, 토공의 토공량 계산과 연관된 복합적인 문제도 출제되므로 철저한 학습이 요구된다.

대규모 공사현장에서 정해진 공기내에 경제적인 속도로 공사를 완료하고, 공사비절감, 품질향상 등을 도모하기 위해 기계화시공이 사용이 되며 인력으로 시공이 불가능 했던 공사를 손쉽게 해결 수 있게 되었다. 조경 공사에서는 주로 인력에 의존해 왔으나 공사의 대형화와 다양화추세에 따라 현장에서도 기계장비를 투입하는 경우가 많아졌다. 본단원에서는 기계시공 중 불도저, 덤프트럭, 백호우와 로더의 작업량을 산출해 보도록 한다.

1 불도우저(Bulldozer)

① 단거리의 굴착, 성토, 운반, 정지 등으로 다양하게 사용된다.
② 작업거리는 50m 정도이다.

무한궤도식 불도저

시간당작업량	$Q=\dfrac{60\times q\times f\times E}{Cm}=\dfrac{60\times(q^0\times e)\times f\times E}{C_m}$ 여기서, Q : 1시간당 흐트러진 상태의 작업량(m^3/hr) q : 배토판의 용량(m^3/hr)−흐트러진 토량 f : 토량환산계수 E : 작업효율 C_m : 1회 싸이클 시간(분)

토량환산계수	원지반토량으로 환산	$f=\frac{1}{L}$
	운반토량으로 환산	$f=1$
	다짐토량으로 환산	$f=\frac{C}{L}$
1회 굴착압토량 (흐트러진토량)	$q=q^0\times e$ 여기서, q : 배토판의 용량(m^3/hr) q^0 : 거리를 고려하지 않는 배토판의 용량(m^3) e : 운반거리 계수	
사이클타임	$C_m=\frac{L}{V_1}+\frac{L}{V_2}+t$ 여기서, C_m : 1회 싸이클 시간(분) L : 운반거리 V_1 : 전진속도(m/분) V_2 : 후진속도(m/분)	

예 제 1

다음의 조건에서 불도우저의 시간당 작업량을 원지반 토량으로 계산하시오. (단, 소수 3자리에서 반올림하시오.)

[조건]

- 운반거리 60m
- 전진속도 40m/분
- 후진속도 80m/분
- 기어변속시간 30초
- 작업효율 0.8
- 1회 굴착토량 $2.3m^3$
- 토량변화율 L=1.1

(1) 1회 사이클시간(Cm)?

(2) 토량환산계수는?

(3) 시간당 작업량?

정 답 (1) 1회 싸이클 시간

$$C_m=\frac{L}{V_1}+\frac{L}{V_2}+t=\frac{60}{40}+\frac{60}{80}+\frac{30}{60}=2.75\text{분}$$

(2) 토량환산계수(f)

$$f=\frac{1}{L}=\frac{1}{1.1}$$

(불도저의 1회의 배토판의 용량은 흐트러진 토량이므로 원지반으로 환산하기 위하여 토량 환산계수 $f=\frac{1}{L}$을 적용한다.)

(3) 시간당작업량(Q)

$$Q=\frac{60\times q\times f\times E}{Cm}=\frac{60\times 2.3\times\frac{1}{1.1}\times 0.8}{2.75}=36.50m^3/hr$$

2 Shovel계 굴착기

① Back hoe(백호) : 도랑파기, 배수로 굴착, 관로 굴착 등의 하향 굴착에 사용된다.

차륜식 굴착기

무한궤도식 굴착기

② Loader(로더) : 협소한 장소에서 싣기 작업과 상향굴착에 유효하다. 자갈, 모래, 흙 등의 싣기 작업에 사용된다.

차륜식 로더

시간당작업량	$Q=\dfrac{3600\times q\times K\times f\times E}{Cm}$ 여기서, Q : 시간당 작업량(m^3/hr) q : 버킷용량(m^3)−흐트러진 토량 f : 토량환산계수 E : 작업효율 K : 버킷계수 C_m : 1회 싸이클 시간(sec)	
토량환산계수	원지반토량으로 환산	$f=\dfrac{1}{L}$
	운반토량으로 환산	$f=1$
	다짐토량으로 환산	$f=\dfrac{C}{L}$

Loader(로더)의 사이클 시간(Cm)	$C_m = ml + t_1 + t_2$ 여기서, m : 계수(초/m), 무한궤도식 : 2.0, 타이어식 : 1.8 l : 편도 주행거리(표준 8m) t_1 : 버킷에 토량 담는데 소요되는 시간(초) t_2 : 기어변속시간 및 대기시간(14초)

예 제 1

버킷용량이 0.6m³, 버킷계수가 0.9, 토량환산계수가 0.8, 작업효율이 0.7, 사이클 시간이 25초일 경우 백호의 시간당 토량작업량을 계산하시오.

정 답

$$Q = \frac{3600 \times q \times K \times f \times E}{Cm}$$

$$= \frac{3{,}600 \times 0.6 \times 0.9 \times 0.8 \times 0.7}{25} = 43.55\text{m}^3/\text{hr}$$

3 덤프 트럭

① 운반용 장비로서 효율이 높다.

② 기동성이 좋다.

덤프트럭

시간당작업량	$Q = \dfrac{60 \times q_t \times f \times E}{C_m}$ 여기서, Q : 1시간당 작업량(m³/hr) q_t : 흐트러진 상태의 덤프트럭 1회 적재량(m³) f : 토량환산계수 E : 작업효율 C_m : 1회 싸이클 시간

덤프트럭의 적재량	$q_t = \frac{T}{r^t} \times L$ 여기서, T : 덤프 트럭의 적재량(t) r^t : 자연상태에서의 흙의 습윤단위중량(t/m³) L : 토량의 변화율
사이클 시간	① 적재기계를 사용하지 않았을 때 사이클 시간(C_m) $C_m(\text{분}) = t_1 + t_2 + t_3 + t_4$ 여기서, t_1 : 적재시간 t_2 : 왕복시간$\left(\text{왕복시간} = \frac{\text{운반거리}}{\text{적재시주행속도}} + \frac{\text{운반거리}}{\text{공차시주행속도}}\right)$ t_3 : 적하시간 t_4 : 적재대기시간 ② 적재기계를 사용하는 경우의 사이클시간(C_{mt}) $C_{mt} = \left(n \times \frac{C_{ms}}{60} \times \frac{1}{E_s}\right) + t_2 + t_3 + t_4$ 여기서, C_{ms} : 적재기계의 사이클 시간(sec) n : 덤프트럭 1대의 토량을 적재하는데 소요되는 적재기계의 싸이클 횟수 ($n = \frac{q_t}{q \times k}$, q_t : 덤프트럭 1대의 적재토량(m³)) q : 적재기계의 버킷용량(m³) k : 버킷계수 E_s : 적재기계의 작업효율

예 제 1

흐트러진 상태의 L=1.25, 단위중량이 1.6t/m³인 보통토사를 8t 덤프트럭으로 운반하고자 할 때 적재량은?

정답 덤프트럭의 적재량(q_t)

$$q_t = \frac{T}{r^t} \times L = \frac{8}{1.6} \times 1.25 = 6.25\text{m}^3$$

예 제 2

버켓 용량이 2m³인 백호우를 사용하여 15톤 덤프트럭에 흙을 적재하여 운반하고자 할 때 다음을 구하시오. (단, 흙의 단위중량 : 1.5t/m³, 토량변화율(L) : 1.4, 버켓계수 : 0.7, 백호우의 사이클시간 : 30초, 백호우의 작업 효율 : 0.8이다.)

(1) 덤프트럭의 적재량은?

(2) 백호의 적재횟수는?

(3) 덤프트럭에 적재하는데 걸리는 소요시간은?

정 답 (1) 덤프트럭의 적재량(q_t)

$$q_t = \frac{T}{r^t} \times L = \frac{15}{1.5} \times 1.4 = 14\text{m}^3$$

(2) 적재기계의 사이클 횟수(n)

$$n = \frac{q_t}{q \times k} = \frac{14}{2 \times 0.7} = 10\text{회}$$

(3) 적재하는데 걸리는 소요시간(C_{mt})

$$C_{mt} = n \times \frac{C_{ms}}{60} \times \frac{1}{E_s} = 10 \times \frac{30}{60} \times \frac{1}{0.8} = 6.25\text{분}$$

예 제 3

덤프트럭의 적재 운행속도가 8km/hr 이고 운반거리가 400m 일 때의 덤프트럭의 왕복시간을 구하시오. (단, 공차 운행시는 적재운행속도의 30%를 증가시킨다.)

정 답 왕복시간(t)

v_1=8,000m/h, v_2=8×(1+0.3)=10.4km/h=10,400m/h

$$t = \frac{l}{v_1} + \frac{l}{v_2} = \frac{400}{8,000} \times 60 + \frac{400}{10,400} \times 60 = 5.31\text{분}$$

해 설 운행속도의 단위가 km/hr 이므로 60을 곱하여 분으로 환산한다.

예 제 4

운반거리 3km의 거리에서 20,000m³의 자갈을 5m³ 덤프트럭으로 운반하려면 1일 몇 번 운반할 수 있으며 10일간 전량을 운반하려면 1일 몇 대의 트럭이 소요되는가? (단, 1일 작업시간은 8시간, 상하차시간은 38분, 평균속도 35km/h 이다.)

(1) 1일 운반회수

(2) 1일 소요 덤프트럭 대수는?

정 답 (1) 1일 운반회수(N)

$$N = \frac{\text{1일작업시간}}{\text{1회왕복소요시간}} = \frac{T}{\frac{60 \times L \times 2}{v} + t} = \frac{8 \times 60}{\frac{60 \times 3 \times 2}{35} + 38} = 9.94\text{회}$$

(2) 1일 소요 덤프트럭 대수

덤프트럭1대의 1일 운반량(Q) $Q = q_t \times N = 5 \times 9.94 = 49.7\text{m}^3$

덤프트럭1대의 10일 운반량=49.7×10=497m³

덤프트럭소요대수$= \frac{20,000}{497} = 40.24 \rightarrow 41$대

1. 불도저 운반이다. 다음 조건을 고려하여 시간당 작업량을 구하시오. (단, 소수점 2자리 미만은 버린다.) (3점)

$$Q=\frac{60\times q\times f\times E}{Cm} \qquad q=q^0\times e$$

- 거리를 고려하지 않은 삽날의 용량 : 3.2m³
- 운반거리계수 : 0.8
- 토량환산계수 : 1.0
- 작업효율 : 0.8
- 1회 싸이클시간 : 3.05 분

2. 다음의 조건을 보고 19ton 무한궤도 불도저의 시간당 작업량을 구하시오. (단, 계산은 소수 2자리까지하고 그 이하는 버린다.)

- 거리를 고려하지 않는 삽날의 용량 : 3.2
- 운반거리계수 : 0.8
- 토량환산계수 : 1
- 작업효율 : 0.7,
- 전진속도 : 50m/min 후진속도 : 70m/min
- 운반거리 : 70m
- 기어변속시간 : 0.25분

3. 19ton급 무한궤도 불도저를 이용하여 자연상태의 사질토를 절취한 후 60m 지점에 사토하려고 한다. 작업거리 중 40m는 전, 후진 속도 3단, 20m는 전, 후진 2단으로 할 때 1회 싸이클 시간(cm)과 시간당작업량(Q)을 구하시오. (단, 전과정의 계산과정은 소수점 이하 3자리까지하고 그 이하는 버린다.) (4점)

[조건]

- 배토판=3.2m³
- 토량환산계수=1
- 작업효율=0.60
- 기어변속기간=0.2분

규격 (ton)	전진속도(m/분)				후진속도(m/분)		
	1단	2단	3단	4단	1단	2단	3단
12	40	55	75	107	48	70	100
19	40	55	75	103	46	70	98
27	40	52	70	91	43	58	78

정 답

정답 1

시간당작업량 $Q=\frac{60\times q\times f\times E}{Cm}$

$q=q^0\times e$

$q^0=3.2m^3$, $e=0.8$, $f=1.0$

$E=0.8$, $Cm=3.05$

$Q=\frac{60\times 3.2\times 0.8\times 1.0\times 0.8}{3.05}$

$=40.28m^3/hr$

정답 2

$C_m=\frac{L}{V_1}+\frac{L}{V_2}+t$

$=\frac{70}{50}+\frac{70}{70}+0.25=2.65$분

$q=q_0\times e=3.2\times 0.8=2.56m^3$

- 시간당작업량

$Q=\frac{60\times q\times f\times E}{Cm}$

$=\frac{60\times 2.56\times 1\times 0.7}{2.65}$

$=40.57m^3/hr$

[운반거리와 경사에 대한 계수 e]

운반거리(m)	10 이하	20	30	40	50	60	70
평탄한곳	1.00	0.96	0.92	0.88	0.84	0.80	0.76

(1) 1회 싸이클시간?

(2) 작업량?

4. 다음도면은 정지공사 계획 평면도이다. 계획 부지를 10m×10m 크기로 나누어 각 점의 표고를 측정한 결과 도면과 같은 수치를 얻었다. 이 구획을 표고 15m로 19ton급 무한 궤도형 불도저를 이용하여 정지공사를 하려 할 때 아래의 조건을 참조하여 작업량과 작업일수를 산정하시오. (소수위는 2위까지 구하고 나머지는 절사한다.)

[현장조건]

- 평균 운반 거리=20m
- 토량변화율=L값 : 1.25, C값 : 0.85
- q°=3.2
- e =0.84
- E=0.8
- 전진속도=40m/min
- 후진속도=46m/min
- 기어변속시간=0.25분
- 1일 실 작업시간=450분

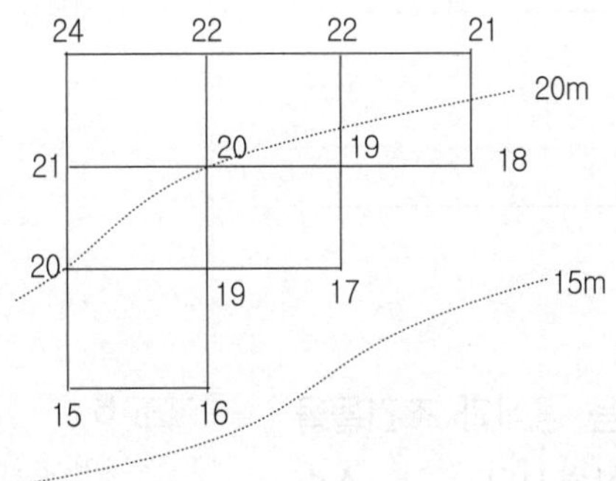

(1) 토공량은?

(2) 불도저의 시간당 작업량?

(3) 공사일수?

정 답

정답 **3**

(1) 1회 싸이클시간

$C_m = \left(\frac{L}{V_1} + \frac{L}{V_2}\right) + t$

$\left(\frac{40}{75} + \frac{40}{98} + \frac{20}{55} + \frac{20}{70}\right) + 0.2$

=0.533+0.408+0.363 +0.285+0.2=1.789분

(2) 시간당작업량(Q)

- $q = q_0 \times e = 3.2 \times 0.8 = 2.56m^3$

$Q = \frac{60 \times q \times f \times E}{Cm} = \frac{60 \times 2.56 \times 1 \times 0.6}{1.789}$

$=51.514m^3/hr$

해설 전과정 계산시 소수점이하 3자리까지하고 그 이하 버림 적용

정답 **4**

(1) $V(체적) = \frac{a \times b}{4}(\Sigma h_1 + 2\Sigma h_2 + 3\Sigma h_3 + 4\Sigma h_4)$

여기서, $a \times b = 10 \times 10$

$\Sigma h_1 = 0+1+2+3+6+9=21$

$\Sigma h_2 = 7+7+6+5=25$

$\Sigma h_3 = 4+4=8$

$\Sigma h_4 = 5$

$\frac{100}{4}(21+(2\times25)+(3\times8)+(4\times5))$

$=2,875m^3$

(2) 시간당 작업량(Q)

$\frac{60 \times q \times f \times E}{Cm}$

- $q = q_0 \times e = 3.2 \times 0.84 = 2.68m^3$
- $f = \frac{1}{1.25} = 0.8$
- $C_m = \frac{L}{V_1} + \frac{L}{V_2} + t$

$= \frac{20}{40} + \frac{20}{46} + 0.25 = 1.18$분

$Q = \frac{60 \times 2.68 \times 0.8 \times 0.8}{1.18}$

$=87.21m^3$ /hr(자연상태의 토량)

(3) 공사일수

- 1일작업량=시간당작업량×하루작업시간

$=87.21m^3/hr \times 7.5hr$

$=654.07m^3$/일

- 공사일수=총공사량÷1일공사량

=2,875÷654.07=4.39→5일

해설 1일 실작업시간

450분÷60분=7.5시간

5. 한 변의 길이가 10m인 방형구의 지표고는 그림과 같다. 마감고(F.L) 35m로 정지작업하여 19ton 무한궤도 불도저로 평균 운반거리 50m 지점에 사토하려 한다. 제시된 조건들을 보고 물음에 답하시오. (계산은 소수2위 까지하고, 공사일수는 소수 첫째자리에서 올림하시오.)

[현장조건]

- L값 : 1.25
- $q^{\circ}=3.2$
- $e=0.84$
- $E=0.8$
- 전진속도=40m/min
- 후진속도=46m/min
- 기어변속시간=0.25분
- 1일 실 작업시간=450분

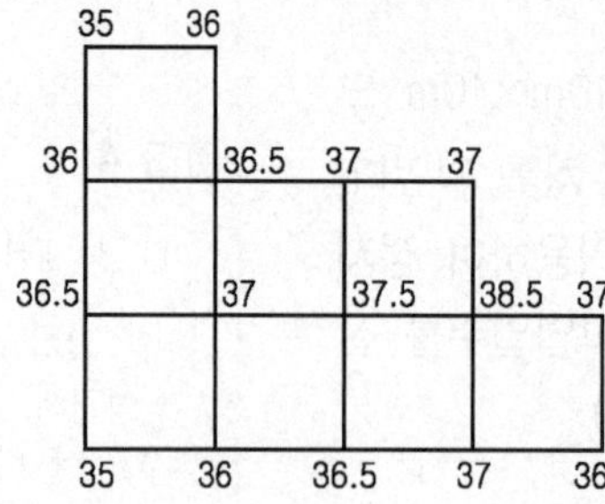

(1) 절토량?

(2) 불도저의 시간당 작업량?

(3) 공사를 모두 마치는데 걸리는 기일은?

6. 경운기로 운반거리 240m에 흙을 운반할 때, 다음 공식과 조건들을 이용하여 작업시간(cm)과 시간당 작업량(Q)을 계산하시오. (단, 소수점3자리에서 반올림 하시오.) (3점)

[공식]

$$Q=\frac{60\times q\times f\times E}{Cm} \qquad C_m=\frac{L}{V_1}+\frac{L}{V_2}+t$$

[조건]

$f=1,\ t=11$분, $q=1\text{m}^3,\ E=0.9$

갈 때 도로조건은 불량(V_1=35m/분)

올 때 도로조건은 보통(V_2=83m/분)

정 답

정답 5

(1) $V(\text{체적})=\frac{a\times b}{4}(\Sigma h_1+2\Sigma h_2+3\Sigma h_3+4\Sigma h_4)$

여기서, $a\times b=10\times10$

$\Sigma h_1=0+1+2+2+0+1=6$

$\Sigma h_2=1+2+1.5+1+1.5+2=9$

$\Sigma h_3=1.5+3.5=5$

$\Sigma h_4=2+2.5=4.5$

$\frac{100}{4}(6+(2\times9)+(3\times5)+(4\times4.5))$

$=1{,}425\text{m}^3$

(2) 불도저의 시간당 작업량?

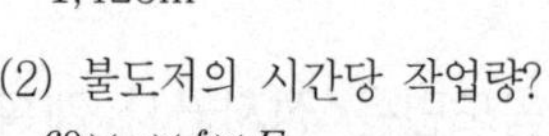

$\frac{60\times q\times f\times E}{Cm}$

$q=q_0\times e=3.2\times0.84=2.68\text{m}^3$

$f=\frac{1}{1.25}=0.8$

$C_m=\frac{L}{V_1}+\frac{L}{V_2}+t$

$=\frac{50}{40}+\frac{50}{46}+0.25=2.58$

$=\frac{60\times2.68\times0.8\times0.8}{2.58}$

$=39.88\text{m}^3/\text{hr}$

(3) 공사일수

1일작업량 $39.88\text{m}^3/\text{hr}\times7.5\text{hr}$

$=299.1\text{m}^3/$일

공사일수=총공사량÷1일공사량

$=1{,}425\div299.1$

$=4.76\rightarrow5$일

정답 6

① 작업시간(C_m)

$C_m=\frac{L}{V_1}+\frac{L}{V_2}+t$

$=\frac{240}{35}+\frac{240}{83}+11=20.75$분

② 시간당작업량(Q)

$Q=\frac{60\times q\times f\times E}{Cm}$

$=\frac{60\times1\times1\times0.9}{20.75}=2.60\text{m}^3/\text{hr}$

7. 경운기로 흙을 운반하려한다. 적하장까지 가는 길은 불량하나 돌아오는 조건은 보통이다. 다음 사항들을 참고로 하여 시간당 작업량(Q)를 구하시오. (단, 소수3자리까지 구하고 나머지는 버리시오.) (4점)

[공식]

$$Q = \frac{60 \times q \times f \times E}{Cm} \ (m^3/hr)$$

$$C_m = \frac{L}{V_1} + \frac{L}{V_2} + t$$

[조건]

$f = 1.25,\ E = 0.9,\ L = 200,\ q = 1.2m^3$

V_1=양호 : 80m/분, 보통 : 50m/분, 불량 : 40m/분

V_2=양호 : 120m/분, 보통 : 80m/분, 불량 : 50m/분

t=토사류 : 10분, 석재류 : 15분

8. 운반토량 5000m³가 있다. 다음 조건을 이용하여 8ton 트럭 1대일 때의 운반일수를 산출하라. (단, 왕복운반시간 30분, 적재시간 5분, 적하시간 1분, 적하대기시간 0.42분, 토량변화율 1.2, 토량 단위중량 1.6ton, 작업효율 0.9, 1일 작업시간 7시간이다. 소수점 3자리까지 계산하고 이하 버린다.) (3점)

9. 15ton 덤프트럭을 사용하여 흐트러진 상태의 토사를 운반하려 한다. 다음과 같은 조건일 때 1회 사이클 시간과 시간당 작업량을 구하시오. (단, 소수3자리까지 구하고 나머지는 버린다)

[조건]

- $L = 1.2,\ C = 0.9,\ E = 0.9,\ f = 1$
- 토사의 단위중량 2ton/m³
- 운반거리 6km
- 적재시간 10분, 적하시간 1분, 적재대기시간 0.8분, 적재시 운행속도 20km/hr, 공차시 운행속도 40km/hr

정 답

정답 7

① 사이클시간

$$C_m = \frac{L}{V_1} + \frac{L}{V_2} + t$$

$$= \frac{200}{40} + \frac{200}{80} + 10 = 17.5\text{분}$$

② 시간당작업량

$$Q = \frac{60 \times q \times f \times E}{Cm}$$

$$= \frac{60 \times 1.2 \times 1.25 \times 0.9}{17.5}$$

$=4.628m^3/hr$

정답 8

- 운반일수
  총 운반토량÷1일의 운반토량
- 1일의 운반토량
  시간당 운반량×1일작업시간

① 시간당운반량

$$Q = \frac{60 \times q \times f \times E}{Cm} \qquad q_t = \frac{T}{r^t} \times L$$

- Cm(분)=적재시간+왕복시간+적하시간+적하대기시간 =5+30+1+0.42=36.42분
- $q = \frac{T}{r^t} \times L = \frac{8}{1.6} \times 1.2$ =6.0m³

$$Q = \frac{60 \times q \times f \times E}{Cm}$$

$$= \frac{60 \times 6 \times 1.0 \times 0.9}{36.42} = 8.896m^3/hr$$

② 1일운반토량
=시간당 운반량×1일작업시간
=8.896×7=62.272 m³

③ 작업일수
=총운반토량÷1일운반토량
=5,000÷62.272=80.292일
→ 81일

정답 9

(1) 1회 사이클시간

- C_m=적재시간+왕복시간+적하시간+적재대기시간
  =10+27+0.8 +1=38.8분
- 왕복시간= $\frac{6 \times 60}{20} + \frac{6 \times 60}{40}$
  =18+9=27분

(2) 시간당 작업량

$$Q = \frac{60 \times q \times f \times E}{Cm}$$

$$= \frac{60 \times 9.0 \times 1 \times 0.9}{38.8} = 12.525m^3/hr$$

- $q = \frac{T}{r^t} \times L = \frac{15}{2} \times 1.2 = 9.0m^3$

10. 1회 적재용량이 7m³인 덤프트럭으로 1,400m 지점에 토사를 운반하려한다. 덤프트럭으로 적재시 속도는 30km/hr이고 공차시 속도는 적재시 속도보다 25% 증가하며, f=1.2, E=0.9, 적재시간 12분, 적하시간 1분, 대기시간 0.4분 일 때 시간당 작업량(Q)을 구하시오. (단, 소수점 3자리까지 계산하시오.)

11. 흐트러진 상태로 산적되어 있는 토사 100m³가 있다. 10ton 덤프트럭에 타이어식 로더로 적재하여 10km 지점으로 운반하려한다. 로더의 버킷용량의 1.0m³, 버킷에 토량을 퍼 담는 시간은 10초, 버킷계수 1.0, 작업효율 0.6, 토량환산계수 1이다. 그리고 덤프트럭은 평균 주행속도가 공차시나 적재시 같은 35km/hr이고, 적하시간 및 대기시간은 각각 0.8분, 0.42분이며 작업효율은 0.9 이다. 그리고 토사의 단위 중량은 1.6ton/m³ 이다. 다음 물음에 답하시오. (단, 소수점 3자리까지 계산하여 반올림하시오. L : 1.2) (9점)

(1) 로더의 1회 싸이클시간?

(2) 로더의 시간당 작업량은?

(3) 덤프트럭의 1회 적재량은?

(4) 덤프트럭에 적재하는데 걸리는 로더의 싸이클 횟수?

(5) 덤프트럭 1대에 적재하는데 걸리는 시간은?

(6) 덤프트럭의 왕복시간은?

(7) 덤프트럭의 1회 싸이클 시간은?

(8) 덤프트럭의 시간당 작업량은?

(9) 흙을 모두 운반하는데 걸리는 시간은?

정 답

정답 10

시간당작업량 $Q=\frac{60\times q\times f\times E}{Cm}$

• Cm (분)=적재시간+왕복시간+적하시간+적하시간
=12+5.04+1+0.4=18.44분

• 왕복시간
L=1.4, 적재시속도(V_1)=30km/hr
공차시속도(V_2)=30(1+0.25)=37.5km/hr

$=\frac{1.4}{30}\times 60+\frac{1.4}{37.5}\times 60=5.04$분

$Q=\frac{60\times q\times f\times E}{Cm}$

$=\frac{60\times 7\times 1.2\times 0.9}{18.44}=24.598\text{m}^3/\text{hr}$

정답 11

(1) 로더의 1회 싸이클시간
$Cm=ml+t_1+t_2$
=(1.8×8)+10+14=38.4초

(2) 로더의 시간당 작업량
$Q=\frac{3600\times q\times K\times f\times E}{Cm}$
$=\frac{3600\times 1.0\times 1.0\times 1\times 0.6}{38.4}$
=56.25m³/hr

(3) 덤프트럭의 1회 적재량
$q_t=\frac{T}{r^t}\times L=\frac{10}{1.6}\times 1.2=7.5\text{m}^3$

(4) 덤프트럭에 적재하는데 걸리는 로더의 싸이클 횟수
$n=\frac{q_t}{q\times k}=\frac{7.5}{1.0\times 1.0}$
=7.5회→8회

※적재시간 계산시 적재 회수는 올린 정수로 계산한다.(7.5회 → 8회)

(5) 덤프트럭 1대에 적재하는데 걸리는 시간
$t(\text{적재시간})=n\times\frac{C_{ms}}{60}\times\frac{1}{E_s}$
$=8.0\times\frac{38.4}{60}\times\frac{1}{0.6}=8.53$분

(6) 덤프트럭의 왕복시간
$t(\text{왕복시간})=\frac{l}{v_1}+\frac{l}{v_2}$
$\frac{10}{35}\times 60+\frac{10}{35}\times 60=34.29$분

(7) 덤프트럭의 1회 싸이클 시간(Cm)
적재시간+왕복시간+적하시간+대기시간=8.53+34.29+0.8+0.42=44.04분

(8) 덤프트럭의 시간당 작업량
$Q=\frac{60\times q\times f\times E}{Cm}=\frac{60\times 7.5\times 1.0\times 0.9}{44.04}$
$=9.196=9.2\text{m}^3/\text{hr}$

(9) 흙을 모두 운반하는데 걸리는 시간
100÷9.2=10.869hr→10.87hr

12. 버킷용량이 $0.96m^3$인 타이어식 로더를 사용하여 흐트러진 상태로 쌓여 있는 사질토량을 8ton 트럭에 적재하여 20km지점으로 운반하려 한다. 덤프트럭의 주행속도는 적재시 20km/hr, 공차시 40km/hr이고, 적하시간 0.9분, 대기시간 0.5분, 작업효율 0.9이다. 사질토양의 단위중량은 $1.65ton/m^3$이고 토량변화율과 환산계수는 각각 1이다. 로더의 버킷계수는 1.0, 버킷에 흙을 담는 시간 10초, 작업효율 0.6이고, l = 8m, t_2=14초, m=1.8m 일 때 다음 물음에 답하시오. (단, 소수점 2자리까지 계산하시오.)

(1) 로더의 1회 싸이클 시간은?

(2) 로더의 시간당 작업량?

(3) 덤프트럭의 1회 적재량은?

(4) 덤프트럭 1대에 적재하는 로더의 싸이클횟수는?

(5) 덤프트럭 1대에 적재하는 소요시간은?

(6) 덤프트럭 왕복 주행시간은?

(7) 덤프트럭의 시간당 작업량은?

13. 한변의 길이가 30m이고, 마감고는 136m이다. 19ton 무한궤도 불도저를 이용하여 정지작업을 하려고 할 때 다음을 참조하여 물음에 답하시오. (단, L : 1.2, C : 0.9이며 소수점 3자리에서 반올림하시오.)

불도저의 운반거리는 30m이고 작업효율은 0.8이며 정지작업을 겸하므로 0.1을 뺀값으로 한다. 1회의 싸이클시간은 3.05분, 배토판용량은 $3.2m^3$ 운반거리계수는 0.85이다.

또한 버킷용량이 $0.96m^3$인 타이어식로더를 사용하여 8ton 덤프트럭에 적재한 후 20km 지점에 사토하려한다. 이때 로더의 버킷계수는 1.0이고, 작업효율은 0.7이며 버킷에 흙을 퍼 담는 시간은 12.6초이다. 덤프트럭의 1회의 싸이클시간은 40분, 작업효율은 0.9이다.

토량의 단위중량은 $1,600kg/m^3$이며, 하루작업시간은 7시간이다.

정 답

정답 **12**

(1) 로더의 1회 싸이클 시간

$C_m = ml + t_1 + t_2$

$= (1.8 \times 8) + 10 + 14$

=38.4초

(2) 로더의 시간당 작업량

$Q = \frac{3600 \times q \times K \times f \times E}{Cm}$

$= \frac{3600 \times 0.96 \times 1.0 \times 1 \times 0.6}{38.4}$

$=54m^3/hr$

(3) 덤프트럭의 1회 적재량

$q_t = \frac{T}{r^t} \times L$

$= \frac{8}{1.65} \times 1.0 = 4.84m^3$

(4) 덤프트럭 1대에 적재하는 로더의 싸이클횟수

$n = \frac{q_t}{q \times k}$

$= \frac{4.84}{0.96 \times 1.0}$ =5.04→6회

(5) 덤프트럭 1대에 적재하는 소요시간

$t = n \times \frac{C_{ms}}{60} \times \frac{1}{E_s}$

$=6 \times \frac{38.4}{60} \times \frac{1}{0.6}$

=6.4분

(6) 덤프트럭 왕복 주행시간

$t = \frac{20 \times 60}{20} + \frac{20 \times 60}{40}$

=60+30=90분

(7) 덤프트럭의 시간당 작업량

$Q = \frac{60 \times q \times f \times E}{Cm}$

$= \frac{60 \times 4.84 \times 1.0 \times 0.9}{97.8}$

$=2.67m^3/hr$

• cm=적재+왕복+대기+적하시간

=6.4+90+0.5+0.9

=97.8분

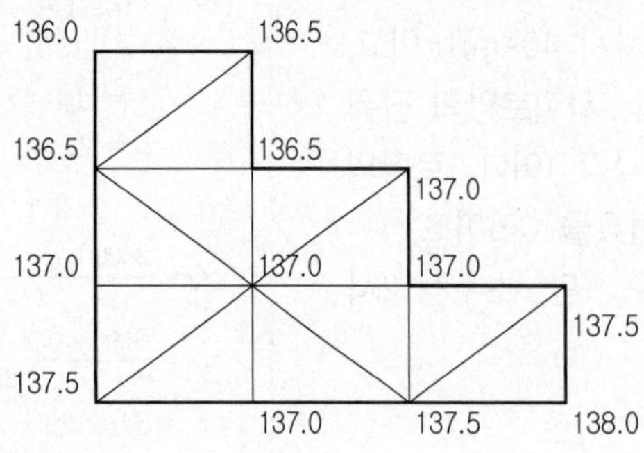

(1) 절토량(삼각형분할)로 구하시오.

(2) 불도저의 시간당 작업량은?

(3) 정지작업을 하는데 몇 일이 걸리는가?

(4) 로더의 1회 싸이클 시간은?
(cm=$ml+t_1+t_2$) m=1.8, l=8m, t_2=14초

(5) 로더의 시간당 작업량은?

(6) 로더로 모두 적재하는데 몇 일 걸리는가?

(7) 덤프트럭의 시간당 작업량은?

(8) 전체를 사토하는데 몇 일 걸리는가?

정 답

정답 **13**

(1) 절토량(V)

$V=\frac{a\times b}{6}(\Sigma h_1+2\Sigma h_2+3\Sigma h_3+\ldots\ldots+8\Sigma h_8)$

여기서 $a\times b$=30×30

Σh_1=0+2=2

Σh_2=0.5+1.0 +1.5+1.0+1.5 +1.0=6.5

Σh_3=0.5+1.0 =1.5

Σh_4=1.5+0.5=2.0

Σh_8=1.0

$V=\frac{30\times 30}{6}[2+(2\times 6.5)+(3\times 1.5)+(4\times 2.0)+(8\times 1.0)]=5{,}325\text{m}^3$

(2) 불도저의 시간당작업량

$Q=\frac{60\times q\times f\times E}{Cm}$

$=\frac{60\times 3.2\times 0.85\times\left(\frac{1}{1.2}\right)\times 0.7}{3.05}$

=31.21m³/hr

(3) 정지작업 일수

5,325÷(31.21×7)=24.37
→ 25일

(4) 로더의 1회 싸이클시간

$cm=ml+t_1+t_2$

=1.8×8+12.6+14=41초

(5) 로더의 시간당 작업량

$Q=\frac{3{,}600\times q\times K\times f\times E}{Cm}$

$=\frac{3{,}600\times 0.96\times 1.0\times 1\times 0.7}{41}$

=59.00m³/hr

(6) 로더로 모두 적재하는데 일수

5,325×L=5,325×1.2=6,390

6,390÷(59.00×7)=15.47
→ 16일

(7) 덤프트럭의 시간당 작업량은?

$Q=\frac{60\times q\times f\times E}{Cm}$

$=\frac{60\times 6.0\times 1.0\times 0.9}{40}=8.1\text{m}^3/\text{hr}$

$q=\frac{T}{r^t}\times L$

$=\frac{8}{1.6}\times 1.2=6.0\text{m}^3$

(8) 전체를 사토하는데 몇 일 걸리는가?

5,325×L=5,325×1.2=6,390

6,390÷(8.1×7)=112.7
→ 113일

14. 불도저로 압토와 리핑 작업을 동시에 실시하고 있다. 시간당 작업량(Q)은 몇m^3/h인가?(단, 압토 작업만 할 때의 작업량 Q_1=40m^3/h이고, 리핑작업만 할 때의 작업량 Q_2=60m^3/h이다.)

15. 백호 0.7m^3로 적재하고 덤프트럭 8t으로 흙을 운반할 때 단위시간당의 작업량을 계산하시오.(단, 백호 K=0.9, E=0.45, Cm=23초, $f=\frac{1}{L}=\frac{1}{1.15}=0.87$, 덤프트럭 운반 거리 20km, v_1=15km/h, v_2=20km/h, t_3+t_4=2분, E=0.9. r_t=1.8t/m^3이고 소수점 첫째자리 까지만 계산)

•계산식

•정 답

16. 그림과 같은 등고선을 굴착하여 오른편 그림과 같은 도로 성토를 하려고 한다. 물음에 답하시오.(단, L=1.20, C=0.90, 토량은 각주 공식 사용)

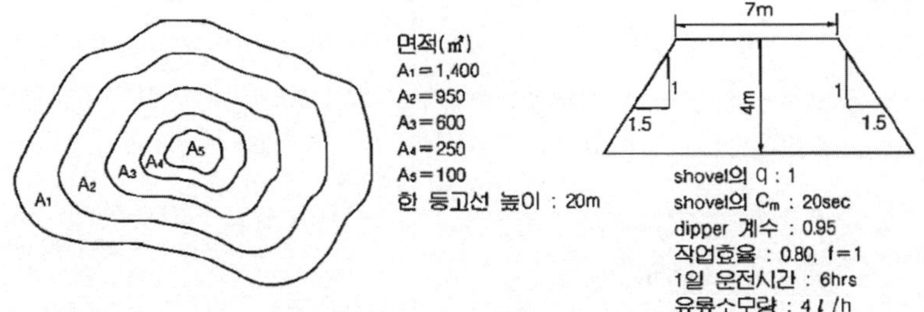

(1) 도로의 길이는 몇 m를 만들 수 있는가?

•계산식

•정 답

정 답

정답 **14**

Bulldozer와 Ripper의 합성 능력(Q)

$$Q=\frac{Q_1\times Q_2}{Q_1+Q_2}$$

$$=\frac{40\times6}{40+6}=24(m^3/h)$$

해설

도저와 리퍼의 합성능력 계산 공식

$$Q=\frac{Q_1\times Q_2}{Q_1+Q_2}$$

Q=Ripper doser의 시간당 작업량 (m^3/h)

Q_1=Dozer의 시간당 작업량(m^3/h)

Q_2=Ripper의 시간당 작업량(m^3/h)

정답 **15**

(1) 백호 작업량(Q_B)

$$Q_B=\frac{3,600\cdot q\cdot K\cdot f\cdot E}{C_m}$$

$$=\frac{3,600\times0.7\times0.9\times0.87\times0.45}{23}$$

$$=38.6(m^3/h)$$

(2) 덤프 트럭의 시간당 작업량(Q_T)

$$C_{mt}=n\cdot\frac{C_{ms}}{60}\cdot\frac{1}{E_s}+t_2+t_3+t_4$$

$$=9\times\frac{23}{60}\times\frac{1}{0.45}+\left(\frac{20}{15}\times60\right)+\left(\frac{20}{20}\times60\right)+2$$

$$=147.9(분)$$

$$Q_T=\frac{60\cdot q_t\cdot f\cdot E}{C_m}$$

$$=\frac{60\cdot5.1\cdot0.87\cdot0.9}{147.9}$$

$$=1.6(m^3/h)$$

(3) 단위 시간당 작업량(Q)

$$Q=\frac{Q_B\times Q_T}{Q_B+Q_T}$$

$$=\frac{38.6\times1.6}{38.6+1.6}=1.5(m^3/h)$$

(2) 그림과 같은 조건에서 $1m^3$ Power shovel 5대가 굴착할 때 작업일수는 몇 일인가?

•계산식

•정 답

(3) 총유류소모량(Power shovel)은 얼마나 되겠는가?

•계산식

•정 답

정 답

정답

(1) 도로의 길이

① 굴착 토량(V)

$$V=\frac{h}{3}\{A_1+4(A_2+A_4)+2(A_3)+A_5\}$$

$$=\frac{20}{3}\times\{1,400+4\times(950+250)+2\times600+100\}=50,000(m^3)$$

② 완성 토량

완성 토량=굴착 토량×C=50,000×0.9=45,000(m^3)

③ 도로의 단적면(A)

$$A=\frac{(윗변+아랫변)}{2}\times 높이=\frac{7+(6+7+6)}{2}\times4=52(m^2)$$

④ 도로의 길이(l)

완성 토량=$A\cdot l$에서

$$l=\frac{완성토량}{A}=\frac{45,000}{52}=865.38(m)$$

(2) 작업일수

① 시간당 작업량(Q, 흐트러진 토량)

$$Q=\frac{3,600\cdot q\cdot K\cdot f\cdot E}{C_m}=\frac{3,600\times1\times0.95\times1\times0.8}{20}=136.8(m^3/h)$$

해설 여기서, $f=1$ 이므로 작업량을 흐트러진 토량으로 나타낸 것이다.

② Power shovel 5대의 1일 작업량

5대의 1일 작업량=1대의 시간당 작업량×1일 운전시간×셔블 대수

=136.8×6×5=4,104(m^3/day)

③ 총작업량(흐트러진 토량)

총 작업량=굴착 토량×L=50,000×1.2=60,000(m^3)

해설 문제에서 $f=1$로 준 것은 파워셔블의 시간당 작업량을 흐트러진 토량으로 나타낸 것이다.

④ 작업 일수

$$작업일수=\frac{총작업량}{5대의1일작업량}=\frac{60,000}{4,104}=14.62\rightarrow15(일)$$

(3) 총유류소모량

총유류소모량=5대 총 작업시간×시간당 유류소모량

=14.62×6×5×4=1,754.4(l)

17. 배토량 4,000m³의 굴착 작업을 다음과 같은 조건의 불도저 2대를 사용할 때 시간당 작업량(2대당)과 소요 작업 일수를 구하시오.

〈조건〉
- 불도저의 굴착 용량 : $2.4m^3$
- 불도저의 전진 속도 : 4km/h
- 불도저의 후진 속도 : 6km/h
- 불도저의 기어 변환 시간 : 30초
- 토량 변화율(L)=1.2
- 작업 효율 : 80%
- 1일 실작업시간 : 7시간 30분
- 흙의 운반거리 : 60m
- 거리 및 구배계수 : 0.85

(1) 시간당 작업량(2대당)

•계산식

•정　답

(2) 소요작업일수

•계산식

•정　답

정　답

정답 **17**

(1) 시간당 작업량

① 사이클 타임(C_m)

$$C_m = \frac{1}{v_1} + \frac{1}{v_2} + t$$

$$= \frac{6}{4,000} \times 60 + \frac{60}{6,000} \times 60 + \frac{30}{60} = 2.0(\text{분})$$

② Bulldozer 시간당 작업량(Q)

$$Q = \frac{60 \cdot q \cdot f \cdot E}{C_m}$$

$$= \frac{60 \cdot (qo \cdot e) \cdot \frac{1}{L} \cdot E}{C_m}$$

$$= \frac{60 \times (2.4 \times 0.85) \times \frac{1}{1.2} \times 0.8}{2.0}$$

$$= 40.8(m^3/h)$$

③ Bulldozer 2대 시간당 작업량
=1대의 시간당 작업량×불도저 대수
=40.8×2=81.6(m^3/h)

(2) 소요일수

① Bulldozer 2대의 1일 작업량
=2대의 시간당 작업량 ×1일 작업 시간
=81.6×7.5=612(m^3/일)

② 작업 일수

$$\text{작업일수} = \frac{\text{작업량}}{\text{도저2대의1일 작업량}} = \frac{4,000}{612} = 6.535 \rightarrow 7\text{일}$$

해설
배토량 4,000m³의 굴착 작업으로 자연상태로 본다.

18. 다음과 같은 조건으로 불도저를 사용하여 흙을 굴착할 때 시간당 작업량과 1m^{3}에 대한 굴착 단가는 얼마인가?

〈조건〉
- 불도저의 굴착 용량 : 2.5m^3
- 불도저의 전진 속도 : 4km/h
- 불도저의 후진 속도 : 6km/h
- 불도저의 기어 변환 시간 : 30초
- 토량 변화율(L)=1.25
- 작업 효율 : 85%
- 1일 실작업시간 : 7시간
- 1일 사용료(제비용 포함) 200,000원
- 흙의 운반거리 : 60m
- 거리 및 구배계수 : 0.8

(1) 시간당 작업량

•계산식

•정 답

(2) 1m^{3}에 대한 굴착 단가

•계산식

•정 답

정 답

정답 **18**

(1) 시간당 작업량

① 사이클 타임(C_m)

$$C_m = \frac{1}{v_1} + \frac{1}{v_2} + t$$

$$= \frac{6}{4{,}000} \times 60 + \frac{60}{6{,}000} \times 60 + \frac{30}{60} = 2.0(\text{분})$$

② Bulldozer 시간당 작업량(Q)

$$Q = \frac{60 \cdot q \cdot f \cdot E}{C_m}$$

$$= \frac{60 \cdot (q_o \cdot e) \cdot \frac{1}{L} \cdot E}{C_m}$$

$$= \frac{60 \times (2.5 \times 0.8) \times \frac{1}{1.25} \times 0.85}{2.0}$$

$= 40.8(\text{m}^3/\text{h})$

(2) 1m^{3}에 대한 굴착 단가

① 1일 작업량

=시간당 작업량×1일 실작업 시간

=40.8×7=285.6 m^3/일

② 1m^{3}당 굴착 단가

$$= \frac{\text{1일의 사용료}}{\text{1일의 굴착량}}$$

$$= \frac{200{,}000}{285.6}$$

$= 700.28(\text{원}/\text{m}^3)$

19. 버킷용량 3.0m³인 셔블과 15t 덤프 트럭을 사용하여 토공사를 하고 있다. 다음 물음에 답하시오.(단, 흙의 단위중량 : 1.8t/m³, 토량 변화율(L) : 1.2, 셔블의 버킷 계수 : 1.1, 사이클 타임 : 30sec, 작업 효율 : 0.5이다. 그리고 덤프 트럭의 사이클 타임 : 30분이며, 30분 중 상차시간 : 2분이고, 작업 효율 : 0.8이며, 덤프 트럭 1대를 적재하는 데 필요한 셔블의 사이클 횟수 : 3이다.

(1) 셔블의 시간당 작업량

•계산식 •정 답

(2) 트럭의 시간당 작업량

•계산식 •정 답

(3) 트럭의 소요대수

•계산식 •정 답

20. 본바닥 토량 20,000m³를 0.6m³ 백호를 사용하여 굴착하고자 할 때 공기는 몇칠이 되겠는가?(단, K=1.2, E=0.7, Cm=25초, L=1.2, 1일 작업시간 : 8시간, 뒷정리 : 1일)

•계산식

•정 답

21. 버킷용량 3.0m³인 쇼벨과 15톤 덤프트럭을 사용하여 자연상태의 토공사를 하고 있다. 다음 조건을 기준으로 물음에 답하시오.

〈조건〉

·토량변화율 : L=1.2	·흙의 단위 중량 : 1.8t/m³
·쇼벨의 버킷계수 : 1.1	·트럭의 1회 사이클시간 : 30분
·쇼벨 1회 사이클시간 : 30초	·트럭의 작업효율 : 0.8
·쇼벨의 작업효율 : 0.5	

정 답

정답 19

(1) 셔블의 시간당 작업량(Q_s)

$$Q_s = \frac{3,600 \cdot q \cdot K \cdot f \cdot E}{C_m}$$

$$= \frac{3,600 \cdot q \cdot K \cdot \frac{1}{L} \cdot E}{C_m}$$

$$= \frac{3,600 \times 3.0 \times 1.1 \times \left(\frac{1}{1.2}\right) \times 0.5}{30}$$

$= 165(\mathrm{m^3/h})$

여기서, $q = \frac{T}{r^t} \times L$

$$= \frac{15}{1.8} \times 1.2 = 10\mathrm{m^3}$$

(2) 트럭의 시간당 작업량(Q_T)

$$Q_T = \frac{60 \cdot q_t \cdot f \cdot E}{C_m}$$

$$= \frac{60 \cdot q_t \cdot \frac{1}{L} \cdot E}{C_m}$$

$$= \frac{60 \times 10 \times \frac{1}{1.2} \times 0.8}{30}$$

$= 13.33(\mathrm{m^3/h})$

(3) 트럭의 소요대수(N)

$$N = \frac{Q_s}{Q_t} = \frac{165}{13.33}$$

$= 12.38 \rightarrow 13$(대)

정답 20

(1) Back hoe의 시간당 작업량(Q)

$$Q = \frac{3,600 \cdot q \cdot K \cdot f \cdot E}{C_m}$$

$$= \frac{3,600 \cdot q \cdot K \cdot \frac{1}{L} \cdot E}{C_m}$$

$$= \frac{3,600 \times 0.6 \times 1.2 \times \frac{1}{1.2} \times 0.7}{25}$$

$= 60.48(\mathrm{m^3/h})$

(2) 백호의 1일 작업량

=시간당 작업량×1일 운전시간

=60.48×8

= 483.84(m³/일)

(3) 공기

$= \frac{\text{굴착량}}{\text{1일 작업량}} + \text{뒷정리}$

$= \frac{20,000}{483.84} + 1$

$= 42.34 \fallingdotseq 43$(일)

(1) 쇼벨의 시간당 작업량
•계산식 •정 답

(2) 덤프트럭의 시간당 작업량
•계산식 •정 답

(3) 쇼벨 1대당 덤프트럭의 소요대수
•계산식 •정 답

22. 백호와 덤프트럭의 조합토공에서 현장의 조건이 아래와 같다. 다음 물음에 답하시오.

〈조건〉
- 토량변화율 : L=1.25, C=0.85
- 백호의 사이클시간 : 19초
- 백호의 버킷계수 : 1.1
- 백호의 작업효율 : 0.7
- 백호의 버킷용량 : $0.7m^3$
- 트럭의 작업효율 : 0.9
- 덤프트럭 1회 적재량 : $6m^3$
- 덤프트럭의 사이클시간 : 60분

(1) 백호의 시간당 작업량을 구하시오.
•계산식 •정 답

(2) 덤프트럭의 시간당 작업량을 구하시오.
•계산식 •정 답

(3) 백호 1대당 필요한 덤프트럭 소요대수를 구하시오.
•계산식 •정 답

정 답

정답 **21**

(1) 쇼벨의 시간당 작업량

$$Q=\frac{3,600\times3.0\times1.1\times\frac{1}{1.2}\times0.5}{30}$$

$=165.0m^3/hr$

(2) 덤프트럭의 시간당 작업량

$q=\frac{15}{1.8}\times1.2=10$

$$Q=\frac{60\times10\times\frac{1}{1.2}\times0.8}{30}$$

$=13.33m^3/hr$

(3) 쇼벨 1대당 덤프트럭의 소요대수

$\frac{165}{13.33}=12.38\rightarrow$ 13대

정답 **22**

(1) 백호의 시간당 작업량을 구하시오.
•계산식

$$\frac{3600\times0.7\times1.1\times\frac{1}{1.25}\times0.7}{19}$$

$=81.70$

•정답 : $81.70m^3/hr$

(2) 덤프트럭의 시간당 작업량을 구하시오.
•계산식

$$\frac{60\times6\times\frac{1}{1.25}\times0.9}{60}=4.32$$

•정답 : $4.32m^3/hr$

(3) 백호 1대당 필요한 덤프트럭 소요대수를 구하시오.
•계산식

$\frac{81.70}{4.32}=18.91\rightarrow$ 19대

•정답 : 19대

23. 작업량 3,840m^{3}의 굴착·성토작업을 불도저 2대로 시공할 때 시간당 작업량과 소요공기를 계산하시오. (단, 평균 운반거리는 60m, 사이클 타임은 3분, 1회 삽날의 용량은 2.5m^3, 작업효율은 0.6, 토량환산계수는 0.8, 하루 평균작업시간은 8시간, 실제가동률은 50%이다.) (5점)

(1) 시간당 작업량

•계산식 •정 답

(2) 소요시간

•계산식 •정 답

24. 0.6m^3 용량의 백호와 4ton 덤프트럭의 조합토공에서 현장의 조건이 아래와 같다. 다음 물음에 답하시오. (단, 소수는 셋째자리에서 반올림하고, 시간당 작업량을 구할 때는 느슨한 상태로 구하시오.)

〈조건〉

· 흙의 단위중량 : 1.6t/m^3	· 토량변화율(L) : 1.4
· 백호의 버킷계수 : 0.7	· 백호의 버킷용량 : 0.9m^3
· 백호의 사이클시간 : 0.6분	· 백호의 작업효율 : 0.6
· 덤프트럭의 운반거리 : 2km	· 덤프트럭 작업효율 : 0.9
· 덤프트럭 공차시 속도 : 30km/hr	
· 덤프트럭 적재시 속도 : 25km/hr	
· 덤프트럭 대기시간 : 5분	

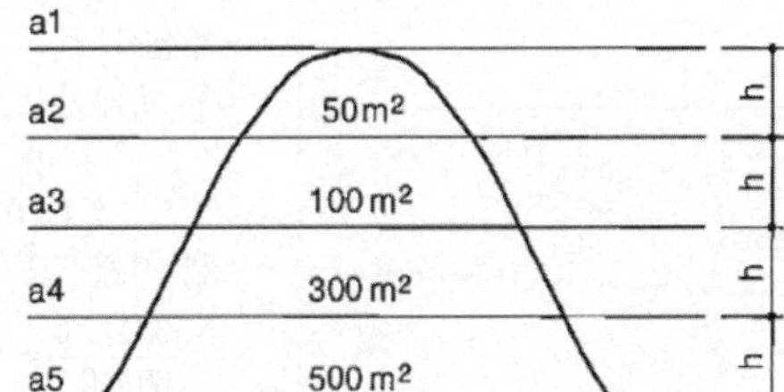

(1) 백호로 굴착해서 2km 떨어진 곳에 성토할 때 토량을 구하시오.
(단, h=5, 토량은 각주공식을 이용해서 구하시오.)

•계산식 •정 답

정 답

정답 **23**

(1) 시간당 작업량

•계산식

$$\frac{60\times2.5\times0.8\times0.6\times0.5}{3}=12$$

•정답 : 12m^3/hr

(2) 소요시간

•계산식

$$\frac{3840}{12\times8\times2}=20$$

•정답 : 20일

정답 **24**

(1) 백호로 굴착해서 2km 떨어진 곳에 성토할 때 토량을 구하시오. (단, h=5, 토량은 각주공식을 이용해서 구하시오.)

•계산식

$$V=\frac{5}{3}\{500+4\times(300+50)+2\times100+0\}=3,500\text{m}^3$$

•정답 : 3,500m^3

(2) 백호의 시간당 작업량을 구하시오.

•계산식

$$Q=\frac{3,600\times0.9\times0.7\times1\times0.6}{0.6\times60}=37.8\text{m}^3/\text{hr}$$

•정답 : 37.8m^3/hr

(3) 덤프트럭의 시간당 작업량을 구하시오.

•계산식

① 덤프트럭 1회 적재량

$$q=\frac{4}{1.6}\times1.4=3.5\text{m}^3/\text{hr}$$

② 적재횟수

$$n=\frac{3.5}{0.9\times0.7}=5.56\rightarrow 6\text{회}$$

③ 적재시간 $t_1=\frac{36\times6.0}{60\times0.6}=6$분

④ 왕복시간

$$t_2=\frac{2}{30}\times60+\frac{2}{25}\times60=8.8\text{분}$$

⑤ 1회 사이클시간

$$Cm=6+8.8+5=19.8\text{분}$$

⑥ 시간당 작업량

$$Q=\frac{60\times3.5\times1\times0.9}{19.8}=9.545...\rightarrow 9.55\text{m}^3/\text{hr}$$

•정답 : 9.55m^3/hr

(4) 백호를 효율적으로 쓰기 위한 덤프트럭 소요대수를 구하시오.

•계산식

$$N=\frac{37.8}{9.55}=3.9581...\rightarrow 4\text{대}$$

•정답 : 4대

(2) 백호의 시간당 작업량을 구하시오.

•계산식 •정 답

(3) 덤프트럭의 시간당 작업량을 구하시오.

•계산식 •정 답

(4) 백호를 효율적으로 쓰기 위한 덤프트럭 소요대수를 구하시오.

•계산식 •정 답

25. 원지반 20,000m³를 2.4m³의 백호(back hoe)로 굴착하여 토사장까지 14ton 덤프트럭으로 운반하고 이를 다시 원지반에 되메운 후 다짐을 하였다. (단, 토량환산계수 L=1.2, C=0.85, 원지반의 단위체적중량 r^t=1.4t/m³, 백호의 사이클타임 Cm_s=30초, 버킷계수 k=0.8, 작업효율 E_s=0.7) 이다.

(1) 사토장까지의 운반토량

•계산식 •정 답

(2) 사토장까지 운반시 덤프트럭대수

•계산식 •정 답

(3) 덤프트럭 1대당 적재소요시간

•계산식 •정 답

(4) 되메운 후 과부족 토량(느슨한 상태기준)

•계산식 •정 답

정 답

정답 **25**

(1) 사토장까지의 운반토량

•계산식 : 20,000×1.2=24,000

•정답 : 24,000m³

(2) 사토장까지 운반시 덤프트럭대수

•계산식

① 덤프트럭적재량

$$q=\frac{14}{1.4}\times1.2=12\text{m}^3$$

② 덤프트럭대수

$$\frac{24,000}{12}=2,000\text{ 대}$$

•정답 : 2,000대

(3) 덤프트럭 1대당 적재소요시간

•계산식

① 적재횟수

$$n=\frac{12}{2.4\times0.8}=6.25\rightarrow 7\text{회}$$

② 적재소요시간

$$\frac{30\times7.0}{60\times0.7}=5\text{분}$$

•정답 : 5분

(4) 되메운 후 과부족 토량(느슨한 상태기준)

•계산식

$$(20,000-20,000\times0.85)\times\frac{1.2}{0.85}$$

•정답 : 4,235.29m³

26. 쇼벨과 덤프트럭의 조합토공에서 현장의 조건이 아래와 같다. 다음 물음에 답하시오.

〈조건〉

· 토량변화율 : L=1	· 쇼벨 1회 사이클시간 : 19초
· 쇼벨의 버킷계수 : 1.1	· 쇼벨의 작업효율 : 0.75
· 쇼벨의 버킷용량 : 1.34m^3	· 트럭의 작업효율 : 0.8
· 쇼벨의 작업효율 : 6m^3	· 덤프트럭의 사이클시간 : 37분

(1) 쇼벨의 시간당 작업량을 구하시오.

•계산식 •정 답

(2) 쇼벨 1대당 덤프트럭 소요대수를 구하시오.

•계산식 •정 답

정 답

정답 **26**

(1) 쇼벨의 시간당 작업량을 구하시오.

•계산식

$$Q=\frac{3,600\times1.34\times1.1\times1\times0.75}{19}$$

$=209.46$

•정답 : 209.46m^3/hr

(2) 쇼벨 1대당 덤프트럭 소요대수를 구하시오.

•계산식

① 덤프트럭 시간당 작업량

$$Q=\frac{60\times6\times1\times0.9}{37}$$

$=8.76m^3/hr$

② 소요대수

$\frac{209.46}{8.76}=23.91$ → 24대

•정답 : 24대

11 조경석공사

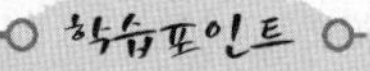

1 | 조경석공사

•자연석쌓기과 놓기공사에서는 수량산출과 공사비를 산출하는 문제가 출제되고 있다.

1 용어정리

① 자연석 : 일반적으로 2목도(1목도 : 50kg) 이상의 크기의 돌을 말한다.

② 자연석 놓기 : 일정한 지반, 포장, 잔디 또는 구축물(받침대 등) 위에 경관석을 단독으로 또는 집단으로 배석하는 것을 말하며, 크게 경관석 놓기와 디딤돌 놓기로 구분한다.

③ 경관석 놓기 : 시선이 집중되는 곳이나 시각적으로 중요한 지점에 감상을 위해 단독 또는 집단적으로 배석하는 것을 말한다.

④ 디딤돌 놓기 : 보행을 위하여 정원의 잔디나 나지위에 설치하는 것과 물을 사용하는 시설(못, 수조, 계류)을 건너기 위해 설치하는 징검돌 놓기를 말한다.

⑤ 자연석 쌓기 : 못의 호안, 축대 또는 벽천 등의 수직적 구조물이 필요한 곳에 자연석을 수직 또는 수직방향의 사면이 형성되도록 설치하는 것을 말한다.

⑥ 돌틈식재 : 자연석쌓기에 있어 자연석간의 틈새에 관목류나 초화류를 식재하는 것을 말한다.

2 자연석공사 수량산출

1. 자연석놓기

전체 체적을 계산하여 단위 중량과 곱하여 전체 중량(ton)을 산출한다.

예 제 1

자연석 1개당 평균 체적을 0.216m³이고 단위 중량이 2.65t/m³ 일 때 자연석 1개당 평균 중량을 구하시오.

정답 $0.216 \times 2.65 = 0.572$ton

예 제 2

1열 평균폭을 0.6m, 평균높이를 0.5m, 단위 중량은 2.65t/m³, 공극률 : 30%, 실적율(實績率) 70%일 때 자연석 10m당 1열 놓기 평균 중량과 노무비를 산출하시오. (단, 공사수량은 소수점3자리까지 구하시오.)

(ton당)

공종	조경공(인)	보통인부(인)
놓기	2.0	2.0

노임

구분	단가
조경공(인)	70,000
보통인부(인)	50,000

(1) 평균중량?

(2) 노무비?

정 답 (1) 10×0.6×0.5×0.7×2.65=5.565ton

(2) •1ton당 노무비

(2.0×70,000)+(2.0×50,000)=240,000원

•총노무비=공사수량×1ton당 노무비

=5.565×240,000=1,335,600원

2. 자연석쌓기

자연석의 체적에 자연석의 단위 중량을 곱하여 전체 중량으로 수량을 산출하고, 쌓기방법에 따라 자연석 실적률을 산정하여 전체 중량을 산출한다.

예 제 3

평균 뒷길이를 0.5m로 하고 단위중량은 2.65ton/m³, 공극률 40%, 실적율을 60%로 할 때 자연석쌓기 10m² 당 평균중량을 구하시오.

정 답 10×0.5×2.65×0.6=7.95ton

3. 돌틈식재

쌓기 단위 면적(m²)당 설계도에 명시된 수종별 수량을 집계하여 식재품을 적용하여 산출한다.

기출 및 예상문제

1. 연장 35m의 연못 호안이 있다. 1.2m 높이로 자연석 쌓기를 하려고 한다. 자연석 쌓기 중량과 공사비를 산출하시오. (단, 공사수량은 소수점 3자리까지 구하고 사사오입하며 공사비는 원단위 미만은 버리시오.) (4점)

[조건]
- 쌓기 평균 뒷길이 : 50cm
- 공극률 : 40%
- 자연석 쌓기 단위중량 : 2.65ton/m^3
- 자연석 : 1ton당 40,000원
- 조경공 : 12,900원/인, 2.5인/ton
- 보통인부 : 8,150원/인, 2.5인/ton

2. 절개지를 보호하기 위하여 자연석 쌓기를 하려한다. 자연석을 쌓을 자리는 길이 36m, 높이 2.0m이다. 자연석의 평균 뒷길이는 45cm 이고, 공극률은 30%이며 단위중량은 2.6ton/m^3 일 때 아래 표를 참고하여 물음에 답하시오. (단, 소수 2자리까지 구하시오)

[표 1. 자연석 작업 품]

구 분	쌓 기	놓 기
조경공	2.5(인)	2.0(인)
보통인부	2.5(인)	2.0(인)

[표 2. 단가]

구 분	단 가	자연석단가
조경공	40,000원	50,000원/ton
보통인부	30,000원	

(1) 자연석은 모두 몇 톤이 필요한가?

(2) 총공사비는 모두 얼마인가?

정 답

정답 1

① 자연석 쌓기 전체중량
=전체체적×단위중량
- 전체체적
35×1.2×0.5×0.6=12.6m^3
- 전체중량
12.6×2.65=33.39ton

② 총공사비=재료비+노무비
- 재료비
33.39×40,000=1,335,600원
- 노무비
33.39×(2.5×12,900+2.5×8,150)
=1,757,148원

총공사비는
1,335,600+1,757,148
=3,092,748원

정답 2

(1) 36×2.0×0.45×0.7×2.6
=58.96ton

(2) 총공사비=재료비+노무비
- 재료비
58.96×50,000=2,948,000원
- 노무비
(2.5×40,000+2.5×30,000)
×58.96=10,318,000원

총공사비
2,948,000+10,318,000
=13,266,000원

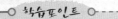

12 포장공사

1 | 포장공사

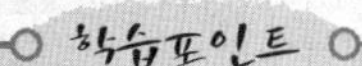

• 포장공사에서는 포장의 공사수량산출서를 작성하는 문제와 포장단면 상세도를 작성하는 문제가 출제되고 있다.

1 포장 재료 선정 기준

보행자가 안전하고, 쾌적하게 보행할 수 있는 재료가 선정되어야한다.

① 내구성이 있고 시공비·관리비가 저렴한 재료이어야 한다.
② 재료의 질감·재료가 아름다워야 한다.
③ 재료표면이 태양 광선의 반사가 적고, 우천시·겨울철 보행시 미끄럼이 적어야한다.
④ 재료가 풍부하며, 시공이 용이해야 한다.

2 포장사용재료

1. 소형고압블럭포장

특 징	고압으로 소형된 소형 콘크리트블록으로 블록상호가 맞물림으로 교통 하중을 분산시키는 우수한 포장방법이다.
장 점	연약지반에 시공이 용이하고 유지관리비가 저렴하다.
사용공간	공원의 보도를 비롯한 외부공간에 다방면으로 사용가능하며 주차장에도 사용가능하다.

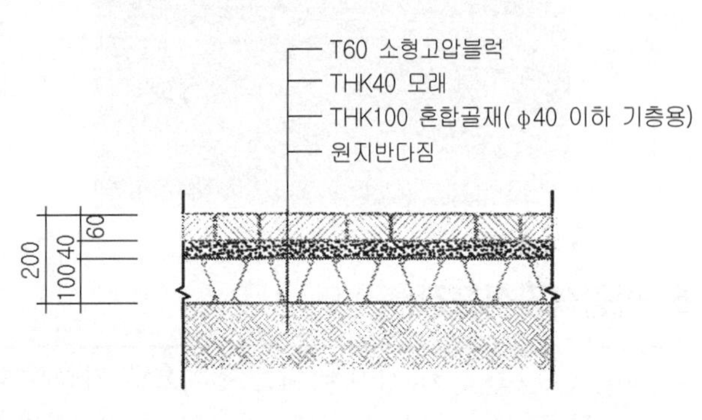

2. 점토블럭 포장

특 징	점토를 성형하여 소성한 블록으로 포장하는 방법이다.
장 점	질감이 부드럽고 미려한 황토색상으로 환경친화적재료이다.
사용공간	외부공간에 다방면으로 사용가능하다.

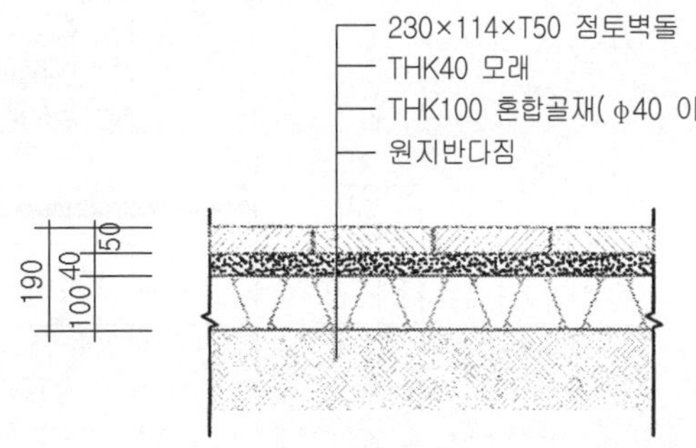

3. 잔디블럭 포장

특 징	포장공간에 잔디생육이 가능하도록 다공질 합성수지 블록으로 포장하는 방법이다.
장 점	친환경적소재이며 투수성이 높다.
사용공간	보도, 산책로, 주차장, 광장 등에 사용된다.

4. 고무블럭포장

특 징	폐타이어칩을 블록형태로 가공하여 포장하는 방법이다.
장 점	고무자체의 탄성으로 보행 시 편안하고 두께, 강도, 색상, 표면 무늬 등의 자유로운 선택을 할 수 있다.
사용공간	특징으로 공원이나 놀이터, 배드민턴장, 자전거도로, 건물 옥상, 골프장 등의 바닥에 활용되고 있다.

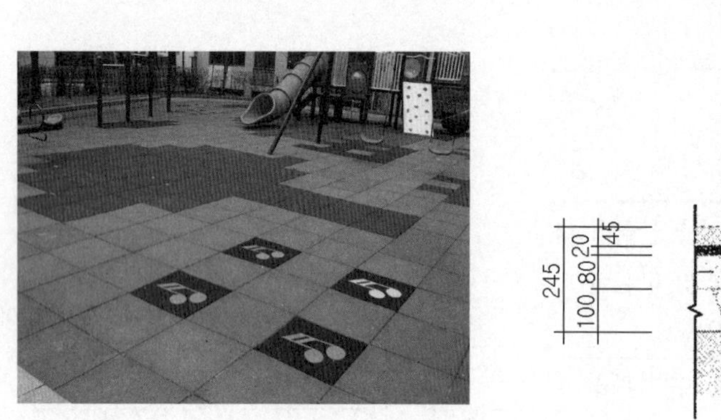

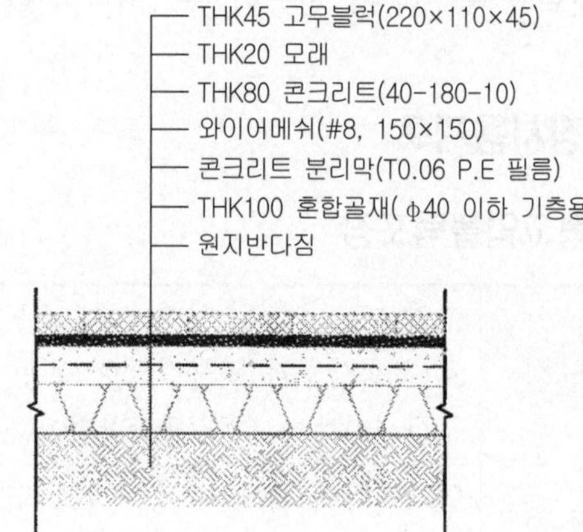

5. 화강석판석포장

특 징	•화강석을 얇은 판석으로 가공하여 포장하는 방법으로 석재의 가공법에 따라 다양한 질감과 포장 패턴의 구성이 가능하다. •불투수성 포장재로 포장면의 배수에 유의해야한다.
장 점	석재로 시각적 효과가 우수한 포장방법이다.
사용공간	건물앞 전면광장 등에 사용된다.

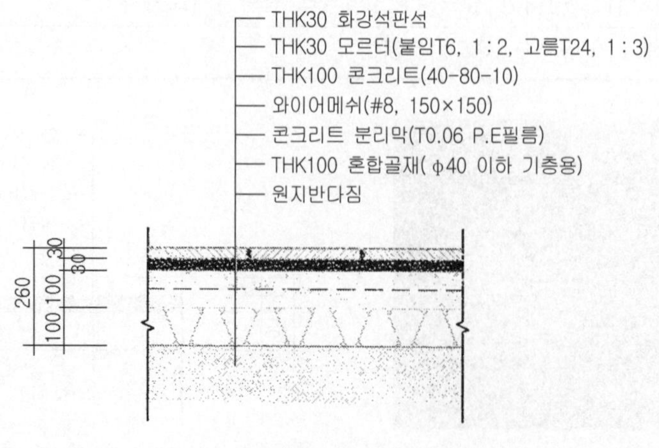

6. 투수콘포장

특 징	아스팔트유제에 다공질 재료를 혼합하여 표면수의 통과가 가능한 포장이다.
장 점	보행감각이 좋으며 우수가 포장 아래로 스며들어 배수가 원활하다.
사용공간	공원의 보도나 광장, 자전거도로, 하중을 많이 받지 않는 차도나 주차장에 설치 가능하다.

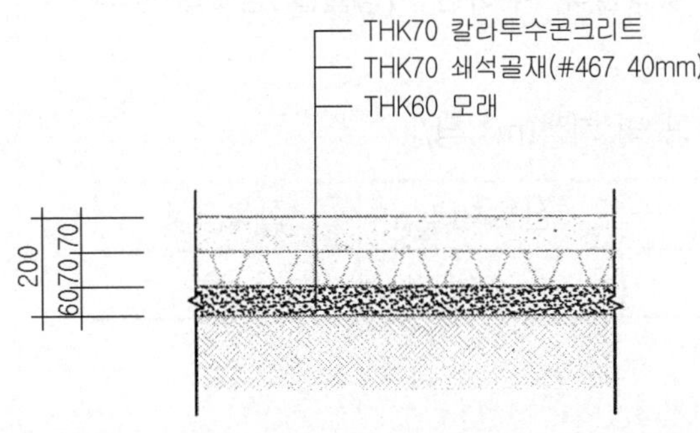

7. 시멘트 콘크리트포장

특 징	강성포장으로 불투수성재료로 배수에 유의해야하며, 시공이 간편하며 시공비가 저렴하다.
장 점	내구성과 내마모성이 좋다.
사용공간	차량을 위한 도로포장에 사용되며, 광장, 주자장 등에 사용 가능하다.

8. 마사토 포장

특 징	강성포장으로 불투수성재료로 배수에 유의해야하며, 시공이 간편하며 시공비가 저렴하다.
장 점	내구성과 내마모성이 좋다.
사용공간	차량을 위한 도로포장에 사용되며, 광장, 주자장 등에 사용 가능하다.

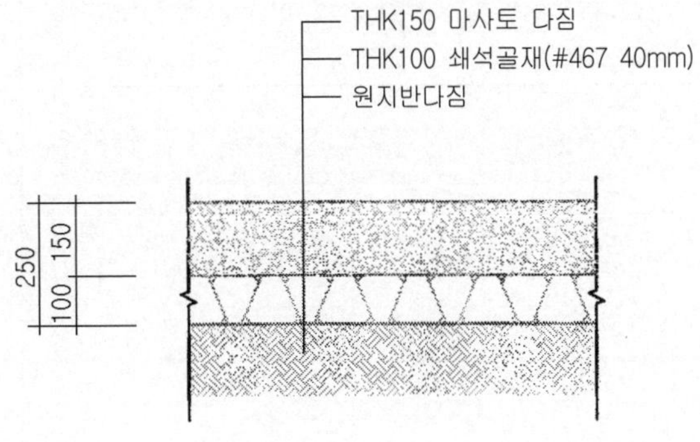

1. 너비 6m, 길이 12m의 옥외주차장을 만드는데, 단면은 잡석 30cm, 콘크리트(1 : 2 : 4) 20cm로 처리한다, 주어진 사항들을 참조하여 다음 물음에 답하시오. (8점)

[표 1. 토공 및 지정(m^3 당)]

	터파기	잔토처리	잡석지정
보통인부	0.21인	0.20인	1.0인

[표 2. 콘크리트(1 : 2 : 4)배합 및 타설(m^3 당)]

	수 량	노무비(원/인·일)
시멘트(kg)	320	
모래(m^3)	0.45	
자갈(m^3)	0.9	
콘크리트공	0.8인	20,000
보통인부	0.8인	10,000

(1) 터파기량은?

(2) 잡석량은?

(3) ① 콘크리트량(m^3)
② 시멘트량(포대)
③ 모래량(m^3)
④ 자갈량(m^3)

(4) 노무비는?

정 답

정답 **1**

(1) 터파기량
$0.5 \times 6 \times 12 = 36m^3$

(2) 잡석량
$0.3 \times 6 \times 12 = 21.6m^3$

(3)
① 콘크리트량
$0.2 \times 6 \times 12 = 14.4m^3$
② 시멘트량 (포대)
$14.4 \times 320 \div 40$kg/포대
=115.2포대
③ 모래량 $14.4 \times 0.45 = 6.48m^3$
④ 자갈량 $14.4 \times 0.90 = 12.96m^3$

(4) 노무비
① 터파기
$36m^3 \times 0.21$인$/m^3$
×10,000원/인·일=75,600원
② 잔토처리
$36m^3 \times 0.20$인$/m^3$
×10,000원/인·일=72,000원
③ 잡석지정
$21.6m^3 \times 1.0$인$/m^3$
×10,000원/인·일=216,000원
④ 콘크리트 배합 및 타설
콘크리트공노임=$14.4m^3 \times 0.8$인$/m^3$×20,000원/인·일
=230,400원
보통인부노임=$14.4m^3 \times 0.8$인$/m^3$×10,000원/인·일
=115,200원
∴노무비합계=①+②+③+④
=709,200원

2. 아래 그림과 같은 주차장을 콘크리트 포장하려 한다. 제시된 도면과 표를 참조하여 수량산출서를 작성하시오. (단, 콘크리트 1 : 3 : 6, 산식란에 계산식을 쓰고 모든 계산은 소수점 이하 2자리까지지고 이하 버린다.) (8점)

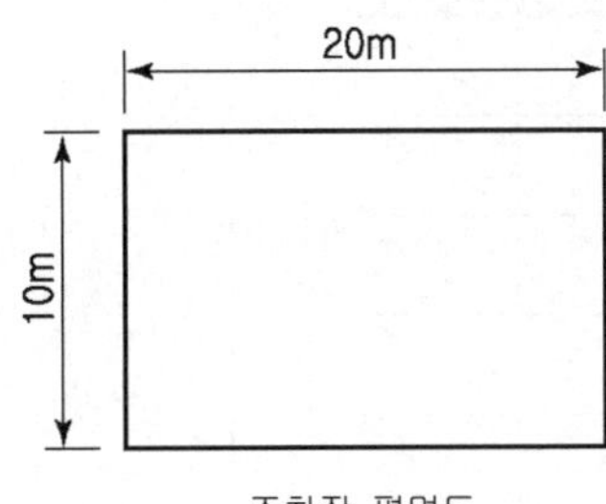

주차장 평면도

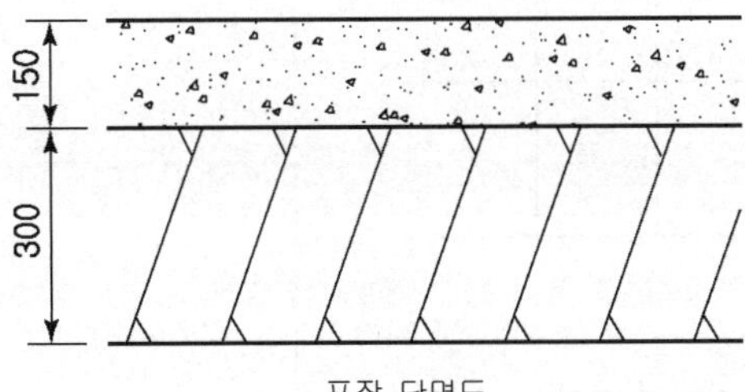

포장 단면도

<품셈표>

[콘크리트 배합 및 치기] (m³)

콘크리트 용적배합				콘크리트 치기	
배합비	시멘트(kg)	모래(m³)	자갈(m³)	구분	수량(인)
1 : 2 : 4	320	0.45	0.90	콘크리트공	0.15
1 : 3 : 6	220	0.47	0.94	보통인부	0.27
1 : 4 : 8	170	0.48	0.96		

[단가표]

구 분	단 위	단가(원)
콘크리트공	인	13,600
보통인부	인	8,000
시멘트	kg	100
모래	m³	7,000
자갈	m³	8,000
잡석	m³	5,000

정 답

<수량산출서>

공종	산식	단위	수량	금액
터파기흙량				
거푸집면적				
잡석				
콘크리트량				
시멘트				
자갈				
모래				
콘크리트 치기노임				

정답

공종	산식	단위	수량	금액
터파기흙량	10×20×0.45=90m³	m³	90	
거푸집면적	(10×0.15×2면)+(20×0.15×2면)=9m²	m²	9	
잡석	20×10×0.3=60m³ 60×5,000=300,000원	m³	60	300,000
콘크리트량	20×10×0.15=30m³	m³	30	
시멘트	30×220=6,600kg 6,600×100=660,000원	kg	6,600	660,000
자갈	30×0.94=28.2m³ 28.2×8,000=225,600원	m³	28.2	225,600
모래	30×0.47=14.1m³ 14.1×7,000=98,700원	m³	14.1	98,700
콘크리트 치기노임	콘크리트공 : 0.15×30=4.5인 보통인부 : 0.27×30=8.1인 (4.5×13,600)+(8.1×8,000)=126,000원	인	콘·공 4.5 보·인 8.1	126,000

3. 너비 4.0m, 길이 50m의 구간에 보도블럭 포장을 하려 한다. 잡석 지정 20cm, 콘크리트(1 : 3 : 6) 6cm, 모래깔기 3cm, 보도블럭(300×300×60)와 줄눈 3mm로 한다. 시공 후 보도블럭의 표면 높이는 지면과 같다. 터파기는 여유폭 없이 직각 터파기를 하며 아래사항을 참조하여 물음에 답하시오. (단, 토량의 계산은 자연상태의 것으로 하고, 모든 계산은 소수 3자리로 한다.)

정 답

(1) 보도블럭 포장의 시공 단면도를 그리시오. (축척 1/10, 치수와 재료명을 표기하시오.)

---

(2) 다음의 빈칸을 표를 참조하여 재료비와 노무비를 산정하시오.

[표 1. 보도블럭포장(100m² 당)]

종 류	단 위	수 량
콘크리트 보도블록	개	1,100
줄눈모래	m^3	0.2
포장공	인	3.6
보통인부	인	4.7

[표 2. 작업인부(m³ 당)]

구 분	규 격	단 위	수 량
터파기	보통인부	인	0.2
잡석깔기	보통인부	인	0.5
콘크리트치기	콘크리트공	인	0.85
콘크리트치기	보통인부	인	0.82

[표 3. 용적배합 콘크리트(m³ 당)]

<table>
<tr><th rowspan="2">배합비</th><th colspan="3">재료(m³)</th><th colspan="2">손비비기</th></tr>
<tr><th>시멘트(kg)</th><th>모래(m³)</th><th>자갈(m³)</th><th>콘크리트공
(인)</th><th>보통인부
(인)</th></tr>
<tr><td>1 : 3 : 6</td><td>220</td><td>0.47</td><td>0.94</td><td>0.9</td><td>0.9</td></tr>
<tr><td>1 : 4 : 8</td><td>170</td><td>0.48</td><td>0.96</td><td>0.9</td><td>0.7</td></tr>
</table>

[표 4. 재료비 및 인건비]

<table>
<tr><th>구분</th><th>재료</th><th>단위</th><th>단가(원)</th><th>구분</th><th>종류</th><th>단위</th><th>단가(원)</th></tr>
<tr><td rowspan="5">재료비</td><td>잡석</td><td>m³</td><td>4,000</td><td rowspan="5">인건비</td><td rowspan="2">블록
포장공</td><td rowspan="2">인</td><td rowspan="2">12,000</td></tr>
<tr><td>시멘트</td><td>kg</td><td>50</td></tr>
<tr><td>모래</td><td>m³</td><td>6,500</td><td>콘크리트공</td><td>인</td><td>13,000</td></tr>
<tr><td>자갈</td><td>m³</td><td>6,000</td><td rowspan="2">보통
인부</td><td rowspan="2">인</td><td rowspan="2">9,000</td></tr>
<tr><td>보도블럭</td><td>개</td><td>300</td></tr>
</table>

구분	종류	규격	단위	수량	재료비	노무비	산출근거
재료	잡석	할석				–	
	콘크리트	1:3:6			–	–	
	시멘트	포오틀랜드				–	
	모래	강모래				–	
	자갈	강자갈				–	
	블록깔기(모래)	강모래(줄눈포함)				–	
	보도블럭	300×300×60				–	
	소계			–		–	
인부	터파기				–		
	잡석다짐				–		
	콘크리트비비기				–		
	콘크리트치기				–		
	블럭포장				–		
	소계			–	–		

정 답

정답

(1) 시공단면도

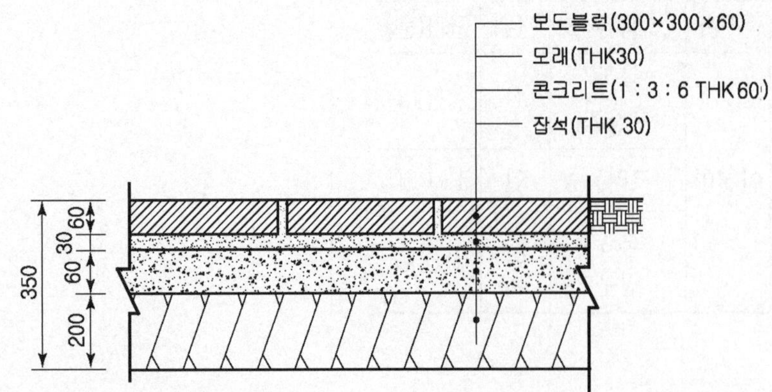

(2) 재료비와 노무비산정

구분	종류	규격	단위	수량	재료비	노무비	산출근거
재료	잡석	할석	m^3	40	160,000	–	$4\times50\times0.2=40m^3$ $40m^3\times4,000$원 =160,000원
	콘크리트	1:3:6	m^3	12	–	–	$4\times50\times0.06=12m^3$
	시멘트	포오틀랜드	kg	2,640	132,000	–	$12m^3\times220kg=2,640kg$ $2,640kg\times50$원 =132,000원
	모래	강모래	m^3	5.64	36,660	–	$12\times0.47=5.64m^3$ $5.64m^3\times6,500$원 =36,660원
	자갈	강자갈	m^3	11.28	67,680	–	$12\times0.94=11.28m^3$ $11.28m^3\times6,000$원 =67,680원
	블록깔기 (모래)	강모래 (줄눈포함)	m^3	6.4	41,600	–	$(4\times50\times0.03)+$ $\left(\frac{200m^2}{100m^2}\times0.2\right)=6.4m^3$ $6.4m^3\times6,500$원 =41,600원
	보도블럭	300×300 ×60	개	2,200	660,000	–	$\frac{200m^2}{100m^2}\times1,100$개 =2,200개 2,200개×300원 =660,000
	소계		원	–	1,097,940	–	
인부	터파기		인	14	–	126,000	$4\times50\times0.35=70m^3$ $70m^3\times0.2$인=14인 14인×9,000원 =126,000원
	잡석다짐		인	20	–	180,000	$4\times50\times0.2=40m^3$ $40m^3\times0.5$인=20인 20인×9,000원 =180,000원
	콘크리트 비비기		인	콘공:10.8 보인:10.8	–	237,600	콘공 $12m^3\times0.9$인=10.8인 보인 $12m^3\times0.9$인=10.8인 (10.8×13,000)+(10.8 ×9,000)=237,600원
	콘크리트 치기		인	콘공:10.2 보인:9.84	–	221,160	콘공 $12m^3\times0.85$인=10.2인 보인 $12m^3\times0.82$인=9.84인 (10.2×13,000)+(9.84 ×9,000)=221,160원
	블럭포장		인	포공:7.2 보인:9.4	–	171,000	포장공 $\frac{200m^2}{100m^2}\times3.6$인 =7.2인 보인 $\frac{200m^2}{100m^2}\times4.7$인 =9.4인 (7.2×12,000)+(9.4 ×9,000)=171,000원
	소계			–	–	935,760	

정 답

4. 18m×8m의 휴식공간을 아래 단면도와 같이 벽돌포장을 하려한다. 다음표를 보고 정해진 양식에 공사비를 구하시오. 터파기는 직각터파기로 한다.

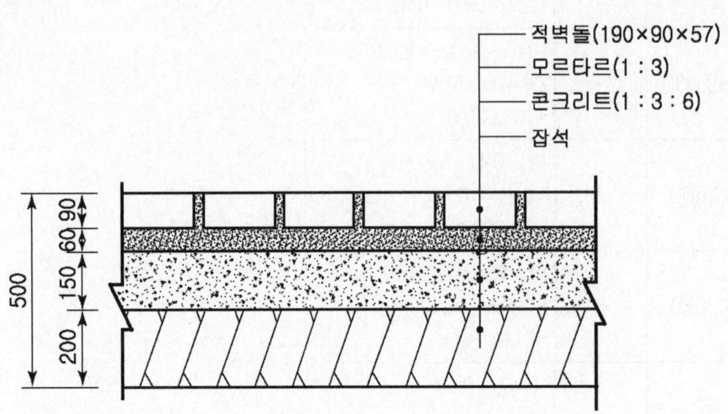

[표 1. 토공 및 지정]

(m³ 당)

구 분	규 격	수 량	단 위	단 가	금 액
터파기	인력	0.2	인	7,000	1,400
잔토처리	인력	0.2	인	7,000	1,400
잡석지정	인력	1.3	인	7,000	9,100
잡석	쇄석		m^3	5,000	5,000

[표 2. 벽돌포장]

(m² 당)

구 분	규 격	수량	단 위	단 가	금 액
벽돌	190×90×57	78	장	100	7,800
모르타르	1 : 3	0.041	m^2	36,000	1,476
벽돌공		0.2	인	12,000	2,400
보통인부		0.07	인	7,000	490

[표 3. 콘크리트배합 및 타설]

(m³ 당)

구 분	규 격	수 량	단 위	단 가	금 액
시멘트	보통	220	kg	50	11,000
모래	강모래	0.47	m^3	6,000	2,820
자갈		0.94	m^3	6,500	6,110
콘크리트공		0.9	인	11,000	9,900
보통인부		0.9	인	7,000	6,300

정 답

<공사비산출>

구 분	재료비	노무비	계
터파기			
잔토처리			
잡석지정			
콘크리트타설			
벽돌포장			
계			

정답

<공사비산출>

구 분	재료비	노무비	계
터파기		100,800	100,800
잔토처리		100,800	100,800
잡석지정	144,000	262,080	406,080
콘크리트타설	430,488	349,920	780,408
벽돌포장	1,335,744	416,160	1,751,904
계	1,910,232	1,229,760	3,139,992

공 종	산출근거
터파기	노무비 18×8×0.5×1,400=100,800원
잔토처리	노무비 18×8×0.5×1,400=100,800원
잡석지정	재료비 18×8×0.2=28.8m³×5,000 =144,000원 노무비 18×8×0.2×9,100=262,080원
콘크리트타설	재료비 18×8×0.15=21.6m³×(11,000+2,820+6,110) =430,488원 노무비 18×8×0.15=21.6m³×(9,900+6,300) =349,920원
벽돌포장	재료비 18×8=144m²×(7,800+1,476)=1,335,744원 노무비 18×8=144m²×(2,400+490)=416,160원

5. 150m²에 규격 30×30×6cm의 보도블럭을 잡석다짐 150mm, 1 : 3 : 6 콘크리트치기 150mm, 모래깔기 30mm 순으로 조성된 기층위에 포장하려한다. 아래에 제시된 조건을 보고 물음에 답하시오.

정 답

[표 1. 터파기, 기초 및 콘크리트(m³)]

구분	터파기, 잡석		1 : 3 : 6콘크리트(m³)			콘크리트 치기품(인)	
	품(인)	단가(원)	시멘트	모래	자갈	콘크리트공	보통인부
보통인부	0.2	–	220kg	0.47m³	0.94m³	0.9인	0.9인
잡석	–	6,000	200원/kg	10,000원/m³	8,000원/m³		
잡석다짐	0.5	–					

[표 2. 보도블록 포설(100m² 당)]

포설재료	수 량	단 가	포설인부	
보도블럭 (30×30×6cm)	1,100개	2,200원	포설공	3.6인
줄눈모래 (3mm 간격)	0.2m³	10,000원/m³	보통인부	4.7인

[표 3. 노임]

보통인부	콘크리트공	포설공
30,000원	40,000원	42,000원

• 다음표의 빈칸을 채우시오.(모든 계산은 소수3자리까지 계산한다.)

항목	단위	수량	재료비(원)		노무비(원)		
			단가	금액	수량	단가	금액
터파기			–	–			
잡석							
콘크리트			–	–		–	
시멘트					–	–	–
모래					–	–	–
자갈					–	–	–
모래 (기층, 줄눈)					–	–	–
보도블럭						–	

정답

항목	단위	수량	재료비(원)		노무비(원)		
			단가	금액	수량	단가	금액
터파기	m^3	58.5	–	–	11.7	30,000	351,000
잡석	m^3	22.5	6,000	135,000	11.25	300,000	337,500
콘크리트	m^3	22.5	–	–	콘·공 : 20.25 보·인 : 20.25	–	1,417,500
시멘트	kg	4,950	200	990,000	–	–	–
모래	m^3	10.575	10,000	105,750	–	–	–
자갈	m^3	21.15	8,000	169,200	–	–	–
모래 (기층, 줄눈)	m^3	4.8	10,000	48,000	–	–	–
보도블럭	개	1,650	2,200	3,630,000	포·공 : 5.4 보·인 : 7.05	–	438,300

정답

정답 **5**

■ 산출근거

(1) 터파기

① 수량

$150m^2 \times (0.15m+0.15m+0.03m+0.06)$

$=58.5m^3$

② 노임

58.5×0.2=11.7인×30,000원

=351,000원

(2) 잡석

① 수량 $150m^2 \times 0.15m=22.5m^3$

② 재료비 22.5×6,000=135,000원

③ 노임

22.5×0.5=11.25인×300,000

=337,500원

(3) 콘크리트

① 수량

$150m^2 \times 0.15m=22.5m^3$

② 치기노임

• 콘크리트공 22.5×0.9

=20.25인×40,000=810,000원

• 보통인부 22.5×0.9

=20.25인×30,000=607,500원

∴ 콘크리트공+보통인부

=810,000+607,500

=1,417,500원

(4) 시멘트

① 수량 22.5×220kg=4,950kg

② 재료비 4,950×200=990,000원

(5) 모래

① 수량 $22.5 \times 0.47=10.575m^3$

② 재료비 10.575×10,000=105,750원

(6) 자갈

① 수량 $22.5 \times 0.94=21.15m^3$

② 재료비 21.15×8,000=169,200원

(7) 모래(기층, 줄눈)

① 수량

• 기층 : $150 \times 0.03=4.5m^3$

• 줄눈 : $\frac{150}{100} \times 0.2=0.3m^3$

$4.5+0.3=4.8m^3$

② 재료비 : 4.8×10,000=48,000원

(8) 보도블럭

① 재료비 : $\frac{150}{100} \times 1,100$

=1,650장×2,200=3,630,000원

② 노임

• 포설공 : $\frac{150}{100} \times 3.6$

=5.4인×42,000원=226,800원

• 보통인부 : $\frac{150}{100} \times 4.7$

=7.05×30,000원=211,500원

226,800+211,500=438,300원

13 콘크리트공사

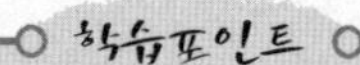

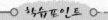

1 | 콘크리트 일반

•콘크리트에서는 용어에 대한 해설과 시멘트의 저장면적, 골재의 함수상태를 묻는 문제가 출제되고 있다.

1 시멘트

1. 시멘트의 종류

구분	내용
일반시멘트	① 보통포틀랜드 시멘트
	② 중용열 포틀랜드 시멘트 •수화열이 작아 건조 수축, 균열이 적다. •매스 콘크리트, 방사선 차폐용, 서중 콘크리트 공사에 적합하다.
	③ 조강 포틀랜드 시멘트 •보통 포틀랜드 시멘트보다 석회분을 더 넣고 분말도를 높게 하였다. •수화열이 커서 건조 수축, 균열이 크다. •조기강도를 필요로 하는 공사나 긴급공사에 적합하다.
	④ 백색포틀랜드 시멘트 •구조재 축조에는 사용하지 않고 도장용, 장식용, 미관용으로 적합하다.
혼합시멘트	① 고로시멘트 •포틀랜드 시멘트에 고로 슬래그를 넣어 만든 시멘트이다. •조기강도가 작고 장기강도가 크다. •수밀성 내구성이 크다 •해수·하수·공장폐수 등의 화학적 저항성이 크다.
	② 포졸란(Pozzolan) 시멘트 •포틀랜드 시멘트에 포졸란를 넣어 만든 시멘트이다. •조기강도가 작고 장기강도가 크다. •수화열이 작아 건조수축, 균열이 작다. •수밀성, 내구성이 크다. •화학적 저항성이 크다.
	③ 플라이 애쉬(fly ash) 시멘트 •포틀랜드 시멘트에 화력발전소에서 나온 플라이 애쉬를 넣어 만든 시멘트이다. •조기강도가 작고 장기강도가 크다. •수화열이 작아 건조수축, 균열이 작다. •수밀성, 내구성, 내화학성이 크다. •구상의 입자이므로 워커빌러티(시공연도)가 크다.

특수시멘트	① 알루미나 시멘트 •알루미늄의 원광석인 보오크사이트(bauxite)같은 알루미나 성분을 석회석과 혼합하여 용융할 때까지 소성(burning)하여 급격히 냉각시켜 분쇄한 시멘트이다. •조기강도가 크다. •한중공사, 해수·산·염류 등의 저항성이 커서 해수공사에 적합하다. ② 초속경 시멘트 •미국에서 개발된 시멘트로 시멘트의 응결, 경화시간을 임의로 조절할 수 있다. •강도 발현이 빠르므로 긴급을 요하는 공사에 적합하다.

2. 시멘트의 성질

① 분말도

㉮ 시멘트 입자의 가는 정도를 나타내는 것을 분말도라 한다.

㉯ 비표면적 : 1g 시멘트가 가지고 있는 전체 입자의 총 표면적을 말한다.

㉰ 분말도가 큰 시멘트의 성질

- 수화속도가 빠르고 조기강도가 크다.
- 수화열이 많아서 건조수축이 커지며 균열이 생긴다.
- 워커빌러티 및 수밀성이 향상된다.

② 풍화

㉮ 정의 : 시멘트가 저장 중 공기와 닿으면 수화작용을 일으키며 이때 생긴 수화화칼슘이 공기 중의 이산화탄소와 작용하여 탄산칼슘과 물이 생기는 작용

㉯ 성질

- 시멘트의 비중이 감소한다.
- 응결시간이 늦어지며 조기강도가 작아진다.
- 건조수축, 균열이 커진다.
- 내구성이 작아진다.

③ 저장

㉮ 지상 30cm 이상 되는 마루를 쌓고 방습처리 한다.

㉯ 필요한 출입구, 채광창 외에는 공기의 유통을 막기 위해 개구부를 설치하지 않는다.

㉰ 3개월 이상 저장한 시멘트 또는 습기를 받았다고 생각되는 시멘트는 재시험실시하고 사용한다.

㉱ 시멘트의 입하순서로 사용한다.

㉲ 창고 주위에는 배수 도랑을 두고 우수의 침입을 방지한다.

㉳ 반입구와 반출구는 따로 두고 내부 통로를 고려하여 넓이를 정한다.

㉴ 시멘트는 13포대 이상 쌓기를 금지, 장기간 저장할 경우 7포대 이상 넘지 않게 한다.

㉵ 저장창고의 필요면적 $A = 0.4 \times \frac{N}{n}$

여기서, A : 시멘트 창고 소요 면적

N : 저장하려는 포대수

n : 쌓기단수(단기저장시 13포, 장기저장시 7포)

포대수	•포대수(N)600포 미만 : N=쌓기포대수 •600포 이상~1800포 이하 : N=600포 •1800포 초과 : N=1/3만 적용한다.
쌓기 단수	•단기저장시(3개월 내) : $n \leq 13$ •장기저장시(3개월 이상) : $n \leq 7$

2 골재

1. 골재의 분류

정의 : 콘크리트나 모르타르를 만들 때 모래나 자갈, 부순 모래 등을 섞어서 만드는데, 혼합용으로 쓰이는 입자형의 모든 재료

① 입경에 의한 분류

잔골재	•10mm체를 통과하고, 5mm체를 거의 다 통과하며 0.08mm체에 거의 남는 골재 •5mm체를 통과하고 0.08mm체에 남는 골재
굵은골재	•5mm체에 거의 다 남는 골재 •5mm체에 다 남는 골재

② 비중에 의한 분류

경량골재	비중이 2.50 이하인 골재
보통골재	비중이 2.50 ~ 2.65정도인 골재
중량골재	비중이 2.70 이상인 골재

2. 골재의 함수상태

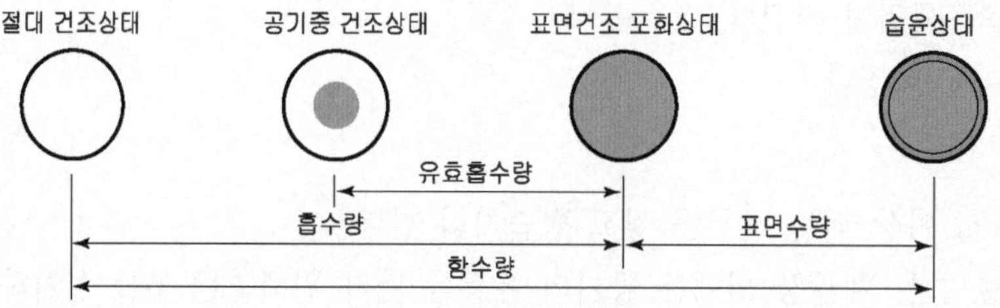

① 표면수율

$$\text{표면수율} = \frac{\text{습윤상태} - \text{표면건조포화상태}}{\text{표면건조포화상태}} \times 100(\%)$$

② 유효흡수율

$$\text{유효흡수율} = \frac{\text{표면건조포화상태} - \text{공기중건조상태}}{\text{공기중건조상태}} \times 100(\%)$$

③ 흡수율

$$\text{흡수율} = \frac{\text{표면건조포화상태} - \text{절대건조상태}}{\text{절대건조상태}} \times 100(\%)$$

④ 함수율

$$\text{함수율} = \frac{\text{습윤상태} - \text{절대건조상태}}{\text{절대건조상태}} \times 100(\%)$$

예 제 1 (기출)

수중에 있는 골재를 채취했을 때 1,000g, 표면건조 내부 포화상태의 무게가 900g, 대기건조상태의 시료무게가 860g, 완전건조 상태의 시료무게가 850g 일 때 물음에 답하시오.

(1) 함수율

(2) 표면수율

(3) 흡수율

(4) 유효흡수율

정답 (1) 함수율

$$\frac{\text{습윤상태} - \text{절대건조상태}}{\text{절대건조상태}} \times 100(\%) = \frac{1,000 - 850}{850} \times 100 = 17.647\%$$

(2) 표면수율

$$\frac{\text{습윤상태} - \text{표면건조포화상태}}{\text{표면건조포화상태}} \times 100(\%) = \frac{1,000 - 900}{900} \times 100 = 11.111\%$$

(3) 흡수율

$$\frac{\text{표면건조포화상태} - \text{절대건조상태}}{\text{절대건조상태}} \times 100(\%) = \frac{900 - 850}{850} \times 100 = 5.882\%$$

(4) 유효흡수율

$$\frac{\text{표면건조포화상태} - \text{공기중건조상태}}{\text{공기중건조상태}} \times 100(\%) = \frac{900 - 860}{860} \times 100 = 4.651\%$$

3. 골재의 비중 및 흡수량 시험

일반적으로 골재는 표면은 건조하고 내부는 물로 포화된 상태를 기준으로 중량 배합 설계하며 비중계산시에는 겉보기 비중을 사용한다.

비중 \ 골재	굵은 골재	잔골재
겉보기 비중	$\frac{A}{B-C}$	$\frac{A}{V-W}$
표면건조 포화상태의 비중	$\frac{B}{B-C}$	$\frac{500}{V-W}$
진비중	$\frac{A}{A-C}$	$\frac{A}{(V-W)-(500-A)}$
흡수율	$\frac{B-A}{A} \times 100(\%)$	$\frac{500-A}{A} \times 100(\%)$
비고	A : 절건중량(g) B : 표면건조 포화상태의 중량(g) C : 시료의 수중중량(g)	A : 절건중량(g) V : 플라스크의 용적(mℓ) W : 플라스크에 넣은 물의 중량(g) 또는 용적(mℓ)

예 제 2 (기출)

굵은 골재의 최대치수 25mm, 4kg을 물속에서 채취하여 표면건조 내부포수 상태의 중량이 3.95kg, 절대건조 중량이 3.60kg, 수중에서의 중량이 2.45kg이다. 다음을 구하시오.

(1) 흡수율

(2) 표면비중

(3) 겉보기 비중

(4) 진비중

정답 (1) 흡수율

$$\frac{\text{표면건조내부포수중량} - \text{절대건조중량}}{\text{절대건조중량}} \times 100\% = \frac{3.95-3.60}{3.60} \times 100 = 9.72\%$$

(2) 표면비중

$$\frac{\text{표면건조내부포수중량}}{\text{표면건조내부포수중량} - \text{수중중량}} = \frac{3.95}{3.95-2.45} = 2.63$$

(3) 겉보기비중

$$\frac{\text{절대건조중량}}{\text{표면건조내부포수중량} - \text{수중중량}} = \frac{3.60}{3.95-2.45} = 2.4$$

(4) 진비중

$$\frac{\text{절대건조중량}}{\text{절대건조중량} - \text{수중중량}} = \frac{3.60}{3.60-2.45} = 3.13$$

4. 굵은 골재의 최대치수

① 질량비로 90% 이상을 통과시키는 체 중에서 최소 치수의 체눈을 체의 호칭 치수로 나타낸 것을 굵은 골재의 최대치수라 한다.

② 굵은 골재의 최대치수가 크면 시멘트풀의 양이 적어지므로 경제적이나, 시공하기 어렵고 재료분리가 일어나기 쉽다.

3 혼화 재료

혼화재	정 의	사용량이 시멘트 중량의 5% 정도 이상이 되어 그 자체의 부피가 콘크리트의 배합설계에 관계되는 것을 말한다.
	종 류	고로슬래그, 플라이애쉬, 포졸란

혼화제	정 의	사용량이 시멘트 중량의 1% 정도 이하로 사용하며 콘크리트 배합설계 시 용적을 무시하는 것을 말한다.
	종 류	AE제, 응결경화 촉진제, 감수제, 분산제, 수밀제

1. 플라이 애쉬

정 의	가루석탄을 연소시킬 때 굴뚝에서 집진기로 모은 아주 작은 입자의 재
특 징	•조기강도가 작고 장기강도가 크다. •건조수축과 균열이 적다. •수밀성, 내구성이 크다 •구상의 입자이므로 워커빌러티가 크다. •화학적 저항성이 크다.

2. AE(Air Entrained)제

정 의	콘크리트 속에 작고 많은 독립된 기포(0.025~0.25mm)를 균일하게 생기게 하기 위하여 사용하는 혼화제
특 징	•워커빌러티가 개선된다. •단위수량이 15% 정도 감소한다. •블리딩(Bleeding)이 감소한다. •동결융해에 대한 내구성이 증대한다. •건조수축, 균열이 감소한다.

3. 응결 경화 촉진제

정 의	시멘트의 수화작용을 빠르게 하여, 콘크리트의 응결이 빠르고 조기강도가 커지는 혼화제이다.
특 징	•수화열이 증대하여 조기강도가 높아지며 균열이 증가한다. •내구성이 감소한다. •철근을 부식킨다.
종 류	염화칼슘, 염화나트륨

4 콘크리트의 성질

1. 굳지 않은 콘크리트의 성질

반죽질기 (Consistency)	물이 많고 적음에 따른 반죽의 되고 진 정도
워커빌러티 (Workability)	반죽질기의 정도에 따르는 작업의 어렵고 쉬운 정도 및 재료의 분리에 저항하는 정도

성형성 (Plasticity)	거푸집에 쉽게 다져 넣을 수 있고, 거푸집을 떼어내면 천천히 모양이 변하지만, 허물어지거나 재료의 분리가 일어나는 일이 없는 정도
피니셔빌러티 (Finishability)	굵은 골재의 최대치수, 잔골재율, 잔골재의 입도, 반죽질기 등에 따라 마무리하는 난이의 정도

2. 워커빌러티(Workability, 시공연도)

① 워커빌러티측정방법

슬럼프 시험	슬럼프 콘에 콘크리트를 3회에 나누어 각각 25회 다져 채운 다음 5초 후 원통을 가만히 수직으로 올리면 콘크리트는 가라앉는데, 이 주저앉은 정도가 슬럼프 값에(2회 평균, cm로 표시) 따라서 측정하며 묽을수록 슬럼프는 크다
흐름 시험	콘크리트를 상하 운동을 주어 흘러 퍼지는데 따른 변형 저항을 측정한다.
리몰딩 시험	시험판 위의 안쪽 관속에 콘크리트를 넣고, 판을 6mm 상하 운동시켜 안쪽 관과 바깥쪽 관속의 콘크리트 높이가 같아질 때의 낙하횟수를 측정한다.
그 밖에 구관입시험, 비비 시험, 일리 발렌 시험, 다짐계수 시험이 있다.	

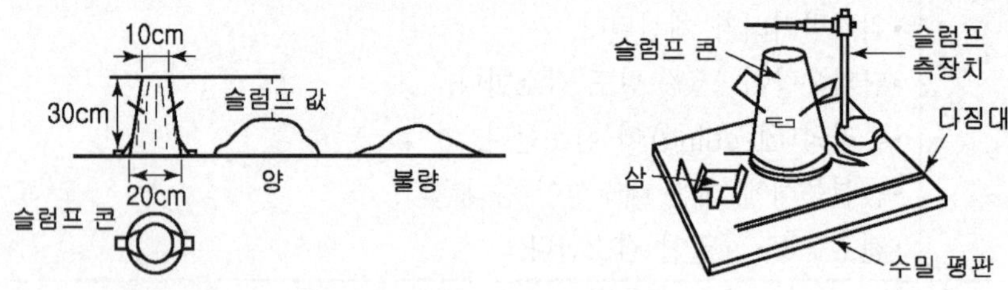

② 워커빌러티의 영향요인

구성재료	•시멘트 종류, 분말도, 풍화정도에 따라 영향을 받는다. •골재의 입도가 좋고 둥근모양일수록 워커빌러티가 개선된다. •AE제, 감수제 등은 단위 수량을 감소하고 워커빌러티를 개선한다.
배 합	•물-시멘트비가 크면 워커빌러티가 크나 강도가 감소한다. •단위수량이 크면 워커빌러티가 크나 재료분리가 발생한다. •굵은 골재 최대치수가 작을수록 워커빌러티가 크나 강도가 감소한다. •잔골재율이 크면 워커빌러티가 크나 강도가 감소한다.
비빔시간	비빔이 불충분하거나 과도하면 워커빌러티가 나빠진다.
온 도	콘크리트의 온도가 높을수록 워커빌러티가 나빠진다.

③ 워커빌러티가 좋지 않을 때 현상 : 분리, 침하, 블리딩, 레이턴스

㉮ 분리 : 워커빌러티가 좋지 않았을 때 재료가 분리된다.

㉯ 침하, 블리딩(Bleeding) : 콘크리트를 친 후 시멘트와 골재가 가라앉고 불순물이 섞인 물이 콘크리트 표면위로 떠오르는 현상을 블리딩이라 한다.

㉰ 레이턴스(laitance) : 블리딩과 같이 떠오른 미립물이 콘크리트 표면에 엷은 회색으로 침전한 물질을 레이턴스라고 한다.

학습포인트

2 | 콘크리트 배합 및 양생

•콘크리트의 배합과 양생은 출제빈도는 높지 않는 부분이나 용어에 대한 정의와 배합과정, 양생방법과 이음시공에 대한 학습이 요구된다.

1 배합설계

1. 용어 정의

물-시멘트비 (W/C ratio)	콘크리트 또는 모르타르에서 골재가 표면건조포화 상태에 있을 때, 시멘트풀속에 있는 물과 시멘트의 질량비를 말한다.
설계기준강도(f_{ck})	콘크리트 부재의 설계를 기준으로 한 압축강도를 말하며, 일반적으로 재령 28일 압축강도를 기준으로 한다.
배합강도(f_{cr})	콘크리트 배합을 정하는 경우 목표로 하는 압축강도를 말하며, 일반적으로 재령 28일 압축강도를 기준으로 한다.
단위량(kg/m³)	콘크리트 1m³를 만드는데 쓰이는 각 재료량을 말한다.
잔 골재율(S/a)	골재에서 5mm 체를 통과하는 것을 잔골재, 5mm 체에 남는 것을 굵은 골재로 보아 산출한 전체 골재량에 대한 잔골재량의 절대 부피비(%)를 말한다. $\text{잔골재율} = \dfrac{\text{잔골재의 절대부피}}{\text{전체골재의 절대부피}} \times 100$

2. 배합법의 종류

구 분	정 의	골재의 입도		골재함수상태	단위량
		잔골재	굵은골재		
시방배합	시방서 또는 책임기술자가 지시한 배합	5mm체 100% 통과	5mm체 100% 잔류	표면건조 내부포화 상태	m^3
현장배합	골재상태나 시공조건을 고려하여 수정한 배합	5mm체 일부잔류	5mm체 일부 통과	기건상태 또는 습윤상태	1Batch

중량배합	사용재료를 중량비(重量比)로 배합
용적배합	사용재료를 용적으로 계량하여 배합하는 방법 [예] 철근 콘크리트 1 : 2 : 4, 무근콘크리트 1 : 3 : 6

4. 배합설계의 순서

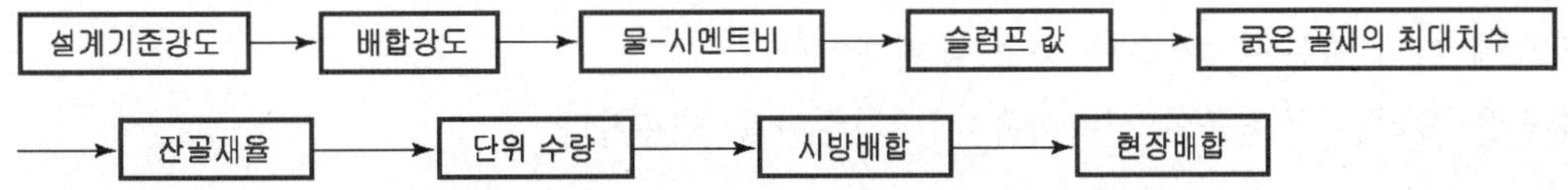

2 양생

1. 양생의 정의 및 영향요인

정의	콘크리트를 친 다음 콘크리트가 수화작용에 의하여 균열이 생가지 않도록 하고 충분한 강도를 내기 위하여, 일정 기간동안 콘크리트에 충분한 온도와 습도를 유지하며, 유해한 작용의 영향을 받지 않도록 보존하는 작업
영향을 미치는 요인	직사광선, 비, 바람, 급격은 온도변화, 양생중의 진동 및 충격, 과대하중 등

2. 양생의 종류

습윤양생	콘크리트의 노출면의 수분 증발을 막기 위해서 양생용 매트, 가마니, 마포 등을 적셔서 덮거나 또는 살수하여 보호하는 방법
막양생	콘크리트의 노출면에 막을 만드는 충분한 양의 막양생제를 적절한 시기에 균일하게 살포하여 증발을 막는 방법
증기양생	콘크리트의 거푸집을 빨리 제거하고 단시일 내에 소요의 강도를 발현하기 위해 고온의 증기로 양생하는 방법
전기양생	콘크리트에 저압의 교류 전류를 보내어 콘크리트의 전기 저항에 의해 발생되는 열을 이용하는 방법

3 이음

1. 시공이음(Construction joint)

① 개요

콘크리트 구조물은 일체가 되게 연속해서 쳐야하지만, 시공상의 이유 등으로 작업을 멈추었다 다시 시작하는 경우가 있다. 이때, 먼저 친 콘크리트와 나중 친 콘크리트 사이에 이음을 말한다.

② 시공시 유의사항

㉮ 온도변화, 건조수축 등에 의한 균열의 발생을 고려한다.

㉯ 다음 콘크리트를 치기 전에 고압분사로 청소한 후 물로 충분히 흡수시킨 후 시멘트 풀, 부배합의 모르타르, 양질의 접착제 등을 바른 후 이어치기 한다.

2. 신축이음(Expansion joint)

① 개요

콘크리트 구조물의 온도변화에 따른 팽창 수축, 건조 수축, 부등침하, 진동 등에 의해 생기는 균열을 방지하기 위해 설치하는 이음으로 팽창줄눈이라고도 한다.

② 시공시 유의사항

㉮ 양쪽의 구조물 혹은 부재가 구속되지 않는 구조여야 한다.

㉯ 필요에 따라 줄눈재, 지수판 등을 배치해야한다.

㉰ 수밀을 요하는 구조물의 신축이음에는 지수판을 사용한다.

③ 신축 이음재의 구비조건

㉮ 온도변화에 의한 신축이 자유로울 것

㉯ 변형이 자유로울 것

㉰ 구조가 간단하고 시공이 용이할 것

㉱ 수밀성 및 내구성이 클 것

㉲ 방수 및 배수가 완전할 것

④ 신축 이음재

충전재	컴파운드(compound), 합성수지, Brown Asphalt, Asphalt Mortar
지수판	동판, 강판, 염화비닐판, 고무재

3. 수축이음(Contraction joint, 균열유발 줄눈)

콘크리트의 건조수축에 의해서 발생되는 균열을 미리 정해진 장소에 균열을 집중시킬 목적으로 만든 이음을 말한다.

4. 콜트 조인트(Cold joint)

연속해서 대량의 콘크리트를 치는 경우 먼저 친 콘크리트와 나중 친 콘크리트 사이에 비교적 긴 시간차에 의해 일체화가 되지 않고 불연속이 되는 면을 말한다.

기출 및 예상문제

1. 어느 콘크리트의 재령 28일 압축강도는 220kg/cm² 이다.
δ = −210+215C/W 일 때 물 · 시멘트의 비는?

2. 용적배합비 1 : 3 : 6의 콘크리트 1m³을 만드는데 필요한 단위당 소요재료는 시멘트 7.5포, 모래 0.47m³, 자갈 0.93m³ 이다. 물과 시멘트비를 60%로 하려면 필요한 물량은 몇 ℓ 인가?

3. 시멘트 320kg, 모래 0.45m³, 자갈 0.90m³를 배합하여 물시멘트비 60%의 콘크리트를 1m³를 만드는데 필요한 물의 용적은 얼마인가?

4. 모래 m³당 중량은 1,500kg 이고 시멘트 1포의 중량은 40kg 이다. 다음의 조건들을 참조하여 콘크리트 A종 20m³, B종 60m³, C종 40m³를 배합할 때 소요되는 모래와 자갈 그리고 시멘트 양을 구하시오. (단, 소수 2자리까지 구하고 그 이하는 버린다.) (5점)

콘크리트 종류	사용골재의 최대치수 / m³ 당중량	골재 및 시멘트량(m³ 당)		
		자갈	모래	시멘트
A종	25mm/1,600kg	1,000kg	800kg	320kg
B종	40mm/1,500kg	1,100kg	700kg	300kg
C종	50mm/1,400kg	1,200kg	600kg	280kg

(1) 자갈 25mm의 양은 몇 m³가 필요한가?

(2) 자갈 40mm의 양은 몇 m³가 필요한가?

(3) 자갈 50mm의 양은 몇 m³가 필요한가?

(4) 전체 필요한 모래량은 몇 m³ 인가?

(5) 전체 필요한 시멘트는 몇 포가 필요한가?

정 답

정답 1

220=−210+215C/W 이므로
물 · 시멘트의 비는 50%

정답 2

① 시멘트량
7.5포×40kg=300kg

② 물량
$\frac{W}{300}\times100=60\%$
W=180 ℓ

정답 3

$\frac{W}{320}\times100=60\%$
W=192kg(ℓ)
물은 1m³는 1,000ℓ이므로
192÷1,000=0.192m³ 이다.

정답 4

(1) 자갈 25mm의 필요량
1,000×20÷1,600=12.5m³
(2) 자갈 40mm의 필요량
1,100×60÷1,500=44m³
(3) 자갈 50mm의 필요량
1,200×40÷1,400=34.28m³
(4) 전체 필요한 모래량
{(800×20)+(700×60)+(600×40)}÷1,500
=54.66m³
(5) 전체 필요한 시멘트 포대수
{(320×20)+(300×60)+(280×40)}÷40=890포대

5. 어떤 시설물공사에서 보통콘크리트(굵은골재치수40mm) 500m³가 필요하다. 다음조건을 보고 물음에 답하시오. (소수 2자리까지 계산한다.) (5점)

- 콘크리트 기준강도 : $160kg/cm^2$
- 단위시멘트량 : $270kg/m^3$
- 단위굵은골재량 : $1,100kg/m^3$
- 단위잔골재량 : $750kg/m^3$
- 굵은골재중량 : $1,700kg/m^3$
- 잔골재중량 : $1,600kg/m^3$

(1) 필요한 시멘트는 몇 포인가?

(2) 필요한 모래는 몇 m^3 인가?

(3) 필요한 자갈은 몇 m^3 인가?

(4) 시멘트 창고 면적은(단기저장)?

6. 시멘트가 각각 500포대, 1,600포대, 2,400포대가 있다. 공사현장에서 필요한 시멘트 창고의 면적은 얼마나 필요한가? (단, 쌓기단수는 13단이며 소수2자리까지 계산하시오.)

7. 콘크리트를 칠 때 연속하여 시공하지 않으면 시공이음이 생기며 이는 콘크리트 강도에 큰 영향을 미친다. 양질의 굳은 콘크리트가 되기 위한 시공 이음의 시공방법을 기술하시오.

8. 수밀콘크리트에 대한 내용이다. 다음 물음에 답하시오.

(1) 물시멘트비?

(2) 슬럼프값

(3) 최대 골재치수

정 답

정답 5

(1) 필요한 시멘트 포대수
$500 \times 270 \div 40 = 3,375$포대

(2) 필요한 모래량
$500 \times 750 \div 1,600 = 234.37m^3$

(3) 필요한 자갈량
$500 \times 1,100 \div 1,700$
$= 323.52m^3$

(4) 시멘트 창고 면적

$$A = 0.4 \times \frac{N}{n}$$

$$= 0.4 \times \frac{1,125}{13} = 34.61m^2$$

3,375포대 이므로-1800포 초과
$N = 1/3$
$N = 3,375 \div 3 = 1,125$포대 적용한다.

포대수 (N)	•포대수(N)600포 미만 : N=쌓기포대수 •600포 이상~1800포 이하 : N=600포 •1800포 초과 : N=1/3만 적용한다.
쌓기 단수 (n)	•단기저장시(3개월 내) : $n \leq 13$ •장기저장시(3개월 이상) : $n \leq 7$

정답 6

500포대
$0.4 \times \frac{500}{13} = 15.384 = 15.38m^2$

1,600포대
$0.4 \times \frac{600}{13} = 18.46m^2$

2,400포대
$0.4 \times \frac{(2,400 \times 1/3)}{13} = 24.61m^2$

정답 7

① 콘크리트를 타설 전에 시공 이음 면을 거칠게 하고 깨끗이 청소 한다.
② 이음면을 물로 충분히 흡수시킨 후 시멘트 풀, 부배합의 모르타르 등을 바른 후 이어치한다.
③ 이음면을 조골재(자갈)를 노출시켜 나중에 타설 하는 콘크리트와 맞물림이 용이하게 한다.

정답 8

(1) 물시멘트비 55% 이하
(2) 슬럼프값 8.0cm 이하
(3) 최대 골재치수 최소골재치수의 1/5 이하로 한다.

수밀콘크리트는 콘크리트의 균열 및 공극을 통한 누수를 방지하기 위한 콘크리트를 말한다. 이런 콘크리트는 수경시설물, 지하실 등에서 사용된다.

9. 수중에 있는 골재를 채취하였을 때의 무게가 2,000g이고 표면건조 내부포화 상태의 무게는 1,920g이며 공기중에서의 건조무게는 1,880g이었다. 또한 이 시료를 완전히 건조시켰을 때의 무게는 1,860g일 때 다음을 구하시오.

(1) 함수량(g)

(2) 표면수율(%)

(3) 흡수율(%)

(4) 유효흡수량(g)

10. 최대치수 25mm인 굵은 골재의 비중 및 흡수율 시험결과가 다음과 같을 때 표면건조 포화상태의 비중 및 흡수율을 소수점 이하 둘째 자리까지 구하시오. (단, 표면건조 포화상태의 중량 : 4,000g, 절건중량 : 3,920g, 수중중량 : 2,450g)

(1) 표면건조 포화상태의 비중

(2) 흡수율

정 답

정답 **9**

(1) 2,000 − 1860 = 140g

(2) $\dfrac{2,000-1,920}{1,920}\times 100 = 4.17\%$

(3) $\dfrac{1,920-1,860}{1,860}\times 100 = 3.23\%$

(4) 1,920 − 1,880 = 40g

정답 **10**

(1) 표면건조 포화상태의 비중

$= \dfrac{\text{표건중량}}{\text{표건중량} - \text{수중중량}}$

$= \dfrac{4,000g}{4,000g - 2,450g} = 2.58$

(2) 흡수율

$= \dfrac{\text{표건중량} - \text{절건중량}}{\text{절건중량}}\times 100(\%)$

$= \dfrac{4,000g - 3,920g}{3,920g}\times 100$

$= 2.04\%$

학습포인트

3 | 콘크리트 각재료 산출

• 콘크리트 배합비에 따라 비벼내기량을 산출 및 각 재료량을 산출하는 문제가 출제되고 있다.

1 배합비에 따른 각재료량

1. 콘크리트 1m³ 당 재료량

	1 : 2 : 4	1 : 3 : 6	1 : 4 : 8	비고
시멘트(kg)	320	220	170	
모래(m³)	0.45	0.47	0.48	
자갈(m³)	0.90	0.94	0.96	

2. 물의 용적

$W/C = \dfrac{\text{물의 중량(kg)}}{\text{시멘트 중량(kg)}}$ 로 물의 량을 구한다.

2 각재료의 단위 용적 중량

재료	단위 용적 중량	재료	단위 용적 중량
시멘트	1.5t/m³	모르타르	2.1t/m³
모래	1.5~1.6t/m³	무근콘크리트	2.3t/m³
자갈	1.6~1.7t/m³	철근콘크리트	2.4t/m³

3 콘크리트 1m³ 당 각 재료량 산출

구분	산출방법
약산식	콘크리트 현장 용적 배합비가 $1 : m : n$이고, W/C를 고려하지 않는 경우 콘크리트 비벼내기량 V (m³) 및 각 재료의 산출식은 다음과 같다. $V = 1.1 \times m + 0.57 \times n$ • 시멘트의 소요량 $C = \dfrac{1}{V} \times 1{,}500\text{kg}$ • 모래의 소요량 $S = \dfrac{m}{V}$ (m³) • 자갈의 소요량 $G = \dfrac{n}{V}$ (m³)

구분	산출방법
정산식	표준 계량 용적 배합비가 $1:m:n$이고, w/c가 $x\%$ 일 때 비벼내기량 $V\,(\mathrm{m^3})$는 다음식으로 산정한다. $$V(\mathrm{m^3})=\frac{1\times W_c}{G_C}+\frac{m\times W_s}{G_S}+\frac{n\times W_g}{G_g}+W_c\times x$$ 여기서, V =콘크리트의 비벼내기량($\mathrm{m^3}$) W_c=시멘트의 단위용적 중량($\mathrm{t/m^3}$ 또는 kg/L) W_s=모래의 단위용적 중량($\mathrm{t/m^3}$ 또는 kg/L) W_g=자갈의 단위용적 중량($\mathrm{t/m^3}$ 또는 kg/L) G_C=시멘트의 비중 G_S=모래의 비중 G_g=자갈의 비중 •시멘트 소요량 $C=\frac{1}{V}\times 1{,}500(\mathrm{kg})$ •모래의 소요량 $S=\frac{m}{V}(\mathrm{m^3})$ •자갈의 소요량 $G=\frac{n}{V}(\mathrm{m^3})$ •물의 소요량 $W=C\times x\%$ → 시멘트 무게가 kg 일 경우 물의 무게도 kg(l)임

예 제 1 (기출)

배합비가 1 : 3 : 6 인 무근 콘크리트 1m³를 만드는데 소요되는 재료량을 구하고 콘크리트 비벼내기량은 얼마인가 구하시오.

정답 $V=1.1\times m+0.57\times n=1.1\times 3+0.57\times 6=6.72\mathrm{m^3}$

① 시멘트 소요량 $C=\frac{1}{V}\times 1{,}500\mathrm{kg}$

$=\frac{1}{6.72}\times 1{,}500=223\mathrm{kg}\div 40\mathrm{kg}=5.58$포대

② 모래 소요량 $S=\frac{m}{V}=\frac{3}{6.72}=0.45\mathrm{m^3}$

③ 자갈 소요량 $G=\frac{n}{V}(\mathrm{m^3})=\frac{6}{6.72}=0.89\mathrm{m^3}$

예 제 2 (기출)

콘크리트 용적 배합비 1 : 3 : 6 이고 물시멘트비가 70% 일 때 콘크리트 1m³ 당 각 재료량 및 물의 량을 산출하시오. (시멘트는 포대 단위로 산출한다.) (단, W_c=1,5t/m³, W_s, W_g=1.7t/m³, W_W= 1t/m³, G_C=3.15, G_S, G_g=2.65, G_W =1)

정 답 $V(\text{m}^3) = \dfrac{1 \times W_c}{G_C} + \dfrac{m \times W_s}{G_S} + \dfrac{n \times W_g}{G_g} + W_c \times x$

$= \dfrac{1 \times 1.5}{3.15} + \dfrac{3 \times 1.7}{2.65} + \dfrac{6 \times 1.7}{2.65} + 1.5 \times 0.7 = 7.3\text{m}^3$

① 시멘트 소요량 $C = \dfrac{1}{V} \times 1{,}500\text{kg}$

$= \dfrac{1}{7.3} \times 1{,}500\text{kg} = 205\text{kg} \div 40\text{kg} = 5.14$포대 → 6포대

② 모래 소요량 $S = \dfrac{m}{V} = \dfrac{3}{7.3} = 0.41\text{m}^3$

③ 자갈 소요량 $G = \dfrac{n}{V} = \dfrac{6}{7.3} = 0.82\text{m}^3$

④ 물소요량 $W = C \times x\% = 205 \times 0.7 = 143.5\text{kg}/l$

예 제 3 (기출)

시멘트 320kg, 모래 0.45m³, 자갈 0.9m³를 배합하여 물시멘트비 60%의 콘크리트 1m³ 를 만드는 데 필요한 물의 용적은 얼마인가?

정 답 시멘트 320kg×0.6=192kg(l)

물 1m³는 1,000l 이므로 192÷1,000=0.192m³

해 설 물의 용적 $W/C = \dfrac{\text{물의중량(kg)}}{\text{시멘트의중량(kg)}}$ 로 물의 량을 구한다.

4 | 콘크리트 · 거푸집 · 철근수량산출

학습포인트

• 출제빈도는 높은 편이며 단일문제보다는 종합적산에서 주로 출제되고 있다.

1 수량산출기준

1. 콘크리트(체적산출 : m³)

콘크리트 소요량은 종류별로 구분하여 산출하며, 도면의 정미량으로 한다.

2. 거푸집(면적산출 : m³)

거푸집소요량은 설계도서에 의하여 산출한 정미면적으로 한다.

3. 철근량 산출(철근길이(m)를 산출하여 중량(kg)으로 환산)

① 일반사항

㉮ 철근은 종별, 지름별로 총연장(m)를 산출하고 단위중량을 곱하여 총중량(kg)을 산출한다.

㉯ 철근수량은 이음 청착 길이를 정확하게 산정하여 정미량으로 산정하고, 조건에 할증이 주어지면 할증률을 가산하여 소요량으로 한다.

② 철근갯수 산정방법

㉮ 직선거리에서 개수 산정 방법

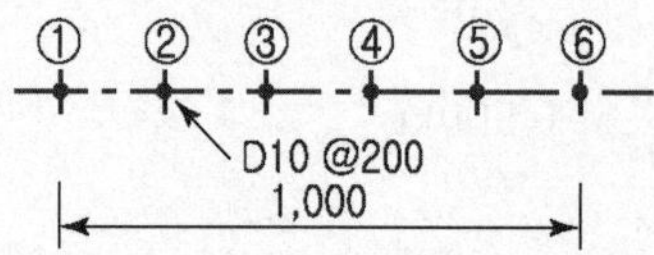

주어진 그림에서 철근갯수는 1,000÷200=5개이다. 5는 간격이므로 철근 개수는 +1을 하여 6개로 산정한다.

따라서, 철근갯수 $= \frac{1,000}{200} = 5 + 1 = 6EA$

㉯ 연속된 거리에서 개수산정 방법

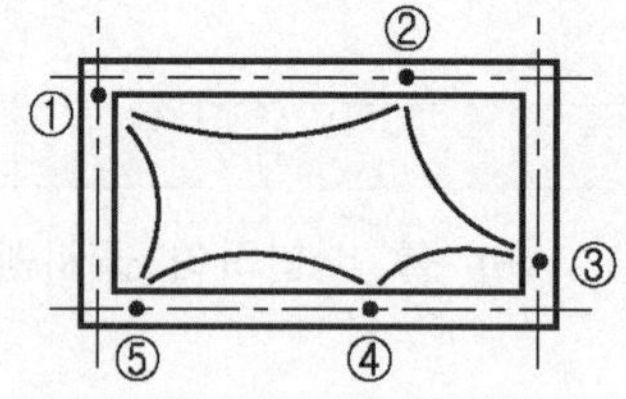

- 줄기초는 끊어짐 없이 끝단이 만나므로 +1을 할 필요가 없다.
- 간격과 철근 개수가 맞아 떨어진다.

따라서, 철근갯수$= \frac{1,000}{200} = 5EA$

2 독립기초 수량산출방법

구 분	산출방법
콘크리트수량(m^3)	• $V_1 = a \times b \times D$ • $V_2 = \frac{h}{6}[(2a + a')b + (2a' + a)b']$

구 분	산출방법
거푸집수량(m^2)	거푸집면적 •θ≥30° 경우에는 비탈면 거푸집을 계산하고 •θ<30° 경우에는 기초 주위의 수직면 거푸집(D)만 계산한다. 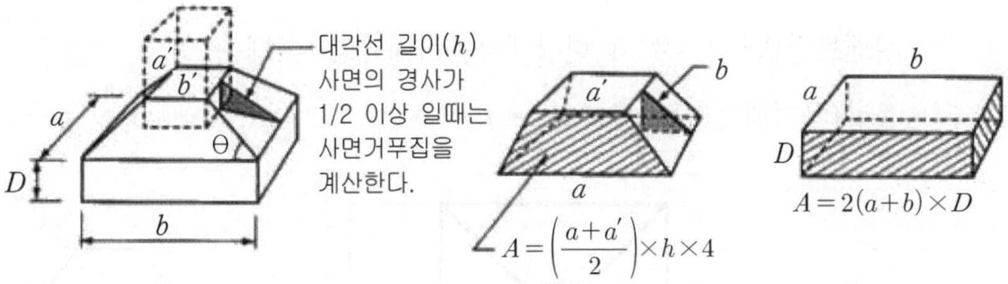

3 줄기초 수량산출방법

구 분	산출방법
콘크리트수량(m^3)	콘크리트량(V)=기초의 단면적×중심연장길이 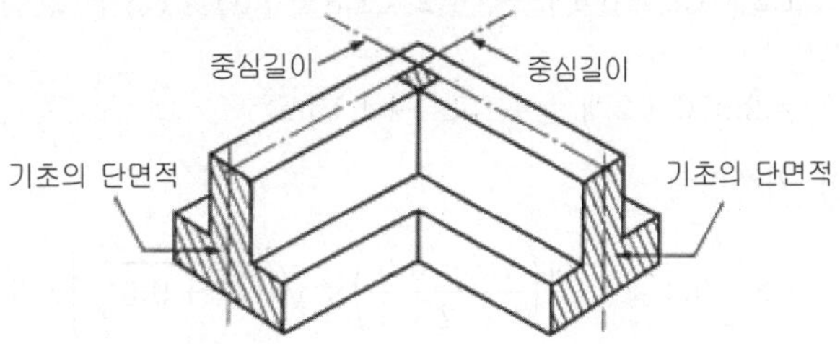
거푸집수량(m^2)	거푸집면적=기초판, 기초벽 옆면적×2면 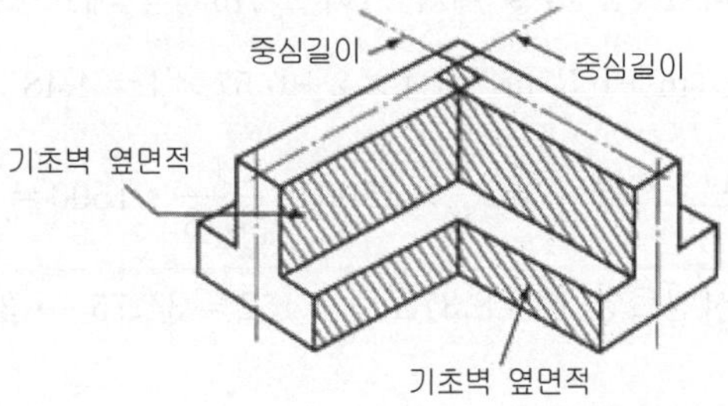

예 제 1

다음 도면의 철근 콘크리트 독립기초 2개소 시공에 필요한 다음 소요 재료량을 정미량으로 산출하시오.

(1) 콘크리트량(m^3)

(2) 거푸집량(m^2)

(3) 시멘트량(단, 1 : 2 : 4 현장계량용적배합임–포대수)

(4) 물량(물시멘트비는 60%임 – l)

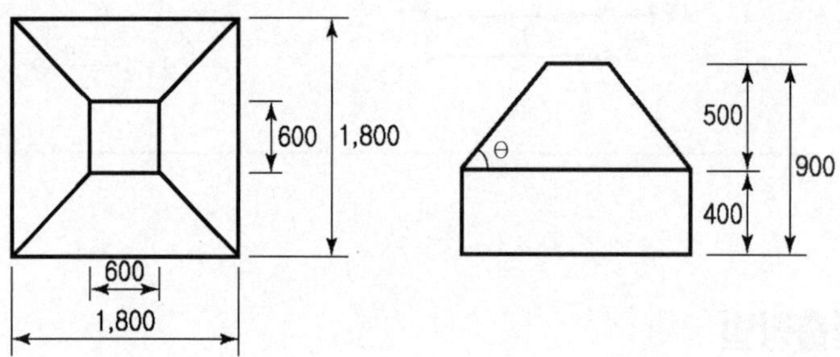

정답 (1) 콘크리트량

$$1.8\times1.8\times0.4+\frac{0.5}{6}[(2\times1.8+0.6)\times1.8+(2\times0.6+1.8)\times0.6]$$

$= 2.076\times2$개 $= 4.152 \rightarrow 4.15m^3$

(2) 거푸집량

$$1.8\times0.4\times4+\left[\left(\frac{1.8+0.6}{2}\right)\times\sqrt{0.6^2+0.5^2}\right]\times4$$

$= 6.628\times2$개 $= 13.256 \rightarrow 13.26m^2$

(3) 시멘트량

•배합비 1 : 2 : 4일 때 콘크리트 $1m^3$ 당 재료량은

$V = 1.1m + 0.57m = 1.1\times2+0.57\times4 = 4.48$

•시멘트소요량 $C = \frac{1}{V}\times1500 = \frac{1}{4.48}\times1500 = 334.8kg \div 40kg = 8.37$포대

∴전시멘트량 $C = 8.37$포 $\times 4.152 = 34.75 \rightarrow 35$포

(4) 물량

34.75포 $\times 40kg\times0.6 = 834kg(l)$

해설 (1) 콘크리트량

$$V_2 = \frac{h}{6}[(2a+a')\cdot b+(2a'+a)b']$$

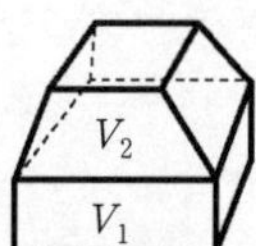

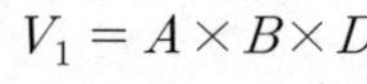
$V_1 = A\times B\times D$

(2) 거푸집량

① θ ≥ 30° 일 때는 경사면도 계산 ∴거푸집량=수직면+경사면

② 경사면

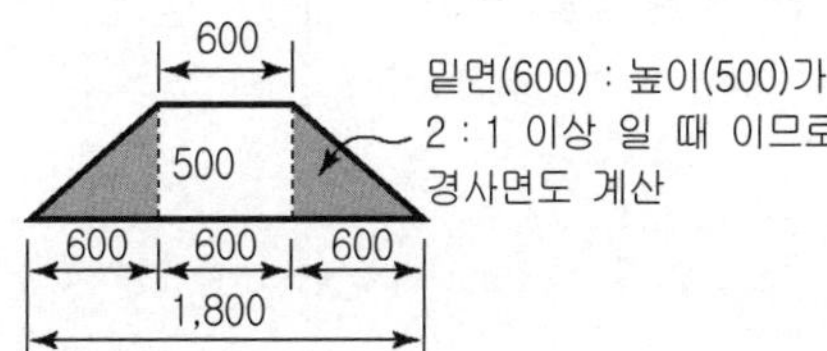

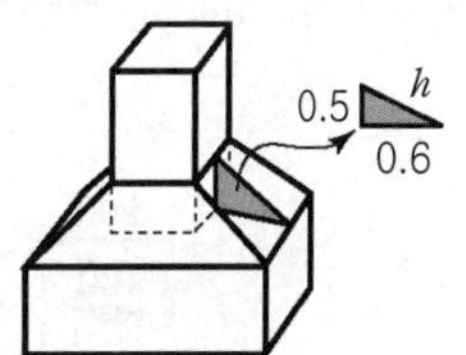

(3) 사다리꼴 경사면적의 높이

$$h = \sqrt{0.5^2 + 0.6^2} = 0.78\text{m}$$

(4) 사다리꼴 경사면

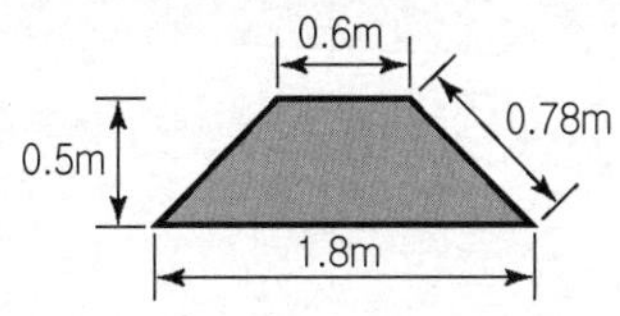

정 답

1. 다음 그림은 길이 4.2m 식재대의 단면도이다. 제시된 사항들을 보고 다음을 작성하시오.

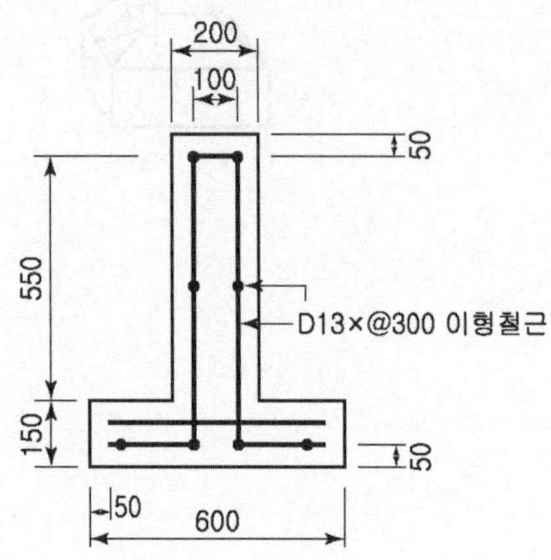

- 수평철근은 양끝단(4.2m)까지 배근된 것으로 본다.
- D13 이형철근의 중량 : 0.995kg/m
- D13 이형철근의 가격 : 300,000원/ton
- 철근의 할증률은 3.0%이다.
- 계산은 소수점 3자리까지 계산한다.

(ton당)

구조별	가공		조립		구분	노임
	철근공(인)	인부(인)	철근공(인)	인부(인)	철근공	60,000
보통가공 및 조립	1.5	0.9	2.5	1.3	보통인부	25,000

번호	구분	산출근거	단위	수량
1	수직철근량			
2	수평철근량			
3	철근의중량			
4	철근가격			
5	가공/조립노임			

정답

번호	구분	산출근거	단위	수량
1	수직철근량	(0.5+0.65×2)×15EA=27.0m	m	27.0
2	수평철근량	(0.5×15EA)+(4.2×8EA)=41.1m	m	41.1
3	철근의중량	27.0+41.1=68.1m×0.995kg/m =67.759kg×1.03=69.791kg÷1,000=0.069	ton	0.069
4	철근가격	0.069×300,000=20,700	원	20,700
5	가공/조립노임	0.067×{(1.5+2.5)×60,000 +(0.9+1.3)×25,000)}=19,765원	원	19,765

정 답

해설
- 철근갯수 : 직선구간이므로 4.2m÷0.3m=14개이다. 14개는 간격이므로 철근갯수는 +1을 하여 15EA로 계산한다.
- 가공/조립노임 : 정미량 값으로 계산한다.

2. 다음 그림은 Plant Box의 단면도이다. 제시된 내용들을 보고 물음에 답하시오. (단, 모든계산은 소수점 4자리에서 반올림하시오)

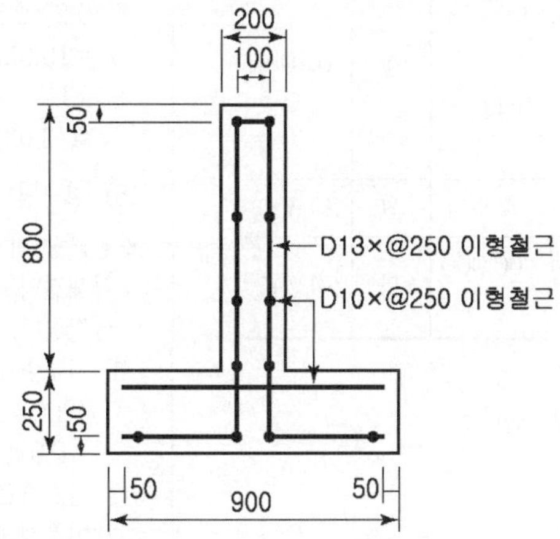

- Plant Box의 길이는 5.0m이다.
- 수평철근은 양 끝단까지 배근한다.
- D13이형철근의 중량은 0.995kg/m이고, D10이형철근의 중량은 0.56kg/m이다.
- 이형철근의 가격은 300,000원/ton이다.
- 철근의 할증률은 3.0%이다.
- 철근의 가공, 조립, 그리고 노임단가는 아래와 같다.

(ton당)

구조별	가공		조립		구분	노임
	철근공(인)	인부(인)	철근공(인)	인부(인)	철근공	60,000
보통가공 및 조립	1.5	0.9	2.5	1.3	보통인부	25,000

번호	구분	산출근거	단위	수량
1	수직철근량			
2	수평철근량			
3	철근의중량			
4	철근가격			
5	가공/조립노임			

정답

번호	구분	산출근거	단위	수량
1	수직철근량	(0.8+0.95×2) 21EA=56.7m	m	56.7
2	수평철근량	(5.0×12EA)+(0.8×21EA)=76.8m	m	76.8
3	철근의중량	56.7m×0.995kg/m=56.417kg 76.8m×0.56kg/m=43.008kg 56.417+43.008=99.425kg×1.03 =102.4077kg → 102.408kg 102.408÷1,000=0.102ton	ton	0.102
4	철근가격	0.102×300,000=30,600	원	30,600
5	가공/조립노임	0.0994ton → 0.099ton×{(1.5+2.5)×60,000 +(0.9+1.3)×25,000)}=29,205원	원	29,205

해설 직선구간이므로 5.0m÷0.25=20개이다.
20개는 간격이므로 철근갯수는 +1을 하여 21EA로 계산한다.

3. 다음의 기초도면을 보고 터파기량, 잡석다짐량, 버림콘크리트량, 콘크리트량, 철근량, 거푸집량, 되메우기량, 잔토처리량을 정미량으로 산출하시오. (단, 터파기의 여유폭은 10cm이고, 이음길이 무시, 정착길이 고려 D13=0.995kg/m, L=1.2이다. 계산은 소수3자리에서 반올림하시오.)

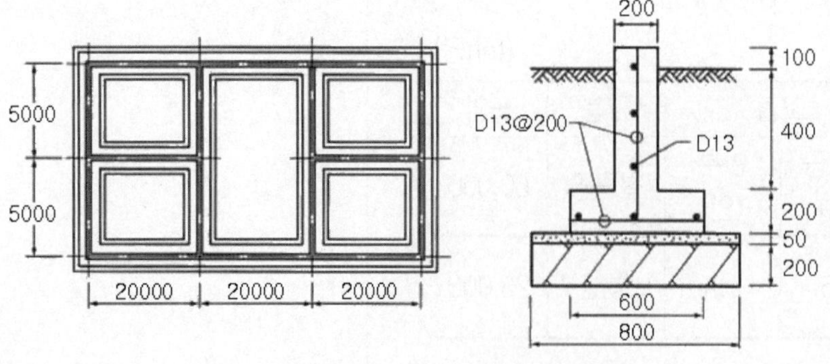

정 답

정답 **3**

(1) 터파기량
1×0.85×(200−0.5×8개소)
=166.6m³

(2) 잡석다짐량
0.8×0.2×(200−0.4×8개소)
=31.488 → 31.49m³

(3) 버림콘크리트량
0.8×0.05×(200−0.4×8개소)
=7.872→7.87m³

(4) 콘크리트량
① 기초판
0.6×0.2×(200−0.3×8개소)
=23.712m³
② 기초벽
0.2×0.5×(200−0.1×8개소)
=19.92m³
∴23.712+19.92
=43.632 → 43.63m³

(5) 철근량
※철근량 산정시 외벽, 내벽 구분없이 전체길이 산정시 중심간의 길이로 산정한다.
① 기초판(D13)
{200×3+0.6×(200÷0.2)}
×0.995=1,194kg
② 기초벽(D13)
※ 이음정착길이를 고려하여 산정
0.7+0.3=1.0
{200×3+1.0×(200÷0.2)}
×0.995=1,592kg
∴1,194+1,592=2,786kg

(6) 거푸집량
① 기초판
0.2×(200−0.3×8개소)×2면
=79.04m²
② 기초벽
0.5×(200−0.1×8개소)×2면
=199.2m²
∴79.04+199.2=278.24m²

(7) 되메우기량
{166.6−(31.488+7.872+39.648)
=87.592→87.59m³

(8) 잔토처리량
(31.488+7.872+39.648)×1.2
=94.809→94.81m³

4. 그림과 같은 줄기초의 폐합된 길이가 300m일 때 물음에 답하시오.
(D10=0.56kg/m, D13=0.995kg/m, 이음길이는 무시한다.)

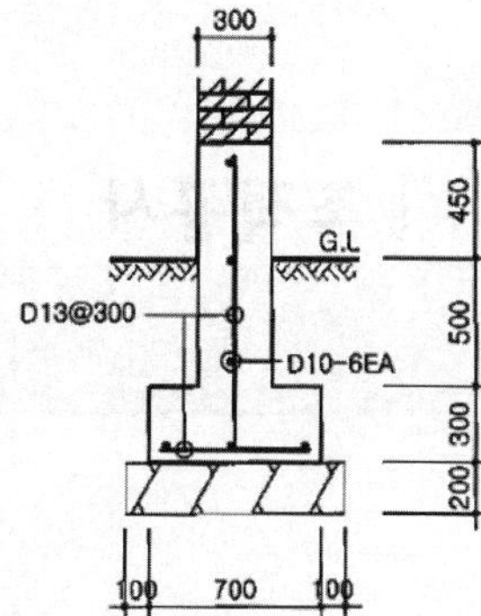

(1) 콘크리트량(m^3) 산출
•계산식 •정 답

(2) 철근량(ton) 산출
•계산식 •정 답

(3) 거푸집량(m^2) 산출
•계산식 •정 답

정 답

정답 **4**

(1) 콘크리트량(m^3) 산출
•계산식
$(0.7\times0.3+0.3\times0.95)\times300$
$=148.5$
•정답 : 148.5m^3

(2) 철근량(ton) 산출
•계산식
$D_{10}=3\times300+3\times300$
$D_{13}=0.7\times\frac{300}{0.3}+1.6\times\frac{300}{0.3}$
$D_{10}+D_{13}$중량
$=\frac{(1800\times0.56)+(2300\times0.995)}{1000}$
$=3.30$
•정답 : 3.30ton

(3) 거푸집량(m^2) 산출
•계산식
$(0.3\times300\times2)+(0.95\times300\times2)$
$=750$
•정답 : 750m^2

14 기타공사

1 | 조적공사

학습포인트

•벽돌수량산출문제와 단면상세작성하는 문제가 출제되고 있다.

1 벽돌의 종류

보통벽돌	붉은벽돌(소성벽돌), 시멘트벽돌
특수벽돌	이형벽돌(홍예벽돌, 원형벽돌, 둥근모벽돌 등), 검정벽돌(치장용), 포장용 벽돌 등
경량벽돌	공동벽돌, 건물경량화 도모, 다공벽돌, 보온, 방음, 방열, 못치기용도
내화벽돌	산성내화, 염기성내화, 중성내화벽돌 등
아스벽돌(cinder brick)	석탄재와 시멘트로 만든 벽돌
광재벽돌(slag brick)	광재를 주원료로 한 벽돌
괄벽돌(과소벽돌)	지나치게 높은 온도로 구워진 벽돌로 강도는 우수하고 흡수율은 적다. 치장재, 기초쌓기용으로 사용된다.

2 벽돌의 규격

구 분		길 이	나 비	두 께
표준형	치수(mm)	190	90	57
기존형	치수(mm)	210	100	60
내화벽돌	치수(mm)	230	114	65
허용오차(mm)		±3	±3	±4

3 줄눈

정 의	구조물의 이음부를 말하며, 벽돌쌓기에 있어서는 벽돌사이에 생기는 가로, 세로의 이음부를 말한다.
종 류	통줄눈, 막힌 줄눈, 치장줄눈

4 벽체 쌓기 두께

길이를 기준으로 표시

[예] 0.5B : 반장쌓기, 1.0B : 한 장쌓기

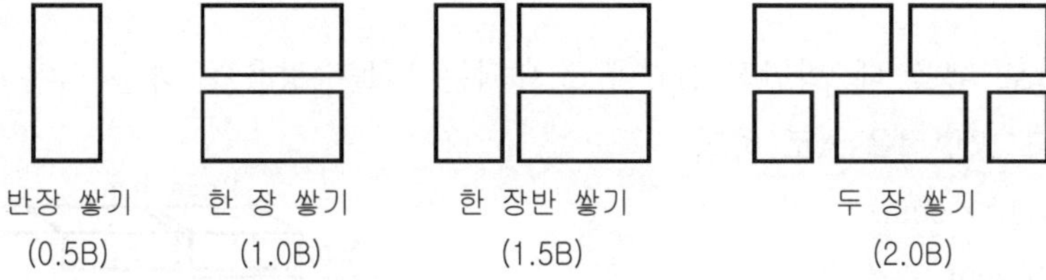

5 벽돌쌓기

종 류	특 징	비 고
영식쌓기	한단은 마구리, 한단은 길이쌓기로 하고 모서리 벽 끝에는 이오토막을 씀	가장 튼튼한 쌓기 내력벽에 사용
화란식쌓기	영식쌓기와 같고, 모서리 끝에 칠오토막을 씀	일하기 쉽고, 비교적 견고하고 가장 많이 쓰임
불식쌓기	매단에 길이 쌓기와 모서리 쌓기가 번갈아 나옴	치장용 이오토막과 반토막 벽돌이 많이 사용
미식쌓기	5단까지 길이쌓기로 하고 그 위에 한단은 마구리 쌓기로 하여 본 벽돌벽에 물려 쌓음	외부붉은 벽돌, 내부에 시멘트벽돌을 쌓는 경우
길이쌓기	0.5B 두께의 간이 벽에 쓰임	간막이 벽체에 사용
마구리 쌓기	벽두께 1.0B쌓기 이상 쌓기에 쓰임	원형굴뚝 등에 사용
길이세워쌓기	길이를 세워 쌓는 것	간막이 벽체에 사용

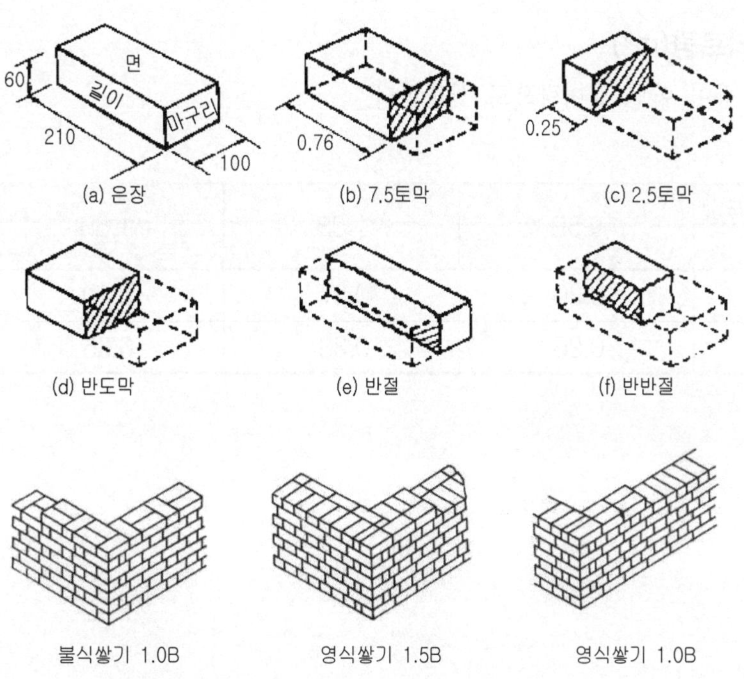

6 벽돌량산출방법

벽돌은 종류에 의한 벽체의 두께별로 벽돌쌓기 면적(m^2)을 계산하고, 여기에 단위면적당 장수를 곱하여 벽돌의 정미수량을 산출한다. 여기에 단위 면적당 장수를 곱하여 벽돌의 정미수량을 산출한다. 그리고 벽돌의 소요수량은 규격별 쌓기장수를 모두 합산한 정미수량에 할증율을 가산하여 산출한다.

1. 벽두께 0.5B 쌓기로 했을 때 벽면적 $1m^2$에 소요되는 벽돌수량을 구하는 식은 다음에 의한다. 줄눈 크기를 1cm로 하고 벽면적을 A로 하면

① 기존형일 때(21×10×6cm)

$$A = \frac{100 \times 100\text{cm}}{(21+1\text{cm}) \times (6+1\text{cm})} = 65\text{ 매}$$

② 표준형일 때(19×9×5.7cm)

$$A = \frac{100 \times 100\text{cm}}{(19+1\text{cm}) \times (5.7+1\text{cm})} = 74.5\text{ 매}$$

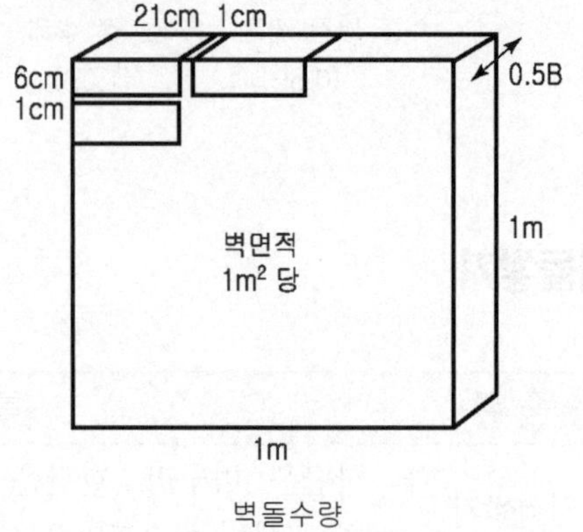

벽돌수량

2. 벽돌쌓기 기준량(정미량)

(벽면적 m^2 당)

구분 \ 벽두께	0.5B	1.0B	1.5B	2.0B
기존형	65	130	195	260
표준형	75	149	224	298

① 기존형 : 벽면적 $1m^2$ 당 정미량은 벽두께 0.5B 증가시마다 65매가 추가된 수량이다.

② 표준형 : 벽면적 $1m^2$ 당 정미량은 벽두께 0.5B 증가시마다 74.5매가 추가된 수량이다.

3. 벽돌쌓기 모르타르량(m^3)

모르타르량은 소요량이 아닌 정미량으로 산출한다.

(정미량 1,000매 당)

구분 \ 벽두께	0.5B	1.0B	1.5B	2.0B
기존형	0.30	0.37	0.40	0.42
표준형	0.25	0.33	0.35	0.36

기출 및 예상문제

1. 표준형 벽돌로 0.5B두께, 줄눈을 1cm로 하여 쌓을 때 $1m^3$ 당 소요되는 벽돌량과 모르타르량을 구하시오. (단, 벽돌의 할증율은 3%이다.)

2. 표준형벽돌을 사용하여 두께 한 장 쌓기, 높이 60cm, 줄눈간격 10mm로 하고, 맨 윗단은 마구리쌓기로 한다. (단, 기초는 잡석다짐 60×20cm, 큰크리트(1 : 4 : 6)40×15cm로 하고 축척 1/10 단면도를 그리시오.)

3. 아래 단면도와 같이 표준형 벽돌을 사용하여 길이 20m, 높이 1.5m로 한 장반쌓기를 할 때 다음 표를 참고하여 수량 산출표를 작성하시오. (단, 소수 2자리까지 계산하시오.)

벽돌쌓기 기준량(m^2 당)

벽두께 / 규격	0.5B	1.0B	1.5B	2.0B
표준형	75	149	224	298
기존형	65	130	195	260

표준형벽돌쌓기(1,000매당)

구분 / 규격	모르타르(m^3)	시멘트(m^3)	모래(m^3)
0.5B	0.25	127.5	0.275
1.0B	0.33	168.3	0.363
1.5B	0.35	178.5	0.385

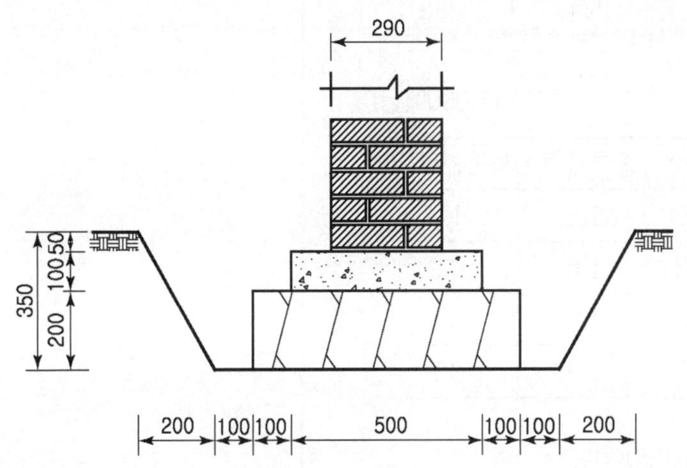

정 답

정답 **1**

① 벽돌량

$$\frac{1}{(0.19+0.01)\times(0.057+0.01)\times(0.09+0.01)}$$

=746매×1.03=768매

② 모르타르량

$746\times0.25\div1,000=0.1865m^3$

정답 **2**

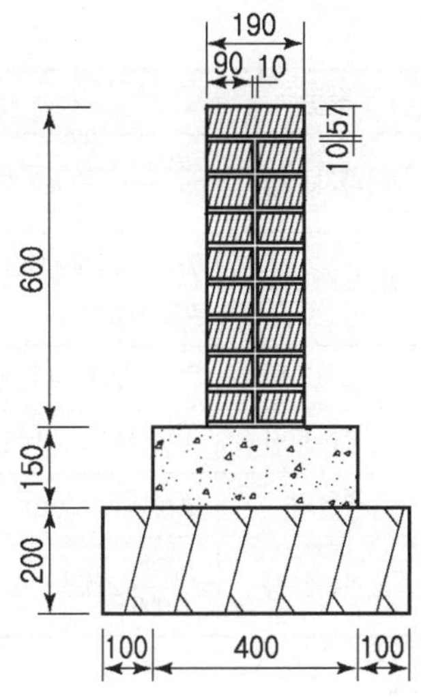

구분	산출근거	단위	수량
터파기흙량			
되메우기흙량			
잔토처리량			
콘크리트량			
벽돌량			
모르타르량			

정답

구분	산출근거	단위	수량
터파기흙량	$\frac{(0.9+1.3)}{2}\times 0.35\times 20=7.7m^3$	m^3	7.7
되메우기흙량	$7.7-\{(0.7\times 0.2+0.5\times 0.1+0.29\times 0.05)\times 20\}$ $=3.61m^3$	m^3	3.61
잔토처리량	$7.7-3.61=4.09m^3$	m^3	4.09
콘크리트량	$0.5\times 0.1\times 20=1m^3$	m^3	1
벽돌량	$20\times 1.5=30m^2$, $30\times 224=6{,}720$장	장	6,720
모르타르량	$\frac{6{,}720}{1{,}000}\times 0.35=2.35m^3$	m^3	2.35

4. 표준형 벽돌을 사용하여 1.0B로 20m담장을 쌓으려고 한다. 벽돌수량은 아래표에 의해 계산하며 벽돌의 할증율은 3%이다. 다음 물음에 답하시오. (단, 소수점 2자리까지 계산하시오)

벽돌쌓기 기준량(m^2 당)

규격 \ 벽두께	0.5B	1.0B	1.5B	2.0B
표준형	75	149	224	298

(1,000매당)

	모르타르(m^3)	시멘트(kg)	모래(m^3)	조적공(인)	보통인부(인)
0.5B	0.25	127.5	0.275	1.8	1.0
1.0B	0.33	168.3	0.363	1.6	0.9
1.5B	0.35	178.5	0.385	1.4	0.8
2.0B	0.36	183.6	0.396	1.2	0.7

•조적공의 노임은 50,000원, 보통인부는 30,000이다.

정 답

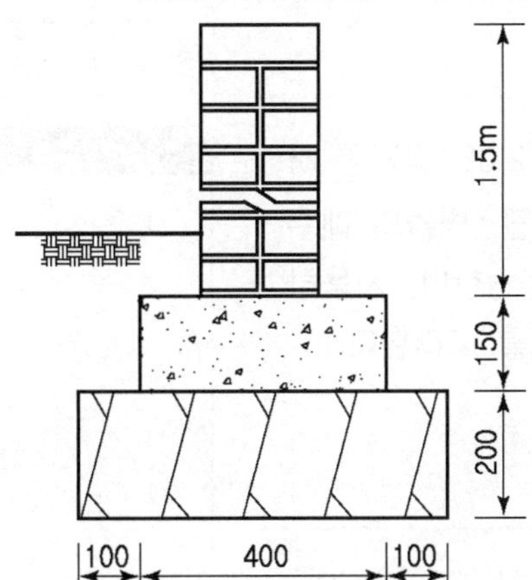

구분	산출근거	단위	수량
벽돌수량			
모르타르량			
시멘트량			
모래량			
조적공노임			
보통인부노임			

정답

구분	산출근거	단위	수량
벽돌수량	20×1.5×149=4,470매×1.03=4,604.1매	매	4,605
모르타르량	$\frac{4,470}{1,000}\times 0.33=1.4751m^3$	m^3	1.47
시멘트량	$\frac{4,470}{1,000}\times 168.3=752.3kg$	kg	752.3
모래량	$\frac{4,470}{1,000}\times 0.363=1.62m^3$	m^3	1.62
조적공노임	$\frac{4,470}{1,000}\times 1.6\times 50,000=357,600$원	원	357,600
보통인부노임	$\frac{4,470}{1,000}\times 0.9\times 30,000=120,690$원	원	120,690

정답

해설

- 벽돌 총량은 올린 정수로 계산한다.
- 모르타르량, 시멘트량, 모래량, 노임 계산시 1,000매당 기준임을 유의하며, 벽돌수량은 정미량 값을 적용한다.

예) 모르타르량

$\frac{4,470(\text{벽돌 정미량})}{1,000}\times 0.33$

정 답

6. 190×90×57의 벽돌을 사용하여 100m² 의 면적에 2.0B 쌓기를 하려 한다. 다음 사항을 참고로 하여 표를 완성하시오.(단, 벽돌의 매수와 금액은 소수점 이하 버리며 소수3째자리에서 반올림한다. 사용하는 모르타르의 배합비는 1:3이며, 벽돌의 할증률을 3%를 고려한다.)

• 벽돌쌓기 기준량

벽두께 / 규격	0.5B	1.0B	1.5B	2.0B	2.5B
표준형	75	149	224	298	373
기존형	65	130	195	260	325

• 표준형벽돌 쌓기 (1,000매당)

벽두께 / 규격	모르타르 (m³)	시멘트 (kg)	모래 (m³)	조적공 (인)	보통인부 (인)
0.5B	0.25	127.5	0.275	1.8	1.0
1.0B	0.33	168.3	0.363	1.6	0.9
1.5B	0.35	178.5	0.385	1.4	0.8
2.0B	0.36	183.6	0.396	1.2	0.7

• 모르타르 ($1m^3$당)

배합적용비	시멘트(kg)	모래(m³)	보통인부(인)
1:2	680	0.98	1.0
1:3	510	1.10	1.0

• 단가

벽돌	시멘트	모래	조적공	보통인부
100원/매	80원/kg	7,000/m³	58,000원/인	34,000원/인

구분	단위	수량	재료비		노무비	
			단가	금액	단가	금액
벽돌						
모르타르						
시멘트						
모래						
조적공						
보통인부						
계						

• 수량계산식
① 벽돌
② 모르타르량
③ 시멘트량
④ 모래량
⑤ 조적공
⑥ 인부
⑦ 총공사비

구분	단위	수량	재료비		노무비	
			단가	금액	단가	금액
벽돌	매	30,694	100	3,069,400		
모르타르	㎥	10.73				
시멘트	kg	5,471.28	80	437,702		
모래	㎥	11.80	7,000	82,600		
조적공	인	35.76			58,000	2,074,080
보통인부	인	31.59			34,000	1,074,060
계			7,180	3,589,702	92,000	3,148,140

• 수량계산식
① 벽돌량 = 100㎡ × 298매 = 29,800 × 1.03 = 30,694매
② 모르타르량 = $\frac{29,800}{1,000} \times 0.36 = 10.73m^3$
③ 시멘트량 = $\frac{29,800}{1,000} \times 183.6 = 5,471.28$kg
④ 모래량 = $\frac{29,800}{1,000} \times 0.396 = 11.80m^3$
⑤ 조적공 = $\frac{29,800}{1,000} \times 1.2 = 35.76$인
⑥ 인부 = $(\frac{29,800}{1,000} \times 0.7) + (10.73 \times 1.0) = 31.59$인
⑦ 총공사비 = 3,589,702 + 3,148,410 = 6,737,842원

2 | 목재공사

학습포인트

•목재의 방부법·사용환경에 관한 내용과 목재수량산출에 대한 사항을 알고 있어야 한다.

1 목재의 장단점

장 점	단 점
•가공용이, 경량화 •비중에 비해 강도가 크다. •열전도율이 작다. •내산, 내약품성, 염분에 강하다. •수종이 다양, 색채, 무늬가 수려하다.	•함수율에 따라 변형이 크다. •비내구적이다.(부패균과 충해) •착화점이 낮아 비내화적이다.

2 목재의 치수

제재치수	제재소에 톱켜기로 한 지수, 수장재, 구조재
마무리치수	톱질과 대패질로 마무리한 치수, 창호재, 가구재
정치수	제재목을 지정 치수대로 한 것

3 목재 방부법

1. 표면탄화법	•목재 표면을 태워 피막을 형성 •일시적 방부효과 : 태운면에 흡수량 증가
2. 방부제칠법	•유성방부제 : 크레오소오트, 유성페인트 •수용성방부제 : 황산동, 염화아연 •유용성방부제 : 유기계방충제, PCP
3. 방부제처리법	•도포법 : 표면에 도포, 깊이 5~6mm로 간단 •침지법 : 방부액 속에 7~10일 정도 담금, 침투깊이 10~15mm •상압주입법 : 방부액을 가압하고 목재를 담근후 다시 상온액 중에 담금 •가압주입법 : 압력용기 속에서 7~12 기압으로 가압하여 주입/비용이 많이 듬 •생리적 주입법 : 벌목전에 뿌리에 약액을 주입

4 목재의 사용환경과 사용 방부제 및 처리방법

사용환경범주	사용환경조건	사용가능방부제	처리방법
H1	•건재해충 피해환경 •실내사용목재	BB, ACC, IPBC, IPBCP	도포법 분무법
H2	•결로예상환경 •저온환경 •습한 곳에 사용목재	ACQ-2, CCFZ, ACC, CCB, CUAZ-2	도포법 분무법 침지법
H3	•자주습한 환경 •흰개미피해환경 •야외사용목재	ACQ-2, CCFZ, ACC, CCB, CUAZ-2	침지법 가압법
H4	•토양 또는 담수와 접하는 환경 •흰개미피해 환경 •흙, 물과 접하는 목재	ACQ-2, CCFZ, ACC, CCB, CUAZ-2, A	가압법
H5	•바닷물과 접하는 환경 해양에 사용하는 목재	A	가압법

5 목재의 취급단위

① 1寸(치)=30.3mm≒3cm

② 1尺(자)=303mm≒30cm

③ 1石(석)=1자×1자×12자=83.33재

④ 1才(재, 사이)=1치×1치×12자

㉮ 1재=1치×1치×12자

$=3.03\text{cm}\times3.03\text{cm}\times12\times30.3\text{cm}=0.03\text{m}\times0.03\times12\times0.3=0.0033378\text{m}^3$

$\therefore 1\text{m}^3=1/0.00333=299.59≒300$재

6 목재수량산출

1. 목재는 치수별로 구분하여 정미수량을 산출한다.

1才(재, 사이)=1치×1치×12자

=3cm×3cm×360cm

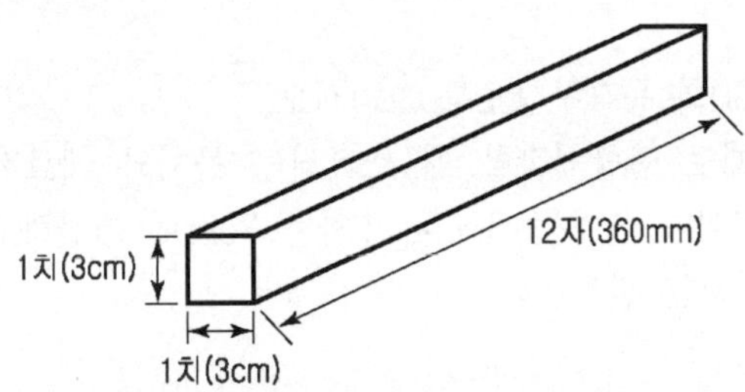

2. 통나무재적계산방법

① 통나무는 보통 1m 마다 1.5~2.0cm 씩, 즉 길이의 1/60씩 밑둥이 굵어진다고 본다. 따라서 길이에 따라(6m 미만, 6m 이상) 구분하여 체적으로 계산한다.

② 길이 6m 미만인 것

$$V = D^2 \times L \times \frac{1}{10,000} (\text{m}^3)$$

③ 길이 6m 이상인 것

$$V = \left(D + \frac{L'-4}{2}\right)^2 \times L \times \frac{1}{10,000} (\text{m}^3)$$

여기서, D = 통나무의 마구리 지름(cm)

L = 통나무의 길이

L' = 통나무의 길이로서 1m 미만의 끝수를 끊어버린 길이(m)

예 제 1

말구지름 9cm, 길이 10.5m인 통나무 10개의 재적은 몇 m³ 인가? (단 소수점 2자리까지 계산하시오.)

정답 $V = \left(D + \frac{L'-4}{2}\right)^2 \times L \times \frac{1}{10,000} (\text{m}^3)$

$$= \left\{\left(9 + \frac{10-4}{2}\right)^2 \times 10.5 \times \frac{1}{10,000} (\text{m}^3)\right\} \times 10 = 1.512 = 1.51\text{m}^3$$

예 제 2 (기출)

아파트단지 입구에 안내판을 설치하려한다. 다음 그림은 설치할 안내판의 평면, 정면, 우측면도이다.

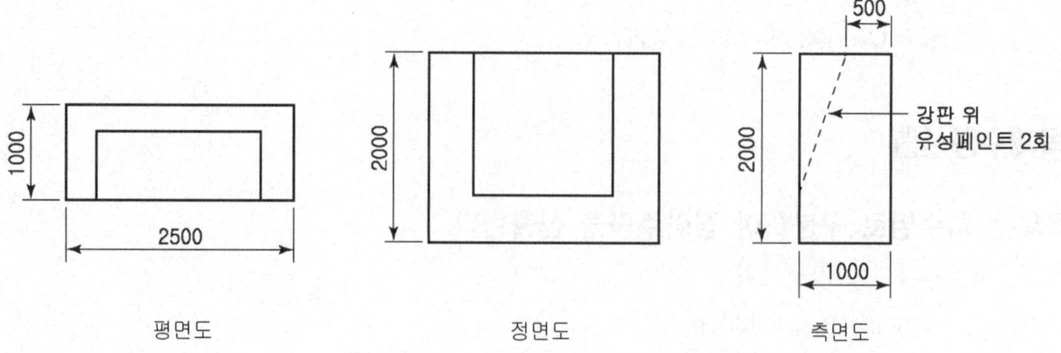

(1) 그림을 보고 축척 1/60의 등각투상도를 그리시오.

(2) 그리고 안내판을 목재로 접합제작할 때 소요되는 목재와 재료비는 얼마인가?(단, 목재 1재(才)의 가격은 1,000이다. 1자는 30cm, 1치는 3cm로 계산하고 소수 4위에서 반올림한다. 금액계산시 원단위 이하는 절사한다.)

(3) 안내판의 사면부에 두께 2mm 강판을 씌우고 강판위는 유성페인트로 2회 도장한다. 이때 필요한 유성 페인트량은? (단, 2회 도장시 1m^2 당 소요페인트 양은 0.18 ℓ 이다.)

번호	구분	산출근거	단위	수량
1	목재의 재적			
2	목재의 가격			
3	페인트량			

정답 (1) 그림을 보고 축척 1/60의 등각투상도를 그리시오.

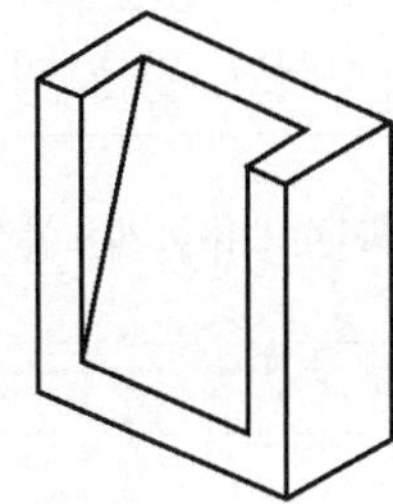

해설 등각투상도는 정면, 측면, 평면이 한도면에 보여질 수 있게 그려야한다.

(2)

번호	구분	산출근거	단위	수량
1	목재의 재적	$(2.5\times2.0\times1.0)-(1.5\times1.5\times0.5\times\frac{1}{2})=4.438$	m^3	4.438
2	목재의 가격	$0.03\times0.03\times12\times0.3=0.00324m^3$ (풀이1) $4.438m^3\div0.00324m^3$/재=1,369.753재×1,000원 =1,369,753원 (풀이2) 1,000원/재÷$0.00324m^3$=308,641.975원/m^3 $4.438m^3\times$308,641.975원/m^3=1,369,753원	원	1,369,753
3	페인트량	$1.5\times\sqrt{(0.5)^2+(1.5)^2}=2.371m^2\times0.18$ ℓ/m^2 =0.427 ℓ	ℓ	0.427

학습포인트

3 | 도장공사

• 도장공사에서는 유성(목부 · 철부) · 수성 paint 등에 칠 순서가 출제되고 있다.

1 칠의 목적

① 구조재의 보호, 미적증진효과, 성분의 부여를 한다.

② 내수성(방수, 방습), 방부성(살균, 살충), 내후성, 내화성, 내열성, 내구성, 내화학성을 향상시키고 내마모성을 높이며, 발광효과(교통표지), 전기절연의 목적도 있다.

2 칠의 종류와 특징

칠의 종류		도료의 성분	성질 및 특징
유성 paint		•안료+건성유+건조제+희석제 •건성유(boiled 油) : 광택과 내구성증가	•내후성, 내마모성우수, 알칼리에 약함(내·외부용)
에나멜 paint		•안료+유바니쉬+건조제	•내후성, 내수, 내열, 내약품성 수, 외부용은 경도가 크다.
수용성	수성 paint	•안료+교착제+합성수지 •교착제 : 아교, 전분, 카세인	•내알카리성, 비내수성, 내구성이 떨어진다.
	에멀젼 paint	•수성페인트+유화제+합성수지	•수성페인트의 일종으로 발수성이 있다. 내·외부 도장용으로 이용된다.
Vanish (니스)	유성 Vanish	•유용성수지+건성유+희석제	•건조가 더디다. 유성페인트보다 내후성이 적다. 목재·내부용이다.
	휘발성 Vanish	•수지류+휘발성용제, 에칠 콜을 사용하므로 주정도료, 주정바니쉬라고도 한다.	•목재, 내부용, 가구용에 쓰인다.

3 기타 칠의 종류와 특징

칠의 종류		도료의 성분	성질 및 특징
락카 (Lacquer)	투명락카	소화섬유소+수지+휘발성용제	내수성이 적어 보통 내부(목재면)에 사용한다.
	락카에나멜	투명락카+안료	연마성이 좋고 외부용은 자동차 외장용으로 사용한다.
합성수지도료		•용제형과 무용제형 합성수지+용액+안료 •에멀젼형 합성수지+중화제+안료	•내산, 내알카리성이고 건조가 빠르다. •투광성이 우수하고, 색이 선명하며 콘크리트 회반죽면에 도장이 가능하다.
Asphlt paint		아스팔트+휘발성용제	내수, 내산, 내알카리성, 전기절연성, 방수, 방청, 전기절연용
알미늄 paint		알미늄 분말+Spa Vanish	은색 에나멜과 유사하며, 열을 발산시킨다.

4 칠의 원료

구분	내용
용제	도막구성 요소를 녹여서 유동성을 갖게 만드는 물질이다.
	•건성유 : 아마인유, 동유, 임유, 마실유 등 •반건성유 : 대두유, 채종유, 어유
건조제	연・망간, 코발트의 수지산, 지방산 염류(가열하여 기름에 용해)
	연단, 초산염, 이산화망간, 수산화망간(상온에서 기름에 용해)
희석제	도료자체를 회석, 솔질이 잘되게 하고 적당한 휘발, 건조속도 유지
	휘발유, 석유, 테레핀유, 벤졸, 알콜, 아세톤 등을 사용
	천연수지와 합성수지가 사용
	착색목적 : 유채안료
착색제	•바니스 스테인, 수성스테인 : 작업성우수, 색상 선명, 건조가 늦다. •알코올 스테인 : 퍼짐이 우수, 건조가 빠르고 색상이 선명하다. •유성 스테인 : 작업성이 우수, 건조가 빠르고 얼룩이 생길우려가 있다.
가소제	도료의 영구적 탄성, 교착성, 가소성 부여 등

5 방청도료(녹막이칠)의 종류

광명단칠	보일드유를 유성 paint에 녹인 것, 철제에 사용
방청・산화철도료	오일스테인이나 합성수지+산화철, 아연분말을 사용, 내구성 우수, 정벌칠에도 사용
알미늄도료	방청효과, 열반사 효과, 알미늄 분말이 안료
역청질도료	역청질원료+건성유, 수지유첨가, 일시적 방청효과기대
징크로메이트 칠	크롬산 아연+알킬드 수지, 알미늄, 아연철판 녹막이칠
규산염 도료	규산염+아마인유, 내화도료로 사용
연시아나이드 도료	녹막이 효과, 주철제품의 녹막이 칠에 사용
이온 교환 수지	전자제품, 철제면 녹막이 도료
그라파이트 칠	녹막이칠의 정벌칠에 쓰인다.

6 칠 공법의 종류와 요령

① 달굼칠(인두법) : 가열건조 도료에 이용　② 롤러칠　③ 문지름칠
④ 솔칠　⑤ 침지법　⑥ 뿜칠

•칠의 바름 두께 : 0.3mm 정도

구분	내용
도장요령	•솔질은 위에서 밑으로, 왼편에서 오른편으로, 재의 길이 방향으로 한다. •칠 횟수(정벌, 재벌)를 구분하기 위해 색을 다르게 칠한다. •바람이 강하면 칠작업은 중지, 칠막은 얇게 여러번 도포하여 충분히 건조한다. •온도 5℃ 이하, 35℃ 이상, 습도가 85% 이상시 작업 중단한다.

7 각종 바탕만들기 및 주의사항

목부바탕처리방법	① 오염, 부착물제거 ② 송진처리(긁어내기, 인두지짐, 휘발류 닦기) ③ 연마지 닦기(대팻자국, 엇거스름 제거 등) ④ 옹이땜(셀락니스칠) ⑤ 구멍땜(퍼티먹임) 및 눈메움
Plaster 회반죽, 몰탈, Concrete 면처리	바탕은 3개월 이상 건조(비닐계, 에나멜계, 합성수지 Paint는 3주간 이상) ① 건조 ② 오염부착물제거 ③ 구멍땜(석고) ④ 연마지 닦기
철부바탕처리방법	① 오염부착물제거 : 스크레이퍼, 와이어브러쉬 ② 유류제거 : 휘발유, 비눗물 닦기 ③ 녹제거(샌드브라스트, 산담그기) ④ 화학처리(인산염처리) ⑤ 피막마무리

8 유성 Paint 칠하기 순서

바탕	1	2	3	4	5	6	7	8	9	10	11
목부	바탕 손질	연마지 닦기	초벌	퍼티 먹임	연마지 닦기	재벌 1회	연마지 닦기	재벌 2회	연마지	정벌	
철부	바탕 손질	녹막이칠 (초벌 1회)	연마지 닦기	녹막이칠 (초벌 2회)	구멍땜 퍼티 먹임	연마지 닦기	재벌칠 1회	연마지 닦기	재벌칠 2회	연마지 닦기	정벌
콘크리트 몰탈 회반죽 Plaster	바탕 손질	초벌칠 (진물 막이)	퍼티 먹임	연마지 닦기	재벌칠 1회	연마지 닦기	재벌칠 2회	재벌칠 2회	연마지 닦기	정벌	

9 수성 Paint 칠하기 순서

바탕만들기 → 바탕누름(1회 솔칠 또는 뿜칠) → 초벌 → 연마 → 정벌

10 바니쉬(니스)칠

바탕처리 → 초벌칠 → 연마 → 재벌칠 → 연마 → 정벌칠

15 품질관리

1 | 품질관리

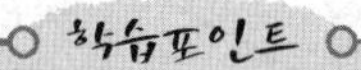

• 품질관리는 일반분야 중 종합적 품질관리(TQC)의 7가지 도구, 히스토그램의 정의와 작성순서에 대해서도 출제되고 있다.

1 품질관리(QC)

1. 정의

KS규정에 따르면 "품질관리란 수요자의 요구에 맞는 품질의 제품을 경제적으로 만들어 내기위한 모든 수단의 체계이다"라고 되어 있으며 "근대적 품질관리는 통계적 수단을 채택하고 있으므로 특히 통계적 품질관리(SQC)라고도 부른다"라고 규정하고 있다.

2. 용어정리

① SQC (Statistical Quality Control) : 통계적 품질관리

② TQC (Total Quality Control) : 전사적(全社的)품질관리, 종합적 품질관리

3. 목적

① 시공능률의 향상

② 품질 및 신뢰성의 향상

③ 설계의 합리화

④ 작업의 표준화

4. 발전과정

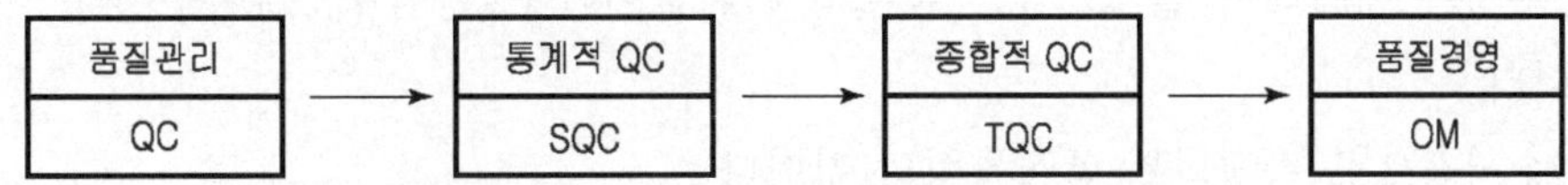

5. 관리대상

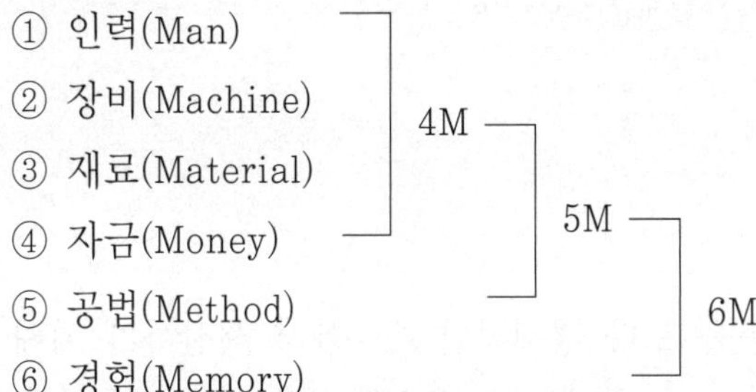

2 관리의 순서(Cycle)

1. Plan(계획) : 계획을 수립한다.

① 목적을 정한다.
② 품질기준, 가격 등을 정한다.
③ 목적을 달성할 방법을 정한다.

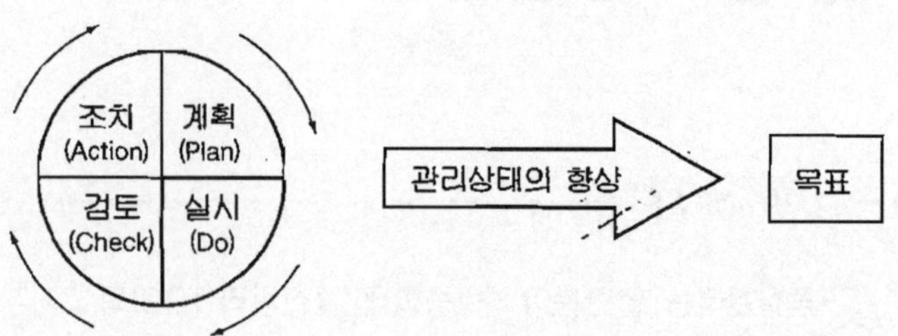

2. Do(실시) : 작업을 실시한다.

① 작업표준을 교육훈련한다.
② 작업을 실시한다.

3. Check(검토, See) : 작업상황 및 결과를 검토한다.

① 작업표준과 같이 작업이 실행되고 있는가를 검토한다.
② 각 측정치와 표준과 맞는가를 검토한다.

4. Action(조치, 시정) : 검토한 결과에 따라 조치한다.

① 작업이 표준에서 벗어났을 경우 표준치가 되도록 조치한다.
② 이상이 있으면 원인을 조사하여 원인을 제거하고 재발하지 않도록 조치한다.

3 통계적 품질관리(Statistical Quality Control)

1. 정의

보다 유용하고 시장성 있는 제품을 보다 경제적으로 생산하기 위하여 생산의 모든 단계에 통계적인 수법을 응용한 것이다.

2. 데이터 정리방법

① 계량치 데이터
데이터가 연속적으로 측정되는 품질특성의 값이다.(길이, 온도, 질량 등)
② 계수치 데이터
데이터의 수치가 이산되어 셀 수 있는 품질특성의 값이다.(불량품수, 결점수 등)
③ 순위 데이터
데이터를 순서적으로 측정되는 품질특성의 값이다.
④ 층별치 데이터
모집단을 몇 개의 부분으로 나누는 품질특성의 값이다.(기계별, 원료별 구분)

4 종합적 품질관리(Total Quality Control)

1. 정의

소비자가 충분한 만족을 할 수 있도록 좋은 품질의 제품을 보다 경제적인 수준에서 생산하기 위해 사내의 각 부분에서 품질의 유지과 개선의 노력을 종합적으로 조정하는 효과적인 시스템을 말한다.

2. TQC의 7도구(Tools)

구 분	내 용
히스토그램	데이터가 어떤 분포를 하고 있는지 알아보기 위해 작성하는 그림
파레토도	불량 등의 발생건수를 분류항목별로 나누어 크기 순서대로 나열해 놓은 그림
특성요인도	결과에 원인이 어떻게 관계하고 있는가를 한눈에 알 수 있도록 작성한 그림
체크씨이트	계수치의 데이터가 분류항목의 어디에 집중되어 있는가를 알아보기 쉽게 나타낸 그림이나 표
각종그래프	한눈에 파악되도록 한 각종그래프
산점도	대응되는 두개의 짝으로 된 데이터를 그래프 용지 위에 점으로 나타낸 그림
층별	집단을 구성하고 있는 데이터를 특징에 따라 몇 개의 부분집단으로 나누는 것

3. 히스토그램(Histogram)

① 정의

길이, 무게, 강도 등과 같이 계량치의 데이터가 어떠한 분포를 하고 있는지를 알아보기 위해 작성하는 그림으로 도수분포도를 만든 후에 이를 기둥 그래표의 형태로 만든 것이다.

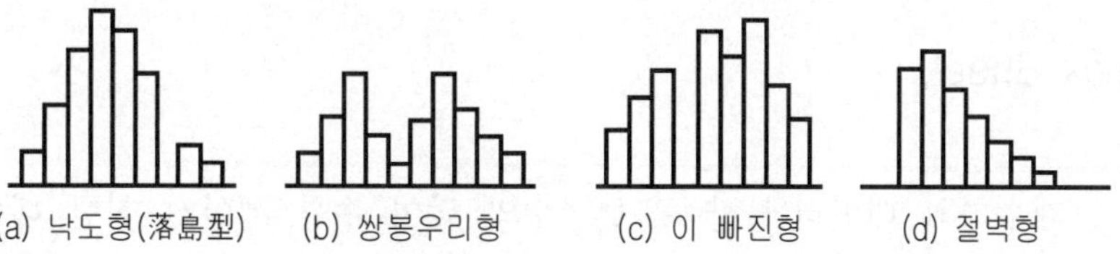

(a) 낙도형(落島型)　(b) 쌍봉우리형　(c) 이 빠진형　(d) 절벽형

② 히스토그램작성순서

㉮ 데이터를 모은다.

㉯ 데이터중의 최대치와 최소치를 구한 다음 전 범위를 구한다.

㉰ 구간폭을 구한다.

㉱ 도수분포표를 만든다.

㉲ 히스토그램을 작성한다.

㉳ 히스토그램과 규격값을 대조하여 안정상태인지 검토한다.

4. 파레토도(Pareto Diagram)

① 정의

파레토 그림은 불량, 결점, 고장 등의 발생건수를 분류 항목별로 구분하여 크기의 순서대로 나열해 놓은 그림으로, 이 그림을 통하여 "어떤 항목에 문제가 있는가", "그 영향은 어느 정도인가"를 알아 낼 수 있다.

② 파레토도 작성순서

㉮ 불량내용(항목)의 불량개수가 많은 것 순으로 배열한다.(기타는 제외)

㉯ 불량률, 누적불량수, 누적(누계)%를 계산한다.

㉰ 가로축에 불량내용을 크기순으로 배열한다.

㉱ 세로축에 불량건수를 막대그래프로 작성한다.

㉲ 누적률은 꺾임선으로 표시한다.

5. 특성요인도(Fish-bone Diagram)

① 정의

특정요인도란 결과(품질특성)에 원인(품질특성에 영향을 주는 요인)이 어떻게 관계하고 있는가를 한눈에 알 수 있도록 작성한 그림으로 생선뼈 그림이라고도 한다.

② 특성요인도의 작성법

㉮ 문제점(결과로서 나타나는 것, 품질특성)을 정하여 오른쪽에 쓰고 왼쪽에서 오른쪽으로 굵은 화살표를 긋는다.

㉯ 품질특성에 영향을 미치는 원인 중 중요한 항목을 중간뼈에 기입한다. 일반적으로 4M (사람, 기계, 재료, 작업방법)으로 구분한다.

㉰ 요인마다 더 작은 요인(원인)을 세분화하여 기입하고, 더 작은 요인을 조치를 취할 수 있는 말단까지 기입한다.

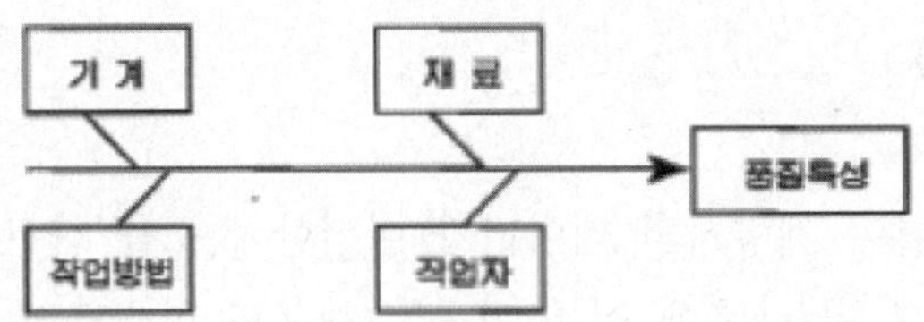

6. 체크 시트(Check Sheet)

① 정의

체크시트란 주로 계수치의 데이터(불량수, 결점수와 같이 수를 세어서 취한 데이터)가 분류 항목별의 어디에 집중되어 있는가를 알아보기 쉽게 나타낸 그림이나 표이다. 이것은 데이터가 어디에 집중되어 있는가를 비교, 검토함으로써 문제점이 어디에 있는가를 판단할 수 있다.

② 작성 예

불량내용	10일	11일	12일	13일	14일	15일	16일	계
납땜불량	//	/	///					19
결품발생	/	//		/	///	//	/	10
조임불량		/	//	//	/		///	9
소형램프교환	///\	/////\	///	///////\	//	//////\	///	34
기 타	/	//	///	/	//	////	////\	17
계	9	12	11	12	13	18	14	89

7. 각종 그래프(Graph)

① 개요

그래프의 종류는 여러 가지가 있으나 그 작성요령은 그래프 작성의 목적을 명확히 해서 가장 간략하게 그 뜻을 독자에게 전할 수 있는 방법을 강구하도록 하여야 한다. 특히 꺾은선 그래프에서 데이터의 점이 이상이 있는가 없는가를 판단하기 위하여 중심선을 긋고 아래로 한계선(관리 상한선, 관리 하한선)을 기입하여 관리하는 그래프를 관리도라 부른다.

② 그래프의 종류

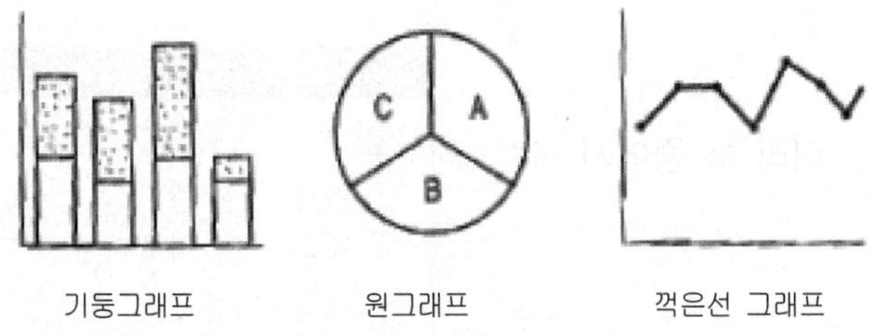

8. 산점도(=산포도, Scatter Diagram)

① 개요

산점도란 서로 대응되는 두 개의 짝으로 된 데이터를 그래프 용지위에 점으로 나타낸 그림이다. 서로 대응되는 두 개의 짝으로 된 데이터란 관련되는 두변수를 관찰하여 얻어진 데이터를 말하며, 산점도로부터 두변수간의 상관관계를 짐작할 수 있다.

② 산점도와 상관

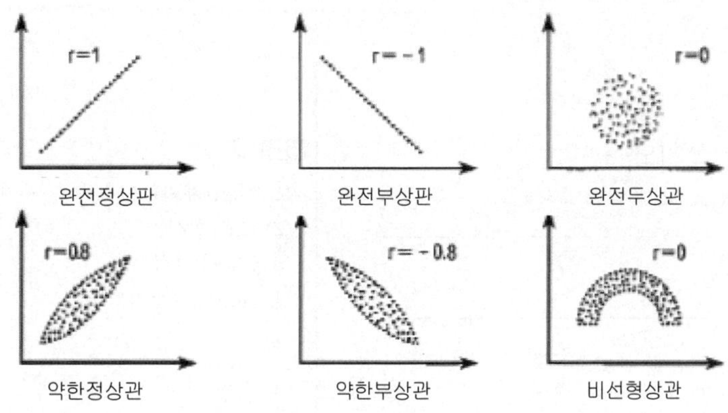

9. 층별 (Stratification)

① 정의

층별이란 집단으로 구성하고 있는 많은 데이터를 어떤 특징에 따라서 몇 개의 부분집단으로 나누는 것을 말한다. 측정치에는 반드시 산포가 있으며 이 산포의 원인이 되는 인자에 관하여 층별하면 산포의 발생원인을 규명할 수 있게 되고, 산포를 줄이거나, 공정의 평균을 좋은 방향으로 개선하는 등 품질향상에 도움이 된다.

1. 품질관리 등 일반관리의 제반요인(대상)이 되는 여러 M 중에서 4M을 쓰시오.

① ________________ ② ________________

③ ________________ ④ ________________

2. 품질관리 중 5M을 쓰시오.

① ________________ ② ________________

③ ________________ ④ ________________

⑤ ________________

3. 품질관리의 4싸이클 순서인 PDCA명을 쓰시오.

① ________________ ② ________________

③ ________________ ④ ________________

4. 다음은 품질관리 시험사항이다. 그 순서를 기호로 쓰시오.

ⓐ 품질표준을 정한다.
ⓑ Data를 취한다.
ⓒ 작업표준을 정한다.
ⓓ 품질 특성을 정한다.
ⓔ 관리도에 의하여 공정의 안전을 체크한다.
ⓕ 관리한계를 계산한다.

____

5. TQC에 이용되는 도구명을 7가지 쓰시오.

① ② ③ ④

____

⑤ ⑥ ⑦

____

정 답

정답 **1**
① 인력 ② 장비
③ 재료 ④ 자금

정답 **2**
① 인력 ② 장비
③ 재료 ④ 자금
⑤ 공법

정답 **3**
① Plan(계획)
② Do (실시)
③ Check (검토)
④ Action (조치)

정답 **4**
ⓓ–ⓐ–ⓒ–ⓑ–ⓔ–ⓕ

정답 **5**
① 히스토그램 ② 파레토도
③ 특성요인도 ④ 체크씨이트
⑤ 각종그래프 ⑥ 산점도
⑦ 층별

6. 다음 QC의 7가지 도구에 대한 설명이다. 해당하는 도구명을 쓰시오.

① 계량치의 데이터가 어떠한 분포를 하고 있는지 알아보기 위하여 작성하는 그림(　　)
② 집단을 구성하고 있는 많은 데이터를 어떤 특징에 따라서 몇 개의 부분집단으로 나누는 것(　　)
③ 결과에 원인이 어떻게 관계하고 있는가를 한 눈에 알 수 있도록 작성한 그림(　　)
④ 대응되는 두 개의 짝으로 된 데이터를 그래프 용지 위에 점으로 나타낸 그림(　　)
⑤ 불량 등 발생 건수를 분류 항목별로 나누어 크기 순서대로 나열해 놓은 그림(　　)
⑥ 막대, 원, 꺽은 선 등 단번에 뜻하는 것을 알 수 있도록 한 그림 (　　)
⑦ 계수치의 데이터가 분류항목의 어디에 집중되어 있는가를 알아보기 쉽게 나타낸 그림이나 표 (　　)

정답 **6**

① 히스토그램 ② 층별
③ 특성요인도 ④ 산점도
⑤ 파레토도 ⑥ 각종그래프
⑦ 체크씨이트

7. 다음의 내용을 연결하시오.

(가) 파레토도　① 결과에 미치는 불량의 원인 항목의 체계적 정리 원인 발견
(나) 특성요인도 ② 작업의 상태가 설정된 기준 내에 들어가는지 판정
(다) 히스토그램 ③ 불량항목 발생, 상황파악 데이터의 사실파악
(라) 관리도　④ 데이터의 분포상태 등의 살핌
(마) 체크시트　⑤ 불량항목과 원인의 중요성 발견

(가)(　　) (나)(　　) (다)(　　) (라)(　　) (마)(　　)

정답 **7**

(가) (⑤) (나) (①)
(다) (④) (라) (②)
(마) (③)

8. TQC에 이용되는 도구 중 다음에 대하여 설명하시오.

① 파레토도 ______________
② 특성요인도 ______________
③ 층별 ______________
④ 산점도 ______________

정답 **8**

① 불량 등 발생건수를 분류 항목별로 나누어 크기순서대로 나열해 놓은 그림
② 결과에 원인이 어떻게 관계하고 있는가를 한눈에 알 수있도록 작성한 그림
③ 집단을 구성하고 있는 많은 데이터를 몇 개의 부분집단으로 나누는 것
④ 대응되는 두 개의 짝으로 된 데이터를 그래프 용지 위해 점으로 나타낸 그림

정 답

9. 다음은 품질관리(Quality-Control)의 도구를 설명한 것이다. 해당되는 도구명을 보기에서 골라 쓰시오.

〈보기〉
㉮ 특성요인도 ㉯ 파레토 다이어 그램 ㉰ 산점도
㉱ 층별 ㉲ 체크시트 ㉳ 히스토그램

① 불량의 발생건수를 분류, 항목별로 나누어 크기 순서대로 나열해 놓은 그림
② 집단을 구성하는 많은 데어터를 어떤 특징에 따라서 몇 개의 부분집단으로 나누어 측정데이터의 발생원인을 규명할 수 있다.
③ 서로 대응되는 두 개의 짝으로 된 데이터를 점으로 나타내며 두 변수간의 상관관계를 짐작할 수 있다.
④ 역할을 주는 원인이 어떻게 관계하고 있는가를 한눈에 알 수 있도록 작성한 그림

① (　　　) ② (　　　) ③ (　　　) ④ (　　　)

정답 **9**
① (㉯) ② (㉱)
③ (㉰) ④ (㉮)

10. 히스토그램(Histogram)의 작성순서를 보기에서 골라 순서를 기호로 쓰시오.

〈보기〉
① 히스토그램 및 규격값과 대조하여 안정상태인지 검토한다.
② 히스토그램을 작성한다.
③ 도수분포도를 만든다.
④ 데이터에서 최소값과 최대값을 구하여 전범위를 구한다.
⑤ 구간폭을 정한다.
⑥ 데이터를 수집한다.

정답 **10**
⑥-④-⑤-③-②-①

16 식물 및 시설물의 유지관리

1 | 기본사항

학습포인트

- 유지관리는 수목식재 및 초화류, 잔디식재공사 및 시설물공사의 준공 후 일정기간 또는 별도의 독립된 공종으로 시행되는 유지관리에 관한 일련의 모든 작업공정에 적용한다.
- 모든 작업공정이라 함은 전정, 제초, 잔디깎기, 잔디시비, 수목시비, 병충해 방제, 관수 및 배수, 지주목 재결속, 월동작업 및 기반시설물, 편익 및 유희시설물, 설비시설, 건축시설물 관리 등을 말한다.

1 요구조건

준공 후 활착기간 동안의 유지관리공사가 별도로 책정되었을 경우에 적용한다. 활착기간이라 함은 국가를 당사자로 하는 계약에 관한법률 시행규칙에 의한 조경식재공사 및 조경시설물공사 하자담보책임기간을 준용하여 이 기간 동안 유지관리작업을 시행하는 것을 말한다.

2 확인점검

① 유지관리는 작업 전후의 작업상황이 명료하게 나타나도록 사진을 촬영 · 보관하여야 하며, 매 작업 종료마다 감독자의 확인 · 점검을 받아야 한다.

② 운반 · 보관 및 취급에 있어 유지관리작업에 사용되는 비료나 농약 등은 외기의 영향(햇볕, 건조, 동결, 습기피해 등)을 받아 변질되지 않도록 바람이 잘 통하는 창고나 덮개로 덮어 보관하여야 한다.

학습포인트

2 | 식생 유지관리

- 수목 및 초화류, 잔디 등의 유지관리로 전정, 제초, 잔디깎기, 잔디시비, 병해충 방제, 관수 및 배수, 지주목재결속, 월동작업 등이 포함된다.

1 일반사항

① 적용범위는 수목 및 초화류, 잔디 등 식물의 유지관리에 적용한다.

② 용어 정의

㉮ 전정은 수목의 활착과 녹화량의 증가를 목적으로 수목의 미관, 수목생리, 생육 등을 고려하면서 가지치기와 수형을 정리하는 작업을 말한다.

㉯ 제초는 식재지내에서 번성하고 있는 잡초류를 제거함을 말한다.

㉰ 잔디깎기는 잔디밭의 치밀한 생육과 부드럽고 균일한 표면유지 및 잡초방제 등을 목적으로 잔디면을 일정한 높이로 깎아주는 것을 말한다.

㉱ 잔디시비는 잔디의 생육을 돕기 위하여 비료를 주는 것을 말한다.
수목시비는 수목의 성장을 촉진하고 쇠약한 수목에 활력을 주기 위하여 퇴비 등 유기질비료와 화학비료를 주는 것을 말한다.

㉲ 병해충 방제는 병원균이 기주체내에 침입하는 것을 저지하고, 이미 기주체표면에 부착하였거나 그 위에 형성된 병원균을 죽이거나 활동을 억제함으로써 병의 발생을 미연에 방지하고 발생 후의 확산을 방지하기 위하여, 또한 해충으로 인한 피해를 최소화시키기 위하여 약제, 미생물 제제 등을 살포하는 것을 의미한다.

㉳ 관수 및 배수는 식물의 건강한 생육을 위해 토양상태 및 식물의 생육상황 등을 고려하여 이식수목, 잔디 및 초화류 등에 실시하는 물주기(적정한 수분의 공급)와 물빼기(과다한 수분의 제거)작업을 말한다.

㉴ 지주목재결속은 수목식재시 설치한 지주목이 공사준공후 완전활착 전에 자연적으로 또는 인위적인 손상에 의해 결속상태가 느슨해졌거나 지주목 자체가 훼손되어 제기능을 발휘하지 못했을 경우 이를 부분 보수하거나 재결속함을 말한다.

㉵ 월동작업은 이식수목 및 초화류가 겨울철 환경에 적응할 수 있도록 하기 위하여 월동에 필요한 제반조치를 함을 말한다.

2 재료일반

① 비료의 종류는 시비할 대상 수종별 특성 및 토양상태 등을 고려하여 설계도서에 명시한다.

② 농약은 살충제, 살균제 및 제초제 등을 사용하되 사용약제는 식물의 병충해 및 잡초의 종류와 살포목적에 따라 설계도서에 명시한다.

③ 희석용 물은 방제대상 식물에 해를 끼칠 성분이 함유되지 않고 약제와 희석할 경우 반응하여 약제성분에 변화가 일어나지 않는 깨끗한 물이어야 한다.

3 전정

① 전정의 종류

약전정	수관내의 통풍이나 일조 상태의 불량에 대비하여 밀생된 부분을 솎아내거나 도장지 등을 잘라내어 수형을 다듬는다.
강전정	굵은 가지 솎아내기 및 장애지 베어내기 등으로 수형을 다듬는다.

② 전정의 시기

㉮ 수목의 정상적인 생육장애요인의 제거 및 외관적인 수형을 다듬기 위해 6월~8월 사이에 하계전정을 실시하며 도장지, 포복지, 맹아지, 평형지 등을 제거한다.

㉯ 수형을 잡아주기 위한 굵은 가지 전정으로 수목의 휴면기간인 12월~3월 사이에 동계전정을 실시하며 허약지, 병든가지, 교차지, 내향지, 하지 등을 잘라낸다.

㉰ 표준시방서상 수목의 전정의 시기와 방법

- 수목 유형에 따른 전정시기

구분	시기
화목류	개화가 끝난 직후
유실수	싹트기 전 이른 봄
상록 활엽수	어느 때나 가능(6~7월에 유의)
상록 침엽수	5월 초순~중순
낙엽 활엽수	6월 이전 또는 낙엽 후

- 전정을 실시할 때는 전정의 목적, 성장과정, 지엽의 신장량, 밀도, 분리량 등을 조사해서 전정방법을 결정
- 굵은 가지의 전정은 생장할 수 있는 눈을 남기지 않고 기부로부터 가지를 잘라버리거나 줄기의 길이를 줄이는 방법으로 수종, 수형 및 크기 등을 고려하여 제거
- 작은 가지의 전정은 마디의 바로 윗눈이 나온 부위의 상부로부터 반대편으로 기울어지게 절단
- 전정을 실시하면 상처부위가 노출되므로, 전정부위에 목재부후균과 천공성 해충의 가해를 예방하기 위한 상처도포제를 처리하여 수목을 보호

③ 전정의 방법

㉮ 전정은 수종별, 형상별 등 필요에 따라 감독자와 협의한 후 견본전정을 먼저 실시해야 하며 가로수는 노선에 따라 실시한다.

㉯ 전정을 실시할 때는 전정의 목적, 성장과정, 지엽의 신장량, 밀도, 분리량 등을 조사해서 전정방법을 결정한다.

㉰ 굵은 가지의 전정은 생장할 수 있는 눈을 남기지 않고 기부로부터 가지를 잘라버리거나 줄기의 길이를 줄이는 방법으로 수종, 수형 및 크기 등을 고려하여 제거한다.

㉱ 작은 가지의 전정은 마디의 바로 윗눈이 나온 부위의 상부로부터 반대편으로 기울어지게 절단한다.

④ 가로수 전정

㉮ 생육공간에 제약이 없어 식재수종의 자연생육이 가능한 장소의 전정은 수형의 형성에 있어 장애가 되는 불용지를 잘라낸다.

㉯ 생육공간에 제약이 있어 식재수종의 자연생육이 가능하지 않은 경우에는 제한공간 내에 골격이 되는 주지를 가능한 한 길게 하여 규격수형을 유지하고, 동계전정시 측지의 일부를 갱신하는 것으로 전체수형을 유지한다.

㉰ 도심부에 맹아력이 강한 플라타너스, 버드나무 등이 가로수로 식재된 경우에는 같은 부위를 계속 전정하여 혹을 형성시켜(pollarding) 조형미를 살린다.

㉱ 가로수전정에 있어 생육공간의 제약내용은 다음과 같다.

- 고압선이 있는 경우의 수고는 고압선보다 1m 밑까지를 한도로 유지하도록 전정하는 것을 원칙으로 하나, 그 이상의 수고를 유지하고자 하는 경우는 수관내에 고압선이 지나가도록 통로를 만들어야 한다.
- 제일 밑가지는 가능한 한 도로와 평행이 되도록 유지하며 통행에 지장이 없도록 보도측 지하고는 2.5m 이상으로 하되, 수고와 수형 등을 감안하여 2.0m까지로 할 수 있다.
- 보도측 건물의 건축외벽으로부터 수관 끝이 1m 이격을 확보하도록 한다.
- 차도 및 보도에 있어 기능(통행), 시설(신호, 표식 등)에 지장이 발생한 경우는 감독자의 지시에 따른다.

⑤ 수목의 정상적인 생육장애요인의 제거 및 외관적인 수형을 다듬기 위해 6월~8월 사이에 하계전정을 실시하며 도장지, 포복지, 맹아지, 평형지 등을 제거한다.

⑥ 수형을 잡아주기 위한 굵은 가지 전정으로 수목의 휴면기간인 12월~3월사이에 동계전정을 실시하며 허약지, 병든가지, 교차지, 내향지, 하지 등을 잘라낸다.

⑦ 절단방법

- 굵은 가지의 전정은 생장할 수 있는 눈을 남기지 않고 기부로부터 바싹 가지를 잘라버리거나 줄기의 길이를 줄이는 방법으로 수종, 수형 및 크기 등을 고려하여 제거한다.
- 작은 가지의 전정은 마디의 바로 윗눈이 나온 부위의 상부로부터 반대편으로 기울어지게 절단한다.

⑧ 대상 수목의 전정대상부위는 다음의 그림과 같다.

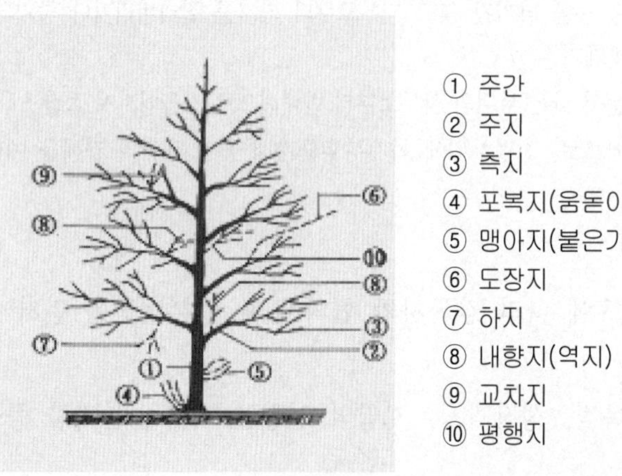

① 주간
② 주지
③ 측지
④ 포복지(움돋이)
⑤ 맹아지(붙은가지)
⑥ 도장지
⑦ 하지
⑧ 내향지(역지)
⑨ 교차지
⑩ 평행지

그림. 전정대상 수목의 각 부위도

4 제초

① 제초작업은 가급적 잡초가 발아하기 전이나 발생초기에 시행하며 년 4회~6회 실시한다. 인력으로 제초하는 경우는 잡초의 뿌리 및 지하경을 완전히 제거해야 하며, 제거된 잡초는 식재지 또는 잔디식재지역 밖으로 반출·처리하여야 한다.

② 제초제는 발아전처리제와 경엽처리제를 구분하여 목적에 맞게 살포하되, 농도, 살포량, 살포기계의 주행속도 등을 고려하여 단위면적에 적정량을 살포하여야 한다.

5 잔디깎기

① 깎기시기

㉮ 들잔디는 잎의 길이가 0.03~0.06m 이내가 되도록 수시로 실시하고, 기타 잔디류는 식물의 생장에 지장을 주지 않으며 목적에 부합되는 범위 내에서 수시로 실시해야 한다.

㉯ 횟수는 사용목적에 부합되도록 실시하되 들잔디 등 난지형잔디는 생육이 왕성한 6~9월에, 한지형잔디는 봄과 가을에 집중적으로 실시한다.

② 깎기방법

㉮ 잔디깎기 기계를 점검하고 잔디밭의 돌 등 잡물질을 제거한다.

㉯ 잔디깎기 높이를 일정하게 유지하여 잔디의 높이에 단차가 발생하지 않도록 한다.

㉰ 골프장의 그린 또는 경기장의 잔디면 등을 깎을 때에는 잔디깎기 기계의 깎는 방향을 교대로 바꾸어 줌으로써 잔디면에 계획된 다양한 문양이 나타날 수 있도록 유도한다.

㉱ 키가 큰 잔디는 한번에 깎지 말고 처음에는 높게 깎아주고 상태를 보아가면서 서서히 낮게 깎아준다.

㉲ 잔디깎은 높이와 횟수는 규칙적으로 하며, 수목, 초화류, 시설 등에 손상이 가지 않도록 주의를 기울인다.

㉳ 깎여진 잔디는 잔디밭에 남겨 두지 말고 비나 레이크로 모아서 버린다.

6 잔디관리

① 시비

㉮ 시비시기는 지상부와 지하부의 생육이 활발한 시기에 실시하되 난지형 잔디는 하절기에, 한지형 잔디는 봄과 가을철에 집중시킨다.

㉯ 질소, 인산, 칼리성분이 복합된 비료를 1회에 ㎡당 30g씩 살포한다.

㉰ 시비방법

- 가능하면 제초작업후 비오기 직전에 실시하며 불가능시에는 시비후 관수한다.
- 비료는 잔디 전면에 고루 살포하며 시비후 지엽에 부착된 비료를 제거하여 비료해를 피한다.
- 발병시에는 시비를 피한다.
- 한지형 잔디의 경우 고온에서의 시비는 피해를 촉발시킬 수 있으므로 가능한 한 시비를 하지 않은 것이 원칙이며, 생육부진이 예상되는 등 시비가 반드시 필요한 경우라면 농도를 약하게 액비로 시비하여야 한다.

② 뗏밥주기

㉮ 잔디의 생육을 돕기 위하여 한지형 잔디는 봄, 가을에 난지형 잔디는 늦봄에서 초여름에 뗏밥을 준다.

㉯ 뗏밥은 잔디의 생육이 왕성할 때 얇게 1~2회 준다. 뗏밥의 두께는 2~4㎜정도로 주고, 다시 줄 때에는 15일이 지난 후에 주어야 하며 봄철에 두껍게 한번에 주는 경우에는 5~10㎜정도로 시행한다.

7 수목시비

① 시비시기

㉮ 기비는 늦가을 낙엽후 10월 하순~11월 하순의 땅이 얼기 전까지, 또는 2월 하순~3월 하순의 잎 피기 전까지 사용하고, 추비는 수목생장기인 4월 하순~6월 하순까지 사용해야 한다.

㉯ 화목류의 시비는 잎이 떨어진 후에 효과가 빠른 비료를 준다. 비료량은 토양의 상태, 수종, 수세 등을 고려하여 결정한다.

② 시비방법

- 환상시비는 뿌리가 손상되지 않도록 뿌리분 둘레를 깊이 0.3m, 가로 0.3m, 세로 0.5m 정도로 흙을 파내고 소요량의 퇴비(부숙된 유기질비료)를 넣은 후 복토한다.
- 방사형 시비는 1회시에는 수목을 중심으로 2개소에, 2회시에는 1회시비의 중간위치 2개소에 시비 후 복토한다.
- 가로수 및 수목보호홀 덮개상의 시비는 측공시비법(수목근부외곽 표면을 파내어 비료를 넣는 방법)으로 시행하되 깊이 0.1m파고 수목별 해당 수량을 일정간격으로 넣고 복토한다.

시비 시에 비료가 뿌리에 직접 닿지 않도록 주의한다.

8 병충해방제

① 예방 및 구제

㉮ 조경식물은 환경을 정비하고 적정한 비배관리를 하여 건전하게 생육시켜 병충해를 받지 않도록 조치를 하여야 하며 예방을 위한 약제살포를 하여야 한다.

㉯ 병충해가 발병한 조경식물은 초기에 약제살포를 하여 조기구제 하여야 하고 전염성이 강한 병에 걸렸을 경우에는 가지를 잘라내거나 심한 경우에는 굴취하여 소각하여야 한다.

② 수목의 주요 병해충

㉮ 주요병해

주요병해	원인 및 증상	방제
흰가루병	· 잎에 흰곰팡이형성 · 자낭균 · 주야온도차가 크고 습기가 높으며 통풍이 불량한곳	통풍을 좋게함 석회황합제살포 만코지, 지오판 수화제 보르도액
그을음병	· 진딧물, 깍지벌레등의 흡즙성 해충의 배설분비물 · 자낭균	통풍을 좋게함 만코지, 지오판 수화제
적성병 (붉은병무늬병)	· 6~7월에 모과나무, 배나무 잎과 열매에 녹포자퇴 형상	만코지, 폴리옥신 수화제 중간기주 향나무제거
갈색무늬병	· 자낭균 · 갈색점무늬 불규칙 둥근병반	베노밀수화제 보르도액 병든잎소각
구멍병	· 자낭균(벚나무, 살구나무) · 작은 점무늬 갈색반점에서 동심원의 구멍발생	병든잎소각 보르도액
잎떨림병(엽진병)	· 자낭균(소나무, 해송, 낙엽송)	병든잎 소각 베노밀, 만코지수화제
빗자루병	· 마이코플라즈마 : 대추나무, 오동나무, 붉나무 · 자낭균 : 벚나무 대나무	항생물질계주사 보르도액, 만코지수화제
줄기마름병	· 수피에 외상이 생겨 병원균침입하여 줄기와 가지가 마름	전정 후 상처치료제와 방수제사용
모잘록병	· 토양이 과습할 때 종자, 어린묘에 간염 · 침엽수에서 많이 발생	종자, 토양소독/배수관리철저/질소과용금지, 인산질비료 충분히 사용
탄저병	· 자낭균에 의한병으로 잎이나 어린가지, 과실이 검게 변하고 움푹들어가는 공통적인 병징	베노밀수화제, 지오판수화제/병든잎과 가지소각
떡병	· 담자균류에 의한 병으로 봄비가 잦은 해	동수화제/병든부분제거 소각
소나무재선충병	· 매개충 : 솔수염하늘소/선충이 매개충에 의해 소나무에 침입	항공 · 지상 약제 살포고사목 벌채 및 훈증
참나무시들음병	· 매개충 : 광릉긴나무좀 · 기주식물 : 참나무류(신갈나무), 서어나무	항공 · 지상 약제 살포/고사목 벌채 및 훈증/유인목 설치/끈끈이트랩 설치

㉯ 주요충해

가해습성	주요해충	특징	방제법
흡즙성 (나무의 즙액을 빨아먹음)	응애	· 고온건조시발생 / 황색반점을 남김	테디온유제, 디코폴유제 (동일농약의 연용을 피함)
			무당벌레 / 풀잠자리 / 거미
	진딧물	· 그을음병 초래(2차병)	메타유제 / 아시트수화제 / 마라톤유제 / 개미박멸
			풀잠자리 / 무당벌레류 / 꽃등애류 / 기생봉
	깍지벌레	· 그을음병 초래(2차병)	기계유제살포
			무당벌레 / 풀잠자리 / 기생봉
	방패벌레	· 활엽수에 피해	메프유제 / 나크수화제
식엽성 (잎을 갉아먹음)	흰불나방	· 활엽수에 피해 / 번데기상태월동 / 성충 수명 3~4일	디프유제/ 메트수화제
			긴등기생파리 / 송충알벌 / 검정명주 딱정벌레 / 맵시벌
			비티수화제(생물농약)
	솔나방	· 소나무과 피해 / 애벌레로 월동	디프액제 / 파라티온
			맵시벌/ 고치벌
	그 밖의 해충 : 회양목 명나방(회양목피해)/ 매미나방(활엽수가해) / 잎벌류		
천공성 (나무에 구멍을 내고 알을 산란)	소나무좀	· 소나무류가해(이식수목) · 성충월동	수간에 살충제살포 / 훈증
			메프유제 + 다수진유제혼합
	하늘소	· 유충이 침엽수 활엽수에 형성층을 가해	유충기에 메프유제
	박쥐나방	· 침엽수, 활엽수 가해	벌레집제거 / 메프수화제 / 주변 풀 깎기 및 멀칭
충영형성 (줄기나 뿌리에 혹을 형성하고 수액을 빨아먹음)	솔잎혹파리	· 소나무 2엽송에 피해(연1회)	다이아톤수간주사 / 스미치온 수관살포
			먹좀벌 / 산솔새
	그 밖의 해충 : 혹진딧물 / 혹응애		

③ 약제살포

㉮ 병충해의 예방 및 구제를 위한 약제살포는 살충제와 살균제를 사용하며, 살포작업시 사람, 동물, 건조물 차량 등에 피해를 주지 않도록 주의한다.

㉯ 사용약제, 살포량, 살포시기, 약제의 희석배율 등은 식물의 병충해 종류와 살포목적에 따라 설계도서에 의한다.

㉰ 살포작업은 한낮 뜨거운 때를 피하여 아침, 저녁 서늘할 때 시행하며, 사용한 빈포대와 빈병은 공사부지 밖으로 반출하여 폐기처분한다.

④ 수간주입

㉮ 병충해에 감염되었거나 수세가 쇠약한 수목에 수세를 회복하기 위하여 처리하는 방법으로 주입시기는 수액이동이 활발한 5월초~9월말 사이에 증산작용이 활발한 맑게 갠 날에 실시한다.

㉯ 수간주입 방법은 다음과 같다.

- 수간주입기를 사람의 키높이 되는 곳에 끈으로 매단다.
- 나무 밑에서부터 높이 0.05~0.1m 되는 부위에 드릴로 지름 5㎜, 깊이 0.03~0.04m 되게 구멍을 20~30° 각도로 비스듬히 뚫고, 주입구멍안의 톱밥부스러기를 깨끗이 제거한다.
- 같은 방법으로 먼저 뚫은 구멍의 반대쪽에 지상에서 0.1~0.15m높이 되는 곳에 주입구멍 1개를 더 뚫는다.
- 나무에 매달린 수간주입기에 미리 준비한 소정량의 약액을 부어 넣는다.
- 주입기의 한쪽 호스로 약액이 흘러나오도록 해서 주입구멍 안에 약액을 가득채워 주입구멍안의 공기를 완전히 빼낸다.
- 호스 끝에 있는 플라스틱주입구멍에 꼭 끼워 약액이 흘러나오지 않도록 고정시킨다. 같은 방법으로 나머지 호스를 반대쪽의 주입구멍에 연결시킨다.
- 수간주입기의 마개를 닫고 지름 2~3㎜의 구멍을 뚫어 놓는다.
- 약통속의 약액이 다 없어지면 나무에서 수간주입기를 걷어내고 주입구멍에 도포제를 바른 다음, 나무껍질과 일치되도록 코르크 마개로 주입구멍을 막아준다.

⑤ 농약관리

㉮ 사용목적에 따른 분류

구분	내용
살균제	· 병을 일으키는 곰팡이와 세균을 구제하기 위한 약 · 직접살균제, 종자소독제, 토양소독제, 과실방부제 등
살충제	· 해충을 구제하기 위한 약 · 소화중독제, 접촉독제, 침투이행성살충제 등
살비제	· 곤충에 대한 살충력은 없으며 응애류에 대해 효력
살선충제	· 토양에서 식물뿌리 기생하는 선충 방제
제초제	· 잡초방제 / 선택성과 비선택성
식물생장조절제	· 생장촉진제 : 발근촉진용 · 생장억제제 : 생장, 맹아, 개화결실 억제

㉯ 식물생장 조절제

구분	내용
생장억제제	NAA, MH 등으로 정아 생장을 억제하거나 정아를 죽임
발근촉진제	IBA
개화결실억제제	NAA, MH, 에틸렌계통
주맹아억제제	NAA, MH 로 수간 밑동에서 나오는 맹아 발생을 억제
살목제	2,4-D, 디캄바 등 으로 관목과 교목을 죽이는 약제

㉰ 소요약량계산

- 소요약량(배액살포) $= \dfrac{\text{총사용량}}{\text{소요희석배수}}$
- 희석할 물의 양=원액의 용량 $\times \left(\dfrac{\text{원액의농도}}{\text{희석할농도}} - 1 \right) \times$ 원액의 비중
- ha당 소요약량 $= \dfrac{ha\text{당사용량}}{\text{사용희석배수}} = \dfrac{\text{사용할농도}(\%) \times \text{살포량}}{\text{원액농도}}$
- 10a당 소요약량(%액 살포) $= \dfrac{\text{사용할농도}(\%) \times 10a\text{당 살포량}}{\text{약액농도}(\%) \times \text{비중}}$
- 소요약량(ppm)살포 $= \dfrac{\text{사용할농도}(\text{ppm}) \times \text{피처리물}(\text{kg}) \times 100}{1{,}000{,}000 \times \text{비중} \times \text{원액농도}}$
- 희석할 증량제의 양=원분제의 중량 $\times \left(\dfrac{\text{원분제의농도}}{\text{원하는농도}} - 1 \right)$

9 그 밖의 식물관리

① 관수

㉮ 수관폭의 1/3정도 또는 뿌리분 크기보다 약간 넓게 높이 0.1m 정도의 물받이를 흙으로 만들어 물을 줄 때 물이 다른 곳으로 흐르지 않도록 한다.

㉯ 관수는 지표면과 엽면관수로 구분하여 실시하되, 토양의 건조시나 한발시에는 이식목에 계속하여 수분을 유지하여야 하며, 관수는 일출 · 일몰시를 원칙으로 한다. 잔디관수는 잔디가 물에 젖어있는 기간이 길면 병충해의 발생이 우려되므로 이슬이 걷혀 어느 정도 마른상태인 낮에 하여야 한다.

㉰ 수목의 관수횟수는 연간 5회로서 장기가뭄 시에는 추가 조치한다.

㉱ 잔디의 관수횟수는 일정하게 정할 수 없으나 잔디가 가뭄을 타지 않도록 기상여건을 고려하여 결정한다.

② 배수

㉮ 식물의 생육에 지장을 초래하는 장소에는 표면배수 또는 심토층 배수 등의 방법을 활용하여 충분한 배수작업을 하여야 한다.

㉯ 우기에 수일간 물이 고여 수목생육에 지장을 초래하는 장소는 신속히 배수처리하여 토양의 통기성을 유지해 주어야 한다.

③ 지주목 재결속

㉮ 준공 후 1년이 경과되었을 때 지주목의 재결속을 1회 실시함을 원칙으로 하되 자연재해에 의한 훼손시는 즉시 복구 하여야 한다.

㉯ 설계도면과 일치하도록 지주목을 결속시키되 주풍향을 고려하여 시공한다.

㉰ 지주목과 수목의 결속부위는 필히 완충재를 삽입하여 수목의 손상을 방지한다.

④ 월동작업

㉮ 이식수목 및 초화류가 겨울철 환경에 적응할 수 있도록 월동에 필요한 조치를 한다. 단, 식물별로 필요한 조치가 다르므로 작업의 구체적인 방법은 설계도서에 따른다.

㉯ 줄기싸주기는 이식하고자 하는 수목이 밀식상태에서 자랐거나 지하고가 높은 수목은 수분의 증산을 억제하고 태양의 직사광선으로부터 줄기의 피소 및 수피의 터짐을 보호하며 병충해의 침입을 방지하기 위한 조치로서 마포, 유지, 새끼 등을 이용하여 분지된 곳 이하의 줄기를 싸주어야 하며 그해의 여름을 경과시킨다.

㉰ 뿌리덮개는 관수한 수분과 토양중 수분의 증발을 억제하고 잡초의 번성를 방지하기 위하여 뿌리주위에 풀을 깎아 뿌리부분을 덮어주거나 짚, 목쇄편, 왕겨 등을 덮어준다.

㉱ 방풍은 바람이 계속 부는 시기와 바람이 심한 지역에 식재할 경우에는 수분이 증발하지 않도록 방풍조치나 줄기 및 가지를 줄기감기 요령에 의하여 처리한다.

㉲ 방한은 동해의 우려가 있는 수종과 온난한 지역에서 생육 성장한 수목을 한냉지역에 시공하였거나 지형·지세로 보아 동해가 예상되는 장소에 식재한 수목은 기온이 5℃ 이하로 하강하면 다음과 같은 조치를 취하여야 한다.

- 한냉기온에 의한 동해방지를 위한 짚싸주기
- 토양동결로 인한 뿌리 동해방지를 위한 뿌리덮개
- 관목류의 동해방지를 위한 방한덮개
- 한풍해를 방지하기 위한 방풍조치

㉳ 뗏밥주기 : 잔디의 생육을 돕기 위하여 한지형 잔디는 봄, 가을에 난지형 잔디는 늦봄에서 초여름에 뗏밥을 준다. 뗏밥은 잔디의 생육이 왕성할 때 얇게 1~2회 준다. 뗏밥의 두께는 2~4mm정도 주고, 다시 줄때에는 15일이 지난 후에 주어야 하며 봄철에 두껍게 한번에 주는 경우에는 5~10mm 정도로 시행한다.

표. 식물관리의 작업시기 및 횟수

	작업종류	작업시기 및 횟수													적 요
		4월	5월	6월	7월	8월	9월	10월	11월	12월	1월	2월	3월	연간 작업횟수	
식재지	전정(상록)													1~2	
	전정(낙엽)													1~2	
	관목다듬기													1~3	
	깍기(생울타리)													3	
	시 비													1~2	
	병충해 방지							…						3~4	살충제 살포
	거적감기													1	동기 병충해 방제
	제초·풀베기													3~4	
	관 수													적 의	식재장소, 토양조건 등에 따라 횟수 결정
	줄기감기													1	햇빛에 타는 것으로부터 보호
	방 한												…	1	난지에는 3월부터 철거
	지주결속 고치기	…	…	…				…	…	…	…	…	…	1	태풍에 대비해서 8월 전후에 작업
잔디밭	잔디깍기													7~8	
	뗏밥주기													1~2	운동공원에는 2회 정도 실시
	시 비													1~3	
	병충해 방지													3	살균제 1회, 살충제 2회
	제 초													3~4	
	관 수													적 의	
화단	식재교체													4~5	
	제 초													4	식재교체기간에 1회 정도
	관수(pot)													70~80	노지는 적당히 행한다.
원로	풀 베 기	…												5~6	
	제 초													3~4	
광장	제초·풀베기													4~5	
자연림	잡초베기	…	…											1~2	
	병충해 방지					…								2~3	
	고사목 처리													1	연간 작업
	가지치기														

3 | 시설물 유지관리

학습포인트

• 조경공간의 각종시설과 구조물의 유지관리로 정기관리와 부정기관리의 년간 관리계획을 포함한다.

1 일반사항

① 조경공간에 설치된 각종 시설과 구조물 등의 유지관리공사에 적용한다.

② 기반 · 편익 · 유희시설물 관리, 설비관리, 건축물 관리공사를 포함한다.

표. 년간 관리 계획

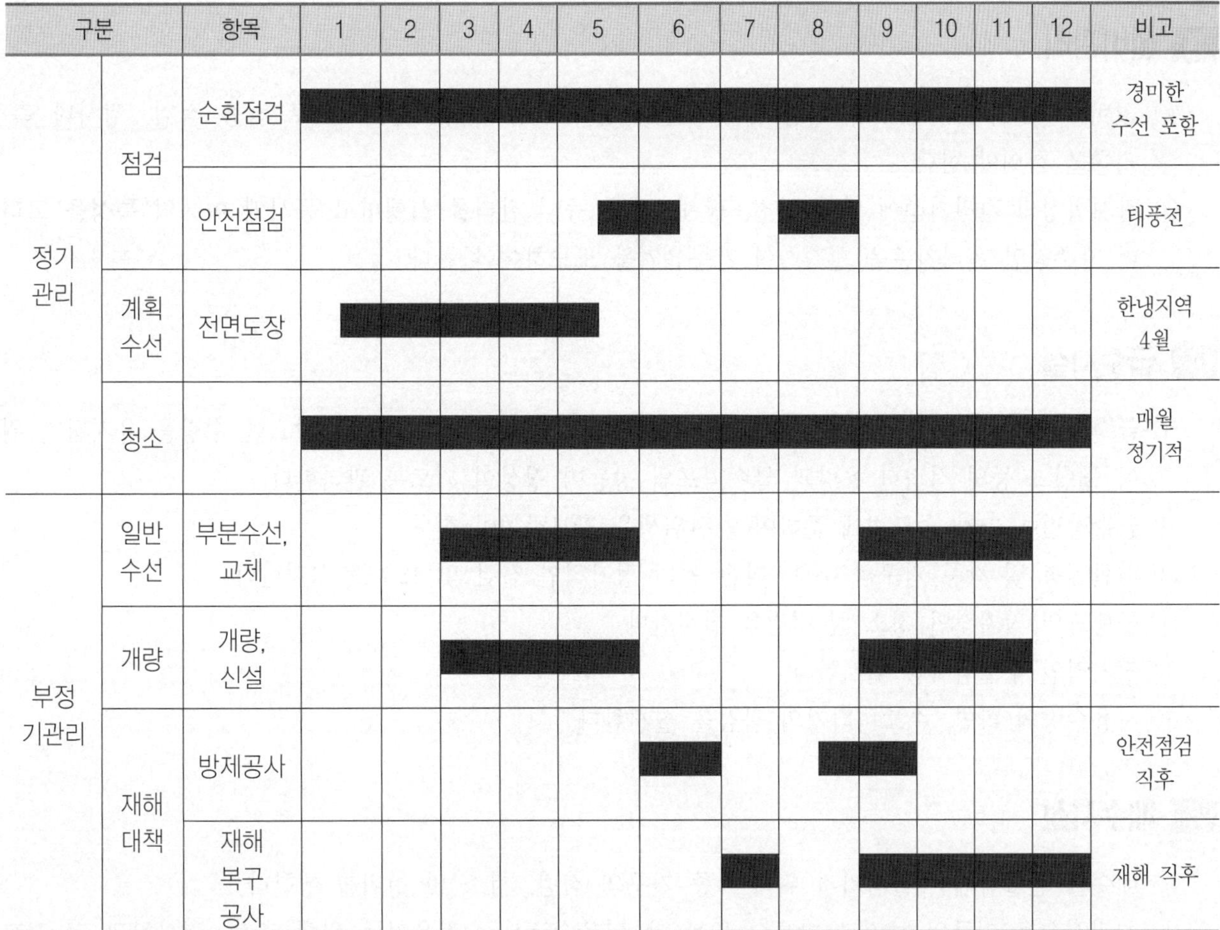

구분		항목	1	2	3	4	5	6	7	8	9	10	11	12	비고
정기관리	점검	순회점검	■	■	■	■	■	■	■	■	■	■	■	■	경미한 수선 포함
		안전점검					■	■		■					태풍전
	계획수선	전면도장	■	■	■	■									한냉지역 4월
	청소		■	■	■	■	■	■	■	■	■	■	■	■	매월 정기적
부정기관리	일반수선	부분수선, 교체			■	■	■				■	■	■		
	개량	개량, 신설			■	■	■				■	■	■		
	재해대책	방제공사						■		■	■				안전점검 직후
		재해복구공사							■		■	■	■	■	재해 직후

2 기반 · 편익 · 유희시설

① 기반시설은 부분적으로 보수를 반복하거나, 내용(耐用)한도에 달했을 경우에는 전면적으로 교체 또는 개조를 행한다.

② 편익 및 유희시설은 교체 · 개조와 함께 이용 상황에 따라 보충이나 이전설치 또는 파손에 의한 교체작업을 행한다.

③ 시설물의 손상은 안전성을 위협하기 때문에 건물관리와 동일한 계획적 수법을 도입하여 노화손상을 방지하는 예방보전과 손상에 대한 보수, 교환을 행하여 안전성이나 기능성을 회복시키는 준공 후 보전을 행하여 기능을 유지시켜야 한다.

예방보전	· 점검은 일상점검과 정기점검으로 구분하여 시행한다. · 청소는 일상청소(원내 일반청소를 포함하여 원로측구, 의자, 야외탁자 등 이용시설의 청소)와 정기청소(연못, 분수의 물빼기 청소, 안내판, 포장면의 오물청소 등), 특별청소(풀의 개장기간 전후의 청소 등)로 구분하여 시행한다. · 미관의 유지와 방부, 방청을 위해 도장처리 한다. · 가구 등의 교환 위의 작업은 작업계획을 수립하여 점검방법, 체크리스트, 이상발견시의 대응, 처리방법을 포함한 점검요령을 작성하여 실시하여야 한다.
준공후 보전	· 임시점검, 보수
기타	· 보충, 시설이전, 부분교체

3 설비관리

① 설비, 기구자체의 보전과 더불어 적정한 운전이 가능하도록 정기적으로 각종 점검, 검사나 측정, 기록을 하여야 한다.

② 관계법령의 관리기준에 따라 안전, 방재, 위생 등의 관리를 시행하고 동시에 이용의 특성을 고려하며 자주적인 관리기준을 설정하여 기능유지를 도모하여야 한다.

4 급수시설

① 급수를 필요로 하는 장소의 급수전에 대해서는 일정한 압력과 사용상 필요한 수량을 유지하기 위하여 물탱크 등의 적정한 용량과 급수펌프의 성능이 정상이 되도록 관리한다.

② 급수방법에 따라 수도법에 준하여 안전위생을 확보하여야 한다.

③ 배관계통 및 각종 기구의 누수, 파손 등의 정기적인 점검 및 보수를 실시한다.

④ 물탱크의 정기적인 청소 및 점검을 실시한다.

⑤ 정기적인 수질검사를 실시한다.

⑥ 사용수량의 확인, 수도미터기의 점검을 실시한다.

5 배수시설

① 배수를 원활하게 유출시키기 위해 각종 기구의 점검, 청소 및 정비를 행한다.

② 처리시설은 기구의 보전과 방류수 또는 재 이용수로서 수질유지를 위해 측정, 검사하고 그 결과에 따라 유량이나 농도를 조정하여야 한다.

③ 배수계통 및 각종 기구의 정기적인 청소, 점검 및 보수를 한다.

④ 처리시설의 운전, 작동성, 운동조건, 청소한다.

⑤ 유입수, 방류수 등의 수질검사를 한다.

6 건물관리

① 예방보전과 사후보전으로 구분하여 관리한다. 예방보전은 결정된 순서에 의해 계획적으로 점검, 보수 등을 행하여 건물의 노화·손상을 미연에 방지하는 것이며, 사후보전은 손상에 대하여 보수를 행하여 내구력, 기능, 미관 등을 회복시키는 것이다.

② 예방보전

㉮ 점검 : 일상점검(일상순시, 관찰에 의한 것), 정기점검(월 1회 내지는 년 1회, 정기적으로 점검하여 안전성, 쾌적성, 기능성을 확인하는 것)

㉯ 청소 : 일상청소, 정기청소, 특별청소

㉰ 도장 : 미관의 유지, 방부, 방청

㉱ 기구 등의 교환

③ 사후보전

㉮ 임시점검은 화재 등에 의한 손상이 예상되는 경우, 일상점검이나 정기점검으로 이상이 발견된 경우, 또는 방법을 결정하기 위해 상세하게 행하는 경우나 재해 등에 의한 손상이 예상되는 경우에 행한다.

㉯ 보수는 손상된 상태에 따라 경제적 조건이나 시기적 조건을 고려하여 보수를 실시한다.

표. 시설물의 보수사이클과 내용년수

시설의 종류	구조	내용 년수	계획보수	보수 사이클	정기점검보수	보수의 목표	적 요
원로·광장	아스팔트 포장	15년			균열	전면적의 5~10% 균열 함몰이 생길 때(3~5년), 전반적으로 노화가 보일 때(10년)	
	평판 포장	15년			평판고쳐놓기 평판교체	전면적의 10% 이상 이탈이 생길 때(3~5년) 파손장소가 특히 눈에 띄일 때(5년)	
	모래자갈 포장	10년	노면수정 자갈보충	반년~1년 1년	배수정비	배수가 불량할 때 진흙장소(2~3년)	
분수		15년	전기·기계의 조정점검 물교체, 청소낙엽제거 파이프류 도장	1년 반년~1년 3~4년	펌프,밸브 등 교체 절연성의 점검을 행한다.	수중펌프 내용연수(5~10년)펌프의 마모에 따라서 연못, 계류의 순환펌프에도 적용	
파걸러	철재	20년	도장	3~4년	서까래 보수	서까래의 부식도에 따라서 목제 5~10년 철제 10~15년 갈대발 2~3년	
	목재	10년	도장	3~4년	서까래 보수	상동	
벤치	목재	7년	도장	2~3년	좌판 보수	전체의 10%이상파손, 부식이 생길 때(5~7년)	
	플라스틱	7년	도장		좌판 보수 볼트 너트 조이기	전체의 10%이상 파손, 부식이 생길 때(3~5년), 정기점검시 처리	
	콘크리트	20년	도장	3~4년	파손장소 보수	파손장소가 눈에 띄일 때(5년)	
그네	철재	15년	도장	2~3년	좌판교체 볼트조이기, 기름치기 쇠사슬, 고리마포교체	부식도에 따라서 조속히(3~5년) 정기점검 때 처리 마모도에 따라서 조속히(5~7년)	
미끄럼틀	콘크리트철재	15년	도장	2~3년	미끄럼판 보수	마모도에 따라서(5~7년)	
모래사장	콘크리트	20년	모래보충 연석도장	1년 2~3년	모래 경운 배수 정비	모래보충시 적당히	
정글짐	철재	15년	도장	2~3년	볼트 너트 조이기	정기점검시 처리	철봉, 등반봉 등 금속제놀이기구에도 적용
시소			도장	2~3년	베어링보수, 좌판보수	삐걱삐걱 소리가 난다 (베어링마모)(3~4년) 부식도에 따라서(특히 손잡이가 떨어지기 쉽다)	

목제놀이기구		10년	도장	2~3년	볼트 너트 조이기 부품 교체	정기점검 때 처리 마모도 부식도에 따라서	도장은 방부제 도포를 포함
야구장		20년	그라운드면 고르기 잔디손질 조명시설 보수점검 정비	1년 1년 1년	Back Net 교체 모래보충 조명등의 교체	파손상황에 따라서(5년) 모래의 소모도에 따라서(1~2년)	
테니스코트	전천후 코트	10년			코트보수 네트교체 바깥울타리보수	균열, 파손상황에 따라서(3~5년) 네트의 파손도에 따라서(2~3년) 파손상황에 따라서(2~3년)	
	클레이 코트	10년		1년	네트교체 바깥울타리보수	네트의 파손도에 따라서(2~3년) 파손상황에 따라서(2~3년)	
화장실	목조	15년	도장	2~3년	문 보수 배관보수 탱크청소	파손상황에 따라서(1년) 파손상황에 따라서(1년) 정기점검시 처리(1년)	도장은 방부제 도포를 포함. 문, 배관류는 임시보수가 많다.
	철근 콘크리트	20년	도장	3~4년	문 보수 배관보수 변기류보수	파손상황에 따라서(1년) 파손상황에 따라서(1년) 파손상황에 따라서(1년)	문, 배관은 임시보수가 많다.
시계탑		15년	분해점검 도장 시간조정	1~3년 2~3년 반년~1년	유리등 파손장소 보수	파손상황에 따라서(1~2년)	임시보수의 경우가 많다.
담장·등	파이프제 울타리	15년	도장	2~3년	파손장소 보수	파손상황에 따라서(1~3년)	
	철사 울타리	15년	도장	3~4년	파손장소 보수	파손상황에 따라서(1~2년)	
	로프 울타리	5년			로프교체 파손장소 보수 기둥교체	파손 부식상황에 따라서(2~3년) 파손 부식상황에 따라서(1~2년) 파손 부식상황에 따라서(3~5년)	
안내판	철재	10년	안내글씨교체	3~4년	파손장소 보수	파손상황에 따라서	
	목재	7년	안내글씨교체	2~3년	파손장소 보수	파손상황에 따라서	
가로등		15년	전주도장 전등청소	3~4년 1~3년	전등교체 부속기구교체 (안정기, 자동점멸기 등)	끊어진 것, 조도가 낮아진 것 절연저하·기능저하 안정기(5~10년) 자동점멸기(5~10년) 전선류(15~20년) 분전반(15~20년)	

제3편

과년도 기출문제

01 적산 필답형

02 설계 작업형

01 필답형

시험을 위한 참고사항

- 제1교시는 시공실무필답형 시험으로 조경산업기사는 1시간, 조경기사는 1시간 30분의 시간 내에 정해진 시험문제지에 답안을 작성하셔서 제출하셔야합니다.
- 작성시 유의 사항은 아래와 같으며 반드시 흑색 필기구로 기재하며 계산내용 이외에 다른 사항은 기재하셔서는 안됩니다.

답안 작성시 유의사항

① 시험문제지의 총면수, 문제번호순서, 인쇄상태 등을 확인한다.
② 수검번호, 성명은 답안지 매 장마다 반드시 흑색 또는 청색필기구(연필류 제외)로 기재한다.
③ 답안 작성시 반드시 흑색 또는 청색필기구(연필류 제외) 중 동일한 색의 필기구만을 계속 사용하여야 하며, 기타의 필기구를 사용한 답항은 0점 처리한다.
④ 답란에는 문제와 관련 없는 불필요한 낙서나 특이한 기록사항 등 부정의 목적이 있었다고 판단될 경우에는 모든 득점이 0점 처리된다. (단 계산연습이 필요한 경우 주어진 계산 연습란은 이용한다.)
⑤ 계산식란이 주어진 문제에서는 계산식(계산과정)이 없는 답은 0점 처리한다.
⑥ 계산과정에서 소수가 발생되면 최우선으로 문제의 요구사항에 따르고 명시가 없으면 계산과정은 반올림 없이 계산하고 최종결과값에서 소수점 이하 셋째자리에서 반올림하여 소수점 둘째 자리까지만 요구하여 답한다.
⑦ 문제의 요구사항에서 단위가 주어졌을 경우에는 답에서 단위가 생략되어도 좋으나, 그렇지 아니한 경우는 답에 단위가 없으면 틀린 답으로 처리된다.
⑧ 시험의 전 과정(필답형, 작업형)을 응시치 않은 경우 채점대상에서 제외시킨다.
⑨ 답안을 정정할 때는 반드시 정정부분을 두 줄로 그어 표시하여야하며, 두 줄로 긋지않은 답안은 정정하지 않은 것으로 본다.

국가 기술자격 검정 실기시험문제

자격 종목(선택분야)	시험시간	형별	수험번호	성 명	감독위원 확인란
조경기사 (제1과제)	1시간 30분	A			
출제년도	2023년 1회 조경기사 시공실무				

1 도시경관분석에 있어 린치(K. Lynch)의 기호화 방법에 있어 시각적 형태가 지니는 이미지 및 의미의 중요성을 가지는 도시 이미지의 5가지 물리적 요소를 쓰시오.

정답 ① 도로(paths 통로) ② 결절점(nodes 접합점) ③ 경계(edges 모서리)
④ 지역(districts) ⑤ 랜드마크(landmark)

2 「국토의 계획 및 이용에 관한 법률」에 의하여 구분된 용도지역 4가지를 쓰시오.

정답 ① 도시지역 ② 관리지역 ③ 농림지역 ④ 자연환경보전지역

3 다음의 보기에서 수목의 전기전도도를 측정하여 수목의 활력도를 측정하는 기구를 고르시오.

<보기>
- 하이트메타
- 하그로프윤척메타
- 샤이고메타
- 토양pH 측정기
- 클로로필메타

정답 샤이고메타
해설 하이트메타 : 측고기, 하그로프윤척메타 : 흉고직경 측정

4 다음 보기에 제시된 수종 중 붉은색 열매를 맺는 수종을 모두 골라 국명으로 쓰시오.

<보기>
산수유(*Cornus officinalis*), 자금우(*Ardisia japonica*), 쥐똥나무(*Ligustrum obtusifolium*), 팥배나무(*Aria alnifolia*), 모감주나무(*Koelreuteria paniculata*), 좀작살나무(*Callicarpa dichotoma*), 인동덩굴(*Lonicera japonica*), 낙상홍(*Ilex serrata*), 은행나무(*Ginkgo biloba*)

정답 산수유, 자금우, 팥배나무, 낙상홍

5

다음 보기의 조건을 참조하여 트럭의 운반연대수를 구하시오.

<보기>
- 사질토 : 토량 $1,000\text{m}^3$, $L=1.2$, $C=0.85$
- 점질토 : 토량 500m^3, $L=1.3$, $C=0.8$
- 트럭의 1회 운반량 : 10m^3

정답 트럭연대 수 $n=\dfrac{1,000\times1.2+500\times1.3}{10}=185$ 대

6

다음 보기의 빈칸에 원가계산서 작성 시 적용하는 항목을 알맞게 쓰시오.

<보기>
① 간접노무비=(㉠)×요율
② 산재보험료=(㉡)×요율
③ 국민건강보험료=(㉢)×요율
④ 기타경비=(㉣)×요율

정답 ㉠ 직접노무비, ㉡ 노무비, ㉢ 직접노무비, ㉣ 재료비+노무비

7

조선시대 궁원과 과일공급 등의 관리를 관장하였던 관청을 쓰시오.

정답 장원서

8

다음 보기의 조건을 참조하여 19 ton 불도저의 1회 사이클시간과 시간당 작업량을 구하시오.

<보기>
- 거리를 고려하지 않은 삽날의 용량 : 3.2m^3
- 운반거리계수(e) : 0.8
- 운반거리(L) : 60m
- 작업효율(E) : 0.55
- 토량환산계수(f) : 0.85
- 전진속도(V_1) : 55m/분
- 후진속도(V_2) : 70m/분
- 기어변속시간(t) : 0.25분

정답 ① 1회 사이클시간 $Cm=\dfrac{L}{V_1}+\dfrac{L}{V_2}+t=\dfrac{60}{55}+\dfrac{60}{70}+0.25=2.2$분

② 시간당 작업량 $Q=\dfrac{60\cdot q\cdot f\cdot E}{Cm}=\dfrac{60\times2.56\times0.85\times0.55}{2.2}=32.64\text{m}^3/\text{hr}$

- 삽날의 용량 $q=q^\circ\times e=3.2\times0.8=2.56(\text{m}^3)$

9 다음의 제시된 식물의 영양원소를 기능에 알맞게 ㉠~㉤에 넣으시오.

<보기> 붕소, 망간, 철, 아연, 몰리브덴, 구리, 염소

- (㉠) : 엽록소의 생성, 호흡효소의 구성분
- (㉡) : 호흡효소부활제, 단백질합성효소의 구성
- (㉢) : 분열조직
- (㉣) : 광합성의 보조효소
- (㉤) : 콩과식물의 근립균에 의한 질소고정 촉진

정답 ㉠ 철 ㉡ 망간 ㉢ 붕소 ㉣ 염소 ㉤ 몰리브덴

10 다음의 그림을 참조하여 계획고 40m를 기준으로 한 절 · 성토량을 구하시오.

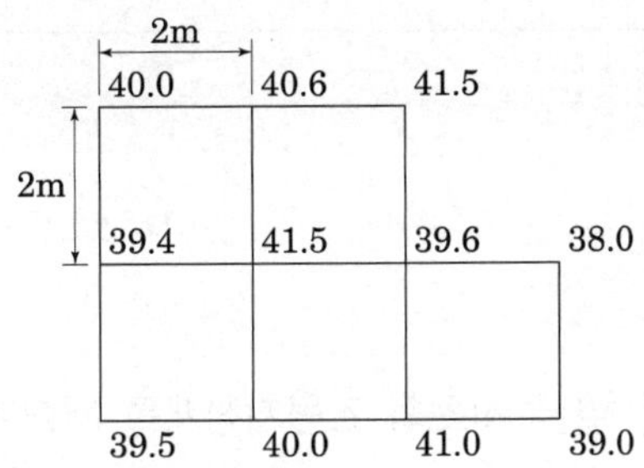

정답 $V=\frac{A}{4}(\Sigma h_1+2\Sigma h_2+3\Sigma h_3+4\Sigma h_4)$

$=\frac{2\times 2}{4}(-2.0+2\times 1.0+3\times(-0.4)+4\times 1.5)=4.8\text{m}^3$ (절토)

$\Sigma h_1=0+1.5-2.0-0.5-1.0=-2.0(\text{m})$

$\Sigma h_2=0.6-0.6+0+1.0=1.0(\text{m})$

$\Sigma h_3=-0.4\text{m}$

$\Sigma h_4=1.5\text{m}$

11 다음 보기의 빈칸에 알맞은 내용을 쓰시오.

<보기> 데크 시설물 설치 시 기초공사에 있어 (㉠)는 (㉡)에 비하여 안정성이 높으며, 데크의 하부 구조공사에는 각관이나 목재로 (㉢)을 설치한다.

정답 ㉠ 줄기초 ㉡ 독립기초 ㉢ 장선

해설 장선(bridging joist) : 상판을 받치는 횡목

12 다음 보기에 제시된 용어 중 식물 뿌리가 생장하는 기반이 되며, 배수성이 좋지 않으면 수분이 과다할 수 있는 식물의 하부층과 관계있는 것을 쓰시오.

<보기> 방수층, 방근층, 배수층, 여과층, 토양층

정답 토양층

국가 기술자격 검정 실기시험문제

자격 종목(선택분야)	시험시간	형별	수험번호	성 명	감독위원 확인란
조경기사 (제1과제)	1시간 30분	A			
출제년도	2023년 2회 조경기사 시공실무				

1 「자연공원법」에 의한 용도지구계획에 있어 공원자연보존지구의 완충공간으로 보전할 필요가 있는 지역을 다음의 보기에서 고르시오.

> <보기> 공원자연보존지구, 공원자연환경지구, 공원마을지구, 공원문화유산지구

정답 공원자연환경지구

2 일본 평안(헤이안)시대에 나온 일본 최초의 조원지침서를 저술한 인물을 쓰시오.

정답 귤준강(橘俊綱)

3 다음 보기의 빈칸에 알맞은 내용을 표준품셈에 의거하여 쓰시오.

> <보기>
> - 품에서 자재의 소운반은 포함하며, 품에서 포함된 것으로 규정된 소운반 거리는 (㉠)m 이내의 거리를 의미한다.
> - 경사면의 소운반 거리는 직고 1m를 수평거리 (㉡)m의 비율로 본다.
> - 제시된 품은 일일 작업시간 (㉢)시간을 기준한 것이다.

정답 ㉠ 20, ㉡ 6, ㉢ 8

4 「자전거 이용시설의 구조 · 시설 기준에 관한 규칙」에 따른 곡선반경을 쓰시오.

> <보기>
> - 설계속도 시속 30km 이상 : (㉠)
> - 설계속도 시속 20km 이상 30km 미만 : (㉡)
> - 설계속도 시속 10km 이상 20km 미만 : (㉢)

정답 ㉠ 27, ㉡ 12, ㉢ 5

5 다음 보기 ①~④의 병원균으로 인한 대표적인 수목병을 ㉠~㉣에서 고르시오.

<보기> ① 세균, ② 곰팡이(진균), ③ 바이러스, ④ 파이토플라즈마

[수목병] ㉠ 포플러모자이크병, ㉡ 뽕나무오갈병, ㉢ 뿌리혹병, ㉣ 그을음병

정답 ① ㉢, ② ㉣, ③ ㉠, ④ ㉡

6 다음 보기의 조건을 참조하여 15 ton 덤프트럭의 시간당 작업량을 구하시오.

<보기>
- 자연상태의 흙의 습윤밀도 $\gamma_t = 1.875\text{t/m}^3$
- 흙의 체적변화율 $L = 1.25$
- 덤프트럭의 1회 적재량 $q = \dfrac{T}{\gamma_t} \times L$
- 1회 싸이클시간 $Cm = 60$분

정답 $Q = \dfrac{60 \cdot q \cdot f \cdot E}{Cm} = \dfrac{60 \times 10 \times 0.8 \times 0.9}{60} = 7.2\text{m}^3/\text{hr}$

- $q = \dfrac{15}{1{,}875} \times 1.25 = 10(\text{m}^3)$
- $f = \dfrac{1}{1.25} = 0.8$

7 「어린이놀이시설 검사 및 관리에 관한 운용요령」에 따라 어린이 놀이시설을 설치하는 자는 관리주체에게 인도하기 전 안전검사기관으로부터 어떤 검사를 받아야 하는지 쓰시오.

정답 설치검사

8 다음 보기의 조건을 참조하여 최대일이용자수와 최대시 이용자 수를 구하시오.

<보기>
- 연간 이용자 수 : 150,000명
- 최대일률 : 3계절형 적용
- 평균체제시간 : 4시간
- 회전율 : 1.7

정답 ① 최대일 이용자 수 = 연간 이용자 수 × 최대일률 = $150{,}000 \times \dfrac{1}{60} = 2{,}500$(인)

② 최대시 이용자 수 = 최대 일 이용자 수 × 회전율 = $2{,}500 \times \dfrac{1}{1.7} = 1{,}470.59 \rightarrow 1{,}471$(인)

9 보기는 참나무과 수종들이다. 설명하는 내용에 맞는 수종을 중복 없이 빈칸에 넣으시오.

<보기> 상수리나무, 떡갈나무, 굴참나무, 졸참나무, 신갈나무, 갈참나무

① 비교적 잎이 작고 엽병이 있는 수종 : (,)
② 잎이 좁고 길며 엽병이 있는 수종 : (,)
③ 잎이 큰 편이며 엽병이 거의 없는 수종 : (,)

정답 ① 졸참나무, 갈참나무 / ② 상수리나무, 굴참나무 / ③ 떡갈나무, 신갈나무

10 다음 보기에 주어진 것을 빈칸 ㉠~㉢에 알맞게 넣으시오.

<보기> 맹암거, 빗물받이, 횡단배수구, 맨홀, 0.5, 1.0, 1.5, 2.0,

- 포장지역의 표면은 배수구나 배수로 방향으로 최소 (㉠)% 이상의 기울기로 설계한다.
- 산책로 등 선형구간에는 적정거리마다 (㉡)나 (㉢)를 설계한다.

정답 ㉠ 0.5, ㉡ 빗물받이, ㉢ 횡단배수구

11 다음 보기의 비료를 구분하여 빈칸에 알맞게 쓰시오.

<보기>
- (㉠) 비료 : 황산암모늄(유안), 염화암모늄, 요소
- (㉡) 비료 : 과린산석회, 용과린산석회, 용성인비

정답 ㉠ 질소질, ㉡ 인산질

12 다음 내용이 설명하는 보기에서 병해충 피해목의 처리법을 고르시오.

<보기> 도포법, 분사법, 훈증법, 분무법, 연무법

- 피해부위의 줄기·가지를 1m 이내로 잘라 가급적 1~2m^3 정도로 규격화하여 쌓은 후, 메탐소듐을 1m^3 당 1L의 양을 골고루 살포하고 비닐로 완전히 밀봉한다.
- 잠복 가능한 2cm 이상의 잔가지를 모두 수거하여 처리한다.
- 피해목을 옮기지 않고 처리 가능하여 가장 많이 사용하는 방법이다.

정답 훈증법

국가 기술자격 검정 실기시험문제

자격 종목(선택분야)	시험시간	형별	수험번호	성 명	감독위원 확인란
조경기사 (제1과제)	1시간 30분	A			
출제년도	2023년 4회 조경기사 시공실무				

1 다음 보기의 수경공간 연출기법 ①~④와 관계있는 내용을 ㉠~㉣에서 골라 연결하시오.

<보기> ① 낙수형, ② 분출형, ③ 유수형, ④ 평정수형

㉠ 연못이나 호수와 같이 정적이 양태로서 평화로운 이미지를 나타낸다.
㉡ 수로를 따라 낮은 곳으로 흐르는 물로서 움직임과 에너지 등을 나타내는 활동적 요소로 이용된다.
㉢ 폭포와 같이 위에서 떨어지는 효과로 역동적이며 시선 유인 효과가 크다.
㉣ 물을 분사하여 형성시키며, 낙수의 특성과 대조적이며 수직성과 빛에 의한 특징적 경관을 연출한다.

정답 ① ㉢, ② ㉣, ③ ㉡, ④ ㉠

2 버킷용량이 $0.7m^3$인 백호(Back Hoe)를 사용하여 자연상태의 지반에서 터파기를 할 경우 다음의 조건을 참고하여 시간당 작업량을 구하시오.

<보기>
- 백호의 사이클시간(Cm) : 33sec
- 체적변화율(L) : 1.25
- 버킷계수(K) : 1.1
- 작업효율(E) : 0.6

정답 $Q=\dfrac{3,600\cdot q\cdot K\cdot f\cdot E}{Cm}=\dfrac{3,600\times 0.7\times 1.1\times \dfrac{1}{1.25}\times 0.6}{33}=40.32(\mathrm{m^3/hr})$

3 다음 보기에서 설명하는 습생식물의 이름을 국명으로 쓰시오.

<보기>
학명은 *Typha orientalis* C. Presl이며, 줄기는 높이 1~2m이고, 단단하여 곧게 자라며 지하경은 옆으로 뻗는다. 수화서는 길이 3~7cm, 너비 0~1cm, 1~3개의 포가 아랫부분에 달리나 가끔 화서 중간에 나기도 한다. 암화서는 수화서 바로 밑에 붙어서 나며 길이 5~14cm, 너비 1~3cm, 1장의 조락성 포가 밑부분에 달린다. 부들과 양성식물로 노지에서 월동 생육하고, 습지나 물가에서 자라며 환경내성이 강하고 이식이 용이하다.

정답 부들

4 조선시대 양산보에 의해 조영된 소쇄원의 아름다운 경치를 묘사한 하서 김인후의 오언절구시의 제목을 쓰시오.

정답 소쇄원 48영

5 참나무나 소나무, 버드나무 등이 척박한 곳에서도 잘 자라는 것은 토양의 곰팡이균과 수목뿌리와의 공생관계 때문이다. 이러한 관계를 어떠한 관계로 말하는지 쓰시오.

정답 상리공생

6 수요량 산정에 있어 연간이용자수가 54,000명이고, 최대일률이 1/60이라고 할 때의 최대일이용자수를 구하시오.

정답 최대일 이용자 수 = 연간 이용자 수 × 최대일률 = $54,000 \times \frac{1}{60} = 900$명

7 다음의 보기 ①~④에서 설명하는 단풍나무과 수목 중 서로 관계있는 항목을 ㉠~㉥에서 골라 연결하시오.

<보기>
① 잎은 마주나기하고, 원형에 가깝지만 5~7갈래로 갈라지며, 열편은 넓은 피침형이고 점첨두이며 겹톱니가 있다.
② 잎은 마주나기하고 원두이며 아랫부분에 3맥이 발달하고 3개로 얕게 갈라지며, 열편은 삼각형이고 예두이며 가장자리가 밋밋하다.
③ 잎은 마주나기하며, 달걀형의 타원형이고 꼬리모양의 예첨두이며 원저 또는 아심장저이고, 흔히 밑에서 3갈래로 갈라지며, 가장자리에 불규칙한 결각이 있으며 날카로운 거치가 발달되어 있다.
④ 잎은 마주나기하고 지질이며, 소엽은 3개이고 긴 타원상 달걀모양이며 점첨두이고 가운데 소엽은 예형이나, 옆 소엽은 일그러진 원저로 끝부분 가까이에 2~4개의 큰 톱니가 있다.

[수목] ㉠ 신나무 ㉡ 고로쇠나무 ㉢ 중국단풍 ㉣ 은단풍 ㉤ 복자기 ㉥ 단풍나무

정답 ① ㉥, ② ㉢, ③ ㉠, ④ ㉤

8 다음의 보기 내용은 식물의 화학적 방어수단 작용을 설명한 것이다. 무엇에 대한 설명인지 쓰시오.

<보기>
식물에서 일정한 화학물질이 생성되어 다른 식물의 생존을 막거나 성장을 저해하는 작용을 말하며, 때로는 촉진하는 작용도 포함된다.

정답 타감작용(Allelopathy)

9 다음 보기의 내용은 「환경영향평가법」에 의한 환경영향평가의 구분 내용이다. 무엇을 설명하는 것인지 쓰시오.

<보기>
환경에 영향을 미치는 계획을 수립할 때에 환경보전계획과의 부합 여부 확인 및 대안의 설정·분석 등을 통하여 환경적 측면에서 해당 계획의 적정성 및 입지의 타당성 등을 검토하여 국토의 지속가능한 발전을 도모하는 것을 말한다.

정답 전략환경영향평가

10 공사예정가격을 산정함에 있어 거래실례가격을 적용하는 바, 조달청장이 조사하여 통보한 가격인 가격정보가 없을 경우 공인된 물가조사기관이 조사·공표한 자료(물가정보, 거래가격, 물가자료 등)의 가격을 적용할 수 있다. 이때 적용하는 가격을 보기에서 쓰시오.

<보기>
- 최저가격
- 최고가격
- 적정가격
- 평균가격

정답 적정가격

해설 거래실례가격으로 예정가격을 결정할 수 있는 가격
- 조달청장이 조사하여 통보한 가격
- 기획재정부장관이 정하는 기준에 적합한 전문가격조사기관으로서 기획재정부장관에게 등록한 기관이 조사하여 공표한 가격
- 각 중앙관서의 장 또는 계약담당공무원이 2인 이상의 사업자에 대하여 당해 물품의 거래실례를 직접 조사하여 확인한 가격

위 3가지 가격의 유형은 우선순위가 없으며 계약담당공무원이 발주목적물의 내용, 특성, 현장상황 등을 종합 고려하여, 적정하다고 판단되는 어느 것을 선택·적용하여도 무방하다.

11 다음의 조건을 참조하여 각재와 판재의 정미량(m^3)과 할증을 고려한 소요량(m^3)을 구하시오.

<보기>
- 각재(12cm×12cm×5m) 30개
- 판재(15cm×3cm×4m) 50개

정답 ① 각재(→ 할증률 5% 적용)
- 정미량 0.12×0.12×5×30=2.16m^3
- 소요량 0.12×0.12×5×30×1.05=2.27m^3

② 판재(→ 할증률 10% 적용)
- 정미량 0.15×0.03×4×50=0.90m^3
- 소요량 0.15×0.03×4×50×1.1=0.99m^3

12 다음 보기의 내용이 설명하는 수목의 병명을 쓰시오.

<보기>
병원균은 4~5월까지 배나무에서 기생하고 6월 이후에는 향나무, 노간주나무에 기생하며 여기서 균사의 형태로 월동한다. 4~5월에 비가 많이 오면 중간기주인 향나무에 형성된 동포자퇴는 부풀어 노란색~갈색의 한천처럼 부풀며, 이때 겨울포자가 발아해 소생자를 형성하게 된다. 이 소생자가 바람에 의해 장미과 식물로 옮겨지고, 어린잎, 햇가지와 열매 등의 각피 또는 기공을 통해 침입하여 병이 발생한다.

정답 붉은별무늬병(적성병)

국가 기술자격 검정 실기시험문제

자격 종목(선택분야)	시험시간	형별	수험번호	성 명	감독위원 확인란
조경산업기사 (제1과제)	1시간	A			
출제년도	2022년 4회 조경산업기사 시공실무				

1 다음 보기의 조건을 참조하여 불도저의 시간당 작업량을 구하시오.

<보기>
- 삽날의 용량 : $2m^3$
- 토량환산계수 : 0.8
- 작업효율 : 0.6
- 운반거리 : 50m
- 전진속도 : 50m/분
- 후진속도 : 55m/분
- 기어변속시간 : 0.3분

정답
- 1회 사이클시간 $Cm = \frac{L}{V_1} + \frac{L}{V_2} + t = \frac{50}{50} + \frac{50}{55} + 0.3 = 2.21$ (분)
- 시간당 작업량 $Q = \frac{60 \cdot q \cdot f \cdot E}{Cm} = \frac{60 \times 2 \times 0.8 \times 0.6}{2.21} = 26.06m^3/hr$

2 다음의 표 빈칸에 조경기준에 의한 인공토양 사용 시의 토심을 쓰시오(단, 식재토심은 배수층의 두께를 제외한다).

식물의 종류	자연토양 사용(cm 이상)	인공토양 사용(cm 이상)
초화류 및 지피식물	15	(㉠)
소관목	30	(㉡)
대관목	45	(㉢)
교목	70	(㉣)

정답 ㉠ 10, ㉡ 20, ㉢ 30, ㉣ 60

3 다음 보기의 빈칸을 건설공사표준품셈에 의한 알맞은 내용으로 채우시오.

<보기>
- 공구손료 : 일반공구 및 시험용 계측기구류의 손료로서 공사 중 상시 일반적으로 사용되는 것이며, 인력품(노임할증과 작업시간 증가에 의하지 않은 품 할증 제외)의 (㉠)%까지 계상하며 특수공구(철골공사, 석공사 등) 및 검사용 특수계측기류의 손료는 별도 계상한다.
- 잡재료 및 소모재료 : 각 항목에 명시되어 있는 잡재료 및 소모재료에 대해서는 이를 계상하고, 명시되어 있지 않는 잡재료 및 소모재료 등을 계상하고자 할 때에는 주재료비(재료비의 할증수량 제외)의 (㉡)%까지 별도 계상하되 산정근거를 명시하여야 한다.

정답 ㉠ 3, ㉡ 2~5

4 다음 보기의 내용에 알맞은 병명과 매개충을 쓰시오.

<보기>
(㉠)은 소나무가 고사되는 치명적인 병으로 매개충인 (㉡)를 통하여 전파·감염되며, 침입한 해충은 빠르게 증식하여 수분, 양분의 이동통로를 막아 나무를 죽게 하는 병으로 치료약이 없어 감염되면 100% 고사한다.

정답 ㉠ 소나무재선충병, ㉡ 솔수염하늘소

5 다음의 ㉠~㉣에 적당한 내용을 보기의 도시공원시설에서 골라 알맞게 넣으시오.

<보기> 휴양시설, 유희시설, 운동시설, 공원관리시설, 조경시설, 교양시설

- (㉠) : 야유회장, 야영장
- (㉡) : 분수, 조각, 관상용식수대
- (㉢) : 사다리, 궤도
- (㉣) : 게시판, 표지

정답 ㉠ 휴양시설, ㉡ 조경시설, ㉢ 유희시설, ㉣ 공원관리시설

6 다음 보기의 조건을 참조하여 맥문동 일위대가표의 ㉠~㉢에 알맞은 내용을 쓰시오.

<보기>
- 초화류 식재품의 적용은 작업장소에 교목류, 조경석 등 지장물이 있어 식재 작업에 지장을 받는 경우를 적용한다.
- 특수화단 및 유지관리의 품은 적용하지 않는다.
- 식재수량의 할증률은 10%를 적용한다.

• 초화류 식재 (100주당)

구분	단위	수량		
		양호	보통	불량
조경공	인	0.10	0.15	0.24
보통인부	인	0.05	0.08	0.13

• 일위대가표

품명	규격	단위	수량
제1호표 맥문동 식재	3~5분얼(8cm)	주	1
맥문동	3~5분얼(8cm)	주	(㉠)
조경공		인	(㉡)
보통인부		인	(㉢)
소계			

정답 ㉠ 맥문동 : $1 \times 1.10 = 1.1$ (주)

㉡ 조경공 : $1 \times \dfrac{0.15}{100} = 0.0015$ (인)

㉢ 보통인부 : $1 \times \dfrac{0.08}{100} = 0.0008$ (인)

7 수로, 도로 등 폭에 비하여 길이가 긴 부분의 각 측점들의 횡단면적에 의거 절토량 또는 성토량을 구하는 방법 중 각주공식을 다음 보기의 조건으로 쓰시오.

<보기>
- 토량 : V
- 양단의 단면적 : A_1, A_2
- 중앙의 단면적 : A_m
- 양단면 사이의 거리 : L

정답 $V = \dfrac{L}{6}(A_1 + 4A_m + A_2)$

8 다음 보기에 설명된 내용에 알맞은 용어를 쓰시오.

<보기> 강한 직사광선에 의한 급격한 수분의 증발이 발생하여 수간 또는 잎이나 줄기에 변색이나 조직의 고사가 발생하는 현상을 말한다.

정답 일소

9 다음 보기에 설명된 내용에 알맞은 도면의 명칭을 쓰시오.

<보기> 건축물의 외형을 각 면에 대하여 직각으로 투상하여 나타낸 도면으로, 수평적 요소의 길이에 수직적 요소의 높이를 적용하여 그린 도면을 말하며, 정면도, 우측면도, 좌측면도, 배면도 등으로 구분한다.

정답 입면도

10 다음 보기 내용이 설명하는 용어를 쓰시오.

<보기> 가지의 하중을 지탱하기 위해 가지 밑에 생기는 불룩한 조직으로서, 목질부를 보호하기 위해 화학적 보호층을 가지고 있기 때문에 가지치기할 때 남겨두도록 한다.

정답 지륭(가지 밑살)

국가 기술자격 검정 실기시험문제

자격 종목(선택분야)	시험시간	형별	수험번호	성 명	감독위원 확인란
조경산업기사 (제1과제)	1시간	A			
출제년도	2023년 1회 조경산업기사 시공실무				

1 다음의 보기는 옥상녹화시스템의 순서를 적은 것이다. 빈칸에 알맞은 내용을 쓰시오.

> <보기> 방수층 → 방근층 → (㉠) → (㉡) → 육성토양층 → 식생층

정답 ㉠ 배수층, ㉡ 토양여과층

2 다음 보기의 내용은 조경관리의 구분을 나타낸 것이다. 빈칸에 알맞은 용어를 넣으시오.

> <보기>
> • (㉠) : 조경수목과 시설물을 항상 이용에 용이하게 점검과 보수로 목적한 기능의 서비스제공을 원활히 하는 것
> • (㉡) : 시설관리에 의하여 얻어지는 이용 가능한 구성요소를 더 효과적이고 안전하게, 더 많은 이용의 방법에 대한 것
> • (㉢) : 이용자의 행태와 선호를 조사·분석하여 적절한 이용 프로그램을 개발하여 홍보하고, 이용에 대한 기회를 증대시키는 것

정답 ㉠ 유지관리, ㉡ 운영관리, ㉢ 이용관리

3 다음의 보기는 한해(寒害)에 대한 설명이다. 빈칸에 알맞은 용어를 넣으시오.

> <보기>
> • (㉠) : 식물체 내에 결빙은 일어나지 않으나 한랭으로 인하여 생활기능이 장해를 받아서 죽음에 이르는 것
> • (㉡) : 식물체의 조직 내에 결빙이 일어나 조직이나 식물체 전체가 죽게 되는 것

정답 ㉠ 한상, ㉡ 동해

4 다음 보기에 제시된 수종 중 노란색 꽃이 피는 수종을 모두 골라 국명으로 쓰시오.

> <보기>
> 산수유(*Cornus officinalis*), 생강나무(*Lindera obtusiloba*),
> 병아리꽃나무(*Rhodotypos scandens*), 배롱나무(*Lagerstroemia indica*),
> 모감주나무(*Koelreuteria paniculata*),
> 수수꽃다리(*Syringa oblata* Lindl. var. *dilatata*), 자귀나무(*Albizzia julibrissin*),
> 등(*Wisteria floribunda*), 히어리(*Corylopsis coreana*)

정답 산수유, 생강나무, 모감주나무, 히어리

5 골재의 상태가 아래와 같을 때 유효흡수율(%)을 구하시오.

> <보기>
> - 절대건조상태 : 400g
> - 공기중건조상태 : 500g
> - 표면건조 내부포화상태 : 600g
> - 습윤상태 : 700g

정답 유효흡수율(%) $= \dfrac{\text{표면건조내부포화상태중량} - \text{공기중건조상태중량}}{\text{절대건조상태중량}} \times 100$

$= \dfrac{600 - 500}{400} \times 100 = 25\%$

6 다음은 벽면녹화형태에 대한 그림이다. 빈칸에 적당한 식재유형을 쓰시오.

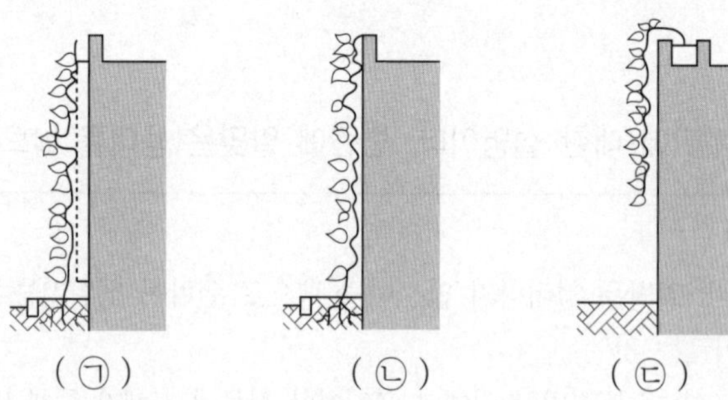

정답 ㉠ 권만등반형, ㉡ 흡착등반형, ㉢ 하수형

7 다음 보기 내용은 「도시공원 및 녹지 등에 관한 법률」에 의한 공원시설의 설치 · 관리기준의 내용 중 빈칸에 알맞은 내용을 쓰시오.

> <보기>
> (㉠) 및 공원관리시설은 해당 도시공원을 설치함에 있어서 필수적인 공원시설로 할 것. 다만, 소공원 및 어린이공원의 경우에는 설치하지 아니할 수 있으며, (㉡)의 경우에는 근린생활권 단위별로 1개의 공원 관리시설을 설치하여 이를 통합하여 관리할 수 있다.

정답 ㉠ 도로 · 광장, ㉡ 어린이공원

8 다음 보기 ①~④에 해당하는 내용을 ㉠~㉣에서 골라 연결하시오.

> <보기> ① 준설, ② 터파기, ③ 절토, ④ 시공기면

- ㉠ 일반적으로 설계도면에서 나타 낸 시공의 기준이 되는 높이
- ㉡ 공사에 필요한 흙을 얻기 위해서 굴착하거나 계획면 보다 높은 지역의 흙을 깎는 작업
- ㉢ 물밑의 토사, 암석을 굴착하는 작업
- ㉣ 구조물의 기초 또는 지하부분을 구축하기 위하여 행하는 지반의 굴착 작업

정답 ① ㉢, ② ㉣, ③ ㉡, ④ ㉠

9 다음 보기의 조건을 기준으로 총 공사원가를 구하시오.

> <보기>
> - 재료비 : 54,000,000원
> - 노무비 : 35,000,000원
> - 경비 : 25,000,000원
> - 일반관리비 : 6%
> - 이윤 : 15%

정답
- 순공사원가 = 재료비+노무비+경비 = 54,000,000+35,000,000+25,000,000 = 114,000,000(원)
- 일반관리비 = (재료비+노무비+경비)×요율 = 114,000,000×0.06 = 6,840,000(원)
- 이윤 = (노무비+경비+일반관리비)×요율 = (35,000,000+25,000,000)×0.15 = 9,000,000(원)
- 총 공사원가 = 순공사원가+일반관리비+이윤 = 114,000,000+6,840,000+9,000,000 = 129,840,000(원)

10 다음 그림은 20m×20m로 사각분할된 표고를 측정한 것이다. 표고를 15m로 하여 정지작업을 할 때의 절 · 성토량을 구하시오(단, 빗금친 부분은 보존지역으로 정지작업에서 제외한다).

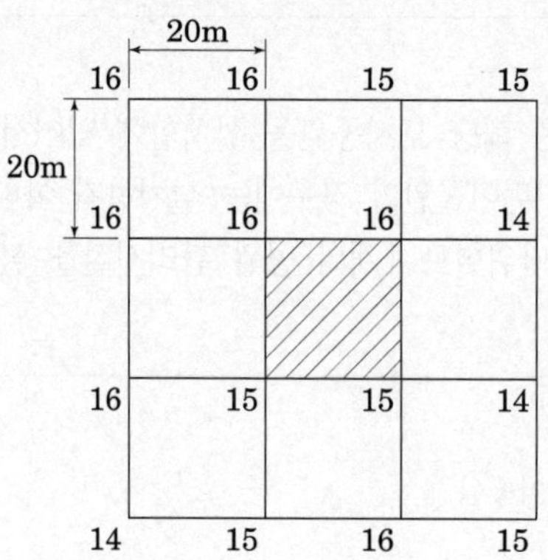

정답 $V = \frac{A}{4}(\sum h_1 + 2\sum h_2 + 3\sum h_3 + 4\sum h_4)$

$= \frac{20\times 20}{4}(2\times 2.0 + 3\times 2) = 1{,}000\text{m}^3$ (절토)

$\sum h_1 = 1 + 0 - 1 + 0 = 0(\text{m})$

$\sum h_2 = 1 + 0 + 1 - 1 + 1 - 1 + 0 + 1 = 2(\text{m})$

$\sum h_3 = 1 + 1 + 0 + 0 = 2(\text{m})$

국가 기술자격 검정 실기시험문제

자격 종목(선택분야)	시험시간	형별	수험번호	성 명	감독위원 확인란
조경산업기사 (제1과제)	1시간	A			
출제년도	2023년 2회 조경산업기사 시공실무				

1 다음 보기의 내용이 설명하는 용어를 쓰시오.

> <보기>
> 적절한 환경설계를 통해 대상 지역에 방어적 공간의 특성을 살려 범죄가 발생할 기회를 줄이고 지역 주민들이 안전감을 느끼도록 하여 궁극적으로 삶의 질을 향상하는 전략의 일환이다.

정답 범죄예방환경설계(CPTED)

2 다음의 보기의 내용이 설명하는 식물 번식 방법을 쓰시오.

> <보기>
> 모수로부터 발생하는 가지를 절단하지 않고 가지에 인위적인 처리를 하여 부정근을 발생시키고, 발근 후에 가지를 분리시켜 독립적인 개체로 만드는 방법으로 압조라고도 한다.

정답 휘묻이(취목)

3 축적 1 : 50,000의 지도상에 나타난 어떤 지역의 면적이 4cm^{2}일 때 이 지역의 실제면적(ha)을 구하시오.

정답 $\left(\frac{1}{50,000}\right)^2 = \frac{4}{\text{실제면적}} \rightarrow \text{실제면적} = \frac{50,000^2 \times 4}{(100\times100)\times(100\times100)} = 100\text{ha}$

4 수목의 이식을 위한 뿌리돌림 시 일반수종, 접시분 수종, 심근성 수종으로 구분하여 시행한다. 뿌리분의 직경을 D라고 할 때, 조경표준시방서에서 제시간 뿌리분의 형태를 그리고 크기의 비율도 기입하시오.

정답

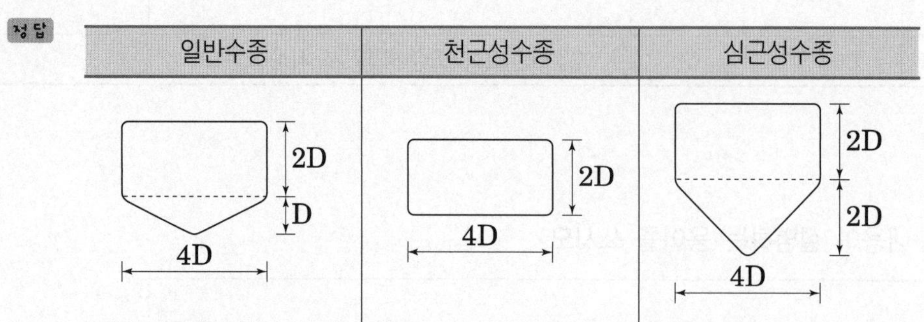

5 다음 보기의 설명에 적합한 용어를 쓰시오.

> <보기>
> 생태적 인자들에 관한 여러 도면을 겹쳐놓고 일정 지역의 생태적 특성을 종합적으로 평가하는 방법으로, 토지가 지닌 생태적 특성을 고려한 토지의 용도 설정 시 사용한다.

정답 도면결합법(overlay method, 지도 중첩법)

6 다음 보기의 용어를 ㉠~㉣에 알맞게 넣으시오.

> <보기> 컨시스턴시, 블리딩, 플라이애쉬, 워커빌리티, 단위표면적, AE제, 수밀설, 성형성

- (㉠) : 반죽 질기에 의한 작업의 난이도 및 재료분리에 저항하는 정도를 말한다.
- (㉡) : 재료분리가 일어나지 않으며, 거푸집 형상에 순응하여 거푸집 형태로 채워지는 난이도를 말한다.
- (㉢) : 아직 굳지 않은 시멘트풀, 모르타르 및 콘크리트에 있어서 물이 윗면에 솟아오르는 현상으로 재료분리의 일종이다.
- (㉣) : 표면이 매끄러운 구형의 미세립의 석탄회로 보일러 내의 연소가스를 집진기로 채취한 것을 말한다.

정답 ㉠ 워커빌리티, ㉡ 성형성, ㉢ 블리딩, ㉣ 플라이애쉬

7 자연지반이 무르고, 절토작업이 최적으로 연속작업이 가능하고, 작업방해가 없는 등의 조건을 가진 사질토 지반을 135° 의 범위에서 버킷용량 1m^{3}의 백호로 굴착할 경우 다음의 조건을 참조하여 백호이 시간당 작업량을 구하시오(단, $K=0.9$, $L=1.25$로 한다).

• 작업효율(E)

토질명 / 현장조건	자연상태			흐트러진 상태		
	양호	보통	불량	양호	보통	불량
모래, 사질토	0.85	0.70	0.55	0.90	0.75	0.60
자갈 섞인 흙, 점성토	0.75	0.60	0.45	0.80	0.65	0.50
파쇄암					0.45	0.35

• 1회 사이클시간(C_m)

각도(도) / 규격(m^3)	사이클시간(Sec)			
	45	90	135	180
0.6~0.8	16	18	20	22
1.0~1.2	17	19	21	23
2.0	22	25	27	30

정답 $Q=\dfrac{3{,}600\cdot q\cdot K\cdot f\cdot E}{Cm}=\dfrac{3{,}600\times1.0\times0.9\times\dfrac{1}{1.25}\times0.85}{21}=104.91\text{m/hr}$

8 우리나라에서는 농약의 독성을 독성의 강도에 따라 4단계로 분류 · 구분하고 있다. 이 4단계를 구분하여 쓰시오.

정답 ① Ⅰ급(맹독성), ② Ⅱ급(고독성), ③ Ⅲ급(보통독성), ④ Ⅳ급(저독성)

9 공사원가계산서 작성에 있어 빈칸에 알맞은 내용을 쓰시오.

<보기>
• 산재보험료 = (㉠) × 요율
• 기타경비 = (㉡) × 요율

정답 ㉠ 노무비, ㉡ 재료비+노무비

10 어떤 지역에 수관폭 30cm의 관목을 군식하려고 한다. 식재할 면적이 20m^{2}일 때 총 식재할 수목량(주)을 구하시오.

군식의 식재밀도(주/m^2)

수관폭(m)	20	30	40	50	60	80	100
주수	32	14	8	5	4	2	1

정답 20m^2 × 14주 = 280주

국가 기술자격 검정 실기시험문제

자격 종목(선택분야)	시험시간	형별	수험번호	성 명	감독위원 확인란
조경산업기사 (제1과제)	1시간	A			
출제년도	2023년 4회 조경산업기사 시공실무				

1 어떤 지역의 관수를 위하여 살수기를 정삼각형으로 배치하였다. 살수기의 헤드간격(S)이 3.2m라고 했을 때 살수기의 헤드열 사이의 간격(L)을 몇 m로 해야 하는지 쓰시오.

정답 열간격 = L × S = 0.87 × 3.2 = 2.78 m
살수기의 정삼각형 배치 시 열 간격은 87%가 된다.

2 다음의 물음에 답하시오.

① 해충을 방제함에 있어 천적을 이용하는 방법을 쓰시오.
② 농약살포 시 필요한 물의 희석량을 구하는 식을 쓰시오.

정답 ① 생물학적 방제
② $\text{물의 희석량(ml, g)} = \text{농약량(ml, g)} \times \left(\frac{\text{원액의 농도(\%)}}{\text{사용할 농도(\%)}} - 1\right) \times \text{비중}$

3 다음 보기 ①~④의 공정표 특징에 맞는 내용을 ㉠~㉣에서 골라 쓰시오.

<보기>
① 사선식 공정표　② PERT 네트워크 공정표
③ 횡선식 공정표　④ CPM 네트워크 공정표

[공정표 특징]
㉠ 각 공정별 전체의 공정시기가 일목요연하며, 각 공정별 착수 및 종료일이 명시되어 판단이 용이하다.
㉡ 작업의 연관성을 나타낼 수 없으나, 공사의 기성고 파악에 대단히 유리하며, 공사지연에 대하여 조속한 대처가 가능하다.
㉢ 신규사업에 적용하며, 공기단축에 주목적을 둔다. 때문에 MCX이론은 없다.
㉣ 반복사업에 적용하며, MCX이론을 적용하여 공사비용 절감에 주목적을 둔다.

정답 ① ㉡, ② ㉢, ③ ㉠, ④ ㉣

4 다음 보기의 설명에 맞는 용어를 쓰시오.

<보기>
- (㉠) : 식재면(植栽面)의 식물을 답압으로부터 보호하거나, 건조나 침식방지, 잡초의 번식을 억제하기 위해 짚이나 거적, 분쇄목, 왕겨, 우드칩 등을 사용하여 덮어주는 것을 말한다.
- (㉡) : 가지의 하중을 지탱하기 위해 가지 밑에 생기는 불룩한 조직으로서, 목질부를 보호하기 위해 화학적 보호층을 가지고 있기 때문에 가지치기할 때 남겨두도록 한다.
- (㉢) : 토양의 사상균 등 버섯균이 고등식물 뿌리에 착생하여, 식물로부터 서식지와 탄소(탄소화합물)를 공급받고, 그 대신 식물에 미네랄 양분과 수분을 공급하는 공생관계의 균을 말한다.
- (㉣) : 토양 중의 유기물이 퇴적하여 여러 가지 작용에 의해 원조직이 분해·변질된 산물로서 진한 갈색의 다공질이며 고밀도로 집적되어 형성된 것으로 분해가 잘 되지 않는다.

정답 ㉠ 멀칭(mulching), ㉡ 지륭(枝隆), ㉢ 근균(根菌), ㉣ 이탄(토탄, peat)

5 다음 보기 ①~④의 설명에 맞는 거푸집과 줄눈을 ㉠~㉥에서 골라 쓰시오.

<보기>
① 고층아파트에서와 같이 평면상 상·하부 동일 단면구조물에서 외부 벽체거푸집과 거푸집설치·해체작업 및 미장·치장 작업발판용 케이지를 일체로 제작하여 사용하는 대형거푸집
② 수평적 수직적으로 반복된 구조물을 균일한 형상으로 시공하기 위해 거푸집을 연속적으로 이동시키면서 콘크리트 타설이 가능한 거푸집
③ 시공과정 중 휴식시간 등으로 응결하기 시작한 콘크리트에 새로운 콘크리트를 이어 칠 때 일체화가 저해되어 생기는 줄눈
④ 바닥, 벽 등의 수축에 의한 표면균열이 생기는 것을 줄눈에서 발생하도록 유도하는 줄눈

[거푸집과 줄눈]

㉠ Sliding form	㉡ Gang form	㉢ Tunnel form
㉣ Climbing form	㉤ Control joint	㉥ Cold joint
㉦ Expansion joint	㉧ Construction joint	

정답 ① ㉡, ② ㉠, ③ ㉥, ④ ㉤

6

무장애 디자인(Barrier-Free Design)과 유니버설 디자인(Universal Design)은 공통적인 부분과 차이점이 있으나, 모두 어디에 적용하는지 서술하시오.

정답
- 무장애 디자인 (Barrier Free Design) 은 고령자와 장애인 등 사회적 약자의 물리적 장벽을 제거하여 안전하고 편하게 사용할 수 있도록 한다.
- 유니버설 디자인(Universal Design) 은 더 넓은 개념으로 성별, 연령, 국적, 문화적 배경, 장애의 유무와 상관없이 누구나 쉽게 사용할 수 있는 제품과 환경을 만드는 보편적인 디자인으로 사회적 약자를 배려하는 차원에서 디자인을 하기보다, 그 자체로 누구나 이용 가능한 디자인을 지향한다.
- 무장애 디자인과 유니버설 디자인은 보도와 공원, 공공건축물, 공공주택에 적용되는 지침을 만들어 적용하고 있다.

7

다음 보기에서 설명하는 식물의 이름을 국명으로 쓰시오.

> <보기>
> 원산지는 한국이고 특산식물로서 전국 각지에 분포하며, 산기슭의 양지에서 자라는 물푸레나무과 낙엽활엽관목이다. 줄기는 가지가 길게 뻗어서 사방으로 처지며 네모지고, 속이 계단상으로 비어 있다. 꽃의 수술은 2개로 암술보다 긴 것과 짧은 것이 있으며, 암술대도 긴 것과 짧은 것이 있다. 열매는 삭과로 9월에 성숙하고 열매의 결실량이 낮다.

정답 개나리

8

다음 그림을 참조하여 토량(m^3)을 구하시오.

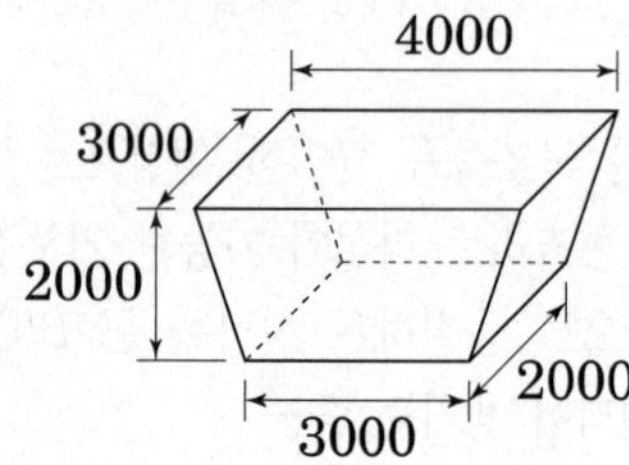

정답 $V=\frac{h}{6}[(2a+a')b+(2a'+a)b')]=\frac{2}{6}\times[(2\times4+3)\times3+(2\times3+4)\times2)]=17.67\text{m}^3$

9

다음 보기 ①, ②의 설명에 맞는 굴취법을 ㉠~㉣에서 골라 쓰시오.

> <보기>
> - (①) : 유목이나 이식이 용이한 수목이식 시 뿌리분을 만들지 않고 흙을 털어 굴취하는 방법
> - (②) : 뿌리분에 새끼를 감는 대신 상자를 이용하여 굴취하는 방법

굴취법 : ㉠ 뿌리감기굴취법, ㉡ 상취법, ㉢ 나근굴취법, ㉣ 추적굴취법

정답 ① ㉢, ② ㉡

10 다음 보기의 조건을 참조하여 산철쭉 1주 식재 시 수량표 ㉠~㉢에 알맞은 내용을 쓰시오. (단, 식재 수량의 할증률은 10%를 적용한다).

• 관목식재

(10주당)

구분	단위	수량
조경공	인	0.1
보통인부	인	0.03

• 식재수량표

품명	규격	단위	수량
제1호표 산철쭉 식재	H0.6m×W0.6m	주	1
산철쭉	H0.6m×W0.6m	주	(㉠)
조경공		인	(㉡)
보통인부		인	(㉢)
소 계			

정답 ㉠ 산철쭉 : $1 \times 1.10 = 1.1$ (주)

㉡ 조경공 : $1 \times \frac{0.1}{10주} = 0.01$ (인)

㉢ 보통인부 : $1 \times \frac{0.03}{10주} = 0.003$ (인)

02 작업형

•아래는 실기시험(2교시 : 설계)시 수검자 유의사항입니다. 참고하시길 바랍니다.
•2교시 시험시간 산업기사 2시간 30분, 기사 3시간 이며 정해진 시간 내에 주어진 답안지(트레이싱지)를 모두 완성(도면과 범례표)하셔서 제출하셔야 채점대상에 포함됨을 항상 염두하셔야 합니다.(※시간엄수)

수검자 유의사항(예시)

① 조경계획 설계도면 작성과 공사내역서 작성의 수검 전 과정을 응시하지 않으면 채점 대상에서 제외시킨다.
② 설계시 도면작성은 반드시 제도용 연필로 작성한다.
③ 주어진 용지로 문제 순서에 따라 작성하여 문제 순서대로 감독위원에게 제출한다.
④ 트레이싱(설계도면)의 수검번호 및 성명의 기재는 상단의 고무인으로 날인 된 난에 기록하되 반드시 흑색 또는 청색 필기구(연필류 제외)를 사용하여야 하며 기타 필기구로 작성할 시에는 채점대상에서 제외한다.
⑤ 설계도면의 작성은 모두 작성되어야 채점대상이 되며, 1매라도 설계가 미완성이거나 식재식물, 시설물의 수량표가 작성되어 있지 않은 것은 미완성으로 채점대상에서 제외한다.
⑥ 문제의 요구조건과 일치하지 않은 것은 채점대상에서 제외한다.
⑦ 답안지(트레이싱지)의 수검번호 및 성명의 기재는 반드시 고무인으로 날인된 난에 기록하여야한다.

작업형 기출문제 목록표

■ 조경기사 실기 과년도 기출문제

■ 조경산업기사 실기 과년도 기출문제

조경기사 · 산업기사 실기(필답형+작업형)

定價 43,000원

저 자 이 윤 진
발행인 이 종 권

2009年 1月 8日 초 판 발 행
2010年 1月 20日 2차개정판발행
2011年 2月 5日 3차개정판발행
2012年 2月 25日 4차개정판발행
2013年 2月 26日 5차개정판발행
2014年 6月 5日 6차개정판발행
2015年 3月 13日 7차개정판발행
2017年 9月 11日 8차개정판발행
2019年 7月 11日 9차개정판발행
2021年 3月 26日 10차개정판발행
2024年 5月 9日 11차개정판발행

發行處 (주) 한솔아카데미

(우)06775 서울시 서초구 마방로10길 25 트윈타워 A동 2002호
TEL : (02)575-6144/5 FAX : (02)529-1130
〈1998. 2. 19 登錄 第16-1608號〉

※ 본 교재의 내용 중에서 오타, 오류 등은 발견되는 대로 한솔아카데미 인터넷 홈페이지를 통해 공지하여 드리며 보다 완벽한 교재를 위해 끊임없이 최선의 노력을 다하겠습니다.

※ 파본은 구입하신 서점에서 교환해 드립니다.

www.inup.co.kr / www.bestbook.co.kr

ISBN 979-11-6654-526-9 13540